Oliver D. Doleski und Monika Freunek (Hrsg.)
Handbuch elektrische Energieversorgung

Weitere empfehlenswerte Titel

Energiewirtschaft
Einführung in Theorie und Politik
Andreas Löschel, Dirk Rübbelke, Wolfgang Ströbele, Wolfgang Pfaffenberger, Michael Heuterkes, 2020
ISBN 978-3-11-055632-2, e-ISBN (PDF) 978-3-11-055633-9

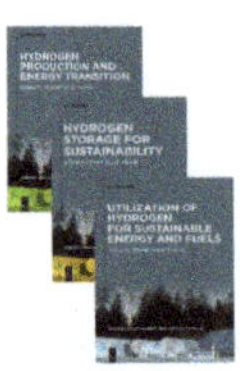

Energy, Environment and New Materials
Herausgegeben von Marcel van de Voorde, 2021

Volume 1 Hydrogen Production and Energy Transition
ISBN 978-3-11-059622-9, e-ISBN (PDF) 978-3-11-059625-0
Volume 2 Hydrogen Storage for Sustainability
ISBN 978-3-11-059623-6, e-ISBN (PDF) 978-3-11-059628-1
Volume 3 Utilization of Hydrogen for Sustainable Energy and Fuels
ISBN 978-3-11-059624-3, e-ISBN (PDF) 978-3-11-059627-4

Elektrische Energieversorgung
Lutz Hofmann, 2019

Band 1 Grundlagen, Systemaufbau und Methoden
ISBN 978-3-11-054851-8, e-ISBN (PDF) 978-3-11-054853-2
Band 2 Betriebsmittel und quasistationäre Modellierung
ISBN 978-3-11-054856-3, e-ISBN (PDF) 978-3-11-054860-0
Band 3 Systemverhalten und Berechnung von Drehstromsystemen
ISBN 978-3-11-060824-3, e-ISBN (PDF) 978-3-11-060827-4

Handbuch elektrische Energieversorgung

Energietechnik und Wirtschaft im Dialog

Herausgegeben von
Oliver D. Doleski und Monika Freunek

DE GRUYTER
OLDENBOURG

Herausgeber
Oliver D. Doleski
Siemens AG
München
Deutschland
doleski@t-online.de

Dr.-Ing. Monika Freunek
Lighthouse Science Consulting and
Technologies Inc.
New Brunswick
Kanada
monika.freunek@lighthouse-sct.com

ISBN 978-3-11-075353-0
e-ISBN (PDF) 978-3-11-075358-5
e-ISBN (EPUB) 978-3-11-075363-9

Library of Congress Control Number: 2022939965

Bibliografische Information der Deutschen Nationalbibliothek
Die Deutsche Nationalbibliothek verzeichnet diese Publikation in der Deutschen Nationalbibliografie; detaillierte bibliografische Daten sind im Internet über http://dnb.dnb.de abrufbar.

Coverabbildung: chinaface / E+ / Getty Images
Satz: VTeX UAB, Lithuania
Druck und Bindung: CPI books GmbH, Leck

www.degruyter.com

Liste der beteiligten Autoren

Stefan Aigenbauer
BEST GmbH
Wieselburg-Land
Österreich
E-Mail: stefan.aigenbauer@best-research.eu

Arvid Amthor
Siemens AG
Technology
Erlangen
Deutschland
E-Mail: arvid.amthor@siemens.com

Volker Aumann
aumann & metzen GmbH
Essen
Deutschland
E-Mail: va@aumannmetzen.de

Rainer M. Bachmann
E:E Consulting GmbH und EU Senate for Technology and Economy
Aumühle
Deutschland
E-Mail: rainer.bachmann@e-econsult.com

Josef Bayer
Max Bögl
Sengenthal bei Neumarkt
Deutschland
E-Mail: jobayer@max-boegl.de

Andreas Benz
Quantum GmbH
Ratingen
Deutschland
E-Mail: andreas.benz@quantum.de

Gero Bieser
SAP SE
Dietmar-Hopp-Allee 16
69190 Walldorf
Deutschland
E-Mail: gero.bieser@sap.com

Michael Bourque
Emera and NB Power Research Centre for Smart Grid Technologies
University of New Brunswick
New Brunswick
Canada
E-Mail: m.bourque@unb.ca

Stephan Bowe
GreenGasAdvisors
Berlin
Deutschland
E-Mail: bowe@greengasadvisors.de

Eike Dehning
dhng Consulting
Hamburg
Deutschland
E-Mail: dehning@dhng.de

Tatiana Demeusy
EnBW AG
Karlsruhe
Deutschland
E-Mail: t.demeusy@enbw.com

Benjamin Deppe
Energienetze Mittelrhein GmbH & Co. KG
Koblenz
Deutschland
E-Mail: mail@coaching-benjamindeppe.de

Patrick Dirr
IfE GmbH
Amberg
Deutschland
E-Mail: patrick.dirr@ifeam.de

Oliver D. Doleski
Siemens AG
München
Deutschland
E-Mail: doleski@t-online.de

Alexander Dürr
Maschinenringe Deutschland GmbH
Neuburg an der Donau
Deutschland
E-Mail: alexander.duerr@maschinenringe.com

Thomas Dürr
Siemens AG
Erlangen
Deutschland
E-Mail: thomas.duerr@siemens.com

Tobias Egeler
TransnetBW GmbH
Stuttgart
Deutschland
E-Mail: T.Egeler@transnetbw.de

Simon Erb
aucoma ag
6370 Stans
Schweiz
E-Mail: simon.erb@aucoma.com

Berit Erlach
acatech – Deutsche Akademie der Technikwissenschaften
Berlin
Deutschland
E-Mail: erlach@acatech.de

Max Felser
Felser Engineering
Gurmels
Schweiz
E-Mail: engineering@felser.ch

Monika Freunek
Lighthouse Science Consulting and Technologies Inc.
New Brunswick
Kanada
E-Mail: monika.freunek@lighthouse-sct.com

Anna Fulterer
AEE INTEC
Gleisdorf
Österreich
E-Mail: a.m.fulterer@aee.at

Ben Gemsjäger
Siemens AG
Erlangen
Deutschland
E-Mail: ben.gemsjaeger@siemens.com

Robert Gersdorf
European Energy Exchange AG
Leipzig
Deutschland
E-Mail: robert.gersdorf@eex.com

Thomas Gollwitzer
IfE GmbH
Amberg
Deutschland
E-Mail: thomas.gollwitzer@ifeam.de

José González
Stromnetz Hamburg GmbH
Hamburg
Deutschland
E-Mail: jose.gonzalez@stromnetz-hamburg.de

Dogan Günes
WTS GmbH
Frankfurt
Deutschland
E-Mail: dogan.guenes@wts.de

Julian Hagenschulte
CBRE GmbH
München
Deutschland
E-Mail: post@julianhagenschulte.de

Jutta Hanson
Technische Universität Darmstadt, Fachbereich Elektrotechnik und Informationstechnik, Institut für Elektrische Energiesysteme
Fachgebiet Elektrische Energieversorgung unter Einsatz Erneuerbarer Energien (E5)
Darmstadt
Deutschland
E-Mail: jutta.hanson@tu-darmstadt.de

Franziska Heidecke
ED Netze GmbH
Rheinfelden
Deutschland
E-Mail: Franziska.Heidecke@ednetze.de

Michael Hinterstocker
Forschungsgesellschaft für Energiewirtschaft mbH
München
Deutschland
E-Mail: mhinterstocker@ffe.de

Frank Hirschi
HORIZONTE-Group AG
Berlin
Deutschland
E-Mail: frank.hirschi@horizonte.group

Marcus Hörhammer
VOLTARIS GmbH
Maxdorf
Deutschland
E-Mail: marcus.hoerhammer@voltaris.de

Lukas Höttecke
Siemens AG
Erlangen
Deutschland
E-Mail: lukas.hoettecke@siemens.com

Markus Kamann
Zeus Beteiligungs- und Beratungs GmbH
Paderborn
Deutschland
E-Mail: mkamann@zeusnet.de

Jeff Kartanegara
CBRE B. V.
Amsterdam
Niederlande
E-Mail: jeff.kartanegara@cbre.com

Martin Kautz
Siemens AG
Erlangen
Deutschland
E-Mail: mekautz@web.de

Torben Keck
make better GmbH
Lübeck
Deutschland
E-Mail: keck@make-better.de

Till Kemper
HFK Rechtsanwälte Heiermann Franke Knipp und Partner mbB
Frankfurt am Main
Deutschland
E-Mail: kemper@hfk.de

Karsten Kinast
Kinast Rechtsanwälte
Köln
Deutschland
E-Mail: kinast@kinast.eu

Almut Kirchner
Prognos AG
Basel
Schweiz
E-Mail: almut.kirchner@prognos.com

Hubert Kirrmann†
Solutil
Baden
Schweiz

Simon Köppl
Forschungsstelle für Energiewirtschaft e. V.
München
Deutschland
E-Mail: skoeppl@ffe.de

Tobias Kornrumpf
RheinEnergie AG
Köln
Deutschland
E-Mail: t.kornrumpf@rheinenergie.com

Dieter Kunstmann
Intelligent Energy System Services GmbH
Ludwigsburg
Deutschland
E-Mail: dieter.kunstmann@ie2s.com

Malin Lange
Karlsruher Institut für Technologie
Karlsruhe
Deutschland
E-Mail: malin.lange@kit.edu

Raphael Lechner
Ostbayerische Technische Hochschule Amberg-Weiden
Amberg
Deutschland
E-Mail: r.lechner@oth-aw.de

Christoph Leicht
Physikalisch-Technische Bundesanstalt
Braunschweig
Deutschland
E-Mail: christoph.leicht@ptb.de

Ingo Leusbrock
AEE INTEC
Gleisdorf
Österreich
E-Mail: i.leusbrock@aee.at

Toto Maas
make better GmbH
Lübeck
Deutschland
E-Mail: maas@make-better.de

Jan Meese
RheinEnergie AG
Köln
Deutschland
E-Mail: j.meese@rheinenergie.com

Johann Meisner
Physikalisch-Technische Bundesanstalt
Braunschweig
Deutschland
E-Mail: johann.meisner@ptb.de

Helen Mengis
UScale GmbH
Stuttgart
Deutschland
E-Mail: helen.mengis@uscale.digital

Michael Merz
PONTON GmbH
Hamburg
Deutschland
E-Mail: merz@ponton.de

Matthias Mett
make better GmbH
Lübeck
Deutschland
E-Mail: mett@make-better.de

Enrico Mohns
Physikalisch-Technische Bundesanstalt
Braunschweig
Deutschland
E-Mail: enrico.mohns@ptb.de

Klaus Nagl
Consolinno Energy GmbH
Regensburg
Deutschland
E-Mail: k.nagl@consolinno.de

Stefan Niessen
Siemens AG
Erlangen
Deutschland
E-Mail: stefan.niessen@siemens.com

Anna Pfendler
Technische Universität Darmstadt, Fachbereich Elektrotechnik und Informationstechnik, Institut für Elektrische Energiesysteme
Fachgebiet Elektrische Energieversorgung unter Einsatz Erneuerbarer Energien (E5)
Darmstadt
Deutschland
E-Mail: anna.pfendler@tu-darmstadt.de

Rainer Pflaum
TransnetBW GmbH
Stuttgart
Deutschland
E-Mail: R.Pflaum@transnetbw.de

Khaled Popal
DXC Technology
Ratingen
Deutschland
E-Mail: Khaled.Popal@dxc.com

Maria Reichel
Intelligent Energy System Services GmbH
Ludwigsburg
Deutschland
E-Mail: maria.reichel@ie2s.com

Stephan Röhrenbeck
VOLTARIS GmbH
Maxdorf
Deutschland
E-Mail: stephan.roehrenbeck@voltaris.de

Herbert Saurugg
Österreichische Gesellschaft für Krisenvorsorge
Wien
Österreich
E-Mail: herbert.saurugg@gfkv.at

Florian Schilling
Physikalisch-Technische Bundesanstalt
Braunschweig
Deutschland
E-Mail: florian.schilling@ptb.de

Matthias Schmidt
Physikalisch-Technische Bundesanstalt
Braunschweig
Deutschland
E-Mail: matthias.schmidt@ptb.de

Sebastian Schreck
Siemens AG
Technology
Erlangen
Deutschland
E-Mail: sebastian.schreck@siemens.com

Sascha Schröder
EWE AG
Oldenburg (Oldb)
Deutschland
E-Mail: sascha.schroeder@ewe.de

Michael Schwan
Siemens AG
Erlangen
Deutschland
E-Mail: michael.schwan@siemens.com

Axel Sprenger
UScale GmbH
Stuttgart
Deutschland
E-Mail: axel.sprenger@uscale.digital

Michael Stadler
XENDEE Corporation
San Diego
USA
BEST GmbH
Wieselburg-Land
Österreich
E-Mail: mstadler@xendee.com

Sebastian Thiem
Siemens AG
Technology
Erlangen
Deutschland
E-Mail: sebastian.thiem@siemens.com

Leonid Verhovskij
Consolinno Energy GmbH
Regensburg
Deutschland
E-Mail: l.verhovskij@consolinno.de

Louisa Wasmeier
Forschungsgesellschaft für Energiewirtschaft mbH
München
Deutschland
E-Mail: lwasmeier@ffe.de

Andreas Weigand
Stadtwerke München GmbH
München
Deutschland
E-Mail: weigand.andreas@swm.de

Claudia Weissmann
Intelligent Energy System Services GmbH
Ludwigsburg
Deutschland
E-Mail: claudia.weissmann@ie2s.com

Daniel Wragge
European Energy Exchange AG
Leipzig
Deutschland
E-Mail: daniel.wragge@eex.com

Ramona Zimmermann
EnergieRevolte GmbH
Düren
Deutschland
E-Mail: zimmermann-ramona@gmx.de

Michael Zellinger
BEST GmbH
Wieselburg-Land
Österreich
E-Mail: michael.zellinger@best-research.eu

Frederik vom Scheidt
Karlsruher Institut für Technologie
Karlsruhe
Deutschland
E-Mail: frederik.scheidt@kit.edu

Geleitwort von Dr. Peter Körte, Chief Technology Officer & Chief Strategy Officer der Siemens AG

Unser Energiesystem befindet sich inmitten eines epochalen Umbruchs. Die großen Trends dieses Jahrzehnts: Digitalisierung, Dezentralisierung und Nachhaltigkeit bestimmen den Energiesektor maßgeblich. Zukunftsweisende Technologien wie Künstliche Intelligenz, der digitale Zwilling und das Internet der Dinge sind heute partiell implementiert und werden bestimmend für die Energiesysteme von morgen sein. Herausforderungen wie beispielsweise die Dekarbonisierung von Energieanlagen, Cybersecurity und die fortschreitende Umsetzung der Energiewende werden die Anforderungen an alle energiewirtschaftlichen Akteure weiter ansteigen lassen. Schließlich wird die globale Vernetzung von Informationen und Systemen unsere Energieversorgung bereits in wenigen Jahren signifikant verändern oder sogar gänzlich neu gestalten. Wir sehen Resultate dieser Trends bereits an Pilotprojekten wie Wunsiedel oder Wildpoldsried, die unter anderem auch in diesem Handbuch vorgestellt werden.

Ein historischer Umbruch findet statt

Wollen wir den großen Herausforderungen der Zukunft gerecht werden, müssen wir die Art und Weise, wie wir elektrischen Strom produzieren, verteilen und nutzen, grundlegend verändern: Wir müssen neue und vor allem klimafreundliche Wege beschreiten.

Im Zuge der Digitalisierung gehen Innovationen längst über Maschinen und Systeme hinaus. Ein stellvertretendes Beispiel ist die Energieversorgung der Hauptinsel von Hawaii, Big Island. Obgleich die Insel prinzipiell über ausreichend Wind und Sonne verfügt, um ihren Strombedarf vollständig aus erneuerbaren Produktionsanlagen decken zu können, stieß die Integration großer Anteile regenerativer Energie bislang an die Grenzen des vorhandenen Stromnetzes. Wie beinahe überall auf der Welt stammt auch das Verteilnetz von Big Island noch aus Zeiten, in denen rein fossile Kraftwerke den größten Teil der elektrischen Last deckten. Bekanntlich unterscheidet sich die Einspeisung durch fossile Energieträger naturgemäß von derjenigen aus erneuerbaren Quellen. Netzdynamik und Netzstabilität ändern sich fundamental, sobald der Anteil des fluktuierenden Stromangebots der Erneuerbaren ein kritisches Maß über-

https://doi.org/10.1515/9783110753585-201

steigt und zugleich konventionelle Kraftwerke abgeschaltet werden. Die Herausforderung ist demnach, den Strombedarf möglichst vollständig aus erneuerbaren Quellen zu decken und gleichzeitig die Netzstabilität zu jeder Zeit sicherzustellen. In einem innovativen Forschungsprojekt schaffen das hawaiianische Energieversorgungsunternehmen Hawaiian Electric, das Forschungsinstitut Pacific Northwest National Laboratory, OPAL-RT Technologies als Echtzeitsimulationsspezialist und die Siemens AG die Grundlagen für einen stabilen Betrieb. Dabei wird zunächst keine einzige Anlage oder Leitung verändert. Möglich wird dies durch den Einsatz eines sogenannten digitalen Zwillings.

Mithilfe dieses virtuellen Abbilds eines realen Transport- oder Verteilnetzes, eines dezentralen Energiesystems oder eines konkreten Kraftwerks können wir heute außerordentlich ressourcenschonend, zeitnah, flexibel und günstig Energieinfrastrukturen aller Art entwickeln und optimieren. Aber ein digitaler Zwilling kann noch deutlich mehr leisten. Er kann jede energietechnische Anlage bis hin zu ganzen Infrastrukturen durch alle Stufen seines Lebenszyklus begleiten, beginnend mit dem Design über Herstellung und Betrieb bis hin zum Service oder gar Entsorgung.

Mit dem digitalen Zwilling gelang ein erster Schritt zur erfolgreichen Integration erneuerbarer Energien in das bestehende Verteilnetz von Big Island. Hunderte Solar- und Windanlagen wurden in einen zuvor angelegten digitalen Zwilling des gesamten hawaiianischen Stromnetzes integriert. Anschließend gelang es mithilfe dieser umfangreichen Simulation, das reale Lastverhalten von Hawaii abzubilden. Innerhalb dieses virtuellen Demonstrators konnte das hawaiianische Netz so betrieben und optimiert werden, dass der Anteil erneuerbarer Energie in der Spitzenlast auf 100 % erhöht wurde. – Alles in allem ein großartiges Ergebnis für Hawaii und das Klima. Und aufgrund der einfachen Skalierbarkeit dieser Digitaltechnologie eine geeignete Lösung für die unterschiedlichsten Umfeldbedingungen und Anwendungsfelder.

Betrachtung aus der Vogelperspektive

Das praktische Beispiel des Einsatzes eines digitalen Zwillings in Hawaii illustriert, dass immer dann die beste Lösung gefunden werden kann, wenn es gelingt, gesellschaftliche Ziele, Nachhaltigkeitsanforderungen und andere Rahmenbedingungen mit innovativen, digitalen Lösungen und der Fähigkeit zur Transformation in Einklang zu bringen. Demnach hängt gerade die Qualität von Lösungen unmittelbar auch vom fruchtbaren Austausch zwischen mitunter höchst unterschiedlichen Disziplinen ab. Weitergedacht bedeutet der von diesem Buch verfolgte Dialoggedanke auch, dass wir dazu bereit sein müssen, diesen Dialog innerhalb unserer Ökosysteme auf eine deutlich breitere Basis zu stellen als dies beispielsweise bei einem reinen Technologiefokus der Fall wäre. Nur wenn es gelingt, den interdisziplinären Dialog in eine gelebte partnerschaftliche Zusammenarbeit von Anbietern mit Kunden und Stakeholdern side by side zu überführen, entsteht Technology with Purpose. In einer zunehmend komplexen Welt hängt der Erfolg von Innovation nicht zuletzt auch von der Berücksichtigung zahlreicher Faktoren ab, die jeweils weit über rein technische Fragen hinausgehen. Keine Herausforderung steht heute als isolierte, technische Fragestellung allein im Raum. Sie ist im Gegenteil vielmehr Teil eines umfassenden Ökosystems, das bereits besteht und dessen Optimierung Teil der Lösung sein muss.

Zusätzlich zu den vorgenannten Anforderungen sieht sich die elektrische Energieversorgung weiteren Komplexitätstreibern gegenübergestellt. Hier sind unter anderem der erforderliche Wandel zur Elektromobilität sowie die veränderten Ansprüche in der Netzlandschaft von Bedeutung. Dasselbe gilt selbstverständlich auch für andere große, zukünftige Verbraucher – denken wir an dieser Stelle nur an Wärmepumpen. Als weiterer verschärfender Faktor kommt die „Blindheit" auf der Verteilnetzebene hinzu. So liegen den Netzbetreibern gerade auf der Ebene der Endverbraucher gemeinhin nur wenige spezifische Verbrauchsdaten vor. Gleiches gilt für moderne bidirektionale Prosumeranlagen und deren Erzeugungsdaten.

Aber wie behalten wir den Überblick angesichts dieser zahlreichen Faktoren technischer und nicht technischer Art? – Vornehmlich aus der Vogelperspektive sehen wir alle oder zumindest die meisten Seiten einer Aufgabenstellung und können so zu den besten Schlüssen kommen. Digitale Technologien bieten neue Möglichkeiten, deren Potenzial wir gerade erst zu erschließen beginnen. Möglichst viele Perspektiven zu betrachten und dabei gewissermaßen den Blick von oben einzunehmen ist der Grundgedanken des vorliegenden Buchs.

Zeit für einen interdisziplinären Dialog

Die Energiewelt ist so komplex und spannend wie nie zuvor. Während einerseits neue und mitunter disruptive Technologien breiten Einzug in die Energiewelt finden, bestehen anderseits Netzinfrastrukturen über Dekaden. Das Alte und das Neue existieren nebeneinander und entwickeln sich dabei gemeinsam mit rasanter Geschwindigkeit.

Eine grundsätzliche Herausforderung des Energiesektors dieser Tage ist, neue Technologien und Methoden erfolgreich zu implementieren, Energie nachhaltig und sicher bereitzustellen sowie dabei die Kundenbedürfnisse stets im Blick zu behalten. Infolgedessen ist die energiewirtschaftliche Praxis heute mehr denn je von zunehmender Komplexität und insbesondere dem Zusammenspiel unterschiedlicher Disziplinen wie Naturwissenschaft, Wirtschaft und Management geprägt. Technik und Geisteswissenschaften, Energiewirtschaft und Politik, Betrieb und Management stehen dabei nicht immer im Einklang – ganz im Gegenteil. Eine weitestgehende Beschränkung auf die jeweils eigene Fachdisziplin behindert ein gemeinschaftliches Verständnis und eine einheitliche Bewertung relevanter Fragestellungen. Gleichzeitig erschwert die zunehmende Komplexität elektrischer Energieversorgung auch für Fachpersonen das Verständnis des Gesamtsystems. Längst tauschen sich Ingenieure und Techniker nicht allein nur mit Physikern und Mathematikern aus, sondern auch etwa mit Ökonomen, Klimaforschern, Datenwissenschaftlern, Experten der Informationssicherheit, aber auch Prosumern und Bürgern. Die neue Energiewelt ist interdisziplinär und kollaborativ.

Vor diesem Hintergrund ist es Zeit für einen neuen Dialog auf Augenhöhe zwischen Technik und Wirtschaft. Mit dem Titel ihres Buchs „Handbuch elektrische Energieversorgung – Energietechnik und Wirtschaft im Dialog" stellen Oliver D. Doleski und Monika Freunek den Dialoggedanken in den Mittelpunkt ihrer Publikation. Indem sie diese Dialoglücke schließen, beschreiten die Herausgeber gemeinsam mit ausgewählten Autorinnen und Autoren einen neuen Weg in der Fachliteratur der Energieversorgung.

Erstmalig für ein Handbuch der elektrischen Energieversorgung spricht das vorliegende Werk bewusst Fachkräfte aller Disziplinen an und setzt auf die Kommunikation der Inhalte über fachliche und nationale Grenzen hinweg ohne an nötiger Tiefe zu verlieren. Gestalter, Mitwirkende, Entscheider und Beobachter der heutigen Energieversorgung benötigen dieser Tage Fachwissen und Verständnis weit über ihre ursprüngliche Ausbildung hinaus.

Das Buch zeigt deutlich, dass elektrische Energieversorgung heute weit mehr als primär technische Themen berücksichtigen muss. So erhalten Leserinnen und Leser bei der Lektüre neben den technischen Grundlagen einen umfassenden, interdisziplinären Einblick in Aspekte heutiger Energiesysteme wie KI, IoT, Informationssicherheit, Regulation oder Marktanreize. Und dies gewissermaßen zweisprachig: Technik und Wirtschaft im Dialog.

Die Umgestaltung der Energiewelt ist eine der herausforderndsten und zugleich spannendsten Aufgaben unserer Zeit. Sie benötigt Innovationskraft, fundiertes Wissen und Unternehmergeist, aber auch Kommunikationsfähigkeit, Zusammenarbeit in Ökosystemen und Verständnis über die Grenzen von Fachdisziplinen und Organisationen hinweg. Dieses Buch leistet einen wichtigen Beitrag dazu.

München, im August 2022 Dr. Peter Körte

Vorwort der Herausgeber

Die Energiewirtschaft erscheint für Außenstehende als eine weitgehend homogene Branche – eine Industrie, die mittels bewährter Strukturen und langjährig geübter Prozesse das Ziel einer zu jeder Zeit sicheren Energiebereitstellung ohne nennenswerte interne Friktionen gewährleistet. Aber trügt dieser erste Anschein von Einheitlichkeit und Harmonie hier möglicherweise? Sprechen die Protagonisten des Energiesektors möglicherweise untereinander nicht immer mit einer einzigen, einheitlichen Stimme?

Ähnlich der Situation in anderen Industrien finden wir bei näherer Betrachtung auch in der Energiebranche die Situation vor, dass diese gewissermaßen aus zwei nahezu parallelen Welten besteht. Die erste ist die Welt der Technik und technischer Betriebsprozesse. Die zweite ist die der Wirtschaft, der betriebswirtschaftlichen Zahlen, der Regulatorik und Gesetzgebung sowie der Dienstleistung mit oder für Kunden. Diese zwei mitunter konträren Welten repräsentieren jede für sich jeweils die beiden prägenden Pole der Versorgungswirtschaft. Diese Pole werden vereinfacht in diesem Buch als „Technik" und „Wirtschaft" zusammengefasst.

Als Wissenschaftler, Berater und Praktiker haben wir in unserer langjährigen Tätigkeit im Energiesektor immer wieder erfahren, dass Technik und Wirtschaft in der Praxis zwar häufig über die gleichen Themen sprechen, dieser Diskurs jedoch ab und an ohne ein tiefgreifendes gemeinsames Verständnis erfolgt. Nach unserer Beobachtung mangelt es bisweilen an einem fundierten Verständnis der jeweiligen Gegenposition, und dies ist angesichts zunehmender Komplexität und Verflechtung bereits in jeder der beiden Disziplinen leicht nachzuvollziehen. Gerade diese zunehmende Komplexität der Energiewelt und ihr Umbruch machen jedoch ein holistisches Verständnis des Energiesystems immer wichtiger.

Auch Wissenschaft und Praxis sprechen nicht immer dieselbe Sprache und teilen nicht immer eine einheitliche Wahrnehmung der Dinge. Auch hier ist die Notwendigkeit einer Übersetzungshilfe zunehmend wichtig und nötig.

Dieser Hintergrund hat uns und unsere Autorinnen und Autoren zu diesem Buch motiviert. Die schlechte Nachricht vorab: Eine Etablierung und Belebung des Dialogs zwischen Technik und Wirtschaft, Wissenschaft und Praxis klingt herausfordernd bis schwierig. Und es klingt nicht nur so, sondern ist es auch. Die gute Nachricht: Niemand hindert uns daran, den fairen interdisziplinären Dialog mit viel gutem Willen und Neugier gerade jetzt zu etablieren.

Zeit für einen interdisziplinären Dialog

Fangen wir also gleich mit diesem interdisziplinären Dialog zwischen Technik und Wirtschaft an!

Aber warum halten wir als Herausgeber des vorliegenden Sammelbands gerade jetzt die Zeit für eine Initiative zur Annäherung der zwei Welten in der Energiewirt-

https://doi.org/10.1515/9783110753585-202

schaft für gekommen? Die Antwort ist nach unserer Einschätzung verblüffend simpel: Komplexität ist hier der wesentliche Treiber. Wir leben heute in einer zunehmend komplexen Realität, und dies in nahezu allen Handlungsfeldern. Gerade der Aspekt einer fortschreitenden Komplexität trifft ganz besonders auf den Energiesektor zu. Immerhin sieht sich die Branche dieser Tage gleich mehreren Komplexitätstreibern unmittelbar gegenübergestellt: Zunächst treibt der dominante Einfluss der Regulation mit ihren häufigen Gesetzes- und Regularienänderungen den Anpassungsdruck bei Energieversorgungsunternehmen signifikant in die Höhe. Darüber hinaus durchlaufen Stadtwerke und Co. seit einigen Jahren einen epochalen digitalen Transformationsprozess, an dessen Ende diese Unternehmen sich zu Utilities 4.0 gewandelt haben werden. Und schließlich muss sich die Branche dergestalt neu erfinden, dass sie einerseits den neuen Anforderungen zusehends souveräner agierenden Kunden und Prosumern gerecht wird und andererseits sich einer immer größer werdenden Anzahl neuer, digitalaffiner Akteure im angestammten Markt erwehren kann.

Und auch das Umfeld von Energieversorgung gelangt zunehmend unter Druck. Klimawandel und damit einhergehende Starkwetterereignisse und große Krisen wie die Covid-19-Pandemie und der Ukraine-Krieg zeigen unserer Gesellschaft und unserem Energiesystem die Schwachstellen der bestehenden Systeme auf: Lieferketten weisen Brüche auf und hochkomplexe Systeme machen Fehlersuchen anspruchsvoll. Resilienzaspekte treten zunehmend in den Vordergrund und Energie wird verstärkt systemisch betrachtet – Sektoren werden gekoppelt und gemeinsam optimiert. Diese Entwicklungen machen Anpassungen nötig. Der oftmals immense und durchaus kurzfristige Handlungsdruck ist dabei einzigartig in der Geschichte der Energieversorgung. Aus derartigen Transformationsprozessen resultieren gerade in der komplexen Energiebranche regelmäßig langfristig angelegte Entwicklungen. Einige Hintergründe dazu, wie etwa die Investitionszeiträume und die Einsatzzeiten von Betriebsmitteln über Dekaden, werden in den Kapiteln dieses Buches behandelt. Und so gesellt sich zu den Herausforderungen der Systemveränderung auch ein beispielloser zeitlicher Faktor.

All diese Phänomene haben zweifellos Einfluss auf das strategische Management und operative Tagesgeschäft von Versorgungsunternehmen aller Art und Größe. Die Welt ist inzwischen viel zu komplex, als dass jeder Energieprofi jederzeit die Gesamtheit des notwendigen Wissens individuell parat haben könnte oder bisweilen nicht mit Informationslücken zu kämpfen hätte, unabhängig davon, ob man dies zugeben möchte oder nicht.

Insofern verwundert es kaum, dass Management und Fachpersonal angesichts dieses Komplexitätsanstiegs und der Schnelllebigkeit von Informationen auf ihre eigenen Erfahrungen zurückgreifen.

Demnach Grund für uns genug, mit Ihnen – unseren Leserinnen und Lesern – den eingangs erwähnten neuen Weg gehen zu wollen. Unser erklärtes Ziel ist es, mit diesem Buch die Basis für ein fundiertes Verständnis der verschiedenen Blickwinkel relevanter Disziplinen der Energiebranche zu schaffen. Gemeinsam mit unseren Autorinnen und Autoren konzentrieren wir uns in diesem Werk auf die Gemeinsamkeiten und Unterschiede der beiden Pole Technik und Wirtschaft. Um dem beschriebenen Anspruch gerecht werden zu können, haben wir den bislang einzigartigen Versuch für ein Fachbuch der Energiewirtschaft unternommen, alle Aspekte im direkten Dialog von Technik, Management und Wirtschaft aufzubereiten.

Verständlich sein ist keineswegs selbstverständlich

Unser Anspruch als Herausgeber an das vorliegende Buch ist demnach, die technische und wirtschaftliche Welt näher zusammenzubringen. Folgerichtig suchen wir mit diesem Projekt zu erreichen, dass sich die Vertreter der technischen und wirtschaftlichen Hemisphäre bei der Lektüre – und im Idealfalle auch deutlich darüber hinaus – unvoreingenommen die Brille der jeweils anderen Seite aufsetzen. Die erfolgreichen Lösungen der Zukunft erfordern, dass die beiden Pole Technik und Wirtschaft sich gegenseitig inhaltlich wirklich verstehen. Denn nur aus echtem gegenseitigem Verständnis erwachsen herausragende Lösungen.

Klingt vernünftig, klingt ganz einfach. Aber wie erklärt ein Kraftwerkfahrer einem betriebswirtschaftlich orientierten Vorstand eine brillante technische Idee? Oder wie kann ein Betriebsleiter einem Energiehändler verständlich machen, dass Störbetrieb mehr oder weniger Regelbetrieb ist? Und schließlich, wie kann ein Controller seine technisch orientierten Kollegen davon überzeugen, dass sich die neuste Geschäftsmodellidee leider fundamental nicht rechnet? Diese und zahlreiche ähnliche Fragen sind uns als Projektleiter und Unternehmensberater immer wieder begegnet. Und sie wurden keineswegs immer befriedigend beantwortet.

Nach unserer Erfahrung besteht die Antwort auf diese und ähnlich gelagerte Fragen in aller Regel in verständlicher Kommunikation und systematischem Schließen von Informationslücken. Gerade Verständlichkeit in der Kommunikation, die unvoreingenommene Bereitschaft, fachliche Wissenslücken schließen zu wollen, und die Fähigkeit, dem Gegenüber die fachlichen Grundlagen des eigenen Fachgebiets näherzubringen sind Garanten für langfristigen Erfolg. Aber nicht selten fehlt in der betrieblichen Praxis der richtige Compiler, eine geeignete Übersetzungshilfe, zwischen der technischen und der wirtschaftlichen Energiewelt.

Vor dem Hintergrund der beschriebenen Informations- und Verständnislücken auf beiden Seiten ist dieses Fachbuch entstanden. Gemeinsam mit unseren Autorinnen und Autoren wollen wir mit diesem Werk den interdisziplinären Dialog innerhalb der Energiewirtschaft durch eine verständliche Gegenüberstellung von technischen und ökonomischen Inhalten anregen und fördern. Damit fungiert der vorliegende Sammelband gewissermaßen wie eine interdisziplinäre Übersetzungshilfe zwischen den Disziplinen. Und dank seiner inhaltlichen Breite und Strukturierung entlang der energiewirtschaftlichen Wertschöpfung eignet sich dieses Buch darüber hinaus auch als übersichtlicher Schnelleinstieg in die vielfältige Thematik der elektrischen Energieversorgung.

Die Energiewelt verändert sich – das zeigt auch dieses Handbuch. Das Grundlagenwissen der Energiewelt geht heute weit über rein elektrische Anlagen hinaus. Die Kapitel zeigen es: Die Zeiten zentral gesteuerter rein elektrischer Energiesysteme, in denen jedes Energieversorgungsunternehmen in seinem geografischen Gebiet einsam wirkt, sind vorbei. Und ebenso bricht auch in der Digitalisierung eine neue Ära an, die neue Technologien wie IoT und KI umfasst, aber auch eine Trendwende von der langen gültigen Prämisse der grenzenlosen und oft nicht hinterfragten Vernetzung darstellt. Erstmalig kompakt in einem Handbuch zum Thema finden sich damit auch Betrachtungen zu Energiezellen und Sektorkopplung, aber auch zu Handwerk und Grundlagen der Modellierung sowie Blackout und Strommangellagen.

Die klassischen Grundlagen der elektrischen Energieversorgung sind nach wie vor aktuell und ebenfalls durch renommierte Expertise vertreten.

Es wird spannend und komplex – zum Glück halten Sie dieses Buch in Händen!

Ohne Unterstützer geht es nicht: vielen Dank!

Die erste Idee zu dem Buch entstand mehr als zwei Jahre vor dessen Veröffentlichung. Ein Zeitraum, der angefüllt war von zahlreichen Diskussionen um das Thema, von der schrittweisen Konkretisierung des Projekts, von der Suche nach unseren sehr geschätzten Co-Autorinnen und Autoren und schließlich der eigentlichen Textarbeit bis hin zur Produktion. Mit anderen Worten liegt zwischen der ersten Idee und dem finalen Werk ein weiter Weg. Ein Weg über zahlreiche Stationen hinweg, der ohne die vielen Mitstreiter hinter den Kulissen und das enorme, mit profundem Wissen gepaarte Engagement aller Beitragenden niemals derart erfolgreich abgeschlossen hätte werden können.

Daher bedanken wir uns sehr herzlich bei allen an diesem Buch beteiligten Autorinnen und Autoren. Unser ganz besonderer Dank gilt dem Chief Technology und Chief Strategy Officer der Siemens AG Dr. Peter Körte für sein inspirierendes Geleitwort. Ferner bedanken wir uns bei unseren Freunden und Förderern für deren tatkräftige Unterstützung während der gesamten Schaffensphase. Schließlich gilt unser besonderer Dank dem gesamten Team vom Verlag Walter de Gruyter, das maßgeblich zum Gelingen dieses Handbuchs zur elektrischen Energieversorgung beigetragen hat. Stellvertretend für die ausgezeichnete Unterstützung seitens des Verlags seien hier Frau Ute Skambraks und Herr Leonardo Milla genannt, deren großartiges Engagement das Projekt begleitete. Unser ganz persönlicher Dank gilt jedoch unseren Angehörigen, die uns viele Stunden unserer Freizeit in dieses Buchprojekt investieren ließen.

Auf dass der Dialog Früchte trage

Wie erwähnt, ist dieses Werk interdisziplinär und im ständigen Dialog zwischen uns Herausgebern und unseren Autoren entstanden, ebenso aber im engen Austausch zwischen den Autoren untereinander. Das Buch ist damit unmittelbar das Resultat des interdisziplinären Diskurses zwischen Technik und Ökonomie, aber auch zwischen Theorie und Praxis. Unsere Autorinnen und Autoren haben als ausgewiesene Expertinnen und Experten ihres Fachgebiets bereits beim Schreiben – hierin liegt die Besonderheit dieses Handbuchs – die eigenen Inhalte mit ihren jeweiligen Gegendisziplinen auf Verständlichkeit geschärft.

In diesem Handbuch finden Sie das gesammelte Wissen renommierter Vertreter der maßgebenden Forschungsrichtungen und Grundlagen der elektrischen Energieversorgung sowie erfahrener Praktiker. Unsere Autorinnen und Autoren haben mit viel Arbeit, Herzblut und vor allem Kompetenz ihre Erfahrungen und ganz unterschiedlichen Hintergründe für dieses Buch zusammengetragen – ein Spiegel unserer Energiewelt, die, wie auch dieses Buch zeigt, vor einem der größten Wandlungsprozesse in ihrer Geschichte steht.

Konstitutiv für dieses Buch ist demnach der Dialoggedanke. Dank des Dialogs zwischen Technik und Wirtschaft haben wir Herausgeber selbst viel gelernt. Wir würden uns gemeinsam mit unseren Autoren sehr freuen, wenn Sie, verehrte Leserinnen und Leser, dieses Buch mit Gewinn lesen und der nunmehr einsetzende Dialog zwischen den Welten weitere Früchte tragen würde.

München und New Brunswick, im August 2022

Oliver D. Doleski
Dr.-Ing. Monika Freunek

Inhalt

Abkürzungsverzeichnis

AbLa	abschaltbare Lasten
AC	alternating current, Wechselstrom
ACER	EU Agency for the Cooperation of Energy Regulators
ADAC	Allgemeiner Deutscher Automobil-Club e. V.
AEG	Allgemeine Elektricitäts-Gesellschaft (Unternehmen)
AEL	alkalische Elektrolyse
AEM	Anionen-Austauscher-Membran
AEUV	Vertrag über die Arbeitsweise der Europäischen Union
AEVO	Ausbilder-Eignungsverordnung
AF	Annuitätenfaktor
aFRR	automatic frequency restoration reserves, Sekundärregelleistung
AI	artificial intelligence, künstliche Intelligenz
AIP	Asset Investment Planing, Asset Investitionsplanung
ANB	Anschlussnetzbetreiber
APG	Austrian Power Grid (Österreich)
API	Application Programming Interface
APM	Asset Performance Management
AR	augmented reality
ARegV	Verordnung über die Anreizregulierung der Energieversorgungsnetze, Anreizregulierungsverordnung
ASEW	Arbeitsgemeinschaft für sparsame Energie- und Wasserverwendung im VKU
ATES	Aquifer Thermal Energy Storage, Aquifer-Wärmespeichersystem
AutoML	Automated Machine Learning
AÜW	Allgäuer Überlandwerk (Unternehmen)
B2B	Business-to-Business
B2C	Business-to-Consumer
B2G	Business-to-Governance
B2P	Business-to-Prosumer
BABS	Bundesamt für Bevölkerungsschutz (Schweiz)
BaFin	Bundesanstalt für Finanzdienstleistungsaufsicht
BANG	Berufliches Ausbildungsnetzwerk im Gewerbebereich
BAU	Business-as-usual
BauGB	Baugesetzbuch
BC	Boundary Clock, Grenzuhr
BCM	Business Continuity Management
BCMS	Business Continuity Management System
BDEW	Bundesverband der Energie- und Wasserwirtschaft e. V.
BDL	bidirektionales Laden
BDSG	Bundesdatenschutzgesetz

https://doi.org/10.1515/9783110753585-203

BEG Bürgerenergiegemeinschaft
BEHG Brennstoffemissionshandelsgesetz
BEV battery electric vehicle, Batterie-Elektrofahrzeug
BG Bereitschaftsgrad
BHKW Blockheizkraftwerk
BIKO Bilanzkreiskoordinator
BIM building information modeling
BImSchV Verordnung zur Durchführung des Bundes-Immissionsschutzgesetzes
BIP Bruttoinlandsprodukt
BIPM Bureau International des Poids et Mesures
bK beeinflussbare Kosten
BKV Bilanzkreisverantwortlicher
BKW Bernische Kraftwerke AG, BKW AG (Unternehmen)
BMBF Bundesministerium für Bildung und Forschung (Deutschland)
BMIL Blockchain Machine Identity Ledger
BMS Building Management System
BMWK Bundesministerium für Wirtschaft und Klimaschutz (Deutschland)
BNetzA Bundesnetzagentur (Deutschland)
BSH Bundesamt für Seeschifffahrt und Hydrographie (Deutschland)
BSI Bundesamt für Sicherheit in der Informationstechnik (Deutschland)
BSIG Gesetz über das Bundesamt für Sicherheit in der Informationstechnik, BSI-Gesetz
BVO Bewirtschaftungsverordnungen Elektrizität (Schweiz)
BWL Bundesamt für wirtschaftliche Landesversorgung (Schweiz)
CAIDI Customer Average Interruption Duration Index
CAPEX capital expenditure, Investitionsausgaben
CAS compressed air storage
CC common criteria
CCM customer consent management
CCS carbon capture and storage
CCU carbon capture and utilization
CEER Council of European Energy Regulators
CEMS Customer Energy Management System
CIGRÉ Conseil International des Grands Réseaux Électriques, Internationaler Rat für große elektrische Netze
CIM computer integrated manufacturing
CIO Chief Information Officer
CLS controllable local system
CO_2 Kohlendioxid, Kohlenstoffdioxid
CoA Cost of Acquisition
CRM Customer Relationship Management
CSC collective self-consumption, kollektiver Eigenverbrauch

CSH	Complexity Science Hub
ct	Währungscode für Cent
CtS	Cost to Serve
DA/RE	DAtenaustausch/REdispatch
DACH	Deutschland, Österreich und die Schweiz
DAG	directed acyclic graph
DAO	dezentrale autonome Organisation
DC	direct current, Gleichstrom
DCS	distributed control system
dena	Deutsche Energie-Agentur GmbH (Unternehmen)
DER	distributed energy resources
DERMS	Demand Energy Resources Management Systemen
DFIG	double fed induction generator, doppelt gespeiste Asynchronmaschine
DIN	Deutsches Institut für Normung
DiNA	Digitaler Netzanschluss
DLT	Distributed Ledger Technology
DME	Dimethylether
dnbK	dauerhaft nicht beeinflussbare Kosten
DoEAP	Digitalisation of Energy Action Plan, Digitalisierungsplan für die Energiewirtschaft
DSG	Bundesgesetz über den Datenschutz (Schweiz)
DSGVO	Datenschutz-Grundverordnung
DSM	Demand Side Management
DSO	Distributed System Operator, Verteilnetzbetreiber
DSR	Demand Side Response
DUT	device under test
DZR	Deltazeitreihe
EAM	Enterprise Asset Management
EBMP	EU-Energiebinnenmarktpaket
ECC	European Commodity Clearing
ECCS	European Energy Certificate System, europäisches Energie Zertifikate System
ECW	Energiecampus Wildpoldsried
EDI	Electronic Data Interchange
EDL	Energiedienstleistung
EDN	ED Netze GmbH (Unternehmen)
EE	Erneuerbare Energie
EEG	Gesetz für den Ausbau erneuerbarer Energien, Erneuerbare-Energien-Gesetz
EEG	erneuerbare Energiegemeinschaft
EEX	European Energy Exchange
EH S	Environment, Health Safety

ElCom	eidgenössische Elektrizitätskommission (Schweiz)
ElWOG	Elektrizitätswirtschafts- und -organisationsgesetz (Österreich)
EMD	Earth Mover's Distance
EMP	Engpass Management Plattform
EMS	Energiemanagementsystem
EMT	externe Marktteilnehmer
ENLAG	Gesetz zum Ausbau von Energieleitungen, Energieleitungsausbaugesetz
EnLG	Energielenkungsgesetz (Österreich)
EnSiG	Gesetz zur Sicherung der Energieversorgung (Deutschland)
ENTSO-E	European Network of Transmission System Operators for Electricity, Verband Europäischer Übertragungsnetzbetreiber
EnWG	Energiewirtschaftsgesetz
ERP	Enterprise Ressource Planning
EU	Europäische Union
EU ETS	European Union Emissions Trading System, EU-Emissionshandelssystem
EUR	Währungscode für Euro
EVU	Energieversorgungsunternehmen
EWE	Energieversorgung Weser-Ems, EWE AG (Unternehmen)
EWF	Energy Web Foundation
f	Frequenz
FCR	frequency containment reserves, Primärregelleistung
FDP	Freie Demokratische Partei
FERC	Federal Energy Regulatory Commission
FF	Füllfaktor
FFVAV	Verordnung über die Verbrauchserfassung und Abrechnung bei der Versorgung mit Fernwärme oder Fernkälte
FMEA	Failure Mode and Effects Analysis
FMECA	Failure Mode, Effects and Criticality Analysis
G7	Gruppe der Sieben, Group of Seven
GABi Gas	Grundmodell der Ausgleichs- und Bilanzierungsregeln im Gasmarkt
GAMS	General Algebraic Modelling System
GDEW	Gesetz zur Digitalisierung der Energiewende
GEIG	Gebäude-Elektromobilitätsinfrastruktur-Gesetz
GfKV	Gesellschaft für Krisenvorsorge (Österreich)
GG	Grundgesetz
GIS	Geo-Informationssystem, Geographisches Informationssystem
GIS	gasisolierte Schaltanlagen, gas-insulated switchgear
GMC	Grand Master Clock, Großmutteruhr
gMSB	grundzuständiger Messstellenbetreiber
GMT	Greenwich Mean Time
GPS	Global Positioning System, globales Positionsbestimmungssystem

GuD	Gas-und-Dampf-Kombikraftwerk, Gas-und-Dampfturbinen-Kraftwerk
GWA	Gateway-Administrator
GWP	global warming potential
H_2	Wasserstoff
H_2O	Wasser
HAN	Home Area Netzwerk
HC	Hybrid Clock
HGÜ	Hochspannungs-Gleichstrom-Übertragung
HILP	High Impact Low Probability
HKN	Herkunftsnachweis
HKV, HeizkostenV	Heizkostenverordnung
HLK	Heizung, Lüftung und Klimatechnik
HOAI	Honorarordnung für Architekten und Ingenieure
HöS	Höchstspannungsnetz
HS	Hochspannung
HSR	high availability seamless redundancy
HT	Hochtemperatur
HT	Hochtarif
I	elektrische Stromstärke
IBM	International Business Machines Corporation, IBM Corp. (Unternehmen)
IBR	inverter-based resource
IEA	International Energy Agency, Internationale Energieagentur
IEC	International Electrotechnical Commission, Internationale Elektrotechnische Kommission
IEEE	Institute of Electrical and Electronics Engineers
IERS	Internationale Dienst für Erdrotation und Referenzsysteme, International Earth Rotation and Reference Systems Service
IKT	Informations- und Kommunikationstechnik
IMA	Investitionsmaßnahme
iMSys	intelligentes Messsystem
InDEED	Infrastruktur für Dezentrale EnergieDaten
iOcTen	Integriertes Geschäftsmodell
IoT	Internet of Things, Internet der Dinge
IPCC	Intergovernmental Panel on Climate Change
IPCEI	Important Projects of Common European Interest
IRP	Integrated Resource Planning
ISMS	Informationssicherheits-Managementsystem
ISO	International Organization for Standardization, Internationale Organisation für Normung
IT	Information Technology, Informationstechnik
ITU	International Telecommunication Union
iWM	intelligente Wärme München

JAZ	Jahresarbeitszahl
KBS	Konformitätsbewertungsstelle
KI	künstliche Intelligenz
KKA	Kapitalkostenabgleich
KKW	Kernkraftwerk
KOF	Koordinierungsfunktion
KPI	key performance indicator, Leistungskennzahl
KRITIS	kritische Infrastruktur
KSG	Klimaschutzgesetz
KVP	kontinuierlicher Verbesserungsprozess
KWK	Kraft-Wärme-Kopplung
KWKK	Kraft-Wärme-Kälte-Kopplung
LBO	Landesbauordnung
LCC	Life Cycle Costs, Lebenszykluskosten
LCOE	Levelized Cost of Energy, Stromgestehungskosten
LDSG	Landesdatenschutzgesetz
LED	light emitting diode, Leuchtdiode
LEM	lokaler Energiemarkt
LEM	lokales metrologisches Netzwerk
LF	Lieferant
LIS	Ladeinfrastruktur
LKW	Lastkraftwagen
LOHC	Liquid Organic Hydrogen Carriers
LoRaWAN	Long Range Wide Area Network
LPWAN	Low Power Wide Area Network
LPX	Leipzig Power Exchange
LTE	Long Term Evolution
MaBiS	Marktregeln für die Durchführung der Bilanzkreisabrechnung Strom
MaKo	Marktkommunikation, Marktpartnerkommunikation
MAPE	mean absolute percentage error, mittlerer absoluter prozentualer Fehler
MBO	Musterbauordnung
MC	Master Clock, Mutteruhr
MEMS	microelectromechanical systems
MessEG	Mess- und Eichgesetz
MEZ	Mitteleuropäische Zeit
MEZS	Mitteleuropäische Sommerzeit
mFRR	manual frequency restoration reserves, Minutenreserve
MID	Measuring Instruments Directive, Richtlinie 2004/22/EG über Messgeräte, Messgeräterichtlinie
MiFID	Financial Instruments Directive, europäische Finanzmarktrichtlinie
MILP	mixed integer linearized optimization
ML	machine learning, maschinelles Lernen

mME	moderne Messeinrichtung
MPC	model predictive control
MQTT	message queuing telemetry transport
MRL	Minutenreserve
MS	Mittelspannung
MSB	Messstellenbetreiber
MsbG	Messstellenbetriebsgesetz
MU	Messunsicherheit
MU	merging unit
NDL	netzdienliches Laden
NEA	Netzersatzanlage
NEP	Netzentwicklungsplan
NH_3	Ammoniak
NMI	nationales Metrologieinstitut
NPM	Nationale Plattform Zukunft der Mobilität
NS	Niederspannung
NT	Niedertarif
O_2	Sauerstoff
OC	Ordinary Clocks, Tochteruhr
OECD	Organisation for Economic Co-operation and Development, Organisation für wirtschaftliche Zusammenarbeit und Entwicklung
OKR	objectives and key results
OME	Polyoxymethylendimethylether
OPEX	operational expenditure, Betriebskosten
ÖPNV	öffentlicher Personennahverkehr
OSTRAL	Organisation für Stromversorgung in ausserordentlichen Lagen (Schweiz)
OT	Operational Technology
OTC	over the counter, außerbörslicher Handel
OVG	Oberverwaltungsgericht
P2A	Power-to-Ammonia
P2G	Power-to-Gas
P2H	Power-to-Heat
P2L	Power-to-Liquid
P2M	Power-to-Mobility
P2P	Peer-to-Peer
P2X	Power-to-X
PCA	Principal Component Analysis
PCM	phase change material, Phasenwechselmaterial
PDC	phasor data concentrator, Phasendatensammler
PEM	Proton-Exchange-Membrane
PKI	public key infrastructure

PKW	Personenkraftwagen
PMU	phasor measurement unit, Phasenmessgerät
PO	Preisobergrenze
PoC	Proof of Concept
PP	Protection profile, Schutzprofil
PPA	power purchase agreement, Stromliefervertrag
PPM	Projekt und Portfolio Management
PRL	Primärregelleistung
PRP	parallel redundancy protocol
PTB	Physikalisch-Technische Bundesanstalt
PURPA	Public Utilities Regulation Act (USA)
PV	Photovoltaik
Q	Blindleistung
RCM	Reliability Centered Maintenance
RED	Renewable Energies Directive, Erneuerbare Energien Richtlinie
RFID	Radio Frequency Identification
RFNBO	Renewable Fuels of Non Biological Origin, flüssige und gasförmige erneuerbare Kraftstoffe nicht biogenen Ursprungs
RLM	Registrierende Lastgangmessung
ROI	Return on Investment
rONT	regelbarer Ortsnetztransformator
RPA	Robotic Process Automation
RSC	Regional Security Coordinator
RSE	Rundsteuerempfänger
RWE	Rheinisch-Westfälisches Elektrizitätswerk, RWE AG (Unternehmen)
S	Scheinleistung
SAIDI	System Average Interruption Duration Index
SAIFI	Average Interruption Frequency Index
SAM	Serviceable Addressable Market
SAP	Systeme, Anwendungen und Produkte, SAP AG (Unternehmen)
SCADA	Supervisory Control and Data Acquisition
SEPA	Single Euro Payments Area, einheitlicher Euro-Zahlungsverkehrsraum
SI	internationales Einheitensystem
SID	Stadtwerke Impact Day
SINTEC	Schaufenster intelligente Energie
SLP	Standardlastprofil
SMA	System-, Mess- und Anlagentechnik, SMA Solar Technology AG (Unternehmen)
SMGw	Smart Meter Gateway
SM-PKI	Smart Metering Public Key Infrastructure
SMWA	Sächsischen Staatsministerium für Wirtschaft und Arbeit
SNTP	Simple Network Time Protocol, Zeitverteilungsprotokoll

SOEC	Solid Oxide Electrolysis Cells
SOM	Serviceable Obtainable Market
SPD	Sozialdemokratische Partei Deutschlands
SSI	selbstsouveräne Identität
STO	Shutdown, turnaround and outage
SWOT	Strengths, weaknesses, opportunities and threats, Stärken, Schwächen, Chancen und Risiken
TAF	Tarifanwendungsfall
TAI	Temps Atomique International
TAM	Total Addressable Market
TAR	Trading Agent Residential
TC	Transparent Clock, Durchleitungsuhr
TCP/IP	Transmission Control Protocol/Internet Protocol
TFZ	Technologie- und Forschungszentrum
THDI	Total Harmonic Distortion, harmonische Verzerrung
THG	Treibhausgas
TOM	Technische und organisatorische Maßnahmen
TOTEX	total expenditure, Gesamtkosten
TP	Transaktionsplattform
TU	Technische Universität
U	elektrische Spannung
UN	United Nations, Vereinte Nationen
ÜNB	Übertragungsnetzbetreiber
UNO	United Nations Organization, Organisation der Vereinten Nationen
US	United States, Vereinigte Staaten
USA	Vereinigte Staaten von Amerika
USV	unterbrechungsfreie Stromversorgung
UT	Universal Time, Universalzeit
UTC	Coordinated Universal Time, koordinierte Weltzeit
UVgO	Unterschwellenvergabeordnung
V2G	Vehicle-to-Grid
V2H	Vehicle-to-Home
VALCOE	value adjusted levelized cost of energy, wertkorrigierte Stromgestehungskosten
VDA	Verband der Automobilindustrie
VDE	Verband der Elektrotechnik Elektronik Informationstechnik e. V., vormals Verband Deutscher Elektrotechniker
VDE FNN	Forum Netztechnik/Netzbetrieb im VDE
VN	Verteilnetz
VN	Vereinte Nationen
VNB	Verteilnetzbetreiber
vnbK	vorübergehend nicht beeinflussbare Kosten

VOPA	Vernetzung, Offenheit, Partizipation und Agilität
VPN	Virtual Private Network
VPP	virtuelles Kraftwerk
VR	virtual reality
VUCA	volatility, uncertainty, complexity und ambiguity, Volatilität, Unplanbarkeit, Komplexität und Ambivalenz
WAMPACS	Wide Area Monitoring, Protection and Control System
WAN	Wide Area Netzwerk
WEG	Wohnungseigentumsgesetz
WKZ	Wärme- und Kältezentrale
WMO	World Meteorological Organization
wMSB	wettbewerblicher Messstellenbetreiber

Einheitenverzeichnis

Einheitenzeichen	Einheit
A	Ampere
GW	Gigawatt
GWh	Gigawattstunde
h	Stunde
Hz	Hertz
km	Kilometer
kV	Kilovolt
kVA	Kilovoltampere
kW	Kilowatt
kWh	Kilowattstunde
kWp	Kilowatt-Peak
m	Meter
m^2	Quadratmeter
MHz	Megahertz
mHz	Millihertz
ms	Millisekunde
MW	Megawatt
MWh	Megawattstunde
s	Sekunde
TW	Terawatt
TWh	Terawattstunde
V	Volt

Wichtige Größenordnungen und ihre Präfixe

Kilo	k	$1000 = 10^3$
Mega	M	$1\,000\,000 = 10^6$
Giga	G	$1\,000\,000\,000 = 10^9$
Terra	T	10^{12}
Peta	P	10^{15}
Milli	m	$0{,}001 = 10^{-3}$
Mikro	µ	$0{,}000001 = 10^{-6}$
Nano	n	$0{,}000000001 = 10^{-9}$

Zusammenhänge von Leistung und Energie

Eine Energie E berechnet sich aus dem Integral einer Leistung P, die über einen Zeitabschnitt T betrachtet wird.

$$E(T) = \int_0^T P(t)dt$$

https://doi.org/10.1515/9783110753585-204

Bei konstanter Leistung vereinfacht sich die Formel zu

$$E = Pt.$$

In der elektrischen Energieversorgung ist die Einheit der Energie zumeist Joule mit dem Einheitenzeichen J oder Wattsekunde mit dem Einheitenzeichen Ws. Die Einheit der Leistung ist Watt mit dem Einheitenzeichen W.

Größe	**Einheit**	**Einheitenzeichen**	**Umrechnung in Leistung**	**Umrechnung in Energie**
Leistung	Watt	W	1.000 W = 1 kW	1 kW ∗ 1 h = 1 kWh
Energie	Joule, Wattsekunde, Newtonmeter	J, Ws, Nm	1 kWh/1 h = 1 kW	1 kWh = 3.600.000 Ws

Oliver D. Doleski und Monika Freunek

1 Geschichte und aktuelle Herausforderungen elektrischer Energieversorgung

Zusammenfassung: Das einleitende Kapitel schlägt den Bogen von den geschichtlichen Grundlagen der elektrischen Energieversorgung bis hin zu den aktuellen Herausforderungen dieser kritischen Infrastruktur. Insofern legt es die Grundlagen für ein umfassendes Verständnis unserer heutigen Stromversorgung und ist damit konstitutiv für das vorliegende *Handbuch elektrische Energieversorgung*. Die Geschichte und Entwicklung werden aus technischer, gesellschaftlicher, ökonomischer und regulatorischer Sicht eingeführt und in den heutigen Kontext gestellt. Wichtige Meilensteine aus technischer und gesellschaftlicher Perspektive werden diskutiert. Die wichtigsten Grundlagenbegriffe und Zusammenhänge der elektrischen Energieversorgung werden vorgestellt und erläutert. Dabei wird deutlich, dass die frühe Entwicklung der elektrischen Energieversorgung technisch und gesellschaftlich viele Ähnlichkeiten mit den aktuellen Herausforderungen der Energiewende aufweist. Die Hintergründe und Entwicklungsgeschichten zahlreicher bis heute bestehender Standards und Systeme werden beleuchtet und zeigen im historischen Rückblick: Vieles in unserem Energiesystem ist gerade zu Beginn nicht immer koordiniert entstanden. Es ist über Jahrzehnte gewachsen. Der Transformation dieser größten physikalischen Maschine der Welt, dem europäischen elektrischen Energienetz, hin zu einem dekarbonisierten, digitalen und resilienten System stellt eine der spannendsten und wichtigsten Herausforderungen unserer Zeit dar. Lösungen und Erfahrungen aus Forschung und Praxis werden vorgestellt und zu einzelnen Fachkapiteln dieses Buches in Bezug gesetzt. Literaturhinweise zur Vertiefung ausgewählter Themenbereiche runden das Kapitel ab.

Schlagwörter: Energieversorgung, Energiewirtschaft, Energiewende, Digitalisierung, Geschichte der Energieversorgung, Energiesysteme

Danksagung: Die Autoren danken der Gesellschaft für Schleswig-Holsteinische Geschichte, dem National Trust, der Swissgrid AG, dem VDE und dem VSE für die hilfreichen Korrespondenzen, Informationen und Materialien.

Oliver D. Doleski, Siemens AG, München, Deutschland, e-mail: doleski@t-online.de
Monika Freunek, Lighthouse Science Consulting and Technologies Inc., New Brunswick, Kanada, e-mail: monika.freunek@lighthouse-sct.com

https://doi.org/10.1515/9783110753585-001

1.1 Eine kurze Zeitreise durch die Geschichte der elektrischen Energieversorgung

Die Menschheitsgeschichte ist nicht zuletzt auch eine Geschichte der Energie. Unsere Existenz ist untrennbar mit der Nutzung von Energie verknüpft. Ohne die gezielte und kontrollierte Nutzung von Energie hätte der Homo sapiens Gebiete mit winterlicher Kälte kaum besiedeln können. Auch erfolgte kein Warenaustausch über weite Entfernungen hinweg, und infolgedessen existierten auch keine Ökonomien und urbanen Siedlungsräume heutiger Prägung. Grund genug, sich in einem Handbuch der elektrischen Energieversorgung einleitend zunächst mit den historischen Dimensionen der Energienutzung allgemein zu befassen. Begleiten Sie uns daher auf den folgenden Seiten auf eine kurze Zeitreise durch die Geschichte der Energie und ihrer anthropogenen Nutzung.

1.1.1 Alles begann mit dem Feuer

Spätestens vor rund einer Million Jahren gelang es unseren frühen Urahnen erstmals, natürliche Brände zu nutzen und diese als offene Feuer über längere Zeiträume zu erhalten (vgl. [1]). Darauf deuten jedenfalls Brandspuren auf zahlreichen archäologischen Funden aus jener Vorzeit des Homo sapiens hin. Damit gelang es unseren Vorfahren bereits lange bevor sie von Afrika ausgehend die gesamte Welt besiedelten, die Nacht um das Lagerfeuer zu erhellen, sich effizient Raubtiere vom Leib zu halten, hochwertigere Nahrungsquellen zu erschließen und Materialien zu bearbeiten.

Lange vor dem Rad

Lange vor der Erfindung des Rades lernte der Urmensch technische Möglichkeiten kennen, Feuer selbst zu entfachen (vgl. [2, 3]). Dank dieser Fähigkeit beherrscht der Homo sapiens fortan die Flammen, die er frei nach eigenem Belieben jederzeit und an jedem Ort entzünden kann. – Ein epochaler Fortschritt, ohne den unsere Welt heute fraglos völlig anders aussähe.

Vermutlich nur kurze Zeit nach der anfänglich zufälligen Nutzung natürlicher Feuerereignisse wie Blitzschlag oder Selbstentzündungen begann in Afrika eine frühzeitliche Form der gemeinschaftlichen Energieversorgung. Archäologen gehen davon aus, dass bereits der Urmensch Holz, als ersten bekannten Energieträger der Menschheit, gemeinschaftlich sammelte und anschließend zur Wärmeerzeugung in Sippen nutzte. Mit fortschreitender Bildung zunächst kleinerer Siedlungen und der zeitverzögert einsetzenden Entwicklung größerer Städte lösten schließlich Formen arbeitsteiliger Versorgung mit Brennstoffen wie Holz, Torf, Kohle, Tran- und Pflanzenöl die gängige archaische Sammelwirtschaft mehr und mehr ab. Später erweiterte die Menschheit das Repertoire nutzbarer Energieträger um Erdöl, Erdgas und schließlich elektrische Energie.

Es werde Licht

Die Beleuchtung von Wegen und Straßen in der Dunkelheit ist ein Grundbedürfnis menschlicher Siedlungen. Licht verhindert Unfälle und senkt das Risiko von Überfällen und Angriffen durch nächtlich durch die Siedlungen streifende Tiere. Bereits im vorchristlichen Ägypten um 1500 v. Chr. wurden Straßen durch Leuchten erhellt, die von den Bewohnern in die Fenster ihrer Häuser gestellt wurden (vgl. [4]). Die Praxis, Straßen mithilfe der Bewohner selbst zu beleuchten, war bis weit in das späte 18. Jahrhundert auch in Europa und Nordamerika üblich. An einigen Orten, so etwa in London ab dem Jahr 1415, war diese Beleuchtung im Fenster eine gesetzliche Pflicht der Hausbewohner. Noch bis in die Zeit der Frühindustrialisierung hinein gab es die Tätigkeit des Laternenträgers zur Wegbegleitung.

Die zu Beginn des 19. Jahrhunderts aufkommende Urbanisierung und fortschreitende Industrialisierung erhöhten den Bedarf nach neuen, verbesserten Lösungen der Beleuchtung öffentlicher Plätze, Straßen und Fabrikhallen. Zunehmend wurde mit Gasleuchten experimentiert. Der schottische Ingenieur William Murdoch war maßgeblich an der Erfindung einer funktionierenden Gasbeleuchtung beteiligt, indem er bereits im Jahr 1792 den Einsatz von sogenanntem Leuchtgas entwickelte und erfolgreich zur Beleuchtung seines Hauses in Cornwall demonstrierte (vgl. [5]).

Zunächst lediglich für einzelne Gebäude und erste Demonstratoren eingesetzt, begann ab 1807 auf Basis des umtriebigen deutschen Einwanderers Frederick Albert Winsor mit der Illuminierung der Londoner Pall Mall der Siegeszug von Gas in der Straßenbeleuchtung (vgl. [6]), eine Beleuchtungsart, die in den Folgejahren schnell globale Verbreitung erfahren sollte.

In Deutschland begann das Gaszeitalter mit Unterstützung durch die britische Imperial Continental Gas Association ab dem Jahr 1826 zunächst in Hannover und dann auf dem Boulevard „Unter den Linden“ in Berlin. Es folgten weitere deutsche Städte wie beispielsweise Dresden (1828), Frankfurt (1828), Leipzig (1837), Aachen (1839), München (1850) und Freiburg (1850). Insgesamt verfügen um 1850 bereits 32 deutsche Städte über eine öffentliche Gasbeleuchtung, die von den Bewohnern vielerorts als technologische Errungenschaft gefeiert wurde, aber auch großen Finanzierungshürden sowie beträchtlichem Widerstand ausgesetzt war. So befand die Cölnische Zeitung 1918, die Straßenbeleuchtung sei verwerflich, und führte dazu sieben theologische, sittliche, juristische und andere Argumente ins Feld (vgl. [7]).

Gemeinsam mit häufig noch geringen Brandschutzvorschriften und strukturellen baulichen Brandrisiken – wie dem verbreiteten Einsatz leicht brennbarer Materialien und fehlenden Fluchtwegen – stellte der Einsatz der Gastechnologie mit offener Flamme und kaum begrenzter Gasnachfuhr tatsachlich gerade in Innenraumen eine erhebliche Gefahr dar. Spätestens seit der Brandkatastrophe des Wiener Ringtheaters im Jahr 1881 mit Hunderten Todesopfern stand die Suche nach einer sicheren Alternative für die öffentliche Beleuchtung auf der Agenda von Erfindern und Kommunalverwaltungen (vgl. [8]).

1.1.2 Die elektrisierte Welt

Unterstützt wurde diese Suche nach einer sichereren Alternative durch das junge Forschungsgebiet des Elektromagnetismus. Im Jahr 1820 veröffentlichte der Däne Hans Christian Oersted seine Beobachtungen zum Verhalten einer Magnetnadel in der Nähe eines elektrischen Stroms, das eine Kopplung der Effekte nahelegte (vgl. [9]). Damit war der erste Nachweis einer physikalischen Kopplung von Elektrizität und Magnetismus gelungen. Die Entdeckung des Elektromagnetismus kam einer Sensation gleich und löste eine Reihe von Entdeckungen und Erfindungen aus, die unsere Gesellschaft bis heute maßgeblich prägen.

Wie eine Vorausschau bis hin in die Gegenwart lesen sich heute die Arbeiten des slowakischen Benediktinermönches und Forschers Ányos Jedlik. Bis heute weitgehend unbeachtet vom Rest der Welt, machte der Wissenschaftler eine Reihe von Entdeckungen und Erfindungen. Inspiriert durch den noch im Jahr 1820 durch den deutschen Chemiker Julian Schweigger erfundenen Schweigger Multiplikator, ein Vorgänger des Galvanometers, konstruierte Jedlik 1827 den ersten elektrischen Motor, der bis heute operabel ist und im Museum of Applied Arts in Budapest besichtigt werden kann. Es folgte die Erfindung eines ersten Dynamos im selben Jahr, einer Kondensatorbatterie, einem Vorgänger der heutigen Impulsgeneratoren, der Kaskadenverbindung und des Elektroautos. Jedlik veröffentlichte seine Arbeiten jedoch nicht, oder erst mit großer Verspätung, sodass sie nur geringen Bekanntheitsgrad erlangten.

Die folgenden Jahrzehnte nach Oerstedts Publikation verzeichnen eine Vielzahl von Entdeckungen und Erfindungen. Der globale Siegeszug der Elektrizität in die Gesellschaft hinein begann spätestens mit der Darstellung des dynamoelektrischen Prinzips durch Werner von Siemens vor der Berliner Akademie der Wissenschaften im Jahr 1866 (vgl. [10, 11]) – in einem Kopf-an-Kopf-Rennen um wenige Tage mit dem Briten Charles Wheatstone und den Gebrüdern Varley, die ihre Erfindung zunächst geheim gehalten hatten. Für den Durchbruch einer Technologie braucht es neben Erfindergeist auch Geschäftssinn. Die Brüder Siemens hatten beides. So brachte Werner von Siemens mit seinen Produkten das dynamoelektrische Prinzip erstmals serienreif zur Anwendung und läutete damit endgültig die Ära der Elektrizität ein.

Fast vergessene Meilensteine – die Elektrifizierung begann in der Abgeschiedenheit
Die ersten Generatoren waren auch als magnetoelektrische Maschinen bekannt, in denen mittels Permanentmagneten und einer Dampfmaschine Gleichstrom gewonnen wurde. Der erste kommerzielle Einsatz eines Generators dieser Art wird auf das Jahr 1844 datiert, in dem eine von Stephen Woolrich patentierte Maschine in der Galvanisieranstalt Elkingtons in Birmingham in Betrieb genommen wurde (vgl. [12]). Das Stromzeitalter setzte dann nicht in einer bekannten Metropole oder dem Industriepark eines multinational tätigen Industrieunternehmens ein, sondern an eher abgelegenen

Orten: einem Leuchtturm, einer künstlich angelegten Höhle in Oberbayern und einem Landhaus im britischen Northumberland.

Auf Anregung des britischen Wissenschaftlers Michael Faraday wurde im britischen Königreich an der Verwendung elektrischer Beleuchtung in Leuchttürmen geforscht. 1853 präsentierte der Chemieprofessor Frederick Hale Holmes einen magnetoelektrischen Generator, der mit Bogenlampen ab 1858 zur elektrischen Beleuchtung des Leuchtturms South Foreland Upper Light bei Dover getestet und schließlich dauerhaft eingesetzt wurde [vgl. Kenward 1887]. Skizze und Foto dieser ersten Bogenlampen sind in Abb. 1.1 zu sehen.

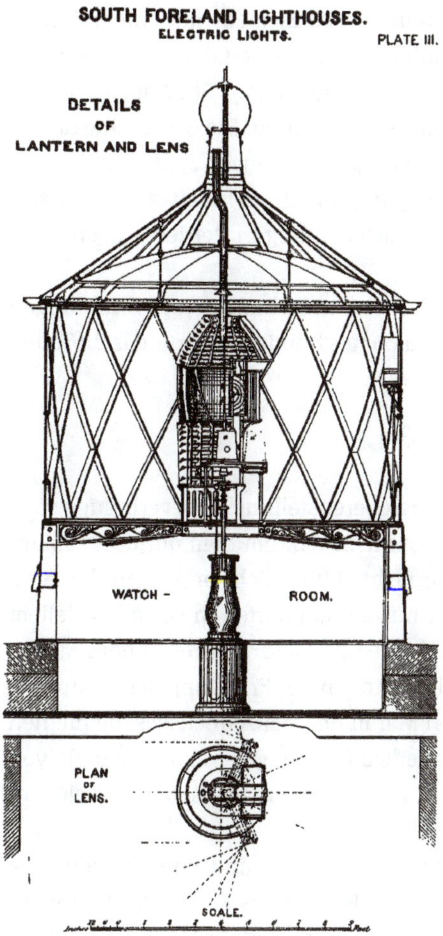

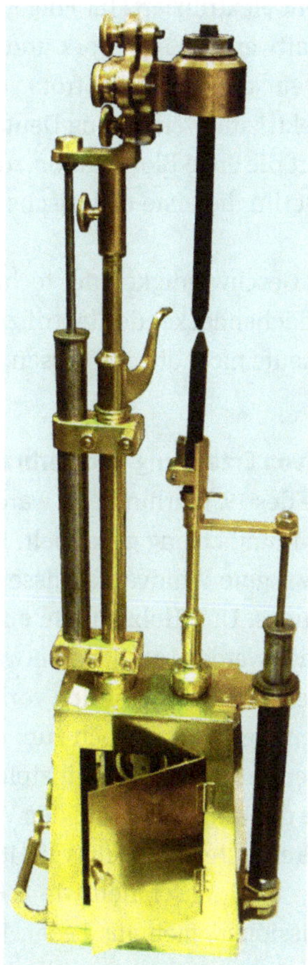

Abb. 1.1: Zeichnung und Foto der Bogenlampe der Beleuchtungsanlagen von Frederick Hale Holmes des Leuchtturms South Foreland Upper Light, Großbritannien (Fotos: Steve Beck, National Trust, 2022 [13]).

Der damalige bayerische König Ludwig II. ließ 1878 im malerischen Park von Schloss Linderhof bei Ettal das weltweit erste fest installierte Kohlekraftwerk für Dauerbetrieb mit insgesamt 24 von einer Dampfmaschine angetrieben Dynamos der Firmen Schuckert und Gramme installieren. (vgl. [14]). Mit dem so erzeugten Strom wurde das „Venusgrotte" genannte Ensemble mittels Kohlebogenlampen mehrfarbig beleuchtet sowie eine künstliche Wellenmaschine betrieben. Damit begann das Zeitalter der Elektrizität in Linderhof, noch bevor Thomas Alva Edison seine verbesserte Glühbirne patentieren ließ. Im selben Jahr nahm der Erfinder und Unternehmer William George Armstrong in seinem Landhaus Cragside die erste elektrische Wasserkraftanlage zur Beleuchtung in Betrieb (vgl. [15]).

Im Jahr 1881 wurde das britische Godalming durch Siemens mit einem Gleichstromkraftwerk elektrifiziert. Im Folgejahr nahm Thomas Alva Edison die ersten öffentlichen Kraftwerke in New York und London in Betrieb (vgl. [16]). Auch in der Öffentlichkeit Deutschlands fand Strom sukzessive Verwendung. Die Geschichte der öffentlichen Elektrizitätsversorgung Deutschlands begann demnach „[...] im Jahr 1882, als in Stuttgart die erste Blockstation zur Erzeugung von Strom für etwa 30 Glühlampen und in Berlin die erste elektrische Straßenbeleuchtung in Betrieb gingen." [17, S. 14].

Trotz der Geschwindigkeit der technologischen Entdeckungen und Erfindungen dauerte eine flächendeckende Elektrifizierung mehr als hundert Jahre und ist in Teilen der Welt bis heute nicht abgeschlossen.

Entkopplung von Erzeugung und Verbrauch

Bis zum Ende des 19. Jahrhunderts waren Energiebereitstellung und -verbrauch stets zwangsläufig räumlich eng gekoppelt. Korn konnte in Windmühlen nur dort gemahlen werden, wo gute Windverhältnisse vorherrschten und nicht primär an den Stellen, wo es wuchs. Und Holz konnte effizient nur an Standorten in vorindustriellem Maßstab gesägt werden, an denen etwa fließendes Wasser in ausreichender Menge für den Antrieb von Wassermühlen vorhanden war. Mit der Erfindung der Dampfmaschine wurden die Karten jedoch zum ersten Mal in der Menschheitsgeschichte neu gemischt. Energie konnte nun prinzipiell an jedem Ort weitgehend unabhängig von der Topologie der Umgebung und den Wind- und Wasserverhältnissen in ausreichender Menge bereitgestellt werden (vgl. [18]).

Allerdings sind Maschinen wie z. B. Sägen, Mahlwerke und Pumpen sehr eng über Transmissionsriemen aus Leder, Ketten oder Bänder aus Stahl oder Rohre zur Dampfübertragung mit ihren jeweiligen Dampfmaschinen verbunden. Eine aus heutiger Sicht höchst ineffiziente, störanfällige und oftmals auch von schweren Unfällen begleitete Form der Umwandlung von Wärme- in Bewegungsenergie. Mit dem Aufkommen von Elektromotoren und elektrischer Leitungen konnten solche Maschinen erstmalig von Anlagen zur Energiebereitstellung räumlich entkoppelt werden.

Mehr und mehr Dampfmaschinen verschwanden auf dem Höhepunkt der Industrialisierung aus den Maschinenhallen; Stromkabel ersetzten die wartungsintensiven Antriebsriemen, Ketten und Dampfrohre (vgl. [18]).

1.1.3 Konstitutive Standards der Energieversorgung entstehen

Die Geschichte der elektrischen Energieversorgung ist seit Ausgang des 19. Jahrhunderts vor allem auch eine Entwicklungsgeschichte technischer Standards. Häufig evolutorisch, vielfach aber auch disruptiv geprägte Entwicklungen haben das Gesicht der elektrischen Energieversorgung bis in unsere Zeit hinein nachhaltig geprägt.

Das erste Standardisierungsduell der Industriegeschichte
Es begann Anfang der 1890er Jahre mit einem Wettstreit zwischen zwei – genau genommen drei – ungleichen Männern. Dieses Tauziehen zwischen Gleich- und Wechselstrom ist auch als „Stromkrieg“ in die Geschichte der Technik eingegangen ist (vgl. [19]). Aber lassen Sie uns an dieser Stelle zunächst nochmals auf die Glühbirne von Thomas Alva Edison zurückkommen. Bereits 1878 hatte Edison die Edison Electric Light Company gegründet, ein weiteres Unternehmen des Erfinders, welches 1889 in einen Vorgänger von General Electric überführt wurde. Nachdem Edison 1879 seine verbesserte Glühbirne „mit praktischem Nutzen“ patentiert hatte, wurde ihm – Geschäftsmann, der er war – sehr schnell bewusst, dass der wirtschaftliche Erfolg seiner Leuchtmittel von einer funktionierenden Stromversorgung abhängen würde.[1] Es war also nur konsequent, dass Edison selbst am 4. September 1882 in New York die erste 100 kW Stromversorgung mit 110 Volt Gleichstrom auf nordamerikanischem Boden in Betrieb nahm. Diese Anlagen wiesen gegenüber Hochspannungsbogenlampen durch die vergleichsweise niedrige Gleichspannung auch eine geringere Brandgefahr auf.

Edison hatte sich damals keineswegs zufällig oder gar in Unkenntnis der in den 1880er Jahren längst bekannten physikalischen Wirkzusammenhänge für ein auf niedriger Gleichspannung basierendes Stromnetz mit seinen hohen Strömen und den damit einhergehenden hohen Leitungsverlusten bewusst entschieden. Dahinter stand nach heutiger Erkenntnis vielmehr das ökonomische Kalkül Edisons, dass bei einem Gebrauch der Wechselstromtechnik der Verlust von Lizenzgebühren durch seine zahlreichen Patente in der Gleichstromtechnik drohte. Zudem ließen die mit der Gleichspannungstechnologie verbundenen geringeren Übertragungsweiten im Vergleich zur hoch transformierten Wechselspannung enorme Zusatzeinnahmen erwarten. Demnach plante Edison eine Vielzahl lokaler Stromerzeugungseinheiten mit

1 An dieser Stelle sei angemerkt, dass es der Brite Joseph Swan war, der die erste funktionierende Glühbirne öffentlich vorgeführt hatte. In einem späteren Patentstreit einigten sich jedoch Swan und Edison einvernehmlich.

einer durchschnittlichen Reichweite von jeweils nur etwa 1,5 km im Durchmesser zu errichten – ein unvorstellbar großer Absatzmarkt also.

Im Gegensatz zur von Edison bevorzugten Gleichstromtechnologie favorisierte der Erfinder und Unternehmer George Westinghouse die – auf dem von Nikola Tesla entwickelten Wechselstrommotor basierende – Wechselstromtechnologie. Westinghouse hielt die Wechselspannung für geeigneter, insbesondere große Gebiete mit Elektrizität zu versorgen. Er wendete sich damit bewusst gegen die in jener Zeit gerade entstehenden regionalen Gleichstrom-Inselnetze Edisons mit ihren räumlichen Restriktionen.

Ein vehementer und in weiten Teilen skurriler Streit um die zukunftsfähigere Stromart entbrannte zwischen den erbitterten Rivalen und sollte sich über viele Jahre und Stationen erstrecken. So schreckte Edison neben Patentprozessen nicht davor zurück, in öffentlichen Veranstaltungen Katzen, Hunde, die Elefantendame Topsy und einmal sogar einen zum Tode verurteilten Menschen mit Wechselstrom zu töten. Damit sollte publikumswirksam die besondere Gefährlichkeit des Wechselstroms belegt werden (vgl. [20]).

Wie dieser „Krieg der Ströme“ (englisch: „war of currents“) als vermutlich erster Kampf um einen Industriestandard ausging, ist bekannt. Heute dominiert die Wechselspannung das elektrische Energiesystem rund um den Planeten. Dank Wechselstrom konnte der räumliche Versorgungsradius moderner Kraftwerke enorm vergrößert werden. Elektrischer Strom wird heute problemlos auch an die entlegensten Orte der Welt über weite Strecken geleitet.

Man könnte mithin verleitet sein zu unterstellen, dass Thomas Alva Edison die Auseinandersetzung mit den Anhängern des Wechselstroms ganz und gar verloren hätte. Dem ist aber mitnichten so: In diesen Tagen feiert vielerorts der Gleichstrom ein Comeback. Dies lässt sich z. B. am großtechnischen Beispiel der sogenannten Hochspannungs-Gleichstrom-Übertragungstechnik (HGÜ-Technik) nachvollziehen. Und mit der zunehmenden Verbreitung lokaler Gleichstromproduktion und den einhergehenden Verlusten durch Wandlung und Übertragung als Wechselstrom stellt sich verstärkt die Frage nach dem gezielten Einsatz von Gleichstromnetzen auch auf lokaler Ebene.

Evolution der Stromnetze

Die flächendeckende Einführung der Elektrizität begann demnach in Inselnetzen und einem erbitterten Wettstreit zwischen Gleichstrom- und Wechselstrombefürwortern. Aber die Frage nach der geeigneten Stromart ist nur ein – wenngleich wesentlicher – Aspekt der Energiewirtschaft. Mit der zunehmenden räumlichen Entkopplung von Erzeugung und Verbrauch durch den flächendeckend aufkommenden Wechselstrom erschien eine neue Frage auf der Tagesordnung: Wie müssen Stromnetze optimal strukturiert sein?

Die Antwort gestaltet sich in der Praxis allerdings etwas komplexer, als dies die knapp formulierte Frage zunächst möglicherweise vermuten lässt. Schließlich unterscheidet die Energiewirtschaft vielfältige Erscheinungsformen moderner Stromnetze, die sich über die letzten beinahe 150 Jahre sukzessive entwickelt und verfeinert haben. Die bedeutendsten Charakteristika dieser wichtigen Infrastrukturelemente sind die Spannungsebenen, die Netzqualität und die unterschiedlichen Netztopologien. Die historische Entwicklung verlief tatsächlich von Kontinent zu Kontinent, von Land zu Land mitunter höchst unterschiedlich. Es lassen sich allerdings einige übergeordnete Entwicklungsphasen wie folgt unterscheiden:

Phase 1 – Inselnetze

Wie bereits mehrfach anklang, wurden die heutigen Energienetze zum Ende des 19. Jahrhunderts zunächst als lokal eng begrenzte Inselnetze zur Übertragung vorerst ausschließlich von Gleichstrom geschaffen. Es handelte sich in dieser Frühphase der Elektrifizierung somit faktisch um eine Form der isolierten Versorgung durch einzelne Kraftwerke, welche nur sehr nahe gelegene Verbraucher über Kabel mit Strom versorgen konnten. Eine höchst unsichere Form der Energieversorgung, war doch die Versorgungssicherheit allein von einem einzigen Kraftwerk vollständig abhängig. Es existierte keinerlei Back-up, und so gingen die sprichwörtlichen Lichter tatsächlich häufig aus.

Die höchsten Leistungen konnten in der Nähe von Wasserkraftanlagen bereitgestellt werden. Die Verfügbarkeit und wirtschaftliche Machbarkeit einer flächendeckenden elektrischen Energieversorgung war damit fest mit dem lokalen Energieangebot verbunden, das über die Elektrifizierung von Betrieben oder Städten entschied. Zahlreiche in dieser Zeit entstandene Wasserkraftwerke sind bis heute mit oftmals nur geringen Modifikationen in Betrieb und nach wie vor ein wichtiger Bestandteil unserer heutigen Energieversorgungsinfrastruktur.

Phase 2 – Kraftwerksverbünde

Mit den Fortschritten in der Dampfmaschinen- und Generatortechnik, wie der Erfindung des Turbogenerators, wurde es zunehmend möglich, elektrische Energie in großen und kontrollierten Mengen bereitzustellen. Diese Kraftwerke wurden etwa mit Kohle oder Gas betrieben. Gleichzeitig konnten Kraftwerke an günstig gelegenen Verteilungspunkten und mit nie gekannter Leistung im Megawattbereich betrieben werden. Durch die geringeren Übertragungsverluste über lange Distanzen und die einfachere Spannungswandlung vor Ort kam zunehmend die Wechselstromtechnik zum Einsatz. Damit begannen der Siegeszug sowohl der Wechselstromtechnik als auch der fossilen Energieversorgung.

Mit dem Aufkommen des Wechselstroms begannen sich um die Jahrhundertwende, nicht zuletzt auch vor dem Hintergrund der unzureichenden Versorgungssicherheit der kleinen Gleichstromnetze, die ersten echten Kraftwerksverbünde bereits samt größerer Netze auszubilden. Dabei wurden anfänglich zunächst zwei, später auch mehrere, Kraftwerke mittels Überlandkabel über weite Strecken miteinander verbunden. Es resultierte erstmals eine deutlich stabilere Versorgungssituation, konnte doch der Ausfall des jeweils nahe gelegenen Kraftwerks durch die Leistung eines weiter entfernten Kraftwerksblock zeitweise überbrückt werden. Die erste Fernübertragung von Wechselstrom im damaligen Deutschen Reich wurde 1891 mit Walter Boweri und Charles Eugene Lancelot Brown von der deutschen Allgemeinen Elektrizitätsgesellschaft AEG und der schweizerischen Maschinenfabrik Oerlikon über eine Entfernung von 175 km über eine 15–25 kV Leitung vom Kraftwerk Lauffen am Neckar bis nach Frankfurt am Main anlässlich der 1. Internationalen Elektrotechnischen Ausstellung in Frankfurt gemeinsam demonstriert (vgl. [15]). Ab 1892 wurde die Stadt Heilbronn über das Kraftwerk Lauffen als erste Stadt der Welt elektrifiziert.

Phase 3 – Netzausbau und Erhöhung der Übertragungsspannung

Die ersten Jahrzehnte des 20. Jahrhunderts standen vielerorts auf der ganzen Welt ganz im Zeichen der fortschreitenden Elektrifizierung weiter Teile der jeweiligen Länder und des dafür erforderlichen Ausbaus engmaschiger Stromnetze durch die damals noch jungen Energieversorgungsunternehmen. Mit dem Bau der ersten 220 kV Übertragungsleitung über eine Entfernung von 33 km zwischen Letmathe und Ronsdorf durch die Firma RWE begann schließlich 1922 das Hochspannungszeitalter in Europa. Etwa zeitgleich 1923 wurde in den USA eine insgesamt 434 km lange 220 kV Freileitung in Betrieb genommen (vgl. [12]). Die Höchstspannung liegt heute in der Netzebene 1 mit 380 und 220 kV. Diese Netze werden von den Übertragungsnetzbetreibern unterhalten. In Deutschland sind dies Tennet TSO, 50Hertz Transmission, Amprion und TransnetBW, in der Schweiz die Swissgrid und in Österreich die Austrian Power Grid und Voralberger Übertragungsnetz. Die Ebene 3 ist die darunterliegende Hochspannung mit einem typischen Niveau von 110 kV. Die Abgrenzung zur Mittelspannung der Netzebene 5 ist landesspezifisch verschieden und beginnt ab 30 kV. Die Mittelspannung umfasst alle Werte ab 1 kV. Alles bis zu einer Spannung von 1 kV ist Niederspannung und Netzebene 7. Die Abb. 1.2 und 1.3 stellen die Netzebenen im D-A-CH-Raum dar.

Phase 4 – Zusammenwachsen

Obwohl der Ausbau der Stromnetze sich gemeinsam mit der Entstehung der Energieversorger zunächst vor allem auf regionale Versorgungen fokussierte, kam es vereinzelt schon sehr früh zu internationalen Übertragungsleitungen, wie etwa dem 5 km langen 25 kV Seekabel zwischen dem dänischen Seeland und dem schwedischen Schonen (vgl. [12]).

Ab 1958 überschritten die Stromnetze in Europa mehr und mehr die Grenzen der Nationalstaaten. Etwa eine Dekade nach dem Ende des Zweiten Weltkriegs begannen zunächst Frankreich, die Schweiz und Deutschland ihre überregionalen Transportnetze sukzessive in ein transnationales Stromnetz zu transformieren. Mit der Schaffung

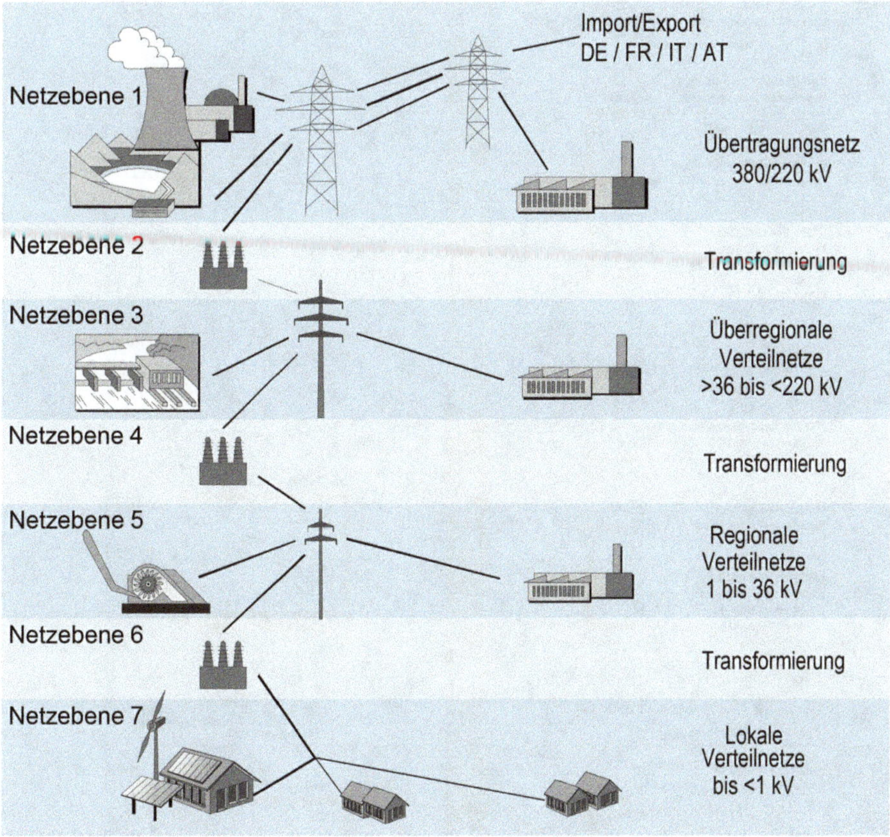

Abb. 1.2: Spannungsebenen in der Schweiz und Österreich (Grafik: [21]).

des sogenannten „Sterns von Laufenburg“ wurden das schweizerische, deutsche und französische 220 kV Netz gezielt physikalisch verbunden – der Startpunkt des sich in den folgenden Jahren entwickelnden Europäischen Verbundnetzes (Abb. 1.4).

Heute wird Strom in Europa über alle Landesgrenzen hinweg rund um die Uhr übertragen und gehandelt. Das Europäische Verbundnetz erstreckt sich dabei längst über Kontinentaleuropa hinaus bis hin zu Island, Großbritannien, Russland und dem Mittelmeer sowie nordafrikanischen Raum. Das heutige System ist in Größe und physikalischer Komplexität eine der anspruchsvollsten technischen Maschinen unserer Zeit. Die Fachkapitel dieses Buches vertiefen die einzelnen Themen rund um unsere heutige Energieversorgung, zeigen aber auch Wege hin zu neuen Entwicklungen – einer Phase 5, in der den Gleichspannungs- und Inselnetzen aus der Anfangszeit der elektrischen Energietechnik neue und systemrelevante Rollen in diesem Supernetz zukommen, und andere, neue Technologien wie Digitalisierung und Künstliche Intelligenz hinzukommen.

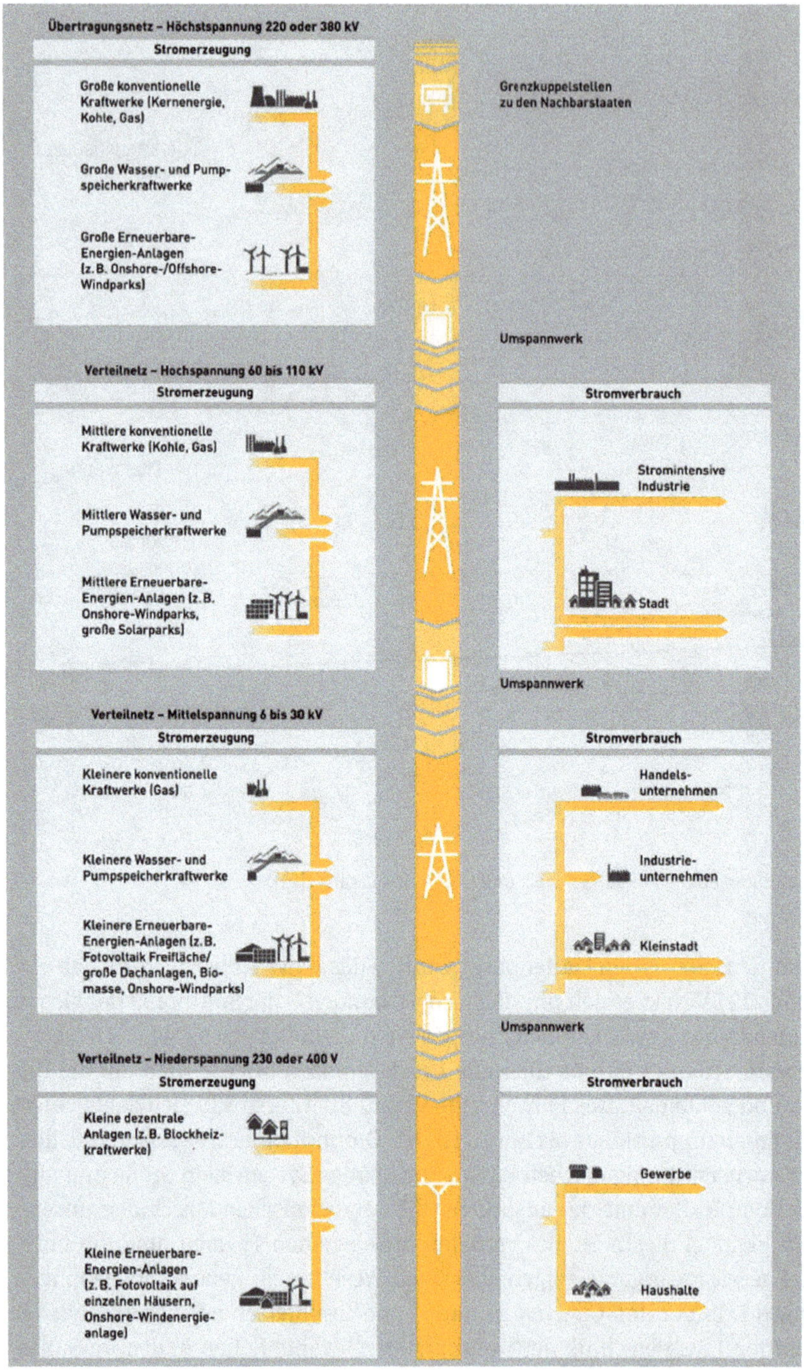

Abb. 1.3: Spannungsebenen in Deutschland (Grafik: [22]).

Abb. 1.4: Swissgrid: Kabelverlegung für den Geburtsort des Europäischen Verbundnetzes: Der Sternpunkt von Laufenburg verbindet seit 1958 das deutsche, französische und schweizerische Stromnetz (Bild: [23]).

Ökonomische und politische Randbedingungen der Elektrifizierung

Elektrischer Strom faszinierte und begeisterte von Anfang an. Ebenso waren Widerstände politischer und gesellschaftlicher Natur, finanzielle und regulatorische Herausforderungen, aber auch konkrete Gefahren ein steter Begleiter der Elektrifizierung.

Der erhebliche Kapitalbedarf zur Finanzierung der elektrischen Infrastrukturen schreckte gemeinsam mit dem hohen Risiko einer noch neuen Technologie viele Investoren ab. Die vor diesem Hintergrund gegründeten Investorengemeinschaften verkauften in der Folge oftmals die von ihnen finanzierten Infrastrukturen nach der Inbetriebnahme an Gemeinden und Städte (vgl. [24]). Dabei kamen auch geschäftstüchtige lokale Bewohner zum Zuge, die den über ihre Generatoren produzierten Strom an die dörfliche Bevölkerung verkauften.

Weiter musste der gesetzliche Rahmen mit der rasanten Entwicklung sehr rasch mithalten. So war eine gesetzliche Lösung der Konflikte zwischen Grundbesitzern und Energieunternehmen beim Bau der ersten elektrischen Leitungen Grundbedingung für die flächendeckende Realisierung elektrischer Energieversorgung (vgl. [24]). Ebenso machten teilweise schwere Unfälle und Schäden durch defekte Bauteile und Leitungen sehr bald eine gezielte Ausbildung von Elektrofachpersonen, gesetzlich verpflichtende Inspektionen von Installationen und einheitliche gesetzliche Anforderungen an die Industrie erforderlich (vgl. [24]).

Elektrizität wurde im privaten und wirtschaftlichen Umfeld oftmals sehr begrüßt, schuf sie doch in der Beleuchtung und durch den Einsatz von Generatoren neue Möglichkeiten bei vergleichsweise sicherer und sauberer Technik. Geschätzt wurden etwa die gestiegene Sicherheit im Gebrauch und das Ausbleiben verrußter Zimmerdecken. Vielfach allerdings schlugen der Technik und den mit ihr einhergehenden Veränderungen in Landschaft, Lebenskultur, Alltag, aber oftmals auch Lebensgrundlage, ausgeprägter Widerstand, Misstrauen und durchaus berechtigte Existenzängste entgegen. Arbeiter manueller Tätigkeiten wie Laternenanzünder verloren ihre Aufgabe oder wurden in weit geringerer Anzahl benötigt. Weiter war ein Wechsel in die Arbeit mit den neuen Maschinen nicht ohne weitere spezielle Ausbildung möglich. Auch traditionelle Berufe wie etwa Müller oder Sägewerksbesitzer sorgten sich um ihr Monopol, war doch das Aufstellen eines Generators im Gegensatz zur Standortbindung von Wasserkraft an jedem Ort möglich. Enteignete Bauern und Familien verloren, besonders beim Bau von Stauseeanlagen, mit dem Verlust ihres Landes ihre gewohnte Lebensgrundlage.

Insgesamt handelte es sich also in der Anfangszeit um eine massive strukturelle Wandlung, die der Digitalisierung in Teilen ähnelt, und die die gesamte Gesellschaft betraf.

Aufgrund der vergleichsweise hohen Kosten für Privatpersonen blieb die Nutzung von Elektrizität lange dem öffentlichen Verkehr im Betrieb von Eisen- und Straßenbahnen, der öffentlichen Beleuchtung und industriellen Anwendern vorbehalten.

1.1.4 Elektrische Energieversorgung seit dem Millennium

Waren die historischen Entwicklungen im Bereich der elektrischen Energieversorgung bis zur Jahrtausendwende nach der Überwindung der politischen und gesellschaftlichen Widerstände der Anfangszeit überwiegend vom technischen Fortschritt und den ökonomischen Zielsetzungen der in ihren jeweiligen Versorgungsgebieten vielfach als

Monopolisten agierenden Marktteilnehmer geprägt, so lässt sich für die jüngere Vergangenheit mehr und mehr eine signifikante Schwerpunktverlagerung konstatieren. Schrittweise flossen vermehrt gesellschaftliche und ökologische Erwägungen in die energiepolitischen Entscheidungsprozesse ein. Damit ist die jüngste Geschichte der Energiewirtschaft nicht zuletzt von Faktoren wie Wettbewerb, ethischem Handeln, Umweltschutz und Nachhaltigkeit geprägt. Eine Entwicklung, die bis in die Gegenwart unvermindert anhält.

Liberalisierung: Anfänge eines echten Marktes

Bis zur Jahrtausendwende war jedem Energieversorgungsunternehmen (EVU) ein räumlich exakt abgegrenztes Gebiet zugeordnet. In diesen Versorgungsgebieten konnten die Kunden nur von diesem einen EVU ihre Energie beziehen. Ein Wechsel war nicht möglich. Diese Monopole kennzeichneten die Energiewirtschaft hierzulande über fast ein Jahrhundert, bezieht man die Periode der frühen Inselnetze mit den sich dort konstituierenden Vorgängern späterer Stadtwerke und Co. in die Betrachtung mit ein. Aus Versorgersicht repräsentierten diese Jahrzehnte gewissermaßen die glücklichen Jahre; das Leben im Schlaraffenland der Energieversorgung. Um das Millennium herum aber setzte eine Entwicklung ein, die einigen Marktakteuren wie die schleichende Vertreibung aus dem Paradies erschien.

Ende der Neunzigerjahre des letzten Jahrhunderts setzte in der europäischen Energiewirtschaft ein epochaler Transformationsprozess ein. Mit der Verabschiedung eines aus zwei Richtlinien und drei Verordnungen bestehenden Regelwerks, besser bekannt als drittes EU-Energiebinnenmarktpaket (3. EBMP), durch das Europäische Parlament begann der Prozess der Liberalisierung und Deregulierung der europäischen Elektrizitäts- und Gasversorgungswirtschaft. „Unwiderruflich vorbei waren die Zeiten geschützter Gebietsmonopole als regionale Versorgungsbiotope, in denen zwangsloyale Letztverbraucher den Energieunternehmen jahrzehntelang stabile Erträge bescherten." [25, S. 6].

In den Folgejahren brachen die starren Marktstrukturen des Energiesektors zunehmend auf und erste Kunden begannen aktiv ihre Stromlieferanten zu wechseln oder setzten ihre angestammten Versorger mit Alternativangeboten in Preisverhandlungen unter Druck. Zeitgleich drängten neue Akteure in den Energiemarkt, die ihrerseits das angestammte Geschäft herkömmlicher EVU durch sukzessive Übernahme von Marktanteilen belasteten. Schließlich entstanden dank innovativer Marktstrukturen neuartige Geschäftsmodelle insbesondere im Bereich der Energiedienstleistungen (EDL). Insofern erfüllte die Liberalisierung in weiten Teilen tatsächlich die politische Zielsetzung einer systematischen Stärkung des Wettbewerbs im Energiesektor. Aus der historischen Energiezu- und -verteilung entstand so im weitesten Sinne ein echter Energiemarkt. Als essenzieller Schritt auf diesem Weg wird die organisatorische und buchhalterische Entflechtung der Aufgaben eines EVU gesehen, dass sogenannte Unbundling.

Definition Unbundling. Unbundling oder auch Entflechtung gemäß Energiewirtschaftsgesetz verpflichtet unter anderem sogenannte vertikal integrierte Energieversorger zur buchhalterischen, informationellen, organisatorischen und gesellschaftsrechtlichen Trennung des Geschäftsbereichs Netze als physikalisches natürliches Monopol von den Marktbereichen Handel und Produktion. Ziel dieser Vorschrift ist es, die Grundlage für eine Marktliberalisierung zu schaffen.

Die Umsetzung im D-A-CH-Raum ist zum Stand der Drucklegung dieses Buches verschieden. So können in Deutschland alle Kunden ihren Strom- und Gasversorger frei wählen und hierbei nach Kriterien wie Kosten oder Energieproduktionsart entscheiden. In Österreich können Kunden den Energie-, nicht aber den Netzversorger frei wählen und in der Schweiz können Großkunden ab einer gewissen Grenzleistung ihren Anbieter bestimmen.

Energiewende als große Zäsur

Das energiewirtschaftliche Geschehen wird im deutschsprachigen Raum seit der Jahrtausendwende wie in kaum einer anderen Branche von politischen und gesellschaftlichen Einflüssen bestimmt. Der ausgeprägte politische Wille zur umfassenden Umgestaltung beispielsweise der deutschen Energiewirtschaft basiert auf einem breiten gesellschaftlichen Konsens, die Energieversorgung umweltverträglich, nachhaltig und zunehmend auch resilient gestalten zu wollen. Eine grundsätzliche Haltung, die unter dem Eindruck des Nuklearunfalls im japanischen Kernkraftwerk (KKW) Fukushima Daiichi im März 2011 noch erheblich verstärkt wurde. Folgerichtig hat noch im gleichen Jahr die Bundesregierung beschlossen, die friedliche Nutzung der Kernenergie in Deutschland bis zum Jahr 2022 stufenweise vollständig zu beenden und die Versorgung Deutschlands mit Elektrizität schrittweise auf erneuerbare Energieträger umzustellen (vgl. [26, S. 11]). Damit endet in Deutschland die Stromerzeugung aus kerntechnischen Anlagen – rund 60 Jahre nachdem das erste kommerzielle Kernkraftwerk in Kahl südöstlich von Frankfurt 1961 ans Netz ging – endgültig. Noch im selben Jahr wurde acht von insgesamt 17 deutschen KKW die Betriebserlaubnis auf Basis des neuen Atomgesetzes entzogen und die KKW traten in den Rückbauprozess ein.

Auch das Schweizer Parlament beschloss vor dem Hintergrund der Fukushima-Katastrophe den Ausstieg aus der kommerziellen Kernkraft. Neubauten von KKW wurden verboten. Bestehenden KKW wurde der Fortbetrieb unter der Einhaltung verschärfter Sicherheitsauflagen erlaubt. Mit den gestiegenen Sicherheitsanforderungen wurde ein wirtschaftlicher Fortbetrieb der bestehenden KKW zunehmend anspruchsvoller oder nicht mehr tragbar. In der Folge nahm das Schweizer Energieversorgungsunternehmen BKW am 20.12.2019 das KKW Mühleberg als Erstes von fünf Schweizer KKW vom Netz.

In Österreich stimmte die Bevölkerung nach dem Bau erster Forschungsreaktoren in den Sechzigerjahren und kommerzieller KKW in den Siebzigerjahren gegen eine kommerzielle Nutzung der Atomkraft. Dies ist heute im „Bundesverfassungsgesetz für ein atomfreies Österreich“ festgehalten.

Der Ausstieg aus der Kernenergie binnen zehn Jahren repräsentiert für die europäische Energiebranche eine epochale Zäsur der energiewirtschaftlichen Neuzeit. Gemeinsam mit der systematischen Umstellung des Energiesystems auf regenerative Energieträger ist dieses unter dem Begriff Energiewende bekannte Phänomen ab dem Jahr 2011 ein bedeutender Katalysator für eine fortschreitende Dezentralisierung und Digitalisierung des Energiesektors. Ein Wandel von signifikanten Anteilen nationaler Energieproduktionsanlagen kann dabei in einem europäischen Verbundsystem nur innerhalb dieses Systems betrachtet werden, müssen doch die nötigen Importmengen gesichert in realen Anlagen vorhanden sein.

Renaissance von Sonne und Wind

Ein Wandel von signifikanten Anteilen einer nationalen Energieproduktionsanlage kann in einem europäischen Verbundsystem nur innerhalb dieses Systems betrachtet werden. Spätestens mit dem Ausstieg aus der Kernenergie und dem etwa eine Dekade später einsetzenden Kohleausstieg, der maßgeblich durch den Ausstoß von CO_2 in Energiewandlung und die Abhängigkeit von fossilen Energieträgern motiviert war, wuchs der Druck auf die Versorgungswirtschaft beträchtlich, neue und gleichzeitig saubere Energiequellen zu erschließen. „Zurück zu Sonne und Wind“ lautete folgerichtig die Devise. Und somit erfuhren im Zuge der Energiewende vor allem zwei der Energieformen, die die Menschheit seit Frühzeit für sich genutzt hat, eine Renaissance: Wind und Sonne.

Wind kann viel mehr leisten, als Segelschiffe oder mechanische Mühlen anzutreiben. Die Nutzung von Luftströmungen ist aus physikalischer Sicht besonders attraktiv, da die Strömungsgeschwindigkeit kubisch in die maximale Nutzleistung eingeht und der Widerstand der Luft etwa mit dem Faktor 1 eingeht. Die maximale Nutzleistung $P_{\max}$ für Windgeneratoren in der elektrischen Energieversorgung berechnet sich in einfacher Form nach dem Betz-Limit nach

$$P_{\max} = \frac{1}{2} A \rho v^3 c_p \tag{1.1}$$

Dabei steht ρ für die Dichte der Luft, A für die durchströmte Fläche, c_p ist ein rotorspezifischer Leistungsfaktor und v ist die Windgeschwindigkeit. Nach dem Betz-Limit sind theoretisch rund 59 % Effizienz erreichbar, das heißt, maximal 59 % der auftreffenden Windströmungsenergie lassen sich elektrisch nutzen. Die Betz-Formel verdeutlicht auch, warum Windgeneratoren möglichst hoch gebaut werden: Hier sind die Windgeschwindigkeiten höher. Heutige Generatoren erreichen typische Wirkungsgrade zwischen 30 % bis 45 %.

Den Nutzen der Windkraft zur elektrischen Energieversorgung demonstrierte bereits 1887 der schottische Professor James Blyth, der mithilfe eines vertikalen Windgenerators Batterien für die Beleuchtung seines Ferienhäuschens auflud (vgl. [27]). Auch hier stieß die Elektrizität auf Misstrauen, sodass die örtliche Bevölkerung eine Energieversorgung über die Windkraftanlage ablehnte. Im gleichen Jahr nahm der US-amerikanische Ingenieur Charles Francis Brush den ersten horizontalen Windgenerator mit einer Nennleistung von 12 kW in Betrieb – die horizontalen Generatortypen dominieren bis zum heutigen Tag. Die Forschung und Entwicklung in den folgenden Jahrzehnten führte zu fortgeschritteneren Konstruktionen, ersten Windparkanlagen und einer staatlichen Förderung des Einsatzes von Windkraftanlagen besonders in den USA und Dänemark. Inzwischen sind Windkraftanlagen weltweit verbreitet und erreichen Nennleistungen von einigen MW. Gerade im Offshore-Bereich, also Windkraftanlagen auf hoher See, erreichen die Rotordimensionen heute mehr als 200 m bei Installationshöhen über 100 m. Die Betz-Formel macht deutlich, warum eine Vergrößerung der durchströmten Fläche bei gegebener Windgeschwindigkeit aus physikalischer Sicht erstrebenswert ist und einen der Forschungsschwerpunkte der Windkraft darstellt. Der Betrieb unter den enormen Kräften, die auf diese modernen Bauwerke wirken, wurde durch Fortschritte in der Materialtechnologie ermöglicht. Vertikale Windkraftgeneratoren kommen aktuell zunehmend als gebäudeintegrierte Installationen kleiner Windkraftanlagen zum Einsatz.

Das Betz-Limit gilt grundsätzlich auch für Bewegungen des Wassers, also strömungsbasierte Wandler. Die TU Darmstadt berechnete den maximalen Wirkungsgrad analog zum Betz-Limit auf maximal 50 % der Eingangsleistung (vgl. [28]). Dieses Limit gilt für Kleinwasserkraftwerke mit Peltronturbinen, bei Leistungen unter 1 MW. Allerdings setzen die meisten Wasserturbinen auf das Gravitationspotenzial, das typischerweise durch Francis-Turbinen genutzt wird. Der theoretische Wirkungsgrad dieser Wandler liegt nahe 100 %. Da diese Turbinen umso mehr Leistung umwandeln können, je mehr potenzielle Energie vorhanden ist, ist es möglich, Großwasserkraftwerke gezielt an Orten mit großen natürlichen oder künstlich geschaffenen Höhenunterschieden zu betreiben.

Während die Nutzung der Sonnenenergie in verschiedenen Formen so alt ist wie das Leben, ist ihre elektrische Nutzung eine der jüngsten Disziplinen der Energietechnik. Eine gesamtenergetische Optimierung von Energieversorgungen umfasst neben elektrischer Energie auch die Versorgung mit Kälte, Wärme und Mobilität. Teilweise lassen sich die Systeme ideal miteinander kombinieren, wie die Kapitel Lechner, Weissmann und vom Scheidt zum Thema Sektorkopplung vertieft darstellen. Die Sonne trägt sowohl zur Kühlung und Wärme bei und wird im Kontext der elektrischen Energie vor allem durch Nutzung des photovoltaischen Effekts genutzt. Dabei hängt vereinfacht die erzielbare maximale Effizienz η_{max} über dem Kurzschlussstrom I_{sc} direkt von der auftreffenden solaren Strahlungsleistung P_{in} ab:

$$\eta = \frac{V_{\text{oc}} I_{\text{sc}} FF}{P_{\text{in}}} \tag{1.2}$$

Die Leerlaufspannung V_{oc} und der Füllfaktor *FF* sind wie der Kurzschlussstrom neben der spektralen Verteilung der Strahlung abhängig vom eingesetzten Material. Aus diesem Grund können so je nach Strahlung und Material unter Außenbedingungen etwa 30 % Wirkungsgrad in einer idealen Solarzelle erzielt werden, was durch Stapelung geeigneter photovoltaischer Materialien, aktiver Nachführung der Module in Richtung der Sonne (Tracking) und optischer Konzentration der Sonnenstrahlung weiter gesteigert werden kann. Für schmalbandige Strahlung in Innenräumen sind theoretisch Wirkungsgrade über 50 % erzielbar, für monochromatische Strahlung wie Laserstrahlung sogar Wirkungsgrade über 80 % (vgl. [29]). Einzelne photovoltaische Zellen werden zu einem Modul zusammengeschaltet. Dabei kommt es durch Verschattungen und Kontaktierungen zu Verlusten. Module für den Außenbereich demonstrierten bislang ohne Tracking oder Konzentration einen Wirkungsgrad von 40.6 %, wobei typische kommerzielle Module Wirkungsgrade von 15 % bis 20 % zeigen (vgl. [30, 31]).

Die solare Strahlung unterscheidet sich in ihrer Intensität und ihrem Spektrum für jeden Ort und zu jeder Tages- und Jahreszeit. Die photovoltaische Nennleistung ist deshalb ein Wert, der unter weltweit einheitlich standardisierten Laborbedingungen gemessen wird. Diese Bedingungen entsprechen in ihrer Temperatur, der eingehenden Leistung und dem Strahlungsspektrum nicht den Betriebsbedingungen im Außenbereich. In der Regel erreichen Solarmodule deshalb im realen Betrieb nicht ihre im Labor gemessene Nennleistung.

Die Photovoltaik in Gebäuden ist ein noch junges Forschungsfeld, das allerdings im Kontext des aufstrebenden Internets der Dinge (Englisch: Internet of Things, IoT) und dessen Energieversorgung massiv an Bedeutung gewinnen sollte. Bereits die ersten unter reproduzierbaren Bedingungen getesteten optimierten Module erreichen Effizienzen über 23 %, für monochromatisches Licht wurden im Labor 69 % demonstriert (vgl. [32, 33]).

Die Photovoltaik lässt sich heute in der terrestrischen Anwendung weltweit in fünf Gebiete aufteilen:

- *Aufdachphotovoltaik* auf Wohn- und Nutzgebäuden mit Nennleistungen im kW-Bereich.
- *Freiland Photovoltaikkraftwerke* vornehmlich in ländlichen Gebieten, die je nach geografischer Lage zusätzlich mit Trackern und Konzentratortechnik ausgestattet sind und Nennleistungen im MW-GW Bereich erzielen.
- *Urbane Kraftwerke (Utility Scale)*, die große, urbane Flächen etwa über Parkplätzen, Fabriken oder Mülldeponien nutzen und Nennleistungen ab 1 MW erreichen.
- *Private und militärische Klein- und Mobilphotovoltaik* für Anwendungen rund um Camping, Reisen, Notfallausrüstung und Beleuchtung etwa von Ferienhäusern mit Leistungen typischerweise unter 1 kW. In dieses Gebiet fällt auch zunehmend der industrielle und private Betrieb von IoT-Geräten.
- *Photovoltaik im Transport* mit Nennleistungen im Bereich von einigen kW.

Die beiden letzten Gruppen decken Nutzungsarten ab, die in der Regel nie oder nur selten über einen elektrischen Netzanschluss betrieben wurden (vgl. [34]). Im Hinblick auf die Dekarbonisierung und fortschreitende Elektrifizierung steigt jedoch deren Bedeutung für das Gesamtsystem, da jeder Verbraucher, der nicht an ein Netz angeschlossen werden muss, eine Entlastung für das Gesamtsystem darstellt. Diese beiden Gruppen bestehen also als dezentral betriebene Verbrauchertypen. Zur weiteren Vertiefung in die technischen und physikalischen Grundlagen der Erneuerbaren Energien und der Photovoltaik empfehlen sich unter anderem die Werke von Kaltschmitt, Mac Kay, Würfel, Letcher und Freunek.[2]

Mit der zunehmenden Gewichtung von Erneuerbarer Energie innerhalb des Energiesystems kommt der Energiespeicherung eine wichtige Rolle zu. Diese wird in den Kapiteln Bachmann und Lechner eingeführt. Den Herkunftsnachweis elektrischen Stroms aus Erneuerbarer Energie behandelt Kapitel Bowe.

1.2 Energieversorgung heute – Supergrids und transkontinentaler Handel

Das heutige europäische Verbundnetz erstreckt sich von Zentralkontinentaleuropa über Island, Großbritannien, die gesamte Mittelmeerküste bis hin zum Schwarzen Meer und Russland. Wie viele andere Systeme der Elektrizitätsversorgung weltweit ist das europäische Elektrizitätsnetz damit heute ein Netz über zahlreiche regionale und nationale Grenzen hinweg. Ein solches Netz wird auch als Supergrid bezeichnet. Bereits ohne die Verbindungen zum Internet mit einzubeziehen, gilt das europäische Supernetz als größte physikalische Maschine der Welt. Abbildung 1.5 zeigt das Netz in der Darstellung der ENTSO-E von 2019.

Definition Supergrid. Der Begriff „Supergrid" ist mehrfach definiert und muss entsprechend im Kontext verstanden werden. Zum einen bezieht sich ein Supergrid auf supraregionale oder supranationale elektrische Netzwerke (vgl. [35]). Obwohl physikalisch nach dieser Definition bereits umgesetzt, steht der Begriff Supergrid oft auch für neue optimierte Supergrids, in denen Übertragungsleitungen Strom von günstigen Produktionsorten international zu Lastzentren transportieren. Aufgrund der geringeren Transportverluste erfolgt der Transport als Hochspannungsgleichstrom von 500 kV DC oder Ultrahochspannung ab 800 kV DC.

Bekannte Projekte der Supergrids umfassen Desertec, European Super Smart Grid oder US Unified Smart Grid. Bereits realisierte Leitungen dieser Art finden sich etwa in Deutschland an der Nordseeküste mit Verbindungsleitungen wie Heli1, Heli2

---

2 Siehe hierzu die Literaturempfehlungen am Ende dieses Kapitels.

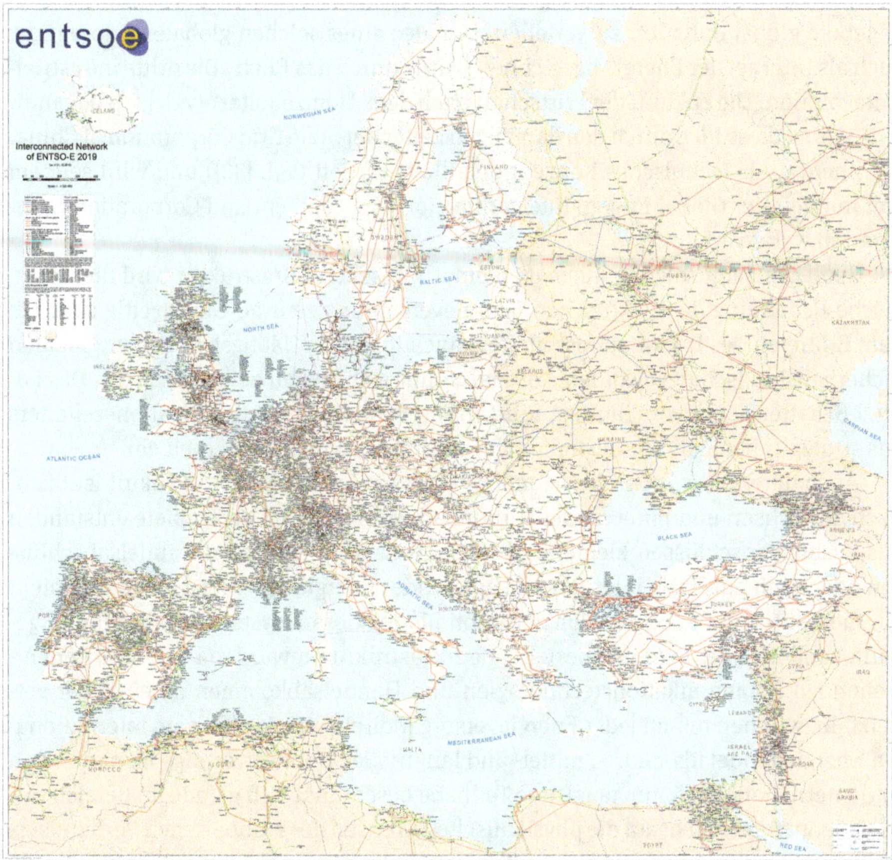

Abb. 1.5: ENTSO-E: Die größte physikalische Maschine der Welt. Das europäische Netz in der Darstellung der ENTSO-E 2019 (Quelle: [36]).

oder NordLink von Offshore-Windfarmen und Wasserkraft zwischen dem deutschen und norwegischen Festland. Die 1,4 GW Leitung NordLink ist mit 513 km submarinen Kabeln eines der längsten Unterwasserkabel der Welt.

Das europäische Verbundnetz ist weitestgehend historisch gewachsen. Es umfasst lokale Netzbetreiber, die Übertragungsnetzbetreiber und zunehmend private Prosumer. Die technischen Grundlagen heutiger Netze werden im Kapitel Schwan im Detail eingeführt. Die digitale Betriebsführung der Netze stellt Kapitel Meese vor. Die wirtschaftlichen und regulatorischen Rahmenbedingungen und Herausforderungen im Betrieb eines solchen Netzes werden in den Kapiteln Pflaum/Egeler sowie Dürr behandelt.

Nachdem Verbindungen zwischen Ländern, aber auch Kontinenten über Festlandgrenzen hinaus längst weltweit Realität sind, liegt die Idee im Sinne der wirtschaftlichen Globalisierung nahe, auch die physikalisch global günstigsten Energieangebote global optimiert zu verteilen. Die Idee eines solchen globalen Supragrids, auch als Internet der Energie bezeichnet, wurde durch das Buch „Die dritte industrielle Revolution: Die Zukunft der Wirtschaft nach dem Atomzeitalter" (vgl. [37]) bekannt. 2015 wurde diese Idee durch den damaligen Leiter der State Grid Corporation of China, Liu Zhenya, als technisches Konzept detailliert vertieft (vgl. [38]) und wird seitdem von ihm mit der Global Energy Interconnection Development and Corporation Organization weiterverfolgt.

Spätestens mit solchen Ausmaßen einer kritischen Infrastruktur wird die strategische Bedeutung der elektrischen Energieversorgung zentral. Gleichzeitig sind mit dem Eintreten des Informationszeitalters auch lokale EVU längst Teil einer globalen Sicherheitslandschaft geworden – oftmals, ohne sich dessen bewusst zu sein. Das Kapitel Schattenseiten von Saurugg führt in die Bedeutung des Informationszeitalters aus strategischer Sicht für die nationale und internationale Sicherheit ein.

Auch der größte Anteil der heute bestehenden Energiehandelsstruktur ist historisch gewachsen und miteinander verbunden worden. Viele Netzgebiete entstanden aus Zusammenschlüssen kleinerer Netzbetreiber, überregionalen Handelsabschlüssen oder auch auf Basis international agierender Energiebetreiber. Hier wurde nicht ein theoretisch auf maximale Effizienz optimiertes Gesamtsystem entwickelt und gebaut, sondern über Dekaden bestehende Infrastrukturen wurden im Tempo der entstehenden Kommunikationstechnologien und Handelsabkommen miteinander vernetzt. Inzwischen nimmt jeder Energieversorger direkt oder indirekt am internationalen Energiehandel über kurz-, mittel- und langfristige Handelsverträge im nationalen und internationalen Raum teil. Diese Teilhabe beschränkt sich gerade im Bereich fossile Energieträger nicht auf die physikalischen Grenzen des europäischen Verbundsystems, sondern findet auf der ganzen Welt statt. Entsprechend können globale Entwicklungen und Ereignisse auch die Energieversorgung des D-A-CH-Raums beeinflussen. Das Kapitel Gersdorf führt in den Energiehandel aus technischer und ökonomischer Sicht ein.

Die technische Dezentralisierung der Energieversorgung macht auch dezentralen Handel nötig. Möglichkeiten des Energiehandels auf dezentraler Ebene vertieft das Kapitel von Merz. Kapitel Amthor stellt das Praxisprojekt pebbles vor. Den Einfluss digitaler Technologien auf diesen Entwicklungsprozess diskutiert das Digitalkapitel von Pflaum.

Obwohl der Energiemarkt sehr kurzfristige Handelspositionen umfasst und mit der zunehmenden Dezentralisierung auch eine Fülle vergleichsweise kurzlebiger Produkte denkbar ist, ist die Energiebranche grundlegend ein kapitalintensiver Investitionsmarkt. Investitionen in Infrastrukturen jeglicher Art erreichen schnell Millionenbeträge und müssen allein aus wirtschaftlichen Gründen über Dekaden nutzbar sein. Aus dieser Kerneigenschaft der Energiewirtschaft folgen ihre typischen, oft auch als Trägheit wahrgenommen, Strategien und Herausforderungen.

Der Betrieb solcher über Dekaden entstandenen Netze, die häufig bereits innerhalb eines Netzbetreibers mehrere Produktgenerationen nebeneinander betreiben müssen, ist eine Herausforderung, die durch die Digitalisierung und die deutlich kürzere Lebensdauer digitaler Produkte weiter verschärft wird. Die Kapitel Günes und Popal zeigen Strategien auf.

Neben der Wirtschaftlichkeit ist besonders die Gewährung der Informationssicherheit der sogenannten Operational Technology (OT) über die gesamte Produktlebenszeit eine Herausforderung. Das Kapitel Gonzales führt in die Grundlagen heutiger Informationssicherheit im Kontext der Energieversorgung ein. Als kritische Infrastruktur unterliegen EVU Bestimmungen auch bei der Datensicherheit.

Mit der globalen digitalen Vernetzung und der resultierenden Änderung der Sicherheitslage im Cyberraum ist es heute keine Frage mehr, ob ein Unternehmen erfolgreich angegriffen werden wird, sondern wann ein solcher Angriff entdeckt wird und welches Ausmaß ein daraus resultierender Schaden annehmen kann (vgl. [39]). Gleichzeitig sind die zu schützenden Systeme auch durch laterale Vernetzungen etwa mit internationalen Lieferanten und deren Sublieferanten oder durch Auslagerung von Kommunikations- und Datendienstleistungen als Gesamtsystem so groß und komplex, dass ein Schutz nicht zu 100 % umzusetzen ist. Neben Cyberrisiken kann dieses System auch etwa durch physikalische, politische oder logistische Störungen beeinträchtigt werden, wie die jüngste Vergangenheit regelmäßig demonstriert hat.

Obschon die europäische Energieversorgung heute eine nie dagewesene Qualität erreicht, ist die Anzahl größerer Störereignisse im Betrieb weltweit ansteigend. Ursache dafür sind Klimawandel und einhergehende Starkwetterereignisse und Brände, sowie eine zunehmend steigende Zahl signifikanter Abweichungen von der Netzfrequenz. Entsprechend wichtig ist die Erfassung und Planung der Betriebskontinuität. Das Blackout-Kapitel von Saurugg behandelt einen Störfall der maximalen Stufe nach ENTSO-E. Der sogenannte Brownout bezeichnet eine Strommangellage. Diese kann einem Blackout vorhergehen oder folgen und wird im Kapitel Erb behandelt.

Die Fragilität des komplexen Supragrids ist nicht unerkannt geblieben. Zudem ist das heutige vernetzte Supergrid aus physikalischer Sicht längst ein chaotisches System (vgl. [39]). So wird zunehmend an systemdienlichen, insel- und/oder schwarzstartfähigen Systemen sowie Stabilisatorzellen mit und ohne Sektorkopplung gearbeitet (vgl. [40]). Die Kapitel Nagl und Wasmeier führen in die technischen und regulatorischen Grundlagen systemdienlicher Energiezellenverbünde im Rahmen des Projekts C/sells ein. Das Kapitel Fulterer zeigt die Theorie netzstabilisierender Zellen. Die Planung solcher Energiesysteme behandelt Kapitel Stadler.

Die technischen Grundlagen der Sektorkopplung werden in Kapitel Lechner besprochen. Die Kapitel Weissmann und vom Scheidt vertiefen den Einsatz der Sektorkopplung aus technischer, regulatorischer und ökonomischer Sicht am Beispiel von Wasserstoff. Die rechtliche Situation erläutert Kapitel Kemper. Kapitel Sprenger untersucht die Nutzung von elektrischen Speichern aus E-Mobilität im Rahmen der Sektorkopplung.

Ende des letzten Jahrtausends entstanden die ersten Konzepte der sogenannten Smart-Grid-Idee (vgl. [41]). Heute wenig bewusst ist die Tatsache, dass zu dieser Zeit

Kommunikationsmittel wie Internet, Mobiltelefonie, aber auch Computer für den alltäglichen und beruflichen Gebrauch neue Technologien waren, deren zukünftige Ubiquität in diesem Ausmaß nur spekulativ, wenn überhaupt, behandelt wurde. Entsprechend berücksichtigt dieses Konzept nicht die heute gängigen Konzepte wie ubiquitäre Kommunikation, IoT oder Künstliche Intelligenz, aber auch nicht die Bedrohung aus dem Cyberraum. Gemäß der Natur der Investitionsgeschwindigkeit in Energiesystemen sind weltweit erste Smart-Grid-Systeme im Einsatz, die spezifische Ausführung und deren Einsatz unterscheiden sich jedoch oft bereits innerhalb einer Region. Vor dem Hintergrund der gewandelten Situation im Cyberraum, der steigenden Hinwendung zum Einsatz zellularer Konzepte, aber auch der Fortentwicklung obiger Technologien und des zunehmenden Einsatzes neuer Technologien steht das Konzept des Smart Grid heute vor einer spannenden Weiterentwicklung, wenn nicht Weichenstellung (vgl. [42]). Gerade mit dem gezielten Einsatz von Energiezellen nähert sich das Netz damit den ursprünglichen Ideen des Smart Grid an, das die Vermeidung einer zentralisierten Superintelligenz ausdrücklich als Entwicklungsziel sah.

Gerade das Aufkommen massendatenbasierter Analytik und Modellierung (KI) beflügelt interdisziplinär die Ideen. Die häufige strenge klassische fachliche Sektionierung von Teams birgt hier besonders das Risiko, dass Projekten gesetzlich und wissenschaftlich wichtige Rahmenbedingungen fehlen, etwa die Kontrolle der Einhaltung des Datenschutzes, des Schutzes vor Abfluss sensitiver oder geschäftskritischer Daten oder auch der Aussagekraft und Validität der eingesetzten Daten. Das KI-Kapitel von Freunek führt in die Grundlagen dieser Technologie im Kontext der Energiebranche ein, leitet Implikationen für zukünftige Netzkonzepte ab und zeigt neue Möglichkeiten für das Gesamtkonzept auf. Die rechtlichen Grundlagen und Herausforderungen im Umgang mit Daten werden in Kapitel Kinast behandelt.

Naturgemäß folgt die Legislative technischen Innovationen in der Regel mit einer gewissen Verzögerung, wenn sie nicht vom Gesetzesgeber vorhergesehen wurde. So muss eine Innovation erst eine gesellschaftliche Auswirkung erreichen und die Technologie mit ihren Implikationen von der Legislative wahrgenommen und bewertet werden, bis der gesetzgebende Prozess aktiviert wird. Die gestiegene Komplexität digitalisierter und technischer Systeme erfordert zunehmend spezialisiertes Fachwissen bereits von technischen Personen sowie zunehmend der Legislative, um Effekte, aber auch Machbarkeiten von technischen Lösungen beurteilen zu können. Auch für Fachleute ist es dabei nicht immer einfach, realistische und bereits umgesetzte Lösungen von gut präsentierten Konzepten zu unterscheiden, die bei der Komplexität realer Systeme allerdings nicht umsetzbar sind. Während Risiken im digitalen Bereich eher unterschätzt werden, wird die Macht gerade von Lösungen mit Künstlicher Intelligenz häufig unterschätzt. Aus technischer Sicht sind oft ökonomische bzw. legislative Randbedingungen nicht bewusst. Schützt etwa eine Einzelperson ihre Photovoltaikanlagen-Steuerung etwa nicht mit einem neuen Passwort, ist das zunächst bei einem Angriff allenfalls nur für diese Person ärgerlich. Gelingt jedoch Ransomwareangreifern der Zugriff auf einen großen Anbieter zahlreicher solcher Anlagen, kann dies die Netzstabilität gefährden.

Ähnlich kann eine innovative Lokalnetzlösung technisch funktionieren, aber bestehende Handelsverträge verletzen oder private Abrechnungen verkaufter oder abgeregelter Energie nötig machen, welche den Einbau handelsfähiger Messtechnik benötigt. Das Kapitel Mohns führt in die juristische Bedeutung der Messtechnik und deren Qualitätsgüte ein. Auch der Gültigkeitsbereich und die Funktionsweise für den Einsatz bei Messkunden und in der Datenerfassung und -analyse werden erläutert. So ist die Eichung des Messgerätes die juristische Grundlage der Handelstransaktion zwischen EVU und Endkunde.

IoT-Geräte sind häufig in der Lage, ähnliche, auch qualitativ hochwertige Messungen durchzuführen, unterscheiden sich aber in der Standardisierung und so auch in Preis und Größe von elektrischen Voltmetern. Das IoT-Kapitel von Freunek behandelt die Grundlagen des IoT und setzt sie in Kontext zu klassischer Mess- und Regelungstechnik. Die technischen Grundlagen der Zeitgebung stellt Kapitel Kirrmann vor.

Der Messtellenbetrieb ist entsprechend geregelt und für ein EVU zu befolgen. Dieses behindert teilweise den Betrieb von naheliegenden IoT- und KI-Anwendungen, die sich ansonsten intuitiv im klassischen modernen Smart-Grid-Verständnis ergeben. Das Kapitel Hörhammer führt in die Grundlagen des Messstellenbetriebes ein.

Die Stromabschaltung durch das EVU gehört bereits heute im Bereich Endkunden zum Alltag nahezu jedes EVU, in der Regel als letzter Schritt des Inkassoverfahrens. In die rechtliche und technische Sicht dieser Schaltungshandlung beim Kunden geht das Kapitel Zimmermann sowohl aus der Perspektive des EVU als auch des Kunden ein.

Es zeigt sich deutlich, gerade im Bereich KI: Eine erfolgreiche interdisziplinäre Kommunikation ist entscheidend für den Arbeitserfolg. Allgemein gilt dieser Trend jedoch für die gesamte Energiebranche, die auch durch ihren Investitionsmarktcharakter eher als wenig dynamisch bekannt ist. Hier liegt die Lösung nicht in der Technik, sondern im Personalmanagement. Die Kapitel Deppe und Aumann zeigen die Hürden und wichtige Schritte einer erfolgreichen Transformation auf. Kapitel Heidecke gibt einen Einblick in die Transformation aus Sicht eines Energieversorgers. Kapitel Keck behandelt typische Situationen und Erfahrungen im Rahmen der digitalen Transformation.

Der Umbau der Energieversorgung wird neben und mit der Dekarbonisierung eines der größten, wenn nicht das größte technische, aber auch gesellschaftliche Unterfangen der Menschheitsgeschichte – und dieses Unterfangen wird nur durch internationale Kooperation gelingen. Die Energieversorgung ist eines der spannendsten Tätigkeitsfelder unserer Zeit.

Über die oben skizzierten vier Entwicklungsphasen haben sich alle gültigen Standards unserer Stromnetze herausgebildet. Spannungsebenen, Netzfunktionen und Netztopologien waren demnach nicht von vornherein fest definiert. Vielmehr haben sich diese erst über Jahrzehnte hinweg systematisch und mitunter über den mühevollen Weg von Versuch und Irrtum zu den stabilen Versorgungsnetzen unserer Tage entwickelt. Spuren dieser Entwicklung sind noch immer in den verschiedenen Steckdosentypen innerhalb Europas und der Welt zu sehen, aber auch in den Bahnstromsystemen Zentraleuropas, von denen es nach wie vor zum Zeitpunkt der Drucklegung dieses Buches allein fünf verschiedene Hauptspannungsniveaus gibt.

Weltweit liegen die Spannungen für die Netzebene 7 bei 100 bis 240 V mit Frequenzen von 50 oder 60 Hz. Die Netzspannung in Europa ist gemäß EN 50160 auf 230 V ± 23 V festgelegt. Neben der Netzspannung und deren Toleranzbereich definiert diese Norm sowie die deutsche DIN EN 60038 VDE 0175-1 Charakteristika wie die Nennfrequenz, Kurvenform und Symmetrie der Außenleiterspannungen. Nach wie vor unterscheiden sich auch in Europa die Steckersysteme.

Damit ein so großes elektrisches Netz wie das Europäische Verbundnetz zuverlässig operiert, ist die Zusammenarbeit über das European Network of Transmission System Operators for Electricity ENTSO-E und dessen Regelwerke festgelegt. Abbildung 1.6 fasst den Normal- und Störbetrieb anhand der Netzfrequenz für den mitteleuropäischen Raum zusammen.

Verlässt der Lastverlauf den Toleranzbereich, wird mit sogenannter Regelenergie gegengesteuert. Bei einer Überschreitung kommt es zu einer Frequenzerhöhung durch zu viel Energie im System, entweder durch eine höhere Produktion als erwartet oder durch eine geringere Last. In diesem Fall wird die Produktion gedrosselt und große regelbare Lasten etwa aus industriellen Anwendungen werden zugeschaltet. Positive Regelenergie bedeutet entsprechend, dass die Produktion gesteigert wird und allenfalls Kraftwerke mit schnellen Reaktionszeiten hinzugeschaltet werden und Verbraucher gedrosselt oder abgeschaltet werden. Dabei sind jeweils die Bilanzkreisverantwortlichen für die Bereitstellung und Planung der nötigen Reserveleistung zuständig.

Die Reserveleistungsarten unterteilen sich in drei zeitliche Bereiche: die innerhalb von 30 s verfügbare Primärregelleistung PRL, die Sekundärregelleistung mit einem Zeitfenster von 5 min und die Minutenreserve MRL, die innerhalb von 15 min aktiviert sein muss. Die Bereitstellung einer solchen Systemdienstleistung kann auch durch Endkunden wie etwa Biogasanlagen oder industrielle Kunden angeboten werden. Dies wird in der Regel über Anbieter sogenannter virtueller Kraftwerke koordiniert.

Die Trägheit der in der Energieproduktion eingesetzten Schwungmassen in Kraftwerken mit Kraft-Wärme-Kopplung wie Dampfgeneratoren dient der Frequenzstabilisierung und wird als Momentanreserve bezeichnet. Kommt es zu einem Ab- oder Ausfall der Leistung des Kraftwerkes, schwingt die Schwungmasse aufgrund des Trägheitsmomentes nach. Die daran gekoppelte Nennfrequenz der üblicherweise damit betriebenen Synchrongeneratoren sinkt somit nur langsam ab, und Schwankungen können in diesem Zeitfenster durch andere Anlagen ausgeglichen werden. Formel (1.3) zeigt den Zusammenhang zwischen der Frequenz f und der Drehzahl n_0 für einen Synchrongenerator:

$$f = n_0 p \tag{1.3}$$

Dabei steht p für die Zahl der Polpaare des Generators. Die Anzahl der Polpaare hängt vom Generatortyp ab und liegt zwischen 3 und 50 für Wasserkraftanlagen sowie 1 und 2 für Dampfkraftwerke. Die maximale Umdrehungszahl der großen Kraftwerke liegt bei 3.000 Umdrehungen pro Minute, also 50 Umdrehungen pro Sekunde. Formel (1.3) verdeutlicht, warum ein kurzer Leistungseinbruch großer Generatoren wenig Einfluss auf die Netzfrequenz hat. Aufgrund des Trägheitsmomentes der Anlagen sinkt die Umdrehungsgeschwindigkeit nur langsam.

Die Momentanreserve kann bei einer entsprechenden Auslegung der Wechselrichter auch durch Windkraftanlagen, größere Solarkraftwerke oder Energiespeicher zur Verfügung gestellt werden.

Weitere Systemdienstleistungen umfassen die Bereiche Spannungshaltung, Betriebsführung und Versorgungswiederaufbau.

Während die Wirkleistung P den für Verbraucher nutzbaren Anteil der elektrischen Energie darstellt, kommt es durch die Phasenverschiebungen des Wechselstroms zu Effekten durch Blindleistung Q und Scheinleistung S. Die Blindleistung Q berechnet sich dabei über Formel Q:

$$Q = \sqrt{S^2 - P^2} \tag{1.4}$$

Der als Wirkleistung nutzbare Anteil P ergibt sich aus dem Phasenwinkel Φ und der Scheinleistung S zu

$$P = S \cos \varphi. \tag{1.5}$$

Die Blindleistung entsteht induktiv beim Aufbau magnetischer Felder wie in Spulen von Generatoren oder kapazitiv durch elektrische Felder wie bei Kondensatoren. Die kapazitive Blindleistung ist auch eine der Randbedingungen in der Planung von Stromleitungen. Da sie in Erd- und Seekabeln deutlich höher ist, kann dies zugunsten einer Freileitung oder einer Gleichstromübertragung sprechen.

Ebenso wie mit dem Wandel und den veränderten Betriebsbedingungen elektrischer Energieversorgung DC-Netze neu in den Fokus rücken, kommt auch Inselnetzen und inselfähigen Netzen eine neue Bedeutung zu.

Definition Inselnetz, Inselfähigkeit und Mikrogrid. Als Inselsysteme gelten heute Systeme, die nicht an die nationale Stromversorgung angeschlossen sind. Inselfähig sind Systeme, die physisch mit dem Stromnetz verbunden sind, sich bei Bedarf aber abkoppeln können. Diese Fähigkeit wird oft auch als Definition eines Mikrogrids verwendet.

Mit der weltweiten Etablierung von Wechselstromversorgungen wandelten sich Inselnetze lange weitestgehend zum Nischenthema und fanden, zumeist als DC- oder DC-AC-Netze, ihre Verwendung in der Forschung oder Gebieten, in denen ein wirtschaftlicher Anschluss an die öffentliche Versorgung nicht möglich war. Der Siegeszug von

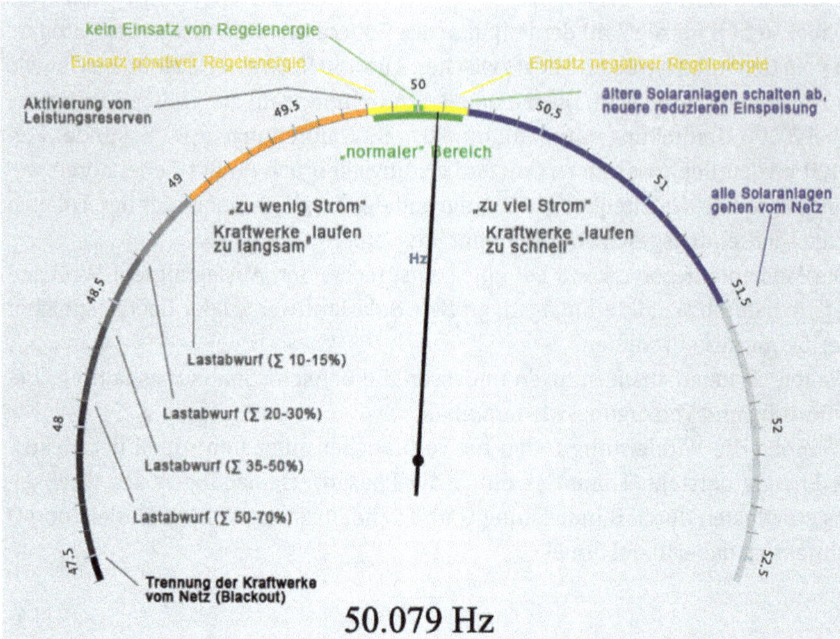

Abb. 1.6: Darstellung des Normal- und Störbetriebs der Netzfrequenz im mitteleuropäischen Raum, Beispiel für eine Frequenz im Normalbereich. (Quelle: [43]).

Vernetzung, Digitalisierung und Elektrifizierung der Hauptversorgung sowie die technologischen und ökonomischen Fortschritte der Erneuerbaren Energien rücken nun die Inselnetze wieder vermehrt in den Fokus. So setzte Bodenholm gemeinsam mit SMA eine inselfähige Stromversorgung um, die im Falle eines Blackouts störungsfrei weiter operiert (vgl. [44]).

Gerade auch im Hinblick auf die Versorgungssicherheit und den Wiederaufbau nach einem Blackout (Schwarzstartfähigkeit) des europäischen Netzes treten die inselfähigen Konzepte zunehmend in den Fokus auch der Verteilnetze. Untersucht werden unter anderem die Möglichkeiten des Einsatzes von inselfähigen Netzen, systemdienlichen dezentralen Leistungen und gezielten Inselnetzen in dem heutigen physikalisch bestehenden Supragrid und seiner internationalen und lokalen sowie zunehmend auch privaten ökonomischen Einbettung.

1.3 Bedeutung der elektrischen Energieversorgung

Die Entwicklung unserer modernen Welt ist maßgeblich von der Fähigkeit zur Nutzung der Elektrizität beeinflusst worden. Erfindungen wie die Glühbirne, der Generator und viele mehr haben Industrien und Gesellschaften nachhaltig geprägt. Ohne Strom befände sich heute das Sicherheits-, Gesundheits- und Wohlstandsniveau aller

Volkswirtschaften rund um den Globus auf einem deutlich tieferen Niveau und zahllose, auf der Nutzung von Elektrizität basierende Produkte würden nicht existieren. Wir lebten in einer völlig anderen Welt!

1.3.1 Elektrizität prägt unsere modernen Gesellschaften

Der elektrische Strom und seine Nutzung ist seit Jahrzehnten fester Bestandteil des täglichen Lebens und dabei fast so allgegenwärtig wie Luft und Wasser. Kaum mehr als 150 Jahre nachdem Werner von Siemens seinen richtungsweisenden Vortrag in Berlin gehalten hatte, ist Elektrizität als globales Phänomen aus unserer digitalen und vernetzten Welt nicht mehr wegzudenken. Moderne Gesellschaften sind ohne die allumfassende Nutzung von Strom über einen längeren Zeitraum nicht existenzfähig.

Milliarden Menschen nutzen täglich Elektrizität. Strom schenkt den Menschen Licht und Wärme, ermöglicht Kommunikation in beinahe jedem Winkel der Erde, lässt Züge und Elektroautos fahren, rettet täglich Leben in den Krankenhäusern der Welt. Diese Liste kann beliebig erweitert werden. Tatsächlich funktioniert die überwältigende Mehrheit aller heute genutzten Geräte des täglichen Lebens mit elektrischem Strom.

Die enorme Bedeutung der Elektrizität für heutige Gesellschaften lässt sich näherungsweise erahnen, wenn man sich einmal die Szenarien weiträumiger Stromausfälle über eine Dauer von mehreren Tagen vorstellt. Lassen sich Ausfälle von wenigen Stunden im privaten Umfeld noch leicht mit Kerzen oder Taschenlampen überbrücken, kann die gleiche Situation an anderer Stelle bereits verhältnismäßig schnell zu kritischen Situationen führen. Laufen zum Beispiel die Dieseltanks der Notstromaggregate in Krankenhäusern nach einigen Stunden leer und gelingt aufgrund von Störungen in der Versorgungskette nicht deren Auftanken, so müssen Operationen verschoben werden und es können im ungünstigen Falle sogar Menschen sterben. Im Buch „Blackout“ hat der Romanautor Marc Elsberg die katastrophalen Auswirkungen derart großflächiger Stromausfälle in einem dystopischen Szenario realitätsnah beschrieben (vgl. [45]).

Gerade die in der Regel hohe Zuverlässigkeit und der hohe Elektrifizierungsgrad der Gesellschaft machen die Planung der Betriebskontinuität für den Fall eines Stromausfalls heute essenziell.

Aber Elektrizität ermöglicht nicht allein moderne Daseinsfürsorge und ist nicht nur die Voraussetzung für den effizienten Betrieb von Maschinen aller Art. Mehr noch hilft Strom, Entfernungen zu überbrücken, fördert die zwischenmenschliche Kommunikation und hat erheblichen Einfluss auf die unterschiedlichsten Facetten der Kultur. So bliebe ohne Strom jedes Telefon stumm und Fernsehgeräte dunkel, Internet und Social Media wären nur Worte ohne Nutzen, Blockbuster wären niemals gedreht worden und die Konzertsäle dieser Welt bei Vorstellungen allein in Kerzenlicht gehüllt.

1.3.2 Strom treibt Volkswirtschaften

Neben der hohen gesellschaftlichen Relevanz hat Strom auch eine herausragende ökonomische Bedeutung: Strom treibt die Weltwirtschaft!

Elektrizität ist heute ein globaler Wirtschaftsfaktor. Dank der nahezu allumfassenden Durchdringung sämtlicher ökonomischer wie auch technischer Bereiche avancierte diese Energieform spätestens seit Mitte des letzten Jahrhunderts zu einem der dominierenden Wirtschaftsfaktoren schlechthin. Folgerichtig zählt gerade in entwickelten Staaten mit funktionierender Infrastruktur die Energieversorgungsindustrie zu den bedeutendsten Branchen.

Die ökonomische Bedeutung der Elektrizität kann vornehmlich indirekt über ökonomische Kennzahlen der Energiebranche näherungsweise abgeleitet werden. Als geeignete Parameter können hier zum Beispiel die Bruttostromerzeugung oder auch der Stromverbrauch eines Landes, die aggregierte Wertschöpfung des Energiesektors sowie die Beschäftigtenzahl aller Energieversorgungsunternehmen einer Volkswirtschaft herangezogen werden.

Stromerzeugung und -verbrauch

Vergegenwärtigt man sich die absoluten Strommengen, die jährlich dem Wirtschaftskreislauf eines Landes oder einer Region zur Verfügung gestellt werden, lässt sich bereits die enorme ökonomische Bedeutung der elektrischen Energieversorgung für moderne Gesellschaften ableiten. Etwas simplifizierend ausgedrückt, wird in diesem Kontext unterstellt, dass eine Energieform implizit eine hohe Relevanz besitzen muss, wenn sie in großen Mengen nachgefragt wird. Als geeignete Größe hat sich in der Praxis die sogenannte Bruttostromerzeugung als Maß der insgesamt produzierten Strommenge eines Landes (makroökonomische Sicht) oder einer Erzeugungsanlage (mikroökonomische Sicht) durchgesetzt.

Definition Bruttostromerzeugung. Unter Bruttostromerzeugung wird die in einem Land, einer Region oder von einer Anlage insgesamt erzeugte absolute Strommenge subsumiert. Nach Abzug des Eigenverbrauchs der Erzeugungsanlagen und der Verluste durch den Elektrizitätstransport verbleibt die Nettostromerzeugung.

$$\text{Nettostromerzeugung} = \text{Bruttostromerzeugung} - \text{Eigenverbrauch}_{\text{Erzeugungsanlage}}$$

Die in den europäischen OECD-Ländern realisierte Bruttostromerzeugung betrug im Jahr 2019 rund 3.647 Terawattstunden (TWh) (vgl. [46]). Davon entfielen nach Angabe der Arbeitsgemeinschaft Energiebilanzen e. V. im gleichen Jahr insgesamt 603,5 TWh allein auf Deutschland. Der Bruttostromverbrauch Deutschlands belief sich 2019 auf 570,8 TWh (vgl. [47]). Damit liegt der theoretische Pro-Kopf-Stromverbrauch in Deutschland bei ca. 6,9 Megawattstunden (MWh) pro Jahr.[3]

3 Bruttostromverbrauch i. H. v. 570.800.000 MWh dividiert durch etwa 83 Mio. Einwohner Deutschlands.

Auch wenn diese Kennziffer nicht zwischen gewerblichen und privaten Verbrauch unterscheidet, so kann diese doch als starkes Indiz für die hohe Relevanz der Elektrizität in arbeitsteiligen Gesellschaften herangezogen werden. Das Kapitel Kirchner führt in die Modellierung solcher Kennzahlen ein und hilft, Prognosemethoden zu deren zukünftiger Entwicklung zu verstehen. Zunehmend sind Dekarbonisierungsziele Teil der Planungsprozesse. Die Optimierung von Energieversorgung aus Klimasicht behandelt Kapitel Thiem. Der Energiebedarf von Gebäuden spielt eine wichtige Rolle im Gesamtenergiebedarf. Eine Praxisstudie aus Sicht der gewerblichen Immobilienwirtschaft stellt Kapitel Hagenschulte vor.

Die grundsätzlichen Anforderungen an die Zuverlässigkeit der Energieplanung stellt das Kapitel Benz vor. Die wichtigsten Begriffe und Methoden des heutigen Assetmanagements ist Inhalt von Kapitel Bieser.

Wertschöpfung und Beschäftigung

Neben den beiden vorgenannten Kriterien Stromerzeugung und -verbrauch existieren weitere volkswirtschaftliche Indikatoren, die auf eine hohe ökonomische Bedeutung von Strom hindeuten: die Wertschöpfung und die Beschäftigtenzahl der Energiebranche.

Exemplarisch sei hier die wirtschaftliche Bedeutung der elektrischen Energieversorgung am Beispiel Deutschland ausgeführt. In Deutschland betrug beispielsweise die Bruttowertschöpfung[4] in der Elektrizitätswirtschaft zu Faktorkosten im Jahr 2019 insgesamt 36,4 Mrd. EUR. Der Branchenumsatz belief sich im gleichen Jahr auf 508,6 Mrd. EUR. Von den knapp 260.000 Beschäftigten in den Energieversorgungsunternehmen ohne Dienstleistungsanteile waren 78 % unmittelbar in der Elektrizitätsversorgung tätig (vgl. [48]).

Nicht berücksichtigt sind in diesem Zahlenwerk der Bezug von Vorleistungen sowie externalisierende Effekte der Stromwirtschaft bezogen auf übrige Branchen (Multiplikatoreffekt). Mit anderen Worten wurden die geldwerten Äquivalente von Vorleistungen wie beispielsweise der Materialverbrauch, die Kosten für in Anspruch genommene Dienstleistungen, Mieten und Pachten etc. in den vorgenannten Umsatzgrößen nicht berücksichtigt. Ein wesentlicher Umstand dergestalt, dass die Bedeutung der Elektrizitätswirtschaft weit über die direkte Wertschöpfung aus der Stromproduktion hinausgeht. Schließlich wurden alle ökonomisch positiven Effekte der Energiebranche auf andere Branchen in dem Zahlenwerk nicht berücksichtigt. Wir sprechen hier im weitesten Sinne von externalisierenden Effekten der Stromwirtschaft, da die Auswirkungen des ökonomischen Handelns der Energiewirtschaft von den übrigen, gewissermaßen unbeteiligten Branchen gleichwohl genutzt, nicht je-

4 Die Bruttowertschöpfung zu Faktorkosten wird berechnet aus dem Wert der Bruttowertschöpfung minus sonstiger indirekter Steuern abzüglich aller Subventionen.

doch direkt beeinflusst werden können. Somit resultiert der positive Multiplikatoreffekt des Energiesektors im Bereich der gesamtwirtschaftlichen Wertschöpfung und Beschäftigung daraus, dass Strom indirekt in anderen Branchen über den eigenen Branchenumsatz hinaus zusätzliche Beschäftigung und Wertschöpfung schafft. Damit zählt die Energiewirtschaft zweifelsohne zu den tragenden Säulen der deutschen Wirtschaft.

1.4 Elektrifizierungsquoten und Versorgungsqualität

Obwohl sie heute ein zentraler und systemkritischer Bestandteil unserer Gesellschaft ist, ist eine umfassende elektrische Energieversorgung eine noch relativ junge Erscheinung. So wurde noch im Jahr 2001 mit der Hamburger Hallig die letzte deutsche Hallig an das Stromnetz angeschlossen (vgl. [49, 50]).

Der gesamte schleswig-holsteinische Raum wurde in der ersten Zeit der Elektrifizierung zunächst primär über gemeindeeigene Windräder, sogenannte „Texasräder", sowie Diesel- und Gasgeneratoren versorgt. Allein an der schleswig-holsteinischen Küste sorgten bis in die 1950er Jahre rund 500 Windkraftwerke für den lokal benötigten Strom. Erst die zunehmende Wirtschaftlichkeit zentraler organisierter Energieversorgung und politische Vorgaben ebneten den Weg zu einem Netzanschluss, der teilweise auf lokalen Widerstand stieß und im Beispiel der Gemeinde Högel lange abgelehnt wurde (vgl. [51, 52]). In der Schweiz wurde mit der Graubündner Gemeinde St. Martin 1973 die letzte Siedlung elektrifiziert. Ebenfalls St. Martin heißt die Gemeinde, zu der der letzte elektrifizierte Ort Harmanschlag zehn Jahre zuvor in Niederösterreich elektrifiziert wurde. Weltweit lag der Elektrifizierungsgrad gemäß den Daten der Weltbank 2019 bei 90 % (vgl. [53]). Regionen wie Nordamerika, China, Europa oder Russland gelten als vollständig elektrifiziert. Das größte Entwicklungspotenzial in der Elektrifizierung liegt aktuell vor allem in Ländern des afrikanischen sowie südasiatischen Raums.

Die Beispiele der Halligen und der Texasräder zeigen, dass Elektrifizierung und Netzanschluss nicht gleichzusetzen sind. Während Elektrifizierung bedeutet, dass ein Objekt oder eine Objektgruppe auf eine Energieversorgung mit elektrischem Strom umgestellt wird, ist die Herkunft der Elektrizität dabei nicht festgelegt. Bei einem Netzanschluss wird darunter heute der Anschluss an den lokalen Energieversorger verstanden. Die Elektrifizierung eines Gebietes bedeutet aktuell im Großteil der Fälle eine elektrische Energieversorgung über zentrale, in der Regel semi- oder vollständig staatlich gesteuerte Stromnetze. Entsprechend ist der Grundversorgungsauftrag regional gebunden definiert und legt für jeden Kunden innerhalb des Einzugsgebietes die Pflicht zur Versorgung durch den Grundversorger fest. Diese Pflicht umfasst auch den physikalischen Anschluss der Kunden, sofern der Anschluss dem Netzbetreiber wirtschaftlich zuzumuten ist. Entsprechend der zunehmenden Entwicklung lokal produzierter elektrischer Energie stellt sich zunehmend die Diskussion der Kostenverteilung in einem gewandelten Netz. Das Kapitel Schroeder diskutiert vertieft die wesentlichen aktuellen regulatorischen und ökonomischen Herausforderungen der Energiewende. Die allgemeinen technischen Grundlagen heutiger elektrischer Energieversorgung stellt Kapitel Pfendler vor.

Orte wie etwa Alphütten in Berggebieten oder andere Bauten in geografisch isolierten Gegenden waren lange von Elektrifizierungsprojekten durch Energieversorger ausgeschlossen und nicht Teil der Grundversorgung. Entsprechend sind weltweit Gebäude in geografisch deutlich ausgedehnteren oder herausfordernden Gebieten wie Kanada, Bergregionen, Russland, USA, die nicht an das öffentliche Stromnetz angeschlossen sind, nicht in den Elektrifizierungsquoten geführt.

So gibt es für nahezu jedes Land bestimmte geografische Lagen, die etwa aufgrund ihrer großen Distanz oder wegen unzugänglicher Lage aus wirtschaftlichen Gründen nicht in Elektrifizierungsaktivitäten eingeschlossen sind. Diese Lagen werden entweder nicht erschlossen oder von Anfang an im autarken Inselbetrieb elektrifiziert, wie etwa die Alphütten des Deutschen Alphüttenverbandes oder Off-Grid-Bauten in Nordamerika.

Mit dem Wandel der Energiesysteme hin zur Dezentralisierung wird sich entsprechend auch das Verständnis der Elektrifizierungsquote wandeln. Bezieht sich dieser Begriff heute rein auf netzgekoppelte Versorgung, wird sich der Begriff zunehmend auf inselfähige oder Inselanlagen ausdehnen. Entsprechende Ansätze sind in Studien wie die der Weltbank bereits zu finden, allerdings wird dieser Ansatz nicht auf Industrieländer ausgeweitet. Denkbar wäre in der Zukunft, auch das Elektrifizierungspotenzial mit einzubeziehen.

Grundsätzlich sagt ein Anschluss an ein Stromnetz noch nichts über die Versorgungsqualität aus, wie etwa die Spannungsstabilität oder die Häufigkeit von Stromausfällen und deren Dauer. Zu diesem Zweck wurde der SAIDI-Index eingeführt, der Stromausfälle eines Versorgungsgebietes gemäß Definition SAIDI charakterisiert.

System Average Interruption Duration Index (SAIDI). Die durchschnittliche Dauer einer Versorgungsunterbrechung (System Average Duration Index, SAIDI) in Minuten wird als Kennzahl sowohl für das Nieder- als auch das Mittelspannungsnetz jährlich von den Energieversogern ermittelt. Dabei steht gemäß Formel SAIDI N_i die Anzahl der betroffenen Kunden pro Versorgungsunterbrechung, r_i für die Dauer der jeweiligen Unterbrechung und N_T für die Gesamtzahl der Kunden des Versorgungsgebietes. Der SAIDI gilt weltweit als Qualitätsmerkmal der elektrischen Energieversorgung. Dabei wird unterschieden zwischen Ausfällen durch sogenannte Großereignisse und Ausfällen mit anderer Ursache.

$$\mathrm{SAIDI} = \frac{\sum r_i N_i}{N_T} \tag{1.6}$$

Es werden nur Unterbrechungen ab einer Dauer von drei Minuten in die Auswertung aufgenommen. Im D-A-CH-Raum wurde der SAIDI kontinuierlich weiter gesenkt und liegt je nach Region im Bereich zwischen rund 10 bis 30 min.

Regionen wie Nord- oder Südamerika zeigen ebenfalls den generell sinkenden Trend des SAIDI mit typischen Werten im Bereich einiger Stunden. Regionen, die vom Klimawandel besonders betroffen sind, erleben in den letzten Jahren einen deutlichen Anstieg des SAIDI durch eine zunehmende Zahl von Ereignissen wie Waldbränden, Überschwemmungen oder Stürmen. Die Häufigkeit von Ereignissen wird mit dem Average Interruption Frequency Index (SAIFI) berechnet. Gemäß Formel SAIFI bezeichnet diese Kennzahl den Quotienten aus der Anzahl der Störungen zu der Anzahl der Gesamtkunden.

$$\mathrm{SAIFI} = \frac{\sum N_i}{N_T} \tag{1.7}$$

Aus dem Verhältnis der beiden Kennzahlen SAIDI und SAIFI ergibt sich die mittlere Unterbrechungsdauer Customer Average Interruption Duration Index (CAIDI) zu

$$\mathrm{CAIDI} = \frac{\mathrm{SAIDI}}{\mathrm{SAIFI}} \tag{1.8}$$

Im Kontext der zunehmenden Wirtschaftlichkeit dezentralisierter Energieversorgungen stehen diese Kennzahlen vor interessanten Veränderungen sowohl in ihrer Interpretation als auch ihrer Aussagekraft.

Gemäß Versorgungsauftrag gehen in den SAIDI nur die angeschlossenen Kunden ein. Von diesen trugen im Jahr 2021 etwa in Deutschland allein die Anschlüsse mit PV-Anlagen mit Nennleistungen bis zu 500 kW inzwischen rund 6 % des Bruttostromverbrauches bei (vgl. [54]). Damit unterliegt ein Teil der Versorgungsqualität zunächst den Prosumern selbst und die eingespeiste Energie muss den Standards angepasst werden. Tatsächlich ist die Versorgungsqualität gestiegen und die durchschnittliche Dauer von Versorgungsunterbrechungen hat sich etwa in Deutschland seit 2006 halbiert (vgl. [55]).

Klimawandel und resultierende Starkwetterereignisse, weiter steigender elektrischer Energiebedarf, Investitionsstau in Infrastrukturen und die laufenden Umstrukturierungen im Kontext der Energiewende führen zu massiven Herausforderungen für den Netzbetrieb und Energieproduktion. Wenig überraschend schlägt sich dies weltweit bereits klar in den SAIDI als Großereignissen nieder. Dabei unterliegen bestimmte Netzgebiete durch ihre Charakteristik höheren und regelmäßigen Störungswahrscheinlichkeiten, etwa durch veraltete Infrastruktur, hohen Bewaldungsgrad oder Wald- und Buschbrände.

Damit stellt sich zunehmend eine Grenzwertbetrachtung, ab welchem SAIDI ein inselfähiger Betrieb ökonomisch zu prüfen ist. Eine wichtige Kenngröße in diesem Kontext sind die sogenannten Levelized Cost of Energy (LCOE) gemäß Formel LCOE:

$$\mathrm{LCOE} = \frac{\frac{I_t+M_t+F_t}{(1+r)^t}}{\sum_{t=1}^{n} \frac{E_t}{(1+r)^t}} \tag{1.9}$$

Dabei wird ein System über seine Lebensdauer von n Jahren für jedes Betriebsjahr t betrachtet. I bezeichnet die Investitionsausgaben für das System inklusive allfälliger Finanzierungskosten, M sind die Betriebs- und Wartungskosten im Jahr t, F die Treibstoffkosten, E ist die Elektrizitätsproduktion und r der Abzinsungssatz.

Wie in Abb. 1.7 ersichtlich, haben die technologischen Entwicklungen der letzten Jahrzehnte die LCOE signifikant zugunsten der Erneuerbaren Energien verschoben.

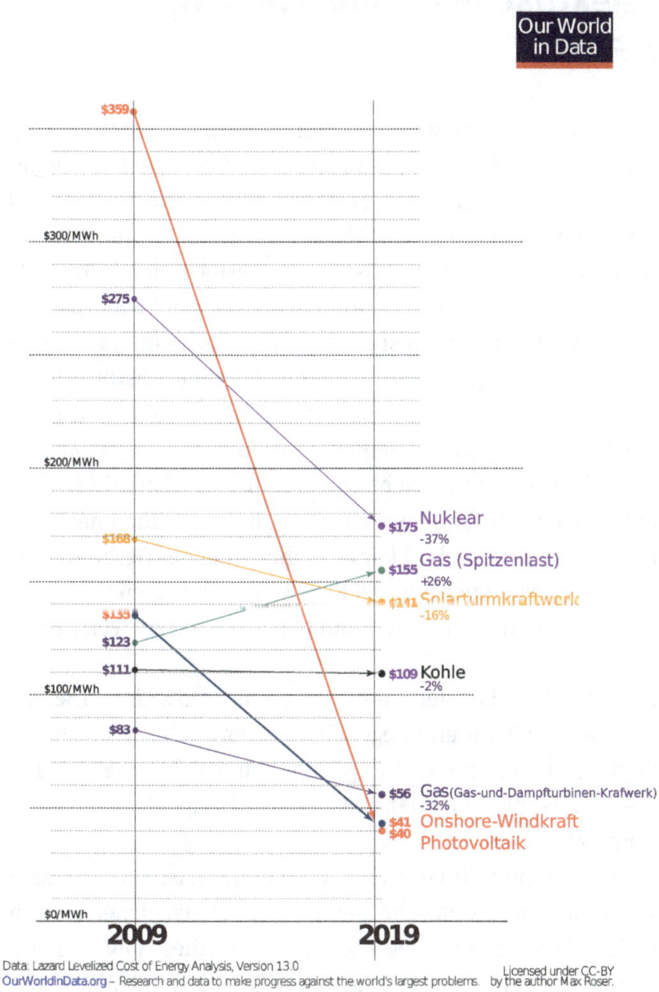

Abb. 1.7: Levelized Cost of Energy nach Studie von IRENA, Lazard, IAEA und Global Energy Monitor. Eigene Übersetzung der Darstellung von [56].

Nicht abgebildet sind in diesen Betrachtungen die Kosten der Energieverteilung. Wer bezahlt das Netz? Was wird die Aufgabe des Netzes? Wird das Netz ein staatlich geförderter Stabilitätsgarant der Elektrizitätsversorgung oder werden Inseln für ihre systemdienliche Schwarzstartfähigkeit vergütet? Diese Ausführungen machen deutlich, dass auch der Versorgungsauftrag vor interessanten Fragestellungen steht. Das Kapitel digitale Technologien von Pflaum führt aus, welche Herausforderungen sich für Gesellschaft und Netzbetreiber in diesem Kontext ergeben. Einen Einblick in die Energiewende aus nordamerikanischer Perspektive gibt Kapitel Bourque.

1.5 Wesen der elektrischen Energieversorgung heute – ein Fazit

Heutige elektrische Energiesysteme stehen vor einer großen Aufgabe. Faktisch stellt das europäische Verbundnetz bereits die größte physikalische Maschine der Welt dar und versorgt mehr als 500 Millionen Menschen mit elektrischer Energie. Der Großteil dieser Infrastruktur ist historisch gewachsen. Obschon mit der ENTSO-E eine steuernde Organisation des Gesamtkonstruktes existiert, ist sie der bestehenden Infrastruktur nachgefolgt. Das bedeutet, dass die bereits vorhandenen Assets und Betriebsmöglichkeiten als Randbedingung weitestgehend festgelegt sind. Jegliche Änderung und Entwicklung von außen wie etwa KI, Cybersecurity oder signifikante Lastflussänderungen jeder Art müssen in dieses System integriert werden. Das bedeutet, dass das Gesamtsystem komplex zu betreiben ist und im Vergleich zu einem Start vom „weißen Papier“ nicht unbedingt physikalisch und betriebswirtschaftlich ideal operiert.

Die Regelung kleiner und kleinster Einheiten erfolgt in diesem Aufbau nach wie vor lokal. Die zunehmende Gewichtung vieler kleiner Einheiten in der Gesamtbilanz bringt neue Anforderungen an deren Steuerung und Regelung sowie deren Schutzbedarf, aber auch neue Möglichkeiten für deren Systemdienste wie die zur Verfügungstellung von Regelenergie.

Das Gleichgewicht zwischen Netzdiensten und Inselsystem wird sich hierbei dynamisch und fortlaufend verändern. Während Gegenden wie Bornholm bereits heute effizient autark laufen können, ist dies für eine Hauptstadt heute nicht absehbar. Die Rolle der Netze in der Energieversorgung ist damit aus vielen Perspektiven eine der interessanten Fragen der Energiewende.

Zudem gibt es eine neue Gruppe zeitlich versetzter, mobiler Lasten und Erzeuger: die Speicher in Elektroautos und thermische sowie Wasserstoffspeicher etwa in der Sektorkopplung. Aus Netzplanungs- und Betriebssicht stellen diese mobilen Einheiten eine neue Herausforderung dar: Sie lassen sich zwar durchaus mit Mitteln der Statistik und KI modellieren, sind aber nicht planbar wie klassische Lasten und Produktionsanlagen. Zum ersten Mal in der Netzgeschichte können sich hiermit Lasten innerhalb von verschiedenen Netzgebieten ohne Wissen des Netzbetreibers frei bewegen.

Die zunehmende Verflechtung von privaten Produktions- und Speicheranlagen bringt weitere technische, wirtschaftliche und regulatorische Herausforderungen mit sich.

Die Einbindung der Energieversorgung in eine internationale Energiewirtschaft, aber auch die Bedrohungslage der Informationssicherheit bringt dabei auch scheinbar rein lokale Fragestellungen rasch in ein globales Umfeld, innerhalb dessen gehandelt werden muss.

Das vorliegende Kompendium behandelt die Grundlagen und die aufgeführten Herausforderungen heutiger Energieversorgung im Detail – reden Sie drüber!

Literaturverzeichnis

[1] Berna, F., et al. (2012). Microstratigraphic evidence of in situ fire in the Acheulean strata of Wonderwerk Cave. Northern Cape province, South Africa. Proc. Natl. Acad. Sci. 109(20).

[2] Gowlett, J. A. J. (2016). The discovery of fire by humans: A long and convoluted process. Philos. Trans. R. Soc. B. https://doi.org/10.1098/rstb.2015.0164.

[3] GEO (o. J.). Erfindung des Feuers – Wie der Mensch die Flammen zähmte. In GEO, Hamburg: G+J Medien. https://www.geo.de/magazine/geo-chronik/19695-rtkl-erfindung-des-feuers-wie-der-mensch-die-flammen-zaehmte. Zugegriffen am: 25.05.2022.

[4] Rossotti, H. (1994). Feuer: Vom zündenden Funken zum flammenden Inferno. Heidelberg/Bern/Oxford: Spektrum Akademischer Verlag.

[5] Murdoch, W. (1808). An account of the application of the gas from coal to economical purposes. Philos. Trans. R. Soc. 98, 124–132.

[6] 'Pall Mall, South Side, Past Buildings: Nos 93-95 Pall Mall, F. A. Winsor and the development of gas lighting', in Survey of London: Volumes 29 and 30, St James Westminster, Part 1, Sheppard, F. H. W. (Hrsg.) (London, 1960), 352–354. British History Online http://www.british-history.ac.uk/survey-london/vols29-30/pt1/pp352-354 [accessed 20 December 2021].

[7] Schnabel-Kühn, A. F. (1910). Die Steinkohlegasindustrie in Deutschland in ihrer Bedeutung für die Volkswirtschaft und das moderne Städteleben. Inaugural-Dissertation, München: R. Oldenbourg Verlag.

[8] Mikoletzky, J. (1997). Der Brand des Wiener Ringtheaters 1881 und die Folgen. Ferrum: Nachrichten aus der Eisenbibliothek, Stiftung der Georg Fischer AG, 69.

[9] Oersted, H. C. (1820). Experiments on the effect of a current of electricity on magnetic needles. Ann. Philos. 16, 273.

[10] Siemens, W. (1891). Über die Umwandlung von Arbeitskraft in elektrischen Strom ohne Anwendung permanenter Magnete. In Wissenschaftliche und Technische Arbeiten. Berlin/Heidelberg: Springer. https://doi.org/10.1007/978-3-642-64936-3_31.

[11] Siemens, W. (1891). Zur Geschichte der dynamo-elektrischen Maschine. In Wissenschaftliche und Technische Arbeiten, 476–478. Berlin/Heidelberg: Springer.

[12] Johannsen, H. R. (1987). Eine Chronologie der Entdeckungen und Erfindungen vom Bernstein zum Mikroprozessor: Geschichte der Elektrotechnik, Bd. 3. Berlin/Offenbach: VDE Verlag.

[13] Beck, S. (2022). South Foreland Lighthouse – The History of the Present Tower, Lenses and Electric Light. Grossbritannien: National Trust.

[14] Dittmann, F. (2019). Die elektrische Beleuchtungsanlage im Schlosspark von Linderhof – ein Faszinosum. In Die Venusgrotte im Schlosspark Linderhof. Illusionskunst und High Tech im 19. Jahrhundert. ICOMOS – Hefte des Deutschen Nationalkomitees, Bd. 70, 167–177.
[15] Allerhand, A. (2020). Hydroeletric Power: The First 30 Years. IEEE Power Energy Mag. 18(5), 76–87.
[16] Pain, S. (2017). Power through the ages. Nature 551, 134–137.
[17] Doleski, O. D. (2016). Utility 4.0 – Transformation vom Versorgungs- zum digitalen Energiedienstleistungsunternehmen. Essentials. Wiesbaden: Springer.
[18] TÜV Nord (2019). Eine kurze Geschichte der Energie. Hannover: TÜV Nord Group. https://www.tuev-nord.de/explore/de/erinnert/eine-kurze-geschichte-der-energie/. Zugegriffen am: 25.05.2022.
[19] Erb, R. (2021). Elektrizität und Magnetismus. De Gruyter.
[20] Dörner, S. (2010). Wer waren die Opfer von Edisons Stromkrieg? 23.09.2010. Düsseldorf: Handelsblatt. https://www.handelsblatt.com/technik/forschung-innovation/schneller-schlau/schneller-schlau-wer-waren-die-opfer-von-edisons-stromkrieg/3545970.html. Zugegriffen am: 25.05.2022.
[21] VSE. Stromnetze. www.strom.ch/de/energiewissen/stromnetze. Zugegriffen am: 25.05.2022.
[22] EnBW. Spannungsebenen. www.enbw.com/energie-entdecken/verteilung-und-transport/stromnetz. Zugegriffen am: 25.05.2022.
[23] Swissgrid, Stern von Laufenburg, swissgrid.ch/de/home/operation/power-grid/start-of-laufenburg.html, Zugegriffen am: 25.05.2022.
[24] Kupper, P. (2016) Energieregime in der Schweiz seit 1880. Schlussbericht, Bundesamt für Energie, Bern, Schweiz, 11.07.2016.
[25] Doleski, O. D. (2017). Die Energiebranche am Beginn der digitalen Transformation: aus Versorgern werden Utilities 4.0. In Doleski, O. D. (Hrsg.) Herausforderung Utility 4.0 – Wie sich die Energiewirtschaft im Zeitalter der Digitalisierung verändert, 3–27. Wiesbaden: Springer.
[26] Doleski, O. D. (2020). Energieversorgungsunternehmen neu denken: Utility 4.0. In Doleski, O. D. (Hrsg.) Realisierung Utility 4.0, Bd. 1 – Praxis der digitalen Energiewirtschaft von den Grundlagen bis zur Verteilung im Smart Grid, 3–62. Wiesbaden: Springer.
[27] Price, T. J. (2005). James Blythe – Britain's First Modern Wind Power Pioneer. Wind Eng. 29(3), 191–200.
[28] Pelz, P. F. (2011). Upper Limit for Hydropower in an Open-Channel Flow. J. Hydraul. Eng. 137(11), 1536–1542.
[29] Freunek, M., Freunek, M. und Reindl, L. M. (2013). Maximum efficiencies of indoor photovoltaic devices. IEEE J. Photovolt. 3(1), 59–64.
[30] National Renewable Energy Laboratory (2022). Champion Photovoltaic Modul Efficiency Chart, Golden, Colorado, USA. www.nrel.gov/pv/module-efficiency.html. Zugegriffen am: 07.03.2022.
[31] Green, M. A., Dunlop, E. D., Hohl-Ebinger, J., Yoshita, M., Kopidakis, N. und Hao, X. (2022). Solar cell efficiency tables (version 59). Prog. Photovolt. Appl. 30, 3–12.
[32] Moon, E., et al. (2020). Dual-Junction GaAs Photovoltaics for Low Irradiance Wireless Power Transfer in Submillimeter-Scale Sensor Nodes. IEEE J. Photovolt. 10(6), 1721–1726.
[33] Helmers, H., et al.(2021). 68.9 % Efficient GaAs-Based Photonic Power Conversion Enabled by Photon Recycling and Optical Resonance. Phys. Status Solidi 15(7).
[34] Reinders, A. H. M. E., van Sark, W. G. J. H. M. und Freunek Müller, M., (2021). Product-Integrated Photovoltaics, Reference Module in Earth Systems and Environmental Sciences. Elsevier.
[35] Breeze, P. (2021). Electricity Networks. In The Cost of Electricity, 33–42. Amsterdam: Elsevier.
[36] ENTSO-E. grid map – interconnected network of ENTSO-E, www.entso-e.eu/data/map/downloads. Zugriff am 19.04.2022.
[37] Rifkin, J. (2011). Die dritte industrielle Revolution: Die Zukunft der Wirtschaft nach dem Atomzeitalter. Frankfurt/New York: Campus Verlag.
[38] Liu, Z. (2015). Global Energy Interconnection. Heidelberg: Academic Press.

[39] Freunek, M. und Lipsa, G. (2020). Resilient in der neuen Energiewelt, bulletin.ch.
[40] Freunek, M. (2016). Verfahren zum Betreiben eines strukturierten Netzes zur Verteilung von elektrischer Energie. Patent CH-713282, BKW Energie AG, Schweiz.
[41] Amin, M. (1998). Toward a secure and smart self-healing grid. Präsentation am Electric Power Research Institute EPRI, USA, 27.01.1998.
[42] Freunek, M. (2022). Zurück in die Zukunft – Smart Grid und Smart Homes heute. Elektropraxis.
[43] Jaschinsky, M. Aktuelle Netzfrequenz, Darstellung auf www.netzfrequenz.info/aktuelle-netzfrequenz-full. Zugriff am 19.04.2022.
[44] SMA (o. J.). Inselnetz für die Region Bordesholm: Stromversorgung auch bei Netzausfall. https://www.sma.de/industrial-systems/inselnetz-region-bordesholm-stromversorgung-bei-netzausfall.html, Zugegriffen am: 26.01.2022.
[45] Elsberg, M. (2012). Blackout – Morgen ist es zu spät. München: Blanvalet Verlag.
[46] Statista (2021). Erzeugte Strommenge in Europa (OECD-Länder) in den Jahren 1990 bis 2019 (in Terawattstunden). Hamburg: Statista. https://de.statista.com/statistik/daten/studie/166936/umfrage/stromerzeugung-in-europa-seit-1990/. Zugegriffen am: 25.05.2022.
[47] AGEB (2021). Stromerzeugung nach Energieträgern 1990–2020 (Stand Februar 2021). Berlin: Arbeitsgemeinschaft Energiebilanzen e. V. https://ag-energiebilanzen.de/4-0-Arbeitsgemeinschaft.html. Zugegriffen am: 25.05.2022.
[48] Destatis, S. B. (2021). Energie – Beschäftigte, Umsatz, Investitionen. Wiesbaden: Statistisches Bundesamt. https://www.destatis.de/DE/Themen/Branchen-Unternehmen/Energie/Beschaeftigte-Umsatz-Investitionen/_inhalt.html. Zugegriffen am: 25.05.2022.
[49] Steensen, T. (2008). Geschichte Nordfrieslands – von 1918 bis in die Gegenwart. Teil 5, 156. Bredstedt/Bräist: Verlag Nordfriisk Instituut.
[50] Gesellschaft für Schleswig-Holsteinische Geschichte (o. J.). Elektrifizierung. https://geschichte-s-h.de/sh-von-a-bis-z/e/elektrifizierung/. Zugegriffen am: 18.02.2022.
[51] Junge, W. (1977). Früher lieferte der Wind den Strom. Husum: Nordfriesland Chronik.
[52] Gesellschaft für Schleswig-Holsteinische Geschichte (o. J.). Windenergie. https://geschichte-s-h.de/sh-von-a-bis-z/w/windenergie/. Zugegriffen am: 18.02.2022.
[53] Weltbank (2022). Access to electricity. In International Bank for Reconstruction and Development, Tracking SDG7 – The Energy Progress Report 2021, Washington, USA, 2021, 21.
[54] Wirth, H. (2022). Aktuelle Fakten zur Photovoltaik in Deutschland. Fraunhofer ISE. Download von www.pv-fakten.de. Fassung vom 04.02.2022.
[55] Bundesnetzagentur (2021). Monitoringbericht 2021. Bundesnetzagentur für Elektrizität, Gas, Telekommunikation, Post und Eisenbahnen und Bundeskartellamt.
[56] Ritchie, H. und Roser, M. (2020). "Energy". Published online at Our World in Data. https://ourworldindata.org/energy. Zugriff am: 19.04.2022.
[57] Freunek, M. (2018). Photovoltaic Modeling Handbook. Beverly: Wiley Scrivener.
[58] Kaltschmitt, M., Streicher, W. und Wiese, A. (2020). Erneuerbare Energien – Systemtechnik, Wirtschaftlichkeit, Umweltaspekte. Heidelberg/Berlin: Springer.
[59] Kenward, J. (1887). A Review of Lighthouse Work and Economy in the United Kingdom during the past Fifty Years. Nature 36, 201–204.
[60] Würfel, P. (2000). Physik der Solarzellen. 2. Aufl. Heidelberg/Berlin: Spektrum Akademischer Verlag.

Weiterführende Literatur

[61] Doleski, O. D. (2020). Realisierung Utility 4.0, Bd. 1 – Praxis der digitalen Energiewirtschaft von den Grundlagen bis zur Verteilung im Smart Grid. Wiesbaden: Springer.
[62] Doleski, O. D., Kaiser, T., Metzger, M., Niessen, S. und Thiem, S. (2021). Digitale Dekarbonisierung – Technologieoffen die Klimaziele erreichen. Wiesbaden: Springer.
[63] Freunek Mueller, M. (2020). Indoor Photovoltaics – Materials, Modeling, Applications. Beverley: Wiley Scrivener.
[64] Kaltschmitt, M., Streicher, W. und Wiese, A. (2020). Erneuerbare Energien – Systemtechnik, Wirtschaftlichkeit, Umweltaspekte. Heidelberg/Berlin: Springer.
[65] Krugman, P. und Wells, R. (2017). Volkswirtschaftslehre, 2. Aufl. Stuttgart: Schäffer-Poeschel Verlag.
[66] Letcher, T. M. (2022). Comprehensive Renewable Energy, 2. Aufl.
[67] MacKay, D. J. C. (2008). Sustainable Energy – without the hot air. Cambridge: UIT.
[68] Neubäumer, R., Hewel, B. und Lenk, T. (2017). Volkswirtschaftslehre – Grundlagen der Volkswirtschaftstheorie und Volkswirtschaftspolitik, 6. Aufl. Wiesbaden: Springer.
[69] Rifkin, J. (2011). Die dritte industrielle Revolution: Die Zukunft der Wirtschaft nach dem Atomzeitalter. Frankfurt/New York: Campus Verlag.
[70] Würfel, P. (2000). Physik der Solarzellen. 2. Aufl. Heidelberg/Berlin: Spektrum Akademischer Verlag.

Kurzvitae

Oliver D. Doleski ist Principal bei der Siemens AG und Herausgeber energiewirtschaftlicher Fachpublikationen. Nach wirtschaftswissenschaftlichem Universitätsstudium in München und verschiedenen leitenden Funktionen im öffentlichen Dienst sowie in Beratungs- und Dienstleistungsunternehmen war er viele Jahre erfolgreich freiberuflich als branchenübergreifend aktiver Unternehmensberater tätig. Heute widmet er sich vor allem im Energiesektor und in der Prozessindustrie intensiv den Themen Digitale Transformation, Internet of Things (IoT) und Smart City.
Sein Forschungsschwerpunkt liegt in den Bereichen Geschäftsmodellentwicklung (Integriertes Geschäftsmodell iOcTen) und Digitale Dekarbonisierung von Energiesystemen. Mit der Wortschöpfung Utility 4.0 etablierte Oliver D. Doleski bereits 2016 einen prägnanten Begriff für den Übergang von der analogen zur digitalen Energiewirtschaft. Er gestaltet als Mitglied energiewirtschaftlicher Initiativen den Wandel der Energiewirtschaft aktiv mit. Seine in der Unternehmenspraxis und Forschung gewonnene Expertise lässt er als Herausgeber und Autor in zahlreiche branchenweit beachtete Publikationen und Fachbücher einfließen.

Dr.-Ing. Monika Freunek studierte an den Fachhochschulen Bielefeld und Furtwangen Produktentwicklung und Product Engineering mit Schwerpunkt Mechatronik. Als Stipendiatin des Graduiertenkollegs GRK 1322-1 „Micro Energy Harvesting“ der Deutschen Forschungsgemeinschaft promovierte sie 2010 an der Albert-Ludwigs-Universität Freiburg in Mikrosystemtechnik über die autarke Energieversorgung kleinster Sensorsysteme. Ihre Stationen in Wissenschaft und Industrie umfassen IBM Research, das Fraunhofer Institut Solare Energiesysteme, sowie die ZHAW und den Schweizer Energieversorger BKW AG. Wissenschaft in die Praxis zu bringen und den Dialog zwischen Forschung und Anwendung zu fördern, sind ihr ein Anliegen. Monika Freunek ist Herausgeberin mehrerer wissenschaftlicher Bücher im englischsprachigen Raum, regelmäßige Autorin von Fachartikeln und Erfinderin zweier Patente im Feld der zellularen Energiesysteme für die Integration in bestehenden Infrastrukturen. Mit ihrem Unternehmen Lighthouse Science Consulting and Technologies Inc. mit Sitz in Kanada schlägt sie auch transatlantisch Brücken zwischen den Disziplinen. Ihre fachlichen Schwerpunkte umfassen Energiesysteme aller Größenordnungen, Cybersecurity, IoT und Data Science.

Anna Pfendler, Berit Erlach und Jutta Hanson

2 Allgemeine technische Aspekte der elektrischen Energieversorgung – ein System im Wandel

Zusammenfassung: Dieser Beitrag beschreibt die aktuellen und zukünftigen technischen Herausforderungen für die Umstellung des elektrischen Energiesystems auf eine nachhaltige, sichere und umweltfreundliche Bereitstellung und Nutzung von elektrischer Energie. Die Umstellung auf eine Energiewandlung aus Erneuerbaren Energien – nachfolgend Stromerzeugung genannt – führt zu einem starken Wandel des gesamten Energiesystems auf allen Spannungsebenen. Erneuerbare-Energien-Anlagen, insbesondere Wind- und Photovoltaik-Anlagen, werden in großem Maßstab angeschlossen. Der Anschluss dieser Anlagen erfolgt sowohl zentral und verbrauchsfern im Übertragungsnetz als auch dezentral bis in die Niederspannungsebene. Auch die Verbrauchsseite befindet sich im Wandel: Sektoren, die heute hauptsächlich durch fossile Brenn- und Kraftstoffe versorgt werden, z. B. Verkehr und Wärme, werden zunehmend elektrifiziert. Diese Veränderungen bedingen ein hoch flexibles und weitgehend automatisiertes Energiesystem zur Wahrung der Stabilität bei volatiler Stromerzeugung und zur Koordinierung des komplexer werdenden Energiesystems. Es ergeben sich neue Herausforderungen hinsichtlich der Stabilität und Systemführung in Netzen mit wenigen konventionellen Kraftwerken. Stabilitätsdefinitionen gehen zunehmend auf den steigenden Anteil von umrichterbasierten Anlagen und die damit einhergehenden Herausforderungen ein. Die Systemführung muss eine wachsende Anzahl von Erzeugungsanlagen und Speichern koordinieren. Nur mithilfe der Digitalisierung und Vernetzung des komplexer werdenden Energiesystems kann die Koordination der Anlagen und Auswertung der zunehmenden Datenmengen realisiert werden. Dazu müssen auch die Verteilnetze stärker automatisiert werden.

Schlagwörter: Dezentrale Energieversorgung, Digitalisierung, Energiesystem, Stabilität

Anna Pfendler, Jutta Hanson, Technische Universität Darmstadt, Fachbereich Elektrotechnik und Informationstechnik, Institut für Elektrische Energiesysteme, Fachgebiet Elektrische Energieversorgung unter Einsatz Erneuerbarer Energien (E5), Darmstadt, Deutschland, e-mails: anna.pfendler@tu-darmstadt.de, jutta.hanson@tu-darmstadt.de
Berit Erlach, acatech – Deutsche Akademie der Technikwissenschaften, Berlin, Deutschland, e-mail: erlach@acatech.de

https://doi.org/10.1515/9783110753585-002

2.1 Zentralität und Dezentralität im elektrischen Energiesystem

Das elektrische Energiesystem erlebt einen drastischen Wandel. Fossile Energieträger und Kernenergie werden sukzessive durch Erneuerbare Energien ersetzt. Dies bedeutet ein Umdenken von einem hierarchischen System, das auf konventionellen Großkraftwerken basiert, hin zu einem hoch komplexen und flexiblen System, das auf einer Vielzahl volatiler Erzeugungsanlagen basiert. Während das elektrische Energieversorgungsnetz historisch ein zentrales war, ist die Definition aktuell nicht eindeutig. So existieren sowohl zentrale als auch dezentrale Strukturen – von der Photovoltaik-Dachanlage bis zum Offshore-Windpark. Die Begriffe zentral und dezentral umfassen dabei nicht nur die Anlagengröße von Erzeugungsanlagen. Die wichtigsten Dimensionen von Zentralität und Dezentralität sind in Abb. 2.1 dargestellt und werden in den folgenden Abschnitten vorgestellt. Wichtig ist, dass das elektrische Energieversorgungsnetz weder ein rein zentrales noch ein rein dezentrales System ist. Beide Formen sowie Mischformen kommen bereits heutzutage vor und ergänzen sich, insbesondere da mittel- bis langfristig alle Potenziale für Erneuerbare-Energie-Anlagen (EE-Anlagen) zentral und dezentral genutzt werden müssen (vgl. [1]). Diese Veränderungen in der Erzeugungsstruktur werden im Abschnitt 2.1.1 beschrieben. Abschnitt 2.1.2 zeigt die Verbrauchsstruktur und insbesondere den Strombedarf auf. Schließlich beschreibt Abschnitt 2.1.3 die zunehmend benötigten Flexibilitäten im elektrischen Energieversorgungsnetz, und Abschnitt 2.1.4 geht auf die komplexer werdenden Koordinationsaufgaben ein.

Das elektrische Energieversorgungsnetz ist historisch seit Ende des 19. Jahrhunderts als dreiphasiges Drehstromsystem gewachsen und wird unterteilt in das Übertragungsnetz, welches Transportaufgaben übernimmt und bislang für die Systemdienstleistungen verantwortlich ist, und das Verteilnetz, das zur großflächigen Verteilung des Stroms bis zu den Verbrauchern dient. Die Stromnetze sind nach Spannungsebenen eingeteilt. Das europäische Übertragungsnetz besteht aus Höchstspannungsnetzen (HöS-Netzen) mit Spannungen von 380 kV oder 220 kV. Aktuell wird das Übertragungsnetz durch Hochspannungs-Gleichstrom-Übertragungen (HGÜ) erweitert, welche Transportaufgaben über lange Strecken verlustärmer ermöglichen. Durch das kontinentaleuropäische Verbundnetz sind die Übertragungsnetze von Portugal bis Griechenland und Türkei synchron verbunden. Daneben existieren auch Inselnetze, beispielsweise auf Zypern oder in Irland (vgl. [2]).

Das öffentliche Verteilnetz ist aufgeteilt in das Hochspannungsnetz mit einer Spannung von 110 kV, das Mittelspannungsnetz mit Spannungen von vorrangig 10 kV oder 20 kV und das Niederspannungsnetz mit vorrangig 400 V. Aufgrund des steigenden Anteils von EE-Anlagen kommt den Verteilnetzen eine geänderte Rolle zu. Diese aktiven Verteilnetze sind nicht mehr nur für die Verteilung von Energie zu den Verbrauchern zuständig, sondern können lokal für einen Ausgleich von erzeugter und

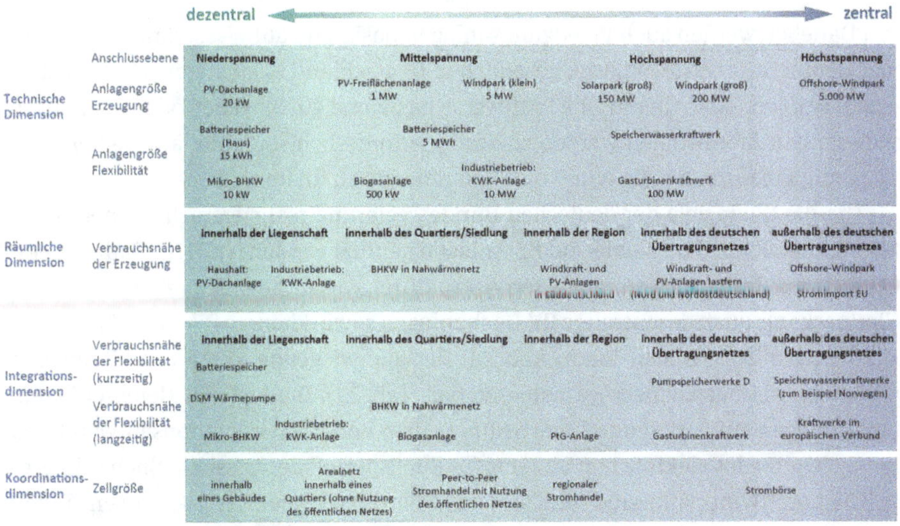

Abb. 2.1: Dimensionen von Zentralität und Dezentralität im elektrischen Energiesystem [1], angelehnt an [4].

verbrauchter Energie sorgen [3]. Dezentrale EE-Anlagen speisen zunehmend Strom in die unteren Spannungsebenen ein. Dadurch können Rückspeisungen von niedriger zur höheren Spannungsebene auftreten, welche große Herausforderungen an Netzbetrieb und Netzschutz stellen.

2.1.1 Erzeugungsstruktur

Um CO_2-Emissionen zu senken und das gesamte Energiesystem nachhaltiger zu gestalten, werden fossile Energieträger durch erneuerbare substituiert. Da EE-Anlagen im elektrischen Energieversorgungsnetz angeschlossen sind, wird zunächst die Stromerzeugung umgestellt und andere Sektoren elektrifiziert. Diese Veränderungen in der Erzeugungsstruktur sind der Schlüsselpunkt und bedingen die meisten der weiteren genannten Aspekte.

Konventionelle und in der Regel über Synchrongeneratoren an das Netz angeschlossene Großkraftwerke basierend auf Kern- und Kohleenergie werden in Deutschland sukzessive abgeschaltet. Das elektrische Energiesystem wird zukünftig zum großen Teil aus EE-Anlagen versorgt, darunter insbesondere Windenergie- und Photovoltaikanlagen (PV-Anlagen). Diese neue Erzeugungsstruktur bringt grundlegende Herausforderungen mit sich: Aufgrund der volatilen Einspeisecharakteristik muss das Energiesystem flexibler werden. Die jährlich erzeugte Energie hängt stark von den jeweiligen Wind- und Strahlungsbedingungen ab, sodass EE-Anlagen auch in großem Maßstab verbrauchsfern ausgebaut werden – bestes Beispiel ist die Windenergie auf

See. Daneben werden auch Erzeugungsanlagen basierend auf Wasserkraft, Biomasse oder Geothermie betrieben, welche jedoch in Deutschland in kleinerem Maßstab ausgebaut werden. Auch thermische Kraftwerke basierend auf biogenen oder synthetisch hergestellten Brennstoffen werden zukünftig erforderlich sein, um längere Perioden mit wenig Einspeisung aus Wind- und Solarenergie zu überbrücken.

Um die Klimaziele der deutschen Bundesregierung realisieren zu können, müssen prinzipiell alle Potenziale von EE-Anlagen genutzt werden (vgl. [1]). Dadurch entstehen sowohl zentrale verbrauchsferne Strukturen wie große Onshore- und Offshore-Windparks als auch dezentralere PV-Dachanlagen sowie kleinere PV- und Windparks, vgl. die technische Dimension in Abb. 2.1. Der überwiegende Anteil von EE-Anlagen wird auf Verteilnetzebene angeschlossen (vgl. Tab. 2.1). Die Vielzahl kleinerer Erzeugungsanlagen auf Verteilnetzebene bedingt einen hohen Koordinationsaufwand und die Auslegung des elektrischen Systems für Rückspeisefälle. Ausschließlich sehr große (Offshore-)Windparks sind direkt an das Übertragungsnetz angeschlossen. Tabelle 2.1 gibt einen Überblick aus dem Jahr 2019 über die installierte Leistung von Anlagen, die bislang durch das Erneuerbare-Energien-Gesetz (EEG) gefördert werden. Daraus ergibt sich, dass insgesamt rund 110 GW dem Verteilnetz (VN) bestehend aus Niederspannung NS, Mittelspannung MS und Hochspannung HS zugeordnet sind und lediglich knapp 10 GW direkt im Übertragungsnetz (Höchstspannung HöS und HöS/HS) angeschlossen sind.

Tab. 2.1: Installierte Leistung EEG-geförderter Anlagen nach Spannungsebene 2019 in MW [5]

Spannungsebene	Wasserkraft	Biomasse	Geothermie	Windenergie Onshore	Windenergie Offshore	Photovoltaik
HöS	4,1	24,8	0,0	1.620,1	7468,1	71,1
HöS/HS	131,9	22,4	0,0	255,6	0,0	0,8
HS	166,5	324,1	0,0	19.500,4	60,2	2.538,4
HS/MS	82,1	313,4	0,0	10.266,7	0,0	890,8
MS	945,1	6.734,5	47,1	21.451,5	0,0	17.810,5
MS/NS	58,9	334,1	0,0	62,1	0,0	1587,0
NS	221,6	572,4	0,0	36,1	0,0	26.197,6
Summe VN	1.474,1	8.278,4	47,1	51.316,9	60,2	49.024,5
Summe ÜN	136,0	47,2	0,0	1.875,7	7.468,1	71,9

Windkraft- und PV-Anlagen unterscheiden sich im Vergleich zu konventionellen Kraftwerken nicht nur aufgrund der volatilen Einspeisecharakteristik. Auch die Technologie zum Anschluss der Anlagen unterscheidet sich grundlegend. EE-Anlagen sind häufig über leistungselektronische Umrichter angeschlossen, deren inhärentes Verhalten sich grundlegend von dem der Synchrongeneratoren unterscheidet. Zudem entfallen die großen rotierenden Massen der Generatoren, welche aufgrund der mechanischen Trägheit maßgeblich das dynamische Netzverhalten bestimmen. Stattdessen sind Regelungsverfahren für umrichterbasierte Erzeugungsanlagen ein wichtiges Thema der aktuellen Forschung. Hierbei sind sogenannte netzbildende Regelverfahren entstanden, welche beispielsweise das Verhalten von Synchrongeneratoren regelungstechnisch nachbilden. Weiterhin komplex bleibt die Frage der Koordination vieler einzelner Anlagen, wobei der Zusammenschluss mehrerer Anlagen zu virtuellen Kraftwerken eine Antwort sein kann.

Herausforderung ist zudem die Modellierung von EE-Anlagen für Simulationen. Da die vielen verschiedenen Hersteller- und Anlagenspezifika von EE-Anlagen nicht individuell modelliert werden können, wird auf generische Modelle zur Abbildung typischer Kennwerte und des typischen dynamischen Verhaltens zurückgegriffen. Wichtige Arbeiten hierzu hat Pourbeik in einer Studie (vgl. [6]) zusammengefasst.

2.1.2 Verbrauchsstruktur

Der zukünftige Energiebedarf wird durch verschiedene Faktoren beeinflusst, darunter beispielsweise die Effizienzsteigerung von Technologien, aber auch die Elektrifizierung von Sektoren (Power-to-X). Abb. 2.2 gibt einen Überblick über Prognosen zum zukünftigen Strombedarf für die Stützjahre 2030 und 2050 in verschiedenen Studien. Die Übersicht zeigt, wie schwierig die Einschätzung bei einem stetig komplexer werdenden System ist. Bereits für das Jahr 2030 unterscheiden sich die Szenarien stark. Das liegt vor allem an grundlegenden Unterschieden bei den Annahmen und Gewichtungen einzelner Trends. So wird in der dena-Studie ein stark elektrifiziertes (EL) Szenario verglichen mit einem Szenario, das auf einem Mix verschiedener Technologien (TM) basiert. Inzwischen wurden die deutschen Klimaziele im Vergleich zu den hier dargestellten Szenarien verschärft, sodass die dargestellten Entwicklungen tendenziell stärker ausgeprägt und zeitlich früher zu erwarten sind. Die Elektrifizierung der Sektoren Mobilität und Wärme ist bereits in vollem Gange. Prinzipiell erhöhen diese Entwicklungen den elektrischen Energiebedarf. Gleichzeitig bieten sie auch die Chance auf Flexibilität für das Energiesystem, indem Elektrofahrzeuge beispielsweise systemdienlich geladen oder entladen werden. Dies bietet neue Freiheitsgrade, bringt aber auch neue Anforderungen an die Koordination und Vernetzung des Energiesystems mit sich. Elektromobilität ist dabei nicht auf den Individualverkehr begrenzt, sondern umfasst auch Transport, Logistik und den öffentlichen Nah- und Fernverkehr.

Aufgrund von Effizienzsteigerungen ist davon auszugehen, dass der Gesamtenergiebedarf zukünftig sinken wird, der Strombedarf jedoch im Zuge der Elektrifizierung anderer Sektoren steigt [1]. Die größten Stromverbraucher sind Industriebetriebe, gefolgt von Gewerbe und Dienstleistungen, Haushalten und Elektromobilität. Wichtige Aspekte sind auf der Verbrauchsseite die Effizienzsteigerung von Industrieprozessen, beispielsweise auf Grundlage der Digitalisierung/Automatisierung und gleichzei-

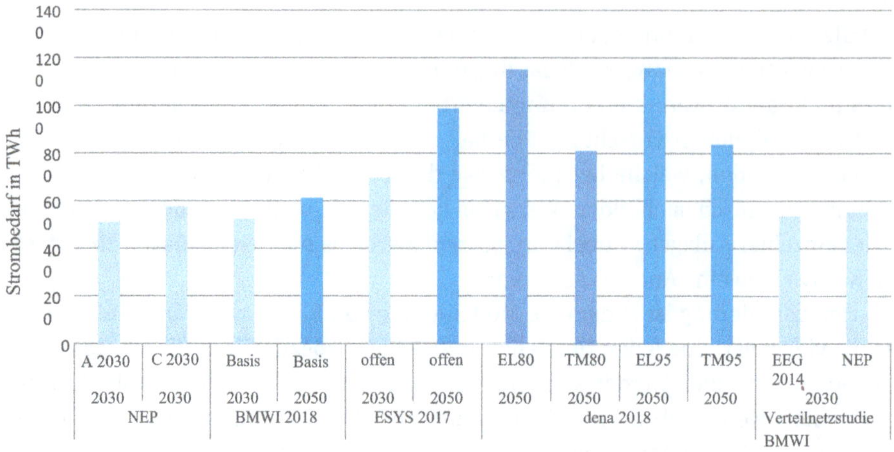

Abb. 2.2: Vergleich des Strombedarfs in verschiedenen Studien für die Stützjahre 2030 und 2050 basierend auf [1].

tig die Elektrifizierung von Industrieprozessen, darunter beispielsweise die Zement- oder Stahlindustrie. Auch die Flexibilisierung der Haushalte, u. a. Demand Side Management, kann in Summe großen Einfluss auf den Strombedarf einerseits und die Flexibilisierung des Gesamtsystems andererseits haben.

2.1.3 Flexibilitäten

Im elektrischen Energiesystem muss zu jedem Zeitpunkt ein Gleichgewicht aus erzeugter und verbrauchter Leistung inklusive Verlusten herrschen. Im Zuge der Umstellung auf eine weitestgehend volatile Einspeisung muss das System somit flexibler werden und auf die jeweilige Einspeisesituation reagieren können. In diesem Fall gleichen Flexibilitätsoptionen sowohl kurzfristig als auch langfristig ein mögliches Ungleichgewicht aus. Dabei kommen verschiedene Technologien in Frage, von Batteriespeichern für Haushaltslösungen bis zur Nutzung des Gasnetzes als Langzeitflexibilität, vgl. Abb. 2.1.

Als kurzzeitige Flexibilität dienen sowohl dezentrale als auch zentrale Speicher, die in der Regel in der Nähe von Erzeugungsanlagen oder Verbrauchern angeschlossen sind. Für diese Kurzzeitspeicher finden häufig Batterien Anwendung, welche Netzengpässe entlasten und Regelleistung zur Verfügung stellen können. Beispielsweise kann auf Haushaltsebene ein Batteriespeicher die durch eine PV-Dachanlage erzeugte Energie lokal speichern und dadurch unter Umständen den Netzausbau im Verteilnetz reduzieren. Auch Demand Side Management, d. h. die Flexibilisierung von Verbrauchern, beispielsweise auf Basis eines Strompreissignals, des flexiblen Ladens von Elektrofahrzeugen oder Wärmepumpen im Zusammenhang mit Wärmespeichern während der Heizperiode, kann kurzfristig Flexibilität für das System zur Verfügung stellen.

Für den Ausgleich von langfristigen Ungleichgewichten, beispielsweise saisonalen Schwankungen oder im Extremfall während längeren trockenen Dunkelflauten, benötigt das elektrische Energieversorgungsnetz entsprechende Lösungen, die möglichst verlustarm Energie über längere Zeiträume speichern können. Diese Langzeitflexibilitäten sind nicht an einen bestimmten Standort gebunden. Aktuell sind für diese Aufgabe hauptsächlich Lösungen auf Basis von Sektorenkopplung durch die Herstellung von Wasserstoff beziehungsweise synthetischen Energieträgern erfolgsversprechend. Die Energieträger können entweder in den Sektoren Mobilität und Wärme Verwendung finden oder in Gaskraftwerken oder Blockheizkraftwerken rückverstromt werden. Für den Transport von synthetischem Methan könnte das bestehende Erdgasnetz genutzt werden und somit zusätzlich Übertragungsaufgaben übernehmen.

Aus systemischer Sicht trägt auch der Netzausbau sowie Stromimporte aus dem Ausland zur Flexibilisierung bei, indem Portfolioeffekte ausgenutzt werden können. Das bedeutet, dass im Verbundnetz EE-Anlagen über eine größere Ausdehnung angeschlossen sind und daher die Wahrscheinlichkeit für eine trockene Dunkelflaute, die zeitgleich im gesamten Versorgungsgebiet auftritt, sinkt.

2.1.4 Koordination

Das elektrische Energiesystem wird zunehmend komplexer. Die Systemführung basiert nicht mehr auf wenigen Kohle- und Kernkraftwerken, sondern auf einer steigenden Anzahl von Erzeugungsanlagen auf allen Spannungsebenen. Hinzu kommt die Koordination von Flexibilitäten, d. h. Demand Side Management, Speicher etc. und Schnittstellen zu anderen Energiesystemen und darüber hinaus auch neue Anforderungen hinsichtlich der Systemdienstleistungen, beispielsweise die Schwarzstartfähigkeit von Anlagen oder das Netzengpassmanagement.

Diese Koordinationsaufgabe kann zukünftig nur mit einem hohen Grad der Digitalisierung und Automatisierung des Systems gelingen. So können basierend auf den großen Datenmengen aus dem Netz verschiedene Akteure weitgehend automatisiert koordiniert werden. Darüber hinaus gewinnen auch Wetterprognosen an Relevanz, um die Einspeisung aus EE-Anlagen zuverlässig voraussagen zu können. Nur so können Fahrpläne für den Kraftwerks- und Speichereinsatz bzw. die Regelung der Vielzahl von Anlagen entstehen. Auch eine Hierarchie bei den Regelungsaufgaben ist von Nutzen oder der bereits genannte Zusammenschluss mehrerer Anlagen zu einem virtuellen Kraftwerk.

Im zellularen Ansatz (vgl. [3]) wird das elektrische Energiesystem in Netzzellen unterteilt, in welchen ein bilanzieller Ausgleich aus erzeugtem und verbrauchtem Strom angestrebt wird. Diese Netzzellen könnten zunächst individuell, also dezentral, geregelt werden. Eine physische Autarkie, d. h. eine komplette und dauerhafte Entkopplung vom Verbundnetz, ist jedoch in der Regel nicht wirtschaftlich.

2.2 Systemstabilität und Systemdienstleistungen

Die Stabilität des elektrischen Energiesystems ist nach IEEE und CIGRÉ [7] definiert als die Fähigkeit eines Systems für gegebene Anfangsbedingungen einen stabilen Gleichgewichtszustand wiederzuerlangen, nachdem das System einer physikalischen Störung ausgesetzt war. Im neuen Gleichgewichtszustand müssen die Systemvariablen über die Zeit beschränkt, also quasi konstant sein. Obwohl prinzipiell alle Phänomene der Stabilität zusammenhängen, können diese in Kategorien eingeteilt werden. Diese Stabilitätsdefinitionen einer gemeinsamen Taskforce aus IEEE und CIGRÉ werden in Abschnitt 2.2.1 vorgestellt. Die Herausforderungen, die sich aufgrund der Abschaltung von Synchrongeneratoren in Systemen mit geringer mechanischer Trägheit (sogenannten Low-Inertia-Systemen) ergeben, werden in Abschnitt 2.2.2 vorgestellt. Zuletzt folgt in Abschnitt 2.2.3 die Vorstellung von Systemdienstleistungen, die zukünftig durch umrichterbasierte Erzeugungsanlagen erbracht werden müssen.

2.2.1 Erweiterung der klassischen Stabilitätsdefinitionen

Die klassischen Stabilitätsdefinitionen von IEEE und CIGRÉ [7] unterteilen die Stabilität des elektrischen Energieversorgungsnetzes in Rotorwinkelstabilität, Frequenzstabilität und Spannungsstabilität (vgl. Abb. 2.3). Dabei beschreibt die Rotorwinkelstabilität die Fähigkeit von Synchronmaschinen in einem Verbundnetz nach einer Störung synchron zu bleiben oder Synchronismus wiederherzustellen. Dazu muss an jeder Maschine ein Gleichgewicht aus elektromagnetischem und mechanischem Drehmoment herrschen. Ereignisse im System können dieses Gleichgewicht stören, die Rotoren der Maschinen be- oder entschleunigen und dadurch den Spannungswinkel der Maschinen verändern. Instabilität kann entstehen, wenn der Unterschied der Winkel zu groß wird.

Die Spannungsstabilität beschreibt die Fähigkeit des elektrischen Energiesystems nach einer Störung an allen Sammelschienen eine stabile Spannung zu halten. Dies hängt eng mit der Rotorwinkelstabilität zusammen, da sowohl die Instabilität der Spannung zum Asynchronbetrieb der Maschinen führen kann als auch Synchronmaschinen mit nahezu gegensätzlichen Spannungswinkeln zu starken Spannungsfällen führen können. Im stationären Betrieb liegen die Spannungstoleranzbänder maximal in einem Bereich von ±10 % der Nennspannung. Spannungs- und Rotorwinkelstabilität lassen sich jeweils unterteilen in Klein- und Großsignalstabilität. Entsprechend der Namen handelt es sich entweder um kleinere oder größere Störungen im System.

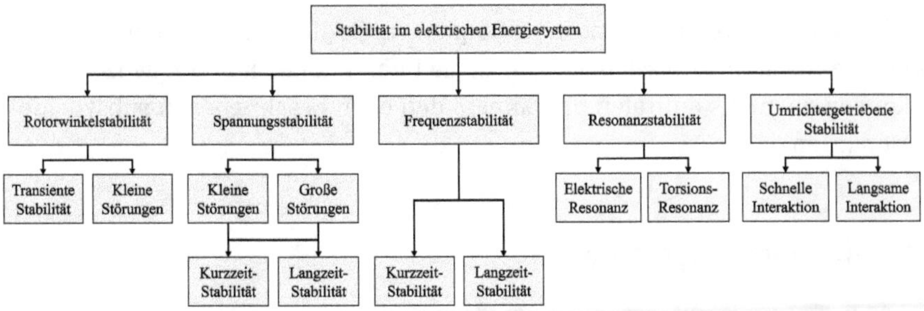

Abb. 2.3: Übersicht der klassischen (grau) und neuen (grün) Stabilitätsdefinitionen [8].

Die Frequenzstabilität beschreibt die Wahrung einer gleichbleibenden Frequenz im gesamten Verbundnetz. Dies hängt davon ab, ob ein Gleichgewicht aus erzeugter und verbrauchter Wirkleistung besteht bzw. nach einer Störung wiederhergestellt werden kann. Im europäischen Verbundnetz liegt die Frequenz bei 50 Hz und das Toleranzband bei ±200 mHz. In einem System mit einem hohen Anteil an Synchrongeneratoren besteht die Reaktion auf eine Frequenzabweichung zunächst aus dem Trägheitsverhalten der Maschinen. Die Herausforderungen bei Abschaltung der konventionellen Kraftwerke wird im nächsten Kapitel beschrieben.

Im Jahr 2020 wurden zwei weitere Stabilitätskategorien ergänzt, welche die starken Veränderungen in der Erzeugungsstruktur berücksichtigen: Resonanzstabilität und umrichtergetriebene Stabilität. Resonanz tritt allgemein auf, wenn periodisch ein Energieaustausch in oszillierender Form stattfindet. Diese Oszillationen können ohne ausreichende Ableitung von Energie wachsen und zu steigenden Spannungs-, Strom- oder Torsionsamplituden führen. Resonanzstabilität ist definiert als Überschreitung eines Schwellenwertes dieser Amplituden. Dabei werden die Torsions- und die elektrische Resonanz unterschieden. Die Torsionsresonanz bezieht sich auf subsynchrone Resonanzen für Frequenzen kleiner 50 Hz, welche durch subsynchrone mechanische Eigenmoden einer Generatorwelle entstehen können. Bei der elektrischen Resonanz wird ein Schwingkreis mit der Eigenfrequenz angeregt. Dies tritt u. a. bei doppelt gespeiste Asynchronmaschinen (Englisch: DFIG) auf, welche beim Anschluss von Windenergieanlagen eingesetzt werden. Die Resonanz tritt auf, wenn das Filter und die Induktivität des Asynchrongenerators einen Schwingkreis im subsynchronen Bereich bilden.

Die umrichtergetriebene Stabilität berücksichtigt das grundlegend unterschiedliche dynamische Verhalten von Umrichtern und Synchrongeneratoren bzw. allgemein rotierenden Maschinen. Dabei spielt die Regelung von umrichterbasierten Erzeugungsanlagen eine entscheidende Rolle und es kann zu Interaktionen sowohl zwischen verschiedenen Umrichtern oder von Umrichtern mit der elektromechanischen Dynamik von Maschinen als auch mit elektromagnetischen Transienten im Netz kommen. Diese Interaktionen können in schnelle und langsame Phänomene eingeteilt werden. Schnelle Phänomene im hochfrequenten Bereich von mehreren hundert

Hertz bis mehreren Kilohertz und hochfrequenten Oszillationen werden auch als harmonische Instabilität bezeichnet. Langsame Interaktionen mit Frequenzen unter 10 Hz können ebenfalls auftreten und ähneln den oben beschriebenen subsynchronen Resonanzen.

2.2.2 Low-Inertia-Systeme

Die Umstellung der Erzeugungsstruktur beeinflusst die Stabilität, Systemführung und Regelung von elektrischen Energieversorgungsnetzen. Ein steigender Anteil von Umrichtern im elektrischen Energiesystem ist jedoch nicht nur in der Erzeugungsstruktur, sondern auch bei weiteren leistungselektronischen Betriebsmitteln – HGÜ, Speicher, etc. – zu beobachten. Diese Betriebsmittel unterscheiden sich grundlegend von konventionellen Kraftwerken hinsichtlich des stationären und dynamischen Verhaltens im System. Das inhärente Trägheitsverhalten (Englisch: Inertia) von Synchronmaschinen aufgrund der großen rotierenden Massen verlangsamt die Reaktion des Systems auf eine Störung. Dies verschafft der Regelung bzw. den Netzbetreibern Zeit zum Eingreifen. Leistungselektronisch dominierte Netze werden daher als Low-Inertia-Systeme bzw. Systeme mit geringer mechanischer Trägheit bezeichnet und weisen wesentlich schnellere Dynamiken auf.

Das Verhalten von Umrichtern ist maßgeblich abhängig von der Regelung. Mit einer Schaltfrequenz der Umrichter im Kilohertz-Bereich und der Frequenz mancher Regler im einstelligen Hertz-Bereich, deckt das dynamische Verhalten der Umrichter mehrere Größenordnungen ab. In Low-Inertia-Systemen gewinnen insbesondere die schnellen Dynamiken an Bedeutung. Eine Übersicht über die Zeitskala ist in Abb. 2.4 gegeben. Da ein Großteil der genutzten Umrichter Vier-Quadranten-Steller sind, die durch entsprechende Regelung sehr schnell Wirk- und Blindleistung mit dem Netz austauschen können, entstehen auch neue Formen der Netzstabilisierung. Regelungsansätze, die auf der Trennung von Zeitskalen basieren, müssen hinterfragt werden [9].

EE-Anlagen bzw. allgemein umrichterbasierte Anlagen müssen zunehmend Regelungsaufgaben übernehmen, die bisher Synchrongeneratoren erbracht haben (siehe Abschnitt 2.2.3). Allerdings weisen umrichterbasierte Erzeugungsanlagen Eigenschaften auf, welche Herausforderungen für die Regelung und die Stabilisierung des Energiesystems mit sich bringen: Der Kurzschlussstrombeitrag liegt in der Größenordnung des Bemessungsstroms [8], da die Halbleiter nur begrenzt überlastet werden können. Zudem liefern die Umrichter kein inhärentes Trägheitsverhalten, das Dynamiken abbremst. Zur Erbringung von positiver Regelenergie müssen die Anlagen gedrosselt einspeisen oder überdimensioniert werden. Beides hat negative Auswirkungen auf die Wirtschaftlichkeit der Anlagen.

Eine Antwort auf einige der Herausforderungen können netzbildende (Englisch: grid-forming) Regelungskonzepte sein, welche beispielsweise das Verhalten von Synchrongeneratoren durch die Regelung von Umrichtern imitieren [10]. Low-Inertia-

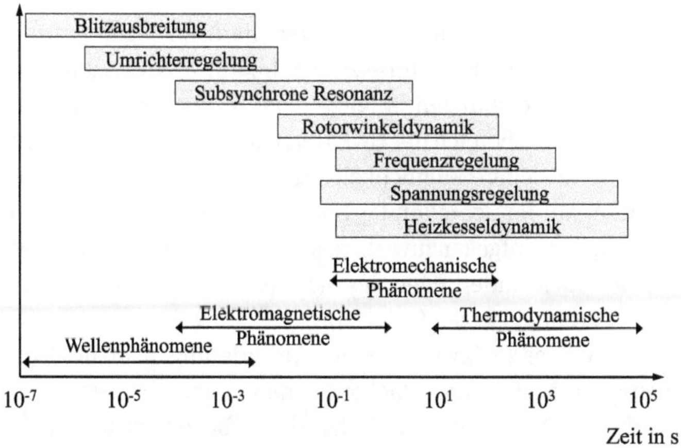

Abb. 2.4: Zeitbereiche unterschiedlicher Phänomene in elektrischen Energiesystemen (in Anlehnung an [8]).

Systeme, d. h. Netze mit einem großen Anteil umrichterbasierter Anlagen und wenigen rotierenden Maschinen, sind keine Theorie mehr. Leistungselektronisch dominierte Systeme sind bereits umgesetzt, beispielsweise in Irland. Die Phasen nehmen zu, in denen Energiesysteme zu großen Anteilen auf Einspeisungen aus EE-Anlagen basieren.

2.2.3 Systemdienstleistungen

Zur Wahrung eines sicheren und stabilen Netzbetriebs müssen im elektrischen Energiesystem Systemdienstleistungen erbracht werden. Koordiniert durch die Übertragungsnetzbetreiber (ÜNB) wird der Betrieb des Systems überwacht und ausbalanciert und in Fehlerfällen stabil gehalten oder zu einem stabilen Betrieb zurückgeführt. Dies beinhaltet u. a. die Bereitstellung von Momentanreserve (Inertia) und Regelenergie durch Erzeugungsanlagen und die Abschaltung von Lasten zur Frequenzhaltung. Zur Spannungshaltung müssen Blindleistungs- und Kurzschlussstrombeiträge geliefert werden.

Für die Betriebsführung ist der jeweilige Verteilnetzbetreiber (VNB) bzw. ÜNB verantwortlich. Aufgaben sind die Regelung und Überwachung des Netzes sowie die Koordination der Systemdienstleistungen. Seit Oktober 2021 müssen sich Anlagen ab einer Bemessungsleistung von 100 kW am Einspeisemanagement (Redispatch) beteiligen, um Netzengpässen entgegenzuwirken. Zuvor waren es konventionelle Kraftwerke ab 10 MW. Die Spannungshaltung wird durch zusätzliche Einspeisung auf allen Spannungsebenen erschwert, kann aber durch geeignetes Blindleistungsmanagement und die Bereitstellung von Kurzschlussstrombeiträgen lokal realisiert werden. Hinsichtlich der Frequenzhaltung kam es im Jahr 2021 zu zwei Netzauftrennungen mit Teilnetzbildungen im kontinentaleuropäischen Verbundnetz. Die geänderte Erzeugungsstruktur mit weniger konventionellen Kraftwerken führte zuletzt im Juli 2021 zu schnellen und schwerwiegenden Frequenzabweichungen in Folge einer Großstörung. Die Frequenzhaltung liegt im Verantwortungsbereich der ÜNB und wird durch das Vorhalten von Regelenergie umgesetzt. Eine weitere Möglichkeit bietet die vergütete Abschaltung von großen Verbrauchern. Mit fortschreitender Energiewende steigt das Risiko anhaltender Netzengpässe. Um dem entgegenzuwirken, sind sowohl Netzausbau und weitere technische Ansätze als auch Änderungen des Marktdesigns erforderlich, die Anreize für netzentlastendes Verhalten setzen (vgl. [11]).

Für den Netzwiederaufbau gibt es auch verschiedene Anforderungen an die ÜNB. Sollte es zum großflächigen Stromausfall bzw. Blackout kommen, müssen Strategien zum Netzwiederaufbau vorliegen. Dies kann prinzipiell durch benachbarte intakte Netze erfolgen oder falls keine solche benachbarten Netze vorhanden sind, über Hochfahrnetze, welche über schwarzstartfähige Anlagen verfügen. Die Schwarzstartfähigkeit von Anlagen ist eine Systemdienstleistung, die auch im Zuge des steigenden Einsatzes von umrichterbasierten Anlagen diskutiert wird.

2.3 Digitalisierung des elektrischen Energiesystems

Die Digitalisierung eröffnet auch dem elektrischen Energiesystem neue Anwendungsfelder und Funktionalitäten. Das digitalisierte Energiesystem integriert dezentrale Erzeugungsanlagen, Elektromobilität und neu auftretende Marktakteure und kann dazu beitragen, die Energieversorgung nachhaltiger, zuverlässiger und ökonomisch effizienter zu machen. Mit fortschreitender Energiewende gewinnen neue Akteure gegenüber großen Energieversorgern und Netzbetreibern an Bedeutung: Kleine Akteure der Energieversorgung, Akteure außerhalb der Stromversorgung (Gerätehersteller, Plattformbetreiber, Betreiber von öffentlichen Kommunikationsnetzen) und Haushalte, die beispielsweise eine Solaranlage, einen Batteriespeicher und ein Elektroauto betreiben, haben zunehmend Einfluss auf die Stromversorgung.

Für einen (teil-)automatisierten Netzbetrieb ist ein digitalisiertes System Grundvoraussetzung. Das Zusammenspiel aus Digitalisierung und Automatisierung führt dazu, dass Aufgaben der Systemführung auf Grundlage der Auswertung von zahlreichen Messwerten automatisiert ausgeführt und verschiedene Akteure des Systems miteinander vernetzt werden. Diese Vernetzung ist komplex und birgt Risiken und Herausforderungen, etwa eine größere Anfälligkeit gegenüber Fehlern der Informations- und Kommunikationstechnik (IKT) sowie die größere Angriffsfläche für Cyberattacken. Während große Anlagen der Stromversorgung als Teile der kritischen Infrastruktur definiert sind und entsprechend gut gegen digitale Störereignisse abgesichert sein müssen, gilt dies nicht für kleine dezentrale Anlagen und Systeme, die bisher nicht als Teil des Energiesystems gesehen wurden, wie beispielsweise Plattformen oder Haushaltsgeräte, die ans Internet angeschlossen sind (vgl. [12]).

2.3.1 Digitalisierung und Automatisierung als Lösung der Koordinationsaufgabe

Die Koordination des Energiesystems kann zukünftig nur gelingen, wenn Netzbetriebsmittel und Akteure digital miteinander vernetzt sind. Dies gilt umso mehr, je mehr kleinere, dezentrale Akteure zur Stromerzeugung und zur Bereitstellung von Flexibilität durch Speicher oder abschaltbare Lasten beitragen. Der steigende Einsatz von intelligenter Mess- und Kommunikationstechnik für Haushalte, aber auch im elektrischen Netz in Strom- und Spannungswandlern, ermöglicht die Erfassung von Daten nahezu in Echtzeit. Die Auswertung dieser Daten durch die Netzbetreiber liefert wichtige Informationen zur Erkennung von Netzfehlern mit dezentraler Zwischeneinspeisung oder bei geringem Unterschied zwischen Last- und Fehlerstrom. Aber auch im fehlerfreien Betrieb sind die Datenströme wichtig, um flexibel auf die volatile Einspeisung reagieren zu können.

Bereits heute sind Netzleitwarten digitalisiert und überwachen große Mengen an Daten aus den entsprechenden Netzregionen. Während die digitalisierte und teilautomatisierte Systemführung bisher hauptsächlich im Höchst- und Hochspannungsnetz umgesetzt ist, ist diese auch in aktiven Verteilnetzen zu erwarten. Zu den Messdaten aus dem Netz kommen weitere Daten, welche Informationen zu Wetterprognosen oder Strommarktsignale mit den Messungen verknüpfen. Je mehr Anlagen, Akteure und Informationen involviert sind, desto komplexer wird deren Koordination für einen sicheren und stabilen Netzbetrieb. Nur mithilfe der Digitalisierung und Automatisierung können diese Datenströme beherrscht und ausgewertet werden. Wird die Koordinationsaufgabe dabei so dezentral wie möglich gelöst, kann die Menge an Datenströmen sowie die Anzahl an Akteuren, welche diese Informationen erhalten, begrenzt werden. Zudem müssen Konzepte und Algorithmen zur Koordination berücksichtigen, dass nicht an jeder Stelle im Netz Messwerte vorliegen, Messdaten fehlerbehaftet sein können oder wegen Ausfall der Kommunikation nicht vorhanden sind.

Die zunehmende Digitalisierung hat zur Folge, dass das elektrische Energieversorgungsnetz und IKT-Systeme mehr und mehr zu einem cyber-physikalischen System zusammenwachsen. In Zukunft wird die Stromversorgung noch viel stärker als heute vom Funktionieren verschiedener IKT-Komponenten sowohl innerhalb des Energiesystems, z. B. Leitsysteme der Netzbetreiber, als auch außerhalb des Energiesystems, z. B. Plattformen oder Smart-Home-Systeme, abhängig sein. Auch die verschiedenen IKT-Systeme werden untereinander zunehmend integriert, um die ökonomische Effizienz zu erhöhen. So waren früher die IKT-Systeme für die Abwicklung von geschäftlichen und administrativen Prozessen und Transaktionen („Information Technology", IT) physikalisch strikt getrennt von den IKT-Systemen, die direkt Produktionsprozesse steuerten („Operational Technology", OT). Heute werden beide Bereiche integriert, beispielsweise werden Daten aus der OT genutzt, um zu entscheiden, wann eine Wartung erforderlich ist (vgl. [12]). Die Vernetzung von IT und OT ist heute in den meisten

Bereichen Standard. Sie ist für einen effizienten Betrieb erforderlich und lässt sich nur mit hohem Aufwand vermeiden.

2.3.2 Cybersecurity und Datenschutz

Die fortschreitende Digitalisierung des Energiesystems bringt neue Anforderungen für die Stabilität, Zuverlässigkeit und Sicherheit des Energiesystems. So spielen Cybersecurity und Datenschutz eine zunehmende Rolle. Die steigende Komplexität der elektrischen Energieversorgung und die zunehmende gegenseitige Abhängigkeit zwischen Energie- und IKT-Systemen können zu komplexeren, unvorhergesehenen Störfallen führen, bei denen im schlimmsten Fall kaskadenartig immer mehr Teilsysteme ausfallen. Um weiterhin ein hohes Maß an Versorgungssicherheit zu gewährleisten, gewinnt das Konzept der Resilienz für das Energiesystem an Bedeutung. Ein resilientes System kann seine Funktionsfähigkeit auch unter hoher Belastung aufrechterhalten oder nach Versagen schnell wiederherstellen. Dies ermöglicht es dem System, auch auf unvorhergesehene und unvorhersehbare Ereignisse zu reagieren, diese zu beherrschen und selbst im Falle eines Blackouts schnell wieder zum Normalbetrieb zurückzukehren (vgl. [12]).

Für die Sicherheit der zukünftigen Energieversorgung werden zunehmend auch IKT-Systeme relevant, die bisher nicht als Teil des Energiesystems betrachtet werden. Besonders hervorzuheben ist dabei das sogenannte Internet der Dinge, über das mehrere Milliarden Geräte von Beleuchtungsanlagen über Kühlschränke bis hin zu Industrieanlagen vernetzt werden. Da diese Geräte auch an das Stromnetz angeschlossen sind, können sie in ihrer Summe die Stabilität der Stromversorgung beeinflussen. Werden viele kleine Erzeugungs- und Verbrauchsanlagen gewollt (durch einen Cyberangriff) oder ungewollt (beispielsweise durch einen Softwarefehler bei einem Gerätehersteller oder einer Plattform) gleichzeitig an- oder abgeschaltet, kann dies die Stromversorgung destabilisieren. Solche dezentralen Anlagen sollten in Zukunft daher stärker in die Resilienzstrategie eingebunden werden (vgl. [12]).

Die Verlässlichkeit der IKT ist Grundvoraussetzung für ein System, dessen Betrieb auf diesen Messwerten basiert. Trotzdem sind nicht- bzw. schwach-digitale Rückfalllösungen bei einem Ausfall der Kommunikation vorgesehen, welche den Netzbetrieb aufrechterhalten. Die Sicherheit vor Cyberangriffen spielt ebenfalls eine zunehmende Rolle, insbesondere aufgrund der steigenden Vernetzung der Sekundärtechnik.

Wie auch bei anderen IT-Systemen besteht im Energiesystem ein Spannungsfeld zwischen Vertraulichkeit und Verfügbarkeit von Daten. Einerseits hat die Aufrechterhaltung der kritischen Infrastruktur Priorität, welche wiederum Personen schützt. Selbstredend müssen personenbezogene Daten vor etwaigem Missbrauch durch Dritte geschützt werden. Beispielsweise darf über die Messdaten aus Haushalten kein Rückschluss auf die An- oder Abwesenheit von Personen möglich sein. Um die Anonymität zu erhöhen, können die Lasten von Haushalten aggregiert werden. Zudem erfolgt die

Übermittlung der Daten über eine geeignete Verschlüsselung. Dass dies eine große Herausforderung ist, zeigen unter anderem die Fortschritte beim Quantencomputing. So ist es äußerst schwierig, für Geräte, die 10 bis 15 Jahre im Feld sein sollen, die Anforderungen an die Datensicherheit für die gesamte Betriebsdauer im Vorfeld zu antizipieren.

2.4 Zusammenfassung und Ausblick

Die Umstellung der elektrischen Energieversorgung auf eine volatile Einspeisung aus EE-Anlagen ist in vollem Gange. Da EE-Anlagen sowohl zentral und verbrauchsfern im Übertragungsnetz als auch zu großen Teilen dezentral auf allen Spannungsebenen des Verteilnetzes angeschlossen werden, kommt insbesondere aktiven Verteilnetzen eine steigende Bedeutung hinsichtlich der Koordinationsaufgaben zu. Langfristig müssen alle Potenziale für EE-Anlagen genutzt werden, sodass auch entsprechende Flexibilitäten zum kurzzeitigen und langfristigen Ausgleich von erzeugter und verbrauchter Leistung relevanter werden. Da EE-Anlagen im elektrischen Energieversorgungsnetz angeschlossen sind, werden andere Sektoren zunehmend elektrifiziert. Die Sektorenkopplung bietet Flexibilität, erhöht jedoch den Koordinationsaufwand. Aufgrund der Elektrifizierung anderer Sektoren wird der Strombedarf zukünftig steigen. Effizienzsteigerungen können diesem Trend entgegenwirken, ihn aber nicht kompensieren. Zu den Flexibilitäten zählen neben Speichern auch regelbare Verbraucher – in Haushalten sowie in Industriebetrieben. Insbesondere die Vielzahl an kleinen dezentralen Betriebsmitteln, darunter Erzeugungsanlagen, Speichertechnologien sowie regelbare Lasten, führt zu einem großen Koordinationsaufwand.

Der Wandel des elektrischen Energiesystems hat Auswirkungen auf die Stabilität. Der steigende Anteil von leistungselektronischen Umrichtern und die gleichzeitige Abschaltung von rotierenden Maschinen führt zu Low-Inertia-Systemen mit geringer mechanischer Trägheit. Auch die Stabilitätsdefinitionen von IEEE und CIGRÉ wurden bereits erweitert und beziehen Phänomene ein, welche durch den steigenden Einsatz von Leistungselektronik hervorgerufen werden. EE-Anlagen müssen zunehmend zur Systemstabilität beitragen und Regelungsaufgaben übernehmen. Systemdienstleistungen wie das Netzengpassmanagement und die Schwarzstartfähigkeit bzw. der Netzwiederaufbau gewinnen an Relevanz, insbesondere nach zwei Auftrennungen des kontinentaleuropäischen Netzes im Jahr 2021.

Die Digitalisierung und Automatisierung des Energiesystems sind Grundvoraussetzung für das Beherrschen und Auswerten der steigenden Mengen an Daten aus dem Netz. Aufgaben der Systemführung werden auch zunehmend im Verteilnetz automatisiert ablaufen. Die Vernetzung von Anlagen, Akteuren und Netzbetreibern birgt aber auch Risiken, insbesondere im Hinblick auf die Cybersecurity und bei Ausfall der Kommunikation. Geeignete Maßnahmen zur Steigerung der Resilienz des Systems können das Risiko für großflächige Störungen reduzieren.

Der Wandel des elektrischen Energiesystems zu einem klimafreundlichen, nachhaltigen und gleichzeitig stabilen und verlässlichen System ist von großer Relevanz und eine der großen Herausforderungen unserer Zeit. Technische Lösungen zur Umsetzung der Energiewende sind bereits zu großen Teilen vorhanden. Dabei können die Lösungen sehr vielfältig sein, wie erste Reallabore bereits heute zeigen. Inwieweit die zukünftige Stromversorgung auf dezentralen EE-Anlagen und Speichern und einem lokalen Lastausgleich beruhen wird und in welchem Umfang zentralere, größere EE-Anlagen und Speicher zum Einsatz kommen und Strom über größere Entfernungen u. a. über das europäische Verbundnetz transportiert wird, ist nur schwer abzuschätzen. Auch die zukünftige Rolle von (importierten) synthetischen Kraftstoffen und Wasserstoff sowie biogenen Energieträgern, die Einfluss auf den zukünftigen Strombedarf haben, ist mit Unsicherheiten behaftet. Die Ausgestaltung des zukünftigen Energiesystems hängt von vielfältigen – häufig nicht technischen – Einflussfaktoren ab.

Literaturverzeichnis

[1] acatech – Deutsche Akademie der Technikwissenschaften, Nationale Akademie der Wissenschaften Leopoldina und Union der Deutschen Akademien der Wissenschaften (Hrsg.) (2020). Zentrale und dezentrale Elemente im Energiesystem: Der richtige Mix für eine stabile und nachhaltige Versorgung (Schriftenreihe zur wissenschaftsbasierten Politikberatung).

[2] Oeding, D. und Oswald, B. R. (2016). Elektrische Kraftwerke und Netze. 8. Auflage. Springer.

[3] Verband der Elektrotechnik Elektronik Informationstechnik e. V. (VDE)/Energietechnische Gesellschaft (ETG) (2015). Der zellulare Ansatz (Studie).

[4] Öko-Institut e. V. Institut für angewandte Ökologie (2018). Dezentralität, Regionalisierung und Stromnetze: Meta-Studie über Annahmen, Erkenntnisse und Narrative für Renewable Grid Initiative (RGI).

[5] Bundesnetzagentur, EEG in Zahlen 2019. [Online]. Verfügbar unter https://www.bundesnetzagentur.de/SharedDocs/Downloads/DE/Sachgebiete/Energie/Unternehmen_Institutionen/ErneuerbareEnergien/ZahlenDatenInformationen/EEGinZahlen_2019_BF.pdf.

[6] Pourbeik, P. (2014). Specification of the Second Generation Generic Models for Wind Turbine Generators: WECC Second Generation Wind Turbine Models. Electric Power Research Institute (EPRI).

[7] Kundur, P., et al. (2004). Definition and Classification of Power System Stability IEEE/CIGRE Joint Task Force on Stability Terms and Definitions. IEEE Trans. Power Syst. 19(3), 1387–1401.

[8] Hatziargyriou, N., et al. (2021). Definition and Classification of Power System Stability – Revisited & Extended. IEEE Trans. Power Syst. 36(4), 3271–3281.

[9] Milano, F., Dorfler, F., Hug, G., Hill, D. J. und Verbic, G. (2018). Foundations and Challenges of Low-Inertia Systems (Invited Paper). In 2018 Power Systems Computation Conference (PSCC), Dublin, Ireland, 1–25.

[10] Unruh, P., Nuschke, M., Strauß, P. und Welck, F. (2020). Overview on Grid-Forming Inverter Control Methods. Energies 13(10), 2589.

[11] acatech – Deutsche Akademie der Technikwissenschaften, Nationale Akademie der Wissenschaften Leopoldina und Union der Deutschen Akademien der Wissenschaften (Hrsg.) (2020). Netzengpässe als Herausforderung für das Stromversorgungssystem. Optionen zur Weiterentwicklung des Marktdesigns (Schriftenreihe zur wissenschaftsbasierten Politikberatung).

[12] acatech – Deutsche Akademie der Technikwissenschaften, Nationale Akademie der Wissenschaften Leopoldina und Union der Deutschen Akademien der Wissenschaften (Hrsg.) (2021). Resilienz digitalisierter Energiesysteme. Wie können Blackout-Risiken begrenzt werden? (Schriftenreihe zur wissenschaftsbasierten Politikberatung).

Kurzvitae

Anna Pfendler studierte an der TU Darmstadt Elektrotechnik- und Informationstechnik mit dem Schwerpunkt Elektrische Energietechnik. Gefördert durch den Herbert-Kind-Preis der Energietechnischen Gesellschaft im VDE verbrachte sie 2015/16 zwei Trimester als Austauschstudentin an der École Polytechnique de Montréal in Kanada. Seit 2018 ist sie wissenschaftliche Mitarbeiterin am Fachgebiet Elektrische Energieversorgung unter Einsatz Erneuerbarer Energien (E5) im Fachbereich Elektrotechnik und Informationstechnik (etit) der TU Darmstadt. Zu ihren Forschungsschwerpunkten zählen die Systemstabilität in Low-Inertia-Systemen, Regelungskonzepte für umrichterbasierte Erzeugungsanlagen, die Dynamik aktiver Verteilnetze sowie Aggregationsmodelle aktiver Verteilnetze.

Dr.-Ing. Berit Erlach ist seit 2013 wissenschaftliche Referentin in der Koordinierungsstelle des Akademienprojekts „Energiesysteme der Zukunft (ESYS)“ bei acatech – Deutsche Akademie der Technikwissenschaften. Im Rahmen der wissenschaftsbasierten Politikberatung durch ESYS koordiniert sie interdisziplinäre Arbeitsgruppen, die Handlungsoptionen zur Umsetzung der Energiewende aufzeigen. Sie beschäftigt sich unter anderem mit den Themen Energieszenarien, Flexibilität, Sektorenkopplung, Struktur der Energieversorgung, Rohstoffe, Bioenergie und Digitalisierung. Zuvor war sie wissenschaftliche Mitarbeiterin an der TU Berlin und hat zum Thema Bioenergie promoviert. Nach ihrem Studium der Energie- und Verfahrenstechnik war sie drei Jahre in einem Ingenieurbüro in der technischen Planung und energiewirtschaftlichen Beratung tätig.

Prof. Dr.-Ing. Jutta Hanson studierte Allgemeine Elektrotechnik an der TU Darmstadt und wurde 2000 von der TU Darmstadt promoviert. Im Anschluss war sie bei der ABB AG in Mannheim im Bereich Elektrische Systemberatung tätig. Sie beschäftigte sich mit Netzplanungen und -analysen in öffentlichen und industriellen Energieversorgungsnetzen mit einem Schwerpunkt auf der Stabilität speziell für den Einsatz leistungselektronischer Betriebsmittel. Ab 2004 war sie im Bereich der Elektrischen Systemberatung der ABB AG verantwortlich für Übertragungs- und Industrienetze.
Seit 2011 ist sie Professorin am Fachgebiet Elektrische Energieversorgung unter Einsatz Erneuerbarer Energien im Fachbereich Elektrotechnik und Informationstechnik der Technischen Universität Darmstadt. Ihre Forschungsschwerpunkte liegen im Bereich hybrider Übertragungsnetze AC/DC, der Integration von regenerativen und konventionellen Kraftwerken zur Gewährleistung der Stabilität und im Bereich der Verteilnetze bei hohem Anteil dezentraler Erzeugung unter Berücksichtigung von flexibilisierten Verbrauchern, Speichertechnologien und der Sektorenkopplung. 2016 bis 2018 war sie Dekanin des Fachbereichs Elektrotechnik und Informationstechnik der TU Darmstadt.
Prof. Hanson ist Mitglied in der Deutschen Akademie der Technikwissenschaften Acatech, der Akademie der Wissenschaften und Literatur Mainz und in zahlreichen nationalen und internationalen Fachgremien. Sie veröffentlichte zahlreiche wissenschaftliche Veröffentlichungen.

Sascha Schröder

3 Die wesentlichen nicht-technischen Kardinalfragen der heutigen Energieversorgung: zwischen Energiepolitik und Regulierung

Zusammenfassung: Eine Umstellung der deutschen Stromversorgung auf ein vollständig dekarbonisiertes System ist möglich, die Umsetzung kann jedoch durch verschiedene Faktoren gefährdet oder verzögert werden. Dieser Beitrag diskutiert eine wesentliche Auswahl dieser Faktoren. Neben Fragen zur Akzeptanzsteigerung in Planungs- und Betriebsphase neuer Infrastrukturen werden regulatorische und energiewirtschaftliche Grundlagen und Herausforderungen vorgestellt. Für die Netzwirtschaft handelt es sich um die Anreizregulierung, Kalkulation der Netzentgelte sowie die Effekte von mehr dezentraler Erzeugung und steigendem Verbrauch durch Sektorkopplung. Für die Stromerzeugung und den Handel werden das Konzept der Stromgestehungskosten (LCOE) und seine methodischen Grenzen mit dem Merit-Order-Effekt der Erneuerbaren Energien gegenübergestellt. Bei den frequenzgebundenen Systemdienstleistungen ist das Marktdesign so angepasst worden, dass einzelne Segmente schon heute zu einem nennenswerten Teil ohne den Einsatz fossiler Energien bedient werden können.

Schlagwörter: Akzeptanz, Anreizregulierung, Beteiligung, Erneuerbare-Energien-Gesetz, Marktwerte, Merit-Order-Effekt, Netzentgelte, Prosumer, Stromerzeugungskosten, Strommärkte, Systemdienstleistungen

3.1 Ziele und Dynamik der Energiewende

Die deutsche Stromversorgung hat sich in den letzten Jahrzehnten von einem System mit verbrauchsnahen, fossil betriebenen Großkraftwerken zu einem deutlich dezentraleren System mit einem Anteil von über 40 % Erneuerbarer Energien gewandelt. Um den globalen Temperaturanstieg möglichst auf 1,5 Grad Celsius zu beschrän-

Anmerkung: Der Verfasser hat diesen Beitrag als Einzelperson verfasst. Alle hier geäußerten Darstellungen und Positionen werden durch ihn persönlich vertreten und stellen nicht die Positionen der EWE AG dar.

Danksagung: Der Autor dankt dem Fraunhofer ISE, insbesondere Dr. Christoph Kost, für eine Abdruckgenehmigung sowie die hilfreiche Korrespondenz.

Sascha Schröder, EWE AG, Oldenburg (Oldb), Deutschland, e-mail: sascha.schroeder@ewe.de

https://doi.org/10.1515/9783110753585-003

ken und entsprechenden internationalen Vereinbarungen nachzukommen, soll dieser Weg fortgesetzt und erheblich beschleunigt werden (vgl. [1]).

Zur Emissionsminderung in benachbarten Sektoren wie Verkehr und Wärme stellt ein Wechsel auf strombasierte Technologien wie Elektroautos und Wärmepumpen eine zentrale Möglichkeit dar. Ihre Potenziale konnten bisher durch die vergleichsweise hohen Strompreise nur eingeschränkt gehoben werden: Im EU-Vergleich gehört Deutschland zu den Ländern mit den höchsten Endkundenpreisen. Der Energieanteil machte im Jahr 2021 weniger als ein Viertel des Arbeitspreises eines Haushaltskunden aus, die weiteren wesentlichen Positionen sind Netzentgelte sowie die Umlage laut Erneuerbare-Energien-Gesetz (EEG) (vgl. [2]). Deutliche Änderungen an der Preisstruktur sind absehbar: Während fossile Energieträger für Verkehr und Wärme durch das Brennstoffemissionshandelsgesetz (BEHG) in den nächsten Jahren sukzessive für CO_2-Emissionen höher besteuert werden, wurde die EEG-Umlage für 2022 deutlich reduziert. Es besteht die politische Absicht, sie bereits zur Jahresmitte 2022 auf Null zu reduzieren (vgl. [3]). Im weiteren Verlauf der Legislaturperiode ist eine weitergehende Novellierung der Steuern, Abgaben und Umlagen vorgesehen (vgl. [1]). Der Strombedarf wird durch diese Entwicklungen deutlich steigen. Gleichzeitig besteht das politische Ziel einer wesentlich erhöhten Transitionsgeschwindigkeit zur Emissionsreduzierung: Die Eröffnungsbilanz des Bundesministers für Wirtschaft und Klimaschutz gibt „bis 2030 fast eine Verdreifachung“ vor (vgl. [1]). Für einzelne Bereiche wie z. B. den Zubau von Photovoltaik, Wind an Land und Offshore-Windanlagen ist gegenüber den letzten Jahren eine deutlich höhere Steigerung erforderlich, um das Ziel von 80 % Erneuerbarer Energien am Bruttostromverbrauch im Jahr 2030 zu erreichen. Der Kohleausstieg soll von 2038 auf idealerweise 2030 vorgezogen werden. Ab dem Jahr 2030 verbleibt somit Erdgas als fossiler Energieträger im Stromsektor. Neu zu errichtende Kraftwerke sollen Wasserstoff als Energieträger einsetzen können, um das Erdgas im Stromsektor bis 2035 vollständig abzulösen. Insgesamt haben Art und Betriebsweise der steigenden Nachfrage und des deutlich größeren und dezentraleren Erzeugungsparks erhebliche Auswirkungen auf die Anforderungen an die Stromnetze der Zukunft. Der Ausbau von Netzen und Erzeugungsanlagen kann nur gelingen, wenn die gesellschaftliche Akzeptanz vorhanden ist.

3.2 Die gesellschaftliche Seite: Akzeptanz und Beteiligung

Bau und Betrieb des Energieversorgungssystems gingen von Anfang an mit Akzeptanzproblemen und daraus resultierenden öffentlichen Debatten einher (siehe auch Kapitel 1). Das markanteste Beispiel hat zum Atomausstieg geführt, ein anderes Beispiel aus jüngerer Zeit ist die Kohlekommission 2020, die einen Kohleausstiegspfad vorgeschlagen hat.

Heute stellen der Neubau von Windenergie sowie Netzausbau die Projekte mit den größten Akzeptanzproblemen in der Energiewende dar. Die Energiewende trifft allgemein auf breite gesellschaftliche Akzeptanz, bei Einzelprojekten kommt es jedoch regelmäßig zu Akzeptanzproblemen. Sie treten in der Regel während der Planungs- und Genehmigungsphase einzelner Projekte auf, wobei oftmals eine schweigende Mehrheit eine neutrale Einstellung hat und eine Minderheit sich gegen das Projekt engagiert und somit das Bild in den lokalen Medien dominiert. In der anschließenden Betriebsphase nimmt die Akzeptanz wieder zu (vgl. [4]). Bei Windenergie und Netzausbau kommt Widerstand gegen die Projekte zum einen von Anwohnern in der Nähe der geplanten Projekte und zum anderen von Verbänden, die sich für Natur- und Artenschutzbelange einsetzen. Im Folgenden wird zwischen der Beteiligung in der Planungs- und Bauphase sowie in der Betriebsphase unterschieden.

3.2.1 Beteiligung in der Planungsphase

Zum erforderlichen Ausbau des deutschen Übertragungsnetzes entwerfen die Übertragungsnetzbetreiber einen gemeinsamen Szenariorahmen, der durch die Bundesnetzagentur nach einer öffentlichen Konsultation genehmigt wird (vgl. [5]). Eine projektscharfe Betrachtung folgt mit dem Netzentwicklungsplan, der ebenfalls öffentlich konsultiert und im Anschluss durch die Bundesnetzagentur genehmigt wird. Mögliche Umweltauswirkungen des Netzentwicklungsplans werden einer strategische Umweltprüfung unterzogen, deren Ergebnisse in einem Umweltbericht dokumentiert werden und der gemeinsam mit dem Netzentwicklungsplan öffentlich konsultiert wird. Jedes bundesländerübergreifende Projekt wird im nächsten Schritt Gegenstand einer Bundesfachplanung, in der Träger öffentlicher Belange und Bürger ihre Positionen zu vorgeschlagenen Verlaufskorridoren vorbringen können. Für Offshore-Anschlussleitungen übernimmt das Bundesamt für Seeschifffahrt und Hydrographie (BSH) die Darstellung von Trassenkorridoren in einem zentralen Bundesfachplan Offshore. Die detaillierte Ausplanung eines Korridors erfolgt in der Regel abschließend mit einem Planfeststellungsverfahren. Auch in diesem Verfahren findet eine erneute Beteiligung der betroffenen Parteien statt.

Analog erfolgen vor dem Bau eines Windparks in der Regel mehrere Öffentlichkeitsbeteiligungen durch eine Kaskade von Landesraumplanung, Raumordnungsplanung je Landkreis oder Landkreis-übergreifend, der Bauleitplanung der Kommunen sowie der Genehmigung des einzelnen Projekts. In jeder dieser Stufen finden Beteiligungen statt. Übertragungsnetz-Ausbau und Windenergie-Ausbau gemeinsam ist, dass – aus Sicht des einzelnen Betroffenen - viele vorgelagerte Planungsschritte abstrakt sind, mit erheblichem zeitlichem Vorlauf erfolgen und daher von einzelnen Bürgern kaum wahrgenommen werden. Dies ist auch als Beteiligungsdilemma bekannt (vgl. [6]). Trotz der grundsätzlich breiten Akzeptanz der Energiewende in der Gesellschaft kommt es daher in vielen Fällen zu Widerstand und Klagen gegen Einzelprojekte. Für Windenergie an Land wurde vorgeschlagen (vgl. [7]), eine verpflichtende frühe Öffentlichkeitsbeteiligung mindestens sechs Monate vor Abgabe des Genehmigungsantrags zu ergänzen. Sie soll auf Basis einer Umfeldanalyse und eines Konflikt-Scopings unter professioneller Moderation erfolgen und optimalerweise konsensuale Verbesserungen herbeiführen, mindestens jedoch der Vertrauensbildung und Akzeptanz des Genehmigungsverfahrens dienen. Der Vorschlag adressiert somit die Verfahrensgerechtigkeit als eine wesentliche Akzeptanzdimension (vgl. [6]), erhöht jedoch die Verfahrenskomplexität.

Neben der Beteiligung örtlicher Akteure ist eine wesentlich erhöhte Planungs- und Umsetzungsgeschwindigkeit erforderlich, um die Ziele zu erreichen (vgl. [6]). Dazu können eine ausreichende Ressourcenausstattung bei allen beteiligten Behörden und Gerichten sowie eine Vereinfachung und Straffung der Planungsverfahren beitragen.

3.2.2 Beteiligung in der Betriebsphase

Für Akzeptanz in der Betriebsphase ist die Verteilungsgerechtigkeit ein wichtiger Einflussfaktor. Für den Netzausbau werden betroffene Landwirte entschädigt, für weitere betroffene Akteursgruppen gibt es keine Kompensationen. Im Gegensatz zum Netzausbau muss für Energieerzeugungstechnologien Zugriff auf die relevanten Grundstücke bestehen. Für Windenergie an Land und Photovoltaik (PV) wird das in der Regel durch eine Anpachtung der entsprechenden Flächen gewährleistet, so dass die Verpächter Nutznießer der erheblichen Pachthöhen sind. Eine monetäre Beteiligung weiterer Bevölkerungsgruppen findet nicht statt. Zur Steigerung der lokalen Wertschöpfung wurde 2021 eine freiwillige Kommunalabgabe für Windprojekte im EEG verankert (vgl. [8, §6]). Sie kann der Standortgemeinde und umliegenden Gemeinden zugutekommen und soll somit indirekt den Anwohnern nutzen. Ergänzend stellen freiwillige monetäre Beteiligungsangebote für Anwohner wie KG-Anteile, Sparbriefe oder Nachrangdarlehen ein Instrument dar, das in der Windbranche als wichtig und effektiv angesehen wird (vgl. [9]).

Im Zuge gesellschaftlicher Debatten und des Ausbaus einzelner Technologien ist vorstellbar, dass Akzeptanzprobleme in Zukunft auch für andere Technologien wie PV eine Rolle spielen werden. Der angestrebte Ausbau der PV auf über 200 GW im Jahr 2030 (vgl. [10]) entspricht mehr als einer Verdreifachung der installierten Leistung. Die Hälfte der Leistung soll als Freiflächenanlagen errichtet werden. Politisch bereits geplant ist, die für Wind an Land existierende EEG-Kommunalabgabe auf Freiflächen-PV-Anlagen auszuweiten. Hierbei handelt es sich um Zahlungen der Anlagenbetreiber an die Standortgemeinde und umliegende Gemeinden, um lokale Wertschöpfung zu gewährleisten. Die nächsten Jahre werden zeigen, ob dieses Instrument ausreicht, um die aktuell vergleichsweise hohe Akzeptanz für Solarenergie beizubehalten oder ob die PV-Branche die Veränderung der Landschaft und Ortsbilder mit weiteren Akzeptanzmaßnahmen begleiten wird.

3.3 Netze im Spannungsfeld von Regulierung und Innovation

Dieser Abschnitt gibt eine Einführung in die Anreizregulierung der Stromnetze und die daraus resultierenden Netzentgelte. Durch die zunehmende Dezentralisierung des Energiesystems in hoher Geschwindigkeit ändern sich die Anforderungen, weshalb einige regulatorische Innovationsmöglichkeiten vorgestellt werden.

3.3.1 Anreizregulierung

Der erforderliche Ausbau der Stromnetze sowie die Auswahl der verwendeten Technik sind eine zentrale Voraussetzung für das Gelingen der Energiewende. Bei Stromnetzen handelt es sich um natürliche Monopole. Natürliche Monopole sind dadurch gekennzeichnet, dass ein Anbieter die bestehende Nachfrage günstiger abdecken kann als mehrere Anbieter. Praktisch liegen natürliche Monopole bei den meisten netzgebundenen Infrastrukturen vor. Durch den Monopolcharakter der Netze gibt es kein wettbewerblich ermitteltes Preis- und Qualitätsniveau. Mittels einer Regulierung kann man sich einem wettbewerblichen Niveau annähern. In Deutschland und Österreich wird hierfür das Instrument der Anreizregulierung (vgl. [11]) genutzt, das im Folgenden am deutschen Beispiel vorgestellt wird.

Mit der Anreizregulierung werden jeweils für fünfjährige Perioden die Erlösobergrenzen der Netzbetreiber festgelegt. Die Erlösobergrenze bezeichnet die Summe aller Erlöse, die der jeweilige Netzbetreiber durch die Netzentgelte von seinen Kunden verlangen kann. Der jeweiligen Regulierungsperiode gehen eine individuelle Kostenprüfung durch die zuständige Regulierungsbehörde sowie ein aufwendiger Benchmarking-Prozess zwischen Netzbetreibern voraus (für Details siehe z. B. [12]). Der vorab festgelegte Erlösobergrenzen-Pfad eines Netzbetreibers beinhaltet Vorgaben zur Effizienzsteigerung und basiert teils auf der eigenen Kostenstruktur, teils auf seiner Kostenstruktur relativ zur Branche. Wenn der Netzbetreiber höhere Effizienzsteigerungen realisieren kann, sind zusätzliche Gewinne möglich.

Durch das kapitalintensive Geschäft der Netzbetreiber kommt den regulatorisch zulässigen Eigenkapitalverzinsungen eine besondere Bedeutung zu. Sie werden für jede Regulierungsperiode von der Bundesnetzagentur festgelegt und sind regelmäßig Gegenstand lebhafter Kritik (vgl. [13]). Die Eigenkapital-Verzinsungen fokussieren auf Kapitalkosten (CAPEX). Digitalisierung und Smart-Grid-Komponenten führen in vielen Fällen allerdings zu deutlich höheren Betriebskosten (OPEX). Es erscheint daher nach Senders und Halbig (2020) [14] praktisch naheliegend, dass es zu einer Verzerrung zu Lasten innovativer, betriebskosten-intensiverer Lösungen kommt. Diese Autoren plädieren daher ebenso wie z. B. Brunekreeft et al. (vgl. [15]) für Anpassungen im Regulierungsrahmen, um die Umsetzung innovativerer, betriebskosten-intensiverer

Lösungen zu erleichtern. Die Studie „Weiterentwicklung der Anreize für Digitalisierung und Innovation in der Anreizregulierung der ÜNB“ (vgl. [15]) wurde im Auftrag eines Übertragungsnetzbetreibers erstellt und schlägt als weitere regulatorische Anpassungen u. a. Digitalisierungsbudgets vor, die durch die Regulierungsbehörde zusätzlich zu genehmigen sind, sowie die Förderung von Experimenten. Hierbei kann es sich um (a) Experimentierbudgets handeln, durch die Dritte einen Nachteilsausgleich beziehungsweise Anreiz zur Teilnahme bekommen können, (b) begrenzte regulatorische Innovationsräume (Regulatory Innovation Trial) handeln, um die Wirkweise regulatorischer Innovationen in Demonstrationsprojekten beobachten zu können und (c) eine Pioniergeistprämie handeln, durch die eine Pioniertätigkeit eines Netzbetreibers indirekt aus den Erlösobergrenzen anderer Netzbetreiber mitfinanziert wird.

3.3.2 Netzentgelte

Die Erlösobergrenze betrachtet die aggregierten Einnahmen eines Netzbetreibers. In einem nächsten Schritt werden sie mittels der Netzentgeltsystematik auf die Netznutzer umgelegt. Grundgedanke ist, dass die Zuordnung möglichst verursachergerecht erfolgen soll. Wegen des hohen Fixkosten-Anteils der Stromnetze wird hierfür die jeweilige Jahreshöchstlast als Näherung an die Systemdimensionierung herangezogen.[1] Je Netz- bzw. Umspannebene werden dafür die jeweiligen Gesamtkosten durch die jeweilige Jahreshöchstlast dividiert und mit Hilfe einer Gleichzeitigkeitsfunktion[2] in Leistungs- und Arbeitspreis aufgeteilt.[3] Grundlage hierfür sind die jeweiligen Benutzungsstunden als Quotient des jährlichen Stromverbrauchs und der jährlichen Jahreshöchstlast: Eine Benutzungsstundenzahl von 8.760 h/Jahr entspricht einem vollständig gleichmäßigen Verbrauch, eine sehr geringe Benutzungsstundenzahl hingegen einer ausgeprägten Leistungsspitze. Diese Eigenschaften werden mittels einer Gleichzeitigkeitsfunktion für lastganggemessene Kunden mit über beziehungsweise unter 2.500 Benutzungsstunden zugeordnet, so dass z. B. ein Kunde mit wenigen Benutzungsstunden einen hohen Leistungs- und einen geringen Arbeitspreis zahlt. Kunden mit einem erkennbar abweichendem Verbrauchsprofil sowie Kunden mit über 7.000 Benutzungsstunden können individuelle Netzentgelte beantragen (vgl. Stromnetzentgeltverordnung, §19(2) [17]). Für nicht leistungsgemessene Kunden werden analog zur

1 Dieser Abschnitt stellt die Netzentgeltsystematik am deutschen Beispiel dar. In Österreich und der Schweiz sind die Grundprinzipien ähnlich, die Ausgestaltung im Detail ist jedoch teilweise anders, z. B. durch eine Trennung in saisonale und Tag-/Nacht-Tarife.

2 Die Gleichzeitigkeitsfunktion ordnet jeder Benutzungsstundenzahl einen Gleichzeitigkeitsgrad zwischen 0 und 1 zu. Ein geringer Gleichzeitigkeitsgrad entspringt der Annahme, dass diese Kundengruppe kaum zur Jahreshöchstlast und somit zur Systemdimensionierung beiträgt (und vice versa).

3 Für eine umfassendere Darstellung siehe z. B. [16, S. 157].

oben beschriebenen Systematik ein Arbeits- und ein Grundpreis festgesetzt, wobei es für die Aufteilung lediglich die Vorgabe gibt, dass sie angemessen sein muss.

Prosumer

Durch die zunehmende Anzahl von sog. Prosumern – also Verbrauchern mit eigener Erzeugungsanlage, die zur anteiligen Eigenversorgung genutzt wird – kann es zu einer sinkenden Netz-Durchleitungsmenge und somit auch Erhebungsgrundlage für den Arbeitspreis-Anteil kommen. In der Netzentgelt-Ausgestaltung begegnen die Netzbetreiber dieser Tendenz im Durchschnitt, indem z. B. die Grundpreise für Haushaltskunden proportional etwas stärker ansteigen als die Arbeitspreise (vgl. [16, S. 161, 164]).[4]

Steuerbare Verbrauchseinrichtungen

Zur Reduzierung des Netzausbaubedarfs in der Niederspannung wird steuerbaren Verbrauchseinrichtungen eine wichtige Bedeutung beigemessen. Im Energiewirtschaftsgesetz (vgl. [21]) ist geregelt, dass reduzierte Netzentgelte für netzdienlich steuerbare Einheiten wie z. B. Elektromobile anzubieten sind. Ein weiterer gängiger Anwendungsfall dieser Regelung werden Wärmepumpen sein. Die erforderliche Verordnung wurde noch nicht erstellt; um den Jahreswechsel 2020/21 gab es einen Entwurf für ein entsprechendes Steuerbare-Verbrauchseinrichtungen-Gesetz. Es sah vor, dass flexible Verbraucher bis zu zwei Stunden pro Tag vom Netzbetreiber abgeregelt werden dürfen. Der Gesetzgebungsprozess wurde zum Zeitpunkt der Drucklegung dieses Buches nicht zu Ende geführt, weshalb die Ausgestaltung in der Zukunft zu erwarten ist.

Kostenbeteiligung von Einspeisern

Die Netzentgelte sind in Deutschland entfernungsunabhängig und werden nur von den Verbrauchern gezahlt.[5] In vielen Regionen mit hoher Einspeiseleistung sind jedoch inzwischen diese Einspeiseleistungen maßgeblich für die Netzdimensionierung. Gelegentlich kommen daher Forderungen auf, die Anlagenbetreiber ebenfalls an den Netzentgelten und somit indirekt den Netzausbaukosten zu beteiligen und ökonomische Anreize zur Errichtung der Anlagen in Regionen mit verfügbaren Netzkapazitäten zu schaffen (siehe z. B. [22]). Ersteres könnte – je nach Ausgestaltung – zu Verzerrungen im europäischen Stromhandel führen, da Einspeiser-Netzentgelte in den Nachbarländern ebenfalls unüblich sind. Letzteres würde eine standardisierte, transparente und diskriminierungsfreie Berechnungsweise für alle Netzbetreiber erfordern. Für die drei großskaligen Erneuerbaren-Technologien PV-Freifläche, Wind Onshore und

4 Eine Übersicht zu möglichen Anpassungen der Netzentgeltsystematik bieten [18–20].

5 Analog zum Postwesen auch als „Briefmarke" bezeichnet.

Wind Offshore ist außerdem absehbar, dass sie auch nach Einführung eines derartigen Instruments vorrangig in dünn besiedelten, lastschwachen Regionen errichtet werden. Auch hat eine derartige regionale Differenzierung systematische Ähnlichkeiten zu einer denkbaren regionalen Differenzierung im Strom-Großhandelsmarkt (vgl. Abschnitt 3.5.2).

3.4 Stromerzeugungskosten

Dieser Abschnitt stellt das Konzept der Stromgestehungskosten (LCOE) und seine methodischen Grenzen vor. Außerdem werden die Stromgestehungskosten verschiedener erneuerbarer und fossiler Technologien und denkbare Szenarien zu ihrer Entwicklung verglichen.

3.4.1 Definition und Status Quo

Die Stromgestehungskosten (Englisch: Levelized Cost of Energy, LCOE) sind eine Vollkostenbetrachtung. Sie setzen sich wie folgt zusammen (vgl. [23, S. 35], eigene Übersetzung):

$$\mathrm{LCOE} = P_{\mathrm{MWh}} = \frac{\sum(\mathrm{Investitionen}_t + \mathrm{Betrieb}_t + \mathrm{Brennstoff}_t + \mathrm{CO}_{2t} + \mathrm{Rückbau}_t) * (1+r)^{-t}}{\sum \mathrm{MWh}(1+r)^{-t}}$$

P_{MWh}: konstante Vergütung für den Anlagenbesitzer über die gesamte Lebensdauer
MWh: jährlich produzierte Strommenge in MWh
$(1+r)^{-t}$: Abzinsungssatz (entspricht kalkulatorisch erwarteter Verzinsung)
$\mathrm{Investitionen}_t$: Investitionskosten im Jahr t
$\mathrm{Betrieb}_t$: Betriebskosten im Jahr t
$\mathrm{Brennstoff}_t$: Brennstoffkosten im Jahr t
CO_{2t}: CO_2 – Kosten im Jahr t
$\mathrm{Rückbau}_t$: Rückbau– und Entsorgungskosten im Jahr t

Definition Stromgestehungskosten. Die Stromgestehungskosten geben die durchschnittlichen Kosten einer Kilowattstunde über die Lebensdauer eines Kraftwerks an und sind daher von Investitionskosten, Betriebskosten (z. B. Brennstoff- und CO_2-Kosten) und Finanzierungsbedingungen abhängig. Ihre zukünftige Entwicklung kann durch technischen Fortschritt, abgebildet durch Lernkurven je Technologie, angenommen werden.

Abbildung 3.1 zeigt die Stromgestehungskosten für Deutschland. Je nach Standortgüte und weiteren Parametern werden die LCOE für Photovoltaik in Deutschland mit 3 bis 11 ct/kWh angegeben, in Kombination mit Batteriespeicher-Systemen mit 5 bis 20 ct/kWh. Der obere bzw. untere Wert dieser Angaben vertritt jeweils große Freiflächenanlagen bzw. kleine Aufdachanlagen.

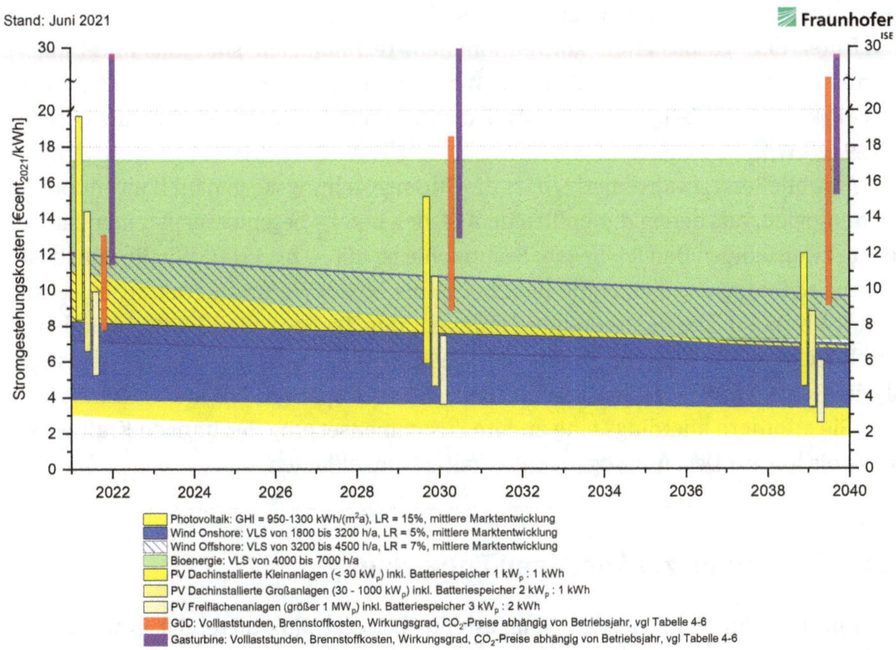

Abb. 3.1: Lernkurvenbasierte Prognose von Stromgestehungskosten Erneuerbarer Energien und konventioneller Kraftwerke in Deutschland bis 2040. Der LCOE-Wert pro Bezugsjahr bezieht sich jeweils auf eine Neuanlage im Bezugsjahr. LR = Lernrate. Copyright: Fraunhofer ISE [24].

Wind an Land wird heute mit LCOE zwischen 4 und 8 ct/kWh angegeben, Offshore-Windenergie deutlich höher mit 7 bis 12 ct/kWh. Für PV und Wind an Land liegen die empirischen Beobachtungen aus den Ausschreibungen zur Erlangung einer Förderung nach dem EEG jeweils in einem erklärbaren Bereich innerhalb dieser Spannweiten.[6] Für Offshore-Windenergie endeten die EEG-Ausschreibungen teilweise bei 0 ct/kWh. Gründe hierfür sind einerseits eine Optionsbewertung: Auch bei förderfreier Projektfinanzierung braucht man für Offshore-Projekte eine Förderzusage, um einen Netzanschluss zu erlagen. Andererseits erlaubt das gleichmäßigere Produktionspro-

6 Siehe z. B. [25] für eine detaillierte Diskussion zu Wind an Land.

fil mit mehr Volllaststunden, etwas höhere Börsenpreise als Onshore-Windenergie zu erlösen.

Unter den Stromerzeugungstechnologien auf erneuerbarer Basis ist Bioenergie mit bis zu 17 ct/kWh deutlich am teuersten. Sie ist die einzige Technologie, die Einsatzstoffe benötigt, die im Fall von nachwachsenden Rohstoffen als Einsatzstoff wiederum durch Pachtpreise beeinflusst sein können. Das zweistellige Preisniveau wird auch durch alle abgeschlossenen EEG-Ausschreibungen bestätigt.

Unter den gasbasierten konventionellen Technologien sind Gas-und-Dampf-Kombikraftwerke (GuD) mit 8 bis 13 ct/kWh die günstigere Technologie. Für Gasturbinen als klassische Technologie zur Abdeckung von Lastspitzen betragen die LCOE 11 bis 29 ct/kWh.

Abschließend sei angemerkt, dass die Stromgestehungskosten für konventionelle Technologien, aus denen der politische Ausstieg bereits beschlossen ist, in allen Fällen im zweistelligen Bereich liegen. Braunkohle ist mit 10 bis 15 ct/kWh die günstigste dieser Technologien, Steinkohle liegt bei 11 bis 20 ct/kWh und Kernkraft bei 14 bis 19 ct/kWh [1, 24]. Die fluktuierenden erneuerbaren Technologien PV und Wind sind durch technischen Fortschritt und eine zunehmende CO_2-Bepreisung also günstiger als die Großkraftwerke, die den deutschen Kraftwerkspark traditionell dominiert haben. Sie erfordern allerdings eine andere Zusammensetzung des übrigen Kraftwerksparks bis hin zur Deckung sogenannter kalter Dunkelflauten.

3.4.2 Szenarien zur künftigen Entwicklung

Bis zum Jahr 2040 sinken die Stromgestehungskosten fluktuierender erneuerbarer Technologien durch Lernkurveneffekte, wohingegen die Stromgestehungskosten konventioneller Anlagen durch die Annahme eines steigenden CO_2-Preises steigen.

Strom aus PV-Anlagen kann laut Kost et al. (vgl. [24]) bei einer mittleren Marktentwicklung im Jahr 2040 im Fall großer Freiflächenanlagen an optimalen Standorten für unter 2 ct/kWh erzeugt werden, wohingegen Aufdachanlagen an schlechteren Standorten bis zu 7 ct/kWh erfordern. Auch in Kombination mit Batteriesystemen ergeben sich in den meisten Konstellationen Kosten von unter 10 ct/kWh.

Die erwarteten Lernraten für Onshore- und Offshore-Wind sind nicht so hoch wie für PV. Für Onshore-Wind liegt der LCOE-Korridor im Jahr 2040 daher bei 3 bis 7 ct/kWh, für Offshore-Wind bei 6 bis 10 ct/kWh. Für Bioenergie wird keine Lernrate angenommen, so dass die Kosten konstant bei bis zu 17 ct/kWh bleiben. Mit dem EEG 2021 (vgl. [8]) wird trotz dieser vergleichsweise hohen Kosten weiterhin eine substanzielle Biomasse-Verstromung angenommen. Zum Zeitpunkt des Schreibens dieses Beitrags bleibt offen, ob die Ampelkoalition mit der avisierten nachhaltigen Biomassestrategie (vgl. [1]) einen fokussierten Einsatz der Biomasse zur stofflichen Nutzung und in anderen Energiesektoren anstreben wird.

Die Kosten erdgasbasierter Erzeugung steigen auf 9 bis 25 ct/kWh im Jahr 2040 im Fall von GuD-Kraftwerken sowie auf 15 bis 29 ct/kWh im Fall von Gasturbinen. Das Maximum von 29 ct/kWh ist bemerkenswerterweise nahezu konstant, weil es sich auf ein Spitzenlastkraftwerk mit sehr wenigen Betriebsstunden bezieht. Die LCOE werden in diesem Fall also wesentlich von den Investitionskosten des Kraftwerks bestimmt. Die unteren Werte der genannten Preisspannen beziehen sich hingegen auf Anlagen mit höheren Betriebsstunden, weshalb die Annahme einer steigenden CO_2-Bepreisung auch zu steigenden LCOE für GuD- und Gasturbinenkraftwerke führt.

Da die Stromgestehungskosten fluktuierender Erneuerbarer Energien wesentlich vom natürlichen Dargebot an Sonne und Wind bestimmt werden, stellt die Studie Kost et al. (2021) (vgl. [24]) die treffendste Analyse für Deutschland dar. Eine internationale Übersicht der möglichen Entwicklungen und entsprechenden Spannweiten für verschiedene Technologien bietet die IEA-Studie „Projected costs of generating electricity“ (vgl. [23]). Beiter et al. (2021) (vgl. [26]) legen eine aktuelle Studie mit Fokus auf Onshore- und Offshore-Windenergie vor. Die meisten der dort referenzierten Studien gehen von einer vergleichbaren oder deutlicheren LCOE-Reduktion für Windenergie als Kost et al. (2021) (vgl. [24]) aus. Die oben vorgestellten Entwicklungspfade sind daher im internationalen Vergleich als konservativ anzusehen.

3.4.3 Methodische Grenzen

Die Stromgestehungskosten sind eine wichtige Kenngröße zur wirtschaftlichen Auslegung von Energiesystemen. Sie berücksichtigen jedoch nicht, dass unterschiedliche Technologien bei unterschiedlichen Durchdringungsgraden eine unterschiedliche Wertigkeit für das Energiesystem haben. Alle Kraftwerke werden idealerweise nur dann betrieben, wenn sie mindestens ihre variablen Kosten decken können und somit einen positiven Deckungsbeitrag erzielen. Flexibel einsetzbare Kraftwerke müssen dafür ihre Brennstoff- und CO_2-Kosten erlösen können. Dargebotsabhängige Erneuerbare Energien wie Sonne und Wind haben keine oder nur sehr geringe Betriebskosten, so dass ein Betrieb auch bei Börsenpreisen nahe 0 ct/kWh wirtschaftlich sein kann. Ein hoher Ausbau der dargebotsabhängigen Erneuerbaren Energien führt allerdings dazu, dass die Preise stets niedrig sind, wenn viel Sonne beziehungsweise Wind vorhanden ist. Dies wird als Merit-Order-Effekt oder Kannibalisierung der Erneuerbaren Energien bezeichnet (vgl. Abschnitt 3.5.2).

Welchen Wert hat eine zusätzliche PV- oder Windanlage in einem Energiesystem? In einem Extremfall handelt es sich um die erste Anlage dieser Technologie, die noch keiner Marktpreis-Kannibalisierung unterliegt. Beispielsweise haben die ersten PV-Anlagen in einem System üblicherweise einen hohen Wert, weil sie Strom zu den nachfragestarken Tageszeiten liefern (vgl. [27]). Im anderen Extremfall ist das Energiesystem gesättigt mit dieser Technologie. Diesen Zusammenhang greift die International Energy Agency (vgl. [23, S. 77]) in ihrem Bericht zu den zukünftigen

Stromgestehungskosten mit dem Konzept der wertkorrigierten Stromgestehungskosten (value adjusted levelized cost of energy, VALCOE) auf. Er nimmt die Perspektive eines neutralen Energiesystem-Planers ein und berücksichtigt neben dem energiebasierten Wert auch den kapazitätsbezogenen Wert und Flexibilitätswert – unabhängig davon, ob diese für die Kraftwerksbetreiber vergütet werden. Für den theoretischen Fall, dass alle drei Wertströme mittels perfekt funktionierender Märkte vergütet werden, entspricht der VALCOE dem Einkommen des Kraftwerksbetreibers. Der folgende Abschnitt stellt die Funktionsweise der Strommärkte und somit die Einnahmemöglichkeiten der Kraftwerke vor. Neben den Großhandels-Strommärkten werden auch Systemdienstleistungsmärkte betrachtet, da sie durch den Umbau des Kraftwerksparks ebenfalls einem deutlichen Wandel unterliegen werden.

3.5 Großhandels-Strommärkte und Systemdienstleistungen

Der folgende Abschnitt stellt die zeitliche Abfolge und die Funktionsweise der verschiedenen Strommärkte dar. Er adressiert dabei auch den Merit-Order-Effekt der Erneuerbaren Energien sowie das separate Segment der Märkte für Systemdienstleistungen.

3.5.1 Übersicht der zeitlich gestaffelten Strommärkte

Abbildung 3.2 stellt die zeitliche Abfolge verschiedener Energiemärkte dar. Jahre bis Tage vor dem Lieferzeitpunkt können Stromproduzenten, Händler, Energieversorgungsunternehmen sowie Kunden langfristige Terminverträge zur Risikoabsicherung (sog. Hedging) abschließen. Diese Verträge führen in vielen Fällen nicht zu einer physischen Stromlieferung, sondern stellen lediglich ein finanzielles Geschäft dar, wie es auch zur Preisabsicherung für Rohstoffe üblich ist.

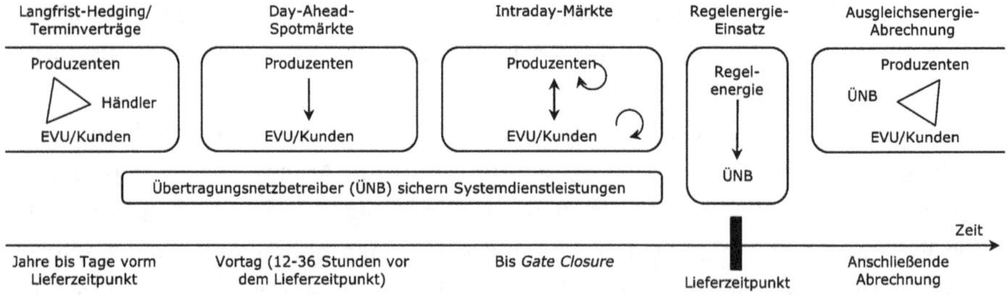

Abb. 3.2: Zeitliche Abfolge des Energiehandels (modifiziert nach [28]). Abkürzungen: EVU = Energieversorgungsunternehmen, ÜNB = Übertragungsnetzbetreiber.

Am Tag vor dem Lieferzeitpunkt findet der Day-Ahead-Spotmarkt mit einer stündlichen Auflösung statt. Der kontinentaleuropäische Leitmarkt ist EPEX SPOT. Für jede Stunde des Folgetages werden Angebot und Nachfrage in einem Auktionsmechanismus gegenübergestellt. Hieraus ergeben sich auch die geplanten Lastflüsse zwischen verschiedenen Ländern bzw. Strompreiszonen.[7]

Der Intraday-Markt ist in 15-Minuten-Intervalle gegliedert und bezeichnet das gesamte Zeitfenster nach Abschluss des Day-Ahead-Spotmarkts bis zur sogenannten Gate Closure. Hierbei handelt es sich um die Vorlaufzeit, bis zu der Änderungen vorgenommen und an die Übertragungsnetzbetreiber gemeldet werden können. Bundesweit beträgt sie aktuell 30 Minuten, bei Geschäften innerhalb der Regelzone eines Übertragungsnetzbetreibers nur 5 Minuten vor dem Beginn des jeweiligen 15-Minuten-Intervalls (vgl. [30]). Zum einen gibt es im Intraday-Markt eine Auktion um 15 Uhr des Vortags, zum anderen findet – wie auch an Aktienmärkten – ein laufender Handel zwischen Kauf- und Verkaufsgeboten statt (vgl. [31]).

Sämtlicher Energiehandel vor Handelsschluss[8] kann bilateral (auch als OTC, Over the counter, bezeichnet) oder über Strombörsen als Marktplätze mit standardisierten Produkten erfolgen. Beiden Wegen gemein ist, dass die Lieferungen als Fahrpläne der involvierten Akteure bei den Übertragungsnetzbetreibern angemeldet werden müssen.

Die hier aufgeführten Energiemarkt-Strukturen garantieren keine ausreichende verfügbare Kraftwerkskapazität. Schon heute gibt es einzelne Netzreserveanlagen, die von den Übertragungsnetzbetreibern außerhalb des Strommarkts vorgehalten werden (vgl. [21, §13d]). Mit den Zielen des Koalitionsvertrags 2021 (vgl. [10]) ist ein erheblicher Zubau von Gaskraftwerken erforderlich; eine Analyse des Energiewirtschaftlichen Instituts an der Universität zu Köln (vgl. [32]) geht von 23 GW bis 2030 aus. Es ist vorstellbar, dass der Gesetzgeber bestehende Instrumente ausweitet oder neue Instrumente wie Kapazitätsmärkte etabliert, um diesen Zubau von Spitzenlastkraftwerken zu erreichen.

3.5.2 Preisbildung am Day-Ahead-Spotmarkt und der Merit-Order-Effekt

Abbildung 3.3 zeigt links eine schematische Darstellung des Strommarkts ohne fluktuierende Erneuerbare Energien. Sie kann stellvertretend für das historische Energiesystem vor der Jahrtausendwende oder für heutige Situationen ohne Wind- und Solareinspeisung stehen. Sie zeigt eine treppenförmig ansteigende Angebotskurve. In

7 Für Details zum grenzüberschreitenden Stromhandel und dem resultierenden volkswirtschaftlichen Optimum siehe z. B. [29].

8 Auch auf Deutsch üblicherweise mit dem englischen *Gate Closure* bezeichnet.

ihr sind die Gebote der Kraftwerksbetreiber, die sich in der Regel an den Grenzkosten der Kraftwerke orientieren, aufsteigend sortiert. Im niedrigsten Abschnitt befinden sich üblicherweise traditionelle Grundlastkraftwerke auf Basis von Braunkohle oder Kernkraft, im mittleren Abschnitt Steinkohle, gefolgt von GuD-Anlagen und Gasturbinen. Der fallende Verlauf der aggregierten Nachfragekurve stellt die Preiselastizität der Nachfrage dar: Bei niedrigen Preisen wird mehr Strom nachgefragt als bei hohen Preisen. Am Schnittpunkt zwischen Angebots- und Nachfragekurve stellt sich der Gleichgewichtspreis mit der Menge q und dem Preis p ein. Die Kraftwerksbetreiber, die Strom unterhalb dieses Preises oder zu diesem Preis angeboten haben, erhalten den Zuschlag; die übrigen Gebote werden abgelehnt. In den europäischen Day-Ahead-Märkten gilt die Uniform-pricing-Regel: Dieser Preis p gilt für sämtliche bezuschlagte Gebote. Die Kraftwerksbetreiber mit Grenzkosten unterhalb von p erzielen also Einnahmen oberhalb ihrer Betriebskosten. Hierdurch kann ein Beitrag zur Deckung der Kapitalkosten geleistet werden.

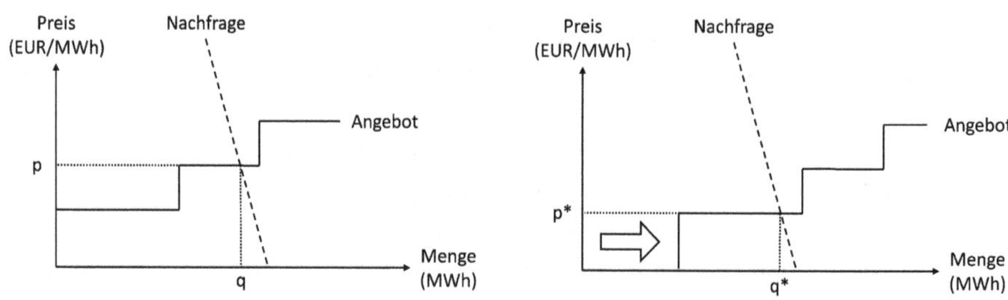

Abb. 3.3: Schematische Darstellung des Merit-Order-Effekts: Links eine Marktsituation ohne, rechts mit fluktuierenden Erneuerbaren Energien.

Der rechte Teil von Abbildung 3.3 zeigt eine Situation, in der die aggregierte Nachfragekurve nach rechts verschoben wurde. Grund ist, dass fluktuierende Erneuerbare Energien wie PV und Wind in den Markt eingetreten sind. Ihre Grenzkosten sind näherungsweise mit Null angenommen, weshalb sie die anderen Gebote nach rechts verdrängen. Im Ergebnis stellt sich ein neues Marktgleichgewicht bei q^* und p^* ein. Es wird eine höhere Nachfrage zu einem niedrigeren Preis gedeckt ($q^* > q, p^* < p$). Dieser Verdrängungseffekt wird als Merit-Order-Effekt bezeichnet (vgl. [27, 33]). Alternativ wird auch von Kannibalisierung gesprochen, weil Wind und Sonne systematisch ihr eigenes Erlösniveau absenken. Wenn die Nachfrage vollständig durch Gebote zu Nullpreisen gedeckt werden kann, fällt der Marktpreis ebenfalls auf Null. In Deutschland wird das Gros der Erneuerbare-Energien-Anlagen durch das EEG gefördert. Daraus ergibt sich, dass Gebote dieser Anlagen auch bei moderat negativen Preisen für die jeweiligen Betreiber in Summe vorteilhaft sind. Ein weiterer Grund können im Einzelfall inflexible Großkraftwerke sein, die in kürzeren Phasen negativer Preise nicht abgeschaltet werden. Der Markpreis ist daher in wenigen hundert Stunden pro Jahr negativ (vgl. [34]), was Anreize für Investitionen in flexible Nachfrage setzt.

Durch den Merit-Order-Effekt werden Großhandels-Strompreise günstiger. Mit der EEG-Förderung wird – vereinfacht ausgedrückt – den jeweiligen Anlagenbetreibern ein fixes Einnahmeniveau für die Dauer von 20 Jahren zugesagt.[9] Der Teil, der nicht durch Großhandelseinnahmen gedeckt werden konnte, wird als Förderung gewährt. Die entsprechende Summe aller Kosten wird durch die EEG-Umlage indirekt auf alle zahlungspflichtigen Stromkunden umgelegt. Seit dem Jahr 2021 gibt es einen Zuschuss aus Steuermitteln, um die EEG-Umlage zu reduzieren; perspektivisch soll sie durch einen höheren Zuschuss auf Null reduziert werden (vgl. [10]). Die Höhe des erforderlichen Zuschusses kann abhängig vom jährlichen Strompreisniveau und dem Merit-Order-Effekt variieren.

Die Kombination von sinkenden LCOE (vgl. Abschnitt 3.4.2) für die EE-Technologien und dem Merit-Order-Effekt führt zu der Frage, in welchem Ausmaß der künftige Erneuerbaren-Zubau förderfrei möglich sein wird. Die Ziele des Koalitionsvertrags von 2021 (vgl. [10]) entsprechen einer installierten PV-Leistung von 200 GW und einer Wind-an-Land-Leistung von mindestens 100 GW, so dass – bei entsprechenden meteorologischen Verhältnissen – jede dieser Technologien die aktuelle Lastspitze von ca. 80 GW allein decken könnte. Es erscheint daher nicht selbstverständlich, dass das im Koalitionsvertrag angestrebte Ziel erreicht werden kann, nach 2030 die EEG-Förderung für Neuanlagen auslaufen zu lassen.

Voraussetzung für eine positive Investitionsentscheidung eines Kraftwerks ist eine gesicherte Finanzierung. Die Finanzierungskonditionen hängen von den Risiken ab, darunter auch den regulatorischen Risiken. Eine gesetzlich garantierte Förderung stellt eine vergleichsweise risikoarme Konstellation dar, wobei – je nach regulatorischer Ausgestaltung – in verschiedenen europäischen Ländern verschiedene Risikoprämien angesetzt werden.[10] Alternativ kann eine Investitionsentscheidung auch allein auf Basis von Marktpreisen getroffen werden. Üblicherweise sichert der Investor einen Teil seiner zukünftigen Einnahmen ab, indem er mit einem Dritten einen mehrjährigen Abnahmevertrag (power purchase agreement, PPA) schließt. Diese Maßnahme dient auch dazu, die Finanzierungskonditionen möglichst günstig zu halten. Baum (2019) (vgl. [37]) legt dar, dass nur eine Teilmenge des damals avisierten Erneuerbaren-Ausbaus durch PPA mit Industriekunden abgesichert werden kann. Einer der Gründe ist, dass nur ein Teil der Unternehmen eine ausreichende finanzielle Stabilität aufweist, um attraktive Partner für so langjährige Abnahmeverträge zu sein, wie sie für Kraftwerks-Investitionsentscheidungen erforderlich sind.

Deutschland bildet im europäischen Stromhandel gemeinsam mit Luxemburg eine Preiszone im europäischen Strommarkt. Bis ins Jahr 2018 war auch Österreich

---

9 Für eine differenziertere Beschreibung des EEG-Vermarktungsmechanismus siehe [35].

10 Vgl. [36] für eine aktuelle Übersicht.

ein Teil dieser Preiszone. Interne Engpässe werden durch Markteingriffe der Übertragungsnetzbetreiber behoben (Redispatch). Die meisten europäischen Strompreiszonen sind mit den nationalen Grenzen identisch; Ausnahmen hiervon sind z. B. Italien und die skandinavischen Länder, die jeweils aus mehreren Preiszonen bestehen. Anforderung an Preiszonen ist grundsätzlich, dass sie keine dauerhaften internen Netzengpässe aufweisen sollen, Engpässe zwischen Zonen sachgerecht und somit Ausdruck des EU-Binnenmarkts sind (vgl. [38]). Der Schwerpunkt der Winderzeugung ist in Deutschland im Norden, wohingegen die Lastschwerpunkte im Süden und Westen sind. Dieser Entwicklung begegnet Deutschland mit einem massiven Ausbau des Höchstspannungsnetzes, begleitet durch Hochspannungs-Gleichstrom-Verbindungen. Der Großteil dieser Leitungen soll in Nord-Süd-Richtung verlaufen und dient – neben der zuverlässigen Versorgung der Endkunden – auch dazu, eine einheitliche deutsche Preiszone zu gewährleisten. Parallel dazu gibt es Bestrebungen, die Außerbetriebnahme bestehender Kraftwerke sowie den Bau neuer Kraftwerke regional zu steuern: Das Kohleverstromungsbeendigungsgesetz (2020) (vgl. [39]) unterscheidet zwischen Kraftwerken in einer Südregion ebenso wie das EEG (2021) (vgl. [8]), das einen Mindestzubau von Biomethan- und Windgeneratoren in einer Südregion anstrebt. Es sei angemerkt, dass diese Regelung im EEG zum Verfassungszeitpunkt dieses Kapitels noch nicht durch die EU genehmigt wurde.

Regionale Flexmärkte

Netzengpässe treten auf verschiedenen Spannungsebenen aus verschiedenen Gründen auf. Im Übertragungsnetz sowie 110kV-Verteilnetz führten im Wesentlichen Verzögerungen beim Netzausbau zu Einspeisemanagement-Maßnahmen, also der Abregelung von Erzeugungsanlagen (vgl. [16]). In der Nieder- und Mittelspannung sind bei einem Anschluss zahlreicher zusätzlicher Verbraucher (E-Mobilität, Wärmepumpen) ebenfalls Engpässe absehbar. Ein Netzausbau für jede denkbare Spitzensituation ist ökonomisch nicht effizient (vgl. [40]). Agora (2017) (vgl. [41]) zeigt eine Reihe an Netzengpass-Konstellationen und mögliche Lösungsvorschläge. Neben einem freiwilligen Quotenmodell, wie es im EnWG für steuerbare Verbrauchseinrichtungen angelegt ist (vgl. Abschnitt 3.3.2), werden auch Möglichkeiten für regionale Flexibilitätsmärkte diskutiert. Im Rahmen mehrerer SINTEG-Demonstrationsprojekte wurden Pilot-Flexmärkte etabliert (siehe z. B. [42] oder [43]).

Zwischenzeitlich wurde durch das Projekt Redispatch 2.0 (vgl. [44]) sichergestellt, dass alle größeren Erzeugungsanlagen durch Signale von den Netzbetreibern bei Netzengpässen heruntergeregelt werden können. Die entsprechenden Anlagenbetreiber sollen automatisiert für die entgangenen Erlöse entschädigt werden. Es bleibt daher abzuwarten, ob das Konzept regionaler Flexibilitätsmärkte, an denen neben Erzeugern auch Nachfrager teilnehmen, in Zukunft in veränderter Form wieder aufgegriffen wird.

Die bisherigen Ausführungen beschäftigen sich mit dem Energiehandel, jedoch nicht mit der Bereitstellung flexibler Leistung und weiterer Leistungen, die für den stabilen Betrieb des Stromsystems notwendig sind. Sie werden in Summe als Systemdienstleistungen bezeichnet und decken neben der Bereitstellung von Flexibilität in Form von Regelleistung und Regelenergie u. a. auch Schwarzstartfähigkeit und Blindstrom ab.

3.5.3 Frequenzgebundene Systemdienstleistungen

Die Frequenz im Stromnetz muss stets 50 Hz betragen. Um innerhalb eines Toleranzbandes von ±0,02 Hz um diesen Sollwert zu bleiben, kann bei Abweichungen eine Kaskade verschiedener Regelenergiearten aktiviert werden:
1. Primärregelleistung (frequency containment reserves, FCR)
2. Sekundärregelleistung (automatic frequency restoration reserves, aFRR)
3. Minutenreserve (manual frequency restoration reserves, mFRR)

Die Primärregelleistung soll in einem Zeitraum von 30 Sekunden vollständig zur Verfügung stehen. Sie wird ausschließlich je Leistung (MW) vergütet. Wenn die Frequenzabweichung fortbesteht, wird die Sekundärregelleistung als zweites Produkt automatisch aktiviert. Sie muss nach 5 Minuten vollständig abrufbar sein. Die Produkte werden differenziert in positive und negative Sekundärregelleistung, und die Vergütung findet sowohl für bereitgehaltene Leistung (MW) als auch für abgerufene Energie (MWh) statt. Als drittes Produkt folgt die Minutenreserve nach 5 Minuten und muss nach 15 Minuten vollständig zur Verfügung stehen. Sie wird manuell aktiviert und ist ebenso wie die Sekundärregelleistung in positiv/negativ differenziert. Bereitgestellte Leistung (MW) und abgerufene Energie (MWh) werden separat vergütet.

Die Übertragungsnetzbetreiber ermitteln den Bedarf an Regelenergie und beschaffen ihn über die Homepage www.regelleistung.net. Der Bedarf für die jeweiligen Regelenergie-Produkte ist für Primär- und Sekundärregelleistung in den letzten Jahren recht konstant, die vorgehaltene Minutenreserveleistung hat sich seit 2015 allerdings halbiert (vgl. [16, S. 212]). Diese Entwicklungen belegen, dass ein steigender Anteil von Sonnen- und Windenergie nicht zu steigendem kurzfristigen Flexibilitätsbedarf führen muss.

In einer Präqualifikation für das jeweilige Regelenergie-Produkt muss der Kraftwerksbetreiber zuerst nachweisen, dass seine Anlage technisch in der Lage ist, die Anforderungen zu erfüllen. Dann können die jeweiligen Leistungen an den täglichen Ausschreibungen auf der Homepage teilnehmen. Die Ausschreibungen finden jeweils für 4-Stunden-Zeitfenster statt. Diese Zeitspanne erlaubt auch Anlagen eine Teilnahme, die von externen Gegebenheiten wie meteorologischen Voraussetzungen oder einer Wärmeabnahme abhängig sind.

Zwischen 2017 und 2022 kam es im deutschen Regelenergiemarkt gelegentlich zu Preisspitzen, begleitet von Veränderungen des Marktdesigns durch regulatorische Festlegungen und Gerichtsurteile. Eine Betrachtung der jüngeren Vergangenheit erlaubt deshalb keine umfassenden Rückschlüsse für die Zukunft. Festgehalten werden können allerdings folgende Punkte: durch eine – zwischenzeitlich bereits bestehende – Entkopplung von Leistungs- und Arbeitsprodukten können perspektivisch auch Betreiber fluktuierender Anlagen besser Sekundär- und Minutenregelenergie bereitstellen. Für Anlagen, deren Leistung bezuschlagt wurde, muss ein Energie-Gebotspreis eingestellt werden. Ergänzend dürfen in diesem Fall auch Anlagen, die nicht an der Leistungs-Ausschreibung teilgenommen haben, Energie-Gebotspreise einstellen und somit für mehr Wettbewerb in diesen Teilmärkten zu sorgen. So soll auch den Betreibern von Wind- und Solaranlagen die Teilnahme an diesen Märkten erleichtert werden [16, S. 210].

Technologien

Traditionell wird Regelenergie überwiegend aus thermischen Kraftwerken sowie Pumpspeichern bereitgestellt. Laut Monitoringbericht der Bundesnetzagentur (vgl. [16]) tragen auch Batteriespeicher zunehmend zur Regelenergiebereitstellung bei; die Website www.regelleistung-online.de (vgl. [45]) berichtet von einem Anteil von 65 % im Bereich der Primärregelleistung. Unter den Erneuerbaren Energien ist Biomasse – neben Wasserkraftwerken und Pumpspeichern – die einzige Technologie, die an Regelenergiemärkten teilnimmt. Eine umfassende Bereitstellung von negativer oder gar positiver Regelleistung durch Wind- und Solaranlagen ist noch nicht zu beobachten. Wenn die Ausbauziele für Erneuerbare Energien erreicht werden, sind zahlreiche Stunden mit Stromüberschüssen absehbar. Es erscheint plausibel, anzunehmen, dass diese Technologien dann negative Regelleistung bereitstellen. Auch eine gewisse Kapazitätsrückhaltung, um positive Regelenergie bereitzustellen, ist vorstellbar (vgl. [46]).

Internationale Integration

Analog zu den Großhandelsmärkten findet eine zunehmende internationale Integration statt. Schon heute findet die Primärregelleistungs-Beschaffung gemeinsam für Deutschland und fünf Nachbarländer statt. Sekundärregelleistung und Minutenreserve sollen demnächst in zahlreichen europäischen Ländern zu einheitlichen Marktregeln über gemeinsame Plattformen beschafft werden. Im Laufe des Jahres 2022 sollen die deutschen und einige weitere Übertragungsnetzbetreiber Zugang zu den entsprechenden Plattformen PICASSO und MARI erhalten. Weitere Länder folgen in den nächsten Jahren.[11]

---

11 Für Details siehe z. B. [16] sowie www.regelleistung.net

3.5.4 Nicht-frequenzgebundene Systemdienstleistungen

Neben den frequenzgebundenen Systemdienstleistungen sind einige weitere Systemdienstleistungen für einen zuverlässigen Netzbetrieb oder seine Wiederherstellung notwendig:
- Spannungsregelung (Blindleistung)
- Schwarzstartfähigkeit
- Trägheit der lokalen Netzstabilität
- Kurzschlussstrom
- dynamische Blindstromstützung
- Inselbetriebsfähigkeit.

Grundsätzlich sind die Übertragungsnetzbetreiber verpflichtet, diese Dienstleistungen in einem transparenten, diskriminierungsfreien und marktgestützten Verfahren zu beschaffen (vgl. [21, §12h]). Die Studie von Schlecht et al. (vgl. [47]) zeigt, dass eine marktliche Beschaffung für die unteren vier Punkte nicht effizient ist. Die Bundesnetzagentur hat diese vier daher von einer marktbasierten Beschaffung ausgenommen, so dass sie z. B. durch bilaterale Verträge mit einzelnen Anlagenbetreibern oder vollständig integrierte Netzkomponenten abgedeckt werden können. Für die oberen beiden Punkte – Blindleistung und Schwarzstartfähigkeit – kann eine marktliche Beschaffung vorteilhaft sein.[12] Die meisten nicht-frequenzgebundene Systemdienstleistungen werden bisher umfassend von Großkraftwerken bereitgestellt; dezentrale Erzeugungsanlagen sind teilweise durch die technischen Anschlussbedingungen zur unentgeltlichen Bereitstellung verpflichtet. Eine umfassendere Bereitstellung aller Systemdienstleistungen durch Erneuerbare Energien ist aktuell Gegenstand von Forschungs- und Demonstrationsvorhaben.

3.6 Fazit

Zum Erreichen der ambitionierten politischen Ziele ist eine wesentlich höhere Veränderungsgeschwindigkeit notwendig. Hierfür sind beschleunigte Planungsverfahren notwendig, die zu einer höheren Akzeptanz und zügigeren Umsetzung der einzelnen Maßnahmen führen – sowohl für den Netz- aus auch für den Erneuerbaren-Ausbau. Der vorliegende Beitrag skizziert außerdem, dass regulatorische Anpassungen für mehr Innovationen in den Stromnetzen sowie zur wirtschaftlichen Integration neuer Erzeugungsanlagen und Verbrauchertypen notwendig sind. Im Stromerzeugungsbereich sinken die Stromgestehungskosten der fluktuierenden Erneuerbaren Energien

12 Für Ausgestaltungsmöglichkeiten siehe [48, 49] sowie zum jeweils aktuellen Stand die Homepage der Bundesnetzagentur.

weiterhin, so dass sie eine kostengünstige Basis der zukünftigen Stromversorgung darstellen. Es ist allerdings offen, in welchem Ausmaß der erforderliche Ausbau auf Grundlage von Marktpreisen stattfinden wird oder nach regulatorischer Absicherung der Erlöse. Eine weitere Voraussetzung für das Gelingen der Energiewende im Stromsektor ist, dass Systemdienstleistungen zukünftig zu weiten Teilen durch Erneuerbare Energien bereitgestellt werden.

Literaturverzeichnis

[1] Bundesministerium für Wirtschaft und Klimaschutz (2022). Eröffnungsbilanz Klimaschutz. Berlin.
[2] Bundesverband der Energie- und Wasserwirtschaft e. V. (2022). Die Energieversorgung 2021. Jahresbericht, zuletzt korrigiert am 19.01.2022. Berlin: BDEW.
[3] Bundesministerium der Finanzen (2022). Ergebnis des Koalitionsausausschusses vom 23. Februar 2022: 10 Entlastungsschritte für unser Land. Berlin.
[4] FA Wind (2021). Umfrage zur Akzeptanz der Wind-energie an Land – Herbst 2021. Berlin: Fachagentur Windenergie an Land e. V.
[5] Bundesnetzagentur. Netzausbau-Beteiligungsmöglichkeiten [Online]. https://www.netzausbau.de/Wissen/InformierenBeteiligen/Beteiligung/de.html. [Zugriff am 28 02 2022].
[6] SRU (2002). Klimaschutz braucht Rückenwind: Für einen konsequenten Ausbau der Windenergie an Land. Berlin: Sachverständigenrat für Umweltfragen.
[7] Agora Energiewende (2018). Wie weiter mit dem Ausbau der Windenergie? Strategievorschläge zur Sicherung der Standortakzeptanz von Onshore Windenergie. Berlin.
[8] EEG (2021). Gesetz für den Ausbau erneuerbarer Energien.
[9] Bundesverband Windenergie e. V. (2018). Gemeinsam gewinnen – Windenergie vor Ort. Ein Grundlagenpapier zu den Themen Wertschöpfung, Bürgerbeteiligung und Akzeptanz. Berlin.
[10] SPD, Bündnis 90/Die Grünen, FDP (2021). Koalitionsvertrag: Mehr Fortschritt wagen.
[11] ARegV (2021). Verordnung über die Anreizregulierung der Energieversorgungsnetze.
[12] Trinkner, U., Mattmann, M., Agrell, P., Bogetoft, P., Moser, A., Sieberichs, M. und Löhr, L. (2019). Effizienzvergleich Verteilernetzbetreiber Strom der dritten Regulierungsperiode (EVS3). Gutachten von Swiss Economics/SUMICSID/IAEW im Auftrag der Bundesnetzagentur.
[13] Bundesverband der Energie- und Wasserwirtschaft Verband kommunaler Unternehmen (2021). [Online]. https://www.bdew.de/presse/presseinformationen/bundesnetzagentur-sendet-ein-voellig-falsches-signal/. [Zugriff am 28 02 2022].
[14] Senders, J. und Halbig, A. (2020). Digitalisierung und Netzausbau – uur Einordnung als Stand der Technik und zur Behand-lung der Kosten in der Anreizregulierung. Stiftung Umweltenergierecht: Würzburg.
[15] Brunekreeft, G., Buchmann, M., Kusznir, J., Meyer, R., Shamsi, S. und von Bebenburg, C. (2021). Weiterentwicklung der Anreize für Digitalisierung und Innovation in der Anreizregulierung der ÜNB. Bremen: Gutachten der Jacobs University Bremen und von Oxera Consulting im Auftrag von TransnetBW GmbH.
[16] Bundesnetzagentur/Bundeskartellamt (2021). Monitoringbericht 2020. Bonn.
[17] StromNEV (2021). Verordnung über die Entgelte für den Zugang zu Elektrizitätsversorgungsnetzen.
[18] r2b energy consulting GmbH (2019). Finanzierung der Energiewende – Reform der Entgelte- und Umlagesystematik. Köln: Studie im Auftrag des Verbands kommunaler Unternehmen e. V. (VKU).

[19] Fritz, W., Maurer, C. und Jahn, A. (2021). Zukünftige Anforderungen an eine energiewendegerechte Netzkostenallokation. Berlin: Agora Energiewende / Consentec / Regulatory Assistance Project.
[20] Consentec/Fraunhofer ISI (2018). Optionen zur Weiterentwicklung der Netzentgeltsystematik für eine sichere, umweltgerechte und kosteneffiziente Energiewende. Gutachten im Auftrag des Bundesministeriums für Wirtschaft und Energie.
[21] EnWG (2021). Gesetz über die Elektrizitäts- und Gasversorgung. Berlin.
[22] Mittelstands- und Wirtschaftsunion (2021). Strom-Netzentgelte – weiterem drastischen Anstieg entgegenwirken.
[23] International Energy Agency (2020). Projected costs of generating electricity – 2020 edition. Paris: IEA.
[24] Kost, C., Shammugam, S., Fluri, V., Peper, D., Davoodi Memar, A. und Schlegl, T. (2021). Stromgestehungskosten Erneuerbare Energien – Juni 2021. ISE, Freiburg: Fraunhofer.
[25] Grashof, K., Berkhout, V., Cernusko, R. und Pfennig, M. (2020). Long on promises, short on delivery? Insights from the first two years of onshore wind auctions in Germany. Energy Policy 140, 111240.
[26] Beiter, P., Cooperman, A., Lantz, E., Stehly, T., Shields, M., Wiser, R., Telsnig, T., Kitzing, L., Berkhout, V. und Kikuchi, Y. (2021). Wind power costs driven by innovation and experience with further reductions on the horizon. WIREs Energy Environ. 10(5), 398.
[27] Hirth, L. (2013). The market value of variable renewables: The effect of solar and wind power variability on their relative price. Energy Econ. 38, 218–236.
[28] Schröder, S. T. (2013). Wind energy in offshore grids. Roskilde: DTU Management Engineering.
[29] Boisseleau, F. (2004). The role of power exchanges for the creation of a single European electricity market: market design and market regulation. Delft: Delft University Press.
[30] Bundesnetzagentur, SMARD: Großhandelspreise. [Online]. https://www.smard.de/page/home/wiki-article/518/562. [Zugriff am 28 02 2022].
[31] EPEX SPOT. Trading at EPEX SPOT 2021. [Online]. https://www.epexspot.com/sites/default/files/download_center_files/21-03-09_Trading%20Brochure.pdf. [Zugriff am 28 02 2022].
[32] Gierink, M., Wagner, J., Arnold, F., Czock, B., Namockel, N. und Theile, P. (2021). Auswirkungen des Koalitionsvertrags auf den Stromsektor 2030. Köln: Energiewirtschaftliches Institut an der Universität zu Köln gGmbH.
[33] Sensfuß, F., Ragwitz, M. und Genoese, M. (2008). The merit-order effect: A detailed analysis of the price effect of renewable electricity generation on spot market prices in Germany. Energy Policy 36, 3086–3094.
[34] Agora Energiewende (2021). Die Energiewende im Corona-Jahr: Stand der Dinge 2020. Rückblick auf die wesentlichen Entwicklungen sowie Ausblick auf 2021. Berlin.
[35] Umweltbundesamt. Erneuerbare-Energien-Gesetz (2021). [Online]. https://www.umweltbundesamt.de/themen/klima-energie/erneuerbare-energien/erneuerbare-energien-gesetz#erfolg. [Zugriff am 28 02 2022].
[36] Roth, A., Brückmann, R., Jimeno, M., Dukan, M., Kitzing, L., Breitschopf, B., Alexander-Haw, A. und Amazo Blanco, A. L. (2021). Renewable energy financing conditions in Europe: survey and impact analysis. AURES II project, deliverable 5.2.
[37] Baum, P. (2019). Who can best carry the risk of the future Energiewende? In Strommarkttreffen, 18. Januar 2019, Berlin.
[38] EU (2019). Verordnung 2019/943 des europäischen Parlaments und des Rates vom 5. Juni 2019 über den Elektrizitätsbinnenmarkt.
[39] KVBG (2020). Gesetz zur Reduzierung und zur Beendigung der Kohleverstromung.
[40] Jacobsen, H. K. und Schröder, S. T. (2012). Curtailment of renewable generation: Economic optimality and incentives. Energy Policy 49, 663–675.

[41] ECOFYS/Fraunhofer IWES (2017). Smart-Market-Design in deutschen Verteilnetzen. Berlin: Studie im Auftrag von Agora Energiewende.
[42] Estermann, T., Köppl, S. und Zeiselmair, A. (2020). Altdorfer Flexmarkt (ALF). Forschungsstelle für Energiewirtschaft (FfE). [Online]. https://www.ffe.de/projekte/altdorfer-flexmarkt-alf-2/. [Zugriff am 28 02 2022].
[43] Lahmar, E., Sommer, H. und Tarnai, S. (2020). Der enera Marktplatz für Flexibilitätshandel. [Online]. https://projekt-enera.de/blog/der-enera-marktplatz-fuer-flexibilitaetshandel/. [Zugriff am 28 02 2022].
[44] Bundesverband der Energie- und Wasserwirtschaft (2021). „Redispatch 2.0" [Online]. https://www.bdew.de/energie/redispatch-2-0/. [Zugriff am 28 02 2022].
[45] www.regelleistung-online.de (2021). Update 2020: Weiteres Wachstum der Batteriespeicher im PRL Markt. [Online]. https://www.regelleistung-online.de/update-2020-weiteres-wachstum-der-batteriespeicher-im-prl-markt/. [Zugriff am 28 02 2022].
[46] Ea (2015). The Danish experience with integrating variable renewable energy. Studie im Auftrag von Agora Energiewende.
[47] Schlecht, I., Wagner, C., Lehnert, W., Bucksteeg, M., Schinke-Nendza, A. und Voß, N. (2020). Effizienzprüfung marktgestützter Beschaffung von nicht-frequenzgebundenen Systemdienstleistungen (NF-SDL). Bericht im Vorhaben „SDL-Zukunft" im Auftrag des Bundesministeriums für Wirtschaft und Energie.
[48] Blumberg, G., Wagner, C., Lehnert, W., Bucksteeg, M. und Greve, M. (2021). Marktgestützte Beschaffung von Blindleistung. Bericht im Vorhaben „SDL-Zukunft" im Auftrag des Bundesministeriums für Wirtschaft und Energie.
[49] Wagner, C., Schlecht, I. und Bucksteeg, M. (2020). Marktgestützte Beschaffung von Schwarzstartfähigkeit. Bericht im Vorhaben „SDL-Zukunft" im Auftrag des Bundesministeriums für Wirtschaft und Energie.

Kurzvita

Dr. Sascha Schröder studierte Wirtschaftsingenieurwesen der Fachrichtung Energie- und Umweltmanagement an der Universität und der Fachhochschule Flensburg. Er promovierte an der Technical University of Denmark (DTU) zu regulatorischen Fragen des Strommarktdesigns, um eine bessere Systemintegration verschiedener Erneuerbarer Energien zu ermöglichen. In der Energiewirtschaft umfassen seine Stationen mehrere Stufen der Wertschöpfungskette, so hat er bei EWE NETZ GmbH und EWE ERNEUERBARE ENERGIEN GmbH bzw. Alterric Erneuerbare Energien GmbH zur Umsetzung und Weiterentwicklung der regulatorischen Rahmenbedingungen für Erneuerbare Energien beigetragen. Im Bundesverband der Energie- und Wasserwirtschaft e. V. (BDEW) leitet er seit mehreren Jahren die Projektgruppe Wind an Land. Heute widmet er sich als Senior Manager Strategie bei der

EWE AG verschiedenen strategischen Projekten sowie den Impulsen energiewirtschaftlicher Entwicklungen auf unterschiedliche Geschäftsbereiche.
Sascha Schröder ist Lehrbeauftragter für Energiewirtschaft und Energierecht an der Hochschule Hannover. Seit über 10 Jahren engagiert er sich in der Weiterentwicklung und Verbreitung verschiedener branchenspezifischer Planspiele, um energiewirtschaftliche Zusammenhänge innerhalb und außerhalb der Branche auf eine innovative Art zugänglicher zu machen.

Michael Stadler, Josef Bayer, Stefan Aigenbauer und Michael Zellinger

4 Planung moderner Energiesysteme am Beispiel von ganzheitlichen standardisierten Verfahren für Energiezellen

Zusammenfassung: Die Planung und der Betrieb zellularer Energiesysteme sind eine komplexe Herausforderung. Es müssen eine Vielzahl von dezentralen Energietechnologien, verschiedenste Ziele und auch Entscheidungsträger berücksichtigt werden. Dieser Beitrag beschreibt das Konzept des zellularen Energiesystems und wie es optimal geplant und betrieben werden kann. Es werden die Funktion des Zellmanagers erklärt und es wird anschaulich beschrieben, welche detaillierte Planungsschritte notwendig sind. Ein spezieller Fokus auf die techno-ökonomische Planung zeigt, dass mathematische Verfahren notwendig sind, welche auch die optimale Betriebsplanung berücksichtigen. Nur so kann sichergestellt werden, dass der zukünftige Betrieb der Energiezelle auch die gewünschten und geplanten Ergebnisse liefert. Ein praktisches Rechenbeispiel zeigt, wie bei der Optimierung von zellularen Energiesystemen vorzugehen ist und welchen Einfluss die Betriebsplanung auf das optimale Design der Zelle hat. Am Ende des Beitrages werden zwei reale Energiezellen aus Europa und deren Planung und Betrieb diskutiert. Praktische Überlegungen und Ergebnisse der Planung und des Betriebs der zwei Zellen zeigen die komplexe Natur auf, welche neue Modellierungsansätze notwendig macht.

Schlagwörter: Zellulare Energiesystem, Energiezelle, Zellmanager, Mikrogrid, Optimierung, Planung, MILP

4.1 Historische Kraftwerksplanung

In den Anfangsjahren der elektrischen Energiesysteme entwickelten sich lokale dezentrale Energieversorgungsstrukturen. Dezentrale Stationen versorgten die umliegenden Siedlungen mit elektrischer Energie. Die größer werdenden Kraftwerke verteilten später über verzweigte Netze die Energie zentral an ganze Stadtteile (vgl. [1]). Wichtig hierbei ist, dass das anfängliche Gleichspannungssystem durch das Wechselspannungssystem abgelöst wurde, da dies besser die Übertragung über große Distanzen

Michael Stadler, XENDEE Corporation, San Diego, USA; und BEST GmbH, Wieselburg-Land, Österreich, e-mail: mstadler@xendee.com
Josef Bayer, Max Bögl, Sengenthal bei Neumarkt, Deutschland, e-mail: jobayer@max-boegl.de
Stefan Aigenbauer, Michael Zellinger, BEST GmbH, Wieselburg-Land, Österreich, e-mails: stefan.aigenbauer@best-research.eu, michael.zellinger@best-research.eu

https://doi.org/10.1515/9783110753585-004

unterstützt. Aus den ersten lokalen dezentralen Systemen für die elektrische Versorgung entwickelten sich durch den Zusammenschluss einzelner Kraftwerke die ersten regionalen Stromversorgungsunternehmen. Diese regionalen Versorgungsnetze wurden immer enger miteinander vernetzt, wodurch die nationalen Stromnetze entstanden. Mit der immer größeren Vernetzung über die Ländergrenzen hinweg entwickelte sich schließlich das kontinentale europäische Verbundnetz. Der Energiefluss war dabei klar geregelt und unidirektional: Von den großen Kraftwerken über die Hochspannungsebene zu den Verteilnetzbetreibern, welche die Energie bis zu den Verbrauchern in der Mittel- und Niederspannungsebene verteilten.

Im Gegensatz dazu verfolgen aktuelle Entwicklungen den Ansatz einer Energiebereitstellung mit bidirektionalem Energiefluss, nicht zuletzt durch die Wettbewerbsfähigkeit der Gleichspannungstechnologien wie Photovoltaik (PV) und elektrische Batterien, die es nun ermöglichen, elektrische Energie kostengünstig dezentral zu erzeugen. Das bedeutet, dass auch von den untersten Netzebenen elektrische Energie bezogen und eingespeist werden kann. Verbraucher werden zu sogenannten Prosumern, die durch Überschuss- oder Volleinspeisung auch zu Energielieferanten auf dezentraler Ebene werden. Bei der dezentralen Energieversorgung erfolgt der Energietransport in entgegengesetzter Richtung (vgl. [2]) oder zumindest auf gleicher Netzebene.

Etwa zur gleichen Zeit als die ersten elektrischen Energiesysteme entstanden, kam auch die Idee auf, Fernwärme in größerem Umfang und kommerziell zu nutzen. Aber die elektrische und die thermische Energieversorgung für Haushalte, Gewerbe und Industrie wurde bis zu den letzten Jahrzehnten unabhängig voneinander betrachtet und getrennt voneinander geplant, was zu geringen Systemeffizienzen geführt hat. Es wurden Verbrauchsprognosen verwendet und auf deren Basis die Kraftwerke und Netze geplant. Mit der nun aufkommenden dezentralen Erzeugung und dem möglichen Lastmanagement ist die Planung der Bereitstellung der Energie komplexer geworden. Desweiteren ist es nun einfach möglich, kleinere Kraft-Wärme-Kopplungen (KWK) zu verwenden, welche Strom und Wärme lokal zur Verfügung stellen und somit die Systemeffizienz erhöhen. Die Planung muss nun mehrere Energieformen und Technologien berücksichtigen, also volatile Erzeugungsformen wie PV, Lastmanagement und Speichertechnologien sowie elektrische Speicher, KWK-Anlagen, Elektroautos usw. Dieser Planungsprozess geht weit über einfache Strompreiszuwachsprognosen hinaus.

4.2 Was sind zellulare Energiesysteme?

In einem zellularen Energiesystem wird die Balance zwischen Energieangebot und -nachfrage so weit als möglich bereits auf regionaler und lokaler Ebene hergestellt. Der zentrale Baustein dabei ist die Energiezelle. Sie kann Energie in Form von Wärme, Elektrizität, Wasserstoff oder Gas aufnehmen und/oder Elektrizität und Wärme selbst produzieren, um so den eigenen Energiebedarf zu decken. Energieüberschüsse können gespeichert oder anderen Zellen im Nahbereich oder einem Energieversorger zur Verfügung gestellt werden. Ein Energiezellenmanagement kann in Koordination mit Nachbarzellen den Ausgleich von Erzeugung und Verbrauch über alle vorhandenen Energieformen organisieren (vgl. [3]).

International wird auch oft der Begriff Mikrogrid (Microgrid) für eine Energiezelle verwendet (vgl. [4]). Das US Department of Energy definiert ein Mikrogrid als eine Gruppe von verbundenen Lasten und verteilten Erzeugungseinheiten, mit klaren elektrischen Grenzen, wodurch das Mikrogrid als eine steuerbare Einheit gegenüber dem elektrischen Energieversorger oder anderen Zellen auftreten kann. Das Mikrogrid kann sich auch vom Netz des Energieversorgers entkoppeln und autonom agieren (vgl. Abb. 4.1).

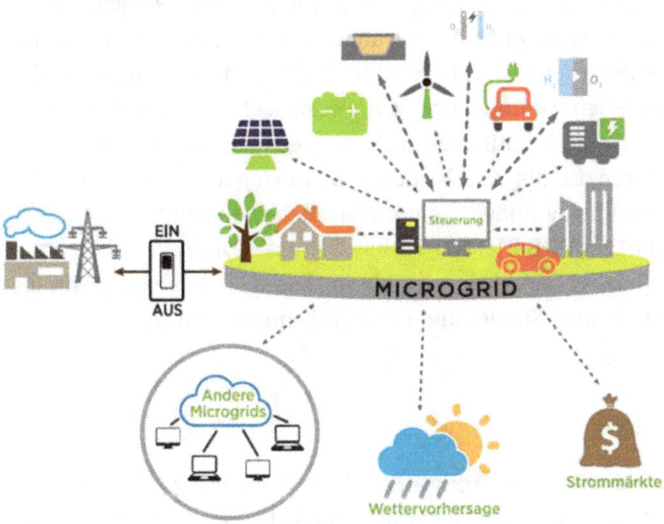

Abb. 4.1: Konzept einer Energiezelle, welche mit anderen Energiezellen verbunden sein kann.

Diese Definition mit Fokus auf den Stromsektor ist zu kurz gegriffen, da ein Mikrogrid sehr oft höhere Gesamtwirkungsgradeaufweisen kann, wenn die Wärme- und Stromseite gemeinsam betrachtet werden. Das heißt, wenn zum Beispiel eine KWK-Anlage berücksichtigt wird, kann die KWK-Anlage Strom und Abwärme liefern, die auch für Wärmeprozesse oder Kühlprozesse verwendet werden kann. Dies ergibt höhere Gesamtwirkungsgrade als wenn Strom und Wärme getrennt bereitgestellt werden (vgl. [5]). Das Forschungsfeld der Energiezellen ist im europäischen Raum noch ein junges Feld, und auch die Methoden zur optimalen Planung und Steuerung von Energiezellen werden derzeit noch beforscht, definiert, genormt und als erste Projekte implementiert (vgl. [6]).

4.3 Design und Betrieb

Unter optimalem Design einer Energiezelle wird die optimale Auslegung der Technologien wie PV oder KWK und deren optimale Betriebsplanung verstanden, welche die Kosten oder CO_2-Emissionen (oder andere Ziele) für die Zellbetreiber minimieren und dabei auch Dienstleistungen wie beispielsweise Stromverkauf an den übergeordneten Netzbetreiber oder andere Energiezellen zur Verfügung stellt.

Bei dieser optimalen Planung müssen auch technische Randbedingungen wie das verbindende Strom- oder Wärmenetz berücksichtigt werden. Oftmals sind die Laufzeiten von Planungsalgorithmen enorm (mehrere Stunden) und auch nicht manuell lösbar. Es bedarf also oftmals einer Datenreduktion, um schneller Ergebnisse zu liefern, die auch mit notwendigen Sensitivitätsanalysen, sich veränderte Energiepreise oder Technologiekosten verbunden werden können. Stadler et al. [7] untersuchen deshalb, wie sich verschiedenste Datenauflösungen bei Lastprofilen auf die Ergebnisse einer optimalen Planung auswirken. Auch die gewählte finanzielle Bewertungsmethode (z. B. amortisierte Kapitalkosten versus Barwertmethode) wird das optimale Design einer Energiezelle beeinflussen. So untersucht z. B. Pecenak et al. [8] wie sich die angenommene Projektlaufzeit auf die optimalen Technologien und Kostenersparnisse in einer Energiezelle auswirken. Es gibt verschiedenste Methoden und Ansätze, die derzeit in der Normung ihren Einzug finden. So normiert die Arbeitsgruppe 2 „Planung zellularer Energiesysteme" im VDE ETG ITG Fachausschuss V2.4 „Zellulare Energiesysteme" den Planungsprozess (vgl. [9]). Beispiele für bereits verfügbare Planungsmethoden und Verfahren können Stadler und Nasle [10] entnommen werden.

4.3.1 Betrieb

Das zellulare Energiesystem sollte ganzjährig eine sichere Energieversorgung gewährleisten. Dabei muss die Zelle den Ausgleich sowohl bei lokalen, regionalen und überregionalen Energieüberschüssen als auch bei Energieengpässen organisieren. Das heißt, um flexible Energie und Leistung verschieben zu können, bedarf es eines Zellmanagers und übergeordneten Clustermanagers, um mehrere Zellen zu koordinieren. Dieser Zellmanager und Clustermanager kann verschiedenste Methoden wie technische Regeln oder mathematische Verfahren verwenden. Ein mögliches mathematisches Verfahren ist Model Predictive Control (MPC), welches auch vorausschauend Wetterveränderungen, Laständerungen oder veränderte Marktbedingungen erkennen kann und dadurch auch früher und flexibler als eine starre Regel reagieren kann. In anderen Worten, eine vorausschauende Regelung erkennt dynamische Preisprognosen und wann eine elektrische Batterie geladen werden soll.[1] Der Zellmanager

1 Siehe auch das TFZ Mikrogrid Forschungslabor und Abb. 4.15.

muss mit den komplexen Anforderungen von vielleicht Hunderten zum Teil volatilen Erzeugern und bidirektionalen Energieflüssen zurechtkommen.

An den jeweiligen Netzknoten, z. B. Netzanschlusspunkten oder Transformatorstationen, können Zell- oder Clustermanager die physikalische Auslastung ihres Netzbereiches überwachen und Informationen über den lokalen Zustand miteinander austauschen und somit besser planen und einer physikalischen Überlastung entgegenwirken.

Die Aufgaben der Zell- und Clustermanager lassen sich dabei in fünf Kategorien unterteilen:

1. Informationen über Energiebedarf, Überschuss und Flexibilität bündeln sowie Prognosen erstellen. Prognosen können notwendig sein für PV-Erzeugung, Lasten und Marktpreise mit einer zeitlichen Auflösung von mindestens 5 Minuten für mehrere Tage in die Zukunft, um sich auf Veränderung vorbereiten zu können. Diese Informationen können auch zwischen den Zellmanagern ausgetauscht werden oder vom Clustermanager verwaltet werden.
2. Physikalische Auslastungen aufzeigen und Überlastungen entgegenwirken, sowohl im eigenen Zellbereich als auch unterstützend im überlagerten Netz.
3. Engpassmanagement durchführen und Netzüberlastungen entgegenwirken. Diese Aufgabe ist notwendig, um Netzstabilität zu erreichen. Diese Aufgabe wird weniger auf der Basis von ökonomischen Kriterien als auf technischen Parametern gewählt. Das heißt, der Zellmanager hat im Wesentlichen zwei Zeitauflösungen: Eine Auflösung im Minuten- und Tagesbereich, um ökonomische Ziele wie z. B. die Kostenreduktion zu erreichen und auch um Engpässe durch eine bessere Planung zu vermeiden. Die zweite Zeitauflösung ist im Millisekundenbereich angesiedelt, um die Stabilität des Systems durch Spannungs- und Leistungsregelung zu gewährleisten.
4. Notbetrieb bei Ausfall des vorgelagerten Netzes und/oder einem Kommunikationsausfall aufrechterhalten.
5. Wiederherstellung der Netzverbindung zwischen Zelle und dem übergeordneten Netz nach einem Netzausfall.

Für die nachgelagerten Netzteilnehmer und anderen Zellmanager stellt der übergeordnete Clustermanager alle notwendigen Informationen bereit, die für die interne Optimierung der Zelle notwendig sind.

Dieses Konzept folgt dem IEEE 2030.7 Standard für Mikrogrid Controller (vgl. [11]). Jede Zelle besitzt im Wesentlichen vier Blöcke. Block 1 besteht aus Hardware und Geräte wie dem Batteriewechselrichter, um die Echtzeitsteuerung der Spannung und der Leistung zu bewerkstelligen. Diese Echtzeitsteuerung ist mittlerweile Standard und verfügbar. Aber diese individuellen Geräte mit ihren elektrischen Steuerungseinrichtungen operieren isoliert voneinander und wissen nichts von den anderen Geräten in der Zelle, und somit bedarf es einer Koordinierung, welche Block 3 übernimmt und die als Software in Form einer Modell Prädiktiven Regelung ausgeführt werden kann.

Block 3 benötigt aber Block 2, um die notwendige Kommunikation mit den unterlagerten Technologien (Wechselrichter, Batterie etc.) herzustellen. Block 3 übernimmt nun die ökonomische Betriebsplanung der Zelle und verarbeitet auch Prognosen, um entsprechend auf Volatilität reagieren zu können. Block 3 kommuniziert über Block 4 mit dem Clustermanager, dem Energieversorger und den Energiemärkten.

Bei einem Kommunikationsausfall versuchen die Zell- und Clustermanager das Netz auf Basis der physikalischen Netzparameter Spannung und Frequenz zu stützen und zu stabilisieren (siehe auch Block 1 in Abb. 4.2). Kann das vorgelagerte Netz nicht aufrechterhalten werden und gefährdet den Ausfall der Zelle, so darf sich diese vom Netz trennen (vgl. [1]).

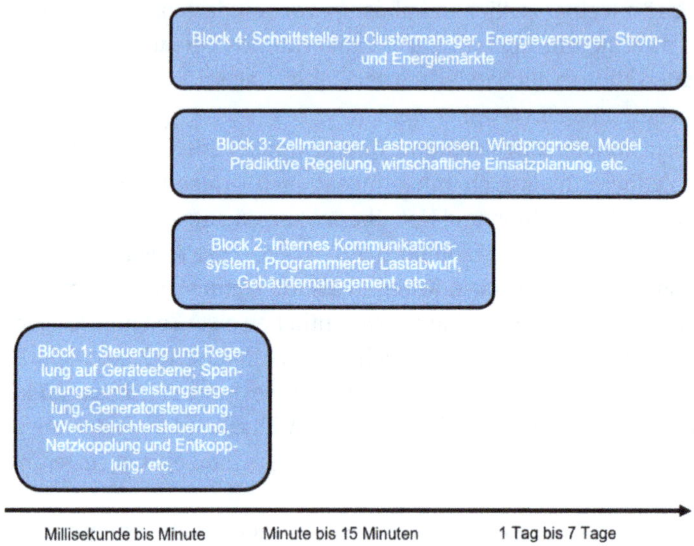

Abb. 4.2: Zellmanager Konzept auf Basis von IEEE 2030.7 Standard [11].

Es muss bereits in der Designphase der zukünftige Betrieb mit dem Zellmanager berücksichtigt werden, um etwaige Betriebseffekte zu bewerten und die Handlungsoptionen zu erhöhen. Das heißt, es darf keinen Systembruch zwischen der Planung, Berechnung/Simulation, Umsetzung und dem Betrieb geben. Dies impliziert, dass eine effektive Planung und ein effektives Design auch Aussagen über die möglichen Betriebsarten liefern sollte. In anderen Worten, die Designmethode sollte auch den optimalen Betriebspunkt in jedem Zeitschritt finden und optimal planen, da die Betriebskosten oder variablen Strompreise und Lastverlagerungspotentiale die Attraktivität einer Technologie mitbestimmen.

4.4 Grundlegende Planungsschritte für Energiezellen[2]

Die Planung und der Betrieb zellularer Energiesysteme ist eine komplexe Aufgabe, da eine Vielzahl von dezentralen Energietechnologien, verschiedenste Ziele und auch Entscheidungsträger berücksichtigt werden müssen. Dieser Abschnitt beschreibt die Planung einer Energiezelle, welche mit Energieversorgern oder anderen Zellen interagieren kann.

Abbildung 4.3 zeigt schematisch die vier notwendigen Planungsschritte:

- Konzept,
- techno-ökonomische Analyse,
- elektrotechnische Analyse und
- elektromagnetische Transientenanalyse.

Dieser Abschnitt beschäftigt sich mit der effektiven Investitions- und Betriebsplanung, speziell für die ersten beiden Planungsschritte „Konzept" und „Techno-ökonomische Analyse".

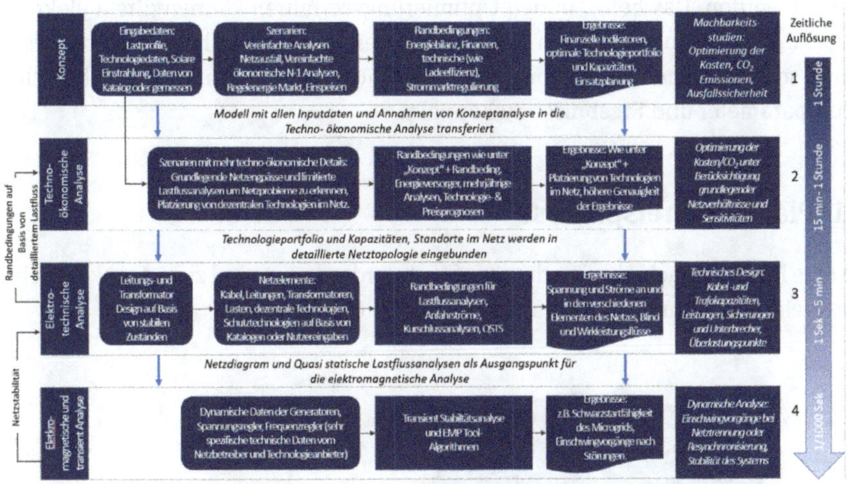

Abb. 4.3: Die vier Planungsschritte für eine Energiezelle. Quelle: [12] und XENDEE Corporation.

Das Ergebnis der Konzeptphase ist eine Machbarkeitsstudie, welche im Wesentlichen die Kostenersparnis, CO_2-Reduktion, Investitionskosten, notwendige Technologien und deren Betriebsführung abschätzt. Finanzielle Indikatoren und Go-/No-Go-Entscheidungen werden in dieser Phase getroffen.

---

2 Dieser Abschnitt ist weitgehend dem Impulsreferat [12] entnommen. Wir bedanken uns herzlich bei Dirr Patrick, Schmid Lutz Josef und Herrn Dr. Benz vom VDE für die Unterstützung.

Die techno-ökonomische Analyse baut auf der Konzeptphase und detaillierteren Daten auf, die auch schon Netzengpässe oder Transformatorleistungen berücksichtigen können. Weiterhin werden in dieser Planungsphase auch mehrjährige Analysen durchgeführt. Das heißt, der Detailierungsgrad von Eingabedaten muss in dieser Phase höher sein als in der Konzepthase, und es bedarf z. B. Annahmen über zukünftige Strompreiseentwicklungen oder Lastentwicklungen. Das Ergebnis der techno-ökonomischen Analyse ähnelt den Ergebnissen aus der Konzeptanalyse und liefert dieselben Indikatoren, aber mit höherer Genauigkeit und zeitlicher Auflösung.

Die letzten beiden Phasen beschäftigen sich mit der detaillierten Auslegung von Netzparametern und Strategien, um die Netzstabilität zu gewährleisten.

Idealerweise sollten alle diese Schritte in einem einheitlichen Planungskonzept integriert sein, um die Planungszeiten zu verkürzen und die Genauigkeit zu erhöhen, da es zwischen den Planungsschritten immer wieder zum Informationsaustausch kommt. Das heißt, Ergebnisse eines Schrittes können Eingabedaten für den nächsten Schritt sein. Je nach verwendetem Verfahren sind die Grenzen zwischen der techno-ökonomischen Analyse und der elektrotechnischen Analyse verschiebbar. Es gibt mittlerweile auch Ansätze, die diese beiden Schritte kombinieren. Mixed Integer Linearized Optimization (MILP) mit Einbindung von Lastflussanalysen kann hier verwendet werden. Das heißt, in den Optimierungsverfahren können direkt elektrotechnische Randbedingungen von Transformatoren und Kabeln berücksichtigt werden, und somit ist es möglich, ökomische Investitionsentscheidungen an technische Lastflussparameter und Ergebnisse zu koppeln.

4.4.1 Planungskreisprozess

Bevor eine Planung nach Abb. 4.4 durchgeführt werden kann, sind zwei Aspekte wichtig: die Zieldefinition und die Bestandsanalyse/Potentialanalyse.

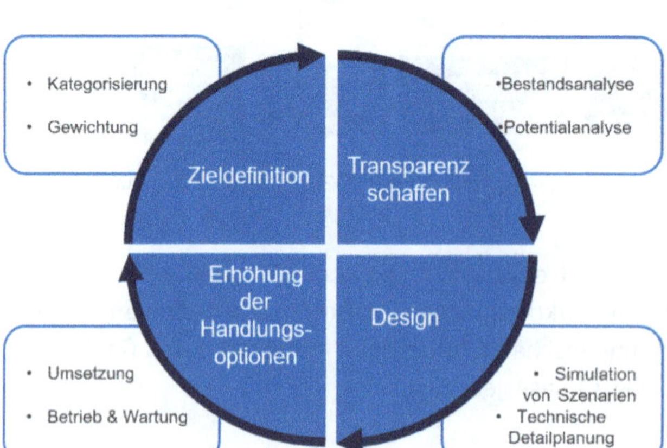

Abb. 4.4: Planungskreisprozess. Quelle: [12].

Der erste Schritt ist immer, die Ziele festzulegen, denn diese werden die notwendigen Technologien und Investitionen – in Kombination mit dem Istzustand und den Technologieparametern – bestimmen. Als Beispiele für Ziele können Kostenreduktion, CO_2-Reduktion, Versorgungssicherheit, Netzentlastung oder Erhöhung des Anteils von Erneuerbaren Energien angeführt werden. Einige dieser Ziele können in Konflikt zueinanderstehen oder sich unterstützen. Des Weiteren kann es mehrere Beteiligte in einer Energiezelle geben, die auch unterschiedliche Interessen vertreten. Beispiele für Beteiligte sind Endverbraucher, Kommunen, Kraftwerksbetreiber, Energieversorger, und Netzbetreiber, aber auch Verbände und Politik. Die Ziele können auch von existierenden finanziellen Fördermechanismen beeinflusst werden.

Das heißt, die Zieldiskussion, Definition und Gewichtung der Ziele ist unumgänglich, um eine Energiezelle erfolgreich zu planen.

Der nächste wichtige Schritt ist die Bestands- und Potentialanalyse für bereits existierende Technologien und Lasten. Einer der wichtigsten Punkte hier ist die korrekte Ermittlung der Lasten für mindestens ein volles Jahr. Um z. B. Lastverlagerungspotentiale oder den Einfluss von variablen Strompreisen auf den Betrieb und die Investitionsentscheidung bestimmen zu können, bedarf es Daten mit mindestens einer stündlichen Auflösung. Für die techno-ökonomische Analyse wird eine Datenauflösung von 15 Minuten benötigt, um z. B. auch Leistungspreise zu berücksichtigen, die auf einer 15-Minuten-Basis abgerechnet werden. Diese Daten müssen entweder gemessen, simuliert oder aus einer Datenbank entnommen werden. Ohne diesen Auflösungsgrad ist es nicht möglich, eine Energiezelle zuverlässig zu planen. Weitere Daten, die gesammelt und verarbeitet werden müssen sind Wetterdaten wie die solare Einstrahlung, Außentemperatur etc. oder Technologiekosten und Performance sowie deren Veränderungen mit der Zeit. Potenzialstudien, die die mögliche PV- oder Windausbeute bestimmen, sind auch in dieser Phase notwendig. Grundsätzliche Fragen wie verfügbare Dachflächen oder das Potenzial für Wärmepumpen betreffend müssen in dieser Phase beantwortet werden. Dazu bedarf es oftmals zusätzlicher Schritte wie einer Testbohrung. Auf Basis dieser Untersuchungen kann es bereits in dieser Phase möglich sein, bestimmte Technologien auszuschließen. Soll das unterlagerte elektrische Netz auch berücksichtigt werden, sind auch Kabellängen, Kabelkapazitäten oder Transformatorenleistungen notwendig. Um Zeit zu sparen, sollten idealerweise die meisten Technologiedaten oder auch Netz- und Stromtarife über Datenbanken in den Planungsprozess eingebunden werden.

Wie bereits ausgeführt, muss in der Designphase der zukünftige Betrieb mit dem Zellmanager berücksichtigt werden, um etwaige Betriebseffekte zu bewerten und die Handlungsoptionen zu erhöhen. Das heißt, die verwendete Planungsmethode sollte zumindest die amortisierten Investitionskosten und Betriebs- und Wartungskosten abbilden und dabei automatisch den optimalen Betrieb finden. Technologien, die dies erlauben, sind MILP-Verfahren, die in Abschnitt 4.5 näher betrachtet werden.

Um den Planungskreis zu schließen, sollten die Betriebsergebnisse mit den ursprünglichen Planungsergebnissen und Zielen verglichen und bewertet werden, da dies die Verbesserung des Planungsprozesses erlaubt. Beim Betrieb des Systems ist darauf zu achten, dass die Kontrolleinheit denselben Regeln oder Strategien aus der Betriebsplanung folgt. Es ist darauf zu achten, dass es zu keiner Entkopplung zwischen Planung und Betrieb kommt, um die Planungsziele und Parameter zu garantieren.

4.4.2 Integrierte Investitions- und Betriebsplanung

Um eine Energiezelle konzeptionell oder techno-ökonomisch auszulegen, muss grundsätzlich immer eine sogenannte Energiebilanz aufgestellt werden: Die Erzeugung und der Verbrauch müssen in jedem Zeitschritt ausgeglichen sein. Dafür gibt es verschiedene Möglichkeiten wie Strombezug, Eigenerzeugung durch dezentrale Technologien, und Lastverlagerung oder -reduktion. Ziel ist es nun, die besten dezentralen Technologien (z. B. Batterie) und deren Output für jeden Zeitschritt zu finden, die die Maximierung der Zielfunktion garantieren, beispielsweise das Kriterium der Kostenreduktion. Je kleiner die Zeitschritte, umso genauer wird die Auslegung. Zeitschritte auf einer Jahres-, Quartals- oder Tagesbasis sind unzureichend, da diese keine Lastverlagerungspotentiale oder Variationen im Erzeugungsprofil abbilden können. Je kleiner die Zeitschritte, umso höher ist die Komplexität und Rechenzeit der Optimierungsmodelle. Auf Basis von Erfahrungswerten sind Zeitschritte von einer Stunde oder 15 Minuten ein Kompromiss. Die Energiebilanz muss zumindest für ein Jahr betrachtet werden, um auch saisonale Effekte berücksichtigen zu können. In der techno-ökonomischen Analyse, wo mehrjährige Analysen durchgeführt werden, wird die Energiebilanz für mehrere Jahre aufgestellt und betrachtet. Dies erlaubt, in Kombination mit veränderten Annahmen für technische Parameter und Kosten zeitliche Veränderungen in den Energiekosten abzubilden. Eine vereinfachte Energiebilanz ist in Abb. 4.5 dargestellt. Die Ziele werden nun in ein mathematisches Modell umgewandelt und ergeben die Zielfunktion, die in Kombination mit der Energiebilanz und den Randbedingungen die optimalen Technologien und deren Einsatz bestimmen können.

Abbildung 4.5 zeigt eine vereinfachte Zielfunktion für die Kostenminimierung des Endkunden. Die Zelle hat mehrere Möglichkeiten, den Energiebedarf zu decken, den Energiekauf vom Energieversorgungsunternehmen (EVU, Variable Energiekauf$_t$[3] in Abb. 4.5) und die Investition in eine oder mehrere Technologien (amortisierte Technologiekosten in Abb. 4.5) sowie deren optimalen Betrieb (Variable Betrieb-/Wartungskosten$_t$) zu planen. Der Kauf von Energie und der Betrieb von fossilen Technologien führt auch zu CO_2-Emissionen und -Kosten (Variable CO_2-Kosten$_t$). Sollte es

3 Index t zeigt an, dass die Variable für jeden einzelnen Zeitschritt berechnet und evaluiert wird. Das heißt, wird ein volles Jahr auf Basis von Stunden betrachtet, liegen 8760 verschiedene Ergebnisse/Bewertungen vor.

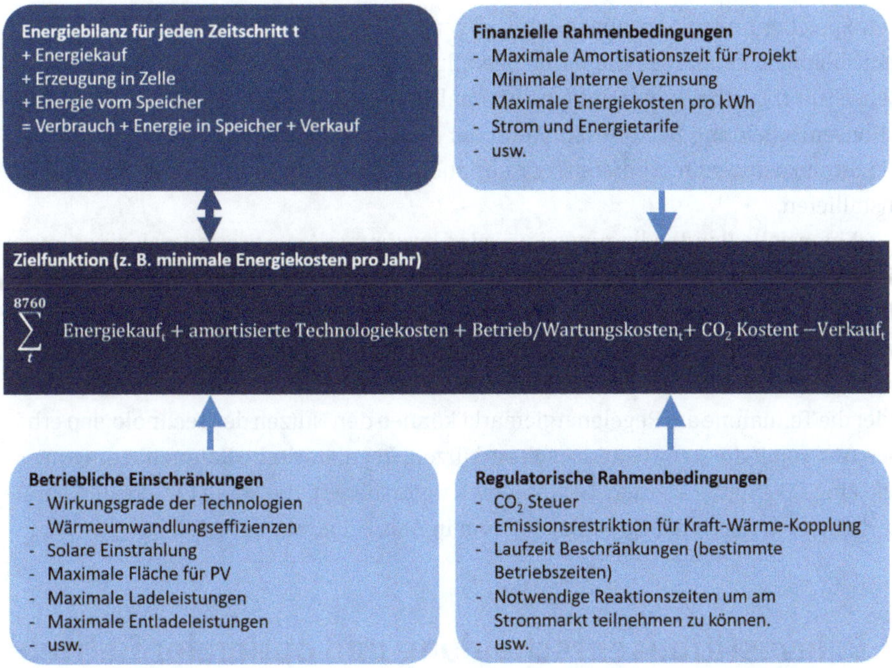

Abb. 4.5: Typische Randbedingungen, Zielfunktion und Energiebilanz für eine integrierte Investitions- und Betriebsplanung.

attraktiv sein, Strom an den Markt oder das EVU zu verkaufen, ergeben sich daraus Einnahmenquellen für die Zelle und werden auch berücksichtigt (Variable Verkauf$_t$ in Abb. 4.5). Das Zusammenwirken von Energiebilanz und Zielfunktion ist nun ausschlaggebend. Ein Algorithmus, d. h. ein computergestütztes mathematisches Verfahren, gleicht in jedem Zeitschritt t die Erzeugung mit dem Verbrauch bilanziell aus (Energiebilanz) und folgt dabei der Zielfunktion (z. B. minimierte Kosten für das Jahr). Das mathematische Lösungsverfahren „testet“ alle möglichen Kombinationen und Größen der Technologien, des Stromzukaufes, des Stromverkaufes und die verschiedensten Betriebspunkte in jedem Zeitschritt t, um das Ziel zu erfüllen. Die Summe in Abb. 4.5 deutet dabei an, dass das gesamte Jahr betrachtet wird. Dadurch ergeben sich unzählige Kombinationen. Simulationsverfahren, bei denen der Anwender oder Ingenieur die Kombination vorgibt, werden nicht zum Ziel führen, da es schlichtweg zu viele Kombinationen gibt, und es wird eine suboptimale Lösung generiert.

Als Beispiel sei ein elektrischer Speicher erwähnt, der in Kombination mit einer PV-Anlage die Stromkosten minimieren soll. Das Planungstool muss die möglichen amortisierten Kapitalkosten der einzelnen Technologien dem Nutzen eines reduzierten Strombezugs vom Energieversorger in jedem Zeitschritt t gegenüberstellen. Weil aber die Strompreise, die PV-Produktion und die Last sich in jedem Zeitschritt ändern können, muss das Planungstool in jedem Zeitschritt den optimalen Betriebspunkt für den Speicher finden, der aber auch von vergangenen und zukünftigen Veränderungen abhängen kann. Dies wiederum beeinflusst den Stromkauf oder -verkauf in jedem Zeitschritt t. Das heißt, es wird eine optimale Betriebsstrategie geplant, die die Investitionsentscheidung beeinflusst. Wenn der elektrische Speicher nicht im Stande ist, die Stromkosten zu minimieren, wird es auch keinen Sinn machen, den Speicher zu installieren.

Finanzielle Randbedingungen wie eine bestimmte Amortisationszeit einer Investition oder ein Mindestanteil Erneuerbarer Energien für die Wärmeerzeugung werden die Ergebnisse beeinflussen. Technologien mit hohen Investitions- und Betriebskosten werden naturgemäß eine längere Amortisationszeit generieren. Aber die Berücksichtigung von mehreren Anwendungsstrategien wie Stromverkauf, Lastmanagement oder die Teilnahme am Regelenergiemarkt können den Nutzen der Technologien erhöhen und somit die Amortisationszeit verkürzen. Regulatorische Rahmenbedingungen wie eine CO_2-Steuer werden Technologien unterstützen, die keine CO_2-Kosten verursachen, da dadurch der CO_2-Kosten$_t$-Term in Abb. 4.5 minimiert wird.

4.5 Investitionsentscheidung und optimaler Betrieb – mathematische Optimierung

Wie bereits im vorhergehenden Abschnitt erwähnt, spielt auch die optimale Betriebsplanung eine entscheidende Rolle bei der Systemauslegung und Investitionsentscheidung. Abbildungen 4.6 und 4.7 zeigen dies in einer grafischen Form in Abhängigkeit zwei gewählter Betriebsstrategien für eine elektrische Batterie in einer Energiezelle.

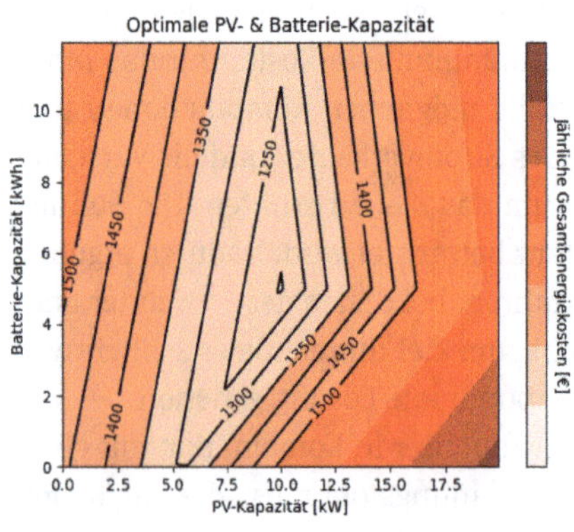

Abb. 4.6: Die berechneten jährlichen Gesamtenergiekosten in Abhängigkeit von der gewählten PV- und Batteriegröße und der gewählten Betriebsstrategie für die Batterie.

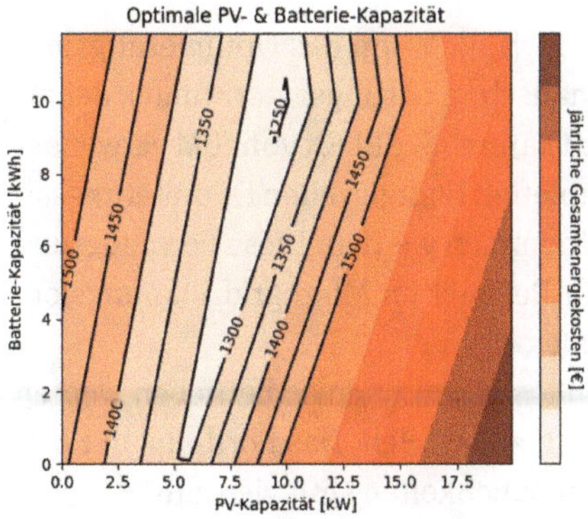

Abb. 4.7: Die berechneten jährlichen Gesamtenergiekosten in Abhängigkeit von der gewählten PV- und Batteriegröße und einem veränderten Lade-/Entladezyklus der Batterie.

Abbildung 4.6 zeigt für unser hypothetisches Beispiel, dass die berechneten, jährlichen Energiekosten, die Summe aus amortisierten Kapital- und Betriebskosten,[4] bei einer gewählten PV-Größe von ca. 10 kW und einer Batteriegröße von ca. 5 kWh am geringsten sind und somit den kostenoptimalsten Fall darstellen (kleines helles Dreieck in der Mitte von Abb. 4.6).

Da das Ergebnis jedoch auf einem angenommenen Lade-/Entladezyklus der Batterie basiert, ist die Frage nicht eindeutig geklärt ob auf Basis des Stromlastprofiles oder der PV-Produktion der gewählte Lade- und Entladezyklus optimal ist. Wir nehmen deshalb einen anderen Lade-/Entladezyklus an und berechnen wieder die gesamten Energiekosten. Wie dieser Lade-/Entladezyklus im Detail aussieht, ist für dieses Beispiel nicht relevant, und er könnte auch zufällig gewählt werden.

Der veränderte Lade-/Entladezyklus, beziehungsweise Betriebsplan, liefert hier höhere Energie-/Betriebskosten. Nun liegt die optimale Investitionsentscheidung bei ca. 9 kW PV und 10 kWh für die Batterie. Es zeigt sich, dass zwei verschiedene Batterieeinsatzpläne zu unterschiedlichen Ergebnissen auf der Investitionsseite führen und somit bereits bei der Auslegung der Energiezelle der optimale Betrieb mitberücksichtigt werden muss.

Bei komplexen Problemen mit einer Vielzahl von möglichen Technologiemöglichkeiten und sich veränderten Strompreisen kann dieser optimale Betrieb nicht händisch oder manuell ermittelt werden und es bedarf mathematischer computergestützter Methoden, wie MILP.[5] Diese Algorithmen können z. B. mit dem General Algebraic

---

4 Wie bereits erwähnt gibt es mehre finanzielle Indikatoren, die für die Beurteilung der Wirtschaftlichkeit eines Projektes herangezogen werden können.

5 Der Name MILP bezieht sich auf die Klasse des Optimierungsproblems und besteht aus linearen Kombinationen von Randbedingungen und Funktionen, die auch ganzzahlige Werte annehmen können. Grundsätzlich könnte das Optimierungsproblem auch als nichtlineares Problem formuliert werden, aber das führt zu Problemen bei der Lösungsfindung. Deshalb werden nichtlineare Effekte oft durch Linearisierung des Problems angenähert.

Modelling System (GAMS) formuliert werden (vgl. [13]). Wenn das Optimierungsproblem formuliert ist, braucht man einen mathematischen Lösungsalgorithmus, der als Solver bezeichnet wird, um dies zu lösen. Hierzu kann z. B. CPLEX von IBM verwendet werden (vgl. [14]). Eine frühe Version eines kompletten Energiezellen Optimierungsalgorithmus kann dem Anhang von (vgl. [15]) entnommen werden. Diese Formulierung mit zahlreichen Erweiterungen findet sich zum Beispiel im Mikrogrid Planungstool von XENDEE [16] oder OptEnGrid (vgl. [17]) wieder.

Die zentrale Frage ist, welche Technologien installiert und wie betrieben werden sollen, um die gewählte Zielfunktion bestmöglich zu erfüllen. Das Portfolio an Energietechnologien ist groß und die Kombinationsmöglichkeiten sind vielseitig.

Abbildung 4.8 zeigt die Vielzahl von Technologien, die in einer oder mehreren Energiezellen eingesetzt werden können. Für unsere Diskussion ist es nicht wichtig, ob wir ein Gebäude oder eine ganze Kommune optimieren wollen. Grundsätzlich müssen wir den Energiebedarf decken, dargestellt durch die sechs Lasten auf der rechten Seite von Abb. 4.8. Die Energiezelle kann mit anderen Zellen, dem Strommarkt oder EVU interagieren und Energie kaufen oder verkaufen (dargestellt durch die Boxen auf der linken Seite des Diagramms). Nun gilt es aus der Vielzahl von Technologien die beste Kombination von Technologien zu identifizieren, die eine optimale Zielerreichung sicherstellen. Wichtig ist nun, dass sich die verschiedenen Flüsse, dargestellt in verschiedenen Farben, in jedem Zeitschritt verändern. Höhere Strompreise werden dazu führen, dass die Eigenerzeugung begünstigt wird und weniger zugekauft werden sollte. Das heißt, das in Abb. 4.8 dargestellte System ist äußerst dynamisch, und der optimale Betrieb muss, wie bereits erwähnt, bereits bei der Planung berücksichtigt werden.

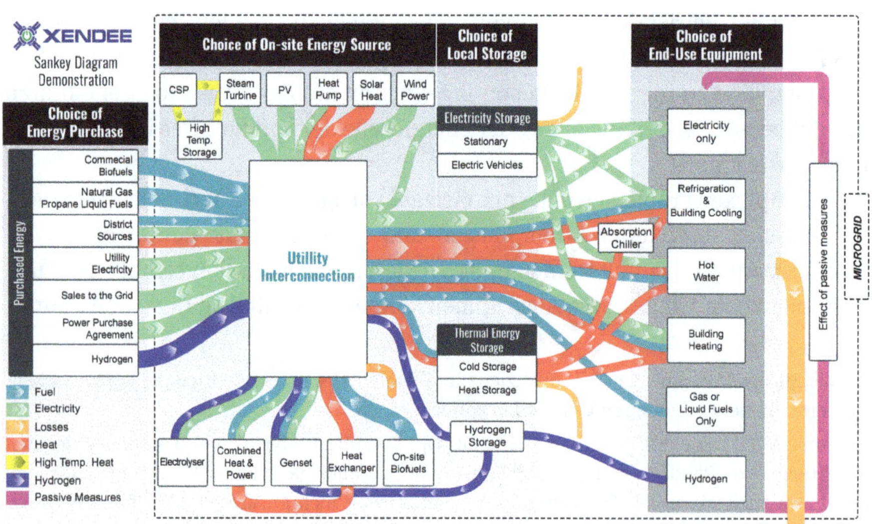

Abb. 4.8: Energieflussdiagram für eine Energiezelle. Quelle: XENDEE Corporation.

Mit Hilfe eines einfachen Beispiels werden wir in dem nachfolgenden Abschnitt die Prinzipien einer Optimierung diskutieren, die sowohl die Investitionskosten als auch die Betriebskosten plant.

4.5.1 Einfaches Beispiel

Das Ziel dieses Abschnitts ist es, mathematische Methoden bei der Planung von Energiezellen grundsätzlich zu verstehen.

4.5.1.1 Übersicht und wichtige Annahmen

Welche PV-Kapazität und Batteriegröße sind optimal, um die Kosten für den Haushalt zu senken? Wann muss die Batterie beladen und entladen werden, und wann soll Strom gekauft werden, um einen optimalen Betrieb zu gewährleisten?

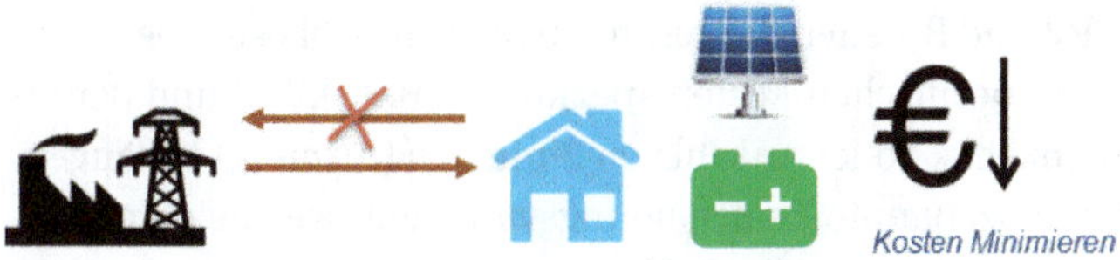

Abb. 4.9: Das zu optimierende System.

Mithilfe von Iterationsverfahren werden die optimale Größe und der optimale Betrieb simultan bestimmt. Die Technologieoptionen für unser Beispiel sind PV, Batterie (B) und EVU. Stromverkauf an das EVU ist nicht gewünscht oder möglich, um das Problem anschaulich und einfach zu halten (siehe Abb. 4.9). Das heißt, der überschüssige PV-Strom muss verworfen werden[6] wenn keine Speicherkapazitäten mehr in der Batterie verfügbar sind oder die Energie nicht lokal verwendet werden kann.

Als Zielfunktion für die Optimierung wird eine Kostenminimierung, gewählt, d. h. eine Minimierung der Investitions- und der Strombezugskosten.

Im Regelfall müssen alle 8760 Stunden eines Jahres betrachtet werden, um den Einfluss der Produktions- und Lastprofile zu bewerten. Da diese umfassende Betrachtungsweise aber in diesem Fall den exemplarischen Rahmen sprengen würde, werden für die Dauer eines Tages einfach 5 Stunden (1 h bis 5 h) angenommen und die Ergebnisse mit 365 Tagen multipliziert, um ein Ergebnis auf Jahresbasis zu erhalten.

Die vereinfachte Zielfunktion kann durch folgende Gleichung dargestellt werden:

$$\text{Kost} = \text{AF}_{\text{PV}} \cdot \text{Inv}_{\text{PV}} + \text{AF}_{\text{B}} \cdot \text{Inv}_{\text{B}} + \text{Kauf}_{\text{EVU}} \tag{4.1}$$

6 In der Praxis kann dies der Wechselrichter bewerkstelligen.

Kost: gesamte Kosten pro Jahr die minimiert werden sollen
AF: Annuitätenfaktor der jeweiligen Technologie (PV, B)

Der AF legt die Investitionskosten der Technologien auf jährliche Zahlungen um. Die anfallenden Investitionskosten werden mit der Zinsrate r auf die Lebensdauer L der Technologie umgerechnet. Somit ergeben sich konstante Kreditraten, um die Investition abzubezahlen.

$$AF = \frac{(1+r)^L \cdot r}{(1+r)^L - 1} \tag{4.2}$$

L: Lebensdauer
R: Zinsrate

$$Inv_{PV} = spezKost_{PV} \cdot Anzahl_{PV} \tag{4.3}$$

$$Inv_B = spezKost_B \cdot Anzahl_B \tag{4.4}$$

Die Parameter Inv für PV und B stellen die gesamten Investitionskosten per Technologie dar, welche von den spezifischen Kosten spezKost (z. B. €/kWh) und der installierten Anlagengröße ($Anzahl_{PV}$) oder Anzahl von Einheiten ($Anzahl_B$) abhängen. $Anzahl_{PV}$ und $Anzahl_B$ sind sogenannte Entscheidungsvariablen, welche dem Optimierungsverfahren bestimmt werden, um die Zielfunktion zu minimieren.

Eine weitere Entscheidungsvariable ist der Zukauf vom EVU ($Kauf_{EVU,h}$) in jeder Stunde.

$$Kauf_{EVU} = \sum_{h=1}^{5} Kauf_{EVU_h} \tag{4.5}$$

h: Stundenindex (1...5)

$Kauf_{EVU}$ sind die gesamten Strombezugskosten für einen Tag. Sie müssen deshalb durch die Summe der Bezugskosten in jeder Stunde ermittelt werden.

Das Finden von $Anzahl_{PV}$, $Anzahl_B$ und $Kauf_{EVU,h}$ ist nun das zentrale Ziel.

Für das betrachtete Beispiel werden folgende vereinfachte Eingabeparameter berücksichtigt:

- $spezKost_{PV}$: 1.000 EUR/kW
- $spezKost_B$: 100 EUR/kWh
- Stromverbrauch des zu optimierenden Systems:
  - Stunde 1 (St1): 3 kWh
  - Stunde 2 (St2): 6 kWh
  - Stunde 3 (St3): 4 kWh
  - Stunde 4 (St4): 2 kWh
  - Stunde 5 (St5): 5 kWh

Diese stündlichen Lastwerte resultieren in einem Tagesverbrauch von 20 kWh und einem Jahresenergieverbrauch von 7300 kWh.
- Strompreis: 0.2 EUR/kWh
- PV-Performance bezogen auf eine 1 kW (siehe Abb. 4.10):
  - St1: 0
  - St2: 0.3
  - St3: 0.7
  - St4: 0.4
  - St5: 0

  Die Verwendung von 1 kW normierten PV-Performance Werten erlaubt die Skalierung der PV Kapazitäten auf die optimale Größe, die es zu finden gilt.
- r: 0.05
- L:
  - PV: 25 Jahre
  - B: 15 Jahre
- AF:
  - $AF_{PV} = 0.071$
  - $AF_B = 0.096$
- $spezKost_{PV} \cdot AF_{PV} = €71/kW$
- $spezKost_B \cdot AF_B = €9.6/kWh$.

Die typische Vorgehensweise bei der techno-ökonomischen Optimierung einer Energiezelle ist, dass zunächst ein Referenzfall für den Ist-Zustand für die vorliegende Systemkonfiguration bestimmt wird, wobei keine oder die existierenden Technologien in Betracht gezogen werden. Anschließend wird der optimale Fall ermittelt, der sich auf den entsprechenden Referenzfall bezieht und die optimalen Technologiegrößen inklusive dem Betriebsplan liefert (siehe Abb. 4.11).

Für beide Fälle werden die gesamten jährlichen Energiekosten durch eine Kostenoptimierung berechnet. Die Energiekosten umfassen dabei die Investitionskosten für die PV- und Batterie-Technologien sowie den Strombezug vom EVU.

4.5.1.2 Referenzfall

Im Referenzfall werden keine Technologien berücksichtigt, d. h. der gesamte Strombedarf wird über des EVU gedeckt. Dies stellt den Ist-Zustand dar.

Tab. 4.1: Referenzfall ohne dezentrale Technologien, gesamte Energie vom EVU.

Referenzfall	St1	St2	St3	St4	St5	Tagessumme	Jahressumme
Last [kWh]	3	6	4	2	5	20	7300
Strompreis [€/kWh]	0.2	0.2	0.2	0.2	0.2	/	/
EVU Kosten [€]	0.6	1.2	0.8	0.4	1	4	1460

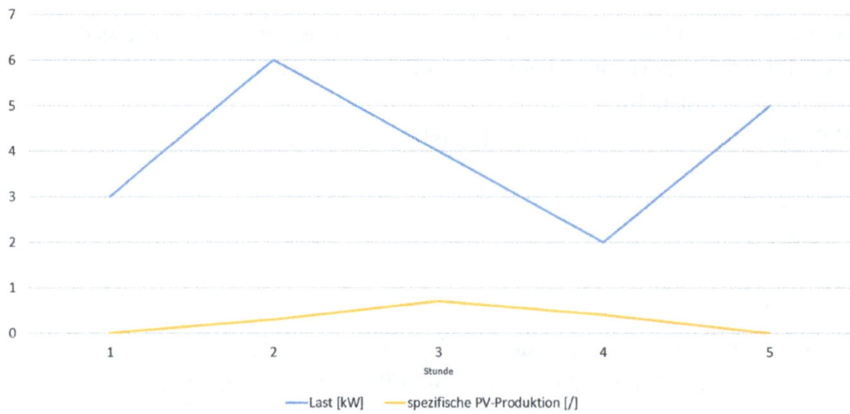

Abb. 4.10: Last und spezifische PV-Produktion für unser Beispiel.

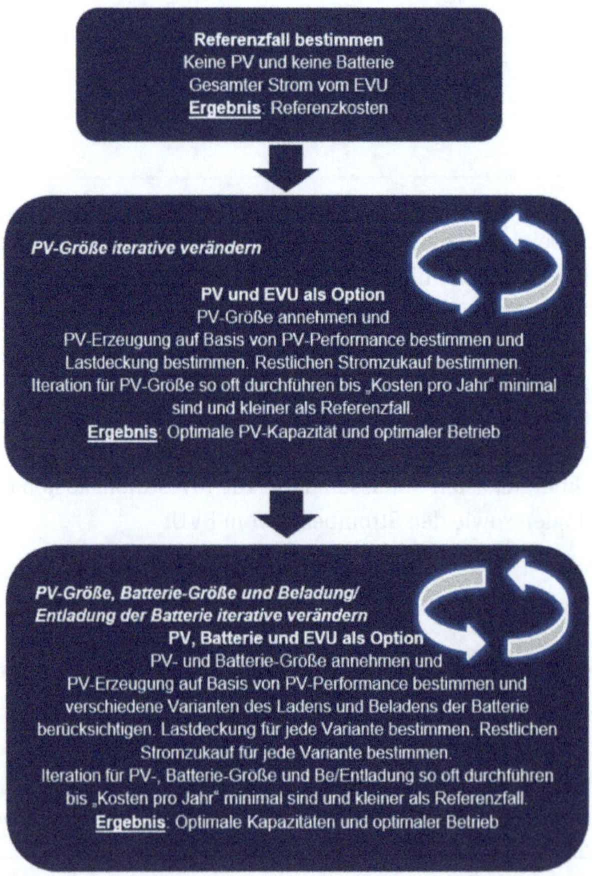

Abb. 4.11: Iterationsverfahren für optimale Investitionsentscheidung und Betrieb.

4.5.1.3 PV und EVU als Option

Es wird eine PV-Anlage und der Stromzukauf vom EVU berücksichtigt. Für diesen Fall wird anschließend die Kostenersparnis relativ zum Referenzfall bei verschiedenen PV-Kapazitäten ermittelt. Um das Iterationsverfahren innerhalb der Optimierung anschaulich zu illustrieren, werden verschiedenste PV-Größen angenommen und die PV-Produktion für die gewählte PV-Größe beziehungsweise der Stromzukauf bestimmt. Anschließend werden die gesamten Energiekosten berechnet, indem die entsprechenden Investitionskosten und die Kosten für den Energiezukauf addiert werden (vgl. Gleichung (4.1)).

In Abb. 4.12. sind die jährlichen Gesamtkosten in Abhängigkeit von der gewählten PV-Größe abgebildet. Es ist zu erkennen, dass die jährlichen Kosten bei einer ge-

Tab. 4.2: Gesamte jährliche Energiekosten bei einer angenommenen PV-Größe von 10 kW. Stromverkauf an den Energieversorger ist in diesem Beispiel nicht erlaubt, und deshalb kann nicht immer das gesamte PV-Potential genutzt werden.

10 kW PV angenommen	St1	St2	St3	St4	St5	Tagessumme	Jahressumme
Last [kWh]	3	6	4	2	5	20	7300
PV-Potential [/]	0	0.3	0.7	0.4	0	1.4	511
PV-Produktion [kWh]	0	3	7	4	0	14	5110
PV-Genutzt [kWh]	0	3	4	2	0	9	3285
EVU-Zukauf [kWh]	3	3	0	0	5	11	4015
Strompreis [€/kWh]	0.2	0.2	0.2	0.2	0.2	/	/
EVU-Zukauf Kosten [€]	0.6	0.6	0	0	1	2.2	803
Amortisierte Kapitalkosten [€/Jahr]							710
Gesamt [€/Jahr]							1513

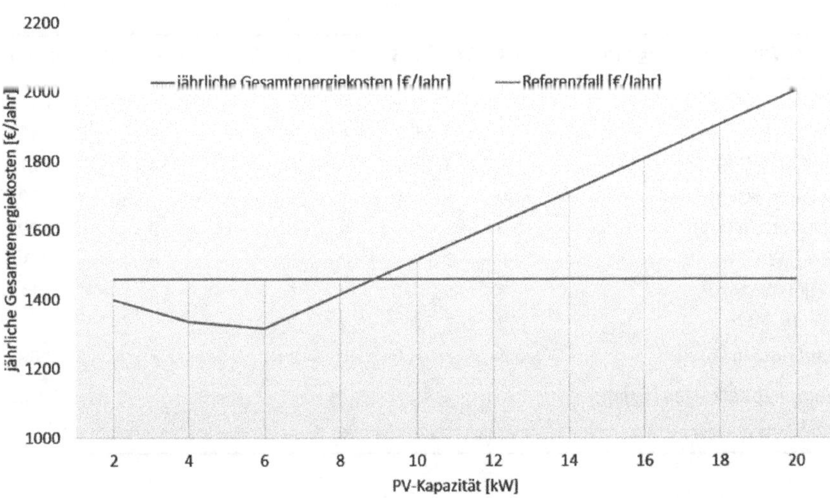

Abb. 4.12: Jährliche Gesamtkosten für den Referenzfall und berechnete Kosten in Abhängigkeit von der gewählten PV-Größe.

wählten PV-Größe von bis zu ca. 9 kW unterhalb der Referenzkosten liegen und die optimale PV-Größe bei ca. 6 kW liegt.

Die Optimierungsschritte werden zudem komplexer, wenn noch zusätzliche Unsicherheiten und Volatilitäten in den Lasten und Umweltbedingungen berücksichtigt werden. Die aufgezeigten Iterationsschritte sollten außerdem für alle zukünftigen Jahre innerhalb der Technologielebensdauer durchgeführt werden, um so veränderte Randbedingungen wie Lasten, Stromtarife und Alterung der PV zu berücksichtigen.

4.5.1.4 PV, elektrische Batterie und EVU als Option

Es wird eine PV-Anlage, eine Batterie und der Stromzukauf vom Energieversorger berücksichtigt.

Es werden erneut verschiedenste PV-Größen beziehungsweise Batteriegrößen angenommen und die PV-Produktion für die gewählte PV-Größe und der Stromzukauf bestimmt. Durch die zusätzliche Betrachtung einer elektrischen Batterie sind zusätzliche Entscheidungsvariablen zu berücksichtigen – der Lade-/Entladevorgang der Batterie.

Der angenommene Betrieb der elektrischen Batterie (siehe Speicher laden und entladen) in Tabelle 4.3 führt zu weniger PV-Nutzung als in Tabelle 4.2 und somit zu höheren jährlichen Kosten als im Referenzfall von Tabelle 4.1.

Tab. 4.3: Gesamte jährliche Energiekosten bei einer PV-Anlage von 10 kW und einer elektrischen Batterie von 3 kWh. Zufällige Betriebsstrategie. Stromverkauf an den Energieversorger ist nicht erlaubt.

10 kW PV/3 kWh Batterie angenommen	St1	St2	St3	St4	St5	Tagessumme	Jahressumme
Last [kWh]	3	6	4	2	5	20	7300
PV-Potential [/]	0	0.3	0.7	0.4	0	1.4	511
PV-Produktion [kWh]	0	3	7	4	0	14	5110
Speicher laden [kWh]	0	3	0	0	0	3	1095
Speicher entladen [kWh]	0	0	3	0	0	3	1095
PV genutzt [kWh]	0	3	1	2	0	6	2190
EVU-Zukauf [kWh]	3	6	0	0	5	14	5110
Strompreis [€/kWh]	0.2	0.2	0.2	0.2	0.2	/	/
EVU-Zukauf Kosten [€]	0.6	1.2	0	0	1	2.8	1022
Amortisierte Kapitalkosten [€/Jahr]							738.8
Gesamt [€/Jahr]							1760.8

Der angenommene Betrieb der elektrischen Batterie in Tabelle 4.4 (siehe Speicher laden und entladen) führt zu einer optimalen Auslastung der PV-Anlage und geringeren Kosten als im Referenzfall. Die in Tabelle 4.4 dargestellte Betriebsstrategie ist im Wesentlichen mit Überschussladen gleichzustellen. Das heißt, überschüssiger PV-Strom wird in der elektrischen Batterie gespeichert und bei geringerer PV-Produktion verwendet. Mit mehreren Schritten kann gezeigt werden, dass die optimale Auslegung bei ca. 10 kW PV und 5 kWh elektrischer Batterie liegt (siehe auch Abb. 4.6). Dies resultiert in Jahresenergiekosten von ca. €1200.

Tab. 4.4: Gesamte jährliche Energiekosten bei einer PV-Größe von 10 kW und einer elektrischen Batterie von 3 kWh. Überschussladen der Batterie. Stromverkauf an den Energieversorger ist nicht erlaubt.

10 kW PV/3 kWh Batterie angenommen	**St1**	**St2**	**St3**	**St4**	**St5**	**Tagessumme**	**Jahressumme**
Last [kWh]	3	6	4	2	5	20	7300
PV-Potential [/]	0	0.3	0.7	0.4	0	1.4	511
PV-Produktion [kWh]	0	3	7	4	0	14	5110
Speicher laden [kWh]	0	0	3	0	0	3	1095
Speicher entladen [kWh]	0	0	0	0	3	3	1095
PV genutzt [kWh]	0	3	7	2	0	12	4380
EVU-Zukauf [kWh]	3	3	0	0	2	8	2920
Strompreis [€/kWh]	0.2	0.2	0.2	0.2	0.2	/	/
EVU-Zukauf Kosten [€]	0.6	0.6	0	0	0.4	1.6	584
Amortisierte Kapitalkosten [€/Jahr]							738.8
Gesamt [€/Jahr]							1322.8

Diese einfache Regel Überschussspeichern funktioniert aber nicht bei zeitvariablen Strompreisen oder bei Marktpreisen oder anderen veränderten Randbedingungen, da nun die verschiedenen Zeitschritte verschiedene Gewichtungen bekommen. Das heißt, es bedarf nun einer Kostenfunktion, die für jeden Zeitschritt die optimale Ladung und Entladung findet. Unser einfaches Beispiel umfasst aber nur fünf Zeitschritte (Stunden) und zwei alternative Technologien mit konstanten Strompreisen. Wollen wir hier ein ganzes Jahr mit variablen Strompreisen, anderen sich verändernden Annahmen oder mehrere Technologien optimieren, führt kein Weg an automatisierten Methoden vorbei.

Diese Methode kann nicht nur für die Planung, sondern auch für den Echtzeitbetrieb der Zelle verwendet werden. Anstelle von historischen Daten in der Planung werden nun Prognosen für die nächsten Tage verwendet, und mit Model Predictive Control wird der optimale Betrieb der Technologien durch den Zellmanager gesteuert. Siehe auch [18].

4.6 Praxisbeispiele für die erfolgreiche Umsetzung von Energiezellen

Im nachfolgenden Abschnitt werden zwei zellulare Systeme vorgestellt, welche der beschriebenen Methode der Planung teilweise oder vollständig folgen. Das zweite Beispiel zeigt, dass der Planungsprozess aus vielen Einzelschritten bestehen kann und viele aneinander gereihte Optimierungsschritte notwendig sein können.

4.6.1 Mikrogrid Forschungslabor am Technologie- und Forschungszentrum Wieselburg-Land in Österreich

Am Technologie- und Forschungszentrum (TFZ) in Wieselburg-Land in Österreich wurde eine Energiezelle für kommunale Energiekonzepte in einem realen Umfeld geplant, errichtet, evaluiert und auf wissenschaftlicher Ebene weiterentwickelt. Es wurden MILP-Methoden für die Planung der Zelle als auch die Model Predictive Control des Zellmanagers am Standort implementiert und getestet. Dies betrifft explizit auch sektorenübergreifende Energienetze wie Wärme. Es wurde ein optimales Energieplanungskonzeptentwickelt. Die innovativen Planungskonzepte zeigen eine jährliche Kosteneinsparung von –12 % (inklusive amortisierter Investitionskosten) und eine jährliche CO_2-Emissionenminderung von –18 % im Vergleich zum Referenzfall mit Stromzukauf vom EVU und Biomassekessel und thermischen Systemen (vgl. [19]).

Der schematische Aufbau der Energiezelle ist in Abb. 4.13 dargestellt. Die Infrastruktur besteht aus einer PV-Anlage, einem Stromspeicher, Ladestationen für Elektrofahrzeuge, einem gemeinsamen Kopplungspunkt für den Netzbezug beziehungsweise Netzeinspeisung, Biomassekesseln, Wärmespeichern sowie Absorptionskälte- und Kompressionskältetechnologien. Die Planung der Technologieerweiterung erfolgte mit demselben MILP Konzept wie bereits beschrieben und entstand auf Basis der Notwendigkeit, eine Wärmeversorgung für das neue Feuerwehrhaus zu finden, welches im Jahr 2020 gebaut wurde. Das bestehende TFZ-Bürogebäude links in Abb. 4.13 besitzt eine überdimensionierte Biomassekesselanlage,[7] die leicht die Wärme für das Feuerwehrhaus zur Verfügung stellen kann. Im Gegenzug konnte durch das Feuerwehrhaus Dachfläche[8] zur Verfügung gestellt werden. Die Idee war, eine Energiezelle zu bilden, die Wärme und Strom gegenseitig austauschen kann. Die konkrete Aufgabe war es nun, die PV-Anlage, den elektrischen Speicher und E-Ladeinfrastruktur mit

7 Bei der ursprünglichen Planung wurden zu große Sicherheitsfaktoren verwendet, was zu einer geringen Auslastung und Effizienz des Kessels führte.

8 Die Dachflächen der existierenden Gebäudeteile eignen sich auf Grund der Ausrichtung nur begrenzt für eine PV-Anlage.

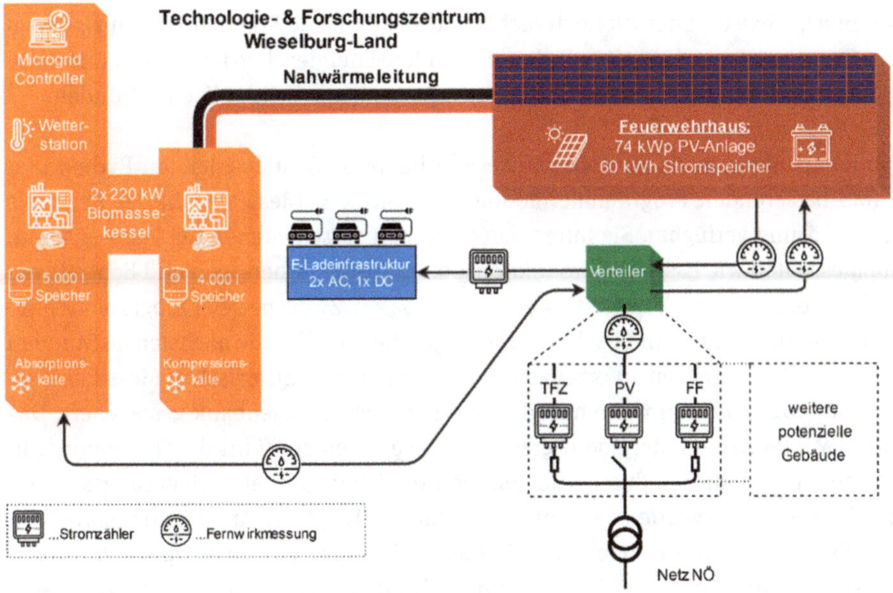

Abb. 4.13: Die Energiezelle TFZ, bestehend aus den zwei existierenden Bürogebäudeteilen links und dem neuen Feuerwehrhaus rechts. Quelle: Best GmbH.

dem MILP zu planen, um Kosten und CO_2-Emissionen zu minimieren. Es wurden verschiedenste Szenarien mit verschiedensten Zielfunktionen für Kosten und CO_2 optimiert und am Ende die Variante gewählt, die das meiste CO_2-Einsparungspotential bei den gegebenen Randbedingungen für die verfügbare Fläche hat. Das Ergebnis ist eine 74 kW PV-Anlage, 60 kWh elektrische Stromspeicher und zwei AC und eine DC Ladestation. Die Methode wurde auch auf größere Energiezellen mit mehr als zwei Gebäuden angewandt (siehe auch [6]).

Um die Echtzeitdaten der Technologien zu erfassen und den Zellmanager zu testen und weiterzuentwickeln, wurden verschiedene Messgeräte und Sensoren benötigt. Weiter ist es notwendig, Wetterprognosen zu erstellen und dem Zellmanager zur Verfügung zu stellen.

Die Systemarchitektur des Energiezellenmanagers wird dabei in vier Hauptkomponenten unterteilt:

1. Externe Hardware und Produktionstechnologien wie PV und Wechselrichter, Block 1 nach dem IEEE 2030.7 Standard von Abb. 4.2
2. Energy Management System OpenEMS, um mit den Produktionstechnologien zu kommunizieren und Signale auszutauschen, Block 2 nach dem IEEE 2030.7 Standard von Abb. 4.2
3. Python and GAMS Module als Zellmanager und für Prognosen, Block 3 nach dem IEEE 2030.7 Standard von Abb. 4.2

4. Block 4 existiert derzeit noch nicht, und es gibt keine Kommunikation zu einem Clustermanager. Derzeit befinden sich andere Energiezellen im Aufbau, und diese werden über den Clustermanager zu einem späteren Zeitpunkt eingebunden.

Die Komponente rechts in Abb. 4.14 besteht hauptsächlich aus den auf Python und GAMS basierenden Programmiermodulen für Block 3. Diese sind in der Regel als Cloud Lösung verfügbar. Sie interagieren mit den verschiedenen Gebäudesensoren, um Messdaten wie Last- und Produktionsdaten, Wettervorhersagen und Echtzeitwetterdaten einer physischen Wetterstation zu erfassen. Zwei spezielle Programmiermodule sind für die Last- und PV-Prognose vorgesehen, um für die nächsten 48 Stunden Last- und PV-Prognosen zu erzeugen. Die aktuellen und historischen Messdaten sowie die Prognosedaten werden in der internen MySQL Datenbank gespeichert. Das GAMS MILP-Programmiermodul greift auf diese Daten zu, führt die Optimierung in 5-Minuten-Zeitschritten durch und generiert die übergeordneten Steuerungssollwerte. Diese Sollwerte werden dann über das Modbus-TCP/IP-Kommunikationsprotokoll vom Systemrechner und OpenEMS für weitere Aktionen gesendet. OpenEMS ist verantwortlich, die ermittelten Optimierungssollwerte zu empfangen und sie zur Steuerung an die externe Hardware und Produktionstechnologien zu senden (vgl. [11]).

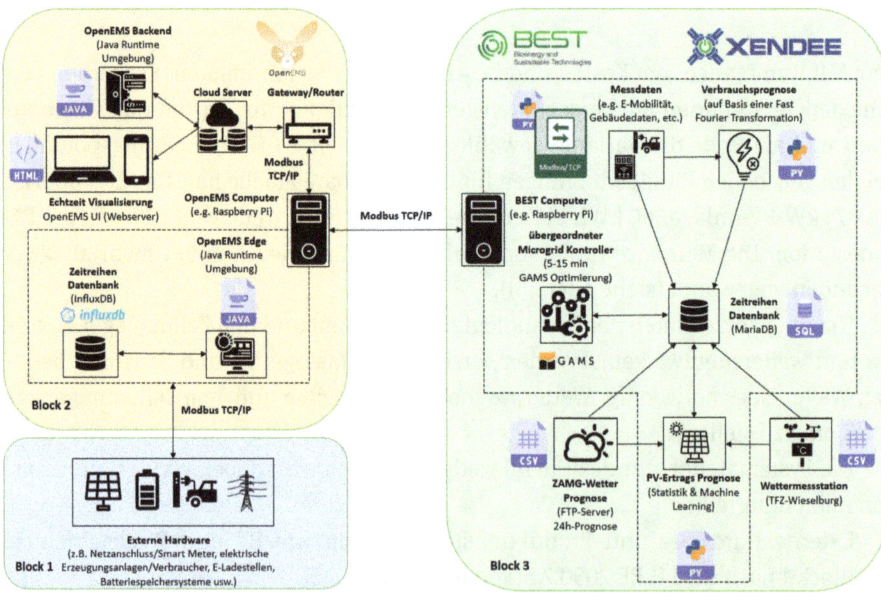

Abb. 4.14: Energiezellemanager für die Energiezelle TFZ. Quelle: BEST GmbH.

Wie bereits ausgeführt, ist die optimale Betriebsplanung mit Hilfe von MILP bereits in der Planungsphase wichtig. Im Betrieb werden nun dieselben Methoden mit realen

Daten und Vorhersagen verwendet. Der in Abb. 4.14 dargestellte Zellenmanager wird alle 5 Minuten aktuelle Werte der Technologien (Zustand des Stromspeichers) abfragen und mit Wetter- und Lastvorhersagen sowie -Preisprognosen verknüpfen und so die beste und kostengünstigste Betriebsstrategie ermitteln.

Aufgrund hoher Strombezugskosten am Morgen und Abend optimiert der Zellmanager die Batterieladung. Die Stromspeicher werden hauptsächlich mit billigem Nachtstrom zwischen Mitternacht und 5 Uhr am Morgen geladen (E to battery in Abb. 4.15). Die Entladung erfolgt zu Zeiten mit hohen Strompreisen (E from Battery in Abb. 4.15).

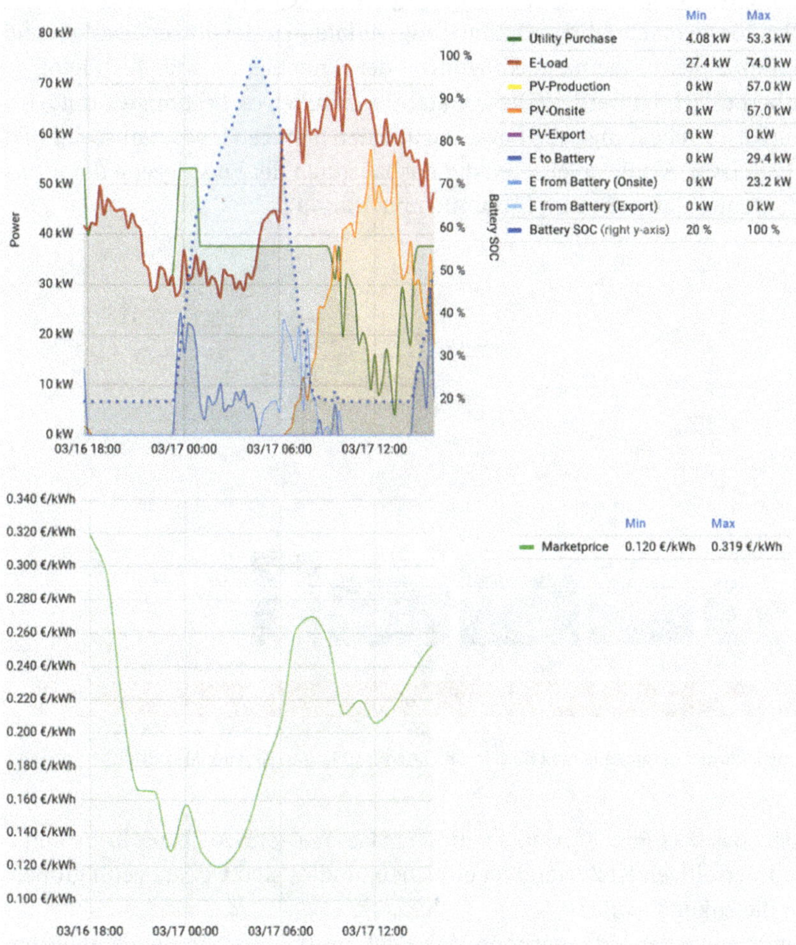

Abb. 4.15: Optimaler Betrieb für die Energiezelle TFZ Wieselburg-Land bei der Zielfunktion Kostenminimierung und variablen Strombezugspreisen. Überschussladen der Batterie ist nicht zielführend. Quelle: BEST GmbH.

4.6.2 Energiezelle Max Bögl, Deutschland

In der Regel sind mehrere Optimierungsschritte notwendig, um ein gutes Ergebnis zu erreichen. Um eine bestimmte Maßnahme zu bewerten und zu implementieren, wird der in Abb. 4.4 gezeigte Kreisprozess zum Teil mehrmals durchlaufen. Desweiteren beeinflussen eine Vielzahl von Managementrandbedingungen die Projektergebnisse. Die beschriebene Methode und der Kreisprozess von Abb. 4.4 müssen für mehrere Jahre durchgeführt werden und auch die übergeordneten Ziele und die Roadmap berücksichtigen. Entscheidend ist, dass die Entwicklung einer Zelle für die gesamte Lebensdauer flexibel zu gestalten ist, sodass zu einem späteren Zeitpunkt einfach und kostengünstig neue Technologien installiert werden können. Es sollte auf keinen Fall der zukünftige Handlungsspielraum durch eine gegenwärtige Maßnahme eingeschränkt werden. Hier können mehrjährige Optimierungsverfahren unterstützend wirken und veränderte (antizipierte) Rahmenbedingungen der Strommärkte oder Technologien und Preise berücksichtigt werden. Diese Verfahren erlauben es, bestimmte Strategien und zukünftige Entscheidungen zu bewerten und den richtigen Investitionszeitpunkt zu finden (vgl. [20]). Als Beispiel seien die Ausbaustufen der Energiezelle der Firma Max Bögl in Deutschland erwähnt (Abb. 4.16 und Abb. 4.17).

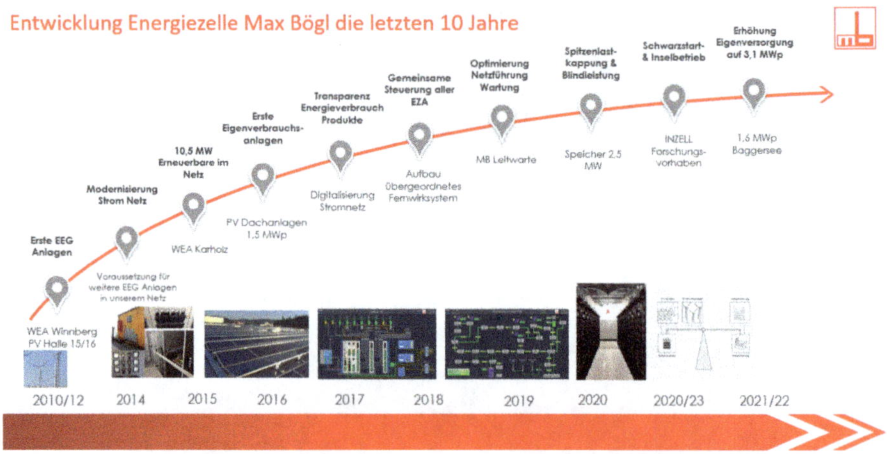

Abb. 4.16: Entwicklung Energiezelle Max Bögl in den letzten 10 Jahren. Quelle: Max Bögl.

Am Hauptsitz des Max Bögl Konzerns wurden insgesamt zehn Ausbauschritte benötigt, um den derzeitigen Ist-Zustand zu erreichen, und es sind weitere zehn größere Schritte für die Zukunft geplant.

Das Energienetz der Firmengruppe Max Bögl am Hauptsitz in Sengenthal umfasst derzeit 25 Transformatorstationen mit über 30 MW Übertragungsleistung. Derzeit ermöglichen zehn verschiedene Produktionsanlagen in der Mittelspannungs- und Niederspannungsebene ein jährliches Stromproduktionsvolumen von ca. 29 GWh aus

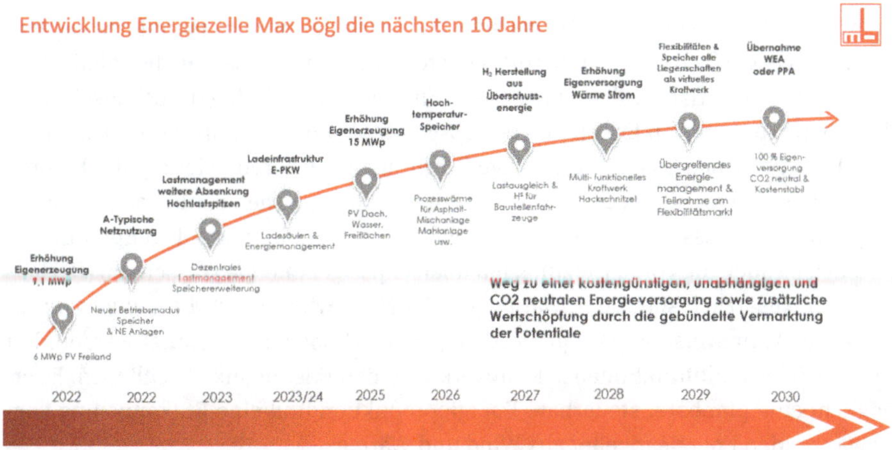

Abb. 4.17: Entwicklung Energiezelle Max Bögl in den nächsten 10 Jahren. Quelle: Max Bögl.

rein regenerativen Quellen. Dem gegenüber steht ein Jahresverbrauch von derzeit ca. 25 GWh an elektrischer Energie.

In den Jahren 2012 bis 2014 startete der Umbauprozess mit der Modernisierung des Mittelspannungsnetzes. Das war die Voraussetzung für die Integration weiterer regenerativer Produktionsanlagen. Mit den neuen Anlagen wurde es immer wichtiger, die Energieflüsse transparent zu machen.

Um die Energieflüsse optimal managen zu können, wurden an allen Trafostationen und Netzknoten Mess- und Überwachungseinrichtungen aufgebaut und eine eigene Fernwirkstruktur umgesetzt. Daraus entwickelte sich die Digitalisierung des Werksnetzes. Aus der Aufbereitung und Visualisierung der Daten entstand eine Leitwarte, welche Voraussetzung ist, um die Daten transparent darzustellen und die Energieflüsse zu optimieren und zukünftige Technologien zu planen. Damit waren wiederum die Voraussetzungen geschaffen für den Einbau eines großen Batteriespeichers. Erst durch die virtuelle Aufbereitung von Daten können in einem komplexen Energienetz Optimierungen vorgenommen werden. Mit den jetzt vorhandenen Komponenten waren die Voraussetzungen für die nächsten Entwicklungsschritte geschaffen. Die Ziele sind Inselbetriebsfähigkeit, Netzdienstleistung, und Lastmanagement zu etablieren, einerseits mit den bereits vorhandenen Komponenten und andererseits durch deren optimierten aufeinander abgestimmten Betrieb. Mit der schwimmenden PV-Anlage wird der Abbaubereich des angrenzenden Baggersees zukünftig auch für die Energieversorgung ohne Flächenverbrauch genutzt.

Multiple Zielfunktionen für den weiteren Ausbau sind gefordert, wie z. B. eine Kostenminimierung der zukünftigen Energiekosten bei 100 % CO_2 neutraler Versorgung.

Eine der nächsten Ausbaustufen ist die Erhöhung der Eigenversorgung. Dazu wird eine PV-Freiflächenanlage mit 6 MW gebaut und in das Netz integriert. Das ermöglicht mehr Flexibilität. Der nächste Ausbauschritt wird ein dezentrales modulares Lastmanagementsystem (Zellmanager) für die bessere Anpassung der Last an die volatile Produktion oder an variable Börsenpreise sein. Ein weiterer zukünftiger Ausbauschritt ist die weitere Nutzung von Energieüberschüssen für die Bereitstellung von Hochtemperatur Prozesswärme. Das ist der nächste Schritt in der Dekarbonisierung der Produktion und der Sektorenkopplung, was mit einer weiteren hohen zeitlichen Entkoppelung von überschüssiger Energie einhergeht. Mit der Erhöhung der Eigenproduktion besteht jetzt auch die Voraussetzung, mit überschüssiger Energie Wasserstoff (H_2) herzustellen. Zusätzlich soll die Abwärme aus der H_2-Gewinnung und der Rückverstromung zur Wärmeversorgung von 65.000 m^2 Produktionshallen genutzt werden. Ein hoch flexibles multifunktionelles Kraftwerk wird den Energiemix abschließen. Es ermöglicht eine planbare, steuerbare Energieproduktion und eine Entkoppelung vom schwankenden Energieangebot aus Wind und Wärme.

4.7 Zusammenfassung

Für eine erfolgreiche Planung von zellularen Energiesystemen ist eine mehrjährige mathematische Optimierung unumgänglich, die auch den Betriebszustand planen kann. Die Planung von Energiezellen umfasst insgesamt vier Planungsschritte (Konzept, techno-ökonomische Analyse, elektrotechnische Analyse, und elektromagnetische Transientenanalyse), welche oftmals mehrfach durchlaufen werden müssen, wie am Beispiel von Max Bögl gezeigt wurde. Hilfreiche Verfahren und Methoden finden sich auf den Webseiten von XENDEE (vgl. [16]) und BEST (vgl. [17]). Alternative Anwendungen werden von Stadler und Nasle aufgezeigt (vgl. [10]).

Literaturverzeichnis

[1] VDE (2019). Zellulares Energiesystem – Ein Beitrag zur Konkretisierung des zellularen Ansatzes mit Handlungsempfehlungen. Frankfurt am Main: VDE. Abgerufen am 30. Dezember 2021 von https://www.vde.com/resource/blob/1884494/98f96973fcdba70777654d0f40c179e5/studie---zellulares-energiesystem-data.pdf.

[2] Müller, B., Möller, C., Gaudchau, E., Schneider, L., Resch, M., Plessmann, G. und Gajkowski, K. (2013). Vergleich und Optimierung von Zentral und Dezentral Orientierten Ausbaupfaden zu einer Stromversorgung aus Erneuerbaren Energien in Deutschland. Reiner Lemoine Institut. Abgerufen am 26. Februar 2022 von https://reiner-lemoine-institut.de/wp-content/publications/0_Vergleich_und_Optimierung_zentral_und_dezentral_071_100EE/Breyer2013.pdf.

[3] Stadler, M. (2017). Mikro-Netze und die regionale Balance von Erzeugung und Verbrauch im Strom- und Wärmebereich. Impulsreferat 20. Österreichischer Biomassetag, Sektorkopplung & Flexibilisierung. Biomasseverband. Abgerufen am 26. Februar 2022 von https://best-research.eu/webroot/files/file/MikronetzeV12_Internet.pdf.

[4] Ton, D. T. und Smith, M. A. (2012). The U. S. Department of Energy's Microgrid Initiative. The Electricity Journal 25(8), 84–94.
[5] EPA (2022). CHP Benefits. (EPA, Herausgeber) Abgerufen am 25. Februar 2022 von United States Environmental Protection Agency: https://www.epa.gov/chp/chp-benefits.
[6] Cosic, A., Stadler, M., Mansoor, M. und Zellinger, M. (2021). Mixed-integer linear programming based optimization strategies for renewable energy communities. Energy 237, 121559. 10.1016/j.energy.2021.121559.
[7] Stadler, M., Pecenak, Z., Fahy, K. und Kleissl, J. (2020). Performance Comparison between Two Established Microgrid Planning MILP Methodologies Tested On 13 Microgrid Projects. Energies Special Issue on Microgrids: Planning, Protection and Control 13(17), 4460. 10.3390/en13174460.
[8] Pecenak, Z. K., Mathiesen, P., Fahy, K., Cannon, C., Ayandele, E., Kirk, T. J. und Stadler, M. (2020). The Impact of Project Financing in Optimizing Microgrid Design. Journal of Renewable and Sustainable Energy 12, 065301. 10.1063/5.0026187.
[9] VDE (2022). V2.4. Zellulare Energiesysteme. Abgerufen am 28. Februar 2022 von https://www.vde.com/de/etg/arbeitsgebiete/zellulare-energiesysteme.
[10] Stadler, M. und Nasle, A. (2019). Planning and Implementation of Bankable Microgrids. The Electricity Journal 32, 24–29. 10.1016/j.tej.2019.05.004.
[11] IEEE (2019). IEEE 2030.7 Standard for the Specification of Microgrid Controllers. Institute of Electrical and Electronics Engineers. Abgerufen am 26. Februar 2022 von https://standards.ieee.org/ieee/2030.7/5941/.
[12] VDE ETG ITG (2021). Fachausschuss V2.4 Zellulare Energiesyssteme. Abgerufen am 26. Februar 2022 von VDE Impuls: https://www.vde.com/resource/blob/2103554/9edd0d3c75510609b7f56169367ee626/zellulare-energiesysteme-download-data.pdf.
[13] GAMS (2022). Abgerufen am 25. Februrar 2022 von https://www.gams.com/.
[14] IBM (2022). ILOG CPLEX. Abgerufen am 24. Februar 2022 von https://www.ibm.com/docs/en/icos/12.7.1.0?topic=optimization-solving-mixed-integer-programming-problems-mip.
[15] Stadler, M., Marnay, C., Siddiqui, A., Lai, J., Coffey, B. und Aki, H. (2008). Effect of Heat and Electricity Storage and Reliability on Microgrid Viability: A Study of Commercial Buildings in California and New York States. Berkeley: Lawrence Berkeley National Laboratory. Abgerufen am 22. Februar 2022 von https://eta-publications.lbl.gov/sites/default/files/report-lbnl-1334e-2009.pdf.
[16] XENDEE (2022). Abgerufen am 28. Februar 2022 von Microgrid Decision Support Platform: https://xendee.com/.
[17] BEST (2022). Microgrid. Abgerufen am 25. Februar 2022 von https://www.best-research.eu/de/kompetenzbereiche/microgrids/allgemeine_informationen.
[18] Stadler, M., Mashayekh, S., Narayanan, S., DeForest, N. und Brandt, T. (2015). Supervisory Controller for PV and Storage Microgrids. California Public Utilities Commission (CPUC). Abgerufen am 21. Februar 2022 von https://eta-publications.lbl.gov/sites/default/files/supervisory_controller_for_pv_and_storage.pdf.
[19] Aigenbauer, S., Stadler, M., Zellinger, M., Mair, C., Liedtke, P., Cosic, A. und Mansoor, M. (2020). Microgrid Lab – R&D project for decentralized energy supply with biomass and other Distributed Energy Resources (DER). In Central European Biomass Conference CEBC, Decarbonisation of the energy system. Graz: CEBC.
[20] Pecenak, Z., Stadler, M. und Fahy, K. (2019). Efficient Multi-Year Economic Energy Planning in Microgrids. Applied Energy Journal by Elsevier 255, 113771. 10.1016/j.apenergy.2019.113771.

Kurzvitae

Dr. Michael Stadler, welcher ein Doktorat summa cum laude der Technischen Universität Wien in Energiewirtschaft und Betriebswirtschaft und einen Dipl.-Ing. mit ausgezeichnetem Erfolg in Elektrotechnik besitzt, leitete bis Ende Februar 2017 die 40-köpfige Grid Integration Gruppe am Lawrence Berkeley National Laboratory der Universität von Kalifornien. Dr. Stadler wurde von Präsident Obama für seine Forschungsarbeiten am Berkeley Lab mit dem Presidential Early Career Award for Scientists and Engineers (PECASE) geehrt. Dr. Stadler veröffentlichte mehr als 250 Beiträge in Fachzeitschriften und Berichte, und er besitzt 14 Software Copyrights/Patente. 2017 baute Dr. Stadler den Forschungsbereich Microgrids und Smartgrids bei der Bioenergy and Sustainable Technologies (BEST) GmbH erfolgreich auf. Seit Juli 2018 ist Dr. Stadler auch der Chief Technology Officer von der XENDEE Corporation, die er mitbegründete.

Josef Bayer ist Head of Research & Development Energy Systems bei Max Bögl und für den Aufbau des zellularen Energiesystems am Standort Sengenthal verantwortlich. Bei Projekten für Siemens, Audi und Osram stand die industrielle Energieversorgung im Mittelpunkt. Unter seiner technischen Leitung bei Iliotec Solar GmbH wurden jedes Jahr über 1000 PV-Anlagen errichtet. Als Berater und Gutachter für Elektrotechnik und Photovoltaik war er seither an vielen innovativen Projekten beteiligt. Als Vorsitzender der VDE ETG AG „Planung zellulare Energiesysteme“ arbeitet er an Standards für die Planung ganzheitlicher Energiezellen. In der DKE AK 261.0.3 IEC 61400-24 Microgrids unterstützt er die Normungsvorgaben für resiliente Energiesysteme. Für seine Energiekonzepte wurde er 2019 mit dem „Deutschen Elektro-Planer Preis für die „Integration Erneuerbarer Energien“ ausgezeichnet.

Stefan Aigenbauer studierte Öko-Energietechnik an der Fachhochschule Oberösterreich, Campus Wels, wo er auch seine Diplomarbeit mit ausgezeichnetem Erfolg abschloss. Im Jahr 2005 absolvierte er ein sechsmonatiges Berufspraktikum am Fraunhofer Institut für Solare Energiesysteme in Freiburg, Deutschland. Er arbeitet beim außeruniversitären Forschungsunternehmen Bioenergy and Sustainable Technologies (BEST) GmbH im Bereich Festbettkonversionssysteme und seit 2018 im Bereich Smart- und Microgrids als Projektleiter und Researcher. Er leitet bei BEST mehrere Projekte in den Bereichen Mikro-KWK, Biomasse-Festbett-Konversionssysteme, Standardisierung von Smart- und Microgrids. Stefan Aigenbauer ist Mitglied des VDE-Arbeitskreises "Planung zellularer Energiesysteme" und nebenberuflich seit 2012 als Lektor an der Fachhochschule Wieselburg tätig.

Michael Zellinger war von 2008–2012 als Design Engineer bei einem der weltweit führenden Wasserkraftwerksbauer tätig. In seiner Funktion war er hauptsächlich für die Planung, Abwicklung und Montagevorbereitung von großen Wasserkraftwerksprojekten (Pumpspeicher- und Laufwasserkraftwerke) im Leistungsbereich von 190 MW–1200 MW verantwortlich. 2017 schloss er sein Masterstudium an der Fachhochschule Wiener Neustadt Campus Wieselburg im Bereich Erneuerbare Energiesysteme und Energiemanagement mit Auszeichnung ab. Seit 2017 ist er bei der Bioenergy and Sustainable Technologies (BEST) GmbH im Bereich Smart- und Microgrids tätig, die er seit Ende 2019 operativ leitet.

Andreas Benz

5 Anforderungen an die Zuverlässigkeit der Planung von Energiesystemen

Zusammenfassung: Eine hochwertige Vorhersage des zu erwartenden Energieabsatzes oder die Einspeisung von Erzeugungsanlagen in die Energienetze hat maßgeblichen Einfluss auf den Erfolg an den Energiemärkten und den sicheren Betrieb der Elektrizitätsversorgungsnetze. Die Zuverlässigkeit der verwendeten Softwaresysteme ist dabei entscheidend für die Erreichung dieser Ziele. Dieser Beitrag soll einen Einblick in die Anforderungen geben und zeigt anhand von Beispielen, welche Punkte beim Einsatz von Softwarelösungen zielführend sein können. Dabei liegt der Schwerpunkt nicht auf der Technik der Energiesysteme, sondern auf der Einbindung in die Systemlandschaft und Nutzung durch den Anwender.

Schlagwörter: Energiewirtschaftliche Systemlandschaft, Datenqualität, Dashboard, Prognosegüte, MAPE, Kontrollrechnungen, Agile Softwareentwicklung

5.1 Herausforderung für Energiesysteme durch sich schnell verändernde Rahmenbedingungen

Aus Sicht der Energieversorgungsunternehmen (EVU) in Deutschland war die Welt vor 1998 noch in Ordnung. Dank eines lokalen Monopols mussten sie sich über Konkurrenz keine Gedanken machen und konnten sich – aus damaliger Sicht – auf das Wesentliche konzentrieren, die Versorgungssicherheit. Dass dieses System Schwächen hatte, lässt sich leicht daran erkennen, dass der wirtschaftliche Aspekt beim Betrieb der Versorgungsnetze so gut wie keine Rolle spielte. Die Situation änderte sich maßgeblich für die EVU – wie wir heute wissen – mit der Veröffentlichung des ersten *Energiewirtschaftsgesetzes* [1] im Bundesgesetzblatt am 28.04.1998. Erstmalig konnten Endkunden unter Nutzung des Verteilnetzes der ortsansässigen EVU von einem unabhängigen Dritten mit elektrischer Energie versorgt werden. In den vergangenen 24 Jahren hat sich in diesem Umfeld viel verändert. Das ist unter anderem daran zu erkennen, dass das erste Energiewirtschaftsgesetz [1] nur aus 19 Paragraphen und acht Seiten bestand. Im Gegensatz dazu ist der Umfang des aktuellen Energiewirtschaftsgesetzes [2] bereits auf 260 Paragraphen (inklusive der Unterstruktur a, b, etc.) und 174 Seiten angewachsen. Hinzu kommen noch weitere Gesetze, Verordnungen und Leitfäden wie z. B. das *Erneuerbare-Energien-Gesetz* [3], das *Messstellenbetriebsgesetz* [4], *Marktregeln für die Durchführung der Bilanzkreisabrechnung Strom* [5] sowie *Geschäfts-*

Andreas Benz, Quantum GmbH, Ratingen, Deutschland, e-mail: andreas.benz@quantum.de

https://doi.org/10.1515/9783110753585-005

prozesse zur Kundenbelieferung mit Elektrizität [6]. Des Weiteren gibt es mindestens halbjährige Anpassungen in der elektronischen Kommunikation zwischen den verschiedenen Marktteilnehmern, die sogenannte Marktkommunikation [7], und Herausforderungen durch die Energiewende (z. B. durch das *Gesetz zur Beschleunigung des Energieleitungsausbaus* [8] und darauf aufbauend, die Beschlüsse der Bundesnetzagentur zum Redispatch 2.0 [9]).

Dass diese regulatorischen Umbrüche deutliche Auswirkungen auf die in der Energiewirtschaft eingesetzten IT-Systeme haben, ist nachvollziehbar. Zu Beginn der Liberalisierung gab es in den meisten EVU im Bereich der energiewirtschaftlichen Systeme nur Leitstellen für die Steuerung des elektrischen Verteilnetzes und Systeme zur Abrechnung der Energie gegenüber dem Endkunden. Heute ist daraus eine komplexe Systemlandschaft mit vielen einzelnen Fachmodulen entstanden, die die Bearbeitung der geforderten Prozesse überhaupt erst möglich machen.

Die aktuelle Herausforderung besteht darin, diese Systemlandschaft in immer kürzer werdenden zeitlichen Abschnitten an die veränderten oder neuen Prozesse anzupassen. Wurden 1998 nur einige wenige Kunden mit einer Leistung von mehreren MW zur Laststeuerung in der Leitstelle mit ihren Lastgängen erfasst, müssen die Systeme zur Netzbilanzierung heute Lastgänge beziehungsweise Zählerstandsgangmessungen bei Kunden mit einem Jahresverbrauch bereits ab 10.000 kWh Jahresverbrauch verarbeiten, was einer Leistung im kW Bereich entspricht. Die Datenmenge, die dabei gespeichert werden muss, hat sich dadurch mehr als vertausendfacht.

Mit der Anzahl der heute zu bedienenden Prozesse ist gleichzeitig das monetäre Risiko, das mit der Bearbeitung der Prozesse verbunden ist, deutlich gestiegen. Die Komplexität hat aufgrund der wachsenden Anzahl der Prozesse ebenfalls zugenommen. Vor der Liberalisierung lag der Fokus der Energiebeschaffung – abgesehen von den jährlichen Preisverhandlungen mit dem überregionalen Versorger – im Wesentlichen auf der Begrenzung der kostenintensiven Leistungsspitzen zum vorgelagerten Netzbetreiber. Hier haben sich ganze Abteilungen mit den technischen Möglichkeiten zur Vermeidung dieser Spitzen in Vollzeit beschäftigt. Dieses Thema hat im Rahmen der Energiebeschaffung heute keine Bedeutung mehr, da die Leistungspreise deutlich gesunken sind und im Rahmen der Netzentgeltabrechnung ausgeglichen werden können. Stattdessen sind neue Themen wie Risiken aus der Lang- und Kurzfristbeschaffung oder Ausgleichsenergiekosten aufgrund von Prognoseabweichungen hinzugekommen und haben in ihrer Dimension die damaligen Kosten für Leistungsspitzen um ein Mehrfaches übertroffen. Diese neuen Risiken lassen sich ohne eine entsprechende Softwarearchitektur nicht mehr bewältigen. Daher ist es sehr wichtig, sich hier entsprechend aufzustellen und die Weiterentwicklung der Systeme mit Blick auf die regulatorischen aber auch monetären Anforderungen voranzutreiben.

5.2 Den Prozess vom Ende denken: Welches Ziel eigentlich erreicht werden soll

Bei den meisten EVU ist die energiewirtschaftliche Systemlandschaft historisch gewachsen, da sie mit jeder neuen regulatorischen Anforderung um ein „Stück" Software erweitert wurde. Dies macht sie oft unübersichtlich, und niemand weiß, was im Gesamtsystem passiert, wenn an einer Stellschraube gedreht wird. Um dieses Problem zu vermeiden, wird vielfach versucht, neue Aufgaben mit den vorhandenen Systemen zu bewältigen. Dies führt jedoch oft dazu, dass der neue Prozess so lange angepasst wird, bis er ins bestehende System passt. Darunter leidet fast immer die Qualität und gegebenenfalls auch die Bedienbarkeit der Prozessbearbeitung. Dementsprechend hoch ist die Fehleranfälligkeit und damit auch ein möglicher monetärer Schaden im Fehlerfall. Ein Beispiel hierfür sind hohe Ausgleichsenergiekosten bei dem Wechsel eines Kunden mit Registrierender-Lastgangmessung (RLM Kunden), der aufgrund zusätzlicher manueller Prozessschritte nicht rechtzeitig im Prognosesystem nachgepflegt wurde.

Um aus dieser Softwarefalle zu entkommen, ist es notwendig, in regelmäßigen Abständen die aktuelle Systemarchitektur zu hinterfragen. Wie der Blick in die vergangenen Jahre der Energiewirtschaft beweist, definiert der Gesetz-/Verordnungsgeber seine Vorgaben anhand wirtschaftlicher sowie politischer Ziele und nicht anhand der Umsetzbarkeit in den bestehenden Softwaresystemen.

Kosten, Zuverlässigkeit, Automatisierungsgrad und das Einhalten der vorgegebenen Anforderungen und Fristen sind die maßgeblichen Größen zur Beurteilung der Lösungsvarianten. Hier müssen alle Beteiligten (IT-Abteilung, Fachbereich, Controlling etc.) offen über die Lösungsvarianten diskutieren und gemeinsam – ohne Rücksicht auf Besitzstände und bisherige Zuständigkeiten – die bestmögliche Lösung auswählen. Als Konsequenz müssen mitunter alte Zöpfe abgeschnitten werden und Mitarbeiter sich von liebgewonnenen Systemen und Prozessabläufen trennen.

Ein möglicher Lösungsansatz – um nicht gleich immer eine vollständig neue Software einführen zu müssen – sind flexible Plattformen, die sich mit entsprechendem Know-how idealerweise von eigenen Mitarbeitern bei kleineren bis mittleren Änderungen in den Vorgaben für den Prozessablauf anpassen lassen. Solche sogenannte Low-Code-Plattformen bieten die Möglichkeit, Prozessabläufe z. B. mithilfe von grafischen Editoren selbständig anzupassen und neue Eingangs- und Ausgangsgrößen sowie Verarbeitungsschritte zu definieren. Mit dieser Flexibilität und der Prozesskenntnis im eigenen Haus verlieren viele Anpassungen z. B. im Rahmen der Marktkommunikation, die alle sechs Monate durchzuführen sind, ihre Komplexität und können relativ leicht gelöst werden. Aber auch dieser Low-Code-Plattformansatz hat seine Grenzen. Zum einen werden Mitarbeiter im eigenen Haus benötigt, die so tief in die Prozesse eingearbeitet sind, dass sie in der Lage sind, den notwendigen Anpassungsbedarf für die Umsetzung der Vorgaben in den eigenen Systemen zu ermitteln und umzusetzen. Zum anderen müssen die notwendigen Tests und die Qualitätskontrolle im eigenen Haus sicher durchgeführt werden können. Bei komplett neuen Aufgabenstellungen – wie z. B. der Einführung der Marktregeln für die Bilanzkreisabrechnung Strom (MaBiS) oder dem Redispatch 2.0 – muss vermutlich auf die Unterstützung durch professionelle Softwareentwickler zurückgegriffen werden, da die notwendigen Änderungen die Möglichkeiten und auch die Zielrichtung des Low-Code-Ansatzes sprengen würden.

Als Resümee aus diesem Absatz lässt sich festhalten: Nicht das System bestimmt den Prozess, sondern der Prozess gibt vor, welches System benötigt wird.

5.3 Datengrundlage und Monitoring

Die Redensart „garbage in, garbage out", die uns in vielen Lebensbereichen begegnet, gilt auch hier im Besonderen. Die Prozesse und Systeme können noch so gut sein, ohne eine solide Datengrundlage sind die Ergebnisse nicht belastbar und können zu erheblichen finanziellen Risiken führen. Daher muss bei allen Überlegungen zur Umsetzung von Prozessanforderungen die Auswahl der Datengrundlage und die Validierung der Daten vor der ersten operativen Verwendung mitberücksichtigt und geprüft werden. Und dort ergibt sich meistens auch schon das erste große Problem im Umsetzungsprojekt.

Ein gutes Beispiel in diesem Zusammenhang ist die Erstellung der kurzfristigen Absatzprognose der Lieferanten. Bis zur Einführung der Marktkommunikation 2020 wurden zwischen Netzbetreibern und Lieferanten sogenannte Zuordnungs- beziehungsweise Bestandslisten monatlich ausgetauscht. Sie dienten dem Abgleich der Zählpunkte, die ein Lieferant in einem Bilanzierungsgebiet versorgt. Auf dieser Datenbasis haben daher viele Lieferanten die Erstellung der Absatzprognose aufgebaut. Mit Wegfall dieser wesentlichen Datenquelle waren diese Lieferanten gezwungen, sich eine neue Datenquelle zu suchen. Im besten Fall war ihr eigenes System für den Lieferantenwechsel schon so gut aufgebaut, dass die interne Zählpunktverwaltung bereits einen hohen Deckungsgrad mit den Daten des Netzbetreibers hatte und nur noch Klärfälle bearbeitet werden mussten. Damit stand bei diesen Lieferanten kurzfristig eine alternative Datenbasis für die Prognose mit der entsprechenden Datenqualität zu Verfügung. Bei zahlreichen Lieferanten wurde der Prozess des Kundenwechsels im eigenen System jedoch nur rudimentär umgesetzt und Lücken in der Marktkommunikation (z. B. durch fehlerhafte Verarbeitung von E-Mails) nicht nachverfolgt. Aufgrund der schlecht ausgeprägten Prüfprozesse in der Marktkommunikation war die Qualität der internen Zählpunktverwaltung für eine belastbare Prognose somit nicht ausreichend, da nicht genau bekannt war, wann welcher Zählpunkt in dem entsprechenden Bilanzierungsgebiet beliefert wurde. Die physikalische Belieferung der Kunden war durch eine solche schlechte Prognose nicht gefährdet, da die fehlende Energie vom

Bilanzkreiskoordinator als Ausgleichsenergie geliefert wird. Die Ausgleichsenergiepreise, die der Lieferant dann für die Energie bezahlen muss, stehen allerdings erst im Nachgang fest und können bis zu 99.999 EUR/MWh betragen. Dementsprechend hoch waren die damit verbundenen finanziellen Risiken. Dieses Beispiel zeigt sehr gut, dass Änderungen in einem Bereich schnell negative Auswirkungen auf einen anderen Bereich haben können, obwohl sich an den eigentlich gut funktionierenden Prozessen und Systemen nichts verändert hat.

Zur Gewährleistung hoher Datenqualität ist ein hochwertiges Monitoring der Prozesse notwendig. Auch wenn ein vollautomatisierter Prozess gut eingerichtet wurde, ist das keine Gewähr dafür, dass dieser kontinuierlich ohne Probleme und mit den richtigen Ergebnissen weiterläuft. Das Beispiel eines Gasnetzbetreibers verdeutlicht, welches finanzielle Risiko durch ein fehlendes Monitoring entstehen kann. Mit der Einführung des „Grundmodells der Ausgleichs- und Bilanzierungsregeln im Gasmarkt“ (GABi Gas) wurde von einem Berater die tägliche Allokation (Mengenermittlung) für das Gasnetz des Netzbetreibers eingerichtet. In der Testphase lieferte der Prozess auch plausible Ergebnisse. Nach Abschluss des ersten Gaswirtschaftsjahres erhielt der Lieferant dieses Stadtwerks von seinem Vorlieferanten eine Nachforderung im Millionenbereich. Ursache dafür waren die in der Allokation vom eigenen Netzbetreiber verwendeten Profile für die Standardlastprofilkunden (SLP Kunden), die zwar in der Testphase bei relativ hohen Tagesmitteltemperaturen gute Ergebnisse lieferten, bei kalten Temperaturen aber deutlich zu hoch lagen. Durch einen konsequenten Abgleich der im Rahmen der Bilanzierung insgesamt allokierten Mengen mit den Mengen der Übergabemessung für das Netzgebiet wäre der Fehler frühzeitig aufgefallen, für den letzten Monat korrigiert und im Prozess angepasst worden. In diesem Fall waren die Fristen gemäß GABi Gas bereits abgelaufen und es mussten bilaterale Gespräche zur Klärung geführt werden.

Ein geeignetes Mittel zur Erkennung schlechter Datenqualität beziehungsweise von Störungen in Prozessabläufen ist ein gut aufgestelltes Monitoring. Da grafische Auswertungen bei großen Datenmengen meist aussagekräftiger sind und schneller visuell erfasst werden als reine Zahlenkolonnen, bietet es sich an, dieses Monitoring mithilfe von Dashboards durchzuführen. In Abbildung 5.1 ist beispielhaft das Monitoring von täglichen Prozessabläufen im Umfeld der Energiebeschaffung dargestellt. Mithilfe dieses Tools kann schnell erkannt werden, ob ein wichtiger Tagesprozess stockt oder ob es gegebenenfalls durch Serverausfälle zu Staus in der Bearbeitung kommt.

Neben der Prozessüberwachung bieten Dashboards auch die Möglichkeit, sich schnell einen Überblick über wesentliche Kennzahlen zu verschaffen. In Abbildung 5.2 ist ein solches Dashboard für den Bereich der Energiebeschaffung dargestellt.

Zur Steigerung der Akzeptanz bei den Mitarbeitern, die das Monitoring durchführen, ist es wichtig, deren Bedürfnisse bei der Konzeption der Dashboards zu berücksichtigen. Variable Oberflächen, die zum Teil vom User selbst konfiguriert werden kön-

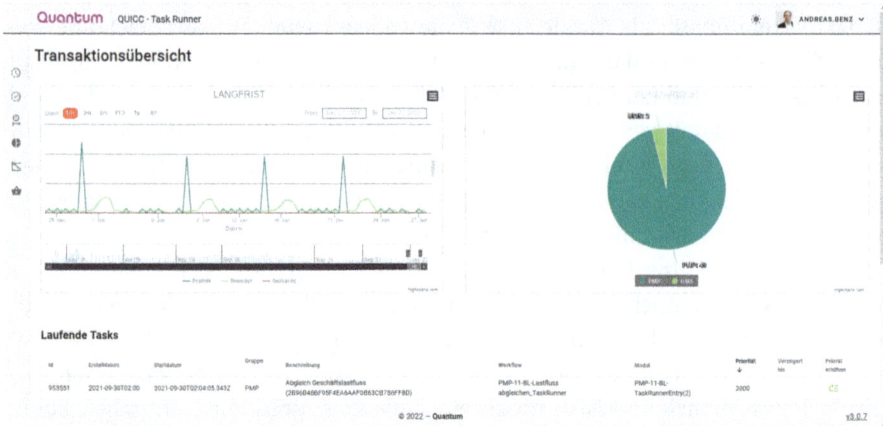

Abb. 5.1: Beispiel Prozessmonitoring [10].

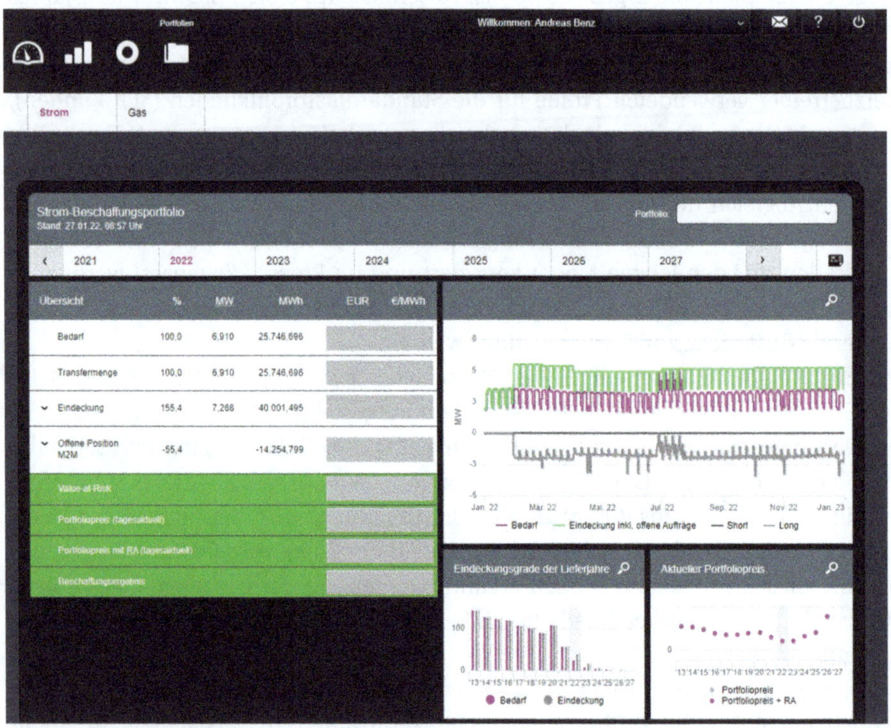

Abb. 5.2: Beispiel eines Kennzahlen-Dashboards aus dem Bereich der Energiebeschaffung [10] (die Preise wurden aus Gründen der Vertraulichkeit entfernt).

nen, sind der richtige Weg, damit die Hilfsmittel in der Praxis auch zur Anwendung kommen.

Mit Blick auf die am Anfang zitierte Redensart lautet die klare Empfehlung, mindestens denselben Aufwand für die Schaffung einer soliden Datengrundlage und das Monitoring im Projekt einzuplanen wie für die eigentliche Umsetzung einer neuen Anforderung. Damit wird am Ende ein „good stuff in – good stuff out" erreicht.

5.4 Praxisbeispiele

Eine vollständige Darstellung der bisher allgemein erläuterten Aspekte für alle Bereiche der Energiewirtschaft ist aufgrund des im ersten Abschnitt beschriebenen Umfangs von Softwaresystemen im Rahmen dieses Handbuchs nicht sinnvoll. Daher wird im weiteren Verlauf anhand von drei ausgewählten Beispielen exemplarisch ein mögliches Vorgehen zur Bearbeitung der immer neuen Anforderungen an energiewirtschaftliche Systeme vorgestellt.

5.4.1 Bewertung von Prognosen

Mit zur Königsklasse der energiewirtschaftlichen Systeme gehören aufgrund der zahlreichen unterschiedlichen Rahmenbedingungen für die Erstellung der Prognosen die Softwaresysteme zur Erstellung von Absatz- und Erzeugungsprognosen. Einen Standard für die Erstellung der Prognosen, der alle Anforderungen erfüllt, gibt es nicht. So können je nach Einsatzgebiet die besten Prognoseergebnisse z. B. mit dem Ausrollen von Standardlastprofilen, mit einem Top-down-Ansatz (Prognose der Netzlastzeitreihe und anschließendem Abziehen von einzelnen Lastgängen) oder dem Bottom-up-Ansatz (Einzelprognose der Lastgänge mit anschließender Addition) erzielt werden. Um diese unterschiedlichen Prognoseansätze dennoch in einem System umsetzen zu können, empfiehlt sich auch hier der Einsatz einer flexiblen Plattform wie sie in Abschnitt 5.2 beschrieben wurde. Am Ende kommt es aber ganz maßgeblich auf die Prognoseergebnisse an und nicht darauf, mit welchem Verfahren oder System sie erstellt wurden. Daher sind Verfahren zur Bewertung der Prognosegüte ein wesentlicher Bestandteil der Qualitätssicherung, auf die im Weiterem näher eingegangen wird.

Ein Satz aus meiner Studienzeit beschreibt das Thema Prognose besonders treffend:

> „Planung ist das Ersetzen von Zufall durch Irrtum."

Dieser Satz – so verstörend er im ersten Augenblick zu sein scheint – beschreibt selbst die Grenzen einer mathematisch perfekten Prognose sehr treffend. Es ist heute nicht möglich, den Energieverbrauch mit hundertprozentiger Sicherheit vorherzusagen. Diese Tatsache muss bei der Weiterverwendung der Prognoseergebnisse und in der

Risikobetrachtung der Folgeprozesse wie z. B. in der Angebotskalkulation und der Energiebeschaffung berücksichtigt werden.

Für die Bewertung der Prognosegüte an sich gibt es mehrere mathematische Verfahren, die in den meisten Fällen im Nachhinein die Werte der ursprünglichen Prognose mit den tatsächlichen Ist-Werten vergleichen. Dabei hat die alleinige Bewertung der Energiemengen über den Lieferzeitraum beziehungsweise auf Monats- oder Tagesbasis eine geringe Aussagekraft, da der Energiehandel im Viertelstundentakt arbeitet und diese einzelnen 15-Minuten-Slots ihre eigenen Preise haben (siehe Teil IV Energiehandel). Selbst wenn die Energiemenge über den gesamten Betrachtungszeitraum auf die kWh genau getroffen wird, können durch die unterschiedlichen Preise zu den verschiedenen Zeiten hohe finanzielle Verluste entstehen. Im schlimmsten Fall wird Energie in einer Viertelstunde mit negativen Preisen verkauft (der Verkäufer muss dafür zahlen, dass er Energie abgeben möchte) und muss in anderen Viertelstunden mit hohen Preisen wieder eingekauft werden. Helfen kann die Energiemengenbetrachtung allerdings bei der Einschätzung, ob der Energiebedarf mit der gewählten Prognosetechnik grundsätzlich über- oder unterschätzt wird.

Ein sehr gängiges Verfahren zur Bewertung der Prognosegüte ist der mittlere absolute prozentuale Fehler (Mean Absolute Percentage Error, kurz MAPE). Dieser ist definiert als der prozentuale Mittelwert der absoluten Differenz zwischen Ist-Werten und prognostizierten Werten, geteilt durch den Ist-Wert,

$$\text{MAPE(in Prozent)} = \frac{1}{n} \cdot \sum \frac{|\text{Istwert-Prognose}|}{\text{Istwert}} \cdot 100$$

Die Bewertung ist relativ einfach: Je niedriger der MAPE, desto höher die Prognosegüte.

Neben dem reinen Zahlenwert des MAPE muss auch betrachtet werden, für welchen elektrischen Verbraucher die Prognose erstellt wird. Für SLP-Kunden ist ein MAPE von 5–6 % ein sehr schlechter Wert, während dieser MAPE für einen Kunden mit Lichtbogenschmelzofen eine hervorragende Prognosegüte ist. Grund hierfür ist die je nach Verbrauchertyp grundsätzlich unterschiedliche Vorhersagbarkeit der Abnahme im zeitlichen Verlauf. Bei den oben genannten SLP-Kunden wird – wegen ihrer geringen Energieabnahme – keine Erfassung des Ist-Verbrauchs im Viertelstundenraster durchgeführt. Stattdessen wird die Jahresmenge über Zählerstände erfasst und anschließend vom Netzbetreiber über im Vorfeld veröffentliche Profile auf die Viertelstunden des Jahres verteilt. Da diese Profile im Voraus bekannt sind, könnte bei dieser Kundengruppe theoretisch ein MAPE von 0 % erreicht werden. In der Realität sind die Stammdaten für die Erstellung der Prognose beim Lieferanten und die beim Netzbetreiber für die Ermittlung der Ist-Werte (Bilanzierung) nach Ende des Monats trotz großer Anstrengung in der Marktkommunikation meist nicht identisch. Bei Kunden mit registrierender Lastgangmessung (RLM Kunden, üblicherweise Kunden mit einem Jahresverbrauch größer 100.000 kWh/a) wird der tatsächliche Energieverbrauch in jeder Viertelstunde ermittelt und als kontinuierliche Zeitreihe mit 96 Werten pro Tag gespeichert. Da hier eine echte Prognose auf Basis der zum Zeitpunkt der Erstellung vorliegenden Informationen (z. B. Vergangenheitswerte, Tagestypen, Wetterprognosen, Prozessabläufe oder Schichtpläne) erstellt werden muss, hängt die Prognosegüte im Wesentlichen von der Belastbarkeit der Informationen und gegebenenfalls von individuellen Prozessabläufen in der Produktion ab. Die Prognosegüte für diese Kundengruppe kann daher nicht pauschal beurteilt werden und erfolgt üblicherweise anhand von Erfahrungswerten vergleichbarer Kunden.

Für eine erste Einordnung der Prognosegüte ist in Tabelle 5.1 beispielhaft eine Klassifizierung der Prognosegüte für eine sogenannte EVU-Last (Gesamtlieferung eines Energieversorgers an seine Endkunden mit einer üblichen Durchmischung von SLR und RLM Kunden) dargestellt.

Tab. 5.1: Beispielhafte Klassifizierung der Prognosegüte für eine EVU-Last (eigene Darstellung).

MAPE	Klassifizierung der Prognosegüte
kleiner 4 %	sehr gute Prognosegüte, kein Anpassungsbedarf
4 % bis 7 %	gute Prognosegüte, kein zwingender Handlungsbedarf
7 % bis 10 %	Potential zur Verbesserung der Prognosegüte
größer 10 %	schlechte Prognosegüte, dringender Handlungsbedarf

Die Orientierung an den dargestellten MAPE-Werten kann aufgrund der existierenden Unterschiede in der Abnahmestruktur von EVU allerdings nur ein erster Schritt in der Bewertung der Prognosegüte sein, der anschließend individuell und auch auf Basis der einzelnen Kunden(gruppen) verfeinert werden muss.

5.4.2 MaBiS Prozesse in der realen Anwendung

Die Einführung der *Marktregeln für die Durchführung der Bilanzkreisabrechnung Strom* [5] *XE "Marktregeln für die Durchführung der Bilanzkreisabrechnung Strom* (*MaBiS*) [5]" war sicher eine der besseren Entscheidungen im Umfeld der regulatorischen Anforderungen. Die Möglichkeiten zur Überprüfung der Bilanzierungsergebnisse waren vor der prozessualen Umsetzung der MaBiS im Jahr 2011 aus Sicht des Bilanzkreisverantwortlichen (BKV) eher begrenzt beziehungsweise nicht vorhanden. So wurden in der ersten Bilanzkreisabrechnung im Jahr 2004 die viertelstündlichen Energiemengen für ein Jahr in Form eines Ausdrucks auf Endlospapier als Anlage zur Rechnung vom Bilanzkreiskoordinator (BIKO) beigefügt. Ein Abgleich der vom Netzbetreiber bilanzierten Mengen mit den Erwartungen der BKV gelang trotz der nachfolgenden Verbändevereinbarung aufgrund des eher schlechten Informationsaustauschs zwischen den Marktrollen nur selten.

Mit der MaBiS wurde ein verbindlicher Ablauf definiert, in dem über die Abfolge der Prozessschritte und die vorgegebenen Fristen sichergestellt ist, dass bei allen Marktrollen die notwendigen Informationen für eine nachvollziehbare Bilanzkreisabrechnung vorliegen. Abbildung 5.3 gibt hierzu einen schematischen Überblick über die monatlichen Prozesse im Rahmen der Bilanzkreisabrechnung.

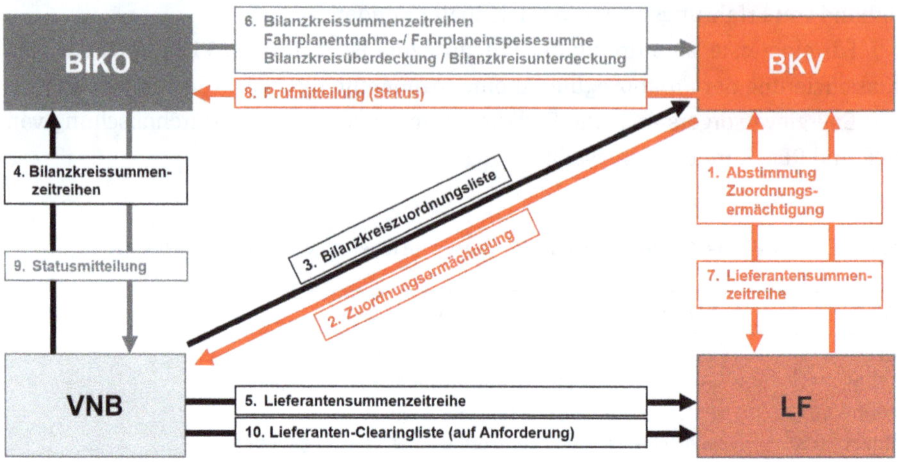

Abb. 5.3: Schematische Darstellung der MaBiS Prozesse [5] und der beteiligten Marktrollen: VNB = Verteilnetzbetreiber, BIKO = Bilanzkreiskoordinator, BKV = Bilanzkreisverantwortlicher, LF = Lieferant (eigene Darstellung).

Die Darstellung verdeutlicht, dass alle Prozessschritte einem vorgegebenen und auch zeitlich definierten (hier aus Gründen der Vereinfachung nicht dargestellt) Ablauf folgen müssen. Der Ablauf beginnt mit der Freigabe des Bilanzkreisverantwortlichen für die Nutzung seiner Bilanzkreise durch einen Lieferanten in dem Bilanzierungsgebiet eines Verteilnetzbetreibers (Teilschritte 1 bis 3). Auch wenn die Freigabe nicht monatlich erneuert werden muss, so ist zumindest auf Seiten des Lieferanten monatlich zu prüfen, ob er Kunden in einem Bilanzierungsgebiet neu hinzugewonnen hat, in dem er bisher nicht aktiv war. Nach Abschluss des Liefermonats beginnt dann der eigentliche Datenaustausch zu den Bilanzierungsergebnissen zwischen den Marktrollen (Teilschritte 4 bis 7). Nach Vorliegen der Daten bei allen Marktrollen startet der Prüfprozess beim Bilanzkreisverantwortlichen und den Lieferanten, die die Ergebnisse der Prüfung ebenfalls innerhalb festgelegter Fristen wieder dem Verteilnetzbetreiber über den Bilanzkreiskoordinator mitteilen müssen (Teilschritte 8 und 9). Sollte der Lieferant die Ergebnisse der Bilanzierung des Verteilnetzbetreibers nicht nachvollziehen können, kann er von ihm weitere Daten zur Prüfung anfordern (Teilschritt 10).

Durch die verbindliche Vorgabe der Prozessschritte wird ausgeschlossen, dass – wie es vor der Einführung der MaBiS noch häufig vorkam – Marktteilnehmer (vor allem Lieferanten) durch Unterlassung einer zeitnahen Rückmeldung zu den Bilanzierungsergebnissen den Abschluss des gesamten Prozesses über Monate blockierten. In dem jetzt gültigen Verfahren würde das Unterlassen der fristgerechten Kommunikation mit den anderen Marktteilnehmern dazu führen, dass z. B. der Verteilnetzbetreiber die Energiemengen in seinem Bilanzierungsgebiet nicht den Bilanzkreisen zuordnen kann und die nicht zugeordnete Energie in dem Monat selbst zu Ausgleichsenergiepreisen beschaffen müsste. Auch die Bilanzkreisverantwortlichen erkennen ohne eine eigene Rückmeldung automatisch die Bilanzierungsergebnisse des Verteilnetzbetreibers an und haben später keinen Anspruch mehr auf eine Fehlerkorrektur beim Verteilnetzbetreiber.

Umso wichtiger ist es, über ein stabiles Softwaresystem zu verfügen, mit dem die Prozessschritte vollständig abgebildet sind und die Fristen automatisch überwacht werden. Das allein reicht aber nicht, denn neben der Einhaltung der Formalien muss zur Vermeidung von finanziellen Risiken immer auch eine fachliche Kontrolle der bilanzierten Energiemengen erfolgen. Aus Sicht des Netzbetreibers muss z. B. sichergestellt werden, dass er innerhalb seines „Erstaufschlagsrechts" (10 Werktage nach Ende des Bilanzierungsmonats) die Bilanzkreissummenzeitreihen für alle in seinem Bilanzierungsgebiet tätigen BKV an den BIKO versendet und dass die abgesetzten Energiemengen inklusive der Netzverluste zu den ins Netz eingespeisten Mengen passen. Andernfalls drohen ihm finanzielle Risiken und im Wiederholungsfall eine Abmahnung durch die Bundesnetzagentur (BNetzA) für die Mengen, die für sein Bilanzierungsgebiet nicht einem Lieferanten zugeordnet wurden und vom BIKO dann in die Deltazeitreihe (DZR) gebucht werden. Gleiches gilt auch für den Lieferanten und den BKV. Beide sind daran interessiert, in der Bilanzierung nur die Mengen liefern zu müssen, die von ihren Kunden auch verbraucht wurden. Durch fehlerhafte Stammdaten kommt es immer wieder vor, dass die bilanzierten Mengen nicht zu den eigenen Prognosen und damit dem Energieeinkauf passen. Diese unplanmäßige Energielieferung gleicht der BIKO dann über Ausgleichsenergie aus, die im Extremfall einen Preis von bis zu 99.999 EUR/MWh haben kann.

Zur Vermeidung der oben genannten Risiken müssen daher alle Marktrollen in ihren Softwaresystemen entsprechende Kontrollrechnungen durchführen. Während die dafür notwendigen Funktionalitäten auf Seiten der Verteilnetzbetreiber – eine eigenständige Berechnung der Deltazeitreihe vor dem Versand der Bilanzkreissummenzeitreihen an den BIKO – heute in den meisten Bilanzierungssystemen Standard sind, müssen Lieferanten und Bilanzkreisverantwortliche meist selbst entscheiden, wie detailliert die Prüfung erfolgen soll. Gerade bei Lieferanten, die fast ausschließlich Kunden im Netz ihres assoziierten Netzbetreibers beliefern, wird oft nur ein Abgleich auf Basis der erwarteten Monatsmengen durchgeführt. Dies geschieht im Vertrauen darauf, dass der Netzbetreiber aus dem eigenen Haus im Sinne des gemeinschaftlichen

Unternehmens darauf achtet, die richtigen Mengen zu bilanzieren. Dennoch müssen auch die Bilanzkreisverantwortlichen dieser Lieferanten die Zeitreihen positiv bestätigen, um eine spätere Änderung auszuschließen. Bei Lieferanten und deren BKV, die in mehreren Bilanzierungsgebieten – gegebenenfalls bundesweit – aktiv sind, reicht diese einfache Form der Prüfung nicht mehr aus. Hier empfiehlt es sich, auf Basis der eigenen Prognosen eine Schattenbilanzierung[1] je Bilanzierungsgebiet durchzuführen und auf Basis der einzelnen viertelstündlichen Energiemengen einen Abgleich mit den Bilanzkreissummenzeitreihen durchzuführen. Dabei sollte eine Abweichungstoleranz im Vorfeld definiert werden, um sich auf die wesentlichen Differenzen zwischen der eigenen Erwartung und den Werten des Netzbetreibers konzentrieren zu können.

Auch hier ist es wichtig, zur Vermeidung der oben beschriebenen finanziellen Risiken den Überblick zu behalten. Abbildung 5.4 zeigt ein beispielhaftes Dashboard, das für verschiedene Bilanzkreise deren Prüfstatus je Monat übersichtlich darstellt.

Abb. 5.4: Beispiel eines MaBiS Dashboards, in dem der Prüfstatus für einzelne Bilanzkreise erkennbar ist: blau = in Prüfung; grün = bestätigt; rot = abgelehnt (die Bilanzkreisbezeichnungen wurden aus Gründen der Vertraulichkeit entfernt [10]).

Zusammenfassend ist auch für die MaBiS Prozesse festzustellen: „Tot stellen funktioniert nicht mehr". Eine auf den eigenen Bedarf zugeschnittene Softwarelösung zur Kontrolle, zur Fristenüberwachung und zur automatisierten Bearbeitung ist zur Vermeidung manuell nicht mehr zu beherrschender Prozesse essenziell.

1 Die Schattenbilanzierung ist eine Simulation der Netzbetreiberbilanzierung durch den Lieferanten auf Basis seiner eigenen Daten.

5.4.3 Einsatzverantwortlicher im Redispatch 2.0

Im Gegensatz zur Einführung der MaBiS verlief die Einführung des Redispatch 2.0 merklich schwieriger und war mit vielen Unsicherheiten bei der Umsetzung der Anforderungen verbunden. Ursachen dafür waren unter anderem unvollständige Prozessdarstellungen, Unklarheit bei der Auslegung der BNetzA-Festlegungen, deutliche Schwierigkeiten im Aufbau der notwendigen Kommunikation über RAIDA, der Schnittstelle des Datenproviders [11], und natürlich viele verunsicherte Anlagenbetreiber, die nicht einschätzen konnten, was Redispatch 2.0 für sie bedeutet. Für Anbieter, die in diesem Zusammenhang die Rolle des Einsatzverantwortlichen als Dienstleistung für Anlagenbetreiber übernehmen wollten, war dies eine sehr schlechte Ausgangsbasis, da zu Beginn kaum abschätzbar war, welcher Aufwand für die Implementierung der notwendigen Funktionen in die bestehende beziehungsweise neu zu entwickelnde Software entstehen würde. Die Erstellung eines Dienstleistungsangebots konnte mit einem Schuss auf ein bewegliches Ziel verglichen werden, bei dem erahnt werden muss, in welche Richtung es sich gerade bewegt.

Wegen der beschriebenen Unsicherheiten war eine Umsetzung der Softwareanpassung/-erweiterung im Rahmen eines klassischen Pflichten- und Lastenheftverfahrens wenig zielführend, da die dafür notwendigen Informationen in belastbarer Form erst sehr spät vorlagen. Die bessere Lösung war in diesem Fall auch für den Auftraggeber und damit zukünftigen Dienstleister die Durchführung als agiles Projekt in Zusammenarbeit mit der Softwareentwicklung (intern oder extern). Für die Softwareentwickler selbst gehört das agile Vorgehen mit Planning, Sprints und Reviews heute fast überall zum Standard. In der Zusammenarbeit zwischen dem Auftraggeber und dem Softwareentwickler wird agiles Vorgehen eher selten angewandt. Gründe hierfür können sowohl die Unkenntnis beim Auftraggeber über die Methode als auch äußere Zwänge wie z. B. das Vergaberecht sein. Das agile Vorgehen hatte aber im Projekt zur Umsetzung der Redispatch 2.0 Anforderung klar den Vorteil, dass auf die vielen ungeplanten Änderungen noch relativ flexibel reagiert werden konnte und nicht wie bei einem klassischen Softwareprojekt die fertige Lösung direkt nach Auslieferung in einem Change Request wieder angepasst werden musste.

Dieses agile Zusammenarbeiten erfordert von Seiten des Auftraggebers ein Umdenken:

1. Der Funktionsumfang der Lösung steht am Anfang des Projekts nur grob fest, da im Verlauf des Projekts die detaillierte Ausprägung durch Festlegung von Prioritäten erst bestimmt wird.
2. Der Auftraggeber muss sich fortwährend mit der Entwicklung des Softwareprodukts auseinandersetzen und nicht nur bei der Beauftragung und der Abnahme. Um die Priorisierung der Lösungsvarianten mit entscheiden zu können, ist mindestens die Teilnahme an den Reviews seine Pflicht.

3. Nach Abruf von 50 % des vereinbarten Budgets ist von der geplanten finalen Version noch nicht viel zu erkennen. Oft werden die einzelnen Komponenten erst kurz vor Ende des Projekts zum eigentlichen Produkt zusammengefügt.
4. Tests der einzelnen Funktionalitäten erfolgen bereits im Rahmen des Entwicklungsprojekts und nicht erst nach der vollständigen Auslieferung.

Darüber hinaus gibt es noch viele weitere Details, die sich vom klassischen Ansatz in der Zusammenarbeit von Auftraggeber und Softwareentwickler unterscheiden. Die Darstellung würde jedoch hier den Rahmen sprengen.

Die Anforderungen an die Softwarelösung an sich entsprechen – abgesehen von der fachlichen Funktionalität – grundsätzlich den bereits im Beispiel der MaBis genannten Punkten. Auch hier ist ein vorgegebener Prozessablauf in definierten Fristen zu bearbeiten. Die wesentliche zusätzliche Herausforderung ist in diesem Fall die Einbindung der externen Anlagenbetreiber in den Prozess. Insbesondere bei den kleineren Anlagen, die knapp über der Schwelle von 100 kW liegen und damit am Redispatch 2.0 teilnehmen müssen, hat der Eigentümer der Anlage bisher sehr wenig Kontakt mit der Energiewirtschaft gehabt und kennt daher den rechtlichen Rahmen und vielfach auch den dadurch für ihn entstehenden Handlungsbedarf nicht. Um an dieser Stelle nicht in einen manuellen Austausch per Telefon oder E-Mail mit dem Anlagenbetreiber ausweichen zu müssen (was im Fall der Meldung von Nichtverfügbarkeiten von den Fristen her auch nicht funktioniert), ist es notwendig, einen leicht verständlichen und „Dummy“-sicheren Zugang für den Anlagenbetreiber zum Prozessablauf aufzubauen. In der Praxis bedeutet das bei der Konzeptionierung, die Usability in den Vordergrund zu stellen. Kurze Wege, Beschränkung auf die tatsächlich für die Funktionen benötigten Elemente sowie Hilfestellungen z. B. durch Beispielwerte. Außerdem muss sichergestellt sein, dass der Anlagenbetreiber nur die Änderungen vornehmen kann, die notwendig sind und nicht versehentlich ungewollte Stammdatenänderungen oder andere Änderungen von Anlagendaten durchführen kann, wodurch im schlimmsten Fall falsche Redispatch Meldungen generiert werden könnten.

Letztlich hilft auch beim Design von Softwaresystemen mit zunächst unklarem Funktionsumfang wie im Fall Redispatch 2.0 der Leitsatz „keep it smart and simple“. Auch wenn im Nachhinein betrachtet zunächst einige Irrwege beschritten wurden, halten sich auf diese Weise die monetären Auswirkungen meist im Rahmen und das eigentliche Ziel einer funktionsfähigen und anforderungsgerechten Software wird erreicht.

In der Nachbetrachtung der Softwarekonzeption für die Umsetzung des Redispatch 2.0 kann im Ergebnis festgehalten werden, dass es sich lohnt, die bekannten Pfade von Softwareprojekten in Energieversorgungsunternehmen zu verlassen und neue Methoden der Zusammenarbeit mit den Softwarefirmen zu wagen.

5.5 Zusammenfassung

Die Herausforderungen an die energiewirtschaftlichen Systeme sind in den letzten 24 Jahren aufgrund der sich immer schneller verändernden Rahmenbedingungen deutlich gestiegen. Ohne eine stabile und funktionale Softwarearchitektur können die heute notwendigen Prozessabläufe nicht mehr sicher bewältigt werden. Bei der Konzeption der Software ist es hilfreich, ein gewisses Maß an Flexibilität der Systeme von vornherein mit einzuplanen, um bei kleinen Änderungen in den Vorgaben schnell reagieren zu können. Eine mögliche Lösung stellen hier Low-Code-Plattformen dar, die mit entsprechendem Fachwissen von den eigenen Mitarbeitern angepasst werden können. Gleichzeitig ist eine kontinuierliche Qualitätssicherung der eigentlichen Prozesse notwendig, um die Belastbarkeit der Ergebnisse zu gewährleisten. Wesentliche Elemente sind hier die Verwendung einer gesicherten Datengrundlage und die Überwachung der Prozesse und deren Ergebnisse z. B. mithilfe von Dashboards oder durch Kontrollrechnungen. Welcher Lösungsweg für die konkrete Aufgabenstellung die besten Erfolgschancen bietet, muss individuell bewertet werden. Die Berücksichtigung der oben genannten Aspekte hilft jedoch bei der Bewertung der Lösungsansätze und dem Erreichen des Ziels.

Literaturverzeichnis

[1] EnWG (1998). Gesetz über die Elektrizitäts- und Gasversorgung (Energiewirtschaftsgesetz – EnWG). Bundesanzeiger.
[2] EnWG (2021). Gesetz über die Elektrizitäts- und Gasversorgung (Energiewirtschaftsgesetz – EnWG). Bundesanzeiger.
[3] EEG (2021). Gesetz für den Ausbau erneuerbarer Energien (Erneuerbare-Energien-Gesetz – EEG). Bundesanzeiger.
[4] MsbG (2021). Gesetz über den Messstellenbetrieb und die Datenkommunikation in intelligenten Energienetzen (Messstellenbetriebsgesetz – MsbG). Bundesanzeiger.
[5] MaBiS (2022). Marktregeln für die Durchführung der Bilanzkreisabrechnung Strom (MaBiS). Bundesnetzagentur für Elektrizität, Gas, Telekommunikation, Post und Eisenbahnen.
[6] GPKE (2022). Geschäftsprozesse zur Kundenbelieferung mit Elektrizität (GPKE). Bundesnetzagentur für Elektrizität, Gas, Telekommunikation, Post und Eisenbahnen.
[7] MaKo (2022). Festlegung einheitlicher Geschäftsprozesse und Datenformate zur Abwicklung der Belieferung von Kunden mit Elektrizität. Bundesnetzagentur für Elektrizität, Gas, Telekommunikation, Post und Eisenbahnen.
[8] GBE (2019). Gesetz zur Beschleunigung des Energieleitungsausbaus. Bundesanzeiger.
[9] BK6-20-059 (2020). Festlegungsverfahren zum bilanziellen Ausgleich von Redispatch-Maßnahmen.
[10] Quantum GmbH (2022). Handelssystem der Quantum.
[11] connect+ (2022). Von connect+ Netzbetreiberkooperation. https://netz-connectplus.de/ abgerufen.

Kurzvita

Andreas Benz ist Leiter des Energiemanagements der SWK ENERGIE GmbH und Geschäftsführer der Quantum GmbH. Nach Abschluss des Studiums der Elektrotechnik an der RWTH Aachen begann er seine erste Tätigkeit im EVU Umfeld bei den Stadtwerken Krefeld AG (SWK) als Planungsingenieur für Mittel- und Hochspannungsnetze. Im Zuge der Liberalisierung des Energiemarkts übernahm er verschiedene Funktionen auf der Netz- und Vertriebsseite im Zusammenhang mit den neuen Marktprozessen. Heute liegen seine Schwerpunkte im Bereich der Energiebeschaffung, der Kraftwerkseinsatzoptimierung und neuer Erzeugungstechnologien. Bei allen Themen sind der Aufbau und die Weiterentwicklung von IT-Systemen zur Abbildung der immer komplexer werdenden Prozesse ein wichtiger Teil seiner Arbeit. Die von ihm aufgebauten zentralen energiewirtschaftlichen Systeme sind heute ein wesentlicher Teil der IT-Infrastruktur der SWK ENERGIE GmbH und der Quantum GmbH. Parallel stellte er dem Fachpublikum auf mehreren Kongressen und Tagungen Lösungsansätze zu aktuellen Herausforderungen der Liberalisierung und den Marktprozessen vor.

Almut Kirchner

6 Szenarien für das Energiesystem

Zusammenfassung: Szenarien werden als analytische Methode eingesetzt, um mögliche Entwicklungen des in seinen Komponenten komplex wechselwirkenden Energiesystems systematisch zu untersuchen. Hierbei können mit unterschiedlichen Logiken Aussagen von sehr unterschiedlichem Charakter abgeleitet werden, wie z. B. „business-as-usual"-Szenarien und „Zielszenarien" oder Aussagen darüber, wie sich das System unter Einsatz verschiedener politischer Instrumentenbündel entwickeln kann.

Szenarien sind immer bedingte Aussagen, absolute Aussagen über die Zukunft sind mit ihnen nicht möglich und nicht gewollt – vielmehr bilden sie Möglichkeitsräume ab, um Grundlagen für politische oder Investitionsentscheidungen bereit zu stellen.

Untersuchungsdimensionen sind zumeist Bilanzräume, zeitliche Dimensionen (Fristigkeiten), Rahmenbedingungen, Szenarienlogik, Wechselwirkungen zwischen den Komponenten, Technologieentwicklungen, Reaktionen auf politische Instrumente sowie die auszuwertenden Ergebnisgrößen.

Energiesystemuntersuchungen werden heute zumeist stark quantitativ und modellgestützt durchgeführt. Die Konsistenz von Modellierungsmethodik, Fragestellung, Umsetzung der Fragestellung in Voraussetzungen für die Systemkomponenten und Auswertungsdimensionen ist wesentlich, um die Ergebnisse im Szenarienvergleich nutzbar zu machen.

Es sollte immer berücksichtigt werden, dass der analytische Ansatz nicht ist, die Zukunft möglichst genau zu erfassen oder vorherzusagen, sondern mit einem Fächer von Szenarien die Einflussfaktoren und ihre Auswirkungen in der Zukunft genauer kennen zu lernen. Entsprechend geht es nicht darum, „in der Glaskugel zu schauen, wie es wird", sondern das Feld der Möglichkeiten zu untersuchen, um daraus Handlungsnotwendigkeiten gleichermaßen wie Möglichkeiten und Chancen abzuleiten. Wie das Energiesystem mit seinem Umfeld, entwickeln sich auch die Methoden der Szenarienanalyse ständig weiter – in Ko-Evolution mit Fragestellungen, quantiativen Möglichkeiten und neuen Datenquellen.

Schlagwörter: Energiesystem, Szenarien, Prognosen, Zukunftsaussagen, Unsicherheit, bedingte Aussagen, Szenarienlogik, Rahmenbedingungen, Modellrechnungen, Sensitivitätsrechnungen, Untersuchungsdimensionen, zeitliche Dimension, Bilanzrahmen, Referenzentwicklung, indikative Szenarien, Zielszenarien, Instrumentenszenarien, kontrafaktische Szenarien, Eintrittswahrscheinlichkeit, Storyline, Investitionszyklen, Technologieentwicklung, politische Instrumente, Robustheit

Almut Kirchner, Prognos AG, Basel, Schweiz, e-mail: almut.kirchner@prognos.com

https://doi.org/10.1515/9783110753585-006

6.1 Vorbemerkungen

Dieses Kapitel über Energieszenarien gibt die Sicht aus der Praxis der wissenschaftsbasierten Politik- und Strategieberatung wieder. Die Prognos AG erarbeitet in diesem Umfeld seit ca. 40 Jahren Prognosen und Szenarien für die unterschiedlichsten Systeme, insbesondere das Energiesystem, im Auftrag sehr unterschiedlicher Organisationen wie Bundes- und Landesministerien und Umwelt- und Industrieverbänden. Im Laufe dieser Zeit und Arbeiten haben sich sowohl die Fragestellungen als auch die Methodiken in einem Umfeld von verschiedenen Wissenschafts- und Beratungsorganisationen sowie Nachfragern (weiter-)entwickelt.

Es gibt im wissenschaftlichen Kontext verschiedene Ansätze, die komplexe Methodik zu fassen (zu versuchen). Für einen eher theoretischen Ansatz wird hier auf die entsprechende Literatur verwiesen (z. B. als ausführlicher Übersichtsartikel [1], pragmatische Beschreibung einer bewährten Vorgehensweise, eher für Unternehmen gedacht, [2]). Das vorliegende Kapitel stellt vor allem die Sicht aus der Szenarienmacher-Praxis dar.

Der Text basiert auf verschiedenen Aufsätzen, Vorträgen und Berichtskapiteln, die in den vergangenen ca. 15 Jahren entstanden sind und weiterentwickelt wurden. Teile sind also bereits in verschiedenen Quellen und Publikationen veröffentlicht [3–5].

Der Kontext des vorliegenden Buchs ist die künftige Elektrizitätsversorgung. Dennoch ist es sinnvoll, Szenarien für das gesamte Energiesystem zu denken und nicht nur für das Stromsystem, da hier die wechselseitigen Abhängigkeiten und Einflussfaktoren sehr stark ausgeprägt sind. Zum Beispiel erfordert eine Elektrifizierung der Raumwärme mit Wärmepumpen insbesondere im Gebäudebestand die vorgängige Umsetzung hoher Wärmeschutzstandards. Die Vereinfachung „alle fossilen Heizsysteme durch Wärmepumpen, Fernwärme, Biomasse ersetzen“ würde auf der Nachfrageseite ein falsches Bild erzeugen und auf der Angebotsseite sofort dazu führen, dass Ressourcenbeschränkungen zu falschen Schlüssen verleiten. Daher wird das Stromsystem als integraler Teil des gesamten Energiesystems gesehen, für das erst nach Vorliegen kompletter Szenarien bei Bedarf gesonderte Auswertungen durchgeführt werden können und sollten.

6.2 Einführung: Warum Szenarien, warum ausgerechnet für das Energiesystem?

Technisch umgewandelte Energie unterstützt heute in einem entwickelten Industrieland wie Deutschland, der Schweiz oder Österreich nahezu jede menschliche und gesellschaftliche Aktivität. Die nachfolgende Aufzählung soll einen ersten Eindruck dieser Einsatzfelder vermitteln; sie ist weder vollständig, noch abschliessend (Vgl. [4, Kap. 2.1]):

- Wohnen:
  - Heizen im Winter
  - Kühlen im Sommer
  - Betrieb von Haushaltsgeräten
  - Betrieb von Geräten zur Kommunikation und Mediennutzung
- Verkehr:
  - Fortbewegung mit verschiedenen Verkehrsmitteln
  - Transport von Gütern
- Industrie, Dienstleistungen und Landwirtschaft:
  - Produktion und Verarbeitung von Gütern
  - Erbringung von Dienstleistungen
  - Geldverkehr, Finanzen und Versicherungen
  - Handel
  - Bildungs- und Gesundheitswesen
  - Tourismus und Verpflegung.

Sowohl die Energienutzung als auch die Bereitstellung der verschiedenen eingesetzten Energie-träger sind mit langlebigen technischen Investitionsgütern verknüpft: Gebäude haben Lebensdauern von mehreren Jahrzehnten bis Jahrhunderten, Heizungsanlagen von zwei bis drei Jahrzehnten, Fahrzeuge – abhängig von Nutzungsart und -intensität – von ein bis zwei Jahrzehnten, Produktionsanlagen von bis zu mehreren Jahrzehnten, insbesondere bei energieintensiven Produkten, und Kraftwerke von mehreren Jahrzehnten, bei Wasserkraft bis über ein Jahrhundert. Infrastruktur wie Straßen und Schienen, Wasserver- und -entsorgung, Energieinfrastrukturen wie Strom-, Gas- und Fernwärmenetze sind ebenfalls langlebige Investitionen, die regelmäßige Wartung und Ersatzinvestitionen erfordern.

Die zukünftige Entwicklung dieser Investitionsgüter, Gebäude, Anlagen und Fahrzeuge hängt von verschiedenen Einflussfaktoren und deren Zusammenwirken ab und beeinflusst diese wiederum. Zentrale Trends sind unter anderem:

- die technologische Entwicklung,
- politische Entscheidungen (z. B. Zielsetzungen, Strategien, Instrumente, Prozessorganisation, Rahmenbedingungen für Märkte),
- die wirtschaftliche Entwicklung (Wachstum aber auch Branchenstruktur),
- die internationale (wirtschaftliche) Entwicklung, Verschiebung und Verlagerung von Wertschöpfungsnetzwecken,
- internationale Energieträgermärkte und -preise,
- die demographische Entwicklung,
- gesellschaftliche Werte, Normen, Konsumpräferenzen sowie

- die Entwicklung des (globalen und lokalen) Klimas, und damit zusammenhängend
- politische Entscheidungen, wie damit umgegangen wird.

Die Dynamik der oben genannten Trends hängt wiederum von politischen, gesellschaftlichen und individuellen Entscheidungen ab.

Im Energiesystem ist ein Blick in die längerfristige Zukunft wichtig, um notwendige künftige Investitionen in Art und Höhe einzuschätzen und abzusichern – ohne ein Umfeld mit klaren Rah-menbedingungen und Vorstellungen über die Eigenschaften der Märkte können notwendige Investitionen nicht finanziert und umgesetzt werden. Welche Technologien, Anlagen, Energieträger etc. benötigt und eingesetzt werden, hängt stark von politischen Entscheidungen und Strategien ab. Daher ist es – gerade angesichts der tragenden Rolle, die das Energiesystem bei der Transformation zur Klimafreundlichkeit beziehungsweise zur Klimaneutralität der Gesellschaft einnimmt – kaum möglich, die eine wahrscheinliche Zukunft abzuschätzen. Vielmehr geht es darum, die Auswirkungen verschiedener möglicher Strategien und politischer Entscheidungen auf das Energiesystem mit seinen Investitionsgütern und Funktionen in seinen komplexen Zusammenhängen zu analysieren.

Politik muss unter Unsicherheit entscheiden und Rahmenbedingungen schaffen, manchmal mit Konsequenzen, die weit in die Zukunft reichen, z. B. für den Ausbau und Umbau der Infrastruktur. Dafür eignet sich die Szenarienmethode: Qualitative und quantitative Szenarien helfen, belastbare Einschätzungen zu gewinnen und Entscheidungen zu begründen.

Mit Szenarien werden – ausgehend vom heutigen Zustand – verschiedene Entwicklungsoptionen komplexer Systeme, ihre Reaktionen auf Eingriffe, politische Strategien und Instrumente oder Ziele untersucht. Die grundsätzliche Methode des Vergleichs verschiedener Szenarien, bei denen unterschiedliche definierte Sätze von Voraussetzungen untersucht werden, wird häufig mit dem Szenarienkegel oder Szenarientrichter veranschaulicht (vgl. Abb. 6.1).

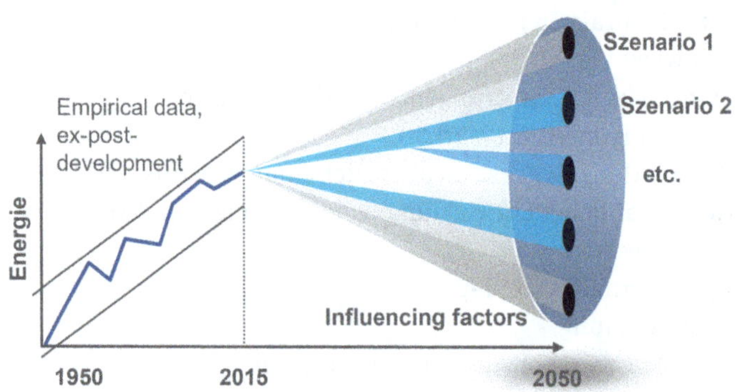

Abb. 6.1: Szenarienkegel, Darstellung: Prognos.

Wesentlich ist die jeweilige Konsistenz der Wechselwirkungen zwischen den oben genannten Einflussfaktoren mit dem zu untersuchenden komplexen Teilsystem. Dies erfordert die systematische Analyse der einzelnen Komponenten sowohl der Aussenwelt als auch des untersuchten Systems und seiner Ziele und Rahmensetzungen. Die verschiedenen möglichen Ausprägungen der Voraussetzungen und ihre Auswirkungen auf die einzelnen Aspekte, z. B. des Energiesystems, werden systematisch untersucht und in Dynamiken übersetzt: Stärke, Intensität, und Richtung von Veränderungen werden beschrieben, festgelegt oder ermittelt. Das dadurch entstehende System wird dann in seinen neuen Ausprägungen beschrieben. In einer quantitativen Szenarienarbeit werden im Allgemeinen mehrere verschiedene Szenarien miteinander verglichen, um Auswirkungen verschiedener Strategien oder Richtungsentscheidungen einschätzen zu können. Szenarien sind immer bedingte Wenn-dann-Aussagen – und sie treten selten einzeln auf. Die konkrete Ausgestaltung eines Szenarienfächers hängt immer von der zu untersuchenden Fragestellung ab.

Definition: Szenarien, Prognosen und Prophezeiungen. Häufig werden Szenarien und Prognosen nicht trennscharf voneinander abgegrenzt. Im allgemeinen Sprachgebrauch wird häufig von Prognose gesprochen, wenn es allgemein um die Zukunft geht. Im wissenschaftlichen Sinne ist eine Prognose ein besonderes Szenario, das einen Pfad oder Korridor mit besonders hoher Eintrittswahrscheinlichkeit aufzeigt. Auch Prognosen sind bedingte Aussagen.

Jede Prognose ist also ein Szenario, aber nicht jedes Szenario ist eine Prognose.

Unbedingte und deshalb nicht nachvollziehbare Prophezeiungen („so wird es kommen“) stehen auf einem anderen Blatt, sie sind nicht Gegenstand wissenschaftlicher Aussagen über komplexe Systeme. Wissenschaftlich basierte Zukunftsforschung wird keine unbedingten Aussagen über die Zukunft menschlich beeinflusster komplexer Systeme machen (vgl. Abb. 6.3).

Eine konkretes Beispiel verschiedener zu untersuchender Szenariovarianten (hier am Beispiel der Stromerzeugung für die Schweiz) zeigt Abb. 6.2.

6.3 Knacknuss: Keine saubere Definition und Nutzung des Szenarienbegriffs

Begriff und Betreffnis des Szenarios beziehungsweise von Szenarien sind – jedenfalls in der konkreten Arbeit der Studien der letzten Jahrzehnte – nicht immer eineindeutig definiert. Im Kontext der Energiesysteme lassen sich ungefähr die folgenden Zuordnungen in den Arbeiten der letzten Jahrzehnte finden (vgl. [3, 4, 6–14]):

- Mögliche oder denkbare (nach Möglichkeit konsistente) Entwicklungswege für ein definiertes (komplexes, wechselwirkendes) System über einen definierten Zeitraum.

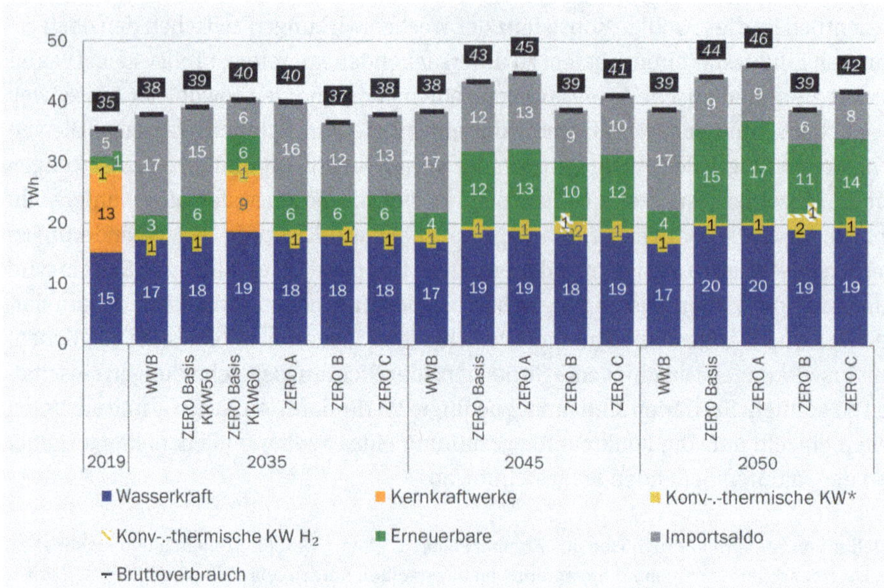

Abb. 6.2: Ergebnisbeispiel: Szenarienvergleich Stromerzeugungsstruktur im Winterhalbjahr 2050 in den Energieperspektiven 2050+ für die Schweiz [4].

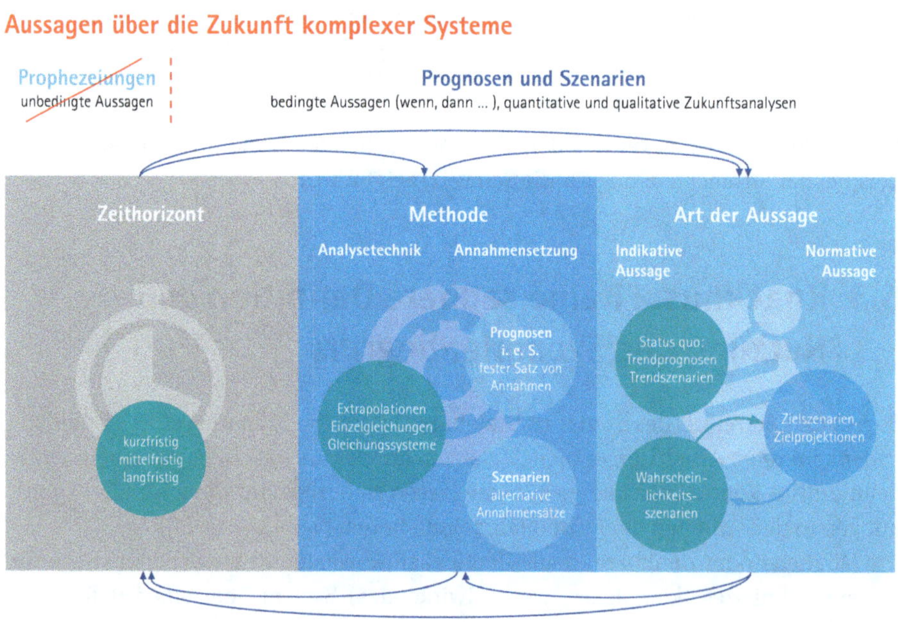

Abb. 6.3: Prinzipgrafik: Untersuchungskategorien bei Szenarien (Copyright Prognos, grafische Umsetzung: Stürmer und Dränger).

- Mögliche Ziel- und Zukunftsbilder für ein komplexes System zu einem spezifischen (Ziel-)Zeitpunkt unter bestimmten Voraussetzungen; dieses kann als ein Teil einer zeitlichen Teilmenge des obigen Punktes aufgefasst werden.
- Gelegentlich wird auch der Satz von Voraussetzungen oder Bedingungen beziehungsweise die zu untersuchende Geschichte oder Storyline als Szenario bezeichnet.

Aus den größeren Studien (vgl. [9–13, 15]) der vergangenen 20 Jahre lassen sich die beiden folgenden Minimaldefinitionen ableiten beziehungsweise als Interpretation zusammenfassen:
- Energieszenarien sind eine Methode zur systematischen Analyse der zukünftigen Entwicklung von komplexen (Energie-)Systemen.
- Energieszenarien sind immer bedingte Aussagen beziehungsweise Aussagenkonglomerate.
- Energieszenarien-Studien enthalten zumeist mehrere Szenarien, um gezielte und systematische Vergleiche unter definierten Veränderungen von Ausgangsbedingungen zu ermöglichen.

6.4 Verschiedene Arten von Energieszenarien

In den vergangenen Jahrzehnten haben sich die Fragen, die an die Entwicklung von Energiesystemen gestellt werden, stark verändert. In den 1980er Jahren waren vor allem Prognosen gefragt, mit denen berechnet werden sollte, welche Verbräuche mit der wachsenden Wirtschaftsleistung verbunden sein würden und wie diese gedeckt werden könnten. „Wie können wachsende Wirtschaft und wachsender Wohlstand mit Energie versorgt werden?" Es wurde nach den Auswirkungen der beginnenden Globalisierung und der Entwicklung der Gasmärkte gefragt. Anfang der 1990er Jahre war das Zusammenwachsen Deutschlands nach dem Mauerfall ein wichtiges Thema. Hier waren unterschiedliche Bausubstanzen, Industrie- und Infrastrukturen einzuschätzen, die Modernisierung von Kraftwerken, und der Umgang mit Binnenmigration und deren Auswirkung z. B. auf die Fernwärmeinfrastruktur.

In den 2000er Jahren standen Kernkraftausstieg verbunden mit zunehmenden Fragen von Treibhausgasemissionen und dem Umbau des Energiesystems zu Emissionsarmut im Mittelpunkt. Die Fragen des Klimaschutzes traten dann immer stärker in den Vordergrund. Insbesondere wurde es zunehmend wichtiger, zu untersuchen, mit welchen technischen Mitteln und politischen Instrumenten beziehungsweise Strategien zunehmend ambitionierte Ziele erreicht werden können.

Solchermaßen unterschiedliche Fragestellungen erfordern und definieren unterschiedliche Arten von Szenarien:

Indikative Szenarien untersuchen, wie sich politische Strategien oder Instrumente auf Energienachfrage und -angebot im Zeitablauf auswirken und in welchem Tempo bestimmte Technologien (z. B. Elektrofahrzeuge) oder Energieträger (z. B. Strom aus Erneuerbaren Energien, Wasserstoff) in das System eingeführt werden. Sogenannte Business-as-usual-Szenarien (BAU-Szenarien) sind eine typische Art von indikativen Szenarien. Mit ihrer Hilfe wird untersucht, wie sich z. B. Energieträgerverbrauch und Treibhausgasemissionen entwickeln, wenn die aktuellen politischen Strategien bei stetiger Wirtschafts-, Branchen- und Konsumentwicklung beibehalten werden. BAU-Szenarien dienen häufig als Referenzentwicklung in einem Szenarienfächer. Aus ihnen können Ziellücken und gegebenenfalls ein Handlungsbedarf abgeleitet werden. Auch Trendprojektionen zählen zu den indikativen Szenarien.

Kontrafaktische Szenarien untersuchen hypothetische Entwicklungen: Wie hätte sich das System entwickelt und würde sich weiterentwickeln, wenn in der Vergangenheit oder zu einem aktuellen Zeitpunkt andere Strategien als die tatsächlich verfolgten umgesetzt worden wären beziehungsweise würden? Solche Szenarienübungen sind hilfreich, um die tatsächliche Wirkung von Veränderungsstrategien einzuschätzen (sie wurden z. B. in [16] eingesetzt).

Zielszenarien dagegen analysieren, ausgehend von einer in der Zukunft liegenden Zielvorgabe (z. B. das Ziel Netto-null-Treibhausgasemissionen bis 2050 oder 2045), mit welchen Technologien und gegebenenfalls veränderten Nachfragemustern diese Ziele erreicht werden können. Je nach Szenarienambition und Verwendungszweck kann auch nach der Ausprägung politischer Instrumente oder Strategien gefragt werden (z. B. [10, 12, 14, 15]).

In jüngeren Arbeiten werden zunehmend *hybride Fragestellungen* untersucht: Hier werden – zumeist in iterativen Verfahren – zeitlich klar definierte Zielsetzungen mit konkreten Instrumenten oder Instrumenten- und Strategiepaketen verknüpft, um zu ermitteln, wie stark bestimmte Instrumente ausgestaltet sein müssen, um die technischen Voraussetzungen zur Zielerreichung tatsächlich umzusetzen. In solche Arbeiten fließen – so vorhanden – auch verstärkt Ergebnisse von Evaluationen energiepolitischer Instrumente ein (vgl. [13]).

Mit der Fragestellung eng verbunden sind die Wahl des eingesetzten Analyseinstrumentariums (z. B. Modelle zur Abbildung des Energiesystems oder ökonomischer Hypothesen) und die Differenzierungstiefe des abgebildeten Systems. Beide Punkte hängen wiederum wesentlich von der Verfügbarkeit geeigneter und abgesicherter Daten ab.

6.5 Wesentliche Dimensionen von Energieszenarien

Nicht nur die Art der Szenarien hängt von der jeweiligen Fragestellung ab, sondern auch eine Reihe anderer Dimensionen und Untersuchungsräume sind festzulegen, damit eine wohl definierte Analyse erfolgen kann. Wesentliche zu berücksichtigende Kategorien sind zumeist:

- Betrachtetes System, Bilanzgrenze, vorhandene Datengrundlagen: Unternehmen haben andere Fragestellungen als Bundes- oder Landesministerien oder Interessensverbände; die Bilanzgrenzen, Bilanzräume und Bilanzierungsmethodiken spielen für die quantitativen Grundlagen eine wesentliche Rolle. Zum Beispiel bilanzieren manche Bundesländer die Treibhausgas-Emissionen anders als die Bundesebene, und eine Bilanzierung auf Ebene der nationalen territorialen Quellenbilanz führt zu anderen Fragestellungen und Aussagen als eine Bilanzierung nach dem Greenhouse Gas Protocol. Die Aktualität, Vollständigkeit und Konsistenz der zugrundeliegenden Ausgangsbilanzen bestimmt in hohem Maße die Qualität und Interpretierbarkeit der Ergebnisse.
- Fristigkeit kann kurz-, mittel- oder langfristig sein: Im Energiesystem erfolgen technische Diffusion, Umsetzung und Anpassungsreaktionen in unterschiedlichen Zeithorizonten, abhängig von technischen Lebensdauern und angenommenen Trägheiten oder Widerständen. Insbesondere im Stromsystem spielen bei zunehmenden Anteilen von fluktuierenden Erneuerbaren Energien im System auch sehr kurzfristige zeitliche Auflösungen eine Rolle, da die Nachfrage zu jedem Zeitpunkt sicher gedeckt werden sollte. Daher werden hier häufig noch sehr feine stundenscharfe Auflösungen mit mehr oder minder synthetischen Wetterprofilen untersucht und ausgewertet. Diese führen zum Teil zur Identifikation von notwendigen Investitionen bevor die reine Jahresbilanz dies erfordern würde.
- Referenzrahmen – explizite und implizite Voraussetzungen: Welche Megatrends, gesellschaftlichen Entwicklungen, wirtschaftliche Entwicklungen, internationale Übereinkünfte etc. werden vorausgesetzt? Mit welchen Technologieentwicklungen kann gerechnet werden? Wird die Gesellschaftsentwicklung als konservativ oder innovativ und veränderungsbereit eingeschätzt? Werden Strategievorgaben gemacht und untersucht?
- Methodische Möglichkeiten – z. B. Simulation, Abbildung von Dynamiken und Wechselwirkungen.
- Szenarienlogik (s. Abschnitt 6.4). Hier ist die Klärung der genauen Untersuchungsfrage wichtig, damit keine logischen Inkonsistenzen auftreten. Gegebenenfalls müssen Iterationen und Feedbackschleifen berücksichtigt werden, was die Entwicklung von Szenarien aufwändiger macht, aber zumeist zu besser abgesicherten Ergebnissen führt (vgl. Abb. 6.3).
- Ergebnisdimensionen: Welche Größen sind elementar und müssen in jedem Szenario ausgewiesen werden? Was sind Zielgrößen, an denen die Szenarienergebnisse gemessen werden? Welche Größen sollen miteinander verglichen werden? Typische Ergebnisdimensionen sind beispielsweise:
  - Entwicklung von zugrunde liegenden Mengentreibern (z. B. Neubauten, Fahrzeuge, Produktionsmengen)

  - Endenergieverbrauch, Primärenergieverbrauch nach Energieträgern oder Sektoren
  - Energieverbrauch nach Verwendungszwecken
  - Treibhausgasemissionen
  - Strom- und Wärmelastkurven in verschiedenen Auflösungen
  - Stromsystem: Installierte Leistung im Zeitverlauf, Produktion im Zeitverlauf nach Technologien
  - gegebenenfalls räumliche Auflösung
  - Import- und Exportbilanzen
  - Importanteile
  - monetäre Dimensionen: Investitionen, Mehr- und Minderkosten
  - Verteilungseffekte.
- Kommunikative Nutzung und Einbindung: Es ist sinnvoll, bereits bei der Definition der Fragestellung die weitere Verwendung mit zu denken: Häufig dienen Szenarienarbeiten verschiedenen Zwecken und werden für die Kommunikation mit unterschiedlichen Zielgruppen herangezogen (z. B. Wissenschaft, Politik, Wirtschaft, Öffentlichkeit). Im Prinzip sind für solche unterschiedlichen Nutzungsarten unterschiedliche Auswertungen, Aufbereitungen und gegebenenfalls auch Interpretationen und Kommunikationsformen erforderlich.

Abb. 6.3 veranschaulicht die Analysedimensionen als Prinzipgrafik.

6.6 Konkrete Methodik bei der Umsetzung und Berechnung von Gesamtsystem-Szenarien (Beispiele)

Die heute für die Gestaltung und Erarbeitung quantitativer Szenarien für das Energiesystem üblicherweise verwendeten Energiesystemmodelle bilden zumeist die verschiedenen Energieverbrauchs- und -angebotssektoren in unterschiedlichen Differenzierungsgraden ab und werden ständig aktualisiert und weiterentwickelt. Solche Modelle erlauben es, die Auswirkungen aktueller sowie für die Zukunft erwarteter Technologien und die damit verbundenen Veränderungen von Energieverbrauch, Energieträgerstrukturen und Emissionen tiefgreifend zu analysieren – und das sowohl auf der Nachfrage- als auch auf der Angebotsseite. An dieser Stelle sollte aber darauf hingewiesen werden, dass es – bei allen beeindruckenden Entwicklungen, die in den letzten Jahrzehnten erfolgt sind – keine Universalmodelle gibt: Einzusetzende Modelle sind eng mit der jeweils zu untersuchenden Fragestellung verknüpft. Eine Energiesystemfragestellung oder eine spezifische Elektrizitätsversorgungsfragestellung erfordert andere Modellierungen als Fragen nach ökonomischen Auswirkungen.

Für die konkrete Szenarienarbeit und -umsetzung werden zunächst Rahmendaten für die sozio-demographische Entwicklung mit Bevölkerung, Altersstruktur, Haushaltsgrössen etc. sowie wirtschaftliche Entwicklung mit BIP, Branchenstruktur und ähnlichem festgelegt. Diese Größen sind exogen, das heißt, sie werden nicht mit den Modellen ermittelt. Sie definieren die Gesellschaft, die mit Energie versorgt werden soll. Gegebenenfalls können in einem weiteren Schritt die Rückwirkungen der Ergebnisse, insbesondere von Zielszenarien, auf diese Strukturen untersucht werden. Da in einem hochentwickelten Industrieland der monetäre Anteil des Energiesystems am BIP klein ist (in der Schweiz 2020 zwischen drei und vier Prozent), sind diese Auswirkungen insgesamt gering. Es können jedoch Verteilungseffekte zwischen Bevölkerungsgruppen, Sektoren und Branchen entstehen, die Gegenstand politischer Aushandlungsprozesse werden können – etwa dann, wenn es um die Ausgestaltung von energie-, sozial- oder industriepolitischen Instrumenten geht.

Diese Rahmendaten werden anschliessend modellgestützt in Mengengrößen wie Haushaltszahlen, Gebäudeflächen, Verkehrs- und Fahrzeugmengen und Produktionsmengen übersetzt.

Die Szenarien werden durch ihre grundsätzlichen Fragestellungen und gegebenenfalls durch strategische Vorgaben definiert. Beispiele sind die Fortschreibung der aktuellen Energiepolitik oder die (fixe) Reduktionszielsetzung bis zu einem bestimmten Zeitpunkt, aber auch die Vorgabe eines Absenkpfads mit Eckpunkten oder des (Treibhausgas-)Budgets. Die Szenariendefinition bestimmt sehr stark die in die Berechnungen eingehenden Technologieentwicklungen und zugleich die möglichen Optionen, die jeweils gezogen werden können oder müssen. Die konkrete Technologieentwicklung kann zum Teil innerhalb der Modellrechnungen über Lernraten, die mit der Diffusion zusammenhängen, rückgekoppelt werden.

Bei den klimaschutzbezogenen Zielszenarien in den Arbeiten von Prognos (vgl. [4, 9, 12, 14, 15]) wird in den letzten Jahrzehnten folgendes gestufte methodische Vorgehen angewendet:

- In einem ersten Schritt werden die aktuell beobachtbaren Entwicklungsraten fortgeschrieben (falls dies nicht bereits mit einem BAU-Szenario erfolgt ist).
- In der Regel ist das nicht hinreichend, um das Ziel zu erreichen, sodass die jeweils besten marktverfügbaren Technologien verstärkt eingesetzt und somit die Lernraten erhöht werden.
- Weiterhin werden vielversprechende Technologien, die ihre Funktionsfähigkeit bereits außerhalb des Labors, aber noch nicht in Groß-Serie bewiesen haben, eingesetzt.
- Wenn mit dem Einsatz dieser Technologien die Ziele noch nicht erreicht werden, können durch explizite Reduktionen bei Mengentreibern wie Wohnflächen, Verkehrsmengen, Konsum oder Produktionsmengen weitere Einsparungen erzielt werden.

Mit diesem Vorgehen wird systematisch und nachvollziehbar gezeigt, wie weit das Ziel technologiebasiert und unter Einsatz der jeweiligen Strategie für die Technologie- bzw. Energieträgerpräferenz erreichbar ist – und ab wann eine Veränderung von Konsumgrößen (Suffizienz) unabdingbar wird. In der realen Entwicklung ist es wahrscheinlich, dass sich beide Vorgehensweisen vermischen. Das heißt konkret: Es werden Anpassungen z. B. im Flugverhalten, im Lebensmittelkonsum oder längerfristig in Entscheidungen bei der Wohnort- oder Wohnungswahl ebenso erfolgen wie bei Modernisierung des Technologieeinsatzes (z. B. bei Fahrzeugen oder Heizsystemen). Es gibt jedoch keine objektivierbaren Anhaltspunkte dafür, wie die jeweiligen Ausprägungen sein werden. Daher wäre eine entsprechende Szenariendefinition beliebig und wenig aussagefähig und für die rahmensetzende Politik nicht nutzbar.

Explizit wird in den Arbeiten von Prognos zumeist für den Entwurf von Szenarien entschieden, dass (derzeit noch) spekulative Technologien oder Technologien, die bisher nur im Labor erprobt wurden, nicht berücksichtigt werden. Szenarien, die sich auf noch nicht ausgereifte Technologien stützen, wären wissenschaftlich nicht solide genug, um aus ihnen Pfade für Strategieentwicklungen ableiten zu können. Es müsste dann stets mit einem Plan-B-Szenario gearbeitet werden. Das hier dargestellte Vorgehen ist damit technologisch gesehen vielleicht etwas langweiliger, aber dafür umso robuster.

Dieses Vorgehen ist jedoch nicht zwingend – eine Fragestellung, wie weit oder wie schnell mit einer optimistischen Technologieentwicklung Ziele erreicht und Budgets eingehalten werden könnten, würde möglicherweise ambitioniertere Lernkurven vorsehen und müsste zusätzlich Bedingungen aufzeigen, unter welchen solche denkbar wären.

Aktuelle Fragen, die z. B. angesichts möglicher Energieträgerknappheiten nach schnellen Einsparmöglichkeiten suchen, würden konkrete Suffizienzmassnahmen wie Reduktion von Fahrleistungen, Temperaturabsenkungen o. ä. untersuchen, die schnell umgesetzt werden können, ohne zuvor alle technologischen Möglichkeiten auszunutzen.

Aus den Szenarienvorgaben werden in einem iterativen Verfahren mit den Modellrechnungen so genannte Storylines entwickelt. Diese berücksichtigen die wichtigen bestimmenden Faktoren in den Sektoren der Energienachfrage und des Energieangebots. Es ist häufig sinnvoll, diese Storylines jeweils mit den Annahmen in den Sektoren gemeinsam aufzubereiten.

Wie empfindlich ein Energiesystems auf äußere Veränderungen reagiert, wird zumeist mit sogenannten Sensitivitätsrechnungen untersucht. Dabei werden typischerweise definierte Veränderungen an den Rahmendaten (Bevölkerung, Wirtschaftsleistung, Energiepreise) vorgenommen werden. Die gewonnen Ergebnisse zeigen für das Energiesystem die Stärke der Abhängigkeiten und die Reaktionen auf einen definierten Veränderungsimpuls bei ansonsten gleichbleibenden Rahmenbedingungen und unterstellten Strategien. In dieser Arbeit werden solche Sensitivitätsrechnungen für die Bevölkerungs- und BIP-Entwicklung sowie die Weltmarktenergiepreise durchgeführt.

6.7 Zusammenfassung – Nutzen und Grenzen von Szenarienarbeiten

Szenarien sind – richtig gemacht – sehr leistungsfähige Analyseinstrumente, um die zukünftigen Entwicklungen im Energiesystem und deren Auswirkungen zu untersuchen. Gepaart mit entsprechenden quantitativen Werkzeugen wie Energiesystemmodellen oder energieökonomischen Modellen, können Aussagen in wesentlichen Dimensionen und Detailgraden abgeleitet werden:

- Entwicklung wesentlicher Parameter der Energiesystems
- notwendige technische Stellschrauben zur Zielerreichung und
- notwendige politische Eingriffsnotwendigkeiten zur Steuerung von Transformationserfordernissen
- Robustheit des Systems, mögliche kritische Punkte, an denen Vorsorge getroffen werden muss, wie z. B. Infrastrukturfragen, Netzausbauten, Wasserstoff- oder CO_2-Infrastruktur (siehe [17])
- Versorgungssicherheitsfragen (z. B. Importabhängigkeiten)
- ökonomische Auswirkungen (hier sind die Abhängigkeiten und Wechselwirkungen mit den eingesetzten Instrumentarien am größten).

Auch die detaillierteste Abbildung des Energiesystems ist eine vereinfachte Abbildung. Annahmen über Strategieentscheidungen und Technologieentwicklungen sowie allgemeine gesellschaftliche Trends sind genau das – Annahmen, die häufig auf integrierten quantitativen Basen mit einem gewissen zeitlichen Verzug beruhen. Gewisse Robustheiten und Entwicklungen von Durchschnittswerten können mit dieser Methodik sehr gut abgebildet werden, auch Anhaltspunkte für Belastungs- oder Verteilungseffekte sind mit hoher Sicherheit erkennbar.

Das Energiesystem ist – sowohl aufgrund der langen Investitionszyklen und starken Abhängigkeit von demographischen Faktoren – relativ träge und daher in Szenarien robust abbildbar. Die schnelle und disruptive Digitalisierungstechnologie z. B. hat sich auf wesentliche Parameter des Energiesystems bislang kaum ausgewirkt, obgleich sie Lebens- und Arbeitswelten durchaus stark und schnell verändert hat.

Bei einer höheren räumlichen und zeitlichen oder auch soziodemographischen Auflösung unterhalb dieser robusten makroskopischen Größen des Energiesystems sind jedoch schnellere Veränderungen und größere Fluktuationen denkbar, für deren Abbildung und Analyse andere Methoden angemessen sind. Hierzu gehören z. B.

- probabilistische Analysen von Teilsystemen, die Volatilität und Robustheit von Pfaden unter systematischer Änderung in Parameterräumen ermitteln,

- Nutzung von neuen Datenquellen, die zwar keine Statistikqualität aufweisen (und denen damit verschiedene Aussagedimensionen wie Repräsentativität und Vollständigkeit fehlen), die aber Anhaltpunkte für Diversität und Verteilung von Präferenzsystemen oder Geschäftsmodellen geben können,
- Suche nach innovativeren und spekulativeren Technologie- und Organisationsmodellen, um z. B. Anhaltpunkte für schnellere Diffusion verschiedener Technologien und Verhaltensweisen (z. B. neue integrierte Mobilitätsplanung, verändertes Arbeits- und Pendelverhalten o. ä.) einschätzen und verarbeiten zu können.

Solche Detailanalysen können dann wieder in Gesamtsystemanalysen aufgenommen werden. Die Entwicklungen der Arbeiten der letzten Jahrzehnte hat gezeigt, dass sich die Methodik, die Fra-gestellungen, die Datenbasen, die eingesetzten Werkzeuge und die jeweiligen Interpretationen und Kommunikationen in ständigem Austausch und in einer Ko-Evolution miteinander befinden.

Literaturverzeichnis

[1] IZT Institut für Zukunftsstudien und Technologiebewertung (2008). Werkstattbericht Nr. 103, Hannah Kosow, Robert Gaßner Unter Mitarbeit von Lorenz Erdmann und Beate-Josephine Luber. Methoden der Zukunfts- und Szenarioanalyse, Überblick, Bewertung und Auswahlkriterien. Berlin. ISBN 978-3-941374-03-4.

[2] Franke, R. und Zerres, M. (1999). Planungstechniken Instrumente für erfolgreiche Unternehmensführung im internationalen Wettbewerb. Frankfurter Allgemeine Buch. Kap. 5. ISBN 3-924875-82-0.

[3] Prognos AG (Hrsg.) (2004). Workshopband „Energieprognose angesichts globaler Unsicherheit, Diskussionen zentraler Determinanten der sozialen und technologischen Entwicklung“. Proceedings der Workshops zur energiewirtschaftlichen Referenzprognose mit Zeithorizont 2030, Basel/Berlin. ISBN 3-9810016-0-5 (im Auftrag des Bundesministeriums für Wirtschaft und Technologie).

[4] Prognos AG, Infras AG, TEP GmbH (Projektteams: Prognos AG: Dr. Andreas Kemmler, Dr. Almut Kirchner, Sven Kreidelmeyer (alle Projektleitung) Dr. Alexander Piégsa, Dr. Thorsten Spillmann, Hans Dambeck, Hanno Falkenberg, Sebastian Lübbers, Andreas Brutsche, Dina Tschumi, Julia Thurau, Florian Ess, Christoph Thormeyer, TEP Energy GmbH: Dr. Martin Jakob, Dr. Ulrich Reiter, Dr. Giacomo Catenazzi, Benjamin Sunarjo, Lia Weinberg, Jonas Müller, Larissa Lien-hard, Infras AG: Dr. Hans-Jörg Althaus, Dr. Brian Cox, Dr. Benedikt Notter) (2021). Energieperspektiven 2050+. Basel/Bern/Zürich, im Auftrag des Bundesamts für Energie, Bern.

[5] Kirchner, A. (2021). Szenarien und Prognosen: Kondensiertes Wissen als Grundlage für politische Aushandlungsprozesse, erschienen in: Prognos AG, Trendletter 1/2021, „Wissensarbeit“.

[6] EWI, Prognos AG (Projektteam: Prognos AG: Dr. Michael Schlesinger, Konrad Eckerle, Konrad Haker, Jens Hobohm, Janina D. Scheelhasse, EWI: Martin Kreuzberg, Alexander Nolden, Thomas Schuppe, Walter Schulze, Frank Starrmann) (2008). Energiereport III, Die längerfristige Entwicklung der Energiemärkte im Zeichen von Wettbewerb und Umwelt. Schaeffer-Poeschel, Stuttgart. ISBN 3-7910-1680-6 (im Auftrag des Bundesministeriums für Wirtschaft und Technologie).

[7] EWI, Prognos AG (Projektteam: EWI: Walter Schulz, Christoph Gatzen, Dietmar Lindenberger, Felix Müsgens, Markus Peek, Andreas Seeliger, Dirk Steuber, Ralf Wissen, Prognos G: Michael Schlesinger, Almut Kirchner, Peter Hofer) (2005). Energiereport IV, Die Entwicklung der Energiemärkte bis zum Jahr 2030, Energiewirtschaftliche Referenzprognose. Köln/Basel (im Auftrag des Bundesministeriums für Wirtschaft und Arbeit).

[8] Prognos, EWI, GWS (Projektteams: Prognos AG: Dr. Michael Schlesinger, Peter Hofer, Dr. Andreas Kemmler, Dr. Almut Kirchner, Sylvie Koziel, Andrea Ley, Dr Alexander Piégsa, Friedrich Seefeldt, Samuel Strassburg, Karsten Weinert, EWI: PD Dr. Dietmar Linbenberger, Andreas Knaut, Raimund Malischek, Sebastian Nick, Timo Panke, Simon Paulus, Christian Tode, Johannes Wagner, GWS: Dr. Christian Lutz, Dr. Ulrike Lehr, Philip Ulrich) (2014). Entwicklung der Energiemärkte – Energiereferenzprognose, Projekt Nr. 57/12 des Bundesministeriums für Wirtschaft und Technologie. Basel 7 Köln/Osnabrück.

[9] Prognos AG, CEPE, Infras AG (Projektteams: Prognos AG: Dr. Almut Kirchner, Peter Hofer, Vincent Rits, Andrea Ley, CEPE: Dr. Bernard Aebischer, Infras AG: Mario Keller) (2007). Die Energieperspektiven 2035. Basel/Bern/Zürich, im Auftrag des Bundesamts für Energie, Bern.

[10] EWI/dena (Projektteam: Thomas Bründlinger, Julian Elizalde König, Oliver Frank, Dietmar Gründig, Christoph Jugel, Patrizia Kraft, Oliver Krieger, Stefan Mischinger, Philipp Prein, Hannes Seidl, Stefan Siegemund, Christian Stolte, Mario Teichmann, Jakob Wilke, Mareike Wolk) (2018). dena-Leitstudie integrierte Energiewende. Berlin.

[11] Ausfelder, et al. (2017). Sektorkopplung – Untersuchungen und Überlegungen zur Entwicklung eines integrierten Energiesystems (Schriftenreihe Energiesysteme der Zukunft), München. ISBN 978-3-9817048-9-1.

[12] BCG, Prognos (Projektteams: BCG: Dr. Philipp Gerbert, Dr. Patrick Herhold, Dr. Jens Burchardt, Stefan Schönberger, Dr. Florian Rechenmacher, Jonas Schröder, Alexander Klüber, Joonas Päivärinta, Marius Klein und Wido Witecka, Prognos AG: Dr. Almut Kirchner, Dr. Andreas Kemmler, Marco Wünsch, Alex Auf der Maur, Florian Ess, Sylvie Koziel, Sven Kreidelmeyer, Jan Limbers, Dr. Alexander Piégsa, Samuel Straßburg und Inka Ziegenhagen) (2018). Klimapfade für Deutschland. Basel/Berlin, im Auftrag des Bundesverbands der deutschen Industrie.

[13] Prognos AG, Öko-Institut, FhG ISI, IINAS (2021). Energiewirtschaftliche Projektionen und Folgenabschätzungen. Basel/Karlsruhe/Darmstadt/Berlin 2021, im Auftrag des BMWI.

[14] Prognos AG, Wuppertal Institut, Öko-Institut (2021). Klimaneutrales Deutschland 2045. Berlin, im Auftrag von Agora Energiewende, Agora Verkehrswende, Stiftung Klimaneutralität.

[15] Prognos AG, Öko-Institut (Projektteams: Prognos AG: Dr. Almut Kirchner, Dr. Michael Schlesinger, Dr. Bernd Weinmann, Dr. Alexander Piégsa, Peter Hofer, Dr. Andreas Kemmler, Marco Wünsch, Marcus Koepp, Lucas Kemper, Samuel Strassburg, Ute Zweers, Andrea Ley, Öko-Institut: Dr. Felix Chr. Matthes, Julia Busche, Verena Graichen, Dr. Wiebke Zimmer, Hauke Herrmann, Gerhart Penninger, Lennart Mohr) (2009). Modell Deutschland, Klimaschutz 2050: vom Ziel her denken. Basel 7 Berlin, im Auftrag des WWF Deutschland.

[16] GWS, Prognos, DIW, Fraunhofer ISI, DLR, (Projektteams: GWS: Lisa Becker, Markus Flaute, Ulrike Lehr, Christian Lutz, Philip Ulrich, Helena Walter, DIW: Dietmar Edler, Stefan Bach, Michelle Harnisch, Niklas Isaak, DLR: Marlene O'Sullivan, FhG ISI: Barbara Breitschopf, Prognos: Alex auf der Maur, Andreas Kemmler, Almut Kirchner, Sylvie Koziel, Alexander Piégsa, Samuel Straßburg, Marco Wünsch, Inka Ziegenhagen) (2018). Makroökonomische Auswirkungen und Verteilungsfragen der Energiewende. Osnabrück, im Auftrag des BMWI.

[17] Prognos, EWI, GWS (Projektteams: Prognos AG: Dr. Almut Kirchner, Dr. Stephan Heinrich, Dr. Andreas Kemmler, Sylvie Koziel, Dr. Alexander Piégsa, Samuel Strassburg, EWI: Dr. Harald Heckmann, Martin Paschmann, Jakob Peter, Helena Schweter, Florian Weiser, GWS: Dr. Christian Lutz, Dr. Markus Flaute, Anne Nieters) (2016). Black Swans (Risiken) in der Energiewende – Risikomanagement für die Energiewende. Basel, im Auftrag des BMWI.

Kurzvita

Almut Kirchner, Physikerin, ist Direktorin bei der Prognos AG und leitet dort den Bereich „Energie- und Klimapolitik“ sowie das Kompetenzzentrum „Modelle“.
Sie stieß 2002 als Senior-Projektleiterin zur Prognos AG. Davor erwarb sie vier Jahre lang Verwaltungserfahrung als Fachreferentin für die Förderung rationeller Energieverwendung und regenerativer Energien in einem Landesumweltministerium und blickt auf eine fünfjährige Geschäftsführertätigkeit einer Landesenergieagentur zurück.
Ihre Arbeitsschwerpunkte liegen in den Bereichen modellgestützte langfristige Prognosen und Szenarien von Gesamtenergiesystemen. Dabei besonders untersuchte Fragen sind ökologische und ökonomische Auswirkungen der Energieerzeugung und des Energieverbrauchs, System- und Infrastrukturfragen, Energiepolitik, Versorgungssicherheit und Verwundbarkeit sowie Wirkungen energie- und klimapolitischer Instrumente.
Sie besitzt spezifische Methodenkompetenz bei der Modellierung und Simulation rückgekoppelter und nichtlinearer dynamischer Systeme. Sie leitet vor allem strategische Studien für Gesamtenergiesysteme sowie Technologiestudien und hat z. B. seit Jahrzehnten die wissenschaftlichen Abreiten der Szenarienstudien für die Schweizer Energieperspektiven (Bundesamt für Energie, Bern) geleitet, Energieprognosen und -szenarien für verschiedene deutsche Bundes- und Landesministerien, Umweltverbände (z. B. WWF „Modell Deutschland: Klimaschutz vom Ziel her denken“), Industrieverbände (z. B. BDI/ BCG „Klimapfade für Deutschland“) sowie Technologiestudien für unterschiedliche Verbände und Auftraggeber betreut.

Sebastian Thiem, Oliver D. Doleski, Martin Kautz und Lukas Höttecke

7 Einfluss der CO_2-Ziele auf die Energieplanung – optimale Energieversorgung aus Klimasicht

Zusammenfassung: Unserer Erde ist es inzwischen zu heiß! Die globale Temperaturkurve steigt seit Beginn der Wetteraufzeichnungen kontinuierlich. Auslöser dieser fatalen Entwicklung ist der stetig wachsende Eintrag klimawirksamer Treibhausgase in die Atmosphäre. Fraglos wird gerade bei der Erzeugung von Strom und Wärme in Energieanlagen heute immer noch eine große Menge von Treibhausgasen freigesetzt. Lösungen sind erforderlich, die in der Lage sind, die kritische Konzentration klimaschädlicher Emissionen in der Atmosphäre in einer ersten Phase zu begrenzen und – dies ist entscheidend – in einer zweiten Phase spürbar zu reduzieren. Mit anderen Worten verbirgt sich der entscheidende Hebel zur Korrektur und schließlich Umkehrung des Klimatrends in der konsequenten Reduzierung der Abgabe von Treibhausgasen über alle Branchen, Technologien und Anwendungsfälle hinweg. Im vorliegenden Beitrag liegt der Fokus auf der näheren Betrachtung von Energiesystemen und der herausragenden Rolle ambitionierter CO_2-Ziele auf eine nachhaltige Energieplanung.

Schlagwörter: Dekarbonisierung, Digitalisierung, digitaler Zwilling, Energiesystem, Energieplanung, Klimaschutz

7.1 Energiesysteme im Zeichen des Klimawandels

Seit Beginn der Wetteraufzeichnungen kennt die globale Temperaturkurve nur eine Richtung: Sie steigt. Klimadaten belegen, dass 19 der 20 bislang wärmsten Jahre in die Zeitspanne seit der Jahrtausendwende fallen. Und besonders bemerkenswert dabei ist, dass es sich hier keineswegs um eine zufällige Häufung absoluter Temperaturhöchststände handelt. So lenkt der Generalsekretär der World Meteorological Organization (WMO) Petteri Taalas den Blick von der isolierten Betrachtung einzelner Jahre auf den stabilen Trend signifikant ansteigender Durchschnittstemperaturen: 'The long-term temperature trend is far more important than the ranking of individual years, and that trend is an upward one [...]' [1].

Sebastian Thiem, Siemens AG, Technology, Erlangen, Deutschland, e-mail: sebastian.thiem@siemens.com
Oliver D. Doleski, Siemens AG, München, Deutschland, e-mail: doleski@t-online.de
Martin Kautz, Lukas Höttecke, Siemens AG, Technology, Erlangen, Deutschland, e-mails: mekautz@web.de, lukas.hoettecke@siemens.com

https://doi.org/10.1515/9783110753585-007

Auslöser dieser für das Leben auf der Erde fatalen Entwicklung ist der mit dem Einsetzen der Industrialisierung stetig ansteigende Eintrag klimawirksamer *Treibhausgase* (*THG*) in die Atmosphäre. Das Resultat dieses Phänomens zunehmender atmosphärischer Gaskonzentration ist gemeinhin bekannt: ein signifikanter Zuwachs der globalen Jahresdurchschnittstemperaturwerte. Ein Fakt, den wir seit Jahren überall auf unserem Planeten feststellen müssen. Schließlich entstehen immer, wenn wir Kohle, Erdöl und Erdgas zur Strom- und Wärmegewinnung verbrennen, kohlenstoffhaltige Rohstoffe in chemischen oder energetischen Prozessen verarbeiten oder Landwirtschaft betreiben, Emissionen, die das Weltklima aufheizen.

Reduzierung klimaschädlicher Treibhausgase

Der menschengeschaffene Klimawandel hat eine hohe Relevanz für die Zukunft unserer Erde. Daher haben inzwischen weite Teile von Politik und Gesellschaft ein gesteigertes Interesse an einer spürbaren Reduzierung klimaschädlicher THG entwickelt. „Das aus dieser Überzeugung folgerichtig abzuleitende Ziel des konsequenten Umbaus der Weltwirtschaft in eine weitgehend klimaneutrale Ökonomie war über den Zeitablauf jedoch nicht von jeher überall gleichermaßen sofort anerkannt. Es bedurfte einer Häufung weltweiter Temperaturrekorde, zunehmender Extremwetterereignisse und zahlreicher Klimakonferenzen, bis die klimapolitischen Ziele schließlich mit wachsender Ernsthaftigkeit verfolgt wurden" [2, S. 3]. Es bedurfte demnach zahlreicher Stationen bis zum Status quo, wie wir ihn heute kennen.

Die in den späten Sechzigerjahren aufkeimende Klimaschutzbewegung hat nicht einen einzigen Ausgangspunkt, sondern tatsächlich mehrere Wurzeln. Die bekannteste Initiative aus diesem Umfeld ist der *Club of Rome*. Ein 1968 gegründeter Zusammenschluss von Experten, deren 1972 publizierter Bericht „The Limits to Growth" (vgl. [3]) bis heute nachwirkt. So ist es diesem mittlerweile gut 50 Jahre zurückliegenden Pionierprojekt gelungen, direkt oder indirekt eine stetig wachsende Anzahl von Menschen weltweit für die ökologischen Zukunftsprobleme unserer Erde zu sensibilisieren.

Seit der Veröffentlichung von „The Limits to Growth" bedurfte es noch weiterer 40 Jahre sowie zahlreicher Konferenzen und Initiativen bis zum entscheidenden Klimajahr 2015. Gleich drei internationale Großereignisse stellten in diesem Jahr die Weichen für mehr Klimaschutz: der G7-Gipfel auf Schloss Elmau, der Weltgipfel für nachhaltige Entwicklung in New York und, last but not least, die UN-Klimakonferenz von Paris.

Erstmals in der Menschheitsgeschichte ist es im Jahr 2015 gelungen, eine völkerrechtlich verbindliche und vor allem globale Klimaschutzvereinbarung abzuschließen. Damit haben sich die Unterzeichnerstaaten der Pariser Klimaschutzvereinbarung (vgl. [4]) auf messbare Ziele zur Bekämpfung des anthropogenen Klimawandels samt einem fünfjährigen Turnus zu deren Überprüfung verständigt. Insofern ist es der besondere Verdienst von Paris, dass die Reduzierung klimaschädlicher Treibhausgase nicht länger ein mehr oder weniger unkonkretes Fernziel darstellt. Vielmehr wurden zwei konkrete Hauptziele in diesem Abkommen formuliert: die Erderwärmung gegenüber vorindustriellen Werten auf deutlich unter 2 Grad Celsius zu begrenzen, und noch im Laufe dieses Jahrhunderts den Idealzustand globaler Treibhausgasneutralität zu erreichen.

Wo stehen wir heute?

Die Weichen sind gestellt! Spätestens mit der Formulierung des *European Green Deals* im Jahr 2019 durch die *Europäische Kommission* wurden die Vereinbarungen von Paris für den Geltungsbereich der Europäischen Union weiter konkretisiert (vgl. [5]). Visionäres Ziel des Green Deals ist es, dass Europa bis Mitte des Jahrhunderts „[...] zum ersten vollständig klimaneutralen Kontinent der Welt werden soll. Konkret bedeutet dieses Ziel nicht weniger als die vollständige Abkehr von der Nutzung fossiler Energieträger wie Kohle, Öl und Gas in der gesamten Europäischen Union bis zum Jahr 2050." [2, S. 6].

Der ambitionierte Plan, den die Kommissionspräsidentin Ursula von der Leyen am 11.12.2019 bei dessen Vorstellung in Brüssel mit den Worten „Today is the start of a journey. But this is Europe's man on the moon moment." [6] beschrieb, ist Ausdruck der Überzeugung, dass die Menschheit keine Zeit mehr verlieren darf, will sie die drohende Klimakatstrophe noch abwenden.

Aber wo stehen wir heute? Beinahe täglich können wir sehen, dass die Folgen des anthropogenen Klimawandels immer deutlicher zutage treten. Klimabedingte Starkwetterereignisse wie etwa die Überschwemmungen im Westen Deutschlands im Sommer 2021 sind exemplarischer Beleg dafür. Auch zeigen Wetterdaten, dass die durchschnittliche Temperatur auch seit Paris 2015 weiterhin ansteigt (vgl. dazu [7] und [8]). Insofern ist die erforderliche Trendwende bei den Temperaturen bislang (noch) nicht erkennbar.

Vor diesem zweifelsohne alarmierenden Hintergrund sind praktikable Lösungen gefragt. Lösungen, die in der Lage sind, die kritische Konzentration klimaschädlicher Emissionen in der Atmosphäre in einer ersten Phase zu begrenzen und – dies ist entscheidend – in einer zweiten Phase darüber hinaus spürbar zu reduzieren. Mit anderen Worten verbirgt sich der entscheidende Hebel zur Korrektur und perspektivischen Umkehrung des eingangs skizzierten Klimatrends in der konsequenten Reduzierung der Abgabe von Treibhausgasen über alle Branchen, Technologien und Anwendungsfälle hinweg. In diesem Beitrag wollen wir Autoren den Fokus insbesondere auf die nähere Betrachtung von Energiesystemen legen.

Energiesysteme im Fokus

Energiesysteme spielen aufgrund ihrer Bedeutung eine herausragende Rolle wenn es darum geht, eine auch aus Klimasicht optimale Energieversorgung sicherzustellen. Unter Energiesystemen wird dabei die Gesamtheit aller an einem Ort installierten

Kraftwerke, Solaranlagen, Windräder, Elektrogeräte, Maschinen und Leitungen verstanden. Anders ausgedrückt handelt es sich um Systeme aller Art, beispielsweise Wohngebiete oder Industrieareale, bei denen Energie im Spiel ist.

Trotz fortschreitender Energiewende und Dekarbonisierung werden heute bei der Wandlung von Energie nach wie vor große Mengen von THG freigesetzt. Dies geschieht direkt bei der Verbrennung von Kohle, Erdöl und Erdgas zur Gewinnung von Strom und Wärme, aber auch indirekt beim Transport dieser Primärenergieträger zu den Energiegroßanlagen selbst. Folgerichtig stehen beim Klimaschutz Energiesysteme und deren betriebsbedingte Emissionen klar im Fokus einer nachhaltigen Energieplanung. Denn der Kampf gegen den globalen Klimawandel kann nur gewonnen werden, wenn gerade auch die Bereitstellung von Energie nachhaltig geplant wird und dann auch so erfolgt.

7.2 Planung von Energiesystemen – Versuch eines Überblicks

Die Klimafrage ist eine der größten, vielleicht die größte Frage unserer Zeit. Und über das Zielbild zur Beantwortung dieser Frage herrscht ein breiter Konsens: eine (weitgehend) vollständige Reduktion der weltweiten Treibhausgasemissionen, vorrangig durch einen fundamentalen Strukturwandel in der Energieversorgung. Das Zielbild der Klimaneutralität ist hierbei in den Köpfen fest verankert. Der Pfad zur Erreichung dieses Zielbildes bleibt hingegen ein unübersichtliches Mosaik an Möglichkeiten. Dieses Mosaik erstreckt sich über zahlreiche Maßnahmen in den verschiedensten gesellschaftlichen und wirtschaftlichen Bereichen. In diesem Mosaik suchen Einzelpersonen, Unternehmen und Regierungen weltweit ihren konkreten Beitrag zur Realisierung der Klimaneutralität. Welcher Beitrag zum Klimaschutz konkret möglich ist, erfordert eine vorausschauende Analyse und Planung. Der nachfolgende Abschnitt versucht daher einen Überblick zu geben, wo *Energieplanung* stattfindet und welche Auswirkungen Klimaziele dort haben.

7.2.1 Dimensionen der Energieplanung

Die Planung der Energieversorgung findet in verschiedenen räumlichen und zeitlichen Dimensionen statt. Die Bandbreite der relevanten Fragestellungen erstreckt sich dabei über das Batteriemanagement in einem Privathaushalt bis zu Klimastudien ganzer Länder oder Kontinente. Eine schematische Darstellung von zeitlichen und räumlichen Dimensionen von Energieplanung ist Abbildung 7.1 zu entnehmen.

Die räumliche Dimension beginnt in einzelnen Gebäuden oder Fabrikbereichen in denen Energie umgewandelt oder gespeichert wird. Hierbei werden einzelne Kom-

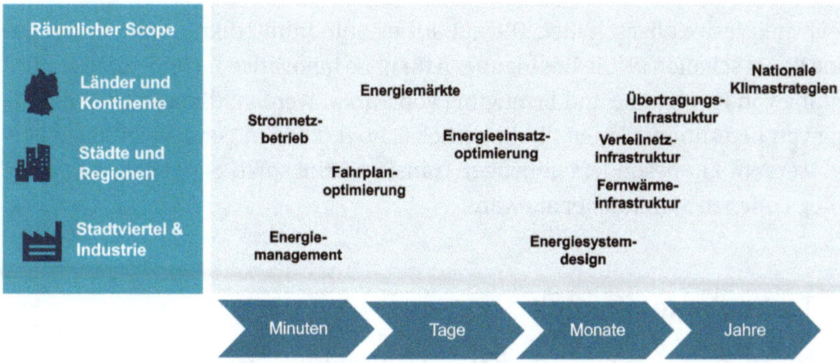

Abb. 7.1: Zeitliche und räumliche Dimensionen von Energieplanung, in Anlehnung an vgl. [9].

ponenten detailgetreu abgebildet. Bei großen Industriestandorten oder ganzen Stadtvierteln ist dies praktisch nicht mehr möglich, nicht zuletzt aufgrund der begrenzten Datenverfügbarkeit. Kleinere Lasten und Erzeugungseinheiten werden gezielt aggregiert. Wesentliche technische Eigenschaften von großen Anlagen wie das Alterungs- oder Teillastverhalten müssen aber weiterhin berücksichtigt werden. Für Makrobetrachtungen von Regionen und Ländern werden alle Anlagen einer bestimmten Technologie und die Lasten üblicherweise nach Industriesektor beziehungsweise Gebäudeart aggregiert. Diese Vereinfachungen ermöglichen gezielte Analysen, wie der regulatorische Rahmen (z. B. die Höhe des CO_2-Preises) zur Erreichung bestimmter Klimaziele global weiterentwickelt werden sollte.

Neben der räumlichen Dimension ist grundsätzlich zwischen der *Systemplanung* und der *Betriebsplanung* zu unterscheiden. Die Betriebsplanung ermittelt einen optimalen Betrieb existierender Anlagen und zielt damit auf Planungshorizonte von Minuten bis Wochen. So werden in einer Energieeinsatzoptimierung Revisionszeiten für Kraftwerke über Wochen bis Monate im Voraus bestimmt. Eine anschließende Fahrplanoptimierung verfeinert die genauen An- und Abfahrzeiten einige Stunden vorab. Nachfolgend wird der Fokus jedoch auf die Systemplanung gelegt. In der Systemplanung werden neben den Betriebsentscheidungen auch Investitionsentscheidungen optimiert. Planungshorizonte erstrecken sich dementsprechend über Jahre bis Jahrzehnte. Beispiele für Systemplanung sind die Bestimmung von nationalen Klimastrategien, die Auslegung der Infrastruktur von Strom-, Gas- und Fernwärmenetzen sowie die Optimierung des Anlagenparks an Standorten, hier als „Energiesystemdesign“ bezeichnet.

In einer Systemplanung kann für einen gegebenen Szenariorahmen über zukünftige Entwicklungen und innerhalb klar definierter Systemgrenzen ein *Transformationspfad* ermittelt werden. Ein Transformationspfad beschreibt die nachhaltigen Veränderungen eines Energieversorgungssystems, insbesondere die geplanten Veränderungen in den Technologien und Anlagenkapazitäten. Ein Beispiel sind Umnutzungskonzepte für alte Kraftwerksstandorte. An solchen Standorten werden Kraftwerksblöcke meist sukzessive abgeschaltet. Die gut ausgebaute Infrastruktur und der frei gewordene Raum schaffen ideale Bedingungen für neue innovative Technologien zur Bereitstellung von Fernwärme und Erzeugung von Strom. Werden Klimaziele bei der Erstellung von Investitionsplänen direkt berücksichtigt, können Fehlinvestitionen vermieden werden. Ein besonders günstiger Transformationspfad ergibt sich aus einer technologieoffenen Maßnahmenauswahl.

7.2.2 Technologieoffenheit

Energiesysteme für Strom, Wärme und Verkehr sind historisch innerhalb des jeweiligen Sektors optimiert und regulatorisch entwickelt worden. Die Veränderungen durch die Energiewende weichen diese gewachsenen Sektorengrenzen immer weiter auf, beispielsweise durch die zunehmende Nutzung von Wärmepumpen und den Ausbau von Ladeinfrastruktur für die Elektromobilität. Integrierte Planungsmethoden berücksichtigen die Wechselwirkung zwischen den einzelnen Sektoren. Sie sind daher für eine Energieplanung unter Einbeziehung von Klimazielen unersetzlich.

Zentrale Aufgabe von integrierten Planungsmethoden ist die Auswahl und Priorisierung geeigneter Maßnahmen zur Reduktion von Treibhausgasen. In einer Systemplanung wird aus den theoretisch denkbaren Maßnahmen zunächst eine sinnvolle Auswahl getroffen. Diese Auswahl wird in der akademischen Fachwelt als *Energy Hub* bezeichnet und kann als technische Superstruktur grafisch visualisiert werden (vgl. [10]). Fünf Handlungsfelder für praktische Maßnahmen sind:

- *Erneuerbare Erzeugung*: Photovoltaik- und Windkraftanlagen können zu bestimmten Zeiten CO_2-freien Strom bereitstellen. Die Einbindung von Wasserkraft, Biomasse, Geothermie und industrieller Abwärme kann regional ebenfalls einen wichtigen Beitrag leisten.
- *Energie- und Materialeffizienz*: Die Erneuerung von Altanlagen, eine verbesserte Wärmerückgewinnung aus Industrieprozessen und Gebäudesanierung reduzieren den Energiebedarf und damit auch Treibhausgasemissionen. Vergleichbare Effekte entstehen durch die Rückgewinnung von Rohstoffen, beispielsweise durch höhere Recycling-Quoten.
- *Elektrifizierung*: Strom kann an vielen Stellen fossile Brennstoffe ersetzen und so Treibhausgasemissionen vermeiden, beispielsweise durch Elektrodenlichtbögen für bestimmte Industrieunternehmen oder durch Elektrobusse im öffentlichen Nahverkehr. Die Erzeugung von Wasserstoff für Industrieanwendungen und als zukünftiger Kraftstoff für den Transportsektor ist in der aktuellen öffentlichen Diskussion sehr prominent.
- *Speicherlösungen*: Die wetterabhängige Verfügbarkeit von erneuerbarer Erzeugung kann durch Energiespeicher ausgeglichen werden. Neben rein elektrischen Speichern wie Batterien stehen hier auch thermische Energiespeicher zur Flexibilisierung von Wärmelasten zur Auswahl.

- *CO_2-negative Technologien*: Eine Vielzahl an Maßnahmen ermöglicht die Bindung von Treibhausgasen. Hierzu zählen die Aufforstung von Wäldern oder die Nutzung von Kohlendioxid als Rohstoff in der Chemieindustrie.

Der Begriff der *Technologieoffenheit* beschreibt im Kontext der Energieplanung eine optimale Auswahl von Maßnahmen auf Basis projizierter technischer Entwicklungen und ökonomischer Randbedingungen. Eine technologieoffene Auswahl bestimmt damit die aus techno-ökonomischer Sicht beste Kombination an geeigneten Maßnahmen. Bei der Auswahl und Dimensionierung von Technologien gibt es keine Beschränkungen. Somit wird ein kostenoptimaler Weg zur Erreichung eigener Klimaziele beziehungsweise der Klimaneutralität aufgezeigt. Die praktische Erfahrung zeigt jedoch, dass viele Entscheidungen in der Systemplanung nicht ausschließlich auf Basis techno-ökonomischer Überlegungen getroffen werden.

Gesellschaftliche Fragestellungen bleiben bei einer technologieoffenen Auswahl in der Regel (zunächst) unberücksichtigt. Die Frage der Energieplanung ist jedoch immer eng mit den politischen und regulatorischen Rahmenbedingungen und damit auch mit der öffentlichen Wahrnehmung von Technologien verbunden. So wird das Thema Stromerzeugung in der deutschen Öffentlichkeit sehr viel intensiver diskutiert als das Thema Wärmebereitstellung. Folgerichtig werden Technologien zur Stromnutzung, beispielsweise Wasserstoff, gezielt und intensiv gefördert. Gleichzeitig bleibt die Sanierungsrate des Gebäudebestands auf niedrigem Niveau, obwohl mehr Energieeffizienz bei der Gebäudehülle und der Anlagentechnik einen schnellen und kostengünstigen Beitrag zum Klimaschutz verspricht (vgl. [11]).

Das nachfolgend vorgestellte Verfahren zur digitalen Dekarbonisierung ist ein mathematisches Werkzeug, um *Transformationspfade* nach dem Leitbild der Technologieoffenheit zu ermitteln. Hiermit kann eine kostenoptimale Strategie zur Erreichung von Klimazielen für Einzelpersonen, Unternehmen oder ganze Regionen ermittelt werden.

7.3 Mit Digitaler Dekarbonisierung zu kosteneffektiven CO_2-Einsparmaßnahmen

Digitale Dekarbonisierung ist der Schlüssel zur ganzheitlichen Betrachtung eines Systems bestehend aus Energieversorgung und -verbrauch, mit dem Ziel, möglichst kosteneffektiv CO_2-Emissionen einzusparen.[1]

1 Dieser Abschnitt ist angelehnt an unser gleichnamiges Fachbuch Digitale Dekarbonisierung, vgl. [2].

Das Vorgehen bei der *Digitalen Dekarbonisierung* ist, wie in Abbildung 7.2 illustriert, durch folgende Phasen gekennzeichnet: Im ersten Schritt werden die Ziele und Szenarien definiert, und im zweiten Schritt werden Daten des bestehenden Systems aufgenommen und analysiert. Folgend werden in der dritten Phase diese Daten zur Erstellung eines *digitalen Zwillings* des bestehenden Systems verwendet und hieraus eine Referenz abgeleitet. Anschließend werden im vierten Schritt weitere mögliche Technologie- und Maßnahmenoptionen ergänzt und für die anschließende Optimierung und Simulation eines Transformationspfads des bestehenden Systems verwendet. Abschließend lassen sich hieraus konkrete Umsetzungsempfehlungen für individuelle Systeme ableiten. In diesem Abschnitt wird die Methode der Digitalen Dekarbonisierung nach Maßgabe ihrer prozessualen Phasen vorgestellt.

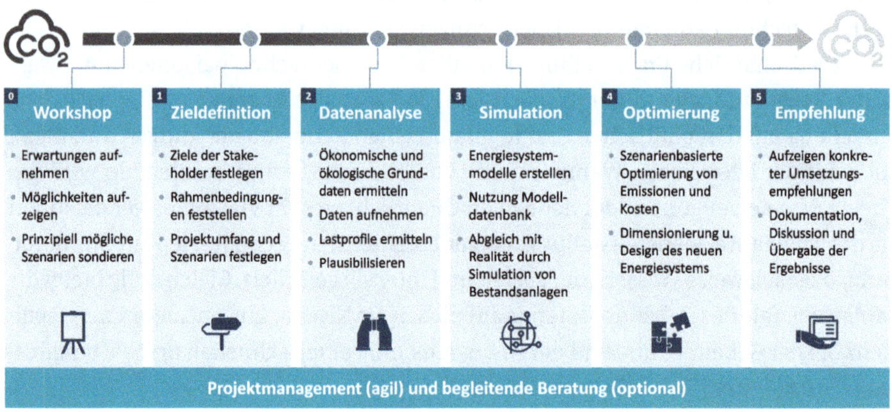

Abb. 7.2: Vorgehen Digitale Dekarbonisierung.

7.3.1 Phase 1: Definition von Zielen und Szenarien

Was ist das Ziel der langfristigen Energieplanung für ein konkretes Objekt? Wie wird dieses in den nächsten Jahren genutzt? Welche nicht beeinflussbaren Randbedingungen werden dieses Objekt in den nächsten Jahren beeinflussen? Diese und weitere Fragen werden in der ersten Phase näher betrachtet, diskutiert und hieraus abgeleitet, Ziele und Szenarien definiert.

Beispielsweise kann als strategisches Ziel für einen Industriestandort definiert werden, dass dieser bis zum Jahr 2030 dekarbonisiert werden soll. Hierbei soll auf fragwürdige Grünstrom-Zertifikate verzichtet und stattdessen die Möglichkeit von *Renewable Power-Purchase-Agreements* (*PPAs*), ergänzend zur Nutzung von erneuerbaren Energiequellen vor Ort, untersucht werden. Für den Industriestandort wird außerdem eine gewisse Steigerung der Produktionsleistung in den nächsten Jahren angenommen. Außerdem wird erwartet, dass der Preis für den Ausstoß von CO_2 in den kommenden Jahren weiter steigen wird.

Diese verbale Formulierung der Ziele und Szenarien lässt sich in den folgenden Phasen mittels digitaler Tools in konkrete Randbedingungen und Ziele für mathematische Optimierungsprobleme umwandeln.

7.3.2 Phase 2: Aufnahme und Analyse von Daten des bestehenden Systems

Bei dieser Phase muss zwischen bestehenden Systemen (*Brownfield*-Objekten) und komplett neu auf der grünen Wiese zu bauenden Systemen (*Greenfield*-Objekten) unterschieden werden. In beiden Fällen werden aber in den folgenden Phasen Daten von bestehenden Systemen benötigt. Im Falle des Brownfield-Objekts sind dies Daten des real existierenden bestehenden Systems, im Falle des Greenfield-Objekts können Daten von vergleichbaren (bestehenden) Objekten oder aber Simulationen des neu zu errichtenden Objekts zur Synthese für das neue Greenfield-Objekt verwendet werden. Beispielsweise kann so aus Daten von Molkereien des gleichen Unternehmens auf eine neu zu bauende Molkerei geschlossen werden.

Folgende Daten werden unter anderem für eine Energieplanung benötigt:

- die bestehende Systemkonfiguration (wenn vorhanden, wenn es sich also um ein Brownfield-Objekt handelt), beispielsweise das Datenblatt einer bereits vorhandenen Photovoltaikanlage
- Klimadaten für den Standort des konkreten Objekts
- Bedarfsprofile der verschiedene Energieträger
- Wirtschaftliche Randbedingungen, beispielsweise Strompreise und deren Entwicklung
- Regulatorische Rahmenbedingungen für das konkrete Objekt.

Je weniger Daten vorhanden sind, desto mehr Annahmen müssen getroffen werden. Als Folge nimmt damit gemeinhin die Aussagekraft der Ergebnisse entsprechend ab.

Die Qualität der Daten kann anschließend im Rahmen einer Analyse plausibilisiert und gegebenenfalls bereinigt werden. So müssen zum Beispiel Messwertfehler von Bedarfsprofilen entsprechend bereinigt werden. Abschließend stehen alle benötigten Daten für die Energieplanung bereit und können in den weiteren Phasen verwendet werden.

7.3.3 Phase 3: Erstellung eines digitalen Zwillings des bestehenden Systems und Abgleich durch Simulation

Bevor der optimale Transformationspfad für das konkrete Objekt bestimmt wird, bietet es sich an, zunächst das bestehende System (im Falle eines Brownfield-Objekts) oder den aktuellen Planungsstand (im Falle eines Greenfield-Objekts) in ein Modell zu überführen und anschließend einen Abgleich mit der Realität vorzunehmen. Das hierbei erstellte Modell kann auch als digitaler Energiesystemdesign-Zwilling bezeichnet werden und ist sozusagen ein digitales Abbild der Realität (oder des letzten Planstandes). Unter Zuhilfenahme der Daten aus der zweiten Phase werden hierbei die wichtigsten Komponenten des bestehenden Energieversorgungssystems und der technischen Anlagen im zu untersuchenden Objekt modelliert. Es hat sich als zweckmäßig erwiesen, folgende Komponenten zu betrachten (vgl. auch [2]):

- Quellen: zum Beispiel die Möglichkeit zum Wasserstoff-Bezug inklusive der relevanten Parameter (maximale Energiemenge, maximale Leistung, Preise und Annahmen bezüglich deren Entwicklung, etc.)
- Senken: zum Beispiel ein Stromverbrauch, natürlich zeitlich aufgelöst, beispielsweise in 15-Minuten-Zeitschritten
- Wandler: zum Beispiel ein Blockheizkraftwerk, das durch Verbrennung von Methan Strom erzeugt und hierbei auch Abwärme bereitstellen kann
- Speicher: zum Beispiel ein Warmwasserspeicher, der aufgeheizt (laden) bzw. aus dem Wärme entnommen werden kann (entladen)
- Leitungen: zum Beispiel ein Nahwärmenetz zwischen individuellen Gebäuden in dem Objekt

Zeigen sich jährliche Betriebskosten und jährliche CO_2-Emissionen in einer ähnlichen Größe wie in der Realität, so hat der digitale Zwilling eine erste Vertrauensstufe erreicht. Ferner sollten auch der simulierte Betrieb des Systems und weitere Detailergebnisse aus einer ersten Jahressimulation mit der Realität abgeglichen werden.

7.3.4 Phase 4: Erweiterung um mögliche Technologie- und Maßnahmenoptionen und Optimierung und Simulation des Transformationspfades

Die vierte Phase ist der Kern der Digitalen Dekarbonisierung: Hier wird der konkrete Mehrwert der Methode erzeugt, wie im Folgenden aufgezeigt wird.

Der in der vorherigen Phase erstellte und geprüfte digitale Energiesystemdesign-Zwilling des bestehenden Systems wird nun um mögliche Technologie und andere Maßnahmenoptionen erweitert. Ergänzt werden ebenso die Ziele und Szenarien aus der ersten Phase. In digitalen Tools kann so mittels mathematischer Optimierungsmethoden die Transformation des konkreten Objekts unter den konkreten Randbedingungen und Szenarien optimiert werden.

Beispielsweise wird der digitale Zwilling des bestehenden Systems um Möglichkeiten zum Bau von Wärmepumpen mit bestimmten lokal vor Ort vorhandenen Abwärmequellen erweitert. Ebenso werden erneuerbare Ertragspotenziale vor Ort bewertet und hinterlegt. Energieeffizienzmaßnahmen, zum Beispiel Gebäudedämmmaßnahmen, werden als Optionen hinterlegt. Digitale Tools können nun die

Transformation des digitalen Zwillings in die Zukunft simulieren und hierbei aus den vorhandenen Optionen die besten zum richtigen Zeitpunkt auswählen, dimensionieren und im Betrieb mit optimieren.

Es handelt sich bei diesem Verfahren um ein bereits mehrfach in der Praxis umgesetztes Vorgehen. Wie das Anwendungsbeispiel im folgenden Abschnitt 7.4 zeigt, haben unter anderem wir Autoren durch diese Methodik und unsere digitalen Werkzeuge bereits zahlreiche Anwendungsfälle optimieren können. Die digitalen Tools nutzen hierbei mathematische Optimierungsverfahren und performante Löser für diese Probleme, beispielsweise Gurobi [12]. So lassen sich in der Tat in adäquater Rechenzeit diese äußerst komplexen Systemtransformations- beziehungsweise Energieplanungsfragen lösen und möglichst kosteneffektiv CO_2-Emissionen einsparen.

7.3.5 Phase 5: Ableiten konkreter Umsetzungsempfehlungen

In der letzten Phase der Digitalen Dekarbonisierung werden aus den Ergebnissen der Optimierung und Simulation mit dem digitalen Energiesystemdesign-Zwilling konkrete Umsetzungsempfehlungen abgeleitet. Beispielsweise werden die optimalen Technologien und Maßnahmen auf Akzeptanz geprüft und für eine Umsetzungsphase aufbereitet.

Digitale Dekarbonisierung ist keine einmalige Maßnahme, sondern der digitale Zwilling sollte immer wieder mit aktuellen Daten aus der Realität und aktualisierten Vorhersagen zukünftiger Entwicklungen zur Optimierung und Simulation aufgerufen werden. Ähnlich wie bei der modellprädiktiven Regelung kann hier in einem deutlich langsameren Zyklus, beispielsweise jährlich, auf Vorhersageungenauigkeiten Bezug genommen werden und so entlang eines optimalen Transformationspfades gefahren werden.

Das folgende Anwendungsbeispiel zeigt die Methode der Digitalen Dekarbonisierung für das konkrete Objekt Hafen.

7.4 Beispiel: Wie dekarbonisiert man einen Hafen?

Man kann Vieles dekarbonisieren, und man muss angesichts der Klimakrise alles dekarbonisieren, was geht: vom Wohnhaus über Stadtviertel und Industriestandorte bis hin zu ganzen Ländern.

Eine besonders spannende Herausforderung ist die Entwicklung des Dekarbonisierungspfades eines Hafens. An einem solchen Hafenenergiesystem lässt sich die Methode der Digitalen Dekarbonisierung gut erläutern, weil es einerseits sehr viele verschiedene Technologien und Energieformen umfasst sowie viele Mitwirkende und viele Aspekte zu berücksichtigen sind. Anderseits ist ein Hafen ein in sich geschlossenes System, das sich sehr gut analysieren lässt.

Im Folgenden sollen die Schritte der digitalen Dekarbonisierung (vgl. Abschnitt 7.3.1 bis 7.3.5) am konkreten Beispiel des *Überseehafens Bremerhaven* dargestellt werden. Die jeweiligen Besonderheiten, Herausforderungen oder Ergebnisse sollen herausgestellt werden.

7.4.1 CO_2-frei bis 2030 – Phase 1: Definition von Zielen und Szenarien

Die dramatische Entwicklung der Klimakrise hat die *Hansestadt Bremen*, vertreten durch die *bremenports*, bewogen, in einem vom Bundeswirtschaftsministerium geförderten Projekt ein Energiesystem entwerfen zu lassen, das den Weg zum CO_2-freien Betrieb des Hafens bis 2030 bei minimalen Kosten aufzeigen soll. Das bedeutet, dass der gesamte Energieverbrauch auf CO_2-freie Energieträger beziehungsweise Technologien umgestellt werden muss. Die Eigenerzeugung von Erneuerbarer Energie soll in Zukunft eine große Rolle spielen. Das kann gegebenenfalls auch über den Bezug von benachbarten Wind- und/oder Photovoltaik-Anlagen über PPA erfolgen. Erst dann soll die verbleibende Restmenge als Grünstrom aus dem Netz bezogen werden. Der Name des vom Bundesministerium für Wirtschaft und Energie (BMWi) – inzwischen in Bundesministerium für Wirtschaft und Klimaschutz (BMWK) umfirmiert – geförderten Projektes lautet: *„SHARC – Smartes Hafen-Applikationskonzept zur Integration erneuerbarer Energien“* (vgl. [13]).

Die Dekarbonisierung des Überseehafens ist ein Mammutprojekt, das viele Bereiche betrifft: Strom für Licht und Kranantriebe, Erdgas und Heizöl für die Heizungen in den Gebäuden, Diesel und Benzin für die Fahrzeugantriebe – all diese Energieformen müssen erfasst und ausgewertet werden. Die Logistikfirmen und Terminalbetreiber im Hafengebiet stehen außerdem vor der Herausforderung, dass auch alle transportbedingten Emissionen bei der CO_2-Bewertung von Produkten berücksichtigt werden sollen. Für diese Bewertung ist das Wissen um den eigenen CO_2-Fußabdruck sowie das Potenzial zur Minimierung besonders wichtig.

Der Umbau zur CO_2-Freiheit betrifft folglich nicht nur die maritimen Kernprozesse des Hafens. Vielmehr müssen auch die Büros CO_2-frei beheizt und die Transportfahrzeuge der Container CO_2-frei betrieben werden.

So wurden im Rahmen des Projektes unter anderem drei Möglichkeiten (Extremszenarien) für den zukünftigen CO_2-freien Antrieb der Portalhubfahrzeuge untersucht:

(i) vollelektrisch mit Strom
(ii) mit Wasserstoff
(iii) mit synthetischen Kraftstoffen.

Dies erfolgte jeweils immer mit der Annahme, dass diese Energieträger aus regenerativen Energiequellen bereitgestellt werden. In weiteren Szenarien wurde der Einsatz von regionalem Biogas als CO_2-freie Energieform im Hafengelände untersucht.

2030 ist nahe Zukunft. Welche Maßnahmen müsste die Hansestadt ergreifen, um dieses große Ziel in so kurzer Zeit zu erreichen?

7.4.2 Große Anzahl an Stakeholdern im Hafen – Phase 2: Aufnahme und Analyse von Daten des bestehenden Systems

Ein Hafen ist eine Welt für sich. Zahlreiche Firmen haben sich im Hafengebiet angesiedelt. Alle müssen gemeinsam an einem Strang ziehen, um das große Ziel zu erreichen. Die bremenports GmbH & Co. KG betreibt im Auftrag der Freien Hansestadt Bremen die Infrastruktur der Hafengruppe Bremen/Bremerhaven. Sie betreibt, wartet und repariert die Hafenanlagen und ist beispielsweise zuständig für die Schleusen, die Wasserhaltung in den Hafenbecken und eben für die strategische Entwicklung des Hafenquartiers. Bei den Firmen haben sich zwei Schwerpunkte herausgebildet: der Containerumschlag und der Fahrzeugumschlag. Aber auch der Fruchtgroßhandel spielt hier schon lange eine große Rolle. In Bremerhaven wurde 1902 zum Beispiel der erste Bananendampfer für Deutschland entladen.

Zur Erfassung der Brownfield-Objekte mussten alle Stakeholder für ein abgestimmtes Referenzjahr die eigenen Energieverbräuche zur Verfügung stellen. Das Energiesystem, so wie es war, wurde analysiert und skizziert: (i) die eingekaufte Energie, also Gas oder Strom, (ii) die Energiewandlungstechnologien und Energiespeicher, also zum Beispiel Gasheizungen oder Containerbrücken und (iii) die Lastprofile der Energieverbraucher, also Wärmebedarf der Gebäude oder Strombedarf für das Entladen der Ozeanriesen. Am Ende standen unter (iii) über 100 bereinigte Jahresprofile in stündlicher oder viertelstündlicher Auflösung. Bereinigt bedeutet, dass alle Profile auf Plausibilität geprüft waren. Dazu gehört, dass bei gemessenen Profilen die Umstellung zwischen Sommer- und Winterzeit korrigiert werden muss, dass Messfehler interpretiert und korrigiert werden müssen, dass Profile auf Schaltjahre angepasst werden müssen, etc. Die gesammelten Bedarfsprofile lösten bei den beteiligten Stakeholdern so manchen Aha-Effekt aus. Außerdem wurden auch zahlreiche andere Daten aufgenommen: Klimadaten aus Messwerten oder Datenbanken, Wirkungsgrade der Brownfield-Technologien, technologische Parameter der noch nicht installierten Technologien (Greenfield) sowie regulatorische und wirtschaftliche Randbedingungen.

7.4.3 Dieselantriebe sind das Hauptproblem – Phase 3: Erstellung eines digitalen Zwillings des bestehenden Systems und Abgleich durch Simulation

Nach der umfangreichen Datenaufnahme der bestehenden Lastreihen und der Erfassung des bestehenden Energiesystems konnte ein digitaler Zwilling des Überseehafens aufgebaut werden. Und das nicht nur für eine Energieform, sondern sektorenübergreifend für Strom, Wärme, Kälte, Verkehr – also multi-modal. Mit diesem multimodalen digitalen Zwilling können – nach Festlegung der zu simulierenden Szenarien (vgl. hierzu Abschnitt 7.4.1) – Aussagen über das zukünftige CO_2-freie Energiesystem getroffen werden.

Der Energieverbrauch des Hafenquartiers betrug im Jahr 2018 ca. 350 Gigawattstunden (GWh). Der größte Anteil davon mit über 70 Prozent entfällt auf konventionelle Kraftstoffe wie Diesel und Benzin. Die Portalhubfahrzeuge verbrauchen davon den allergrößten Anteil. Mit diesen in Abbildung 7.3 gezeigten Spezialfahrzeugen werden die Container von der Kaikante, wo sie von den Portalkränen beim Ausladen aus dem Schiff abgestellt werden, zu einem Lagerplatz gefahren. Später bringt das Portalhubfahrzeug die Container wieder an die Kaikante für ein nächstes Schiff, auf einen Lkw oder auf einen Eisenbahnwaggon. Hier taucht bereits eine zentrale Frage im Projekt auf: Welche Antriebslösung, wenn es nicht mehr fossile Kraftstoffe sein sollen, ist wohl die beste?

Abb. 7.3: Containerbrücken (blau) und Straddle Carrier (rot) im Überseehafen Bremerhaven (Foto: Martin Kautz).

Neben diesen Hauptverbrauchern wurden aber auch viele andere Quellen, Wandler, Speicher, Leitungen und Senken im digitalen Zwilling abgebildet. Am Ende konnten die CO_2-Emissionen für das Referenzjahr sehr gut getroffen werden. Das Energiesystem wurde mit den Stakeholdern diskutiert und plausibilisiert, um den nächsten Schritt gehen zu können.

7.4.4 Dekarbonisierung auf null ist möglich – Phase 4: Erweiterung um mögliche Technologie- und Maßnahmenoptionen und Optimierung und Simulation des Transformationspfades

Um es gleich vorwegzunehmen: Das Ziel, bis 2030 CO_2-frei zu sein, ist erreichbar! Allerdings nur, wenn bestimmte Bedingungen umgesetzt werden. Das bestehende Energiesystem ist zu diversifizieren: Weitere Energiequellen, Energiespeicher und Energiewandler sind zu berücksichtigen. So muss regionales Biogas mit einem negativen spezifischen CO_2-Fußabdruck zum Einsatz kommen und auch so in der Klimabilanz gewertet werden. Aus den oben beschriebenen drei Extremszenarien wurde ein Vorzugsszenario – dabei handelt es sich um eine Mischform aus den Extremszenarien – abgeleitet, welches eine drastische Reduktion der CO_2-Emissionen durch den Umstieg auf regenerative Energiequellen, energiesparende Technologien (Reduktion der Senken) und den Einsatz von Speichern zeigt. So könnten die Parkflächen für den Fahrzeugumschlag mit Photovoltaik-Anlagen überdacht werden und der Hafen könnte Windstrom von einer nahe gelegenen Windfarm über ein PPA beziehen. Dieser Strom würde dann in elektrisch angetriebenen Portalhubfahrzeugen genutzt werden. Als letzte Option bleibt dann noch Grünstrom, bei dem unbedingt auf die Qualität geachtet werden muss, um das eigene Ziel der Klimaneutralität nicht zu unterlaufen.

7.4.5 Anker lichten und volle Fahrt voraus Richtung Zukunft – Phase 5: Ableiten konkreter Umsetzungsempfehlungen

Das alles hat seinen Preis. Deshalb ist es wichtig, zeitnah zu investieren, um einen Investitionsstau zu vermeiden. Denn ein weiter so wie bisher ist keine Alternative, zumal dieses Verhalten sogar teurer werden würde als einige dekarbonisierte Szenarien. In jedem Fall sollte ein Schwerpunkt auf der Eigenversorgung mit regenerativer Energie liegen. Für das Hafenquartier kommen hier vor allem Wind- und Sonnenstrom zum Tragen.

Für das Tor zur Welt in Bremerhaven heißt das nun, selbst aktiv zu werden: Basierend auf den Projektergebnissen einen Fahrplan beziehungsweise eine Strategie zur Versorgung mit regenerativen Energien zu entwickeln und die ersten Investitionen anzuschieben und die nötigen Geschäftsmodelle zusammen mit Partnern aufzusetzen. Und noch eine gute Nachricht gibt es: Wenn der größte Teil der CO_2-Emissionen von heute vermieden werden würde, spielte auch ein sehr hoher CO_2-Preis für die letzten noch verbliebenen Emissionen in der Zukunft keine große wirtschaftliche Rolle mehr. Die Stakeholder im Hafen haben es verstanden: die ersten großen Investitionsentscheidungen (Portalhubwagen, Photovoltaik) werden in Detailstudien evaluiert und müssen dann mutig angegangen werden. Denn: Es geht nicht nur um die Zukunft des Hafens, es geht um eine bewohnbare Erde.

7.5 Digitale Dekarbonisierung kann zu einer optimalen Energieversorgung aus Klimasicht maßgeblich beitragen

Obwohl der Klimawandel weiter fortschreitet, wird bei der Erzeugung von Strom und Wärme in Energieanlagen nach wie vor eine große Menge klimawirksamer THG freigesetzt. An dieser Stelle muss die Menschheit ansetzen, soll die sich anbahnende Klimakatastrophe noch abgewendet werden. Mit anderen Worten müssen zeitnah Lösungen gefunden werden, die die kritische Konzentration klimaschädlicher Emissionen in der Atmosphäre zunächst begrenzen und perspektivisch sogar reduzieren.

Wie in diesem Beitrag beschrieben, ist der Klimawandel Resultat der anthropogenen Nutzung von Energie. Und genau hier betritt die praxiserprobte Methode der Digitalen Dekarbonisierung das Spielfeld. Denn sie setzt am entscheidenden Hebel zur Korrektur und perspektivischen Umkehrung des skizzierten Klimatrends an: den Energiesystemen unterschiedlicher Branchen und Anwendungsfällen. Schließlich emittieren Energiesysteme bislang weiterhin den Löwenanteil aller THGe, die unseren Planeten aufheizen.

Viele Wege führen bekanntlich nach Rom. So auch bei der Lösung der Klimafrage, bei der idealtypisch unterschiedlichste Pfade schließlich im übergeordneten Ziel der Klimaneutralität münden. Aber um dieses Ziel zu erreichen, bedarf es einer guten Planung. Genau genommen einer realistischen und belastbaren Energieplanung.

Das Erreichen der ambitionierten Klima- und CO_2-Ziele ist grundsätzlich von zahlreichen gesellschaftlichen und wirtschaftlichen Faktoren abhängig. Wir Autoren haben als Projektmanager und Berater immer wieder die Erfahrung machen können, dass ein wesentlicher Aspekt für den Erfolg von Dekarbonisierungsinitiativen dabei vor allem in der Qualität der originären Planung der Energieversorgung selbst liegt. Dabei findet eine nachhaltige Energieplanung in verschiedenen räumlichen und zeitlichen Dimensionen statt, die es in konkreten Aufgabenstellungen jeweils individuell zu beachten gilt. Angesichts der mithin erheblichen Komplexität und enormen Datenmengen kann hier nur ein erprobtes logisches Konzept gepaart mit einem leistungsstarken, datentechnischen Instrumentarium spürbare Effekte bei der Treibhausgasvermeidung sicherstellen. Am Ende steht ein klares Zielbild, welches innerhalb eines definierten Szenariorahmens den optimalen Transformationspfad für weniger Treibhausgasemissionen aufzeigt. Anforderungen, denen die technologieoffene Methode der Digitalen Dekarbonisierung vollumfänglich gerecht wird.

Digitale Dekarbonisierung ist im Kern ein mathematisches Werkzeug, um klimawirksame Transformationspfade nach dem Leitbild der Technologieoffenheit für Energiesysteme zu ermitteln. Zahlreiche Projekte haben gezeigt, dass Digitale Dekarbonisierung eine herausragende Rolle bei der Realisierung einer aus Klimasicht optimalen Energieversorgung einnehmen kann. Dabei hat sich der dieser Methode inhärente Ansatz der ganzheitlichen Betrachtung eines Systems, bestehend aus Energieversorgung und -verbrauch, wiederholt bewährt. Insbesondere das in diesem Beitrag vorgestellte fünfphasige Vorgehen stellt sicher, dass während der Projektlaufzeit stets ein breiter Lösungsansatz mit dem Ziel, kosteneffektiv CO_2-Emissionen einzusparen, effizient verfolgt wird.

Nicht zuletzt das auf den vorausgehenden Seiten beschriebene Beispiel der Hafengruppe Bremen/Bremerhaven unterstreicht eindrucksvoll die praktische Relevanz und Feldtauglichkeit dieser innovativen Methode. Insofern haben wir in diesem Kapitel einen praxiserprobten Ansatz skizziert, mit dessen Hilfe das Ziel der Korrektur und schließlich Umkehrung des Klimatrends tatsächlich erreicht werden kann. Die nächsten Stationen auf dem Weg hin zu mehr Klimaschutz fordern die Menschheit über alle Disziplinen hinweg und die dargestellte Methode der Digitalen Dekarbonisierung trägt dazu perspektivisch in erheblichem Maße bei.

Literaturverzeichnis

[1] WMO confirms 2017 among the three warmest years on record (2018). Genf: World Meteorological Organization (WMO), Press Release, 18.01.2018. https://public.wmo.int/en/media/press-release/wmo-confirms-2017-among-three-warmest-years-record. Zugegriffen: TT.MM.2022.

[2] Doleski, O. D., Kaiser, T., Metzger, M., Niessen, S. und Thiem, S. (2021). Digitale Dekarbonisierung – Technologieoffen die Klimaziele erreichen. Wiesbaden: Springer.

[3] Meadows, D. H., Meadows, D. L., Randers, J. und Behrens, W. W. (1972). The Limits to Growth. A Report for the Club of Rome's Project on the Predicament of Mankind. New York: Universe Books.

[4] The Paris Agreement: essential elements (2015). New York: United Nations.

[5] The European Green Deal (2019). Brüssel: European Commission.

[6] Ekblom, J. und Baczynska, G. (2019). EU trumpets Green Deal as its 'man on the moon moment'. Reuters, 11.12.2019. https://www.reuters.com/article/us-climate-change-eu/eu-trumpets-green-deal-as-its-man-on-the-moon-moment-idUSKBN1YF1NA. Zugegriffen: TT.MM.2022.

[7] Climate Change and Land: an IPCC special report on climate change, desertification, land degradation, sustainable land management, food security greenhouse gas fluxes in terrestrial ecosystem (2019). Genf: IPCC.

[8] Emissions Gap Report 2019 (2019). Nairobi: United Nations Environment Programme (UNEP).

[9] Mancarella, P., Andersson, G., Pecas-Lopes, J. A. und Bell, K. R. W. (2016). Modelling of integrated multi-energy systems: drivers, requirements, and opportunities, Power Systems Computation Conference (PSCC). Geneoa. https://strathprints.strath.ac.uk/57532/1/Mancarella_etal_PSCC2016_Modelling_of_integrated_multi_energy_systems.pdf. Zugegriffen: 25.11.2021.

[10] Thiem, S. M. (2017). Multi-modal on-site energy systems – Development and application of a superstructure-based optimization method for energy system design under consideration of part-load efficiencies. Dissertation. München: TU München. https://mediatum.ub.tum.de/doc/1342482/1342482.pdf. Zugegriffen: 25.11.2021.

[11] dena-Gebäudereport Kompakt (2019). Statistiken und Analysen zur Energieeffizienz im Gebäudebestand. Berlin: Deutsche Energieagentur. https://www.dena.de/fileadmin/dena/Publikationen/PDFs/2019/dena-GEBAEUDEREPORT_KOMPAKT_2019.pdf.

[12] Gurobi Optimization, LLC (2021). Gurobi Optimizer Reference Manual. https://www.gurobi.com. Zugegriffen: TT.MM.2022.
[13] SHARC – Smartes Hafen-Applikationskonzept zur Integration erneuerbarer Energien (2022). Bremerhaven: bremenports GmbH & Co. KG. https://www.sharc-project.de. Zugegriffen: 04.01.2022.

Kurzvitae

Dr.-Ing. Sebastian Thiem leitet die Forschungsgruppe „Infrastructure Operation" in der Siemens Technology. Sein Team erarbeitet Konzepte und Methoden zur Integration erneuerbarer Energien in Standortenergiesystemen und Energiezellen. Die Methoden werden unter Verwendung von Optimierungsalgorithmen und Künstlicher Intelligenz in Tools umgesetzt und im Feld erprobt. Hierbei stehen multimodale Energiesysteme im Fokus – also die Frage, wie lassen sich Synergien zwischen verschiedenen Sektoren bestmöglich ausnutzen. Den Begriff des „Multimodalen Energiesystems" hat er bei seiner Promotion an der Technischen Universität München zum optimalen Energiesystemdesign von multimodalen Standortenergiesystemen maßgeblich geprägt. Sebastian Thiem hat einen ingenieurwissenschaftlichen Hintergrund und hat am Karlsruher Institut für Technologie mit Auslandsaufenthalten an der Purdue University und University of California in Berkeley studiert. Nach seiner Promotion hat er unter anderem als Senior Key Expert in der Siemens Corporate Technology gearbeitet.

Oliver D. Doleski ist Principal bei der Siemens AG und Herausgeber energiewirtschaftlicher Fachpublikationen. Nach wirtschaftswissenschaftlichem Universitätsstudium in München und verschiedenen leitenden Funktionen im öffentlichen Dienst sowie in Beratungs- und Dienstleistungsunternehmen war er viele Jahre erfolgreich freiberuflich als branchenübergreifend aktiver Unternehmensberater tätig. Heute widmet er sich vor allem im Energiesektor und in der Prozessindustrie intensiv den Themen Digitale Transformation, Internet of Things (IoT) und Smart City. Sein Forschungsschwerpunkt liegt in den Bereichen Geschäftsmodellentwicklung (Integriertes Geschäftsmodell iOcTen) und Digitale Dekarbonisierung von Energiesystemen. Mit der Wortschöpfung Utility 4.0 etablierte Oliver D. Doleski bereits 2016 einen prägnanten Begriff für den Übergang von der analogen zur digitalen Energiewirtschaft. Er gestaltet als Mitglied energiewirtschaftlicher Initiativen den Wandel der Energiewirtschaft aktiv mit. Seine in der Unternehmenspraxis und Forschung gewonnene Expertise lässt er als Herausgeber und Autor in zahlreiche branchenweit beachtete Publikationen und Fachbücher einfließen.

Dr.-Ing. Martin Kautz ist seit über 20 Jahren im Bereich der Energiewandlung und -speicherung tätig, den größten Teil davon als Engineer in der Technologie der Siemens AG. Seine breite fachliche Expertise brachte er in unterschiedlichsten Projekten ein: Smart Grid und dezentrale Netze, Medizintechnik, Stahlindustrie, Bergbau, Mobilität, Erneuerbare Energien etc. Für seine Leistungen im Rahmen seiner Doktorarbeit an der Universität Rostock wurde er von der Stiftung Werner-von-Siemens-Ring als Jungwissenschaftler 2007 ausgezeichnet. Seine Forschungsschwerpunkte liegen inzwischen in den Bereichen Energiesystemdesign und Dekarbonisierungsstudien für Standortenergiesysteme.

Lukas Höttecke ist Doktorand in der zentralen Vorentwicklungseinheit der Siemens AG und arbeitet in der Forschungsgruppe „Infrastructure Design“ in Erlangen. Er studierte Elektrotechnik an der Technischen Universität Dortmund mit Auslandsaufenthalt an der Aalto University in Helsinki, Finnland. In seinem Studium wurde Herr Höttecke mehrfach ausgezeichnet, unter anderem mit dem Elmos-Förderpreis für seine Bachelorarbeit und dem Hans-Uhde Preis für seine Masterarbeit. In seiner Industriepromotion entwickelt Herr Höttecke seit 2018 Strategien zur nachhaltigen Dekarbonisierung dezentraler Energiesysteme. Die Ansätze basieren auf neuartigen Optimierungsalgorithmen und werden in verschiedene Planungstools integriert. Die Planungstools werden aktiv in Beratungsprojekten für die europäischen Automobil-, Lebensmittel- und Papierindustrie eingesetzt. Besondere Forschungsschwerpunkte sind die Minimierung von langfristigen Planungsrisiken sowie die Gewährleistung einer hohen Versorgungssicherheit.

Rainer M. Bachmann, Oliver D. Doleski und Monika Freunek

8 Energiespeicher-Technologie zur Unterstützung von Energiewende und Klimaneutralität

Zusammenfassung: Mit zunehmender Gewichtung Erneuerbarer Energien wie Photovoltaik und Windkraft an der Energieversorgung steigt auch die Bedeutung von Energiespeichern. Da diese Produktionsarten volatil sind, also vom Wetter abhängen, muss die so produzierte elektrische Energie in ausreichendem Umfang gespeichert werden, um sie zum Bedarfszeitpunkt kurzfristig bereitstellen zu können. Idealerweise werden dazu Speichertechnologien eingesetzt, die entweder bereits vorhanden sind oder in der Umsetzung der Energiewende ohnehin bereitgestellt werden müssen. Die wichtigsten technischen Lösungen zur Speicherung von Energie in der elektrischen Energieversorgung werden in diesem Kapitel beschrieben. Die Anforderungen aus technischer und wirtschaftlicher Sicht werden diskutiert.

Schlagwörter: Energiespeicher, Volatilität, Pumpspeicher

8.1 Rolle der Energiespeicher im heutigen Energiesystem

Der zunehmende Einsatz von Energien aus erneuerbaren Quellen, den sogenannten Erneuerbaren Energien (EE), verändert weltweit die Energielandschaft. In Österreich und der Schweiz leistet die Wasserkraft traditionell einen signifikanten Beitrag zur Energieversorgung, und elektrische Energie aus Biomasseanlagen, Photovoltaik und Windkraft gewinnt an Bedeutung. In Deutschland ist der Anteil der Wasserkraft deutlich geringer, und es werden vornehmlich EE-Anlagen auf Basis von Wind und Sonne sowie Biomasse eingesetzt. Allen EE ist gemein, dass sie eine Abhängigkeit von den meteorologischen, geographischen und natürlichen Bedingungen aufweisen. Im Falle einer (Wind-)Flaute etwa entfällt die Windproduktion, bei Trockenheit sinkt die Leistung von Laufwasserkraftwerken und bei strahlendem Sonnenschein laufen Photovoltaikanlagen auf Spitzenleistung. Während es definierte Betriebsgrenzen gibt, etwa die mögliche Leistung, die durch ein elektrisches Kabel fließen kann oder die maxima-

Rainer M. Bachmann, E:E Consulting GmbH und EU Senate for Technology and Economy, Aumühle, Deutschland, e-mail: rainer.bachmann@e-econsult.com
Oliver D. Doleski, Siemens AG, München, Deutschland, e-mail: doleski@t-online.de
Monika Freunek, Lighthouse Science Consulting and Technologies Inc., New Brunswick, Kanada, e-mail: monika.freunek@lighthouse-sct.com

https://doi.org/10.1515/9783110753585-008

le Leistung, die eine Photovoltaikanlage an einem bestimmten Ort nach dem Stand der Technik erbringen kann, ist das detaillierte zeitliche Auftreten der Schwankung nicht planbar. Entsprechend muss bei der Integration von EE in die Energieversorgung eine Vorsorge für solche Energieflauten getroffen werden. Technisch erfordert dies eine zumindest partielle zeitliche Entkopplung von Produktions- und Verbrauchsleistung mithilfe von Energiespeichern. Im Folgenden werden diese Zusammenhänge am Beispiel Deutschlands vertieft, um dann im Folgeabschnitt auf die technischen Lösungen einzugehen.

Grundsätzlich muss elektrische Energie zum Entnahmezeitpunkt in ausreichender Menge vorhanden sein. Daraus ergibt sich Synchronizität von Entnahme und Produktion als Betriebsbedingung des elektrischen Netzes. Im Zuge von täglichen Planungsverfahren, dem sogenannten Bilanzkreismanagement, wird dies bei konventionellen Kraftwerken gewährleistet. Bei Ausfällen von Kraftwerken oder temporären Abweichungen beziehungsweise Schwankungen der Produktions- oder Entnahmeleistung greift der jeweils zuständige Übertragungsnetzbetreiber (ÜNB) als Regelzonenverantwortlicher über das System der Regelleistung unmittelbar in das Geschehen ein.

Vielerorts werden die zentralen konventionellen Kraftwerke, die bis dato auf Basis fossiler Rohstoffe wie Kernkraft, Stein- und Braunkohle und Gas betrieben werden, sukzessive zurückgebaut. Ein Ersatz erfolgt durch dezentrale EE. Hier sind insbesondere große Windkraft- und Photovoltaikparks sowie thermische Solarkraftwerke, aber auch dezentrale Produktionseinheiten in Stadtquartieren und Einfamilienhäusern von Bedeutung. In Stadtquartieren wird als Übergangstechnologie unter anderem Gas in hocheffizienten und steuerbaren Blockheizkraftwerken (BHKW) eingesetzt.

In sogenannten intelligenten Stadtquartieren ist – neben elektrisch betriebenen Fahrzeugen mit entsprechender dezentraler Energieproduktion und Ladeparks – mit einem umfangreichen Einsatz stationärer Batterien zu rechnen. Diese dienen dazu, überschüssigen Strom aus EE aufzunehmen und damit den Netzzugang durch die Vermeidung von Lastspitzen zu entlasten. Zunehmend werden dezentrale Speichermedien auch als Quelle für lokale Flexibilitäten eingebunden. Nicht zu vergessen ist der positive Effekt, dass der Einsatz von dezentraler Energie aus Batterien die Resilienz der elektrischen Nieder- und Mittelspannungsnetze signifikant stärkt.

Auf das Gesamtnetz bezogen geht der elektrische Verbrauch in der Nacht zurück. Windparks hingegen produzieren unter anderem aus meteorologischen Gründen in der Nacht durchschnittlich mehr Leistung als am Tag, so dass hier eine relevante Lücke entsteht. Die mit EE produzierte Leistung liegt infolgedessen in den Nachtstunden also oberhalb der Entnahmeleistung. Solche Energie aus Überschussproduktion kann – auf den Anwendungsfall Deutschland bezogen – etwa in Pumpspeicherkraftwerken in Österreich und der Schweiz gespeichert werden. Mit zunehmendem Ausbau der Produktion aus EE werden aber auch lokale und ergänzende Speichermöglichkeiten eine zunehmende praktische Bedeutung erlangen, um beispielsweise Abschaltungen von Windparks zu vermeiden.

Eine andere Situation, in der Speicher von vitaler Relevanz für das Energiesystem sind, ist das als Dunkelflaute bekannte Phänomen. Darunter wird ein Wetterzustand verstanden, bei dem die Sonne nicht scheint, mit anderen Worten keine Energie mittels Photovoltaik in elektrischen Strom gewandelt werden kann und gleichzeitig der Wind nur schwach oder gar nicht weht, so dass auch die Windfarmen keine Energie produzieren. Hier muss dann der gesamte Energiebedarf aus herkömmlichen Kraftwerken der sogenannten Flexibilitätsreserve mit kurzer Anfahrzeit oder alternativ eben aus Speichern bereitgestellt werden.

Da der Transport z. B. in Deutschland mangels ausreichender Transportkapazitäten über die so genannte Nord-Süd-Trasse problematisch ist, kommt es im Rahmen des Einspeisemanagements bei Abschaltungen der Windanlagen im Norden Deutschlands zu einer ähnlichen Situation: zunächst müssen im Süden des Landes konventionelle Kraftwerke hochgefahren werden. Dies wird auch als Redispatch bezeichnet. Die unterbundene Einspeisung der Windanlagen wird anschließend ermittelt und dennoch vergütet. Alternativ könnten hier Speicher genutzt werden.

Im Zuge der sogenannten Sektorkopplung werden die Systeme beziehungsweise Sektoren zur Bereitstellung von Elektrizität, Mobilität und Wärme gezielt technisch und wirtschaftlich miteinander verbunden.[1] Aus Sicht des physikalischen Gesamtwirkungsgrades ist dieses Vorgehen ausgesprochen sinnvoll, da die Überschüsse und Verluste des einen Systems im anderen System genutzt werden können. Entsprechend wird etwa Abwärme von elektrischen Generatoren durch angeschlossene thermische Prozesse genutzt. Sogenannte Power-to-X-Systeme speichern überschüssige elektrische Energie in andere Energieformen, etwa als Gas im sogenannten Power-to-Gas (P2G) oder als Flüssigtreibstoff bei Power-to-Liquid (P2L).

Zusammenfassend werden Speicher für elektrische Energie vor allem für folgende Situationen oder Kombinationen davon benötigt:

- Unterstützung und Entlastung der Transportnetze durch Bereitstellung von Regelenergie/-leistung
- Versorgung im Falle einer Dunkelflaute
- Stabilisierung der Verteilnetze
  - Einspeisung von kompensierender Blindleistung – dadurch deutliche Erhöhung der Effizienz der Energieverteilung
  - Entnahme, Gleichrichtung, Wechselrichtung und Rückspeisung von elektrischem Strom zur Filterung von harmonischen Schwingungen (Netzdynamiken)
- Aufnahme von überschüssigem Wind-Strom in der Nacht
- Anwendungen der Sektorkopplung.

1 Zur Vertiefung seien hier die separaten Kapitel dieses Handbuchs zur Sektorkopplung von Lechner, Weissmann und vom Scheidt empfohlen.

8.2 Anforderungen an Speichersysteme

Bei der Entscheidung für oder gegen eine Speichertechnologie spielen nicht zuletzt gerade die Einsatzbedingungen der spezifischen Anwendungen eine Rolle. Einige davon werden im Folgenden vorgestellt.

Aus technischer Sicht ist zunächst der Wirkungsgrad des Energiespeichers relevant. Verluste treten beim Vorhalten der Energie im Rahmen der sogenannten Selbstentladung sowie und beim Ein- und Ausspeichern (Zykluswirkungsgrad) auf. Weiter ist die nötige Nennkapazität zu bestimmen, also die maximale Energiemenge, die gespeichert werden kann. Hier kommt es je nach Technologie zu verschiedenen Einschränkungen der real nutzbaren Kapazität im Vergleich zur Nennkapazität. Diese kann etwa durch Temperatur, Alterung oder Be- und Entladeverhalten beeinflusst werden. In diesem Kontext sind auch der maximale Ladestrom sowie die mögliche Lade- und Entladegeschwindigkeit zu beachten.

Auch die Energiedichte des Speichers spielt je nach Anwendung eine Rolle, wenn es Vorgaben an das maximale Gewicht beziehungsweise das Volumen gibt.

Energiespeicher sind als Teil der Kritischen Infrastruktur „Energieversorgung" aus Sicht der Informationssicherheit relevante Systeme. Hier kommen verschiedene Anforderungen zum Tragen (siehe auch Kapitel Gonzales und Kapitel Freunek-IoT), die sich aus dem Schutzprofil des jeweiligen Einsatzes ergeben. So ist im Gesamtsystem der Einfluss eines Energiespeichers eines einzelnen Elektrofahrrades einer Privatperson vernachlässigbar. Wird Elektromobilität aber zentral und netzdienlich gesteuert, muss die beteiligten Speicherelemente ansteuerbar sein, Zustandsdaten erheben und übermitteln und dabei die aktuellen sicherheitstechnischen technischen Standards und gesetzlichen Vorgaben erfüllen.

Aus diesen Bedingungen ergibt sich bereits, dass eingesetzte Technologien nach aktuellen Standards des jeweiligen Einsatzlandes gefertigt sein müssen, damit die Anforderungen etwa an Datenkommunikation und Informationssicherheit erfüllt sind. Dies gilt auch für die Einhaltung des Datenschutzes, der in der Regel den aktuellen Stand der Technik zum Schutze der Daten fordert (siehe Kapitel Kinast). Hier ist es vor allem die dezentrale, durch Privatpersonen betriebene Speichertechnik, wie etwa E-Mobilität, die durch Kameras, erfasste Routen, aber auch Ladegewohnheiten potenziell sensitive Daten erhebt.

Je nach Ausgangslage kann es für Energieversorger sinnvoll sein, Technologien einzusetzen, die sich – falls vorhanden – bereits im Einsatz im eigenen Netz befinden und die allenfalls hochskaliert werden können. Vielfach werden auch neue Betriebsmodelle sowohl in technischer als auch wirtschaftlicher Hinsicht entwickelt. Durch den hohen Innovationsanteil in der verstärkten und veränderten Integration von Energiespeichern in die elektrische Energieversorgung kommt auch der Forschung und deren Kooperation mit der Energiewirtschaft eine wichtige Rolle zu.

8.3 Speichertechnologien

Die Speicherung von elektrischer Energie kann in mehreren Formen erfolgen. Das einfachste Verfahren zur Speicherung nutzt elektrische Batterien. Es findet also keine Umwandlung der elektrischen Energie in andere Energieform statt und die Energie muss vor der Nutzung im elektrischen System nicht erneut gewandelt werden.

Andere Verfahren wandeln die Energie mit Schwungrädern in kinetische Energie um oder, wie in Pumpspeicherkraftwerken, in potentielle Energie. Hier wird Wasser mittels elektrischer Energie zunächst in einem Stausee auf ein topographisch höheres Niveau gepumpt. Beim Herunterströmen wird eine Turbine angetrieben und somit diese Lageenergie wieder in elektrischen Strom gewandelt. Weitere Möglichkeiten bestehen durch Umwandlung in chemische Formen, aus denen die gespeicherte Energie durch Rückumwandlung wiedergewonnen werden kann. Auch thermische Speicher spielen eine große Rolle.

All diesen Speicherformen ist gemein, dass es bei der Speicherung physikalisch unweigerlich zu Verlusten an Energie beziehungsweise zu energetischen Aufwänden bei der Rückgewinnung kommt. Daher ist der Wirkungsgrad, oft auch als Effizienz bezeichnet, der Rückgewinnung zu betrachten: dieser sollte möglichst hoch sein.

Einige wichtige Speichertechnologien werden im Folgenden stark vereinfacht erläutert. Zur Vertiefung werden etwa die Werke von Kaltschmitt oder Sauer empfohlen [1, 2]. Aufgrund der stetig sinkenden Kostenentwicklung zahlreicher Technologien im Rahmen steigender Maturität und Produktion der Technologien (siehe Kapitel Doleski/Freunek und Kapitel Schroeder) wird an dieser Stelle auf aktuelle Kostenbetrachtungen verzichtet.

Grundformen der Energie

Nach der Energieerhaltung kann Energie nicht erzeugt, sondern nur gewandelt werden. Grundsätzlich sind die folgenden Energieformen für einen Einsatz in der Energiespeicherung in der heutigen Technik maßgeblich:

- elektromagnetische Energie,
- mechanische Energie, bestehend aus kinetischer und potentieller Energie,
- chemische Energie und
- thermische Energie.

Die wichtigsten darauf basierenden Speichertypen werden nachfolgend kurz erläutert.

8.3.1 Elektrochemische Speicher – Batterien und Superkondensatoren

Die wohl bekanntesten Energiespeicher sind elektrochemische Batterien. Dabei sind die so genannten Sekundärbatterien auch als Akkumulatoren bekannt und im Gegensatz zu Primärbatterien wiederaufladbar.

Grundsätzlich bestehen Batterien aus drei Hauptkomponenten: einer Anode, einer Kathode und einem Elektrolyten, der beide verbindet. Dabei bestehen Anode und Kathode aus verschiedenen Materialien mit unterschiedlichem elektrochemischem Potential. Wird nun an Anode und Kathode ein elektrischer Stromkreis angeschlossen, fließen Elektronen entsprechend des Potentialunterschiedes als elektrischer Strom. Spannung, maximaler Strom und die Speicherkapazität hängen dabei von den eingesetzten Materialien ab. Tatsächlich kann eine funktionstüchtige Batterie auch aus einem Nagel, einer Münze und einer Zitrone als Elektrolyten bestehen.

Die bekanntesten Batterietypen im Elektronikbereich setzen Lithium und Zink-Mangan-Verbindungen ein. Im Bereich der dezentralen Energieversorgung sind spezielle Solar-Blei- sowie Lithium-Ionen-Akkumulatoren im Einsatz. Toxizität, Kosten und die Abhängigkeit von geographisch begrenzt verfügbaren Rohstoffen wie den seltenen Erden etc. motivieren zunehmend zur Entwicklung von alternativen Medien. In diesem Kontext ist vor allem die Salzwasserbatterie zu erwähnen, die für einen Einsatz in dezentraler Photovoltaik sowie Elektromobilität entwickelt wird.

Netzgebundene Großspeicher mit Kapazitäten im Megawattbereich arbeiten zum Zeitpunkt der Drucklegung dieses Buches weitestgehend auf Lithiumbasis.

Kondensatoren speichern elektrische Energie mittels des elektrostatischen Prinzips. Im Gegensatz zu Batterien bestehen sie aus zwei Elektrodenplatten aus gleichem Material, die von einem nichtleitenden Dielektrikum elektrisch getrennt sind. Wird nun eine Spannung angelegt, entsteht ein elektrisches Feld, über das elektrische Energie gespeichert wird. Kondensatoren sind elementare Bauteile der Elektronik.

In sogenannten Superkondensatoren ist statt eines Dielektrikums ein Elektrolyt verbaut. Superkondensatoren können schnell hohe Mengen an elektrischer Energie abgeben und verfügen über eine hohe Lebensdauer, weisen jedoch eine signifikante Selbstentladung auf. Sie werden deshalb zunehmend als Ergänzung zu Batteriespeichern in hybriden Speicherkonzepten der dezentralen Energieversorgung und der Elektromobilität betrachtet.

8.3.2 Thermische Speicher

Thermische Energie stellt zum Kühlen und Heizen, aber auch als Abwärme in Prozessen, den mehrheitlichen Teil des Energiebedarfes im Gesamtsystem der Energieversorgung. Entsprechend groß sind Bedeutung und Potenzial thermischer Speicher.

Diese können thermische Energie mittels thermischer Prozesse zwischenspeichern oder mit einem Einsatz in elektrischen Systemen gekoppelt werden. Dabei existieren drei Grundarten thermischer Speicher:

Thermochemische Speicher, Speicher für sensible Wärme und Latentwärmespeicher (vgl. [3]).[2]

Thermochemische Speicher speichern zugeführte Energie durch eine chemische Reaktion als chemisches Potential, das bei einer Umkehr der Reaktion nutzbar wird. Der Vorteil dieser Technologie ist zum einen der Einsatz verbreiteter Materialien wie Salze, Metalloxide oder auch Kalk, zum anderen die hohe Lagerfähigkeit.

Thermische Solarkraftwerke nutzen thermochemische Speicher, die in der Regel auf Salzlösungen basieren. Die Salzlösungen können auf mehrerer hundert Grad Celsius aufgeheizt werden und entsprechend große Energiemengen speichern. Die Erhitzung erfolgt durch eine große Zahl von automatisch ausgerichteten Parabolspiegeln (Heliostaten), die die Sonnenstrahlung auf eine kleine Fläche auf dem zentralen Solarturm konzentrieren.

Im Gebäudebereich existieren verschiedene Konzepte thermochemischer Speicher etwa zur saisonalen Wärmespeicherung von Energie aus Solarthermie, die im Winter zum Heizen eingesetzt wird.

Latentwärmespeicher basieren auf sogenannten Phasenwechselmaterialien oder Phase Change Materials (PCM) wie Wasser, Salz oder Paraffin, die bei einem Zustandswechsel, etwa von fest auf flüssig, thermische Energie in Form von latenter Energie speichern. Solche Materialien sind im Alltag aus Taschenwärmern bekannt, denen durch Kochen in Wasser Energie zugeführt wird, die dann zu einem beliebigen Zeitpunkt als Wärme genutzt werden kann. Einsatzgebiet in der Energietechnik umfassen etwa Systeme der Solarthermie, den Gebäudebereich oder auch die Nutzung von Abwärme in energieintensiven Prozessen.

Bei *sensiblen oder auch fühlbaren thermischen Speichern* wird unter anderem die hohe Wärmekapazität der eingesetzten Materialien ausgenutzt. Das einfachste Beispiel ist ein Warmwasserspeicher, der mit der gewünschten Menge Wassers einer bestimmten Minimaltemperatur gefüllt ist, die etwa elektrisch, geothermisch oder mittels Solarthermie erzielt wurde. Ist der Speicher einmal im Sollzustand, findet bei der Entnahme kein weiterer Umwandlungsprozess mehr statt. Hier geht es vor allem darum, Verluste durch thermische Abstrahlung zu vermeiden und durch Zufuhr von Energie auszugleichen.

---

2 Unter sensibler Wärme wird die direkt fühlbare Temperatur eines Gegenstands oder Gas (z. B. Raumluft als Gasgemisch) verstanden. Im Gegensatz dazu handelt es sich bei der latenten Wärme um die verborgene Temperatur eines Gegenstands. Ein Beispiel für latente Wärme findet sich bei in der Luft enthaltendem Wasserdampf, also als Resultat des Phasenübergangs von flüssigem Wasser zu Dampf.

8.3.3 Chemische Speicher

Elektrische Energie kann zur Erzeugung von chemischen Produkten genutzt werden. Die Rückumwandlung in die Ausgangsstoffe setzt die dafür eingesetzte Energie unter Verlusten wieder frei.

8.3.3.1 Wasserstoff

Elektrischer Strom kann in der Elektrolyse dazu genutzt werden, Wasser (H_2O) in Wasserstoff (H_2) und Sauerstoff (O_2) zu zerlegen. Wenn der Wasserstoff elektrolytisch aus Wasser unter ausschließlicher Nutzung regenerativer Energiequellen gewonnen wird, spricht man von grünem Wasserstoff. Darüber hinaus kommt Wasserstoff in geringen Mengen sogar als natürliches Vorkommen in einigen Regionen unserer Erde vor. In diesem Falle wird vom sogenannten weißen Wasserstoff gesprochen.

Obwohl es sich bei Wasserstoff bekanntlich um ein farbloses Gas handelt, ist damit die Farbenlehre des Wasserstoffs keineswegs vollständig wiedergegeben. Neben der vorgenannten grünen und weißen Variante kennen wir im Schrifttum noch weitere Farben des Wasserstoffs, die ihren Ursprung im Produktionsprozess haben (vgl. [4]):

- Grauer Wasserstoff ist das Resultat aus der Gewinnung von Wasserstoff aus fossilen Brennstoffen. Im Unterschied zur grünen Variante trägt grauer Wasserstoff durch das anfallende Kohlendioxid unmittelbar zum globalen Treibhauseffekt bei.
- Ein Sonderfall des grauen Wasserstoffs ist der blaue Wasserstoff. Hier wird das bei der Stromerzeugung entstehende Kohlendioxid abgeschieden und direkt über die beiden Verfahren Carbon Capture and Storage (CCS) oder Carbon Capture and Utilization (CCU) gespeichert.
- Wird Wasserstoff über Methanpyrolyse hergestellt, mit anderen Worten, durch die thermische Spaltung von Methan, so wird von türkisem Wasserstoff gesprochen. Interessanterweise entsteht bei diesem Verfahren kein gasförmiges Kohlendioxid, sondern fester Kohlenstoff.

Wasserstoff kann in bestehenden Gaspipelines transportiert und verteilt werden, eine Speicherung kann ebenso wie beim Erdgas in Salzkavernen erfolgen. Diese Transport- und Verteilsysteme bestehen bereits und müssen lediglich umgewidmet werden.

Das Einsatzspektrum von Wasserstoff ist bekanntlich vielfältig. Bezogen auf den Einsatz als Energieträger kann Wasserstoff eingesetzt werden für

- Transport und Logistik insbesondere für den Antrieb von E-Bussen, E-LKWs, Zügen, Flugzeugen,
- energieintensive Prozesse wie die Herstellung von Stahl, Aluminium, Chemieprodukten, Zement, Glas etc.,

– Wärmeproduktion mit BHKW – allenfalls bedarf dies einer Umrüstung bei einer Umstellung von Erdgas.

Da Wasserstoff mit EE erzeugt werden kann, eine Speicherung auch großtechnisch bereits möglich ist und ein großes Spektrum von Einsatzmöglichkeiten vorliegt, ist er interessanter Energieträger für die Energiewende. Dies gilt insbesondere auch für die zunehmend an Relevanz gewinnenden räumlich ungebundenen Anwendungen, bei denen der Wasserstoff an einem Ort mit reichem Energieangebot produziert wird, um dann an den Nutzungsort transportiert zu werden. In diesem Kontext sei auf den Umstand verwiesen, dass beim Transport von Wasserstoff zwar Leitungsverluste über eine Stromleitung etc. nicht oder kaum nennenswert auftreten, gleichwohl aber zumeist logistische Kosten durch den Transport ins Gewicht fallen können.

An dieser Stelle sei jedoch im übertragenen Sinne etwas Wasser in den Wein geschüttet. „Insgesamt weisen die Prozessketten der Wasserstofftechnologie einen Wirkungsgrad von deutlich unter 40 % auf. Ferner erfordern sie Investitionen in drei unterschiedliche Komponenten: Elektrolyseur, Speicher und Umwandlungsprozess. Damit ist das Alleinstellungsmerkmal dieser Technologie nicht ihre Wirtschaftlichkeit, sondern die Fähigkeit Energie über Wochen und Monate zu speichern." [4, S. 55].

8.3.3.2 Power-to-Liquid (P2L) – der Spezialfall der synthetischen Kraftstoffe

Die Erzeugung von synthetischen Kraftstoffen dient primär nicht der Speicherung von Energie, sondern vor allem dem Ersatz herkömmlicher kohlenstoffhaltiger Treibstoffe aus Rohöl durch Kraftstoffe, die mithilfe von EE gewonnen werden. Dabei findet das industriell erprobte Fischer-Tropsch-Syntheseverfahren Anwendung, bei dem Wasserstoff und Kohlenstoffmonoxid mittels elektrischer Energie in Kohlenwasserstoffe – die klassischen Erdölprodukten entsprechen – umgewandelt werden.

Hierbei handelt es sich um eine Übergangstechnologie zur Unterstützung der bekannten Klimaziele des Pariser Klimaabkommens aus dem Jahr 2015 und dessen zahlreichen Ableitungen.

8.3.3.3 Power-to-Ammonia (P2A)

Ammoniak NH_3 (Englisch ammonia) weist eine höhere Energiedichte als Wasserstoff auf. Als seit Jahrzehnten in der chemischen Industrie eingesetzter Grundstoff sind die Produktionsstrukturen in bestehenden Raffinerieanlagen mithin bereits vorhanden. Dies sind folgerichtig günstige Voraussetzungen für den perspektivischen großtechnischen Einsatz von P2A als ein alternatives Speicherkonzept.

Neben der guten Speichereigenschaft kann Ammoniak auch als Ersatzstoff fossiler Kraftstoffe eingesetzt werden. Je nach Anwendung kommt der Einsatz dieser Technologie gemeinsam oder als Alternative zu Wasserstoff und fossilen Brennstoffen infrage.

8.3.3.4 Power-to-X (P2X)

Bereits die hier vorgestellten Verfahren und Systeme verfügen über zahlreiche Varianten. Die vertieften Grundlagen dieses hochdynamischen technischen Gebietes der Energiespeicherung führt Kapitel Lechner ein.

8.3.4 Mechanische Speicher

Die letzte Gruppe der hier vorgestellten Speichertechnologien umfasst die mechanischen Speicher. Diese gehören zu den ältesten verfügbaren Speichertechnologien der Menschheit.

8.3.4.1 Pumpspeicher

Pumpspeicher nutzen Wasser, das mittels elektrischer Pumpen auf ein höheres potentielles Niveau transportiert wird. Sobald das auf topologisch höherem Niveau lagernde Wasser durch Rohre oder Stollen in tiefere Niveaus abgelassen wird, treibt die Bewegungsenergie des herunterfließenden Wassers elektrische Turbinen an. Dabei sind die Speicherverluste gering.

Insbesondere im D-A-CH-Raum verfügen die Schweiz und Österreich über zahlreiche Speicherseen mit zum Teil großem Speichervolumen. Damit fällt beiden Ländern eine herausgehobene Rolle im europäischen Verbundsystem zu.

Gerade die gute Planbarkeit, aber auch die Flexibilität und die Möglichkeit, signifikante Energiemengen zu speichern, macht Pumpspeicherlösungen höchst attraktiv.

8.3.4.2 Schwungrad

Schwungräder nutzen die Trägheit großer bewegter Massenrotoren zur kurzfristigen Energiespeicherung. Die Bremsung der Masse erfolgt über einen induktiv gekoppelten Generator, der die Bewegungsenergie in elektrische Energie wandelt. In der Energieversorgung werden sie besonders in der Kurzzeitreserve, in der Glättung von Spitzenleistung sowie in Notstromaggregaten eingesetzt. Ebenso findet das Prinzip Anwendung in Rekuperation bei Fahrzeugen, also bei der Nutzung von Bremsenergie.

8.3.4.3 Druckluftspeicher

In Druckluftspeichern oder auch Compressed Air Storage (CAS) wird Luft in spezielle Druckluftbehälter oder Kavernen gepresst. Bei der Entnahme gibt die hochverdichtete Luft durch die Entspannung die zugeführte Energie wieder ab. Ähnlich wie bei Pumpspeichern wird bei großen Systemen ein großes Speichervolumen benötigt. Dieses wurde bei den bestehenden Anlagen über geologisch geeignete und verfügbare Bergstollen und Kavernen umgesetzt. Bislang sind diese Anlagen deshalb aus wirtschaftlichen und baulichen Gründen sowie wegen ihres im Vergleich zu Pumpspeichern geringeren Wirkungsgrades vor allem als Piloten umgesetzt worden.

8.4 Ausblick

Energiespeichersysteme und Betriebskonzepte zu deren Integration sind eine Voraussetzung für eine gelungene Energiewende. Dabei stehen zum einen etablierte Speichersysteme zur Verfügung, die weiter betrieben werden können wie bisher oder nur geringe Modifikationen benötigen. Gleichzeitig gibt es gerade auf dezentraler Ebene neue Anforderungen an Energiespeicher sowie auch deren netzdienlichen Einsatz. Im Sinne einer Gesamtoptimierung des Energiesystems kommen hier Anforderungen aus der Sektorkopplung, der Elektromobilität und der dezentralen Strom- und Wärmeproduktion sowie der Gebäudesektor zum Tragen. Je nach technischen, wirtschaftlichen und regulatorischen Bedingungen eröffnen Speicher verschiedene Lösungsräume. Wie auch die Technologien der Erneuerbaren Energien in der Stromproduktion, erleben viele dieser Technologien sowohl eine technologische als auch wirtschaftliche Maturitätsentwicklung, die vielfach erst am Anfang steht. Zweifelsohne sind Energiespeicher in der nahen Zukunft ein ebenso spannendes wie zentrales Feld der Energieversorgung.

Literaturverzeichnis

[1] Kaltschmitt, M., Streicher, W. und Wiese, A. (2020). Erneuerbare Energien – Systemtechnik, Wirtschaftlichkeit, Umweltaspekte. Berlin/Heidelberg: Springer. ISBN 978-3-662-61189-0.

[2] Sterner, M. und Stadler, I. (2017). Energiespeicher – Bedarf, Technologien, Integration. Berlin/Heidelberg: Springer. ISBN 978-3-662-48892-8.

[3] Knoll, C., Müller, D., Artner, W., Welch, J. M., Werner, A., Harasek, M. und Weinberger, P. (2017). Probing cycle stability and reversibility in thermochemical energy storage – CaC2O4·H2O as perfect match? Appl. Energy 187, 1–9.

[4] Doleski, O. D., Kaiser, T., Metzger, M., Niessen, S. und Thiem, S. (2021). Digitale Dekarbonisierung – Technologieoffen die Klimaziele erreichen. Wiesbaden: Springer.

Kurzvitae

Rainer Bachmann hat Physik an der RWTH Aachen studiert. Er wurde danach verantwortlich für die Prozessautomatisierung in einem Stahlwerk der KRUPP Stahl AG und setzte die dort entwickelten Lösungen über die KRUPP Stahltechnik international um. Anschließend leitete er die Anwendungsentwicklung im Bereich der Auftragsabwicklung bei THYSSEN STAHL. Von dort wechselte er als CIO in das weltweit operierende Bergbau-Spezial-Unternehmen THYSSEN Schachtbau. Anschließend arbeitete er als CIO und Leiter Innovations-Management bei der DEMINEX – später VEBA Oil & Gas – der zu der Zeit größten deutschen und weltweit aktiven E+P Gesellschaft.
Von dort wechselte er als Partner zur RWE Consulting, der Management Beratung des RWE Konzerns und leitete das Regionalbüro in Frankfurt. Innerhalb des Konzerns übernahm er später die Leitung der Unternehmensentwicklung für E-Mobilität bei der RWE Effizienz.
In 2012 verließ er den RWE Konzern und wurde Geschäftsführer der E:E Consulting, einer internationalen Management und Strategie Beratung für die Energiewirtschaft und E-Mobilität. Aus einem Projekt heraus wurde er 2017 als CIO des Geschäftsfelds E-Mobilität bei der E.ON eingestellt. Dort leitete er ein EU Horizon-2020 Forschungsprojekt und vertrat die E.ON in mehreren Arbeitsgruppen des BMWi, u. a. in der Digitalisierung der Energiewende.
Im Februar 2021 verließ er E.ON und kehrte zurück in die Geschäftsführung der E:E Consulting. Seit Februar 2022 ist er Mitglied des EU Senats für Technologie und Wirtschaft und sitzt im Board der Mobility Alliance der EU Technology Chamber.

Oliver D. Doleski ist Principal bei der Siemens AG und Herausgeber energiewirtschaftlicher Fachpublikationen. Nach wirtschaftswissenschaftlichem Universitätsstudium in München und verschiedenen leitenden Funktionen im öffentlichen Dienst sowie in Beratungs- und Dienstleistungsunternehmen war er viele Jahre erfolgreich freiberuflich als branchenübergreifend aktiver Unternehmensberater tätig. Heute widmet er sich vor allem im Energiesektor und in der Prozessindustrie intensiv den Themen Digitale Transformation, Internet of Things (IoT) und Smart City.
Sein Forschungsschwerpunkt liegt in den Bereichen Geschäftsmodellentwicklung (Integriertes Geschäftsmodell iOcTen) und Digitale Dekarbonisierung von Energiesystemen. Mit der Wortschöpfung

Utility 4.0 etablierte Oliver D. Doleski bereits 2016 einen prägnanten Begriff für den Übergang von der analogen zur digitalen Energiewirtschaft. Er gestaltet als Mitglied energiewirtschaftlicher Initiativen den Wandel der Energiewirtschaft aktiv mit. Seine in der Unternehmenspraxis und Forschung gewonnene Expertise lässt er als Herausgeber und Autor in zahlreiche branchenweit beachtete Publikationen und Fachbücher einfließen.

Dr.-Ing. Monika Freunek studierte an den Fachhochschulen Bielefeld und Furtwangen Produktentwicklung und Product Engineering mit Schwerpunkt Mechatronik. Als Stipendiatin des Graduiertenkollegs GRK 1322-1 „Micro Energy Harvesting" der Deutschen Forschungsgemeinschaft promovierte sie 2010 an der Albert-Ludwigs-Universität Freiburg in Mikrosystemtechnik über die autarke Energieversorgung kleinster Sensorsysteme. Ihre Stationen in Wissenschaft und Industrie umfassen IBM Research, das Fraunhofer Institut Solare Energiesysteme, sowie die ZHAW und den Schweizer Energieversorger BKW AG. Wissenschaft in die Praxis zu bringen und den Dialog zwischen Forschung und Anwendung zu fördern, sind ihr ein Anliegen. Monika Freunek ist Herausgeberin mehrerer wissenschaftlicher Bücher im englischsprachigen Raum, regelmäßige Autorin von Fachartikeln und Erfinderin zweier Patente im Feld der zellularen Energiesysteme für die Integration in bestehenden Infrastrukturen. Mit ihrem Unternehmen Lighthouse Science Consulting and Technologies Inc. mit Sitz in Kanada schlägt sie auch transatlantisch Brücken zwischen den Disziplinen. Ihre fachlichen Schwerpunkte umfassen Energiesysteme aller Größenordnungen, Cybersecurity, IoT und Data Science.

Michael Schwan und Ben Gemsjäger

9 Elektrische Versorgungsinfrastruktur im Wandel

Wie Bewährtes und Neues zusammenkommen muss, um die Nachhaltigkeitswende zu ermöglichen – elektrische Netze auf dem Weg in die nächste Generation

Zusammenfassung: Während den Transformationen von fossilen zu erneuerbaren Energieträgern beziehungsweise der Elektrifizierung auf Erzeugungs- und Lastseite viel Beachtung geschenkt wird, scheint der Infrastruktur, die Erzeugung mit Verbrauch verbindet, manchmal eine nachgelagerte Bedeutung zugemessen zu werden. Dabei stellen sich insbesondere den elektrischen Versorgungsnetzen vor dem Hintergrund der Energiewende und der durch die “energiepolitische Zeitenwende” nochmal beschleunigten Entwicklung immense Herausforderungen. Dies gilt in zentralen wie dezentralen Systemstrukturen, im ländlichen wie im urbanen Raum, über alle Spannungsebenen und Zeithorizonte hinweg. Zur besseren Einordnung werden die wesentlichen Komponenten und Aspekte elektrischer Netze vorgestellt und anschließend verschiedene Auswirkungen der rasant zunehmenden Integration von Millionen neuer Erzeugungseinheiten und Lasten auf Übertragungs- und Verteilungsnetze beschrieben. Es gilt einen Einblick zu geben, wie sich Aufgaben und Prozesse zukünftig aber auch zum Teil schon heute wandeln beziehungsweise verschärfen und drei Lösungsfelder aufzuzeigen, die das Energiesystem der Zukunft prägen werden: Digitalisierung und der vermehrte Einsatz von Softwareanwendungen, Sektorkopplung und die Interaktion mit insbesondere dem Wärme- und Verkehrssektor, sowie neue Planungs- und Betriebsgrundsätze für elektrische Netze. Kurz gesagt: Die nächste Generation der Netze, deren Kernfunktion die zuverlässige, stabile, sichere und effiziente Versorgung mit elektrischer Energie bleibt.

Schlagwörter: Smart Grid, Netzplanung, Netzbetrieb, Digitalisierung, Netze der Zukunft

9.1 Einleitung

Vor dem Hintergrund globaler Trends wie der Digitalisierung, sowie der Bekämpfung des Klimawandels stehen auch die Energiesysteme und insbesondere die elektrischen Energiesysteme inmitten beziehungsweise am Anfang enormer Transformati-

Michael Schwan, Ben Gemsjäger, Siemens AG, Erlangen, Deutschland, e-mails: michael.schwan@siemens.com, ben.gemsjaeger@siemens.com

https://doi.org/10.1515/9783110753585-009

onsprozesse. So ist sowohl erzeugungsseitig ein Wechsel von fossilen Energieträgern auf nachhaltige, klimaschonende und lokal verfügbare Energieträger als auch verbrauchsseitig vor allem die Elektrifizierung von Verkehrs- und Wärmeanwendungen notwendig. Zudem gilt es zu erwähnen, dass der energiepolitische Rahmen im Zuge der Ukrainekrise erheblich betroffen wurde. Standen im 2010er Jahrzehnt die Nachhaltigkeitsaspekte des energiepolitischen Dreiecks aus Versorgungssicherheit, Wirtschaftlichkeit und Nachhaltigkeit im Vordergrund der politischen Maßnahmen, so kann davon ausgegangen werden, dass in den 2020er Jahren darüber hinaus auch die Versorgungssicherheit und Bezahlbarkeit von Energie massiv die energiepolitische Agenda beeinflussen wird. Aus europäischer beziehungsweise nationaler Sicht wird diese Entwicklung die bisher geplanten Ausbauziele lokaler, erneuerbarer Erzeugungsanlagen und damit die steigende Unabhängigkeit von Energieimporten nochmal weiter beschleunigen. Zudem wird auch verbrauchsseitig der angefangenen Elektrifizierung von Verkehrs- und Wärmesektor besonders in der Industrie eine noch wesentlich dringendere Bedeutung zukommen. Eine Elektrifizierung, die zu einem Anstieg des elektrischen Verbrauchs führen wird, um nicht nur die Mobilität- und Wärmebedürfnisse der Verbraucher aus nationalen Energieträgern klimaschonend und bezahlbar decken zu können, sondern auch die Dekarbonisierung der Industrie zu ermöglichen, indem hier insbesondere der Wärmebedarf direkt oder indirekt aus Erneuerbaren Energien bereitgestellt wird (Sektorkopplung).

Auf Seiten der Energieerzeugung, beziehungsweise physikalisch genauer Energieumwandlung, hat diese Umstellung bereits im letzten Jahrzehnt an Fahrt gewonnen und wird sich angesichts der politischen Ziele bis 2030 aber auch anschließend weiter signifikant beschleunigen müssen. So ist beispielweise der Anteil Erneuerbarer Energien am Bruttostromverbrauch in Deutschland zwischen 2010 und 2020 von 17 % auf 45 % gestiegen. In Europa hat sich im gleichen Zeitraum allein die installierte Kapazität von Photovoltaik- und Windenergieanlagen von 114 GW auf 344 GW verdreifacht. Und auch global ist ein Anstieg zu verzeichnen: Die Produktion von Photovoltaikenergie wuchs von ca. 30 TWh in 2010 um mehr als das zwanzigfache auf ca. 680 TWh in 2018, während die die Stromproduktion aus Wind im gleichen Zeitraum von ca. 340 TWh auf ca. 1.430 TWh anstieg und sich damit vervierfachte (vgl. IEA (2020) [1]).

Um zukünftig den Anstieg der globalen Jahresdurchschnittstemperatur auf die im Pariser Klimaabkommen genannten 2 beziehungsweise 1,5 Grad Celsius zu begrenzen, werden die Anstrengungen nun nochmal deutlich erhöht werden müssen, insbesondere im weltweiten Kontext. So erkennt die Internationale Energieagentur zwar, dass die Länder, die in Summe für circa 70 % der globalen Treibhausgasemissionen verantwortlich sind, sich dazu verpflichtet haben, Maßnahmen zu ergreifen, aber insbesondere kurzfristige Handlungen missen lassen, obwohl die notwendige Technologie bereits heute vorhanden ist, um die bis 2030 notwendigen Schritte zu unternehmen (vgl. IEA (2020), S. 15 [1]). Auf Europäischer Ebene haben sich die Mitgliedsstaaten im

Fit-for-55 Packet im Jahr 2021 darauf verständigt, den europäischen Treibhausgasausstoß in 2030 gegenüber 1990 um 55 % zu reduzieren und dabei u. a. länderspezifische Ziele für den Anteil Erneuerbarer Energien im Stromsektor dokumentiert. Der im Zuge des Ukrainekonfliktes veröffentliche REPowerEU Plan hat diese Ziele erneut unterstrichen und die Umsetzungsgeschwindigkeit nocheinmal deutlich erhöht (vgl. European Union (2022) [2]).

Entsprechend hat etwa die deutsche Bundesregierung ihre Zielerreichung im Zuge des Konfliktes nochmal beschleunigt und strebt nun eine nahezu treibhausgasneutrale Stromerzeugung bis 2035 an. Der nationale, erneuerbare Erzeugungspark basiert dabei im Wesentlichen auf den Energieträgern Sonne und Wind. So sieht die derzeitige Strategie der deutschen Bundesregierung beispielsweise einen Anstieg der installierten Photovoltaikkapazität auf 200 GW im Jahr 2030 vor, während die installierte Leistung von Windenergieanlagen an Land auf über 80 GW ansteigen soll (siehe Abbildung 9.1).

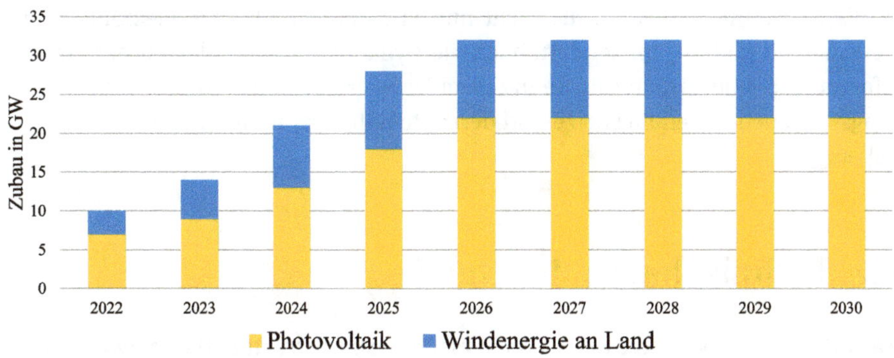

Abb. 9.1: Ausbaupfade der Bundesregierung für Photovoltaik und Windenergie bis 2035 (in Anlehnung an BMWK (2022) [3]).

Im Vergleich zur erzeugungsseitigen Transformation steht der lastseitige Übergang von fossilen zu erneuerbaren Energieträgern im Zuge der Elektrifizierung und Kopplung verschiedener Sektoren, insbesondere des Verkehrs- und Wärmesektors, erst am Anfang. So sind beispielsweise die politischen Ziele bezüglich des Ausstieges aus dem Verbrennungsmotor sowohl europäisch als auch global zwar sehr heterogen, der Trend in Richtung (voll-)elektrischer Fahrzeuge, insbesondere im Privatverkehr, ist aber zweifellos erkennbar. Parallel stehen massive Anstrengungen im Wärmesektor an, der global für etwa die Hälfte des Energieverbrauches verantwortlich ist. Auch hier ist die Elektrifizierung beispielsweise in Form von Wärmepumpen in Haushalten, insbesondere aber in Hoch- und Mitteltemperaturanwendungen in der Industrie eine Möglichkeit, fossile Energieträger, die in Deutschland ca. 84 % der Wärme im Jahr 2020 gedeckt haben, zu substituieren (siehe auch Abbildung 9.2).

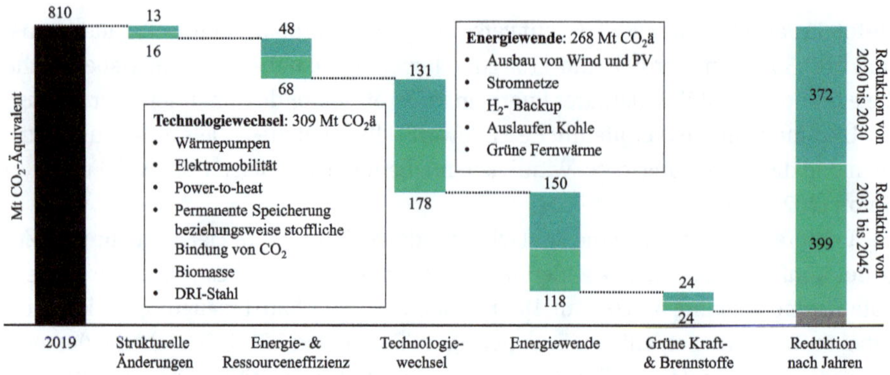

Abb. 9.2: Reduktion der THG-Quellenemissionen in Deutschland 2019–2045 (in Anlehnung an BCG (2021) [4]).

Perspektivisch werden so Millionen neuer elektrischer Erzeuger und Verbraucher an die Netze angeschlossen, die nicht nur eine deutliche höhere Flexibilität und Steuerbarkeit mitbringen, sondern auch die Dynamik und Komplexität der Strom-, Informations- und Zahlungsflüsse in einem Maße erhöhen, das sowohl die Übertragungs- als auch Verteilungsnetze und deren Betreiber vor große Herausforderungen stellen.

9.2 Technischer Hintergrund

Warum brauchen wir Netze in unserer Versorgungsinfrastruktur? Die Antwort ist einfach und wird auch in den transformierten, dekarbonisierten Energiesystemen der Zukunft gelten: Netze verbinden Quellen (Energieproduktion/-einspeisung) und Senken (Verbraucher). Mit der fortschreitenden Transformation der Energiesysteme, vor allem dem Verhältnis zwischen zentraler Produktion (z. B. Offshore-Windparks) und dezentraler Produktion in der Fläche (z. B. Hausdach-Photovoltaik-Anlagen), wird sich die Versorgungsaufgabe ändern und in Teilen sicher auch signifikant ändern. Jedoch wird allgemein erwartet, dass – allem Wachstum der dezentralen Erzeugung und dem Übergang von den klassischen Verbrauchern zu aktiven Prosumern zum Trotz – die überwiegende Mehrzahl der Endkunden weiterhin an die Netze angeschlossen sein wird und sich nur wenige Endkunden aus dem allgemeinen Versorgungssystem in eine tatsächlich autarke und autonome Energieversorgung verabschieden.

Worin liegt also der Vorteil derartiger großer Versorgungssysteme, die solche ausgedehnten Netze erfordern? Auch hier werden in Zukunft die gleichen Gründe gelten, die seit Beginn der Elektrifizierung zum Ende des 19. Jahrhunderts die Basis für den Auf- und kontinuierlichen Ausbau der zentralen Systeme bilden.

Elektrifizierung

Elektrizität ist eine besonders vielseitige Energieform, die gerade auf der Anwendungsseite eine Vielzahl von Prozessen in einfacher Form ermöglicht[1] und damit viele andere Energieformen substituieren kann. Elektrizität wurde damit sehr schnell zu einer der wesentlichen Grundlagen für die industrielle und wirtschaftliche Entwicklung und für die Steigerung des Lebenskomforts. Dies gilt heute, in unserem digitalen Zeitalter, umso mehr. Ein Umstand, den uns jede größere Störung oder gar ein Blackout eindringlich vor Augen führt. Nahezu alle Aspekte des wirtschaftlichen, öffentlichen und privaten Lebens basieren auf der kontinuierlichen Verfügbarkeit elektrischer Energie.

Entsprechend benötigt jeder Endkunde Zugang zu elektrischer Energie – und dies war über zentrale Systeme, die in (Groß-)Kraftwerken Strom erzeugen und über Netze zu den Verbrauchern bringen, deutlich einfacher zu realisieren, als im späten 19. oder frühen 20. Jahrhundert jedem Endkunden ein kleines Kohle- oder Wasserkraftwerk zu installieren. Grundsätzlich wird sich dies auch in Zukunft nicht ändern, auch wenn sich mit der Verfügbarkeit von z. B. Photovoltaik-Modulen zur Stromproduktion, von Batterien zur Energiespeicherung und vielfältiger Leistungselektronik, Regelungstechnik und Software-Lösungen zum Betrieb auch kleinster Inselnetze die technischen Möglichkeiten enorm ausgeweitet haben. Eine solche Lösung wird immer technisch komplexer bleiben als ein einfacher Netzanschluss.

Versorgungsqualität

Aufgrund der enormen Bedeutung der Elektrizität ist auch die Frage der Versorgungsqualität entscheidend. Hierunter fällt zunächst die Versorgungszuverlässigkeit, also die generelle Verfügbarkeit elektrischer Energie für Endkunden. In vielen Fällen war und ist für Endkunden eine Unterbrechung der Stromversorgung unter Anwendung aller (bezahlbaren) technischen Möglichkeiten zu vermeiden. Erzeugungseinheiten, historisch gesehen vor allem Kraftwerke mit rotierenden Maschinen (Turbinen und Generatoren), sind hohen mechanischen Belastungen ausgesetzt und weisen daher deutlich höhere Fehlerraten auf als Netz-Betriebsmittel. Die für eine hohe Zuverlässigkeit erforderliche Redundanz lässt sich deswegen leichter aus dem weiträumigen Zusammenschluss von Erzeugungseinheiten realisieren, also aus den Netzen, als aus kleineren Strukturen (im Extremfall: Inselsystem) mit zusätzlicher, redundanter Erzeugung.

Und auch beim zweiten Aspekt der Versorgungsqualität, der Spannungsqualität, haben ausgedehntere Systeme intrinsische, technische Vorteile: In ausgedehnten Systemen, die eine Vielzahl von Erzeugern und Verbrauchern verbinden, können sich lokale Störungen der Spannungsqualität wie z. B. Oberschwingungen oder Flicker weni-

1 Beispielsweise die Wandlung in Licht, Kraft und Wärme.

ger stark ausprägen und ausweiten. Das starre Netz hat hier einen dämpfenden beziehungsweise stabilisierenden Einfluss. Die Realisierung der heute typischerweise immer weiter zunehmenden Anforderungen der Endkunden an die Versorgungsqualität ist also in kleinen Systemen wie z. B. Mikrogrids oder Inselsystemen nur mit größerem Aufwand möglich.

Wirtschaftlichkeit

Nicht zuletzt ist es so, dass der Aufbau dieser enormen zentralen Versorgungssysteme trotz des immensen Aufwands in Summe günstiger, und zwar deutlich günstiger, ist als die Alternative einer Vielzahl von autarken Einzellösungen bei den Endkunden. Wie beschrieben wäre für die Sicherstellung der Versorgungsqualität in Einzellösungen erheblicher Zusatzaufwand notwendig – insbesondere für die Zuverlässigkeit, die dann ja zusätzliche, redundante Erzeugungskapazitäten erfordern würde. Und Erzeugungseinheiten sind nach wie vor die teuersten Einzelkomponenten im Gesamtsystem. Deshalb ist die Nutzung von Reserve-Einheiten in einem größeren Verbund die deutlich wirtschaftlichere Option. Dies war einer der Hauptgründe für den Aufbau weiträumiger Verbundnetze. Neben der Redundanz in der Erzeugung erlauben weiträumige Verbundnetze eben auch die Nutzung unterschiedlicher Ressourcen, was ebenfalls systemische und wieder wirtschaftliche Vorteile mit sich bringt. Historisch war z. B. die Verbindung von Kohlekraftwerken im Rheinischen Revier mit Wasserkraftwerken in den Alpen ebenfalls einer der Gründe für den Bau der ersten europäischen Verbundleitungen. Grundsätzlich bleibt dieser Aspekt auch in Zukunft bestehen, um z. B. Windstrom aus Offshore-Parks oder Photovoltaik-Strom aus entlegenen, großen Photovoltaik-Parks in die Verbrauchszentren zu transportieren.

Wesentliche Vorteile der großen zentralen Versorgungssysteme werden also auch im Zuge der Energiewende bestehen bleiben, und es wird daher im Allgemeinen erwartet, dass sich die grundlegende Struktur dieser Systeme nicht ändern wird. Es ist aber zu betonen, dass sich diese Aussage auf die Struktur im Sinne der Systemebenen Produktion, Übertragung, Verteilung bezieht – innerhalb dieser Ebenen, und im Zusammenspiel dieser Ebenen untereinander sowie mit anderen Sektoren (Sektorkopplung), werden sich durchaus signifikante Änderungen der Anforderungen und Rahmenbedingungen ergeben. Insbesondere wird es eine Vielzahl an technisch umsetzbaren und wirtschaftlich darstellbaren Anwendungsfällen geben, in denen sich einzelne dezentrale Energiesysteme oder Zellen bilden – die mehr oder weniger lose mit dem Gesamtsystem gekoppelt sind. Diese Kopplungen werden, wie heute auch, nicht unbedingt alle Energieträger wie Strom oder Gas umfassen; einzelne Zellen werden z. B. auch nur mit dem zentralen Gas-System (beziehungsweise Wasserstoff-System) verbunden sein, aber nicht mit dem elektrischen System.

Zuletzt ist noch anzumerken, dass die Netze innerhalb der Versorgungssysteme ein natürliches Monopol bilden – es war und ist volkswirtschaftlich schlicht unsinnig, parallele Netzstrukturen aufzubauen. Um den diskriminierungsfreien Zugang sowie angemessene Preise für die Netznutzung zu gewähren, bedarf es daher regulatorischer Maßnahmen. Der geltende Regulierungsrahmen hat entscheidenden Einfluss auf die Aus- und Umgestaltung der Netze – und muss sich im Zuge der Energiewende ebenfalls schnell und effektiv anpassen, siehe die Kapitel Pflaum und Schroeder.

Die technische Ausgestaltung der elektrischen Versorgungsnetze basiert weltweit nahezu vollständig auf Drehstromtechnik, also drei um jeweils 120 Grad phasenverschobenen, sinusförmigen Wechselspannungen. Zu Beginn der Elektrifizierung war dies keinesfalls die gesetzte Technik – die ersten Systeme zur öffentlichen Stromversorgung wurden in den USA errichtet und basierten auf dem technisch einfacheren Gleichstrom. Allerdings war durch die niedrigen Spannungsebenen, meistens die in den USA heute noch übliche Niederspannungs-Nennspannung von 110 V (heute aber Wechselstrom), die räumliche Ausbreitung sehr begrenzt. Die ebenfalls aufkommende Wechselstromtechnik ermöglichten größere Ausdehnungen als die wenigen Kilometer der Gleichstromsysteme – denn mit Transformatoren konnten die Spannung erhöht und bei langen Übertragungsstrecken so durch die niedrigeren Ströme die Verluste reduziert werden. Dies aber auf Kosten einer komplexeren Technik – und einer erhöhten Gefahr für Personen- und Sachschäden durch die höheren Spannungen. Der sogenannte Stromkrieg (war of currents) zwischen den Personen und Firmen Edison, Gleichstrom, und Westinghouse, Wechselstrom, endete nach etwa 10 Jahren bekanntermaßen mit dem weltweiten Siegeszug der Wechselstromtechnik. Der Übergang auf die Drehstromtechnik brachte Vorteile, vor allem Materialeinsparungen, bei der Übertragung, Produktion und Anwendung. Bei der Übertragung im Drehstromsystem ist kein Rückleiter erforderlich, und alle drei Leiter übertragen aktiv Energie. Wechselstromsysteme hingegen benötigen stets einen Rückleiter, der selbst keine Energie überträgt. In Produktion und Anwendung erlaubt die Drehstromtechnik einfachere Bauformen der drehenden Maschinen, also der Generatoren und Motoren.

Die wesentlichen Komponenten, aus denen sich die Netze zusammensetzen, sind damit auch schon genannt: Verbindungen beziehungsweise Leitungen (Freileitungen oder Kabel) und Knoten beziehungsweise Stationen. Neben den Transformatoren (mit Ausnahme von reinen Schaltstationen) beinhalten Stationen auch Schalter sowie Mess- und Regelungstechnik. Alle Komponenten, die direkt dem Transport und der Wandlung der elektrischen Energie dienen – also insbesondere Leitungen, Transformatoren und Schaltgeräte – werden auch als Primärtechnik bezeichnet, alle übrigen Komponenten – insbesondere die Schutz-, Regelungs-, Leit- und Messtechnik – als Sekundärtechnik. Wie sich schon im Stromkrieg angedeutet hat, ist die Gefahr der Elektrizität für Personen- und Sachschäden ein sehr kritischer Aspekt, der von Anfang der Elektrifizierung an die Installation automatisierter Schutzsysteme und Schaltungstechnik erforderlich gemacht hat, um jeden elektrischen Fehler, der mit den einhergehenden deutlich erhöhten Fehlerspannungen und -strömen ein nochmals gesteigertes Gefahrenpotenzial darstellt, möglichst schnell auszuschalten.

Ein typisches Mengengerüst für die elektrische Versorgungsinfrastruktur am Beispiel Deutschland zeigt Abbildung 9.3.

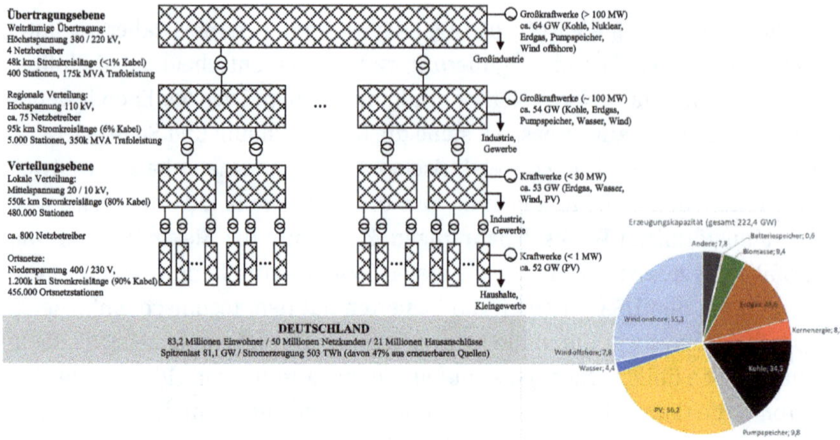

Abb. 9.3: Struktur und Mengengerüst des elektrischen Energieversorgungssystems in Deutschland (gerundete Werte) (FNN (2021) [5]; Statistisches Bundesamt (2022) [6]; BNetzA I (2021) [7]).

Die wesentlichen Betriebsparameter elektrischer Netze sind aus Kundensicht Spannung und, in (Wechsel- oder) Drehstromsystemen, Frequenz. Dazu kommen weitere Parameter, die vor allem für die Netzbetreiber relevant sind, wie die Auslastung der Betriebsmittel und die Kurzschlussströme – und als eigener Themenbereich vor allem in Übertragungsnetzen die Systemstabilität.

Spannung (und Strom)

Die Spannung ist der mit Abstand wichtigste Betriebsparameter in elektrischen Netzen. Den Endkunden muss eine Spannung innerhalb eines gewissen Bereiches zur Verfügung gestellt werden, typischerweise eine Nennspannung ±10 % für die Niederspannungsebene, und viele weitere übliche Spannungsebenen gemäß IEC 60038. Darüber hinaus müssen auch rein innerhalb des Netzes alle Spannungen in einem geeigneten Bereich gehalten werden, um Schäden (typischerweise durch Überspannungen) oder Fehlfunktionen (oft durch Unterspannungen) an Betriebsmitteln zu vermeiden. In Drehstromsystemen ist die Spannungshaltung eng mit dem Management und der Bilanz der Blindleistung verbunden. Spannung ist eine lokale Größe im Netz beziehungsweise an den einzelnen Netzknoten. Der Stromfluss, insbesondere in den Kundenanlagen, ist eine Resultante aus der vom Netz anliegenden Spannung und den Impedanzen und Betriebscharakteristiken der Kundenanlagen. Insbesondere sind hier unzulässige Rückwirkungen in das Netz, z. B. Oberschwingungen, zu vermeiden.

Frequenz

Im Gegensatz zur Spannung ist die Frequenz eine systemweite Größe – innerhalb eines Verbundsystems gibt es, abgesehen von kurzzeitigen, dynamischen Phänomenen, nur eine einheitliche Frequenz. Auch hier gilt es, die Frequenz in einem sehr engen Bereich zu halten, um Schäden und Fehlfunktionen zu vermeiden. Im Normalbetrieb gilt es typischerweise, die Frequenz innerhalb einer Toleranz von ± 0,4 % um die Nennfrequenz zu halten, die in Europa 50,0 Hz beträgt. Die Frequenz wird vor allem durch Differenzen zwischen, beziehungsweise Änderungen in Erzeugung und Verbrauch beeinflusst. Hier ist die grundlegende Charakteristik von Elektrizität entscheidend, dass, im Gegensatz beispielsweise zu den Gasnetzen mit deren Fähigkeit zur begrenzten Speicherung über Druckerhöhungen in gewissen Leitungen, keinerlei elektrische Energie in einem elektrischen Netzwerk selbst gespeichert werden kann. Erzeugung und Verbrauch müssen in Echtzeit im Gleichgewicht gehalten werden – der entsprechende Regelungsmechanismus, mit dem die Übertragungsnetzbetreiber die Frequenz steuern, wird daher auch als Leistungs-Frequenz-Regelung bezeichnet.

Auslastung der Betriebsmittel

Alle Betriebsmittel der Primärtechnik sind auf einen Bemessungsstrom (beziehungsweise in Kombination mit der Bemessungsspannung eine resultierende Bemessungsleistung) ausgelegt, die nicht überschritten werden darf, um Schäden zu vermeiden. Bei manchen Betriebsmitteln sind zeitlich gestaffelte, kurze Überlastungen im Bereich von Minuten oder Stunden zulässig, um vor allem in Notsituationen einen größeren Spielraum für den Netzbetrieb zu ermöglichen. Typischerweise führen sehr hohe und/oder zeitlich schnell wechselnde Belastungen zu einer beschleunigten Alterung der Betriebsmittel. Die Auslastungen aller Betriebsmittel sind durch die Netzbetreiber also so zu managen, dass keine unzulässigen Überlastungen auftreten.

Kurzschlussströme

Nicht zuletzt sind die Kurzschlussströme relevant, um im Falle elektrischer Fehler Schäden an Personen und Anlagen zu vermeiden. Die Kurzschlussströme bedingen die thermische und mechanische Dimensionierung der Betriebsmittel – und sind insbesondere die Basis für das Design des Schutzsystems und die Parametrierung der Schutzgeräte. Die Netzbetreiber müssen sicherstellen, dass für alle Komponenten die maximal möglichen Kurschlussströme am jeweiligen Einbauort unterhalb der zulässigen Grenzwerte liegen, beziehungsweise das Schutzsystem auf die minimalen Kurzschlussströme geeignet eingestellt ist.

Stabilität

In den ausgedehnten Verbundsystemen können verschiedenste Schwingungen und sonstige dynamische oder transiente Ereignisse auftreten, die zu Instabilitäten bis hin zum Netzzusammenbruch führen können, auch bekannt unter dem Begriff Blackout. Instabilitäten sind hier einerseits Störungen wie Ausfälle von Kraftwerken oder

Netzbetriebsmitteln, andererseits im systemtheoretischen Sinne aber auch alle (größeren) Änderungen im aktuellen Betriebszustand, wie das Einschalten einer großen Last oder eine betriebliche Schaltung. Allgemein bedeutet Stabilität, dass das System nach einem Störimpuls und daraus resultierenden Schwingungen wieder in einen ruhigen, stabilen Arbeitspunkt innerhalb der zulässigen Betriebsparameter zurückkehrt – und dass insbesondere alle Erzeugungseinheiten im synchronen Betrieb verbleiben. Unterschieden werden die Winkelstabilität, der synchrone Betrieb der Generatoren, Frequenzstabilität und Spannungsstabilität.

Die Einhaltung all dieser (und weiterer) betrieblicher Parameter in den zulässigen Grenzen ist die wesentliche Aufgabe des Netzbetriebs – und davor ist es Aufgabe der Netzplanung, die Struktur des Systems, die Auswahl und Konfiguration der Betriebsmittel sowie die Parametrierung der Betriebsmittel so zu ermitteln, dass ein möglichst optimaler Netzbetrieb möglichst einfach realisiert werden kann. Wichtig zu beachten ist, dass hierbei der Normalbetrieb in der Regel kein oder ein höchstens sehr geringfügiges Problem darstellt (jedenfalls: darstellen sollte). Die Herausforderung liegt vielmehr in der Beherrschung gestörter Betriebszustände. Auch wenn die Betriebsmittel äußerst zuverlässig sind, treten aufgrund der enorm hohen Zahl an Betriebsmitteln im gesamten Systemverbund quasi ständig Störungen auf – in Deutschland etwa knapp 20 Störungen pro Tag in den Mittel-, Hoch- und Höchstspannungsnetzen zusammen, dazu mehr als 2.000 Störungen pro Tag in der Niederspannung (vgl. VDE FNN (2021) [5]). Es ist offensichtlich, dass bei diesen Störungen jeweils der Betrieb weitestgehend aufrecht gehalten werden muss. Durch die dynamischen Phänomene beim Eintritt von Störungen, z. B. von elektrischen Fehlern, sowie durch die besonderen Betriebsbedingungen während einer Störung – die ja selbst in perfekt arbeitenden Systemen eine gewisse Dauer haben, bis z. B. das Schutzsystem einen elektrischen Fehler eingemessen und das Auslösesignal geschickt und die Leistungsschalter das fehlerbetroffene Element ausgeschaltet haben – ist das Einhalten der betrieblichen Parameter wie Spannung und Frequenz im gestörten Betrieb eine signifikant komplexere Aufgabe als die Beherrschung des Normalbetriebs.

Wie bereits erwähnt, besitzen elektrische Netze selbst keinerlei Speicherfähigkeit, und deshalb ist in jedem Augenblick ein Gleichgewicht zwischen Leistungseinspeisung und -entnahme sicherzustellen, um eine konstante Frequenz zu gewähren. Auch die Spannung muss kontinuierlich, in jedem Augenblick, innerhalb des zulässigen Spannungsbandes gehalten werden, weil auch kurzzeitigste Überschreitungen zu Schäden und Gefährdungen durch elektrische Überschläge an Betriebsmitteln oder in Kundenanlagen, und Unterschreitungen zu Fehlfunktionen führen können. Die Überwachung und Steuerung der Netze muss daher zwangsläufig in Echtzeit erfolgen – was unmittelbar bedingt, dass zumindest gewisse Aspekte der Leistungs-Frequenz-Regelung, der Spannungsregelung und auch des Netzschutzes zum möglichst schnellen Ausschalten elektrischer Fehler voll automatisiert ablaufen müssen. Hierzu sind entsprechende Konzepte für die Schutz-, Leit- und Regelungstechnik zu erstellen und in geeigneten Systemen der Sekundärtechnik umzusetzen. In Anbetracht der Periodendauer von 20 ms (in Systemen mit einer Nennfrequenz von 50 Hz) ergeben sich auch aus Sicht der Systemstabilität sehr kurze Zeitspannen, innerhalb derer Störungen im System verkraftet werden können, bevor der stabile Weiterbetrieb beeinträchtigt wird. Die sogenannten kritischen Zeiten, die für eine Störungsklärung – z. B. das Ausschalten eines elektrischen Fehlers – maximal zur Verfügung stehen, bewegen sich typischerweise im Bereich von wenigen 100 ms.

Neben der Erforderlichkeit voll automatisierter Systeme ergibt sich aus diesen sehr harten Anforderungen an die kontinuierliche beziehungsweise zeitnahe Steuerung der Systeme auch die Anforderung, sich planerisch möglichst gut und genau auf die zu erwartenden Betriebssituationen einzustellen. Dies erfolgt zunächst durch die Betriebsplanung, die in verschiedenen Zeitbereichen die erwarteten Betriebsszenarien prognostiziert und entsprechende Änderungen der Schaltzustände und Regelparameter, sowie allgemeine Empfehlungen für den Echtzeit-Netzbetrieb ableitet.

Kurzfristplanung

Die kürzesten Zeiträume, die in der Betriebsplanung betrachtet werden, sind die nächsten Minuten oder Stunden. Im Netzbetrieb treten häufig unvorhergesehene Ereignisse oder Abweichungen von den geplanten Betriebsszenarien auf, die dann eine Überarbeitung der kurzfristigen Betriebsplanung erfordern.

Intra-Day-Planung

Im Echtzeitbetrieb an einem Tag können natürlich Abweichungen von den vorab geplanten Szenarien auftreten (im zeitlichen Horizont von mehreren Stunden; darunter: Kurzfrist-Planung), die eine Anpassung der Fahrpläne für den restlichen Tagesablauf erfordern.

Day-Ahead-Planung

Typischerweise werden am Vortag konkrete Szenarien für die einzelnen Stunden oder Viertelstunden des folgenden Tages aufbereitet und entsprechende Fahrpläne für den Netzbetrieb festgelegt. Dies geschieht auch in Abstimmung mit vorgelagerten oder verbundenen Netzbetreibern. Auf Ebene der Höchstspannungsnetze in Europa z. B. über alle Länder hinweg, die im European Network of Transmission System Operators for Electricity (ENTSO-E) vertretenen sind.

Betriebsplanung

Bereits für die nächsten Wochen und Monate werden relevante Informationen gesammelt und aufbereitet, die den Netzbetrieb beeinflussen. Gegebenenfalls werden auch erste, vorläufige Betriebsszenarien erstellt, die dann später in der Day-Ahead-Planung als Basis verwendet und an die tagesaktuelle Situation angepasst werden. Relevante Ereignisse, die in der Betriebsplanung behandelt werden, sind z. B. Wartungs- oder Baumaßnahmen im Netz, Kraftwerksrevisionen, spezielle Kundenanforderungen oder die witterungsbedingte Lastprognose.

Die Grenze der Betriebsplanung zur normalen Netzplanung, die auf die mittel- und langfristige Entwicklung und technische Leistungsfähigkeit des Systems zielt, ist fließend. Detaillierte Planungen werden z. B. für einzelne Maßnahmen durchgeführt wie Bauprojekte, Anschlüsse von Kundenanlagen (Erzeugung und/oder Verbraucher und/oder Speicher) oder geänderte Schaltzustände. Je nach Aufgabe müssen diese Planungen eine Vielzahl energietechnischer Fragestellungen betrachten. Weiter in die Zukunft gerichtet sind Zielnetzplanungen mit Zeithorizonten von typischerweise 5, 10 oder 20 Jahren oder Planungen zur langfristigen Systementwicklung (Grundsatzplanung) über mehrere Dekaden – die erwartete technische Lebensdauer von Netzbetriebsmitteln liegt schließlich oft bei 30 bis 60 Jahren. Planung insgesamt umfasst somit einen extrem großen Zeitbereich (siehe Abbildung 9.4).

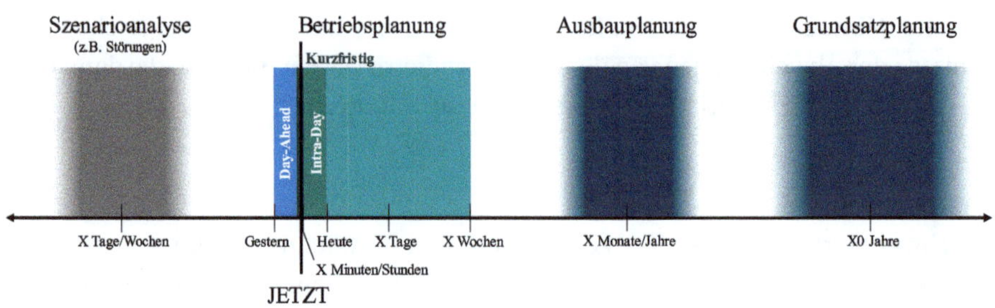

Abb. 9.4: Übersicht über relevante Zeitbereiche in der Planung elektrischer Netze (nicht maßstäblich).

Die enorm große Zeitspanne trägt somit wesentlich zur Komplexität der Planung von Energiesystemen bei. Zusätzliche Komplexität ergibt sich aus der typischen Unterscheidung in einzelne Systembereiche oder -ebenen:
- Erzeugung (zentral/dezentral)
- Übertragungsnetze (Höchstspannung)
- Verteilungsnetze (Hochspannung, Mittelspannung, Niederspannung).

In vielen Ländern, z. B. auch in Deutschland, gibt es bedingt aus der Historie und dem geltenden Regulierungsrahmen eine Vielzahl an Betreibern in den Erzeugungs- und Verteilungsebenen und wenige oder nur einen Betreiber in der Übertragungsebene. Die Koordination der Planungen der einzelnen Betreiber, die letztlich alle in dem einen Systemverbund agieren, ist hier eine Herausforderung.

Eine zusätzliche Komplexität in der Planung ergibt sich durch die Energiewende: Der steigende Anteil fluktuierender Stromproduktion aus Wind und Photovoltaik sowie immer mehr Speichersysteme, neue Verbraucher (z. B. Elektromobilität, Wärmepumpen, Elektrolyseure) und die teilweise Steuerbarkeit des Verbrauchs auf Kundenseite führen zu völlig neuen Lastflusssituationen in den Systemen verglichen mit den traditionellen Lastflusssituationen von den Großkraftwerken an der Übertragungsebene zu den Endverbrauchern. Während in diesen traditionellen Situationen relativ einfach und sicher Betriebsszenarien für Starklast und für Schwachlast definiert werden konnten, stellt sich heute die Frage, welche der unendlich vielen möglichen Lastflusssituationen die auslegungsrelevanten Betriebsszenarien sind. Die Szenariomodellierung und -analyse entwickelt sich hier zu einem neuen, eigenständigen Bereich der Netzplanung. Die vielmals probabilistische Beschreibung von fluktuierender Einspeisung und stochastischem Verbraucherverhalten leitet dabei hin zu probabilistischen Kriterien in der Netzplanung; auch im Regulierungsrahmen sind mitunter bereits probabilistische Regelungen enthalten. Die etablierten Planungsverfahren und -kriterien sind hingegen ganz überwiegend deterministisch – z. B. wird der wichtige Aspekt der Versorgungszuverlässigkeit, also die Betrachtung des Störungsgeschehens der Betriebsmittel, das selbst natürlich ein stochastisches Verhalten aufweist, nahezu ausschließlich in Form deterministischer Ausfallkriterien betrachtet. Vor allem das sogenannte n-1-Kriterium ist weltweit Grundlage für die Auslegung der meisten Systeme. Es besagt, dass von den n Betriebsmitteln des Netzes der Ausfall eines (1) Betriebsmittels den Systembetrieb im Hinblick auf die Versorgung der Endkunden nicht beeinträchtigen darf.

Ein letzter Aspekt der – nicht unwesentlich – zur Komplexität der Planungsaufgaben beiträgt, sind die eigentlichen Ziele, die das Gesamtsystem erreichen soll. Abbildung 9.5 veranschaulicht die grundsätzlich verschiedenen Aspekte, die in die Zieldefinition eingehen.

Dieses Zieldreieck, mitunter auch Ziel-Trilemma genannt, veranschaulicht auch, dass eine gleichzeitige Optimierung aller Aspekte nicht möglich ist: So erfordert beispielsweise ein besonders zuverlässiges System Redundanzen im Netz, was also unmittelbar zu höheren Kosten führt. In Gesellschaft, Politik und oft genug auch innerhalb eines Netzbetreibers werden unterschiedliche Anforderungen an die Zieldefinition gestellt, die sich dann in mehr oder weniger großen Teilen widersprechen. Die konkrete Definition von Zielen für die Netze ist im Zusammenspiel zwischen Regulierung durch die Politik, wirtschaftlichen Interessen der Unternehmen und technischen Möglichkeiten eine Herausforderung für sich.

Zuletzt ist noch darauf hinzuweisen, dass die Zieldefinition beziehungsweise die Entwicklungsperspektiven für Netze einen weiteren Aspekt zu berücksichtigen haben: Gesellschaftliche Akzeptanz. Vielfach wird der Um- und insbesondere Ausbau der Infrastruktur nicht durch regulatorische Vorgaben, finanzielle oder technische Möglichkeiten begrenzt – sondern durch fehlende Akzeptanz. So beträgt z. B. in Deutschland die typische Genehmigungsdauer für Leitungsbauprojekte im Übertragungsnetz zehn

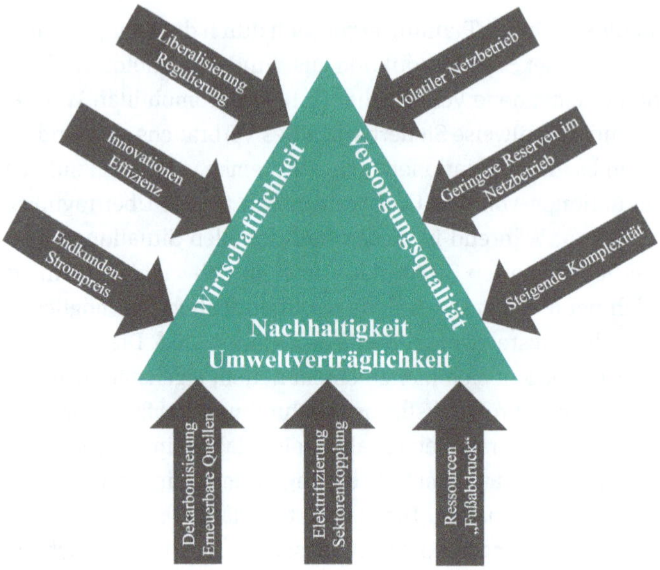

Abb. 9.5: Energiepolitisches Zieldreieck mit Einflussfaktoren.

Jahre und mehr – im Verhältnis zu Bauzeiten von einem Jahr. In Folge besteht ein signifikanter Überhang von Projekten, der nicht oder zumindest nicht annähernd zeitgerecht implementiert werden kann und somit zu Engpässen im Betrieb führt. Im Zieldreieck führt dies dazu, dass insbesondere die Wirtschaftlichkeit zurücktreten muss – und Leitungsprojekte z. B. in deutlich teurerer (und mitunter technisch weniger geeigneter) Kabeltechnik statt als Freileitungen ausgeführt werden.

Mit Blick auf die Entwicklungsperspektive der elektrischen Versorgungsinfrastruktur bleibt also festzuhalten, dass sich umfassende Änderungen in den Strukturen der Systeme und in den Prozessen für Planung und Betrieb ergeben werden. Diese Änderungen werden jedoch als beherrschbar angesehen, auch weil die grundlegenden Konzepte für die Transformation hin zu nachhaltigen, komplett dekarbonisierten Energiesystemen bereits seit Jahren akademisch entwickelt und in praktischen Pilotprojekten getestet und umgesetzt werden. Die größte Herausforderung ist die gesellschaftliche Akzeptanz und die erforderliche Geschwindigkeit in der Umsetzung – was sich jüngst insbesondere an den Diskussionen zur Energieversorgung im Zusammenhang mit der Ukrainekrise gezeigt hat.

9.3 Auswirkungen auf die Übertragungsnetzte

Wie zuvor beschrieben, dienen die Übertragungsnetze dem überregionalen Transport elektrischer Energie und tragen in Europa insbesondere für die kontinentale Versorgungssicherheit und -zuverlässigkeit eine herausragende Verantwortung. Die Komplexität und Herausforderung dieser Verantwortung gerecht zu werden, wird mit steigendem Anteil einer fluktuierenden, auf Photovoltaik und Wind basierenden Produktionslandschaft weiter steigen, auch wenn nur Teile dieses erneuerbaren und verteilten Erzeugungsparks direkt an die Übertragungsnetze angeschlossen sind. So war 2020 zwar nur ein sehr geringer Anteil der installierten Kapazität von Solar- und Windenergieanlagen an die 380 kV- beziehungsweise 220 kV- Spannungsebene angeschlossen, insbesondere die Integration von Wind-Offshore-Anlagen wird Erzeugungsseitig aber über die Übertragungsnetze erfolgen und auch der weiträumige Transport der erneuerbaren Energie von Klein(st)anlagen erfolgt weiterhin über das Übertragungsnetz. Dazu kommen im Zuge der Elektrifizierung zahlreicher Anwendungen massive Lastzuwächse in der Industrie, sowie neue Großlasten wie Elektrolyseure, die zur Wasserstoffgewinnung eingesetzt werden, und Datencenter, die perspektivisch einen erheblichen Bedarf an Netzanschlusskapazität darstellen können (vgl. BCG (2021), S. 18 [4]).

In Folge der zuvor beschriebenen Transformationen ergeben sich für die Übertragungsnetze verschiedene Herausforderungen, die sowohl die (Weiter-) Entwicklung und Dimensionierung als auch den Betrieb der Netze betreffen:

Die *Übertragungskapazität* der Übertragungsnetze wird vor allem durch die Strombelastbarkeit der Leitungen bestimmt und somit zunächst durch die maximal zulässige Leitertemperatur begrenzt. Übersteigt die installierte Leistung von beispielsweise Windenergieanlagen die vorher antizipierte und somit installierte Übertragungskapazität in Folge des rasanten Ausbaus, können temporäre Übertragungsengpässe entstehen, da eine vollständige Aufnahme und Übertragung der Erzeugungsleistung zu einer Überhitzung und somit Schädigung der Leitung führen würde. Im Übertragungsnetz wird folglich von einem Netzengpass gesprochen, wenn wegen fehlender Übertragungskapazität produzierter Strom von einem Erzeuger nicht zum Verbraucher gelangen kann. Im Zuge des voranschreitenden Ausbaus auf Erzeugungs- und Lastseite kommt es schon heute zu den beschriebenen Engpasssituationen, und da der Netzausbau auch wegen langjährigerer Planungs- und Zulassungsverfahren sowie teilweise mangelnder Akzeptanz nicht im gleichen Maße umgesetzt werden kann, besteht die konkrete Gefahr, dass Netzengpässe zukünftig vermehrt auftreten werden (vgl. dena (2022) [8]). Die effiziente, zielgenaue, sowie zeitgerechte Netzausbau stellt somit eine der größten Herausforderungen für die allgemeine Versorgungsaufgabe der Übertragungsnetzbetreiber dar.

Zudem gibt es eine Reihe weiterer Anforderungen an die *Netzstabilität* und *betriebliche Aspekte*, die sich im Zuge des Wegfalls von konventionellen Kraftwerken und deren klassischer Synchrongeneratoren und dem Aufbau von erneuerbaren, auf Leistungselektronik basierenden Erzeugungsleistung auftun beziehungsweise verstärken werden: So z. B. Herausforderungen im Bereich der Kurzschluss- und Blindleistung sowie Frequenzstabilität.

Die Kurzschlussleistung gilt als Indikator für die Statik im Sinne der notwendigen Spannungshaltung im Netz sowie für das synchronisierende Moment bei Störungen (v. a. bei Netzfehlern) in Bezug auf die transiente Polradwinkelstabilität (vgl. Fuchs et al. (2015), S. 12–22 [9]). In Folge der Substitution klassischer Synchrongeneratoren, die kurzzeitig ein Vielfaches (3- bis 5-faches) ihres Nennstroms beitragen, durch erneuerbare, auf Leistungselektronik basierenden Erzeugungsleistung, die auf einen Kurzschlussstrombeitrag in Höhe ihres Nennstroms begrenzt sind, wird die Fehlererkennung immer herausfordernder. Es gilt also zu überlegen, ob und wie „die Bereitstellung von Kurzschlussleistung mit den für den Netzbetrieb benötigten Charakteristika durch jeweils mittels Umrichter am Übertragungsnetz angeschlossene Windenergie- und Photovoltaikanlagen oder auch konventionelle Kraftwerke" oder „eine ausreichende Bereitstellung aus den Verteilernetzen für das Übertragungsnetz technisch und regional möglich ist und wie gegebenenfalls Netzanschlussregeln angepasst werden müssten" (vgl. BNetzA I (2021), S. 69 [10]). Der Spannungshaltung dient dabei auch eine Blindleistungsbilanz, die zu jedem Zeitpunkt ausgeglichen zu gestalten ist, da sich dann die geringsten Spannungsunterschiede einstellen. Ist dies an einem Knoten nicht gegeben, muss folglich die Blindleistung von einer anderen Stelle hergeleitet werden. Weil sich nun im Zuge der Energiewende ein Großteil der Energieeinspeisung zunehmend auf die unteren Netzebenen verlagert, kann es auf Übertragungsnetzeben zu einem Ungleichgewicht der Blindleistungsbilanz kommen, was zu Spannungshaltungsproblemen führen kann. Vor allem im Bereich der dynamischen Blindleistungskompensation ist es somit notwendig, sogenannte Kompensationsanlagen zu installieren, die der Stabilisierung des lokalen Blindleistungsbedarfes dienen.

Ein weiterer wichtiger Indikator für die Stabilität und Versorgungszuverlässigkeit des Übertragungsnetzes ist die *Frequenzstabilität*. Diese beschreibt die Fähigkeit eines Verbundsystems, eine stationäre Netzfrequenz auch nach einer schweren Störung des Wirkleistungsgleichgewichts, beispielweise durch den Ausfall einer großen Erzeugungsanlage oder Großverbraucher, beizubehalten beziehungsweise wiederherzustellen. Bei Verlust der Frequenzstabilität treten hohe Frequenzabweichungen auf, welche zu kaskadierenden Last- und Kraftwerksabschaltungen führen können. Der Erhalt der Frequenzstabilität ist somit Voraussetzung für einen stabilen Netzbetrieb (vgl. 50hertz; Amprion; Tennet; TransnetBW (2014) [11]). Mit zunehmender Einbindung dargebotsgeführter Produktionsleistung aus Windenergie- und Photovoltaikanlagen, die über leistungselektronische Konverter an das Verbundsystem angebunden sind, verändert sich die Dynamik im schwingungsfähigen Verbundsystem grundsätzlich (vgl. Gawlik et al. (2018) [12]): Während die zur Frequenzstabilität betragenden Regelreserven bisher basierend auf einer Abweichung der Frequenz von der Nennfrequenz aktiviert werden, hängt die Änderungsrate der Frequenz, mit der sich zukünftig diese Frequenzabweichungen einstellen, direkt von der insgesamt im System vorhandenen Schwungmasse konventioneller Kraftwerke ab, der sogenannten Momentanreserve. Je kleiner diese Schwungmasse ist, desto schneller ändert sich die Frequenz bei einem Ungleichgewicht zwischen Erzeugung und Verbrauch. Zur Aktivierung von Regelreserven bleibt damit weniger Zeit, bis kritische Frequenzwerte erreicht werden, bei denen die Integrität des Verbundsystems nicht mehr gewährleistet werden kann (vgl. Gawlik et al. (2018) [12]). Es kann also notwendig werden zukünftige Produktionsanlagen so auszustatten, dass sie die notwendige Momentanreserve bereitstellen können oder die Änderungsrate der Frequenz zu begrenzen, um einen zuverlässigen Netzbetrieb zu gewährleisten und einen Komplettausfall des Stromsystems zu verhindern, da ansonsten nicht ausreichend Zeit für Gegenmaßnahmen bleibt (BNetzA II (2021), S. 64 [13]).

9.4 Auswirkungen auf die Verteilungsnetze

Auf Verteilungsnetzebene lassen sich die treibenden Faktoren nach jeweiliger Spannungsebene in Hoch-, Mittel- und Niederspannung unterscheiden und räumlich zweiteilen: Während die voranschreitende Erhöhung der erneuerbaren und dezentralen Produktionskapazität flächenbedingt auf absehbare Zeit vor allem im ländlichen Raum und auf allen Spannungsebenen stattfinden wird, wird ein Großteil der neuen Lasten (Elektromobilität, Wärmepumpen) voraussichtlich vor allem im urbanen Raum und auf den unteren Spannungsebenen in die Netze drängen. Somit werden ländliche Verteilnetze hinsichtlich ihrer elektrischen Leistung zumeist die Quellen elektrischer Energie darstellen, während städtische Verteilnetze zukünftig als Senken den produzierten Strom aufnehmen, da die Anschluss- und Lastdichte bedeutend größer ist als im ländlichen Raum.

Ländliche Verteilungsnetze

Mit steigender installierter Kapazität von Solar- und Wind Onchoreanlagen geraten insbesondere ländliche Verteilungsnetze immer näher an ihre technischen Grenzen. Schon mit der heutigen Durchdringung von erneuerbaren Produktionsanlagen verzeichnen immer mehr ländliche Versorgungsgebiete einen potentiellen Überschuss an elektrischer Leistung, der perspektivisch die lokale Last um den Faktor 8 bis 10 übertrifft (vgl. Harnisch et al. (2016) [14]). Die elektrische Infrastruktur, die in ihrer historischen Entwicklung auf der Versorgung von Lasten mit vergleichsweise geringer Lastdichte in der Flächenversorgung ausgelegt war, erfährt somit eine immer weiter steigende Belastung durch die stochastische und dargebotsabhängige Einspeisung von Solar- und Windenergieanlagen. Infolgedessen bedrohen Betriebsmittelüberlastungen von beispielsweise Freileitungen und Transformatoren durch die Einspeisung von Erneuerbaren Energien insbesondere in den unteren Spannungsebenen (Mittelspannungs- und Niederspannungsebene) sowie vielfach auch die Verletzung des zulässigen Spannungsbands einen zuverlässigen und effizienten Netzbetrieb.

Folglich ist längst nicht mehr die maximale Last, sondern die maximale Einspeisung das maßgebliche Szenario zur Dimensionierung der Netze.

Städtische Verteilungsnetze

Im urbanen Raum stellen sich ähnliche technische Herausforderungen, wobei diese zunächst vor allem im Ausbau von privater und öffentlicher Ladeinfrastruktur für Elektromobilität und dem Zubau von elektrischen Wärmepumpen in verschiedenen Größenordnungen begründet sind. Von dieser lastseitigen Transformation sind neben den Hochspannungsnetzen, die u. a. für höhere Leistungsanfragen wie die von Elektrobusdepots oder Fernwärmepumpen vorbereitet werden müssen, und Mittelspannungsnetzen (Ladetankstellen und höhere Elektrifizierung der Gewerbekunden) vor allem die Niederspannungsnetze betroffen. Denn für den überwiegenden Teil aller städtischen Niederspannungsnetze gilt, dass diese vorwiegend für die Versorgung von Haushaltsendkunden konzipiert waren. Je nach Netzgebiet kommt z. B. für innerstädtische Bereiche zwar noch ein erhöhter Anteil Gewerbe-, Handel- und Dienstleistungsendkunden hinzu, alle Anschlüsse eint jedoch in der Niederspannungsnetz-Ebene, dass sie im Gegensatz zur Mittelspannungsnetz- oder Hochspannungsnetz-Ebene einen deutlich geringeren Leistungsbedarf pro Anschluss haben (vgl. Wintzek et al. (2021) [15]). So führt der Lastanstieg, der lokal durchaus eine Verdopplung der maximal bezogenen Leistung und mehr darstellen kann, vermehrt zu Betriebsmittelüberlastungen von beispielsweise Kabeln und Transformatoren (insbesondere in Mittelspannungs- und Niederspannungsebene), sowie eher vereinzelt auch zu Verletzungen des zulässigen Spannungsbands.

Darüber hinaus ergeben sich Herausforderungen, von denen die Verteilnetze im Allgemeinen betroffen sind und die insbesondere mit betrieblichen Aspekten einerseits und den Digitalisierungsanforderungen andererseits in Verbindung zu sehen sind: So führt der immense Anstieg neuer, dezentraler Erzeugungsanlagen und Lasten zu einer deutlich höheren Dynamik von Last- und Informationsflüssen, der im Netzbetrieb Rechnung getragen werden muss. Die Steuerung von stochastischen, bidirektionalen Lastflüssen erfordert eine Überprüfung der Auswirkungen und eine Anpassung der Betriebsführung- beziehungsweise Regelungs- und Schutzkonzepte bis hin zu einer (Teil-) Automatisierung des Netzbetriebs.

9.5 Maßnahmen und Ausblick

Vor dem Hintergrund der beschriebenen Herausforderungen gilt es, die Art und Weise zu hinterfragen, wie Stromnetze geplant, gebaut, betrieben und gewartet werden und sie den neuen beziehungsweise anstehenden Anforderungen anzupassen:

– Wie kann die bestehende Infrastruktur noch effizienter ausgenutzt werden, ohne die Versorgungszuverlässigkeit und Systemstabilität zu gefährden?

- Wie können Millionen (neuer) Erzeugungsanlagen und Verbraucher an die Netze angeschlossen und dann gegebenenfalls so gesteuert werden, dass das System im Gleichgewicht bleibt?
- Wie können Markt-, Geschäfts- und Betriebsprozesse so integriert beziehungsweise vernetzt werden, dass diese der steigenden Dynamik und Komplexität gerecht werden?

Die Antworten auf diese und weitere Fragen sowie neue Gedankenansätze beginnen bei der Integration beziehungsweise der Kopplung mit verschiedenen Sektoren und dem vermehrten Einsatz von Softwareanwendungen, und führen schließlich auch zu neuen Planungs- und Betriebsgrundsätzen und einer neuen Generation von Netzen.

Sektorkopplung

Um alle Sektoren zu dekarbonisieren, ist zwangsläufig eine Nutzung der Erneuerbaren Energien in allen Sektoren und somit eine Sektorkopplung notwendig. Dies ist einerseits über eine direkte Elektrifizierung (direkte Sektorkopplung) sowie über die Umwandlung von Strom auf Basis von Erneuerbaren Energien in andere Energieträger wie z. B. Wasserstoff (indirekte Sektorkopplung) möglich (siehe Abbildung 9.6). Es gilt Flexibilitäten aus den verschiedenen Sektoren in Einklang zu bringen und intelligente Gebäudemanagementsysteme und Lade- beziehungsweise Mobilitätsdienstleistungen mit den Netzanforderungen zu synchronisieren, sodass eine simultane Kunden- und Netzdienlichkeit erreicht wird. Hierzu werden neben neuen technischen Aspekten wie Interoperabilität und Automatisierung auch neue Geschäftsmodelle entstehen, in denen Akteure aus verschiedenen Sektoren und Branchen Energieprodukte neu vermarkten können.

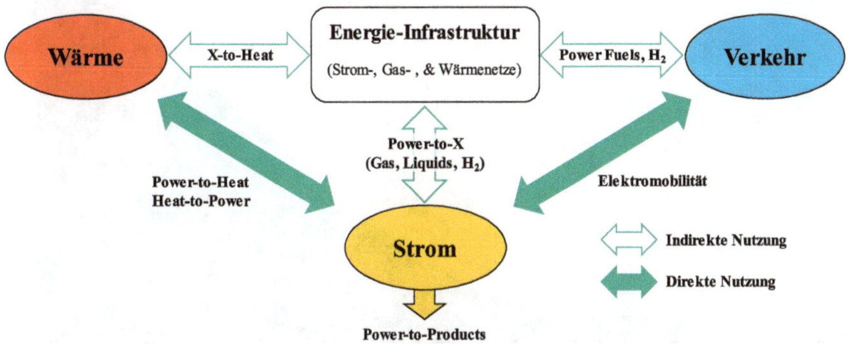

Abb. 9.6: Direkte und indirekte Sektorkopplung (in Anlehnung an VDE ETG (2022) [16]).

Durch die integrierte Energieversorgung über Sektoren hinweg werden sich die anderen Anforderungen an die hierfür notwendige Energieinfrastruktur weiter wandeln. Während der Ausbau von dezentralen Erzeugungsanlagen in industrie- und damit meist lastarmen Regionen einen höherem Transportbedarf im Übertragungsnetz bedingt, führt dieser in den Verteilnetzen zu den beschriebenen Energieflussänderungen bis hin zu einer Flussumkehrung. Darüber hinaus führt die Verschiebung von Bedarfen im Mobilitäts- und Wärmesektor in den Stromsektor, sowie der Aufbau von Elektrolyseuren zu höheren Energiemengen und Leistungsspitzen über alle Spannungsebenen. Umso wichtiger ist, dass die Entwicklung der leitungsgebundenen Energieinfrastrukturen im Zuge der Transformation des Energiesystems besser aufeinander abgestimmt werden und somit das große Potential umsetzbar machen, das in der Integration der verschiedenen Sektoren steckt.

Digitalisierung

Die Aufnahmefähigkeit der Netze für dezentrale Anlagen (Distributed Energy Resources – DER) – sowohl erzeugungs- als auch verbrauchsseitig – kann auch als „DER hosting capacity" bezeichnet werden. Dabei sind konventionelle Maßnahmen, wie beispielsweise der Bau von Leitungen und Transformatoren, die diese Aufnahmefähigkeit erhöhen, durch verschiedene Aspekte wie z. B. Ressourcenverfügbarkeit, Fachkräftemangel, Platz und Akzeptanz begrenzt. Zudem erfordert die hohe Anzahl der dezentralen Anlagen und deren Steuerung eine neue Art der Interoperabilität, Kommunikation und Regelung. Hier kann der Einsatz von digitalen, softwarebasierten Maßnahmen und Systemen helfen, den sicheren und effizienten Anschluss und Betrieb von Millionen weiterer Einheiten wie Photovoltaikanlagen, Ladepunkten oder Wärmepumpen zu ermöglichen und zu beschleunigen (siehe Abbildung 9.7).

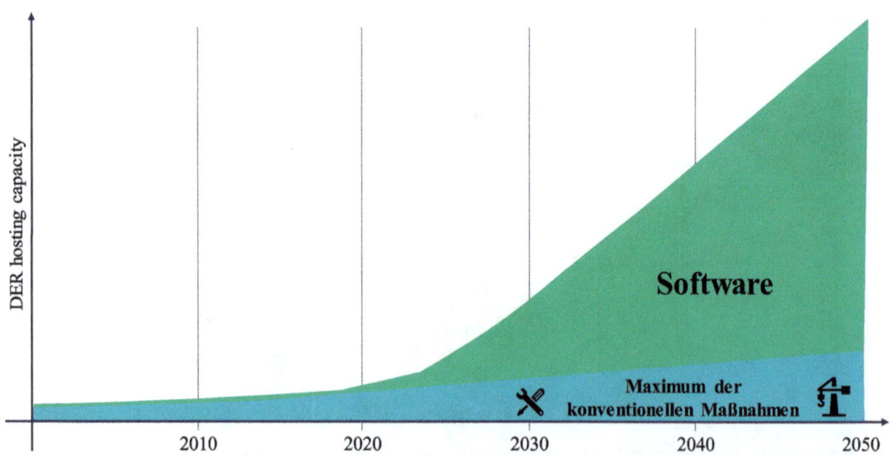

Abb. 9.7: Anstieg und Erfüllung der Netzaufnahmefähigkeit von dezentralen Einheiten (DER).

Die dazu dienende Digitalisierung des Energiesystems führt dazu, dass Aufgaben der Systemführung auf Grundlage der Auswertung von zahlreichen Echtzeitmesswerten automatisiert ausgeführt werden und verschiedene Anlagen und Akteure des Systems miteinander vernetzt sind. Die damit einhergehenden Anforderungen an (neue) Informations- und Kommunikationstechnologie sind vielfältig. Diese reichen von einem erfolgreichen Rollout von intelligenten Messsystemen und deren Konnektivität, um die notwendige Beobachtbarkeit und Steuerbarkeit von Anlagen in allen Spannungsebenen in die aktive Systemführung von Verteilungsnetzen einzubeziehen, bis hin zu automatischen beziehungsweise autonomen digitalen Prozessen in Planung und Betrieb, mit zentralen und auch dezentralen digitalen Lösungen (vgl. VDE ETG (2022) [16]). Dem effizienten Austausch von Informationen und Daten – sowohl betriebsintern und über die verschiedenen Abteilungen und Prozesse hinweg, als auch zwischen den Akteuren und Rollen des (zukünftigen) "Energie-Ökosystems" – kommt dabei ein zentrale Bedeutung zu. Jedoch muss bei der Risikoabwägung miteinbezogen werden, dass mit steigender Anzahl vernetzter Anlagen auch die potenzielle Angriffsfläche für Cyberattacken steigt und die Grundfunktionalitäten der Anlagen auch bei Ausfall der Kommunikationsinfrastruktur oder einer von Preissignalen deutlich erhöhten Dynamik gewährleistet sein muss. Aus diesem Grund ist die Resilienz des Systems ein wichtiges Kriterium für die Umsetzung der Digitalisierung. Die Verfügbarkeit und Qualität von Daten sowie das Verarbeiten von großen Datensätzen und die Gewährleistung des Datenschutzes sind Grundvoraussetzung für ein vernetztes, digitalisiertes Energiesystem (vgl. Witte (2020) [17]).

Neue Planungs- und Betriebsgrundsätze

Insbesondere auf Übertragungsnetzebene können die bestehenden Planungsprozesse von Strom- Wärme- und Gasnetzen durch die Definition neuer Schnittstellen und gemeinsamer Ausgangsgrößen sowie einer zeitlichen Abstimmung besser synchronisiert werden und so – ergänzt durch Maßnahmen wie die Beschleunigung von Genehmigungsverfahren oder die höhere Auslastung von Kapazitäten im Stromnetz – eine effiziente Weiterentwicklung und Nutzung der Energieinfrastrukturen ermöglichen (vgl. dena (2022), S. 6 [8]). Darüber hinaus sollten verschiedene Maßnahmen entlang ihres lokalen Wirkungsraumes zu einem (cross-) systembezogenen Optimum orchestriert werden: Von lokalen Maßnahmen wie der Lastflusssteuerung und Blindleistungskompensation über optimalen Redispatch von flexiblen Erzeugern und Verbrauchern hin zu einem kontinentalen Austausch und Handel von Energien und Systemdienstleistungen.

Dabei wird der zuvor erwähnte Austausch von Informationen zwischen den verschiedenen Akteuren umso wichtiger, insbesondere zwischen Übertragungs- und Verteilnetzbetreibern, da die Verteilnetze eine immer aktivere Rolle im Gesamtverbund spielen werden, während dieser weiterhin von den Übertragungsnetzbetreibern organisiert und orchestriert werden muss. Hier gilt es, die vorhandenen Flexibilitäten optimal einzusetzen und auszutauschen, sowohl zwischen Verteilnetzen und Übertragungsnetzen, aber in unmittelbarer Konsequenz auch die Flexibilitätspotentiale von

Erzeugungsanlagen, Speichern und flexiblen Verbrauchern einzubinden, z. B. über eine entsprechende Anpassung der Regulierung und flexiblere Tarife, (lokale) Flexibilitätplattformen und/oder Aggregatoren (siehe auch Abbildung 9.8).

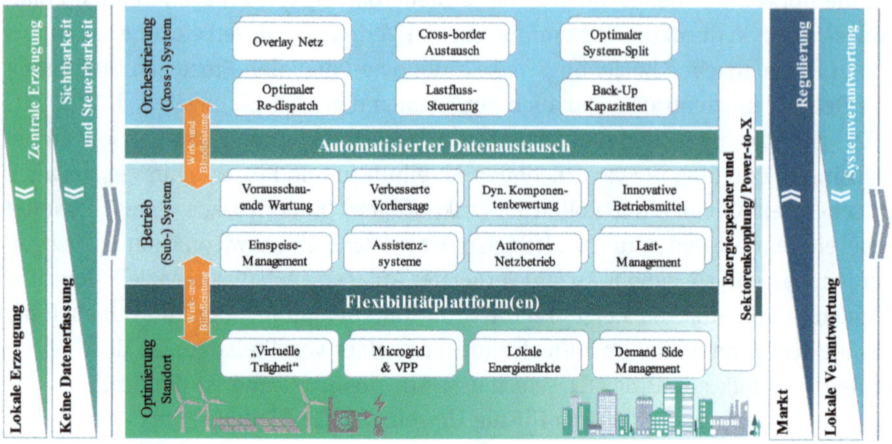

Abb. 9.8: Übersicht verschiedener Aspekte und Maßnahmen in der nächsten Generation von Netzen.

Die Verteilnetze selbst befinden sich dabei bereits in einer enormen Wandlung, die einerseits viele technische Aspekte und Anforderungen aufwirft, aber auch die Rolle der Verteilnetzbetreiber selbst betrifft (siehe auch Pflaum/Egeler sowie Dürr). Hier gilt es, die Art und Weise neu zu überdenken, wie Verteilnetze bisher geplant, betrieben und instandgehalten wurden, um sowohl den technischen als auch den organisatorischen Herausforderungen gerecht zu werden.

Konventionelle Maßnahmen wie Netzausbau beziehungsweise -verstärkung, die insbesondere im urbanen Umfeld bei hoher Elektrifizierung der Wärmeversorgung notwendig werden, müssen um innovative Maßnahmen wie Einspeise- und Lastmanagement oder – vor allem im ländlichen Raum – spannungsregelnde Maßnahmen ergänzt werden. Punktuelle Spannungsbandprobleme werden in vielen Fällen im urbanen Umfeld über konventionelle spannungsregelnde Maßnahmen wie z. B. Stufensteller ohne zusätzliche Investitionskosten teilweise oder vollständig behoben werden können, während die höhere Dynamik und weitere Verteilung in ländlichen Verteilnetzen Maßnahmen wie Längsregler oder regelbare Ortsnetzstationen interessant erscheinen lassen. Dagegen müssen Leitungsüberlastungen im städtischen Umfeld häufiger über konventionelle Maßnahmen behoben werden solange noch keine Mess-, Informations- und Kommunikationstechnik für den Einsatz eines Lastmanagements vorhanden ist, während Betriebsmittelüberlastungen im ländlichen Raum auch effizient über ein dynamisches Einspeisemanagement behoben werden können.

Wie zuvor dargestellt, ergeben sich aus den erzeugungs- und verbrauchsseitigen Transformationen enorme Herausforderungen für die elektrischen Versorgungssysteme und deren Betreiber: In zentralen wie dezentralen Systemstrukturen, im ländlichen wie im urbanen Raum, über alle Spannungsebenen und Zeithorizonte hinweg. Dabei bleibt die Kernfunktion der Netze die zuverlässige, stabile, sichere und effiziente Versorgung der Kunden mit elektrischer Energie. Ohne die nächste Generation von Netzen wird die Nachhaltigkeitswende nicht gelingen.

Literaturverzeichnis

[1] International Energy Agency (2021). Net Zero by 2050 – A Roadmap for the Global Energy Sector. France: IEA Publications.

[2] E. Union (2022). REPowerEU: Joint European action for more affordable, secure and sustainable energy. Luxembourg: Publications Office of the European Union.

[3] Bundesministerium für Wirtschaft und Klimaschutz (2022). Überblickspapier Osterpaket. Berlin: BMWK.

[4] Boston Consulting Group (2021). KLimapfade 2.0 – Ein Wirtschaftsprogramm für Klima und Zukunft. BCG.

[5] VDE FNN (2021). Störungs- und Verfügbarkeitsstatistik, Berichtsjahr 2020. Berlin: VDE FNN.

[6] Statistisches Bundesamt (2022). Bevölkerung nach Nationalität und Geschlecht (Quartalszahlen). Wiesbaden: Statistisches Bundesamt.

[7] BNetzA I (2021). Krafwerksliste. Bonn: Bundesnetzagentur für Elektrizität, Gas, Telekommunikation, Post und Eisenbahnen.

[8] dena (2022). Abschlussbericht dena-Netzstudie III – Stakeholderdialog zur Weiterentwicklung der Planungsverfahren für Energieinfrastrukturen auf dem Weg zum klimaneutralen Energiesystem. Berlin: Deutsche Energie-Agentur GmbH (dena).

[9] Fuchs, B., Roehder, A., Mittelstaedt, M., Massmann, J., Natemeyer, H. und Schnettler, A. (2015). Studie zu Aspekten der elektrischen Systemstabilität im deutschen Übertragungsnetz bis 2023. Aachen: Institut für Hochspannungstechnik RWTH Aachen University.

[10] BNetzA II (2021). Bericht über die Mindesterzeugung 2021. Bonn: Bundesnetzagentur für Elektrizität, Gas, Telekommunikation, Post und Eisenbahnen.

[11] 50hertz; amprion; Tennet; TransnetBW (2014). Auswirkungen reduzierter Schwungmasse auf einen stabilen Netzbetrieb.

[12] Gawlik, W., Kerdegarbakhsh, A., Pesek, M. und Alás, C. (2018). Entwicklung des Bedarfs an schneller Regelleistung im europäischen Verbundsystem. Elektrotechnik & Informationstechnik 135(8), 507–513.

[13] BNetzA III (2021). Bedarfsermittlung 2021–2035 – Vorläufige Prüfungsergebnisse Netzentwicklungsplan Strom. Bonn: Bundesnetzagentur für Elektrizität, Gas, Telekommunikation, Post und Eisenbahnen.

[14] Harnisch, S., Steffens, P., Thies, H. H., Zdrallek, M., Monscheidt, J., Münch, L., Gemsjäger, B. und Böse, C. (2016). Planungs- und Betriebsgrundsätze für ländliche Verteilungsnetze – Leitfaden zur Ausrichtung der Netze an ihren zukünftigen Anforderungen. Wuppertal: Lehrstuhl für Elektrische Energieversorgungstechnik, Bergische Universität Wuppertal.

[15] Wintzek, P., Ali, S. A., Monscheidt, J., Gemsjäger, B., Slupinksi, A. und Zdrallek, M. (2021). Planungs- und Betriebsgrundsätze für städtische Verteilnetze – Leitfaden zur Ausrichtung der Netze an ihren zukünftigen Anforderungen. Wuppertal, Erlangen: Bergische Universität Wuppertal – Lehrstuhl für Elektrische Energieversorgungstechnik.

[16] VDE ETG (2022). Abschlussbericht – Taskforce “Zukunftsbild Energie”. Frankfurt: VDE.
[17] Witte, J. (2020). Zentrale und dezentrale Elemente im Energiesystem: der richtige Mix für eine stabile und nachhaltige Versorgung. München, Halle, Mainz: Deutsche Akademie der Naturforscher Leopoldina e. V. – Nationale Akademie der Wissenschaften, Union der deutschen Akademien der Wissenschaften e. V., acatech – Deutsche Akademie der Technikwissenschaften.

Kurzvitae

Dr. Michael Schwan ist Leiter der Abteilung Power Technologies International bei der Siemens AG. Die Power Technologies International bietet strategische und energietechnische Planungsdienstleistungen für Energiesysteme an. Nach dem Studium der Elektrotechnik mit Schwerpunkt Energietechnik und anschließender Promotion an der Universität des Saarlandes in Saarbrücken und seiner ersten beruflichen Station als Leiter Systemstudien bei der Forschungsgemeinschaft für elektrische Anlagen und Stromwirtschaft e. V. (FGH) in Mannheim hat er seine weitere Laufbahn bei Siemens auch als Netzplaner begonnen. Anschließend hat er als Leiter Business Development vor allem das internationale Geschäft unterstützt und ausgebaut, bevor er die Leitung des Beratungsgeschäfts übernommen hat.
Seine fachlichen Schwerpunkte sind Struktur und Planung von elektrischen Übertragungs- und Verteilungsnetzen, insbesondere die Versorgungszuverlässigkeit. Die Energiewende mit ihren Treibern und Auswirkungen auf die Systeme und die unterschiedlichen Ausprägungen der Transformation der Versorgungsinfrastruktur weltweit haben sich seit vielen Jahren zu einem weiteren Schwerpunkt entwickelt. Er ist in verschiedenen nationalen und internationalen Fachgremien, z. B. VDE ETG, CIGRE oder IEC, aktiv und ist Autor zahlreicher Veröffentlichungen und Vorträge.

Ben Gemsjäger ist Direktor der europäischen Geschäftsfeldentwicklung für NextGen Grid Management Systeme bei der Siemens AG. Innerhalb der Siemens Grid Software unterstützt er dabei die

Entwicklung und Vermarktung von Softwareprodukten für die nächsten Generation der elektrischen Netze und deren Managementsysteme, um eine sichere, effiziente und nachhaltige Transformation der Energiesysteme zu ermöglichen und zu unterstützen. Nach seinem Wirtschaftsingenieurwesen-Studium an der Fachhochschule und Europauniversität in Flensburg (Energie- und Umweltmanagement) stieg er 2011 bei der Siemens Netzplanungsabteilung (Siemens PTI) in Erlangen ein. Innerhalb der Siemens PTI war er anschließend verantwortlich für die techno-ökonomische Beratungsleistungen der Netzplanung, stellvertretender Leiter der Verteilungsnetzplanung und schließlich Leiter der Übertragungsnetzplanung, bevor er 2021 in seine derzeitige Rolle in der Siemens Grid Software wechselte.

Neben der Planung und Weiterentwicklung elektrischer Netze auf Basis von techno-ökonomischen Untersuchungen und regulativen Rahmenbedingungen ist seine fachliche Vertiefung im Betrieb und in der Digitalisierung beziehungsweise Automatisierung dieser Energiesysteme. Dabei ist er Global Key Expert der Siemens AG, zudem in zahlreichen nationalen und internationalen Fachgremien, z. B. VDE ETG, CIRED oder T&D Europe, aktiv und ist Autor von zahlreichen Veröffentlichungen und Vorträgen.

Rainer Pflaum und Tobias Egeler

10 Innovation (nicht nur) im Netzsektor – auch Markt und Regulierung müssen sich neu erfinden

Zusammenfassung: Dieser Beitrag diskutiert die Bedeutung des Netzsektors für die Industrie der Zukunft – für die „Industrie 4.0". Innovationen, Mechanismen und Technologien entwickeln auch diesen Sektor zu einem „Netzsektor 4.0", der so einen wesentlichen Beitrag zu einer Industrie 4.0 leistet.

Der Beitrag beschäftigt sich mit den Handlungsfeldern des Netzsektors 4.0, aufgeteilt in die Themen Interoperabilität, Souveränität und Nachhaltigkeit, außerdem mit den zugrundeliegenden Treibern, die vor allem aus dem Umbau des Energiesystems mit zunehmender Dezentralität und verbrauchsferner Erzeugung entstehen. Der Umbau hat das Ziel eines annähernd klimaneutralen Energiesektors, was wiederum Auswirkungen auf den Netzsektor hat. Die Autoren liefern Antworten auf die Frage, wie diese Herausforderungen bewältigt werden können. Dazu gehören der Ausbau der Infrastrukturen, die Kopplung von Sektoren, die Nutzung von Flexibilitäten sowie die Vernetzung und Steuerung der Akteure auf Basis von Massendaten. Geeignete Technologien, moderne IT-Systeme und Plattformen für eine weitgehende Digitalisierung des Netzsektors bei gleichzeitiger IT- und Datensicherheit, sind dabei Schlüsselfaktoren. Es geht auch um die entscheidenden wirtschaftlichen Voraussetzungen, damit die Netzbetreiber als regulierte Unternehmen diesen Anforderungen gerecht werden können. Innovationen und Digitalisierung brauchen einen adäquaten wirtschaftlichen Rahmen und angemessene Anreize für die Netzbetreiber. Das bedeutet neben der technologischen Entwicklung auch eine Weiterentwicklung des Regulierungsrahmens. Das ist die Grundlage für die notwendige Transformation des Netzsektors im Energiesystem in einen Netzsektor 4.0, und damit für das Gelingen der Energiewende.

Schlagwörter: Übertragungsnetz, Digitalisierung, Innovation, Finanzierung, Regulierungsrahmen

Rainer Pflaum, Tobias Egeler, TransnetBW GmbH, Stuttgart, Deutschland, e-mails: R.Pflaum@transnetbw.de, T.Egeler@transnetbw.de

https://doi.org/10.1515/9783110753585-010

10.1 Industrielle Revolution 4.0 geht nicht ohne Netzsektor 4.0

Die industrielle Entwicklung wird seit Beginn der Industrialisierung immer wieder von Sprunginnovationen vorangetrieben, die einerseits in vielen Bereichen erhebliche Fortschritte mit sich brachten, andererseits aber auch tiefe Einschnitte bedeuteten. Einige dieser Sprunginnovationen hatten derart große Auswirkungen sowohl auf die Industrialisierung selbst als auch auf die gesamte Gesellschaft, dass sie als Industrielle Revolutionen in die Geschichte eingegangen sind: Beginnend bei der Industriellen Revolution 1.0 mit der Dampfmaschine, erfunden von James Watt im Jahre 1784, gefolgt von der Industriellen Revolution 2.0 mit der Einführung von Fließband und Akkord und der Erfindung der Glühbirne[1] in den 1870er Jahren, bis zur Industriellen Revolution 3.0 in den 1960er Jahren, begründet auf den Fortschritten in Elektronik, Datenverarbeitung und Kommunikation.[2]

Die Sprunginnovationen führten stets zu gänzlich neuen technischen Möglichkeiten, die alle Bereiche der Gesellschaft teilweise erheblich beeinflusst oder sogar völlig umgestaltet haben. Die rasanten technologischen und gesellschaftlichen Entwicklungen der vergangenen Jahre, maßgeblich ermöglicht von immer größeren Rechenkapazitäten, der globalen Vernetzung, dem Internet of Things und sozialen Netzwerken, werden mittlerweile von vielen Institutionen und Unternehmen als Industrielle Revolution 4.0 eingeordnet. Diese scheint allerdings auch notwendig zu sein angesichts der großen Herausforderungen aus Klimawandel und der zunehmenden Kluft zwischen Arm und Reich mit den einhergehenden sozialen Spannungen.

Seit der Industriellen Revolution 2.0 spielen Strom und die Netzinfrastruktur entscheidende Rollen für die Entwicklungen in Industrie und Gesellschaft (vgl. Abbildung 10.1).

Über viele Jahrzehnte hat sich das Netz in Europa zur heutigen, horizontal und vertikal gegliederten Struktur eines Verbundnetzes entwickelt. Im Folgenden wird der Netzsektor in die aktuellen technologischen und gesellschaftlichen Entwicklungen eingeordnet und seine Bedeutung als unverzichtbarer Erfolgsfaktor beschrieben. Gleichzeitig haben die entsprechenden Entwicklungen wiederum einen erheblichen Einfluss auf die Energiewirtschaft und bedingen deren fortlaufenden Wandel, dem sich auch der Netzsektor nicht entziehen kann.

1 Durch Edison 1880 zur Vermarktung patentiert.

2 Oft wird hier 1969 genannt, als der erste Datenaustausch zwischen mehreren Computern umgesetzt werden konnte.

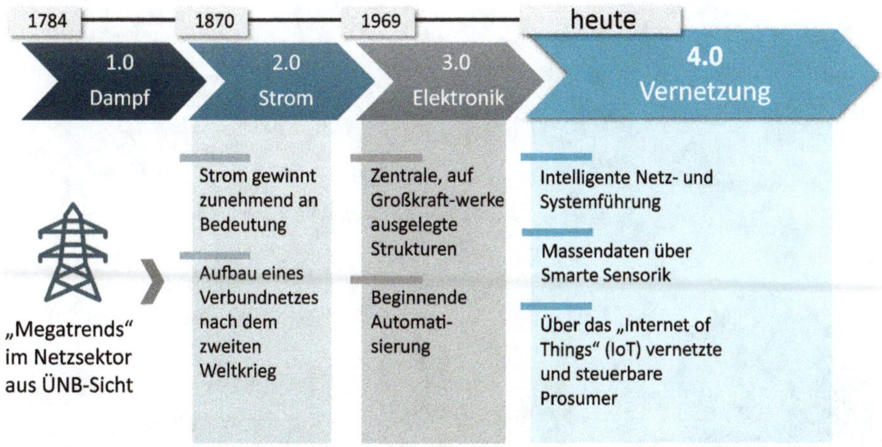

Abb. 10.1: Industrielle Revolutionen und damit einhergehende „Megatrends" im Netzsektor (eigene Darstellung).

10.1.1 Einordnung und Entwicklung des Netzsektors 4.0

Die technologischen, wirtschaftlichen und gesellschaftlichen Wechselwirkungen zwischen einer Industrie 4.0 und dem Netzsektor sind vielschichtig und teils erheblich. Ihre Einordnung erfolgt hier auf Basis einer Systematik, die im Jahr 2019 in Deutschland durch die „Plattform Industrie 4.0" des Bundesministeriums für Wirtschaft und Klimaschutz (BMWK) und des Bundesministeriums für Bildung und Forschung (BMBF) als „Leitbild 2030 für Industrie 4.0" veröffentlicht wurde (vgl. [1]) (s. Abbildung 10.2).

Das Leitbild ist in drei Bereiche unterteilt, die wiederum jeweils drei Handlungsfelder umfassen, so dass für eine Strukturierung eines Netzsektors 4.0 im Kontext Industrie 4.0 neun Handlungsfelder beschrieben werden können.

10.1.2 Handlungsfelder im Netzsektor 4.0

Die drei Bereiche des Leitbilds 2030 für Industrie 4.0 sind mit Souveränität, Interoperabilität und Nachhaltigkeit überschrieben und decken damit nicht nur die Industrie im engeren Sinne ab, sondern auch deren Einbettung in und Wechselwirkung mit der gesamten Gesellschaft. Dies ist speziell für die Energiewirtschaft und den Netzsektor essenziell, da Strom und die zugehörige Infrastruktur einen maßgeblichen Beitrag zum Lebensstandard und Gesellschaftswohl leisten, aber auch erhebliche Auswirkungen auf die Gesellschaft haben können. Dies wird unter anderem an den fortlaufenden und über alle Bevölkerungsschichten hinweg geführten Diskussionen über Stromtrassen, Windräder, Elektromobilität oder die Kernenergie deutlich.

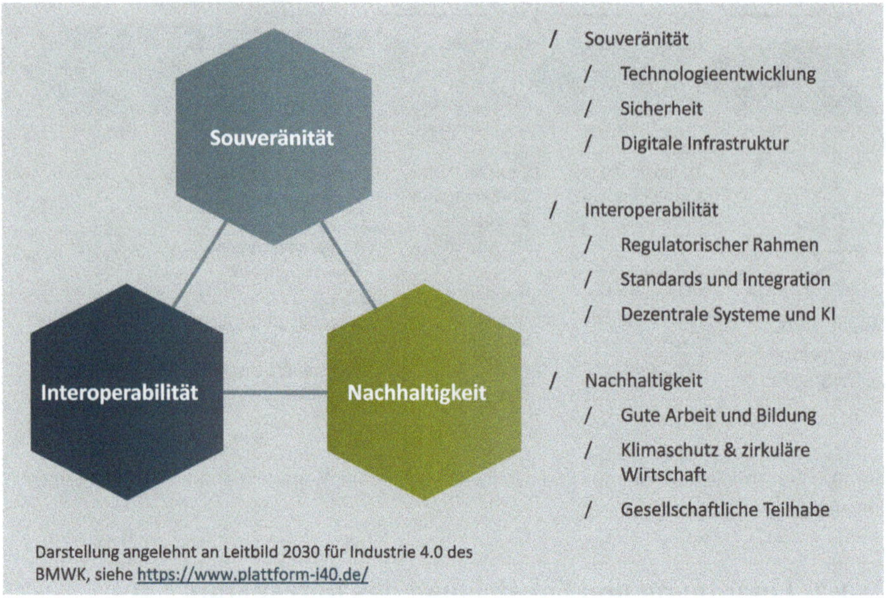

Abb. 10.2: Leitbild 2030 für Industrie 4.0 der Plattform Industrie 4.0 des BMWK und BMBF [1].

10.1.2.1 Souveränität – möglichst offener Wettbewerb, obwohl (oder gerade weil) der Netzsektor Teil der kritischen Infrastruktur ist

Gemäß der mit dem Leitbild mitgelieferten Definition erfordert Souveränität „eine offene digitale Infrastruktur für alle, Datenschutz, IT- und Informationssicherheit sowie technologieoffene Forschung, Entwicklung und Innovationen“ [1].

Die Weiterentwicklung bereits etablierter und die Entwicklung neuer Technologien, kurz *Technologieentwicklung*, steht im Netzsektor seit jeher im Zentrum des Handelns, was nicht zuletzt auch durch eine vergleichsweise starke Verbindung zwischen Industrie und Forschung zum Ausdruck kommt. Der Einsatz innovativer Technologien erfolgt dabei stets mit dem Ziel, eine Steigerung der wirtschaftlichen Effizienz zu erreichen und gleichzeitig das notwendige hohe Niveau der Versorgungssicherheit zu steigern, zumindest keinesfalls zu reduzieren.

Ein großer Treiber der notwendigen Technologieentwicklung ist der zunehmende Trend der Abkehr von zentralen Großkraftwerken hin zu kleinen, verteilten Anlagen mit hoher Volatilität, oft auf Basis Erneuerbarer Energien. Das Revolutionäre besteht darin, dass die mit dem Aufbau des Verbundnetzes eingeführten Systemsteuerungskonzepte für große, oft lastnahe Erzeugung in Großkraftwerken nun überdacht werden müssen. Ein Beispiel dafür ist die Auslegung der europäischen Primärregelung auf den Doppelblock-Ausfall, d. h. den zeitgleichen Ausfall zweier großer Kraftwerksblöcke mit einer Ausfallleistung von insgesamt 3.000 MW.

Neue Technologien eröffnen zwar neue Möglichkeiten für den Netzsektor 4.0, bringen aber auch neue Herausforderungen mit sich. Neben der Notwendigkeit, diese neuen Technologien zielgerichtet und effizienzsteigernd zu nutzen, steht hier für den Netzbetreiber stets der Aspekt der *Sicherheit* im Vordergrund. Im Netzsektor erweitern sich die Schlagworte aus dem Leitbild Datenschutz sowie IT- und Informationssicherheit um den Aspekt der Systemsicherheit. Jegliche innovative Technologie muss trotz zunehmender Komplexität dazu in der Lage sein, die Stabilität des Gesamtsystems und die Versorgungssicherheit zu gewährleisten. Dies führt schnell zum Begriff der *Digitalen Infrastruktur*, die im Netzsektor zunehmend neben der Netzinfrastruktur zum Bestandteil kritischer Infrastruktur wird. Neben Kupfer und Stahl als klassische Netzbetriebsmittel werden auch Bits und Bytes und sichere Kommunikationswege in der digitalen Infrastruktur benötigt für die System- und Versorgungssicherheit.

10.1.2.2 Interoperabilität – maximale Effizienz durch optimale Verbindung des Netzsektors mit Markt und Regulierung

Auch der Bereich der Interoperabilität lässt sich direkt auf den Netzsektor herunterbrechen. Gemäß Definition im Rahmen des Leitbilds ist „die Interoperabilität [...] die nahtlose Zusammenarbeit aller Akteure [...]. Nur ein hohes Maß an Interoperabilität, zu der sich alle Partner eines Ökosystems bekennen und gleichermaßen beitragen, gewährleistet die Vernetzung über Unternehmens- und Branchengrenzen hinweg." [1].

Das Ökosystem Stromnetz besteht aus einer Vielzahl an Teilnehmern – allein in Deutschland gibt es beispielsweise rund 900 Netzbetreiber – und ist aufgrund der langjährigen Entwicklung des europäischen Binnenmarkts auch unter europaweitem Blickwinkel zu betrachten. Dies erfordert ein hohes Maß an *Standards und Integration*, d. h. einer Standardisierung von Schnittstellen, Datenformaten und Prozessen, die beispielsweise über europäische Guidelines und Network Codes auch über den *regulatorischen Rahmen* angestrebt wird. Die Umsetzung der Standards erfordert bei dieser Vielzahl an Playern und einer noch größeren Anzahl an Einspeisern, Lasten, Speicher etc. die im vorhergehenden Abschnitt beschriebene digitale Infrastruktur. Der Übergang von zentralen zu *dezentralen Systemen* ist dabei im Netzsektor inhärenter Bestandteil, getrieben vom Übergang von großen Kraftwerksblöcken hin zu verteilten Erzeugern, Speichern und Lasten. Der regulatorische Rahmen hat für den Netzsektor eine noch größere Bedeutung als für die allgemeine Industrie 4.0, da das Netz selbst einer weitgehenden Regulierung unterliegt. Damit hat der regulatorische Rahmen nicht nur die Aufgabe einer Vereinheitlichung von Regularien im Sinne der Schaffung eines Level Playing Fields für alle Marktteilnehmer, sondern muss darüber hinaus die notwendigen Innovationen und Digitalisierungsmaßnahmen für einen Netzsektor 4.0 ermöglichen. Hierfür muss ein geeigneter Rahmen für die regulierten Unternehmen gesetzt werden, die sich nicht wie Unternehmen in anderen Branchen über den Verkauf neuer Produkte oder Dienstleistungen am Markt refinanzieren können. Dieser Aspekt wird weiter unten in diesem Kapitel detailliert ausgearbeitet.

Dabei kommt die bestehende in der Regel deterministische Automatisierung im Netzbetrieb zunehmend an ihre Grenzen und erfordert neue Ansätze. Hier werden zunehmend auch sektorübergreifende Ansätze basierend auf *Künstlicher Intelligenz* entwickelt und erprobt, um trotz Datenflut und Kleinteiligkeit der Prozesse bereits auf dezentraler Ebene Entscheidungen zu treffen, die in ihrer Gesamtheit zumindest näherungsweise zu einem globalen Optimum des Systemzustands führen. Dies ist aus Gesamtsystemsicht notwendig, da ohne die beschriebene Interoperabilität eine möglichst hohe volkswirtschaftliche Effizienz nicht erreicht werden kann.

10.1.2.3 Nachhaltigkeit – Netzsektor als entscheidender Baustein für wirtschaftliche Entwicklung, Wohlstand und Klimaschutz

Der dritte Bereich des Leitbilds 2030 für Industrie 4.0, die ökonomische, ökologische und soziale Nachhaltigkeit, „stellt einen fundamentalen Eckpfeiler der gesellschaftlichen Wertorientierung dar. Diese Aspekte fließen einerseits in Industrie 4.0 ein, andererseits unterstützt Industrie 4.0 die Umsetzung der Nachhaltigkeitsziele".

Auch diese Definition lässt sich direkt von der Industrie 4.0 auf den Netzsektor übertragen, sowohl aufgrund der essentiellen Bedeutung des Netzsektors für die Erreichung der Nachhaltigkeitsziele als auch aufgrund der steigenden Bedeutung von Nachhaltigkeit für das Netz, die Netzbetreiber und die Menschen, die sich täglich im Netzsektor 4.0 engagieren. Dabei steht der *Klimaschutz* klar im Fokus, beispielsweise als Grundlage für die Netz- und Systemplanung (vgl. Netzentwicklungsplan) oder für die Vorfahrt der Einspeisung aus Erneuerbaren Energien im operativen Betrieb. Das Handlungsfeld *gesellschaftliche Teilhabe* ist ein vergleichsweise neuer Aspekt im Netzsektor, der neben einer mittlerweile deutlich breiteren Konsultation und Mitnahme der Bevölkerung bei großen Netzbauprojekten auch immer mehr in die Aufgabe des Übertragungsnetzbetreibers als Bilanzkoordinator hineinspielt: Verschiedene partizipative Ansätze, wie z. B. Peer-to-Peer-Modelle, über die Strommengen direkt in der Nachbarschaft oder überregional ausgetauscht werden können, sowie auch die stark wachsende Elektromobilität erhöhen die Bedeutung des gesellschaftlichen Verhaltens für Netz und Systemsicherheit und führen zu höherem Transparenz- und Mitwirkungsbedarf bis hin zum Letztverbraucher.

So ist die Bedeutung von Nachhaltigkeit für das Netz und die Netzbetreiber ebenfalls merklich gewachsen. Das Handlungsfeld *gute Arbeit und Bildung*, das sich fortlaufend den wechselnden Anforderungen anpasst, ist der Schlüssel dafür, dass innerhalb der Unternehmen die benötigten Kompetenzen aufgebaut und gehalten werden können. Dieser Aspekt ist neben den bereits beschriebenen zentralen Aspekten Umwelt und Klima sowie Wirtschaftlichkeit und Innovation ebenfalls im Nachhaltigkeitsansatz der TransnetBW verankert (s. Abbildung 10.3).

Abb. 10.3: Nachhaltigkeitsaspekte im Netzsektor, beispielhaft dargestellt anhand des Nachhaltigkeitsansatzes der TransnetBW [2].

Netzsektor 4.0 als Voraussetzung für Industrie 4.0

Die Industrielle Revolution 4.0 geht mit einer weitgehenden Umstellung auf Strom als führende Energieform einher. In allen Branchen wird nach möglichst klimaneutralen Energielösungen für die Wertschöpfung gesucht, oft unter Nutzung von Ansätzen der Sektorkopplung. Diese Entwicklung äußert sich in einer steigenden Gesamtlast und steigenden Anforderungen an die Netzinfrastruktur, zu jedem Zeitpunkt ausreichende Strommengen zum richtigen Ort beziehungsweise Netzanschlusspunkt transportieren zu können. Ein weiteres Beispiel ist die eingeleitete Mobilitätswende mit einer Abkehr vom Verbrennungsmotor und Hinwendung zur Elektromobilität. Auch diese stellt neue Anforderungen an den Netzsektor 4.0.

Damit wird der Netzsektor 4.0 zu einer wichtigen Voraussetzung für die Umsetzung der Industrie 4.0 und den einhergehenden gesellschaftlichen Wandel. Umgekehrt benötigt der Netzsektor 4.0 aber auch Elemente der Industrie 4.0, um funktionieren zu können – Lastflexibilität, Vernetzung und Speicher sind nur drei Beispiele, ohne die ein Netzsektor 4.0 nicht funktionieren kann. Netzsektor 4.0 und Industrie 4.0 bedingen sich gegenseitig. Dies führt auch zu neuen Partnerschaften zwischen Unternehmen. TransnetBW arbeitet beispielsweise mit verschiedenen Herstellern aus den Bereichen Elektromobilität und Wärme gemeinsam daran, wirtschaftlichen Erfolg und Klimaschutz zusammenzuführen und eine nachhaltige Umsetzung von Industrie 4.0 und Netzsektor 4.0 sicherzustellen.

10.2 Industrielle Revolution 4.0 und Netzsektor 4.0 – Entwicklung des Netzsektors im Gleichklang mit Industrie und Gesellschaft

Der Auf- und Ausbau der Wertschöpfungskette Strom ging bisher stets Hand in Hand mit der industriellen Entwicklung, wie im nächsten Abschnitt näher erläutert wird. Dies trifft auch auf die Industrie 4.0 zu: In der Industriellen Revolution 4.0 entstehen einige Technologien, die auch im Netzsektor 4.0 notwendig sind, insbesondere beim Auf- und Ausbau der zuvor erwähnten digitalen Infrastruktur als Teil der kritischen Infrastruktur. Ein vertiefter Blick auf die gesamten Wertschöpfungsketten im Energiesystem zeigt aber auch, wie wichtig die Entwicklungen im Netzsektor umgekehrt für die Industrie 4.0 sind.

10.2.1 Stromnetz als Bestandteil der Wertschöpfungskette Energieversorgung

In der heute diskutierten Wertschöpfungskette der Energieversorgung ist Strom von zentraler Bedeutung, vor allem in den Szenarien einer künftigen „All Electric Society“. Die Bedeutung des Stromnetzes als integraler Bestandteil dieser Wertschöpfungskette wird in diesem Abschnitt beschrieben.

Die Wertschöpfungskette Strom erstreckt sich von der Exploration der Primärenergieträger über die Erzeugung, den Handel, Vertrieb und Transport bis hin zum Verbrauch. Der Aufbau dieser Kette ist stark gekoppelt mit der Entwicklung der zugrundeliegenden Netzinfrastruktur. Der Aufbau des heutigen Stromnetzes erfolgte in mehreren Stufen, die jeweils bestimmte Teile der Wertschöpfungskette bedienten. Die ersten lokalen Netze hatten zum Zweck, vereinzelt Gemeinden und Städte zu elektrifizieren, damit die Vorteile der elektrischen Energie nicht nur in Fabriken (Maschinenantrieb) oder im öffentlichen Raum (Straßenbeleuchtung), sondern auch in Haushalten genutzt werden konnten, um den Alltag zu erleichtern. Beispielweise demonstrierten damals Vertreter von Versorgungsunternehmen so manchen Hausbesitzern auf dem Land den Vorteil von elektrisch betriebenen Staubsaugern, um für einen Stromanschluss zu werben. Es entstanden Absatzmärkte für neue Produkte, die mit neuen Industriezweigen einhergingen. Der Erfolg und der wachsende Bedarf waren Treiber für die zunehmende Elektrifizierung, die immer größere Erzeugungsanlagen und immer höhere Spannungsebenen im Netz zur Folge hatte. Entsprechende Industriezweige zur Entwicklung und Herstellung der notwendigen Anlagen entstanden. Mit der zunehmenden Elektrifizierung wuchs auch die Abhängigkeit von Industrie und Gesellschaft von Strom, was die Bedeutung von System- und Versorgungssicherheit erhöhte. Letzteres war später auch ein wichtiger Aspekt, als Stromnetze länderübergreifend verbunden wurden. Die erste europäische Verbindung entstand 1958, als in Laufenburg die Netze von Deutschland, Frankreich und der Schweiz auf der 220 kV Spannungsebene verbunden wurden (vgl. [3]). Der Stern von Laufenburg wird seither als Geburtsort des europäischen Übertragungsnetzes bezeichnet, mit dessen Wachstum ein weiterer Teil der Wertschöpfungskette Strom entstand, nämlich der grenzüberschreitende Handel. Diese von der europäischen Kommission und dem Europaparlament geförderte und geforderte Entwicklung sorgt für eine EU-weite Erhöhung der Versorgungssicherheit und Effizienz der Energieversorgung. Neue Strombörsen und Handelsplattformen mit neuen Produkten entstanden und werden bis heute weiter ausgebaut.

Mit der Entwicklung der elektrischen Energieversorgung entstand also ein sich stets veränderndes und immer komplexeres internationales Wertschöpfungsnetzwerk. Strom an sich ermöglicht also nicht nur Lebensqualität und Wertschöpfung in der Industrie, er wird derzeit auch als eigenständiges Produkt in ganz Kontinentaleuropa gehandelt. An Strombörsen wird eine Vielzahl von Produkten angeboten und nachgefragt, und es entstanden dabei auch dezidierte Produkte für Versorgungssicherheit, bei denen die Netzbetreiber als Kunden beziehungsweise Käufer auftreten. Eine genauere quantitative Analyse der Wertschöpfungskette in der Energiewirtschaft wurde vom BMWK in Auftrag gegeben und veröffentlicht (vgl. [4]).

Im Rahmen von Industrie 4.0 und Netzsektor 4.0 erleben wir derzeit die nächste Sprunginnovation mit starken Auswirkungen auf das gesamte Wertschöpfungsnetzwerk: die Sektorenkopplung. Gemäß der umfassenden Definition des Bundesverbands der Energie- und Wasserwirtschaft (BDEW) bedeutet Sektorenkopplung Folgendes: die energietechnische und energiewirtschaftliche Verknüpfung von Strom, Gas, Wärme, Mobilität und industriellen Prozessen sowie deren Infrastrukturen, mit dem Ziel einer Dekarbonisierung bei gleichzeitiger Flexibilisierung der Energienutzung in Industrie, Haushalt, Gewerbe/Handel/Dienstleistungen und Verkehr unter den Prämissen Wirtschaftlichkeit, Nachhaltigkeit und Versorgungssicherheit [5]. Durch den Green Deal auf europäischer Ebene (vgl. [6]), der Klimaneutralität 2050 vorsieht, und dem Plan der Politik, dass die zukünftige Energieversorgung Deutschlands vor allem auf Strom aus Erneuerbaren Energien und Wasserstoff basieren soll (vgl. [7]), kommt der Sektorenkopplung also eine tragende Rolle bei der Energiewende zu – und damit auch dem Übertragungsnetz, wie im Folgenden dargestellt wird.

Der Grundgedanke bei der Sektorenkopplung ist, dass die Sektoren Wärme, Mobilität und Industrie (hier inklusive Handel, Gewerbe, Dienstleistungen etc.) dekarbonisiert werden, indem Strom aus erneuerbaren Energiequellen oder Gas beziehungsweise Wasserstoff, der aus solchem Strom erzeugt wurde, verwendet wird. Beispiele sind die Verwendung von Wärmepumpen im Wärmesektor, Elektroautos im Mobilitätssektor und auf Strom umgestellte Industrieprozesse im Industriesektor. Im Folgenden liegt der Fokus bei diesem weitreichenden Themenfeld auf den aus Sicht eines Übertragungsnetzbetreibers entscheidenden Aspekt, nämlich einem jederzeit gewährleisteten Stromtransport unter größtmöglicher Effizienz und Systemsicherheit.

Bei der Aufnahme von erneuerbarer elektrischer Energie in gekoppelten Sektoren ist zunächst zu beachten, dass die dargebotsabhängige[3] Produktion von Strom aus solchen Energiequellen volatil ist, was den Netzbetreib vor Herausforderungen stellt. Außerdem muss das Stromnetz den Transport der elektrischen Energie hin zu den Verbrauchern jederzeit ermöglichen, ohne Überlastungen oder größere Frequenzabweichungen zuzulassen. Um das zu ermöglichen, beschaffen und nutzen Übertragungsnetzbetreiber sogenannte Systemdienstleistungen. Um also erneuerbaren Strom zum richtigen Zeitpunkt am richtigen Ort für die Sektorenkopplung einsetzen zu können, bedarf es mehrerer abgestimmter Maßnahmen. Für den täglichen Netzbetrieb ist die genaue Prognose von Erzeugung und Last ein wichtiger Baustein. Damit lässt sich die Auslastung des Stromnetzes vorhersagen, und im Fall von drohenden Überlastungen von Netzelementen werden Engpassmanagement-Maßnahmen veranlasst. Unter diesen ist die Maßnahme Redispatch aufgrund des derzeitigen Umfangs und der hohen Kosten hervorzuheben (vgl. [8]). Die Bundesnetzagentur veröffentlicht regelmäßig einen quantitativen Überblick über solche Maßnahmen (vgl. [9]). Zudem achten die Übertragungsnetzbetreiber darauf, dass Erzeugung und Verbrauch sich im Netz stets die Waage halten: Hierfür wird die sogenannte Regelenergie eingesetzt (vgl. [10]), über die eine auftretende Differenz zwischen Erzeugung und Verbrauch jederzeit ausgeglichen wird.

Die zunehmende Elektrifizierung insbesondere der Sektoren Mobilität und Industrie bringt zunächst aus Sicht der Übertragungsnetzbetreiber mehrere Herausforderungen mit sich.

- Erstens steigt der Stromverbrauch in Deutschland in den nächsten Jahren stark an, wie beispielsweise die viel beachtete Studie der Prognos AG im Auftrag des BMWK aus dem Jahr 2021 vorhersagt (vgl. [11]). Dies wird tendenziell einen höheren Stromtransport erforderlich machen, der mit Fragen der Spannungshaltung im Netz einhergeht.
- Zweitens wird die Lastprognose für den Netzbetrieb zunehmend komplexer, da immer mehr Kopplungen und Abhängigkeiten zu berücksichtigen sind.
- Drittens muss in Zeiten von sehr hoher Last auch ausreichend Erzeugung vorhanden sein, um diesen zu decken,
- und viertens muss die Netzplanung diese Entwicklungen richtig antizipieren, um den notwendigen Stromnetzausbau auch bedarfsgerecht zu dimensionieren.

An dieser Stelle sei auf die Kopplung des Strom- mit dem Gasnetz durch Elektrolyseure hingewiesen. Elektrolyseure stellen vor allem in Zeit mit Stromüberangebot Wasserstoff her, der gegebenenfalls zu Gas weiterverarbeitet werden kann. So wird die überschüssige Energie im Gasnetz gespeichert. Aufgrund der zu erwartenden Zunahme

3 Abhängig von der Verfügbarkeit der jeweiligen erneuerbaren Energiequelle, beispielsweise Sonneneinstrahlung oder Windgeschwindigkeit.

an Elektrolyseuren in Deutschland und der Bedeutung von Gaskraftwerken für die Versorgungs- und Systemsicherheit ist eine sinnvolle Verknüpfung der Planung der Gas- und der Strominfrastruktur eine wichtige Maßnahme, wie genauer in der dena-Netzstudie III beschrieben (vgl. [12]).

Die hohe Komplexität dieses Ansatzes liegt unter anderem darin, dass der prognostizierte Bedarf Deutschlands an Wasserstoff nur zu einem relativ kleinen Anteil aus der bisher vorgesehen Menge an inländischen, erneuerbaren Energiequellen erzeugt werden kann. Ebenso wenig wird der notwendige Ausbau des Stromnetzes durch den Ansatz einer Rückverstromung des zuvor produzierten Wasserstoffs an anderer Stelle im Netz signifikant reduziert. Die folgende Skizze (Abb. 10.4) veranschaulicht den ersten Aspekt anhand eines Zahlenbeispiels.

Abb. 10.4: Zahlenbeispiel für Deckung Wasserstoffbedarf durch Elektrolyse mit Onshore Wind im Jahr 2030 in Deutschland. Zugrundeliegende Annahmen an Szenariorahmen NEP 2030 (Version 2019) angelehnt und z. T. auf Basis jüngerer Veröffentlichungen aktualisiert [13].

Die Möglichkeiten der zunehmenden Sektorenkopplung zeigen aber auch einige Ansätze, um die zuvor genannten Herausforderungen zu meistern (vgl. [14]). Insbesondere die Flexibilisierung vieler Verbraucher und die Zunahme von Speichern in allen Sektoren (v. a. Batteriespeichern im Netz, in Haushalten und in Elektrofahrzeugen) sind hierbei zu erwähnen. Netzbetreiber können diese neue, meist dezentrale Flexibilität als zusätzliche Quelle für Systemdienstleistungen (insbesondere Redispatch und Regelleistung) nutzen. Dabei ergeben sich auch neue Möglichkeiten und Geschäftsfelder für diejenigen, die diese Flexibilität erschließen, aggregieren und vermarkten. Beispielweise können Aggregatoren diese Flexibilität im Intraday-Handel oder den Übertragungsnetzbetreibern für Systemdienstleistungen wie Regelenergie anbieten, falls gewisse Voraussetzungen erfüllt sind (z. B. die Erfüllung der Präqualifikationsbedingungen bei Regelenergie). Um diesen Teil der Wertschöpfungskette zu ermöglichen beziehungsweise zu erweitern, sind neben den technischen Fragestellungen (u. a. müssen die einzelnen Anlagen steuerbar sein, was IKT-Systeme erfordert) auch regulatorische Fragen zu klären (z. B. inwieweit staatlich induzierte und regulierte Strompreisbestandteile für dezentrale Anlagen deren systemdienliche Nutzung unrentabel machen), damit die Voraussetzungen für marktliche Lösungen geschaffen werden. Hier gibt es noch umfassenden Handlungsbedarf.

Strom und Stromnetz sind also integraler Bestandteil der Wertschöpfungskette Energieversorgung. Die Sektorenkopplung erhöht die Bedeutung von Strom in der Wertschöpfungskette insgesamt und ermöglicht zudem die Erschließung neuer Geschäftszweige. Somit fördert der Netzsektor 4.0 auch die Industrielle Revolution 4.0. Aus diesen Zusammenhängen ergibt sich dann auch die Verknüpfung zum Leitbild 2030 für Industrie 4.0. Sektorenkopplung ist im Grunde im Bereich Interoperabilität verankert, liefert zudem Beiträge zum Bereich Nachhaltigkeit und bedingt und fördert Entwicklungen im Bereich Souveränität.

Der folgende Abschnitt geht nun detaillierter auf die neue Dezentralität ein und greift dabei bereits genannte Aspekte wieder auf, wie beispielsweise deren möglichen Beitrag zur Systemsicherheit.

10.2.2 Deep Dive: Dezentralität als Megatrend

In diesem Abschnitt wird beschrieben, was Dezentralität aus Sicht eines Übertragungsnetzbetreibers bedeutet und welche Auswirkungen sie auf dessen notwendige Entwicklung hat.

Wandel von der Zentralität zur Dezentralität

Im Jahr 2005 lag der Anteil der Erneuerbaren Energien am gesamtdeutschen Bruttostromverbrauch bei 10 % (vgl. [15]). Vor allem große, mit fossilen Brennstoffen betriebene Kraftwerke sowie Atomkraftwerke gewährleisteten die Stromversorgung. Die zentralen Kraftwerke sind überwiegend in den höheren Spannungsebenen angeschlossen. Von dort aus stellten Leitungen den Transport in untergelagerte Spannungsebenen und die Verteilung über Mittel- und Niederspannungsnetze bis zu den Endverbrauchern sicher.

Der fortschreitende Klimawandel, die weltweite Limitierung der fossilen Ressourcen, die abnehmenden Stromgestehungskosten sowie die Risiken der Kerntechnik und der Abhängigkeit von Rohstoffimporten treiben seitdem die Umgestaltung der Energieerzeugung in Deutschland. Konventionelle Kraftwerke gehen schrittweise vom Netz. Der verbrauchte Strom soll möglichst CO_2-neutral werden, genauso wie die Versorgung der zuvor erwähnten Sektoren Wärme und Verkehr. Der Zubau Erneuerbarer Energien wie Photovoltaik- (PV) oder Windkraftanlagen ermöglicht dies. Innerhalb von 15 Jahren hat sich der Anteil Erneuerbarer Energien am Stromverbrauch in Deutschland fast verdreifacht (vgl. [15]). Hervorzuheben sind an dieser Stelle die Kriterien für die Standortwahl von Erneuerbaren Energien, die sich nicht mehr primär an der Nähe zur Last und an der möglichst günstigen Versorgung mit Brennstoffen orientiert, wie zumeist bei Kohle- oder Gaskraftwerken. Windkraftanlagen sind vor allem im windreichen Norden Deutschlands installiert und speisen überwiegend in Mittel- und Hochspannungsnetze ein, PV-Anlagen finden sich auf der Freifläche oder auf Hausdächern und sind oftmals in der Niederspannungsebene angeschlossen. Hier befinden sich auch viele Kraft-Wärme-Kopplungsanlagen (KWK) des Gebäudesektors. Gerade in diesem Sektor werden Anlagen häufig primär zur Deckung des Eigenverbrauchs errichtet, der überschüssige Strom wird in das öffentliche Netz eingespeist. Einstige Stromverbraucher werden dadurch zu Stromproduzenten, sogenannten Prosumern.[4]

Im Vergleich zu konventionellen Kraftwerken werden diese neuen Anlagen aus Sicht der Übertragungsnetzbetreiber als dezentral und kleinteilig bezeichnet. Um einen Kohlekraftwerksblock mit einer installierten Leistung von 500 MW zu ersetzen, bräuchte es daher etwa 150 Windkraftanlagen oder 50.000 PV-Dachanlagen. Die reine Anzahl der Stromerzeugungsanlagen nimmt in der Konsequenz drastisch zu. Um eine effiziente Steuerung der kleinteiligen Anlagen zu ermöglichen, sind viele davon vernetzt, d. h. mit IKT-Systemen verbunden. Prozesse für Lastgangmessung oder Prognoseerstellung werden digitalisiert und verbessern somit die Integration der Anlagen in Energiesysteme und -märkte.

Der Trend zur Dezentralität kann ebenso bei Stromverbrauch und -speicherung beobachtet werden (Abbildung 10.5). Vor dem Hintergrund der Wirtschaftlichkeit des PV-Eigenverbrauchs werden vermehrt stationäre PV-Batteriespeicher errichtet. Zwischen 2018 und 2035 wird ein Zuwachs um den Faktor 37 erwartet (vgl. [16]). Getrieben von den Möglichkeiten der Sektorkopplung ist auch ein extremer Anstieg der Elektromobilität zu beobachten. Waren am 1. Oktober 2021 etwas mehr als eine halbe Million rein elektrisch betriebene Pkw auf Deutschlands Straßen unterwegs (vgl. [17]), so sollen es gemäß Koalitionsvertrag der deutschen Bundesregierung aus dem Jahr 2021 (vgl. [18]) bis 2030 mindestens 15 Millionen sein. Eine ähnliche Entwicklung ist auch im Wärmesektor im Gange. Bei Wärmepumpen wird mit einer starken Zunahme der installierten Leistung gerechnet, bis 2035 mit einer Verzehnfachung (vgl. [16]). Im Folgenden werden die Auswirkungen dieser positiven Entwicklung auf das Stromnetz betrachtet.

4 Bei dem Kunstwort „Prosumer“ handelt es sich um eine Kombination aus den Begriffen „consumer“ und „producer“.

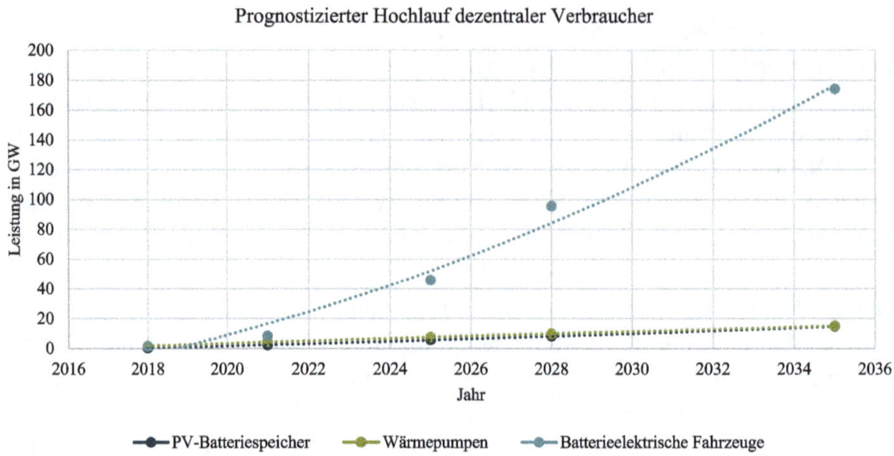

Abb. 10.5: Prognostizierter Hochlauf dezentraler Stromverbraucher (eigene Darstellung basierend auf [16]).

Implikationen der Dezentralität für Netzbetreiber

Die Verlagerung der Stromerzeugung auf die unteren Spannungsebenen geht mit einer Veränderung der traditionell unidirektionalen Richtung der Stromflüsse von den Höchst- in die Niederspannungsebene einher. Der Lastfluss wird volatiler und kann häufiger auch in Richtung Höchstspannung gehen. In der Konsequenz werden Netzbetriebsmittel wie z. B. Ortsnetz-Transformatoren bereits vermehrt für diese Situationen ausgelegt. Aufgrund der langfristigen Planungszeiträume werden Entwicklungen wie die Dezentralisierung und der Zuwachs neuer Stromverbraucher zudem schon heute in der Netzplanung berücksichtigt, was deren Komplexität erhöht.

Die Volatilität der Stromerzeugung aus Wind- und Solarenergie sowie die regionale Verteilung stellen weitere Herausforderungen für das Energiesystem dar. Verbrauch und Produktion von Elektrizität muss sich jederzeit im Gleichgewicht befinden. Für sogenannte Dunkelflauten, d. h. mehrere windarme und dunkle Tage mit geringer Erzeugung aus Wind- und PV-Anlagen, muss die Stromerzeugung aus anderen Quellen sichergestellt werden. In Zeiten von Kernenergie- und Kohleausstieg müssen Alternativen gefunden und neue Erzeugungskapazität gebaut werden. Insbesondere thermisch befeuerte Kraftwerke (Biomasse, Gas) können hier einen wichtigen Beitrag zur Energieversorgung leisten. Sofern aktuelle Märkte und Rahmenbedingungen nicht zu Investitionen in gesicherte Erzeugungskapazität führen, müssen neue Mechanismen und Anreize entwickelt werden, um einer Stromlücke zuvorzukommen.

Die regionale Unausgewogenheit von Stromerzeugung und Verbraucherzentren in Verbindung mit begrenzten Transportnetzkapazitäten führt zudem zu Netzengpässen. Die zunehmende Elektrifizierung auf der Verbraucherseite könnte diesen Trend im schlimmsten Fall noch verstärken. Lösungsansätze hierfür sind einerseits der Netzausbau, andererseits das Engpassmanagement im operativen Betrieb der Netze. Um den Netzausbau zu beschleunigen, wurden in den vergangenen Jahren in Deutschland verschiedene Gesetze wiederholt angepasst (NABEG 2021 (vgl. [19]), BBPlG 2021 (vgl. [20]), ENLAG 2021 (vgl. [21])). Einer der Hauptkorridore für die Nord-Süd-Verbindung, die Windstromleitung SuedLink, soll als Teil des deutschen Netzentwicklungsplans als HGÜ-Verbindung zwischen Schleswig-Holstein und Baden-Württemberg realisiert und bis 2028 fertiggestellt werden (vgl. [22]).

Auch über das Engpassmanagement gewährleisten die Netzbetreiber die Versorgungssicherheit. Wenn nötig, können im Falle prognostizierter Netzengpässe beispielsweise Windparks im Norden Deutschlands abgeregelt und gleichzeitig die Erzeugung aus Kraftwerken im Süden erhöht werden; dieses Verfahren wird Redispatch genannt. Mit dem Ziel der verbesserten Integration Erneuerbarer Energien und einer kosteneffizienteren Lösung werden seit Kurzem auch Verteilnetzbetreiber in den Redispatch-Mechanismus einbezogen. Neben der Weiterentwicklung bestehender Werkzeuge erfordert die Dezentralisierung auch neue Lösungen. Der Wegfall konventioneller Erzeugungskapazität stellt nicht nur ein Risiko für die Strombilanz dar, sondern auch für verfügbare und aus Netzsicht sinnvoll platzierte Leistung für den Redispatch. Da ein Netzausbau mit dem Ziel der vollständigen Behebung aller Netzengpässe volkswirtschaftlich nicht effizient wäre, ist auch mit Netzausbau langfristig mit Netzengpässen zu rechnen. Sofern vom Netz gehende Kraftwerke insbesondere in Süddeutschland nicht in ausreichendem Umfang durch neue Erzeugungsleistung ersetzt werden, werden auch hier regulatorische Eingriffe notwendig, um Investitionen anzureizen.

Die Sektorenkopplung und der Hochlauf der neuen, dezentralen Verbraucher stellen je nach Sichtweise nicht nur eine Herausforderung, sondern auch einen weiteren möglichen Lösungsansatz für den Netzbetrieb der Zukunft dar. Viele Lasten weisen im Gegensatz zu herkömmlichen Verbrauchsgeräten eine gewisse Flexibilität auf. Elektrofahrzeuge sind meist über mehrere Stunden an einem Ladepunkt angeschlossen, benötigen jedoch nur einen Bruchteil dieser Zeit für einen Ladevorgang und können darüber hinaus sogar Strom zurückspeisen; ein Konzept, welches auch unter dem Begriff "Vehicle-to-Grid" (V2G) bekannt ist (vgl. [23]). PV-Batteriespeicher können nicht nur zum Laden überschüssigen PV-Stroms eingesetzt werden, sondern darüber hinaus auch ihre Lade- und Entladestrategie anpassen. Der Strombezug von Wärmepumpen kann aufgrund thermischer Speicher in gewissen Grenzen verschoben werden. Die intelligente Einbindung der dezentralen Verbraucher mit gesteuerten Lade- oder Strombezugsstrategien bietet mehrere Vorteile. So ist es beispielsweise möglich, den Strombezug so anzupassen, dass möglichst CO_2-arm, kostengünstig oder netzdienlich geladen wird (vgl. [24–26]).

Wie im vorherigen Abschnitt angedeutet, bietet aus Sicht der Netzbetreiber die Nutzung dezentraler Flexibilität vor allem dann eine Chance, wenn sie als weiteres Werkzeug für die Systemsicherheit genutzt werden kann. So wird aktuell die Einbindung in die Systemdienstleistungen erforscht und in Feldtests erprobt. In einem Projekt mit einem Pool von E-Fahrzeugen wurde bereits nachgewiesen, dass Elektrofahrzeuge Regelreserve erbringen können (vgl. [27, 28]). Zudem zeigt eine aktuelle Studie das hohe ökonomische Potenzial durch eine anreizbasierte Nutzung der dezentralen Flexibilität für den Redispatch auf (vgl. [16]). Allein in Baden-Württemberg können Elektrofahrzeuge, Wärmepumpen, PV-Batteriespeicher und Querschnittstechnologien bis zum Jahr 2028 Einsparungen in Höhe von bis zu 228 Mio. EUR ermöglichen (Abbildung 10.6). Ein erster Pilottest zeigte bereits 2020 die technische Möglichkeit der Nutzung von Wärmepumpen für den Redispatch über die Blockchain-basierte Datenplattform Equigy (vgl. [29]).

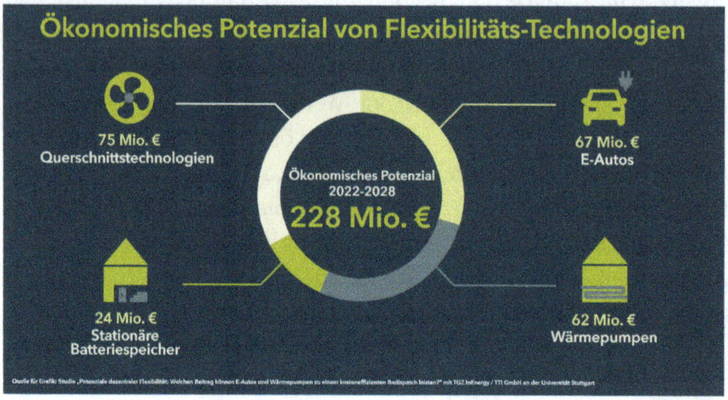

Abb. 10.6: Ökonomisches Potenzial dezentraler Flexibilität bei Nutzung für den Redispatch in Baden-Württemberg (eigene Darstellung basierend auf [16]).

Digitalisierung ist der wichtigste technische Schlüsselfaktor für die effiziente Erschließung und Nutzung dezentraler Flexibilität. Die Vielzahl der Anlagen führt auch zu einer Vielzahl an Daten und Schnittstellen. Risiken bestehen in der Gewährleistung der Kompatibilität verschiedener IKT-Systeme sowie bei IT- und Daten-Sicherheit. Die Explosion der Datenmengen führt zu einer steigenden Komplexität, beispielsweise bei der Erstellung von Last- oder Erzeugungsprognosen oder bei der netzebenenübergreifenden Steuerung von Anlagen. Diesen Herausforderungen kann nicht allein mit Automatisierung begegnet werden. Aufgrund von Kleinteiligkeit und Dezentralität benötigen Anlagen eine eindeutige Zuordnung. Digitalisierung ist essenziell, um diese vielen kleinen Anlagen zu vernetzen. Die Skalierbarkeit von Prozessen wird zu einem Erfolgsfaktor. Neue Lösungsansätze werden aktuell an unterschiedlichen Stellen erprobt und basieren auf Technologien wie Cloud-basierten Systemen oder innovativen dezentralen Ansätzen in der Datenverarbeitung. Beispiele hierfür werden in Kapitel 42 aufgeführt und erläutert.

10.3 Netzsektor 4.0 benötigt keine Revolution des regulatorischen Rahmens – aber eine zielgerichtete Evolution

Der regulatorische Rahmen ist für den Netzsektor 4.0 von entscheidender Bedeutung. Aufgrund ihrer natürlichen Monopolstellung unterliegen alle europäischen Netzbetreiber einem vielschichtigen Regulierungsrahmen, von der obersten Ebene beginnend mit dem europarechtlichen Rahmen u. a. aus EU-Verordnungen und Richtlinien über die nationalen Regulierungsrahmen – die teilweise europäische Vorgaben in nationales Recht umsetzen und durch nationale Vorgaben ergänzen – bis hin zu regionalen Vorgaben z. B. auf Bundeslandebene. Der Regulierungsrahmen entscheidet über die möglichen Geschäftsmodelle der Netzbetreiber und deren Renditen im regulierten Bereich. Marktchancen aus neuartigen Produkten und Patenten sind dagegen derzeit äußerst begrenzt.

Damit die Netzbetreiber die nötige Weiterentwicklung zum Netzsektor 4.0 vorantreiben können, muss der regulatorische Rahmen drei Grundvoraussetzungen erfüllen:

1. *Kompatibilität:* Der regulatorische Rahmen muss auch für die neuen Anforderungen ausreichende Möglichkeiten bieten, eine Refinanzierung der notwendigen Investitionen in den verschiedenen Handlungsfeldern (vgl. Abschnitt 10.1) zu erreichen – und damit über die klassische Netzinfrastruktur hinaus.
2. *Flexibilität:* Der regulatorische Rahmen muss sich kurzfristig und flexibel an disruptive Entwicklungen in Umfeld, Technologie und Gesellschaft anpassen können, damit auch die regulierten Unternehmen diesen Entwicklungen Rechnung tragen können – denn Disruption richtet sich nicht nach Erfordernissen eines regulatorischen Rahmens.
3. *Anreizsetzung:* Der regulatorische Rahmen muss für jedes Handlungsfeld geeignete Anreize setzen, damit die regulierten Unternehmen einerseits die notwendigen Maßnahmen aktiv und aus eigenem Interesse vorantreiben, andererseits auch stets im Sinne der Maximierung der volkswirtschaftlichen Effizienz handeln.

Idealerweise übersetzt der regulatorische Rahmen die volkswirtschaftliche Effizienz mittels geeigneter Anreizsetzung in unternehmerische Effizienz, so dass eine Maximierung der unternehmerischen Effizienz durch die regulierten Netzbetreiber automatisch zu einer Maximierung der volkswirtschaftlichen Effizienz führt. Dies ist, bezogen auf die in Deutschland seit einigen Jahren umgesetzte Anreizregulierung, in einigen Bereichen bereits gegeben. Dennoch zeigt sich mit Blick auf die Transformation zum Netzsektor 4.0 durch Maßnahmen im Bereich Digitalisierung und Innovation zunehmend Anpassungsbedarf, vor allem bezogen auf den wachsenden OPEX-Anteil in den Gesamtkosten, die für den Erfolg des Unterfangens zwingend adressiert werden müssen.

10.3.1 Aktueller regulatorischer Rahmen für Digitalisierung und Innovation

Die Anreizregulierung ist die Grundlage des aktuellen regulatorischen Rahmens für Netzbetreiber in Deutschland, verankert in der Anreizregulierungsverordnung (ARegV) (vgl. [30]). Die zeitliche Strukturierung erfolgt in aufeinanderfolgenden Regulierungsperioden, die in Deutschland jeweils fünf Jahre dauern. Innerhalb einer Regulierungsperiode ist das jährliche Budget, das ein Netzbetreiber über die Netznutzungsentgelte vereinnahmen darf, durch die sogenannte Erlösobergrenze begrenzt. Die Höhe des Budgets setzt sich im Wesentlichen aus zwei Bestandteilen zusammen: einem Bestandteil, der sich aus einem Kostenbasisjahr ergibt und dem dritten und damit mittleren Jahr der jeweils vorhergehenden fünfjährigen Regulierungsperiode entspricht, sowie einem Bestandteil aus nicht beeinflussbaren Kosten, die auf Ist-Kosten-Basis direkt gewälzt werden können. Der aus dem Kostenbasisjahr abgeleitete Bestandteil setzt sich wiederum aus den sogenannten beeinflussbaren Kosten (bK) und den vorübergehend nicht beeinflussbaren Kosten (vnbK) zusammen. Dieser Mechanismus ist schematisch in Abbildung 10.7 dargestellt.

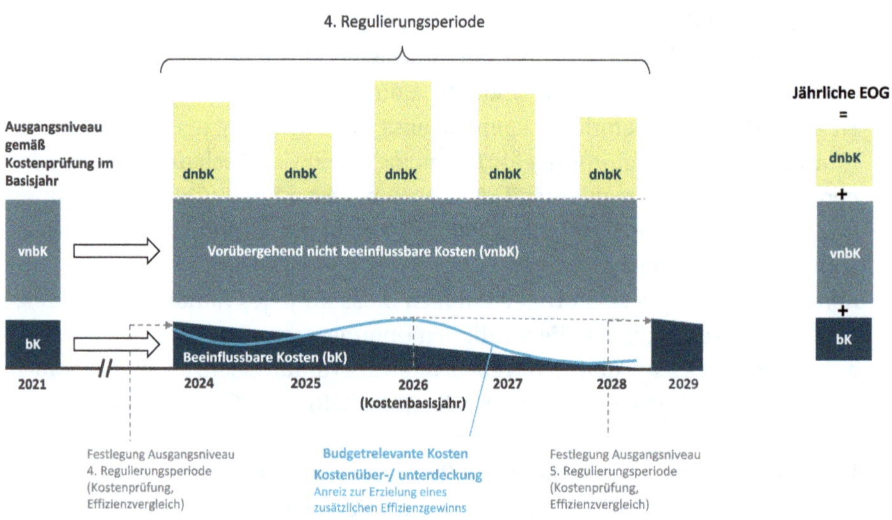

Abb. 10.7: Mechanismus der Anreizregulierung basierend auf fünfjährigen Regulierungsperioden [31].

Im derzeitigen Regulierungsrahmen muss ein Großteil der sich aus Digitalisierung und Innovation ergebenden Kosten der Netzbetreiber, vor allem OPEX, über die Komponente der beeinflussbaren Kosten refinanziert werden, deren Ausgangsniveau sich aus dem vorhergehenden Kostenbasisjahr ergibt. Die Intention hinter diesem Ansatz ist es, dass den Netzbetreibern so Anreize entstehen sollen, Kosten über Effizienzsteigerungen zu reduzieren und damit einen zusätzlichen Effizienzgewinn zu erzielen. Dieser Ansatz kann aber nur in einem eingeschwungenen Zustand funktionieren, d. h. bei gleichbleibenden Anforderungen ohne sprunghafte Änderungen.

Diese Prämisse ist bereits seit einiger Zeit nicht mehr gegeben. Das liegt einerseits an den erheblichen Änderungen im technologischen, politischen und gesellschaftlichen Umfeld, andererseits an den in immer kürzeren Abständen auftretenden Technologiesprüngen und neuen Anforderungen. Diese Entwicklung zeigt sich regulatorisch in einer kontinuierlich steigenden Zahl an Sondermechanismen in den Erlösobergrenzen der Netzbetreiber, die im Folgenden kurz erläutert werden.

Kosten aus Digitalisierung und Innovation als dauerhaft nicht beeinflussbare Kosten (dnbK)

Vor allem bei neuen gesetzlichen Anforderungen an die Netzbetreiber, die im vorhergehenden Kostenbasisjahr noch nicht bestanden, werden gesetzliche Regelungen zur Anerkennung der Kosten als dauerhaft nicht beeinflussbar beziehungsweise über das Regulierungskonto getroffen. Ein prominentes Beispiel aus Sicht der Übertragungsnetzbetreiber ist die Sonderregelung zur Refinanzierung von Kosten aus einer neuen gesetzlichen Verpflichtung aus dem Jahr 2019 zum Redispatch 2.0, die im Paragraphen zu Übergangsregelungen §34 ARegV in Absatz 15 enthalten ist. Meist sind solche Sonderregelungen inhaltlich und zeitlich klar abgegrenzt, was schnell zu einer Vielzahl unterschiedlicher Vorgaben mit einhergehender hoher Komplexität bei der Nachweisführung seitens der Netzbetreiber und Prüfung durch die Bundesnetzagentur führt.

Digitalisierungsprojekt als Investitionsmaßnahme (IMA)

Netzbetreiber haben die Möglichkeit, Erweiterungsinvestitionen als sogenannte Investitionsmaßnahmen (IMAs) zu beantragen (CAPEX, zuzüglich eines geringen anteiligen OPEX-Aufschlags). Die Antragsstellung erfolgt projektspezifisch, ebenso die Abrechnung. Die zugehörigen Kosten gelten während der IMA Genehmigungsdauer als dnbK. Hauptanwendungsfall sind Netzbauprojekte, aber vereinzelt können auch große IT-Projekte als IMA genehmigt werden. Die Option zur Beantragung neuer IMA fiel ab März 2022 weg und wurde durch den Kapitalkostenabgleich (KKA) abgelöst, der projektunabhängig Differenzen zwischen jahresaktuellen Kapitalkosten und Kapitalkosten des vorhergehenden Basisjahrs durch Zu- und Abschläge zur oder von der Erlösobergrenze ausgleicht. Die Möglichkeit eines OPEX-Aufschlags wie bei IMA entfällt beim KKA.

Förderung im Rahmen nationaler und europäischer Förderprogramme

Ein weiterer Mechanismus, der normalerweise allerdings keine vollständige, sondern meist nur anteilige Refinanzierung bewirkt, besteht in der Inanspruchnahme von Fördermitteln aus nationalen oder internationalen Förderprogrammen. Bei dieser Option ist der erfahrungsgemäß enorm große Aufwand hervorzuheben, der aus einer Bewerbung um Fördermittel entsteht. Zudem werden in der Regel keine Projekte eines Einzelunternehmens gefördert, sondern lediglich Konsortien und Verbundvorhaben, so dass dieser Ansatz hauptsächlich für Maßnahmen im Bereich Forschung und Entwicklung geeignet ist, weniger für notwendige Innovationen und Weiterentwicklungen von Produktivsystemen. Hinzu kommen die in der Regel sehr langen Vorlaufzeiten aus den Fristen für Skizzeneinreichung, Antragsstellung und Projektbeginn mit jeweils zwischengeschalteten Prüfungsphasen des zugeordneten Projektträgers beziehungsweise Fördermittelgebers. Als prominentes Beispiel mit nationaler Tragweite ist das zwischenzeitlich abgeschlossene Förderprogramm „Schaufenster intelligente Energie (SINTEG)" des BMWK zu nennen, bei dem insgesamt über 200 Mio. EUR an Fördermitteln an die Projektpartner ausgezahlt wurden (vgl. [32]).

Es ist klar, dass durch die in den vorhergehenden Kapiteln beschriebenen Entwicklungen und Anforderungen an einen Netzsektor 4.0 der Anteil der Sonderlösungen weiter deutlich wird wachsen müssen wenn der Regulierungsmechanismus nicht grundlegend angegangen wird.[5] Über die derzeit bestehenden Kostenbasen der Netzbetreiber, die sich allesamt auf das vorhergehende Kostenbasisjahr 2016 stützen, werden die unmittelbar bevorstehenden Herausforderungen nicht in ausreichendem Maße finanzierbar sein. Dies gilt mit Blick auf die bereits heute sichtbaren mittelfristigen Herausforderungen ebenso wie für die folgende vierte Regulierungsperiode von 2024 bis 2028, die wiederum auf das zugeordnete Kostenbasisjahr 2021 aufsetzt.

Ungeachtet der bestehenden Herausforderungen hat sich der grundlegende Ansatz einer Anreizregulierung in den vergangenen Jahren bewährt. Aufgrund der Vielzahl der beschriebenen Handlungsfelder im Netzsektor 4.0 und der damit verbundenen regulatorischen (Sonder-)Mechanismen führt der aktuelle Regulierungsrahmen in seiner konkreten Umsetzung im Ergebnis allerdings nicht dazu, dass stets die effizienteste, nachhaltigste und volkswirtschaftlich sinnvollste Lösung umgesetzt werden kann. Dies wird insbesondere auch an Maßnahmen deutlich, die von mehreren Unternehmen gemeinsam umgesetzt werden müssen, um maximale Wirkung zu erreichen. Das ist grundsätzlicher anzugehen und über eine zielgerichtete Weiterentwicklung des Regulierungsrahmens zu adressieren.

10.3.2 Ansätze für die notwendige Evolution des Regulierungsrahmens

Um die notwendige Weiterentwicklung des bestehenden Regulierungsrahmens voranzubringen, haben die Jacobs Universität und das Beratungsunternehmen Oxera im

5 Weiterführende Vorschläge hierzu vgl. nachfolgender Abschnitt 10.3.2.

Auftrag der TransnetBW in einer Studie unterschiedliche Ansätze entwickelt, wie in verschiedenen typischen Anwendungsfällen im Bereich Innovation und Digitalisierung die beschriebenen Nachteile aufgehoben oder zumindest deutlich reduziert werden können (vgl. [33]). In diesem Zusammenhang hat sich gezeigt, dass eine Kategorisierung in überwiegend extern wirkende Digitalisierung und Innovation, überwiegend intern wirkende Digitalisierung und Innovation sowie Innovation in der Regulierung selbst zur Ermöglichung von Wagnissen und Förderung von Experimenten sinnvoll ist, um den Regulierungsrahmen gezielt adjustieren zu können.

10.3.2.1 Überwiegend extern wirkende Digitalisierung und Innovation

In die Kategorie der überwiegend extern wirkenden Digitalisierung und Innovation fallen neue Mechanismen und Ansätze der Netzbetreiber, die sich auf das Funktionieren und die Effizienz des gesamten Stromversorgungssystems auswirken. Prominente Beispiele aus den vergangenen Jahren stellen die umfangreichen Systementwicklungen für das Market Coupling dar, mit denen die seitens der EU-Kommission über diverse Guidelines (vgl. [34, 35]) vorgegebene Integration der Strom- und Balancing-Märkte im europäischen Binnenmarkt umgesetzt wird. In der Regel handelt es sich dabei um umfangreiche IT-Projekte, die durch ein Projektkonsortium aus Netzbetreibern und teilweise Strombörsen vorangetrieben wird. Der Nutzen dieser Projekte in Form niedrigerer Großhandelspreise und höherer Marktliquidität liegt überwiegend bei den Marktteilnehmern, sowohl bei Erzeugern als auch bei Verbrauchern, und wird oft als Wohlfahrtsgewinn bezeichnet. Die Netzbetreiber selbst haben im heutigen Regulierungsrahmen oft nichts davon, da in der Regel lediglich die entstehenden Kosten für die Systeme (Implementierung und Betrieb) refinanziert werden, sofern es sich bei den Projekten um die Umsetzung gesetzlicher Vorgaben handelt. In diesem Mechanismus sind zudem keine Anreize für die Netzbetreiber enthalten, ihre Sache möglichst gut und effizient umzusetzen, da alle Kosten zwar auf Angemessenheit geprüft, dann aber direkt (aktuell überwiegend als dnbK) refinanziert werden.

Es liegt in der Natur der Sache, dass den Netzbetreibern unter diesen Randbedingungen keine Anreize dafür entstehen, von sich aus Initiativen zu starten, die positive externe Effekte erzeugen. Den für derartige Initiativen entstehenden Investitions- und Betriebskosten beim Netzbetreiber stehen aufgrund des starren regulatorischen Rahmens lediglich Refinanzierungsrisiken gegenüber, aber keine Chancen, denn eine Partizipation an den entstehenden Wohlfahrtsgewinnen ist nicht möglich.

Um den bestehenden Regulierungsrahmen hinsichtlich der beschriebenen Hemmnisse weiterzuentwickeln, wurde in einer durch die TransnetBW bei der Jacobs University Bremen und der Oxera beauftragten Studie (vgl. [33]) ein Ansatz entwickelt, der über eine regulierte Partizipation an einem entstehenden Wohlfahrtsgewinn einerseits überhaupt erst den Start geeigneter Initiativen ermöglicht, andererseits einen inhärenten Anreiz schafft, die Initiativen mit Blick auf Technologie und Kosten möglichst effizient und nachhaltig umzusetzen. Der Ansatz besteht in einem projektbezogenen Budgetansatz, der losgelöst von Regulierungsperioden zeitpunktunabhängig wirken kann, kombiniert mit einer durch einen Anreizparameter berechneten Partizipation an erzielten Wohlfahrtsgewinnen, die gegenüber einem vorab festgelegten Referenzwert bestimmt werden:

$$\text{Anreizbonus} = \text{Kosten} + \text{Anreizparameter} \times (\text{Wohlfahrtsgewinn})$$

Damit entsteht gleichgerichteter Nutzen auf allen Seiten, denn je höher der Wohlfahrtsgewinn ist, desto höher der Partizipationsanteil für die umsetzenden Netzbetreiber. Dass der Wohlfahrtsgewinn durchaus beträchtlich sein kann, zeigt das Beispielprojekt „Picasso“, eine von TransnetBW aufgebaute und betriebene Plattform für die europäische Einsatzoptimierung von Sekundärregelleistung in Umsetzung der Electricity Balancing Guideline [35]: Die Plattform führt zu einem hohen gesellschaftlichen Nutzen von jährlich ca. 115 Mio. EUR.[6]

Die für den vorgeschlagenen Ansatz notwendigen regulatorischen Vorkehrungen sind lösbar: Der Regulator hat festzulegen, wie der erzielte Wohlfahrtsgewinn zu bestimmen ist, sowie den Anreizparameter aufzusetzen. Dies kann auch über den Zeitverlauf hinweg in unterschiedlicher Parametrierung erfolgen: Typischerweise hat die erstmalige Inbetriebnahme eines Systems einen sprungartigen Wohlfahrtseffekt zur Folge, der dann über kontinuierliche Weiterentwicklung und Verbesserung des Systems zwar weiter gesteigert werden kann, aber in der Regel eher kontinuierlich und nicht mehr sprungartig (bis zum nächsten Systemwechsel) ist.

10.3.2.2 Überwiegend intern wirkende Digitalisierung und Innovation

Die Kategorie der überwiegend intern wirkenden Digitalisierung und Innovation umfasst Maßnahmen, mit denen Abläufe innerhalb der Unternehmen für die Anforderungen eines Netzsektors 4.0 fit gemacht werden. Prominente Beispiele hierfür sind nicht nur die bei Netzbetreibern durchgängige End-to-End-Digitalisierung von Prozessen oder die Erfassung und intelligente Auswertung großer Datenmengen (Big Data). Auch die Umsetzung der deutlich erhöhten Sicherheitsanforderungen im Bereich Cybersecurity zählen zu dieser Kategorie.

Im Gegensatz zur vorher beschriebenen überwiegend extern wirkenden Digitalisierung entsteht der Nutzen bei den genannten Beispielen zunächst unmittelbar bei

6 Diese Schätzung wurde von ENTSO-E und den teilnehmenden ÜNB berechnet und vergleicht einen funktionierenden europäischen Sekundärregelleistungsmarkt (mit einer im Vergleich zu heute noch reduzierten Teilnehmeranzahl) mit einem Referenzszenario, in dem alle Länder (außer Deutschland und Österreich) einen isolierten Markt betreiben (vgl. [36]).

den Unternehmen selbst. Erst über deren gestiegene Effizienz oder spezifischen Befähigung, bestimmte Anforderungen des Netzsektors 4.0 überhaupt erst bedienen zu können, entstehen auch wieder positive gesamtvolkswirtschaftliche Effekte. Dieser indirekte Wirkzusammenhang macht einen Partizipationsansatz an volkswirtschaftlichen Gewinnen nicht praktikabel. Andererseits ist die Kategorie der intern wirkenden Digitalisierung für die Netzbetreiber selbst entscheidend, um den kommenden Anforderungen überhaupt adäquat begegnen zu können – man denke nur an die immer höheren Herausforderungen, aber auch an die steigende Bedeutung von Cybersecurity-Maßnahmen für den Netzsektor als kritische Infrastruktur.

In der Studie der Jacobs University und Oxera (vgl. [33]) wurde deshalb ein sehr flexibler Ansatz eines Digitalisierungsbudgets unter Anwendung von zwei Beteiligungsfaktoren (OPEX- und CAPEX-bezogen) vorgeschlagen (Abbildung 10.8). Das Budget bezieht sich hierbei stets auf ein Projekt beziehungsweise eine Gruppe an Projekten und wird ex ante festgelegt, z. B. in einem jährlichen Turnus. Durch den Bezug auf ein Projekt kann das Budget auch für mehrere Netzbetreiber gemeinsam festgelegt werden, was vor allem für die wachsende Anzahl an Kooperationsprojekten ein interessanter Ansatz ist.

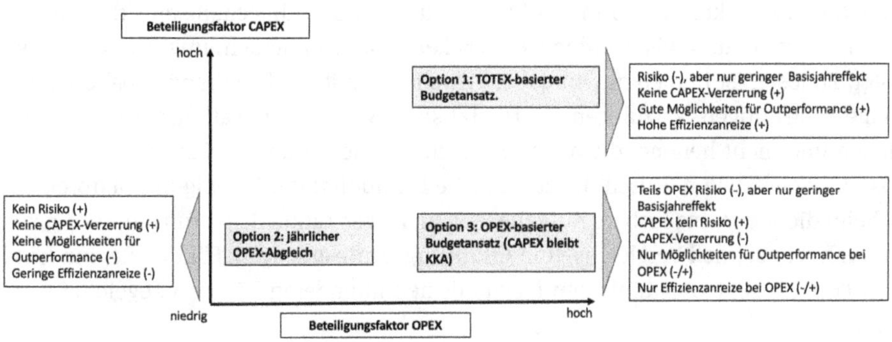

Abb. 10.8: Digitalisierungsbudget mit Beteiligungsfaktoren [33].

Über die beiden Beteiligungsfaktoren OPEX und CAPEX kann die regulatorische Wirkung auf den OPEX- und CAPEX-Anteil eines Projekts parametriert werden. Zur Erläuterung dieser Wirkungsweise sind in Abbildung 10.8 drei Grenzfälle als drei Optionen mit ihren jeweiligen Vor- und Nachteilen dargestellt, zwischen denen jede beliebige anteilige Parametrierung denkbar ist.

Option 1 mit einem hohen Beteiligungsfaktor sowohl an CAPEX als auch an OPEX entspricht faktisch einem TOTEX-basierten Budgetansatz. Damit hat ein Netzbetreiber bei CAPEX und OPEX das gleiche Risiko, dass er mit dem gewährten Budget nicht auskommt. Insgesamt ist dieses Risiko aber geringer einzuschätzen als das Risiko aus über fünf Jahre konstanten Budgets basierend auf einem im Zweifel mehrere Jahre zurückliegenden Kostenbasisjahr. Die Gleichbehandlung von CAPEX und

OPEX vermeidet Fehlanreize zugunsten des einen oder anderen Ansatzes, und es bestehen Effizienzanreize aus der Möglichkeit, nicht benötigtes Budget zu behalten.

Option 2 stellt quasi das Gegenteil von Option 1 dar mit niedrigen Beteiligungsfaktoren an CAPEX und OPEX, was dem in einigen Ländern bereits implementierten Ansatzes eines jährlichen OPEX-Abgleichs entspricht [x]. Dabei werden auftretende Abweichungen vom Budget einfach ausgeglichen, was einerseits Risiken für die Netzbetreiber eliminiert, andererseits aber auch keine Effizienzanreize bietet. CAPEX würde bei niedrigem Beteiligungsfaktor über den künftig bestehenden Kapitalkostenabgleich refinanziert werden.

Option 3 ist eine Zwischenform mit einem weiterhin niedrigen Beteiligungsfaktor CAPEX (das dann wie bei Option 2 künftig über den Kapitalkostenabgleich refinanziert werden kann) und eines hohen Beteiligungsfaktors OPEX, der den Netzbetreibern zwar ein erhöhtes Risiko aus Budgetüberschreitungen zuweist, aber dafür Chancen aus Outperformance und damit Effizienzanreize bietet.

Allen Optionen ist gemeinsam, dass die heute auftretenden Basisjahreffekte mit potenziell negativen Auswirkungen auf das Handeln der Unternehmen aufgehoben werden, da das Budget unabhängig von Regulierungsperioden geführt wird. Durch den klaren Projektbezug kann das Budget aus dem Grundmechanismus der Anreizregulierung herausgelöst werden, so dass keine Doppelanerkennung von Kosten erfolgt. Zu lösen ist freilich die Aufgabe, gemeinsam mit der Regulierungsbehörde angemessene Budgets festzulegen, die Digitalisierungs- und Innovationsansätze ermöglichen und nicht hemmend wirken, andererseits die Gesamteffizienz dieses Mechanismus sicherstellen. Durch die zusätzliche Flexibilität der Beteiligungsfaktoren erscheint dies aber eine lösbare Aufgabe, zumal die verstärkte Bedeutung dieser Ansätze auch sehr schnell Vergleichs- und Erfahrungswerte erzeugen. Für den Beginn können Letztere auch aus ähnlichen Mechanismen in anderen Ländern abgeleitet werden.

10.3.2.3 Innovation in der Regulierung zur Ermöglichung von Wagnissen und Förderung von Experimenten – Regulierung 4.0

Die dritte Kategorie betrifft den regulatorischen Rahmen selbst und adressiert die Frage, wie Wagnisse und Experimente in einem regulierten Rahmen ermöglicht werden können. Instrumente aus den Innovationsbereichen von Unternehmen und Start-Ups wie Venture Capital oder die Vermarktung von Erfindungen und Patenten existieren im regulierten Bereich nicht, da vom Grundsatz her nur notwendige und angemessene Kosten refinanzierbar sind. Dies steht jedoch im Widerspruch zu den realen Herausforderungen, die auch und gerade dem Netzsektor 4.0 betreffen, der nur über erhebliche Anstrengungen im Bereich Digitalisierung und Innovation umsetzbar sein wird.

Dies hat der Gesetzgeber bereits erkannt und einen ersten Versuch einer Experimentierklausel begleitend zum Förderprogramm „Schaufenster Intelligente Energie" in §12 der SINTEG-Verordnung gesetzlich verankert. Zwischenzeitlich ist diese Regelung ausgelaufen und wurde in der mit der Jacobs University durchgeführten Studie (vgl. [33]) analysiert und bewertet. Zusammengefasst lässt sich festhalten, dass die Regelung zwar kaum genutzt wurde, sich aber aus den gewonnenen Erkenntnissen Ansätze für künftig bessere Regelungen ableiten lassen. In Interviews mit Beteiligten an dem Förderprogramm wurden im Wesentlichen vier Gründe genannt, weshalb der Rahmen von §12 SINTEG-VO nicht genutzt wurde: verbleibende rechtliche Unsicherheiten, hieraus resultierende wirtschaftliche Risiken, erheblicher administrativer Aufwand und ein zu enger Anwendungsbereich.

Hiervon ausgehend wurden drei Vorschläge verbesserter Verfahren entwickelt: eine direkte Weiterentwicklung der Experimentierklausel in Form eines Experimentierbudgets, der bereits etablierte und in anderen Ländern implementierte Ansatz eines Regulatory Innovation Trials, sowie der neue Ansatz einer Pioniergeist-Prämie. Aufgrund der bereits verfügbaren Literatur zu den ersten beiden Ansätzen soll hier speziell auf den in der Studie neu entwickelten Ansatz einer Pioniergeist-Prämie eingegangen werden.

Die Idee der Pioniergeist-Prämie ist es, die Finanzierung eines innovativen Projekts aus einer Gemeinschaft heraus zu ermöglichen, das dann für diese Gemeinschaft einen Nutzen bringt. Der Aufbau eines Prämientopfs erfolgt kontinuierlich und im normalen Regulierungsrahmen, die entsprechenden Einzahlungen werden über die Erlösobergrenzen der Netzbetreiber gewälzt. Um nun ein Vorhaben umzusetzen, das aufgrund seines Innovationscharakters auch ein gewisses Risiko mit sich bringt (sei es aufgrund von Anforderungen an die IT, Nutzerakzeptanz oder schnell wechselnden gesetzlichen Anforderungen auf nationaler oder europäischer Ebene), bildet sich ein Konsortium aus mehreren Netzbetreibern, unter dem einer oder mehrere der Partner die eigentliche Implementierung und Umsetzung übernimmt – der „Pionier" beziehungsweise die „Pioniere". Deren Finanzierung erfolgt nach regulatorischer Freigabe des Vorhabens über den Prämientopf und damit durch die gesamte Gemeinschaft der Netzbetreiber. Auf diese Weise können vor allem Kooperationsprojekte schnell und branchenspezifisch initiiert werden, und langwierige Bewerbungsverfahren wie bei allgemeinen Förderprojekten werden vermieden. Gleichzeitig stellt die kontinuierliche Einzahlung in den Prämientopf sicher, dass Mittel für solche Vorhaben in ausreichendem Maße verfügbar sind. Darüber finanzierbar sind risikobehaftete Projekte und Maßnahmen, die nach erfolgreicher Umsetzung möglichst durch viele oder alle Netzbetreiber genutzt werden können. Dieser Ansatz wäre beispielsweise prädestiniert für Maßnahmen zur Erschließung lastseitiger und dezentraler Flexibilität im gesamten Energiesystem.

10.3.3 Eine zielgerichtete Evolution des Regulierungsrahmens als erster Schritt

Die Netzbetreiber in Deutschland haben gemeinsam mit der Regulierung und der Politik in den vergangenen Jahren vermehrt festgestellt, dass der bestehende Regulierungsrahmen in Bezug auf Digitalisierung und Innovation ein Hemmschuh ist. Bislang wird dies immer nur in Bezug auf einzelne Projekte diskutiert und Lösungen werden individuell entwickelt (z. B. der Aufbau des bundesdeutschen Datenaustauschs über §34 Abs. 15 ARegV). Diese Sonderlösungen waren allerdings stets davon geprägt, dass sie schnell umgesetzt werden mussten, um die notwendigen Projekte nicht zu gefährden. Außerdem unterlagen sie oft der maßgeblichen Fehleinschätzung, dass es sich dabei um einmalige Sachverhalte handelt, für die alleine eine grundsätzliche Anpassung des Regulierungsrahmens nicht notwendig oder angemessen ist.

Die Häufung dieser Sonderlösungen und die praktischen Erfahrungen der Netzbetreiber mit Digitalisierungs- und Innovationsprojekten zeigen allerdings eindeutig, dass an einer zielgerichteten Weiterentwicklung des Regulierungsrahmens für Netzbetreiber mit Bezug auf Digitalisierung und Innovation kein Weg vorbeiführt. Nur so können die künftigen Herausforderungen adäquat und über die richtige Anreizsetzung vor allem effizient umgesetzt werden. In vielen Bereichen sind andere europäische Länder Deutschland hier voraus und haben deutlich flexiblere Regulierungsmechanismen installiert oder experimentieren damit, so dass auch der Stromsektor seine Rolle in der vierten industriellen Revolution erfüllen kann. Hierzu braucht Deutschland schnellstmöglich eine gemeinsame Initiative aus Regulierung, Politik und Netzbetreibern, um die notwendige Weiterentwicklung anzustoßen – umso mehr, weil die Energiewende das prägende Thema der absehbaren Zukunft der Energiebranche ist.

10.4 Umbau des Netzsektors zum Netzsektor 4.0 muss als entscheidender Erfolgsfaktor für die Industrielle Revolution 4.0 vorangetrieben werden

Der fortschreitende Klimawandel stellt die Welt vor immense Herausforderungen. Um ihn zu verlangsamen oder gar zu stoppen, stellt sich die weltweite Dekarbonisierung als Jahrhundertaufgabe. Regenerative Energien sollen Treibhausgas-Emissionen durch Verbrennungsprozesse reduzieren oder vermeiden. Um unsere Wirtschaft darauf auszurichten, bedarf es eines Paradigmenwechsels, wie wir ihn in den verschiedenen Wirtschaftssektoren seit einem Jahrzehnt erleben. Wir verwenden dazu die Begriffe Energiewende im Energiesektor oder Mobilitätswende im Verkehrssektor. Strom ersetzt immer mehr fossile Energieträger wie Kohle, Öl und Gas, aber auch die

Kernenergie. Die aktuellen Herausforderungen führen zusammen mit den technologischen Fortschritten im Digitalisierungsbereich zu einer Industriellen Revolution 4.0 mit erheblichen wirtschaftlichen und gesellschaftlichen Auswirkungen.

Der Bedarf an Strom wächst perspektivisch deutlich in der Industrie, im Verkehr, in der Wärme- und Kälteversorgung und im privaten Bereich. Die versorgungsnahe Stromerzeugung in Großkraftwerken weicht einer regenerativen Erzeugungslandschaft, die kleinteilig ist oder verbrauchsfern errichtet wird. Zur Überwindung von zum Teil großen Distanzen braucht es eine leistungsfähige Infrastruktur durch Übertragungs- und Verteilnetze. Das allein reicht aber nicht aus. In der Zukunft müssen Erzeugungsanlagen und Verbraucher in der Lage sein, miteinander zu kommunizieren: um die Kleinteiligkeit und Dezentralität mittels Datenaustausch zu überwinden und die Akteure miteinander optimal und effizient zu vernetzen. Und dies über Sektorengrenzen und Landesgrenzen hinweg. Intelligenz in unseren Netzen und deren Verknüpfung schafft den Netzsektor 4.0. Dieser nimmt eine bedeutende Rolle in der Transformation unserer Wirtschaft zur Industrie 4.0 ein und ist einer ihrer herausragenden Treiber.

Die Netzbetreiber haben sich auf den Weg gemacht. Dabei stehen wir erst am Anfang einer langen Entwicklung. Um erfolgreich zu sein, müssen wir diese Transformation gemeinsam in den Sektoren denken und in den Sektoren treiben. Neben Innovation und Digitalisierung und der Entwicklung und Nutzung neuer Technologien bedarf es auch eines wirtschaftlichen Anreizsystems für die Akteure. Letzteres unterstützt die notwendige Transformationsgeschwindigkeit. Denn die Zeit läuft uns davon.

Literaturverzeichnis

[1] Homepage der Plattform Industrie 4.0. https://www.plattform-i40.de/IP/Navigation/DE/Industrie40/Leitbild2030/leitbild-2030.html (Zugriff am 10.03.2022).

[2] Eigene Darstellung im Rahmen der unternehmenseigenen Nachhaltigkeitsstrategie.

[3] Swissgrid AG. Stern von Laufenburg. https://www.swissgrid.ch/de/home/operation/power-grid/star-of-laufenburg.html (Zugriff am 01.03.2022).

[4] Prognos AG. Wertschöpfungs- und Beschäftigungseffekte der Energiewirtschaft. https://www.bmwi.de/Redaktion/DE/Publikationen/Studien/wertschoepfungs-und-beschaeftigungseffekte-der-energiewirtschaft.html (Zugriff am 01.03.2022).

[5] BDEW. 10 Thesen zur Sektorkopplung. https://www.bdew.de/service/stellungnahmen/10-thesen-sektorkopplung (Zugriff am 01.03.2022).

[6] Rat der Europäischen Union. Ein europäischer Grüner Deal. https://www.consilium.europa.eu/de/policies/green-deal/ (Zugriff am 01.03.2022).

[7] BMWK, Pressemitteilung: Altmaier legt erste Abschätzung des Stromverbrauchs 2030 vor. https://www.bmwi.de/Redaktion/DE/Pressemitteilungen/2021/07/20210713-erste-abschaetzungen-stromverbrauch-2030.html (Zugriff am 01.03.2022).

[8] Die vier Deutschen Übertragungsnetzbetreiber. Netztransparenz.de Redispatch-Maßnahmen. https://www.netztransparenz.de/EnWG/Redispatch (Zugriff am 01.03.2022).

[9] Bundesnetzagentur, Netzengpassmanagement. https://www.bundesnetzagentur.de/DE/Sachgebiete/ElektrizitaetundGas/Unternehmen_Institutionen/Versorgungssicherheit/Netzengpassmanagement/start.html (Zugriff am 01.03.2022).
[10] Die vier deutschen Übertragungsnetzbetreiber. Regelleistung.net. https://www.regelleistung.net/ext/ (Zugriff am 01.03.2022).
[11] Prognos AG. Kurzstudie: Entwicklung des Stromverbrauchs bis 2030. https://www.prognos.com/de/projekt/entwicklung-des-bruttostromverbrauches-bis-2030 (Zugriff am 01.03.2022).
[12] dena. Abschlussbericht: dena-Netzstudie III. https://www.dena.de/newsroom/publikationsdetailansicht/pub/abschlussbericht-dena-netzstudie-iii/ (Zugriff am 01.03.2022).
[13] Darstellung gezeichnet durch Markus Mogel, Mitarbeiter TransnetBW GmbH.
[14] Schleich, S., Milatz, B., Kohler, C. und Langer, A. (2021). Durch Sektorenkopplung zu einer ökonomischen und intelligenten Energieversorgung. Energiewirtsch. Tagesfr. 71(5), 27–32.
[15] Statista. Anteil Erneuerbarer Energien am Bruttostromverbrauch in Deutschland in den Jahren 1990 bis 2020. https://de.statista.com/statistik/daten/studie/2142/umfrage/erneuerbare-energien-anteil-am-stromverbrauch (Zugriff am 01.03.2022).
[16] Klempp, N., Guthoff, F., Häbig, P., Heilmann, E., Schulz, M. und Hufendiek, K. (2021). Potenziale dezentraler Flexibilität: Welchen Beitrag können E-Autos und Wärmepumpen zu einem kosten[1]effizienten Redispatch leisten? https://www.transnetbw.de/uploads/2021-10-28-14-09-12-72-1.pdf (Zugriff am 01.03.2022).
[17] Statista. Anzahl der Elektroautos in Deutschland von 2011 bis 2021. https://de.statista.com/statistik/daten/studie/265995/umfrage/anzahl-der-elektroautos-in-deutschland (Zugriff am 01.03.2022).
[18] Die Bundesregierung. Mehr Fortschritt wagen. Bündnis für Freiheit, Gerechtigkeit und Nachhaltigkeit. Koalitionsvertrag zwischen SPD, Bündnis 90/Die Grünen und FDP. https://www.spd.de/koalitionsvertrag2021. (Zugriff am 01.03.2022).
[19] NABEG 2021. Netzausbaubeschleunigungsgesetz Übertragungsnetz. https://www.gesetze-im-internet.de/nabeg (Zugriff am 02.03.2022).
[20] BBPlG 2021. Gesetz über den Bundesbedarfsplan, vom 2.6.2021. http://www.gesetze-im-internet.de/bbplg (Zugriff am 02.03.2022).
[21] NLAG 2021. Gesetz zum Ausbau von Energieleitungen, vom 2.6.2021. https://www.gesetze-im-internet.de/enlag (Zugriff am 02.03.2022).
[22] Netzentwicklungsplan Strom (NEP) 2035. DC3/DC4: HGÜ-Verbindungen von Schleswig-Holstein nach Baden-Württemberg und Bayern (SuedLink). https://netzentwicklungsplan-pmd.de/monitoring_map/attachments/file/cac88587-8e5a-11ec-a2c2-7249c19aed59?archiveMode=1. (Zugriff am 02.03.2022).
[23] BDL. Bereitstellung von Systemdienstleistungen aus Elektrofahrzeugen mit bidirektionalem Lademanagement. Ein BDL-Positionspapier zu Vehicle-to-Grid-Anwendungen. https://www.ffe.de/wp-content/uploads/2022/02/BDL-Positionspapier_V2G_Versand-2.pdf. (Zugriff am 02.03.2022).
[24] Ried, S. (2021). Gesteuertes Laden von Elektrofahrzeugen in Verteilnetzen mit hoher Einspeisung erneuerbarer Energien-Ein Beitrag zur Kopplung von Elektrizitäts- und Verkehrssektor. Dissertation. Karlsruhe.
[25] Steuer, S., Ried, S., Hans, T., Gruber, M. und Himmelsbach, B. (2019). Forschungsbericht BWPLUS Living Lab Walldorf. Simulation und Feldtest der Transformation des Strommarktes unter veränderten Tarif-, Bilanzierungs- und Regulationssystemen. https://www.fzi.de/en/research/publication-search/detail/?zwbisdrei_literatur%5Buid%5D=3592&no_cache=1&cHash=799cc688bbbb56ae739b342c1ae5b25d (Zugriff am 02.03.2022).
[26] Kaschub, T. (2017). Batteriespeicher in Haushalten unter Berücksichtigung von Photovoltaik, Elektrofahrzeugen und Nachfragesteuerung. Dissertation. Karlsruhe.
[27] Jedlix. https://www.jedlix.com/de/transnetbw-project (Zugriff am 02.03.2022).

[28] The Mobility House (2018). https://www.mobilityhouse.com/de_de/magazin/pressemeldungen/v2g-hagen-elektroauto-stabilisiert-stromnetz.html (Zugriff am 02.03.2022).

[29] TenneT (2020). https://www.tennet.eu/de/tinyurl-storage/news/viessmann-und-tennet-starten-erstes-projekt-zur-intelligenten-nutzung-von-waerme-und-strom (Zugriff am 02.03.2022).

[30] Verordnung über die Anreizregulierung der Energieversorgungsnetze (ARegV), Zuletzt geändert durch Art. 2 V v. 23.11.2021 I 4955.

[31] Eigene Darstellung aus interner Schulung der TransnetBW Kollegenakademie (KOLA).

[32] BMWK. www.sinteg.de (Zugriff am 24.03.2022).

[33] Brunekreeft, G., Buchmann, M., Kusznir, J., Meyer, R., Shamsi, S. und von Bebenburg, C. (2021). Weiterentwicklung der Anreize zur Stärkung von Digitalisierung und Innovation in der Anreizregulierung der ÜNB. Studie im Auftrag der TransnetBW GmbH.

[34] EU-Verordnung zur Festlegung einer Leitlinie für die Kapazitätsvergabe und das Engpassmanagement (CACM-Verordnung) (2015).

[35] EU-Verordnung zur Festlegung einer Leitlinie über den Systemausgleich im Elektrizitätsversorgungssystem (EB-Verordnung) (2017).

[36] ENTSO-E, Picasso aFRR Platform Implementation Project, ENTSO-E Stakeholder Workshop vom 26. März 2018.

Kurzvitae

Dr. Rainer Pflaum ist Mitglied der Geschäftsführung der TransnetBW GmbH, dem Übertragungsnetzbetreiber in Baden-Württemberg. Er ist verantwortlich für Finanzen & Governance, Netzwirtschaft und Personal. Nach verschiedenen leitenden Funktionen im Bankenbereich und in der Energiewirtschaft beschäftigt er sich in seinem netzwirtschaftlichen Schwerpunkt besonders mit Fragen der zukünftigen Bedeutung des Strom-Übertragungsnetzes in einem hauptsächlich durch Erneuerbare Energien geprägten Erzeugungsumfelds und des Einflusses der zunehmenden Digitalisierung.
Unter seiner Verantwortung ist TransnetBW im Jahre 2021 ein Joint Venture mit MHP Consulting eingegangen. Ziel ist es, durch Bündelung der energiewirtschaftlichen Kompetenz von TransnetBW und der Consulting- und IT-Expertise von MHP innovative Beratungsleistungen aus der Verbindung von Energie- und Mobilitätswende am Markt anzubieten. Dazu hat TransnetBW eine eigene Marke geschaffen, „IE2S – Intelligent Energy System Services".
Rainer Pflaum engagiert sich in verschiedenen Gremien der Energiewirtschaft, u. a. als Vorsitzender des Aufsichtsrats der TSCNET Services GmbH, München, Mitglied des Vorstands des Verbands für Energiewirtschaft (VfEW) Baden-Württemberg, Stuttgart sowie Mitglied des Vorstands des Instituts für Energie- und Regulierungsrecht e. V., Berlin. Zudem ist er seit Ende 2021 Geschäftsführer der gemeinsam mit der TenneT gegründeten Flexcess GmbH, über die TransnetBW an der Equigy

B. V. beteiligt ist – einem durch verschiedene europäische Übertragungsnetzbetreiber getragenen Unternehmen mit dem Ziel, kleinteilige und lastseitige Flexibilität netzdienlich nutzbar zu machen.

Tobias Egeler ist Leiter Netzwirtschaft der TransnetBW GmbH, dem Übertragungsnetzbetreiber in Baden-Württemberg. Er ist verantwortlich für die Gewährleistung des Netzzugangs für Weiterverteiler und Kraftwerke am Höchstspannungsnetz inklusive der Netzentgelte für die Netznutzung. Außerdem realisiert er den Marktzugang für alle Marktteilnehmer in Baden-Württemberg und setzt das relevante Energiedatenmanagement um. Darüber hinaus ist er zuständig für die Umsetzung des EEG, des KWK-G und der gesetzlichen Umlagen und beschafft verschiedene Produkte für die Systemstabilität. In seinem Aufgabenbereich beschäftigt er sich mit Fragen des Marktdesigns und der Entwicklung hin zu einem digital geprägten „Smart System" im Rahmen der Energiewende.
Tobias Egeler engagiert sich u. a. in der Smart Grids-Plattform Baden-Württemberg e. V. als stellvertretender Vorstandsvorsitzender. Zudem vertritt er die Ende 2021 gemeinsam mit der TenneT gegründeten Flexcess GmbH im Aufsichtsrat der Equigy B. V., an der die Flexcess eine Beteiligung von 20 % hält. Er hat darüber hinaus ein Aufsichtsratsmandat bei der Leo Energie GmbH & Co. KG inne.

Thomas Dürr und Alexander Dürr

11 Herausforderungen heutiger Energieverteilung

Zusammenfassung: Die Energiewende wird vor allem im Verteilnetz stattfinden. Nachdem wir damit lange sehr zögerlich waren und nun auch die Politik die Ziele angezogen hat, müssen sich die Netzbetreiber und Stadtwerke darauf einstellen. Um Elektromobilität und Wärmepumpen in deutlich größeren Stückzahlen zeitnah ins Netz zu bekommen, bedarf es einer Digitalisierung in den Genehmigungsprozessen, aber auch einer Verbindung der heute noch getrennten Abteilungen und IT-Verfahren. Mehr Personal wird es nicht geben. Der Umbau kostet Geld, daher sollte man die Ausbaukosten reduzieren, indem man Messwerte zur Simulation und Steuerung des Netzes nutzt. Dafür müssen aber Verteilnetzbetreiber, Smart Gateway Administratoren und Ladesäulenbetreiber miteinander reden und sich abstimmen. Daneben bedarf es eines angepassten regulatorischen Rahmens, der nicht nur für Hardware, sondern auch endlich für Software entsprechende Anreize setzt. Mit dem EU Green Deal kommt auch das Thema CO_2 Ziele und Circular Economy auf. Einer Anforderung, der sich die Energiewirtschaft stellen muss. Im Folgenden werden diese Punkte sowohl aus strategischer und politischer Sicht als auch aus Erfahrungen zahlreicher weltweiter Projekte detailliert diskutiert und am Bespiel des Maschinenringes Neuburg bezüglich Smart Meter Rollout und Nutzung vertieft erläutert.

Schlagwörter: Digitalisierung, Dezentralisierung, Dekarbonisierung

11.1 Einleitung

Die jüngsten Extremereignisse etwa des Jahres 2021 haben uns die wesentlichen Folgen des Klimawandels wie extreme Hitze, Überschwemmungen, Gletscherschmelze, Waldbrände, und Verluste in der Landwirtschaft deutlich vor Augen geführt und aufgezeigt, wie sich der Klimawandel auf die Ökosysteme, Menschen und Volkswirtschaften in allen Regionen der Welt auswirken wird. Im Juli 2021 hat sich daher die Europäische Union dem Ziel der Klimaneutralität bis spätestens 2050 verpflichtet, d. h. die Treibhausgasemissionen und deren Abbau müssen in der Union dann ausgeglichen sein. Als verbindliches Zwischenziel wurde bis 2030 die Senkung der Nettotreibhausgasemissionen (Emissionen nach Abzug des Abbaus) innerhalb der Union um mindestens 55 % gegenüber dem Stand von 1990 vereinbart (vgl. [1]).

Thomas Dürr, Siemens AG, Erlangen, Deutschland, e-mail: thomas.duerr@siemens.com
Alexander Dürr, Maschinenringe Deutschland GmbH, Neuburg an der Donau, Deutschland, e-mail: alexander.duerr@maschinenringe.com

https://doi.org/10.1515/9783110753585-011

Hinter diesem Ziel verbergen sich massive Umstellungen. Abbildung 11.1 verdeutlicht dies noch einmal bildhaft.

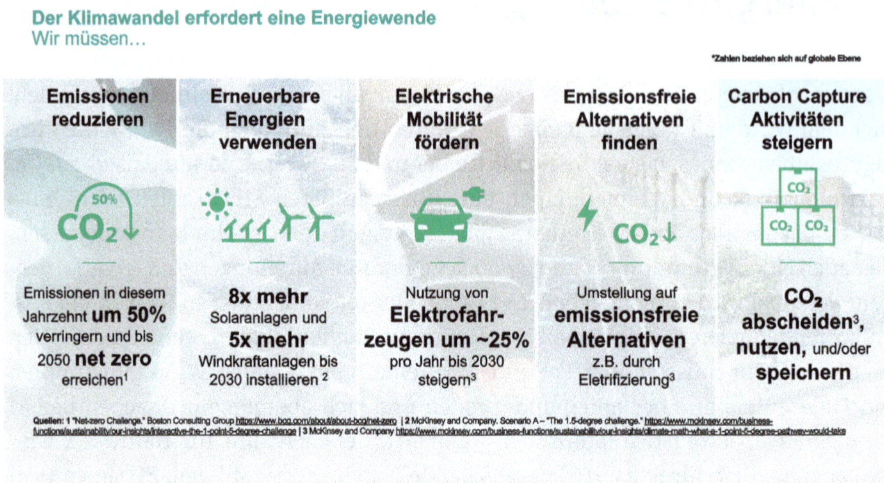

Abb. 11.1: Energiewende: Wesentliche Handlungsfelder und Ausbau im Vergleich zu heutigem Stand (eigene Darstellung Siemens).

So hat etwa in Deutschland der Deutsche Bundestag in seiner Gesetzesnovelle vom Juni 2021 daher das Ziel festgelegt, die Emissionen bis 2030 um 65 % gegenüber 1990 zu senken (vgl. [2]). Werden die Budgets nicht eingehalten, steuert die Bundesregierung umgehend nach. Damit wird klar, dass es jetzt um die Umsetzung geht, deren Auswirkung wir im Folgenden aus Sicht des Netzbetreibers genauer anschauen wollen.

11.2 Dezentralisierung im Verteilnetz

Die CO_2-Emissionen Deutschland haben 2020 etwa 740 Millionen Tonnen CO_2-Äquivalente ausgemacht. Mit 146 Mio. Tonnen CO_2 steuerte der Verkehr mit seinen knapp 66,9 Mio. Fahrzeugen dazu knapp 19,4 % bei (s. Tabelle 11.1) [3]. Schauen wir uns die Zahlen und Ziele des Verkehrssektors im Folgenden etwas genauer an, um herauszuarbeiten, was das für den Netzbetreiber bedeutet.

Detailbetrachtung des Verkehrssektors

Im Jahr 2010 betrug der Treibhausgasausstoß 153,5 Mio. Tonnen. Damit ergibt sich für den Zeitraum 2010 bis 2020 eine CO_2-Reduktion um knapp 5 %. Mit dem Zielwert von 95 Mio. Tonnen CO_2 bis 2030 wären das binnen 10 Jahren eine weitere Reduktion von 35 %.

Tab. 11.1: Treibhausgas-Emissionen Verlauf bis 2020 und Vorgabe laut Klimaschutzgesetz bis 2030 (vgl. [4]).

Sektor	2010	2011	2012	2013	2014	2015	2016	2017	2018	2019	2020	2020 Soll	2021 Soll	2022 Soll	2023 Soll	2024 Soll	2025 Soll	2026 Soll	2027 Soll	2028 Soll	2029 Soll	2030 Soll
1. Energiewirtschaft	368.1	365.7	376.7	379.4	359.4	347.3	343.6	322.8	309.2	258.0	220.5	280.0		257.0								175.0
2. Industrie	188.4	185.5	179.7	180.1	179.8	187.5	191.8	197.7	189.7	186.8	178.1	186.0	182.0	177.0	172.0	168.0	163.0	158.0	154.0	149.0	145.0	140.0
3. Gebäude	148.5	128.3	130.6	139.9	119.1	124.5	125.1	122.4	116.4	123.5	120.0	118.0	113.0	108.0	103.0	99.0	94.0	89.0	84.0	80.0	75.0	70.0
4. Verkehr	153.3	155.1	153.9	158.1	159.2	161.8	165.2	168.1	162.6	164.3	145.6	150.0	145.0	139.0	134.0	128.0	123.0	117.0	112.0	106.0	101.0	95.0
5. Landwirtschaft	69.0	69.0	69.6	70.7	72.2	72.2	71.8	71.0	68.4	67.9	66.4	70.0	685.0	67.0	66.0	65.0	64.0	63.0	61.0	60.0	59.0	58.0
6. Abfallwirtschaft und sonstiges	14.5	13.7	13.0	12.2	11.6	11.0	10.5	10.0	9.6	9.2	8.9	9.0	9.0	8.0	8.0	7.0	7.0	7.0	6.0	6.0	5.0	5.0
Summe	941.8	917.3	923.5	940.4	901.3	904.3	908.0	892.0	855.9	809.7	739.5	813.0	1134.0	756.0	483.0	467.0	451.0	434.0	417.0	401.0	385.0	543.0

Im Jahr 2020 belief sich die Anzahl zugelassener PKW auf 48,2 Mio. Fahrzeugen. Dies bedeutet, dass es circa 710 Autos pro 1.000 Einwohner gab. Deren Durchschnittsalter betrug 9,8 Jahre. Fast zwei Drittel der PKW wurden mit Benzin betrieben. Der Anteil an Elektro-PKW (engl. BEV) stieg von 0,3 % oder 136.617 Einheiten am 1. Januar 2020 auf 0,6 % oder 309.083 Stück. Bei den Hybrid-PKW stieg der Anteil von 1,1 % (539.383) auf 2,1 % (1.004.089) an. Die Anzahl an Plug-in-Hybridfahrzeugen wuchs von 102.175 auf 279.861 (+173,9 %). Ihr Anteil verdreifachte sich auf 0,6 %.

Im Koalitionsvertrag von SPD, Grünen und FDP wurde im November 2021 ein Ziel von mindestens 15 Millionen vollelektrischen PKW bis 2030 genannt. Mit anderen Worten, innerhalb von 10 Jahren sollen knapp 14,7 Mio. elektrische Autos in Deutschland dazukommen. Die durchschnittliche Fahrleistung betrug vor der Covid-19-Pandemie circa 14.900 km. Wobei in Städten mit mehr als 500.000 Einwohner mit circa 12.000 km pro Jahr deutlich weniger gefahren wurde als in Städten mit weniger als 20.000 Einwohner, dort waren es circa 16.000 km. Unterstellt man bei benzinbetriebenen Fahrzeugen einen Durchschnittswert bei den Emissionen von 190,4 g CO_2 pro km, ergibt sich ein Bedarf von knapp 18 Mio. elektrischer PKW,[1] um das Reduktionsziel von 51 Mio. Tonnen CO_2 im Jahr 2030 zu erreichen. Dies bedeutet, wir müssen bei der Modernisierung der Kraftfahrzeugsflotte als auch beim Umstieg auf Elektromobilität deutlich zulegen.

In einem vom Land Nordrhein-Westfalen unterstützten Forschungsprojekt zur Entwicklung einer klimaneutralen und zukunftsfähigen Industrie wurde eine Metastudie SCI4climate veröffentlicht, die für die Elektromobilität einen Verbrauch von 43–72 TWh vorhersagt (vgl. [5]).

Bei einem derzeitigen Bruttostromverbrauch von circa 555 TWh (vgl. [6]) bedeutet dies bis 2030 einen Anstieg von circa 8–13 %. Bei 48,2 Mio. PKW wären es demnach 108 TWh, also circa 19,5 % bis 2045. Auf dem ersten Blick klingt dies verkraftbar. Die Deutschlandkarte für Personenkraftwagen mit Elektroantrieb zeigt allerdings, dass der Ausbau in den letzten beiden Jahren zwar stark wächst, es aber prozentual selten einen Anteil > 5 % pro 5-Kilometer-Gitternetzzelle gibt (vgl. [7]).

Aus Sicht der Hersteller von Komponenten für die Elektromobilität ergeben sich mehrere Szenarien, wie ein zukünftiges Lade-Eco-System aussehen könnte (s. Abb. 11.2). Die wesentlichen, blau gekennzeichneten Use Cases sollen im Folgenden genauer beleuchtet werden.

Die Mehrheit der PKWs wird zu Hause über Nacht oder tagsüber am Arbeitsplatz geladen werden. Ein Ausbau der Ladeinfrastruktur wird im Bereich selbstgenutzter Eigenheime aller Voraussicht nach am schnellsten realisiert werden. Für Verteilnetz-

---

1 Einen Mittelwert von 15.000 km pro Fahrzeug und Jahr unterstellt, ergibt sich für benzinbetriebene PKW folgende Berechnung der erforderlichen Gesamtanzahl: 190,4 g CO_2/km ∗ 15.000 km = 2.856 kg; der Gesamtbedarf elektrischer PKW errechnet sich damit wie folgt: 51 Mio. t CO_2/2.856 kg = 17.857.143 Fahrzeuge.

betreiber resultiert insbesondere in den sogenannten Speckgürteln mittlerer bis größerer Städte daraus ein erheblicher Zuwachs (meist ≥ 11 kW Ladesäulen). Trotz dem seit Dezember 2020 geänderten WEG Gesetz (vgl. [8]) wird der Einbau in den Tiefgaragen von Mehrfamilienhäusern mit Eigentumswohnungen eher schleppend erfolgen, da es oft erst einer Anpassung der Netzanschlussleistung des Hauses bedarf, wenn alle geleichzeitig mitmachen wollen. Ganz zu schweigen von einem nötigen Beschluss in der Eigentümerversammlung. Wohl nicht viel besser dürfte es bei den vielen Autos aussehen, die am Straßenrand abgestellt werden und bestenfalls eine Straßenlaterne nutzen könnten, wenn diese die entsprechende Ladesteckdose bereitstellen würden (3,7 kW). Hier wären gesetzliche Vorgaben wünschenswert.

Abb. 11.2: Überblick Ladesäulen Use cases von einfach und langsam bis komplex und schnell (eigene Darstellung Siemens).

Gehen wir von einem Tesla Model 3 mit 75 kWh aus, beträgt die Ladezeit bei einer leeren Autobatterie circa 7 h bei 11 kW und 35 h bei einer normalen Stromsteckdose mit 230 V und 2,3 kW Ladeleistung. Bei 50 kW wären dies nur noch 1,5 h. Wobei hier das gewohnte Volltanken wie wir es von den heutigen Tankstellen gewohnt sind nicht mehr zum üblichen Ritual des Autofahrers gehören sollte.

Aber warum ist dies aller Voraussicht nach im Zeitalter der Elektromobilität so? Unterstellen wir eine durchschnittliche Fahrleistung je Pendler und Tag von circa 16,8 km für die einfache Strecke, resultiert pro PKW ein Strombedarf von circa 5 kW/Tag. Aus Sicht des Netzbetreibers wird diese Zahl noch geringer, wenn man berücksichtigt, dass circa 68 % der arbeitenden Bevölkerung mit dem Auto zur Arbeit fahren. Mit 11 kW Ladeleistung würde der Ladevorgang für die morgige Pendlerfahrt damit täglich also nur circa 30 min benötigen. Genug Zeit, diese Ladefenster entsprechend in der Nacht flexibel einzuplanen.

Zwei Punkte werden damit offensichtlich. Zum einen verdoppelt sich damit das sonst übliche Lastprofil eines Haushaltes, zum anderen wird offensichtlich, dass man es sich nicht leisten sollte, dass Autos, die nach Hause kommen, immer sofort geladen werden. Vielmehr bedarf es eines Lademanagements, das den Leistungsbedarf auf die Teilnehmer verteilt, indem es entweder den vorgegebenen Maximalbezug durch die Anzahl der Teilnehmer teilt (z. B. im Mehrfamilienhaus, Parkplatz), oder sicherstellt, dass der anstehende Tagesbedarf über die zur Verfügung stehende Zeit in der Nacht im jeweiligen Zeitfenster passiert, das eine Systemüberlastung vermeidet (quasi ein Tetris Spiel) und gegebenenfalls Randbedingungen berücksichtigt (z. B., dass der Ladevorgang beim Elektroauto nicht unterbrechbar ist).

Laut einer Analyse des Verbands der Automobilindustrie (VDA) könnten ohne Steuerung an einer üblichen Ortsnetzstation (3,7 kVA) nur knapp 10 Elektrofahrzeuge, mit Steuerbarkeit des Netzbetreibers (zwischen 20.00–7.00 Uhr) jedoch knapp 145 Einheiten angeschlossen werden (vgl. [9]).

78 % aller Investitionen entfallen derzeit auf Heimladestationen, Ladestationen am Arbeitsplatz und privat-gewerbliche Ladestationen. Da die Zahl der E-Fahrer endlich ist, die die Möglichkeit haben, eine eigene Ladestation zu installieren, bedarf es dringend mehr Anstrengungen der öffentlichen Hand, die Dichte der Ladesäulen in den jeweiligen Umfeldern massiv zu erhöhen. Im E-Ladenetz-Ranking 2021 des VDA liegt der Ausbau dieser Ladeinfrastruktur weit hinter dem Bedarf. Aktuell gibt es demnach 48.717 öffentliche Ladepunkte in Deutschland. Von diesen sind laut den zugrunde gelegten Daten der Bundesnetzagentur zum Stichtag 01. Oktober 2021 insgesamt 7.057 Schnellladestationen. Im Durchschnitt müssen sich demnach rund 21 E-Fahrzeuge eine Ladesäule teilen (vgl. [9]).

Laut VDA-Präsidentin Hildegard Müller muss der Staat seine Bemühungen beim Ausbau der Ladeinfrastruktur deutlich erhöhen. Wöchentlich werden nur etwa 250 neue Ladepunkte in Deutschland installiert. Soll das Ziel von 15 Millionen E-Autos erreicht werden, bräuchten wir allerdings rund 2.000 neue Ladesäulen pro Woche, damit sich 2030 immerhin nur 15 Fahrzeuge einen Ladepunkt teilen müssen [10].

Eine kaum zu bewältigende Herausforderung, denn schon heute klagen viele Städte und Verteilnetzbetreiber beispielsweise über zu wenig Personal. Dies ist aber nur ein Teil der Wahrheit. Ein Blick in die innerstädtischen Abläufe und IT-Systeme lohnt sich. Auf der einen Seite finden wir viele Informationen zu den Liegenschaften in sogenannten Geo-Informationssystemen, in Adressdatenbanken oder Abrechnungssystemen, in Kabelverteilerlisten oder einem Netzplanungssystem. Auf der anderen Seite sehen wir Abteilungen, die heute unterschiedliche Aufgabenstellungen bedienen, die meist nur lose gekoppelt zu anderen sind. Um die vermehrten Netzanschlussgesuche innerhalb des erforderlichen Zeitrahmens bedienen zu können, bedarf es zukünftig einer Zusammenlegung der Geschäftsprozesse, Beseitigung der Datensilos, und Digitalisierung der Ablaufprozesse.

Die heutigen Elektroautos arbeiten üblicherweise mit 400-Volt-Bordnetzen. Die DC-Schnellladestationen liegen im Bereich von 50 kW, sodass sich die Ladezeit für die gewünschten 400 km Reichweite auf etwa 80 Minuten summiert. Will man auf Zeiten von 15 Minuten kommen (was einer empfohlenen Pausenzeit nach 400 km Fahrt entspricht), muss man auf 800-Volt-Bordnetze und Schnellladestationen von 350 kW umsteigen. Heute sind nur wenige Modelle wie Formel-E-Autos, einige Hochleistungsmodelle wie etwa der Porsche Taycan, der Audi e-tron GT, aber auch ein Kompaktwagen von Hyundai, der IONIQ 5, bereits mit einem 800-V-System ausgestattet. Der Hyundai IONIQ 5 lädt sowohl an 400-Volt- als auch an 800-Volt-Ladepunkten [11].

Die Auswahl der Netzanschlussebene ist von lokalen bzw. regionalen Gegebenheiten abhängig. Insbesondere bei DC-Schnellladesäulen ist ein Anschluss an das Mittelspannungsnetz über eine zugehörige Netzstation empfehlenswert, um mögliche Netzrückwirkungen (z. B. Spannungsschwankungen, Oberschwingungen) auf andere Verbrauchsgeräte zu reduzieren. Grundsätzlich können lokale Energiespeicher oder Microgrids dazu beitragen, die Leistungsaufnahme von DC-Schnellladestationen zu verstetigen und so einen niedrigeren Leistungsbezug aus dem vorgelagerten Netz zu ermöglichen bzw. den Netzanschluss besser auszulasten. Entsprechend der VDE-AR-N 4110 für den Netzanschluss in der Mittelspannung bzw. VDE-AR-N 4120 für den Netzanschluss in der Hochspannung müssen diese Einrichtungen die Steuerbarkeit durch den Netzbetreiber unterstützen. Es ist jedoch davon auszugehen, dass aufgrund der Nutzeranforderungen die Verfügbarkeit der Ladeleistung für ein möglichst schnelles Aufladen oberstes Gebot ist und damit kaum Spielraum für ein netzseitiges Lastmanagement besteht.

Um eine heutige Mobilität auch zukünftig zu ermöglichen, bedarf es darüber hinaus auch noch einer öffentlichen Ladeinfrastruktur bzw. leistungsfähiger Tankstellen entlang von Autobahnen und städtischen Ausfallstraßen.

Laut ADAC gab es im März 2021 insgesamt 14.107 Tankstellen (vgl. [12]), hinzu kommen noch 359 weitere (vgl. [13]). Heute verfügen diese in Summe über circa 1400 Ladepunkte. Dabei wird ein Ladepunkt heute pro Tag circa 1,4 Mal genutzt (vgl. [14]). Will man die heute übliche Zahl an Zapfsäulen ausschließlich elektrisch mit der zuvor erwähnten Ladeleistung von mehr als 150 kW anbieten, wird klar, dass alle Raststätten mindestens an das Mittelspannungsnetz bis 2030 angeschlossen sein müssen, wenn wir unser Mobilitätsverhalten beibehalten wollen. Eine Infrastrukturleistung, die es gilt, zeitnah aufzubauen, damit man gewappnet ist, wenn die geplanten 15 Mio. Elektroautos in den Urlaub wollen. Bei der derzeitigen Nutzung stellt sich dann die Frage, wie diese Vorarbeit entsprechend attraktiv gemacht werden kann.

Nachdem viele die Elektromobilität zunächst belächelt und den Aufbau der Ladeinfrastruktur meist den privaten oder großen überregionalen Anbietern überlassen haben, wird es daher nun darum gehen, wer diese Ladevorgänge steuern darf und welche Anschlussleistung ein Haushalt zukünftig als garantiert betrachten kann.

Eine Antwort, die die Verteilnetzbetreiber für die zukünftige Ausbauplanung dringend benötigen, die aber auch für die Bestandsgebiete wichtig ist, da sie deren Umbau möglichst kostengünstig und ohne massive Ausbaumaßnahmen umsetzen müssen. Ohne Vorgabemöglichkeit oder Datenkommunikation zu den Ladesäulen (z. B.

über Smart Meter) oder sogenannte Chargepoint-Operatoren ist das eigentlich nicht vorstellbar.

Allgemein gilt, dass es ab einer E-Auto-Quote von 30 % zu flächendeckenden Stromausfällen kommen kann. Ohne präventive Maßnahmen ist damit ab 2032 zu rechnen (vgl. [15]). Punktuell werden damit schon in den kommenden fünf bis zehn Jahren Versorgungsengpässe entstehen, etwa in suburbanen Gebieten mit einer höheren Affinität zur Elektromobilität.

Ein regulatorischer Rahmen ist nötig, der sowohl Investitionskosten als auch (Steuerungs-) Prozesse berücksichtigt. Vieles erinnert hier an die Telekommunikation: einer baut die teure Infrastruktur, die anderen nutzen dies für ihren Geschäftserfolg.

Detailbetrachtung des Wärmesektors

Um unser Bild bezüglich zusätzlicher Elektrifizierung im Verteilnetz abzurunden, sollten wir auch auf die Wärmeerzeugung schauen. Mit 120 Mio. Tonnen CO_2 steuerte der Gebäudesektor knapp 16,2 % zum Gesamtausstoß in Deutschland im Jahr 2022 bei. Der klimagerechte und kosteneffiziente Gebäudewärmemix im Jahr 2030 enthält nach jüngsten Vorstellungen des BMWK Wärmepumpen, die möglichst mit mindestens 65 % Erneuerbarer Energien betrieben werden, fast kein Öl und deutlich weniger Gas. Damit sollen aus Klimaschutzsicht die Öl- und Gasheizungen bis 2030 weitestgehend durch Umweltwärme (Wärmepumpen) ersetzt werden. Je nach Gesamtwärmebedarf und der sogenannten Jahresarbeitszahl der Wärmepumpe liegt deren mittlere Stromverbrauch bei 27 bis 42 kWh pro m^3 Wohnfläche. Dies bedeutet bei einem Haus mit 160 m^3 Wohnfläche einen mittleren Stromverbrauch von circa 4.320 kWh bis 6720 kWh (vgl. [16]).

Vergleicht man das mit der Elektromobilität und den dort genannten Fahrleistungen von 14.900 km pro Jahr mit circa 15 kWh/100 km, erhält man 2.235 kWh. Das ist knapp halb so viel wie bei den Elektropumpen. Zum Glück geht man bis 2030 nur von 6 Millionen Wärmepumpen aus, deren Zahl in den Folgejahren aber stark steigen werden.

11.3 Digitalisierung in der Energieverteilung

In ihrem Koalitionsvertrag haben sich die Regierungsparteien neue Ausbauziele für Erneuerbare Energien gesetzt und erkannt, dass neben den Rahmenbedingungen auch die Prozesse zur Genehmigung deutlich beschleunigt werden müssen. So sprechen sie bei der Ladeinfrastruktur z. B. von „Hemmnisse in Genehmigungsprozessen, bei der Netzinfrastruktur und den Netzanschlussbedingungen abzubauen und die Kommunen bei einer vorausschauenden Planung der Ladeinfrastruktur zu unterstützen“, aber auch bei den PV-Anlagen „Netzanschlüsse und die Zertifizierung zu beschleunigen, bzw. Vergütungssätze anpassen“ (vgl. [17, S. 54 ff]).

Für eine regulierte Industrie, die es gewohnt ist, über mehrere Jahre ihre Infrastruktur in einem breit abgestimmten Prozess auszubauen, sind die immer schnelleren Wechsel der Politik eine große Herausforderung. In der Tabelle 11.2 werden die teilweise erst im Sommer 2021 angepassten Zahlen der alten Bundesregierung den neuen Zielen gegenübergestellt.

Tab. 11.2: Gegenüberstellung der Veränderung der wichtigsten Ziele zur Energiewende nach dem Regierungswechsel, 06 2021–12 2021.

Ziele 2030	Bisher 2021	Koalitionsvertrag 12’2021
Bruttostrombedarf	655 TWh	680–750 TWh
Photovoltaik (PV)	98 GW	200 GW
Offshore Wind:		
2030	20 GW	30 GW
2035	40 GW (2040)	40 GW
2045	–	70 GW
Wärme klimaneutral	50 %	50 %
Elektrolysekapazität (H2)	5GW	10 GW
Elektromobilität:		
E-Autos	14 Mio.	15 Mio.
Öffentliche Ladepunkte	1 Mio.	1 Mio.

Die Zahlen verdeutlichen, dass es eigentlich notwendig ist, jährlich Windräder und Photovoltaikanlagen mit einer Leistung von 15 bis 20 GW auszubauen. Neuere Studien legen sogar einen Zuwachs von 25 bis 30 GW nahe, wenn man den zusätzlichen Wasserstoff noch mitberücksichtigt (vgl. [18]), den man für einen früheren Kohleausstieg benötigt.

Zum Vergleich: Zuletzt wurden im Schnitt jährlich durchschnittlich 6 GW pro Jahr zugebaut. Daher stellt die Zahl aus dem Koalitionsvertrag schon eine große Herausforderung dar.

Viele Städte und Netzbetreiber müssen den dafür nötigen Personalaufbau im Umfeld von Corona und offensichtlichen weiteren Personalbedarf aus anderen Bereichen stemmen. Dies fällt zusammen mit dem Übergang der geburtenstarken Jahrgänge aus dem Arbeitsmarkt in die Rente. Schon jetzt ist offensichtlich, dass Städte und Netzbetreiber das ohne Digitalisierung nicht schaffen können. Im Gegensatz zur vorher erläuterten internen IT-Problematik kommt nun hinzu, dass die Optimierung horizontal stattfinden muss, in teils durch die Liberalisierung bewusst getrennten Bereichen. Dies bedeutet, dass neben der Einführung neuer, durchgängiger IT-Verfahren auch einer Neuorganisation notwendig wird.

11.3.1 Verknüpfte Abwicklungsprozesse und IT-Landschaften

Ein Blick auf Abbildung 11.3 zeigt die Komplexität der Aufgabe. So wird zur Beschleunigung des PV-Anlagenausbaus oft ein Portal angeboten, das den interessierten Bauherren einen ersten Einblick in die Wirtschaftlichkeit seines PV-Anlagenprojektes ermöglicht. Betrieben durch die in der Stadt oder dem Landkreis zuständigen Stellen, meist Energieberater,[2] müssen die Daten dann später, wenn es konkret wird, von den Stadtwerken oft neu eingegeben werden. Hier kommen dann Eingaben für die Detailplanung und weitere Einträge wie z. B. Kabeldaten- und Adressinformationen hinzu. Meist werden diese Daten in einem Geo-Informationssystem, kurz GIS-System eingegeben.

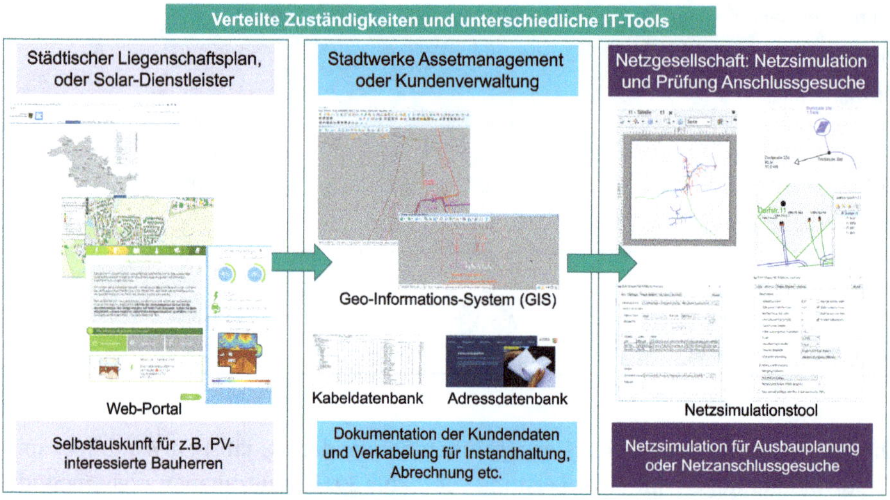

Abb. 11.3: Getrennte Zuständigkeiten und unterschiedliche Tools innerhalb einer Stadt oder eines Stadtwerkes (eigene Darstellung).

Da heute die Anzahl an Elektroautos und PV-Anlagen z. B. in einem Ortsnetzgebiet noch unter dem Anteil von 20–30 % liegt, der oft als kritisch betrachtet wird, kann man es sich erlauben, noch einige Anträge unterhalb von 11 kW zu vernachlässigen. Morgen wird das nicht mehr gehen.

Aus diesem Grund wird der Übergang zum letzten Prozessschritt immer wichtiger: der Netzsimulation und der Beurteilung der Einbaubarkeit der z. B. neu beantragten

2 Wenn es optimal läuft; in kleinen Städten ist da oft noch ein Intermediär, ein externes Dienstleistungsunternehmen zwischengeschaltet, der alles für die Stadt abwickelt, weil diese meist keine Ressourcen hat. Zum Geschäftsmodell dieser Unternehmen gehört es dann, die Adressdaten an Handwerksbetriebe weiterzugeben, die dann die PV-Anlage anbieten.

PV-Anlage oder Wallbox im jeweiligen Ortsnetz. Hier wird aber auch das ganze Dilemma deutlich.

Nicht selten gibt es keine Netzplanung auf dieser Granularitätsebene, Wenn es eine Planung gibt, wird meist ein einmaliger Export aus dem GIS-System über sogenannten Shape Dateien initiiert. Hierbei muss dann wieder ein Mapping der Objekte in der Netzsimulation erfolgen und Fehler der GIS-Verwaltung (z. B. Leitungen nicht verbunden), aber auch organisatorische Probleme gelöst werden (Lasten sind freischwebend, weil sie aus einer Adressdatenbank ermittelt wurden und damit oft in der Mitte des Grundstücks ohne Verknüpfung zum Netzanschlusskabel erhoben wurden).

Morgen muss dieser Abgleich bidirektional auf Knopfdruck, unter Umständen mehrmals täglich erfolgen. Es ist offensichtlich, dass ein System mit direkter Kopplung und gemeinsamer Datenhaltung hier von großem Vorteil wäre, wie es. z. B. die Stadtwerke Schwäbisch Hall implementiert haben (vgl. [19]).

11.3.2 Messen – nur wie und wo?

Es liegt auf der Hand, dass man durch aktuelle Messdaten sowohl bei der Planung und Transparenz über reale Netzvorgänge als auch bei der Steuerung des Netzes deutliche Vorteile realisieren kann. Die Frage ist allerdings, wo, wann und wie oft gemessen wird und wer hinterher auf diese Daten zugreifen darf. In Deutschland setzt man große Hoffnungen auf den Smart Meter Rollout.

Über dessen Probleme und Chancen soll im Folgenden am Beispiel der Maschinenringe Deutschland GmbH aus Neuburg an der Donau berichtet werden.

Der Rollout intelligenter Messsysteme (iMSys) ist ein europäisches Vorhaben, das von jedem Mitgliedstaat national individuell umgesetzt wird.

Die deutsche Gesetzesgrundlage – das Messstellenbetriebsgesetz – setzt nach §30 „Technische Möglichkeit des Einbaus von intelligenten Messsystemen" voraus, dass drei voneinander unabhängige Unternehmen Smart Meter Gateways (SMGWs) am Markt zur Verfügung stehen können (vgl. [20]). Ein SMGW ist eine zentrale Komponente, die Messdaten von Zählern empfängt und speichert und diese für die Marktakteure aufbereitet.

Die im Feld eingesetzten Hard- und Softwarekomponenten sehen sich vielen Herausforderungen und Bedrohungen durch Dritte ausgesetzt. An die am Markt verfügbaren iMSys werden hohe Sicherheitsstandards gestellt, die unabhängig geprüft werden. Das Bundesamt für Sicherheit in der Informationstechnik (BSI) zertifiziert sie für den Gebrauch.

Mit der sogenannten Markterklärung, veröffentlicht durch das BSI, ist im Februar 2020 der offizielle Rollout der Smart Meter in Deutschland gestartet. In den Markterklärungen gibt das BSI Anwendungsfälle frei, die über das iMSys abgebildet werden sollen. Die Erklärung hat für Verbrauchsmessstellen von 6.000 kWh bis 100.000 kWh Jahresstromverbrauch und für PV-Anlagen ab einer installierten Leistung von 7 kWp

Tarifanwendungsfälle (TAF) nach dem Stufenplan des BSI freigegeben. In Tabelle 11.3 werden die bis heute vom BSI freigegebenen TAFs (bis TAF 7) erklärt und beschrieben (vgl. [21])

Tab. 11.3: Tarifanwendungsfälle (TAF), wichtige Smart Grid Standards erst seit Oktober 2020 (TAF9, 10 und 14).

TAF	Name	Beschreibung
TAF 1	Datensparsame Tarife	Zählerstände können als Summe mehrerer Verbrauchs- und Einspeisezähler in einem mindestens monatlichen Abstand versendet werden
TAF 2	Zeitvariable Tarife	TAF ist für tageszeitlich unterschiedliche Tarifstufen des Letztverbrauchers gedacht
TAF 6	Abruf von Messwerten im Bedarfsfall	Dieser TAF sieht den Abruf der Messwerte in folgenden planbaren Fällen vor: – Ablesung bei Auszug und Einzug eines Letztverbrauchers – Ablesung bei Lieferantenwechsel und – Ablesung bei Wechsel des Grundversorgungstarifs
TAF 7	Zählerstandsgangmessung	Verbrauchs- und Erzeugungsmesswerte werden mittels der Zählerstandsgangmessung erhoben und versendet
TAF 9	Abruf der Ist-Einspeisung	Ist-Einspeiseleistung als Aggregationsperiode von 60 Sekunden oder kleiner. Sowohl als periodischer oder einmaliger Versand (im Bedarfsfall)
TAF 10	Abruf von Netzzustandsdaten	Netzzustandsdaten (u. a. Phasenwinkel, Frequenz) als Aggregationsperiode von 60 Sekunden oder kleiner. Sowohl als periodischer oder einmaliger Versand (im Bedarfsfall)
TAF 14	Hochfrequente Messwertbereitstellung für Mehrwertdienste	Dieser Anwendungsfall erlaubt die hochfrequente Bereitstellung von Messwerten als Grundlage zur Umsetzung von Mehrwertdiensten (z. B. die Visualisierung der Messwerte für den Anschlussnutzer durch ein Internetportal)

SMGWs nutzen zur Übertragung der beim Endkunden erhobenen Messwerte meist das 4G-Netz des öffentlichen Mobilfunknetzes in Deutschland. Hierüber werden täglich circa 18 Millionen Datensätze übertragen. Dies entspricht einem täglichen Datenaufkommen von 4.500 Megabyte an Rohdaten. Davon waren im Oktober 2021 etwa 8,7 % nicht pünktlich oder nicht vollständig. Dies lag an Problemen in der Netzabdeckung des Mobilfunks, aber auch an Problemen bei der Systemstabilität (vgl. [22]).

Die Maschinenringe Deutschland GmbH ist im Landwirtssektor angesiedelt. Gerade Landwirte spielen bei der Dezentralisierung und der Umstellung der Energieerzeugung auf Erneuerbare Energien eine große Rolle. Dies wird beim Anteil der Erneuerbaren Energien deutschlandweit klar. Von insgesamt 118,3 GW in Deutschland besitzt die Landwirtschaft 10,2 % der Erneuerbaren Energien und ist damit für die Umsetzung der

Energiewende und die Steuerung der systemrelevanten PV-Anlagen essenziell wichtig (vgl. [23]).

Die Energieversorgungsstruktur im ländlichen Bereich und auf den landwirtschaftlichen Betrieben befindet sich in einem grundlegenden Wandel, sodass das SMGW essenziell für diese Prosumer-Gruppe ist. Es bildet die zentrale Schnittstelle, mit der die Marktteilnehmer und Nutzer die im Netz bestehenden Lasten intelligent steuern und verteilen können, damit durch KI-Technologie der Netzausbau in den ländlichen Regionen in Deutschland kostenoptimierter gestaltet werden kann.

Im Oktober 2020 hat das SMGW – freigegeben durch das BSI – TAF 9, 10 und 14 hinzugewonnen. Diese TAFs stellen einen weiteren Schritt in Richtung Smart Grid dar und lassen es zu, dass die Ist-Einspeisewerte einer EEG- und KWKG-Anlagen abgerufen werden können (vgl. [24]). Daneben ist TAF14 „hochfrequente Messwerte" (60 sec) die Grundlage für die Echtzeitverarbeitung der Messwerte vor Ort. So kann variabel auf die aktuelle Netzsituation reagiert und das Netz jederzeit stabil gehalten werden.

Lokale Energiemanagementsysteme (EMS), sind im landwirtschaftlichen Sektor ein Pfeiler, um die Energiewende im ländlichen Bereich weiter voranzubringen. Die Rundfunksteuerempfänger (RSE-) Technik und die Schaltung der Wechselrichter wird durch das SMGW und zusätzlich einer Steuerbox ersetzt. Diese wird – sobald vom BSI freigegebenen – den RSE ersetzen und die Steuersignale der Netzbetreiber umsetzen.

Das SMGW empfängt über das Wide Area Network die Steuerbefehle vom Netzbetreiber für PV-Anlagen und gibt diese über die Steuerbox und den Controllable-Local-Systems (CLS) Proxy-Kanal an die Wechselrichter weiter. Wie ein zukünftiger schematischer Aufbau und die Einbindung der Steuerbox in das EMS auf landwirtschaftlichen Betrieben aussehen kann, wird in Abbildung 11.4 gezeigt.

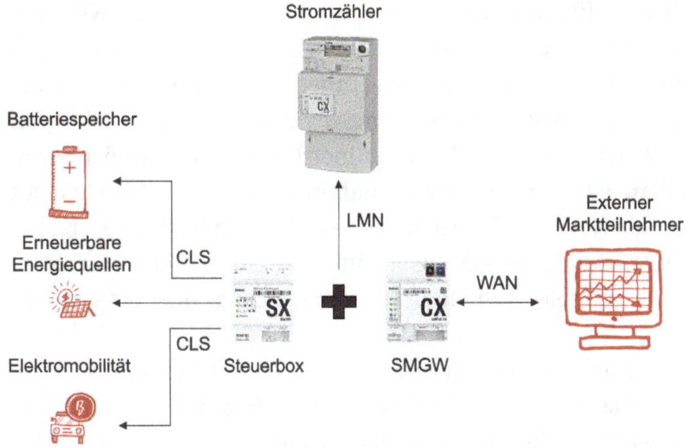

Abb. 11.4: Steuerbarkeit von Anlagen und E-Cars dank Erweiterung der TAF im 60 Sekundenbereich (eigene Darstellung Maschinenringe Deutschland).

Ländliche Betriebe befinden sich oft an Randlagen und haben damit oft eine schlechte Netzabdeckung. Geringe Feldstärken in Netzanschlussräumen sind an der Tagesordnung. Hohe Fehlerraten sind die Konsequenz. Hinzukommt, dass prozessbedingt fehlerhafte oder vom iMSys nicht vollständig übermittelte Daten ohne GWA Admins im Nachhinein nicht wiederhergestellt werden können. Dies bedeutet für alle Marktteilnehmer – trotz des Einsatzes der Smart Meter – einen Blindflug, und die erhofften hochfrequenten Daten können nicht als Grundlage für ein stabiles Stromnetz dienen. Ein zäher Prozess, der so auf Dauer nicht so bleiben kann.

Zusammenfassend ist festzuhalten, dass die Smart-Meter-Technologie gerade im ländlichen Bereich mit ihren Übertragungsmöglichkeiten der Messwerte an ihre Grenzen stößt. Zukünftig sind weitere Technologien zur Übermittlung der Daten notwendig. Dies würde den Rollout der iMSys im ländlichen Raum qualitativ weiter voranbringen und die Abhängigkeit von nur einen Übertragungstechnik (Mobilfunk) weiter reduzieren.

Der Maschinenringe Deutschland GmbH ist es einerseits gelungen, eine weitere Übertragungstechnik im Feld zu etablieren, sodass die Übertragung der Daten durch das iMSys gewährleistet sind, andererseits sind weitere intelligente Techniken im Einsatz. So können auf den Betrieben der Landwirte zukünftig EMS etabliert, typische Stromverbraucher erkannt und umgesetzt durch die Steuerbox, die Netzauslastung in ländlichen Gebieten reduziert werden, da die Daten den Stromverbrauch transparent machen. Dies ist ein entscheidender Schritt in der Umsetzung der Energiewende.

11.3.3 Smart Grid – endlich?

Wie das vorherige Beispiel gezeigt hat, ist der Ausbau der Smart Meter schleppend und die Zeitdauer der Datenbereitstellung und Qualität nicht unbedingt geeignet für den Netzbetreiber. Die fachlichen Hintergründe zu Echtzeit und Zeitgebung im Netz legt das Kapitel Kirrmann dar. Eigene Messwerte sind daher ratsam. Wobei hier auch noch der Übergang Übertragungsnetz- zum Verteilnetzbetreiber zu berücksichtigen ist. Redispatch 2.0 ist ein erster Schritt in die richtige Richtung. Spätestens mit dem Wegfall konventioneller Kraftwerke wird die Rolle des Verteilnetzbetreibers aber noch wichtiger. Er muss sicherstellen, eigene Messwerte zeitnah in seinem SCADA-System zur Verfügung zu haben, um sein Netz zu beherrschen. Wie viele Pilotprojekte gezeigt haben, muss/kann man aber nicht alle Details aus der untersten Netzebene verarbeiten und entscheiden, es bedarf also selektiver Messstellen und einer gewissen Aggregation.

Auf Grund des zuvor erläuterten massiven Zubaus an PV-Anlagen und Elektroautos/Wärmpumpen wird das Verteilnetz folglich in Zukunft näher an den Kapazitätsgrenzen betrieben werden. Dies bedingt eine bessere Instrumentalisierung, Datenanbindung- und Analyse, sowie Steuerbarkeit um frühzeitig Netzengpässe zu erkennen und Gegenmaßnahmen ergreifen zu können. Der Netzbetreiber müsste die

Möglichkeit haben, diese dezentralen Assets zur Änderung zu bewegen. Auf Grund der vorherrschenden Interessen ist das aber leider nicht so einfach. Ladesäulenbetreiber sogenannter Charge Point Operators, Messstellenbetreiber, Stromhändler etc. wollen ihre Vorleistungen monetarisieren und gewisse Mehrwerte ihrem Kunden bieten, und das nicht nur im Strombereich, sondern auch im Gas- und insbesondere im Wärmebereich. Ein Umdenken muss her.

Neben diesen organisatorischen Maßnahmen könnten auch direkte oder indirekte/incentive Maßnahmen helfen, Netzengpässe zu vermeiden. Hier wird der Nutzer über Preisanreize motiviert, sein Verhalten zu verändern. Beispiele wären Time-of-use-Tarife (feste Unter- und Obergrenzen) oder Variable Peak Pricing (Preise nach oben variabel). In diesen Fällen hat der Netzbetreiber bereits eine Vertragsbeziehung zu den Teilnehmern.

11.4 Dekarbonisierung in der Energieverteilung

Mit 37 % der energiebedingten Treibhausgas-Emissionen war 2021 die Energiewirtschaft, also die öffentliche Strom- und Wärmeerzeugung, Raffinerien sowie Erzeuger von Festbrennstoffen, eine der Hauptverursacherinnen der CO_2-Emissionen (vgl. [25]). Mit dem EU-Green Deal und dem neuen Koalitionsvertrag soll sich das ändern. Man möchte konventionelle Kraftwerke abschalten und durch erneuerbare Erzeuger ersetzen.

Um bis 2050 in der EU klimaneutral zu werden, braucht man Anleger und Investoren, die ihr Geld in nachhaltige Projekte leiten. Nach Schätzungen der EU-Kommission sind dazu jährlich rund 350 Mrd. EUR an Investitionen nötig (vgl. [26]). Aus diesem Grund hat man sich auf dem Weg gemacht und begonnen, eine einheitliche Taxonomie aufzuschreiben, um den Investoren auch nachweislich Grüne Investments zu ermöglichen. Investment, das aber seine Bedingungen hat. Grün muss es sein, und die Umweltorganisationen werden hier ganz genau hinschauen! Für die Projektentwickler neuer Wind- oder Solarparks aber auch für die Netzbetreiber eröffnen sich dadurch neue Geldquellen, und der Druck intern steigt z. B. alle Instandhaltungsfahrten, Energieverluste aber auch Emissionen genau anzusehen und sie wo möglich zu reduzieren.

Auf der Weltklimakonferenz in Glasgow im November 2021 wurden Vereinbarungen erzielt, in welcher Form und wie oft die Staaten über ihre nationalen Klimaschutzziele im Rahmen des Pariser Abkommens Bericht erstatten müssen. Zur Berichterstattung im Fünfjahresrhythmus werden sie nur ermutigt. In Europa und insbesondere Deutschland ist man da schon weiter. Mit dem Update des Klimaschutzgesetzes 2021 hat man vereinbart, dass die Klimaziele kontinuierlich per Monitoring überprüft werden und ein Expertenrat für Klimafragen ab 2022 alle zwei Jahre ein Gutachten vorlegen wird über die bisher erreichten Ziele, Maßnahmen und Trends.

Aktuell sieht die Situation in der Wirtschaft wie folgt aus: Es gibt keine vorgeschriebene Berechnungsmethodik, da auch kein einheitlicher Standard existiert. Die Prüfer orientieren sich an der Zielstellung des Unternehmens und der Wesentlichkeit der Emissionsquellen.

Um eine Vergleichbarkeit zu erreichen, wurden nun verschiedene Normungsaktivitäten (z. B. IEC 62271-320, IEC/TS 63058) angeschoben, die ein vereinheitlichtes CO_2-Reporting über den Lebenszyklus z. B. der Netzanlagen in der Mittel- und Niederspannung ermöglichen sollen. Im Fokus steht dabei nicht nur das eigene Unternehmen, sondern auch die Lieferkette vom Lieferanten bzw. zum Kunden. Dies wird auch als Scope 1 und Scope 3 bezeichnet (s. Abbildung 11.5). Mit dem erweiterten Reporting wird es auch im Netzbereich dazu kommen, dass man CO_2 bewertete Daten von seinem Lieferanten erhalten will, damit man den CO_2-Fußabdruck seiner Komponenten bestimmen kann. Dieser Wert wird abhängig sein davon, woher die Teile kommen und wohin sie wie geliefert werden. Die online Verknüpfung mit Logistikdatenbanken wird daher immer wichtiger.

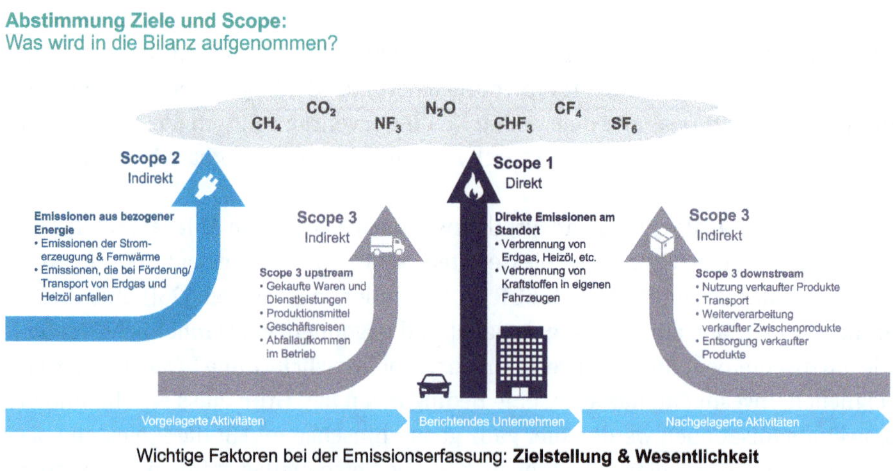

Abb. 11.5: Erweiterung des Blickwinkels bei der Emissionserfassung auf die Lieferkette (eigene Darstellung Siemens).

Daneben stellt sich aber auch die Frage nach dem Datenaustausch und Objektbeschreibungen der Komponenten. Beim Datenaustausch denken viele Netzbetreiber an CIM, im Gebäude gilt dagegen BIM als Standard. Wenn es aber immer mehr Netzflexibilität in diesen Gebäuden gibt, sollte ein einheitlicher Standard angestrebt werden.

Man sollte allerdings größer denken. Daher hat man das Thema Digitaler Produktpass angestoßen. Idee dahinter ist es, dass jede einzelne Netzanlage einen eindeutigen Produkt-Identifier hat, der auf eine eigene Web-Seite zeigt, auf der man Handbücher, Anlageninformationen, Firmwarestände, aber auch Prozessdaten etc. finden kann. Hier ist die Prozessindustrie mit ihrem Ansatz Industrie 4.0 schon deutlich weiter. Es zeichnet sich ab, dass auch die Energiewirtschaft hier digitaler werden muss.

Das Reporting wird zunächst versuchen, die Hauptverursacher zu identifizieren. Gerade im Netzbereich kommt man da sehr schnell zu einem sowohl in der Hochspannung- als auch Mittelspannung wichtigen Schalt- und Isoliergas in Schaltanlagen, Schwefelhexafluorid (SF_6). Mit einem Global Warming Potential (GWP, einem Wert, der es erlaubt alle Substanzen miteinander mit Bezug auf CO_2 zu vergleichen) von 25.200 (vgl. [27]) wird es nur noch von wenigen Stoffen übertroffen, etwa von Feinstaub.

An Beispiel dieses SF_6 lässt sich sehr schön das ganze Dilemma im Netz und die Komplexität eines Umstiegs beschreiben.

Anfang der 1960iger Jahre kamen die ersten gasisolierte Schaltanlagen (GIS) im Bereich der Hochspannung auf, circa 20 Jahre später gab es sie in der Mittelspannung. Sie sind wesentlich kompakter als luftisolierte Schaltanlagen, weil SF_6 bei Normaldruck eine drei- bis vierfach höhere Durchschlagsfestigkeit als Luft besitzt. Außerdem unterstützt SF_6 das Verlöschen von Funkenstrecken effektiver als Luft. Gasisolierte Schaltanlagen sind in der Regel für Innenräume konzipiert. Sie haben luftisolierte Schaltanlagen im Bereich Innenraumanwendung durch ihre geringere Baugröße fast vollständig verdrängt.

Mit der Fluor–Gas (kurz F-gas) Regulierung hat die EU auch das SF_6 in den Fokus genommen. Betroffen hiervon war zunächst die Fensterindustrie, gefolgt von den Kühlschränken. Die Energiewirtschaft war zunächst nicht beteiligt (vgl. [28]), weil der Einfluss auf die Schaltanlagenfertiger deutlich gewesen wäre. Da man damit rechnen musste, dass dies nicht immer so sein wird, haben einige kurz danach mit alternativen Schaltgasen zu experimentieren begonnen. Einige haben den leichten Weg – kräftig unterstützt durch der Chemieindustrie, die diese künstlichen und äußerst langlebigen (> 3.000 Jahre) Gase herstellt – beschritten, indem sie vorhandene Fluorgase aus anderen Industriezweigen übernahmen. Andere haben sich auf den langen Weg gemacht, nachhaltigere Lösungen anzustreben und daher ganz auf fluorhaltige Gase zu verzichten.

Da die verfügbaren Räume aber nicht größer wurden, mussten letztgenannte „grüne“ Hersteller eine aufwändige Neuentwicklung starten, da man insbesondere bei höheren Spannungen mit den bisherigen Komponenten an seine Grenzen stößt. Diese kostet eine Menge Zeit und auch erhebliche Investitionen in neue Typen.

Mit Mühe konnten sich die Hersteller von Schaltanlagen in ihren Verbänden auf einen gemeinsamen Zeitplan einigen, der auch die Bedürfnisse der Netzbetreiber berücksichtigte, die die aufkommenden Pilotanlagen noch einmal selbst ausführlich in ihrer realen Netzumgebung testen wollten.

Vorangehen können in dieser Umstiegsphase nur die, die über genügend finanzielle Mittel und Ressourcen verfügen. Auf eine finale Regulierung werden all die kleinen Netz- oder Industrieanlagenbetreiber warten, aber auch die kleineren Hersteller.

Hier zeigt es sich wieder einmal sehr schön, was es bedeutet, wenn Standards nicht abgestimmt und frühzeitig kommuniziert werden, man es also dem Spiel des freien Marktes überlässt. Durch die nun vorhandenen Lösungen müssen die Betreiber unterschiedliches Know-how, unterschiedliche Gasmessgeräte, unterschiedliche Gasmischungen, Reporting und Entsorgungswege beherrschen. Hinzu kommen komplexe Hochlaufprozesse wie neue Ausschreibungen, neue Tests, und neue Instandhaltungsstrategien.

Ressourcen werden damit in einer kritischen Phase des Netzes gebunden, die eigentlich für den Umbau für die Energiewende benötigt werden.

Man kann nur wünschen, dass die Politik durch wirklich weitschauendes Verhalten bei der im Jahr 2023 anstehenden Überarbeitung der F-Gas Verordnung wieder eine Vereinheitlichung herbeiführt, die es auf der einen Seiten den Investoren ermöglicht, grünes Investment auch durchgehend grün zu planen, also ohne irgendwelche Anteile von Fluorgasen, und dass Betreiber wieder einen einheitlichen Standard erhalten. Natürlich ist das schmerzlich für die, die des schnellen Profits und einfachen Umstiegs wegen nur auf einen reduzierten GWP geachtet haben. Für eine nachhaltige Netzinfrastruktur kann es aber keinen anderen Weg geben.

Um den Umstieg insbesondere bei den kleinen Herstellern und Netzbetreibern zu beschleunigen, sollte man bei der Nachfrage überlegen, ob ein Anreizsystem wie etwas bei den Elektroautos nicht zielführend wäre. Dies würde es den Herstellern früher ermöglichen, ihre Produktionen umzustellen und auf langanhaltende Zebrafertigung oder gar doppelte Produktstraßen zu verzichten. Diese sollte aber zielgerichtet erfolgen und nicht durch andere Aktivitäten kompensierbar sein.

Die Dekarbonisierung der Energiewirtschaft sollte also von Anfang bis Ende durchdacht und gut abgestimmt sein, mit einem festen Zeithorizont versehen werden und dann in einzelnen Schritten in den jeweiligen Netzebenen nach einer Priorisierung durchgeführt werden.

11.5 Das Netz der Zukunft und seine Partner

Bahnhöfe sind Sehnsuchtsorte. Der Anhalter Bahnhof in Berlin wurde sogar im Volksmund das „Tor zur Welt“ genannt. Die Anfänge des deutschen Bahnverkehrs waren eher bescheidener Natur: Gerade einmal sechs Kilometer lang war die erste deutsche Bahnverbindung von Nürnberg nach Fürth, die 1835 in Betrieb genommen wurde. Heute, 187 Jahre später, ist das Schienennetz in Deutschland mit 33.590 km das längste Netz Europas. Der Weg dorthin war steinig, viele Städte mussten jahrzehntelang um einen Eisenbahnanschluss kämpfen oder entsprechende Beträge aus eigener Tasche zahlen, damit sie ihren Anschluss erhielten.

Etwas anders verlief die Geschichte des deutschen Stromnetzes (siehe auch Kapitel Einleitung). Es entwickelte sich aus dem Wildwuchs vieler lokaler Gas- und Blockheizkraftwerke, die teilweise nur einzelne Straßenzüge versorgten. Der Strom war für Städte damals eine wünschenswerte Alternative zur riskanten Gasbeleuchtung. Die Produktion sollte möglichst außerhalb stattfinden. Heilbronn konnte diese Idee 1888 zuerst umsetzen – als erste deutsche Stadt mit zentraler Stromversorgung. Ein Zementwerk in Lauffen gewann durch Wasserkraft 60 % mehr Energie als benötigt und bot sie der Stadt zum Kauf an. Damit entstand auch die erste Überlandleitung, die über Heilbronn schließlich bis Frankfurt am Main führte: 169,9 km mit 3.182 Masten. Die Trasse durchquerte Württemberg, Baden, Hessen und Preußen. In jedem Land musste eine Genehmigung eingeholt werden. Einzelne Bürgermeister wehrten sich bis zum Ende gegen die Verbindung der Leitung (vgl. [29]).

Historiker Dirk van Laak hat sich mit diesen und Infrastrukturentwicklungen aus Sicht eines Historikers beschäftigt. Sein Fazit lautet: „Mir ist kaum ein Infrastrukturnetz bekannt, das top-down geplant wurde und auch erfolgreich war. Es scheitert dann oft an den lokalen Gegebenheiten, an Widerständen der Bevölkerung, an Konkurrenz. Alle heutigen Netze sind das Ergebnis von unendlich langwierigen und komplizierten Aushandlungsprozessen." (vgl. [30]).

Wir stehen jetzt wieder vor ähnlichen Veränderungen. Im Gegensatz zu früher haben wir aber nicht nur einen Treiber, sondern mehrere vermeintliche Spielführer und viele Zuschauer, die beteiligt werden wollen. Zum einen wurde durch die wirtschaftsliberale Einstellung eine Marktorientierung geschaffen, deren Spielgestalter die Trader sind. Hinzukommen nun die Charge Point Operatoren der Elektroautos, die Smart-Meter-Gateway-Administratoren, die Aggregatoren der Wärmpumpen und PV-Anlagen und letztlich der Netzbetreiber. Wobei der Netzbetreiber eher eine Untertreibung darstellt: heute haben wir circa 870 Verteilnetzbetreiber und circa 1.120.000 km Verteilnetz, und viele Betreiber haben den Bedarf, ihr Netz mit eigenen Prozessen, Standards und Formularen zu managen. Die neuen Player müssen ihre Investitionskosten noch erwirtschaften und sind daher nicht bereit, ihren Bereich im Sinne der Allgemeinheit einzuschränken.

Für die Jahre 2020 bis 2030 wurden circa 16 Mrd. EUR Investment durch die Netzbetreiber gemeldet. Etwas 50 % fallen für das Mittelspannungs- und Verteilnetz an. Nur circa 199 Mio. EUR wurden für Maßnahmen zur Behebung verbrauchsbedingter Netzengpässe beantragt. Fairerweise muss man hier hinzufügen, dass viele Kosten im Verteilnetz die darunterfallen, hier vermutlich nicht genannt wurden, sondern im normalen Budget zu finden sind Man darf dennoch davon ausgehen, dass diese Zahlen bei weitem nicht ausreichen, um die Energieziele zu erreichen.

Wie zuvor gezeigt, ist offensichtlich, dass intelligente Lösungen die Ausbaukosten reduzieren. Neben Softwarelösungen, die z. B. das gleichzeitige Laden verhindern, bedarf es aber auch eines veränderten regulatorischer Rahmens dazu, der es z. B. dem Verteilnetzbetreiber ermöglicht, marktbasiert oder unter dem Aspekt der Netzdienlichkeit lokale Flexibilitäten zu nutzen oder der ihm eine Steuerung erlaubt unter Angabe einer Mindestladekapazität [31]. Daneben muss man aber überlegen, ob diese digitalen Lösungen die gleichen Abschreibungszeiten haben soll wie die klassische Hardware. Wohl keine Softwarelösung wird 30 Jahre oder länger im Einsatz sein.

Die zuvor genannten Maßnahmen waren eher kurzfristiger Natur. Diese, aber auch langfristiger geplante Eingriffe, benötigen ein möglichst gutes Abbild des jeweiligen Netzsegmentes, was auch als digitaler Zwilling bezeichnet wird. Dies ist ein wesentlicher Baustein der EU-Kommission in ihrem Digitalisierungsplan für die Energiewirtschaft (sogenannte Digitalisation of Energy Action Plan = DoEAP). Daneben gibt es noch Schwerpunkte bei den Themen digitaler Datenaustausch, Mehrwert für den Endverbraucher (digitale Tools), Cybersicherheit und die Klimaneutralität der IKT Branche.

Mit dem digitalen Zwilling lässt sich das Netz besser planen und steuern. Neben einem Abbild der Netzstruktur auch auf Verteilnetzebene braucht es allerdings Verbrauchs- und Erzeugungswerte, die historisch, aktuell oder vorhergesagt sind. An den Netzübergangspunkten bedarf es einer abgestimmten Planung mit dem vorgelagerten Netz- oder Übertragungsnetzbetreiber (ÜNB). ÜNBs müssen sich wiederum mit ihren deutschen oder europäischen Nachbar-ÜNBs abstimmen. Um die Netzfrequenz einzuhalten, müssen diese steuernd eingreifen können. Oft werden diese jedoch nicht mehr über Anlagen verfügen, die an ihren Netz-/Zuständigkeitsbereich angeschlossen sind (> 100 MW). Das heißt, sie müssen mit dem nachgelagerten Netzbetreiber kommunizieren. Dieser muss dann diskriminierungsfrei die Vorgabe durch Steuerung der jeweiligen Kraftwerks- oder EEG Gruppe umsetzen oder auf Speicher zurückgreifen. Diese Speicher können Power-to-Heat oder Power-to-Gas Speicher sein. Erstere werden sich in Ländern mit saisonalem EEG-Überschuss, etwa im Sommer, bilden (z. B. Finnland: hier wird in Helsinki eine riesige Granithöhle mit Meerwasser gefüllt und im Sommer aufgewärmt). Wie bei den Offshore Windparks oder dem Windüberschuss in Deutschland im Norden und dem Verbrauch im Süden stellt sich auch hier die Frage, wie die Energie über große Strecken möglichst verlustarm zu den Verbrauchszentren transportiert werden kann.

Hochspannungs-Gleichstrom-Übertragungssysteme (HGÜ) gewinnen in der Energiewirtschaft daher immer mehr an Bedeutung. Die HGÜ-Technologie bietet die effizienteste Möglichkeit, große Energiemengen über große Entfernungen zu übertragen, den Anschluss von Ökostrom an das Netz zu unterstützen und das Dreiphasennetze zu stabilisieren. Allerdings treffen sich an den jeweiligen Start/End-punkten einer solchen Leitung oft verschiedene Hersteller, deren innovative Lösungen dringen untereinander abgestimmt werden müssen.

Um hier nun deutlich voranzukommen, wurde im April 2022 ein neues Konsortium gegründet (Ready4DC), das die Standardisierung zwischen verschiedenen Anbietern und Kunden von HGÜ-Infrastruktur koordinieren soll [32]. Angesichts der Entwicklungen in der Leistungselektronik, die eine radikale Transformation des Stromnetzes und eine massive Anwendung der DC-Technologie ermöglicht, wird sich das Projekt READY4DC mit den Herausforderungen der Multi-Vendor-Interoperabilität am

Beispiel eines Offshore-Windparks befassen. Es wird eine Expertengemeinschaft aufgebaut, um die jeweiligen Ansätze zu diskutieren und gemeinsam vereinbarte Definitionen von interoperablen Modellierungswerkzeugen, Plattformen für die gemeinsame Nutzung von Modellen, klaren Prozesse zur Gewährleistung der Interoperabilität und einen geeigneten rechtlichen und politischen Rahmen zu erstellen.

Im klassischen AC-Bereich hatten wir im Rahmen von Horizon 2020 schon viele Erfahrungen in den letzten Jahren gesammelt. Time-of-use-Tarife, Smart Connection Agreements und Deep Charging sind alles wohlklingende Konzepte, die gerade wieder in den aktuellen Publikationen zu finden sind und durchaus einer detaillierteren Betrachtung wert sind. Man sollte sie aber nicht zur aAblenkung nutzen. Es gab genug Piloten und Real-Labore, und alle wesentlichen Produkte sind bereits heute verfügbar. Eine klare Ausrichtung und breite gesellschaftliche Akzeptanz sind vonnöten.

11.6 Zusammenfassung

Es bedarf einer umfassenden Reform der Steuern, Abgaben und Umlagen auf Energieträger. In den Mittelpunkt sollten dabei die Bepreisung von Treibhausgasen (THG) und Infrastrukturabgaben gestellt werden, mit dem langfristigen Ziel der Schaffung eines Level-Playing-Field für klimaneutrale Energieträger. Für den Übergang sollte das reformierte System auf die Reduzierung des THG-Gehalts der Energieträger, die Finanzierung der jeweiligen Infrastruktur und die Stärkung der Sektorenkopplung ausgerichtet werden. Geht man davon aus, dass der Softwareanteil in den nächsten Jahren schneller wächst und immer weiter verbessert wird, muss es hierfür andere Abschreibungszeiträume als für Hardware geben.

Man sollte eine ambitionierte Vorgehensweise anstreben, da die Industrie vielfach ihre Hausaufgaben gemacht hat, bzw. dank herausfordernder Ziele auch noch finalisieren werden wird. Ein Umweg wie bei den Kühlschränken, der erst auf ein Verbot der teilfluorierten Kohlenwasserstoffe in 2014 abzielte und 8 Jahre später erkennen musste, dass nun Alternativen auf Basis anderer Fluor-Gaskombinationen am Markt waren, die man nun wieder verbannen muss, gleichen einem Hase-und-Igel-Spiel. Besser, man lässt es gar nicht erst zu.

Weitere angekündigte EU-rechtliche und haushaltspolitische Rahmenbedingungen werden die Energieverteilung der Zukunft beeinflussen (vgl. [33]). REDII ist das wichtigste EU-Instrument zur Förderung von Energie aus erneuerbaren Quellen. Es ist Teil einer umfassenderen Reihe von Initiativen, die sich auf eine andere Energie- und Klimagesetzgebung und politische Initiativen auswirkt, wie es im Arbeitsprogramm der Kommission für 2021 unter dem Titel „Fit for 55-Paket" angekündigt wurde. Daneben gibt es aber auch noch Aktivitäten in Richtung EU-Emissionshandelssystem, Energieeffizienzrichtlinie, Ökodesign-Richtlinie, Energiesteuerrichtlinie und die Kraftstoffqualitätsrichtlinie.

Um das alles zu erreichen, braucht es endlich einen mutigen, ordnungspolitischen Rahmen, der den Wandel fördert, dem alle zustimmen, Mittel und Ressourcen, und einen Spielführer, der das Team in ein digitalisiertes Verteilnetz führt, das dem Prinzip der Kreislauf-Ökonomie zu minimalen Grenzkosten nachkommt. Dies bedeutet keine Unterscheidung in Netzinfrastrukturbereitsteller und Systemdienstleister.

Wir haben zu lange gewartet und diskutiert, jetzt gilt es die vorher beschriebenen Herausforderungen in der Energieverteilung anzupacken und die hier diskutieren Lösungsbausteine zu nutzen.

Literaturverzeichnis

[1] VERORDNUNG (EU) 2021/1119 DES EUROPÄISCHEN PARLAMENTS UND DES RATES vom 30. Juni 2021 zur Schaffung des Rahmens für die Verwirklichung der Klimaneutralität und zur Änderung der Verordnungen (EG) Nr. 401/2009 und (EU) 2018/1999 („Europäisches Klimagesetz"). Artikel 4(1), 11.

[2] Klimapakt Deutschland, Bundesministerium für Umwelt, Naturschutz und nukleare Sicherheit, 12.5.2021. https://www.bmuv.de/fileadmin/Daten_BMU/Download_PDF/Klimaschutz/klimapakt_deutschland_bf.pdf.

[3] Gemeinsame Pressemitteilung von Umweltbundesamt und Bundesumweltministerium „Treibhausgasemissionen sinken 2020 um 8,7 Prozent". Tabelle 9 unten https://www.umweltbundesamt.de/presse/pressemitteilungen/treibhausgasemissionen-sinken-2020-um-87-prozent.

[4] Pressemitteilung Nr. 8/2021, Bundeskraftwerksamt (2021). https://www.kba.de/SharedDocs/Downloads/DE/Pressemitteilungen/DE/2021/pm_08_2021_bestand_01_21.pdf?__blob=publicationFile&v=2.

[5] Quantitativer Vergleich aktueller Klimaschutzszenarien für Deutschland (2022). Metastudie SCI4Climate.NRW, S. 33. https://www.energy4climate.nrw/fileadmin/Service/Publikationen/Ergebnisse_SCI4climate.NRW/Szenarien/2022/SCI4climate.NRW-Samadi-2022-Vergleich-aktueller-Klimaschutzszenarien-fu__r-Deutschland.pdf.

[6] Bruttostromerzeugung in Deutschland, Stand 12/2021 vom 17.01.2022. https://www.umweltbundesamt.de/daten/energie/stromverbrauch.

[7] Kraftfahrbundesamt: Bestand an Personenkraftwagen mit Elektro-Antrieb am 01.01.2021 (online Datenbank). https://itzbund.maps.arcgis.com/apps/webappviewer/index.html?id=43a04fc1e474433a863a8ff46350d97b.

[8] Gesetz über das Wohnungseigentum und das Dauerwohnrecht (Wohnungseigentumsgesetz – WEG) Neugefasst durch Bek. v. 12.1.2021 I 34. https://www.bundesregierung.de/breg-de/themen/klimaschutz/neues-wohnungseigentumsrecht-1733600 bzw. https://www.gesetze-im-internet.de/woeigg/WEG.pdf.

[9] VDE/FNN; Netzintegration Elektromobilität, Leitfaden für eine flächendeckende Verbreitung von E-Fahrzeugen August 2019 S. 31: https://www.vde.com/resource/blob/1896384/8dc2a98adff3baa259dbe98ec2800bd4/fnn-hinweis--netzintegration-e-mobilitaet-data.pdf.

[10] Neues VDA-E-ladenetz-Ranking-jetzt mit Schnelllade-Angeboten: Ausbau der Ladeinfrastruktur weit hinter Bedarf – Altenburger Land Spitzenreiter bei Schnellladepunkten, Berlin, 30. November 2021. https://www.vda.de/vda/de/presse/Pressemeldungen/211130_Neues-VDA-E-Ladenetz-Ranking---jetzt-mit-Schnelllade-Angeboten.

[11] Elektroauto-News, 19. Sep. 2021: Watt mit 800 Volt: Der Hyundai IONIQ 5 im Technik-Check. https://www.elektroauto-news.net/2021/hyundai-ioniq-5-im-technik-check.
[12] Nebenbetriebe/Rastanlagen, https://www.bmvi.de/SharedDocs/DE/Artikel/StB/nebenbetriebe-rastanlagen.html#:~:text=13.000%20km%20umfassenden%20Autobahnnetz%20in,1.500%20unbewirtschaftete%20Rastanlagen%20zur%20Verf%C3%BCgung.
[13] So viele Tankstellen gibt es in Deutschland (2021). https://www.adac.de/verkehr/tanken-kraftstoff-antrieb/deutschland/tankstellen-in-deutschland/.
[14] Tank & Rast erwartet am Wochenende Rekord-Nutzung von Elektroauto-Ladesäulen (2021). https://ecomento.de/2021/07/26/tank-rast-erwartet-rekord-nutzung-von-elektroauto-ladesaeulen-31-juli-1-august/.
[15] Blackout – E-Mobilität setzt Netzbetreiber unter Druck (2018). Oliver Wyman + TU München, S. 11. https://www.oliverwyman.de/content/dam/oliver-wyman/v2-de/publications/2018/Jan/2018_OliverWyman_E-MobilityBlackout.pdf.
[16] Fraunhofer IWES/IBP (2017). Wärmewende 2030. Schlüsseltechnologien zur Erreichung der mittel- und langfristigen Klimaschutzziele im Gebäudesektor. Studie im Auftrag von Agora Energiewende. https://www.agora-energiewende.de/fileadmin/Projekte/2016/Sektoruebergreifende_EW/Waermewende-2030_WEB.pdf.
[17] Koalitionsvertrag 2021–2025 zwischen der Sozialdemokratischen Partei Deutschlands (SPD), BÜNDNIS 90/DIE GRÜNEN und den Freien Demokraten (FDP). https://www.spd.de/fileadmin/Dokumente/Koalitionsvertrag/Koalitionsvertrag_2021-2025.pdf.
[18] CO2-neutral bis 2035 (2020). Eckpunkte eines deutschen Beitrags zur Einhaltung der 1,5-°C-Grenze, S. 13. https://epub.wupperinst.org/frontdoor/deliver/index/docId/7606/file/7606_CO2-neutral_2035.pdf.
[19] Wie Stromnetze smart und für die Energiewende fit werden (2021). http://www.sherpa-x.de/sherpa-x-blog/wie-stromnetze-smart-und-f%C3%BCr-die-energiewende-fit-werden.
[20] Gesetz über den Messstellenbetrieb und die Datenkommunikation in intelligenten Energienetzen 1 (Messstellenbetriebsgesetz – MsbG) ß 30 Technische Möglichkeit des Einbaus von intelligenten Messsystemen. https://www.gesetze-im-internet.de/messbg/__30.html.
[21] https://www.bsi.bund.de/SharedDocs/Downloads/DE/BSI/Publikationen/TechnischeRichtlinien/TR03109/TR03109-1.pdf?__blob=publicationFile&v=4.
[22] BDEW Fachtagung Messwesen (2021). Vortrag: Umsetzung durch die BNetzA als Regulierungsbehörde, Jens Lück, Beisitzer Beschlusskammer 6, Folien 17, 18. https://www.ppc-ag.de/de/veranstaltung/bdew-fachtagung-messwesen-2021/.
[23] Neue Studie zeigt (2022). Bürgerenergie bleibt zentrale Säule der Energiewende. Berlin. https://www.unendlich-viel-energie.de/studie-buergerenergie-bleibt-zentrale-saeule-der-energiewende.
[24] Marktanalyse zur Feststellung der technischen Möglichkeit zum Einbau intelligenter Messsysteme nach § 30 MsbG (2020). Version 1.2.
[25] Umweltbundesamt (2021). https://www.umweltbundesamt.de/daten/energie/energiebedingte-emissionen#energiebedingte-treibhausgas-emissionen.
[26] Mitteilung der Kommission an das Europäische Parlament, den Rat, den Europäischen Wirtschafts- und Sozialausschuss und den Ausschuss der Regionen, Brüssel (2020). https://eur-lex.europa.eu/legal-content/DE/TXT/HTML/?uri=CELEX:52020DC0562&from=EN.
[27] 7.SM Chapter 7: The Earth's energy budget, climate feedbacks, 3 and climate sensitivity – Supplementary Material, S. 32. https://www.ipcc.ch/report/ar6/wg1/downloads/report/IPCC_AR6_WGI_Chapter_07_Supplementary_Material.pdf.
[28] Regulation (EU) No 517/2014 of the European Parliament and of the Council of 16 April 2014 on fluorinated greenhouse gases and repealing Regulation (EC) No 842/2006 Text with EEA relevance, S. 2 (11). https://eur-lex.europa.eu/legal-content/EN/TXT/?uri=CELEX%3A32014R0517&qid=1608306002561.

[29] Netzausbau: Anschluss an die Zukunft (2021). https://www.bdew.de/online-magazin-zweitausend50/schwerpunkt-netze/netzausbau-anschluss-an-die-zukunft/.
[30] van Laak, D. (2019). Alles im Fluss. Die Lebensadern unserer Gesellschaft – Geschichte und Zukunft der Infrastruktur. Frankfurt am Main: S. Fischer Verlag.
[31] Dürr, T. (2020). Smart Buildings und neue Stadtteile im digitalen Netz. In Realisierung Utility, Vol. 4.0, 2, S. 611ff.
[32] T&D Europe joins the READY4DC project (2022). https://www.tdeurope.eu/latest-news/70:t-d-europe-joins-the-ready4dc-project.html.
[33] ABSCHLUSSBERICHT: dena-Netzstudie III (2022). S. 13 ff. https://www.dena.de/themen-projekte/projekte/energiesysteme/dena-netzstudie-iii/.

Kurzvitae

Thomas Dürr ist Manager Standards and Regulations bei Siemens Smart Infrastructure im Bereich Electrification and Automation. In dieser Rolle beobachtet er die Standardisierungsbemühungen weltweit, insbesondere im Bereich der Netzdigitalisierung. Er leitet die Arbeitsgruppe Technical Legislation and Standardisation bei der T&D Europe mit der er die neuen Regulierungen der EU im Rahmen des Green Deals und der Digitalisierung begleitet. Mit dem Arbeitskreis Innovation 2030+ arbeitet er derzeit im ZVEI an einer Studie zu den Netzen 2030+. Im FNN ist er im Bereich Netzkomponenten aktiv. An der technischen Universität Erlangen Nürnberg studierte er Elektrotechnik und ist seit 1990 bei der Siemens AG tätig.

Alexander Dürr ist Produktmanager für Energietechnik bei der Maschinenringe Deutschland GmbH in Neuburg an der Donau. Die Schwerpunkte – erneuerbare Energien und Digitalisierung – seines Studiums an der technischen Hochschule Ingolstadt finden direkte Anwendung in seiner aktuellen Beschäftigung in Neuburg. Hier widmet er sich der technischen Betreuung und Montageplanung intelligenter Messsysteme. Zudem forscht er innerhalb des Forschungsprojekts „FarmErgy" im

Energieversorgungsbereich in der Landwirtschaft und entwickelt gemeinsam mit der technischen Hochschule Ingolstadt Szenarien und Geschäftsmodelle für einen gesicherten Zukunftsbetrieb landwirtschaftlicher Betriebe.

Jan Meese und Tobias Kornrumpf

12 Digitale Betriebsführung von Stromverteilnetzen

Zusammenfassung: Durch zunehmend dargebotsabhängig einspeisende Erneuerbare Energien und eine wachsende Anzahl flexibler Verbraucher kommen neue Herausforderungen auf die Betriebsführung von Stromverteilnetzen zu. Insbesondere die Nieder- und Mittelspannungsebene war bislang kaum mit Mess- und Regelungstechnik ausgestattet. Bisher wurde die Spannungshaltung und Betriebsmittelauslastung hauptsächlich durch geeignete Planungsansätze und die Messung an den Einspeisungen im Umspannwerk sichergestellt. Durch die neuen Einspeiser und Verbraucher können Grenzwertverletzungen in der Verteilnetzebene entstehen, die über die bisherigen Monitoringverfahren in der Regel nicht erkannt werden können.

Über konventionelle Sekundärtechnik, innovative Messverfahren sowie neue Primärtechnik entstehen aber neue Lösungsoptionen. Durch die Vernetzung der Messwerte in Verteilnetzautomatisierungssystemen können die angesprochenen Überlastungen erkannt und beseitigt werden. Somit gelingt es, die bestehende Infrastruktur vor Überlastungen zu schützen und Ausbaubedarfe in Teilen zu reduzieren.

Nach einer Vorstellung der Aufgaben der Betriebsführung und den Herausforderungen werden Lösungsoptionen im Rahmen der Digitalisierung der Netze beschrieben und in einem Praxisbeispiel zur Netzführung in der Niederspannung zusammengeführt.

Schlagwörter: Betriebsführung, Digitalisierung, Verteilnetzautomatisierung, Netzführung, Sekundärtechnik, Primärtechnik, Verteilnetz, Niederspannungsnetz, Mittelspannungsnetz

12.1 Einführung und Grundlagen

Alle Lebens- und Arbeitsbereiche moderner Gesellschaften sind in hohem Maß von einer zuverlässigen und stabilen Energieversorgung abhängig. Insbesondere die elektrische Energieversorgung spielt dabei eine zentrale Rolle, da nahezu alle anderen Sektoren und Branchen von ihr abhängig sind. Telekommunikation, Verkehr oder die Wasser- und Lebensmittelversorgung, aber auch medizinische Einrichtungen und in weiten Teilen die Wärmeversorgung kommen ohne Strom zum Stillstand. Die Folgen schon vergleichsweiser kurzer Blackouts nehmen dementsprechend schnell katastrophale Ausmaße an (vgl. [1]).

Jan Meese, Tobias Kornrumpf, RheinEnergie AG, Köln, Deutschland, e-mails: j.meese@rheinenergie.com, t.kornrumpf@rheinenergie.com

https://doi.org/10.1515/9783110753585-012

Die sehr räumliche Ausdehnung des Stromnetzes stellt schon immer eine besondere Herausforderung für den Betrieb der Infrastruktur und die Sicherstellung einer hohen Versorgungszuverlässigkeit dar. Die über eine weite Fläche verteilten Anlagen bedingen einerseits vergleichsweise lange Fahrzeiten von Service- und Entstörungspersonal, andererseits ist die Netzinfrastruktur in erheblichem Maße Umwelteinflüssen ausgesetzt, wie beispielsweise Bäume, die in eine Freileitung fallen, Starkwetterereignisse wie Blitzeinschläge, oder Beschädigungen von Kabelstrecken im Zuge von Erdarbeiten.

Ihrer hohen Bedeutung wird die elektrische Energieversorgung in Deutschland gerecht und erreicht im Allgemeinen eine sehr hohe Verfügbarkeit. Die Entwicklung der Versorgungszuverlässigkeit ist in Abbildung 12.1 dargestellt. Seit 2006 hat sich die durchschnittliche Nichtverfügbarkeit halbiert. Um die hohe Versorgungszuverlässigkeit weiter aufrecht erhalten zu können, werden zunehmen größere Aufwände notwendig. Bislang ist, wie in Abbildung 12.1 dargestellt, eine kontinuierliche Steigerung der Versorgungszuverlässigkeit trotz der neuen Anforderungen gelungen (vgl. [2, 3]).

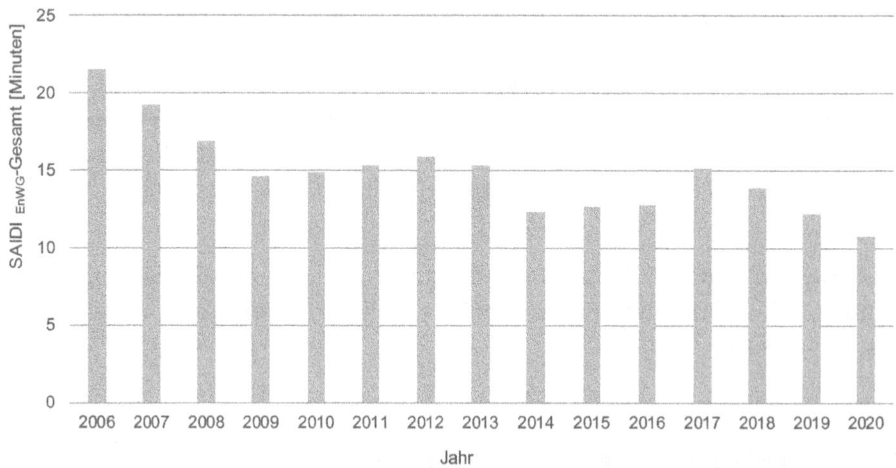

Abb. 12.1: Entwicklung der Versorgungsunterbrechungen 2006–2020, in Anlehnung an [4].

Um die hohen Anforderungen an die Versorgungssicherheit sicher erfüllen zu können, sind Netzbetreiber auf eine hochverfügbare Informations- und Kommunikationstechnologie angewiesen. Im Vergleich zu einer auf einem Werksgelände konzentrierten Industrieanlage stellte die sichere Übertragung von Mess- und Zustandswerten aus den dezentral verteilten Anlagen zu den zentralen Leitsystemen eine besondere Herausforderung dar. Die in den letzten Jahrzehnten entstandenen IT-Systemlandschaften ermöglichen es erst, den Netzbetrieb in seiner heutigen Komplexität zu managen, stellen damit aber gleichzeitig eine Achillesferse des Netzbetriebs dar. Über den in

Deutschland eingesetzten IT-Sicherheitskatalog etwa verpflichtet der Gesetzgeber Betreiber von Strom- und Gasnetzen in Deutschland zum Schutz gegen Bedrohungen, wozu ein Informationssicherheits-Managementsystem (ISMS) gemäß DIN EN ISO/IEC 27001 zu etablieren und zu zertifizieren ist.

Insgesamt unterliegt die Betriebsführung von Stromverteilnetzen einem starken Wandel, insbesondere aufgrund des massiven Zubaus flexibler Erzeugungs- und Verbrauchsanlagen. Dieser Beitrag gibt im ersten Teil einen kurzen Überblick über die Aufgaben und Grundlagen der Betriebsführung. Im zweiten Teil wird gezeigt, wie sich der massive Wandel der Versorgungsaufgabe in der Verteilnetzebene auf die Betriebsführung auswirkt. Neben den Herausforderungen werden Entwicklungen zu innovativer Sekundärtechnik und Verteilnetzautomatisierungssystemen dargestellt und es wird abgeleitet, welche Use Cases sich durch die Digitalisierung der Verteilnetzebene ergeben. An einem konkreten Beispiel wird dargestellt, wie die Digitalisierung der Anlagen und Prozesse helfen kann, die steigende Komplexität zu managen.

12.1.1 Was versteht man unter Betriebsführung?

Unter der Betriebsführung von Netzen für die elektrische Energieversorgung werden laut DIN VDE 0105-100 (vgl. [5]) alle technischen und organisatorischen Tätigkeiten verstanden, die zur Sicherstellung des bestimmungsgemäßen und sicheren Betriebs eines Stromnetzes notwendig sind. Damit gibt die Norm eine weitreichende Definition, die auch die Planung und Errichtung, aber auch operatives Assetmanagement umfassen kann. Häufig ist aber auch eine eingeschränktere Definition der Betriebsführung anzutreffen, die den Asset Service noch in die Teilbereiche Planen, Bauen und Betreiben untergliedert. Diese Definition legt dieser Beitrag zugrunde und fokussiert sich auf die Betriebsführung der bestehenden Netze und Anlagen.

12.1.2 Aufgaben der Betriebsführung im Verteilnetz

Das deutsche Stromnetz wird derzeit von vier Übertragungsnetzbetreibern (ÜNB) und 906 Verteilnetzbetreibern (VNB) gemeinsam betrieben. Die hohe Anzahl der VNB, insbesondere die große Anzahl kleinerer VNB – allein 673 VNB versorgen jeweils weniger als 30.000 Kunden (vgl. [6]) – erzeugt besondere Herausforderungen für die Koordination und die Sicherstellung des stetig steigenden Datenaustausches.

Die vier Übertragungsnetzbetreiber tragen die Systemverantwortung und sorgen für einen sicheren Netzbetrieb des Übertragungsnetzes. Dies umfasst insbesondere die Frequenzhaltung in Koordination mit den anderen Übertragungsnetzbetreibern im ENTSO-E-Netzverbund. Die Übertragungsnetzbetreiber sind außerdem für den grenzüberschreitenden Stromaustausch sowie für die Koordination des überregionalen Netzwiederaufbaus verantwortlich (vgl. [7]). Die Verteilnetzbetreiber unterstützen die Übertragungsnetzbetreiber, indem sie den Netzbetrieb, die Spannungshaltung und Blindleistungsbereitstellung in ihren Netzen sicherstellen und sich am überregionalen Netzwiederaufbau beteiligen.

In der Betriebsführung von Verteilnetzen lassen sich mit der Netzführung, dem Entstörungsmanagement, der Instandhaltung sowie dem Notfall- und Krisenmanagement vier wesentliche Aufgabengebiete identifizieren. Diese werden nachfolgend näher beschrieben.

12.1.2.1 Netzführung

Eine wesentliche Aufgabe beim Betrieb von Stromverteilnetzen ist die Netzführung. Die Netzführung erfolgt für Hoch- und Mittelspannungsnetze durch das Personal der Netzleitstellen, welche auch als netzführende Stellen bezeichnet werden. Die netzführende Stelle trifft die Anweisungen und Überwachung von Schalthandlungen bzw. führt diese ferngesteuert über das Netzleitsystem aus. Alle Schaltzustände in den überwachten Netzgebieten werden protokolliert und im Leitsystem nachgeführt. Des Weiteren werden die Betriebsmittel- und Netzzustände überwacht und gegebenenfalls gesteuert bzw. geregelt. Im Störungsfall ist die netzführende Stelle für die Fehlereingrenzung und die Einleitung von Maßnahmen zur Störungsbeseitigung und Wiederversorgung von Kunden verantwortlich. Ferner ist die netzführende Stelle für die Prüfung und Genehmigung von Schaltanträgen und die Planung von Schaltmaßnahmen zuständig, wie z. B. für Bau- und Instandhaltungsmaßnahmen. Je nach Spannungsebene können sich die dazu eingesetzten Verfahren unterscheiden – in der Hochspannungsebene und teilweise auch in der Mittelspannungsebene erfolgt die Schaltungsplanung mit Unterstützung des Leitsystems, teilweise durch prognosebasierte Ausfallvariantenrechnungen.

Ein weiteres Aufgabengebiet der Netzführung ist das Engpassmanagement. Bestehende oder prognostizierte Engpässe im Verteilnetznetz werden durch unterschiedliche Maßnahmen vermieden. Es handelt sich hierbei meistens um topologische Anpassungen oder um das Einspeisemanagement von dezentralen Erzeugungsanlagen. Im Übertragungsnetz wird zum Engpassmanagement bereits seit geraumer Zeit der prognosebasierte Redispatch-Prozess eingesetzt, also eine kurzfristige Umplanung der Fahrpläne von Erzeugungsanlagen mit dem Ziel, einen Netzengpass zu vermeiden oder aufzulösen. Mit Redispatch 2.0 wird seit dem 01.10.2021 in Deutschland auch eine Vielzahl kleiner Anlagen einbezogen, dabei handelt es sich um Anlagen ab 100 kW Nennleistung. Da diese aber fast vollständig in die Verteilnetzebene einspeisen, mussten neue Prozesse bei den VNB etabliert werden. Die VNB müssen nun zu Anlagen, die durch sie steuerbar sind, über standardisierte Datenaustauschprozesse Meldungen zur Verfügbarkeit an den vorgelagerten Netzbetreiber übermitteln. Dieser kann nun im Falle eines prognostizierten Engpasses in einem planwertbasierten

Prozess den Fahrplan einzelner Anlagen oder aggregierter Anlagengruppen anpassen. Dieser neue Fahrplan wird nun je nach Modell durch den Anlagenbetreiber oder den Anschlussnetzbetreiber an die Anlage übermittelt und anschließend bilanziell ausgeglichen (vgl. [8]).

12.1.2.2 Entstörungsmanagement

Die Netze und Anlagen der elektrischen Energieversorgung operieren zum überwiegenden Teil der Zeit im ungestörten Normalbetrieb. Schon aufgrund der großen Anzahl von Betriebsmitteln und externen Einflüssen wie Sturm, Blitzeinschlag, Hochwasser, oder durch Erdarbeiten beschädigte Leitungen kommt es allerdings zu Störungen. Um Störungen zu identifizieren, einzugrenzen und schließlich beseitigen zu können, braucht es einerseits entsprechende Ressourcen in der Netzleitstelle, die fehlerbehaftete Leitungsabschnitte ferngewirkt aus dem Netz schalten und Kunden wiederversorgen kann. Andererseits werden operative Kräfte im Feld benötigt, die nicht ferngewirkte Leistungsschalter, Lasttrennschalter und Trennschalter bedienen und die anschließende Instandsetzung übernehmen können.

Da das Auftreten von Störungen nicht gleichmäßig über die Zeit verteilt ist, ergibt sich ein Problem der strategischen Ressourcendimensionierung. Die Organisation, sowohl in der Leitstelle als auch bei den operativen Kräften im Netz, muss derart vorgenommen werden, dass auch seltene Störungshäufungen – beispielsweise bei Sturmgeschehen – in angemessener Zeit bewältigt werden können (vgl. [9]). Hierzu werden je nach Größe des Netzbetreibers permanent verfügbare 24/7-Teams aufgestellt, die nach Bedarf durch Rufbereitschaften unterstützt werden. Manche Netzbetreiber schließen zudem für Niederspannungsstörungen Kooperationen mit ortsansässigen Elektroinstallateuren.

Während Störungen in den Hoch- und Mittelspannungsnetzen durch die entsprechenden Überwachungseinrichtungen in der Regel ferngemeldet in die Netzleitstellen übertragen werden, erfolgt die Identifikation von Niederspannungsstörungen überwiegend noch auf Basis von Kundenanrufen. Die Fehlerortung und Kategorisierung erfolgen dann durch das Personal der Meldestelle durch strukturierte Interviews im Kundengespräch. Anschließend werden die mobilen Entstörungsdienste zur Störungsbehebung und gegebenenfalls zur sofortigen Instandsetzung disponiert.

Zunehmend werden insbesondere zur Lageerkundung bei Störungen neben den klassischen Fernwirkmeldungen, wie beispielsweise ferngemeldete Kurzschlussanzeiger, elektrische Messwerte aus der Schutztechnik, auch neue Verfahren wie der Zugriff auf Smartphone-Kameras von meldenden Kunden (vgl. [10]) oder Drohnen zur Freileitungsbefliegung eingesetzt (vgl. [11]).

12.1.2.3 Instandhaltung

Aufgrund der sehr hohen technischen Lebensdauer heutiger Stromnetzanlagen kommt der Instandhaltung eine besondere Rolle zu. In Abbildung 12.2 ist die Altersstruktur ausgewählter Betriebsmittel der Primärtechnik eines exemplarischen Verteilnetzbetreibers dargestellt. Es ist zu sehen, dass ein großer Teil der Anlagen – z. B. 99 % der Freileitungen, 80 % der Kabel und 35 % der Leistungsschalter – bereits älter als 24 Jahre sind. Mit zunehmendem Betriebsmittelalter steigt die Ausfallwahrscheinlichkeit, insbesondere aus Effekten der Materialermüdung. Daraus folgt die besondere Bedeutung der Instandhaltung, die durch Instandsetzungen, Wartungen und Inspektionen den Abnutzungsvorrat der Betriebsmittel möglichst aufrechterhalten möchte.

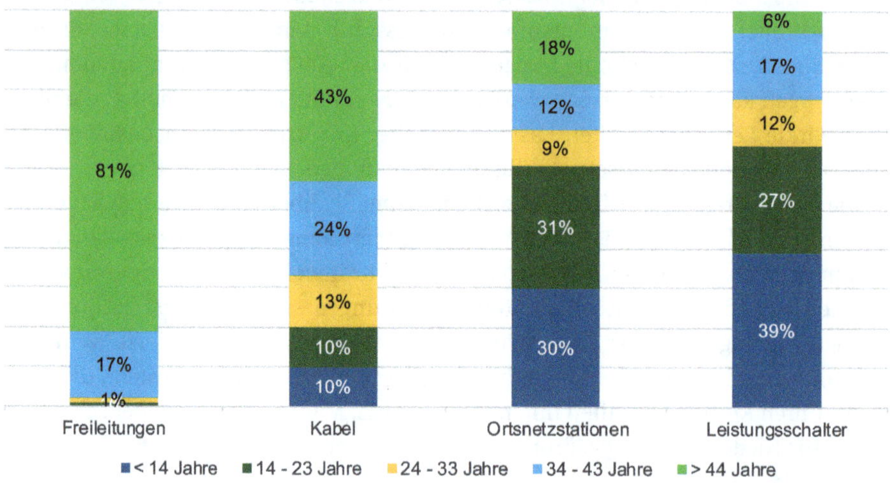

Abb. 12.2: Altersstruktur ausgewählter Betriebsmittel eines exemplarischen Verteilnetzbetreibers, in Anlehnung an [12].

12.1.2.4 Krisen- und Notfallmanagement

Ein weiteres wichtiges Element der Betriebsführung ist die Vorbereitung auf außergewöhnliche Situationen und Störungen, damit die Versorgung auch in Krisenfällen aufrechterhalten oder wenigstens schnell wiederhergestellt werden kann. Hierzu sieht die VDE-AR-N 4143-1 (vgl. [13]) Maßnahmen zum Krisenmanagement des Netzbetreibers vor, ein betriebliches Krisenmanagement einzurichten, welches die Phasen Krisenvorbereitung, Krisenbewältigung und Krisennachbereitung umfassen und entsprechende Strukturen vorsehen muss. Die wichtigste zu etablierende Struktur ist dabei ein Krisenstab, dessen Aktivierung, Zusammensetzung und Aufgabenverteilung vorab festgelegt werden muss.

Teil des Krisen- und Notfallmanagement ist auch die Vorhaltung erforderlicher Materialen, Werkzeuge und Einrichtungen. So sind z. B. Krisenstabsräume, Leitstellen und vergleichbare Einrichtungen je nach der Größe des Netzbetreibers über eine unabhängige Notstromversorgung für mindestens 72 Stunden zu versorgen. Auch erforderliche Ersatzteile für Instandsetzungen, Werkzeuge und Spezialfahrzeuge sind in ausreichender Anzahl vorzuhalten. Zusätzlich zu den selbst vorzuhaltenden Reserven verwaltet der VDE FNN ein Ressourcenregister, über welches sich Netzbetreiber bei außergewöhnlichen Störungen und Krisen gegenseitig mit Material unterstützen, z. B. Stationen, Notstromaggregate, Satellitentelefone, oder Reservetransformatoren.

Ein wichtiger Aspekt in Krisenfällen ist die Sicherstellung einer Kommunikationsinfrastruktur – sowohl für die Datenkommunikation mit den eigenen ferngewirkten Anlagen und vor- und nachgelagerten Netzbetreibern, als auch zur Sprachkommunikation für die operativen Einheiten. Bei großflächigen Blackouts brechen die öffentlichen Kommunikationsnetze nach kurzer Zeit zusammen, aber auch bei kleineren Flächenlagen wie Hochwasserereignissen oder Starkregenereignissen kann die Telekommunikation regional ausfallen (vgl. [14]). Hierzu sind je nach Größe und Bedeutung des Netzbetreibers geeignete Rückfallebenen vorzusehen. Häufig wird neben öffentlichem Mobilfunk auf privaten Betriebsfunk und Satellitentelefone gesetzt. Aber auch eine Festlegung von Sammelpunkten an zentralen Orten wie z. B. Umspannwerke, mit eigener schwarzfallfester Kommunikationsanbindung, kann eine Lösungsoption sein.

Damit das Krisen- und Notfallmanagement im Ernstfall auch wirksam zur Bewältigung der Lage eingesetzt werden kann, sind regelmäßige Übungen mit allen Beteiligten essenziell – insbesondere mit den Mitgliedern des Krisenstabes.

12.1.3 Neue Anforderungen an die Betriebsführung

Die Betriebsführung, insbesondere die Netzführung, setzt seit Beginn der Digitaltechnik auf Softwareunterstützung zur Verarbeitung von Messwerten, zur Berechnung von Netzzuständen und zur automatisierten Steuerung. Die Anforderungen an die Digitalisierung der Betriebsführung sind dabei insbesondere seit Beginn des vergangenen Jahrzehnts massiv gestiegen.

Zum einen muss der Transformationsprozess hin zu einem Energieversorgungssystem basierend auf Erneuerbaren Energien mitgestaltet werden. Hierfür muss eine Vielzahl neuer Verbraucher, insbesondere Elektrofahrzeuge und Wärmepumpen, dezentrale Erzeugungsanlagen wie Photovoltaik und Windenergie und Speicher, insbesondere Batteriespeicher, in die Mittel- und Niederspannungsnetze integriert werden. Zum anderen wird es mit zunehmender Alterung des Bestandsnetzes wichtiger, die Zustände der Anlagen und Betriebsmittel zu überwachen, um die Entstörung, Instandhaltung und Erneuerung von Anlagen effizient steuern zu können. Hinzu kommen die ohnehin vorhandenen Anforderungen zur Einhaltung einer hohen Versorgungsqualität, zur Steigerung der Kosteneffizienz und zur Kompensation der demographischen Entwicklung. Insbesondere im städtischen Bereich steigen auch die Aufwände für Baumaßnahmen deutlich an, so dass die bessere Auslastung bestehender Infrastruktur durch die Nutzung von Verteilnetzautomatisierungssystemen in Teilbereichen eine gute Alternative zum konventionellen Netzausbau darstellt.

12.1.3.1 Stromerzeugung aus dargebotsabhängigen Erneuerbaren Energien

Der Anteil der Stromerzeugung aus Erneuerbaren Energiequellen steigt weiterhin an. Aufgrund der Dargebotsabhängigkeit der Stromerzeugung von Wind- und Solarenergie, die den Großteil der Erneuerbaren darstellt, speisen diese Anlagen deutlich volatiler in das Stromnetz ein als konventionelle Stromerzeuger. Zusätzlich ist der größte Teil der Erneuerbaren auf den unteren Spannungsebenen angeschlossen, die ursprünglich für einen unidirektionalen Leistungsfluss von zentralen Erzeugungsanlagen hin zu dezentralen Verbrauchern konzeptioniert worden waren. Früher galt aufgrund der vorherrschenden Ausführung der Mittel- und Niederspannungsnetze, dass die Spannungshaltung bereits durch die Auslegung sichergestellt war, solange sich die Einspeisung aus der vorgelagerten Netzebene im vorgegebenen Spannungsband befindet und die Lasten die Planungsannahmen nicht überschreiten, was aber lediglich sporadisch mit dem Ablesen von Schleppzeigerwerten und ähnlichem kontrolliert werden musste (vgl. [15]).

Der Zuwachs von dargebotsabhängigen und volatil einspeisenden Stromerzeugungsanlagen auf der einen Seite und zunehmend dynamischeren Verbrauchern wie Wärmepumpen, Ladesäulen für Elektrofahrzeuge oder Batteriespeicher verändert die Versorgungsaufgabe insbesondere in den unteren Spannungsebenen massiv.

12.1.3.2 Stark steigende Akteursvielfalt

Seit Beginn der Liberalisierung der elektrischen Energieversorgung 1998 ist die Anzahl der Akteure in Stromnetz und Strommarkt deutlich gestiegen. 2020 waren 906 Stromnetzbetreiber, 1.356 Stromlieferanten, 107 Großspeicherbetreiber, 90 Stromerzeugungsunternehmen (>100 MW) (vgl. [16]) und fast 2 Millionen Anlagen zur Stromerzeugung aus Erneuerbaren Energien an der Stromversorgung beteiligt (vgl. [17], siehe Abbildung 12.3). Ebenfalls übernehmen zunehmend auch branchenfremde Unternehmen Teile der Wertschöpfungskette, z. B. durch Quartiersprojekte, Mieterstrommodelle (vgl. [18]) oder Pauschalangebote für das Laden von Elektrofahrzeugen (vgl. [19]).

Durch die stark steigende Akteursvielfalt in der elektrischen Energieversorgung und gleichzeitig einer deutlich volatileren Versorgungsaufgabe steigt die Notwendigkeit einer zielgerichteten Koordination aller Beteiligten. Eine weitere Erschwernis entsteht dadurch, dass Endkunden teilweise gegenteilige Preissignale erhalten. Aus Strommarktsicht kann es zu einem Zeitpunkt z. B. aufgrund hoher prognostizierter

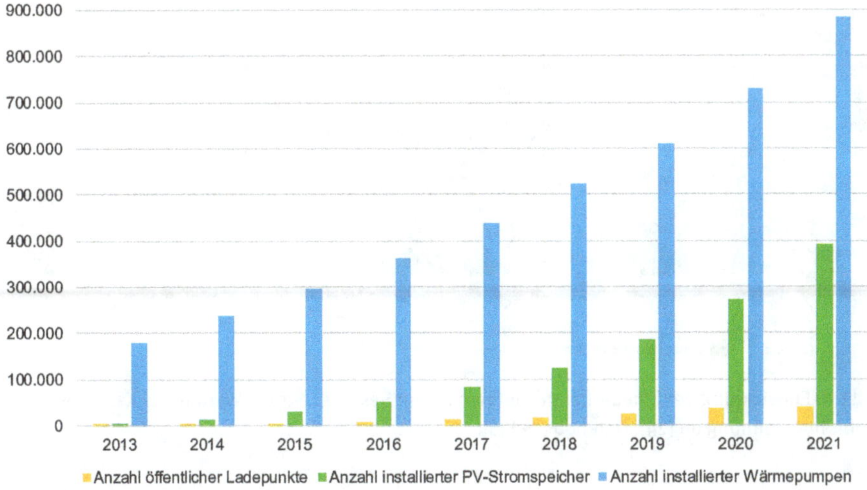

Abb. 12.3: Stark steigende Anzahl flexibler Anlagen im Verteilnetz, in Anlehnung an [20–22].

Erzeugung aus Erneuerbaren Energien sinnvoll sein, den Verbrauch durch niedrige Strompreise anzureizen – gleichzeitig kann dies zu Engpasssituationen auf der Netzseite führen, weshalb Kunden wiederum Anreize z. B. über Redispatch oder künftige regionale Flexibilitätsmärkte erhalten, ihre Leistung zu reduzieren. Bezüglich der Ansteuerung flexibler Verbraucher über die an das intelligente Messsystem angeschlossene Steuerbox wird hierzu eine vorgeschaltete Koordinierungsfunktion (KOF) konzipiert.

Die im Wesentlichen aus den Zielen zur Dekarbonisierung aller Sektoren – insbesondere in den Bereichen Wärme/Kälte und Verkehr – angestrebte Sektorkopplung (siehe hierzu Abbildung 12.4) lässt einen stark wachsenden Bedarf an elektrischer Energie vermuten. Die neuen strombasierten Anwendungen in den Sektoren Wärme und Mobilität ändern aber nicht nur die künftige Versorgungsaufgabe grundlegend, sondern eröffnen auch neue Flexibilitätsoptionen und bieten kurz- und mittelfristige Lastverschiebungspotenziale (vgl. [23]). Durch Power-to-Gas (P2G) könnte zudem die bestehende Erdgasinfrastruktur zum Transport von Energie einbezogen werden, insbesondere zur Speicherung und damit zum saisonalen Ausgleich von Erzeugung und Verbrauch.

12.1.3.3 Einbindung flexibler Erzeuger und Verbraucher

Die zunehmende Akteursvielfalt flexibler Erzeuger und Verbraucher, insbesondere auf den unteren Spannungsebenen, eröffnet sowohl neue Möglichkeiten als auch neue Herausforderungen für Netzbetreiber. Durch flexible, steuerbare Anlagen wie Batteriespeicher, Ladestationen für Elektrofahrzeuge (vgl. [26]) oder flexible Prozesse in Industrie und Gewerbe kann sich einerseits die Versorgungsaufgabe deutlich schneller

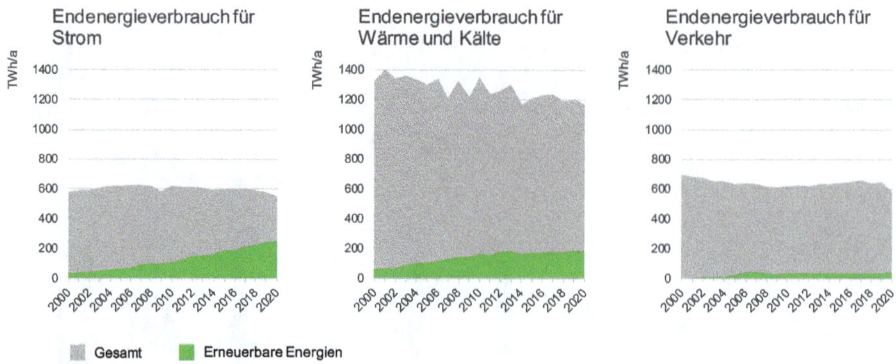

Abb. 12.4: Entwicklung der Erneuerbaren Energien in den Sektoren Strom, Wärme und Kälte sowie Verkehr, in Anlehnung an [24], Datenquelle [25].

als bislang ändern. Andererseits können diese neuartigen Anlagen, z. B. über regionale Flexibilitätsmärkte oder über andere Konzepte wie gestaffelte Netznutzungsentgelte (z. B. [27, 28]) in die Netzführung eingebunden werden.

Eine zusätzliche Herausforderung kann durch neue Peer-to-Peer-Konzepte entstehen, bei denen Kunden im Verteilnetz direkt Strom miteinander handeln sollen, teilweise basierend auf Distributed-Ledger-Ansätzen (verteilte Transaktionsdatenbanken) (vgl. [29]) oder lokalen Strommärkten (vgl. [30]). Insbesondere flexible Verbraucher optimieren sich zunehmend auch auf andere Preissignale; neben dem bereits etablierten Regelleistungsmarkt auch auf Kurzfristmärkten für elektrische Energie, wie dem Day-Ahead-Markt und dem kontinuierlichen Intraday-Handel. Dadurch, dass diese Marktaktivitäten bislang häufig ohne einen Bezug zu den Netzauswirkungen erfolgen, könnte sich durch diese Veränderung des Bezugsverhaltens die Versorgungsaufgabe zumindest in einzelnen Bereichen signifikant verändern, so wie heute zum Stundenwechsel aufgrund von Handelsaktivitäten teilweise große Frequenzsprünge entstehen (vgl. [31]). Optimieren sich nun zunehmend Verbraucher innerhalb eines bestimmten Netzgebietes auf das gleiche Preissignal, z. B. Day-Ahead-Auktion, kann das die Gleichzeitigkeitsfaktoren, die für die Netzplanung herangezogen werden, deutlich verändern. Eine Netzzustandsüberwachung mittels Messtechnik kann solche Situationen erkennen und über geeignete Regelungsmöglichkeiten verhindern, wie in den folgenden Abschnitten gezeigt wird.

Um die künftig deutlich dynamischere Versorgungsaufgabe insbesondere im Verteilnetz meistern zu können, spielt eine Koordination des Flexibilitätsansatzes über die unterschiedlichen Einsatzzwecke wie Regelleistungsmarkt, lokale Flexibilitätsmärkte und Spotmarktoptimierung sowie einer Optimierung auf die Netznutzungsentgelte insbesondere bei gewerblichen und industriellen Verbrauchern eine große Rolle. Dazu bilden die unterschiedlichen Ampelmodelle einen koordinierenden Rahmen (vgl. [32, 33]).

12.2 Digitalisierung der Betriebsführung

Die im vorangegangenen Abschnitt dargestellten Änderungen an der Versorgungsaufgabe führen zu einer deutlich steigenden Komplexität. Neue innovative Sekundärtechnik, neue Kommunikationstechnik und Verteilnetzautomatisierungssysteme helfen dabei, diese Komplexität zu meistern und somit auch unter geänderten Rahmenbedingungen einen sicheren Netzbetrieb zu gewährleisten. Im folgenden Abschnitt werden die durch Digitalisierung entstehenden Lösungsoptionen vorgestellt und abschließend zu einem Praxisbeispiel zur künftigen Netzführung in der Niederspannung zusammengeführt.

12.2.1 Themenfelder der Digitalisierung

Die wesentlichen Betriebsmittel in Stromversorgungsnetzen weisen sehr große Betriebszeiten auf – insbesondere ist die Primärtechnik über viele Jahrzehnte im Einsatz. Insofern sind – neben der Ausstattung neuer Anlagen mit innovativer Sekundärtechnik – Retrofit-Optionen wichtig, also die Erweiterung und Ertüchtigung bestehender Primärtechnik.

Systeme zur Verteilnetzautomatisierung bestehen dabei im Wesentlichen aus zwei Bausteinen – einerseits einer Softwarekomponente, die die Überwachung des Netzzustandes übernimmt, und andererseits aus Sensorik und gegebenenfalls Aktorik, die Daten liefert beziehungsweise Steuerbefehle entgegennimmt.

12.2.1.1 Innovative Primär- und Sekundärtechnik

Die bislang weitgehend passive Primärtechnik in den unteren Spannungsebenen wurde in den letzten Jahren um eine Vielzahl neuer Möglichkeiten erweitert. Einerseits wurden gänzlich neue Betriebsmittel wie regelbare Ortsnetztransformatoren (rONT) (vgl. [34]) oder Längsregler (vgl. [35]) eingeführt, andererseits wird zunehmen Messtechnik angeboten, mit der auch bestehende Primärtechnik in den unteren Spannungsebenen ergänzt werden kann. Hier sind z. B. kompakte Module verfügbar, die alle Mess- und Kommunikationstechnik beinhalten und in Abgangsleisten von Stationen oder Kabelverteilerkästen eingesteckt werden können (vgl. [36]).

Die künftig verbauten intelligenten Messsysteme, vielfach auch weniger differenziert als Smart Meter bezeichnet, werden auch die Möglichkeit eröffnen, Netzzustandsinformationen zu erfassen und dem Netzbetreiber zur Verfügung zu stellen. Die Vielzahl an Messwerten aus dem Niederspannungsnetz kann zur Erkennung und Behebung von Netzengpasssituationen im Verteilnetz verwendet werden (vgl. [37]). Hierdurch werden die zusätzlichen Kosten, die für ein Verteilnetzautomatisierungssystem gegenüber konventionellem Netzausbau angesetzt werden müssen, deutlich sinken.

Neben konventioneller Sekundärtechnik spielen zunehmend Daten aus anderen Quellen eine Rolle bei der Betriebsführung von Stromnetzen. Durch die zunehmende

Ausstattung von Betriebsmitteln mit kostengünstigen Sensoren z. B. zur Überwachung von Temperatur, Viskosität und Feuchtigkeitsgehalt von Transformatoren (vgl. [38]), verbunden mit neuen Übertragungsmöglichkeiten wie der LoRaWAN-Technologie, stehen künftig große Datenmengen zur Verfügung. Neben klassischen Messungen elektrischer Größen bestehen auch Ansätze, Netzzustandsinformationen aus anderen Datenquellen anzureichern. So wird z. B. versucht, mittels Temperaturmessungen in Kabelverteilerschränken Rückschlüsse auf die Auslastung zu ziehen (vgl. [39]) oder Wolkenzugkameras für eine hochlokale Ultrakurzfristprognose von Photovoltaik-Einspeisungen einzusetzen (vgl. [40]).

12.2.1.2 Datenübertragung

Die Übertragung von Messwerten von im Feld weit verteilten Sensoren stellt eine besondere Herausforderung dar. Bislang wird für die Datenübertragung häufig öffentlicher Mobilfunk eingesetzt. Teilweise können damit die Anforderungen an die Verfügbarkeit aber nicht erfüllt werden. Insbesondere Anforderungen zur Schwarzfallfestigkeit der Kommunikationsstrecke erfordert dann den Wechsel auf andere Technologien.

Für die Kommunikation innerhalb eines Netzabschnittes, wie z. B. im Falle von dezentralen Sensoren im Niederspannungsnetz zu einer zentralen Einheit in der Ortsnetzstation, wird auch Powerline eingesetzt. Hierbei wird das Datensignal direkt auf das Stromkabel moduliert (vgl. [41]).

Für Sensorik mit niedrigeren Anforderungen an Verfügbarkeit, Datenvolumen und Latenz werden zunehmend auch LoRaWAN-Netze eingesetzt, die zum Teil auch durch Verteilnetzbetreiber selbst betrieben werden (z. B. [42]).

Für Anwendungen mit hohen Anforderungen wird künftig die Möglichkeit bestehen, ein eigenes LTE450 MHz-Netz zu verwenden. Hierbei werden die Vorteile der aus dem öffentlichen Mobilfunk bekannten LTE-Technologie (z. B. Übertragungsgeschwindigkeit) mit den Vorteilen eines privaten, selbstbetriebenen Netzes kombiniert (z. B. Möglichkeit der Schwarzfallfestigkeit, selbst definierbare Verfügbarkeit).

12.2.1.3 Verteilnetzautomatisierungssysteme

Die durch zusätzliche Messtechnik im Nieder- und Mittelspannungsnetz erfassten Messwerte müssen gemeinsam mit Informationen zu Netzparametern und Kabelparametern in Echtzeit zu Netzzustandsinformationen verarbeitet werden. Aus diesem Netzabbild kann ein Verteilnetzautomatisierungssystem dann Regelungsbefehle ableiten, womit Betriebsmittelüberlastungen und Spannungsbandverletzungen verhindert oder behoben werden können. Solche Verteilnetzautomatisierungssysteme können entweder zentral, angelehnt oder vollintegriert an bestehende Leitsysteme oder als autarke dezentrale Systeme direkt im Feld ausgeführt werden.

Hierzu sind Systeme in den unterschiedlichsten Ausprägungen entstanden – von der isolierten Regelung eines rONT über Systeme, die ein gesamtes Niederspannungsnetz überwachen und regeln bis hin zu übergreifenden Systemen für die Nieder- und Mittelspannungsebene (z. B. in [43, 44]). Langfristig wird aufgrund der künftig größeren Flexibilität auf der Last- und Einspeiseseite eine Koordination über alle Spannungsebenen erforderlich sein – ob in einem zentralen System oder in dezentralen agentenbasierten Systemen (vgl. [45]).

Ein wichtiger Einflussfaktor auf die Aufnahmefähigkeit für Einspeisung aus Erneuerbaren Energien ist die gewählte Netztopologie. Bislang werden in der Regel statische Topologien, in der Mittelspannungsebene überwiegend offene Halbringe mit einer Trennstelle, bereits in der Planungsphase festgelegt. Ändert sich die Versorgungsaufgabe mittelfristig z. B. durch den Zubau von erneuerbaren Energien, kann die einmalige Verlagerung der Trennstelle eine Lösungsoption sein. Wird die Topologie des Netzes nicht nur einmalig geändert, sondern unter Umständen sogar in Abhängigkeit der Belastungssituation, kann die Aufnahmefähigkeit der Netze deutlich erhöht werden. Die Voraussetzung hierfür ist die Überwachung des Netzzustandes in Echtzeit und die zentrale Regelung der Schaltaktoren in einem Verteilnetzautomatisierungssystem. Aber auch neue Verfahren für andere Topologien und höhere Vermaschungsgrade können die Aufnahmefähigkeit erhöhen (vgl. [46, 47]).

12.2.1.4 Netzdatenaufbereitung

Für die meisten Verteilnetzbetreiber besteht zu Beginn von Projekten zur Einführung von Verteilnetzautomatisierungssystemen (Smart Grid) eine große Herausforderung darin, die benötigten Netzdaten und -informationen geeignet zur Verfügung zu stellen und diese bereinigt zu kombinieren. Es werden in der Regel Informationen zu Netztopologie und Kabel- sowie Leitungsparameter benötigt. Darüber hinaus sind häufig auch die aktuellen Schalterstellungen erforderlich, die nicht überall zentral zur Verfügung stehen. Werden auch Last- und Erzeugungsdaten benötigt, müssen diese erst mit dem Netzmodell in Verbindung gebracht werden – hier besteht nicht immer bereits eine eindeutige Zuordnung. Untersuchungen zufolge hat erst ein Drittel der Netzbetreiber Netzdaten bis zur Niederspannungsebene bereits vollständig digitalisiert (vgl. [48]), weshalb mitunter größerer Aufwand in der Datenbereinigung erforderlich ist.

Liegen die Netzdaten und -informationen noch nicht harmonisiert vor, ermöglichen unterschiedliche Anbieter[1] die Aufbereitung und Verschneidung der Netzdaten aus GIS-Systemen, Stammdaten, Netzdaten aus Planungs- und Asset Management-Systemen mit Daten aus Netzleitsystemen zu Netzmodellen in den standardisierten Formaten CIM oder CGMES.

1 Exemplarisch seien hier Envelio (vgl. [49]) oder NETZlive der Netze BW (vgl. [50]) genannt.

12.2.2 Übergreifende Betrachtung von Digitalisierung – Use-Cases

Die neuen Möglichkeiten der Digitalisierung im Verteilnetzbetrieb können dabei helfen, den Herausforderungen zu begegnen. Unter Digitalisierung wird an dieser Stelle die gesamte Kette aus Erfassung, Übertragung, Verwaltung, Analyse und Nutzung von Daten für einen Use Case verstanden. Ein solcher Anwendungsfall beschreibt dabei stets die Unterstützung bei einer existierenden oder zukünftigen Aufgabe im Verteilnetzbetrieb durch Digitalisierungsmaßnahmen. Es lassen sich vielfältige Use Cases insbesondere in den Funktionsbereichen Netz- und Betriebsführung, Netzplanung, Asset Management und Messstellenbetrieb identifizieren. Eine Auswahl an Use Cases ist in Abbildung 12.5 dargestellt.

Abb. 12.5: Übersicht exemplarischer Use Cases.

Auch wenn sich die Use Cases je nach Funktionsbereich prinzipiell unterscheiden, werden jedoch oftmals gleiche oder ähnliche Daten als Ausgangsbasis benötigt. Es stecken daher große Synergiepotentiale in den Bereichen Erfassung, Übertragung und Verwaltung der Daten. Die Use Cases im technischen Netzbetrieb benötigen in der Regel Stammdaten zum Netz (Betriebsmitteldaten) und aktuelle Messwerte als Ausgangsbasis. Während sich bei den Stammdaten hauptsächlich Fragen bezüglich der Schnittstellen zwischen den existierenden Systemen sowie zur Datenqualität stellen, fehlt es insbesondere auf der Niederspannungsebene noch an einer umfassenden und kontinuierlichen Erfassung der Messdaten durch entsprechende Sensorik, die exemplarisch in Abbildung 12.6 dargestellt ist. An dieser Stelle setzen aktuell viele Verteilnetzbetreiber an, um die Lücke in der Netztransparenz durch die systematische Ausbringung von Mess- und Übertragungstechnik auf Niederspannungsebene langfristig zu schließen.

Jeder zu betrachtende Use Case basiert auf der Überwachung unterschiedlicher Zustände bzw. Ereignisse, welche wiederum durch verschiedene Messgrößen erfasst werden können. Abbildung 12.7 zeigt exemplarisch die Messgrößen zur Überwachung der relevanten Zustände beim Online-Leistungsflussmonitoring.

Viele Projekte fokussieren sich im Kern auf den Einsatz von Mess- und Übertragungstechnik in Netzstationen (Ortsnetz- und Kundenstationen) für unterschiedliche

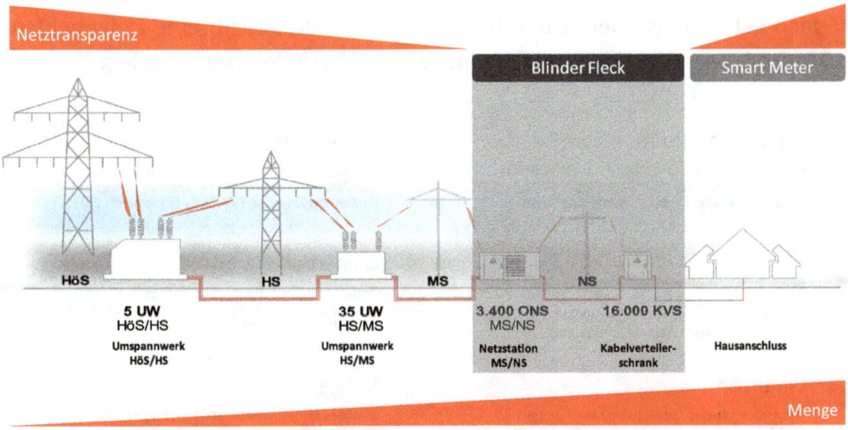

Abb. 12.6: Transparenz der Zustände im Netz.

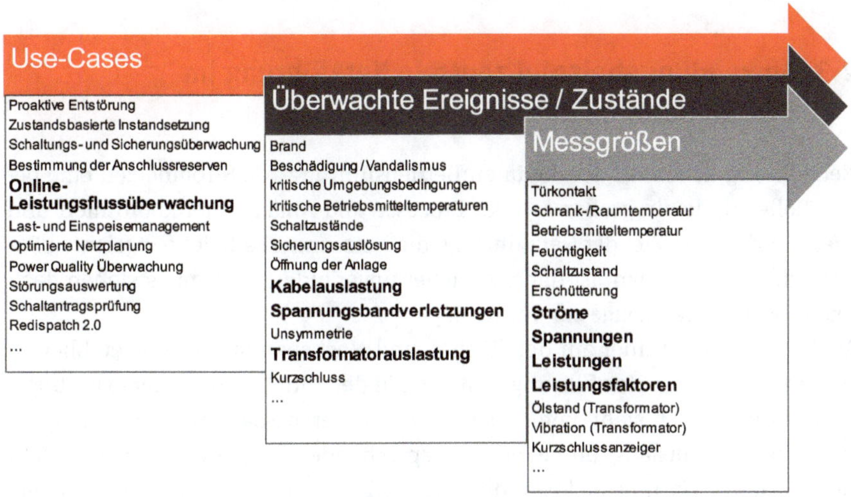

Abb. 12.7: Differenzierung zwischen Use Cases, Zuständen/Ereignissen und Messgrößen.

Use Cases. Die damit verbundenen Fragestellungen lassen sich allerdings nicht losgelöst vom Thema IT-Konzept und IKT unter Berücksichtigung der Informationssicherheit beantworten. Zudem muss eine Einbettung in die übergreifende Netzstrategie (Asset Management) erfolgen, und die Schnittmengen mit Messkonzepten in anderen Netzanlagen müssen berücksichtigt werden.

Durch ganzheitliche Digitalisierungskonzepte wird sichergestellt, dass die Use Cases aus den unterschiedlichen Funktionsbereichen umfassend betrachtet und berücksichtigt werden, so dass der größtmögliche Nutzen aus der Sensorik im Feld gezogen wird (siehe Abbildung 12.8). Hierzu sollten abgestimmte Grundsatzentscheidungen zu Standards bei der Mess- und Übertragungstechnik, zur IKT-Architektur und zu

IT-Systemen getroffen werden. Hierdurch wird die Grundlage für eine zielgerichtete und zukunftssichere Digitalisierungsstrategie in der Verteilnetzebene gelegt.

Abb. 12.8: Qualitativer Nutzen von Digitalisierungsmaßnahmen in der Verteilnetzebene.

12.2.3 Anwendungsbeispiel zentrale Netzführung im Niederspannungsnetz

Der Netzführung kommt in der digitalen Betriebsführung von Stromnetzen eine besondere Rolle zu, da ein großer Teil der Prozesse und Abläufe hier koordiniert und gesteuert werden. Das Ziel der Netzführung, die Netze innerhalb der festgelegten Parameter stabil zu betreiben, ist dabei sei jeher unverändert, allerdings stehen dazu zahlreiche weitere Werkzeuge zur Verfügung.

Auch werden die früher auf der Höchst- und Hochspannungsebene etablierten Verfahren zur zentralen Netzführung nun auch in der Mittel- und Niederspannungsebene eingeführt. Es entsteht damit auch auf den unteren Spannungsebenen, deren Spannungshaltung bislang durch eine entsprechende Netzplanung sichergestellt wurde und deren Wartungs-, Instandhaltungs-, Bau- und Entstörprozesse weitgehend dezentral verantwortet und koordiniert wurden, ein Netzabbild in Echtzeit. Dieses Netzabbild, als Kombination aus Topologiedaten, gemessenen oder manuell nachgeführten Schaltzuständen und einer Vielzahl von Sensoren und Messwerten, ermöglicht einerseits eine Regelung von Erzeugungs- und Verbrauchsanlagen mit dem Ziel, die bestehende Infrastruktur aufgrund von Echtzeitinformationen weiter auslasten zu können, ohne Betriebsmittelgrenzen zu verletzen, und andererseits eine zentrale Koordination von Arbeiten und Schaltmaßnahmen (vgl. [51]).

12.2.3.1 Netzplanung

Die Netzplanung erfolgt bislang auf Basis von vereinzelten Messungen wie aggregierten Schleppzeigerwerten oder einzelnen Messungen über Tage oder Wochen und Annahmen wie Standardlastprofilen. Liegen nun konkrete Messwerte aus dem Netz vor, können diese einerseits aggregiert für die Aktualisierung von Planungs- und Betriebsgrundsätzen verwendet und andererseits für konkrete Planungsaufgaben genutzt werden (z. B. Netzanschlussprüfung von Ladesäulen für Elektromobilität).

12.2.3.2 Engpassmanagement für vorgelagerte Netzbetreiber

Mit dem neuen planwertbasierten Prozess des Redispatch 2.0 wird das klassische Einspeisemanagement und konventionelles Redispatch ersetzt. Die Verteilnetzbetreiber müssen dazu in der Lage sein, flexible Anlagen, die im eigenen Netzgebiet angeschlossen sind, auf Aufforderung des vorgelagerten Netzbetreibers anzusteuern. Hierbei ist sicherzustellen, dass dadurch keine Engpässe im eigenen Netzbereich verursacht werden.

Definition Redispatch 2.0. Im Netzausbaubeschleunigungsgesetz (NABEG 2.0) wurde festgelegt, dass der konventionelle Redispatch von großen Kraftwerken mit dem Einspeisemanagement Erneuerbarer Energien zusammengelegt wird. In einem plan-wertbasierten Prozess können Netzbetreiber prognostizierte Engpässe durch die Anpassung von Anlagenfahrplänen vermeiden. Neu sind dabei insbesondere der bilanzielle Ausgleich, der durch den zeitlichen Vorlauf ermöglicht und von den Netzbetreibern vorgenommen werden muss und die Erweiterung auf Anlagen ab 100 kW installierter Leistung.

Bislang wird üblicherweise die planerische Prämisse, dass das eigene Netz in allen Situationen engpassfrei ist, zugrunde gelegt und alle Anlagen werden dem vorgelagerten Netzbetreiber als verfügbar gemeldet. Über die Erfassung von Messwerten aus der Niederspannung kann diese Annahme künftig verifiziert werden beziehungsweise Anlagen in zumindest zeitweise engpassbehafteten Netzabschnitten als nichtverfügbar gemeldet werden.

12.2.3.3 Engpassmanagement im eigenen Netz

Da sich die künftige Versorgungsaufgabe insbesondere durch den rapiden Zubau von Ladesäulen für Elektrofahrzeuge, Wärmepumpen und Batteriespeicher in einer Zeitspanne ändern kann, die in der konventionellen Netzplanung und Netzstrategie nicht abbildbar ist, werden mindestens für einen Übergangszeitraum, bis im betroffenen Netzgebiet die Netzkapazität durch konventionellen Netzausbau ertüchtigt worden ist, innovative Technologien zum Engpassmanagement benötigt.

Darüber hinaus deuten aber auch zahlreiche Untersuchungen, Studien und Forschungsprojekte an, dass mit einem aktiv überwachten und geführten Nieder- und Mittelspannungsnetz ein signifikanter Anteil des Netzausbaubedarfes reduziert werden kann (vgl. [52–55]). Durch die Kombination von im Netz verteilten Messwerten mit Netztopologiedaten kann somit die Auslastung des bestehenden Netzes in Echtzeit ermittelt und basierend auf diesem Netzzustand geregelt werden. Somit kann die bestehende Infrastruktur besser ausgelastet werden.

12.2.3.4 Arbeitssicherheit

Für die Mittelspannung übernimmt die Netzführung die Koordination von geplanten Arbeiten und ungeplanten Entstörungen durch eine zentrale Schaltantragsverwaltung und den in der Netzführungsrichtlinien festgelegten Regelungen zur Vergabe von Verfügungen über Netzteile. In der Niederspannungsebene fehlt ein vergleichbares Verfahren bislang, hier erfolgt die Netzführung in der Regel dezentral durch die Betriebsbereiche.

Durch eine zentrale Koordination von allen Arbeiten im Niederspannungsnetz mit einer automatischen Freigabe von Verfügungen über Netzteile könnten potenziell gefährliche Kollisionen von Arbeiten automatisch erkannt, der Schaltzustand des Netzes in Echtzeit übermittelt und alle Arbeiten zentral dargestellt werden. Durch eine Einbindung in das System zur Niederspannungsnetzführung können auch Kollisionen zwischen planbarem Geschäft und Entstörungstätigkeiten erkannt werden.

12.2.3.5 Proaktive Störungserkennung

Durch die Erfassung von Messwerten in der Niederspannungsebene können Störungen schneller erkannt und geeignete Entstörungsmaßnahmen proaktiv eingeleitet werden. Bis auf wenige Ausnahmen ist bei den meisten Netzbetreibern bislang der Kunde der einzige Sensor in der Niederspannung. Er meldet einen Stromausfall, sobald er ihn bemerkt, und setzt damit den Entstörprozess in Gang. Wird durch die Erfassung von Messwerten ein Stromausfall detektiert, kann die Entstörung im Interesse des Kunden nicht nur schneller begonnen werden, sondern gegebenenfalls kann der Störungsort und -umfang bereits eingegrenzt werden, um die weiteren Maßnahmen zu disponieren. Zur Störungserkennung können sowohl durch batteriegepufferte Sekundärtechnik erfasste Messwerte herangezogen werden als auch Kommunikationsunterbrechungen zu intelligenten Messsystemen.

12.2.3.6 Prognose des Netzzustandes ermöglicht Flexibilitätsmärkte

Über die Kenntnis des Netzzustandes des Mittel- und Niederspannungsnetzes in Echtzeit hinaus wird anhand der Netzdaten und der erfassten Messwerte auch erstmals eine zeitlich und räumlich hochaufgelöste Prognose des Netzzustandes möglich. Diese ist die Basis, um die bisherigen echtzeitbasierten Regelungsverfahren um planwertbasierte Verfahren zu erweitern. Somit wird die Regelung von Erzeugern und Verbrauchern bei einem erkannten Netzengpass (z. B. [56, 57]) erweitert um Möglichkeiten, auch Kundenanlagen in die Regelung einzubeziehen, bei denen ein direkter steuernder Zugriff des Netzbetreibers durch den Kunden nicht gewünscht ist. Durch Netzzustandsprognosen entsteht der notwendige Vorlauf, um das Engpassmanagement über einen Flexibilitätsmarkt abbilden zu können.

Das präventive Auflösen von prognostizierten Engpasssituationen im Verteilnetz – sowohl zur Vermeidung von Spannungsbandverletzungen als auch von Betriebsmittelüberlastungen – ist Teil zahlreicher Konzepte für die sogenannte gelbe Ampelphase des BDEW-Ampelmodells (z. B. [58–60]). Hierbei soll in unterschiedlicher Ausprägung ein lokaler oder regionaler Flexibilitätsmarkt entstehen, an welchem Leistungsänderungen auktioniert werden, welche in Analogie zum Regelleistungsmarkt für die Systemdienstleistung Frequenzhaltung, den prognostizierten Engpass im Verteilnetz vermeiden.

In mehreren wichtigen Punkten unterscheiden sich die Anforderungen regionaler Flexibilitätsmärkte aber grundlegend vom Regelleistungsmarkt. Einerseits spielt der Ort der Leistungserbringung eine entscheidende Rolle. Während die Anlage sich für den Regelleistungsmarkt lediglich in der jeweiligen Regelzone des Übertragungsnetzbetreibers befinden muss, muss sie sich am regionalen Flexibilitätsmarkt nur im betroffenen Netzaggregationsbereich befinden – der insbesondere in der Nieder- und Mittelspannungsebene mitunter sehr klein sein kann.

Zur Erstellung von Netzzustandsprognosen wurden vielfältige Verfahren vorgestellt, so unter anderem von Stephan beschrieben (vgl. [61]). Aufgrund der großen Anzahl möglicher Akteure und der räumlichen Segmentierung der Marktbereiche ist eine durchgehende Digitalisierung und Automatisierung der Handels- und Regelungsprozesse eine zwingende Voraussetzung zur Erschließung und Nutzung dieser Flexibilität (vgl. [62]).

12.3 Zusammenfassung und Ausblick

Die Betriebsführung von Stromverteilnetzen wird durch die Dekarbonisierung der Stromerzeugung und perspektivisch auch aller anderen Sektoren mit einer weiteren Elektrifizierung oder Kopplung von Anwendungen (insbesondere Wärme und Verkehr) vor große Herausforderungen gestellt. Durch die dargebotsabhängig einspeisenden Erneuerbaren Energien einerseits und die große Flexibilität auf der Lastseite andererseits müssen insbesondere die Verteilnetze gänzlich neue Versorgungssituationen meistern. Hierzu stehen mittlerweile innovative Betriebsmittel wie rONT oder Längsregler zur Verfügung, außerdem zahlreiche Verteilnetzautomatisierungssysteme, die einerseits Messdaten aus der Nieder- und Mittelspannungsebene aufnehmen, zu einem Netzzustand in Echtzeit verarbeiten und bei Grenzwertverletzungen regelnd eingreifen können.

Die Komplexität der Netzführung nimmt dabei deutlich zu, insbesondere ist der Umfang von notwendigen Datenaustauschen mit vor- und nachgelagerten Netzbetreibern stark gestiegen. Zusätzlich zu den bisherigen Schaltmöglichkeiten im eigenen Netz wird künftig in planwertbasierten Verfahren eine große Anzahl von flexiblen Verbrauchern und Einspeisern koordiniert werden müssen. In der digitalisierten Betriebsführung von Stromverteilnetzen werden viel mehr Kompetenzen im Bereich Konzeption, Entwicklung und Betrieb von IT-Systemen und der Auswertung zunehmend großer Datenmengen benötigt.

Auch künftig wird die Aufrechterhaltung der hohen Versorgungsqualität und Versorgungszuverlässigkeit der elektrischen Energieversorgung, und damit auch der dafür notwendigen IT-Systeme, an erster Stelle stehen.

Literaturverzeichnis

[1] Petermann, T., Bradke, H., Lüllmann, A., Poetzsch, M. und Riehm, U. (2011). Büro für Technikfolgen-Abschätzung beim Deutschen Bundestag (TAB). Was bei einem Blackout geschieht: Folgen eines langandauernden und großräumigen Stromausfalls.

[2] Möhrke, F. (2021). Auswirkungen der Energiewende auf die Zuverlässigkeit von Nieder- und Mittelspannungsnetzen.

[3] Kamps, K. (2021). Auswirkungen von Smart-Grid-Technologien auf die Zuverlässigkeit von Mittel- und Niederspannungsnetzen.

[4] Bundesnetzagentur. Kennzahlen der Versorgungsunterbrechungen Strom. https://www.bundesnetzagentur.de/DE/Fachthemen/ElektrizitaetundGas/Versorgungssicherheit/Versorgungsunterbrechungen/Auswertung_Strom/start.html.

[5] DIN VDE 0105-100 (2009). Betrieb von elektrischen Anlagen – Teil 100: Allgemeine Festlegungen. Berlin: Beuth Verlag.

[6] Bundesnetzagentur (2022). Monitoringbericht 2021, Seite 38.

[7] Bundesverband der Energie- und Wasserwirtschaft e. V. (2018). Diskussionspapier Netzbetrieb 2.0.

[8] Bundesverband der Energie- und Wasserwirtschaft e. V. (2022). Redispatch 2.0 – Branchenlösung im BDEW. https://www.bdew.de/energie/redispatch-20/.

[9] Stötzel, M. (2018). Strategische Ressourcendimensionierung von Netzleitstellen in Verteilungsnetzen.

[10] 50,2 „Fernzugriff auf Smartphone-Kamera für effizientere Entstörprozesse" (2020). https://www.50komma2.de/?p=17493.

[11] Fehlersuche aus der Luft – Drohneneinsatz bei Avacon. https://www.avacon.de/de/fuer-kommunen/online-services-region/themenportal/digitalisierung/fehlersuche-aus-der-luft.html.

[12] Technische Daten Stromverteilnetz Hamburg (2014). https://www.hamburg.de/contentblob/4272948/4abb8d978b2aa95aeaf09d153c75c9eb/data/technische-daten-stromverteilnetz-hamburg-20-02-2014.pdf.

[13] Verband der Elektrotechnik Elektronik Informationstechnik e. V. (2022). VDE-AR-N 4143-1: Sicherheit in der Stromversorgung – Teil 1: Krisenmanagement des Netzbetreibers.

[14] RP Online (2021). Darum sind Mobilfunk und Festnetz vielerorts zusammengebrochen. https://rp-online.de/wirtschaft/unwetter-warum-die-netze-von-telekom-und-vodafone-zusammenbrachen_aid-61475585.

[15] Heuck, K., Dettmann, K.-D. und Schult, D. Elektrische Energieversorgung. 8. Auflage, Seite 508.

[16] Bundesverband der Energie- und Wasserwirtschaft e. V. Energiemarkt in Deutschland. https://www.bdew.de/media/documents/BDEW_Energiemarkt_Deutschland_2020.pdf.
[17] Bundesverband der Energie- und Wasserwirtschaft e. V. https://www.bdew.de/presse/presseinformationen/fast-zwei-millionen-erneuerbare-energien-anlagen/.
[18] Mieterstrom aus Photovoltaikanlagen wird endlich attraktiv. https://www.vaillant-group.com/news-center/ish-2019/mieterstrom-aus-photovoltaikanlagen-wird-endlich-attraktiv-1439093.html.
[19] Ladeflatrates im großen Vergleich. https://insta-drive.com/de/blog/ladeflatrates-im-grossen-vergleich/.
[20] https://de.statista.com/statistik/daten/studie/1078876/umfrage/anzahl-installierter-solarstromspeichern-in-deutschland/#:~:text=Im%20Jahr%202020%20waren%20in,hierzulande%20noch%205.000%20Solarstromspeicher%20gez%C3%A4hlt.
[21] https://de.statista.com/statistik/daten/studie/277558/umfrage/ladestationen-fuer-elektroautos-in-deutschland/.
[22] https://de.statista.com/statistik/daten/studie/217750/umfrage/absatz-von-heizungswaermepumpen-in-deutschland/.
[23] Umweltbundesamt (2019). Integration erneuerbarer Energien durch Sektorkopplung – Analyse zu technischen Sektorkopplungsoptionen.
[24] Scorza, S. A., Pfeiffer, J., Schmitt, A. und Weissbart, C. (2018). Kurz zum Klima – Sektorkopplung – Ansätze und Implikationen der Dekarbonisierung des Energiesystems, ifo Schnelldienst 10/2018, 49–53. 25 Bundesministerium für Wirtschaft. „Zeitreihen zur Entwicklung der erneuerbaren Energien in Deutschland“, Stand September 2021. https://www.erneuerbare-energien.de/EE/Navigation/DE/Service/Erneuerbare_Energien_in_Zahlen/Zeitreihen/zeitreihen.html.
[25] Bundesministerium für Wirtschaft (2021). Zeitreihen zur Entwicklung der erneuerbaren Energien in Deutschland, Stand September 2021. https://www.erneuerbare-energien.de/EE/Navigation/DE/Service/Erneuerbare_Energien_in_Zahlen/Zeitreihen/zeitreihen.html.
[26] bayern innovativ (2021). Reallabor „Unite E“ erforscht netzdienliche Integration der E-Mobilität. bayern-innovativ.de/seite/unit-e2-reallabor-fuer-vernetzte-e-mobilitaet.
[27] Ries, J., Reinhold, C., Engel, B. und Roos, M. (2020). Prosumer im Netzbetrieb der Zukunft.
[28] Ernst & Young GmbH und B E T Büro für Energiewirtschaft und technische Planung GmbH (2019). Gutachten Digitalisierung der Energiewende, Topthema 2: Regulierung, Flexibilisierung und Sektorkopplung.
[29] Öko-Institut e. V. (2019). Chancen und Risiken der Digitalisierung für eine nachhaltige Energiewirtschaft.
[30] Thyen, E. Die Blockchain im energiewirtschaftlichen Einsatz – der Wuppertaler Tal.Markt. In Doleski, O. D. (Hrsg.) Realisierung Utility 4.0 Band 2, 41–49.
[31] Amprion GmbH. Frequenzabweichungen beim Stundenhandel – Phänomen zur vollen Stunde. https://www.amprion.net/Netzjournal/Beitr%C3%A4ge-2021/Ph%C3%A4nomen-zur-vollen-Stunde.html.
[32] Ohrem, S., Telöken, D. und Knop, T. (2015). Die verschiedenen Ampelkonzepte – Herausforderungen und Folgen für Verteilnetzbetreiber. In ETG-Fachtagung “Von Smart Grids zu Smart Markets”.
[33] Apel, R., Berg, V., Fey, B., Geschermann, K., Glaunsinger, W., Scheven, A., von Stötzer, M. und Wanzek, S. (2014). Regionale Flexibilitätsmärkte – Marktbasierte Nutzung von regionalen Flexibilitätsoptionen als Baustein zur erfolgreichen Integration von erneuerbaren Energien in die Verteilnetze.
[34] Claus, J., et al. (2016). Einsatz Elektronisch Regelbarer 10 kV-/20 kV-Ortsnetztransformatoren (ERT) zur Einhaltung des Spannungsbandes sowie der Energieflussoptimierung im Smart Grid. In Tagungsband zum 15. Symposium Energieinnovation.

[35] Czeschka, D. (2017). Spannungshaltung in Niederspannungsnetzen: Strangregler versus Batteriespeicher. https://doi.org/10.34726/hss.2017.40412.
[36] ew Magazin für Energiewirtschaft (2020). Intelligenz im Kabelverteiler. https://www.energie.de/ew/news-detailansicht/nsctrl/detail/News/intelligenz-im-kabelverteiler.
[37] Azad, S. (2019). Use of intelligent metering systems to optimize the network state estimation in the distribution network 4.0. In International ETG-Congress 2019.
[38] Munich RE. IoT-gestützte Wartung von Transformatoren – Munich Re sichert Verfügbarkeitsgarantie ab. https://www.munichre.com/topics-online/de/digitalisation/internet-of-things/iot-supported-maintenance-of-transformers.html.
[39] 50,2 online (2021). Strategisch digitalisiert. https://www.50komma2.de/?p=24703.
[40] Fraunhofer Institut für Solare Energiesysteme ISE. Kurzfristprognose der PV-Leistung mit Wolkenkameras. https://www.ise.fraunhofer.de/de/geschaeftsfelder/photovoltaik/photovoltaische-module-und-kraftwerke/solare-einstrahlungs-und-leistungsprognose/kurzfristprognose-der-pv-leistung-mit-wolkenkameras.html.
[41] Galli, S., Scaglione, A., Wang, Z., et al. (2011). For the Grid and Through the Grid: The Role of Power Line Communications in the Smart Grid. Proc. IEEE 99(6), 998–1027.
[42] stadt+werk (2019). Smart Grid – Netze in Balance. https://www.stadt-und-werk.de/meldung_31916_Netze+in+Balance.html.
[43] Harnisch, S. (2019). Planung von ländlichen Niederspannungsnetzen mit innovativen Lösungsoptionen.
[44] Steffens, P. (2018). Innovative Planungsgrundsätze für ländliche Mittelspannungsnetze.
[45] Ludwig, M. (2020). Automatisierung von Niederspannungsnetzen auf Basis von Multiagentensystemen.
[46] Wolter, D. (2019). Moderne Topologiekonzepte für moderne Mittelspannungsnetze.
[47] Wesenstein, M. und Wellßow, W.-H. (2021). Vermaschungsgrad der Verteilnetze in Deutschland.
[48] B E T Büro für Energiewirtschaft und technische Planung GmbH (2021). Impulspapier Zukunft Verteilnetzbetreiber.
[49] envelio GmbH. Intelligent Grid Platform. https://envelio.com/de/igp.
[50] NetzeBW GmbH. #NETZlive. https://www.netze-bw.de/unsernetz/netzinnovationen/digitalisierung/netzlive/.
[51] Schunk, J., Günther, D., Stacker, A., Schlabitz, K., Weigt, E. und Slomski, H. (2020). Low-voltage operation in Berlin. In Proceedings of the 2020 CIRED Workshop.
[52] Blaufuß, C. (2021). Einbindung netzdienlicher Betriebsweisen dezentraler Erzeugungsanlagen in die rechnergestützte Netzoptimierung zur Minimierung des Netzausbaubedarfs. E&I, Elektrotech. Inf.tech. 138, 538–546.
[53] Kellermann, J., Larscheid, P. und Moser, A. (2016). Auswirkungen unterschiedlicher Einspeisemanagementkonzepte auf den Netzausbaubedarf in der Verteilnetzebene. In Tagungsband zum 14. Symposium Energieinnovation.
[54] ef.Ruhr (2021). IAEW der RWTH Aachen und Bergische Universität Wuppertal. Gutachten zur Weiterentwicklung der Strom-Verteilnetze in Nordrhein-Westfalen auf Grund einer fortschreitenden Sektorenkopplung und neuer Verbraucher.
[55] Kornrumpf, T. (2019). Bewertung von Flexibilitätsoptionen in Mittelspannungsnetzen.
[56] Steinbusch, P. (2021). Adaptive, aufwandsminimale und fehlerrobuste Automatisierung von Niederspannungsnetzen.
[57] Korotkiewicz, K. (2021). Koordinierte, teilautarke Regelung von Mittelspannungsnetzen unter Einsatz dezentraler Automatisierungslösungen.
[58] Kotthaus, K., Pack, S., Hermanns, J., Paulat, F., Meese, J., Zdrallek, M., Raczka, S., Neusel-Lange, N. und Schweiger, F. (2019). Local flexibility markets: an economic solution for the upcoming influence of electrical charging station penetration. In Proceedings of the 25th International Conference on Electricity Distribution (CIRED 2019).

[59] Exner, C., Frankenbach, M.-A., von Haken, A., Höck, A. und Konermann, M. (2020). A practical implementation of the management of local flexible generation and consumption units using a quota-based grid traffic light Approach. In Proceedings of the 2020 CIRED Berlin Workshop Online.

[60] Goldkamp, P. und Schallenberg, J. Probleme lösen bevor sie entstehen: Lokale Flexibilitätsmärkte. In Doleski, O. D. (Hrsg.) Realisierung Utility 4.0 Band 1.

[61] Stephan, J. (2021). Modulare Netzzustandsprognosen für Mittel- und Niederspannungsnetze.

[62] Bauer, D., Hieronymus, A., Kaymakci, C., et al. (2021). Wie IT die Energieflexibilitätsvermarktung von Industrieunternehmen ermöglicht und die Energiewende unterstützt. HMD, Prax. Wirtsch.inform. 58, 102–115. https://doi.org/10.1365/s40702-020-00679-8.

Kurzvitae

Dr. Jan Meese hat an der Bergischen Universität Wuppertal Elektrotechnik studiert und zu dem Thema "Dynamische Stromtarife zur Erschließung von Flexibilität in Industrieunternehmen" promoviert. Jan Meese verantwortet bei der RheinEnergie AG den Betrieb der Strom-, Gas-, Wasser- und Fernwärmenetze.

Dr. Tobias Kornrumpf hat nach der Ausbildung zum Elektroniker für Betriebstechnik bei der Siemens AG und dem Studium der Elektrotechnik an der HTWK Leipzig am Lehrstuhl für Elektrische Energieversorgungstechnik in Wuppertal promoviert. Als wissenschaftlicher Mitarbeiter hat er sich dort insbesondere mit der Planung von Verteilnetzen unter Berücksichtigung von Flexibilitätsoptionen beschäftigt. Tobias Kornrumpf ist Leiter der Querverbundleitstelle der RheinEnergie AG. Zu seinem Verantwortungsbereich gehört die Netzführung und das Entstörungsmanagement der Energie- und Wasserversorgung sowie der Betrieb und die Weiterentwicklung der Netzleittechnik.

Franziska Heidecke

13 Digitalisierung und Innovation: Wie Verteilnetzbetreiber organisatorische und technologische Synergien ganzheitlich nutzen

Zusammenfassung: Die Energiewende findet im Verteilnetz statt. Dieser Satz ist schon an vielen Stellen gefallen. Aber was genau bedeutet er, welche Herausforderungen gehen damit einher, und wie können sich die Verteilnetzbetreiber für diese Aufgabe vorbereiten? Ist der technologische Blick auf die Veränderungen ausreichend, um die Gestaltung der zukunftsfähigen Verteilnetzinfrastruktur erfolgreich umzusetzen? Oder benötigt es einen weiteren Rahmen, der – zugegebenermaßen aus der reinen Ingenieursbrille betrachtet – nicht jedem gleich ins Auge fällt? Und wie wirken sich politische Rahmenbedingungen und -ziele aus? Diesen Fragestellungen wird auf den Grund gegangen. Des Weiteren werden Lösungsansätze skizziert, die als Ideenimpulse verstanden werden können und kein klassisches Kochrezept zum 1:1 darstellen sollen.

Schlagwörter: Change Management, Clusteranalyse, Digitalisierung, Elektromobilität, Energiesystem, Energieverteilung, Energiewende, Erneuerbare Energien, Fehlerkultur, Geschäftsfähigkeiten, Ideenkampagne, Innovation, Integration Erneuerbare Energien, Integration Elektromobilität, Innovationsmanagement, Klimaziele, Mitarbeiterakzeptanz, Mitarbeiterteilhabe, Mobilitätswende, Netzengpass, Organisation, Organisatorische Innovation, Steuern im Verteilnetz, Technologische Innovation, Transparenz im Verteilnetz, Vorgehensmodell, Zielbild, Zukunftstrends

13.1 Die Energiewende findet im Verteilnetz statt

In diesem Kapitel wird auf die Entwicklung der Erneuerbaren Energien in den letzten 20 Jahren sowie auf die politischen Entscheidungen damals und heute im Kontext der Energieversorgung eingegangen. Des Weiteren wird in diesem Zusammenhang der Blick auf das Verteilnetz gerichtet, und es wird definiert, welche Rolle dieses bei der Energiewende einnimmt.

Franziska Heidecke, ED Netze GmbH, Rheinfelden, Deutschland, e-mail: franziska.heidecke@ednetze.de

https://doi.org/10.1515/9783110753585-013

13.1.1 Vom Einstieg zum Klima-Umstieg

Der Einstieg in Erneuerbare Energien als Technologie zur Stromerzeugung begann in Deutschland bereits vor über zwei Jahrzenten. Des Weiteren hat die Bundesregierung Deutschland im Jahr 2011 den Atomausstieg (vgl. [1]) und im Jahr 2020 den Kohleausstieg (vgl. [2]) entschieden. Damit hat Deutschland sich nicht nur einen Einstieg, sondern einen ganzheitlichen Umstieg auf den Einsatz Erneuerbarer Energien (inklusive Berücksichtigung von Brückentechnologien) zum Ziel gesetzt. Auslöser für diese Entscheidungen ist unter anderem die weltweite Klimakrise, welche durch den Ausstoß schädlicher Treibhausgase stetig wächst, sowie die bis heute ungeklärten Fragen bei der Nutzung von Kernenergie wie beispielsweise fehlende Lösungskonzepte für die Endlagerung von radioaktiven Reststoffen.

In diesem Abschnitt wird die Entwicklung der Erneuerbaren Energien in Deutschland von 2000 bis 2020 betrachtet. Die Zahlen beziehen sich auf das Ende des angegebenen Jahres. Im Jahr 2000 waren insgesamt 12 GW (Gigawatt) Erneuerbare Energien in Deutschland installiert. Diese setzten sich aus 6,1 GW Windenergie an Land, 4,8 GW Wasserkraft und 1,1 GW sonstige Energieträger (u. a. Photovoltaik, Biogas, Biomethan, Geothermie) zusammen. Bis zum Jahr 2010 stieg die installierte Leistung aus Erneuerbaren Energien in Deutschland um den Faktor 4,7 auf 56,5 GW. Die Erzeugungsleistung aus Wasserkraft stieg um 0,6 GW auf 5,4 GW. Den größten Zubau verzeichnete in diesem Jahrzehnt die Windkraft an Land auf insgesamt 26,8 GW sowie die Photovoltaik auf 18 GW. Des Weiteren waren die ersten Windkraftanlagen auf See mit einer Leistung von 0,1 GW gebaut worden. Sonstige Energieträger (exklusive Photovoltaik) erreichten eine Leistung von 6,2 GW. In den Jahren 2010 bis 2020 wuchs die installierte Leistung der Erneuerbaren Energien in Deutschland um den Faktor 2,3 auf insgesamt 131,7 GW. Die Windkraft an Land und auf See erreichten im Jahr 2020 zusammen eine Leistung von 62,2 GW, gefolgt von der Photovoltaik mit 53,7 GW. Die Wasserkraft blieb unverändert bei 5,4 GW, währenddessen sonstige Energieträger auf 10,4 GW anstiegen (vgl. [3]).

Die beschriebene Entwicklung der installierten Leistung aus Erneuerbaren Energien in Deutschland ist in der nachfolgenden Tabelle 13.1 dargestellt.

Tab. 13.1: Installierte Leistung aus Erneuerbaren Energien in Deutschland in GW (vgl. [3])

Jahr	Wasserkraft	Windkraft an Land	Windkraft auf See	Photovoltaik	Sonstiges	Summe
2000	4,8	6,1	0	0,1	1	12
2010	5,4	26,8	0,1	18	6,2	56,5
2020	5,4	54,4	7,8	53,7	10,4	131,7

Insbesondere der Ausbau der Windkraft an Land ist 2018 bis 2020 ins Stocken geraten. Im Jahr 2018 wurden 2,2 GW, im Jahr 2019 0,9 GW und im Jahr 2020 1,2 GW Leistung aus

Windkraftanlagen an Land in Deutschland zugebaut. Dies summiert sich auf einen Zubau von 4,2 GW. In den drei Jahren davor (2015 bis 2017) ist mit 12,5 GW knapp dreimal so viel Leistung aus Windkraftanlagen an Land installiert worden (vgl. [3]). Insbesondere mit Blick auf den Atom- und Kohleausstieg ist der konstante Zubau Erneuerbarer Energien wichtig.

Wie bereits oben beschrieben, hat die Bundesregierung Deutschland 2020 den Kohleausstieg im Rahmen des Kohleausstiegsgesetzes entschieden. Dieser sollte bis spätestens 2038 vollzogen werden. Das Urteil des Bundesverfassungsgerichts aus dem Jahr 2021 zum Klimaschutzgesetz sowie die Anpassungen der EU-Klimaziele führten ebenfalls 2021 zu einer Novellierung des deutschen Klimaschutzgesetzes, welches einen früheren Kohleausstieg wahrscheinlich machte. In diesem Zuge hatte sich Deutschland das Ziel gesetzt, bis 2045 die Klimaneutralität zu erreichen (vgl. [4]). Diese Entscheidungen fielen in die 19. Legislaturperiode. Auch nach dem Regierungswechsel 2021 wurde der Umbau des Energiesektors hin zu einer klimaneutralen Energieversorgung nicht nur weiterbetrieben, sondern eine deutliche Tempozunahme bei der Substitution von Kohle- und Atomenergie durch Erneuerbare Energien beschlossen. Nachfolgend ist eine Auswahl an Zielen aus dem Koalitionsvertrag aufgeführt, welche insbesondere auf die Verteilnetze große Auswirkungen mit sich bringen.

- Mind. 15 Mio. vollelektrische Pkw bis 2030
- Steigender Bruttostrombedarf von 680–750 TWh im Jahr 2030 mit dem Ziel, davon 80 % aus Erneuerbaren Energien zu decken
- Ausbau Photovoltaik (PV) auf 200 GW bis 2030 (vgl. [5])

Welchen Platz nehmen die Verteilnetze und deren Betreiber bei der Energiewende ein, und welche Aufgaben müssen angegangen werden? Diese Fragen werden im nächsten Abschnitt beleuchtet.

13.1.2 Das Verteilnetz und seine Rolle bei der Energiewende

Das Stromnetz ist aufgeteilt in das Übertragungs- und das Verteilnetz. Während die Höchstspannungsebene (HöS) dem Übertragungsnetz zugeordnet ist, zählen die Hoch-, Mittel- und Niederspannungsebenen zum Verteilnetz. Insgesamt gibt es in Deutschland vier Übertragungsnetzbetreiber sowie über 800 Verteilnetzbetreiber. In diesem Abschnitt wird die Rolle des Verteilnetzes im heutigen und zukünftigen Energiesystem beschrieben und die Frage beantwortet, warum die Energiewende im Verteilnetz stattfindet.

Bis Ende 2019 waren insgesamt 1,92 Mio. erneuerbare Energieanlagen in Deutschland installiert. Davon zählten 1,87 Mio. Anlagen zum Energieträger aus solarer Strahlungsenergie (Photovoltaik), welche Ende 2019 eine installierte Leistung von 49 GW darstellten. Davon speiste eine installierte Leistung in Höhe von 0,1 GW ins Übertragungsnetz ein. Der Großteil der installierten Photovoltaikanlagen ist demnach direkt ans Verteilnetz angebunden. Bei der Windenergie an Land war Ende 2019 eine installierte Leistung von 2 GW am Übertragungsnetz angeschlossen, währenddessen 51 GW ins Verteilnetz einspeisten (vgl. [6]). Diese Zahlen belegen die These, dass die Energiewende im Verteilnetz stattfindet.

Mit Blick auf die oben genannten Ziele der seit 2021 im Amt befindlichen Bundesregierung, die in den nächsten acht Jahren eine Vervierfachung der heute installierten Photovoltaik-Leistung, 15 Mio. vollelektrische Pkw sowie 80 % Abdeckung des Bruttostrombedarfs aus Erneuerbaren Energien (80 %-Szenario) vorsehen, bringt dies für die Verantwortlichen die Aufgabe mit sich, das Verteilnetz aus technologischer wie auch für die Unternehmen hinter den Verteilnetzen aus organisatorischer Sicht weiter voranzutreiben. Bis 2030 muss die Infrastruktur auf Verteilnetzebene parallel zum Ausbau der Erneuerbaren Energien und des Hochlaufs der Elektromobilität weiterentwickelt werden. Die neuen Aufgaben beschränken sich nicht nur auf die Verteilnetzbetreiber. Die Übertragungsnetzbetreiber stehen ebenfalls vor großen Veränderungen, die aber in diesem Kapitel nicht thematisiert werden.

13.2 Herausforderungen der Verteilnetzbetreiber und notwendige Fähigkeiten

Die oben beschriebenen Ziele führen im deutschen Energiesystem zu einer Umkehr der Gesetzmäßigkeiten bezogen auf die Energieerzeugung und -verteilung. Vor dem Umstieg auf die Erneuerbaren Energien haben wenige steuerbare Großkraftwerke angeschlossen am Übertragungsnetz die Energienachfrage bedient. Im Jahr 2030 sollen mehrere Millionen dezentrale, fluktuierende Energieerzeugungsanlagen den Strombedarf in Deutschland decken. Des Weiteren kommen mehrere Millionen steuerbare Verbraucher ins Energiesystem hinzu. Physikalisch betrachtet liegt dazwischen das Verteilnetz. Früher nur als notwendige und letzte Meile zum Verbraucher angesehen, steigt die Bedeutung und die Verantwortung für das zukünftige System in Nieder- und Mittelspannung um ein Vielfaches. Die Voraussetzungen, die benötigt werden, um die neue Rolle und die damit einhergehende Verantwortung einzunehmen, sind noch nicht ausreichend gegeben. Es fehlt aus technologischer Sicht im ersten Schritt die flächendeckende Transparenz und im zweiten Schritt die Steuerbarkeit (sowie Rahmenbedingungen zur Steuerbarkeit) für die Gewährleistung der Versorgungssicherheit im 80 %-Szenario bis 2030.

13.2.1 Transparenz im Verteilnetz

In den meisten Fällen endet die Überwachung der Verteilnetze auf Basis von Echtzeitmesswerten am Mittelspannungsabgang im Umspannwerk (HS/MS). Diese Messwerte werden in das Leitsystem der Leitstellen übertragen und können auf diese Weise vom Operator überwacht werden. Die darunterliegenden Betriebsmittel sind nicht mit Sensorik ausgestattet, sodass der einzige zusätzliche Wert aus den Ortsnetzstationen vom Schleppzeiger abgelesen werden kann. Diese Ablesung erfolgt je nach Strategie des jeweiligen Verteilnetzbetreibers in unterschiedlichen Jahreszyklen. Die Information, die der Schleppzeiger wiedergibt, ist der maximale Stromwert, der in dem vergangenen Zyklus an der Station gemessen wurde. Diese Art der Transparenz, wie sie heute noch bei vielen Verteilnetzen vorherrscht, ist bezogen auf das 80 %-Ziel bis 2030 nicht ausreichend.

Daher steht an erster Stelle der Aufbau der Fähigkeit zur flächendeckenden Transparenz für Verteilnetzbetreiber. Hierzu zählt der konsequente und effiziente Rollout von Sensorik im Mittel- und Niederspannungsbereich. Des Weiteren werden Softwaresysteme benötigt, die in der Lage sind, mit der Menge an zusätzlichen Daten umzugehen, diese zu verarbeiten und dem Anwender in passender Form zur Verfügung zu stellen. Neben dem Rollout der Sensorik spielt das Thema Datenqualität und damit Verfügbarmachung eines rechenfähigen Netzmodells eine entscheidende Rolle. Erst im Zusammenspiel zwischen Netzmodell und Messwerten können Netzzustandsanalysen, Kurzfrist-, Engpassprognosen etc. erstellt werden.

Mittels der Fähigkeit zur Transparenz im Verteilnetz können zukünftig dezentrale Erzeugungsanlagen und neuen Lasten wie vollelektrifizierte Pkw und Wärmepumpen sowie deren Auswirkungen auf das Netz beobachtet werden. Flächendeckende Transparenz allein löst an dieser Stelle nicht die möglichen Netzengpässe durch zu hohe Gleichzeitigkeit bei hoher Erzeugungs- oder Lastsituation.

Aus diesem Grund folgt im zweiten Schritt die Fähigkeit „Steuern im Verteilnetz“.

13.2.2 Steuern im Verteilnetz

Diese zweite Fähigkeit baut unmittelbar auf der flächendeckenden Transparenz im Verteilnetz auf. Hierbei ist zwischen dem Steuern von Erzeugungsanlagen, steuerbaren Lasten und Betriebsmitteln im Verteilnetz zu unterscheiden. Sensorik und Aktorik als Teil intelligenter Ortsnetzstationen wird bereits verbaut und befindet sich zur schnelleren Wiederversorgung in kleiner Stückzahl im Einsatz. Die Rahmenbedingungen für den zukünftigen Einsatz steuerbarer Lasten oder das Steuern von Erzeugungsanlagen sind zum jetzigen Zeitpunkt nicht final definiert und unterliegen einem Wandel. Daher können die Anforderungen an die Verteilnetzbetreiber in diesem Zusammenhang nicht klar definiert werden. Verschiedene Instrumente werden diskutiert und in unterschiedlichen Pilotanwendungen getestet, die auf das Thema eingehen. Beispielhaft sind an dieser Stelle nachfolgende Werkzeuge genannt:

- dynamische Netzentgelte
- Lastmanagement (statisch oder dynamisch)
- dezentrale Systemdienstleistungserbringung.

Die spezifische Beschreibung der Anforderungen an die Verteilnetze mit großen Vorlaufzeiten ist bereits heute nicht mehr gegeben. Nur eins ist sicher: die Kurzfristigkeit bei Veränderungen und damit die Unsicherheit wird bleiben. Bei der parallelen Entwicklung des Verteilnetzes hin zum Rückgrat der Energie- und Mobilitätswende helfen den Verantwortlichen Methoden und Herangehensweisen, die den Fokus auf eine iterative Arbeitsweise legen. Damit sind Anpassungen, die sich aus veränderten Rahmenbedingungen ergeben, flexibel, schnell und effizient umsetzbar. Dem früheren Selbstverständnis vieler Verteilnetzbetreiber entspricht dies nicht, da bisher vor allem Werte wie Stabilität, Verlässlichkeit und Kontinuität für die hohe Versorgungssicherheit in Deutschland standen. Diese Werte braucht es zukünftig weiterhin, allerdings ergänzt um eine hohe Veränderungsbereitschaft, Mut, Neues auszuprobieren sowie schnelle Kurskorrekturen.

Für viele Verteilnetzbetreiber bedeutet dies nicht nur den Aufbau der beschriebenen neuen Fähigkeiten, sondern zeitgleich die kritische Selbstreflexion in Bezug auf bisherige Arbeitsweisen und Methoden.

13.3 Die Veränderung zum zukunftsfähigen Verteilnetzbetreiber

In dem vorherigen Abschnitt wird die Komplexität des Umfelds deutlich, mit dem sich Verteilnetzbetreiber beschäftigen und in dem sie Lösungen entwickeln. Die Frage ist an dieser Stelle nicht mehr ob, sondern wie die Fähigkeiten aufgebaut werden können. Ein Beispiel als möglicher Weg zur Veränderung wird nachfolgend beschrieben.

13.3.1 Beispielhaftes Vorgehensmodell der ED Netze GmbH

Eine nachhaltige Veränderung zum zukunftsfähigen Verteilnetzbetreiber basiert auf zwei voneinander abhängigen und sich gegenseitig verstärkenden Innovationen. Bei der ersten Innovation liegt der Fokus auf der Veränderung in der Organisation selbst. Bei der zweiten, der technologischen Innovation, liegt das Hauptaugenmerk auf der Nutzung und dem Einsatz neuer Technologien und Digitalisierungschancen. Bei gemeinsamer Betrachtung und strategischer Ausrichtung beider Innovationen können Synergien geschaffen werde, die innerhalb des jeweiligen Fokusbereichs zu langfristigen Erfolgsmodellen führen.

13.3.1.1 Organisatorische Innovation

In diesem Abschnitt wird ein beispielhaftes Vorgehen bei der ED Netze GmbH (EDN) beschrieben, das unterschiedliche Methoden in der Herangehensweise skizziert.

Diese Lösungsansätze erheben keinen Anspruch auf Vollständigkeit. Des Weiteren unterscheiden sich die Unternehmen in ihrer Kultur, Historie und Ausgangslage, sodass je Organisation eine spezifisch angepasste Vorgehensweise zu empfehlen ist. Bei der EDN wurde im ersten Schritt die Entwicklung eines gemeinsamen Zielbildes vorgenommen. Hierbei waren Kolleginnen und Kollegen aus allen Fachbereichen und Hierarchieebenen beteiligt. Der Startschuss erfolgte mit verschiedenen Impulsen, die auf die gesamtgesellschaftlichen Veränderungen des nächsten Jahrzehnts ausgerichtet waren. Themenschwerpunkte waren z. B. demographischer Wandel, Technologiewandel, Wandel der Arbeit und Klimawandel. Gemeinsam wurden in Brainstormings Zukunftstrends identifiziert, die Verteilnetzbetreiber betreffen. Nach der Sammlung sind die Trends in kleinen Teams ausgearbeitet und spezifiziert worden. Welche Auswirkungen bringt der jeweilige Zukunftstrend mit sich? Wo liegen Chancen und Risiken aus Sicht eines Verteilnetzbetreibers? Die Ergebnisse wurden gegenseitig geteilt und diskutiert, um darauf aufbauend eine Priorisierung anhand der Betroffenheit aus Netzbetreibersicht zu entwickeln. Dies war die Basis für das gemeinsame Zukunftsbild. In unterschiedlichen Gruppen sind die Inhalte weiter detailliert und zum Schluss visualisiert worden. Das ED Netze Zukunftsbild 2030 wurde von EDN Mitarbeitenden für EDN Mitarbeitende entwickelt. Der größte Mehrwert dieser zeitintensiven Herangehensweise waren die vielen Diskussionen, die bei der Erarbeitung stattgefunden haben. Unterschiedliche Meinungsbilder, Denk- und Herangehensweisen wurden ausgetauscht und führten zu weiteren, neuen Impulsen. Die zeitliche Investition hat sich an dieser Stelle aus organisatorischer Sicht gelohnt.

Obwohl das Zielbild mit verschiedenen Kolleginnen und Kollegen aus allen Fachbereichen entwickelt wurde, war es bei der Fertigstellung nicht jedem Mitarbeitenden vollumfänglich bekannt. Im nächsten Schritt sollte das Zielbild für jeden zugänglich gemacht und eine Methode gefunden werden, die eine Befassung aller mit dem Zielbild möglich macht. Ein wichtiger Kommunikationskanal war an dieser Stelle der klassische Weg über die Führungsebenen hinweg, sodass die jeweiligen Leiter mit ihren Teams anhand des Zielbilds zukünftige Herausforderungen diskutieren und Lösungsvarianten besprechen konnten. Des Weiteren fiel die Entscheidung für einen Proof of Concept (PoC) zum Aufbau eines Innovationsmanagements mit einer Ideenkampagne. Die Fragestellung an alle Mitarbeitenden lautete: „Welche Ideen hast Du, die der EDN helfen, das Zielbild zu erreichen?“ Im Zusammenhang mit der Ideenkampagne wurde eine Roadshow an allen Stützpunkten, eine Intranetpräsenz und verschiedene Informationsmaterialien aufgesetzt, die die Botschaften des Zielbilds sowie die Fragestellung der Ideenkampagne beinhalteten. Am Ende hat sich über die Hälfte der Belegschaft aktiv bei der Ideenkampagne eingebracht. In diesem Zuge der organisatorischen Innovation sind ebenfalls Ideen zur Nutzung von Digitalisierungschancen und Technologien eingegangen. Auch die Fähigkeiten Transparenz und Steuern im Verteilnetz sind über das Themenfeld „Intelligentes Netz“ als Ziele definiert worden.

Des Weiteren wurde mit der Ideenkampagne Raum geschaffen, der von den Mitarbeitenden genutzt werden konnte. Neue Formate haben zu kreativen Denkanstößen und Mut zu Veränderung geführt. Aktuell werden bereits die ersten Ideen aus der Ideenkampagne bei der EDN umgesetzt. Die Ideenkampagne ist als PoC aufgesetzt worden. Das heißt, auch hier hat die EDN von Anfang an auf Ausprobieren gesetzt. Die Ergebnisse werden im nächsten Schritt ganzheitlich bewertet. Darauf aufbauend folgt die Entscheidung, ob dieses Format im nächsten Jahr wieder eingesetzt werden soll. Regelmäßige Kontrolle der eigenen Vorgehensweisen ist eine Grundvoraussetzung für zukünftig erfolgreiches Handeln.

Dies ist nur ein Beispiel, wie Freiraum für Ideen geschaffen werden kann. Es gibt unterschiedliche Möglichkeiten und Ansätze zum Ausprobieren. In einer Richtung sind diese jedoch alle gleich: um Platz für Neues zu schaffen, müssen Dinge losgelassen oder aufgegeben werden. Das können z. B. vergangene Vorgehensweisen wie Kummerkästen oder nicht genutzte (Intranet-)Pinnwände sein. Ähnlich verhält es sich auch mit der Verantwortung für Themen oder Projekte. Zur Stärkung von Eigenverantwortlichkeit, Selbstvertrauen und Entscheidungsfreude müssen Entscheidungshierarchien an den richtigen Stellen weichen. Das bedeutet nicht, dass die Entscheidungskompetenz für das ganze Unternehmen auf ein Team, einen Projektleiter oder die Mitarbeitenden übergeben wird. Es geht darum, an den richtigen Stellen die notwendige Freiheit zu schaffen. Nur so können Verteilnetzbetreiber bei steigender Komplexität schnelle Entscheidungen und Weiterentwicklungen vorantreiben. Hierzu bedarf es nicht nur eines gemeinsamen Führungsverständnisses des Managements, sondern auch Transparenz in der Kommunikation und bei Entscheidungen sowie die Rolle von Vorreitern und Botschaftern innerhalb der Organisation.

13.3.1.2 Technologische Innovation

Neben der organisatorischen Innovation, die oben beschrieben wurde, ist die technologische Innovation für die Zukunftsfähigkeit ebenfalls von großer Bedeutung. Auch hier wird im Nachfolgenden auf die Vorgehensweise bei der EDN eingegangen.

Bei der technologischen Innovation startete die EDN nicht auf der grünen Wiese. Unterschiedliche Projekte, Fragestellungen oder Themen liefen bereits, die alle einzelne Puzzlestücke in der Vorbereitung auf das 80 %-Szenarios bis 2030 waren. Bei manchen Initiativen legte die EDN Wert auf Geschwindigkeit. Insbesondere die Fähigkeit Transparenz im Verteilnetz wurde priorisiert. Zu diesem Zweck ist in einem ersten Rollout Sensorik in 180 Ortsnetzstationen ausgerollt worden. Hierbei lag der Fokus auf der Handhabung und dem operativen Betrieb der neuen Geräte. Im zweiten Schritt wurde eine Clusteranalyse erstellt. Das Ergebnis aus der Clusteranalyse stellte die Grundlage des flächendeckenden Rollouts mit Sensorik für die Ortsnetzstationen dar. Zusätzlich werden an besonders dynamischen Knoten im Netz intelligente Ortsnetzstationen eingebaut, die sowohl mit Sensorik als auch Aktorik ausgestattet sind.

Mit dieser Technologie wird die Fähigkeit Steuern im Verteilnetz auf der reinen Verteilnetzbetreiberebene operativ umgesetzt.

Trotz der ersten Aktivitäten fehlte bei der EDN die konkrete Beschreibung der notwendigen Geschäftsfähigkeiten zur Erreichung des ED Netze Zielbilds 2030, welche die Basis für eine Struktur und Priorisierung der Initiativen ermöglicht. Aus diesem Grund wurde die Entscheidung getroffen, im nächsten Schritt die notwendigen Geschäftsfähigkeiten zu sammeln, darauf aufbauend eine Gap-Analyse der fehlenden Geschäftsfähigkeiten zu erstellen und dann eine digitale Agenda aufzusetzen, die stark priorisiert und die Initiativen mit der größten Hebelwirkung im Sinne der iterativen Vorgehensweise als erstes in die Umsetzung bringt. Dreh- und Angelpunkt bleibt das ED Netze Zielbild 2030, welches für Orientierung und Klarheit im Vorgehensmodell sorgt.

13.4 Was hat die ED Netze auf ihrem bisherigen Weg gelernt?

Es ist entscheidend, den Anfang zu machen. Die Herausforderungen im Bereich der Energieverteilung sind und bleiben groß. Die EDN hat gelernt, sich diesen zu stellen und sich auf den Weg zu machen. Für die Schaffung von Akzeptanz für diesen Weg ist die Teilhabe der Mitarbeitenden unabdingbar. Wenn gemeinsam ein Verständnis für die Herausforderungen und Aufgaben des zukunftsfähigen Verteilnetzbetreibers geschaffen wurde, können davon die notwendigen Maßnahmen abgeleitet werden.

Des Weiteren ist die Art der Kommunikation entscheidend. Als Verteilnetzbetreiber besteht der größte Teil der Mannschaft aus Kolleginnen und Kollegen, die in der Fläche arbeiten. Die Kommunikationsmittel sollten immer so gewählt werden, dass alle Mitarbeitenden erreicht werden.

Auch die Fehlerkultur spielt eine entscheidende Rolle bei den zukünftigen Veränderungen. Nur wenn die Organisation und damit auch das Management eine Kultur von Ausprobieren, Lernen und Korrigieren zulässt, können Innovationen gelingen.

Literaturverzeichnis

[1] Quaschning, V. (2021). Erneuerbare Energien und Klimaschutz, 22. München: Carl Hanser Verlag.

[2] Quaschning, V. (2021). Erneuerbare Energien und Klimaschutz, 99. München: Carl Hanser Verlag.

[3] Bundesministerium für Wirtschaft und Klimaschutz. Informationsportal Erneuerbare Energien (2022). Zeitreihen zur Entwicklung der Erneuerbaren Energien in Deutschland. https://www.erneuerbare-energien.de/EE/Navigation/DE/Service/Erneuerbare_Energien_in_Zahlen/Zeitreihen/zeitreihen.html. Zugriff am 05.02.2022.

[4] Schrems, I. und Lewalter, R. (2022). Neue Klimaziele: Darum kommt der Kohleausstieg früher, 1–5. Bonn: Friedrich-Ebert-Stiftung. FES impuls. http://library.fes.de/pdf-files/a-p-b/18641.pdf. Zugegriffen 05.02.2022.
[5] Koalitionsvertrag (2022). Mehr Fortschritt wagen. SPD, FDP, Bündnis90Grüne. 2021–2025. https://www.spd.de/fileadmin/Dokumente/Koalitionsvertrag/Koalitionsvertrag_2021-2025.pdf. Zugriff am 05.02.2022. S. 28–57.
[6] Bundesnetzagentur (2021). Das EEG in Zahlen. Stand 19.04.2021. https://www.bundesnetzagentur.de/DE/Sachgebiete/ElektrizitaetundGas/Unternehmen_Institutionen/ErneuerbareEnergien/ZahlenDatenInformationen/start.html. Zugriff am 06.02.2022.

Kurzvita

Franziska Heidecke ist Leiterin Digitalisierung und Innovation bei der ED Netze GmbH. Nach dem Studium zur Wirtschaftsingenieurin an der Technischen Universität Clausthal startete ihr Werdegang bei der Netze BW GmbH im Bereich Technik und Innovation. Nach verschiedenen Projektleitungstätigkeiten im Bereich Smart Grid war sie für zwei Jahre in Ungarn bei der damaligen Beteiligungsgesellschaft ÉLMÜ-ÉMÁSZ der EnBW AG als Vorstandsassistenz tätig. Ab Januar 2018 hat sie als Chief Product Owner für die Netze BW das Digitalisierungsprogramm #NETZlive aufgesetzt sowie ab 2019 die Teamleitung für das Netzdatenmanagement übernommen.
Ihre Schwerpunkte liegen auf der technischen Seite bei den neuen Fähigkeiten eines digitalen Verteilnetzbetreibers und auf der organisatorischen Seite im Innovationsmanagement, Organisationsentwicklung sowie moderne Arbeitsweisen und -methoden. Des Weiteren gestaltet sie den Wandel der Stromnetze durch die Energiewende als Mitglied im Lenkungskreis SyNe (Systemfragen und Netzcodes) im FNN (Forum Netztechnik/Netzbetrieb) mit.

Anna Fulterer und Ingo Leusbrock

14 Integrales Energiekonzept für Versorgungssicherheit Netzstabilisierung

Resilienz – Integration von Versorgungssicherheit und disruptiven Ereignissen in der Energieplanung von Gebäuden und Quartieren

Zusammenfassung: Covid-19 hat uns gelehrt, wie bedeutsam Resilienz – die Fähigkeit, auf disruptive Ereignisse schnell zu reagieren, um wieder zum vorherigen (Gleichgewichts-)Zustand zurückzukehren – auf persönlicher und gesellschaftlicher Ebene ist. Auch Infrastrukturen wie Gebäude und Energiesysteme müssen eine gewisse Resilienz gegenüber punktuellen oder dauerhaften Störungen aufweisen. Diese Störungen können Naturkatastrophen wie Erdbeben und Stürme oder durch Menschen verursachte Ereignisse wie Cyberattacken sein und werden vielfach unter dem Aspekt der Versorgungssicherheit diskutiert. Auch langfristige Veränderungen durch z. B. den Klimawandel sind hierunter zu verstehen (Stichwort urbane Resilienz).

Gemessen wird die Zuverlässigkeit von Energiesystemen a posteriori durch die Verfügbarkeit von Energie. In Österreich errechnet die zuständige Behörde E-Control jährlich Kennwerte zur Zuverlässigkeit mit Schwerpunkt auf der Stromversorgung. Die Versorgungssicherheit von Zentraleuropa ist im internationalen Vergleich im Strom- und Wärmebereich sehr hoch [1]. In diesem Beitrag ist dargestellt, wie durch ein integrales Energiekonzept die Versorgung kritischer Infrastruktur auch bei einem Netzausfall sichergestellt werden kann, beziehungsweise welche Maßnahmen geeignet sind, das Elektrizitätsnetz durch lokale Maßnahmen zu stabilisieren oder nicht weiter zu belasten.

In diesem Beitrag soll gezeigt werden,
- wie Resilienz in der Planung von Gebäuden und Quartieren verankert werden kann,
- welche Maßnahmen die Resilienz steigern,
- und welche Bedeutung Redundanz und Sektorkopplung zukommt.

Schlagwörter: Resilienz, Integrales Energiekonzept, Klimawandelanpassung, Energie-Master-Planung

Danksagung: Dieses Projekt wurde durch das Bundesministerium für Klimaschutz, Umwelt, Energie, Mobilität, Innovation und Technologie im Rahmen des Programms „Energie in Gebäuden und Kommunen“ der IEA Forschungskooperation gefördert.

Anna Fulterer, Ingo Leusbrock, AEE INTEC, Gleisdorf, Österreich, e-mails: a.m.fulterer@aee.at, i.leusbrock@aee.at

https://doi.org/10.1515/9783110753585-014

14.1 Gebäude und Energie

Gebäude haben viele Funktionen. Eine grundlegende oder kritische Funktion ist das Decken der (Grund-)Bedürfnisse von Menschen. Bedürfnisse wie Versorgung mit Frischluft, Wasser und Nahrung und Schutz vor ungünstigen Wetterbedingungen wie Hitze, Kälte und Unwettern müssen dabei auf unterschiedlichen Zeitskalen erfüllt werden: so muss Luft dauernd zur Verfügung stehen, während die Wasserversorgung im Regelfall auch für einige Stunden unterbrochen werden kann. Gebäude können Grundbedürfnisse decken, indem sie als Speicher und Pufferzonen dienen. Sie benötigen dazu meist die Zufuhr von elektrischer oder thermischer Energie von außen, welche durch Anschluss an Infrastruktur wie Wärmenetze und Elektrizitätsnetze zur Verfügung gestellt wird.

Auch im Falle von disruptiven Ereignissen sollen Gebäude gewisse Funktionen aufrechterhalten, oder sogar zusätzlich bieten, wie das Filtern der Atemluft bei einem Brand in der Umgebung. Für einige der Funktionen, wie beispielsweise für Beleuchtung, bedarf es weiterhin einer Versorgung mit elektrischer Energie, während andere Funktionen durch die Speicherwirkung von Gebäuden und Gebäudetechniksystemen für eine kurze Zeitdauer überbrückt werden können, wie zum Beispiel Wärme- und Kälteversorgung.

14.1.1 Resilienz von Gebäuden und Energiesystemen

Der Fähigkeit von Gebäuden oder Infrastruktur, ihre Funktionen auch bei und nach disruptiven Ereignissen aufrechterhalten zu können, wird als Resilienz bezeichnet. Es gibt mehrere Ansätze bei der Quantifizierung von Resilienz. So kann beispielsweise berechnet werden, welcher Anteil der gewünschten Funktionen aufrechterhalten werden kann. Ebenso kann die Versorgung von kritischen Funktionen mit Energie oder anderen Bedarfen quantifiziert und die Differenz zum Sollwert über die Zeit summiert werden. Eine Methode zur Quantifizierung der Resilienz durch dynamische Simulation beschreiben Senkel et al. (vgl. [2]). Gasser et al. (vgl. [3]) geben eine Übersicht über verschiedene Methoden, und Vugrin et al. (vgl. [4]) beschreiben eine Methode zur Berechnung von Kenngrößen der Resilienz in elektrischen Energiesystemen.

14.1.2 Herausforderungen und Herangehensweise

Durch die Zunahme von disruptiven Ereignissen wie extremen Wetterereignissen werden die Anforderungen an die Infrastruktur stark erhöht. Ebenso steigert die Einspeisung aus dezentralen und mitunter volatilen Energiequellen die Komplexität des Gesamtsystems. Bei Planung und Betrieb von kritischer Infrastruktur wie Krankenhäusern und Universitäten ergeben sich neue Herausforderungen für Planende, öffentliche Körperschaften und Energieversorger. Somit bedarf dies einer vertieften Betrachtung. Aus diesen Gründen wurde der Annex 73 „Towards Net Zero Energy Resilient Public Communities“ im Rahmen des IEA EBC Programms ins Leben gerufen (vgl. [5]). Ziel der Kooperation war die Entwicklung von Methoden und Tools, welche Entscheidungstragende darin unterstützen, sowohl die Steigerung der Resilienz als auch die nachhaltige Energieversorgung gemeinsam zu betrachten und in die Planung zu integrieren. Das internationale Team von Experten setzte sich aus Wissenschaftlern, Wissenschaftlerinnen und Planenden von der Technologieebene über Gebäude bis hin zu Energienetzen und Resilienz von mehr als 30 Organisationen in zwölf Ländern zusammen.

14.1.3 Maßnahmen für Resilienz von Energiesystemen

Die Analyse von Best-Practice Beispielen aus verschiedenen Ländern zeigt, dass Resilienz derzeit auf höchst unterschiedliche Arten berücksichtigt wird. Diese Unterschiede resultieren sowohl aus unterschiedlichen Herangehensweisen und Planungskulturen in verschiedenen Ländern als auch aus verschiedenen Best-Practice-Beispielen (z. B. Militärbasen gegenüber einem Uni-Campus). Beispiele für Maßnahmen sind Notversorgung mit Notstromaggregaten, die Integration von Warmwasser- und Stromspeichern (z. B. Batterien), aber auch Redundanz in Verteilung und Erzeugung.[1] In Fernwärmesystemen sind z. B. zusätzliche Wärmequellen wie ein Gaskessel in Kombination mit Gasspeichern vorgesehen. Auch erneuerbare Energieträger können zur Resilienz beitragen. Neben technischen sind auch organisatorische Maßnahmen wie Notfallpläne und Evakuierungsroutinen sowie zivile Maßnahmen wie private Wasservorräte, Kerzen und Gaskocher von Bedeutung.

14.2 Prozess-Integration von Resilienz

Wie aber kann Resilienz konsequent und umfassend in der Energieplanung berücksichtigt werden? Dazu wurde in der internationalen Zusammenarbeit des Annex 73 ein Arbeitsablauf erstellt, der die Planung von resilienten und energieeffizienten Energiesystemen erleichtern soll. Dieser Ablauf wurde im Rahmen von Pilotstudien getestet und dadurch verbessert. In Österreich wurde für den Campus der Johannes Kepler Universität in Linz im Auftrag der Bundesimmobiliengesellschaft untersucht, wie eine resiliente Versorgung des Campus aussehen könnte, der aus mehr als 25 Gebäuden mit etwa 200.000 m^2 Energiebezugsfläche und einem errechneten Primärenergiebedarf von >26 Mio. kWh/a besteht.

1 Redundanz lat. „Überfülle, Überfluss“. Redundanz bedeutet in diesem Fall das Vorhandensein von im Normalfall überflüssigen technischen Ressourcen, z. B. Ringleitungen.

14.2.1 Blue Sky und Black Sky Ansatz

Entscheidend für die Resilienz ist dabei der Blue Sky/Black Sky Ansatz. Der darauf basierende Prozess beinhaltet sieben Phasen und in ist Abbildung 14.1 dargestellt. Grundsätzlich besteht der Prozess aus der Bestandserhebung (Phasen 1 und 2), der Analyse des Ist-Zustands (Baseline – Phase 3), der Analyse der Resilienz (Phase 4), der Konzeption von Varianten sowie Planung und Analyse der Varianten (Phase 5) und der Entscheidungsfindung sowie Umsetzung (Phasen 6 und 7). Im Blue-Sky-Teil des Prozesses wird auf Energieeffizienz und Nachhaltigkeit sowie Kosteneffizienz optimiert. Dieser Prozessanteil entspricht dem Standardprozedere in der Planung. Die Bewertung von Energie-Effizienz und Nachhaltigkeit wird durch die Berechnung von Kennfaktoren zu Emissionen, Primärenergieverbrauch und Effizienz ermöglicht.

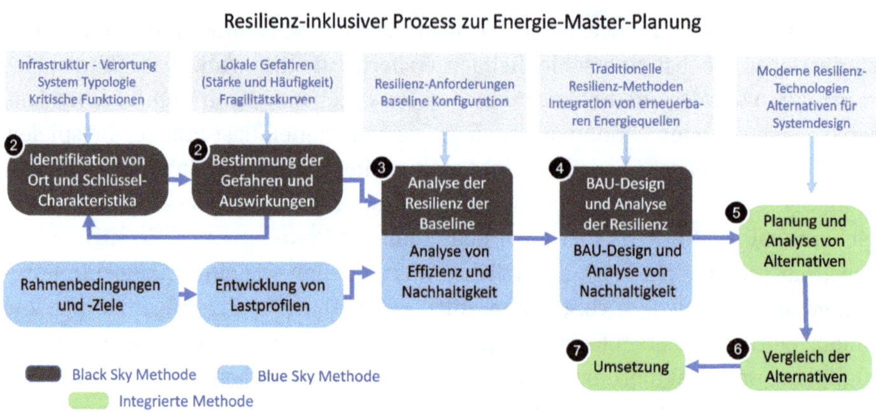

Abb. 14.1: Resilienz-inklusiver Prozess zur Energie-Master-Planung, Quelle: AEE INTEC nach (vgl. [6]).

Der Black-Sky-Anteil beinhaltet die Resilienzaspekte und erlaubt es, Auswirkungen von Störfällen und Katastrophen, wie in Tabelle 14.1 gelistet, zu berücksichtigen und systematisch qualitativ und quantitativ in der Planung zu integrieren.

Dabei soll das System anhand seiner Komponenten und ihrer Interaktion dargestellt und die Komponenten auf Anfälligkeit für Störungen und Fehler durch Beschreibung mit Wahrscheinlichkeiten und Fragilitätskurven untersucht werden. Auf dieser Basis wird eine quantitative Bewertung der Resilienz vorgenommen. Auch organisatorische Komponenten müssen berücksichtigt werden, wie z. B. die Auswirkungen eines Notfallplans und die Anfahrtszeit der TechnikerInnen für Reparaturen.

Für die Quantifizierung der Resilienz ist dabei entscheidend, dass nicht auf Erfahrungswerte zurückgegriffen werden kann, da Resilienz sehr seltene Ereignisse betrifft. Beispielsweise sei auf die Maßnahmen zur Wiederherstellung der Wärmeversorgung nach einem Kraftwerksausfall im Februar 2021 in Nürnberg verwiesen (vgl. [7]). Die Quantifizierung der Resilienz schon vor dem Störfall ist wichtig, da sie erlaubt,

Tab. 14.1: Gefahren, gruppiert nach Auswirkungen auf die Energieversorgung.

Netzausfall	Ausfall der lokalen elektrischen Versorgung	Wärmeversorgung	Mobilität und Transport
– Erdbeben – Waldbrand – Sturm – Flut	– Erdbeben – Waldbrand – Cyber-Angriff	– Erdbeben – Waldbrand – Cyber-Angriff	– Erdbeben – Waldbrand – Flut – Knappheit von Treibstoffen

der Resilienz denselben Stellenwert zu geben wie anderen quantifizierbaren Größen wie Kosten, Emissionen oder Energieverbrauch. Damit gelingt auch ein Abwägen zwischen Resilienz, Effizienz und Nachhaltigkeit.

Der derzeit gängige Weg zur Energieversorgung kritischer Infrastruktur ist die Installation von Notstromaggregaten. Diese können kritischen Funktionen im Notfall versorgen, indem sie einen Generator mit fossilen Energieträgern betreiben, welche in einem separaten Tank gelagert werden. Ein Ziel des hier beschriebenen Prozesses ist es zu prüfen, ob eine Energieversorgung auf Basis von lokalen erneuerbaren Energieträgern auch im Black-Sky oder Notfall die kritischen Funktionen versorgen kann.

Im ersten Schritt werden kritische Funktionen identifiziert, die (bestehende) Infrastruktur wird erhoben und verortet, und die Umgebung wird beschrieben.

In einem zweiten Schritt werden die Gefahren und ihre möglichen Auswirkungen untersucht, sowie die Anforderungen der Gebäude und Funktionen bezüglich Versorgung mit Energie und auch Wasser identifiziert.

Der dritte Schritt ist dem Status quo gewidmet, also der baseline: Hier wird die Architektur der bestehenden Energieversorgung beschrieben, inklusive Versorgungsmix, Effizienz der Verbraucher und aktuelle Verbräuche.

Der vierte Schritt bildet den Business-as-usual-Fall (BAU) ab. Das ist, was geschieht, wenn alles wie gehabt weitergeht. Beispielsweise werden oft Effizienzmaßnahmen, Sanierungen, Abrisse und Neubauten schon mehrere Jahre im Voraus geplant. Es kann also meist vorhergesagt werden, wie sich der Verbrauch von Gebäudekomplexen entwickeln wird, und welche Auswirkungen auf Kosten und Umwelt sich ergeben. Für die Entwicklung von Temperaturen und die Häufigkeit von Unwettern können Klimamodelle herangezogen werden. Mit Hilfe von Berechnungstools wie dem ERIN-Tool werden für den Ist-Zustand und auch für den BAU-Fall mehrere Kenngrößen der Resilienz berechnet.

Im fünften Schritt werden weitere Varianten entwickelt, die innovative Technologien nutzen oder andere Strategien zur Schadensverminderung anwenden und bezüglich der Key Performance Indicators (Nachhaltigkeit, Kosten, Resilienz) überprüft.

Schritt sechs beinhaltet den Vergleich der verschiedenen Varianten mit dem BAU–Fall und der baseline. Für eine Beurteilung werden die Ergebnisse für verschiedene Planungsvarianten mit der integrierten Methode, dem Mixed-Sky-Ansatz betrachtet, bei dem Resilienz und energetische sowie ökonomische Nachhaltigkeit gemeinsam analysiert und bewertet werden.

Für die Entscheidungsfindung kommt es stark darauf an, wie die verschiedenen Ziele gewichtet werden, unter anderem Resilienz, Kosten oder Reduktion von Treibhausgasen. Darauf folgt die Umsetzung der gewählten Variante nach einem geeigneten Fahrplan.

14.2.2 Black-Sky Ansatz: Kritische Funktionen und Klassifizierung von Energieverbräuchen

Ergänzend zur üblichen Planung sollen im Resilienz-Planungsprozess zunächst die kritischen Funktionen von Gebäuden oder Quartieren bei disruptiven Ereignissen ermittelt werden. Diese unterscheiden sich stark je nach Nutzung und können wesentlich von der normalen Nutzung abweichen. Während beispielsweise Fußballstadien im Normalfall nur für wenige Stunden Aufenthalt und Unterhaltung bieten müssen, können sie im Notfall zu einem sicheren Ort für viele Menschen umfunktioniert werden – wenn dabei grundlegende Bedürfnisse gedeckt werden können. Während bei Wohngebäuden die Erfüllung von Grundbedürfnissen im Vordergrund steht, haben andere Gebäude oft sehr spezifische und unterschiedliche kritische Funktionen, wie Produktionsprozesse (Industrie), Datenverarbeitung (Datenzentren), Konservierung von Lebensmitteln (Lebensmittelmarkt), digitale Bezahlsysteme (Einkaufszentrum), oder Konservierung von Proben (Labore).

Was ist also die Vorgangsweise? Es können beispielsweise folgende Fragen beantwortet werden, für die im Prozess unter anderem Fragen zur Annäherung an die Problemstellungen genutzt werden (vgl. [6]):

- Welche Funktionen erfüllt die Infrastruktur?
  - Z. B. Wärme, Trinkwasserversorgung
  - Versorgung von Kranken, Informationstechnologien etc.
  - Bildung und Forschung
- Was sind kritische Funktionen eines Gebäudes oder eines Quartiers, die auch im Fall eines disruptiven Ereignisses erhalten werden müssen?
  - Z. B. Unterkunft, Wärme, Versorgung mit Trinkwasser, Datenanbindung, Nahrungsmittel
- Welche Anforderungen haben die kritischen Funktionen an die Infrastruktur?
  - Z. B. Wasser, Strom, Wärme auf einem gewissen Temperaturniveau
  - Lebensmittel, Treibstoff
  - Versorgung mit elektrischer Energie (Leistungsbereich, Qualität der Stromversorgung/Frequenzstabilität), Kühlung, Wärmeversorgung, Anschluss an Datenverbindungen
- Welche Teile der Gebäudetechnik und welche Geräte müssen auch im Krisenfall funktionieren?

  - Z. B. Lüftung, Licht, Kühlung, Server
- Welche möglichen Gefahren und Risiken bestehen an einem spezifischen Ort?
  - Z. B. Sturmflut an der Küste, Erdbeben in einen Erdbebengebiet
- Wie fragil ist die Infrastruktur?
  - Gibt es redundante Komponenten und Versorgungswege?
  - Wie robust sind die Komponenten?
- Wie sind die Lastprofile der Anforderungen? Wann wird z. B. Wärme benötigt, welche Wärmeleistung ist gefordert, und welche Temperatur ist nötig? Darf die Versorgung einer kritischen Funktion kurz unterbrochen werden?
  - Beispielsweise darf die Stromversorgung einer Kältemaschine auch kurz pausieren. Bei einem Server hingegen wird zum sicheren Herunterfahren eine unterbrechungsfreie Versorgung über eine relativ kurze Zeitdauer benötigt, die auch nur wenige Minuten betragen kann.

Auf Basis der erhobenen Daten wird dann geprüft, ob jetzt schon beziehungsweise auch bei Durchführung von schon geplanten Eingriffen (Sanierung, Neubau, Abriss von Gebäuden) die kritischen Funktionen auch während disruptiver Ereignisse ausreichend versorgt werden können. Wichtig ist nicht nur, dass der Bedarf theoretisch gedeckt werden kann, sondern dass es technisch möglich ist, die kritischen Verbräuche gesondert zu decken. Im elektrischen Bereich ist das über ein Micro Grid möglich. Dieses stellt im Bedarfsfall eine alternative, vom Netz getrennte, Systemarchitektur zur Verfügung und erhöht damit die Redundanz.

Es gibt mehrere Kennzahlen zur Charakterisierung der Resilienz von Energiesystemen, wie die maximale Dauer des Ausfalls, der Anteil von kritischen Funktionen, die versorgt werden können aber auch die Größe der Nicht-Versorgung, die durch ein Integral über die Abweichung von benötigter und gelieferter Energie berechnet wird. Ein gängiger Kennwert ist die Versorgungssicherheit. Sie kann in Prozent angegeben werden.

Im Prozess werden die Kennzahlen der Resilienz berechnet und mit den Zielwerten verglichen: So kann auch während disruptiver Ereignisse eine Versorgungssicherheit von etwa 99 % gewünscht sein.

Ist der Zielwert nicht erreicht, dann werden alternative Systemarchitekturen erstellt und geprüft. Dabei kommen Maßnahmen aus mehreren Bereichen in Frage:
- Effizienzsteigerung (wie bessere Wärmedämmung, effizientere Geräte, passive Kühlsysteme)
- Nutzung von Speichern (Wärmespeicher, Stromspeicher bzw. Notstromaggregat)
- Sicherung von Leitungen, beispielsweise durch Komponenten, die weniger leicht ausfallen, bis hin zu Hangabsicherung gegen Schäden an Leitungen
- Redundante Versorgungsleitungen: also Ergänzung durch eine zweite Anbindung an ein Versorgungsnetz, durch eine Ringleitung oder durch Anbindung an ein zweites Versorgungsnetz. Dies kann auch bei Datenleitungen sinnvoll sein.
- Nutzung erneuerbarer Ressourcen vor Ort

- Nutzung von vorhandenen Speichern, bzw. Installation von weiteren Speichern
- Alternative Energieerzeugung vor Ort: Beispielsweise kann die Kombination aus einem Biogas-Speicher, einer Erzeugungsanlage für Biogas und einer KWK für Biogas eine Alternative zum traditionellen Notstromaggregat darstellen und ganzjährig auch gewinnbringend eingesetzt werden.

Die oben genannten Maßnahmen können in Abstimmung miteinander und je nach spezifischem Bedarf die Resilienz der Versorgung von kritischen Infrastrukturen stark verbessern und gleichzeitig Kosten und Klimaauswirkungen senken.

Die entwickelten Konzepte werden im Energieplanungsprozess nicht nur auf die erzielte Resilienz, sondern auch auf Kosten und Emissionen hin untersucht. Je nachdem, wie die Anforderungen gewichtet werden, ergeben sich unterschiedliche Lösungen.

14.3 Energiewende – Herausforderung und Chance für resiliente Versorgung

Unsere Energiesysteme sind einem stetigen Wandel und dauernden Änderungen ausgesetzt und bieten dennoch eine kontinuierliche Versorgung. Man könnte meinen, dass der Umbau unseres bewährten Systems hin zu erneuerbaren Quellen keine große Herausforderung darstellt und wenig Risiken für die resiliente Versorgung birgt.

Die genauere Überlegung zeigt jedoch, dass die Energiewende sehr wohl eine Herausforderung für die resiliente Versorgung darstellt: Die Volatilität von erneuerbaren Quellen unterscheidet sie stark von fossilen Energien, wo im Grunde gespeicherte Energie genutzt wird, die sehr kontrolliert einspeist werden kann. Würde man die Energie aus volatilen Quellen speichern und zentral in die Versorgungsnetze einbringen, wäre in den Verteilnetzen keine größere Anpassung nötig. Die Speicherung von erneuerbaren Energien ist jedoch ein teurer und aufwendiger Zwischenschritt, auf den man – wo immer möglich – verzichten will. Dies ist auch möglich, nämlich indem die Netze neu ausgerichtet werden auf volatile und dezentrale Einspeisung. Ein wichtiger Baustein dafür sind Energiegemeinschaften, die eine lokale Nutzung fördern.

Vielleicht gelingt ein sicherer Umbau, bei dem auch in der Lern- und Übergangsphase Ausfälle vermieden werden können.

Auch wenn ein gut abgestimmter Umbau gelingt, führen doch die zunehmenden Unwetter öfter zu Schäden an den Energienetzen. Für diesen Fall zeigt sich, dass die Strategien der Energiewende – Erneuerbare, Effizienz und Reduktion – eine Chance bieten, großräumige Ausfälle zu vermeiden bzw. kritische Infrastruktur weiter versorgen zu können.

14.3.1 Resilienz auf Kosten des Umweltschutzes?

Viele Expertinnen und Experten waren der Meinung, dass Versorgungssicherheit nur mithilfe von fossilen Energiespeichern und durch zentrale Systeme gewährleistet werden kann. Bisherige Ergebnisse aus der internationalen Kooperation zeigen jedoch, dass Resilienz und Nachhaltigkeit sich auch wechselseitig verstärken können und Ansätze zur Kostenreduktion und Nutzung von erneuerbaren Ressourcen gleichzeitig auch zu verlässlicheren Energiesystemen führen.

Ein konkretes Beispiel dafür sind Speicher für Wärme und Kälte: Sie erlauben einen höheren Nutzungsgrad von erneuerbaren Energien. Durch die Steigerung der Redundanz wird die Resilienz erhöht und ein kurzzeitiger autarker Betrieb ermöglicht. Gleichzeitig können Betriebskosten gesenkt werden, da in Zeiten hoher Energiekosten auf den Speicher zurückgegriffen werden kann.

Auf Gebäudeebene kann Bauteilaktivierung zur Resilienz beitragen indem sie genauso wie ein Speicher die Auswirkungen eines Versorgungsausfalls reduziert. Gleichzeitig erlaubt Bauteilaktivierung die Nutzung erneuerbarer Energien, da Heizen und Kühlen mit nahezu Umgebungstemperatur möglich ist. Spezifische Lösungen aus verschiedenen Ländern beschreiben Leusbrock und Fulterer im Detail (vgl. [8]).

14.3.2 Reduktion, Effizienz und Erneuerbare zur Steigerung der Resilienz von Gebäuden und Quartieren und Erhaltung der Versorgungssicherheit

Die Elektrifizierung verschiedener Lebensbereiche wie Mobilität und Wärmeerzeugung wird durch die Hoffnung vorangetrieben, CO_2-Emissionen zu senken und die Abhängigkeit von fossilen Energieträgern zu durchbrechen. Sie stellt aber auch eine Herausforderung dar weil die Stromnetze noch stärker gefordert werden. Umso mehr muss bei Gebäuden und Quartieren auf Reduktion des Energiebedarfs, Effizienz und Nutzung lokaler erneuerbarer Quellen geachtet werden.

In diese Richtung wirken die in der EU seit 2021 möglichen Energiegemeinschaften. Sie sollen die lokale Nutzung von Energie aus erneuerbaren Quellen fördern und damit einer Überlastung der Elektrizitätsnetze entgegenwirken. Auch die anderen Strategien der Energiewende, nämlich Effizienz und Reduktion des Verbrauchs, sind geeignet, um die Resilienz zu erhöhen indem die Lasten für die Versorgungsnetze reduziert werden. Wünschenswert wäre eine Klassifizierung der Verbräuche in unterbrechungsfreie und unterbrechbare Lasten auch in normalen Wohngebäuden, wie es zumindest teilweise durch spezifische Wärmepumpentarife schon der Fall ist: So könnte die Versorgung der Wärmepumpe zum Heizen bei Versorgungsengpässen auch für ein paar Stunden unterbrochen werden, die Versorgung des E-Herdes beim Kochen dagegen besser nicht.

Bei der Verbesserung der Resilienz von Gebäuden und Quartieren ist also folgendes zu beachten:
- Reduktion von Energie- und Wasserbedarf durch Optimierung von Bauteilen, Gebäudetechnik und Design
- effiziente und verlustarme Technologien und Energiesysteme, um verbliebene Bedarfe zu decken und
- Deckung des verbleibenden Bedarfs nach Möglichkeit durch regionale/lokale und erneuerbare Quellen und Speicher
- Klassifizierung der Lasten in nicht unterbrechbar, unterbrechbar bzw. verschiebbar

Für die Gebäude und Quartiere ergibt sich daraus die Anforderung, den Bedarf an Heizen und Kühlen so gering wie möglich zu halten und Speicher zu nutzen, die die Engpässe überbrücken, die sich durch Nutzung volatiler Quellen ergeben können. Außerdem gilt es, Möglichkeit für Systeme zu prüfen, die nicht von einer Stromversorgung abhängig sind und damit die Resilienz bei Stromausfall erhöhen können, z. B. passives Kühlen durch Nachtlüftung oder eine thermisch betriebene Wärmepumpe.

14.3.2.1 Effizienzmaßnahmen und ihre Benefits

Der Wärmeverbrauch lässt sich mindern durch die Reduktion von Verlusten, unter anderem durch Gebäudedämmung, Nutzung der Speicherfähigkeit der Gebäudemasse, sowie Planung weiterer Speicher und Nutzung von Abwärme. Im Fall eines disruptiven Ereignisses bedeutet eine ausreichende Wärme- und Kälteversorgung, dass sich die Bemühungen im Bedarfsfall auf die Erhaltung der Stromversorgung konzentrieren können. Der Spielraum dafür hängt stark vom Gebäudestandard ab: Ein gut gedämmtes Gebäude kann auch über mehrere Tage die Temperatur im Komfortbereich halten, während schlecht gedämmte Gebäude schon nach wenigen Stunden auskühlen (vgl. [9]).

Im Regelbetrieb ist ein thermisch effizientes Gebäude nur in geringem Maß abhängig von Energiequellen, wodurch sich die Nutzung von volatilen Quellen erleichtert.

Wenn Kühlen eine kritische Funktion ist, z. B. für die Serverkühlung oder die Kühlung von biologischen Proben, dann ist ein passives Kühlsystem von Vorteil. Dies ergibt sich u. a. durch gute Wärmedämmung und passive Systeme zur Wärmeabfuhr wie Free Cooling.

Free Cooling: Bei einem üblichen Kühlsystem wie beispielsweise einem Kühlschrank oder einem Klimagerät nimmt das Kühlmittel die Wärmeenergie auf und kühlt damit einen Raum. Das Kühlmittel wird dann nach außen geführt und komprimiert. Dabei erhöhen sich Druck und Temperatur, sodass die Wärme an die Außenumgebung abgegeben werden kann. Dann wird das Kühlmittel wieder expandiert, das heißt, auf das niedrigere Druckniveau gebracht, damit sinkt die Temperatur, und das Kühlmittel kann wieder Wärme aufnehmen. Für diesen Prozess ist ein Kompressor nötig, und es wird Strom verbraucht.

Beim Free Cooling wird hingegen Wasser direkt verdampft – indem es beispielsweise einfach in einen oben offenen Kühlturm im Freien geleitet wird. Das abgekühlte Restwasser kann dann wieder für den Kühlprozess verwendet werden. Dieses Konzept kann auch rein architektonisch umgesetzt werden – das heißt, ohne separaten Kühlturm – und kommt bei modernen Architekturen in Wüstengebieten zum Einsatz. Es wurde in einigen Ländern schon in der Antike verwendet (beispielsweise bei Yakhchāl im Iran und Trulli in Süditalien). Besonders geeignet ist die Methode bei trockener Luft und zwischenzeitlich niederen Temperaturen, da dann das Wasser schneller verdampft.

14.3.2.2 Bedeutung der Nutzung von lokalen, erneuerbaren Quellen

Wichtig zur Steigerung der Resilienz ist die Nutzung von möglichst lokalen Energiequellen. Dadurch werden einerseits die Verteilnetze weniger belastet, andererseits ist bei einem Ausfall des allgemeinen Verteilsystems eine lokale Versorgung weiter möglich. Damit allerdings erneuerbare Energiequellen in Gebäuden und Quartieren genutzt werden können, sind einige Voraussetzungen nötig.

Möglich wird die Nutzung lokaler volatiler Energiequellen vor allem durch Flexibilität und Lastmanagement. Sind Lasten und Verbräuche zeitlich verschiebbar, dann können die volatilen Quellen auch ohne weitere Speicher einen Großteil des Bedarfs abdecken. Dies lässt sich beispielsweise durch Regelsysteme für Lastmanagement organisieren, aber auch – wie schon vorher angeführt – durch die Nutzung von schon vorhandenen – möglicherweise gebäudeintegrierten – Speichern.

Die Analyse von verschiedenen Systemarchitekturen der Energieerzeugung und -verteilung zeigt, dass die Resilienz der Energieversorgung stark ansteigt, wenn lokale Versorgungsanlagen mit Speichern zur temporären Stromversorgung kombiniert werden.

14.3.3 Redundanz für Resilienz und Wirtschaftlichkeit

Redundanz meint in der Technik eine zusätzliche technische Ressource als Reserve. Das kann zum Beispiel ein Notstromaggregat sein, aber auch eine zweite Anbindung an das öffentliche Stromnetz (Ringleitung) oder ein weiterer Kessel für die Wärmeversorgung.

Eine höhere Redundanz in der Versorgung erhöht die Resilienz, aber auch Aufwand und Komplexität einer Infrastruktur. Daher sollte eine höhere Redundanz durch Systeme realisiert werden, die zusätzlich eine Diversifizierung erlauben, also die Nutzung unterschiedlicher Energiequellen.

- Im Folgenden wird ein System kurz dargestellt, bei dem die redundante Erzeugung gleichzeitig eine Diversifizierung bietet: Stellen wir uns vor, bei einem Wärmenetz wird eine dreifache Redundanz der Erzeugung gewünscht. Theoretisch könnten dazu drei gasbetriebene Heizwerke nebeneinander gebaut werden, die jedes für sich ausreichend Wärme für alle Verbraucher liefern können. Falls eines davon ausfällt, stehen immer noch zwei zur Verfügung. Was aber, wenn die Gasversorgung abbricht oder der Gaspreis ansteigt? Eine elegantere Lösung mit Diversifizierung ist beispielsweise ein Wärmenetz, bei dem eine Anlage zur Kraftwärmekopplung (KWK) ergänzt wird durch einen rein thermischen Kessel, eine Solarthermie-Anlage und einen Wärmespeicher. Je nach Rahmenbedingungen können dann unterschiedliche Wärmequellen genutzt werden:
  - Bei sonnigem Wetter kann die Solarthermieanlage ausreichend Wärme liefern.
  - Ist gerade viel günstiger Windstrom am Markt und daher der Strompreis niedrig, rentiert sich der Betrieb einer KWK Anlage eventuell nicht, weil der Strom aus der KWK Anlage nur zu einem niedrigen Preis verkauft werden kann: In diesem Fall kann der Betreibende den Wärmespeicher nutzen, mit einer rein thermischen Anlage Wärme erzeugen, oder sogar günstigen Strom nutzen, um direkt elektrisch oder mit einer Wärmepumpe Wärme zu erzeugen.
  - Besteht Bedarf an Strom, wird die KWK aktiv und erzeugt neben der benötigten Wärme auch Strom, der zu einem guten Preis ins Netz eingespeist wird.

Die Wahlmöglichkeit bei der Energiequelle erlaubt eine Optimierung des Betriebs hinsichtlich Kosten und auch Emissionen. Durch die regelmäßige Nutzung von verschiedenen Leitungen und Wärmeerzeugern reduziert sich auch das Problem der mangelhaften Wartung, das bei selten genutzten Anlagen auftritt: Bei einem regelmäßigen Einsatze werden Schäden an Anlagen laufend behoben und zeigen sich nicht erst im seltenen Katastrophenfall. Die Vorteile redundanter Wärmegewinnung zeigen sich z. B. in Dänemark, wo seit einigen Jahren durch Zusammenschluss komplexe Wärmeverteilnetze mit vielfältigen Erzeugungsanlagen entstehen. Diese erlauben eine effiziente, kostengünstige und klimafreundliche Energieversorgung.

14.3.4 Sektorkopplung: Chance und Schwierigkeiten

Möglichkeiten zur Umwandlung von Energieformen steigern definitiv die Redundanz von Systemen. Denn falls in einem Bereich ein Mangel entsteht, kann verfügbare Energie durch geeignete Prozesse in die gewünschte Form gebracht werden. Dazu werden Energieformen ineinander umgewandelt, beispielsweise Strom in Wärme, wenn kurzfristig mehr Wärme nötig ist, oder umgekehrt Wärme im Strom. Gleichzeitig muss darauf geachtet werden, dass hier keine wertvolle Energie die für kritische Funktionen benötigt wird, für weniger wichtige Zwecke verbraucht wird: Es wäre fatal, wenn in einem Krankenhaus für die Beheizung des Operationssahles so viel Wärme aus einer Wärmepumpe verbraucht wird, dass kein Strom mehr für Beleuchtung zur Verfügung steht.

Intersektorale Abhängigkeiten können aber auch ein Problem für die Resilienz darstellen: So ist zum Beispiel bei der Wärmeversorgung durch eine von Strom angetriebene Wärmepumpe die Versorgung von elektrischer Energie abhängig. Ein ähnliches Bild ergibt sich bei elektrisch gesteuerten Pelletöfen oder Wasser- beziehungsweise Abwasserpumpen, sowie elektrischen Sicherheitssystemen. Eine Resilienzberechnung oder das Durchdenken der kritischen Funktionen für den Falle eines Stromausfalls kann hier für den Gebäudebetreiber wertvoll sein. Ist schon ein Notstromsystem vorhanden, lassen sich eventuell weitere kritische Verbraucher einfach anschließen.

Theoretisch wäre ein System mit viel Sektorkopplung und verschiedenen Speichern sehr resilient. In der Praxis nimmt auch die Komplexität zu, und damit die Störanfälligkeit und der Aufwand in der Instandhaltung. Eine Analyse der Auswirkungen von Sektorkopplung auf den Energiemarkt ist in der Studie von Bernath et al. (vgl. [10]) zu finden.

14.3.5 Weitere Aspekte der Resilienz: Reparierfähigkeit, Verfügbarkeit von Fachkräften und Informationen

Bei der Analyse von Fallstudien aus verschiedenen Ländern ergaben sich weitere Aspekte der Resilienz, die bei der Betrachtung nicht zu kurz kommen sollten.

Wichtig ist die auch Reparierfähigkeit der Systeme, sodass im Bedarfsfall Schäden schnell behoben werden können. Dabei kann auch die Versorgungssituation ausschlaggebend sein: Auf einer kleinen Insel, wo Fachkräfte nicht sofort da sind, sollten Systeme robust und sehr benutzerfreundlich sein, sodass auch weniger spezifisch geschulte Personen im Bedarfsfall eingreifen können. Wo die Auswahl an Fachkräften hoch ist, ist das weniger wichtig. Bei einem disruptiven Ereignis ist es jedoch immer hilfreich, wenn klare Informationen vorhanden sind, da im Katastrophenfall die Zeit für eine langwierige Analyse und Expertensuche nicht reicht. Dann sind die vom Erbauer der Anlage angebrachten Sticker mit Kontaktdaten und die ausreichende Beschriftung der Anlage eine wertvolle Hilfe.

14.3.6 Naturbasierte Methoden für Effizienz und zur Schadensprävention

Die bisher diskutierten Maßnahmen sind technischer oder auch organisatorischer Natur. Noch integraler wird die Energieplanung, wenn auch die natürliche und gebaute Umgebung berücksichtigt, verändert und genutzt wird. So kann der Kühlbedarf durch Pflanzen auf Dächern und in der Umgebung von Gebäuden gesenkt werden (vgl. [11, 12]). Pflanzen reduzieren zusätzlich auch den Wärmebedarf, indem sie die Windlast senken.

Ein häufiger Grund für die Unterbrechung der Stromversorgung sind auf Leitungen gefallene Äste und Bäume. Wird bei der Aufforstung von Wäldern dem Klimawandel Rechnung getragen, kann der Wald Stürme besser ertragen und schützt damit vor zukünftigen Netzausfällen. Eine technische Lösung des Problems wäre das Verlegen von Erdkabeln. Auch Muren und Lawinen führen häufig zu Ausfall und Beschädigung der Infrastruktur. Während bis vor wenigen Jahrzehnten für viele Bedrohungen vor allem technische Lösungen propagiert wurden – Stichwort Lawinenverbauung – sprechen Experten heute den naturbasierten Maßnahmen eine hohe Bedeutung zu (vgl. Maes und Jacobs [13]).

Durch den Klimawandel werden beispielsweise Überflutungen und Dürreperioden häufiger. Gegenmaßnahmen technischer Art sind Bewässerungsanlagen gegen Trockenheit sowie Dämme und Auffangbecken gegen Hochwasser, oder auch die Neudimensionierung von Kanalsystemen in Städten, um im Bedarfsfall mehr Regenwasser ableiten zu können. Eine naturbasierte Maßnahme gegen Überflutung ist die Schwammstadt. Eine ausführliche Beschreibung vom Schwammstadtprinzip ist u. a. bei Ferber (vgl. [14]) zu finden. Beim Schwammstadtprinzip wird der Untergrund von Straßen und anderen öffentlichen Räumen so gestaltet, dass Wasser zwischengespeichert werden kann und Bäumen zur Verfügung steht. Damit kann der Boden bei Starkregen wesentlich mehr Wasser aufnehmen, aber auch längere Trockenperioden richten weniger Schaden an, außerdem wird ein Absinken des Grundwasserspiegels vermieden.

In vielen Anbaugebieten stellt Wind in Kombination mit dem Temperaturanstieg eine Bedrohung dar und führt zu Ernteausfällen durch Trockenheit. Windschutzhecken bieten hier eine naturbasierte Maßnahme. Eine weitere Möglichkeit ist es, Photovoltaikmodule als Windschutz auf Äckern zu nutzen (Stichwort Agri-PV). Windschutzhecken bieten zusätzlich Lebensraum für Nützlinge und fördern die Biodiversität.

Diese Maßnahmen scheinen auf den ersten Blick vielleicht nicht so relevant für die Energieversorgung zu sein, bei genauerer Betrachtung sind sie es aber doch: So kann Wassermangel eventuell eine Kühlung mit wasserbasierten Systemen erschweren beziehungsweise steigt durch Wassermangel auch die Umgebungstemperatur und damit der Kühlbedarf.

14.4 Fazit

Die sehr gute Versorgungssicherheit in Österreich, Deutschland und der Schweiz beweist, dass Resilienz hierzulande einen hohen Stellenwert in der Energieversorgung hat. Laufende Entwicklungen wie die Dezentralisierung der Versorgungssysteme und gesteigerte Umweltgefahren bedürfen jedoch einer Verankerung von Resilienz in der Planung von Versorgungssystemen auf Gebäude- und kommunaler Ebene. Der im IEA ECB Annex 73 entwickelte und hier beschriebene Ansatz kann als Grundlage zur Integration von Resilienz auf diversen Ebenen dienen und bietet interessante Anknüpfungspunkte und Synergien mit bestehenden Planungstools. Es lässt sich klar zeigen, dass die Maxime der Energiewende, nämlich Reduktion des Verbrauchs, effiziente Deckung und erneuerbare Quellen, klug eingesetzt die Resilienz von Energiesystemen steigern, und zwar sowohl kleinräumig auf Gebäude- und Quartiersebene als auch großräumig.

Zusätzlich gilt es, neben den technischen Aspekten die naturbasierten Maßnahmen zum Schutz unserer Infrastruktur und Steigerung der Effizienz zu berücksichtigen, sodass die Auswirkungen von disruptiven Ereignissen reduziert werden.

Literaturverzeichnis

[1] 2019 betrug die kundenbezogene Nichtverfügbarkeit SAIDI in Österreich etwa 51 Minuten, im Jahr 2008 waren es 44 Minuten. https://www.e-control.at/statistik/strom/statistik-fuer-versorgungsqualitaet/stoerungsstatistik.

[2] Senkel, A., Bode, C. und Schmitz, G. (2021). Quantification of the resilience of integrated energy systems using dynamic simulation. Reliab. Eng. Syst. Saf. 209, 107447.

[3] Gasser, P., Lustenberger, P., Cinelli, M., Kim, W., Spada, M., Burgherr, P. und Sun, T. Y. (2021). A review on resilience assessment of energy systems. Sustain. Resilient Infrastruct. 6(5), 273–299.

[4] Vugrin, E., Castillo, A. und Silva-Monroy, C. (2017). Resilience Metrics for the Electric Power System: A Performance-Based Approach. Sandia National LaboratoriesReport. SAND2017-1493.

[5] Projektlinks. https://www.iea-annex73.org/annex-73/, https://annex73.iea-ebc.org/.

[6] Jeffers, R., Thompson, C. B., Wachtel, A. M., Srivastava, A., Zhivov, A. M. und Daniels, P. W. (2020). Integration of Resilience Goals into Energy Master Planning Framework for Communities. ASHRAE Trans. 126(1).

[7] Ein Beispiel sind die Maßnahmen nach Ausfall eines Kraftwerks zur Wiederherstellung der Wärmeversorgung im Nürnberg (2021). https://www.spiegel.de/panorama/nuernberg-ruft-nach-brand-in-kraftwerk-katastrophenfall-aus-a-eb8063b3-17ae-4651-932d-6578bd984b99.

[8] Leusbrock, I. und Fulterer, A. (2021). Energy Master Planning for Resilient Public Communities – Case Studies. AEE Verlag.

[9] Weiß, T., Fulterer, A. M. und Knotzer, A. (2019). Energy flexibility of domestic thermal loads–a building typology approach of the residential building stock in Austria. Adv. Build. Energy Res. 13(1), 122–137.

[10] Bernath, C., Deac, G. und Sensfuß, F. (2021). Impact of sector coupling on the market value of renewable energies–A model-based scenario analysis. Appl. Energy 281, 115985.

[11] Convertino, F., Vox, G. und Schettini, E. (2021). Evaluation of the cooling effect provided by a green façade as nature-based system for buildings. Build. Environ. 203, 108099.

[12] Van den Bosch, M. und Sang, Å. O. (2017). Urban natural environments as nature-based solutions for improved public health – A systematic review of reviews. Environ. Res. 158, 373–384.

[13] Maes, J. und Jacobs, S. (2017). Nature-based solutions for Europe's sustainable development. Conserv. Lett. 10(1), 121–124.

[14] Ferber, I. U., Eckert, M. S. K. und Fischer, B. E. C. (2021). Bodenfunktionen in der Schwammstadt.

Kurzvitae

Dr. Anna Fulterer wurde 1982 in MERAN (IT) geboren und hat nach dem Studium der technischen Physik 2012 an der TU Graz promoviert. Seit 2015 arbeitet sie am AEE Institut für nachhaltige Technologien in Gleisdorf (AUT) im Bereich Gebäude. Dabei arbeitet sie an der Entwicklung und Durchführung von innovativen F&E Projekten zur nachhaltigen Entwicklung von Gebäuden. Dazu gehört unter anderem die Begleitung von Demonstrationsprojekten, Lebenszyklusanalysen von Gebäudetechnik und der Entwicklung und Prüfung von nachhaltigen Lösungen für Gebäude und Energiesystemen. 2014 bis 2022 nahm sie im Auftrag des BMK an der IEA Kooperation Annex 73 ‚Towards Resilient Net Zero Energy Public Communities' teil.

Dr. Ingo Leusbrock ist Leiter des Bereiches Städte und Netze bei AEE INTEC in Gleisdorf, Österreich. Seine Forschungsschwerpunkte beinhalten (a) Modellierung, Simulation und Umsetzung urbaner Energiesysteme und –infrastruktur mit Fokus auf Fernwärme und Fernkälte, (b) Durchführung ganzheitlicher Energiesystemanalysen sowie (c) Innovative Energieversorgungskonzepte, z. B. Positive Energy Districts. Er war und ist Projektleiter sowie -teilnehmer an zahlreichen nationalen Forschungs- und Demonstrationsprojekten (u. a. ThermaFLEX, gigaTES, Spatial Energy Planning) und ist tätig in zahlreichen internationalen Netzwerken wie der IEA (Teilnahme u. a. IEA EBC Annex 73 & 84, IEA DHC TS3, 4 & 5).

Robert Gersdorf, Stefan Niessen und Daniel Wragge

15 Einführung in den Energiehandel und in die Rolle von Energiebörsen

Zusammenfassung: Seit über 20 Jahren sind die Energiemärkte in Europa liberalisiert. Dem Energiehandel und den Energiebörsen kommen dabei zentrale Rollen zu. Um vor allem die Bedeutung des börslichen Energiehandels zu erläutern, wird im Folgenden kurz auf dessen Entstehung und Struktur sowie auf die Funktionsweise von Energiebörsen eingegangen. Dazu gehören unter anderem die Unterscheidung zwischen börslichem und außerbörslichem Handel, die unterschiedlichen Marktsegmente sowie die Preisbildung an der Börse. Außerdem ist der Energiehandel intensiver Regulierung und Aufsicht unterworfen: Zum einen befindet sich der Energiehandel an einer Schnittstelle zwischen Energiemarktregulierung und Finanzmarktregulierung, zum anderen unterliegen Energiebörsen als Marktinfrastruktur einer spezifischen Regulierung. Abschließend erfolgt ein Ausblick auf die weitere Entwicklung beim Energiehandel und den Energiebörsen. Der Fokus liegt dabei auf dem Energiemarktdesign, der Marktintegration Erneuerbarer Energien sowie auf der Rolle von grünem Wasserstoff als zukünftige Energie-Commodity.

Schlagwörter: Energiebörse, Energiehandel, Strommarkt, Preissignal, Liquidität, Transparenz, Preisbildung, Hedging, Erneuerbare Energien, Wasserstoff

15.1 Einleitung

Die Vermarktung und Beschaffung von elektrischer Energie in weiten Teilen Europas erfolgt seit mehr als 20 Jahren in einem liberalisierten, wettbewerblichen und zunehmend europäisch integrierten Strommarkt.[1] Für verschiedene Stromprodukte, Lieferzeiträume und Lieferorte haben sich wettbewerbliche Märkte mit einer Vielzahl von Anbietern und Nachfragern entwickelt. Unter diesen Marktteilnehmern finden sich neben klassischen Stromproduzenten und -anbietern heute auch industrielle Großverbraucher, Energiehändler – darunter auch Direktvermarkter Erneuerbarer Energien

1 Das gilt sowohl für Deutschland als auch Österreich. Im Fall der Schweiz existieren zwar vergleichbare Marktregeln, aber es fehlt ein institutionalisiertes Energieabkommens zwischen der EU und der Schweiz, vor allem in Bezug auf den grenzüberschreitenden Handel.

Robert Gersdorf, Daniel Wragge, European Energy Exchange AG, Leipzig, Deutschland, e-mails: robert.gersdorf@eex.com, daniel.wragge@eex.com
Stefan Niessen, Siemens AG, Erlangen, Deutschland, e-mail: stefan.niessen@siemens.com

https://doi.org/10.1515/9783110753585-015

und Aggregatoren zur Vermarktung lastseitiger Flexibilität – sowie institutionelle Investoren am Großhandelsmarkt für Strom.

Wichtiges Element für die Entwicklung eines wettbewerblichen Großhandels für Strom mit möglichst reichhaltigem Angebot und Nachfrage sind Energiebörsen als zentrale Handelsplattformen. Den Aktienbörsen ähnlich, sorgen die Energiebörsen für faires und transparentes Handelsgeschehen. Vor allem dem deutschen Strommarkt kommt auf Grund seiner zentralen Lage in der Europäischen Union und aufgrund seiner Größe eine besondere Bedeutung zu. Der deutsche Strommarkt ist der mit Abstand liquideste Energiemarkt in Kontinentaleuropa (vgl. ACER/CEER (2022) [1]). Die hier an der Börse ermittelten Marktpreise haben daher eine Referenzwirkung in Deutschland und weiten Teilen Europas. Nicht umsonst ist der Energiehandel daher und aufgrund seiner Bedeutung für die Versorgungssicherheit und seiner Schnittstellenposition zwischen Energie- und Finanzmarkt stark reguliert und intensiver staatlicher Aufsicht unterworfen.

Dieser Beitrag beleuchtet im Folgenden die Organisation und die Rolle des Energiehandels – und insbesondere die der Energiebörsen als zentrale Handelsplattformen. Dazu wird auch erläutert, welche unterschiedlichen Marktsegmente existieren und welche Funktion diese erfüllen. Schließlich wird gezeigt, welche Funktion die Börse und vor allem die ermittelten Marktpreise haben.

15.2 Liberalisierung des Energiemarkts führt zur Etablierung von Energiehandel und Energiebörsen

Ausgangspunkt für die Entstehung des Energiehandels und die Etablierung von Energiebörsen als zentrale Handelsplätze in Deutschland und anderen europäischen Ländern war die Liberalisierung der Energiemärkte in der Europäischen Union Ende der 1990er Jahre (vgl. Europäisches Parlament und Europäischer Rat (1996) [2]). Statt wie zuvor in Gebietsmonopolen, wurde nun Wettbewerb auf den Strom- und Gasmärkten zugelassen. Die zuvor geschlossene Wertschöpfungskette Erzeugung-Verteilung-Absatz – oftmals innerhalb vertikal integrierter Energieversorgungsunternehmen – wurde aufgebrochen und um Handel als eigenständiges Geschäftsfeld ergänzt. Damit einher ging der Markteintritt neuer Akteure, wie beispielsweise unabhängige Energieanbieter, Energiehändler, industrielle Großverbraucher und Finanzinstitute.

Zu einem wettbewerblichen Energiemarkt mit vielen Anbietern und Nachfragern gehört auch die Etablierung von Großhandelsstrukturen mit entsprechenden Marktpreisen und Markttransparenz. Dafür war die Einrichtung von Energiebörsen als zentrale Großhandelsmarktplätze nötig. In Deutschland entstanden im Jahr 2000 zunächst zwei Strombörsen: Die Leipzig Power Exchange (LPX) und die in Frankfurt am

Main ansässige European Energy Exchange (EEX) (vgl. EEX (2010) [3]). Beide Börsen fusionierten 2002 zur heutigen EEX mit Sitz in Leipzig. Darüber hinaus entwickelten sich zahlreiche Strom- und Energiebörsen in anderen europäischen Ländern (vgl. Europex (2022) [4]).

15.3 Struktur des Energiehandels: bilateraler Handel versus Börsenhandel

Energiehandel findet außerbörslich als sogenannter Over-the-Counter-Handel, kurz OTC, und auch börslich statt. OTC-Handel wiederum kann rein bilateral zwischen zwei Marktakteuren erfolgen oder mit Vermittlung eines Brokers (vgl. LEBA (2022) [5]). Börsliche Geschäfte kommen in einem für alle Marktteilnehmer transparenten Prozess über das Orderbuch der Börse zustande. Jeder Börsenteilnehmer kann dazu während der Handelszeit anonym seine Kauf- oder Verkaufsgebote für alle sichtbar in das Orderbuch stellen. Sobald ein Gebot im Orderbuch steht, kann jeder andere Marktteilnehmer jederzeit dieses Gebot annehmen und so einen rechtsverbindlichen Vertrag abschließen. Die Preise und Mengen von OTC-Geschäften hingegen werden der Öffentlichkeit nicht bekannt. Ein weiterer wesentlicher Unterschied zwischen OTC- und Börsenhandel ist zum einen der Grad der Standardisierung der Handelsgeschäfte und zum anderen das Risikomanagement.

Handelsprodukte und Prozesse an einer Börse weisen einen hohen Standardisierungsgrad auf. Dadurch erzielen die Produkte eine gute Fungibilität[2] und somit eine große Wahrscheinlichkeit, dass andere Marktteilnehmer das gleiche Produkt auch handeln wollen. Dies hat den Vorteil, dass Angebot und Nachfrage für diese Produkte groß sind. OTC-Geschäfte dagegen erlauben einen hohen Spezialisierungsgrad und sind oftmals direkt auf die individuellen Bedürfnisse der jeweiligen Vertragspartner zugeschnitten. Gleichwohl haben sich auch im außerbörslichen Bereich Standardrahmenverträge etabliert, um die Komplexität und Transaktionskosten zu begrenzen (vgl. EFET (2007) [6]).

Beim Risikomanagement liegt der Unterschied darin begründet, dass bei OTC-Geschäften die Vertragspartner das wechselseitige Ausfallrisiko über die gesamte Vertragslaufzeit selbst tragen, während Börsengeschäfte zentral über eine Abwicklungsstelle besichert und abgewickelt werden. Konkret heißt das, dass beim Börsenhandel ein sogenanntes Clearinghaus als zentraler Kontrahent in die Vertragsbeziehung zwischen Käufer und Verkäufer tritt und die mit der Geschäftserfüllung verbundenen Zahlungs- und Lieferrisiken trägt. Im deutschen Strommarkt übernimmt das zur EEX

2 Fungibilität bedeutet, dass ein Gut hinsichtlich klarer Kriterien wie Menge oder Maßeinheit bestimmbar und damit austauschbar ist. Man spricht auch von so genannten homogenen Gütern.

gehörende Clearinghaus European Commodity Clearing (ECC) diese Funktion. Zur Besicherung der Risiken verwendet das Clearinghaus ein sogenanntes Marginsystem, bei dem die Handelsteilnehmer Sicherheiten für ihre Handelsgeschäfte hinterlegen müssen (vgl. ECC (2022) [7]).

Außerdem besteht die Möglichkeit, OTC abgeschlossene Geschäfte beim Clearinghaus der Börse zum Clearing zu registrieren – die sogenannte Trade Registration. In diesem Fall erfolgen der Geschäftsabschluss und damit auch die Vereinbarung über Menge und Preis außerhalb des Orderbuchs der Börse. Im Anschluss kann das Geschäft bei ausreichender Übereinstimmung mit den standardisierten Börsenprodukten an der Börse zum Clearing registriert werden, um die Sicherheit der Abwicklung über ein Clearinghaus in Anspruch nehmen zu können (vgl. EEX (2022) [8]). Abbildung 15.1 zeigt schematisch den Unterschied zwischen bilateralem und börslichem Energiehandel.

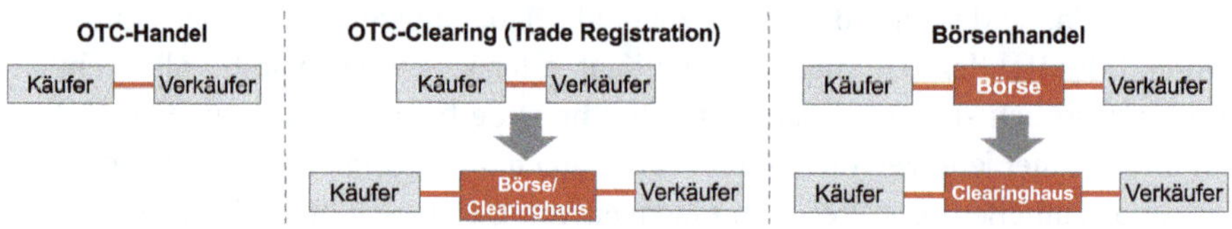

Abb. 15.1: Unterschiedliche Handelsformen: OTC-Handel, OTC-Clearing und Börsenhandel (Quelle: EEX).

15.4 Die Rolle der Börse im Energiemarkt

Die zentrale Rolle der Börse ist die Organisation und der Betrieb einer unabhängigen, zentralen Großhandelsplattform, auf der eine möglichst große Anzahl von Anbietern und Nachfragern agieren. Die Börse ermittelt transparent Marktpreise und veröffentlicht sie.

Transparenz und Integrität spielen für den Börsenhandel eine entscheidende Rolle; sie sind die Grundlage für das Vertrauen der Marktakteure und der Öffentlichkeit in das ordnungsgemäße Funktionieren des Marktes. So macht die Veröffentlichung von Preisen und der zugrunde liegenden Handelsumsätze eine Einschätzung des Marktgeschehens grundsätzlich erst möglich. Zudem erfolgt die Preisbildung an der Börse nach transparenten, verbindlichen und damit nachvollziehbaren Regeln und Prozessen. Zusätzlich veröffentlichen einige Börsen, wie auch die EEX, Fundamentaldaten zu den von ihnen organsierten Märkten. Ein Beispiel ist die EEX-Transparenzplattform, auf der unter anderem Informationen zur aktuellen Stromerzeugung und -verbrauch allgemein zugänglich gemacht werden (vgl. EEX (2022) [9]).

Die Börse bietet einer Vielzahl unterschiedlicher Handelsteilnehmer Zugang und die Standardisierung von Produkten sorgt die Börse für eine Bündelung der Marktliquidität. Liquidität ist ähnlich schwer zu definieren wie Liebe. Daher hier ein Versuch:

Definition Liquidität. Liquidität ist, wenn Käufer und Verkäufer jederzeit die von ihnen gewünschten Mengen handeln können und sich dabei die Preise nicht zu ihren Ungunsten verändern. Eine gute Liquidität ermöglicht robuste und repräsentative Marktpreise und hilft den Marktakteuren Such- und Transaktionskosten zu minimieren. Eine ausreichend hohe Liquidität stellt sicher, dass jeder Anbieter und Nachfrager zu jeder Zeit einen Handelspartner finden und Geschäfte abschließen oder bestehende Positionen ändern kann.

Schließlich sorgt die Börse durch Anonymisierung im Handel dafür, dass alle Marktteilnehmer diskriminierungsfrei gleichbehandelt werden. Es ist daher unerheblich ob z. B. ein kleiner mit einem großen oder ein inländischer mit einem ausländischen Handelsteilnehmer ein Geschäft schließt. Die Börsenregeln stellen sicher, dass für alle Teilnehmer die identischen Handels- und Abwicklungsprozesse gelten sowie eine gleichzeitige Verfügbarkeit von Preis- und Marktinformationen gewährleistet ist. Mit einem stringenten Zulassungsverfahren sorgt die Börse für Professionalität und Integrität des gesamten Handels und der Abwicklung (vgl. Paulun (2017) [10]).

15.5 Energiehandel an der Schnittstelle zwischen Energie- und Finanzmarktregulierung

Der Energiehandel unterliegt einer großen Bandbreite an Regulierung, was die vollständige und korrekte Anwendung der Regeln mitunter zu einer höchst komplexen Aufgabe macht. Zu unterscheiden ist zwischen Energiemarkt-spezifischer Regulierung, die vor allem den physischen Handel mit Strom und Gas am Spotmarkt betrifft, und Finanzmarktregulierung, unter die der finanzielle Handel mit Strom- und Gasderivaten[3] am Terminmarkt fällt. Während am Spot- und Intradaymarkt eine physische Strom- oder Gaslieferung stattfindet, finden am Terminmarkt lediglich monetäre Ausgleichszahlungen statt – beispielsweise zur Absicherung von Preisrisiken.

Damit die Kette der monetären Ausgleichzahlungen am Terminmarkt die Möglichkeit bietet, den möglicherweise Jahre zuvor am Terminmarkt gekauften Strom auch tatsächlich zu dem damals vertraglich gesicherten Preis zu beziehen, wird der letzte Abrechnungspreis für am Terminmarkt gehandelte Energiederivate am Spotmarkt gebildet. Dies führt zu einer engen Verknüpfung der beiden Märkte und damit auch zu Wechselwirkungen zwischen den unterschiedlichen Regulierungsrahmen. So ha-

3 Der Spotmarkt ist der kurzfristige Handelsmarkt mit anschließender physischer Lieferung von Energie. Strom- und Gasderivate (oder Energiederivate) sind Finanzinstrumente, denen ein Energieprodukt als Basiswert zu Grunde liegt. Der Handel mit Energiederivaten erlaubt es Marktakteuren, sich gegen spezifische zukünftige Marktrisiken wie Preisänderungsrisiko oder Mengenrisiko abzusichern. Weitere Erläuterungen dazu im Abschnitt 15.7 "Marktsegmente und Handelsprodukte" dieses Kapitels.

ben Regulierungsvorhaben in Bereichen wie Netzausbau, Kraftwerksneubau oder Förderung Erneuerbarer Energien sowohl Einfluss auf den physischen Handel am Spotmarkt als auch auf den Terminmarkt, an dem man sich bis zu zehn Jahre in die Zukunft gegen Preisrisiken absichern kann. Veränderte Rahmenbedingungen am Terminmarkt durch Finanzmarktregulierung haben wiederum großen Einfluss auf Investitionen in den Bau von neuen Kraftwerken und Erneuerbaren-Anlagen und somit mittelbar auch auf den Spotmarkt. Abbildung 15.2 zeigt, dass die Regulierungsrahmen für Energie- und Finanzmärkte zwei Seiten der gleichen Medaille sind.[4]

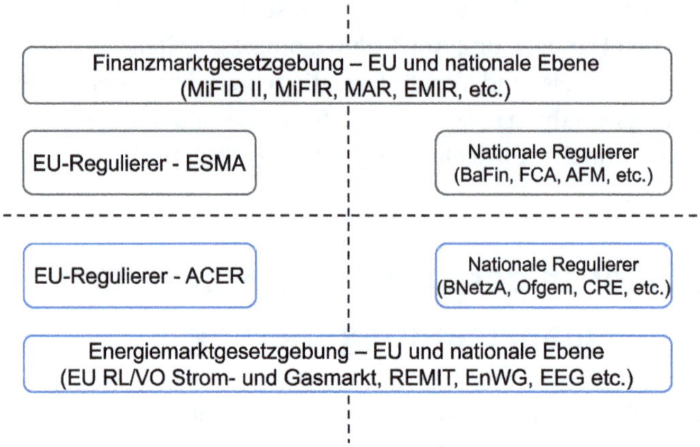

Abb. 15.2: Energiehandel an der Schnittstelle zwischen Energie- und Finanzmarktregulierung (Quelle: EEX).

15.6 Besonderheit des Börsenhandels: regulierter Markt

Im Falle Deutschlands steht im § 1a Energiewirtschaftsgesetz zu den Grundsätzen des Strommarkts: „Der Preis für Elektrizität bildet sich nach wettbewerblichen Grundsätzen frei am Markt. Die Höhe der Preise für Elektrizität am Großhandelsmarkt wird regulatorisch nicht beschränkt“ (BMJ (2021) [11]). Dieser Grundsatz der freien Preisbildung und des Verzichts auf regulatorische Eingriffe ist eine elementare Voraussetzung für den börslichen Energiehandel und für das Vertrauen in den Markt. Gleichwohl ist der Handelsplatz als solcher reguliert und unterliegt der behördlichen Aufsicht. So ist z. B. die EEX ein geregelter Markt im Sinne der Europäischen Finanzmarktrichtlinie MiFID und wird entsprechend von der deutschen Bundesanstalt für Finanz-

4 Im Falle der Schweiz werden vergleichbare Regeln in Anlehnung an die EU-Regelungen angewendet, die Zuständigkeiten liegen aber bei den Schweizer Behörden und nicht bei den EU-Institutionen.

dienstleistungsaufsicht (BaFin) beaufsichtigt. Hinzu kommt die europaweit einmalige öffentlich-rechtliche Stellung von Börsen in Deutschland, verbunden mit einem eigenen Regelwerk auf Basis des deutschen Börsengesetzes (vgl. BMJ (2017) [12]).

Im Falle der EEX obliegt die Börsenaufsicht dem Sächsischen Staatsministerium für Wirtschaft und Arbeit (SMWA) (vgl. SMWA (2022) [13]). Zusätzlich bestehen im Energiebereich eine Reihe von Pflichten für Marktplatzbetreiber und Marktteilnehmer zur Meldung von Marktdaten an nationale und europäische Regulierungsbehörden wie die Markttransparenzstelle für Strom und Gas bei der Bundesnetzagentur oder die europäische Agentur für die Zusammenarbeit der Energieregulierungsbehörden ACER (vgl. BNetzA (2022) [14]).

15.7 Marktsegmente und Handelsprodukte

Energiehandel am Großhandelsmarkt findet in unterschiedlichen Marktsegmenten statt. Im Wesentlichen wird zwischen dem kurzfristigen Spotmarkt und dem längerfristigen Terminmarkt unterschieden. Über diese Bandbreite hinweg ist Handel von wenigen Minuten vor Lieferung bis hin zu mehreren Jahren im Voraus möglich. Für den deutschen Stromgroßhandel wird der Spotmarkt von der EEX-Tochter EPEX SPOT organisiert, der Handel am Terminmarkt findet an der EEX statt. Im Folgenden werden der Spot- und Terminmarkt für Strom kurz vorgestellt, dabei wird auch auf die unterschiedlichen Handelsprodukte eingegangen.

Spotmarkt für Strom

Der Spotmarkt ist der kurzfristige Handelsmarkt für physische Energiehandelsgeschäfte, um die Beschaffung sowie den Verkauf von Strommengen kurzfristig zu optimieren. Der Spotmarkt besteht aus den zwei Bereichen Day-Ahead- und Intraday-Markt.

Im Day-Ahead-Markt werden täglich in einer Auktion die Preise für Stundenprodukte für alle 24 Stunden des Folgetages sowie daraus resultierend Preisindizes für Grundlast (Durchschnitt der 24 Einzelstunden) und Spitzenlast (Durchschnitt für die 12 Stunden von 08:00 Uhr bis 20:00 Uhr) ermittelt. Diese Indizes dienen wiederum als Basiswert (Underlying) für die Handelsprodukte am Stromterminmarkt. Darüber hinaus haben die Day-Ahead-Preise auch Referenzwirkung für den Strommarkt über die Börse hinaus. So wird z. B. die gleitende Marktprämie bei der Direktvermarktung Erneuerbarer Energien in Deutschland auf Grundlage der börslichen Day-Ahead-Preise ermittelt (vgl. BMJ (2020) [15]).

Der Intraday-Markt dient dem kurzfristigen untertägigen Handel. Neben Stundenprodukten ist auch fortlaufend der Handel von Viertelstundenprodukten möglich. Die Vorlaufzeit zwischen Handel und Lieferung beträgt im Intraday-Markt in Deutschland für die gesamte deutsche Regelzone 30 Minuten; innerhalb der vier deutschen Regelzonen ist sogar ein Handel bis fünf Minuten vor Lieferung möglich.

Der Stromhandel auf den Day-Ahead- und Intraday-Märkten ist aber nicht auf nationale Märkte beschränkt, sondern erfolgt im Rahmen von Marktkopplungsprojekten auch grenzüberschreitend. Grundlage dafür ist das europäische Zielmodell eines integrierten europäischen Strommarktes. Ziel ist die optimale Auslastung der Grenzkapazitäten der Stromnetze auf Basis von Marktpreissignalen. Dazu arbeiten sowohl die Strombörsen als auch die Übertragungsnetzbetreiber der beteiligten Länder eng zusammen. Im Day-Ahead-Markt sind mittlerweile 25 und im Intraday-Markt 23 europäische Länder miteinander gekoppelt (vgl. All NEMO Committee (2022) [16]). Abbildung 15.3 stellt die Marktsegmente und Handelsprodukte schematisch dar.

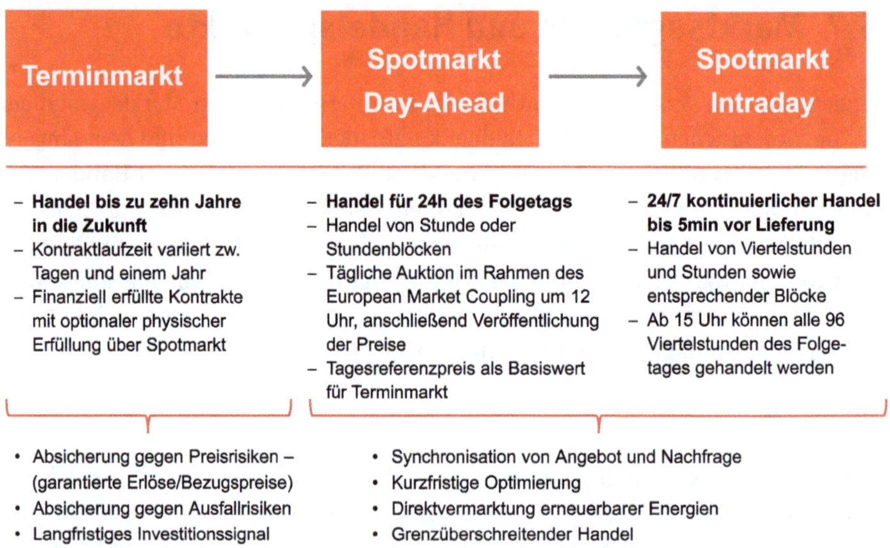

Abb. 15.3: Überblick zu Marktsegmenten und Handelsprodukten am Beispiel des Strommarkts (Quelle: EEX).

Terminmarkt für Strom

Der Terminmarkt dient als Risikomanagementinstrument der langfristigen Absicherung der Handelsteilnehmer gegen Preisänderungsrisiken. Die Produkte am Terminmarkt – Futures und Optionen – werden in der Regel finanziell erfüllt, wobei bei den an der EEX gehandelten Futures optional auch eine physische Erfüllung über den Spotmarkt von EPEX SPOT möglich ist. Die Grundfunktion von Terminmarkt-Futures ist, ein bestimmtes Preisniveau des Spotmarktes für einen festgelegten Zeitraum in der Zukunft zu fixieren und sich damit gegen Preisabweichungen abzusichern. Dafür dienen die am Spotmarkt ermittelten Preise als Basiswert für die Abrechnung der Terminkontrakte.

Die Produkte am Terminmarkt ermöglichen es den Teilnehmern, durch verschiedene Laufzeiten ihre Portfolien individuell zu strukturieren. Durch den Kauf eines Futures für das nächste Jahr kann beispielsweise ein Aluminiumhersteller dafür sorgen, dass er bereits heute seine Stromkosten für die Aluminiumherstellung im nächsten Jahr sicher kalkulieren kann. Der Terminmarkt deckt verschiedene Zeiträume angefangen bei Tagen, über Wochen, Monate und Quartale bis hin zu Jahren ab. So lassen sich Stromlieferungen bis zu zehn Jahre im Voraus handeln (vgl. Gersdorf und Wragge (2020) [17]).

In den letzten Jahren sind neue Produkte entstanden, die besonders auf das Risikomanagement bei der Marktintegration Erneuerbarer Energien zugeschnitten sind. Da die Erneuerbaren aber nach wie vor überwiegend im Rahmen von Förderregimen und nicht frei am Markt agieren, ist die Nachfrage nach diesen neuen Produkten vorerst begrenzt. Möglicherweise werden neue Produkte mit dem schrittweisen Auslaufen der Erneuerbaren-Förderung eine größere Rolle spielen (vgl. Gersdorf und Reitz (2021) [18]). In Deutschland z. B. fallen seit 2021 die ersten Windkraftanlagen aus der 20-jährigen Förderung und müssen sich bei Weiterbetrieb vollständig im Wettbewerbsmarkt behaupten (vgl. Energy Brainpool (2022) [19]). Eine schematische Darstellung für den Einsatz unterschiedlicher Spot- und Terminmarktprodukte zeigt die folgende Abbildung 15.4.

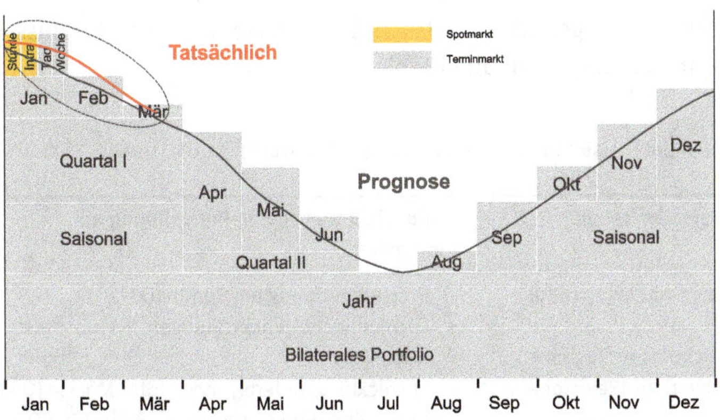

Abb. 15.4: Schematische Darstellung für den Einsatz unterschiedlicher Spot- und Terminmarktprodukte bei der Energiebeschaffung (Quelle: EEX).

15.8 Die Rolle des Preissignals und Grundlagen der Preisbildung

Die in einem Wettbewerbsmarkt basierend auf Angebot und Nachfrage ermittelten Marktpreise sorgen als Knappheitssignal unter den gesamtwirtschaftlichen Bedingungen des Energiemarkts für eine effiziente Ressourcenallokation. Damit ist der an Börsen ermittelte Marktpreis das zentrale Steuerungssignal für die Allokation von Erzeugung und Verbrauch auf dem Strommarkt. Er ist Bezugsgröße für kurzfristige Einsatz- und langfristige Investitionsentscheidungen. Diese Rolle gewinnt mit dem steigenden Bedarf an Steuerung und Koordination durch die zunehmende Anzahl an dezentralen Erzeugungsanlagen sowie der zunehmenden Volatilität der Einspeisung in Folge des Ausbaus der Erneuerbaren Energien weiter an Bedeutung. Es ist auch davon auszugehen, dass bei einer zunehmenden Elektrifizierung anderer Sektoren, z. B. Mobilität und Wärme, der Strompreis Referenzwirkung auch für diese Sektoren entfaltet (vgl. Europex (2017) [20]).

Bei der Rolle des Preissignals muss zwischen dem kurzfristigen Preissignal des Spotmarkts und dem langfristigen Preissignal des Terminmarkts unterschieden werden. Das gilt nicht nur im Hinblick auf die unterschiedliche Funktion und Referenzwirkung – der Spotmarkt dient der kurzfristigen physikalischen Optimierung und der Terminmarkt ist die Grundlage für langfristige Absicherungen und damit auch für Investitionsentscheidungen – sondern auch vor dem Hintergrund der unterschiedlichen Einflussfaktoren auf die Preisbildung in den Marktsegmenten. Der Spotmarktpreis steht im Wesentlichen im Zusammenhang mit Fundamentaldaten, z. B. dem Verbrauch, der Verfügbarkeit konventioneller Kraftwerke und des Umfangs der Einspeisung von Wind- und Solaranlagen. Demgegenüber hängt die Entwicklung des Terminmarktpreises vor allem von makroökonomischen Faktoren und dem Einfluss fundamentaler politischer Entscheidungen ab. Details zur den unterschiedlichen Einflussfaktoren auf die Strompreisbildung verdeutlicht folgende Tabelle 15.1.

Tab. 15.1: Einflussfaktoren auf die Preisbildung am Spot- und Terminmarkt für Strom (Quelle: EEX).

Einflussfaktoren auf die Preisbildung am Spotmarkt	**Einflussfaktoren auf die Preisbildung am Terminmarkt**
– Wetter (Wind, Sonnenstrahlung, Niederschlag, Temperatur) – Feiertage/Werktage/Wochentage/Tageszeit – Verfügbarkeit von Kraftwerken (Revisionen, Ausfälle) – Variable Kosten der Erzeugung (z. B. Brennstoff und CO_2-Kosten) – Elastizität der Nachfrage (z. B. Lastverschiebung der Industrie) – Ausländische Marktteilnehmer als Anbieter oder Nachfrager	– Preisentwicklung am Spotmarkt – Ökonomische Entwicklungen (Wirtschaftswachstum) – Entwicklung anderer/verwandter Märkte (Ölpreis, Kohlepreis, Gaspreis, Preis für CO_2-Emissionsberechtigungen) – Besondere Ereignisse (z. B. Atom-Moratorium, Pandemie, Krieg) – Politische Rahmenbedingungen (z. B. Kohleausstieg, Ausbauziele und Förderinstrumente für Erneuerbare Energien)

15.9 Ausblick auf die weitere Entwicklung des Energiehandels und der Energiebörsen

Treiber für die weitere Entwicklung des Energiehandels sind vor allem die Transformation des Energiesystems hin zu überwiegend Erneuerbaren Energien sowie die Dekarbonisierung aller Sektoren zur Erreichung der Klimaschutzziele. Für den Strommarkt bedeutet das zum einen die Integration zunehmend dezentraler Erzeugung, verbunden mit steigendem Bedarf an Flexibilität und Optimierung. Dadurch wird sich die Bedeutung des kurzfristigen Handels, vor allem am Intraday-Markt, weiter erhöhen. Zum anderen sind massive Investitionen notwendig, um die benötigten zusätzlichen erneuerbaren Erzeugungskapazitäten zu realisieren. Gleichzeitig dürfte der Bedarf an grünem Strom – getrieben vor allem durch die Elektrifizierung in den Sektoren Industrie, Verkehr und Gebäude – deutlich zunehmen. Eine Möglichkeit, hier Investitions- und Beschaffungsbedarf zukünftig auch ohne Förderung wie im deutschen Erneuerbare-Energien-Gesetz (EEG) zusammenzubringen, sind langfristige Lieferverträge für Erneuerbaren-Strom, sogenannte Power Purchase Agreements (PPA). Diese zunächst außerbörslichen Instrumente lassen sich auch auf verschiedene Weise mit Börsenhandel kombinieren, z. B. durch die Absicherung des Ausfallrisikos der Vertragsparteien über das Clearinghaus. Auch die für grüne PPAs notwendigen Herkunftsnachweise für grünen Strom können bei ausreichender Standardisierung eine größere Rolle im Energiehandel spielen (vgl. Gersdorf und Reitz (2021) [21]).

Die Transformation des Energiesystems hat auch das Potenzial, perspektivisch gänzlich neue Handelsprodukte hervorzubringen, wie z. B. Herkunftsnachweise für grüne Gase oder ein am Energiemarkt handelbares Wasserstoffprodukt. Nachdem es sowohl auf nationaler als auch europäischer Ebene bereits politische Strategien für den Aufbau eines Marktes für dekarbonisierten Wasserstoff gibt, befinden sich der Wasserstoffmarkt und -handel gerade in der Designphase. Das betrifft zunächst Fragen des Regulierungsrahmens von Wasserstoffnetzen und, damit verbunden, des Marktdesigns, wie Regelungen zum Netzzugang oder Bestimmungen zur Bildung von Marktgebieten. Weiterhin sind handelsseitig entsprechende Rahmenbedingungen zu entwickeln, wie z. B. die konkrete Ausgestaltung von Handelsprodukten. Ziel ist es, einen liquiden Wasserstoffhandel mit aussagekräftigen Preissignalen und langfristigen Absicherungsmöglichkeiten zu etablieren (vgl. Brandes (2021) [22]).

Literaturverzeichnis

[1] ACER/CEER (2022). Market Monitoring Report, Electricity Wholesale Markets Volume, 11.01.2022, S. 65 ff., abrufbar unter: https://extranet.acer.europa.eu/Official_documents/Acts_of_the_Agency/Publication/ACER%20Market%20Monitoring%20Report%202020%20%E2%80%93%20Electricity%20Wholesale%20Market%20Volume.pdf (zuletzt abgerufen am 25.04.2022).

[2] Europäisches Parlament und Europäischer Rat (1996). Richtlinie 96/92/EG des Europäischen Parlaments und des Rates vom 19. Dezember 1996 betreffend gemeinsame Vorschriften für den Elektrizitätsbinnenmarkt (EltRL 1996), ABl. EU Nr. L 027, v. 30.1.1997.
[3] EEX (2010). Festschrift zehn Jahre European Energy Exchange.
[4] Europex (2022). Our Members, abrufbar unter: https://www.europex.org/members/ (zuletzt abgerufen am 25.04.2022).
[5] LEBA (2022). About LEBA, abrufbar unter: https://www.leba.org.uk/about/ (zuletzt abgerufen am 25.04.2022).
[6] EFET (2007). Rahmenvertrag über die Lieferung und Abnahme von Strom, abrufbar unter: https://data.efet-d.org//Files/Rahmenvertrage%20-%20Strom//Sept_21_2007_General_Agreement_Elec_2.1(a)_German.pdf (zuletzt abgerufen am 25.04.2022).
[7] ECC (2022). Clearing Bedingungen, abrufbar unter https://www.ecc.de/de/about-ecc/rules (zuletzt abgerufen am 25.04.2022).
[8] EEX (2022). Trade Registration Rules, abrufbar unter https://www.eex.com/de/maerkte/handel/verordnungen-und-regelwerke (zuletzt abgerufen am 25.04.2022).
[9] EEX (2022). EEX-Transparenzplattform, abrufbar unter https://www.eex-transparency.com/de (zuletzt abgerufen am 25.04.2022).
[10] Paulun (2017). Die Erfahrungen des deutschen Marktes. In Zenke, I., Schäfer, R. (Hrsg.). Energiehandel in Europa.
[11] BMJ (2021). Energiewirtschaftsgesetz vom 7. Juli 2005 (BGBl. I S. 1970, 3621), das zuletzt durch Artikel 84 des Gesetzes vom 10. August 2021 (BGBl. I S. 3436) geändert worden ist, abrufbar unter: https://www.gesetze-im-internet.de/enwg_2005/BJNR197010005.html (zuletzt abgerufen am 25.04.2022).
[12] BMJ (2021). Börsengesetz vom 16. Juli 2007 (BGBl. I S. 1330, 1351), das zuletzt durch Artikel 6 des Gesetzes vom 3. Juni 2021 (BGBl. I S. 1568) geändert worden ist, abrufbar unter: https://www.gesetze-im-internet.de/b_rsg_2007/BJNR135100007.html (zuletzt abgerufen am 25.04.2022).
[13] SMWA (2022). Aufsicht und Recht, abrufbar unter: https://www.smwa.sachsen.de/aufsicht-und-recht-5889.html (zuletzt abgerufen am 25.04.2022).
[14] BNetzA (2022). Markttransparenzstelle für den Großhandel mit Strom und Gas, Marktüberwachung, abrufbar unter: https://www.markttransparenzstelle.de/cln_111/DE/Marktueberwachung/start.html (zuletzt abgerufen am 25.04.2022).
[15] BMJ (2020). Gesetz für den Ausbau erneuerbarer Energien (Erneuerbare-Energien-Gesetz – EEG 2021). Anlage 1 (zu § 23a) Höhe der Marktprämie, abrufbar unter: https://www.gesetze-im-internet.de/eeg_2014/anlage_1.html (zuletzt abgerufen am 25.04.2022).
[16] All NEMO Committee (2022), abrufbar unter: https://www.nemo-committee.eu (zuletzt abgerufen am 25.04.2022).
[17] Gersdorf, R. und Wragge, D. (2020). Energiebörsen als Innovationstreiber. In Doleski, O. (Hrsg.) Realisierung Utility 4.0 Band 1.
[18] Gersdorf, R. und Reitz, P. (2021). Ein einfacher Weg zur systematischen Bestimmung der Ausschreibungsmengen im EEG. In Energiewirtschaftliche Tagesfragen (et), 71. Jg., Heft 6, 60–64.
[19] Energy Brainpool (2022). Monitoring der Direktvermarktung: Jahresbericht 2021 und Ausblick 2022, abrufbar unter: https://www.energybrainpool.com/fileadmin/download/Studien/Bericht_2022-01-25_EBP-%C3%96l_Monitoring-Direktvermarktung_BMWK.pdf. (zuletzt abgerufen am 25.04.2022).
[20] Europex (2017). At the Core of the Future Energy Market. Our Vision for an Evolving Energy Sector, abrufbar unter: https://www.europex.org/wp-content/uploads/2017/06/Europex-Market-Vision-Paper.pdf (zuletzt abgerufen am 25.04.2022).

[21] Gersdorf, R. und Reitz, P. (2021). Die EEX Group – globaler Handelsplatz für nachhaltige Energie- und Umweltmärkte. In Leithner, S. (Hrsg.). Nachhaltige Kapitalmärkte. Die Transformation erfolgreich gestalten.
[22] Brandes, M. (2021). Wasserstoffhandel. Ideen für einen marktbasierten Hochlauf, in emw, Heft 4/2021, abrufbar unter: https://www.eex.com/fileadmin/Global/News/EEX/EEX_Opinions_Expert_Reports/emw_21-4_08_SP_Wasserstoffhandel.pdf (zuletzt abgerufen am 24.02.2022).

Kurzvitae

Robert Gersdorf ist Market Policy Expert in der Berliner Hauptstadtrepräsentanz der europäischen Energiebörse European Energy Exchange (EEX). Nach seinem Studium der Politikwissenschaft und Betriebswirtschaftslehre an der Technischen Universität Chemnitz begann er 2008 bei der EEX im Bereich Political & Regulatory Affairs. 2014 wechselte er nach Berlin, um die Hauptstadtrepräsentanz der EEX aufzubauen. Neben seiner Rolle als Ansprechpartner für politische Kontakte beschäftigt er sich seit Jahren mit den Herausforderungen der Energiewende auf den Energiehandel, insbesondere mit Fragen des Strommarktdesigns und der Marktintegration Erneuerbarer Energien.

Professor Dr.-Ing. Stefan Niessen MBA leitet seit 2016 bei Siemens in der zentralen Konzernforschung das Technologiefeld „Nachhaltige Energie und Infrastruktur“. Mit Forschungsgruppen an verschiedenen Standorten in Deutschland, Österreich, Portugal, Russland, China und in den USA entwickelt er Modelle, Simulations- und Optimierungsverfahren für Auslegung und Betrieb multimodal gekoppelter Energiesysteme von Gebäuden, Werken, Städten und Ländern. Durch die Berücksichtigung der Kopplung der Versorgung mit Strom, Wärme, Kühlung, Antriebsenergie, Trinkwasser und chemischen Energieformen lassen sich Kosten senken, die Umwelteffizienz verbessern und neue Flexibilitätspotenziale heben. Parallel zu seiner Tätigkeit bei Siemens hat er die Professur für Technik und Ökonomie Multimodaler Energiesysteme an der TU Darmstadt inne.

Nach Studium und Promotion an der Fakultät für Elektrotechnik der RWTH Aachen war Stefan Niessen in den ersten sechs Jahren der European Energy Exchange AG im Kernteam für deren Aufbau. Die dafür erforderlichen wirtschaftlichen Kenntnisse erwarb er mit einem MBA an der Duke University. Danach arbeitete er zehn Jahre für einen französischen Anlagenbauer als Leiter des internationalen Marketings und als Leiter der Forschung und Entwicklung.

Daniel Wragge ist Director Political & Regulatory Affairs der European Energy Exchange (EEX). Er arbeitet seit 2006 für die EEX. Er hat einen Abschluss in Rechtswissenschaften und einen Master in International Relations & European Affairs. Er hat in Deutschland, Australien und Frankreich studiert. Nach Stationen in Leipzig und Brüssel arbeitet er nunmehr seit 2020 in der Berliner Hauptstadtrepräsentanz der EEX. Die EEX vertritt er in der H2Global Stiftung. Privat engagiert er sich beim Centre international de formation européenne (CIFE) und ist Mitglied in dessen Conseil d’administration.

Klaus Nagl, Andreas Weigand und Leonid Verhovskij

16 Smarte Verteilnetze – sicher, marktlich, partizipativ und digital

Zusammenfassung: Die Verteilnetze sind künftig das Rückgrat der Energieversorgung. Einerseits werden konventionelle Großkraftwerke mehr und mehr vom Netz genommen, andererseits erhöhen insbesondere elektrische Wärmebereitung und Mobilität sowie dezentrale Einspeisung und Speicher die Komplexität eines Systems, das heute weitgehend nicht digitalisiert ist. Erste Anpassungen wurden bereits vorgenommen. Gerade bei ländlich geprägten Netzbetreibern werden seit einigen Jahren Ortsnetzstationen ertüchtigt, indem Regel- und Messtechnik verbaut wird. Allerdings stoßen die heutigen meist statischen Steuerungssysteme an die Grenzen ihrer Leistungsfähigkeit, wenn Liegenschaften beispielsweise von mehreren Marktakteuren angesteuert werden sollen.

Im Fokus steht künftig das Zusammenspiel der Akteure. Netzbetrieb, marktgetriebene Geschäftsmodelle und lokale Optimierung des Eigentümers müssen in Einklang gebracht werden. Ermöglicht wird das durch eine völlig neu gedachte Ansteuerung der Anlagen, die über eine Hüllkurve am Netzanschlusspunkt möglichst großen Optimierungsspielraum für das Gebäude gewährleistet. Die Digitalisierung ist das Fundament für die Erschließung der Flexibilität in Verteilnetzen.

Der bereits heute eingeschlagene Weg stellt viele bisher genutzte Verfahren in Frage. Prognose- und Kommunikationsprozesse, Abrechnung und technische Ausstattung in den Kundenanlagen und Leitstellen werden sich zunehmend wandeln. Dazu werden gewachsene energiewirtschaftliche Strukturen und Prozesse an die neue, kleinteilige Systemstruktur angepasst werden müssen. Hinzu kommt die Einbindung der Bürgerinnen und Bürger, die stärker an der Energieversorgung partizipieren werden.

Schlagwörter: Digitaler Netzanschluss, Verteilnetz, Elektromobilität

16.1 Ausgangslage

Wer heute seinen Zählerstand abliest, findet in der Regel einen altbekannten schwarzen Ferraris-Zähler vor, wenngleich sich moderne Messeinrichtungen zwischenzeitlich verbreiten. Ortsnetztrafostationen werden zunehmend mit Mess- und Steuertechnik ausgestattet, allerdings ist dies bei weitem nicht Standard. Smarte Verteilnetze

Klaus Nagl, Leonid Verhovskij, Consolinno Energy GmbH, Regensburg, Deutschland, e-mails: k.nagl@consolinno.de, l.verhovskij@consolinno.de
Andreas Weigand, Stadtwerke München GmbH, München, Deutschland, e-mail: weigand.andreas@swm.de

https://doi.org/10.1515/9783110753585-016

sind in aller Munde, Konzepte oft bis ins Detail beschrieben. Allein die Umsetzung ist auch nach zehn Jahren Digitalisierung der Energiewende noch „work in progress". Bürgerinnen und Bürgern dürfte dies beispielsweise bei der Betrachtung ihrer Zähleranlage auffallen, die heute vielerorts noch aus alten Ferraris-Zählern oder einer Mischung aus diesen mit digitalen Zählern, sogenannten modernen Messeinrichtungen, besteht (vgl. Abb. 16.1).

Abb. 16.1: Heute gängige Praxis: Ferraris-Zähler und moderne Messeinrichtungen nebeneinander, oft in unterschiedlichen Varianten. Bild: Weigand.

Letztlich haben verschärfte europäische und nationale Klimaziele sowie eine veränderte geopolitische Lage zu einem Umdenken geführt. Ein massiver Ausbau der regenerativen Energieerzeugung, die Elektrifizierung von Individualmobilität sowie dezentrale Wärmebereitung geht einher mit der Investition in smarte Verteilnetze.

Die deutliche Verringerung der Treibhausgasemissionen im Programm „Fit for 55" der Europäischen Union (vgl. [1]) und die jeweilige nationale Umsetzung bilden den Rahmen für die *Dekarbonisierung* beispielsweise der deutschen Energieversorgung und vieler weiterer Bereiche. Die deutsche Bundesregierung hat im Koalitionsvertrag 2021 den Zeitplan gestrafft, so dass bis spätestens 2045 die Klimaneutralität erreicht werden soll (vgl. [2]). Durch die geopolitischen Entwicklungen ist insbesondere im Wärme- und Verkehrssektor noch einmal von einer beschleunigten Abkehr von fossilen Energieträgern auszugehen (vgl. [3]).

Die Energiewende in Deutschland geht einher mit der *Dezentralisierung* der Stromerzeugungsanlagen. Während in der Vergangenheit wenige Großkraftwerke den Strom erzeugten, wurden 2021 rund 24 % des Stroms von Windkraftanlagen und etwa 9 % von Photovoltaikanlagen (PV-Anlagen; vgl. [4]), erzeugt. Auch auf der Seite des Stromverbrauchs nimmt die Anzahl dezentraler Anlagen wie Elektrofahrzeuge oder

Wärmepumpen, welche relevante Mengen an Strom verbrauchen, stetig zu. Während insbesondere Wärmepumpen über Jahre ein Schattendasein bei der Gebäudeheizung führten, hat bereits vor dem Hintergrund der Ukraine-Krise 2022 eine Trendwende eingesetzt. Aufgrund steigender Rohstoffpreise werden Konzepte, die eine Kombination aus PV und Wärmepumpen ermöglichen, für eine breite Öffentlichkeit noch einmal deutlich attraktiver (vgl. [5]).

Die Dezentralisierung des Energiesystems spiegelt sich auch in der Darstellung wider. Während bislang Strom zentral in Großkraftwerken erzeugt und über Höchst-, Hoch- und Verteilnetze an Verbraucher abgegeben wurde, spielt Letzteres künftig eine wesentlich aktivere Rolle. Gerade in ländlichen Netzen wird ein Wandel von beziehenden zu rückspeisenden Regionen erwartet (vgl. [6]). Im urbanen Umfeld, das auch künftig tendenziell beziehen wird, kann von einer höheren Komplexität hinter dem Netzanschlusspunkt ausgegangen werden. Darüber hinaus führen marktliche Akteure perspektivisch zu neuen Marktrollen, beispielsweise durch Vermarktung über sogenannte Virtuelle Kraftwerke. Zellulare Systeme könnten künftig autonom optimieren bzw. mit benachbarten Bilanzzellen in Austausch treten (vgl. [7]). Die Darstellung des dezentralen Energiesystems (vgl. Abbildung 16.2) sieht demnach das Verteilnetz im Mittelpunkt.

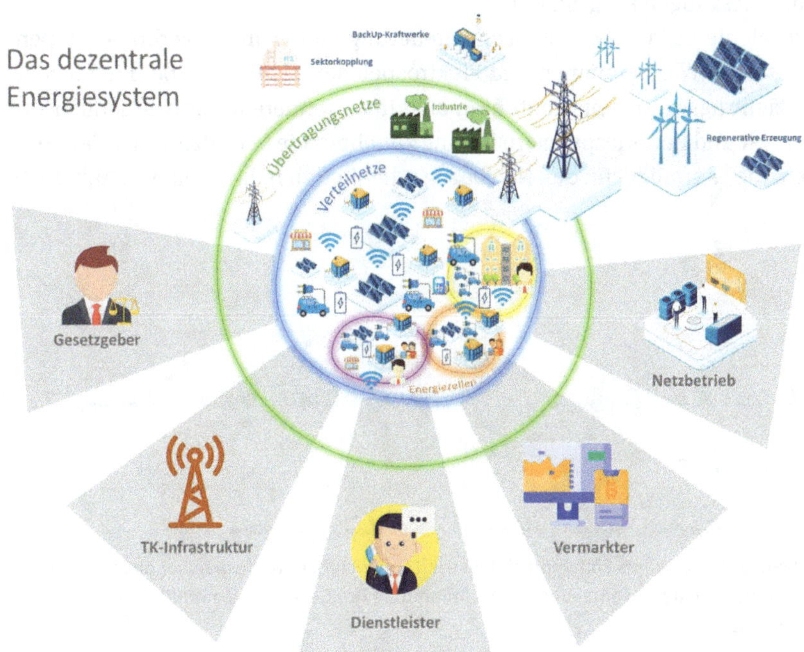

Abb. 16.2: Durch die Dezentralisierung des Energiesystems gewinnen untere Spannungsebenen an Bedeutung, der klassische Top-Down-Ansatz vom Höchstspannungsnetz mit Großkraftwerken zu Verbrauchern in der Niederspannung weicht mehr und mehr einer Fokussierung auf die Verteilnetze. Bild: Weigand/Pikogramme: SWM und Flaticon.com.

Die *Digitalisierung* schreitet in allen Lebensbereichen voran. Auch in der Energiewirtschaft nimmt die Anzahl digitaler Systeme kontinuierlich zu. Die Einführung intelligenter Messsysteme gilt dabei gemeinhin als Enabler von dynamischem Demand Side Management dezentraler Anlagen wie Heizsystemen oder Elektrofahrzeugen. Auf der Seite der dezentralen Anlagen nimmt ebenfalls die Durchdringung von Sensoren und Aktoren stetig zu. Dies bietet die Möglichkeit der Interaktion mit dem Energievertrieb (bzw. Strommärkten) und dem Netzbetrieb (Versorgungssicherheit).

Die Digitalisierung ist die technische Grundlage zur Umsetzung eines dezentralen Energiesystems. Dabei ist die enge Vernetzung der beteiligten Partner und ein effizienter Informationsaustausch auf Basis leistungsfähiger Telekommunikation essenziell für das Gelingen der Energiewende.

16.2 Zusammenspiel der Akteure

Aus Sicht der Netzbetreiber stellt die Digitalisierung der Verteilnetze eine große Herausforderung dar, weil die Datenerfassung in der Mittel- und Niederspannung bislang nur in geringem Umfang notwendig war. In einem ersten Schritt wurden bislang Ortsnetztrafostationen mit Messtechnik sowie größere Verbraucher mit sogenannten Zählerstandgangmessungen ausgestattet.

Zudem reichte bislang eine statische Steuerung von wenigen Verbrauchstypen, wie beispielsweise Wärmepumpen und Elektrospeicherheizungen, über Rundsteuersysteme beziehungsweise Zeitschaltuhren aus. Insbesondere in Einfamilienhäusern mit PV-Anlagen und Batteriespeichern ist eine zunehmende Vernetzung der Geräte zu beobachten, die es ermöglicht, den Netzbezug erheblich zu reduzieren (vgl. Abb. 16.3).

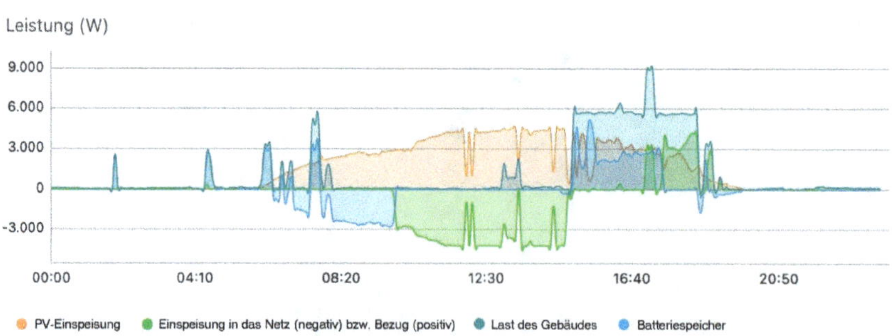

Abb. 16.3: Eigenverbrauch eines Einfamilienhauses mit PV-Anlage, Batteriespeicher und Wärmepumpe sowie Ladevorgang eines E-Fahrzeugs ohne Optimierung der Geräte bzw. marktliche Optimierung. Bild: Weigand.

Proprietäre Energiemanagementsysteme eines bestimmten Herstellers optimieren bereits heute eingebundene Anlagen, jedoch nur lokal und in der Regel ohne Schnittstelle zum Markt oder Regelleistungsanbierter.

In Mehrparteienhäusern werden zwischenzeitlich vermehrt Tiefgaragen mit Ladeinfrastruktur für Elektroautos ausgestattet. Hierbei kommen bei mehreren sogenannten Wallboxen, also Ladeeinrichtungen, Lademanagmentsysteme zum Einsatz, um eine Überschreitung des kontrahierten Netzanschlusswertes zu vermeiden.

Eine klassische Top-Down-Ansteuerung des Netzbetreibers bis zur Anlage trägt bei Liegenschaften mit mehreren flexiblen Verbrauchern und Erzeugern der Komplexität des Optimierungsproblems nicht mehr Rechnung. Auch können Präferenzen des Eigentümers nicht berücksichtigt werden. Vielmehr verändern komplexere Liegenschaften das Wirkprinzip der Ansteuerung. An die Stelle einer zentralen Optimierung durch den Netzbetreiber und dem Versand von Steuerbefehlen tritt eine dezentrale Optimierung in der Liegenschaft. Diese folgt Eigenverbrauchsoptimierung, Marktsignalen (inklusive Regelleistung) und schließlich Sollwertvorgaben des Netzbetreibers im Falle von Netzengpässen im Verteilnetz.

Gleichwohl haben Netzbetreiber die Aufgabe, auch im künftigen Energiesystem mit dezentraler volatiler Erzeugung und flexiblen Verbrauchern, insbesondere elektrifizierter Mobilität und Wärmebereitung, einen störungsfreien und sicheren Betrieb zu gewährleisten. Durch die betriebliche Verantwortung besteht für den Anschlussnetzbetreiber die Notwendigkeit, als letzte Instanz priorisiert Eingriffe zur Behebung von Engpässen vorzunehmen.

Für die Kommunikation zwischen Anschlussnetzbetreibern und Kundenanlagen wurden in den letzten Jahren einige Standards und Protokolle entwickelt. Dazu zählt die Smart-Meter-Gateway-Infrastruktur als sicherer Übertragungskanal von Mess- und Steuerungswerten sowie daran angeschlossene Messgeräte und steuerbare Anlagen. Existiert in einer Kundenanlage eine einzelne steuerbare Einheit wie z. B. ein Wechselrichter oder eine Ladesäule, reicht eine direkte Fernsteuerung durch den Anschlussnetzbetreiber aus. Existieren jedoch mehrere steuerbare Einheiten wie z. B. eine PV-Anlage und eine Ladesäule, so kann eine sinnvolle Steuerung nur noch durch ein Energiemanagement-System erfolgen, welches den Eigenverbrauch überwacht und in Bezug auf die Netzbetreibervorgaben die kombinierte Leistung anpasst.

Die Kommunikation zum Netzbetreiber findet in jedem Fall über eine gesicherte und authentifizierte Verbindung statt. Das kann über das Internet des Anlagenbetreibers oder über die SMGW-Infrastruktur erfolgen, je nach Verfügbarkeit. Damit die Anlagen sinnvoll eingebunden werden können, müssen entsprechende Schnittstellen zur Verfügung stehen und in der steuernden Einheit (Steuerbox oder Energiemanagement-System) eingebunden werden können. Bei Wechselrichtern und Ladesäulen ist aktuell das Protokoll Modbus sehr verbreitet. Bei Wärmepumpen ist es aktuell der SmartGrid-Ready Standard. Es gibt Bestrebungen, modernere und sicherere Standards im Energiebereich zur Anlagenkommunikation einzuführen. Dazu zählen solche des EEBUS-Vereins und der KNX-Initiative.

Wichtig ist der Einbezug von Bestandsanlagen in die neue Smart-Grid-Infrastruktur, um Investitionen gering zu halten und die Akzeptanz bei Anlagenbetreibern zu erhöhen. Ebenso sollte der Installationsaufwand geringgehalten werden, da durch jede neue Komponente Fehlerquellen und Kosten entstehen. Dazu zählen neben den Anschaffungskosten der Steuereinrichtung vor allem Kosten zur Anpassung der Elektroverteilung durch den Eigentümer, beispielsweise durch Erweiterung des Zählerschranks. Für eine Steuerung im Sinne des Anlagenbetreibers ist darüber hinaus eine sekündlich aufgelöste Energiemessung am Netzanschlusspunkt notwendig, welche dem Energiemanagementsystem (EMS) des Gebäudes bereitgestellt wird.

16.3 Gebäude im Fokus – der digitale Netzanschluss

Im Rahmen des Projekts „C/sells“, einem der Schaufenster der Energiewende im SINTEG-Programm des Bundeswirtschaftsministeriums (vgl. [8]), wurden verschiedene Ansätze zur Flexibilisierung von Verbrauchs- und Erzeugungsanlagen in der Niederspannung erprobt. Das Teilvorhaben „Intelligente Wärme München“ (Förderkennzeichen 03SIN143) entwickelte zur besseren Handhabung von komplexeren Liegenschaften den sogenannten „Digitalen Netzanschluss“ (kurz DiNA) und erprobte die grundsätzliche Umsetzbarkeit als Proof of Concept.

Dabei wird der Liegenschaft möglichst hohe Autonomie zur Optimierung der flexiblen Verbraucher und Erzeuger eingeräumt; der DiNA fungiert als definierte Schnittstelle zwischen Netz und Liegenschaft. Der Hausanschlusskasten wird neben der energetischen Kopplung mit dem Netz um eine digitale Übergabeschnittstelle erweitert. Der Netzbetreiber kann so Leistungsgrenzwerte an den DiNA übermitteln. Dieser gibt wiederum getrennte Leistungsgrenzwerte ($P_{\text{Limitierung}}$) für Bezug und Einspeisung an das EMS der Liegenschaft weiter. Mit dieser Leistungshüllkurve kann nun die Liegenschaft selbständig agieren. Im EMS ist ein Algorithmus hinterlegt, der das lokale Energiemanagement des Gebäudes unter Berücksichtigung der Leistungsgrenzwerte, Wetterdaten sowie vom Gebäudeeigentümer stammende Angaben optimiert (Grundversorgungsbedarf, integrierbare Anlagen, Mobilitätsverhalten, vertragliche Vereinbarungen etc.; vgl. [9]). Die Rollen und Datenflüsse einer derartigen Systemarchitektur sind in Abbildung 16.4 dargestellt.

Bei der Kommunikation zwischen Energiemanagementsystemen oder Geräten zur Steuerung der Anlagenleistung und anderen Marktteilnehmern ist das Protokoll MQTT sehr verbreitet. Dabei sind allerdings die Datenpakete für den Energiesektor noch nicht genormt. Eine Alternative dazu ist der IEC61850 Standard,[1] der in einigen Ansätzen als Nachfolger der Rundsteuertechnik EU-weit vorgeschlagen wurde (vgl. [10]) und gut in Arbeitsprozesse der Netzbetreiber integriert werden kann. In

1 Das Übertragungsprotokoll IEC61850 dient der Kommunikation zwischen Leittechnik und Schaltanlagen in der Hoch- und Mittelspannung.

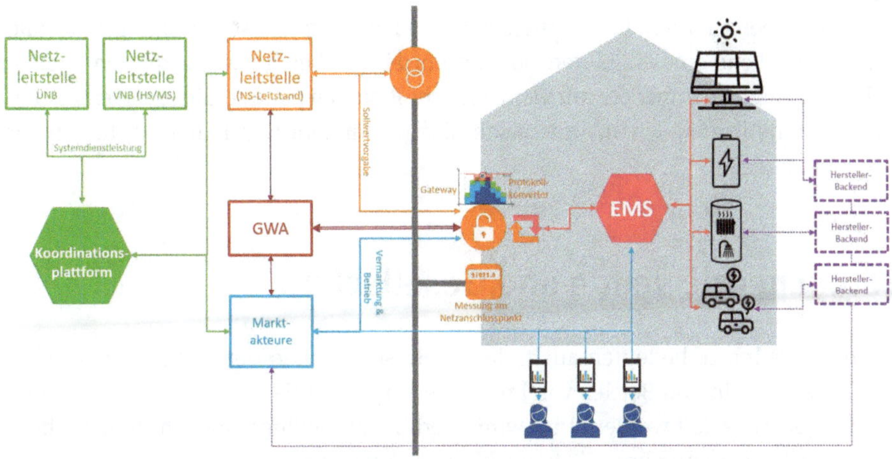

Abb. 16.4: Systemlandschaft Digitaler Netzanschluss mit Steuerung und Messung am Netzanschlusspunkt. Das EMS fungiert als dezentrale Optimierungsinstanz. Grafik: SWM.

den USA wurde als Alternative dazu der OpenADR Standard entwickelt (vgl. [11]). Das Protokoll IEC61850 vereint viele Automatismen zur Netzsteuerung, die auch für zeit- und netzkritische Anwendungen verwendet werden können.

Das EMS ist somit die dezentrale Optimierungsinstanz, die mit allen Akteuren (Aggregatoren/virtuellen Kraftwerken, Flottenbetreibern von Elektrofahrzeugen und dem Verteilnetzbetreiber) in Austausch steht. Die Einheiten, die mit Netzbetreibern kommunizieren, sollten notwendige IT-Sicherheitsnormen (vgl. [12]) einhalten und zur Kommunikation mit Hilfe des festgelegten Standards zertifiziert worden sein. Die Fernsteuerungsfunktionen können grundsätzlich auch in Endgeräte integriert werden und direkt oder über eine Cloud-Lösung mit dem Netzbetreiber zur Verfügung gestellt werden. Dabei sind die IT-Sicherheitsanforderungen und Protokollvorgaben einzuhalten.

Durch eine Verlagerung der Optimierungsinstanz in das Feld, in Privatgebäude, Quartiere oder Industriebetriebe verändert sich auch die Anforderung an Prognoseaufgaben und damit einhergehend der Kommunikationsprozesse. Durch die Zunahme der Marktakteure ist eine standardisierte und zuverlässige Kommunikation unabdingbar. So ist beispielsweise die Netzführung auf Informationen aus dem Feld, von Trafostationen und Netzanschlusspunkten für die Netzzustandsberechnung angewiesen. Gleichzeitig ist ein Flottenbetreiber interessiert an der Information, ob z. B. ein Fahrzeug für die Erbringung von Flexibilität im Pool zur Verfügung steht oder durch eine Limitierungssollwertvorgabe der marktlichen Anforderung nicht nachkommen kann. Die Fülle an Anforderungen ist mit heute gängigen Kommunikationsmechanismen aufgrund der Vielzahl an Teilnehmern nicht darstellbar.

Bei der Neukonzeption gilt der Grundsatz, dass es die eine Lösung nicht gibt. Es muss unterschieden werden zwischen komplexen und vergleichsweise einfach strukturierten Liegenschaften. Im Interesse der Datensparsamkeit ist zu überlegen, ob alle Daten im Backend eines Anbieters oder dezentral verarbeitet werden können. Gleichwohl sind einfache Konzepte mit wenigen Schnittstellen gefragt, die einerseits sicheren Netzbetrieb ermöglichen, andererseits flexibel für neue Geschäftsmodelle genutzt werden können.

16.4 Energiewende und Gesellschaft

Smarte Verteilnetze bedeuten auch, dass klassische Rollen der Energiewirtschaft – etwa Investition in und Betrieb von Energieversorgungsanlagen – durch Bürgerinnen und Bürger ausgefüllt werden. Dies wird operativ nur bedingt möglich sein, weshalb einfache Lösungen und hohe Automatisierung nötig sind.

Gebäude sind künftig Kraftwerke, Energiespeicher, Heizwerke und Tankstellen, womit das Thema Energie buchstäblich Einzug in die Wohnzimmer und Garagen der Bürgerinnen und Bürger hält. Die Rolle insbesondere der Eigentümer erhält dadurch stark partizipativen Charakter, wodurch klassische Informationsangebote ergänzt werden müssen. Es zeigte sich bereits in den Reallaborprojekten zur Energiewende, dass sich bei einer weiteren Einbindung der Eigentümer ein kontinuierlicher Informations- und Dialogprozess einstellt. Dabei hat sich ein Mix aus verschiedenen Maßnahmen als erfolgreich herausgestellt (vgl. [13]).

Während niedrigschwellige Kommunikationsangebote, beispielsweise Informationsveranstaltungen und Websites dem allgemeinen Verständnis der Transformation der Energieversorgung dienen, benötigen insbesondere Eigentümer bei Umbauten beziehungsweise Veränderungen im Gebäude detaillierte Informationen zur technischen Ausgestaltung.

Ein weiterer gesellschaftlicher Aspekt zeigt sich beim Blick auf die beruflichen Voraussetzungen. Während historisch bedingt eine starke Trennung von mechanischen, technischen und IT-Fähigkeiten bestand, wandeln sich diese Anforderungen zusehends. Das Berufsbild des Gebäudeintegrators vereint Fertigkeiten aus der Elektrotechnik, des klassischen Monteurs sowie der IT-Anbindung von Anlagen, beispielsweise Wechselrichtern. Hinzu kommen Kenntnisse aus dem Heizungsbau bis hin zur Auslegung, Optimierung und Beratung.

16.5 Zusammenfassung

Das Verteilnetz wird der zentrale Schauplatz der Energiewende. Dezentrale Erzeugung und eine deutliche Zunahme flexibler Anlagen im privaten und industriellen Bereich werden eine Herausforderung für Handwerk, Netzbetreiber, Vermarkter und Eigentümer. Die Digitalisierung ist die Basis zur Erschließung der unteren Spannungsebenen.

Gleichwohl ist darauf zu achten, Standardisierung, Offenheit für flexible Anwendungen und spätere Betreibbarkeit des Systems im Einklang zu halten.

Es ist festzustellen, dass wir uns dabei erst am Anfang befinden. Noch kann man die Digitalisierung der Energiewende als Transformation bestehender Prozesse und Mechanismen verstehen. Wir stehen nun vor der Aufgabe, die Systeme vor Ort zu vernetzen, dezentrale Optimierung zu ermöglichen und die Sichtbarkeit in den Verteilnetzen zu erhöhen. Im Hinblick auf die vergleichsweise kurze Umsetzungszeit und die Komplexität der Aufgabe sollten einfache und offene Konzepte zur Anwendung kommen. Für ein Gelingen der Energiewende müssen diese Lösungen vom Nutzen hergedacht werden und praktikabel in Aufbau und Betrieb sein.

Literaturverzeichnis

[1] Europäischer Rat (2019). https://www.consilium.europa.eu/de/policies/green-deal/. Zugegriffen am 14.05.2022.

[2] Koalitionsvertrag. „Mehr Fortschritt wagen" SPD, FDP, Bündnis90Grüne. 2021–2025. Berlin. https://www.spd.de/fileadmin/Dokumente/Koalitionsvertrag/Koalitionsvertrag_2021-2025.pdf. Zugegriffen am 11.05.2022.

[3] Clausen, J., et al. (2022). Diskussionsbeiträge der Scientists for Future 10. https://www.researchgate.net/profile/Jens-Clausen-5/publication/359281137_Warmewende_beschleunigen_Gasverbrauch_reduzieren_Ein_Kurzimpuls/links/6233167e0837bf2b9ede774a/Waermewende-beschleunigen-Gasverbrauch-reduzieren-Ein-Kurzimpuls.pdf. Zugegriffen am 02.05.2022.

[4] Umweltbundesamt (2022). Erneuerbare Energien in Deutschland Daten zur Entwicklung im Jahr 2021. https://www.umweltbundesamt.de/sites/default/files/medien/479/publikationen/hg_erneuerbareenergien_dt.pdf.

[5] Bundesverband Wärmepumpe (2022). https://www.waermepumpe.de/fileadmin/user_upload/Mediengalerie/Zahlen_und_Daten/Absatzzahlen_Marktanteile/Diagramm_Absatz_WP_2002-2021.png.

[6] Schuster, H., Wessels, M., Wirtz, F., Kießling, A., Babin, A., Jäger, A. und Wandan, S. (2019). Das Zukunftsbild der Energielandschaft in Bayern. https://www.bayernwerk.de/content/dam/revu-global/bayernwerk/documents/ueber-bayernwerk/innovation/flowerpower-konzept.pdf.

[7] Haller, B., Langniß, O., Reuter, A. und Spengler, N. (2020). 1,5 ° Csellsius Energiewende Zellulär – Partizipativ – Vielfältig Umgesetzt. https://www.csells.net/media/com_form2content/documents/c12/a357/f122/CSells_Buch_15GradCSellsius_WEB_20201209_compressed.pdf. Zugegriffen am 13.03.2022.

[8] Bundesministerium für Wirtschaft und Klimaschutz (2022). https://www.sinteg.de/.

[9] Netzanschluss, D., Weigand, A., Rogg, K., Köppl, S. und Springmann, E. (2021). BWK, 5–6.

[10] CEN-CENELEC-ETSI Smart Grid Coordination Group (2012). Smart Grid Reference Architecture. https://circabc.europa.eu/ui/group/f5b849d3-26ae-4cba-b9f9-6bc6688c5f58/library/b0e9fa8c-e97a-4968-8978-5508700ebcd6/details?download=true.

[11] OpenADR Alliance (2022). https://www.openadr.org/overview.

[12] Bundesamt für Sicherheit in der Informationstechnik (2013). ICS-Security-Kompendium. https://www.bsi.bund.de/SharedDocs/Downloads/DE/BSI/ICS/ICS-Security_kompendium_pdf.pdf?__blob=publicationFile.

[13] Die Energiewende startet im Kopf – Abschlussbericht C/sells Arbeitspaket Partizipationsarbeit in komplexen Strukturen mit Partikularinteressen, Smart Grids BW e. V. (2021).

Kurzvitae

Klaus Nagl ist Physiker, CEO der Consolinno Energy GmbH aus Regensburg und tätig im Bereich der Digitalisierung und Optimierung von Energiesystemen in den Bereichen residential, Immobilienbranche, Wärmenetz, Quartier sowie Gewerbe, Industrie und utility.

Andreas Weigand ist bei den Stadtwerken München (SWM) Referent für das Dezentrale Energiesystem. Der Diplom-Wirtschaftsingenieur engagiert sich als Projektleiter in verschiedenen Projekten und Reallaboren sowie in zahlreichen Verbänden. Begonnen hat er seine Laufbahn in Großkraftwerken im In- und Ausland, ehe er über den Energiehandel zur kleinteiligen Flexibilität kam.

Leonid Verhovskij ist bei Consolinno Energy zuständig für den Bereich IoT Edge und Cloud. Dabei werden skalierbare Lösungen entwickelt für den Bereich Energiemanagement und Digitalisierung von Energieanlagen. Er ist mit seinem Team bei unIT-e^2 für die Entwicklung von HEMS und Netzdienlichkeit aktiv.

Louisa Wasmeier, Michael Hinterstocker und Simon Köppl

17 Energiemärkte, Stromnetze und Flexibilität: ein zukünftiges Marktdesign für ein dekarbonisiertes Energiesystem

Zusammenfassung: Das derzeitige Energiemarktsystem, welches auf Großhandelsmärkten lange Zeit klar zwischen aktiven Erzeugern und inaktiven Endverbrauchern unterschied, befindet sich derzeit im Wandel. Der zunehmende Anteil Erneuerbarer Energien, die sich hinsichtlich ihrer Anforderungen an Standort und Anlagengröße maßgeblich von konventioneller Produktion unterscheiden, führt zu einer Dezentralisierung und ermöglicht die Erzeugung durch kleine, häufig privat betriebene Anlagen. Zugleich erfordert die Volatilität in der Einspeisung durch schwankende Wetterbedingungen eine Flexibilisierung an anderer Stelle. Die großflächige Elektrifizierung des Verbrauchs stellt einerseits eine weitere Herausforderung für das derzeitige Handelssystem dar, andererseits bietet die Entwicklung ein großes Potenzial, genau diese Flexibilität verbraucherseitig zur Verfügung zu stellen.

Die vielfältigen Herausforderungen eines dezentralisierten und volatilen Energiesystems haben die Erforschung und Entwicklung neuer Vermarktungsformen ins Rollen gebracht, die in diesem Kapitel in Bezug auf die Trends Dezentralisierung, Partizipation und Flexibilisierung analysiert werden. Durch die Eingliederung der Trends in das aktuelle Marktdesign lassen sich verschiedene Szenarien für die zukünftige Entwicklung des deutschen Marktsystems ableiten. Hierbei werden im Folgenden eine Ablösung des kostenbasierten Netzengpassmanagements durch marktbasierte Ansätze, die Verschiebung des Handelsvolumens aus dem derzeitigen Großhandel hin zu segmentierten Marktformen sowie die Umstellung auf ein nodales Preissystem genauer beschrieben.

Schlagwörter: Neue Energiemärkte, Marktdesign, Flexibilität

17.1 Das deutsche Energiemarktsystem: Funktionsweise und Herausforderungen

Unser Energiesystem steht derzeit vor der Herausforderung, einen steigenden Anteil volatiler und dezentraler Erzeugung sowie einen durch die Elektrifizierung wachsen-

Louisa Wasmeier, Michael Hinterstocker, Forschungsgesellschaft für Energiewirtschaft mbH, München, Deutschland, e-mails: lwasmeier@ffe.de, mhinterstocker@ffe.de
Simon Köppl, Forschungsstelle für Energiewirtschaft e. V., München, Deutschland, e-mail: skoeppl@ffe.de

https://doi.org/10.1515/9783110753585-017

den Verbrauch zu integrieren. Neben den notwendigen technischen Anpassungen der Stromnetzinfrastruktur erfordert dies auch eine neue Betrachtung des aktuellen Marktsystems, um zu gewährleisten, dass es noch den Anforderungen einer veränderten Erzeugungs- und Verbrauchsstruktur entspricht. Im Folgenden werden hierfür die aktuellen Marktstrukturen zunächst beschrieben, wobei der Fokus auf das deutsche System gelegt wird. Die Marktsysteme Österreichs und der Schweiz unterscheiden sich zwar hinsichtlich der Handelszeiträume und der genauen Ausgestaltung einzelner Mechanismen. Insbesondere für Österreich, das mit Deutschland lange Zeit eine gemeinsame Gebotszone gebildet hatte, sind die Strukturen jedoch sehr ähnlich. Grundsätzlich lassen sich deshalb auch die Schlussfolgerungen der nachfolgenden Kapitel auf diese Märkte übertragen.

17.1.1 Grundlagen des aktuellen Marktdesigns

Zunächst werden zur Beschreibung des aktuellen Marktdesigns die Handelsplattformen der deutschen Großhandelsmärkte zusammengefasst. Im darauffolgenden Abschnitt 17.1.1.2. werden anschließend die Maßnahmen zur Netz- und Systemstabilisierung erläutert, die sogenannten Systemdiensleistungen.

17.1.1.1 Handelsplattformen

Bei der Vermarktung von Energie kann grundsätzlich zwischen dem Börsenhandel und bilateralen Vereinbarungen, dem sogenannten „over the counter" (OTC) Handel, unterschieden werden. Während an der Strombörse vordefinierte Produkte zu festgelegten Zeitpunkten gehandelt werden, die unterschiedliche Handels- und Lieferzeiträume abdecken, können der Zeitraum der Vertragsschließung sowie der Lieferzeitraum im OTC-Handel frei gewählt werden. Durch dieses geringe Maß an Standardisierung ermöglicht OTC-Handel eine hohe Flexibilität bei der Vertragsgestaltung. Der Handel standardisierter Produkte an der Strombörse gewährleistet hingegen ein höheres Maß an Transparenz, Liquidität und Sicherheit. Etwa 75 % des Stromhandels fanden beispielsweise 2020 außerbörslich statt, wobei sich die Preise jedoch an den Handelspreisen orientieren, da bei sehr großen Preisabweichungen die benachteiligte Handelspartei stets auf den transparenten Börsenpreis zurückgreifen kann (Arbitragefreiheit zwischen den Märkten; (vgl. [1])). Aufgrund des geringen Maßes an Standardisierung können zudem nur begrenzt allgemeingültige Aussagen über OTC-Handel getroffen werden, weshalb sich die folgenden Ausführungen hauptsächlich auf Börsenhandel beziehen (vgl. [2]).

Dieser kann grundsätzlich in Terminhandel und Spotmärkte unterteilt werden. Der Terminhandel, im Fall der Strombörse auch Future-Handel genannt oder bei OTC als Forward-Handel bezeichnet, bezieht sich auf Produkte mit einem Lieferzeitraum von mehr als einem Tag. An der europäischen Börse, der European Energy Exchange (EEX), wird dabei zwischen Baseload, also der Grundlast mit konstanter Lieferung über den gesamten Zeitraum, und Peakload bzw. Spitzenlast mit Lieferung werktags zwischen 8 Uhr und 20 Uhr unterschieden. Mit 88 % umfassen Termingeschäfte den größten Teil des Handelsvolumens der Börse (vgl. [3, 4]).

Während Terminmärkte auf langfristige Lieferzeiträume ausgerichtet sind, findet über die Spotmärkte Stromhandel mit Lieferung am Folgetag (Day-Ahead-Handel, Intraday-Auktion) oder an dem Tag selbst (kontinuierlicher Intraday-Handel) statt. Die Lieferumfänge umfassen am Hauptbörsenschauplatz für kurzfristigen Stromhandel, dem European Power Exchange EPEX Spot, einzelne Stunden- bzw. aus mehreren Stunden zusammengesetzte Blockprodukte (Day-Ahead- und kontinuierlicher Intraday-Handel) und Viertelstundenprodukte (Intraday-Auktion und kontinuierlicher Intraday-Handel). Während Day-Ahead- und Intraday-Auktionen am Vortag stattfinden, können im kontinuierlichen Intraday-Handel Gebote bis fünf Minuten vor Lieferzeitraum abgegeben werden. Das Handelsvolumen auf diesen Märkten ist im Vergleich zu den Day-Ahead-Märkten mit knapp 20 % gering, da die meisten Anlagen für ihren Betrieb eine längere Planungssicherheit benötigen (vgl. [3–5]).

Die Großhandelsmärkte bieten eine Plattform für erlösorientierte Handelsgeschäfte. Der Einkauf von Energie für den eigenen Verbrauch findet hierbei nur seitens großer industrieller Verbraucher und Unternehmen statt. Privathaushalte und kleinere Industrie- und Gewerbekunden werden hingegen über die Endkundenmärkte von unabhängigen Stromlieferanten sowie traditionell zu einem großen Teil von kommunalen Versorgungsunternehmen, den Stadtwerken, beliefert. Diese produzieren die Energie entweder selbst oder kaufen sie selbst an den Großhandelsmärkten ein (vgl. [2]).

17.1.1.2 Systemdienstleistungen

Um stets einen stabilen Netzbetrieb für die Ausführung der auf den Großhandelsmärkten vereinbarten Transaktionen und die Endkundenbelieferung aufrecht zu erhalten, sind zusätzlich zu diesen Märkten weitere Maßnahmen erforderlich, die sogenannten Systemdienstleistungen. Diese umfassen auf der einen Seite Ausgleichsmechanismen für ein Ungleichgewicht der eingespeisten und bezogenen Energiemenge, hier ist insbesondere die Regelenergie zu nennen, und andererseits Maßnahmen zur Stabilisierung des Netzbetriebes.

Obwohl das Marktergebnis der Handelsplattformen grundsätzlich einen Ausgleich von bereitgestellter und bezogener Energie darstellt, machen Schwankungen der Erzeugung aufgrund von Prognosefehlern oder Kraftwerksausfällen sowie Abweichungen des Verbrauchs von den prognostizierten Werten den Einsatz von Regelenergie notwendig. Mit der Erhöhung oder Verringerung der Einspeisung von

Kraftwerken oder des Verbrauchs von Lasten wird dabei das Ziel verfolgt, die Netzfrequenz in einem Bereich um 50 Hz zu stabilisieren. Positive und negative Regelenergie wird hierfür je nach den zu erwartenden Systemungleichgewichten durch die Übertragungsnetzbetreiber (ÜNB) vorab als bereitgestellter Leistungswert beschafft, um Überschüsse oder Defizite auszugleichen. Der Abruf erfolgt über den Regelarbeitsmarkt, an dem sowohl die bereits am Regelleistungsmarkt bezuschlagten wie auch weitere Anbieter Regelenergie zur Verfügung stellen können. Sollten diese Maßnahmen für den Ausgleich nicht ausreichen, kann der Netzbetreiber als Ausweichmöglichkeit auf kontrahierte abschaltbare Lasten (AbLa) und Notausgleichsverträge mit ausländischen ÜNB zurückgreifen (vgl. [6]).

Neben der (systemdienlichen) Regelenergie werden mit dem Engpassmanagement zudem netzdienliche Systemdienstleistungen zur Gewährleistung eines stabilen Netzbetriebs und zur Bewältigung von Netzengpässen eingesetzt. Diese treten auf, wenn der Stromfluss über einen bestimmten Netzbereich oder Netzstrang die technischen Beschränkungen dieses Bereiches überschreitet. Ein Grund hierfür ist – neben den Ausfällen von Betriebsmitteln und unvorhergesehenen Schwankungen – die derzeitige Preisbildung innerhalb der Großhandelsmärkte. Diese sind in einzelne Gebotszonen aufgeteilt, innerhalb derer der Strompreis einheitlich gebildet wird, unabhängig von dem konkreten Standort einer Handelspartei und netzseitigen Einschränkungen. Deutschland bildet dabei eine gemeinsame Gebotszone mit Luxemburg (vgl. [7]).

Dieser Preisbildungsmechanismus wird als „zonale Preissetzung“ bezeichnet im Gegensatz zur „nodalen Preissetzung“, bei der an jedem Netzknoten ein standortabhängiger Preis gebildet wird. Innerhalb einer Gebotszone, umgangssprachlich auch als „Kupferplatte“ bezeichnet, gibt es daher keinen Preisanreiz, Erzeugung und Verbrauch an die technischen Beschränkungen des Netzes anzupassen (vgl. [8]). Das initiale Marktergebnis ist deshalb nicht immer für die Netze erfüllbar, und es müssen externe Maßnahmen ergriffen werden, um eine Überlastung zu verhindern. Insbesondere wird hierbei der sogenannte Redispatch eingesetzt, bei dem bei drohender Netzüberlastung der Netzbetreiber in initial festgelegte Fahrpläne eingreift, indem er die Stromeinspeisung aus Kraftwerken vor dem Engpassgebiet verringert und die Einspeisung aus Kraftwerken hinter dem Engpassgebiet gleichermaßen erhöht. Dadurch wird die Belastung des entsprechenden Abschnittes reduziert, während das System ausgeglichen bleibt. Anders als bei der Regelenergie, welche über Marktmechanismen beschafft wird, ist die Teilnahme am Redispatch verpflichtend für die Betreiber aller Anlagen mit einer Erzeugungskapazität größer als 100 kW. Abrufe durch den Netzbetreiber werden auf Grundlage der anfallenden Kosten entschädigt und sind somit betriebskostenneutral (vgl. [9, 10]).

Abbildung 17.1 stellt die Marktreihenfolge der Großhandelsmärkte und Systemdienstleistungen dar. Der Redispatch ist dabei im derzeitigen System der einzige Mechanismus, an dem die Produkte eine Ortskomponente enthalten.

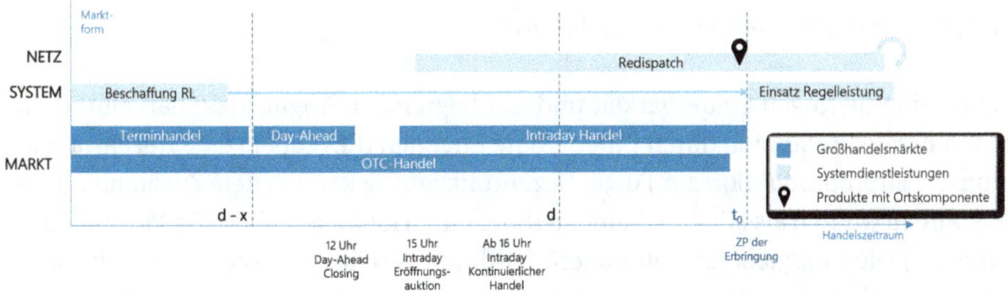

Abb. 17.1: Zeitliche Marktabfolge des deutschen Stromhandels und Systemdienstleistungen, teilweise nach [11].

17.1.2 Derzeitige Herausforderungen

Handelsplattformen und system- und netzdienliche Ausgleichsmechanismen werden durch die aktuelle Transformation des Energiesystems vor neue Herausforderungen gestellt. Diese Herausforderungen einer volatilen und dezentralen Produktion durch erneuerbare Anlagen sowie eines fluktuierenden Verbrauchs werden nachfolgend dargestellt.

17.1.2.1 Volatile Produktion

Eine häufig diskutierte Problemstellung bei einer Produktion größtenteils durch erneuerbare Energieträger ist deren begrenzte Regelbarkeit und eingeschränkte Prognostizierbarkeit. Während konventionelle Produktionsanlagen je nach Bedarf gefahren werden können, hängt die Produktion durch EE-Anlagen von den jeweiligen Wetterverhältnissen ab und kann in der Regel nur begrenzt vorhergesagt werden. Derzeit können diese Schwankungen zwar noch durch die bestehenden konventionellen Anlagen ausgeglichen werden, mit einer primär durch Sonne und Wind betriebenen Stromproduktion wird jedoch die Aufrechterhaltung des Gleichgewichts von Einspeisung und Nachfrage zu einer zunehmenden Herausforderung. Um auch in Zeiten hoher Nachfrage und ungünstiger Wetterbedingungen die Nachfrage zu bedienen, wird im aktuellen Marktdesign deshalb bei einer primär erneuerbaren Produktionsstruktur ein massiver Ausbau von Überkapazitäten in der Produktion benötigt. Alternativ können solche Ungleichgewichte über einen deutlich größeren Umfang von Flexibilitätsoptionen abgefangen werden, also verfügbaren und steuerbaren technischen Einheiten, die über die Möglichkeit einer Lastverschiebung hin zu für Netz- und Systemstabilität günstigeren Zeitpunkten verfügen. Auf der einen Seite müssen diese Optionen technisch bereitgestellt werden. Andererseits erfordert dies jedoch auch ein Marktsystem, in dem auch kleinteilige erzeuger- sowie verbraucherseitige Flexibilitäten einsetzbar sind, was durch die derzeitigen Systemdienstleistungen nur sehr eingeschränkt möglich ist (vgl. [12]).

17.1.2.2 Dezentralisierung der Produktion

Neben einer geringen Steuerbarkeit und nur begrenzter Prognostizierbarkeit hat die zunehmende Produktion durch Erneuerbare Energien (EE) zudem eine Dezentralisierung der Stromproduktion zur Folge. Dezentralisierung kann in dem Zusammenhang verstanden werden als „Energiebereitstellung durch kleinere Anlagen in Verbrauchernähe. (...) Die Energiebereitstellung erfolgt durch verhältnismäßig mehr, dafür aber wesentlich kleinere Anlagen im Vergleich zur zentralen Energieversorgung“ [13].

Die Integration dieser häufig auch durch Privatpersonen betriebenen Anlagen stellt eine Herausforderung an das derzeitige Marktsystem dar, welches bislang auf den Handel großer Unternehmen ausgerichtet war (vgl. [14]). Neben einer zeitlich nicht mehr steuerbaren, volatileren Produktion führt der Wandel zu erneuerbaren Energieträgern zudem dazu, dass die Entscheidung über den Standort von Produktionsanlagen nicht mehr durch die Netztopologie bestimmt wird, sondern durch zahlreiche andere Faktoren wie Wetterbedingungen, die Verfügbarkeit von Freiflächen oder auch die Akzeptanz der Anwohner. Diese Entwicklung, gemeinsam mit einem stark verzögerten Netzausbau, hat eine gestiegene Wahrscheinlichkeit von Netzengpässen zur Folge (vgl. [15]).

Zudem führt der Trend zur Dezentralisierung zu einer veränderten Rolle der Verteilnetze, die bislang hauptsächlich für die Lieferung aus dem Übertragungsnetz zu den Endkunden zuständig waren. Erneuerbare Energien-Anlagen sind hingegen zu 90 % an das Verteilnetz angeschlossen (vgl. [16]), wodurch diese zunehmend auch bidirektionale Stromflüsse bewältigen müssen. Dies erhöht den Bedarf an Flexibilität auf den unteren Netzebenen, um auch in diesen Bereichen Engpassmanagement zu ermöglichen (vgl. [11]).

17.1.2.3 Gestiegener und volatiler Verbrauch durch Elektrifizierung

Die Effekte der Dezentralisierung und höheren Volatilität in der Produktion werden durch die zunehmende Elektrifizierung des Energieverbrauches privater Haushalte, insbesondere im Verkehrs- und Wärmesektor, sowie der Industrie noch verstärkt. Diese Umstellung von fossilen Energieträgern auf Elektrizität führt zu einem volatileren, schwerer prognostizierbaren Verbrauch mit stärkeren Lastspitzen sowie aufgrund der dezentralen Verteilung der Verbraucher insbesondere auch zu einer Belastung der Verteilnetze (vgl. [17]).

Zugleich eröffnet diese Entwicklung ein großes Potenzial der verbrauchsseitigen Flexibilisierung des Systems. Sowohl Ladevorgänge von Elektrofahrzeugen und elektrische Wärmeversorgung wie auch flexible Industrieprozesse bieten neue Möglichkeiten zur Bereitstellung von Flexibilität, die sowohl zur Systemstabilisierung als auch für das Netzengpassmanagement nutzbar gemacht werden können (vgl. [11, 18, 19]).

Als Beispiel hierfür soll der system- und netzdienliche Einsatz der Ladevorgänge von Elektrofahrzeugen kurz beschrieben werden. Eine steigende Anzahl von Ladevorgängen führt zu einer Erhöhung der lastseitigen Volatilität sowie zu Lastspitzen innerhalb bestimmter Tageszeiten. Andererseits können Ladevorgänge zumeist ohne große Einschränkungen für die Nutzer in andere Zeiträume verschoben werden. Zudem ist auch eine Rückspeisung eines Teils der geladenen Energie denkbar, um die Batterien der Fahrzeuge als zusätzliche Speicherkapazitäten für das Energiesystem nutzbar zu machen. Die Möglichkeiten einer Integration der Elektromobilität in das Energiesystem, die sowohl die Bedürfnisse der Verbraucher miteinbezieht als auch die Stabilität von Netz und System ermöglicht, werden unter anderem in dem Forschungsprojekt Projekt unIT-e^2 erarbeitet. Dieses Projekt stellt ein Beispiel der zahlreichen Forschungsprojekte, Veröffentlichungen und Feldversuche dar, die sich damit auseinandersetzen, wie die derzeitigen Herausforderungen einer erhöhten Volatilität und Dezentralität der Energieerzeugung sowie eines gestiegenen Verbrauchs mit neuen, volatilen Lastprofilen und Lastspitzen in einem veränderten Marktsystem abgebildet werden können. Diese Entwicklungen sollen im folgenden Abschnitt in drei Trends unterteilt und anhand von Praxisbeispielen erläutert werden.

17.2 Aktuelle Markttrends

Wie bereits im vorherigen Abschnitt beschrieben, bieten die Entwicklungen einer dezentralen, erneuerbaren Versorgung und ein zunehmend elektrifizierter Verbrauch neben Herausforderungen auch neue Möglichkeiten zur Bereitstellung von Flexibilität, die zur Lösung eben dieser Herausforderungen beitragen. Um diese Potenziale zugänglich zu machen, werden derzeit neue Vermarktungsformen für elektrische Energie sowie auch Flexibilität hinsichtlich deren Produktion und Verbrauch diskutiert und in verschiedenen Projekten und Reallaboransätzen evaluiert. Für eine bessere Beschreibung und Analyse der Entwicklungen werden diese im Folgenden in drei Trends zusammengefasst: Partizipation, Dezentralisierung und Flexibilisierung. Diese Trends lassen sich jedoch im Allgemeinen nicht trennscharf abgrenzen, sondern sind stark voneinander abhängig und treten in vielen Marktoptionen gemeinsam auf (vgl. [20]).

17.2.1 Dezentralisierung des Handels

Die Entwicklung hin zu einer dezentraleren Energieversorgung mit der Zunahme kleiner und verteilter Erzeugung sowie einem steigenden Verbrauch führt dazu, dass infrastrukturbedingt der Standort der Anlage eine zunehmende Bedeutung für den Wert erzeugten bzw. verbrauchten Stroms innerhalb des Energiesystems entwickelt. Auch wenn derzeit die Strompreise an der Börse noch standortunabhängig innerhalb der jeweiligen Gebotszone gebildet werden, führt die Vermarktung lokal produzierter Elektrizität als sogenanntem „Regionalstrom" bereits zu einem gewissen Maß an standortabhängiger Produktdifferenzierung des bisher homogenen Gutes Elektrizität, bei dem Stromkunden eine höhere Zahlungsbereitschaft für regional produzierte Energie zeigen (vgl. [15]).

Diese lokalen Unterschiede im systemischen sowie auch finanziellen Wert sind einer der Treiber für die Entwicklung dezentraler Marktformen, in denen Energie innerhalb eines begrenzten regionalen Gebietes zu einem lokal bestimmten Marktpreis bereitgestellt und verbraucht wird (vgl. [14]). Zugleich helfen diese Markformen bei der Erschließung und Integration der wachsenden Zahl dezentraler Erzeuger und Verbraucher in das Marktsystem.

17.2.1.1 Wesentliche Begriffe und Erscheinungsformen dezentraler Vermarktung

Dezentrale Vermarktung umfasst ein breites Spektrum einer Vielzahl verschiedener, teils nicht klar voneinander abzugrenzender Erscheinungsformen, die sich hinsichtlich ihrer Organisation sowie auch des Grads an Autonomie und Autarkie der beteiligten Akteure unterscheiden. Einige zentrale Begrifflichkeiten in diesem Kontext werden im Folgenden erläutert.

- Ein *virtuelles Kraftwerk* hat den Zweck, „[...] dezentrale Erzeugungsanlagen informationstechnisch untereinander zu vernetzen und extern zu regeln, um weitere, über die verbrauchsnahe Versorgung hinausgehende energiewirtschaftliche Aufgaben, übernehmen zu können" [21]. Über diese Bündelung und Vernetzung dezentraler Anlagen werden die Anlagen als eine große Erzeugungseinheit abgebildet. Somit wird die Komplexität des Gesamtsystems für Koordinatoren wie die ÜNBs vereinfacht. Allerdings haben in einem virtuellen Kraftwerk die Eigentümer nur einen geringen Grad an Mitbestimmungsmöglichkeiten und Autonomie über den Einsatz ihrer Anlagen. Das Konzept des virtuellen Kraftwerkes stellt eine Form der Aggregation mehrerer Marktteilnehmer dar, in diesem Fall primär von Erzeugungs- und Speicheranlagen.
- Allgemein kann *Aggregation* definiert werden als die Bündelung und Verwaltung von Kleinerzeugern und/oder Verbrauchern, die flexibel an den Marktaktivitäten teilnehmen (vgl. [22]). Aggregatoren stellen also eine Verbindung dar zwischen dem bisherigen System der Großhandelsmärkte und den vermehrt auftretenden kleinen und dezentralen Akteuren. Die Rolle des Aggregators, also der Partei, welche mehrere Marktteilnehmer bündelt, kann dabei sehr unterschiedlich ausgestaltet sein, je nachdem, ob der Aggregator
  - nur den Weiterverkauf an den Großhandelsmärkten verantwortet oder auch Energie an die von ihm aggregierten Parteien vermarktet

  - nur die Bündelung der aggregierten Parteien vornimmt oder auch direkt oder indirekt verantwortlich ist für einen stabilen Netzbetrieb und Systemablauf (vgl. [23]).
- Während in dem Konzept des Aggregators die neuen Akteure in das System überregionaler Großhandelsmärkte integriert werden, verfolgt das Konzept der *Microgrids* einen höheren Grad an regionaler Autonomie und Eigenständigkeit. Microgrids können verstanden werden als „regionale, meist örtlich begrenzte Elektrizitätsnetze, über die lokal erzeugter Strom zu den direkt angeschlossenen Energieverbrauchern gesteuert wird" [15]. Hierbei kann einerseits eine Verbindung des Microgrids zu öffentlichen Netzen hergestellt werden (interconnected mode), das Microgrid kann jedoch auch im autonomen Inselbetrieb betrieben werden (vgl. [15]).

Die genannten Begriffe zeigen, wie breit die Ausgestaltungsformen dezentraler Vermarktung sind. Die Konzepte werden im Folgenden zusammenfassend als lokale Energiemärkte (LEM) bezeichnet. Die Definition enthält dabei jedoch eine gewisse Unschärfe, da nicht jede Form dezentral organisierter Stromdistribution zwangsläufig marktbasiert stattfindet. Um den Trend greifbarer aufzuzeigen, wird zudem im nächsten Abschnitt als Praxisbeispiel das Projekt „intelligente Wärme München (iWM)" beschrieben.

17.2.1.2 Praxisbeispiel – intelligente Wärme München (iWM)

Intelligente Wärme München führte als Teil des Projektes C/sells die Entwicklung und Demonstration eines intelligenten Wärmeversorgungssystems mittels der Lastverschiebung elektrischer Heizsysteme durch. Durch die Integration von elektrischen Speicherheizungen, Wärmepumpen, Kraftwärmekopplungsanlagen (KWK-Anlagen) und Fernwärmeübergabestationen sollte somit das virtuelle Kraftwerk der Stadtwerke München um die Verbraucherseite erweitert werden. Dadurch sollte mittels der digitalen Vernetzung dieser dezentralen Anlagen die Bereitstellung von Flexibilität und eine erhöhte Nutzung erneuerbar produzierter Elektrizität erreicht werden. In dem Projekt konnte das Lastverschiebungspotenzial insbesondere von Speicherheizungen erfolgreich an den Anlagen von acht Probanden demonstriert werden, bei denen der Wärmekomfort der Probanden erhalten bzw. teilweise sogar erhöht werden konnte (vgl. [24]).

Das Projekt stellt ein Beispiel dar, wie dezentrale Anlagen in das Energiesystem integriert werden können. Es konnte insbesondere die technische Machbarkeit von Lastverschiebungen zur Systemstabilisierung demonstrieren. Weiteren Forschungsbedarf sah das Projekt in der Identifikation von Geschäftsmodellen, die einen ausreichenden Anreiz zur Teilhabe für die Anlageninhaber setzen (vgl. [24]).

17.2.2 Partizipation

Der Trend der Dezentralisierung kann nicht trennscharf vom Trend der Partizipation abgegrenzt werden, und die beiden Entwicklungen treten in den meisten Konzepten gemeinsam auf. Während das Hauptziel dezentraler Ansätze jedoch eine kleinteilige Vermarktung und marktliche Einbindung regional verteilter Akteure ist (vgl. [25]), liegt bei partizipativen Ansätzen der Fokus auf dem direkten Energieaustausch zwischen den Teilnehmern oder Peers. Diese Auslegung weist somit starke Parallelen zu den Power Purchase Agreements (PPA) auf, in denen Strom nur von definierten Anbietern und Anlagen bezogen wird. In beiden Fällen stellt die jeweilige Handelspartei für den Abnehmer also die ausschlaggebende Eigenschaft des eingekauften Stroms dar.

Der direkte Handel zwischen Privatpersonen wird technisch ermöglicht durch die Entwicklung kleindimensionierter und einfach zu betreibender Erzeugungsanlagen, insbesondere von Photovoltaikanlagen. Darüber hinaus verhelfen intelligente Messsysteme zu Transparenz über den aktuellen Verbrauch und ermöglichen somit unter der Voraussetzung veränderlicher Preise konsumseitige Preissensitivität (vgl. [26]). Neben den zugrunde liegenden technischen Entwicklungen kann der Trend, Handel und Austausch innerhalb privater Haushalte zu ermöglichen, jedoch auch als energiewirtschaftliche Ausprägung der Sharing Economy interpretiert werden (vgl. [27]). Hierbei wird – ähnlich wie bei dem Privatverkauf von Haushaltsgegenständen über ebay oder der Vermietung privater Ferienwohnungen durch Plattformen wie AirBnB – über eine Plattform als Intermediär der Handel zwischen Privatpersonen ermöglicht.

Der Fokus partizipativer Konzepte, im Folgenden zusammengefasst als P2P-Märkte, liegt also in der aktiven Miteinbeziehung privater Haushalte in die Vermarktung. Dies führt zu einer Wandlung der Rolle der Marktteilnehmer vom passiven Endverbraucher oder Last hin zu einem aktiven Teilnehmer am Energiesystem. Der Konsument oder Consumer wird dadurch abgelöst durch den Prosumer, der selbst Strom produziert und einspeist (vgl. [27]).

17.2.2.1 Ausgestaltungsformen von P2P-Märkten

Für die Ausgestaltung von P2P-Märkten gibt es diverse Ansätze, die sich maßgeblich hinsichtlich der Preissetzung, der Rolle der einzelnen Marktteilnehmer und der Anbindung an herkömmliche Strommärkte unterscheiden. Bisher hat sich unter diesen Optionen noch kein einheitliches Marktdesign etabliert. Viele Ansätze haben zudem auch einen stark dezentralisierten Fokus und können somit zusätzlich auch als Ausgestaltungsformen von LEMs ausgelegt werden.

Die Preissetzung kann – analog zur Preisbildung an der Strombörse – über einen Einheitspreis oder über individuelle Preissetzungsverfahren wie pay-as-bid stattfinden. Dabei werden sowohl abgeschlossene Auktionsformate wie auch ein kontinuierlicher Handel als mögliche Umsetzungsoptionen evaluiert. Darüber hinaus werden auch Langzeitvertragsmodelle betrachtet, in denen die Preise für die am P2P-Markt eingespeiste oder entnommene Energie nicht über Gebote der Marktteilnehmer bestimmt werden, sondern festgelegt sind oder zeitabhängig über einen Algorithmus ermittelt werden (vgl. [28, 29]). Abbildung 17.2 fasst die beschriebenen Preisbildungsmechanismen zusammen.

Diese Preismodelle sind eine entscheidende Ausgestaltungsvariable für die Miteinbeziehung der Akteure. Während einige der bisher evaluierten Marktmodelle eine sehr aktive Rolle voraussetzen, die eine starke Partizipation am Marktgeschehen mit der Abgabe von zeitspezifischen Geboten erfordert, stellen Langzeitkontrakte geringere Anforderungen an die Beteiligung der Marktteilnehmer, da die Preisbildung hier automatisiert verläuft (vgl. [28])

Häufig wird die Handelsplattform hierbei ähnlich wie in dem Beispiel des virtuellen Kraftwerks durch einen Intermediär verwaltet. Über den eigentlichen Plattformbetrieb hinaus übernimmt dieser zudem in vielen Konzepten auch die Anbindung des P2P-Marktes an die Großhandelsmärkte, indem er Überschussstrom an der Strombörse vermarktet, bzw. hier zusätzliche Energie einkauft, wenn die Nachfrage nicht rein über den P2P-Markt gedeckt werden kann. In anderen Fällen wird diese Anbindung wiederum über externe Aggregatoren durchgeführt, die als Marktteilnehmer sowohl am P2P-Markt wie auch an den Großhandelsmärkten Strom einkaufen und vermarkten und somit eine Über- oder Unterdeckung des P2P-Marktes über die Strombörse ausgleichen (vgl. [25, 30]).

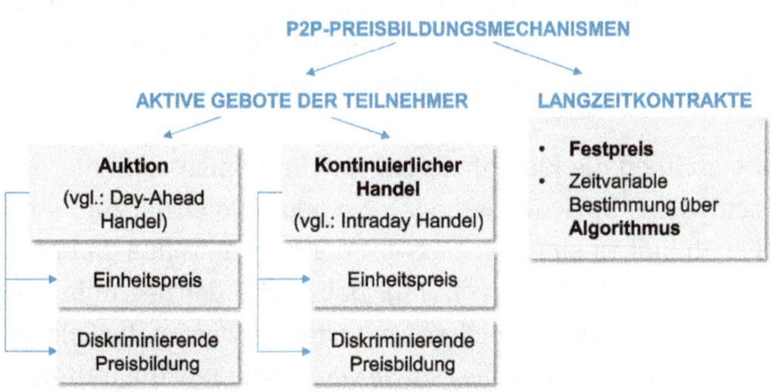

Abb. 17.2: P2P-Preisbildungsmechanismen (eigene Abbildung).

17.2.2.2 Praxisbeispiel: Partizipative Vermarktung im Projekt „pebbles“

Das Forschungsprojekt zur Realisierung eines P2P-Energiehandels auf Basis von Blockchains, „pebbles“, stellt ein Beispiel dar, wie P2P-Märkte in der Praxis ausgestaltet werden können.[1] Das Projekt untersuchte und erprobte den Aufbau einer

1 Zur weiteren Vertiefung sei auch die Lektüre des Kapitels 41 „Projektbeispiel pebbles“ empfohlen.

lokalen Stromhandelsplattform unter Miteinbeziehung privater Verbraucher und Erzeuger. Aufgrund des lokalen Aspektes kann es somit ebenso als Ausgestaltung eines LEMs gewertet werden.

Im Feldversuch in der Allgäuer Gemeinde Wildpoldsried interagierten 66 teilweise reale und teilweise virtuelle Teilnehmer und handelten Strom auf bilateraler Ebene in 15-Minuten-Intervallen. Die Realteilnehmer konnten hierzu über eine App ihre Präferenzen und Gebote einstellen, auf deren Basis im Anschluss die Transaktionen durchgeführt werden. Als Basis für die technische Umsetzung wurde in pebbles die Blockchain-Technologie verwendet, ähnlich wie bei vielen P2P-Handelsmodellen, wie beispielsweise auch dem großflächigen Feldversuch Brooklyn Microgrid (vgl. [31]). Neben privaten Erzeugern und Verbrauchern, den Prosumern, konnten an der Plattform zudem auch Netzbetreiber teilhaben, um die Topologie des Verteilnetzes als Entscheidungskomponente des Matchingalgorithmus einzubeziehen (vgl. [32]). Das Projekt wurde im Oktober 2021 abgeschlossen (vgl. [33, 34]).

17.2.3 Flexibilisierung

Wie bereits im vorherigen Abschnitt beschrieben, führt der zunehmende Anteil von EE-Anlagen zu grundsätzlichen Änderungen der Produktion. Deren Leistung ist nicht mehr rein durch den Verbrauch, sondern primär durch die jeweiligen Wetterbedingungen vorgegeben. Zudem orintiert sich auch der Produktionsstandort nicht mehr an der Netztopologie, sondern wird durch andere Faktoren bestimmt. Diese Entwicklungen erhöhen den Bedarf nach Systemdienstleistungen und somit nach weiteren Flexibilitätsoptionen.

Auf der anderen Seite eröffnen die Elektrifizierung des Verbrauchs und die verstärkte Entwicklung verschiedener Speichermethoden ein neues Potenzial zur Flexibilisierung. Somit wird Flexibilität zu einem Schlagwort der Energiewende und häufig als ein zentraler Erfolgsfaktor aufgeführt (vgl. [15]). Dabei wird der Begriff in vielen verschiedenen, teilweise sehr unterschiedlichen Kontexten verwendet. Im Folgenden soll deshalb zunächst „Flexibilität“ definiert sowie verschiedene Vermarktungsformen von Flexibilität erläutert werden.

17.2.3.1 Flexibilität und die Rolle des Flexumers

Die Bundesnetzagentur beschreibt Flexibilität als die „Veränderung von Einspeisung oder Entnahme in Reaktion auf ein externes Signal (Preissignal oder Aktivierung) mit dem Ziel, eine Dienstleistung im Energiesystem zu erbringen. Die Parameter, um Flexibilität zu charakterisieren, beinhalten: die Höhe der Leistungsveränderung, die Dauer, die Veränderungsrate, die Reaktionszeit, der Ort etc.“ (vgl. [35]). Diese Flexibilität wurde bisher in Form der Systemdienstleistungen zumeist erzeugerseitig durch große und steuerbare Anlagen bereitgestellt. Aufgrund der Ablösung fossiler Kraftwerke durch erneuerbare Erzeugungsanlagen wird jedoch auch eine Flexibilisierung von Kleinanlagen und Verbrauch notwendig. Marktliche Ansätze, um eine solche Flexibilisierung zu erreichen, werden deshalb derzeit breit evaluiert (vgl. [11]).

Die Möglichkeiten zur Flexibilisierung des Verbrauchs führen dabei zu einer weiteren Wandlung der Rolle des Konsumenten. Während die Eigenerzeugung und mitunter auch aktive Teilnahme am Stromhandel mit der Rolle des Prosumers ausgedrückt wird, stellt die Rolle des Flexumers (vgl. [36]) eine weitere Ausweitung der aktiven Partizipation am Energiesystem dar. Durch die Bereitstellung von Flexibilität in Netzbezug und -einspeisung und somit durch die aktive Beteiligung an der Aufrechterhaltung eines stabilen Energiesystems partizipiert der Flexumer damit nicht nur an Erzeugung und Handel, sondern auch an den Systemdienstleistungen und somit an allen zentralen Säulen des Energiesystems (vgl. [11])

17.2.3.2 Möglichkeiten der Incentivierung von Flexibilität

Ähnlich wie für die Ausgestaltung von P2P-Handel kann auch die Bereitstellung von Flexibilität vielfältig incentiviert werden, wie dargestellt in Abbildung 17.3. Eine Möglichkeit stellt die Flexibilisierung des Marktes durch eine verstärkte Steuerung über die Strompreise dar. Hierbei wird ein Anreiz gegeben für eine Verminderung der Einspeisung und/oder eine Erhöhung des Bedarfs durch geringe Strompreise, während hohe Strompreise den Anreiz für eine höhere Einspeisung beziehungsweise Verbrauchsminderung setzen (vgl. [37]).

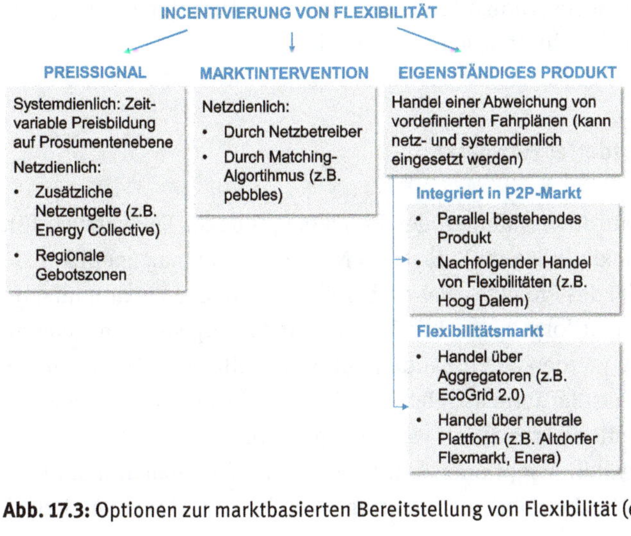

Abb. 17.3: Optionen zur marktbasierten Bereitstellung von Flexibilität (eigene Abbildung).

Während dies zumindest systemseitig auf Großhandelsmärkten bereits geschieht, innerhalb einer Gebotszone also ein hoher Bedarf bzw. eine geringe Menge an verfügbarer Energie zu hohen Strompreisen führt (und umgekehrt), ist dies auf der Ebene privater Verbraucher bisher noch nicht der Fall. Um diese systemdienliche Steuerungswirkung auch auf Prosumer- beziehungsweise Flexumerebene wirksam einzubringen, müssen deshalb abweichend vom bisherigen zeitinvariablen Festpreis Preise auch für diese Marktteilnehmer abhängig von Angebot und Nachfrage gebildet werden. Dies findet bei einem Großteil der Konzepte für LEMs und P2P-Märkte statt.

Neben dem mangelnden Anreiz zu einer systemdienlichen Einspeisung und Entnahme gibt es zudem aufgrund der zonalen Preisbildung derzeit keinen Preisanreiz für ein netzdienliches Verhalten der Marktteilnehmer. Aufgrund einer durch Dezentralisierung und Volatilität zunehmenden Netzbelastung werden deshalb zusätzlich Mechanismen evaluiert, durch die Preissetzung auch netzdienliche Anreize zu setzen. Beispiele hierfür sind zusätzliche Netzentgelte, abhängig von der Transportdistanz und/oder der Nutzung kritischer Netzabschnitte (vgl. [38]), oder eine Unterteilung des Marktgebietes in kleine Gebotszonen mit der Auferlegung von Gebühren für zonenübergreifenden Handel (vgl. [39]).

Darüber hinaus wird auch eine Anpassung des Matchingprozesses erwogen, indem entweder Transaktionen automatisch im Algorithmus unterbunden werden, die bestimmte Netzrestriktionen verletzten, wie beispielsweise auch im Projekt pebbles (vgl. [32]), oder der Netzbetreiber direkt eingreifen kann (vgl. [40]).

In anderen Marktmodellen wird Flexibilität hingegen als unabhängiges Produkt gehandelt. Das bedeutet, dass – ähnlich zu den Auktionen von Regelleistung – eine Abweichung von vordefinierten Fahrplänen vermarktet wird. Dieser Handel kann stattfinden als integriertes Produkt eines LEMs/P2P-Stromhandels (vgl. [41, 42]) oder über einen eigenständigen Flexibilitätsmarkt (vgl. [11]). Ein Beispiel für den Handel von Flexibilität über eine eigenständige Plattform stellt der Altdorfer Flexibilitätsmarkt dar, der im nächsten Abschnitt beschrieben wird.

17.2.3.3 Praxisbeispiel Altdorfer Flexmarkt

Der Altdorfer Flexmarkt wurde im Rahmen des Projekts C/sells als Feldversuch für den Handel dezentraler Flexibilität zum Einsatz im Netzengpassmanagement konzipiert und durchgeführt. Ziel des Projektes war es, bereits vorhandene Flexibilitätspotenziale über eine Handelsplattform zu erschließen und für das Engpassmanagement nutzbar zu machen. Hierzu wurden 20 Probanden mithilfe intelligenter Messsysteme über eine App an die Handelsplattform angebunden. Über diese konnten verschiedene mögliche Flexibilitätsoptionen registriert werden (vgl. [11]).

Die Allokation von Flexibilitätsoptionen wurde beim Altdofer Flexmarkt am Vortag ausgeführt, wobei der Netzbetreiber als Nachfrager von Flexibilität seinen Bedarf über eine Netzsimulation ermitteln und innerhalb der jeweiligen Netzabschnitte einstellen konnte. Die Anlagenbesitzer und somit Flexibilitätsanbieter konnten einerseits täglich in 15-Minuten-Handelsintervallen Flexibilitätsangebote in Form eines Fahrplanes inklusive möglicher Abweichungen einreichen. Standen für die Einreichung eines Fahrplans nicht die nötigen Prognosedaten zur Verfügung oder war eine individuelle Gebotsabgabe mit zu viel Aufwand verbunden, wurde als niederschwellige Teilnahmemöglichkeit am Flexibilitätsmarkt zusätzlich die Form der Langzeitkontrahierung geschaffen. In diesem Fall werden die Flexibilitätsangebote direkt über einen Prognosealgorithmus der Plattform erstellt und deren Bereitstellung unabhängig von den tatsächlichen Abrufen vergütet (vgl. [11]). Der Feldversuch wurde 2020 abgeschlossen und zeigt eine Möglichkeit, wie eine marktbasierte Bereitstellung von Flexibilität insbesondere auf Verteilnetzebene umgesetzt werden kann.

17.3 Ausblick: Ein Marktdesign für ein dekarbonisiertes Energiesystem

Die vorgestellten Entwicklungen bestehen bisher nur als Pilotprojekte und Insellösungen. Es stellt sich jedoch die Frage, wie neue Marktansätze in das bestehende Energiesystem integriert werden können und welche langfristigen Szenarien sich hieraus ergeben. Die diskutierten Marktformen der LEMs, P2P-Märkte und des Flexibilitätshandels werden im Folgenden in die zeitliche Abfolge bisheriger Handelsstrukturen eingeordnet. Im Anschluss wird anhand verschiedener Langfristszenarien diskutiert, welche Auswirkungen die Trends potentiell auf die Entwicklung des Strommarktsystems nehmen können.

17.3.1 Neue Energiemärkte im Gesamtsystem

Die zeitliche Einordnung zukünftiger Marktentwicklungen wurde auf Basis von Regener et al. (vgl. [20]) anhand bestehender Pilotprojekte und Veröffentlichungen getroffen und ist in Abbildung 17.4 dargestellt, einer Erweiterung von Abbildung 17.1. Die berücksichtigten Konzepte und Feldversuche aus dem D-A-CH Raum sind kursiv eingefügt. Analog zum Redispatch sind zudem die Märkte, bei denen die Preisbildung abweichend von dem zonalen Preismechanismus eine Ortskomponente beinhalten, hervorgehoben. Anders als der kostenbasierte Redispatch stellen diese jedoch einen tatsächlichen lokal definierten Marktmechanismus dar.

Wie bereits in Abschnitt 17.2 diskutiert, können P2P-Märkte und lokaler Handel nicht trennscharf voneinander abgegrenzt werden, sondern treten in vielen Feldversuchen und Umsetzungen gemeinsam auf. Dennoch werden die beiden Marktformen hier einzeln aufgeführt, wobei LEMs als jede Form von regionalem Handel verstanden

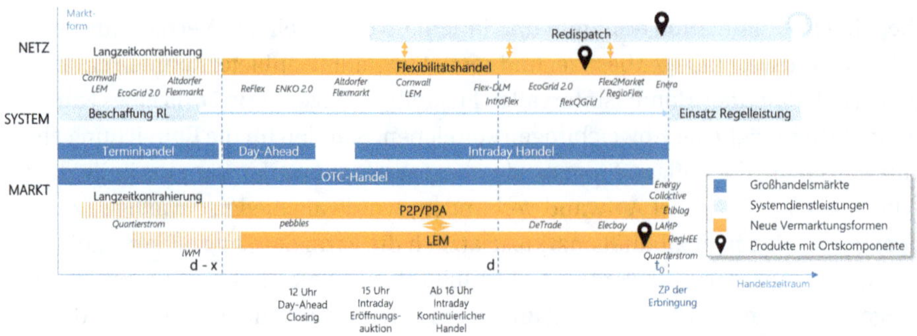

Abb. 17.4: Marktabfolge des deutschen Stromhandels und Systemdienstleistungen inklusive neuer Markttrends teilweise nach [11].

werden können, in dem ein lokaler Preis gebildet wird. P2P-Märkte stellen hingegen jede Form von Handelsplatz dar, in denen die Interaktion der Handelsteilnehmer, vornehmlich Privatpersonen, im Vordergrund steht. Viele der betrachteten Konzepte sind zwischen LEMs und P2P-Märkten aufgeführt, da sie sowohl auf regionaler Ebene stattfinden als auch eine direkte Miteinbeziehung privater Prosumer zum Ziel haben.

In den betrachteten Marktformen finden sich sowohl für LEMs/P2P-Märkte als auch für Handel von Flexibilität Optionen der Langzeitkontrahierung, also die Möglichkeit für die Marktteilnehmer, auf lange Frist einen Vertrag abzuschließen und damit ohne stetige aktive Gebotsabgabe am Markt zu partizipieren. Diese sind schattiert dargestellt, da der Kontrahierungszeitraum in diesem Fall nicht dem Zeitraum des Matchings entspricht. Für den Handel von Flexibilität ist analog zum derzeitigen Redispatchprozess oder dem Einsatz von Regelenergie im Bedarfsfall zudem kurzfristiger Flexibilitätseinsatz nach dem Erbringungszeitpunkt denkbar.

17.3.2 Langfristszenarien für die Entwicklung des Energiehandels

Durch zahlreiche parallele Vermarktungsoptionen stehen die Marktteilnehmer vor der Entscheidung, an welchem der Strom- und Flexibilitätsmärkte sie ihre Gebote platzieren (vgl. [43]). Dabei wird ihre Entscheidung durch zwei Faktoren bestimmt:

1. Eignung, physische Beschränkungen und Bedarfe ihrer Anlagen.
2. Die Erlöse, die sie durch ihren Anlageneinsatz und ihre Marktentscheidungen erwirtschaften können.

Es ist deshalb anzunehmen, dass die Vermarktungsoptionen neuer Energiemärkte – selbst wenn man keine tatsächliche Kopplung der Märkte voraussetzt – langfristig auch das Angebot am bestehenden Marktsystem beeinflussen (vgl. [30, 43]). Zudem werden aufgrund der in Abschnitt 17.1 beschriebenen Herausforderungen derzeit regulatorische Änderungen insbesondere in den Bereichen des Netzengpassmanagements sowie der Incentivierung dezentraler Energieversorgung diskutiert. Hieraus lassen sich verschiedene mögliche Szenarien ableiten, wie sich das Marktsystem langfristig entwickeln könnte. Nachfolgend werden einige potenzielle Szenarien dargestellt und beschrieben.

17.3.2.1 Szenario 1 – Netzengpassmanagement größtenteils durch marktbasierte Ansätze

Das erste Szenario, dargestellt in Abbildung 17.5, stellt eine Situation dar, in der der verpflichtende Redispatch in seiner derzeitigen Ausführung größtenteils durch marktbasierte Ansätze abgelöst wird. Aufgrund des zunehmenden Anteils von EE-Anlagen, die zu einem Großteil nicht die Mindestgröße für einen verpflichtenden Redispatch erfüllen, sowie durch einen zunehmenden Anteil flexibler Verbraucher übersteigt hierbei das Angebot markbasierter Flexibilitätsplattformen die möglichen Optionen des Redispatch, die den Bedarf eines zunehmend volatileren Energiesystems nicht mehr decken können. Aus diesem Grund greift der Netzbetreiber in diesem Szenario immer mehr auf marktbasierte Flexibilitätsoptionen zurück. Dies ermöglicht ihm eine effizientere, standortspezifische Verschiebung von Produktion und Verbrauch und ersetzt die aufwendige Ermittlung der Redispatchkosten. Insbesondere für die Verteilnetzbetreiber ist das Flexibilitätsangebot relevant, da diese durch die veränderte Rolle der Verteilnetze einen wachsenden Bedarf nach Flexibilität im Verteilnetz aufweisen. Aufgrund des Gewinnpotenzials auf diesen Märkten sowie einer besseren Planbarkeit durch eigene Angebotsabgabe nehmen jedoch auch zunehmend konventionelle Großanlagen an den Märkten teil und stellen ihre Flexibilität marktbasiert zur Verfügung.

Kostenbasierter Redispatch besteht in diesem Szenario noch, wird jedoch nur noch eingesetzt, wenn die marktbasiert beschafften Flexibilitätsmaßnahmen nicht zur Netzstabilisierung ausreichen. Der verpflichtende Redispatch muss somit seltener abgerufen werden und übernimmt wieder stärker die Rolle einer Notfallmaßnahme, vergleichbar seiner ursprünglichen Rolle im Energiesystem.

Einen häufig diskutierten Nachteil einer solchen marktlichen Bereitstellung netzdienlicher Flexibilitäten stellen mögliche Marktinkonsistenzen zwischen marktbasiertem Redispatch und zonaler Preissetzung an der Strombörse dar, die zu falschen und möglicherweise engpassverstärkenden Anreizen für die Marktteilnehmer führen könnten. Dies ist ein auch als Increase-Decrease-Gaming, oder kurz Inc-Dec-Gaming bekanntes Phänomen. Hierbei unter- beziehungsweise überbieten Anbieter von Flexibilität ihre tatsächliche Zahlungsbereitschaft in der Erwartung eines vorteilhafteren Preises am Flexibilitätsmarkt oder in der Spekulation auf Gewinne durch die Abregelung. Zudem kann es zu konkurrierenden Interessen zwischen den Netzbetreibern beim Abruf von Flexibilität kommen, sodass Maßnahmen zur Behebung eines Engpasses an der einen Stelle Netzengpässe an anderer Stelle verursachen können. Auf

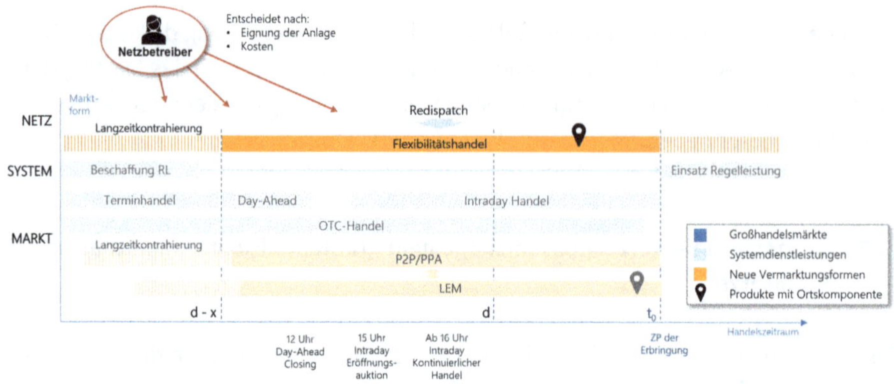

Abb. 17.5: Bereitstellung netzdienlicher Systemleistungen zu einem Großteil über Flexibilitätsmärkte teilweise nach [11].

der anderen Seite ermöglicht eine marktliche Umsetzung ein hohes Maß an Transparenz und Autonomie für die Marktteilnehmer, die ihre Gebote selbst setzen können, statt kostenbasiert entlohnt zu werden, was die Erschließung kleinteiliger und verbraucherseitiger Flexibilitäten ermöglicht (vgl. [11]).

17.3.2.2 Szenario 2 – Abwicklung kurzfristigen Handels im Hauptvolumen über P2P-Märkte/LEMs

Eine zweite mögliche Folge der derzeitigen Marktentwicklungen stellt eine Verschiebung des hauptsächlichen Marktvolumens der Spotmärkte hin zu segmentierten Marktformen, also lokalen und/oder P2P-Märkten dar, wie es in Abbildung 17.6 dargestellt ist. Dabei vermarktet ein Großteil der Produzenten seine Produktion über diese Handelsschauplätze, wodurch auch ein maßgeblicher Anteil insbesondere privater Nachfrage regional und/oder auf P2P-Ebene gedeckt wird. Die Produktion findet sowohl durch kleine, dezentrale Einheiten, teilweise aber auch durch Großproduzenten statt. Der Spotmarkthandel wird in diesem Szenario vornehmlich noch von großen Unternehmen genutzt, die Energie gewinnoptimierend sowohl auf konventionellen als auch segmentierten Marktformen anbieten und erwerben. Zudem wird seitens LEMs/P2P-Märkten auf die Großhandelsmärkte zurückgegriffen, um Überschussstrom innerhalb eines segmentierten Marktgebietes weiter zu vermarkten oder den Bedarf durch externe Einkäufe zu decken, wenn dieser das auf dem Markt verfügbare Angebot übersteigt. Das Szenario stellt somit keine vollkommene Ablösung, sondern nur eine Verschiebung des hauptsächlichen Marktvolumens dar.

Dass das Angebot segmentierter Marktformen gegenüber den kostenoptimierten und somit erwartbar preisgünstigeren Angeboten großer überregionaler Anbieter durch die Marktteilnehmer bevorzugt wird, kann dabei durch unterschiedliche Faktoren begründet sein.

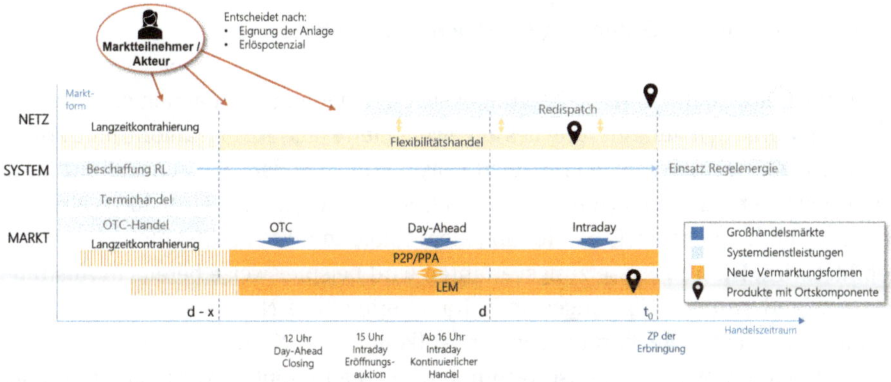

Abb. 17.6: Weitestgehende Ablösung der Spotmärkte durch lokale und partizipative Marktformen teilweise nach [11].

Einerseits ist es denkbar, dass die Wettbewerbsfähigkeit von LEMs und P2P-Märkten durch eine höhere Zahlungsbereitschaft für Regionalstrom oder Grünstrom begünstigt wird. Allerdings besteht die Bereitschaft zur Zahlung eines höheren Preises für diese Produkte derzeit nur in begrenztem Ausmaß sowie nur bei einem Teil der Verbraucher. Eine dominante Rolle segmentierter Marktformen ist somit ohne zusätzliche Maßnahmen voraussichtlich nicht zu erwarten (vgl. [44]).

Aus diesem Grund ist eine solche Entwicklung insbesondere dann vorstellbar, wenn sie zudem durch politische Förderung begünstigt wird. Möglich wären hierfür beispielsweise regulatorische Anpassungen wie Erleichterungen bei der Stromsteuer oder eine Verringerung der Netzentgelte, die eine relative Preisabsenkung auf diesen Märkten bewirken. Ein möglicher Grund für derartige Maßnahmen wäre die Begünstigung dezentraler Produktionsmodelle, wie sie laut des Koalitionsvertrags der deutschen Bundesregierung 2021 angestrebt wird (vgl. [45]).

Die Motivation kann unter anderem in der Förderung privaten Kapitals für den Zubau von EE, der Einbindung verbraucherseitiger Flexibilität und einer Erhöhung der Akzeptanz für EE liegen. Darüber hinaus kann eine Förderung segmentierter Märkte auch das Ziel verfolgen, durch fragmentierte Energiestrukturen eine möglicherweise resilientere Energieversorgung zu erreichen, da hierdurch die Wahrscheinlichkeit großflächiger Systemausfälle gemindert wird (vgl. [46]). Der Gewinn an Resilienz durch eine Dezentralisierung kritischer Infrastrukturen steht jedoch einer erhöhten Schwierigkeit bei der Bereitstellung und Koordination von Systemdienstleistungen entgegen. Zudem wird durch das Matching innerhalb dieser fragmentierten Strukturen nicht mehr das volkswirtschaftliche Gesamtoptimum erreicht, was Effizienz- und Wohlfahrtsverluste gegenüber einem zentralen Handelsplatz zur Folge haben kann.

17.3.2.3 Szenario 3 – Einführung eines nodalen Preissystemes

Das dritte betrachtete Szenario begründet sich in einer angenommenen grundlegenden regulatorischen Veränderung des angewendeten Preissetzungsalgorithmus. Hierbei wird das derzeitige zonale Preissetzungsverfahren, bei dem wie in Abschnitt 17.1.1. beschrieben ein fester Preis innerhalb einer Gebotszone gebildet wird, durch eine nodale Preisbildung abgelöst, bei der an jedem Knotenpunkt ein ortsabhängiger Preis gebildet wird. Dieses Preissetzungsverfahren wird beispielsweise bereits in Australien, Russland und den USA angewandt. Damit erfolgt das Netzengpassmanagement größtenteils nicht mehr kurativ, sondern aufkommende Netzengpässe werden präventiv durch abweichende Preise verhindert, die die Knappheit verfügbaren Stroms in einem bestimmten Netzgebiet ausdrücken (vgl. [47]).

Um bei unerwarteten Ereignissen wie dem Ausfall von Betriebsmitteln eingreifen zu können, wird in dem Szenario jedoch weiterhin eine Möglichkeit zur Anwendung kurativer Netzausfallmaßnahmen wie Lastabwurf angenommen. Der Netzbetreiber kann also im Notfall wie auch bisher Anlagen abregeln, um eine Überlastung des Netzes zu verhindern. Für das Szenario wird angenommen, dass Preise für Regelenergie ebenfalls eine lokale Komponente enthalten, so wie es beispielsweise auch in dem nodalen Preissystem Kaliforniens angewendet wird (vgl. [48]).

Analog zu der Anwendung in den genannten Ländern werden Knotenpreise zudem nur für die Ebene des Übertragungsnetzes gebildet (vgl. [47]). Der Mechanismus in dieser Form verhindert somit keine Netzengpässe im Verteilnetz (vgl. [47, 49]). Eine Preisbildung auf tieferen Netzebenen würde jedoch zu einer weiteren Erhöhung der bei nodaler Preisbildung ohnehin bereits stärker ausgeprägten Komplexität in der Gebotsangabe führen (vgl. [47]). Wohl aus diesem Grund ist keine praktische Anwendung bekannt, in der überregionale Preise über Verteilnetzknoten gebildet werden.

Um auch die Netzstabilität der Verteilnetze zu gewährleisten, wäre also auch in einem nodalen Preissystem der Einsatz von lokalen Flexibilitätsmärkten sowie lokaler Handel möglich, wie in Abbildung 17.7 dargestellt. Über lokale Flexibilitätsmärkte kann somit auf Verteilnetzebene Flexibilität beschafft werden, um Netzengpässe auf dieser Netzebene zu lösen. Für eine Verbesserung der Netzstabilität durch LEMs können diese zusätzlichen Maßnahmen wie beispielsweise dynamische Netzentgelte zur Berücksichtigung von Netzrestriktionen anwenden, wie in Abschnitt 17.2.3.2 beschrieben. Sowohl bei der Vermarktung von Flexibilität über das Verteilnetz als auch bei lokaler Vermarktung muss jedoch berücksichtigt werden, dass keine Inkonsistenzen oder systematische Arbitragemöglichkeiten zu den Knotenpreisen auf Übertragungsnetzebene entstehen.

Insgesamt stellt die Bildung nodaler Preise eine Möglichkeit dar, die tatsächlichen Kosten einer Transaktion für das Energiesystem transparent am Markt abzubilden. Preisanreize incentivieren in diesem Fall bereits initial netzdienliches Verhalten, und das entstehende Marktgleichgewicht beinhaltet die Restriktionen der Übertragungsnetze. Auf der anderen Seite ist durch die erhöhte Komplexität die Preisbildung für

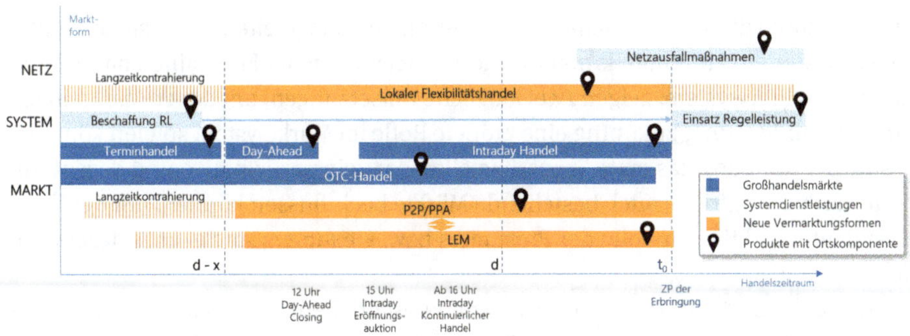

Abb. 17.7: Szenario mit nodaler Preisbildung an der Strombörse, in Anlehnung an [11].

die Marktteilnehmer weniger leicht nachzuvollziehen und somit weniger transparent. Insbesondere für kleinere Anbieter und Nachfrager könnte dies ein Hemmnis für die Marktteilnahme darstellen.

17.3.3 Diskussion und Fazit

Das derzeitige Energiesystem durchläuft einen grundlegenden Transformationsprozess nicht nur auf technischer Ebene, sondern auch in der marktlichen Ausgestaltung. Ein Beispiel hierfür stellt die Verknüpfung der bis dato wenig voneinander beeinflussten Sektoren Energie und Mobilität durch die Möglichkeiten elektrischer Antriebe dar. Diese Verknüpfung stellt neue Herausforderungen an beide Sektoren, wie die Bewältigung von Lastspitzen und fluktuierenden Ladeprofilen bei der gleichzeitigen Miteinbeziehung individueller Kundenbedürfnisse. Zugleich eröffnet sie jedoch auch Potenziale für eine Stabilisierung und Flexibilisierung des Systems, welche derzeit im Projekt unIT-e^2 untersucht werden, beispielsweise die Möglichkeiten sowohl uni- als auch bidirektional gesteuerten Ladens. Diese Potenziale können jedoch nur integriert werden, wenn entsprechende Marktstrukturen derartige Anwendungsfälle berücksichtigen, sodass die technisch bestehenden Flexibilitätsoptionen von Elektrofahrzeugen für das System marktlich abrufbar und somit nutzbar gemacht werden können.

Die Verknüpfung der Sektoren Mobilität und Energie stellt eine der Komponenten des momentanen maßgeblichen Wandels des Energiesystems und somit auch der Energiemärkte dar. Die derzeitigen Entwicklungen wurden dazu in diesem Kapitel untergliedert in die Trends Partizipation, Dezentralisierung und Flexibilisierung und anhand von Beispielprojekten erläutert. Zudem wurden drei potenzielle Szenarien für die zukünftige Entwicklung der übergreifenden Marktumgebung skizziert und beschrieben. Diese Szenarien stellen hierbei keine Prognose dar, sondern exemplarische Möglichkeiten einer langfristigen Integration der derzeitigen Trends, um die Beeinflussung des Marktsystems durch die aktuellen Entwicklungen zu diskutieren. Die beschriebenen Veränderungen werden dabei sowohl durch regulatorische Festlegungen wie auch durch die Marktentscheidungen der Akteure eingeleitet. Das erste und dritte Szenario, also ein größtenteils marktbasierter, netzdienlicher Flexibilitätshandel und ein nodales Preissystem, zeigen zwei mögliche Umsetzungen, mit denen Maßnahmen zur Netzstabilisierung zukünftig eine größere Rolle im Marktsystem spielen könnten. Das zweite wie auch das erste Szenario stellen dar, wie partizipative und dezentralisierte Märkte langfristig auch bestehende Märkte beeinflussen können, mit der Folge einer deutlich aktiveren Rolle der Prosumers bzw. Flexumers sowie eines dezentralisierten Energiesystems.

Wie anhand der dargestellten Szenarien beschrieben, zeigt sich somit eine vornehmliche Herausforderung hinsichtlich der Transformation des derzeitigen Marktsystems darin, wie die derzeit diskutierten Marktansätze zu einem dezentralen und partizipativen Handel von Energie sowie Flexibilität in ein konsistentes Gesamtsystem zusammengeführt werden können. Dies erfordert eine Abwägung zahlreicher Faktoren wie beispielsweise der Effizienzvorteile eines zentralisierten Systems gegenüber den Resilienzvorteilen dezentraler Marktstrukturen. Dabei muss die Marktkomplexität soweit begrenzt werden, dass keine zu hohen Eintrittshürden entstehen, während zugleich die Integration einer großen Anzahl diverser, kleinteiliger Marktteilnehmer mit verschiedensten Voraussetzungen und Bedarfen ermöglicht werden sollte. Darüber hinaus müssen weiterhin System- und Netzstabilität ermöglicht werden, ohne Inkonsistenzen zu erzeugen oder durch eine zu komplexe Gebotsabgabe und fehlende Transparenz die Marktteilnahme kleinerer Marktteilnehmer zu verhindern. Nur in einem konsistenten Gesamtsystem können jedoch die Ziele der einzelnen Marktentwicklungen erreicht werden, weshalb eine ganzheitliche Betrachtung der Mechanismen einen wichtigen Bestandteil der Entwicklung eines zukünftigen Marktdesigns darstellt.

Literaturverzeichnis

[1] Strombeschaffung und Stromhandel (2017). Hintergründe, Herausforderungen, Hinweise. Berlin. https://www.dihk.de/resource/blob/16826/6b374abd68f83c368ed7d9cc68dadcd0/dihk-faktenpapier-strombeschaffung-und-handel-data.pdf.

[2] Kleiner, M. M. und Bayer, E. (2015). Report on the German power system: Study commissioned by Agora Energiewende, Version 1.2. Berlin.

[3] EEX Group Annual Volume Report (2022). Press Release. https://www.eex.com/fileadmin/Global/News/EEX/EEX_Press_Release/2022/20220120_EEX_Group_2021_Annual_Volume_Report.pdf.

[4] Graeber, D. R. (2014). Überblick über den deutschen Strommarkt. In Graeber, D. R. (Hrsg.) Handel mit Strom aus erneuerbaren Energien, 3–16. Wiesbaden: Springer.

[5] Basics of the Power Market | EPEX SPOT (2021). https://www.epexspot.com/en/basicspowermarket#the-wholesale-market-and-renewables [cited 2021 September 24].

[6] Consentec GmbH (2020). Beschreibung von Konzepten des Systemausgleichs und der Regelreservemärkte in Deutschland: Erläuterungsdokument im Auftrag der deutschen regelzonenverantwortlichen Übertragungsnetzbetreiber. Aachen.

[7] EFET (2019). Bidding zones delineation in Europe: Lessons from the past & recommendations for the future: An EFET Position Paper.

[8] Holmberg, P. und Lazarczyk, E. (2015). Comparison of congestion management techniques: Nodal, zonal and discriminatory pricing. Energy J. 36(2). https://doi.org/10.5547/01956574.36.2.7
[9] BDEW. Branchenleitfaden – Vergütung von Redispatch Maßnahmen. Berlin, 2018 Apr 18.
[10] Bundesnetzagentur (2020). BK6-20-059_Beschluss_vom_06_11_2020.
[11] Köppl, S., Zeiselmair, A., Estermann, T., et al. (2020). C/sells: Großflächiges Schaufenster im Solarbogen Süddeutschlands: Abschlussbericht der FfE: Forschungsstelle für Energiewirtschaft e. V. (FfE).
[12] Deutsche Energie-Agentur (dena) (2018). dena-INNOVATIONSREPORT Systemdienstleistungen: Aktueller Handlungsbedarf und Roadmap für einen stabilen Betrieb des Stromsystems bis 2030.
[13] Bertsch V. dezentrale Energieversorgung (2018). Ausführliche Definition im Online-Lexikon. https://wirtschaftslexikon.gabler.de/definition/dezentrale-energieversorgung-53698/version-276768 [cited 2022 March 1].
[14] Bjarghov, S., Löschenbrand, M., Saif, A. I., et al. (2021). Developments and Challenges in Local Electricity Markets: A Comprehensive Review. IEEE Access 2021(9).
[15] Energiewende, A. (2017). Energiewende und Dezentralität: Zu den Grundlagen einer politisierten Debatte. Berlin.
[16] Matschoss, P., Bayer, B., Thomas, H. und Marian, A. (2019). The German incentive regulation and its practical impact on the grid integration of renewable energy systems. Renew. Energy 134, 727–738. https://doi.org/10.1016/j.renene.2018.10.103.
[17] Regett, A., Zeislmair, A. und Heller, C. (2017). Projekt MONA 2030: Merit Order Netz-Ausbau 2030: Szenario-Analyse – potenzielle zukünftige Rahmenbedingungen für den Netz-Ausbau: Forschungsstelle für Energiewirtschaft e. V. (FfE).
[18] Kochems, J. (2020). Lastflexibilisierung in Deutschland – Bestandsaufnahme und Entwicklungsprojektionen. In Technische Universität Graz, editor. Lastflexibilisierung in Deutschland – Bestandsaufnahme und Entwicklungsprojektionen, Graz, Austria.
[19] Müller, M., Reinhard, J., Ostermann, A., Estermann, T. und Köppl, S. (2019). Regionales Flexibilitäts-Potenzial dezentraler Anlagen: Modellierung und Bewertung des regionalen Flexibilitäts-Potenzials von dezentralen Flexibilitäts-Typen im Verteilnetz: Forschungsstelle für Energiewirtschaft e. V. (FfE).
[20] Regener, V., Roemmelt, G., Zeiselmair, A. und Wasmeier, L. (2022). Design Choices in Peer-to-Peer Energy Markets with Active Network Management: A Comparative Analysis of Allocation Methods in Representative German Municipalities. IET Smart Grid.
[21] von Roon, S., Wagner, U. und Arndt, U. (2006). Virtuelle Kraftwerke: Theorie oder Realität? BWK 58(6).
[22] Kerscher, S. und Arboleya, P. (2022). The key role of aggregators in the energy transition under the latest European regulatory framework. Int. J. Electr. Power Energy Syst. 134, 107361. https://doi.org/10.1016/j.ijepes.2021.107361.
[23] Bignucolo, F., Lorenzoni, A. und Schwidtal, J. M. (2019). End-users aggregation: a review of key elements for future applications. In End-users aggregation: a review of key elements for future applications, 1–6.
[24] Weigand, A., Kern, B., Scheibel, M., Greif, S., Wohlschlager, D. und Bauer, D. (2021). Ergebnisbericht Intelligente Wärme München.
[25] Teotia, F. und Bhakar, R. (2016). Local energy markets: Concept, design and operation. In Local energy markets: Concept, design and operation. Gujarat, India: IEEE.
[26] Zhou, Y., Wu, J., Long, C. und Ming, W. (2020). State-of-the-Art Analysis and Perspectives for Peer-to-Peer EnergyTrading. J. Eng. 6(7), 739–753.

[27] Montakhabi, M., Madhusudan, A., van der Graaf, S., Abidin, A., Ballon, P. und Mustafa, M. A. (2020). Sharing Economy in Future Peer-to-peer Electricity Trading Markets: Security and Privacy Analysis. In Sharing Economy in Future Peer-to-peer Electricity Trading Markets: Security and Privacy Analysis. Reston, VA: Internet Society.

[28] Ableitner, L., Tiefenbeck, V., Meeuw, A., Wörner, A., Fleisch, E. und Wortmann, F. (2020). User behavior in a real-world peer-to-peer electricity market. Appl. Energy 270, 115061. https://doi.org/10.1016/j.apenergy.2020.115061.

[29] Bogensperger, A., Ferstl, J. und Yu, Y. (2021). Comparison of Pricing Mechanisms in Peer-to-Peer Energy Communities. In Comparison of Pricing Mechanisms in Peer-to-Peer Energy Communities.

[30] Schmitt, C., Cramer, W., Vasconcelos, M. und Thie, N. (2019). Impact of Spot Market Interfaces on Local Energy Market Trading. In Impact of Spot Market Interfaces on Local Energy Market Trading, 1–6. IEEE.

[31] Mengelkamp, E., Gärttner, J., Rock, K., Kessler, S., Orsini, L. und Weinhardt, C. (2018). Designing microgrid energy markets: A case study: The Brooklyn Microgrid. Appl. Energy 210, 870–880. https://doi.org/10.1016/j.apenergy.2017.06.054.

[32] Gasten, J., Klaus, J., Cramer, W., et al. (2021) Ein Plattform-Konzept für eine kostenoptimierte Energiewende mit Hilfe lokaler Energiemärkte, Kempten.

[33] pebbles Projektblog (2022). pebbles Abschlussevent. https://pebbles-projekt.de/pebbles-abschlussevent/.

[34] Vasconcelos, M., Cramer, W., Schmitt, C., et al. The PEBBLES project-enabling blockchain based transactive energy trading of energy & flexibility within a regional market.

[35] Flexibilität im Stromversorgungssystem (2017). Bestandsaufnahme, Hemmnisse und Ansätze zur verbesserten Erschließung von Flexibilität. https://www.bundesnetzagentur.de/SharedDocs/Downloads/DE/Sachgebiete/Energie/Unternehmen_Institutionen/NetzentwicklungUndSmartGrid/BNetzA_Flexibilitaetspapier.pdf?__blob=publicationFile&v=1.

[36] Westphal, E. L., Köppl, S., Kießling, A. und Mauch, W. (2019). Flexumer als Gestalter der digitalen Energiezukunft – Eine Begriffseinordnung. Energiewirtsch. Tagesfr. 7/8.

[37] Esmat, A., Usaola, J. und Moreno, M. Á. (2018). Distribution-level flexibility market for congestion management. Energies 11(5), 1056.

[38] Orlandini, T., Soares, T., Sousa, T. und Coordinating, P. P. (2019). Consumer-Centric Market and Grid Operation on Distribution Grid. In Coordinating Consumer-Centric Market and Grid Operation on Distribution Grid. IEEE.

[39] Baroche, T., Pinson, P., Le Latimier R. G. und Ahmed, H. B. (2019). Exogenous Cost Allocation in Peer-to-Peer Electricity Markets. IEEE Trans. Power Syst. 34(4), 2553–2564. https://doi.org/10.1109/TPWRS.2019.2896654.

[40] Guerrero, J., Chapman, A. C. und Verbic, G. (2019). Decentralized P2P Energy Trading Under Network Constraints in a Low-Voltage Network. IEEE Trans. Smart Grid 10(5), 5163–5173. https://doi.org/10.1109/tsg.2018.2878445.

[41] Zhang, Z., Li, R. und Li, F. (2020). A Novel Peer-to-Peer Local Electricity Market for Joint Trading of Energy and Uncertainty. IEEE Trans. Smart Grid 11(2), 1205–1215. https://doi.org/10.1109/tsg.2019.2933574.

[42] Energy21 (2018). S. Layered Energy System (LES) – Inclusive enablement of local power: Energy21, Stedin.

[43] Beckstedde, E. und Meeus, L. (2021). Strategic behaviour in flexibility markets: new games and sequencing options. In Strategic behaviour in flexibility markets: new games and sequencing options. Online.

[44] Mengelkamp, E., Schönland, T., Huber, J. und Weinhardt, C. (2019). The value of local electricity – A choice experiment among German residential customers. Energy Policy 130, 294–303. https://doi.org/10.1016/j.enpol.2019.04.008.

[45] Mehr Fortschritt wagen (2021). Bündnis für Freiheit, Gerechtigkeit und Nachhaltigkeit.
[46] Renn, O., Bradshaw, A. M., Dreyer, M., et al. (2017). Das Energiesystem resilient gestalten: Szenarien – Handlungsspielräume – Zielkonflikte. Nationale Akademie der Wissenschaften Leopoldina, acatech-Deutsche Akademie der Technikwissenschaften, Union der deutschen Akademien der Wissenschaften.
[47] Maurer, C., Zimmer, C. und Hirth, L. (2018). Nodale und zonale Strompreissysteme im Vergleich: Abschlussbericht.
[48] Vaterlaus, S., Worm, H., Berner, S., Fischer, B. und Widmer, P. Länderstudie zu den Erfahrungen im Bereich Strommarktliberalisierung: Effizienzsteigerung durch verbesserte Angebotsorientierung: Studie im Auftrag des Staatssekretariats für Wirtschaft (SECO). Olten: Polynomics & SECO.
[49] Krause, T. (2005). Congestion management in liberalized electricity markets: theoretical concepts and international application. Zurich: ETH.

Kurzvitae

Louisa Wasmeier M. Sc. studierte Management and Technology an der Technischen Universität München mit den Schwerpunkten Energietechnik und Economics and Policy. Sie verfasste ihre Masterarbeit an der Forschungsstelle für Energiewirtschaft (FfE) zum Akteursverhalten auf neuen Energiemärkten und befasste sich hierbei insbesondere mit den Möglichkeiten der Marktmanipulation bei der Vermarktung von Flexibilität. Seit Jahresbeginn ist sie als wissenschaftliche Mitarbeiterin an der Forschungsgesellschaft für Energiewirtschaft angestellt und befasst sich hier vor allem mit den Themengebieten Flexibilitäten, Energiemärkte und Digitalisierung der Energiewirtschaft.

Michael Hinterstocker M. Sc. studierte an der TU München Engineering Physics sowie Computational Science and Engineering und ist seit 2013 als Wissenschaftlicher Mitarbeiter und Projektleiter an der FfE in München tätig. Der inhaltliche Schwerpunkt seiner Forschungstätigkeit liegt dabei in den

Bereichen Modellierung und Simulation des Energiesystems, Analyse und Prognose von Strom- und Gasmärkten sowie Flexibilisierung und Digitalisierung der Energiewirtschaft. Nach der Leitung verschiedener Forschungsprojekte in diesen Themenfeldern ist er derzeit als Gesamtprojektleiter des konsortialen Forschungsprojekts „unIT-e^2“ mit dem Ziel der Netz- und Marktintegration von Elektromobilität tätig.

Dipl.-Ing. Simon Köppl ist seit 2014 als wissenschaftlicher Mitarbeiter an der FfE in München tätig und übernahm im April 2022 die Leitung der Geschäftsfelder Reallabore und Elektromobilität. Er ist seit vielen Jahren Projektleiter von verschiedenen Beratungs- und Forschungsprojekten im Kontext von Elektromobilität, neuen Energiemärkten und Stromnetzen. Durch die leitende Funktion in großen Forschungsverbundprojekten (u. a. im SINTEG-Projekt C/sells und derzeit als Gesamtprojektleiter des Verbundprojekts unIT-e^2) kann er auf ein großes Netzwerk bei allen Stakeholdern zurückgreifen und widmet sich in Reallaboren der Kooperation von Wissenschaft und Praxis und einer Zusammenarbeit zwischen den unterschiedlichsten Sektoren.
Er schloss sein Studium der Elektro- und Informationstechnik mit einer Spezialisierung auf Energietechnik an der TU München im Jahr 2014 als Diplom-Ingenieur ab. Derzeit promoviert er an der TU München zum Thema „Konzipierung eines marktbasierten Koordinationsmechanismus zur Integration von dezentraler Flexibilität in das Netzengpassmanagement im Verteilnetz“.

Michael Merz

18 Lokaler Handel in Energiegemeinschaften

Zusammenfassung: Dieser Beitrag beleuchtet die Entwicklung von Energiegemeinschaften, von denen erwartet wird, dass sie neben dem Großhandel und dem Prinzip der Einspeisevergütung eine weitere Organisationsform des Energiehandels darstellen können. Im europäischen Ausland ist dafür bereits die regulatorische Grundlage geschaffen worden. Da sich Energiegemeinschaften eher regional bilden werden, findet auch die Preisfindung eher lokal statt und weicht somit vom Prinzip der zonalen Preisbildung des Großhandels ab.

Erfolgt der Handel innerhalb von Energiegemeinschaften sogar in Echtzeit, dann können sie als Ganzes einen Beitrag zum Engpassmanagement leisten, indem sie, durch externe Preissignale gesteuert, Flexibilität anbieten. Dieser Beitrag schließt ab mit einem Vorschlag für ein Marktmodell, das die Netzdienlichkeit des Handels bereits zum Ausführungszeitpunkt von Handelsgeschäften sicherstellt, indem die erforderlichen Preissignale a priori von der Handelsplattform berücksichtigt werden.

Angesichts des beschleunigten Ausbaus bei der Erzeugung und dem Verbrauch Erneuerbarer Energien soll dieser Beitrag aufzeigen, wie wichtig eine Koordination von Netz- und Marktprozessen ist: Es wird ein Marktmechanismus zur effizienten Allokation von Energielieferungen benötigt, und gleichzeitig ist es notwendig, dass dieser netzdienlich ist, um den Bedarf für ein späteres, kuratives Engpassmanagement so weit wie möglich zu reduzieren.

Schlagwörter: Energiegemeinschaften, Lokaler Handel, Flexibilität, Netzdienlicher Handel

18.1 Einführung in den lokalen Handel in Energiegemeinschaften

Die Begriffe „lokaler Handel“ und „Energiegemeinschaft“ stehen im engen Zusammenhang: Der lokale Handel benötigt eine organisatorische Basis, um Marktteilnehmer lokal miteinander interagieren zu lassen. Umgekehrt wäre der Handel eher gebotszonenweit – also dem heutigen Intraday-Handel entsprechend – ein stark professionalisierter Großhandel.

Einer Energiegemeinschaft liegen im Gegensatz zum Großhandel individuelle Vereinbarungen zugrunde: Die gemeinsame Produktion, der gemeinsame Einkauf von Strom oder Energie im Allgemeinen, oder die Kombination von Produzenten und Konsumenten mit einer gewissen netztopologischen Abdeckung. In ihrem Bericht defi-

Michael Merz, PONTON GmbH, Hamburg, Deutschland, e-mail: merz@ponton.de

https://doi.org/10.1515/9783110753585-018

niert die Deutsche Energie-Agentur GmbH (dena) eine Energiegemeinschaft als „[...] eine Gruppe individueller Akteure (Bürgerinnen und Bürger, Unternehmen, öffentliche Einrichtungen), die freiwillig bestimmte Regeln akzeptieren, um gemeinsam im Energiesektor zu agieren, um ein gemeinsames Ziel zu verfolgen." [1].

Aus der Kombination der gehandelten Energie und der Zusammensetzung ihrer Mitglieder lassen sich verschiedene Klassen von Energiegemeinschaften definieren, von denen im Zusammenhang dieses Beitrags nur solche interessieren, bei denen Handel zwischen den Teilnehmern stattfindet. Insbesondere steht hier die Klasse „Erzeuger-Verbrauchs-Gemeinschaften" im Vordergrund zur zertifizierten Beschaffung von Strom in einer geschlossenen Gruppe von Erzeugern und Verbrauchern auf Basis eines regionalen Energiemarktes.

Derartige Energiegemeinschaften definieren die Erneuerbare Energien Richtlinie RED II (Re-newable Energy Directive; EU) 2018/2001 und die Elektrizitätsbinnenmarktrichtlinie (EMD; EU) 2019/944 im Rahmen des Clean Energy Package der Europäischen Kommission. Hierbei werden Bürgerenergiegemeinschaften (BEG) und Erneuerbare Energiegemeinschaften (EEG) unterschieden. Erstere nehmen eine neue Rolle im Energiemarkt ein und können auch konventionelle Energiequellen wie z. B. KWK-Anlagen einschließen. Im Gegensatz dazu sind bei EEGs nur erneuerbare Energiequellen zulässig.

Diese EU-Richtlinien hatten einige Mitgliedsstaaten bereits Ende 2021 vollständig in ihre nationale Gesetzgebung umgesetzt, andere – so auch Deutschland – hatten zu diesem Zeitpunkt mit dem Umsetzungsprozess noch gar nicht begonnen. Gleichzeitig jedoch findet sich in allen Mitgliedsstaaten eine Vielzahl an Pilotprojekten, bei denen der lokale Handel unter mehr oder weniger realistischen Bedingungen ausprobiert wird.

In Deutschland sind dies mangels Smart Meter Rollout zumeist nur auf kleine Feldtests beschränkte Förderprojekte, die im Rahmen von Sandbox-Umgebungen[1] den lokalen Handel simulieren. Hierbei dienen Messdaten zur Abrechnung und zum Abgleich gehandelter Strommengen. Als ein Beispiel von vielen für Feldtests in der Sandbox ist hier das SINTEG-Projekt NEW 4.0 (vgl. [2]) zu erwähnen, bei dem Flexibilität auf unterschiedlichen Netzebenen und zwischen unterschiedlichen Nutzergruppen, von Haushalten bis zu Großverbrauchern, lokal in Norddeutschland gehandelt wird. Daher ist es heute interessanter, ins europäische Ausland zu schauen, wo dieser Teil der Energiewende bereits ein ganzes Stück weiter vorangeschritten ist.

1 Eine Sandbox ist ein abgeschlossenes Projektumfeld, das zum Experimentieren mit neuartigen Prozessen geschaffen wurde und das in Grenzen auch den aktuellen regulatorischen Rahmen außer Kraft setzt. Als gesetzliche Grundlage dafür wurde im Jahr 2016 §119, die sogenannte Experimentierklausel, in das Energiewirtschaftsgesetz (EnWG) aufgenommen, um bestimmten Projekten diese Abweichung zu ermöglichen.

Neben dem Begriff der Energiegemeinschaft ist zunächst auch der des lokalen Handels zu präzisieren: Im Gegensatz zum Intraday-Handel, der auf einem fest definierten Marktgebiet basiert, kann der lokale Handel hinsichtlich der regionalen Breite sehr stark schwanken. So steht am unteren Ende des Spektrums der Haushalt, bei dem Verbraucher um die lokale Erzeugung konkurrieren, und theoretisch am oberen Ende des Spektrums Energiegemeinschaften, die regelzonenübergreifend Energie handeln. Realistisch sind hierbei drei Abstufungen:

1. *Energiegemeinschaft hinter dem Zähler* („kollektiver Eigenverbrauch" bzw. „collective self-consumption", CSC): Hierbei greifen die nationalen gesetzlichen Regelungen wie z. B. zum Mieterstrom in Deutschland oder zu gemeinschaftlichen Erzeugungsanlagen in Österreich. Die Art der Versorgung mehrerer lokaler Parteien ist mehr oder weniger präzise geregelt. So sieht das österreichische Elektrizitätswirtschafts- und -organisationsgesetz (ElWOG) z. B. vor, dass die lokale Versorgung nach einem von zwei vorgegebenen Verfahren, der statischen versus der dynamischen Verrechnung, erfolgt. Handel im Sinne einer individuellen Preisvereinbarung zwischen den Teilnehmern kommt hierbei noch nicht zustande.
2. *Energiegemeinschaften innerhalb des Netzgebietes eines Verteilnetzbetreibers* (VNB): Hier besteht eine Vielzahl von technischen oder kommerziellen Ausgestaltungsmöglichkeiten: Beispielsweise kann die Energiegemeinschaft durch den VNB oder ein Energieversorgungsunternehmen (EVU) organisiert sein. Hierbei ist vorstellbar, dass für die gesamte Energiegemeinschaft ein Preis gilt, der z. B. im Tagesverlauf durch die Handelsplattform angepasst wird. Denkbar sind vor allem aber auch Möglichkeiten, Konditionen individuell zwischen Produzenten und Verbrauchern auszuhandeln. In dem einen Extremfall erfolgt diese Aushandlung einmalig für die gesamte Dauer der Lieferbeziehung, im anderen kann jeder viertelstündigen Lieferung ein individuelles Handelsgeschäft zugrunde liegen. Auf jeden Fall aber findet die Lieferung innerhalb des Netzgebiets eines VNBs statt, sodass die Verrechnung von Lieferungen durch eine Drittpartei erfolgen kann. Diese könnte ein Stadtwerk sein oder der Betreiber eines bundeslandweiten Hochspannungsnetzes, der auch Lieferungen untergeordneter Netzbetreiber abrechnet.
3. *Energiegemeinschaften, die sich auf Netzgebiete mehrerer VNBs erstrecken*: Prinzipiell gestalten sich hierbei Energiegemeinschaften in ihrem Handel sehr ähnlich denen innerhalb eines Verteilnetzgebietes, jedoch lassen sich Produktion und Verbrauch nicht mehr durch einen VNB konsolidieren. Es ist nun eine Verrechnung der übergreifenden Lieferungen erforderlich, sodass bilanziell sichergestellt werden kann, dass jeder erzeugten Kilowattstunde auch eine verbrauchte gegenübersteht. Hierzu haben österreichische VNBs ein Projekt zur verteilnetzübergreifenden Energiezuweisung initiiert, bei dem Funktionen zur Verwaltung von und zur Bilanzierung für übergreifende BEGs umgesetzt werden.

Unabhängig von der netztopologischen[2] Ausdehnung einer Energiegemeinschaft können der Handel und die Abrechnung sehr unterschiedlich erfolgen:

1. *Strombezug zu fest vereinbarten Konditionen*: Ein typisches Beispiel ist Vandebron (vgl. [3]), eine Energiegemeinschaft in den Niederlanden, die vom Organisator Vandebron seit 2016 betrieben wird. Teilnehmer sind Erzeuger Erneuerbarer Energie sowie Verbraucher. Vandebron vermittelt die Partizipation am Produktionsvolumen der Erzeuger an einzelne Verbraucher. So kann ein Verbraucher zu einem festen monatlichen Preis ein Kontingent der Erzeugung erwerben. Früher war eine Preisdifferenz einzelner Anbieter noch gegeben, heute jedoch bieten alle de facto zum gleichen Preis an. Hierbei könnte der Strombezug auch als Micro-PPA[3] bezeichnet werden, da sich beide Seiten einmalig auf die Lieferung (bis zur Kündigung) einer definierten Menge zu einem definierten Preis einigen. Dieser Kontrakt wie auch die Abrechnung der gelieferten Energiemengen kommt über Vandebron zustande. Da sich Vandebron auf die gesamten Niederlande erstreckt, ist die Verrechnung von Lieferungen und Zahlungen verteilnetzübergreifend.
2. *Gruppenspezifischer Strombezug innerhalb einer Energiegemeinschaft*: Hier können sich Teile der Energiegemeinschaft zusammenschließen und sich als Produzenten und Verbraucher auf einen Bezugspreis einigen. Dieser gilt, solange die Gruppe besteht. Übergreifende Funktionen wie Verwaltung der Mitglieder sowie die Abrechnung von Zahlungen geht über einzelne Gruppen hinaus und werden in der Regel durch einen Koordinator erbracht.
   Ein typisches Beispiel ist E-Fairteiler in Oberösterreich (vgl. [4]): Das Energieversorgungsunternehmen Energie AG betreibt über das Netzgebiet Oberösterreich hinaus eine Energiegemeinschaft, bei der sich teilnehmende Produzenten und Konsumenten zu sogenannten Stromgruppen zusammenschließen können. Eine Stromgruppe kann von einem Produzenten oder einen Konsumenten initiiert werden, sodass sich anschließend weitere Teilnehmer beider Seiten beteiligen können. Der Initiator der Gruppe setzt dabei einen Preis, den andere durch ihre Teilnahme akzeptieren. Jedes Mitglied kann sich an einer unbegrenzten Zahl an Stromgruppen beteiligen, wobei diese untereinander priorisiert sind und hinsichtlich der Bezugsmenge limitiert sein können.
   So ist beispielsweise denkbar, dass der Besitzer einer 10 kWp Photovoltaikanlage einen Teil seiner Überschussproduktion priorisiert an die Gruppe Familie zu ei-

2 Die Netztopologie stellt gegenüber der geografischen oder der organisatorischen Anordnung des Stromnetzes seine physischen Verbindungen in den Vordergrund. Dies umfasst z. B. Transformatoren, Leitungen und andere Netzressourcen über alle Spannungsebenen hinweg.

3 Power Purchasing Agreements (PPAs) sind längerfristig angelegte Stromlieferverträge zwischen Erzeugern und Verbrauchern. In der Regel handelt es sich bei den Energiemengen um Größenordnungen, die im Terminmarkt des Energiegroßhandels üblich sind. Micro-PPAs greifen die Idee des direkten Kontrahierens auf, jedoch für die erheblich kleineren Volumina innerhalb von Energiegemeinschaften.

nem Preis nahe bei Null abgibt, sodass Kinder und Eltern als Gruppenmitglieder versorgt sind. Des Weiteren ist er Mitglied der Stromgruppe Neuhofen-West, bei der Strom zu einem Preis von beispielsweise 8 Cent/kWh gehandelt wird. Sollte weiterer Strom produziert werden, dann kommt er wiederum der nächsten Gruppe in der Liste zugute. Dies könnte beispielsweise eine Stromspende an den Kindergarten oder den Fußballverein sein.

Auf Basis dieser Vereinbarungen, die sich täglich ändern können, und den täglich gemessenen Lastgängen bei Erzeugern und Verbrauchern ordnet ein Zuteilungslauf viertelstundengenau die Energielieferungen des Vortrages zu. Am Ende der Abrechnungsperiode finden Teilnehmer neben dem Betrag der Abschlagszahlung einen Korrekturbetrag, der sich aus den aggregierten Einnahmen bzw. Strombezügen errechnet. Für einen Verbraucher führt dies zu einer Reduktion der monatlichen Stromkosten, für einen Erzeuger zu einer Erhöhung der Einnahmen, da der vereinbarte Strompreis –außer im Falle von Spenden – in der Regel die in Österreich sehr niedrige Einspeisevergütung übersteigt.

3. *Vorab-Handel von Energielieferungen*: Während in den oben genannten Varianten lediglich Bezugskonditionen a priori vereinbart werden und die Abrechnung bilanziell nach Lieferung erfolgt, erfolgt der Handel – wie beim Intraday-Markt – vor Lieferung. Das heißt, jede Einzellieferung, auch wenn sie sich auf eine Viertelstunde bezieht, basiert auf einem individuellen Handelsereignis oder Trade. Nur diese Form des Handels ermöglicht eine Reaktion der Energiegemeinschaft auf Netzzustände wie z. B. Engpässe.

   Denkbar ist der Handel der üblichen Spotprodukte, z. B. day-ahead, Intraday-Stunden oder Intraday-Viertelstunden, und dies rollierend für die nachfolgenden 24 Stunden – nur mit einem lokalen Preis, der innerhalb der Energiegemeinschaft gilt. Unter der Annahme, dass der Vorabhandel wie beim Intraday-Markt seine aktivste Phase kurz vor dem Erbringungsintervall hat, soll er im Folgenden auch als Echtzeithandel bezeichnet werden. Auf diese Weise kann die Energiegemeinschaft zu einem netzdienlichen Instrument werden, das bei der Vermeidung oder Reduktion von Netzengpässen dienlich sein kann. Die Energiegemeinschaft basiert also zunächst auf dem freien Spiel der Marktkräfte, sie kann aber auch durch Preissignale in Richtung eines erforderlichen, aggregierten Verhaltens motiviert werden.

   Schließlich kann der Echtzeithandel unterschiedlichen Zwecken dienen: Er kann der Verwendung von Flexibilität dienen, wobei Verbraucher oder Erzeuger ihre externe Leistung bzw. Last anpassen,[4] oder er deckt die gesamte Überschussproduktion bzw. den Nettobezug ab. Im ersten Fall ist der Normalfall bei kleineren Anlagen, dass ein Restlastanbieter die Produktion gegen eine Einspeisevergütung

4 Dieser Zusammenhang gilt auch für dargebotsabhängige Anlagen durch Verwendung lokaler Speicher.

abnimmt. Nur die als Flexibilität markierte Energie fließt dabei in den lokalen Handel. Im zweiten Fall muss jede erzeugte oder verbrauchte kWh auf dem Markt gehandelt werden – der Restlastanbieter dient umgekehrt als preislich sehr ungünstiger Helfer in der Not für den Teil der Produktion bzw. des Verbrauchs, der nicht durch den Echtzeithandel abgedeckt werden kann. Den Extrempunkt auf der Skala stellt das Transactive Grid dar, bei dem keine Sicherheit durch Lieferanten mehr existiert, sondern zu jedem Zeitpunkt die gesamte erzeugte und verbrauchte Energie per Echtzeithandel allokiert wird. Restlastanbieter haben quasi den Status eines Marktteilnehmers.

Eines von vielen Beispielen ist das SINTEG-Projekt NEW 4.0, bei dem eine Handelsplattform für lokale Flexibilität neben einem ökonomischen Mehrwert auch netzdienliches Verhalten ermöglicht: So besteht ein Anwendungsfall im Weiterverkauf ungenutzten Strombezugs zwischen industriellen Großkunden. Man denke hier beispielsweise an einen Kupferproduzenten, bei dem das Hochfahren des Schmelzofens nicht präzise planbar ist. Insofern erfordert das verspätete Hoch- und Runterfahren in erheblichem Maße Ausgleichsenergie. Die Lösung liegt hier in einem lokalen Flexibilitätsmarktplatz, der es z. B. einem Aluminiumproduzenten ermöglicht, die ungenutzte Energie kurzfristig zu beziehen und durch seine lastseitige Flexibilität das Volumen der Ausgleichsenergie binnen kurzer Zeit zu reduzieren. Selbst bei einem Preis von Null (z. B. für 10 Minuten à 20 MW) ergibt sich hier eine Win-Win-Situation für beide Seiten.

18.2 Wie dezentral ist der Peer-to-Peer-Handel?

Häufig wird der Begriff des Peer-to-Peer-Handels verwendet wenn man sich auf Energiegemeinschaften bezieht, bei denen Lieferungen durch den Echtzeithandel zwischen Teilnehmern zustande kommen. Dabei wird maximale Dezentralisierung aller Aspekte des Handels suggeriert. Der Begriff der Dezentralisierung verwirrt hier, bezieht er sich doch auf ganz unterschiedliche Aspekte einer Energiegemeinschaft:

- Zunehmend dezentral ist die Erzeugung Erneuerbarer Energien, da dies nicht mehr durch Großkraftwerke erfolgt. Insofern verlagert sich die Produktion in die Verteilnetze und hier bis in die Ortsnetzebene. Gleiches gilt für die Verbraucher.
- Dennoch kann ein zentraler Intermediär ins Spiel kommen, der Energielieferungen der Erzeuger ankauft und den Verbrauchern verkauft. Auch wenn die Preisfindung im Handel möglicherweise dezentral erfolgt, kann es sinnvoll sein, dass eine Vertragsbeziehung zwischen jedem Marktteilnehmer und dem Intermediär vorliegt und dieser am Ende auch die Zahlungsabwicklung sowie die Bewirtschaftung eines Bilanzkreises vornimmt. Ansonsten müssten im Zweifel alle Teilnehmer bilaterale Vertragsbeziehungen eingehen. Der zentrale Intermediär

könnte hierbei eine Marktrolle als Repräsentant bzw. Betreiber einer Energiegemeinschaft einnehmen.

- Selbst wenn Transaktionen bilateral zustande kommen und abgerechnet werden würden, kann dies durch eine technische Plattform unterstützt werden. Hierbei mag zwar ein direktes Vertragsverhältnis zwischen Produzent und Konsument bestehen, aber beide benutzen gemeinsam die Plattform, da diese zumeist stark reduzierte Transaktionskosten ermöglicht. Am Ende lässt es sich jedoch wohl nicht vermeiden, dass eine effiziente Verrechnung von Liefermengen durch eine Drittpartei vorgenommen werden muss.
- Für viele besteht ein angemessener Ansatz immer noch in der Nutzung dezentraler Technologien wie z. B. der Blockchain-Technologie oder auch IOTA (vgl. [5]), um die Dezentralität der Produktion durch eine maximale technische Dezentralität zu reflektieren. Dies hat sich aus verschiedenen Gründen jedoch als schwierig herausgestellt: Zum einen ergibt die Nutzung der Blockchain nur dann Sinn, wenn weder unter den Parteien noch gegenüber einer dritten Instanz gegenseitiges Vertrauen existiert. In der energiewirtschaftlichen Praxis hat sich jedoch die Vertrauenswürdigkeit Dritter – wie z. B. von Netzbetreibern – durchaus bewährt. Zum anderen hat sich der technische Aufwand, Blockchains bei Industrieprozessen einzusetzen, über die letzten Jahre nicht bewährt. Häufig ist die Technologie schwer zu beherrschen, sodass von Prozessteilnehmern (hier also von Teilnehmern am lokalen Energiehandel) zu viel Know-how verlangt wird. Zudem sind die dezentralen Knoten der Blockchain auch dezentral zu betreiben und softwaretechnisch zu pflegen, was de facto in den meisten Blockchain-Projekten jedoch durch einen (zentralen) Dienstleister durchgeführt wird. Und schließlich laufen Daten dann wieder zentral zusammen, wenn es eine zentrale Marktrolle erfordert, z. B. beim Bilanzkreismanagement.
  Dennoch sollte diesen dezentralen Technologien Zeit gelassen werden, sich auch im industriellen Umfeld weiterzuentwickeln und zu stabilisieren.

Angesichts der Kleinteiligkeit von Flexibilitätstransaktionen und erst recht beim Transactive Grid ist es umso wichtiger, Trades des lokalen Handels bei minimalen Transaktionskosten abzuwickeln. Folglich werden sich in den kommenden Jahren sicherlich eine Vielzahl von Systemen zur Koordination von Energiegemeinschaften entwickeln, welche Funktionen wie Mitgliederverwaltung, Marktplatz, Clearing, Zahlungsabwicklung, Bilanzkreismanagement und Reporting umfassen.

18.3 Customer Consent Management

In diesem Zusammenhang sollte das Augenmerk auch auf Funktionen gelegt werden, mit denen sich in Deutschland noch kaum ein Akteur beschäftigt: Da Privatpersonen bei Energiegemeinschaften sowohl auf der Erzeuger- als auch auf der Verbraucherseite stehen, lassen sich deren Daten nicht ohne Weiteres verarbeiten. Einige EU-Mitgliedsländer befassen sich daher bereits mit dem Thema Customer Consent Management (CCM), bei dem die Weitergabe privater Daten wie beispielsweise von Lastgängen durch den Anschlussnetzbetreiber (ANB) bzw. Messstellenbetreiber nur dann erfolgen kann, wenn die betroffene Person diesem zustimmt. Da solche Einwilligungstransaktionen häufig zu erwarten sind, ist es sinnvoll, diese datenschutzrelevanten Prozesse zu standardisieren.

Auch hier ist Österreich bereits mit dem CCM-Standard (vgl. [6]) vorangeschritten: Wenn ein Energiedienstleister, dabei könnte es sich beispielsweise um einen Betreiber einer Energiegemeinschaft handeln, Teilnehmerdaten vom Messstellenbetreiber benötigt, dann läuft hierzu ein den Regelungen der Datenschutz-Grundverordnung (DSGVO) konformer Prozess ab, bei dem der Teilnehmer dem Messstellebetreiber bestätigt, welche Daten für welchen Zweck und für welchen Zeitraum an welchen Empfänger herausgegeben werden dürfen. Dies lässt anschließend auch die Nutzung von Echtzeitdaten zu, sodass der zentrale Koordinator einer Energiegemeinschaft beispielsweise Messdaten in kurzer Taktung abrufen kann. Auch die Delegation von Handelsaktivitäten an einen Aggregator lässt sich für den Echtzeithandel auf diese Weise DSGVO-konform durchführen.

Natürlich geht der CCM-Standard über den Rahmen von Energiegemeinschaften hinaus – anwendbar ist er auch für Services zur Smart-Home-Steuerung oder auch zur Verbrauchsoptimierung. CCM ist somit ein wichtiger Baustein, auf den Plattformen für das Management von Energiegemeinschaften aufsetzen.

18.4 Eine Weltformel für die Energiemärkte?

Der lokale Handel innerhalb von Energiegemeinschaften – wenn er in Echtzeit erfolgt – interagiert mit verschiedenen weiteren Echtzeitmärkten, wobei diese alle miteinander im Konflikt stehen können:

- Der Intraday-Markt ist sicherlich noch für viele Jahre der Markt mit dem größten Handelsvolumen und der größten Liquidität. Akteure versuchen auf diesem Markt Bilanzkreisabweichungen zu korrigieren, wenn kurzfristig zu erkennen ist, dass Erzeugung oder Verbrauch physisch von den zuvor gehandelten Mengen abweicht. Die Gebotszone ist in der Regel national, außerhalb Deutschlands in der Regel auch deckungsgleich mit der Regelzone eines nationalen ÜNB. Heute findet der Handel ohne Kennung der Angebote durch ihre Netzlokation statt. Ein Verkaufsorder kann theoretisch durch Kauforder aus jeder beliebigen Netzlokation befriedigt werden. Insofern ist der Intraday-Markt Engpass-agnostisch, da bei seinen Transaktionen ignoriert wird, ob angesichts reduzierter verfügbarer Netzkapazitäten der sich ergebende Fluss noch physisch stattfinden kann. Der Intraday-

Markt basiert also auf der Annahme einer zugrundeliegenden Kupferplatte,[5] bei der es in keiner Richtung Liefereinschränkungen gibt.

- Neben dem Intraday-Markt existiert heute der Markt für Regelenergie. Hier ist das Ziel des ÜNB, die Netzfrequenz innerhalb eines Toleranzkorridors zu halten. Wird die Last im Netz zu groß, reduziert sich die Frequenz, sodass zusätzliche Erzeugung aktiviert werden muss. Umgekehrt wird einer sich erhöhenden Frequenz durch Reduktion der Erzeugung oder Erhöhung der Last begegnet. Auch Transaktionen auf diesem Markt sind heute Engpass-agnostisch, da die Bezuschlagung durch den TSO auf Basis des Preises, nicht aber unter Berücksichtigung der Engpasssituation erfolgt, die sich aus einer Aktivierung ergeben kann.
- Der Flexibilitätsmarkt dient der Reduzierung von Netzengpässen, das Interesse der Netzbetreiber – ÜNB und VNB geleichermaßen – ist hier kurzfristig durch Anpassung von lokaler Erzeugung oder Last so gegenzusteuern, dass Engpässe reduziert werden. Der Flexibilitätsmarkt läuft folglich dem klassischen Energiehandel nach. Wenn letzterer nicht Engpässe bewirkt, dann ist auch Flexibilität nicht erforderlich, um sie anschließend wieder zu reduzieren. Durch die gegebene Netzlokation eines Engpasses muss das Engpassmanagement naturgemäß die Netztopologie berücksichtigen. Erzeugung und Verbrauch werden hier so aktiviert, dass sich der Fluss entlang der Engpassrichtung reduziert – z. B. durch das Veranlassen von Flüssen, die dem Engpass entgegenwirken. Da das Anreizsystem des Engpassmanagements auch auf untere Spannungsebenen ausgerichtet ist, sind auch die sich ergebenden Preise lokaler Natur. Folglich weicht der Preis für nachgefragte Flexibilität von dem des Intraday-Markts ab. Von den Marktteilnehmern erfordert der Flexibilitätsmarkt zudem ein "location tagging" ihrer Angebote, das heißt, auch ein aggregierendes Angebot muss lokationsscharf sein für den netztopologischen Standort der liefernden oder verbrauchenden Anlage.
- Schließlich bilden lokale Märkte der Energiegemeinschaften eine vierte Kraft, die allerdings bislang noch keine Signifikanz hat, über die nächsten Jahre jedoch einen Teil des Handelsvolumens von den Intraday-Märkten beziehungsweise dem Großhandel allgemein übernehmen dürfte. Das Ziel eines lokalen Marktes ist unter anderem auch, Last von den höheren Netzebenen zu nehmen, indem sich Erzeugung und Verbrauch in den unteren langfristig angleichen. Insofern wird der lokale Handel häufig befördert durch reduzierte Netzentgelte, wie es in Österreich im Rahmen der ElWOG-Novelle in 2021 erfolgte (vgl. [7]). Wenn dieses Anreizsystem richtig ausgerichtet ist, dann führen lokale Märkte zur Entlastung der Hoch- und Höchstspannungsebene sowie zu einer erhöhten Resilienz der Stromnetze im Allgemeinen. Angesichts der Netzausbaupläne in Europa ist es jedoch angezeigt,

---

5 Bei der Idealvorstellung einer sogenannten Kupferplatte wird ein Gebiet oder ganzes Land, wie z. B. Deutschland, idealtypisch als eine Art supraleitende Struktur ohne physikalische Beschränkungen wie Transportengpässe bei elektrischer Energie unterstellt.

dass sich auch lokale Märkte netzdienlich verhalten, sodass mittelfristig nur solche bestehen werden, die auf Echtzeithandel basieren. Lokale Echtzeitmärkte lassen sich durch Preisanreize des Netzbetreibers oder auch des Koordinators einer Energiegemeinschaft in gewissen Grenzen zu netzdienlichem Verhalten bewegen.

Im Konzert dieser vier Märkte ist die Kunst des Marktdesigns, einen solchen Ausgleich so zu finden, dass sie miteinander harmonieren: Intraday-Handel und der Markt für Regelenergie dürfen nicht mehr die Physik der Netze ignorieren, andererseits ist es politisch nicht gewünscht, dass sich der Preis für Energie nur noch an lokalen Knoten ergibt (Nodal Pricing). Ähnlich der Weltformel in der Physik erfordert es hier eine Marktformel, diee die Anforderungen nach Bilanzausgleich, Frequenzhaltung, Engpassvermeidung und höherer Resilienz befriedigt. Nachfolgend soll daher der lokale Handel als Element eines übergreifenden Marktmodells verstanden werden, bei dem Netzdienlichkeit und die Transaktionsfreiheit des Intradayhandels harmonisiert sind.

18.5 Netzdienlicher Kurzfristhandel

Unter der Annahme einer dezentralen, erneuerbaren Erzeugung von jährlich 600 TWh allein in Deutschland im Jahr 2030 entsprechend dem Osterpaket 2022 (vgl. [8]) und der dann etwa 15 Mio. Elektroautos kann man nicht mehr die heutigen top-down-Lastflüsse in den Stromnetzen zu Grunde legen. Wenn die Allokation neuer Erzeuger und Verbraucher harmonisch erfolgt, dann ist eine Tendenz zu erwarten, dass sich Erzeugung und Verbrauch lokal, zumindest aber innerhalb der meisten Verteilnetzgebiete, ausgleichen.

Dennoch kann die erhöhte Volatilität auf beiden Seiten zu Schwankungen führen, die ein kurzfristiges Eingreifen in den Preisbildungsprozess am Markt erfordern. Insofern soll im Folgenden ein Marktdesign vorgestellt werden, welches den Intraday-Handel und den lokalen Handel so miteinander verschmilzt, dass die Notwendigkeit für einen Flexibilitätsmarkt nicht mehr gegeben ist – zumindest nicht mehr in dem heute erwarteten Volumen (vgl. [9]). Möglicherweise lässt sich auch der Regelenergiemarkt integrieren, sodass wir uns einen Schritt an die oben genannte Idee der Weltformel für die Energiemärkte annähern.

Beim netzdienlichen Kurzfristhandel wird zunächst von einem engpassfreien Netzzustand ausgegangen. Dabei können Transaktionen wie auch heute schon auf dem Intraday-Markt zustande kommen, ohne dass es zu lokalisierten Preisen kommt. Wenn zusätzlich der lokale Handel gefördert werden soll, ist es jedoch denkbar, dass durch reduzierte Netzentgelte in den unteren Spannungsebenen der Strompreis für Verbraucher vergünstigt wird. Das österreichische ElWOG sieht hier für EEG im Orts- oder Mittelspannungsnetz ein Kostenreduktion von bis zu 64 % des Netzentgelts vor, dies entspricht bis zu 4 Cent pro Kilowattstunde bei einem Bruttopreis, der häufig nur bei 20 Cent liegt (vgl. [7]). Entsprechend lassen sich in einem passenden Netzmodell Preisgewichte vorsehen, die den Handel in den unteren und mittleren Netzebenen begünstigen.

Wenn man dieses Prinzip verallgemeinert, dann kann man entsprechend Abbildung 18.1 anhand von Netzknoten auf allen Spannungsebenen Preisgewichte einführen, sodass – abhängig von der Gewichtsverteilung – eine Anreizverschiebung hin zum lokalen Handel entsteht. Dabei ist sicherzustellen, dass die Lieferroute, die sich aus einer Handelstransaktion ergibt, den Angebotspreis um die Summe der Gewichte hin zum Nachfrager erhöht. In Abbildung 18.1 liegen diese Gewichte bei 10 EUR/MWh bzw. 1 Cent/kWh. Auf kurzen, regionalen Strecken häufen sich diese ortsabhängigen Netzentgelte auf 20–30 EUR an, während Lieferungen über lange netztopologische Strecken eher bei 60–80 EUR oder mehr liegen. Grob entspricht dies dem Preisgefüge des heutigen ElWOG.

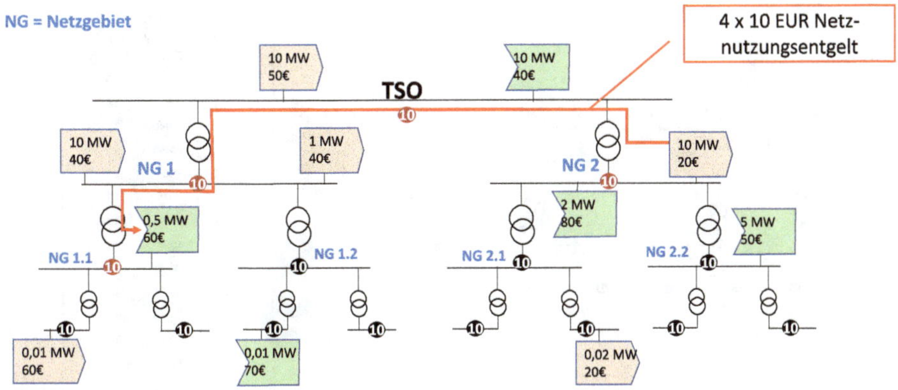

Abb. 18.1: Streckenabhängige Netzentgelte helfen, den Handel zu regionalisieren (eigene Grafik des Verfassers).

Der lokale Handel funktioniert nun etwas anders als der bisher gewohnte Intraday-Markt: Anstelle der globalen Preisspanne im Orderbuch, die für alle Teilnehmer gemeinsam sichtbar ist, nimmt jeder Marktteilnehmer den Preis der anderen Teilnehmer subjektiv aus der Perspektive seiner Netzlokation wahr. Ein Anbieter, der für 60 EUR/MWh liefern würde, stellt sich einem Nachfrager, der zwei Preisgewichte entfernt sitzt, mit einem Preis von 80 EUR/MWh dar. Aus der Perspektive des Nachfragers sind natürlich lokale Anbieter aus derselben Netzlokation begünstigt. Es ist Sache der Netzbetreiber, hier eine faire, ausgeglichene Gewichtung der dezentralen Netzentgelte zu finden, die einerseits die Kollokation von Erzeugung und Verbrauch fördern, andererseits jedoch Lieferungen über weite Strecken nicht kommerziell verunmöglichen. So wäre es z. B. möglich, dass entsprechend Abbildung 18.1 (roter Pfeil) ein sehr günstiger, entfernter Anbieter rechts im Bild einen Verbraucher links kommerziell tragfähig beliefern kann, obwohl diese Lieferung mit vier Preisgewichten belastet ist.

Die Maßnahme der Preisgewichte hilft, strategisch die Allokation von Anlagen so zu optimieren, dass Netzengpässe auf höheren Ebenen vermieden werden. „Strategisch" bedeutet hier jedoch eine Perspektive von 5 bis 10 Jahren. Kurzfristig gibt es jedoch Engpasssituationen, denen situativ begegnet werden muss. Diese lassen sich beim netzdienlichen Kurzfristhandel mit gleichen Mitteln adressieren: Anstelle die Preisgewichte gleichmäßig zu verteilen, verstärken sich über die Zeit dort die Preisgewichte, wo ein Engpass prognostiziert wird. Da Engpässe eine Richtung besitzen, lässt sich umgekehrt die Lieferung gegen den Engpass durch negative Preisgewichte anreizen. Abbildung 18.2 zeigt hierzu die Möglichkeit, Engpässe anhand der Preisgewichte zu modellieren. Wiederum ist es erforderlich, dass für jeden Teilnehmer anhand der Lieferroute ausgerechnet wird, welchen Preis er einschließlich des Netzentgelts zu zahlen hat beziehungsweise erhält.

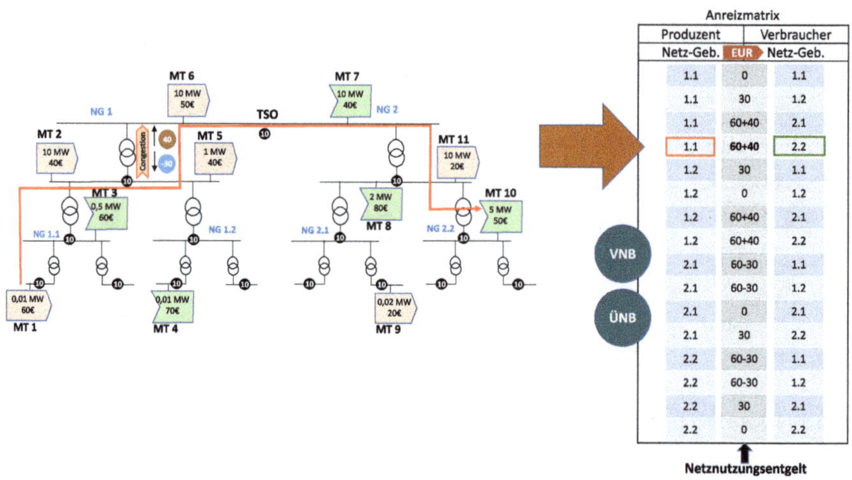

Abb. 18.2: Modellierung eines Engpasses im Rahmen streckenabhängiger Netzentgelte (eigene Grafik des Verfassers).

Der Vorteil des netzdienlichen Kurzfristhandels liegt in der Verschmelzung des Intraday-Handels mit dem Engpassmanagement: Dadurch, dass nicht zuerst Engpässe im Kupferplatten-Modus verstärkt werden, um anschließend im kurativen Modus des Engpassmanagement wieder geheilt zu werden, entfallen diese zwei Marktphasen. Ein Marktteilnehmer muss sich anhand der gegebenen Preissituation entscheiden, ob er Transaktionen ausführen will oder nicht. Die Möglichkeit zum häufig befürchtete Gaming des Marktes entfällt ebenfalls – also z. B. die Erhöhung des Verbrauchs im Intraday-Modus verbunden mit der Bereitschaft, auf dem Flexibilitätsmarkt anzubieten, um den Arbeitspunkt anschließend wieder zu reduzieren.

Die Kunst dieses Marktmodells liegt in der Transformation der Engpassprognosen der Netzbetreiber, die durch physische Kennzahlen ausgedrückt sind, in eine individualisierte Preiskorrektur, die abhängig ist von der Lieferroute. Diese Transformation ist in Abbildung 18.2 als Anreizmatrix dargestellt, die für jede produzentenseitige und jede konsumentenseitige Netzlokation einen Kapazitätspreis liefert.

Eine Energiegemeinschaft, die sich regional auf ein Teilnetz erstreckt, kann in den netzdienlichen Kurzfristhandel eingebettet werden. Zum einen partizipiert sie ohnehin an den reduzierten Netzentgelten der Lieferung auf kurzer Strecke, zum anderen hat sich jedoch auch auf engpassgetriebene Preissignale zu reagieren. Wenn also beispielsweise in einer Wohngegend zum Abend hin die Last durch das Laden von Elektroautos steigt, dann hat dies zwei Folgen:

- Erstens ist die erforderliche Energie aus größerer Entfernung zu beziehen, sodass sie sich über die größere Anzahl an Preisgewichten verteuert, und
- zweitens kann es sein, dass beispielweise der Ortsnetztransformator an seine Kapazitätsgrenze gerät. Dies führt seitens des Netzbetreibers zu einer zusätzlichen Bepreisung von Lieferungen aus höheren Netzebenen in dieses Ortsnetz hinein, wodurch lokale Marktakteure den Anreiz erhalten, auf andere Zeitintervalle zum Laden auszuweichen.

Insgesamt führt dieser netzdienliche Handel zu einem Ausgleich von Angebot und Nachfrage, wobei der Preis Ausdruck der individuellen Position zum Engpass ist.

Ferner wird angenommen, dass Marktakteure automatisch handeln. Dies dürfte für ein Szenario im Jahr 2030 sehr realistisch sein, denn bereits heute sind über 300 Bots[6] am Intraday-Markt EPEX Spot präsent. Gleichzeitig kann davon ausgegangen werden, dass die Handelslogiken der Marktakteure eher einfachen Mustern folgen: „Lade die Batterie auch bei Preisen zwischen 20 und 30 Cent auf bis zu 25 %, lade sie danach nur noch weiter bei Preisen unter 20 Cent. Lade bei Preisen über 30 Cent nur mit einer Last von 1 kW“.

Wie lässt sich nun der netzdienliche Handel in Form einer Plattform operationalisieren? Hierzu sind vier Schritte erforderlich (vgl. dazu auch Abbildung 18.3):

1. Netzbetreiber ermitteln im Rahmen ihres Intraday Congestion Forecast Prozesses (IDCF[7]), an welchen Stellen im Netz Engpässe über den Verlauf der nachfolgenden 24 Stunden zu erwarten sind. Diese Daten werden der Engpass Management Plattform (EMP) zur Verfügung gestellt.

6 Ein Bot ist – in Anlehnung an Robot – ein softwaretechnischer Automatismus, der als Akteur am Markt nahezu selbständig handelt.

7 Dieser Prozess zur Vorhersage von Netzengpässen findet täglich statt, um Netzbetreiber und Marktakteure zu informieren, an welchen Koppelpunkten zwischen den europäischen Übertragungsnetzen Engpässe zu erwarten sind. Für die Zukunft ist zu erwarten, dass auch Engpassvorhersagen in den Verteilnetzen in diesen Prozess einbezogen werden.

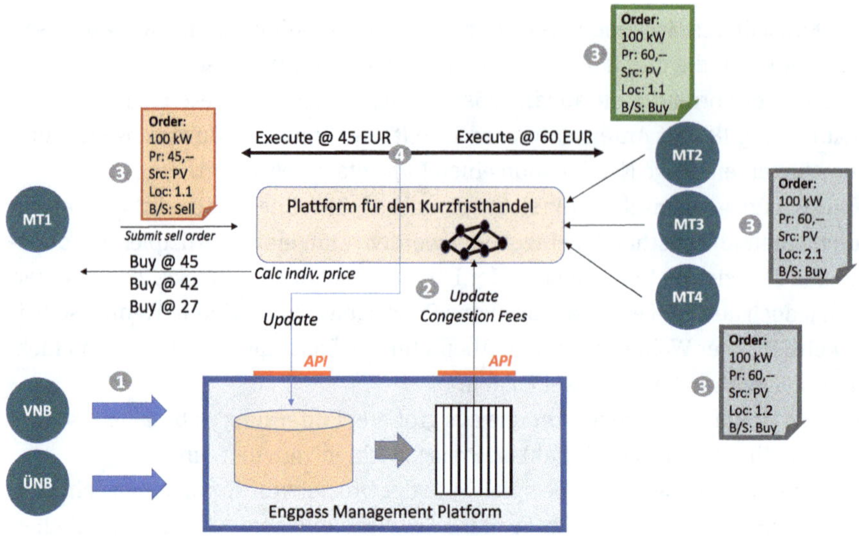

Abb. 18.3: Systemarchitektur für den netzdienlichen Handel (eigene Grafik des Verfassers).

2. Anschließend erfolgt seitens der EMP eine Transformation in streckenbasierte Preissignale, die wiederum in Form einer Anreizmatrix an die angeschlossenen Marktplätze übertragen wird.
3. Ein Marktplatz nimmt Order für Stromlieferungen von der Anbieter- und Nachfrageseite entgegen und zeigt diese den restlichen Teilnehmern mit der betreffenden Preisverzerrung an. So stellen sich beispielsweise die drei Kauforders auf der rechten Seite in Abbildung 18.3 beim Produzenten links zu ganz unterschiedlichen Preisen dar: Alle bieten an, für 60 EUR/MWh zu kaufen, aber die Nachfragepreise der Marktteilnehmer 2, 3 und 4 erscheinen beim Marktteilnehmer 1 mit Preisen von 45, 42 und 27 EUR/MWh, da sie aus den unterschiedlichen Netzlokationen 1.1, 2.1 und 1.2 stammen.
4. Mit der Ausführung eines Trades benachrichtigt die Marktplattform nicht nur die beiden Marktteilnehmer, sondern auch die EMP mit einer sogenannten Trade Notification. Die EMP wird diese Information zeitnah berücksichtigen, um sie beim nächsten Berechnungslauf in die Anreizmatrix einfließen zu lassen.

Abschließend soll kurz auf die Frage eingegangen werden, ob es sich beim netzdienlichen Handel um Nodal Pricing handelt: Hierbei ist die Preisbildung auf eine physische Netzressource wie einem Ortsnetztransformator etc. oder einen virtuellen Netzknoten bezogen und kann daher auch von den Preisen an anderen Knoten abweichen. Dies weicht vom in Europa vorherrschenden Zonal Pricing ab, bei dem gebotszonenweit der gleiche Preis gilt. Die Gebotszone entspricht dabei zumeist der nationalen Grenze. Vom Nodal Pricing verspricht man sich durch lokale Preissignale einen Ausgleich von Engpasssituationen dadurch, dass sich Anlagenbetreiber dort ansiedeln, wo mehr Erzeugung oder Verbrauch attraktiv ist. Vom Zonal Pricing hingegen verspricht man sich höhere Marktliquidität und Fairness durch die preisliche Gleichbehandlung in allen Regionen.

Der netzdienliche Kurzfristhandel nimmt hier eine Zwitterfunktion ein: Zum einen entspricht er dem zonalen Handel, wenn keine Engpässe vorliegen und die Preisgewichte keine regionale Diskriminierung vorsehen. In dieser Situation ist auch die Marktliquidität entsprechend hoch. Nur in Engpasssituationen oder wenn bewusst eine regionale Differenzierung erfolgen soll, zerfällt die Gebotszone in kleinere Preisregionen. Dennoch bleibt die Möglichkeit erhalten, gebotszonenweit zu handeln, solange noch verfügbare Kapazitäten vorhanden sind – nur eben zu erhöhten Preisen.

Ein weiterer Unterschied besteht darin, dass der netzdienliche Handel auch die Richtung eines Engpasses berücksichtigt: Von Netzgebiet 1.1 nach 2.1 mag der Preiszuschlag bei 60 EUR/MWh liegen, während er bei der Strecke 2.1 nach 1.2 bei –20 EUR/MWh liegt. Die Preisbildung beim netzdienlichen Handel könnte also auch als streckenbasiert bezeichnet werden. Das Kapitel vom Scheidt führt vertieft in die verschiedenen Marktmodelle ein.

18.6 Ausblick

Die Themen Energiegemeinschaften und lokaler Handel werden uns noch über die nächsten Jahre beschäftigen – zunächst bei der Erstellung des regulatorischen Rahmens, dann bei der Festlegung von Standards für Rollen, Regeln, Prozesse und Datenformate, und schließlich beim Handelsgeschehen selbst, das sich vermutlich weit vom dem entfernen wird, was wir heute als Energiegroßhandel bezeichnen. Letzterer wird sicherlich nicht aussterben, aber die Anforderungen der Zukunft liegen bei der Regionalisierung und Kurzfristigkeit des Handels.

Die Netzdienlichkeit des Handels wird auf die eine oder andere Weise eine gewichtige Rolle spielen, sodass in bestimmten Situationen eher physische Anforderungen auf den Handel wirken und in anderen der Markt die Lastflüsse in den Netzen bestimmt. Auf jeden Fall lassen sich Netze und Märkte in Zukunft nicht mehr getrennt entwerfen.

Und wenn man schließlich die Verzögerungen bei der Umsetzung der Energiewende über die letzten Jahre in Betracht zieht, dann ist es zweifelhaft, ob etwa die Ziele des Osterpakets 2022 tatsächlich bis 2030 erreichbar sind – wenn beim Marktdesign nicht ein konsequenter Wechsel vorgenommen wird. Man muss sich daher fragen, welcher Pfad der richtige ist, wenn man die angestrebten Ziele zeitnah erreichen will: Soll das bestehende System „Intraday-Handel auf Kupferplatte plus nachträgliches, kuratives Engpassmanagement“ beibehalten und eventuell durch kleine Schritte optimiert werden, oder ist es möglicherweise effizienter, einen größeren Schritt in eine „Welt B“ zu wagen? Bei letzterem ist es sicherlich wichtig, Transitionspfade für die unterschiedlichen alten und neuen Marktrollen zu bieten.

Es hängt vom Willen zur Veränderung ab bei den Teilnehmern an energiewirtschaftlichen Prozessen und vom Mut – auch der Regulatoren – einen größeren Sprung bei der Anpassung des Marktmodells zu machen, sodass physische Anforderungen der Netzwelt und ökonomische Anforderungen des Handels harmonisiert werden können.

Literaturverzeichnis

[1] Deutsche Energie-Agentur GmbH (dena Analyse) (2022). Energy Communities – Beschleuniger der dezentralen Energie-wende. https://future-energy-lab.de/fileadmin/dena/Publikationen/PDFs/2022/dena-ANALYSE_Energy_Communities_Beschleuniger_der_dezentralen_Energiewende.pdf. Zugegriffen am: 22.04.2022.

[2] Website des Projekts NEW 4.0. https://www.new4-0.de/. NEW 4.0 – Norddeutsche EnergieWende, Hamburg. Zugegriffen am: 17.07.2022.

[3] Website des Dienstleiters Vandebron. https://vandebron.nl/. Zugegriffen am: 22.04.2022.

[4] https://www.energieag.at/LandingPages/E-Fairteiler. Zugegriffen am: 22.04.2022.

[5] Merz, M. (2019). Blockchain im B2B-Einsatz. Hamburg: MM Publishing.

[6] EDA-Konsortium (2022). Customer Consent Management. https://ebutilities.at/utilities/prozesse/kategorien/detail.php?ProcessCategoryID=14&ReturnTo=%2Futilities%2Fprozesse%2Fkategorien%2F. Zugegriffen am: 22.04.2022.

[7] Novelle des österreichischem Elektrizitätswirtschafts- und -organisationsgesetzes (ElWOG) (2021). https://www.ris.bka.gv.at/Dokumente/BgblAuth/BGBLA_2021_II_438/BGBLA_2021_II_438.pdfsig. Zugegriffen am: 22.04.2022.

[8] Bundesministerium für Wirtschaft und Klimaschutz (2022). Überblickspapier Osterpaket. Berlin: Bundesministerium für Wirtschaft und Klimaschutz, 06. April 2022. https://www.bmwk.de/Redaktion/DE/Downloads/Energie/0406_ueberblickspapier_osterpaket.pdf?__blob=publicationFile. Zugegriffen am: 22.04.2022.

[9] Merz, M. (2022). Thoughts on a grid-supportive Market Model. https://www.ponton.de/downloads/mm/WhitePaper2022-GridSupportiveMarketModel.pdf. Zugegriffen am: 22.04.2022.

Kurzvita

Dr. Michael Merz kann auf über 35 Jahre IT-Erfahrung zurückblicken. Er hat Informatik und Wirtschaftswissenschaften studiert und an der Universität Hamburg am Fachbereich Informatik promoviert. Er ist Gründer und seit über 20 Jahren Geschäftsführer der PONTON GmbH und hat sich über die letzten 15 Jahre mit europaweiten Beratungs- und Entwicklungsprojekten im Bereich der Energiewirtschaft beschäftigt. Michael Merz hat bei der Entwicklung von Branchenstandards und Plattformen mitgewirkt, deren Einsatz vom europäischen OTC-Energiehandel über das Clearing börslicher Energiehandelstransaktionen bis zur Schaffung einer standardisierten Datenaustauschinfrastruktur für die österreichische Marktkommunikation reicht. Zudem ist Michael Merz als Berater und Buchautor in Themengebieten aktiv, in denen sich IT und Energie berühren.

Stephan Bowe und Tatiana Demeusy

19 Nachweismethoden für erneuerbaren Strom – von Herkunftsnachweisen über PPA zu strombasierten Kraftstoffen

Zusammenfassung: Herkunftsnachweise (Englisch: Guarantees of Origin) sind seit vielen Jahren ein etabliertes Nachweisverfahren für Ökostromprodukte in der Europäischen Union (EU). Ergänzend wurde mit der Neufassung der Erneuerbaren-Energien-Richtlinie der EU eine weitere gesetzliche Nachweismethode für erneuerbaren Strom aus dem Stromnetz eingeführt. Diese zielt darauf ab, die Entwicklung von strombasierten Kraftstoffen aus Erneuerbaren Energien (sogenannte strombasierte erneuerbare Brenn- und Kraftstoffe oder englisch abgekürzt: RFNBO) zu befördern.

Dieser Artikel beschreibt mit Beispielen und schematischen Darstellungen die Grundprinzipien der beiden Nachweismethoden sowie die daraus abgeleiteten Bezugsmodelle für Strom aus erneuerbaren Energiequellen. Beide Methoden werden mit ihrer jeweiligen Gesetzesgrundlage und ihren Möglichkeiten und Grenzen diskutiert. Eine mögliche Übertragung erneuerbaren Stroms über eine Direktverbindung (z. B. Kabel) wird vergleichend gegenübergestellt. Anschauliche Beispiele erläutern die Durchführung der Stromkennzeichnung in Deutschland.

Das vereinfachte Herkunftsnachweisverfahren ermöglicht dessen vergleichsweise unkomplizierte und breite Anwendung für Ökostromprodukte. Im Unterschied dazu bietet die mit Kriterien wie Zusätzlichkeit, Gleichzeitigkeit und Sicherstellung keines Netzengpasses relativ aufwändige Nachweismethode für strombasierte erneuerbare Brenn- und Kraftstoffe erstmalig eine gesetzliche Möglichkeit, eine Stromlieferung fiktiv durch das Stromnetz hindurch nachzuweisen. Die Anerkennung einer solchen Strommenge als uneingeschränkt erneuerbar ermöglicht perspektivisch eine gezielte staatlich unterstützte Entwicklung von Power-to-X-Anwendungen und deren enge Anbindung an Bemühungen zu Klimaschutz und Stromnetzentwicklung.

Schlagwörter: Erneuerbare Energien Richtlinie, RED, Herkunftsnachweis (Guarantees of Origin), Herkunftskennzeichnung PPA, Strom aus Erneuerbaren Energien, Renewable Fuels of non-Biological Origin, RFNBO, Power-to-X, P2X, Book & Claim

19.1 Einleitung

Die Transformation der Energieversorgung weg von fossilen Brennstoffen zu Erneuerbaren Energien (EE) ist eines der wichtigsten Mittel im Kampf gegen den anthro-

Stephan Bowe, GreenGasAdvisors, Berlin, Deutschland, e-mail: bowe@greengasadvisors.de
Tatiana Demeusy, EnBW AG, Karlsruhe, Deutschland, e-mail: t.demeusy@enbw.com

https://doi.org/10.1515/9783110753585-019

pogenen Klimawandel. In der Europäischen Union (EU) werden dafür mehrere unterschiedliche Ziele verfolgt: Neben der Reduktion von direkten Treibhausgasen durch das europäische Emissionshandelssystem (EU-ETS) wird auch der Ausbau von erneuerbaren Energiequellen gefördert. Derzeit besteht ein Nebeneinander von erneuerbaren, nuklearen und fossilen Energien in einem einheitlichen Energiebinnenmarkt. Um in diesem Kontext erneuerbare Energiequellen gezielt zu fördern, ist eine sichere und nachvollziehbare Methode für den Nachweis von EE erforderlich. Erst damit wird der Beitrag der EE von anderen Energiequellen unterscheidbar. Dieser Beitrag beschreibt zwei zentrale Nachweismethoden für erneuerbaren Strom, der in das öffentliche Stromnetz eingespeist bzw. daraus entnommen wird. Je nach Anwendungsfall können aus diesem erneuerbaren Strom z. B. Herkunftsnachweise (HKN) abgeleitet oder strombasierte Brenn- oder Kraftstoffe produziert werden. Nach einer Einführung in verschiedene Bezugsmodelle für Strom werden zunächst Herkunftsnachweise beschrieben und anschließend die Übertragung der EE-Eigenschaft für strombasierte erneuerbare Brenn- und Kraftstoffe.

Dieses Kapitel bezieht sich vor allem auf die Gesetzgebung der EU und Deutschland. Wenn sich die Aussagen aus der EU-Gesetzgebung ableiten, gelten diese in Deutschland und Österreich. Die Beschreibung der Herkunftskennzeichnung in Abschnitt 19.3 bezieht sich ausschließlich auf Deutschland.

19.2 Bezugsmodelle für erneuerbaren Strom

Stromnetze verbinden Produktionsanlagen mit Verbrauchseinheiten, die jeweils über Einspeise- bzw. Entnahmestellen daran angeschlossen sind. Dabei vermischen sich die eingespeisten Strommengen aus allen eingespeisten Anlagen, und eine entnommene Strommenge kann nicht mehr eindeutig einer Produktionsanlage zugeordnet werden. Dieser Umstand wird regelmäßig dann relevant, wenn zwischen Strom aus erneuerbaren und anderen Quellen unterschieden werden soll.

Um eine Unterscheidung zu ermöglichen, bietet der EU-Rechtsrahmen mehrere Nachweisformen (vgl. [1]). Diese unterscheiden sich fundamental darin, wie eng die Verbindung zwischen Energielieferung und Nachweis definiert ist. Die Übertragung der erneuerbaren Eigenschaft kann unmittelbar zeitnah beziehungsweise zeitgleich mit dem stattfindenden Energiebezug erfolgen, über ein Bilanzierungssystem an den Energiebezug gekoppelt sein oder auch entkoppelt von einem unmittelbaren Energiebezug stattfinden.

Es gibt folglich einerseits verschiedene physikalische Möglichkeiten, elektrischen Strom zu beziehen und andererseits verschiedene Ansprüche, die sich für Strom aus erneuerbaren Quellen ableiten lassen. Der folgende Abschnitt beschreibt drei Bezugs- und Nachweismodelle, die sich für den Nachweis der Stromeigenschaften daraus ableiten lassen. Diese werden zudem in Tabelle 19.1 vergleichend gegenübergestellt.

Tab. 19.1: Vergleich der Bezugsmodelle für Strom.

	(A) Direktübertragung von erneuerbarem Strom	(B) Lieferung von erneuerbarem Strom über das Stromnetz	(C) Herkunftsnachweise für Ökostromprodukte
Energietransfer	Direkte Verbindungsleitung von der Produktions- zur Verbrauchsanlage	Transport der erneuerbaren Energie von Produktions- zu Verbrauchsanlage, über eine gemeinsame Netz-Infrastruktur, gespeist mit Energie aus verschiedenen Quellen	Die Stromeinspeisung bei der Produktionsanlage und der Verbrauch von Strom finden unabhängig von einer physischen Transportverbindung statt
Vermischung mit Strom aus anderen Energiequellen	Eine Vermischung mit Strom aus anderen Energiequellen ist physikalisch ausgeschlossen	Eine Vermischung beim Transport mit anderen Energieträgern ist unvermeidbar	Aufgrund der Abstraktion vom Energieträgertransport ist das Mischungsverhältnis des jeweiligen Netzes nicht relevant
Verbindung zwischen Energietransfer und erneuerbarer Eigenschaft	Die erneuerbare Eigenschaft und die übertragene Energie bilden eine Einheit	Die erneuerbare Eigenschaft wird fiktiv beziehungsweise bilanziell mit der gelieferten Strommenge verbunden	Die erneuerbare Eigenschaft wird bei der Produktionsanlage vom Energieträger getrennt, per book & claim übertragen und für einen bestimmbaren (gegebenenfalls summarischen) Stromverbrauch entwertet

Bezugsmodell A – Direktübertragung von erneuerbarem Strom, z. B. durch ein Kabel
Bei Direktbezug von Strom ist ein unmittelbarer Zusammenhang zwischen dem Energiebezug und der erneuerbaren Eigenschaft gegeben – Strom und Eigenschaft bilden eine Einheit. Die Übertragung des erneuerbaren Stroms zwischen Produktionsanlage und Verbrauchsanlage ist durch eine direkte Verbindungsleitung und damit ohne Vermischung mit anderen Energieträgern eindeutig definiert. Dies stellt Abbildung 19.1 schematisch dar.

Ein mengenmäßiger Nachweis des übertragenen erneuerbaren Stroms ist nur in bestimmten Fällen erforderlich, wenn beispielsweise für die Infrastrukturnutzung oder die Investitionen in die Produktionsanlage eine Abrechnung vertraglich vereinbart ist.

Bezugsmodell B – Lieferung von erneuerbarem Strom über das Stromnetz
Bei Bezug der Energie aus dem öffentlichen Stromnetz findet eine Vermischung mit Strom aus verschiedenen Quellen statt. Dadurch geht der unmittelbare Zusammenhang zwischen Energiebezug und der erneuerbaren Eigenschaft verloren. Für diesen Fall existiert jedoch die Möglichkeit, gewissermaßen eine fiktive Lieferung von grü-

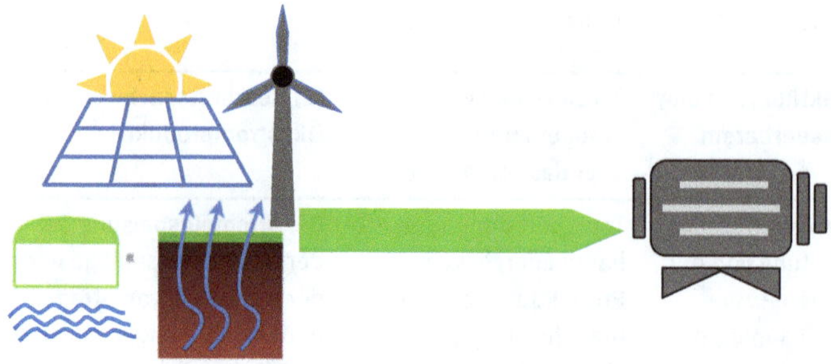

Abb. 19.1: Bezugsmodell A: Direktübertragung von erneuerbarem Strom zwischen Produktions- und Verbrauchsanlage, z. B. in einem Kabel. Energie und erneuerbare Eigenschaft bilden eine Einheit.

nen Elektronen durchzuführen. Abbildung 19.2 visualisiert dieses Prinzip. Dies kann im Rahmen von sogenannten Power Purchase Agreements (PPA) oder mit gekoppelten Herkunftsnachweisen stattfinden, die eine direkte vertragliche Bindung für eine Lieferbeziehung zwischen Produzenten von EE und Verbraucher herstellen.

Strom, der aus einem öffentlichen Netz entnommen wird, kann im Sinne der Erneuerbare-Energien-Richtlinie der EU, auch unter der englischen Entsprechung als Renewable Energies Directive (RED) bekannt (vgl. [1]), uneingeschränkt als erneuerbar anerkannt werden, wenn hierfür bestimmte Kriterien eingehalten werden. Der Abschnitt 19.4 dieses Kapitels beschreibt das Verfahren, bei dem der Nachweis der erneuerbaren Eigenschaft bilanziell und untrennbar an die Lieferung des Stroms gekoppelt wird. Diese (fiktive) gezielte Lieferung einer Strommenge durch das Netz ist folglich nur innerhalb der genutzten Transportinfrastruktur möglich.

Bezugsmodell C – Entkoppelung von Energie und Nachweis für die Herkunftskennzeichnung von Ökostromprodukten

Ökostromprodukte für Endverbraucher sind bekannt und verbreitet. Auch hier wird der Strom über das Netz im Rahmen der allgemeinen Versorgung geliefert. Dabei wird jedoch vom tatsächlichen Energietransport abstrahiert und die erneuerbare Eigenschaft mit handelbaren Herkunftsnachweisen unabhängig von einem unmittelbaren Energiefluss zwischen Einspeisung und Entnahme – sogenanntes book & claim – übertragen. In diesem Modell werden die Zertifikate auf Grundlage der Strom-Einspeisung des (erneuerbaren) Stroms ausgestellt und sind dann frei übertragbar. Abbildung 19.3 stellt diese Variante bildlich dar.

Ein Energieversorgungsunternehmen erwirbt diese Nachweise und entwertet sie summarisch für den Stromverbrauch aller Kunden des jeweiligen Produktes innerhalb eines definierten Bilanzzeitraums (12 Monate). Anstelle des physikalisch bezogenen, lokalen Strommixes kann dann in der Kommunikation mit den Kunden der Mix der entwerteten Nachweise kommuniziert werden. Unabhängig von einem unmittelbaren physischen Energiebezug wird dabei unterstellt, dass die Verbraucherinnen und Ver-

Abb. 19.2: Bezugsmodell B: Lieferung einer erneuerbaren Strommenge über das Stromnetz. Eine eingespeiste Strommenge wird fiktiv als grüne Elektronen einer Entnahme zugeordnet.

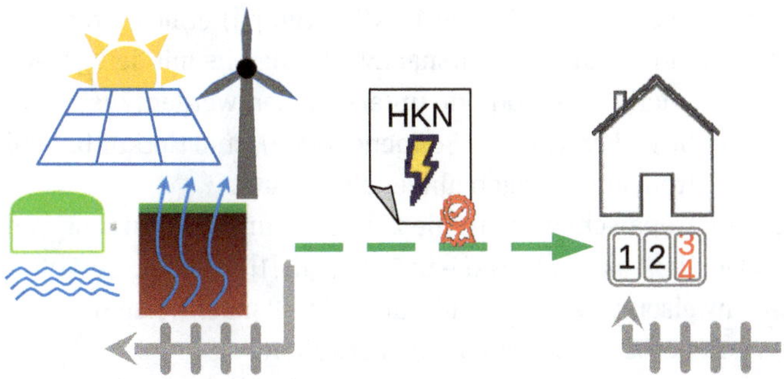

Abb. 19.3: Bezugsmodell C: Entkoppelung von Energie und Nachweis für die Herkunftskennzeichnung von Ökostromprodukten. Der Herkunftsnachweis wurde von der physischen Übertragung von Strom entkoppelt und wird per book & claim übertragen.

braucher die Produktion von EE unterstützen. Alle restlichen Verbraucher erhalten den deutschen Strommix, also den Mix aus konventionell erzeugtem Strom und den nicht entwerteten Herkunftsnachweisen von EE.

19.3 Herkunftsnachweise

Die EU führte 2003 mit der Richtlinie 2003/54/EG (vgl. [2]) neue Vorschriften für den europäischen Elektrizitätsbinnenmarkt ein. Dabei wurde unter anderem eingeführt, dass Elektrizitätsversorgungsunternehmen ihren Endkunden auf verständliche und in einer auf nationaler Ebene eindeutig vergleichbaren Weise den Anteil einzelner Energiequellen am Gesamtenergieträgermix ausweisen müssen. Auch sollten künftig die Umweltauswirkungen in Bezug auf die CO_2-Emissionen und den radioaktiven Abfall des Gesamtenergieträgermixes öffentlich zugänglich gemacht werden.

Sechs Jahre später verabschiedete das europäische Parlament die Richtlinie 2009/28/EG zur Förderung der Nutzung von Energie aus Erneuerbaren Energien (vgl. [3]), in der das Instrument des Herkunftsnachweises für die Nachweisführung von Strom und (optional) Wärme/Kälte aus erneuerbaren Energiequellen eingeführt wurde. Das Ziel der Herkunftsnachweise ist, neben dem klaren Ausweis von Strom aus erneuerbaren Energiequellen gegenüber den Letztverbrauchern und Letztverbraucherinnen, durch einen entstehenden Verbrauchermarkt einen Beitrag zum Bau neuer Anlagen zu ermöglichen. Unter Artikel 15 der RED (vgl. [3]) wurde dabei ausdrücklich festgelegt, dass die Anforderungen der Richtlinie 2003/54/EG (vgl. [2]) in Bezug auf den Ausweis des Anteils erneuerbarer Energiequellen seitens der Elektrizitätsversorgungsunternehmen durch Herkunftsnachweise erfolgen kann.

Der Herkunftsnachweis ist ein elektronisches Dokument mit dem Wert von einer Megawattstunde. Diese europaweit gültige Einheit verbunden mit den Pflichtangaben auf dem Herkunftsnachweis gemäß Artikel 15 RED (vgl. [3]) ermöglichte den Aufbau eines europäischen Handels für Herkunftsnachweise. Bereits mit den gesetzlichen Pflichtangaben können vielfältige Produkte unterschieden werden, insbesondere mit Bezug zur Energiequelle (z. B. Strom aus Sonnenenergie), zum Herkunftsland oder zum Anlagenalter (z. B. Strom aus Anlagen jünger als 5 Jahre).

Mit der Neufassung der europäischen Richtlinie zur Förderung der Nutzung von Energie aus erneuerbaren Quellen – kurz: RED II – in 2018 (vgl. [1]) wurden die Anforderungen an Herkunftsnachweisen angepasst und um Herkunftsnachweise für Gase inklusive Wasserstoff aus erneuerbaren Energiequellen erweitert.

Alle EU-Mitgliedsstaaten haben zwischenzeitlich ein Herkunftsnachweisregister beziehungsweise ein Register for Guarantees of Origin für Strom eingeführt. Um Herkunftsnachweise für Strom einfacher über Ländergrenzen hinweg übertragen zu können, haben sich die meisten Registerführer inzwischen der Association of Issuing Bodies (AIB) angeschlossen, ebenso das Herkunftsnachweissystem der Schweiz betrieben durch die Pronovo AG sowie die Stromnachweisdatenbank der E-Control (Österreich). Seit dem 1. Juli 2021 werden Schweizer Herkunftsnachweise innerhalb der EU nicht mehr anerkannt. Erst nach Abschluss eines bilateralen Abkommens zwischen der EU und der Schweiz wäre dies wieder möglich. Herkunftsnachweise aus der EU werden innerhalb der Schweiz bisher weiterhin anerkannt (vgl. [4]).

Die AIB hat mit ihren Mitgliedern das europäische Energie Zertifikate System, das European Energy Certificate System (ECCS), mit ihren Regeln und Grundsätzen sowie dem AIB Hub als elektronische Schnittstelle entwickelt. Diese EECS Rules (vgl. [5]) gemeinsam mit dem europäischen Standard EN 16325 (vgl. [6]) bilden die Grundlage für den transparenten europäischen Handel mit Herkunftsnachweisen.

In Deutschland verpflichtet das Energiewirtschaftsgesetz Elektrizitätsversorgungsunternehmen (EVU) den Anteil der einzelnen Energieträger am Gesamtenergieträgermix in ihren Rechnungen anzugeben – die sogenannte Stromkennzeichnung. Der Anteil von EE, der nicht aus der EEG-Umlage finanziert wurde, ist dabei gemäß § 42 EnWG durch Herkunftsnachweise auszuweisen (vgl. [7]).

Der Leitfaden Stromkennzeichnung des Bundesverbandes der Energie- und Wasserwirtschaft e. V. (BDEW) konkretisiert die gesetzlichen Vorgaben zur Stromkennzeichnung und bietet eine Anleitung zur einheitlichen Erstellung der Stromkennzeichnung (vgl. [8]). Die nachstehende Abbildung 19.4 zur Stromkennzeichnung ist unter Anwendung des Leitfadens Stromkennzeichnung des BDEW erstellt worden:

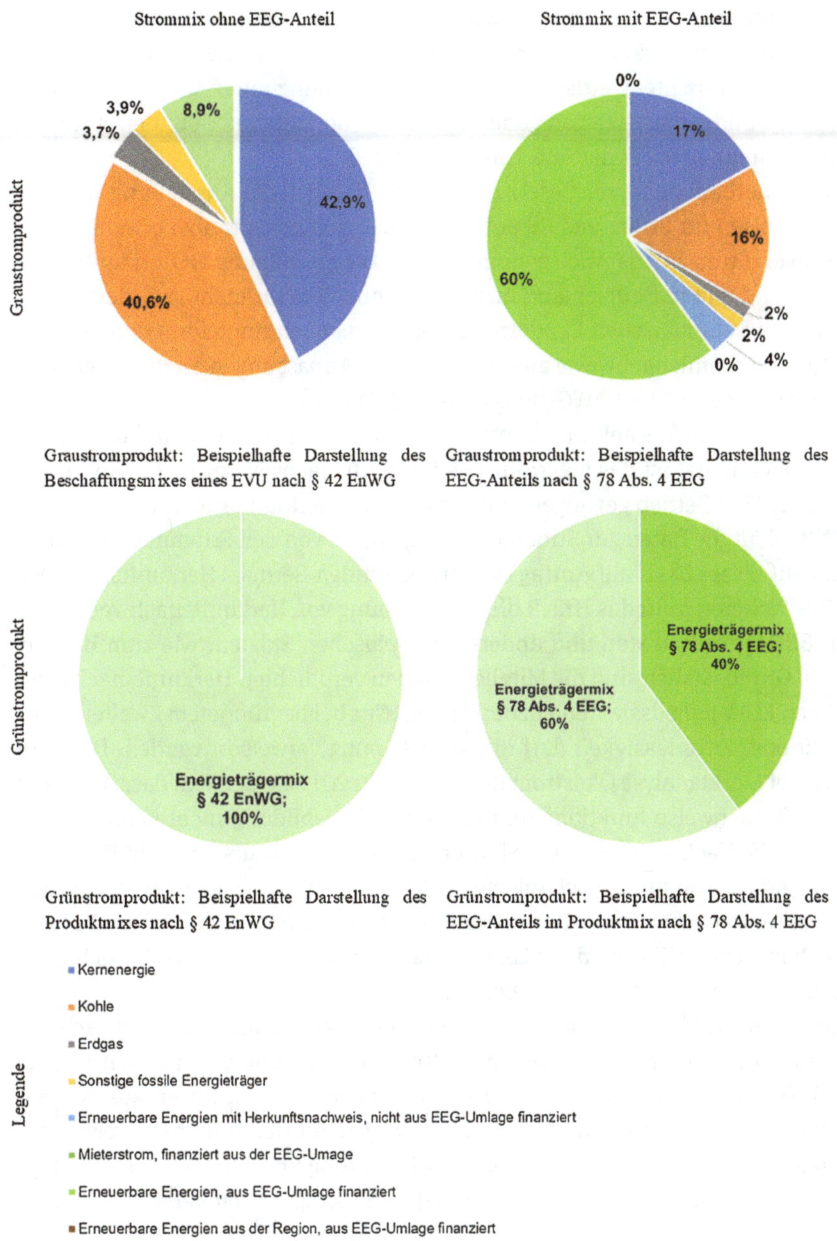

Abb. 19.4: Darstellung eines beispielhaften Graustrom- und Grünstromproduktes gemäß EnWG (links) und EEG (rechts).

Letztverbrauchern und Letztverbraucherinnen gemäß § 3 N. 25 EnWG (vgl. [7]) ist durch das EVU neben dem Gesamtenergieträgermix Deutschland der Beschaffungsmix sowie auch der Produktenergieträgermix (Produktmix) des von ihnen bezogenen Produktes auszuweisen.[1] In diesem Fall müssen alle Letztverbraucher und Letztverbraucherinnen des EVU auch über den verbleibenden Energieträgermix, darunter wird der Gesamtenergieträgermix bereinigt um den Produktenergieträgermix verstanden, des EVU unterrichtet werden (vgl. [8]). Die Darstellung unter Abbildung 19.4 gemäß § 78 EEG bildet dabei den so genannten EEG-Quotienten ab, der den Anteil an Strom aus EE finanziert aus der EEG-Umlage, darstellt.

Das Erneuerbare-Energien-Gesetz (EEG) (vgl. [9]) regelt die Ausstellung von Herkunftsnachweisen für Strom aus EE auf Antrag des Anlagenbetreibers, wenn dieser keine EEG-Vergütung in Anspruch genommen hat. Die Ausstellung an Herkunftsnachweisen erfolgt damit in Deutschland bisher ausschließlich für nicht geförderte Anlagen. In anderen europäischen Ländern werden häufig auch für geförderten erneuerbaren Strom Herkunftsnachweise ausgestellt. Letzte Anpassungen an die gesetzliche Regelung fand im Zuge der EnWG-/EEG Novelle 2021 statt.

Zuständig für die Ausstellung, Übertragung und Entwertung von Herkunftsnachweisen für Elektrizität ist das elektronische Herkunftsnachweisregister (HKNR). Das Register ist 2013 in Betrieb gegangen und wird vom Umweltbundesamt (UBA) geführt. Das HKNR erhält die Daten zur Stromerzeugung aus EE von den Stromnetzbetreibern und stellt auf dieser Basis auf Antrag des einspeisenden Betriebs Herkunftsnachweise aus. Des Weiteren prüft das HKNR die Anerkennung von Herkunftsnachweisen aus anderen EU-Mitgliedsstaaten und anderen europäischen Staaten, wie zum Beispiel Norwegen. Grundsätzlich sind die Mitgliedsstaaten verpflichtet, Herkunftsnachweise aus anderen EU-Mitgliedsstaaten anzuerkennen. Nur bei begründetem Zweifel an die Richtigkeit oder Zuverlässigkeit darf die Anerkennung verweigert werden. Das UBA fasst in seiner Marktanalyse Ökostrom II aus dem Jahr 2019 zusammen, dass der Markt für Herkunftsnachweise funktioniere, jedoch die „Preisbildung nicht berechenbar" sei, da es für die Nachfrageseite keine kostenlos verfügbare Transparenz in Bezug auf die Preise und Preisbildungsmechanismen gäbe (vgl. [10]). Bezüglich der Eigenschaften der Herkunftsnachweise in Bezug auf Energiequelle, Herkunftsland und Förderung (bei Import von HKN) sind die Letztverbraucherinnen und Letztverbraucher auf die Transparenz seitens der EVU angewiesen.

Deutschland zählt in Europa zu den Netto-Importeuren von Herkunftsnachweisen mit einem Netto-Importwert von über 100 TWh Herkunftsnachweisen in 2021 (vgl. [11]). Dabei werden überwiegend Herkunftsnachweise von Strom aus Wasserkraft importiert; Hauptimportland ist dabei Norwegen mit Herkunftsnachweisen von bestehenden Wasserkraftanlagen. Das Ziel der Förderung und des Ausbaus von EE ist mit dem Herkunftsnachweissystem aufgrund der Nachfrage durch Verbraucherinnen

1 Letzteres nur dann, wenn der EVU verschiedene Produkte anbietet.

und Verbraucher bisher damit nicht erreicht worden; siehe auch Erkenntnisse einer Untersuchung im Auftrag der EU-Kommission (vgl. [12]).

Exkurs: Vergleich der Stromkennzeichnung mit dem Erzeugercode bei der Kennzeichnung von Hühnereiern

Das Umweltbundesamt vergleicht das Herkunftsnachweissystem für Strom aus EE auf seiner Webseite mit dem Erzeugercode bzw. Herkunftsstempel von Eiern (vgl. [13]), um das Instrument der Herkunftsnachweise für Endverbraucher greifbarer zu machen. Auch wenn dieser Vergleich an der ein oder anderen Stelle hinkt, stimmt doch eines: Es werden europaweit gleiche Mindestangaben eingefordert. Der Erzeugercode gibt innerhalb der europäischen Union Auskunft über das Haltungssystem (Code 0 für Ökologische Erzeugung bis 3 Käfighaltung), das Land, aus dem das Ei stammt (Ländercode) sowie über die Betriebsnummer. Damit kann jedes Ei, das in Europa in Umlauf gebracht wurde, zurückverfolgt werden und jedem Kunden wird beim Kauf die Entscheidung überlassen, welche Art der Tierhaltung er mit seinem Kauf unterstützen möchte. Das Ziel der Transparenz gegenüber dem Endkunden ist damit erfüllt.

Durch den Einsatz von Herkunftsnachweisen soll es ebenfalls möglich sein, jede Megawattstunde (MWh) aus EE einer Erzeugungseinheit und ihren Eigenschaften zuzuordnen. Im Unterschied zum Hühnerei erhält der Letztverbraucher oder die Letztverbraucherin physisch nicht tatsächlich die EE – bzw. „das Ei“ – sondern nur den Anspruch auf die Eigenschaft (=Claim). Oder: er erhält zwar kein Ei aus ökologischer Erzeugung, aber stattdessen die Garantie, dass woanders ein Ei aus ökologischer Erzeugung produziert wurde das sonst niemand als „ökologisch erzeugt“ beansprucht hat. Die EVUs verwenden Herkunftsnachweise für ihre Grünstromprodukte (=Book). Dies ist der wesentliche Unterschied zwischen der physischen Lieferung des Eies und dem Anspruch bzw. Claim von EE-Eigenschaften durch einen Herkunftsnachweis.

19.4 Erneuerbare Brenn- und Kraftstoffe

Der Strom aus dem Netz soll zukünftig immer mehr Bedarfe auch außerhalb der klassischen Anwendungen bedienen. Das Schlagwort hierzu ist Power-to-X (P2X). So soll dieser unter anderem

- in elektrisch betriebenen Autos genutzt werden,
- Wärme bereitstellen und
- in Form von Wasserstoff oder anderen Energieträgern für eine anderweitige Verwendung genutzt werden.

Im Rahmen der Umsetzung der RED II in nationales Recht hat sich die Bundesregierung zum Ziel gesetzt, den Anteil von EE am Gesamtverbrauch in einem Takt mit den anderen Mitgliedsstaaten kontinuierlich zu erhöhen, um gemeinsam bis 2030 einen 32 %-Anteil am Energieverbrauch zu erreichen. Diese Anstrengungen wurden im Rahmen des „Fit for 55-Pakets" zunächst auf 38 % und dann auf 45 % bis 2030 erhöht und sind Teil einer Gesamtstrategie der EU, Klimaneutralität bis 2050 zu erreichen (vgl. [14]). Die Ausbauziele für EE werden dabei jeweils den Verbrauchssektoren Strom, Wärme/Kälte und Verkehr zugeordnet (vgl. [1]). Im Unterschied dazu werden die Anstrengungen zur Reduzierung von Treibhausgasemissionen den Sektoren Energiewirtschaft, Industrie, Gebäude, Verkehr, sowie Landwirtschaft und Sonstiges zugeordnet (vgl. [15]). Sichtbar wird hier eine unterschiedliche Herangehensweise an den Ausbau von EE einerseits und die Reduktion von Treibhausgasemissionen anderseits.

Aus der Definition der RED verstehen sich die Sektoren Strom, Wärme/Kälte und Verkehr als Verbrauchssektoren. Dennoch geschieht die nationale Anrechnung im Stromsektor bei der Produktion und Einspeisung des Stroms in das Stromnetz: Hier wird eine Gleichzeitigkeit von Produktion und Verbrauch angenommen und eine mögliche Übertragung von erneuerbarem Strom in anderen RED-Sektoren oder Mitgliedsstaaten vernachlässigt. Eine Herausforderung für dieses Anrechnungsprinzip stellt die (großskalige) Herstellung von strombasierten Kraftstoffen (RFNBO) oder Brennstoffen und deren Anrechnung z. B. im Kraftstoffsektor dar: Wenn eine Strommenge gezielt im Kraftstoffsektor angewandt werden soll, dann würde

- entweder der Strom aus erneuerbaren Energiequellen bei der Produktion dem Stromsektor zugerechnet
- oder der erneuerbare Strom würde beim Verbrauch im Verkehrssektor angerechnet.

Die RED II hat daher erstmalig eine Nachweismethode für die Anerkennung von Strom aus dem Versorgungsnetz eingeführt als erneuerbare Kraftstoffe nicht-biologischen Ursprungs, oder im Englischen, Renewable Fuels of Non-Biological Origin (RFNBO), die eine eindeutige Zuordnung ermöglichen soll. Neu ist hier gegenüber dem Herkunftsnachweis (siehe Abschnitt 19.3), dass nicht wie bisher die Einspeisung von Strom betrachtet wird, sondern dass aus dem Netz entnommener Strom uneingeschränkt als erneuerbar angesehen wird. Das ermöglicht, dass der Stromverbrauch, z. B. in einem Elektrolyseur, angerechnet wird. Perspektivisch kann Strom mit dieser Nachweismethode auch im Wärme-/Kälte-Sektor oder in weiteren Sektoren angerechnet werden. Ergänzend sei angemerkt, dass im Bereich der Elektromobilität das Bundesimmissionsschutzgesetz auf nationaler Ebene in Verbindung mit dessen 38. Verordnung (BImSchV) (vgl. [16]) nur vereinfachte Nachweise für die Verwendung von Strom aus EE fordert.

Intention der Europäischen Union war es, sicherzustellen, dass der für die RFNBO zusätzlich benötigte Strom ausschließlich aus erneuerbaren Energiequellen gedeckt wird, die noch nicht im Stromsektor angerechnet wurden. Bei der Herstellung von

H_2 durch Wasserelektrolyse als Kraftstoff oder anderen synthetischen Kraftstoffen (RFNBO) sind in Art. 27 (3) der RED II (vgl. [1]) Anforderungen an den Nachweis für erneuerbaren Strom formuliert, wenn dieser über das öffentliche Stromnetz bezogen wird. Der in der Richtline festgehaltene Rahmen lässt viele Details offen, die in einem delegierten Rechtsakt zur Zeit des Verfassens dieses Textes weiter definiert werden. Um eine Strommenge bei der Entnahme aus dem Stromnetz als uneingeschränkt erneuerbar anzuerkennen, werden die Kriterien in Tabelle 19.2 als Voraussetzung vorgegeben (vgl. [1]):

Tab. 19.2: Kriterien für die Anrechnung von erneuerbarem Strom bei Entnahme aus dem Stromnetz nach RED II.

Nutzung erneuerbarer Energien	⇒ Der Strom stammt aus erneuerbaren Energiequellen
Liefervertrag für Strom	⇒ Die Lieferung einer Strommenge ist vertraglich vereinbart z. B. über ein Power Purchase Agreement (PPA)
Gleichzeitigkeit	⇒ Stromproduktion und -verbrauch haben gleichzeitig stattgefunden
Geografische Korrelation	⇒ Produktion und Verbrauch liegen aus Stromnetzsicht nahe beieinander, also auf der gleichen Seite eines Netzengpasses
Zusätzlichkeit	⇒ Die Stromnachfrage trägt zusätzlich zur Nutzung oder Finanzierung von Erneuerbaren Energien bei, die stromerzeugende Anlage geht zum gleichen Zeitpunkt wie die Wasserstofferzeugung in Betrieb

Das Stromnetz wird damit als Netz mit Leitungskapazitäten und (gegebenenfalls bewirtschafteten) Engpässen verstanden. Unabhängig vom tatsächlichen Fluss von Elektronen sagt dieser Nachweis aus, dass eine bestimmte Stromlieferung zu einer bestimmten Zeit durch das Netz zwischen der Produktions- und Verbrauchsanlage geflossen sein kann. Dabei wird der gelieferten Strommenge die erneuerbare Eigenschaft fest zugeordnet, wodurch eine Lieferung von erneuerbarem Strom durch das Netz abgebildet wird. Zudem soll durch die geforderte direkte Lieferbeziehung sichergestellt werden, dass der Strom nicht auf dem allgemeinen Strommarkt beschafft wird.

Wenn statt der eben beschriebenen Systematik das book & claim-Prinzip der Herkunftskennzeichnung (ohne weitere Anforderungen) angewandt würde, könnten ungewollt zusätzliche THG-Emissionen bei der Herstellung von strombasierten Brenn- oder Kraftstoffen entstehen: In dieser Systematik (s. o.) werden unabhängig voneinander (grauer) Strom und Herkunftsnachweise eingesetzt. Daher würden zusätzliche Strommengen benötigt, die immer dann aus fossilen Kraftwerken bereitgestellt würden, wenn nicht ausreichend EE verfügbar sind. Auf den entkoppelten Märkten richtet sich die Energiequelle nach der jeweilig günstigsten Erzeugung im Binnenmarkt für Elektrizität und nicht nach der gewünschten Art der erneuerbaren Energiequelle.

19.5 Fazit und Ausblick

Die Herkunftsnachweise nach Art 19 der RED II (vgl. [1]) sind ein etabliertes Instrument, um Letztverbraucherinnen und Letztverbrauchern die Möglichkeit zu geben, mit Grünstromprodukten einfach und gezielt erneuerbare Energieproduktion finanziell zu unterstützen. Mit diesem vereinfachten Verfahren kann ein Stromprodukt für Letztverbrauchende transparent auf EE umgestellt werden. Die zentrale, einfache Ausstellung und die europaweite Übertragbarkeit machen HKN zu einem hochgradig marktfähigen Instrument und bieten Betreibern von EE-Produktionsanlagen in Europa zusätzliche Einnahmemöglichkeiten. Ihr tatsächlicher Nutzen für den zusätzlichen Ausbau von erneuerbaren Energieanlagen ist jedoch umstritten.

Die Vorteile der vereinfachten Systematik Herkunftsnachweise bedingen jedoch auch die Grenzen ihrer Anwendbarkeit, wenn die physische Stromnetzrealität in der Betrachtung eine Rolle spielen soll. Da Herkunftsnachweise ein Jahr lang verwendet werden können, fehlt hier der Anreiz, zeitgleich Strom zu produzieren und zu verbrauchen. Die Übertragbarkeit per book & claim erlaubt zudem eine Anwendung in Netzgebieten, die in der physischen Netzrealität nicht erreichbar sind.

Die RED II (vgl. [1]) bietet somit mit dem Herkunftsnachweis und dem Liefernachweis (z. B. PPA und gekoppelte HKN) unterschiedliche Nachweismethoden für erneuerbaren Strom aus dem öffentlichen Stromnetz. Der Nachweis der Lieferung ist – verglichen mit dem Bezug von reinen Herkunftsnachweisen – recht aufwändig zu führen, dafür kann dieser eine erweiterte Anrechenbarkeit und gezielte Förderung im Rahmen der RED II bedingen.

Die weitere Entwicklung der Nachweismethoden für erneuerbaren Strom hängt stark von den weiteren gesetzlichen Entwicklungen zu Klimaschutz und EE ab. Die Herkunftsnachweismethode wurde mit der RED II auf Gas und Wärme/Kälte ausgeweitet, daher ist eine politisch unterstützte Entwicklung dieser Märkte in der EU in nächster Zeit klar erwartbar. Die RED II hat die Rollenfestlegung von Herkunftsnachweisen als Mittel des Verbraucherschutzes für freiwillige Ökoenergieprodukte weiter festgeschrieben. Daher ist anzunehmen, dass Herkunftsnachweise absehbar auf diese Rolle beschränkt bleiben.

Die jüngere Nachweismethode für Stromlieferungen von EE für erneuerbare Brenn- und Kraftstoffe wurde gezielt entwickelt, um Strombezug aus dem öffentlichen Netz als uneingeschränkt erneuerbar anzuerkennen. Auch wenn dieser Nachweis zunächst nur für Unterziele im Verkehrssektor gilt, ist bereits absehbar, dass diese Methode zukünftig weitere Anwendung finden wird, z. B. um Strom aus dem Netz im Wärme-/Kälte-Sektor (oder in neuen Sektoren der Richtlinie) anzurechnen. Zudem ermöglichen die Mindestanforderung mit ihren klaren Kriterien den Import von strombasierten Kraftstoffen aus anderen EU- und nicht-EU-Staaten, der dann im Zielland, und nicht im Herkunftsland, angerechnet werden kann.

Es ist davon auszugehen, dass dieses Verfahren mit zunehmender Bedeutung von Strom-Umwandlungsprozessen (Power to X) auch im Rahmen einer RED-Anerkennung an Bedeutung gewinnen wird. Mit einer weiteren Etablierung dieser Systematik am Markt kann diese auch genutzt werden, um den CO_2-Fußabdruck von Produkten (Product Carbon Footprint) oder Unternehmen (Corporate Carbon Footprint) zu verbessern. Ob die entsprechenden Standards (z. B. GHG-Protokoll) diese Methode übernehmen, ist derzeit noch offen.

Dieser Nachweis ist möglicher Weise nur für eine Übergangszeit erforderlich. Langfristig ist denkbar, dass Strom aus fossilen Energiequellen im Stromnetz mengenmäßig EU-weit gezielt begrenzt wird, z. B. durch ambitionierte Ausstiegspfade oder durch eine Abkehr vom diskriminierungsfreien Zugang zum Strombinnenmarkt. In diesem Fall müsste jede zusätzliche Entnahme von Strom durch EE gedeckt werden und könnte sich somit nicht mehr auf die Stromproduktion aus fossilen Quellen auswirken. Daher wäre der aufwändige Nachweis eine zeitgleichen Stromlieferung aus Klimaschutzsicht im Rahmen von staatlicher Förderung und Anerkennung nicht mehr zwingend erforderlich.

Literaturverzeichnis

[1] Richtlinie (EU) 2018/2001 des Europäischen Parlaments und des Rates vom 11. Dezember 2018 zur Förderung der Nutzung von Energie aus erneuerbaren Quellen (2018). Amtsblatt Nr. L 328 vom 21.12.2018, S. 82–209. https://eur-lex.europa.eu/legal-content/DE/TXT/?uri=CELEX%3A32018L2001. Zugegriffen am: 25.04.2022.

[2] Richtlinie 2003/54/EG des Europäischen Parlaments und des Rates vom 26. Juni 2003 über gemeinsame Vorschriften für den Elektrizitätsbinnenmarkt und zur Aufhebung der Richtlinie 96/92/EG (2003). Brüssel: Europäisches Parlament und Rat der Europäischen Union. Amtsblatt Nr. L 176 vom 15.07.2003 S. 0037–0056. https://eur-lex.europa.eu/legal-content/DE/TXT/HTML/?uri=CELEX:32003L0054&from=DE. Zugegriffen am: 25.04.2022.

[3] Richtlinie 2009/28/EG des Europäischen Parlaments und des Rates vom 23. April 2009 zur Förderung der Nutzung von Energie aus erneuerbaren Quellen und zur Änderung und anschließenden Aufhebung der Richtlinien 2001/77/EG und 2003/30/EG (2009). Amtsblatt L140 vom 5.6.2009 S. 16–62. https://eur-lex.europa.eu/legal-content/DE/ALL/?uri=celex%3A32009L0028. Zugegriffen am: 25.04.2022.

[4] Bundesverwaltung Schweizerische Eidgenossenschaft; Bundesamt für Energie BFE. Persönliche Auskunft am 04.05.2022.

[5] EECS-Rules Release 7 V15 clean (2021). Association of Issuing Bodies. https://www.aib-net.org/sites/default/files/assets/eecs/EECS%20Rules%20Release%207%20v15.pdf. Zugegriffen am 22.04.2022.

[6] Herkunftsnachweise bezüglich Energie – Herkunftsnachweise für Elektrizität DIN EN 16325:2016-01 (2016). Deutsche Fassung EN 16325:2013+A1:2015. Beuth Verlag.

[7] Gesetz über die Elektrizitäts- und Gasversorgung (Energiewirtschaftsgesetz – EnWG) (2005). Bundesgesetzblatt. I S. 3338 (Nr. 52). https://www.gesetze-im-internet.de/enwg_2005/BJNR197010005.html. Zugegriffen am: 24.04.2022.

[8] Anwendungshilfe „Leitfaden Stromkennzeichnung" (2021). Bundesverband der Energie- und Wasserwirtschaft e. V. (BDEW). https://www.bdew.de/media/documents/210801_Leitfaden_Stromkennzeichnung_2021.pdf. Zugegriffen am 24.04.2022.

[9] Gesetz für den Ausbau erneuerbarer Energien (Erneuerbare-Energien-Gesetz – EEG 2021). Bundesgesetzblatt I S. 3026. https://www.gesetze-im-internet.de/eeg_2014/BJNR106610014.html. Zugegriffen am 20.04.2022.
[10] Marktanalyse Ökostrom II – Marktanalyse Ökostrom und HKN, Weiterentwicklung des Herkunftsnachweissystems und der Stromkennzeichnung Abschlussbericht (2019). Umweltbundesamt. https://www.umweltbundesamt.de/sites/default/files/medien/1410/publikationen/2019-08-15_cc_30-2019_marktanalyse_oekostrom_ii.pdf. Zugegriffen am 22.04.2022.
[11] AIB Statistic vom 27.04.2022 der Association of Issuing Bodies (2022). https://www.aib-net.org/facts/market-information/statistics/activity-statistics-all-aib-members. Zugegriffen am: 28.04.2022.
[12] European Commission, Directorate-General for Energy, Yearwood, J., Korteweg, L., Smit, T., et al. (2021). Technical assistance for assessing options to establish an EU-wide green label with a view to promote the use of renewable energy coming from new installations: final report. Publications Office. https://data.europa.eu/doi/10.2833/266012. Zugegriffen am 20.04.2022.
[13] Webseite des Umweltbundesamtes. https://www.umweltbundesamt.de/en/topics/climate-energy/renewable-energies/guarantees-of-origin-for-renewable-energy-sources#register-of-guarantees-of-origin-hknr. Zugegriffen am 22.04.2022.
[14] Europäische Kommission: Mitteilung der Kommission an das Europäische Parlament, den Rat, den Europäischen Wirtschafts- und Sozialausschuss und den Ausschuss der Regionen: „Fit für 55“: auf dem Weg zur Klimaneutralität – Umsetzung des EU-Klimaziels für 2030 (COM/2021/550). https://eur-lex.europa.eu/legal-content/DE/TXT/?uri=CELEX%3A52021DC0550. Zugegriffen am 18.04.2022.
[15] Bundes-Klimaschutzgesetz (2021). Bundesgesetzblatt Jahrgang 2021 Teil I Nr. 59. https://www.bgbl.de/xaver/bgbl/start.xav#__bgbl__%2F%2F*%5B%40attr_id%3D%27bgbl121s3905.pdf%27%5D__1649621256229. Zugegriffen am 24.04.2022.
[16] Achtunddreißigste Verordnung zur Durchführung des Bundes-Immissionsschutzgesetzes 1,2 (Verordnung zur Festlegung weiterer Bestimmungen zur Treibhausgasminderung bei Kraftstoffen – 38. BImSchV). Bundesgesetzblatt I S. 4932. https://www.gesetze-im-internet.de/bimschv_38_2017/BJNR389200017.html. Zugegriffen am 20.04.2022.

Kurzvitae

Dipl.-Ing Stephan Bowe ist Gründer von GreenGasAdvisors, einer Beratung zu erneuerbaren Gasen. Er unterstützt Unternehmen und staatliche Stellen dabei, bereits heute die Weichen für eine zukunftsfähige Gasversorgung zu stellen. Sein spezieller Fokus gilt dabei Nachweisen für erneuerbare Energien, was Grundlage zur Arbeit am vorliegenden Beitrag ist. Er hat aktiv an der Ausarbeitung

des EN16325 für Herkunftsnachweise für erneuerbare Energien mitgewirkt, u. a. als Co-Lead des Projektteams Gas in CEN/CLC/JTC 14 WG 5.
Vorher hat er fast 9 Jahre lang bei der Deutschen Energie-Agentur GmbH das Biogasregister Deutschland aufgebaut und beständig weiterentwickelt. Dies beinhaltete den Aufbau von internationalen Kooperationen mit den Biogasregistern aus Dänemark und Österreich sowie den Aufbau eines europäischen Netzwerks von Biogasregistern.
Stephan Bowe hat sein Studium an der Technischen Universität Berlin als Diplom-Ingenieur für Technischen Umweltschutz abgeschlossen. Studien- und berufsbegleitend hat er gelernt, Gruppenprozesse mit Methoden der Themenzentrierten Interaktion (Ruth-Cohn-Institut) gezielt zu leiten und Innovationsprozesse mit Design-Thinking-Elementen zu beflügeln.

Dipl. Ing (FH) Tatiana Demeusy ist Senior Managerin Grüne Gase im Bereich Wertschöpfungskette Gas der EnBW AG. Ihre Schwerpunkte sind die Entwicklung von Geschäftsmodellen und Positionierungen entlang der Wertschöpfungskette von Grünen Gasen sowie die Vertretung der EnBW AG in Fachausschüssen und Expertengruppen verschiedener Verbände. Ein Arbeitsschwerpunkt ist dabei seit 2020 die Mitarbeit innerhalb der europäischen Arbeitsgruppe CEN/CLC/JTC 14 WG 5 zur Revision des europäischen Standards für Herkunftsnachweise EN16325 über den DIN-Arbeitskreis NA 172-00-09-02 AK (Leitung Unterarbeitsgruppe Wärme und Kälte). Tatiana Demeusy studierte an der Hochschule Offenburg Verfahrenstechnik mit dem Schwerpunkt Biotechnologie und absolvierte berufsbegleitend ihr Betriebswirtschaftsstudium an der Volkswirtschaftsakademie Freiburg.

Enrico Mohns, Johann Meisner, Matthias Schmidt, Christoph Leicht und Florian Schilling

20 Grundlagen der elektrischen Energiemesstechnik

Grundlagen, Technik, Bedeutung der Messgenauigkeit

Zusammenfassung: Messtechnik für die Elektrizitätsnetze ist mehr als nur der zunächst offensichtliche Haushaltszähler, mit dem die verbrauchte Energie gemessen und zu Abrechnungszwecken verwendet wird. Im Folgenden wird einleitend kurz auf die Struktur des industriellen und des gesetzlichen Messwesens sowie die prinzipielle Rückführungskette bis hin zu den physikalisch notwendigen Basiseinheiten eingegangen. Die in den Netzen verbauten Messtechnik wie Elektrizitätszähler, Smart Meter Gateway oder auch Ladesäulen wird ebenso in einem eigenen Abschnitt behandelt wie die grundlegenden Normale und Normalmesseinrichtungen in der Messwandler- und Hochspannungsmesstechnik sowie der Leistungsmesstechnik. Auch aktuelle Herausforderungen wie die Stabilisierung des Stromnetzes und die Einbindung von fluktuierenden Erzeugungsanlagen werden kurz skizziert.

Schlagwörter: Konformitätsbewertung, Messunsicherheit, Elektrizitätszähler, Smart Meter Gateway, Messwandler, Hochspannungsmesstechnik, Elektrische Leistung, Energie

20.1 Einleitung – Struktur des Messwesens

Viele Jahrhunderte lang herrschte eine verwirrende Vielfalt von Maßen und Gewichten. So kam es je nach geographischer Lage zu unterschiedlichen Längenmaßeinheiten, wie der Blick auf eine schier endlose Zahl verschiedener Ellen zeigt. So hatte die Freiburger Elle eine Länge von 54 cm und die Regensburger Elle eine Länge von 81 cm, was ein Unterschied von immerhin etwa 50 % ist. Auch bei den Gewichtsangaben gab es verschiedene Auslegungen, beispielsweise des Pfunds oder des Zentners (vgl. [1]). Diese Beispiele sollen zeigen, dass nicht nur einheitliche und anerkannte Maßangaben, sondern auch die Messrichtigkeit dem Handel förderlich und in der heutigen stark vernetzten Welt nicht mehr wegzudenken sind. Vor fast 150 Jahren schlossen sich daher zunächst 17 Staaten der Internationalen Meterkonvention

Enrico Mohns, Johann Meisner, Matthias Schmidt, Christoph Leicht, Florian Schilling, Physikalisch-Technische Bundesanstalt, Braunschweig, Deutschland, e-mails: enrico.mohns@ptb.de, johann.meisner@ptb.de, matthias.schmidt@ptb.de, christoph.leicht@ptb.de, florian.schilling@ptb.de

https://doi.org/10.1515/9783110753585-020

an (vgl. [2]). Auch die Elektrifizierung nahm in der Zeit ihren Lauf, und so wurde 1898 vom deutschen Kaiser das *Gesetz betreffend die elektrischen Maßeinheiten* verabschiedet. Neben den elektrischen Basiseinheiten Volt, Ampère und Ohm hatte in ihr bereits die elektrische Arbeit als eine aus den Basiseinheiten abgeleitete Einheit wegen ihrer hohen wirtschaftlichen Bedeutung als Versorgungsleistung einen eigenen Paragraphen §6: *„Bei der gewerbsmäßigen Abgabe elektrischer Arbeit dürfen Meßwerkzeuge, sofern sie nach den Lieferungsbedingungen zur Bestimmung der Vergütung dienen sollen, nur verwendet werden, wenn ihre Angaben auf den gesetzlichen Einheiten beruhen. Der Gebrauch unrichtiger Meßgeräthe ist verboten.*" [3]. Ebenso wurden der 1887 gegründeten damaligen Physikalisch-Technischen Reichsanstalt, Vorgängerin der heutigen Physikalisch-Technischen Bundesanstalt (PTB), bereits wichtige Aufgaben und Kompetenzen im Messwesen überantwortet.

Auch wenn in Grundzügen das Konzept prinzipiell noch immer wiederzufinden ist, so ist heutzutage das internationale Einheitensystem (SI) auf sieben physikalische Konstanten zurückgeführt, denen feste Werte zugewiesen sind. Diese SI-Einheiten und ihre abgeleiteten Einheiten sind weltweit etabliert und akzeptiert. Nach dem Einheiten- und Zeitgesetz (vgl. [4]) ist die PTB in Deutschland unter anderem dafür zuständig, die gesetzlichen Einheiten darzustellen, weiterzugeben und die dafür benötigten Verfahren weiterzuentwickeln, die Einheitlichkeit des Messwesens zu sichern und das Messwesen wissenschaftlich zu bearbeiten. Im Messwesen sind allgemein jegliche Messgrößen von Interesse. Das Messwesen lässt sich in das industrielle und gesetzliche Messwesen unterteilen.

Im Bereich der elektrischen Energiemesstechnik gibt es eine Vielzahl von Messgeräten, die für verschiedene Messaufgaben oder Messgrößen kalibriert, geeicht, geprüft oder bewertet werden müssen. Dies wird in aller Regel von Prüfstellen, Eichbehörden, Konformitätsbewertungsstellen, akkreditierten Kalibrier- und Prüflaboratorien, oder unter Aufsicht direkt von Herstellern durchgeführt. Um die Einheitlichkeit sicherzustellen, werden die Prüfmittel regelmäßig direkt oder indirekt auf die nationalen Normale rückgeführt. Dies betrifft in aller Regel Prüfmittel aus dem Bereich der Messwandler, der Hochspannungsmesstechnik und von Leistungsmessgeräten. Neuere Messaufgaben und die damit verbundene Realisierung in der PTB betreffen beispielsweise die Themen zeitsynchrone Sensoren und Messsysteme, hohe Gleichströme und Netzqualität oder aber Grundlagenuntersuchungen zur Netzintegration von Erneuerbaren Energien und Speichern oder der Verträglichkeit von Messgeräten wie Elektrizitätszählern mit den zunehmend im Netz eingesetzten elektronischen Umrichtern, z. B. für Photovoltaik (PV)-Anlagen.

Sollen Messwerte für den geschäftlichen oder amtlichen Verkehr verwendet werden, unterliegen die Messgeräte dem Mess- und Eichgesetz (MessEG) (vgl. [5]) und müssen – bis auf wenige Ausnahmen – entsprechend zertifiziert sein. Dies trifft bei den Elektrizitätsmessgeräten unter anderem auf die Elektrizitätszähler, Zusatzeinrichtungen, Smart Meter Gateways, Messwandler und Ladesäulen zu. Der Prozess ist zweistufig aufgebaut. Im ersten Schritt wird von einer Konformitätsbewertungsstelle (KBS) einem Baumuster bescheinigt (Modul B), dass es die Anforderungen nach der Mess- und Eichverordnung (vgl. [6]) beziehungsweise der europäischen Messgeräterichtlinie MID (vgl. [7]) erfüllt. Im zweiten Schritt wird bei dem Hersteller eines gesetzlich geregelten Messgerätes der Herstellungsprozess zertifiziert, der sicherstellt, dass die produzierten Geräte dem bewerteten Baumuster entsprechen und der Hersteller hierfür eine Konformitätserklärung ausstellen darf (Modul D). Alternativ dazu ist auch eine Stückprüfung jedes einzelnen in Verkehr zu bringendem Messgerätes bei einer geeigneten KBS (Modul F) möglich. Nach Inverkehrbringen sind dann die zuständigen Eichbehörden der Länder für die Marktüberwachung zuständig. Zu ihren Aufgaben gehört die Überwachung und Überprüfung gemäß MessEG und die Prüfstellenüberwachung. Diese staatlich anerkannten Prüfstellen führen Eichungen und Befundprüfungen durch.

Die Kalibrierhierarchie der Rückführung eines zu fertigenden Produktes über die verschiedenen Ebenen auf die nationalen Normale oder Maßverkörperungen ist nachfolgend am Beispiel eines Elektrizitätszählers aufgezeigt (siehe Abb. 20.1). Für die Darstellung und Bewahrung der Einheiten Watt oder Kilowattstunde ist das nationales Normal zuständig. Um diese Einheiten zu realisieren, sind dessen entsprechende Komponenten an die Einheiten Volt, Ohm und die Sekunde, beziehungsweise indirekt die Frequenz in $\text{Hz} = \text{s}^{-1}$ angeschlossen. Dies passiert hauptsächlich im nationalen Metrologieinstitut (NMI), das heißt, in Deutschland der PTB. Entsprechende Kalibrierlabore und Prüfstellen beziehungsweise Eichbehörden lassen ihre Normale (Sekundärnormale), in aller Regel sogenannte Leistungskomparatoren der Genauigkeitsklasse 0,005 % ... 0,02 %, an die übergeordneten Normale anschließen. Die untergeordneten Arbeitsnormale bei den Herstellern von Zählern oder aber in Prüfstellen sind sogenannte Prüfzähler. Diese weisen üblicherweise eine Genauigkeitsklasse im Bereich 0,02 % bis 0,05 % auf und sind in aller Regel wiederum an die Sekundärnormale angeschlossen. Mit diesen Arbeitsnormalen werden letztlich bei den Herstellern, Eichbehörden oder Prüfstellen die Elektrizitätszähler geprüft. Diese ununterbrochene Kette der Rückführung aller Messgeräte, vom Prüfzähler angefangen bis hin zum nationalen kWh–Normal, stellt sicher, dass die verbauten Elektrizitätszähler im Netz innerhalb ihrer festgelegten Genauigkeitsklassen beziehungsweise Verkehrsfehlergrenzen den geldwerten Messwert richtig messen und anzeigen.

Die nachfolgenden Abschnitte zeigen einen kleinen Abriss der in der PTB im Bereich der elektrischen Energiemesstechnik vorhandenen Messtechnik für die Darstellung, Bewahrung oder Weitergabe der Einheiten, beziehungsweise der Unterstützung des gesetzlichen Messwesens durch Konformitätsbewertung von Elektrizitätsmessgeräten auf. Für tiefergehende Informationen sei auf die entsprechende Literatur verwiesen (z. B. [1]).

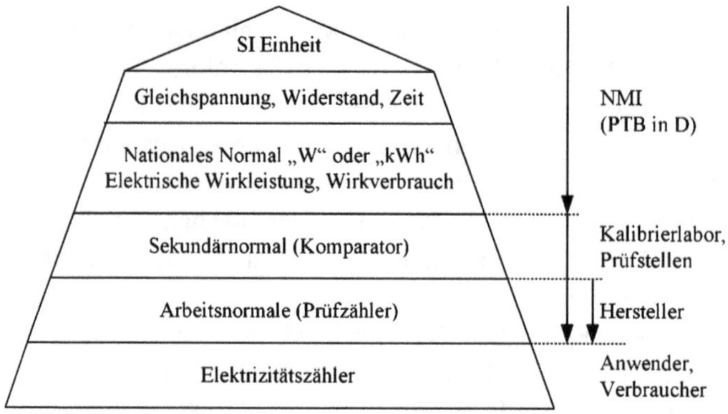

Abb. 20.1: Kalibrierhierarchie am Beispiel der Messgröße elektrische Leistung bzw. Wirkverbrauch.

20.2 Metrologisch relevante Messtechnik in Energieversorgungsnetzen

Die Liberalisierung des Strommarktes 1998 und insbesondere der Beschluss der Regierung im Juni 2011 zum beschleunigten Einstieg in die Erneuerbaren Energien hat und wird die Messtechnik in elektrischen Energieversorgungsnetzen nachhaltig verändern. Die starke Zunahme der dezentralen und volatilen Energiequellen und die zunehmende Nutzung elektrischer Energie für die Wärmeerzeugung und Mobilität und damit verbundenen kurzzeitigen, schwer zu planenden Energieabnahmespitzen durch Ladevorgänge stellen nicht nur das gesamte Energienetz, sondern auch die notwendige Messtechnik zur Erfassung der Energieströme vor neue Herausforderungen.

Der Erfolg der Energiewende ist dabei nicht nur von den technischen Möglichkeiten zur Überwachung und schnellen Steuerung der Netze sondern auch von der breiten Akzeptanz der Bürgerinnen und Bürger abhängig. Insbesondere bei den steigenden Preisen für Strom, wenn die Stromrechnung aufgrund der kontinuierlichen Fokussierung auf den Energieträger Strom zunehmend höher wird, ist es entscheidend, die elementaren Verbraucherbedürfnisse Transparenz und Vertrauen in die Messtechnik ausreichend befriedigen zu können.

20.2.1 Elektrizitätszähler

Die elementare Messtechnik für Abrechnungszwecke in elektrischen Energieversorgungsnetzen stellen die Elektrizitätszähler dar. Diese Zähler erfassen an der Messstelle die transportierte elektrische Energie. Je nach Anforderung der Messstelle können die Zähler in Aufbau und Funktionsumfang sehr unterschiedlich ausgeprägt sein. Dies reicht von einer simplen Aufsummierung der transportierten Energie in eine Richtung bei kleinen Haushaltskunden über Lastgangmessungen in Viertelstundentakt bei größeren Erzeugern oder Verbrauchern bis hin zu komplexen Systemen aus digitalen Strom- und Spannungswandlern mit rein digitaler Berechnung der Messwerte an Kotenpunkten von Höchstspannungs-Übertragungsnetzen.

Das generelle Funktionsprinzip eines elektronischen Elektrizitätszählers ist dabei immer ähnlich:

Zumeist werden in einer zeitlichen hohen Abfolge die aktuellen Ströme und Spannungen der einzelnen Phasen mittels Sensoren erfasst, diese werden über Analog-Digital-Wandler digitalisiert und anschließend in der Software des Zählers über kurze feste Zeitintervalle zu kleinen Energieinkrementen integriert. Diese Energieinkremente werden je nach Zählerfunktion verschiedenen Registern zugeordnet und der jeweilige Registerwert um dieses Inkrement erhöht. Die Zuordnung zu den Registern kann dabei von unterschiedlichen Faktoren bestimmt werden. Geläufig sind beispielsweise die Phasenwinkel zwischen Strom und Spannung (Wirkenergie, Blindenergie), der Energieflussrichtung (Lieferung, Bezug) oder der Uhrzeit (z. B. Tagtarif, Nachttarif, Viertelstunden-Zählerstandsgang, Viertelstunden-Lastgang).

Der Aufbau der Spannungssensoren eines üblichen elektronischen Zählers besteht aus einem Spannungsteiler, der die anliegenden Spannungen der Phasen an einen für den A/D-Wandler zulässigen Wert anpasst. Für Mittelspannung, Hochspannung und Höchstspannung werden zusätzlich separate Spannungswandler verwendet, um die hohe Primärspannung zunächst in eine einfach zu handhabende sekundäre Niederspannung zu reduzieren, bevor sie auf die Klemmen des eigentlichen Elektrizitätszählers gelegt wird. Die vom Elektrizitätszähler gemessene Energie ist in diesem Fall mit dem festen Wandlungsfaktor des Spannungswandlers zu multiplizieren.

Diese Art der separaten Wandlermessung wird auch bei der Strommessung hoher Ströme (oftmals bereits bei Bemessungsströmen >63 A) eingesetzt. Ein Messstromwandler teilt den zu messenden Primärstrom in einen handhabbaren Sekundärstrom von wenigen Ampère der von den Stromsensoren des eigentlichen Zählers fließt und von diesen erfasst wird. Auch hier muss der vom Zähler gemessene Strom mit dem Wandlungsfaktor des Stromwandlers multipliziert werden. Diese Berechnungen mit den Wandlungsfaktoren der verwendeten Strom- und Spannungswandler geschieht üblicherweise beim Messstellenbetreiber, seltener direkt im Zähler. Das Messprinzip der Stromsensoren der Elektrizitätszähler können je nach Typ und Hersteller sehr unterschiedlich ausfallen. Auf dem Markt haben sich hierbei Hall-Sensoren, Rogowski-Sensoren und Strommessshunts etabliert.

20.2.2 Das gesetzliche Messwesen als Vertrauensanker

Trotz unterschiedlicher Ausführungen haben alle Elektrizitätszähler gemeinsam, dass sie Mindestanforderungen unter anderem an ihre Messrichtigkeit einhalten müssen, damit ihre Messwerte im geschäftlichen oder amtlichen Verkehr genutzt werden können. Während angenommen wird, dass bei Messstellen mit einer höchsten dauernd zulässigen Betriebsspannung von mindestens 123 kV oder Nennstromstärken von mehr als 5 kA die Vertragsparteien eines geschäftlichen Verkehrs auf gleicher Augenhöhe agieren und selbstständig für ausreichende Messrichtigkeit sorgen können, wird in Deutschland für die kleineren Messstellen die Messrichtigkeit durch das gesetzliche Messwesen bewahrt.

Gesetzliche Grundlage ist hierbei das Gesetz über das Inverkehrbringen und die Bereitstellung von Messgeräten auf dem Markt, ihre Verwendung und Eichung sowie über Fertigpackungen (Mess- und Eichgesetz – MessEG) mit seiner zugehörigen Verordnung über das Inverkehrbringen und die Bereitstellung von Messgeräten auf dem Markt sowie über ihre Verwendung und Eichung (Mess- und Eichverordnung – MessEV). Diese beiden Dokumente beschreiben die Mindestanforderungen an Messgeräte, ihre Messwerte und deren Verwender, um sie im geschäftlichen oder amtlichen Verkehr nutzen zu dürfen. Während Anlage 2 der MessEV die wesentlichen Anforderungen für die unterschiedlichsten geregelten Messgeräte nur sehr allgemein beschreiben kann, hat der Regelermittlungsausschuss für Messgeräte zur Bestimmung von Messgrößen bei der Lieferung von Elektrizität verschiedene Normen ermittelt, die eine Konkretisierung dieser allgemeinen Anforderungen beinhalten und eine Vermutungswirkung bezüglich der Erfüllung der wesentlichen Anforderungen auslösen.

Eine Sonderrolle haben jedoch die einfachen Wechselstromwirkverbrauchszähler. Während alle anderen Elektrizitätsmessgeräte national geregelt sind, sind diese einfachen Wechselstromwirkverbrauchszähler auf europäischer Ebene geregelt und fallen unter die europäische Richtlinie 2014/32/EU zur Harmonisierung der Rechtsvorschriften der Mitgliedstaaten über die Bereitstellung von Messgeräten auf dem Markt. Hintergrund ist, dass für einen freien Binnenmarkt im Europäischen Wirtschaftsraum und zur Umsetzung eines Mindestmaßes an die Gerätequalität für Standardmessgeräte einheitliche Anforderungen gestellt werden sollen.

20.2.3 Smart Meter Gateways

Wie bereits dargestellt, muss neben dem Vertrauen in die Messtechnik auch die Transparenz für den Verbraucher ermöglicht werden. Haben gewöhnliche Elektrizitätszähler oft nur ein einfaches Display, auf dem der akkumulierte Gesamtzählerstand dargestellt wird, bieten Smart Meter weitaus weitreichendere Funktionalitäten, die auch über eine verbesserte Transparenz hinaus gehen. Eine Grundlage für Smart Meter sind die Europäische Richtlinie 2006/32/EG und 2009/72/EG, sowie der Empfehlung 2012/148/EU. Bereits 2006 und 2009 wird beschrieben, dass zukünftig Zähler verbaut werden sollen, die den tatsächlichen Energieverbrauch und die tatsächliche

Nutzungszeit dem Verbraucher anzeigen können sowie die aktive Beteiligung der Verbraucher am Stromversorgungsmarkt unterstützen sollen.

Ein Smart Meter besteht im Beispiel der deutschen Auslegung nicht aus einem einzelnen Zähler mit zusätzlicher Kommunikations- und Messwertverarbeitung, sondern aus einem in Abbildung 20.2 dargestellten intelligente Messsystem (iMsys) mit modularem Aufbau. Gesetzliche Grundlage hierfür ist das Gesetz über den Messstellenbetrieb und die Datenkommunikation in intelligenten Energienetzen (Messstellenbetriebsgesetz – MsbG), dass das Bundesamt für Sicherheit in der Informationstechnik (BSI) betraut, für das iMsys Mindestvorgaben für den IT-Schutz, die Interoperabilität und die Funktionalität zu definieren. Den zentralen Knotenpunkt eines iMsys stellt das Smart Meter Gateway (SMGw) dar, das die sichere Kommunikation, Messwertverarbeitung und -speicherung übernimmt, selbst jedoch keine Messsensorik enthält. Über drei Kommunikationspfade kann das SMGw hierfür Informationen austauschen.

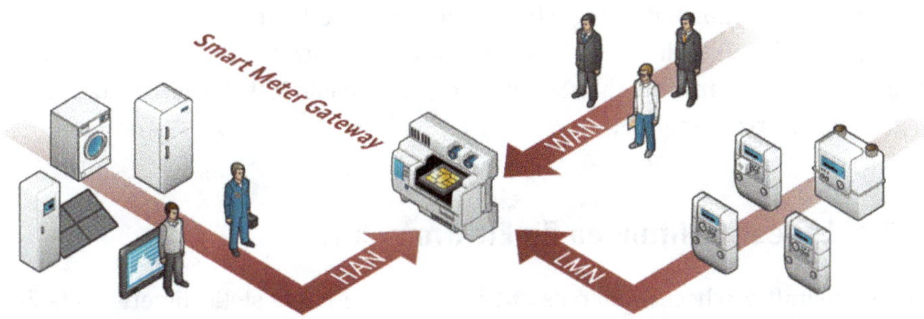

Abb. 20.2: Prinzipieller Aufbau des intelligenten Messsystems. Quelle: Bundesamt für Sicherheit in der Informationstechnik.

Über das lokale metrologische Netzwerk (LMN) werden drahtgebunden und/oder per Funk Zähler als kontinuierliche Messwertlieferanten angebunden werden. Das Besondere hierbei ist, dass an ein SMGw nicht nur mehrere Elektrizitätszähler, sondern auch Zähler weiterer Energiesparten wie Gas und Wasser angebunden werden können. Dies ermöglicht es, Synergien zu schaffen und die sicheren Kommunikationswege für mehrere Anwendungsgebiete zu eröffnen, was positive Auswirkungen auf die Kosten-Nutzen-Analyse nach sich zieht. Das Home Area Netzwerk (HAN) bietet für die Kunden die Schnittstelle, um transparent alle ihn betreffenden Informationen und Messwerte einsehen zu können. Der Kunde erhält dabei Aufschluss über sein Verbrauchsverhalten (und gegebenenfalls Erzeugung) und alle tarifierungsrelevanten Messwerte, auch wenn er sich für eine komplexe Abrechnungstarifstruktur entscheidet. Zusätzlich können über HAN auch lokal weitere Geräte angebunden werden, um diese als vertrauenswürdige Informationsquelle zu nutzen oder für sie eine sichere Steuerbarkeit aus der Ferne zu ermöglichen.

Über das Wide Area Netzwerk (WAN) findet der Informationsaustausch über das Weitverkehrsnetz statt. Da energiewirtschaftlich relevante und persönliche Daten übermittelt werden und ein Weitverkehrsnetz einfacher zugänglich ist als ein Zählerschrank in einem Haus, wird hierbei vom BSI ein ganz besonderes Augenmerk auf den Schutz dieser Informationen gelegt. Das SMGw kommuniziert daher nur über spezielle PKI-basierte Verschlüsselungsverfahren mit bekannten Gegenstellen. Diese sind der Gateway-Administrator, der die Parametrierung der SMGws vornehmen kann, sowie externe Marktteilnehmer wie z. B. der Messstellenbetreiber und der vom Kunden ausgewählte Energielieferant als Messwerteempfänger und/oder gegebenenfalls Steuerberechtigte und ähnliche. Jede Gegenstelle erhält dabei genau nur die Informationen, die sie für die Erfüllung ihrer Rolle benötigt. Das MsbG beschreibt, für welche Messstellen ein Einbau eines iMsys verpflichtend wird. Dies betrifft beispielsweise Netzanschlussnutzer mit einem jährlichen Verbrauch über 6.000 kWh oder mit einer Erzeugungsanlage (z. B. eine Photovoltaikanlage) mit einer maximalen Leistung über 7 kW. Für Anschlussnutzer, die die notwendigen Kriterien nicht erfüllen, besteht jedoch dennoch optional die Möglichkeit, ein iMsys zu erhalten.

Wie Elektrizitätszähler unterliegen SMGws zur Sicherstellung korrekte Abrechnungswerter dem eichrechtlichen Schutz. Sie gelten gemäß MessEG als Zusatzeinrichtungen für Elektrizitätszähler.

20.2.4 Ladeeinrichtungen für Elektromobile

Eine in Zukunft wachsende Herausforderung für die Netze stellt die erwartete Zunahme an Ladeinfrastruktur für Elektromobile dar. Bei aktuellen Ladeleistungen von 11 kW bis über 350 kW pro Ladepunkt bedeuten sie nicht trivial steuerbare große Lasten, deren Energieabnahme oftmals schwer zu planen ist.

Da auch hier signifikante Energiemengen pro Ladevorgang dem Ladekunden in Rechnung gestellt werden, gehören Ladeeinrichtungen ebenfalls zu den im MessEG und der MessEV national geregelten Messgeräten. Erwähnenswert ist, dass bei öffentlich verwendbaren Ladeeinrichtungen im Vergleich zu einem Elektrizitätszähler zusätzliche Anforderungen wie z. B. eine dauerhafte Speicherung der Messergebnisse und ein dauerhafter Nachweis für die Messung erfüllt werden müssen. Begründet ist dies durch die unterschiedlichen Kunden, die über eine Ladeeinrichtung im Laufe der Zeit versorgt werden und jeder Kunde nur die von ihm erhaltene Energie abgerechnet bekommen darf.

Ladeeinrichtungen können in zwei Kategorien eingeordnet werden:

- AC-Ladeeinrichtungen stellen einem Fahrzeug üblicherweise ein oder drei Phasen mit einer Wechselspannung von 230 V bzw. 400 V zum Aufladen bereit. Die mögliche Ladeleistung ist hierbei selten höher als 22 kW. Die Wandlung in eine für die Batterie verwendbare Gleichspannung geschieht in einem Gleichrichter im Fahrzeug. Die von der Ladeeinrichtung abgegebene Wechselstromenergie lässt sich mit weit verbreiteten Wechselstromwirkverbrauchszählern erfassen und der weiteren Datenverarbeitung in der Ladeeinrichtung zur Verfügung stellen.

- DC-Ladeeinrichtungen stellen die für die Batterie des Fahrzeugs benötigte Gleichspannung bereits vor Abgabe her. Je nach Typ können Ladeleistungen bis über 350 kW angeboten werden. Da durch die Gleichrichtung und den Energietransport zum Energieabgabepunkt (Ladestecker) spürbare Verluste auftreten, wird die abgegebene Energie über Gleichstrommesseinrichtungen bestimmt. Zu diesem Zweck haben mittlerweile mehrere Hersteller eigenständige Gleichstromzähler entwickelt und diese ebenfalls gemäß MessEG/MessEV zertifizieren lassen. Somit stehen für Ladeeinrichtungen metrologisch vertrauenswürdige Messeinrichtung bereit, die aber auch außerhalb der Elektromobilität für abrechnungsrelevante Gleichstrommesszwecke verwendet werden können.

20.2.5 Aktuelle Herausforderungen Stabilisierung des Stromnetzes und Einbindung von fluktuierenden Erzeugungsanlagen

Um einen stabilen Betrieb des Stromnetzes sicherzustellen, ist es notwendig, dass die Erzeugungsleistung und der Bedarf an elektrischer Energie ausgeglichen sind. Die Kraftwerksbetreiber erhalten zu diesem Zweck von dem Netzbetreiber eine Prognose über die benötigte Liefermenge, wodurch in Verbindung mit der bereitgehaltenen Regelleistung gewährleistet werden soll, dass die aktuelle Erzeugung dem Bedarf entspricht und damit die Netzfrequenz auf der Nennfrequenz von 50 Hz in dem zulässigen Toleranzbereich von ±200 mHz gehalten wird. Bei einer zu hohen Erzeugung liegt die Netzfrequenz über 50 Hz, bei einem zu hohen Verbrauch liegt sie unter 50 Hz.

Bedingt durch die Unsicherheit der Prognose zum Energiebedarf, durch unvorhergesehene Ereignisse und auch durch die zunehmende Einspeisung aus fluktuierenden Erzeugungsanlagen kommt es zu Abweichungen zwischen der Erzeugungsleistung und dem tatsächlichen Energiebedarf. Diese Abweichungen müssen durch sogenannte Regelleistung wieder ausgeglichen werden. Neben der Regelenergie gewinnt die sogenannte Momentanreserve, die eine Systemdienstleistung zur Frequenzhaltung darstellt, durch den Ausbau der Erneuerbaren Energien und der Abschaltung der konventionellen Kraftwerke zunehmend an Bedeutung. Die Momentanreserve wird zurzeit durch die Trägheit der rotierenden Massen in den konventionellen Erzeugungsanlagen automatisch erzeugt. Die Reduktion der konventionellen Kraftwerke, die thermische Energie mithilfe von Turbinen und Generatoren in elektrische Energie umwandeln und damit durch ihre Trägheit der rotierenden Elemente einen wesentlichen Beitrag zur Bereitstellung der notwendigen Momentanreserve leisten, verschärft die Problematik der Netzstabilisierung. Die Netzstabilität nimmt ohne die Integration von zusätzlichen Netzstabilisierungstechniken insbesondere zur Frequenzhaltung ab. Für die Stabilisierung ist es wichtig, dass es genügend Anlagen am Netz gibt, die die Momentanreserve bereitstellen können.

Kommt es zu einer Überschreitung von 52,5 Hz oder einer Unterschreitung von 47,5 Hz, werden die Erzeugungsanlagen vom Netz getrennt und das Netz muss neu aufgebaut werden. Um dies zu verhindern, werden bei einer Unterschreitung der Netzfrequenz schrittweise Gegenmaßnahmen ergriffen, wie die Steigerung der Einspeiseleistung, und bei einem zu erheblichen Absinken der Netzfrequenz die Trennung von Großverbrauchern bis hin zum Abschalten von Netzsegmenten. Problematisch ist auch, wenn in einem Netzsegment ein großes Ungleichgewicht zwischen der Energieerzeugung und dem Energiebedarf herrscht. Wenn es in diesem Fall zu einer Störung einer hochbelasteten Übertragungsleitung kommt, die für den Ausgleich zwischen den Netzsegmenten sorgt, führt dies bei zu geringer Momentanreserve schnell zu einem kritischen Netzzustand in dem Teilnetz. Die Reduktion der Momentanreserve führt zwangsläufig zu einer Zunahme der Dynamik im Bereich der Netzfrequenz wenn keine anderen Anlagen am Netz diese Bereitstellung übernehmen. Denn ohne ausreichende Momentanreserve besteht keine ausreichende zeitliche Möglichkeit für die Aktivierung und Bereitstellung der Regelenergie.

Für einen stabilen Netzbetrieb in Verbindung mit einem Wandel der Energieversorgung ist es daher unvermeidbar, dass andere Anlagen diese Aufgabe übernehmen. Insbesondere Batteriespeichersysteme können zur Begrenzung der Frequenzänderung eingesetzt werden. Die Anbindung des Speichersystems erfolgt mit Hilfe von Leistungselektronik, die es ermöglicht, in sehr kurzer Zeit große Leistungen in das Netz einzuspeisen oder aufzunehmen. Die fehlende stabilisierende Schwungmasse in Verbindung mit dem Synchrongenerator kann so durch elektronisch gesteuerte Umrichter in Verbindung mit Energiespeichern zur Energiebereitstellung kompensiert werden. Weiterhin können dezentrale Speichersysteme die Belastung des Netzes durch eine intelligente und lokale Zwischenspeicherung reduzieren und damit unter bestimmten Bedingungen auch zu einer Steigerung der Systemeffizienz beitragen.

Neben dem Einsatz von Speichersystemen kann auch eine intelligente Steuerung des Energiebedarfs dazu beitragen, die Energie aus fluktuierenden regenerativen Erzeugungsanlagen effizient einzusetzen. Dies kann z. B. durch den Einsatz von intelligenten Messsystemen in Verbindung mit variablen Tarifen und/oder einer automatischen Verbrauchersteuerung durchgeführt werden.

Weitere Herausforderungen sind die Einführung von neuen innovativen Geschäftsmodellen, in denen auf neuartige Mess- und Berechnungsverfahren zurückgegriffen werden muss. Hier sind eine Vielzahl von unterschiedlichen Rahmenbedingungen für die abrechnungsrelevante Energiemengenmessung einzuhalten. Zum einen sind die gesetzlichen Anforderungen für die abrechnungsrelevante Energiemengenmessung zu erfüllen, zum anderen müssen zukünftige Messkonzepte aber auch in das Abrechnungssystem des Messstellenbetreibers integriert werden, um eine Abrechnung zu ermöglichen.

20.3 Rückführung auf die nationalen Normale der PTB

Die Rückführung von Messgeräten und Messeinrichtungen auf das SI-System geschieht an der PTB mithilfe der PTB-Normale. Diese Normale sind in den Referenzmesseinrichtungen eingebettet, die mit den Möglichkeiten der PTB für die entsprechende Messgröße wissenschaftlich und metrologisch qualifiziert werden. In den folgenden Unterkapiteln werden die aus Sicht der elektrischen Energiemesstechnik relevanten Messgrößen Spannung, Strom, Leistung und Energie sowie die für den Bereich der Messwandler und Hochspannung relevanten ratiometrischen Messgrößen Spannungsverhältnisse und Stromverhältnisse behandelt.

20.3.1 Normale für die Messwandler

Messwandler zum Zwecke der Verrechnung elektrischer Energie werden Elektrizitätszählern vorgeschaltet, wenn die zu messenden Stromstärken oder die zu messenden Spannungen für die Zähler zu hoch sind. Dies ist im Allgemeinen der Fall, wenn die übertragene Energie im Mittelspannungsnetz beziehungsweise Hochspannungsnetz gemessen werden soll, da direkt anzuschließende Zähler in aller Regel nur für die Verwendung im 400 V Niederspannungsnetz ausgelegt sind. In Anwendungen, in denen die maximal zu erwartenden Ströme größer als 100 A sind, kommen jedoch auch hier Messwandlerzähler mit vorgeschalteten Stromwandlern zum Einsatz. Die Messwandler haben daher die Aufgabe, die hohe zu messende primäre Spannung (beziehungsweise Stromstärke) in eine niedrige, für die Zähler leicht zu erfassende sekundäre Spannung (beziehungsweise Stromstärke) abzubilden. Idealerweise sollten die abgebildeten Sekundärgrößen exakt proportional und phasengleich zu den Primärgrößen sein. Praktisch treten jedoch immer Abweichungen auf. Diese den Messwandlern zuzuordnenden Abweichungen führen zu Abweichungen in der vom Messwandlerzähler gemessenen elektrischen Energie. In den verschiedenen genormten Klassen spiegelt sich die unter allen Einsatzbedingungen erreichte Genauigkeit als Maß für die messtechnische Güte eines Messwandlers wider. Dabei kommen üblicherweise die Klassen 0.1 bis 0.5 entsprechend den maximal zulässigen Fehlertoleranzen von 0,1 % bis 0,5 % zum Einsatz (vgl. [8, 9]).

Daher ist auch eine Rückführmöglichkeit für die Messwandler auf die nationalen Normale vorgesehen (vgl. [10, 11]). Die dazu notwendige Prüftechnik besteht aus sogenannten Normalspannungs-, beziehungsweise Normalstromwandlern, mit denen die Messwandler im Vergleich geprüft werden. Diese Normalwandler sind höherwertige Messwandler und haben in aller Regel eine gemäß Messwandlerprüfregel (vgl. [12]) verringerte Fehlergrenze von 0,02 %. Der Vergleich selbst wird mithilfe einer Wandlermesseinrichtung durchgeführt, für die ebenfalls eine tolerierte maximale Fehlergrenze von 0,02 % vorgesehen ist. Ebenfalls wird während der Prüfung der zu prüfende Messwandler normgerecht mithilfe einer Normbürde belastet. Diese Normbürden weisen eine tolerierte Fehlergrenze von 3 % auf.

20.3.1.1 Messeinrichtung für Normalwandler

Die Messwandler haben die Aufgabe eine hohe Primärgröße A_p (Primärspannung U_p bei Spannungswandlern, primäre Stromstärke I_p bei Stromwandlern) in eine niedrige, von den Zählern gut messbare Sekundärgröße A_s (U_s, I_s) abzubilden. Das Verhältnis A_p/A_s ist die Übersetzung des Messwandlers. Im Idealfall ist das Verhältnis der Sekundärgröße zur Primärgröße proportional und phasengleich. Die Übersetzung entspricht dann der Bemessungsübersetzung $K_n = A_{pn}/A_{sn}$ (vgl. [13]). Bei den in Deutschland aber auch europaweit zum überwiegenden Teil eingesetzten Messwandlern handelt es sich um konventionelle Wandler, die induktiv arbeiten, das heißt, nach dem transformatorischen Prinzip. Die sekundären Bemessungsgrößen sind mit Spannungen im Bereich von üblicherweise 100 V und Strömen von 1 A oder 5 A genormt. In der Praxis treten jedoch immer Abweichungen nach Betrag und Phase auf. Diese werden als Übersetzungsmessabweichung ε und Fehlwinkel δ bezeichnet. In Abbildung 20.3 (links) ist das Zeigerdiagramm der tatsächlichen Sekundärgröße $\underline{A}_s$, der sich idealerweise einstellenden Sekundärgröße $\underline{A}_p/K_n$, und dem sich zwischen diesen Größen ergebenden Fehlwinkel δ dargestellt. Die komplexe Abweichung $\Delta\underline{A}_s$ ist ebenfalls eingezeichnet. Werden die Zeiger auf $\underline{A}_p/K_n$ normiert, so ergibt sich daraus geometrisch die Übersetzungsmessabweichung ε als Unterschied der Zeigerlänge zum Wert Eins.

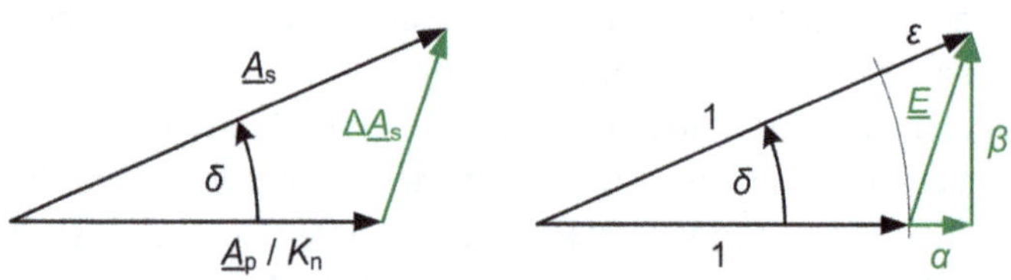

Abb. 20.3: Linkes Bild: Zeigerdiagramm eines Messwandlers mit umgerechneter Primärgröße A_p/K_n, Sekundärgröße A_s und Fehlwinkel δ. Die komplexe Differenz ΔA_s ist grün dargestellt. Rechtes Bild: Aus linkem Bild durch Normierung mit A_p/K_n hervorgegangenes Zeigerdiagramm mit der Übersetzungsmessabweichung ε sowie dem Fehlwinkel δ (vgl. [11]).

Geprüft wird durch Vergleich mit höherwertigen Messwandlern, sogenannten Normalwandlern. Diese weisen Messabweichungen von unter 0,02 % auf und sind damit beispielsweise zehnmal genauer als ein Klasse 0,2S Wandler. Die in der PTB verwendeten Wandlermesseinrichtungen für Strom- und Spannungswandler arbeiten nach dem Differenzverfahren, bei dem die Differenz zwischen dem PTB-Normal und einem

Prüfling gemessen wird. Abbildung 20.4 zeigt das Prinzip am Beispiel der Stromwandlermessung (vgl. [14]); sinngemäß gilt das Folgende auch für die Spannungswandlermessung (vgl. [9]).

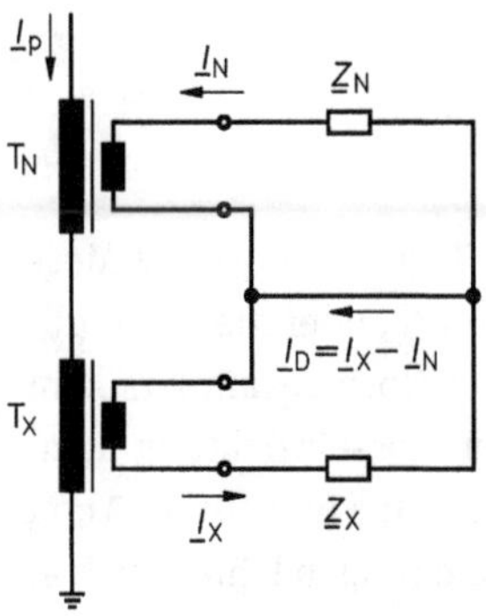

Abb. 20.4: Prinzip einer Stromwandler-Messeinrichtung nach dem Differenzverfahren (vgl. [11]).

Der PTB-Normalstromwandler T_N und der zu prüfende Stromwandler T_X werden primärseitig in Reihe geschaltet und von einer Stromquelle mit der gewünschten primären Stromstärke $\underline{I}_p$ versorgt. Dabei wird bei T_N die gleiche Übersetzung wie bei T_X gewählt, um annähernd gleiche Sekundärstromstärken $\underline{I}_X$ und $\underline{I}_N$ zu erreichen. In Analogie zu Abbildung 20.3 ermittelt die Wandlermesseinrichtung die komplexe Stromstärke $\underline{I}_N$ und die Differenzstromstärke $\underline{I}_D = \underline{I}_X - \underline{I}_N$ über geeignete Stromsensoren hoher Empfindlichkeit und einen zweikanaliger Abtaster. Aus den Abtastwerten werden die Spektralwerte nach Betrag und Phase (d. h. komplex) im Frequenzbereich aufgelöst, und aus dieser die Übersetzungsmessabweichung ε und der Phasenfehlwinkel δ berechnet. Dabei ist zu berücksichtigen, dass in diesen Abweichungen noch die geringen Abweichungen des PTB-Normalwandlers enthalten sind. Der zu prüfende Stromwandler wird dabei mit einer Bürde Z_X derart belastet, dass diese der Belastung durch die Messleitungen und der Wandlermesseinrichtung in der Prüfstelle entspricht. Als PTB Normale werden für die Kalibrierung rückgeführte Stromkomparatoren eingesetzt, deren eigene Messabweichungen im Bereich zwischen unter 10^{-6} bis 10^{-5} liegen (vgl. [15]).

Der abgedeckte Bereich der primären Bemessungsstromstärken dieser Referenzen liegt zwischen 0,1 A und 60 000 A. Die typisch vergebene Messunsicherheit bei der Kalibrierung eines Normalstromwandlers für die Eichung von Messwandlern liegt bei ±0,003 % bzw. 0,003 crad (entsprechend 0,1′) und einem Vertrauensbereich von etwa 95 % entsprechend $k = 2$. Die dargestellten Zusammenhänge für die PTB-Kalibriereinrichtung für Stromwandler lassen sich prinzipiell auf die Kalibriereinrichtung für Spannungswandler übertragen. Zwei primärseitig parallel geschaltete Wandler sind an die primäre Spannung U_p, und sekundärseitig an die Spannungswandler-messeinrichtung angeschlossen. Der Bereich der primären Bemessungsspannungen überdeckt den Bereich von 100 V bis hoch zu $400/\sqrt{3}$ kV. Die für Normalspannungswandler vergebenen Messunsicherheiten liegen auch hier im Bereich von 0,003 % bzw. 0,003 crad ($k = 2$).

20.3.1.2 Messeinrichtung für Wandlermesseinrichtungen

Die Wandlermesseinrichtung ist die Waage in der Konformitätsbewertung eines Messwandlers. Sie vergleicht entweder die Sekundärströme I_X und I_N, oder die Sekundärspannungen U_X und U_N des zu prüfenden Wandlers und des Normalwandlers komplex, das heißt, nach Betrag und Phase. Die dabei von der Messeinrichtung anzuzeigenden Messabweichung bewegen sich im Bereich von bis zu ±1,5 % und ±3 crad (Klasse 0,5S bei 1 % I_n). Die dabei zulässigen erlaubten Abweichungen lehnen sich an die Fehlergrenzen eines Klasse 0,2 Stromwandlers an. Sie betragen 1/10 der dort geforderten Grenzwerte, das heißt, ±0,02 % (±0,03 crad) für Spannungswandlermesseinrichtungen, und für den Stromstärkebereich 20 % bis 200 % bei Stromwandlermesseinrichtungen. Zusätzlich sind für die Prüfpunkte 5 % und 1 % erhöhte Toleranzen von ±0,035 % (±0,045 crad) bzw. ±0,075 % (±0,09 crad) erlaubt.

Der Kalibrator für Wandlermesseinrichtungen (vgl. [13]) arbeitet nach dem Verfahren einer nach Real- und Imaginärteil getrennten Fehlerzuspeisung (vgl. Abbildung 20.3) mithilfe von hochpräzisen, elektronisch fehlerkompensierten Summierstromwandlern bzw. -spannungsteilern. Die mit diesem Messsystem erreichten Messunsicherheiten sind nochmals um den Faktor 10 geringer als die geforderten Toleranzen von zu prüfenden Wandlermesseinrichtungen. Der Arbeitsbereich deckt Ströme von bis zu 10 A für I_X und I_N bzw. Sekundärspannungen von über 200 V für U_X und U_N ab.

20.3.1.3 Messeinrichtung für Messwandlerbürden

Normbürden simulieren während der Richtigkeitsprüfung die spätere Belastung des Messwandlers im Netz durch die sekundärseitig angeschlossenen Energiemessgeräte. Kenngrößen einer Bürde sind die Bemessungsscheinleistung S_n und der Bemessungsleistungsfaktor $\cos \beta_n$. Die Abweichung zwischen der tatsächlichen Leistung und S_n darf höchstens ±3 % bezogen auf S_n betragen; für den Phasenwinkel β gilt eine Grenze von ±3 crad ausgehend von β_n (vgl. [12]).

Die Normwerte der Bürdenstufen für die Eichung von Stromwandlern beruhen auf den Bemessungsleistungen für eichfähige Messwandler und liegen im Bereich zwischen 1 VA und 30 VA. Der Bürdenleistungsfaktor $\cos \beta$ beschreibt das Verhältnis von Wirk- zur Scheinleistung. Unterhalb von 5 VA ist die Belastung rein ohmsch; ab 5 VA ist die Last ohmsch-induktiv, das heißt, der Spannungszeiger eilt dem Stromzeiger voraus (um 36,9 ° bei $\cos\beta = 0{,}8$). Die Normwerte der Bürdenstufen für die Eichung von Spannungswandlern decken einen weiteren Bereich bis zu 300 VA ab.

Die Messeinrichtung in der PTB für Normbürden (vgl. [16, 17]) basiert auf der Messung der komplexen Impedanz über das Verhältnis der Spannung $\underline{U}$ und des Stromes $\underline{I}$. Hierfür geeignete Sensoren sind derart verschaltet, dass keine Belastung der Bürde durch die Sensoren auftritt. Sie decken den Bereich von 1 mA bis zu 10 A (Stromsensor) und einigen mV bis 300 V ab. Ein analoger Leistungsverstärker stellt die Prüfleistung von bis zu 700 VA zur Verfügung. Die erreichbare Messunsicherheit mit diesem Kalibrator liegt im Bereich von 0,02 % bis 0,05 %. Die für Normbürden vergebenen Messunsicherheiten liegen jedoch mit 0,1 % bis 0,5 % ($k = 2$) höher. Ursachen sind die während der Kalibrierung festgestellten Eigenschaften wie beispielsweise Stabilität (Erwärmungseinflüsse) oder Wiederholbarkeit.

20.3.2 Normale für die Hochspannung

Normalmesseinrichtungen im Bereich der Hochspannungs- und Hochstrommesstechnik bestehen in den meisten Fällen aus einem Sensor, auch Abschwächer, Teiler oder Wandler genannt, und einem analogen oder digitalen Messinstrument. Je nach Spannungs- oder Stromform haben die Sensoren unterschiedliche Eigenschaften. In den nächsten Unterkapiteln werden deshalb die gängigen Spannungsformen der Hochspannungsmesstechnik separat beschrieben.

20.3.2.1 Hohe Wechselspannungen

Bei Wechselspannungsprüfungungen von Betriebsmitteln der elektrischen Energieversorgung wird der Scheitelwert der Prüfspannung gemessen, da dieser für den Über- beziehungsweise Durchschlag von Hochspannungsisolierungen bei Kurzzeitbeanspruchung maßgebend ist. Der Effektivwert ist dagegen bei der Langzeitbeanspruchung und für Messwandler, die zur Messung des Energieverbrauchs Verwendung finden, die geeignetere Messgröße. Eine weitere Messgröße ist der Oberschwingungsgehalt der Prüfspannung, mit dem die Abweichung von der idealen Sinusschwingung charakterisiert wird. Zur Bestimmung dieser Wechselgrößen existiert eine Reihe unterschiedlicher Messverfahren, die bestimmte Vor- und Nachteile aufweisen.

Die Rückführung von Messeinrichtungen und Messsystemen auf nationale Normale im Bereich hoher Wechselspannung geschieht in den meisten Fällen über Vergleichsmessungen. Dabei werden der Prüfling und das Normal gleichzeitig mit einer hohen Wechselspannung beaufschlagt (siehe Abbildung 20.5).

Da historisch gesehen die Prüfungen bei Wechselspannung die Isolationsfähigkeit von Betriebsmitteln garantieren sollten, wurde der Spitzenwert der hohen Wech-

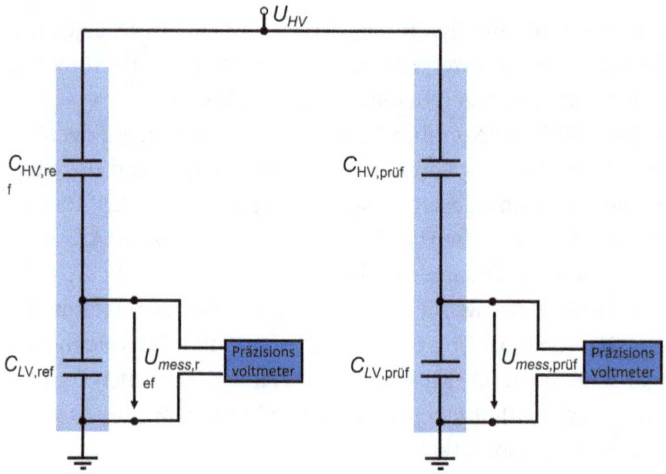

Abb. 20.5: Prinzipielle Messanordnung I zur Kalibrierung einer hohen Wechselspannung. Der Referenzzweig besteht aus einem kapazitiven Teiler und ein Präzisionsvoltmeter.

selspannung verwendet. Deshalb sind häufig Peak-Voltmeter eingesetzt und hierfür auch rückgeführt worden. Mit dem stetigen Ausbau des elektrischen Netzes sowie der Erweiterung der Überwachungssysteme der Übertragungs- und Verteilnetze ist der Effektivwert stärker in den Fokus gerückt. Die PTB bietet Kalibrierdienstleistungen für Messeinrichtungen für hohe Wechselspannungen bis zu einer Spannung von 800 kV und in einem Frequenzbereich von 15 Hz bis 300 Hz mit Messunsicherheiten zwischen $5 \cdot 10^{-5}$ V/V und $5 \cdot 10^{-4}$ V/V. Dabei wird der Prüfling, meist bestehend aus einem kapazitiven Spannungsteiler ($C_{\mathrm{HV,prüf}}$ und $C_{\mathrm{LV,prüf}}$) und einem Präzisionsvoltmeter, parallel zur Referenzmesseinrichtung ($C_{\mathrm{HV,ref}}$ und $C_{\mathrm{LV,ref}}$) mit der gewünschten Spannung beaufschlagt. Die am Referenzmesssystem und dem Prüfling angelegte Hochspannung ergibt sich jeweils aus dem Produkt der Messspannung $U_{\mathrm{mess,ref}}$ und dem Maßstabsfaktor M_{ref} der PTB-Normalmesseinrichtung sowie dem Produkt der Messspannung $U_{\mathrm{mess,prüf}}$ und dem Maßstabsfaktor $M_{\mathrm{prüf}}$ des Prüflings. Da die Hochspannung an beide Messsysteme angelegt wird, erfolgt die Bestimmung des Maßstabsfaktor $M_{\mathrm{prüf}}$ wie folgt:

$$M_{\mathrm{prüf}} = M_{\mathrm{ref}} \cdot U_{\mathrm{ref}} / U_{\mathrm{prüf}}$$

Dabei werden für die Bestimmung der Messunsicherheit Einflussfaktoren wie Temperaturdrift, zeitliche Drift, und Unsicherheit der Digitalvoltmeter einbezogen. Eine andere Möglichkeit der präzisen Messung hoher Wechselspannung ist in Abbildung 20.6 dargestellt. Hier wird statt eines Referenzspannungsteilers lediglich der Hochspannungskondensator verwendet. Der durch die angelegte Hochspannung hervorgerufene Ladestrom im Hochspannungskondensator wird mittels eines Stromsensors erfasst. Die Referenzmesseinrichtung der PTB PS-HVAC wird auf diese Weise

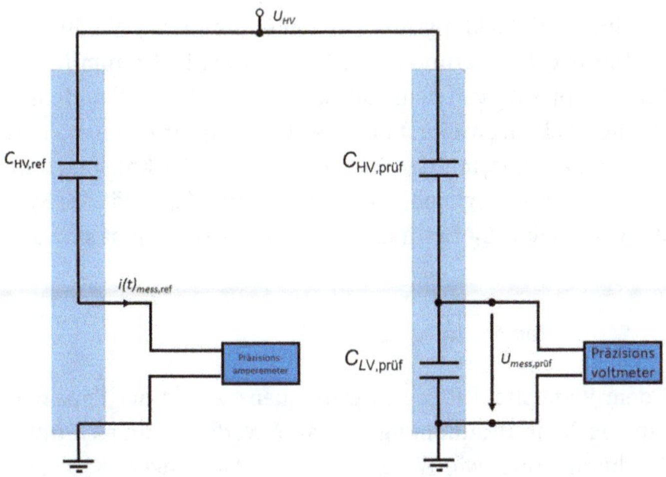

Abb. 20.6: Prinzipielle Messanordnung II zur Kalibrierung einer hohen Wechselspannung. Der Referenzzweig besteht aus einem Hochspannungskondensator und ein Präzisionsamperemeter.

betrieben. Die Messunsicherheit dieser Referenzeinrichtung liegt unterhalb von $5 \cdot 10^{-5}$ (vgl. [18, 19]).

Bei der Kalibrierung von Prüfmitteln auf höchstem metrologischem Niveau werden neben Spannungswandlern Hochspannungs-Druckgaskondensatoren eingesetzt. Diese werden entweder als kapazitive Spannungsteiler oder alleinstehend eingesetzt. In der Hochspannungsmetrologie beinhaltet der Bereich der hohen Wechselspannung deshalb noch die Messgrößen Kapazität und den Verlustfaktor von Hochspannungskondensatoren. Die Kalibrierung von Hochspannungskondensatoren wird mittels einer Schering-Messbrücke durchgeführt (siehe Abbildung 20.7).

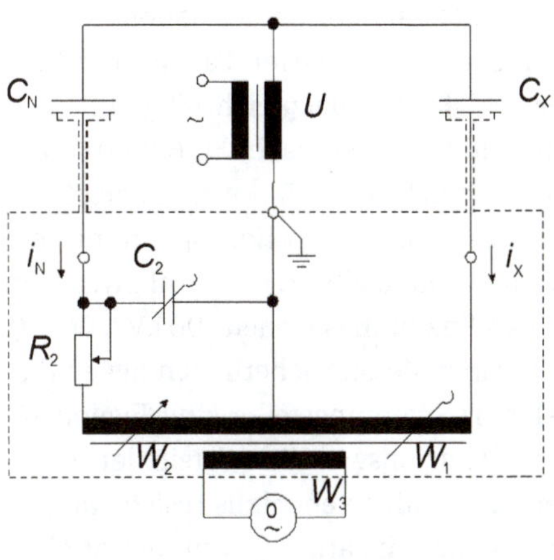

Abb. 20.7: Schering Messbrücke zur Kalibrierung von Hochspannungskondensatoren.

Auf einem Ringbandkern sind zwei Wicklungsgruppen mit einstellbaren Windungen W_1 und W_2 aufgebracht. Die Wicklungsgruppe W_1 wird von dem Ladestrom i_X des Prüflings C_X, die Wicklungsgruppe W_2 von dem Ladestrom i_N des Normalkondensators C_N durchflossen. Da die Wicklungswiderstände der Wicklungsgruppen W_1 und W_2 sehr niederohmig sind, erhält man mit der Spannung U und der Kreisfrequenz ω die Ladeströme. Nach dem Brückenabgleich und bei bekannter Kapazität des Normals lässt sich die Prüflingskapazität C_X bestimmen. Der tan δ-Wert ergibt sich aus der Beziehung:

$$\tan\delta = R_2 \cdot \omega \cdot C_2$$

Er ist proportional dem Widerstand R2 der Kreisfrequenz ω und der Kapazität des Kondensators C_2. Eine exaktere Bestimmung des tan δ-Wertes ergibt sich unter Berücksichtigung der Einflussfaktoren wie Widerstände der Wicklungen, Kapazitäten der Zuleitungen der Kondensatoren und Widerstände der Zuleitungen zum Prüfling und Normal. Die Rückführung der PTB Referenzmesseinrichtung auf SI-Einheiten wird bei Niederspannung für die Kapazität und den Verlustfaktor tan δ innerhalb der PTB durchgeführt. Es werden ausschließlich Druckgaskondensatoren eingesetzt, da diese die beste Spannungsunabhängigkeit zeigen.

20.3.2.2 Hohe Gleichspannungen

Aus metrologischer Sicht haben Gleichspannungen eine besondere Stellung, weil die Maßeinheit Volt eine von der Basiseinheit Ampère abgeleitete Einheit im SI-Einheitensystem ist. Beide Einheiten werden in den nationalen Metrologieinstituten mit höchster Genauigkeit realisiert. Dies geschieht jedoch bei niedrigen Spannungen und Strömen. Bei hoher Gleichspannung ist aber deshalb die Realisierung ebenfalls mit einer Messunsicherheit im Millionstelbereich möglich (vgl. [20]).

Die Rückführung von Messeinrichtungen und Messsystemen auf nationale Normale im Bereich hoher Gleichspannung geschieht in den meisten Fällen über Vergleichsmessungen. Dabei werden der Prüfling und das Normal gleichzeitig mit einer hohen Gleichspannung beaufschlagt (siehe Abbildung 20.8). Nach IEC 60060-1 darf die Restwelligkeit dieser Gleichspannung den relativen Wert von 3 % nicht überschreiten. Das Normal für diese Kalibrierung in der PTB ist immer ein Hochspannungsteiler und ein Präzisionsvoltmeter. Je nach Spannungshöhe gibt es die Wahl zwischen vier verschiedenen Hochspannungsteilern in den Spannungsebenen 100 kV, 200 kV, 400 kV, 1200 kV und 2000 kV. Die besten erzielbaren Messunsicherheiten liegen dabei zwischen $1 \cdot 10^{-6}$ bis $100 \cdot 10^{-6}$. Alle Referenz-Spannungsteiler sind Eigenbauten der PTB und beinhalten einen geschirmten Präzisionswiderstandsteileiler sowie einen resistiv-kapazitiven Schirm. Da die meisten Prüflinge ebenfalls resistiv aufgebaut sind, sind für die Rückführung die Messung der Linearität (Spannungsabhängigkeit) und der Stabilität (zeitliches Einlaufen bei abgelegter Spannung) notwendig.

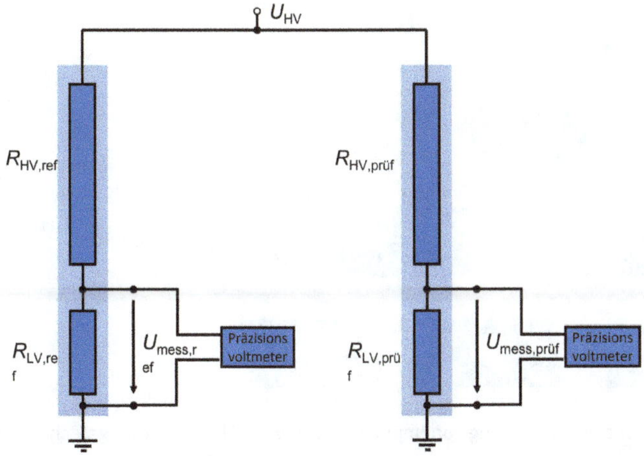

Abb. 20.8: Prinzipielle Messanordnung zur Kalibrierung einer hohen Gleichspannung.

Bei der Linearitätsmessung werden typischerweise fünf Messpunkte gleichmäßig verteilt über den gesamten Messbereich verwendet. Die am Referenzmesssystem und dem Prüfling angelegte Hochspannung ergibt sich jeweils aus dem Produkt der Messspannung $U_{mess,ref}$ und dem Maßstabsfaktor M_{ref} der PTB-Normalmesseinrichtung sowie dem Produkt der Messspannung $U_{mess,prüf}$ und dem Maßstabsfaktor $M_{prüf}$ des Prüflings. Da die Hochspannung an beide Messsysteme angelegt wird, erfolgt die Bestimmung des Maßstabsfaktor $M_{prüf}$ wie folgt:

$$M_{prüf} = M_{ref} \cdot U_{ref}/U_{prüf}$$

Dabei werden für die Bestimmung der Messunsicherheit Einflussfaktoren wie Temperaturdrift, zeitliche Drift, und Unsicherheit der Digitalvoltmeter einbezogen [20].

20.3.2.3 Blitzstoßspannungen

Aufgrund des Mangels eines Primärnormals für Impulsspannungen insbesondere bei Hochspannung muss diese Größe von anderen Normalen abgeleitet werden (siehe Rückführungskette nach Abbildung 20.9). Dafür gibt es mehrere Ansätze, die im Folgenden dargelegt werden.

Das Normal der PTB für Impulsspannungen ist ein kapazitiv-gedämpfter Spannungsteiler nach dem Prinzip von Walter Zaengl. Der Maßstabsfaktor eines solchen kapazitiven-Impulsspannungsteilers wird mit Wechselspannungen im Kilohertzbereich gemessen, die wiederum auf den Quanten-Hall-Effekt und die Josephson-Referenz im Wechselstrom-Gleichstrom-Transferlabor der PTB zurückgeführt werden (vgl. [21]).

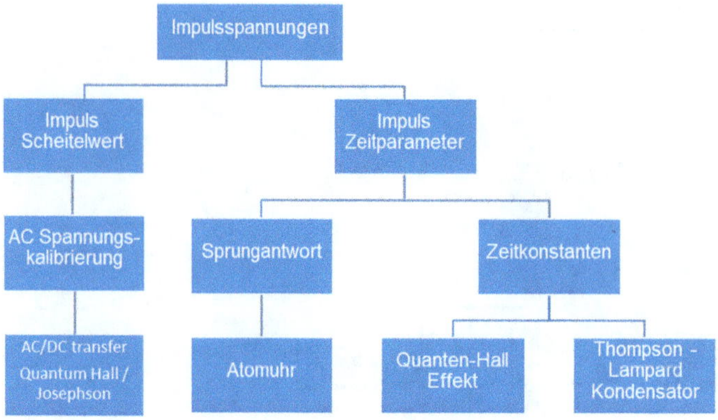

Abb. 20.9: Rückführungskette für die Kalibrierung von Impulsspannung der Hochspannungstechnik.

Für die Impulszeitparameter können zwei verschiedene Ansätze verwendet werden. Traditionell ist der erste die Messung der Sprungantwort. Diese kann mit einem quecksilberbenetzten Reed-Relais oder dem Avalanche-Sprunggenerator durchgeführt werden. Ein solcher Sprunggenerator erzeugt einen Rechteckimpuls, der an den Impulsspannungsteiler angelegt wird. Das Ausgangssignal des zu messenden Teilers ist die Sprungantwort, die im Zeitbereich die direkte Möglichkeit der Auswertung nach 60060-2 Anhang C bietet. Das exakte Verhalten des Teilers auf eine Impulsspannung kann mit Hilfe der Sprungantwort und der Überführung in den Frequenzbereich ermittelt werden. Durch Faltung mit einer Impulsspannung ist es somit möglich, die Zeitparameter-Abweichungen des Teilers zu ermitteln (vgl. [22]).

Die zweite Methode ist die Verwendung einer bekannten Blitzimpulskurve für die Kalibrierung des Impulsteilers. Dies kann durch die Verwendung eines berechenbaren Impulskalibrators erreicht werden (vgl. [23]). Die internen ohmschen und kapazitiven Elemente des Kalibrators werden mit Hilfe einer LCR-Brücke gegen bekannte Referenzen kalibriert. Diese Referenzen können auf nationale Referenzen wie den Quanten-Hall-Effekt und den Thompson-Lampard-Kondensator zurückgeführt werden. Aus den kalibrierten Werten für Kapazität und Widerstand werden die Zeitkonstanten des Kalibrators berechnet und damit wiederum die exakten Zeitparameter der erzeugten Impulsspannung ermittelt.

Mit Hilfe dieser Instrumente können alle erforderlichen Parameter kalibriert werden. Allerdings ist die maximale Spannung immer noch auf einige hundert Volt begrenzt. Eine Linearitätsprüfung mit einer bekannten Gleich- oder Wechselspannung kann die ordnungsgemäße Funktion bei höheren Spannungen bestätigen.

In der PTB werden Kalibrierdienstleistungen für Stoßspannungen für einen Spannungsbereich bis 2000 kV angeboten. Dabei werden die Kalibrierungen nach der gültigen IEC60060 durchgeführt. Die bestmöglichen Messunsicherheiten sind für die Spannungsamplitude 0,5 % und für die Zeitparameter einer Stoßspannung 2 %.

20.3.3 Normale für die Leistung und elektrische Energie

Die elektrische Leistung zu einem beliebigen Zeitpunkt ist das Produkt aus dem aktuellem Strom- und dem zughörigen Spannungswert. Durch die Integration dieser momentanen Leistung über ein Zeitintervall erhält man die Energie im betrachteten Zeitraum. Die Betrachtung dieses allgemeinen Falls ist in der leistungsmesstechnischen Laborpraxis jedoch unüblich. Meist wird von sinusförmigen Größen mit konstanten Effektivwerten ausgegangen, und die Berechnung der Energie setzt zumeist ein ganzzahliges Vielfaches der Periodendauer voraus.

Bei der Messung der elektrischen Leistung beziehungsweise der elektrischen Energie wird dann unterschieden zwischen Wirk-, Blind- und Scheinanteil. Kann der Leistungswert über den betrachteten Zeitabschnitt konstant angenommen werden, ergibt das Produkt des Leistungswerts und der zeitlichen Dauer den entsprechenden Energiewert. Aus Wirk-, Blind- und Scheinleistung wird so Wirk-, Blind- Scheinenergie. Die folgenden Beschreibungen bezüglich der elektrischen Leistungsmessung sind somit auf die Energiemessung übertragbar.

Um die Idee und das Prinzip des hier vorgestellten Normalmesssystems besser zu verstehen, ist es wichtig, die verschiedenen Eigenschaften der elektrischen Leistung zu kennen. Um den Umfang dieses Anschnittes nicht zu überschreiten, wird im Folgenden immer von konstanten und rein sinusförmigen Strom- und Spannungssignalen ausgegangen. Die elektrische Leistung ist eine Wechselwirkung zwischen Strom und Spannung. Ändert sich der Wert der einen Größe, ändert sich auch der Wert der anderen. Bei sich zeitlich ändernden Werten kann es zu einem zeitlichen Versatz der Strom- und Spannungswerte kommen. Hier spricht man dann von einer Phasenverschiebung, die meist in Grad oder Rad angegeben wird. 360 ° bzw. 2π entsprechen dabei der Zeitdauer einer Periode des Wechselsignals. Unter Berücksichtigung der Phasenverschiebung lassen sich nun die Werte für der Wirk-, Blind- und Scheinleistung berechnen,

$$P = U_{\text{eff}} \cdot I_{\text{eff}} \cdot \cos\varphi$$
$$Q = U_{\text{eff}} \cdot I_{\text{eff}} \cdot \sin\varphi$$
$$S = \sqrt{P^2 + Q^2}$$

Die Wirkleistung ist hierbei der üblicherweise gewollte Leistungsanteil. Ein Anteil der Wirkleistung ruft in einem elektrischen Gerät meist den gewünschten Effekt hervor (der Motor dreht sich, die Lampe leuchtet). Die Blindleistung stellt den oft unerwünschten Leistungsanteil dar. Sie sorgt zwar dafür, dass Ströme fließen und entsprechend die Leitungen belasten, hat aber keinen Anteil an dem eigentlich gewünschten Wirkleistungsfluss. Die Scheinleistung ist die Kombination aus Wirk- und Blindleistung und beschreibt z. B. die technischen Rahmenbedingungen, die für den Anschluss eines Gerätes erfüllt sein müssen. Zum Vergleich der Messwerte der Normalmesseinrichtung und eines zu prüfenden Gerätes – Prüfling beziehungsweise device under test (DUT) –, müssen entweder beide zeitglich die gleiche Spannung und denselben Strom messen oder die Messgrößen lassen sich im Rahmen der gewünschten Genauigkeit erzeugen und dem DUT zuführen. Letzteres stellt deutlich höhere Anforderungen an die Messwerterzeugung, weshalb meist eine Vergleichsmessung bevorzugt wird. In diesem Falle ist es ausreichend, wenn die Erzeugersysteme die gewünschte Größe nicht genau erzeugen, im Rahmen der gewünschten Genauigkeit jedoch stabil hinsichtlich der Amplituden und der Phasen sind.

Um im Messystem die Probleme zu vermeiden, gegebenenfalls sehr hohe Wirkleistungen realisieren zu müssen und durch verschiedene induktive beziehungsweise kapazitive Bauteile die gewünschten Phasenverschiebungen zu erzeugen, werden der Strom und die Spannung potentialmäßig voneinander getrennt. Der Strompfad weist so nun lediglich die Spannung auf, die über die Stromsensoren und die Messleitungen abfällt. Im Spannungspfad wiederum fließt lediglich der Strom, der über die sehr hochohmigen Spannungssensoren abfließt. Die sich so aus dem Strom und Spannungssignal theoretisch ergebenden Leistungswerte können vor allem bei großen Werten um ein Vielfaches größer sein als die tatsächlich zur Erzeugung benötigte Leistung. Allerding ist eine Synchronisation der Erzeugersysteme für den Strom und die Spannung notwendig, um eine stabile Phasenbeziehung zu gewährleisten, die so jedoch ohne Einschränkung eingestellt werden kann. Diese Herangehensweise wird Phantomleistungsmessung genannt und wird weltweit in den Messlaboratorien und den nationalen Metrologieinstituten angewendet (vgl. [24]). Um das Prinzip der Phantomleistungsmessung uneingeschränkt nutzen zu können, benötigen sowohl das zu untersuchende DUT als auch das Referenzsystem potentialgetrennte Eingänge für Strom und Spannung. Diese Eigenschaft weisen jedoch praktisch alle hochwertigen Leistungsmessgeräte auf, die in den letzten Jahrzenten untersucht worden. Der sich aus dem Phantomleistungsmessprinzip ergebende Messaufbau ist in Abbildung 20.10 dargestellt. Zwei mit dem Takt des später die Messsignale erfassenden A/D-Wandlers synchronisierte D/A-Wandler erzeugen die Sinussignale, die anschließend an den Spannungs- beziehungsweise den Transkonduktanzverstärker gegeben werden. Diese beiden Signale sind je nach gewünschtem Phasenwinkel phasenverschoben. Die Verstärker erzeugen die entsprechende Spannung $\underline{U}$ bzw. den entsprechenden Strom $\underline{I}$, die nun auf einen Prüfling gegeben werden können. Anschließend werden beide Signale über hoch präzise Sensoren in Kleinspannungssignale gewandelt, die mit den A/D-Wandlern digitalisiert werden.

Die digitalisierten Strom- und Spannungssignale werden mithilfe eines Computerprogramms durch eine Fast-FourierTransformation in ihre einzelnen Frequenzkomponente aufgeteilt. Mithilfe der frequenzspezifischen Strom- und Spannungspaare sowie dem zugehörigen Phasenwinkel werden nun die einzeln Werte für die Wirk- und Blindleistung berechnet. Die Gesamtwerte der beiden Leistungen werden nun durch Aufsummierung der einzelnen Komponenten ermittelt. Der Wert für die Scheinleistung wird aus den Effektivwerten von Strom- und Spannung berechnet. Um möglichst geringe Unsicherheiten zu erreichen, ist es neben den sehr genauen Sensoren und genauen A/D-Wandlern erforderlich, dass das Strom- und Spannungssignal stabil ist. Andernfalls würde es bei der Messung zu erhöhten Standardabweichungen kommen. Dies gilt insbesondere, wenn das Referenzsystem und das DUT nicht exakt synchron sind und/oder ungleich lange Abtastzeiträume haben (vgl. [25]). Das Ergebnis einer derartigen Untersuchung ist dann eine Auflistung der Messabweichungen des DUT vom wahren Wert bei den untersuchten Spannungen und Strömen sowie dem Phasenwinkel inklusive der zugehörigen Messunsicherheit.

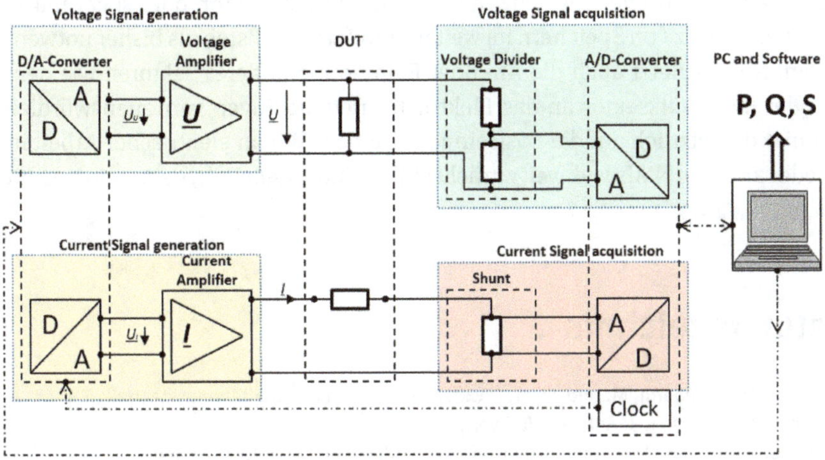

Abb. 20.10: Prinzipieller Aufbau des Phantomleistungsmesssystems [26].

Die mit diesem vorgestellten Normalmesssystem erreichten Messunsicherheiten (MU) liegen im Bereich 5 µW/VA und setzen sich zusammen aus den maßgeblichen Bestandteilen, die da sind ein induktiver Spannungsteiler nach dem transformatorischen Prinzip mit einer MU von etwa 1 µV/V, ein hochpräziser zweistufigen Stromwandler mit nachgeordnetem Messwiderstand mit einer MU von 2 µV/V sowie ein hochauflösender Abtastvoltmeter mit einer MU von 2 µV/V. Eine geringe kapazitive Belastung des Messwiderstandes durch die Messleitung wird dabei numerisch kompensiert. Die Thermostatisierung des Messraums auf einen Bereich von 23 °C ± 1 °C sorgt für einen geringen zusätzlichen Einfluss, der jedoch bereits in den angegebenen MU der individuellen Komponenten enthalten ist.

20.4 Fazit

Die elektrische Energiemesstechnik ist ein sehr facettenreiches Themengebiet mit ständig neuen Herausforderungen. Dieses Gebiet ist untrennbar mit dem Elektrizitätsnetz in all seinen Ausprägungen im Verteil- und Übertragungsnetz, bei der Erzeugung ob zentral oder dezentral, und nicht zuletzt bei den Verbrauchern in Haushalten und Industrie mit der dort verbauten Zähltechnik verbunden. Neue moderne und digitalisierte Messtechnik mit ihren SMGW wird in den Netzen Einzug halten, die zukünftig nicht nur die Abrechnungsdaten von Zählern digital übermitteln, sondern auch neue und für den Verbraucher interessante Tarifanwendungsfälle zum Vorschein bringen. Ebenso werden wir eine zunehmende Vernetzung erleben, die weitere Möglichkeiten bietet – von Smart Home Services über die Integration von intelligenten Wallboxen bis hin zu gesteuertem netzdienlichem Schalten, bei dem sich die Last im Netz dem Dargebot an erneuerbaren Energieerzeugung effizient anpassen kann oder sogar muss. Auch wird der Einsatz von Speichern im weitaus größeren Maßstab als bisher notwendig werden. Nicht zuletzt auch die An- oder Einbindung anderer Sektoren wie dem Wärme- oder Mobilitätssektor an das Elektrizitätsnetz bedingen vertrauenswürdige Messtechnik, die letztlich auf die Basiseinheiten einer kWh an elektrischer Arbeit in der PTB oder anderen NMIs weltweit zurückgeführt sind – dem Volt, dem Ampère und der Stunde.

Literaturverzeichnis

[1] Arzberger, M., Kahmann, M. und Zayer, P. (2017). Handbuch Elektrizitätsmesstechnik, EW Medien und Kongresse, 3. Auflage. VDE Verlag.

[2] Internationales Einheitensystem. https://de.wikipedia.org/wiki/Internationales_Einheitensystem. Zugriff am 28.02.2022.

[3] Gesetz, betreffend die elektrischen Maßeinheiten. Deutsches Reichsgesetzblatt Band 1898, Nr. 26, Seite 905--907. Berlin, Fassung vom 01.06.1898. http://www.rechtssetzung.de/N1248.html. Zugegriffen am: 11.05.2022.

[4] Einheiten- und Zeitgesetz – EinhZeitG. https://www.gesetze-im-internet.de/me_einhg/BJNR007090969.html. Zugriff am 17.03.2022.

[5] Mess- und Eichgesetz – MessEG. https://www.gesetze-im-internet.de/messeg/. Zugriff am 17.03.2022.

[6] Mess- und Eichverordnung – MessEV. https://www.gesetze-im-internet.de/messev/. Zugriff am 17.03.2022.

[7] Measuring instruments (MID). https://ec.europa.eu/growth/single-market/european-standards/harmonised-standards/measuring-instruments-mid_de. Zugriff am 17.03.2022.

[8] Xu, Q. (2015). Entwicklung einer Stromwandlermesseinrichtung SEKAM III. Bachelorarbeit, Ostfalia Hochschule für angewandte. Wolfenbüttel: Wissenschaften.

[9] Ramm, G. und Moser, H. Eine neuartige, rechnergesteuerte und selbstkalibrierende Spannungswandler-Meßeinrichtung. PTB-Mitteilungen 106, 4/96.

[10] Mohns, E. und Raether, P. (2017). Prüftechnik und deren Einfluss bei der Kalibrierung von Messwandlern. Tech. Mess.. https://doi.org/10.1515/teme-2016-0045.

[11] Mohns, E. und Räther, P. (2018). Test equipment and its effect on the calibration of instrument transformers. J. Sens. Sens. Syst. 7, 339–347. https://doi.org/10.5194/jsss-7-339-2018.

[12] Physikalisch-Technische Bundesanstalt (1977). PTB-Prüfregeln Messwandler. Band 12. Braunschweig, mit Änderungen 5/79.

[13] Ramm, G., Roeissle, G. und Latzel, H.-G. Rechnergesteuerte Kalibrierung von Meßeinrichtungen für Strom- und Spannungswandler. PTB-Mitteilungen 108, 3/98.

[14] Ramm, G. und Moser, H. Eine neuartige, rechnergesteuerte und selbstkalibrierende Stromwandler-Meßeinrichtung. PTB-Mitteilungen 105, 4/95.
[15] Mohns, E., Roeissle, G., Fricke, S. und Pauling, F. (2017). An AC Current Transformer Standard Measuring System for Power Frequencies. IEEE Trans. Instrum. Meas. 66(6), 1433–1440. https://doi.org/10.1109/TIM.2017.2648918.
[16] Braun, A., Moser, H. und Ramm, G. Ein neuer Meßplatz zur Prüfung von Meßwandlerbürden. PTB-Mitteilungen 103, 5/93.
[17] Ni, S. (2015). Entwicklung einer Bürdenmesseinrichtung BMEII. Bachelorarbeit, Ostfalia Hochschule für angewandte. Wolfenbüttel: Wissenschaften.
[18] Meisner, J., et al. (2015). Precision measuring system for high AC voltages. In The 19th International Symposium on High Voltage Engineering, Pilsen, Czech Republic, August, 23–28.
[19] Ilic, D., et al. (2020). Calibration of a precision current measurement system for high AC voltages using an AC Quantum Voltmeter. In Conference on Precision Electromagnetic Measurements (CPEM).
[20] Schon, K. (2016). Hochspannungstechnik, Grundlagen – Messgeräte – Messverfahren. Springer. ISBN 978-3-658-15177-5.
[21] Prange, R. und Girvin, S. (1990). The Quantum Hall Effect. New York: Springer.
[22] Havunen, J., et al. (2017). Using Deconvolution for Correction of Non-Ideal Step Response of Lightning Impulse Digitizers and Measurement Systems. In 20th International Symposium on High Voltage Engineering, ISH 2017 – Buenos Aires, Argentina.
[23] Hällström, J. A Calculable Impulse Voltage Calibrator. Dissertation, Finnland: Finnish Academies of Technology.
[24] Mohns, E., Ramm, G., Kürten Ihlenfeld, W. G., Palafox, L. und Moser, H. (2009). The PTB primary sampling standard for electrical AC Power. In 7th International Conference on Advances in Metrology (AdMet – 2009), New Delhi, 18–20 February.
[25] Schmidt, M. Development and construction of a software-supported standard measuring device for electrical alternating power for frequencies up to 150 kHz. Master thesis, Wolfenbüttel 02.2015.
[26] Schmidt, M. (2019). Development and verification of a standard measuring system for electric power in the frequency range from DC to 150 kHz. Wireless Charging of Vehicles WCV 2019.

Kurzvitae

Dr. Enrico Mohns wurde 1973 geboren. Nach seiner Schulausbildung und einer Ausbildung zum Elektroinstallateur widmete er sich dem wissenschaftlichen Werdegang. Er schloss 2001 sein Studium der Elektrotechnik an der Fachhochschule Wolfenbüttel als Diplom-Ingenieur (FH) ab und ist seitdem im Fachbereich Elektrische Energiemesstechnik der Physikalisch-Technischen Bundesanstalt (PTB) tätig. Nach einem Zusatzstudium an der Technischen Universität Braunschweig promovierte er in 2013 auf dem Gebiet der Rückführung für Messtechnik für den elektrischen Wirkungsgrad. 2008 bis 2021 leitete er die Arbeitsgruppe Messwandler und Sensoren der PTB. Seit 2021 ist er Leiter des Fachbereichs Elektrische Energiemesstechnik und leitet die Arbeitsgruppe Zeitsynchronisierte Messgeräte und Sensoren. Dr. Mohns ist in einigen IEC Normungskreisen zum Thema Messwandler und digitale Energiezähler aktiv. Er ist Vice-Chair des europäischen Metrologienetzwerkes Smart Electricity Grids.

Dr. Johann Meisner wurde 1982 in Lusino, Russland, geboren. Nach seiner Schulausbildung in Russland und Deutschland schloss er 2010 sein Studium der Elektrotechnik an der Technischen Universität Braunschweig als Diplom-Ingenieur ab. Seit 2010 ist er in der Abteilung für elektrische Energiemessungen an der Physikalisch-Technischen Bundesanstalt (PTB) in Braunschweig tätig. In dieser Zeit war er an mehreren nationalen und internationalen Projekten und Vergleichen beteiligt. 2014 promovierte er an der Technischen Universität Braunschweig zum Doktor der Ingenieurwissenschaften (Ph. D.). Das Thema seiner Dissertation lautet "Messtechnik für die HGÜ-Energieversorgung". Sie wurde an der Physikalisch Technischen Bundesanstalt (PTB) durchgeführt. Der Forschungsschwerpunkt von Dr. Johann Meisner liegt im Bereich der Hochspannungs- und Hochstrommesstechnik. Von 2015 bis 2021 war er Leiter der PTB-Arbeitsgruppe Hochspannungsmesstechnik. Seit 2021 leitet er die Arbeitsgruppe Messwandler und Hochspannungsmesstechnik. Dr. Johann Meisner engagiert sich in der nationalen (VDE DKE) und internationalen (IEC) Normung sowie in mehreren CIGRE-Arbeitsgruppen auf dem Gebiet der Hochspannungs- und Hochstrommesstechnik. Darüber hinaus ist er Coomet-Sprecher der Abteilung Elektrizität der PTB und engagiert sich in der Euramet P&E-Gruppe. Er ist Mitglied im Lenkungsausschuss des EMN Smart Electricity Grids.

M. Sc. Matthias Schmidt wurde 1976 in Braunschweig, Deutschland, geboren. Er erhielt 2008 seinen Diplom-Ingenieur-Abschluss in Messtechnik und Qualitätsmanagement und 2015 seinen Master-Abschluss in Elektronische Systeme von der Fachhochschule Wolfenbüttel, Deutschland. Seit 2008 arbeitet er im Fachbereich für elektrische Energiemessungen an der Physikalisch-Technischen Bundesanstalt (PTB) in Braunschweig. Er ist Leiter der Arbeitsgruppe für elektrische Leistung, Energie und Prüfstellenwesen. Seine Forschungsschwerpunkte liegen in der Leistungs- und Energiemesstechnik für höhere Frequenzen.

Dr. Christoph Leicht, Jahrgang 1980, studierte an der Universität Würzburg Nanostrukturtechnik und schloss 2008 als Diplom-Ingenieur ab. Daraufhin wechselte er für Forschungsarbeiten auf dem Gebiet der experimentellen Quantenphysik in den Fachbereich Halbleiter-Physik und Magnetismus der Physikalisch-Technischen Bundesanstalt in Braunschweig und wurde 2013 von der Universität Hannover promoviert. Seit 2015 widmet sich Dr. Leicht im Fachbereich Elektrische Energiemesstechnik den Erfordernissen des gesetzlichen Messwesens. 2015 übernahm er die Leitung der Arbeitsgruppe Messeinrichtungen und -systeme für Elektrizität die Konformitätsbewertungen nach MID und MesseG/MessEV durchführt. Zudem engagiert sich Dr. Leicht in zahlreichen einschlägigen fachlichen und politischen Gremien.

Dr. Florian Schilling wurde 1987 in Goslar geboren. Nach seiner Schulausbildung absolvierte er eine Ausbildung bei der Robert Bosch GmbH in Hildesheim als Elektroniker für Geräte und Systeme mit der Fachrichtung Funktechnik. Anschließend erlangte er den Meisterbrief im Elektrotechnikerhandwerk mit dem Schwerpunkt Kommunikations- und Sicherheitstechnik an der BFE in Oldenburg. Von 2009 bis 2012 studierte Dr. Florian Schilling Fahrzeuginformatik und -elektronik an der Ostfalia in Wolfsburg. Im Anschluss an das Bachelorstudium folgte ein Masterstudium der Informationssystemtechnik an der TU Brauschweig. 2017 wurde er dort zum Dr. Ing promoviert. Die Dissertation mit dem Titel „Referenzmesssysteme zur rechtskonformen Überprüfung von virtuellen Zählpunkten bei einer simultanen Mehrfachnutzung von dezentralen Batteriespeichern" wurde im Rahmen eines nationalen Forschungsvorhabens angefertigt. Seit 2018 leitet Dr. Florian Schilling die Arbeitsgruppe Netzintegration, erneuerbare Energien und Speicher an der PTB. Die Arbeitsgruppe befasst sich unter anderem mit innovativen Abrechnungskonzepten von Erneuerbaren Energien, Netzstabilisierungsverfahren und effizienter Nutzung von Energie sowie der Sektorenkopplung. Dr. Florian Schilling ist in nationalen Gremien tätig (FNN, DKE) und beschäftigt sich dabei speziell mit dem Themengebiet der Netzstabilität, der Netzrückwirkungen und der Erfassung von elektrischer Energie einschließlich der virtuellen Zählpunktbildung. Im Bereich der Wipano Projekte ist er beratend tätig.

Marcus Hörhammer, Stephan Röhrenbeck und Frank Hirschi

21 Mess- und Steuertechnik privater Kunden in intelligenten Häusern: Das intelligente Messsystem

Zusammenfassung: Intelligente Messsysteme (Smart Meter) leisten einen wichtigen Beitrag zum Gelingen der Energiewende. Die hochverfügbare und hochsichere Smart-Meter-Gateway-Infrastruktur bildet die Grundlage für die Integration Erneuerbarer Energien in das Versorgungssystem der Zukunft. Die netzdienlichen Funktionen des intelligenten Messsystems wie das Steuern und Schalten im Smart Grid ermöglichen es, künftig Erzeugungsanlagen, Speicher und Letztverbraucher effizient zu vernetzen und zu verknüpfen. Intelligente Messsysteme mit dem Smart Meter Gateway als Schnittstelle zum Endkunden bieten jedoch auch die Grundlage für interessante Mehrwertdienste zur Erhöhung der Energieeffizienz und Verbrauchsoptimierung.

Dieser Beitrag beschreibt die Historie und die gesetzlichen Grundlagen des Smart Meterings, den Aufbau und die Integration intelligenter Messsysteme in das energiewirtschaftliche Gesamtsystem sowie die Messdatenverteilung und die verschiedenen Anwendungsfälle. Anschließend werden der aktuelle Stand des Smart Meter Rollouts in Deutschland beschrieben und die Herausforderungen bei der Umsetzung beleuchtet. Schließlich werden digitale Mehrwertdienste und deren Nutzen für private Haushalte aufgezeigt. Hierzu gehören beispielsweise die Visualisierung der Energieverbrauchsdaten im Webportal und das Angebot neuer zeit- und lastvariabler Stromtarife. Insbesondere durch das Submetering zur automatisierten Abrechnung von Heizkosten und des Warm- und Kaltwasserverbrauchs in größeren Immobilien können große Mehrwerte für private Kunden generiert werden.

Schlagwörter: Intelligentes Messsystem, Moderne Messeinrichtung, MsbG, POG, TAF, Smart Meter, Rollout, Submetering, Smart Home, Smart Grid, Smart Market

21.1 Grundlagen: Gesetze, Regularien und Einsatz intelligenter Messsysteme in der Energiewende

Die zunehmende Einspeisung Erneuerbarer Energien in das Stromnetz erfordert eine neue digitale Infrastruktur, um Stromerzeuger und Verbraucher intelligent zu vernetzen. Das Gesetz zur Digitalisierung der Energiewende, das am 01.09.2016 in Kraft

Marcus Hörhammer, Stephan Röhrenbeck, VOLTARIS GmbH, Maxdorf, Deutschland, e-mails: marcus.hoerhammer@voltaris.de, stephan.roehrenbeck@voltaris.de
Frank Hirschi, HORIZONTE-Group AG, Berlin, Deutschland, e-mail: frank.hirschi@horizonte.group

https://doi.org/10.1515/9783110753585-021

getreten ist, gibt die gesetzlichen und regulatorischen Rahmenbedingungen für den Einsatz intelligenter Messsysteme (iMSys) vor. IMSys sind die Bausteine für die Gestaltung intelligenter Stromnetze und neuer energiewirtschaftlicher Marktmodelle.

21.1.1 Einführung

Um die Energieeffizienz zu fördern und damit den Klimaschutz voranzutreiben, hat im Juli 2009 die europäische Union (EU) mit dem dritten EU-Binnenmarktpaket Energie die Einführung von iMSys als Ziel vereinbart (vgl. [1]).

Dieses Kapitel behandelt die Grundlagen der Umsetzung dieses Ziels am Beispiel Deutschlands.

Intelligente Messsysteme spielen nach dieser Zielsetzung sowohl eine entscheidende Rolle bei der Gestaltung moderner, intelligenter Stromnetze, sogenannter Smart Grids, als auch für zukünftige, neue Marktmodelle, sogenannte Smart Markets. Mit Hilfe der Smart Meter soll etwa zukünftig der Stromverbrauch kurzzyklischer und anlassbezogen erfasst werden können und damit das Last- und Erzeugungsmanagement in der Niederspannungsebene (NS) der Stromnetze unterstützen. Neben der Messung von Energiemengen sollen nach diesem Konzept auch Funktionalitäten wie das Steuern und Schalten von Einspeisern wie beispielsweise Photovoltaikanlagen (PV-Anlagen) oder Lasten wie Wärmepumpen realisierbar sein. Innerhalb der Stromnetze sollen zudem netzdienliche Funktionen durch iMSys wie die Bereitstellung von Netzzustandsgrößen wahrgenommen werden.

Mit der Vorgabe, bis 2020 mindestens 80 % der Verbraucher mit iMSys auszustatten, ging die Durchführung einer wirtschaftlichen Bewertung einher, die bis September 2012 zu erstellen war (vgl. [1]). Ein Großteil der EU-Mitgliedsstaaten hat vor der Einführung der iMSys eine Kosten-Nutzen-Analyse durchgeführt. In Deutschland beispielsweise wurde eine solche Studie vom Bundesministerium für Wirtschaft und Technologie (BMWi) in Auftrag gegeben und vom Beratungshaus Ernst & Young 2013 vorgelegt (vgl. [2]). Diese führte zu dem deutschen Weg für die Einführung von iMSys, der einen stufenweisen Rollout sowie ein Höchstmaß an Informations- und Datensicherheit vorsieht.

21.1.2 Das Gesetz zur Digitalisierung der Energiewende

Am 01.09.2016 trat das Gesetz zur Digitalisierung der Energiewende (GDEW) in Kraft (vgl. [3]). Das GDEW bewertet die iMSys als wichtige Bausteine der Energiewende und des neuen Strommarktdesigns. Die Balance zwischen der zunehmenden Stromerzeugung aus Erneuerbaren Energien und der gestiegenen Stromnachfrage – insbesondere getrieben durch den zunehmenden Anstieg der Elektromobilität – erfordert eine neue digitale Infrastruktur, die es erlaubt, mehr als 1,5 Millionen Stromerzeuger und Verbraucher intelligent zu vernetzen. Das GDEW gibt auf dieser Grundlage die Rahmenbedingungen für den Einsatz der iMSys vor und berücksichtigt dabei die Vorgaben an Datenschutz und Datensicherheit (vgl. [4]).

21.1.3 Das Messstellenbetriebsgesetz

Das Kernstück des GDEW ist das Gesetz über den Messstellenbetrieb und die Datenkommunikation in intelligenten Energienetzen (Messstellenbetriebsgesetz – MsbG) (vgl. [3]). Das MsbG regelt den Messstellenbetrieb, die Ausstattung der Messstellen im Bereich Elektrizität mit modernen Messeinrichtungen (mME) und iMSys sowie den Ausstattungszeitraum. Gesetzlich vorgesehener Start für den Rollout und den Betrieb von mME und iMSys war hierbei grundsätzlich das Jahr 2017.

Bei mME handelt es sich um elektronische Stromzähler, die über eine Schnittstelle zur Anbindung an ein Kommunikationsmodul, das Smart Meter Gateway (SMGW), verfügen. Ein Versand der Messdaten findet hierbei nicht statt. Wird die mME über ein SMGW in ein Kommunikationsnetz eingebunden, wird es als iMSys bezeichnet. Das iMSys kann die Zählerdaten erfassen und versenden.

Mit Inkrafttreten des MsbG ist die Marktrolle des grundzuständigen Messstellenbetreibers (gMSB) entstanden. Zunächst ist der Betreiber des jeweiligen Versorgungsnetzes als gMSB verantwortlich für den Einbau und Betrieb der mME und iMSys. Bis zum 30.06.2017 mussten die Netzbetreiber der Bundesnetzagentur mitteilen, ob sie die Rolle ausprägen oder die Grundzuständigkeit für den Einbau und den Betrieb der mME und iMSys ausschreiben. 99 % der Netzbetreiber, dies entspricht 899 Unternehmen, haben zu diesem Zeitpunkt angezeigt, den intelligenten Messstellenbetrieb in ihren Netzen übernehmen zu wollen (vgl. [5]) Das Gesetz schreibt für den gMSB nach Jahresstromverbrauch oder Einspeiseleistung gestaffelte Preisobergrenzen (POG) für die Messentgelte vor. Zudem wird nicht mehr zwischen Messung und Messstellenbetrieb unterschieden.

Den Verbrauchern oder Anlagenbetreiber steht es frei, sich für ein anderes Unternehmen als Messstellenbetreiber (MSB) zu entscheiden. Dafür ist die Rolle des wettbewerblichen MSB (wMSB) vorgesehen. Der wMSB kann außerhalb der Standardleistungen energiewirtschaftliche Produkte und Services anbieten – ohne Einhaltung der POG und auch außerhalb des eigenen Netzes.

Dem gMSB ist die neue Aufgabe der Gateway-Administration (GWA) zugeordnet. Der GWA ist zuständig für die Einrichtung, die Konfiguration, die Mandantenverwaltung inklusive des Schlüssel- und Zertifikatsmanagements, die Tarifverwaltung und den Betrieb von SMGW. Zudem stellt er die Schnittstellen für externe Marktteilnehmer (EMT) bereit. Darunter fallen autorisierte Marktakteure, mit denen das SMGW eine Kommunikation zum Austausch von Daten aufnehmen kann, z. B. der VNB, der MSB oder der Energielieferant.

Während der Rollout der mME 2017 gestartet ist, verzögerte sich die Einbauverpflichtung für iMSys aufgrund fehlender zertifizierter Hardware. Am 24.02.2020 schließlich ist mit der Marktverfügbarkeitserklärung des Bundesamtes für Sicherheit in der Informationstechnik (BSI) auf Grundlage von §30 MsbG der Startschuss für den iMSys-Rollout gefallen (vgl. [6]). Voraussetzung dafür war, dass drei zertifizierte SMGW von drei unterschiedlichen Hersteller am Markt verfügbar sind. Von diesem Zeitpunkt an galt die Einbauverpflichtung der iMSys und insbesondere die Pflichteinbauquote von mindestens 10 % der auszustattenden Messstellen innerhalb von drei Jahren (vgl. [3]).

50 MSB hatten gegen diese Einbauverpflichtung mit der Begründung geklagt, die vom BSI zertifizierten Geräte würden die im MsbG vorgegebenen technischen Anforderungen nicht erfüllen. Mit einem Eilbeschluss hat das Oberverwaltungsgericht (OVG) Nordrhein-Westfalen am 05.03.2021 die iMSys-Rollout-Verpflichtung für die klagenden Unternehmen gestoppt (vgl. [7]) und die BSI-Marktverfügbarkeitserklärung als „voraussichtlich rechtswidrig“ bewertet.

Mit der Novelle des MsbG vom 24.06.2021[1] wurden die entsprechenden Defizite beseitigt, wodurch die Rechtssicherheit der iMSys-Einführung wiederhergestellt wurde. Insbesondere die Sicherung des Bestandsschutzes für bereits verbaute und beschaffte Geräte ließ die Branche aufatmen. Weiterhin ist der systemische Ansatz konkretisiert worden: Das SMGW wird nicht mehr allein als zentrales Element des intelligenten Messwesens bewertet, sondern nun im Zusammenspiel mit dem GWA, den Backendsystemen der MSB und weiteren berechtigten Marktteilnehmern. Die Gesetzesnovelle erlaubt nun zudem den stufenweisen Rollout der iMSys für die einzelnen Einbaugruppen. Für diese darf das BSI die technische Möglichkeit zum Einbau nun auch zeitversetzt feststellen. Ebenfalls korrigiert wurden die Vorgaben zur Umsetzung von Steuer- und Schaltprozessen durch den GWA im Rahmen der künftigen Netzführung und vergleichbaren Aufgaben. Die Frist für die Umsetzung der sternförmigen Kommunikation wurde gestrichen. Der MSB darf bis auf Weiteres Messwerte verteilen, und die bisherige Umsetzungsfrist zum 31.12.2019 entfällt. Schließlich soll der Stand der Technik jährlich evaluiert und festgeschrieben werden.

21.1.4 Das sichere Messsystem – Schutzprofile und Datensicherheit

Die elektronische Erfassung detaillierter Energieverbrauchsdaten bringt auch Risiken mit sich. Um den Missbrauch sensibler Personen- und Verbrauchsdaten zu verhin-

1 Der Bundestag hat am 24.06.2021 einen Gesetzentwurf „zur Umsetzung unionsrechtlicher Vorgaben und zur Regelung reiner Wasserstoffnetze im Energiewirtschaftsrecht“ (Drucksachen 19/27453, 19/28407, 19/28605 Nr. 1.16) beschlossen. In diesem Artikelgesetz wurde auch die Novelle des Messstellenbetriebsgesetzes (MsbG; Drucksache 19/30899) beschlossen.

dern, schreibt das MsbG hohe technische Mindeststandards zur Gewährleistung von Datenschutz und Datensicherheit vor. Im Auftrag des Bundesministeriums für Wirtschaft und Klimaschutz (BMWi) wurden vom BSI Schutzprofile (Englisch: Protection Profiles, PP) und Technischen Richtlinien (TR) entwickelt, die den sicheren, datenschutzkonformen Einsatz von iMSys gewährleisten sollen. Weiterhin wurden vom BSI Anforderungen an eine sichere Kommunikationsinfrastruktur (Smart Metering-Public-Key-Infrastruktur) formuliert.

Die TR-01309-6 (vgl. [8]) beschreibt die Anforderungen an den GWA anhand dessen Aufgaben. So werden darin die zu schützenden Objekte (Assets) definiert sowie die entsprechenden Schutzziele beschrieben. Zudem bewertet die TR das Bedrohungs- und Risikopotenzials. Aus dieser Bewertung können Maßnahmen abgeleitet werden, um etwaige Bedrohungen und Risiken zu minimieren.

Da für den sicheren Betrieb der iMSys der GWA verantwortlich ist, muss sichergestellt sein, dass dieser die Mindestanforderungen an die Informationssicherheit erfüllt. Daher muss der GWA den Nachweis der ISO 27001-Zertifizierung auf Basis des IT-Grundschutzes und durch eine Zertifizierung gemäß ISO/IEC 27001 erbringen.

21.2 Einsatzbereiche, Kosten und Rolloutgruppen

Der Einsatz von iMSys ist nicht nur im Umfeld von Energielieferungen und Einspeisungen zu Abrechnungszwecken vorgesehen. Das SMGW als Kernkomponente des iMSys soll vielmehr als Plattform für eine Vielzahl energiewirtschaftlicher Anwendungen im zukünftigen Energiesystem dienen. Entsprechende Funktionalitäten werden durch den Gesetzgeber im Rahmen der technischen Machbarkeit jährlich bewertet, festgelegt und in einer Standardisierungsstrategie beschrieben.

21.2.1 iMSys in der Energiewende

Als Einsatzbereiche des iMSys sind perspektivisch nicht nur Dienstleistungen im direkten Bezug zu Energielieferungen und Einspeisungen zu Abrechnungszwecken vorgesehen. Neben der Übermittlung von Zählerständen soll das SMGW als Kernkomponente eines zukünftigen Energiesystems als eine Plattform für eine Vielzahl von Dienstleistungen und Anwendungen dienen.

Angefangen vom aktuell definierten Mindeststandard der TR-03109-1 (vgl. [9]) werden im Laufe der Zeit weitere Funktionalitäten umgesetzt und verpflichtend werden. Diese werden durch den Gesetzgeber im Rahmen der technischen Machbarkeit jährlich bewertet und festgelegt. Die möglichen Einsatzbereiche des SMGW, respektive des iMSys, veranschaulicht Abbildung 21.1.

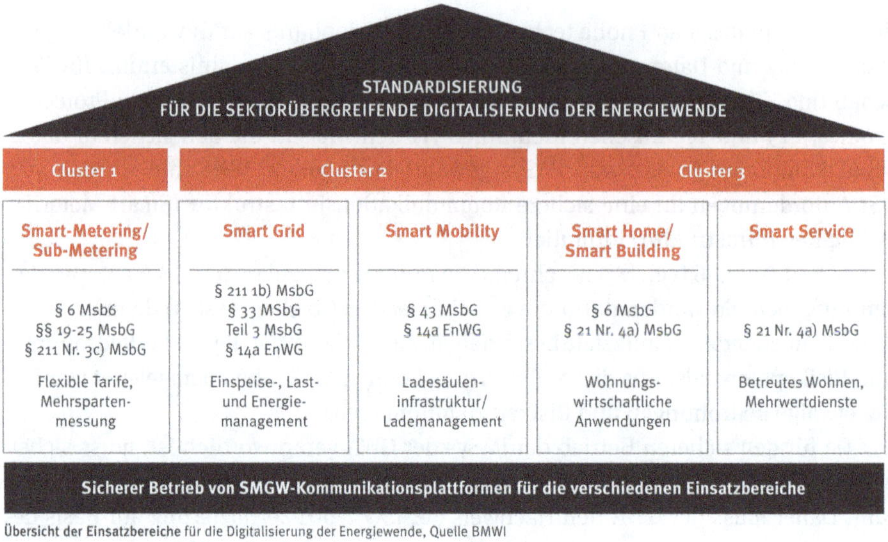

Abb. 21.1: Einsatzbereiche für intelligente Messsysteme (vgl. [10]).

Einen essentiellen Bereich im Rahmen der Energiewende stellt hierbei das *Smart Grid* dar. Getrieben durch die Erkenntnisse und Erfahrungen zum weltweiten Klimawandel, kam es in den letzten Jahrzeiten zu weitreichenden internationalen sowie nationalen klimapolitischen Veränderungen. Dies hat nicht nur Auswirkungen auf den gesamtenergetischen Mix der Erzeugungsanlagen und dem Verbrauch von Energie, sondern auch auf die Strukturen der Energieversorgung.

So findet zum einen ein Wandel von klassischen fossilen Energieträgern wie Kohle, Gas und Öl hin zu alternativen Energieträgern statt (vgl. [11]). Die Nutzung dieser alternativen Energieträger, wie beispielsweise Sonne und Wind, geschieht mittels kleiner Erzeugungsanlagen, die im Vergleich zu den klassischen Kraftwerken nicht zentral in den hohen Spannungsebenen des elektrischen Netzes, sondern vornehmlich dezentral in den niederen Spannungsebenen der Nieder- und Mittelspannung angesiedelt sind (vgl. [12]).

Zum anderen vollzieht sich ein Wandel der Lasten. So werden auch in den Bereichen Mobilität, Kraft und Wärme klassische fossile Energieträger immer mehr durch die Nutzung von elektrizitätsbasierten Technologien ersetzt (vgl. [11]). Dies führt sowohl zu einer höheren Anzahl an steuerbaren und nicht steuerbaren Verbrauchern im Stromnetz als auch zu höheren Lasten in den Elektrizitätsnetzen per se.

In den hohen Spannungsebenen der elektrischen Stromnetze (Hoch- und Höchstspannung) kann der aktuelle Betriebszustand der Stromnetze in den Netzleitstellen durch entsprechende Messtechnik und Kalkulationsverfahren der Netzzustandsschätzung jederzeit überwacht und beeinflusst werden. Die niederen Spannungsebenen (Nieder- und Mittelspannung) dagegen sind bis heute kaum mit entsprechender Messtechnik ausgestattet (vgl. [13]). So existieren in der Mittelspannung kaum und in der Niederspannung fast keine Messeinrichtungen, die es den Netzbetreibern erlauben, den aktuellen Zustand ihrer Stromnetze erfassen zu können und auf dieser Grundlage in den Netzbetrieb steuernd eingreifen zu können. Maßnahmen wie Steuern und Schalten, um Netzüberlastungen zu vermeiden und die zulässigen Spannungsbänder einzuhalten, sind aufgrund des unbekannten Zustandes der Netze nicht möglich. Die Grundlage hierfür würde eine Netzzustandsschätzung bieten, die jedoch auf Messwerten aus den Netzen basiert.

An dieser Stelle können iMSys durch die Bereitstellung von Messgrößen wie Ströme, Spannungen und Leistungen beitragen. Die Messwerte der iMSys bei Letztverbrauchern, steuerbaren Lasten und Einspeiseanlegen werden zusammen mit Messwerten aus Kabelverteilerschränken mittels spezieller Verfahren der Netzzustandsschätzung verarbeitet und bieten so dem Netzbetreiber ein Bild des aktuellen Zustandes des jeweiligen Stromnetzes (vgl. [13]). Zusammen mit Prognosen für Erzeugung und Lasten, kann der Netzbetreiber auf dieser Grundlage durch die Abregelung von Erzeugungseinheiten, das Abschalten von steuerbaren Verbrauchseinrichtungen sowie Schalthandlungen innerhalb seiner Netzstruktur Überlastungen des Netzes und Ausfälle in der Versorgung vorbeugen und vermeiden.

21.2.2 Kosten, Entgelte und Einbaufallgruppen

Für die Energiebranche birgt das MsbG jedoch nicht nur positive Effekte, sondern stellt diese auch vor weitreichende Herausforderungen. Die Einhaltung der POG, die das Abrechnungslimit gegenüber dem Endkunden für den Messstellenbetrieb in Bezug auf die gesetzlichen Standardleistungen darstellen, führen zu einem hohen Kosten- und Effizienzdruck für den intelligenten Messstellenbetrieb, der noch weiter steigen wird (vgl. [4]). Die gesetzlichen Standardleistungen des Messstellenbetriebs sind im GDEW geregelt und klar beschrieben (vgl. [3]). Die Grundlage der POG bildet die Kosten-Nutzen-Analyse für einen flächendeckenden Einsatz intelligenter Zähler von Ernst & Young aus dem Jahre 2013 (vgl. [2]).

Darüber hinaus können durch den MSB Zusatzleistungen angeboten werden, die über die gesetzlich vorgeschriebenen Standardleistungen hinausgehen. Diese sind diskriminierungsfrei anzubieten und können gesondert in Rechnung gestellt werden. Zu diesen Zusatzleistungen gehören unter anderem das Bereitstellen von Strom- und Spannungswandlern, die Nutzung von Pre-Payment-Systemen oder weitere Mehrwertdienste. Auch Dienstleistungen im Bereich Steuern und Schalten, wie die Herstellung und Durchführung von Steuerhandlungen für das Smart Grid oder den Smart Market, zählen als solche Zusatzleistungen (vgl. [4]).

Mit dem Zubau von mME und iMSys nehmen die Mengentreiber der konventionellen Technologien im klassischen Messwesen ab. Basierend auf den hohen Standards aus dem MsbG und den damit verbundenen technischen Richtlinien – gerade im Hinblick auf die erforderlichen Systeme und Prozesse für den intelligenten Messstellenbetrieb und die Einhaltung der Datensicherheit – sind durch die MSB komplexe Prozesse und hochsichere IT-Infrastruktursysteme aufzubauen. Diese müssen auch schon bei anfänglich geringen Mengen von Smart Metern vollständig umgesetzt werden. Durch die hohe Komplexität, Zertifizierungsanforderungen und Skaleneffekte werden die notwendigen Funktionen jedoch nur wenige Versorger, respektive MSB, alleine erbringen können. Dies gilt nicht nur für die Verwaltung der SMGW durch die GWA, sondern auch für die gesamte Prozesskette im Zusammenhang mit dem grundzuständigen Messstellenbetrieb (vgl. [4]).

Eine Abrechnung in Höhe der oben beschriebenen POG darf durch den jeweiligen MSB nur für Messstellen freigegebener Einbaufallgruppen für iMSys oder mME erhoben werden. Abhängig von den Anforderungen an die jeweilige elektrische Messstelle hat der Gesetzgeber mittels des MsbG unterschiedliche Einbaufallgruppen vorgesehen, für die der Einsatz eines iMSys verpflichtend vorgeschrieben oder optimal sind. Die optionalen Einbaufälle sind durch den MSB seit 2017 mindestens mit einer mME auszustatten. Die unterschiedlichen Einbaufallgruppen für iMSys stellt die Tabelle 21.1 dar.

Ursprünglich war ein Start des iMSys-Rollouts ab 2017 durch den Gesetzgeber vorgesehen. Die Voraussetzungen der entsprechenden Marktverfügbarkeitserklärung gemäß § 22 Abs. 1 Nr. 1 bis 3 MsbG waren jedoch erst Ende 2019 mit der Common Criteria (CC)-Zertifizierung eines dritten SMGW gegeben. Dies führte auf Basis der Marktanalyse des BSI vom 03.02.2020 zu einer Freigabe eines Teils der durch das MsbG vorgesehenen Einbaufallgruppen (vgl. [15]).

Auf Basis dieser Marktanalyse folgte eine Allgemeinverfügung zur Freigabe der Einbaufallgruppen von Verbrauchern ohne steuerbare Verbrauchseinrichtungen im Bereich bis 100 MWh (vgl. [6]). Ab der Freigabe der jeweiligen Fallgruppen haben MSB im Rahmen der Rolloutfrist alle, mindestens jedoch 95 % der entsprechenden Messstellen, mit der vorgesehenen Technik auszustatten. Innerhalb von drei Jahren ab Freigabe sind 10 % der Messstellen verpflichtend auszustatten.

21.3 Technik und Betrieb

Das SMGW bildet die zentrale Kommunikationsplattform für den Datenaustausch zwischen der Messstelle bzw. dem verbauten Anschlussobjekt und den berechtigten Datenempfängern. Das BSI hat für die Datenkommunikation drei Schnittstellen festgelegt: das Home Area Network (HAN), das Local Metrological Network (LMN) und das Wide Area Network (WAN). Der Funktionsumfang eines SMGW wird in sogenannten Tarifanwendungsfällen für die Messwertverarbeitung und –übermittlung gegliedert, die in der technischen Richtlinie TR03109-1 des BSI beschrieben sind.

Tab. 21.1: Ausstattung von Messstellen mit intelligenten Messsystemen nach §31 MsbG (vgl. [14]).

Einbaufallgruppen			Vorgesehener Rolloutstart	Rolloutfrist in Jahren	Freigabe gem. Allgemeinverfügung	Preisobergrenze (Brutto)
Optionale Einbaufälle	Verbraucher	≤2 MWh	2020	keine, da optional	24.02.2020	23,00 €
		2–3 MWh	2020	keine, da optional	24.02.2020	30,00 €
		3–4 MWh	2020	keine, da optional	24.02.2020	40,00 €
		4–6 MWh	2020	keine, da optional	24.02.2020	60,00 €
	Erzeuger	1–7 kW	2018	keine, da optional	–	60,00 €
Pflichteinbaufälle	Verbraucher	6–10 MWh	2020	8	24.02.2020	100,00 €
		10–20 MWh	2017	8	24.02.2020	130,00 €
		20–50 MWh	2017	8	24.02.2020	170,00 €
		50–100 MWh	2017	8	24.02.2020	200,00 €
		>100 MWh	2017	16	–	kein Kostendeckel
	Steuerbare Verbraucher	nach §14a EnWG	2017	vor Teilnahme nach §14a EnWG	–	100,00 €
	Erzeuger	7–15 kW	2017	8	–	100,00 €
		15–30 kW	2017	8	–	130,00 €
		30–100 kW	2017	8	–	200,00 €
		>100 kW	2020	8	–	kein Kostendeckel

21.3.1 Grundlagen des Betriebs

Wie vorhergehend im Detail beschrieben, stellen das MsbG und insbesondere die TR 03109 des BSI die Grundlage für iMSys und deren Verwendung dar. Die einzelnen Systembestandteile und Kommunikationsverbindungen des iMSys und der Umsysteme, die nachgehend beschrieben werden, sind in der Abbildung 21.2 dargestellt (vgl. [16]).

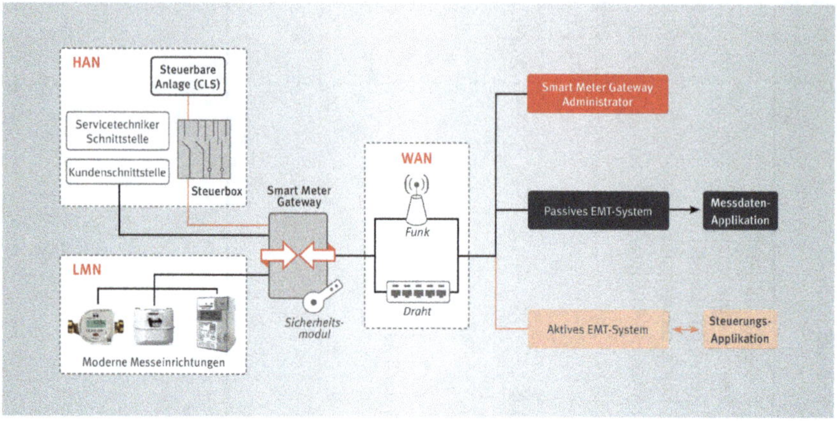

Abb. 21.2: Systembestandteile iMSys (Quelle: VOLTARIS GmbH).

Als messtechnische Einrichtung dient eine mME, die die physischen Messdaten erhebt. Diese befindet sich im Local Metrological Network (LMN) und wird über die sogenannte LMN-Schnittstelle an das SMGW angebunden. Dies kann sowohl drahtgebunden als auch per Funk erfolgen. An das SMGW können – neben Stromzählern in Form einer mME – auch Zähler weiterer Sparten, wie Gas und Wasser, angeschlossen werden, wenn diese die technischen Voraussetzungen zur Anbindung an die LMN-Schnittstelle des SMGW erfüllen.

Neben der Anbindung über die LMN-Schnittstelle können weitere Geräte an die Home Area Network (HAN)-Schnittstelle angeschlossen werden. Über diese erhält der Anschlussnutzer auch einen Einblick in die im SMGW gespeicherten Messdaten. Die Anbindung weiterer Geräte im HAN erfolgt über die Controllable Local System (CLS)-Schnittstelle als Teil der HAN-Schnittstelle. Über diese können z. B. Steuerbefehle an eine Steuerbox zum Last- oder Einspeisemanagement übertragen oder Anlageninformationen ausgetauscht werden. Auch weitere Geräte für Mehrwertdienste im Submetering werden an die CLS-Schnittstelle angebunden. Hierzu zählen unter anderem Heizkostenverteiler, Untermessungen für Wärme und Kaltwasser sowie Rauchmelder (vgl. [16]).

Das SMGW bildet somit die zentrale Kommunikationsplattform. Die Verbindung von der Messstelle bzw. dem verbauten Anschlussobjekt hin zu den Backendsystemen erfolgt über die Wide Area Network (WAN)-Verbindung. Hierzu kommen verschiedene Kommunikationstechnologien zum Einsatz, wie Mobilfunkt (LTE, GPRS), Powerline Communication (PLC), Ethernet, Glasfasernetze oder auch die 450 MHz Funktechnologie. Die derzeit etablierteste Form stellt die Mobilfunkanbindung gefolgt von der Powerline Communication dar (vgl. [16]).

Zu den Datenempfängern zählen der GWA sowie EMT, die sich auf Basis ihrer Aufgaben bzw. Anforderungen nochmals in aktive (aEMT) und passive (pEMT) EMT unterteilen lassen. Hierbei handelt es sich bei den EMT um Verteil- und Übertragungsnetzbetreiber, MSB, Direktvermarkter und Lieferanten. Die beiden Rollen GWA und EMT sind im Folgenden genauer beschrieben.

Gateway-Administrator (GWA)

Der GWA ist verantwortlich für den sicheren technischen Betrieb der iMSys, womit ihm eine besondere Bedeutung zukommt. Zu seinen Aufgaben gehören die Parametrierung im Rahmen der Installation und Inbetriebnahme, die Konfiguration von Profilen die Administration der SMGW sowie die Wartung. Im Rahmen der hochsicheren BSI Public Key Infrastructure (PKI) gehört auch das Management der Zertifikate und das Aufbringen dieser auf das SMGW zu seinen Aufgaben. Mittels der Zertifikate werden die Daten inhaltsverschlüsselt und eine verschlüsselte Kommunikation zur Datenintegrität sichergestellt (vgl. [16]).

Externer Marktteilnehmer (EMT)

Auch der EMT muss Teil der PKI-Infrastruktur sein, um als berechtigter Kommunikationspartner durch den GWA auf dem SMGW parametriert werden und um eine sichere Kommunikation zum SMGW aufbauen zu können. Dies gilt sowohl für den aEMT als auch für pEMT. pEMT verfügen lediglich über eine unidirektionale Verbindung zum SMGW und empfangen Messdaten von diesem. aEMT können bidirektional mit dem SMGW kommunizieren und so beispielweise steuerbare Verbraucher als Flexibilitäten über die CLS-Schnittstelle ansteuern. Für Smart-Grid-Anwendungen per iMSys verfügt der aEMT über ein CLS-Managementsystem. Mit diesem administriert der die Steuerboxen, Anlagen und die Zugriffe. Zudem kümmert er sich um die Verwaltung von SMGW und deren Gruppierung im Rahmen der Steuerung sowie um Durchführung der Steuerbefehle und Überwachung. Die Steuerbefehle können als bedarfs- und anlassbezogene Schalthandlungen oder über Fahrpläne umgesetzt werden (vgl. [16]). Die Koordination von Steuerbefehlen geschieht über eine sogenannte Koordinierungsfunktion, die sich derzeit noch in Konzeption befindet.

21.3.2 Messdatenverteilung und Anwendungsfälle

Die physische, messtechnische Erfassung der Messdaten des iMSys erfolgt durch die mME. Diese Messwerte werden vom SMGW aufgenommen und anhand der auf dem

SMGW parametrierten Tarife versendet. Der Versand der Messdaten erfolgt nach dem MsbG nur an berechtigte Akteure (vgl. [14]).

Für das iMSys sind eine Vielzahl an Tarifanwendungsfällen (TAF) für abrechnungsrelevante und nicht-abrechnungsrelevante Nutzungen vorgesehen. In den aktuellen Anforderungen der TR-03109-1 in der Version 1.1 müssen SMGW, die an Messstellen freigegebener Einbaufallgruppen zum Einsatz kommen und über eine entsprechende Zertifizierung verfügen, mindestens die folgenden sieben TAF nach Tab. 21.2 als Funktionalität erfüllen (vgl. [9]).

Tab. 21.2: Tarifanwendungsfälle nach TR-03109-1 (vgl. [9]).

TAF	Name	Abrechnungsrelevant
TAF1	Datensparsame Tarife	ja
TAF2	Zeitvariable Tarife	ja
TAF6	Ablesung von Messwerten im Bedarfsfall	ja
TAF7	Zählerstandsgangmessung	ja
TAF9	Abruf der Ist-Einspeisung	nein
TAF10	Abruf von Netzzustandsdaten	nein
TAF14	Hochfrequente Messwertbereitstellung für Mehrwertdienste	nein

Im Folgenden werden die TAF kurz beispielhaft erläutert:

- TAF1: Dieser ermöglicht beispielsweise die monatliche oder jährliche Ablesung von Zählerständen.
- TAF2: Analog zum klassischen Hoch- und Niedertarif (HT/NT) stellt dieser TAF zeitvariable Abgrenzungen der Messung von Energiemengen bereit.
- TAF6: Der TAF6 dient dem Abruf von Messwerten zu einem bestimmten Zeitpunkt, z. B. beim Mieterwechsel.
- TAF7: Ähnlich der klassischen Lastgangmessung von Verbrauchern mit sehr hohem Energieverbrauch stellt der TAF7 viertelstündliche Zählerstandswerte bereit.
- TAF9: Dieser dient dem Abruf der aktuellen Einspeisung einer PV-Anlage (momentane Wirkleistung) durch berechtigte Marktpartner, wie z. B. dem Netzbetreiber, zum Steuern und Schalten einer Anlage.
- TAF10: Netzzustandsgrößen/Netzzustandsdaten (wie Leistungen, Strombeträge, Frequenz, Phasenwinkel und Spannungsbeträge) können durch den TAF10 an den Netzbetreiber für beispielsweise Netzzustandsschätzungen übermittelt werden, um so den Netzzustand zu ermitteln und Überlastungen oder Spannungsbandverletzungen zu erkennen.
- TAF14: Der TAF 14 stellt Messwerte im Abstand von maximal 60 Sekunden als hochfrequente Messdaten bereit, die durch den Anschlussnutzer oder andere berechtigte Marktteilnehmer für Mehrwertdienste wie beispielsweise Energiemonitoring oder energetische Steuerungen verwendet werden können.

Die Übertragung der Mess-, Netzzustands-, Stamm- und personenbezogenen Daten nach § 52 MsbG erfolgt verschlüsselt und in einem einheitlichen Format. Im Gegensatz zu den Stammdaten und Messwerten für entnommene Elektrizität oder Gas nach §§ 55, 57–59 MsbG, welche für eine Vielzahl an Zwecken durch den EMT eingesetzt werden dürfen (§§ 66–70 MsbG), gilt dies nicht für die Erhebung von Netzzustandsdaten nach § 56 MsbG. Diese dürfen lediglich in begründeten Fällen im Auftrag des Netzbetreibers pseudonymisiert erhoben werden und sind zu dokumentieren. Die Erhebung dieser Daten ist ausschließlich zur Erfüllung der Pflichten nach §§ 11–14 EnWG zulässig.

Zusätzlich zu den oben beschriebenen Marktrollen, wie beispielsweise Netzbetreiber, MSB oder Lieferant, wurde am 01.04 2022 eine neue energiewirtschaftliche Marktrolle, der sogenannte Energieserviceanbieter (ESA), eingeführt. Mit Einwilligung des Anschlussnutzers hat dieser das Recht, Messdaten des iMSys beim MSB anzufragen. Der ESA kann durch diese Messdaten dem Anschlussnutzer Zusatzdienste bereitstellen, wie beispielsweise Verbrauchsoptimierungen durch Datenanalysen.

21.4 Status Quo, Weiterentwicklung und Mehrwertdienste

Das Stufenmodell zur Weiterentwicklung der Standards für die Digitalisierung der Energiewende beschreibt, welche Funktionen durch die Branche nach und nach umzusetzen sind. Die standardisierte Systemarchitektur des iMSys wird somit konsequent weiterentwickelt mit dem Ziel, die Wertschöpfung und Umsetzung von weiteren Dienstleistungen und Mehrwerten voranzutreiben. Dazu gehören z. B. die Steuerung von dezentralen Verbrauchern und Erzeugern, die Entwicklung dynamischer Stromtarife oder das Mehrsparten- und Submetering.

21.4.1 Status des Rollouts und Weiterentwicklungen

Während in einigen europäischen Ländern die EU-Vorgabe, bis 2020 mindestens 80 % der Verbraucher mit Smart Metern auszustatten, erfüllt[2] wurde und teilweise bereits eine zweite oder dritte Generation von Smart Metern verbaut wird, befindet sich der deutsche Rollout noch in einer Anlaufphase. Hintergründe sind die oben beschriebenen langwierigen Verfahren im Rahmen der Kosten-Nutzen-Analyse, der Gesetzge-

2 Estland (>98 % im Jahr 2017), Finnland (100 % im Jahr 2013), Italien (95 % im Jahr 2011), Malta (80–85 % im Jahr 2014), Spanien (100 % im Jahr 2018) und Schweden (100 % im Jahr 2009); vgl. [17].

bung sowie deutlich höheren vorgeschriebenen Sicherheitsstandards und Funktionalitäten für die Geräte und Marktprozesse.

Zumindest für die mME verzeichneten die Regulierungsbehörden für das Berichtsjahr 2020 seit Rolloutstart 2017 bereits 9,5 Mio. verbaute Geräte, sodass zum Stichtag 18 % der Messlokationen entsprechend ausgestattet waren (vgl. [18]).

Zum 31.12.2020 waren laut Monitoringbericht knapp 30.000 iMSys verbaut (vgl. [18]) – die Zahl dürfte zu Beginn des Jahres 2022 jedoch laut verschiedenen Pressemitteilungen von MSB und SMGW-Herstellern bereits ca. 100.000 Einbauten mehr umfassen. Dennoch bereitet der Hochlauf in Massenprozessen immer noch Schwierigkeiten, sodass einige gMSB die Erfüllung ihrer Quote von 10 % für Pflichteinbaufälle in den ersten drei Jahren in Gefahr sehen. Die dahinterliegende Komplexität lässt sich daraus ableiten, dass 2020 nur noch 788 MSB für den Messstellenbetrieb von mME und iMSys operieren und dabei auch oft nicht die gesamte Wertschöpfungskette (Einbau, Betrieb, Wartung, Abrechnung und GWA) selbst übernehmen (vgl. [18]). Insbesondere für die Prozesse der GWA hat sich ein Dienstleistungsmarkt mit 45 zertifizierten Unternehmen entwickelt, die die Aufgaben für sich selbst, beziehungsweise für die gMSB im Markt, dienstleistend wahrnehmen (vgl. [19]). Speziell im kommunalen Umfeld sind dabei auch neue Partnerschaften und Anwendergemeinschaften entstanden, um gemeinsam Know-how und Kräfte im Rahmen des intelligenten Messstellenbetriebs zu bündeln.

Unterdessen nehmen die wMSB noch eine untergeordnete Rolle ein. Diese können den Kunden zwar theoretisch flexiblere Dienstleistungsangebote in überregionalen Versorgungsgebieten bieten, stellen aber bislang lediglich einen geringen Marktanteil dar: lediglich in rund 10 % aller Netzgebiete versorgen wMSB mehr als 1 % der Messlokationen (vgl. [18]).

Große praktische Herausforderungen des Rollouts können unter anderem bei der WAN-Anbindung identifiziert werden. Stromzähler sind häufig in Kellerräumen verortet, wo der Mobilfunkempfang oftmals keine gesicherte Datenübertragung der Messwerte gewährleistet. In urbanen Gegenden kommt deswegen vermehrt Powerline Communication zum Einsatz. Besonders die Flächenversorger setzen zukünftig aber auf das deutschlandweit in Aufbau befindliche 450 MHz LTE-Funknetz. Die Energiewirtschaft hatte den Zuschlag zur Nutzung der 450 MHz Frequenzen 2021 von der Bundesnetzagentur erhalten (vgl. [20]) und verspricht sich davon eine bessere Gebäudedurchdringung und eine höhere Netzverfügbarkeit im Gebäudeinneren zur Anbindung der iMSys.

Damit der Rollout weiter an Fahrt gewinnen kann und auch weitere Einsatzfelder für iMSys definiert werden, wurden neben der Standardisierungsstrategie zur sektorübergreifenden Digitalisierung nach dem GDEW (vgl. [21]) sowie dem Fahrplan für die weitere Digitalisierung der Energiewende (vgl. [22]) auch ein sogenanntes Stufenmodell zur Weiterentwicklung der Standards für die Digitalisierung der Energiewende (vgl. [23]) ins Leben gerufen. Im Zuge dieses Roadmap-Prozesses beschreibt das Stufenmodell den wesentlichen Rahmen für die zukünftige inkrementelle Umsetzung der Digitalisierung der Energiewende mittels iMSys und damit den Pfad, welche Funktionen Stufe für Stufe durch die Branche umzusetzen sind. Dabei werden auch technische Eckpunkte (u. a. auch Anpassungsbedarfe für den Rechtsrahmen sowie die BSI-Standards) abgeleitet, die durch den sogenannten Ausschuss Gateway-Standardisierung (vgl. § 27 MsbG [14]) bestätigt werden. Ausgehend vom Status Quo des SMGW wird so die standardisierte Systemarchitektur des erweiterten iMSys mit einzelnen Zwischenstufen weiterentwickelt, mit dem Ziel, inzentiv die Wertschöpfung und Umsetzung von weiteren Dienstleistungen und Mehrwerten voranzutreiben.

21.4.2 Mehrwertdienste und Nutzen für private Kunden

Unter Einbeziehung von Stakeholdern werden im oben genannten Roadmap-Prozess unter anderem die notwendigen technischen Anforderungen an die Steuerung von dezentralen Verbrauchern und Erzeugern, dynamische Tarife oder das Mehrsparten- und Submetering via iMSys in einem Branchen-Dialog konsolidiert.

Vor allem im Bereich des Submeterings können große Mehrwerte für private Kunden generiert werden. Regulatorisch wurde 2021 durch die Überführung der EU-Energieeffizienzrichtlinie (EED) in nationales Recht mit der Novellierung der Heizkostenverordnung (HKV) sowie der Verordnung über die Verbrauchserfassung und Abrechnung bei der Versorgung mit Fernwärme und Fernkälte (FFVAV) und der Verordnung über allgemeine Bedingungen für die Versorgung mit Fernwärme (AVBFernwärmeV) Grundlagen zur Harmonisierung von (intelligentem) Messstellenbetrieb und Messdienstleistungen gelegt. In den Verordnungen werden jeweils Anforderungen zur Fernauslesbarkeit von Verbrauchserfassungsgeräten der unterschiedlichen Sparten festgelegt sowie die Bereitstellung unterjähriger Verbrauchsinformationen (UVI) gefordert. Für Submeter ist nach § 5 Abs. 2 HKV sogar festgelegt, dass diese sicher an ein SMGW anbindbar sein müssen. Nach MsbG müssen iMSys den gesicherten Empfang von Messwerten für Strom-, Gas-, Wasser- und Wärmezählern sowie Heizwärmemessgeräten ermöglichen. Somit stellen iMSys eine sichere Kommunikationsplattform für smartes Submetering dar. Indem Submeter entsprechend an das iMSys angebunden werden, können redundante Installationen anderer Gateways reduziert werden. Gleichzeitig können die Verbrauchsdaten über die Backendsysteme des MSB gesammelt, aufbereitet und den Mietparteien transparent bereitgestellt werden, z. B. per Visualisierungs-App (siehe folgende Abbildung). Da etwa 16 % der CO_2-Emissionen in Deutschland gebäudebezogen sind (vgl. [24]), können detaillierte monatliche Verbrauchs- und Kostenübersichten für jeden Haushalt in Verbindung mit Analysetools oder Prognosen einen Hebel darstellen, um das eigene Verbrauchsverhalten zu optimieren. Auch entfallen damit die fehleranfälligen „Turnschuhablesungen“, für die die Beschäftigten oftmals Urlaub nehmen mussten.

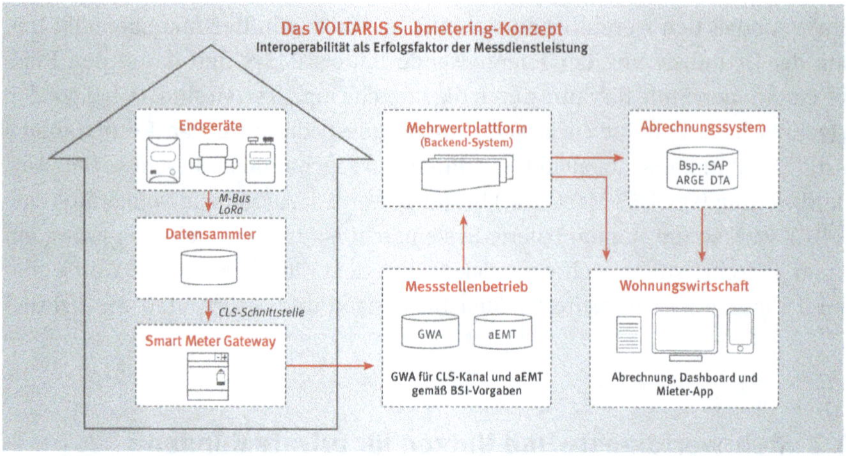

Abb. 21.3: Verbindung von Smart Metering und Submetering (Quelle: VOLTARIS GmbH).

Für die Wohnungswirtschaft liegt ein Vorteil darin, dass nun alle Leistungen – von der Energielieferung über den Messstellenbetrieb bis zur Abrechnung – aus einer Hand bezogen werden können. Das auch von den Autoren bereits umgesetzte Submeteringkonzept verfolgt diesen ganzheitlichen Ansatz, der Mehrspartenauslesung, Submetering und Mehrwertdienste vereint. Neben abrechnungsrelevanten Messdaten der Hauptmessungen für Strom, Gas, Wasser und Wärme werden über SMGW auch die Messdaten der Untermessungen bereitgestellt, beispielsweise von Heizkostenverteilern oder Wärmemengenzählern. Auch können über die CLS-Schnittstelle weitere digitale Mehrwertdienste angeboten werden (siehe Abb. 21.3). Darunter fallen unter anderem die Anbindung von Rauchwarnmeldern, Türkontakten, Raumklimasensoren oder auch Füllstandsensoren für Müllcontainer. Innerhalb der VOLTARIS Anwendergemeinschaft[3] werden bereits erste Submetering-Pilotprojekte realisiert.

Doch iMSys können viel mehr als UVI: Auf Basis des TAF14 können zukünftig hochfrequente Messwerte für Mehrwertdienste bereitstellt werden. Nützlich ist dies nicht nur für die Visualisierung des Stromverbrauchs, sondern insbesondere zur Disaggregation, also der Aufschlüsselung, von statistischen Daten nach bestimmten Merkmalen. Denn durch die Aufschlüsselung der Verbrauchsdaten können vielerlei Energieeffizienzpotentiale erkannt und gehoben werden. Beispielsweise können verschiedene im Haushalt befindliche Stromverbraucher wie Kühlschränke, Elektroherde oder Wäschetrockner identifiziert und mit Vergleichsgeräten gebenchmarkt werden. Stromfresser können somit schnell identifiziert und durch energieeffizientere Neugeräte ersetzt werden.

3 In der VOLTARIS Anwendergemeinschaft Messsystem arbeiten derzeit mehr als 40 Energieversorgungsunternehmen und Netzbetreiber bei der Gestaltung des intelligenten Messstellenbetriebs zusammen – im Rahmen von Workshops, moderiertem Erfahrungsaustausch und Schulungen.

Darüber hinaus bestehen auch neue Möglichkeiten in energiewirtschaftsferneren Anwendungsfeldern wie beispielsweise dem sogenannten Ambient Assisted Living – zu Deutsch: Alltagsunterstützende Assistenzlösungen für ein selbstbestimmtes Leben. Für die Gesundheits- und Pflegewirtschaft bietet der der sichere Datenkanal des iMSys neue Chancen in der Betreuung pflegebedürftiger Personen. Ohne teure Sensoren oder sonstige bauliche Veränderungen können die über das iMSys gesammelten Verbrauchsdaten von Stromzählern (und bestenfalls auch Wasserzählen) relevante Erkenntnisse über den Zustand pflegebedürftiger Menschen geben. Basierend auf dem granular gemessenen Verbrauch können in einem Backendsystem Aktivitätsprofile erstellt werden. Treten Inaktivitäten und Anomalien zum Standardprofil auf, können Angehörige oder sogar der Rettungsdienst benachrichtigt werden. Da es sich hierbei um Gesundheitsdaten handelt, bietet sich der hochsichere Kommunikationskanal des iMSys an – vor allem, weil Pflegedienste derzeit teilweise mit intelligenten Lautsprechern und virtuellen Assistenten US-amerikanischer Anbieter arbeiten.

Des Weiteren werden iMSys zukünftig auch dynamische Stromtarife ermöglichen. In einem Beschluss des Bundesrates vom 03.07.2020 wurde darauf hingewiesen, dass der Großteil der deutschen Haushalte aus damaliger Sicht nur begrenzt vom Smart Meter Rollout profitiert (vgl. [4]). Deswegen sollten vorgesehene Mehrwerte durch die Einführung dynamischer Tarife realisiert werden, sodass wirkungsvolle Anreize für Endverbraucher entstehen, systemoptimierend mitzuwirken und profitieren zu können (vgl. [25]). Mit der EnWG-Novelle 2021 wurde dies adressiert, und via §41a (lastvariable, tageszeitabhängige oder dynamische und sonstige Stromtarife) sind Stromlieferanten seit dem 01.01. 2022 verpflichtet, „den Abschluss eines Stromliefervertrages mit dynamischen Tarifen für Letztverbraucher anzubieten, die über ein intelligentes Messsystem im Sinne des Messstellenbetriebsgesetzes verfügen".

Zuerst können jedoch nur Endverbraucher von Stromlieferanten, die mehr als 200.000 Letztverbraucher beliefern, von der novellierten Regelung profitieren. Bis 2026 müssen dann aber auch Lieferanten mit einer Mindestanzahl von 50.000 Letztverbrauchern solche Tarife anbieten. Abgewickelt werden können solche Angebote unter anderem durch TAF2 für zeitvariable Tarife. Dieser TAF setzt eine Messwerte-Übermittlung in unterschiedlichen Zeiträumen um, beispielsweise für den bekannten Hoch- und Niedertarif. Darüber hinaus gewährleistet TAF7 eine Zählerstandsgangmessung im 15-Minuten-Takt, sodass z. B. eine Börsenpreis-Kopplung des Strompreises ermöglicht wird. Laut dem Stufenmodell soll zukünftig auch der Energiewirtschaftliche Anwendungsfall (EAF) 10 „Dynamische Tarife für Elektrizität" ereignisvariable Tarife möglich machen. Bis 2030 wird erwartet, dass rund 10,4 Millionen steuerbare Verbrauchsanlagen, die unter § 14a EnWG fallen, in die Niederspannungsnetze integriert werden (vgl. [26]). Wenn Verbraucher dann via iMSys für ein definiertes Zeitfenster einmalig einen variablen Tarif durch den Energielieferanten erhalten, können sie ihre flexiblen Verbrauchsanlagen energiekostenoptimierend steuern. Die dafür notwendige weitere Ausgestaltung des § 14a EnWG ist noch ausstehend.

21.5 Fazit

Das ambitionierte Ziel der Klimaneutralität Deutschlands bis zum Jahr 2045 kann nur erreicht werden, wenn die Stromerzeugung aus Erneuerbaren Energien zügig ausgebaut wird und wenn es gelingt, Erzeugungsanlagen, Speicher und Letztverbraucher intelligent miteinander zu vernetzen. iMSys können einen Beitrag für die sichere Fernsteuerung der Anlagen im Smart Grid der Zukunft leisten. Die neue intelligente Zählertechnik ermöglicht es zudem, die Energieflüsse in Prosumer-Haushalten abzubilden – von der Einspeiseleistung der PV-Anlage über die Steuerung der Ladeinfrastruktur für das Elektroauto bis hin zu Smart-Home-Anwendungen zur Erhöhung der Energieeffizienz. Auch im Immobiliensektor sowie in Industrie- und Gewerbeunternehmen spielen Energieeffizienz und Klimaneutralität eine zunehmend wichtige Rolle. iMSys ermöglichen die Visualisierung und der Verbrauchsdaten, können ein effizientes Energiemanagement ermöglichen und tragen damit zur Reduzierung der CO_2-Emissionen bei. Daher gilt es, zügig weitere Einbaufälle und Einsatzbereiche des iMSys zu ermöglichen, um die Digitalisierung der Energiewende voranzutreiben.[4]

Literaturverzeichnis

[1] Europäische Union (2009). Richtlinie 2009/72/EG des europäischen Parlamentes und des Rates vom 13. Juli 2009 über gemeinsame Vorschriften für den Elektrizitätsbinnenmarkt und zur Aufhebung der Richtlinie 2003/54/EG.

[2] Ernst & Young (2013). Kosten-Nutzen-Analyse für einen flächendeckenden Einsatz intelligenter Zähler.

[3] Deutscher Bundestag (2016). Gesetz zur Digitalisierung der Energiewende vom 29. August 2016.

[4] Vortanz, K. und Zayer, P. (2017). In Doleski, O. D. (Hrsg.) Herausforderung Utility 4.0 – Wie sich die Energiewirtschaft im Zeitalter der Digitalisierung verändert. Smart Meter Rollout: Intelligente Messsysteme als Schnittstelle zum Kunden im Smart Grid und Smart Market, 585–604. Wiesbaden: Springer.

[5] Bundesnetzagentur (BNetzA) (2017). Pressemitteilung vom 15.09.2017. Bundesnetzagentur gibt Anzahl der grundzuständigen Messstellenbetreiber bekannt.

[6] Bundesamt für Sicherheit in der Informationstechnik (BSI) (2020). Allgemeinverfügung zur Feststellung der technischen Möglichkeit zum Einbau intelligenter Messsysteme. Az: 610 01 04 /2019_001. Datum: 07.02.2020.

[7] Oberverwaltungsgericht des Landes Nordrhein-Westfalen (2021). Pressemitteilung vom 05.03.2021. Oberverwaltungsgericht stoppt vorläufig Einbauverpflichtung für intelligente Messsysteme (Stromzähler). https://www.ovg.nrw.de/behoerde/presse/pressemitteilungen/01_archiv/2021/18_210305/index.php. Zuletzt abgerufen am 17.03.2022.

4 Exkurs: Der Aspekt Kosten-Nutzen von intelligenten Messsystemen ist komplex und unterscheidet sich je nach Einsatzzweck. Das Thema wurde grundsätzlich in der Studie „Kosten-Nutzen-Analyse für einen flächendeckenden Einsatz intelligenter Zähler“ von Ernst&Young 2013 beleuchtet und soll an der Stelle nicht weiter vertieft werden.

[8] Bundesamt für Sicherheit in der Informationstechnik (BSI) (2015). Technische Richtlinie BSI TR-03109-6. Smart Meter Gateway Administration. Version 1.0. Datum: 26.11.2015.

[9] Bundesamt für Sicherheit in der Informationstechnik (BSI) (2021). Technische Richtlinie BSI TR-03109-1. Anforderungen an die Interoperabilität der Kommunikationseinheit eines intelligenten Messsystems. Version 1.1. Datum: 2021-09-17.

[10] Bundesamt für Sicherheit in der Informationstechnik (2020). Marktanalyse zur Feststellung der technischen Möglichkeit zum Einbau intelligenter Messsysteme nach § 30 MsbG. Version 1.2, Datum 30.10.2020.

[11] Röhrenbeck, S. E. A. (2019). Wärmepumpen und Speichersysteme als Flexibilitäten im Kontext des Zellularen Ansatzes. Dissertation. TU Kaiserslautern. Shaker Verlag. Düren. In Wellßow, W. H. (Hrsg.) Forschungsberichte Lehrstuhl für Energiesysteme und Energiemanagement. Band 7.

[12] Benzarti, A. (2021). Ein Beitrag zur Flexibilitätsbereitstellung durch thermische Lasten unter Netz- und Systemrestriktionen. Dissertation. TU Kaiserslautern. Shaker Verlag. Düren. In Wellßow, W. H. (Hrsg.) Forschungsberichte Lehrstuhl für Energiesysteme und Energiemanagement. Band 11.

[13] Wäresch, D. (2018). Entwicklung eines Verfahrens zur dreiphasigen Zustandsschätzung in vermaschten Niederspannungsnetze. Dissertation. TU Kaiserslautern. Shaker Verlag. Düren. In Wellßow, W. H. (Hrsg.) Forschungsberichte Lehrstuhl für Energiesysteme und Energiemanagement. Band 4.

[14] Deutscher, B. (2016). Gesetz über den Messstellenbetrieb und die Datenkommunikation in intelligenten Energienetzen (Messstellenbetriebsgesetz – MsbG). Messstellenbetriebsgesetz vom 29. August 2016 (BGBl. I S. 2034), das zuletzt durch Artikel 10 des Gesetzes vom 16. Juli 2021 (BGBl. I S. 3026) geändert worden ist.

[15] Bundesamt für Sicherheit in der Informationstechnik (2020). Marktanalyse zur Feststellung der technischen Möglichkeit zum Einbau intelligenter Messsysteme nach § 30 MsbG. Version 1.1.1, Datum 03.02.2020.

[16] Hörhammer, M. und Zimpel, J. (2020). In Doleski, O. D. (Hrsg.) Realisierung Utility 4.0 Band 2 – Praxis der digitalen Energiewirtschaft vom Vertrieb bis zu innovativen Energy Services. Intelligente Messsysteme zur Unterstützung eines robusten Netzbetriebs: Messung, Steuerung und Koordinierung, 353–370. Wiesbaden: Springer.

[17] European Commission, Directorate-General for Energy, Alaton, C., Tounquet, F., Benchmarking smart metering deployment in the EU-28: final report, Publications Office (2020). https://data.europa.eu/doi/10.2833/492070.

[18] Bundesnetzagentur (BNetzA) (2022). Monitoringbericht 2021. Monitoringbericht gemäß § 63 Abs. 3 i. V. m. § 35 EnWG und § 48 Abs. 3 i. V. m. § 53 Abs. 3 GWB. Stand: 8. März 2022.

[19] Bundesamt für Sicherheit in der Informationstechnik (2022). Zertifikatsnachweise nach § 25 MsbG. https://www.bsi.bund.de/DE/Themen/Unternehmen-und-Organisationen/Standards-und-Zertifizierung/Smart-metering/Administration-und-Betrieb/Zertifikate25Msbg/zertifikate25MsbG_node.html.

[20] Bundesnetzagentur (2021). 450 MHz – Frequenzen für den drahtlosen Netzzugang. https://www.bundesnetzagentur.de/DE/Fachthemen/Telekommunikation/Frequenzen/OeffentlicheNetze/450MHz/450MHz-node.html.

[21] Bundesministerium für Wirtschaft und Energie (2019). Standardisierungsstrategie zur sektorübergreifenden Digitalisierung nach dem Gesetz zur Digitalisierung der Energiewende. https://www.bmwi.de/Redaktion/DE/Downloads/S-T/standardisierungsstrategie.html.

[22] Bundesministerium für Wirtschaft und Energie (2020). Fahrplan für die weitere Digitalisierung der Energiewende. https://www.bmwi.de/Redaktion/DE/Downloads/F/fahrplan-fuer-die-weitere-digitalisierung-der-energiewende.html.

[23] Bundesamt für Sicherheit in der Informationstechnik (2022). Roadmap-Prozess. https://www.bsi.bund.de/DE/Themen/Unternehmen-und-Organisationen/Standards-und-Zertifizierung/Smart-metering/Roadmap-Prozess/roadmap-prozess.html.
[24] Bundesregierung (2021). Treibhausgas-Bilanz. https://www.bundesregierung.de/breg-de/suche/klimaschutzziel-2020-erreicht-1876954.
[25] Bundesrat (2021). Drucksache 286/20 (Beschluss). Entschließung des Bundesrates – Digitalisierung der Energie-wende – Rasche Umsetzung der Strombinnenmarktrichtlinie (RL 2019/944/EU). https://www.bundesrat.de/SharedDocs/drucksachen/2020/0201-0300/286-20(B).pdf?__blob=publicationFile&v=1.
[26] Bundesamt für Sicherheit in der Informationstechnik und Bundesministerium für Wirtschaft und Energie (2021). Stufenmodell zur Weiterentwicklung der Standards für die Digitalisierung der Energiewende, Energiewirtschaftliche Anwendungsfälle Version: 2.1. https://www.bsi.bund.de/SharedDocs/Downloads/DE/BSI/SmartMeter/Stufenmodell/Energiewirtschaftliche_Anwendungsfaelle.pdf;jsessionid=F0E4EBFF995682F7A43F8A6167803CF9.internet472?__blob=publicationFile&v=5.

Kurzvitae

Marcus Hörhammer, Jahrgang 1980, studierte Wirtschaftsingenieurwesen mit Fachrichtung Elektrotechnik (Abschluss Diplom) und Energiemanagement (Abschluss Master). Während seiner Studiengänge und auch nach Abschluss arbeitete er am Institut für Technologie und Arbeit und betreute Projekte u. a. in den Bereichen Innovations-, Prozess-, und Strategiemanagement. Seit 2012 ist Marcus Hörhammer bei VOLTARIS tätig und verantwortet den Bereich Produktentwicklung und Vertrieb. Er beschäftigt sich dabei insbesondere mit den Themen intelligenter Messstellenbetrieb, Mehrwertdienste sowie dem netzdienlichen Einsatz intelligenter Messsysteme.

Dr.-Ing. Stephan Röhrenbeck, Jahrgang 1987, studierte Wirtschaftsingenieurwesen (Abschluss Diplom) und befasste sich im Rahmen seiner Promotion am Lehrstuhl für Energiesysteme und Energiemanagement der TU Kaiserslautern mit Lasten und Speichern als Flexibilitäten für das Stromnetz. Seit 2019 arbeitet Stephan Röhrenbeck im Bereich Produktentwicklung und Projektmanagement bei der VOLTARIS GmbH mit den fachlichen Schwerpunkten Smart Meter Rollout, Prozess- und Produktenwicklung.

Frank Hirschi, Jahrgang 1989, studierte Volkswirtschaftslehre (Abschluss Master) und befasste sich im Rahmen seines Masterstudiums als wissenschaftliche Hilfskraft am Helmholtz-Zentrum für Umweltforschung in Leipzig intensiv mit energieökonomischen Themen der Energiewende. Seit 2017 arbeitet Frank Hirschi als Unternehmensberater mit den fachlichen Schwerpunkten Smart Metering, Smart Grid sowie Geschäftsmodellentwicklung. Als Senior Consultant bei der HORIZONTE-Group AG berät er hierzu mit großer Leidenschaft Stadtwerke, Regionalversorger und Konzerne.

Hubert Kirrmann†, Max Felser und Monika Freunek

22 Echtzeit als natürliche Systemgrenze

Definition, Technik, Methoden und Herausforderungen der Zeitgebung im Netz

Zusammenfassung: Der Zeitgebung fällt eine zentrale Rolle in der Energieversorgung zu. Doch wie gelangt die Zeit eigentlich in das Netz, und wie wird sichergestellt, dass alle Zeiten synchron sind? Was bedeutet die sogenannte weiche Echtzeit, und was unterscheidet sie von harter Echtzeit? Dieser Beitrag stellt die technischen Grundlagen und Aufgaben der Zeitgebung in Netzwerken vor, führt wichtige Begriffe wie SNTP und den der Echtzeit ein und behandelt wichtige Standards der Zeitgebung. Den Schwerpunkt bilden die Zeitsynchronisationverfahren nach IEEE/IEC 61588 wie der Transparenten Clock und die Nutzung von redundanten Netzwerken, die in der Norm IEC 61850 speziell für den Einsatz bei elektrischen Energieversorgungsnetzwerken empfohlen werden. Die Notwendigkeit einer globalen Zeit und die Rolle der Schaltsekunde werden behandelt. Anwendungssituationen wie die Schutztechnik oder Abrechnungsmessungen und die verschiedenen resultierenden Ansprüche an Zeitgebung in der Energieversorgung werden behandelt. Die Begriffe Latenz und Jitter werden im Kontext der Übertragungsgeschwindigkeit erläutert. Methoden der Zeitsynchronisation in verschiedenen Netzwerken der Energieversorgung werden vorgestellt. Dabei gibt es anwendungsspezifische Ansprüche an die Geschwindigkeit der Zeitsynchronisation und entsprechend verschiedene Verfahren.

Schlagwörter: Echtzeit, Echtzeitfähigkeit, Zeitgebung, Zeitsynchronisation, Jitter, Latenz, Redundanz

22.1 Zeit im elektrischen Netz

Wenige Größen unserer elektrischen Energieversorgung sind so bestimmend für ihre Funktionsweise und zugleich so wenig beachtet wie die Zeitgebung. Die Messung und

---

Anmerkung: Dieses Kapitel ist im Gedenken an Prof. h. c. Dr. Hubert Kirrmann als weit geschätztem Fach- und Normungsexperten verfasst und basiert auf seinen Arbeiten für das Bulletin CH des VSE, "Abschaffung der Schaltsekunde" (Januar 2017) und „Präzise Zeiten in Stromnetzen" (April 2017, mit Roman Graf).

Danksagung: Die Autoren bedanken sich bei Radomir Novotny des Bulletin CH für die Unterstützung.

Hubert Kirrmann†, Solutil, Baden, Schweiz
Max Felser, Felser Engineering, Gurmels, Schweiz, e-mail: engineering@felser.ch
Monika Freunek, Lighthouse Science Consulting and Technologies Inc., New Brunswick, Kanada, e-mail: monika.freunek@lighthouse-sct.com

https://doi.org/10.1515/9783110753585-022

Übertragung einer Uhrzeit ermöglicht Handelstransaktionen von Energie, und Zeitstempel dienen als Basis der Analyse von Messwerten. Die Laufzeit eines Signals bestimmt Regelungen im Netz, immer begleitet vom Jitter, also der vom Signaltyp und Signalweg abhängigen Schwankung der Übertragungszeit. Der Jitter ist also die Varianz der Latenz. Die Übertragungsgeschwindigkeit ist grundsätzlich sehr stabil und hängt etwa vom Material und der Temperatur des Transportmediums ab. Bei gleichen Übertragungsbedingungen kommt es vor allem auf Grund unterschiedlicher Wege und Verzögerungen in Speichern zu unterschiedlichen Laufzeiten und somit zu unterschiedlicher Latenz. Zeit bestimmt die Frequenz unseres Netzes und dessen Zustand. Aber was ist eigentlich Zeit, und wie kommt sie in unser Netz? Kann ich davon ausgehen, dass ein Smart Meter in einem Alpendorf mit der gleichen Zeitangabe wie ein Aktor auf einer Windkraftanlage in der Nordsee synchron sind? Und was bedeutet der häufige verwendete Begriff der Echtzeit aus technischer Sicht?

Gerade mit der zunehmenden Vielfalt von Systemen und Systemkomponenten mit oftmals unterschiedlichen Anforderungen an die Zeitgebung und deren Vernetzung kommt einem fundierten Verständnis der Zeit im Netz eine oft systementscheidende Rolle zu. Dieses Kapitel führt in die Grundlagen der Zeitgebung im elektrischen Netz ein, erläutert die wichtigsten Zusammenhänge und Fachbegriffe und führt an praktischen Beispielen konkrete Umsetzungen aus.

Definition Latenzzeit. Die Latenzzeit umfasst die Zeit zwischen einem Ereignis und einem damit verbundenen Folgeereignis. Dieser Zeitraum wird oftmals auch als Lauf-, Verzögerungs- oder Reaktionszeit bezeichnet. Die Zeit von dem Senden bis zum Empfang eines Signals ist ein Beispiel für eine Latenz- oder Laufzeit. Eine konstante Latenzzeit kann gemessen und zur Uhrensynchronisation rechnerisch kompensiert werden.

Definition Jitter. Der Jitter ist die Varianz, also die Schwankungsbreite, der Latenzzeit. Dies ist ein statistisches Phänomen, das rechnerisch nicht vollständig kompensiert werden kann. Der Jitter bestimmt somit, wie genau zwei Uhren synchronisiert werden können.

22.2 Echtzeitfähigkeit

Im Kontext von Automatisierung und Digitalisierung, aber auch im Hinblick auf intelligente Netze und neue datengestützte Anwendungen im Energiebereich, wird häufig von sogenannter „Echtzeit" gesprochen. Nicht immer ist der Begriff dabei klar umrissen. In diesem Abschnitt wird erläutert, welche standardisierten Definitionen von Echtzeit es gibt und was die Einsatzgebiete und Unterscheidungskriterien der verschiedenen Arten von Echtzeit sind.

Der Begriff Echtzeitfähigkeit wird von der IEC definiert als „Fähigkeit eines Prozessrechnersystems, die Aufgaben in einem ablauffähigen Zustand zu halten, so dass sie in einem vorgegebenen Zeitintervall auf prozesstechnische Ereignisse reagieren können“ (vgl. [1]).

Es stellen sich somit die folgenden Fragen:

- Welche Konsequenzen treten ein, wenn die Echtzeitfähigkeit nicht eingehalten werden kann?
- Welche Vorgaben gibt es an die Zeitintervalle der Prozesse in der elektrischen Energieversorgung?
- Was sind Voraussetzungen für eine Echtzeitfähigkeit in einem verteilten Prozessrechnersystem?

22.2.1 Echtzeit-Qualität

Die Anforderungen an die Echtzeitfähigkeit können je nach Anwendung unterschiedlich sein. Oftmals wird klar zwischen *harter Echtzeit* und *weicher Echtzeit* unterschieden. Das Unterscheidungsmerkmal ist die Frage, welche Konsequenzen es hat, wenn die Echtzeitfähigkeit nicht erfüllt wird, wenn also eine Reaktion auf ein Ereignis zu spät oder überhaupt nicht erfolgt.

22.2.1.1 Harte Echtzeit

Wenn bei einer harten Echtzeit in dem geforderten Zeitintervall der Prozessrechner nicht auf ein Ereignis reagiert, kann die geforderte Funktion nicht mehr erfüllen werden. Wenn möglich, wird der Prozess in einen sicheren Zustand gebracht. Wenn dies nicht möglich ist, besteht die Gefahr eines Schadens an den Anlagen oder sogar an Personen.

Für den Fall von möglichen Personenschäden schreibt der Gesetzgeber die maximale akzeptable Wahrscheinlichkeit für einen solchen unsicheren Zustand vor. Somit ist die harte Echtzeit mit einer Angabe der Wahrscheinlichkeit des Risikos eines Ausfalls für Anwendungen der funktionalen Sicherheit zwingend notwendig.

22.2.1.2 Weiche Echtzeit

In einem Prozess mit weicher Echtzeit führt ein gelegentliches nicht einhalten des Zeitintervalls nicht zu einem Ausfall der Systemfunktion. Dazu muss eine statistische Angabe zu den akzeptierbaren Verzögerungen oder fehlenden Ereignissen ergänzt werden.

In der Regeltechnik erwartet der Regler Sensorwerte in regelmäßigen Zeitintervallen. Wenn nun ein einzelner Wert fehlt, kann der Regler diesen Wert extrapolieren und so trotzdem eine akzeptable Regelung ausführen. Beim Entwurf des Reglers ist zu definieren, in welchem Intervall solche Aussetzer erlaubt sind, um trotzdem noch eine akzeptable Regelabweichung erreichen zu können.

22.2.2 Anforderungen im Elektrizitätsnetzwerk

Es gibt diverse Anwendungen im Elektrizitätsnetz, die auf Echtzeitfähigkeit angewiesen sind. In der Folge werden ein paar konkrete Anforderungen zusammengetragen.

Der Netzschutz ist heute im Bereich der Mittelspannung nicht an ein einheitliches Zeitsignal angeschlossen, sondern arbeitet über seine innere Uhr. Das wird sich bei vernetzten Schutzsystemen mit dynamischen Schutzeinstellungsanpassung aber ändern müssen. In der Hochspannung laufen schon die ersten Versuche.

22.2.2.1 Abrechnungsmessung

Generell ist eine synchrone Zeitgebung in erster Linie für die Abrechnungsmessung und Netzdienstleistungen relevant. Bei komplexen Energieflüssen mit zum Teil bilanzieller Durchleitung ist eine genaue Zuordnung von Verbrauch, Erzeugung und vor allem der Lastspitzen ohne eine synchrone Zeitgebung nicht sicher möglich. Dies gilt auch für die Verrechnungsmessung mit viertelstündiger Lastgangmessung.

Dabei genügt für diese Anwendung eine Zeitsynchronisation von etwa 10 ms Genauigkeit, wie dies auch mit SNTP erreicht werden kann (siehe Abschnitt 22.4.2). Messtechnik in elektrischen Netzen ist oft über Dekaden verbaut. Gerade die ersten Generationen elektronischer Betriebstechnik, im Englischen auch operational technology (OT), war dabei nicht mit Kommunikationstechnik ausgestattet und teilweise im isolierten Betrieb installiert, etwa die ersten elektrischen Energiezähler. Ohne regelmäßige Synchronisation summiert sich der Zeitdrift entsprechend auf. Aus diesem Grund werden nicht vernetzte Messgeräte bei Ablesung in der Regel mit der PC-Zeit über das Ablesegerätes synchronisiert.

22.2.2.2 Analytik-Anwendungen

Vermehrt werden Sensornetzwerke als Komponenten des Internets der Dinge, besser bekannt als Internet of Things (IoT), zur Erhebung von Daten zum Einsatz in Analyse oder kundenseitiger Visualisierung eingesetzt. Die hierfür nötige Auflösung der Zeitgebung ist niedriger, im Sekunden- oder sogar Minutenbereich. Die daraus resultierenden Unterschiede der Zeitstempel zwischen den Abrechnungsmessungen und der Messungen für Analysezwecke können voneinander abweichen. Werden im Rahmen von Analytikanwendungen Daten aus verschiedenen Quellen eingesetzt, bedürfen die Zeitstempel also der besonderen Aufmerksamkeit.

22.2.2.3 Ereignismelder

Die Aufzeichnung von Ereignissen im Netz verlangt, dass die Messwerte mit etwa 10 ms absoluter Zeit gestempelt werden (vgl. [2]).

22.2.2.4 Synchrophasoren

Um die Netzstabilität zu prüfen, wird die Phasenlage von Strom und Spannung an verschiedenen Stellen im Netz verglichen. Die Phasenmessgeräte (Phasor Measurement Unit, PMU) senden über das Datennetz ihre Phasenlage zu Phasendatensammlern (Phasor Data Concentrator, PDC), die ihrerseits die gebündelten Werte zur Leitstelle übertragen, die die Netzstabilität berechnet. Der Verzug im Netz ist nicht voraussehbar. Um Bündelung und Vergleich korrekt durchzuführen, werden bei Synchronphasoren die Phasenwerte mit dem genauen Zeitpunkt ihrer Messung übertragen. Danach können die Werte auf einen beliebigen Zeitpunkt extrapoliert werden. Synchrophasoren werden zur Überwachung größerer Netze eingesetzt und verlangen eine absolute Zeit mit einer Genauigkeit von einigen Mikrosekunden. Ein Phasenfehler von 0,1 ° entspricht einem Zeitfehler von 5 µs (vgl. [3]). Die Anforderungen steigen noch bei Synchrophasoren in einem Verteilnetz (vgl. [4]).

22.2.2.5 Differenzialschutz

Der Schutz von Hochspannungsleitungen beruht auf der Messung von Strom und Spannung an den Enden eines Leiters. Der Differenzialschutz misst die momentanen Stromwerte und berechnet die Kirchhoffsche Gleichung, um Erd- oder Kurzschlüsse zu entdecken. Der Abstand zwischen Leitungsenden kann wenige Meter bis mehrere Kilometer betragen. Diese Messwerte wurden über Telefonverbindungen mit einem bekannten Verzug geschickt. Die alten Telefonverbindungen werden durch Datennetze mit Paketvermittlung ersetzt, bei welcher der Verzug stark variiert. Darum versehen die Messgeräte die Messwerte mit der genauen Zeit ihrer Abtastung, danach extrapoliert das Schutzgerät die Messwerte auf eine künstliche Periode. Der Differenzialschutz verlangt eine relative Genauigkeit von einigen Mikrosekunden.

22.2.2.6 Sammelschienenschutz

Der Sammelschienenschutz beruht auf der gleichen Methode wie der Differenzialschutz, nur ist die Anzahl der Endpunkte viel höher. Der Sammelschienenschutz verlangt eine relative Genauigkeit von einigen Mikrosekunden.

22.2.3 Echtzeit mit verteiltem Steuerungssystem

Ein verteiltes Steuerungssystem, im Englischen als Distributed Control System (DCS) bezeichnet, ist ein Steuerungssystem, bei dem die einzelnen Elemente örtliche getrennt und somit über Informationsnetzwerke miteinander verbunden sind. Wenn nun eine Echtzeitfähigkeit gefordert ist, muss auch das Informationsnetzwerk echtzeitfähig sein.

22.2.3.1 Reaktionszeit

Das Zeitintervall zwischen Ereignis und Reaktion bedingt durch die Verzögerung in den Leitungen und Geräten wird als *Reaktionszeit*, im Englischen response time, oder Latenzzeit bezeichnet. Diese Reaktionszeit setzt sich zusammen aus den verschieden Verarbeitungszeiten in den einzelnen Geräten und der Summe der Laufzeiten der Signale zwischen den einzelnen Standorten der Geräte (Abbildung 22.1).

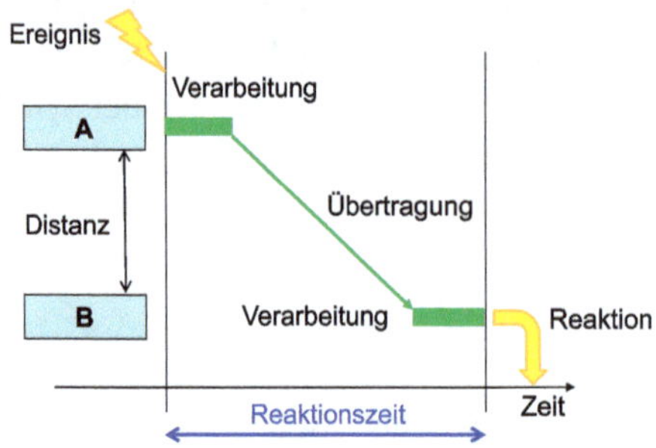

Abb. 22.1: Darstellung der Reaktionszeit.

Die Signallaufzeit ist immer begrenzt durch die Lichtgeschwindigkeit. Optische und drahtlose Signale breiten sich mit Lichtgeschwindigkeit aus. Elektrische Signale auf Kabeln erreichen oftmals nur zwei Drittel der Lichtgeschwindigkeit. Zusätzlich zur Ausbreitungsgeschwindigkeit kommen noch die Durchlaufzeiten der Treiber und Signalaufbereitung.

Die Laufzeit in einem Paket-Vermittlungsnetzwerk wie IP variiert viel stärker als diejenige von Radiowellen oder optischen Signalen. Der Verzug stammt aus der Propagationszeit über die Leitungen, die einigermaßen vorhersehbar ist, und aus der Aufenthaltsdauer der Pakete in den Netzwerkelementen, die vom Datenverkehr abhängt und nicht vorhersehbar ist.

Diese Varianz der Reaktionszeit bezeichnet man als *Jitter* (vgl. [5]). Mit einem Jitter wird nun eine Echtzeitfähigkeit schwierig. Es muss eine dem Jitter entsprechende Reserve der Reaktionszeit angefügt werden, um das vorgegebene Zeitintervall zu erreichen.

22.2.3.2 Zyklische Übertragung bei einem abgetasteten System

Ein übliches Verfahren, um ein verteiltes System echtzeitfähig zu machen, ist, ein abgetastetes System zu erstellen. Die Sensorwerte werden nicht mehr bei einem veränderten Sensorwert übertragen, sondern in einem fest definierten Zeitintervall, unabhängig von einer Veränderung des gemessenen Wertes. Dieses Zeitintervall definiert somit die Zykluszeit. Bei Zykluszeiten mit einem kleinen Jitter, üblich ist ein Jitter von kleiner als 1 µs, spricht man von einem äquidistanten Zyklus. Wenn diese zyklischen Informationen nun über mehrere Netzwerksegmente übertragen werden müssen und diese Zyklen der einzelnen Segmente nicht synchronisiert sind, wird wieder ein Jitter der Größenordnung von einer Zykluszeit eingeführt. Um also den kleinen Jitter zu erhalten, müssen alle Zyklen der Netzwerksegmente synchronisiert werden. Man spricht von isochronen Zyklen.

Dieses Verfahren der isochronen Zyklen wird in der Automatisierungstechnik z. B. für die Lageregelung von drehenden Achsen verwendet. Mit den isochronen Zyklen wird faktisch eine lokale Zeit-Domäne festgelegt, wobei der isochrone Zyklus des Netzwerkes die Zeit für die Domäne festlegt.

22.3 Zeitsynchronisation

Bis jetzt haben wir immer nur Zeitintervalle als Grundlage für die Echtzeitfähigkeit genommen. Grundsätzlich ist dies für ein örtlich begrenztes Prozesssteuerungssystem absolut genügend. Ebenso kann eine örtlich begrenzte Anlage mit der Hilfe von einer synchronisierten Zeit-Domäne die Anforderungen der Regelungstechnik für kurze Zeitintervalle im Bereich von Submillisekunden erfüllen.

22.3.1 Warum eine Zeitsynchronisation notwendig ist

In einem flächendeckenden Netzwerk der elektrischen Energieversorgung sind die Komponenten oft kilometerweit voneinander entfernt oder gar physisch getrennt und nur über eine zentrale Stelle beim Energieversorger mit anderen Netzwerken verbunden. Das Problem der Echtzeitfähigkeit wird in solchen Situationen mit einer globalen Zeit gelöst. Alle Sensoren und Aktuatoren verfügen über diese globale Zeitreferenz und übertragen mit jedem Wert auch gleich die Zeit der Erfassung, und wenn notwendig, auch der Zeit für eine auszulösende Reaktion. Mit diesen mit einem globalen Zeitstempel versehenen Werten können nun Modelle der Prozessanlage synchronisiert werden und somit eine globale Abbildung der Anlage erreicht werden.

Mit dieser Lösung wird das Problem einfach verschoben. Die Übertragung der Messwerte ist nicht mehr kritisch und kann auch als weiche Echtzeit umgesetzt werden. Voraussetzung ist aber, dass ein Modell vom Prozess mitgeführt werden kann, wo die Daten zum gemessenen Zeitpunkt ins Modell eingefügt werden können.

Zwingend hierfür ist aber eine Zeitsynchronisation mit der geforderten Auflösung von einigen Mikrosekunden. Die offene Frage ist somit: Welche Anforderungen muss eine solche globale Zeitreferenz erfüllen, und wie kann man diese Zeitreferenz mit der geforderten Genauigkeit zuverlässig erstellen?

22.3.2 Anforderungen an eine Globale Zeit für die Elektrizitätsversorgung

Die koordinierte Weltzeit UTC, von der unsere Mitteleuropäische Zeit MEZ (UTC+1) im Winter bzw. MEZS (UTC+2) im Sommer abgeleitet ist, basiert auf dem Zenit der Sonne um 12:00:00 im Frühlingspunkt auf dem Meridian der Sternwarte von Greenwich – darum hieß diese Zeit früher „Greenwich Mean Time (GMT)“. Dies ist eine mittlere Zeit, wie der Name sagt, denn der Zenit schwankt im Laufe des Jahres wegen der Ekliptikschiefe und der elliptischen Umlaufbahn bis zu 16 Minuten um diese mittlere Sonnenzeit, die im Übrigen von Astronomen UT1 genannt wird. Also ist es selten Mittag um 12:00:00, selbst in Greenwich, aber die mittlere Zeit ist astronomisch wohl definiert.

22.3.2.1 Basis für die Sekunde

Die Erdrotation verlangsamt sich, wofür die Hauptursache der Energieverlust in den Gezeiten liegt, die vom Mond angeregt werden. Die Erdrotation verlangsamt sich aber nicht stetig: Zum Beispiel führt das jetzige Schmelzen des Eises am Nordpol zu einer messbaren Verlangsamung der Erdrotation, da die Wassermassen gegen den Äquator wandern. Aber es gab Zeiten zwischen 1970 und 2000, wo die Erdrotation sich etwas beschleunigt hat, vermutlich wegen Strömungen im Erdinneren. Zurückgerechnet war zur Zeit Christi der Tag um etwa 40 ms kürzer als heute. Die Dinosaurier erlebten Tage von etwa 22 Stunden Dauer.

Darum wurde längst die Tagesdauer als Basis der Sekunde aufgegeben, und die Sekunde zunächst durch die Dauer der Erdumlaufbahn definiert. Heute wird die Sekunde durch ein Netzwerk von etwa 100 Atomuhren festgelegt. Die Atomsekunde entspricht ziemlich genau 1/86 400 der Tagesdauer am 1. Januar 1958, als die Atomuhren kalibriert wurden. Seither hat sie keinen astronomischen Bezug mehr. Sie ist die Basis der TAI Zeitskala (Temps Atomique International), eine vollkommen stetige Skala.

Da sich die Erde seit 1958 verlangsamt hat, läuft die Atomuhr schneller als eine Uhr, die auf der Erdrotation des heutigen Tages basiert. Jeden Tag müssten wir deshalb unsere Uhren um 2 ms zurückstellen. Dies wäre auch dann der Fall, wenn die Erdrotation von jetzt an konstant bleiben würde.

Wenn an einem Ort die Sonne um 12:00:00 im Zenit steht, liegt 24 (Atom-)Stunden später die Sonne etwa 1 m weiter im Osten im Zenit. Nach anderthalb Jahren ist die Mittagsonne etwa 500 m nach Osten gerutscht, der kumulierte Fehler beträgt etwa eine Sekunde.

GMT wurde 1972 ersetzt durch die koordinierte Weltzeit UTC (Temps Universel Coordonné), mit der gleichen Sekundendefinition der Atomuhren. Damit die Sonnenzeit und die Atomzeit nicht zu stark auseinanderlaufen, wird ab und zu eine Schaltsekunde eingeführt, das heißt, die Uhr wird um eine Sekunde zurückgesetzt, damit die Erde Zeit hat, aufzuholen, und die Sonne (theoretisch) wieder im Zenit um 12:00:00 UTC in Greenwich steht.

Wegen der unregelmäßigen Verlangsamung können Schaltsekunden nicht im Voraus berechnet werden. Zum Beispiel gab es keine Schaltsekunden zwischen 1999 und 2004, als die Erdrotation sich kurz beschleunigte – man hätte infolgedessen beinahe eine negative Schaltsekunde einführen müssen. Wenn die Abweichung UTC–UT1 0,9 s erreicht, beschließt das Bureau International des Poids et Mesures (BIPM) und der Dienst für Erdrotation und Referenzsystem (IERS), sechs Monate im Voraus die Einführung einer Schaltsekunde, und zwar entweder am 31. Dezember oder am 30. Juni eines Jahres um Mitternacht UTC. Dann geht die Uhr statt auf 00:00:00,000 auf 23:59:59,000 zurück (Abbildung 22.2).

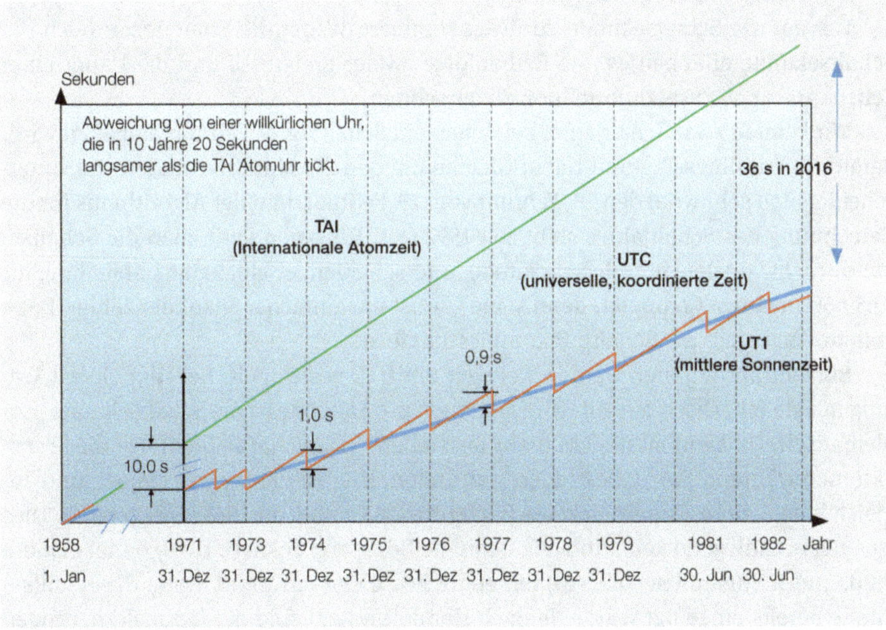

Abb. 22.2: Zeitsysteme im Vergleich.

Für technische Anwendungen ist UTC jedoch seit Langem ungenügend. Wenn ein Navigationsgerät darauf basieren würde, würde ein Flugzeug bis 500 m neben der Piste landen, darum arbeiten GPS und Galileo mit der linearen Zeitskala TAI.

22.3.2.2 Auswirkungen der Schaltsekunde

Um die Auswirkung der Schaltsekunde anschaulich zu machen, betrachten wir eine größere Diskontinuität: die Einführung der Sommerzeit. Im Frühling fehlt eine ganze Stunde, das heißt, am 27. März 2016 kann kein Ereignis um 02:30 am Morgen stattfinden, denn die Uhr geht direkt von 01:59:59 auf 03:00:00. Umgekehrt kann nicht festgestellt werden, ob am 30. Oktober 2016 ein Ereignis um 02:29 vor einem Ereignis um 02:31 stattfindet, denn die Uhr geht um nach 02:59:59 wieder auf 02:00:00 zurück: diese Zeiten gibt es zweimal. Zum Glück passiert die Umstellung in der Nacht, sonst würde mancher den Zug verpassen oder eine Stunde zu früh zum Rendezvous kommen. Es ist darum nicht möglich, Zeitspannen nach der lokalen Zeit zu berechnen, ohne Buch zu führen über die Zeitumstellungen, z. B. ohne zu wissen, wie viele Stunden zwischen dem 30. Mai und dem 31. Oktober verstrichen sind. Denn der Umschalttag variiert von Jahr zu Jahr und von Land zu Land. Das zeigt einmal mehr die Unsinnigkeit der Sommerzeit, die das Schweizer Volk 1978 zwar abgelehnt hat, die Durchsetzungsinitiative aber blieb aus.

Um auf die Schaltsekunde zurückzukommen: Weder die Sommerzeit noch die Schaltsekunde erlauben es, die Reihenfolge zweier Ereignisse und die Dauer einer Zeitspanne ohne Zusatzinformation zu berechnen.

Wir kennen zwar Schaltjahre, bei denen ein Schalttag 29. Februar eingefügt wird, damit die Frühlings Tag-und-Nacht-Gleiche um den 20. März stattfindet. Nur unterscheidet man sehr wohl den 28. Februar vom 29. Februar, und der Algorithmus für die Berechnung des Schaltjahres steht seit 1592 fest. Hingegen kann man die Schaltsekunde nicht von der vorherigen Sekunde unterscheiden, es gibt keine Darstellung für 23:59:60 in einem Computer, denn seine Uhr ist ein einfacher Sekundenzähler. Dazu kommt noch, dass der Schaltpunkt unbestimmt ist.

Börsentransaktionen werden weltweit mit UTC gestempelt. Bei High Speed Trading mit vielen Tausenden von Transaktionen pro Sekunde ist die Schaltsekunde problematisch: Da kann man nicht mehr feststellen, in welcher Reihenfolge die Transaktionen während zweier Sekunden stattfinden. Hier ist die Lösung einfach und zugleich kompliziert: Es werden keine Börsentransaktionen um diese Zeit getätigt. Dies ist auch grundlegend kein Problem, denn die Börse von Tokio (UTC+9) öffnet erst um 9:00, und in Australien (UTC+10) öffnet die Börse erst um 10:00, wenn die Schaltsekunde bereits eingefügt wurde. Je nach Handelssystem sind die Herausforderungen an die Umsetzung der Schaltsekunde verschieden aufwändig und benötigen eine sorgfältige Vorbereitung. Die Entscheidung des IERS zu einer Schaltsekunde wird deshalb Monate im Voraus bekannt gegeben.

22.3.2.3 Herausforderungen bei der Stromübertragung

Am meisten Kopfzerbrechen bereitet die Schaltsekunde bei der elektrischen Übertragung. Als die Elektrizitätswerke die UTC-Zeitskala vorschrieben (vor 1972), wusste man nicht, dass Schaltsekunden kommen würden. Störschreiber arbeiten mit UTC. Zum Glück finden Störungen selten während einer Schaltsekunde statt und es störte am Anfang nicht. Schutzalgorithmen für Differenzialschutz berechnen Zeitunterschiede. Innerhalb einer Unterstation genügt zwar die relative Zeit; zwischen Unterstationen aber, wenn die Schutzwerte über weiten Datennetzen mit zufälligen Verzögerungen ausgetauscht werden, werden die Messwerte aber mit der absoluten Zeit gestempelt und Schaltsekunden berücksichtigt, um Fehlschaltungen zu verhindern.

Seit einigen Jahren werden große elektrische Netze durch Vergleich der Strom- und Spannungsphasen zwischen den Knoten überwacht und geschützt. Dieses Wide Area Monitoring, Protection and Control System (WAMPACS) braucht die absolute Zeit, um die Phasen verschiedener Knoten im Netz (Phasoren) zu vergleichen. Die Berechnung einer Messreihe, die eine Schaltsekunde überspannt, ist problematisch, denn die Interpolationsalgorithmen können nicht wissen, dass eine Sekunde darin zweimal vorkommt und welche Phasoren dazugehören. Während der Schaltsekunde könnten Fehlhandlungen resultieren. Bis jetzt wurden keine gravierenden Störungen bekannt, es wurden lediglich Zwischenfälle in Deutschland am 30. Juni 2015 gemeldet. Der Ursprung ist unklar, aber beim Interoperabilitätstest der Hersteller in Brüssel im November 2015 zeigte sich, dass viele geprüfte Schutz- und Steuerungsgeräte bei einer Schaltsekunde stotterten und z. B. die Umstellung bei der falschen Sekunde machten.

Auf Anregung des Schweizer Nationalkomitees verlangte das IEC Technische Komitee 57 von der International Telecommunication Union (ITU) die Abschaffung der Schaltsekunde in UTC, oder wenigstens die Umbenennung von UTC, um Verwechslungen auszuschließen. Die ITU-R, ein Organ der UNO, genauer, die World Radiocommunication Conference WRC-15, ist die Hüterin der Zeit, aus der Zeit, als Prangins (2011 abgestellt), Frankfurt (DCF77) und Boulder (WWV) die Zeit per Radio verteilten, bevor diese Sender durch die Navigationssatelliten GPS abgelöst wurden.

Die ITU-R hat jedoch am 19. November 2015 in Genf die Entscheidung auf 2023 verschoben. Es ist wie bei der Sommerzeit: Das gleiche Land (Frankreich), das während der Erdölkrise 1976 die Sommerzeit in Europa einführte, verlangte 2015 erfolglos deren Abschaffung. Zu sehr hat sich der Mechanismus eingebürgert, die Freizeitindustrie profitiert davon. Aber verschiedene Länder wie China und Russland haben die Sommerzeit bereits abgeschafft, und sie könnte auch anderswo abgeschafft werden.

Elektrizitätsversorgungsunternehmen können eine Lehre daraus ziehen: Die einzige zuverlässige Zeitskala ist die Atomzeit TAI. Alle technischen Einrichtungen wie Schutz und Ereignismelder sollen mit TAI arbeiten. UTC und die lokale Zeit (MEZ/MEZS) sind lediglich für den Menschen (z. B. Anzeigedisplays, Reports) wichtig, und sollen von TAI abgeleitet sein. Bereits heute unterstützt die Norm IEC 61850 diese Skala. Das Protokoll IEC/IEEE 1588 verteilt TAI sowie UTC, im Gegensatz zum

Internet-Protokoll NTP. Darum sollten die EVUs anstatt UTC in allen Ausschreibungen und Pflichtenheften die Zeitskala TAI für die Automation vorschreiben.

22.4 Verfahren der Zeitverteilung

Wie die obigen Abschnitte gezeigt haben, gibt es verschiedene Verfahren von Zeitgebung und ebenso verschiedene Anforderungen an ihre Präzision. Dabei stehen Komponenten mit einem Zeitstempel, wie etwa Messgeräte in einem elektrischen Netz, immer in einem Bezugssystem. Gerade wenn mehrere Komponenten innerhalb eines Systems Zeitstempel erheben, muss sichergestellt werden, dass alle Komponenten dieselbe Systemzeit haben und das Abweichungen innerhalb des jeweiligen Toleranzrahmens liegen. Damit stellt sich die Frage, wie Komponenten gerade im Feld ihre Systemzeit erhalten. Der folgende Abschnitt stellt Methoden in ausgewählten Anwendungen vor.

22.4.1 Aktuelle Verfahren im Stromnetz

Das elektrische Netz war schon immer eng mit der Zeitverteilung verbunden. Seit über 80 Jahren vertrauen Synchronuhren (Töchteruhren) darauf, dass die Netzfrequenz genau 50 Hz beträgt, genauer, dass am Ende jedes Tages die Anzahl Perioden $24 \times 3600 \times 50 = 4\,320\,000$ beträgt – dafür sorgen bis heute die Netzüberwacher. Die Genauigkeit dieser Frequenzübertragung ist aber für technische Zwecke ungenügend.

Die Zeit wird seit über hundert Jahren durch Radiosender verteilt. Heute werden die Radiosignale – und die Sendefrequenz – direkt von Atomuhren als Mutteruhren gesteuert. Zur Zeiteinstellung der Tochteruhr berücksichtigt jeder Empfänger die Laufzeit zu seinem Standort. Dies gelingt gut mit Langwellen, die der Erdkrümmung folgen.

Kurzwellensignale können in der Ionosphäre unterschiedlich reflektiert werden, und der Verzug variiert stark.

Die WWV-Kurzwellensender und der Langwellensender WWVB von Boulder, Colorado, können in der ganzen Welt empfangen werden und senden die Zeit im IRIG-H Code. In der Schweiz strahlte der Langwellensender Prangins HBG am Genfer See die Zeit aus. Aus Kostengründen wurde er 2011 eingestellt. Der Langwellensender Frankfurt (DCF-77) sendet weiter und dient den Funkuhren in Europa als Referenz. Funkempfänger für DCF-77 sind in vielen Unterstationen vorhanden. Sie werden vor allem gebraucht, um präzise Frequenzsignale in der Unterstation zu verteilen, das heißt, die 1-PPS-Signale (1 Puls pro Sekunde). Ein weiteres Verfahren verwendet Navigationssatelliten. Die Satelliten GPS (USA), Glonass (Russland), Beidou (China) und Galileo (Europa) arbeiten mit Atomuhren und senden Zeitsignale mit einer Genauigkeit von etwa

100 ns. Zur Korrektur der Laufzeit wird die genaue Position von Satelliten und Empfänger ermittelt. GPS-Empfänger sind in vielen Unterstationen eingebaut. Jedoch trauen einige EVUs den Satelliten nicht, weil einige Unterstationen kaum Sichtverbindung haben (z. B. in tiefen Tälern oder unterirdisch), weil sich zeigte, dass sich Satellitensignale durch eine einfache Verzögerung absichtlich fälschen lassen, oder weil Satelliten durch einen Sonnensturm ausgeschaltet werden können sowie aus politischen Gründen (vgl. [6]).

Heute verfügen die meisten Unterstationen über eine Mutteruhr, die mit hochstabilem Quarz arbeitet, z. B. mit Temperaturkompensation oder mit einem stabilisierten Ofen. Rubidium-Atomuhren sind billiger und beliebter geworden. Der Fehler dieser Uhren liegt bei wenigen Millisekunden pro Jahr. Sie sind also genau genug, um die relative Zeit innerhalb der Unterstation zu verteilen, aber sie müssen doch regelmäßig wieder synchronisiert werden, um als Basis für Synchrophasoren zu taugen. Eine tägliche Synchronisierung mit einer Referenzzeit ist ohnehin notwendig, um die Schaltsekunden der UTC-Zeit zu erfassen.

Das Signal der lokalen Uhren wird an alle Schutzgeräte verteilt, entweder in Form von 1 PPS oder mit dem seriellen Code IRIG-B über eine gesonderte Leitung.

22.4.2 Zeitsynchronisation mit SNTP

Das Zeitverteilungsprotokoll Simple Network Time Protocol (SNTP) (vgl. [7]) des Internets wird in IEC 61850-8-1 (vgl. [8]) für die Synchronisierung des Stationsbusses angegeben. In SNTP fragen die Kunden die Zeit von einem Zeitserver ab, z. B. europe.pool.ntp.org oder ch.pool.ntp.org, der mit dem Weltnetzwerk der Atomuhren synchronisiert ist.

Die Korrektur der Laufzeit der Zeitmeldung durch das Netzwerk ist das Herzstück von SNTP (Abbildung 22.3). Der Kunde berechnet die Laufzeit zwischen dem Zeitserver und sich selbst, indem er den Zeitpunkt t_1 misst, wann er die Zeitanfrage sendet und den Zeitpunkt t_4 misst, wann die Zeitantwort des Servers bei ihm eintrifft. Der Zeitserverfügt in der Zeitantwort die Zeitspanne ($t_3 - t_2$) zwischen Eintreffen der Zeitanfrage t_2 und Senden der Zeitantwort t_3 ein. Der Server berechnet die Laufzeit gemäß der Formel in Abbildung 22.3 unten. Diese Messmethode setzt voraus, dass Zeitanfrage und Zeitantwort den gleichen Verzug erfahren. Dazu müssten Zeitanfrage und Zeitantwort genau durch die gleichen Router fahren, die Knoten frei von Verkehr sein, die Knoten in beiden Richtungen gleich verzögern und die Verbindungen symmetrisch sein. Die Genauigkeit leidet insbesondere darunter, dass die Zeitstempelung der Meldungen in Software gemacht wird. Die Genauigkeit ist auf wenige Millisekunden innerhalb einer Unterstation begrenzt und auf etwa 10 ms in einem Langstreckennetz wie dem Internet. Diese Genauigkeit genügt für Ereignisfolgemelder, nicht aber für Differenzialschutz oder Synchrophasoren.

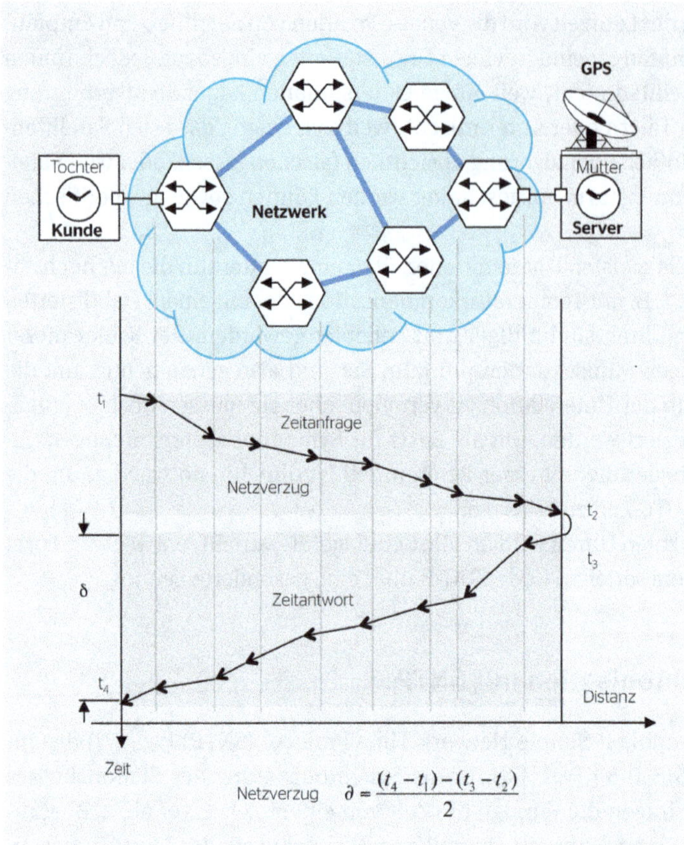

Abb. 22.3: Beispiel einer SNTP-Zeitanfrage.

22.4.3 Zeitsynchronisation nach IEEE/IEC 61588

Eine genaue Messung der Laufzeit ist nur möglich, wenn der Beitrag aller Elemente im Netzwerk laufend gemessen wird. Die IEEE/IEC61588 Norm (vgl. [9, 10]) sieht vor, dass der Zeitgeber nicht mehr abgefragt wird, sondern spontan die Zeit verteilt, wie bei Radiostationen. Darum redet man hier von Master/Slave und nicht von Zeitkunde/Zeitdiener (Client/Server) wie bei SNTP.

IEEE/IEC 61588 setzt also voraus, dass das Netzwerk eine Broadcastfunktion unterstützt. Das ist der Fall bei lokalen Netzwerken wie dem Ethernet. Die Broadcast-Funktion ist aber im Internet stark beschränkt und die Telefonie-Netzwerke (SDH/SONET) kennen sie gar nicht. Darum ist IEEE/IEC 61588 eng mit dem Ethernet verbunden. Es gibt verschiedene Ausführungsformen der IEEE/IEC 61588. Hier wird diejenige beschrieben, die die IEC für Unterstationen ausgewählt hat.

Die Zeitverteilung umfasst folgende Elemente (siehe Abbildung 22.4):

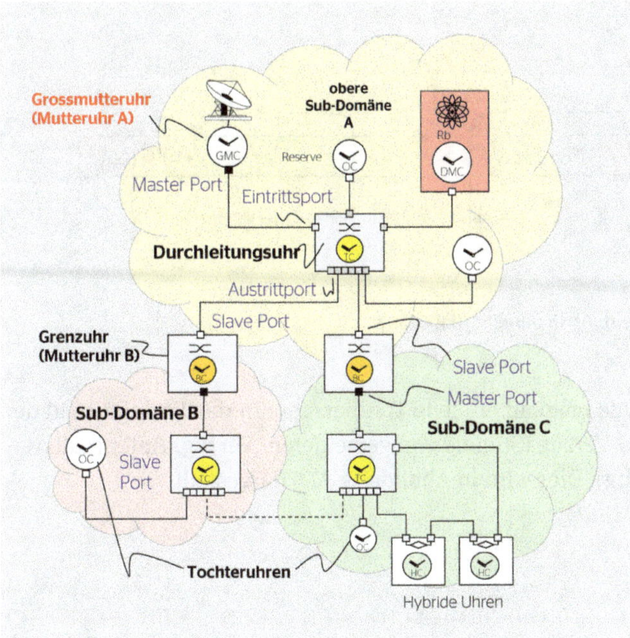

Abb. 22.4: Elemente einer IEEE/IEC 61588 Zeitverteilung.

- *GMC* „Grandmasterclock", Grossmutteruhr, die als Referenz für die Zeitdomäne dient,
- *MC* „Master Clock", Mutteruhren,
- *OC* „Ordinary Clocks", Tochteruhren,
- *TC* „Transparent Clocks", Durchleitungsuhren als verbindende Netzwerkelemente,
- *BC* „ Boundary Clocks", Grenzuhren, trennende Netzwerkelemente,
- *HC* „Hybrid Clocks" sind gleichzeitig TC und OC.

22.4.3.1 Master Clock

Die MCs schicken eine Synchronisationsmeldung (Sync), die zwei Felder enthält: die genaue Zeit, die die MC beim Senden ermittelte, und ein Korrekturfeld, wie Abbildung 22.5 zeigt. Es können verschiedene MCs in einem Netzwerk arbeiten. Ein Algorithmus wählt die beste MC aus.

22.4.3.2 Transparent Clocks

Die TCs sind in den Netzwerkbrücken (IEEE 802.1D Bridges oder Switches (vgl. [11])) eingebaut. Sie berechnen die Aufenthaltsdauer der Sync sowie den Verzug auf der Ver-

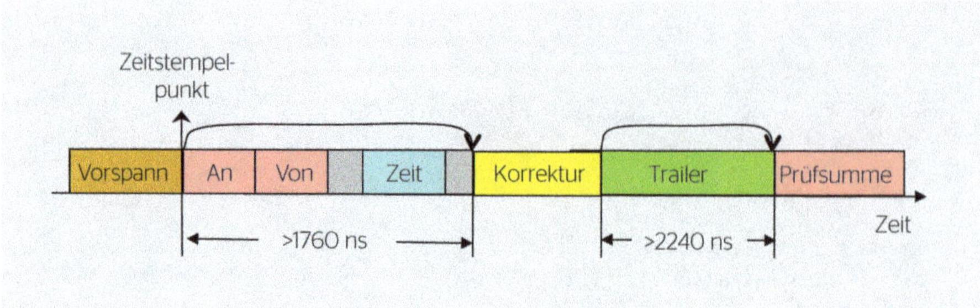

Abb. 22.5: Synchronisationsmeldung in der IEEE/IEC 61588.

bindung, woher sie die Sync bekommen. Jede TC überschreibt das Korrekturfeld der Sync mit dem kumulierten Verzug (Summe von gemeldetem Verzug, Aufenthaltsverzug und Verbindungsverzug). Dies wird in Abbildung 22.6 dargestellt.

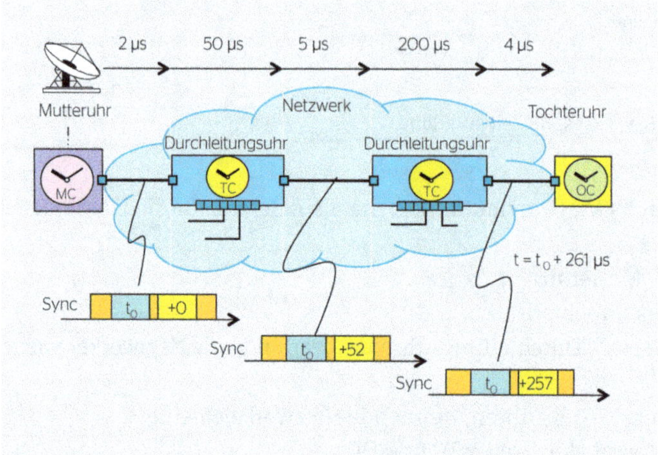

Abb. 22.6: Prinzip der Zeitkorrektur in der IEEE/IEC 61588.

Um die Aufenthaltsdauer zu berechnen, verwenden TCs eine lokale Uhr und eine genaue Zeitstempelung der Meldungen in Hardware. Die Ethernet-Transceivers (PHY) analysieren die Meldungen und generieren ein hochgenaues Signal, wenn sie nach dem Vorspann den Synchronisierungspunkt entdecken (Abbildung 22.7).

Die TCs berechnen den Verzug aus der Richtung, woher Sync kommt, indem sie an ihren Nachbarn eine Abfrage/Antwort (Pdelay_Req/Pdelay_Resp) schicken, auch über Ports, die sonst durch RSTP (Spanning Tree) geschlossen sind (Abbildung 22.8). Pdelay_Req und Pdelay_Resp werden nie weitergeleitet.

Wie bei SNTP berechnen die Uhren den Leitungsverzug zu jedem Nachbarn als die Hälfte der gesamten Laufzeit, abzüglich der Aufenthaltsdauer im Nachbarknoten.

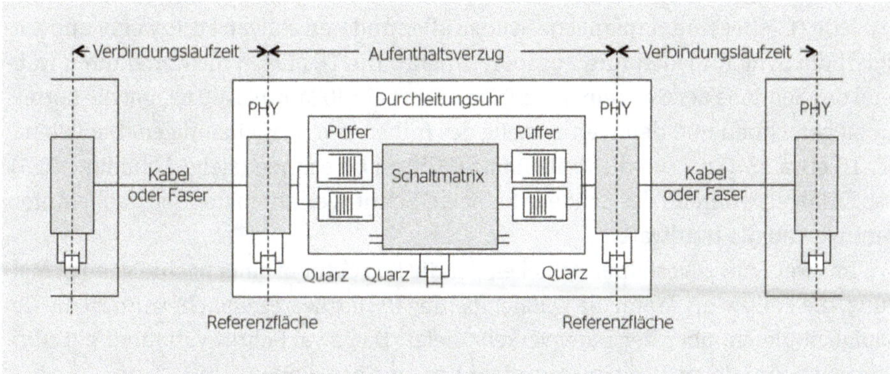

Abb. 22.7: Prinzip der Zeitstempelung in einer TC (nur zwei Ports gezeichnet).

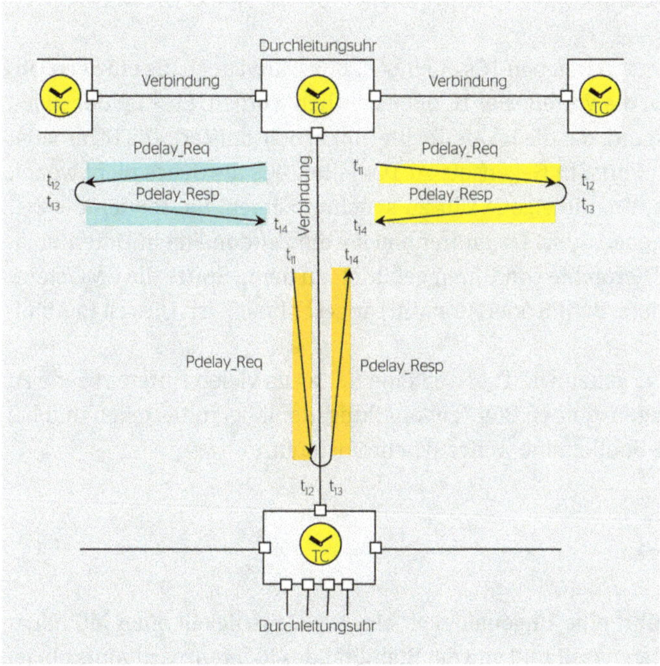

Abb. 22.8: Prinzip der Laufzeiterfassung bei TCs.

Die Genauigkeit ist aber drei Größenordnungen besser als bei SNTP, da nur eine reine Signallaufzeit über eine optische Faser oder ein verdrilltes Aderpaar gemessen wird, und dies mit einer Zeitstempelung der Nachrichten in Hardware. Es wird angenommen, dass die Laufzeit in beiden Richtungen genau gleich ist, was für die erzielte Genauigkeit in Unterstationen genügend ist. Umsetzer zwischen Faser und Kabel müssen deshalb speziell mit konstantem und symmetrischem Verzug gebaut werden.

Jede TC leitet eine empfangene Sync zu allen anderen aktiven Ports weiter und korrigiert die Sync für jeden Ausgangsport separat. Die TCs fügen die Korrekturen während des Sendens der Sync ein. Eine TC hat also bei 100 Mbit/s 1760 ns, um die Korrektur zu berechnen und den Wert anstelle des früheren Wertes einzufügen. Danach hat die TC etwa 2240 ns, um die Prüfsumme (FCS) zu berechnen (siehe Abbildung 22.5). Das Einfügen während des Sendens heißt ein-Schritt-Verfahren und setzt hohe Anforderungen an die Hardware.

Im zwei-Schritt-Verfahren schicken TCs die Korrektur in einer nachfolgenden Meldung, die Follow-up. Wenn die Zeitstempelung in Hardware gemacht wird, ist die Genauigkeit gleich, aber der Datenverkehr steigt. Das zwei-Schritt-Verfahren gilt übrigens auch für Pdelay_Resp in Form einer Pdelay_Resp_Follow_Up.

22.4.3.3 Boundary Clocks

Die IEEE/IEC 61588 unterstützt neben TCs auch BCs. BCs waren auch die einzigen Uhren in IEEE 1588 v1 bevor die Vorteile der TC offensichtlich wurden. Eine BC hat genau einen Port im Slave-Zustand, der die lokale Tochteruhr synchronisiert. Die BC arbeitet als MC auf den anderen Ports. In Gegensatz zu TCs leiten BCs die Syncs nicht weiter, sondern verwenden sie, um die eigene Uhr zu synchronisieren. Sie senden die Zeit dieser Uhr mit einer eigenen Sync. Damit trennen sie die Zeitdomäne in Unterdomänen. Mit BCs wird eine Hierarchie von Uhren gebildet, an deren Spitze die GMC steht, die an einer Referenzzeit (z. B. GPS oder Atomuhr) angeschlossen ist. Dies ist in Abbildung 22.9 dargestellt.

Die BCs sind nicht so genau wie TCs, weil eine Kette aus vielen Uhren in Serie zu Instabilität neigt. Hingegen können BCs Zeitverteilungsdomänen unterteilen und bei Wegfallen der GMC ihre Subdomäne weiter synchronisieren.

22.4.3.4 Uhrengenauigkeit

Jede Uhr in der Kette führt eine Ungenauigkeit ein. Die Genauigkeit einer MC hängt von der Qualität der Referenzzeit und von der Stabilität des Referenzoszillators ab. Jede TC fügt eine Ungenauigkeit ein, weil die Zeitstempelung von einem Quarz-Oszillator gewonnen wird, der eine endliche Frequenz hat. Diese so genannten Schwingquarze bestehen zumeist aus piezoelektrischen Quarzkristallen, die in einer elektronischen Oszillatorschaltung verbaut werden. Fertigung, Material, und der Aufbau der Schaltung bestimmen dabei den Energieverbrauch und die erreichbare Genauigkeit der Referenzzeit. Die Frequenz dieser Quarze ist stark abhängig von der Temperatur. Sobald sich die Temperatur verändert, muss dies entsprechend kompensiert werden. Diese möglichen Temperaturänderungen bestimmen darum auch die Synchronisationsintervalle der Uhren, um die geforderte Genauigkeit einhalten zu können.

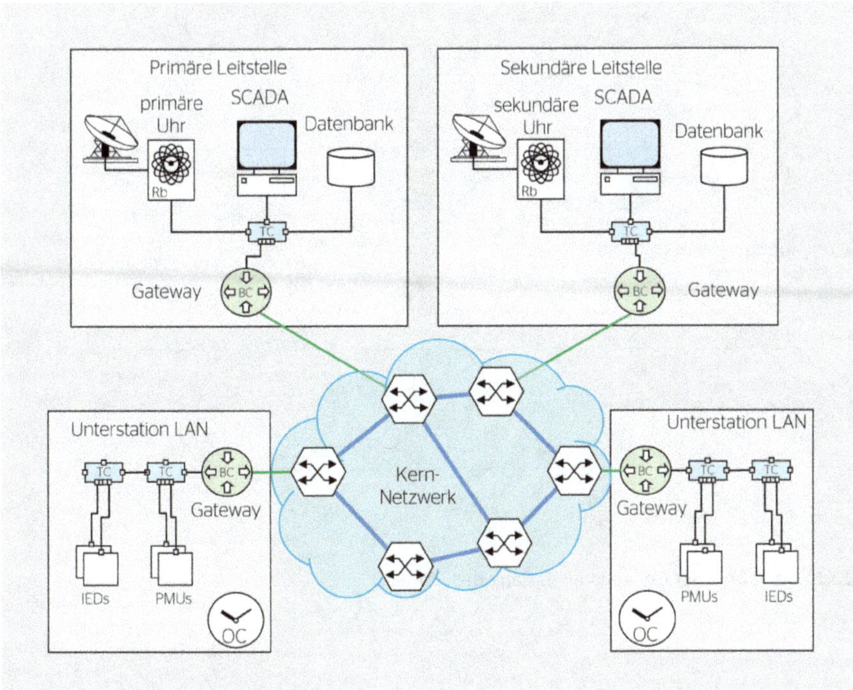

Abb. 22.9: Zeitverteilung im WAN.

Es gibt auch mehrere Quarze, normalerweise einen pro Port, und daher entstehen Quantifikationsfehler. Die Ungenauigkeit wächst mit der Anzahl Uhren, wie Abbildung 22.10 zeigt.

22.4.3.5 Zeitverteilung in Unterstationen

Die primäre Zeitreferenz kommt aus dem übergeordneten Datennetz (WAN), z. B. SDH/SONET oder MPLS, wo eine Vielzahl von Atomuhren die absolute Zeit bildet (siehe Abbildung 22.9). Sollte das WAN zusammenbrechen, übernimmt eine lokale Rubidium-Atomuhr, bis das WAN wieder funktioniert. Abbildung 22.11 zeigt die Zeitverteilung innerhalb einer Unterstation. Eine GPS-Verbindung dient als Rückfall (Back-up) und Plausibilitätskontrolle. Die MCs generieren auch 1-PPS-Signale, mit denen die Inbetriebsetzung kontrolliert wird.

Abbildung 22.11 zeigt verschiedene Abgänge, die Synchronisierung brauchen: links einen klassischen Abgang mit konventioneller analoger Messtechnik, rechts einen Abgang mit komplett digitaler Messtechnik und in der Mitte einen Abgang mit Merging Units (MU), die die Messwerte der konventionellen Messinstrumente in IEC 618509-2 Meldungen packen.

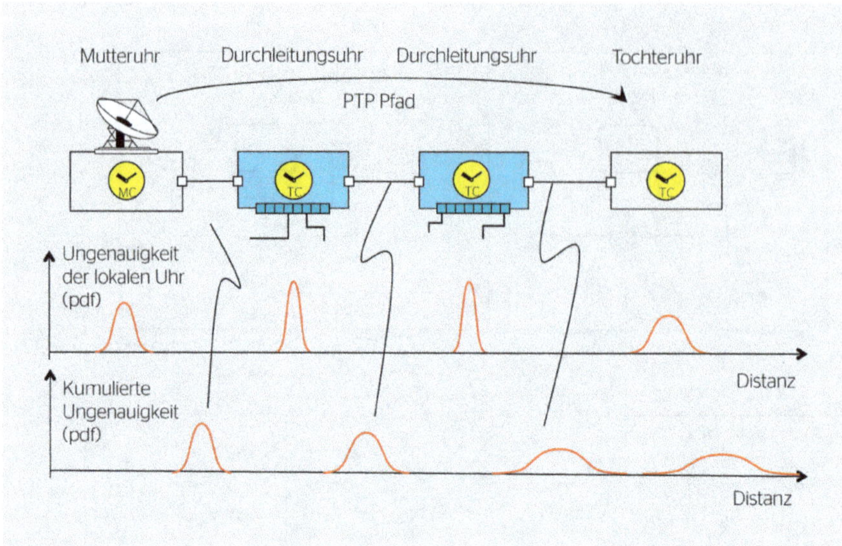

Abb. 22.10: Abnahme der Genauigkeit entlang des Pfades.

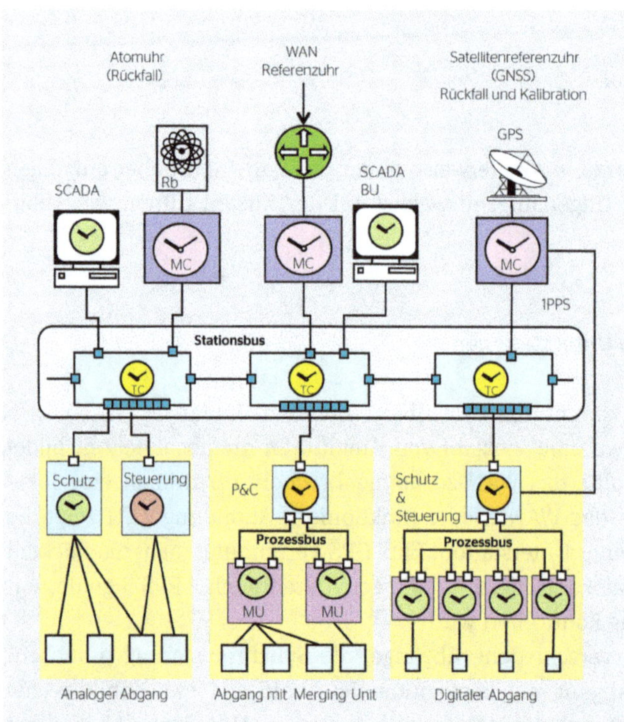

Abb. 22.11: Zeitverteilung in einer Unterstation.

22.4.3.6 Zeitverteilung in Mikrogrids

Mikrogrids haben die Fähigkeit, sich bei Bedarf von einem allenfalls verbundenen elektrischen Netz abzukoppeln. Sie sind also ein vom globalen Netzwerk getrenntes oder trennbares Netzwerk. Damit ist auch klar, dass dies eine getrennte, lokale – auf das Mikrogrid begrenzte – Zeitdomäne haben kann. Aber es kann ohne weiteres auch die empfohlene, globale TAI übernehmen. Dies muss zumindest an einer allfälligen Schnittstelle zum globalen Netzwerk der Fall sein.

Vielfach ist in Mikrogrids dezentrale Steuer-, Mess- und Regeltechnik verbaut, die etwa die Verbraucherlasten steuert und misst oder Produktionslagen regelt und sowohl vom Netzbetreiber als auch kundenseitig installiert ist. Je nach Technik und Anwendungszweck kommt es dabei zu verschiedenen, teilweise parallel bestehenden Zeitgebungsystemen mit unterschiedlichen Anwendungen. Bei Anwendungen mit zwingend nötigen gemeinsamen Zeitbezug, etwa für Handelstransaktionen, muss dies also beachtet werden.

22.4.4 Das Zeitsynchronisationsprofil nach der IEC/IEEE 61850-9-3 Norm

Die IEEE/IEC 61588 Norm erlaubt eine Vielzahl von Optionen, z. B. ein-Schritt- oder zwei-Schritt-Korrektur, Laufzeitmessung von Ende zu Ende oder von Port zu Port, oder Betrieb auf Layer 2 oder Layer 3. Die Norm nennt hingegen keine Genauigkeitsmerkmale.

Die IEC TC 57 WG 10 und SC 65C WG 15 haben in Zusammenarbeit mit IEEE PSRC ein Profil (eine Untermenge) der IEEE/IEC 61588 erarbeitet, das die Bedürfnisse von Unterstationen und Smart Grids deckt. Die Spezifikationen dazu entstanden in der Schweiz in Zusammenarbeit von ABB Forschungszentrum mit der EPFL und der ZHAW. Mit IEC/IEEE 61850-9-3 (vgl. [12]) lässt sich in einem Netzwerk mit 15 TCs eine Genauigkeit von einer Mikrosekunde erreichen. Die Norm bietet nahtlose Redundanz gemäß IEC 62439-3.

Obwohl dies in IEC/IEEE 61850-9-3 nicht spezifiziert ist, kann IEC/IEEE 61850-9-3 auf allen Ethernet-basierten Netzen verwendet werden, also auch in MPLS und Metro-Ethernet.

22.4.5 Zeitsynchronisation mit hoher Verfügbarkeit

Stationsautomatisierungssysteme erfordern eine sehr hohe Verfügbarkeit. Daher ist eine LAN-Redundanz erforderlich. IEC 61850 schreibt vor, das Redundanzschema von IEC 62439-3 (vgl. [10]) Parallel Redundancy Protocol (PRP) und High Availability Seamless Redundancy (HSR) zu verwenden.

Das PRP arbeitet nach dem Prinzip, dass die Knoten an zwei getrennten, völlig unabhängigen LANs angeschlossen sind, die parallel betrieben werden. Ein derartiger doppelt angeschlossener Knoten sendet Datagramme über beide LANs gleichzeitig. Die Datagramme laufen durch beide LANs, wobei ein Empfangsknoten das erste Datagramm empfängt und das Duplikat verwirft.

Abbildung 22.12 zeigt das Prinzip von PRP an, wenn eine MC eine Synchronisation an eine OC sendet. Das PRP-Prinzip der Verwerfung von Duplikaten taugt hier nicht, da die Verzögerung, die eine Sync erfährt, beim Fahren über ein LAN oder über das andere LAN unterschiedlich ist. Die Sync haben daher unterschiedliche Korrekturfelder und sind daher keine Duplikate voneinander. Das Akzeptieren beider Sync für die Synchronisation würde einen signifikanten Jitter im Regelkreis des Oszillators der OC verursachen. Wenn eine zwei-Schritt-Korrektur verwendet wird, wäre es schwierig, die Synchronisierung und das entsprechende Follow-up zu verknüpfen.

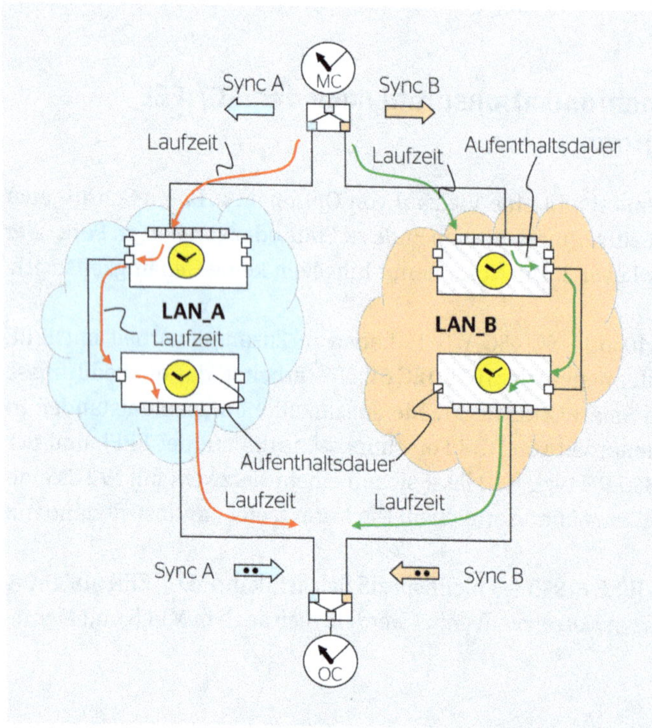

Abb. 22.12: Prinzip der parallelen Redundanz für Uhren.

Daher ändert IEC 62439-3 Annex A das PRP-Prinzip ausschließlich für PTP-Meldungen. Eine OC behandelt die MC, die sie auf LAN A und LAN B sieht, als zwei verschiedene Uhren und wendet den „Best Master Clock“ Algorithmus an, um eine MC auszuwählen. Gleichzeitig überwacht die OC das andere LAN, um Fehler auf diesem Pfad zu erkennen. Da die Identität der MC über beide LANs gleich ist, verwendet die OC zusätzliche Zeitqualitätsinformation, um eine MC auszuwählen, beispielsweise diejenige mit dem kleinsten Korrekturfeld oder mit dem geringsten Jitter.

IEC 62439-3 verwendet dieses Prinzip auch für HSR, wie Abbildung 22.13 zeigt. Innerhalb des HSR-Ringes verkehren die Sync in beiden Richtungen und werden von jedem HSR-Knoten korrigiert. Da korrigierte Syncs keine Duplikate mehr sind, werden sie aus dem Ring durch den Knoten, der sie eingefügt hat, entfernt. Jeder Knoten wählt die Syncs aus einer bestimmten Richtung und verwendet die andere Richtung, um den Pfad zu überprüfen.

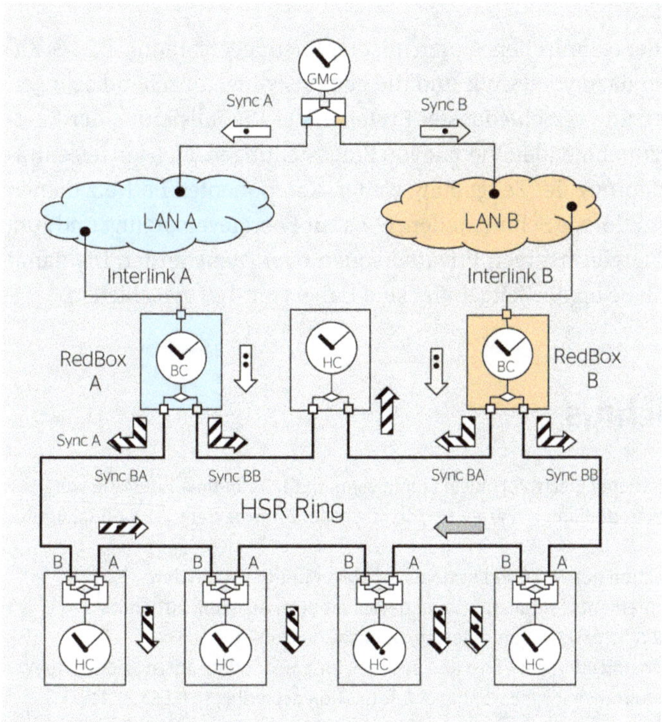

Abb. 22.13: Prinzip der parallelen Redundanz von Uhren mit PRP (oben) und HSR (unten).

Ein HSR-Ring kann an ein PRP-Doppel-LAN angeschlossen werden, wie Abbildung 22.13 zeigt. Dies könnte der Fall sein, wenn der Stationsbus (vgl. [5]) mit PRP und der Prozessbus (vgl. [6]) mit HSR arbeitet. In diesem Fall verkehren sogar vier Syncs in jeder Sekunde. Dies verursacht aber kaum Mehrverkehr.

Da eine OC ihre MC auswählt, können mehrere MCs gleichzeitig aktiv sein in jedem LAN. Obwohl dies kaum die Verfügbarkeit steigert, dient diese Diversität dazu, die

Konsistenz der Zeitverteilung zu prüfen, z. B. um sich gegen Cyber-Angriffe zu schützen.

Mit IEC/IEEE 61850-9-3 und IEC 62439-3 verfügen die Datennetze über eine hochgenaue und hochverfügbare Zeitverteilung, die den anspruchsvollsten Anwendungen genügt. Eine solche Uhr erlaubt auch weitere Dienstleistungen, wie z. B. deterministische Übertragung von Abtastwerten. Im November 2015 führten verschiedene Hersteller in Brüssel mit Erfolg einen Interoperabilitätstest der Uhren in Redundanz durch. Damit ist der Weg frei für den Betriebseinsatz.

22.5 Zusammenfassung

Die Zeitgebung ist eine der technischen Säulen unserer Energieversorgung. Dieses Kapitel hat die Grundlagen dazu vorgestellt und die gängigsten technischen Lösungen erläutert. Mit der Vernetzung verschiedenster Systeme, der Digitalisierung der Energieversorgung und der zunehmenden Vielfalt von Fragestellungen auch auf dezentraler Ebene steigt die Bedeutung der Zeitgebung weiter. Komponenten im Netz dienen immer mehr als multifunktionale Schnittstellen, etwa zur Energieversorgung und zum Energiehandel durch Energieversorger, Privatpersonen oder Dienstleister. Die damit einhergehenden Ansprüche an die Zeitgebung sind dabei zum Teil verschieden.

Literaturverzeichnis

[1] Electropedia der International Electrotechnical Commission (IEC). Definition 351-54-06 von 2013. https://www.electropedia.org/iev/iev.nsf/display?openform&ievref=351-54-06. Zugriff am 25.4.2022.

[2] IEC 61850-5 Communication networks and systems for power utility automation – Part 5: Communication requirements for functions and device models. Ausgabe 2013 mit Erweiterungen von 2022. https://webstore.iec.ch/publication/75090.

[3] IEC TR 61850-90-5 Communication networks and systems for power utility automation – Part 90-5: Use of IEC 61850 to transmit synchrophasor information according to IEEE C37.118. Ausgabe 2012. https://webstore.iec.ch/publication/6026. Zugriff am 08.04.2022.

[4] Pignati, M., Zanni, L., Romano, P., Cherkaoui, R. und Paolone, M. (2016). Fault Detection and Faulted Line Identification in Active Distribution Networks Using Synchrophasors-based Real-Time State Estimation. In IEEE Transactions on Power Delivery.

[5] Electropedia der International Electrotechnical Commission (IEC). Definition 702-07-74 von 2018. https://www.electropedia.org/iev/iev.nsf/display?openform&ievref=702-07-74. Zugriff am 25.4.2022.

[6] IEC TR 61850-90-12 Communication networks and systems for power utility automation – Part 90-12: Wide Area Network engineering guidelines. Ausgabe 2022. https://webstore.iec.ch/publication/63706. Zugriff am 08.04.2022.

[7] Internet RFC 2030 Simple Network Time Protocol (SNTP) Version 4 for IPv4, IPv6 and OSI (1996).

[8] IEC 61850-8-1 Communication networks and systems for power utility automation – Part 8-1: Specific Communication Service Mapping (SCSM) – Mappings to MMS (ISO 9506-1 and ISO 9506-2) and to ISO/IEC 8802-3.
[9] IEC 61588 Precision Time Protocol (2009).
[10] IEEE Std 1588 (2008). Standard for a Precision Clock Synchronization Protocol for Networked Measurement and Control Systems.
[11] ANSI/IEEE Std 801.2D, Media Access Control (MAC) Bridges (2004).
[12] IEC/IEEE 61850-9-3 Communication networks and systems for power utility automation – Part 9-3: Precision time protocol for power utility automation (2016).

Kurzvitae

Hubert Kirrmann war Geschäftsführer und Gründer des Beratungsunternehmens Solutil mit Sitz in Baden, Schweiz. Sein Studium der Elektrotechnik an der ETH Zürich schloss er 1970 ab. Als renommierter Experte in Energie-, Kommunikations-, und Automatisierungstechnik war er in zahlreichen nationalen und internationalen Gremien der Technischen Normung aktiv und Mitglied der schweizerischen Normungskomitees CES/TK 57 und TK 65.Von 1973 bis 1977 war er Professor an der kolumbianischen Universität Distrital de Bogotá. Parallel zu seiner Tätigkeit am heutigen Forschungszentrum ABB Research in Baden, Schweiz, und Forschung an Multiprozessor-Computern für die industrielle Automatisierung wurde er Honorarprofessor an der EPFL, Lausanne, CH.

Dipl. El-Ing. ETH Max Felser studierte an der Ingenieurschule Fribourg und der ETH Zürich Elektrotechnik und arbeitete auf dem Gebiet der Datenprotokolle bei Ascom und der Automatisierung bei SAIA-Burgess. Er war Professor für industrielle Netzwerke an der Berner Fachhochschule und leitete bis 2020 den Studiengang Elektrotechnik und Informationstechnologie. Er führte während mehr als 25 Jahren das PROFIBUS und PROFINET Trainings und Kompetenzzentrum and der BFH und arbeitete aktiv in den entsprechenden nationalen und internationalen Gremien mit. Er wurde 2008 zum Fellow der Electrosuisse ernannt und ist nun Geschäftsführer von Felser Engineering.

Dr.-Ing. Monika Freunek studierte an den Fachhochschulen Bielefeld und Furtwangen Produktentwicklung und Product Engineering mit Schwerpunkt Mechatronik. Als Stipendiatin des Graduiertenkolleges GRK 1322-1 "Micro Energy Harvesting" der Deutschen Forschungsgemeinschaft promovierte sie 2010 an der Albert-Ludwigs-Universität Freiburg in Mikrosystemtechnik über die autarke Energieversorgung kleinster Sensorsysteme. Ihre Stationen in Wissenschaft und Industrie umfassen IBM Research, das Fraunhofer Institut Solare Energiesysteme, die ZHAW und den Schweizer Energieversorger BKW AG. Ihre fachlichen Schwerpunkte umfassen Energiesysteme aller Größenordnungen, Cybersecurity, IoT und Data Science. Sie ist Gründerin von Lighthouse Science Consulting and Technologies Inc.

Monika Freunek

23 Internet of Things (IoT) und Sensorik in der Energieversorgung

Zusammenfassung: Das Internet der Dinge, auch auf Englisch als Internet of Things (IoT) bekannt, hat sich in den letzten Jahrzehnten von der Zukunftsvision zur Realität entwickelt. Dabei ist das Verständnis des bekannten Begriffes so verschieden wie die technischen Möglichkeiten der Ausführung. Die Dimensionen von IoT-Komponenten rangieren von Mikro-Geräten, die auf ein Reiskorn passen, bis hin zu ganzen Kühlschränken. Auch in ihrer Komplexität sind IoT-Systeme sehr heterogen.

Dieses Kapitel führt in die Thematik des Internets der Dinge ein. Die Entwicklungsgeschichte, aktuelle Trends und die wichtigsten Begriffe und Definitionen werden vorgestellt und mit besonderem Bezug auf die Energiebranche vertieft. Das IoT bringt neue Möglichkeiten und ist vielfach ein entscheidender Baustein, um gerade in den bislang wenig vermessenen unteren Netzebenen die benötigten Daten für einen dezentralisierten und bidirektionalen Betrieb zu Gewinnen. Je nach Einsatzgebiet sind IoT-Geräte kostengünstige Lösungen, um vor Ort Messdaten zu erheben und die Daten per Fernauslesung oder auch lokal auszuwerten. Als Smartphone, Smartwatch, intelligentes Zutrittssystem und Kaffeemaschine ist IoT inzwischen vielfach Teil unseres Alltags. Dabei sind Miniaturisierung und Einsatzgebiete noch lange nicht abgeschlossen, wie Entwicklungen wie Neuraler Staub zeigen. Die Allgegenwart von Datenerhebungen, gerade gemeinsam mit den Möglichkeiten der KI, birgt jedoch auch Risiken. Die technischen und gesellschaftlichen Herausforderungen sind in ihrer Tragweite dabei durchaus denen zu Beginn des atomaren Zeitalters vergleichbar.

Schlagwörter: Internet der Dinge, Internet of Things, IoT, Sensorik, Sensor, Aktorik, Aktor, Vernetzung, Cybersecurity, Künstliche Intelligenz

23.1 Einleitung – Geschichte und Definitionsraum von ubiquitärem Computing und dem Internet der Dinge

Computer sind überall. Als Smartphones begleiten sie uns auf Schritt und Tritt, und sie zählen in der Smartwatch unsere Schritte beim Lauftraining und messen die Herzfrequenz. Computer regeln den Zutritt in Gebäude, überwachen Orte und Prozesse mittels Kameras, fotografieren den Zustand abgelegener Strommasten, die Temperatur

Monika Freunek, Lighthouse Science Consulting and Technologies Inc., New Brunswick, Kanada, e-mail: monika.freunek@lighthouse-sct.com

https://doi.org/10.1515/9783110753585-023

und den Aufenthaltsort von Kühlgut und regeln in der Agrarindustrie die individuelle Fütterung jedes einzelnen Tieres. Als Sprachassistent steuern und regeln sie im intelligenten Haus (Englisch: Smart Home) Geräte und beantworten Fragen, sie überwachen die Haustür und identifizieren über intelligente Brillen Personen und Objekte.

Laptops mit eingerechnet, verfügte der durchschnittliche US-amerikanische Haushalt 2021 über 25 elektronische Geräte. Dies ist eine Verdopplung innerhalb von zwei Jahren [1]. Dabei geschieht das meiste unserer elektronischen Aktivitäten ohne unsere alltägliche Aufmerksamkeit, und gerade in uns unbekannten Umgebungen sind wir uns der meisten Geräte in unserem Umfeld nicht bewusst. Computerarbeiten sind im wahrsten Sinne des Wortes allgegenwärtig, sie sind ubiquitär. Entsprechend ist diese Art des Einsatzes von Computern in ihren englischen Fachbegriffen als ubiquotous computing oder auch pervasive computing bekannt. Der Begriff des pervasive kann als „Alles durchdringend" oder auch als „beherrschend" übersetzt werden. Dies spiegelt die potenziellen Nachteile des ubiquitären Einsatzes von Computern wider, etwa die massiv erhöhte Expositionsfläche für Cyberangriffe, Datenschutzrisiken und ethische sowie ökologische Aspekte. Einige davon werden im Verlauf dieses Kapitels vorgestellt.

Wie ein Spaziergang im Wald – die Vision des ubiquitären Computing

Die Vision des ubiquotous computing, das mit dem Aufkommen des Internets später als Internet der Dinge (Englisch: Internet of Things, IoT) bekannt wurde, entstand Anfang der Neunziger Jahre des letzten Jahrhunderts mit den Arbeiten des US-amerikanischen Computerwissenschaftlers Mark Weiser [2]. Gemäß Weiser war der Folgeschritt der Entwicklungen in der Computertechnik ein überall verteilter Einsatz von Computern, die je nach Aufgabe in ihrer Größe variieren. Dabei sah Weiser dieses Zeitalter als das „stille Computing" – Geräte, die uns umgeben, ohne zu stören. Er verglich die Umgebung mit der eines Waldes, der voller Eindrücke ist und dennoch entspannt.

Die ersten Geräte und Anwendungen dieser Vision entwickelten sich im Tempo von Elektronik und Kommunikationstechnik. Ein beliebtes Beispiel ist die Entwicklung des Mobiltelefons vom „Knochen" mit ausfahrbarer Antenne hin zum Smartphone. Ähnlich entstanden in der Energiewelt die ersten elektronischen Zähler mit RFID- und Mobilfunktechnik hin zum heutigen Smart Meter.

Eine Vielzahl von Anwendungen allerdings scheiterte lange an zwei Hindernissen: Energieversorgung und Größe. So war es mit dem breiten Aufkommen des Mobilfunks zwar möglich geworden, Daten aus der Ferne auszulesen, die Feldgeräte selbst mussten allerdings immer noch entweder über einen elektrischen Netzanschluss mit Energie versorgt oder regelmäßig mit Batterien ausgerüstet werden. Gerade in Anwendungen wie etwa der biologischen Forschung oder der Agrartechnik sind Miniaturisierung und energieautarker Betrieb zumeist eine Voraussetzung für einen Einsatz von

Sensorik, und Umweltrisiken durch nicht erfolgte Entsorgungen von Batterien müssen vermieden werden. Batterien stellten auch lange die Grenze der Miniaturisierung von IoT-Sensorknoten dar, da Batterien und Kapazitäten deutlich höhere Minimaldimensionen als Energiewandler und Elektronik haben und eine Netzversorgung durch den im Feld verteilten Charakter der Geräte häufig nicht in Frage kommt.

Etwa um die Jahrtausendwende entstand mit dem US-amerikanischen Projekt Smart Dust die Vision kleinster, verteilter und über Kommunikation vernetzter Sensorik [3]. Zunächst zu militärischen Zwecken sollten Geräte im Feld Informationen sammeln und sie an Datensammelpunkte versenden. Die Geräte sollten dabei ein Volumen von höchstens 1 mm^3 aufweisen, kleiner also als ein Reiskorn. Etwa zeitgleich begannen die Forschungsarbeiten der DARPA, Mikrosensorik mit Energie aus der Umgebung zu versorgen [4]. Das Forschungsgebiet rund um die Nutzung von Umgebungsenergie zum Betrieb von Mikroenergiesystemen ist auch als Mikro-Energieernte oder Micro Energy Harvesting bekannt [5]. Gleichzeitig ersetzte mit der Verbreitung des Internets der Begriff des Internets der Dinge zunehmender den des ubiquitären Computings.

Die Ziele der Miniaturisierung und des energieautarken Betriebs wurden inzwischen weitestgehend erreicht. Der kleinste Computer der Welt, der Michigan Micro Mote der University of Michigan, ist im Museum of Computing zu sehen und vollständig energieautark (siehe Abbildung 23.1; [6]). Das dabei eingesetzte photovoltaisches Hocheffizienz-Modul ist speziell für Micro Energy Harvesting Anwendungen im Innen- und Aussenbereich optimiert [7]. In der biologischen Feldforschung wird der Micro Mote inzwischen praktisch eingesetzt, so etwa bei den Arbeiten von Cindy S. Bick, bei denen der auf einem Schneckenhaus befestigte Sensorknoten Habitate bedrohter Schneckenarten vermisst (siehe Abbildung 23.2) oder in der Erforschung des Migrationsverhaltens von Monarch-Schmetterlingen [8, 9].

Dabei sind mikroskopisch kleine intelligente Sensoren nicht der Forschung vorbehalten. Schon lange werden sogenannte mikroelektromechanische Systeme (Englisch: microelectromechanical systems, MEMS) als Lagesensoren in Smartwatches eingebaut und als Geschwindigkeitsmesser in Fahrzeugen oder Flusssensoren in der Medizin eingesetzt. Deutlich sichtbarer, dafür aber oft spontan nicht als IoT wahrgenommen, sind Geräte wie intelligente Kaffeemaschinen und Kühlschränke, intelligente Saugroboter oder auch intelligente Autos.

Das Internet der Dinge ist in seiner Interpretation nicht scharf festgelegt. Die untenstehende Definition ist daher als Arbeitsdefinition zu sehen, die versucht, die Gemeinsamkeiten häufiger Interpretationen zusammen zu fassen.

Definition Internet der Dinge (Internet of Things, IoT). Das Internet der Dinge oder auch Internet of Things (IoT) besteht aus Komponenten, die über eine Recheneintelligenz verfügen, in ihrer Anwendung verteilt installiert sind, einen Zustand im Feld messen, und diesen über eine Kommunikationsverbindung versenden (mobile oder dezentrale Intelligenz).

Abb. 23.1: Der Michigan Micro Mote M^3 ist der kleinste Computer der Welt, kleiner als ein Reiskorn und mit einem speziell optimierten photovoltaischen Galliumarsenid Modul vollständig energieautark ([10], University of Michigan). Photo by Inhee Lee and Eun Seong Moon, University of Michigan.

Abb. 23.2: Der Michigan Micro Mote M^3 im Feldeinsatz in der biologischen Habitatforschung ([8], University of Michigan).

Je nach Ausführung können Komponenten Sollzustände erhalten und diese an Aktoren weiterleiten.

Sie können mit anderen Komponenten oder mit einer zentralen Stelle kommunizieren.

Sie können kabelgebunden, batteriebetrieben, energieautark oder eine Kombination davon sein.

Abbildung 23.3 zeigt eine schematische Darstellung eines IoT-Gerätes in einem Umfeld. Das System könnte dabei beispielsweise ein Ortungssensor in einem Auto, ein Lagesensor an einem Smartphone, ein Füllstandsmesser in einer Kaffeemaschine, ein Feuchtigkeitssensor an einem Kühlprodukt oder auch ein Smart Meter sein.

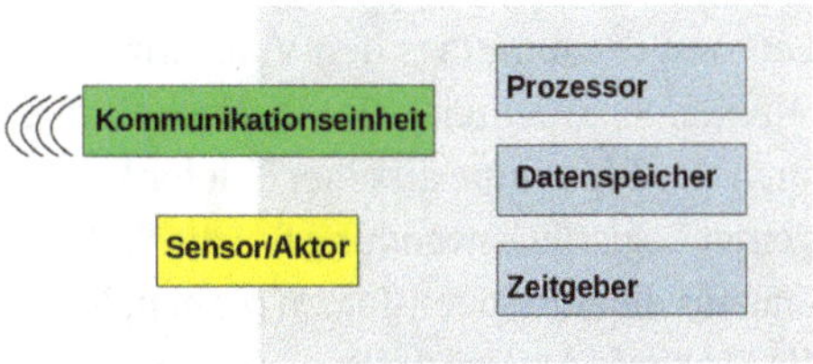

Abb. 23.3: Darstellung eines IoT-Gerätes, bestehend aus einem Prozessor, Datenspeichereinheit, einem Zeitgeber, Sensorik/Aktorik und einer Kommunikationseinheit.

Die Recheneinheit wird typischerweise durch Mikrokontroller umgesetzt, in denen Prozessor, Datenspeicher und Zeitgeber (siehe Kapitel Kirrmann) auf einem einzigen Bauteil integriert sind. Bei Mikroprozessoren befindet sich die Recheneinheit auf einem eigenen Bauteil. Zeitgebung und Datenspeicher werden als separate Bauteile umgesetzt.

23.2 Anwendungsgebiete von IoT-Systemen

Die Ausführungen zeigen die Vielfalt der Anwendungen und Ausführungen von IoT-Systemen, aber auch ihre bereits erreichte weite Verbreitung. In der Regel finden sich in den meisten Umgebungen heute mehrere nebeneinander bestehende IoT-Systeme für verschiedene Zwecke. Einige Beispiele solcher Systeme sowie Besonderheiten der Perspektive des Energiebereiches werden im Folgenden behandelt. Dabei wird besonders auf die regulatorischen Rollen verschiedener Technologien sowie auf den Aspekt der Cybersecurity in der Energieversorgung eingegangen, da diese Aspekte entscheidend sind für die Auswahlmöglichkeiten verfügbarer Lösungen.

23.2.1 Typische IoT-Systeme in der Energiebranche

Nahezu jeder Mitarbeiter und jede Mitarbeiterin verwendet heute neben Computern und Laptops Konferenztechnik, etwa in Form von Kopfhörern, Lautsprechersystemen oder Projektionstechnik in Konferenzräumen. Diese Systeme sind in ihren Ausführungen zunehmend intelligent. So ist eine Konferenzteilnahme häufig über IoT-Geräte wie Smartwatches oder Smartphones möglich. Auch die klassische Konferenztechnik wie Lautsprecher oder Großbildschirme wird immer mehr als IoT-Knotenpunkt ausgeführt, der über zentrale Anwendungen bedient und gesteuert wird.

Smartphones und Smartwatches sind aus dem betrieblichen Alltag inzwischen kaum mehr wegzudenken und dienen in der Regel als IoT-Knotenpunkt für mehrere, verschiedene Anwendungen. So ermöglicht die Smartwatch am Morgen über die

Jogging-App das Trainingspensum zu tracken, um dann mittags den Videoanruf mit der Familie durchzuführen und in Sozialen Medien Nachrichten zu lesen. Nachmittags auf einer Autofahrt ermöglicht die Smartwatch die Teilnahme an einer Telefonkonferenz, um dann im Feld Geräte mit Codes aus einer Logistik-Anwendung freizuschalten, Fehlercodes zu senden und die Montageteams für den morgigen Tag zu planen. Noch einen Check auf die Ernährungs-App, und die Einkaufs-App wird aktualisiert. Schließlich plant die Navigationsapp schon einmal den Heimweg mit Halt am nächsten Supermarkt, und ein letzter Videoanruf über die Smartwatch mit den Kollegen schließt den Arbeitstag.

Dieser durchaus typische Alltag findet je nach Aufgabe in Variationen bei Energieversorgern statt. Allein durch Smartphones und Radio Frequency Identification-Kartensysteme (RFID-Badges) für Gebäudezutritte oder auch die Freischaltung von Kaffeemaschinen ist der Durchdringungsgrad von IoT auch für reine Büromitarbeiter heute sehr hoch.

Der im Beispiel beschriebene durchaus typische Gebrauch dieser Geräte wird dabei selten bewusst als IoT-Umfeld empfunden. Das Beispiel zeigt aber auch die Durchmischung von IoT-Netzwerken verschiedener Systeme sowohl aus privater als auch betrieblicher Anwendung. Dabei ist die zentrale Gemeinsamkeit aus dem Beispiel allein die Smartwatch mit ihren Gerätedaten und ihrer Geolokalität.

Andere IoT-Anwendungen im Energiebereich werden deutlich bewusster als solche wahrgenommen und eingesetzt. So gibt es etwa in der Netzelektrik Brillen mit Funktionen der virtuellen Realität (Englisch: Virtual Reality), die Monteuren vor Ort virtuelle Montageanleitungen geben und direkt auf Logistiksysteme für nötige Bestellungen zugreifen können.

Satellitendatendienste helfen Energieversorgern, präventive Maßnahmen für den Betrieb und das Asset Management zu treffen, indem Planungen mit lokalen Daten unterstützt und Störungen lokalisiert werden. Drohnen fliegen Netzgebiete ab und können den Zustand von Betriebsmitteln dokumentieren.

In der Logistik und Einsatzplanung von Mitarbeitern im Feld wie Netzelektrikern oder Zählermonteuren oder von Geräten und Fahrzeugflotten ermöglichen GPS-Systeme minutengenaue Planung und Überwachung von Routen, Orts- und Zeitverläufen von Einsätzen. IoT-Systeme ermöglichen es, Lieferungen, Installationen und Geräte wie Energiezähler und deren Historie lückenlos zu bestimmen.

IoT-Geräte können signifikante Hilfsmittel der Energieeffizienz gerade in der Gebäudetechnik sein, indem etwa präsenzabhängige Beleuchtung und Temperierung erfolgt. Ebenso können IoT-Funkschalter helfen, Verkabelung einzusparen.

Bereits lange im Einsatz sind Videokameras zur Überwachung von Räumen mit entsprechendem Schutzbedarf und Zutrittssysteme auf RFID-Basis.

23.2.2 Ab wann wird es intelligent – Bestände und Kohorten

Oftmals stellt sich die Frage, ab wann ein Gerät als IoT-Gerät gilt. Diese Frage ist gerade für den Energiebereich essenziell und wird im Folgenden kurz anhand von Energiemesstechnik diskutiert.

Ohne Sensorik im Feld wäre Energieversorgung schon fast seit Anbeginn nicht möglich. Strom ist eine Handelsware und muss als solche zuverlässig gemessen werden (siehe Kapitel Mohns). Bis heute wird dies mit mechanischen Ferraris-Zählern umgesetzt, zu denen sich seit inzwischen über 30 Jahren elektronische Energiezähler gesellt haben. Spätestens wenn diese mit Kommunikationstechnik ausgestattet sind, handelt es sich bei diesen nach der Definition dieses Kapitels um IoT-Geräte. Solche Geräte werden oftmals auch als „Bestand" oder auf Englisch als „Legacy" bezeichnet oder als Betriebstechnik (Englisch: Operational technology, OT) behandelt. Der Unterschied zu IoT-Geräten heutiger Generation besteht vor allem in der Form der möglichen Kommunikationsprotokolle, den Ausführungen in Speicher und Prozessor und dem eingesetzten Sicherheitsniveau. Da auch zukünftige Weiterentwicklungen von IoT-Geräten zu erwarten sind, wird die Unterscheidung zwischen Bestand und IoT an dieser Stelle nicht gemacht, sondern von IoT-Kohorten gesprochen.

Smart Meter sind eines der klassischen Beispiele von IoT-Geräten. Obwohl sie häufig als eine der wichtigen IoT-Komponenten eines Smart Homes dargestellt werden, gehören sie bislang praktisch in der Realität zum IoT-Umfeld des Energieversorgers. Dies ist unter anderem begründet in sicherheits-und datenschutztechnischen Hürden bei einer Vernetzung von privaten Systemen mit denen einer kritischen Infrastruktur und der fehlenden Interoperabilität und Standardisierung der verschiedenen Systeme.

Tatsächlich kommen im Smart Home schlankere IoT-Geräte heutiger Generation zum Einsatz, die sich unter anderem durch geringeren Energieverbrauch, geringere Größe sowie andere Architekturen der Prozessoreinheit, wie etwa Raspberry Pies, auszeichnen. Gleichzeitig ist die geforderte Genauigkeit der eingesetzten Sensorik aus Anwendungssicht geringer, und es bestehen im Gegensatz zu Smart Metern keine gesetzlichen Vorgaben an die Messgenauigkeit. Auch das Überwachen von Manipulationen der Messung oder Geräteöffnungen ist in der Regel nicht vorgeschrieben.

Schließlich gibt es im Energiebereich Messungen zur Netzzustandsüberwachung, die etwa die Ölstände und Temperaturen in Transformatoren messen oder das Spannungsniveau in Leitungen. Auch diese gibt es als IoT-Ausführungen, und sie finden besonders in der Fehlerdetektion sowie der Predictive Maintenance im Asset Management Einsatz.

Das Beispiel der elektrischen Messtechnik ist exemplarisch für den ganzen Bereich. Je nach Einsatzgebiet eines IoT-Gerätes gestalten sich die Anforderungen an Genauigkeit, Eichung, Größe, Zulässigkeit von Batterien, Kosten und die technische Aufgabe im Gesamtsystem verschieden. Ebenso entscheidet die regulatorische Rolle des IoT-Systems innerhalb des Energieversorgungsunternehmens, etwa hinsichtlich Unbundling, auch den technische Lösungsraum.

Gerade in der Energiebranche sind die geforderten Stückzahlen von Geräten schnell sehr hoch. Gleichzeitig müssen durch die langen Investitionszeiträume Gerätebestände als technologische Kohorten über Jahrzehnte hinweg bewirtschaftet werden – auch hinsichtlich ihrer Cybersecurity.

Dies wird im Folgenden ausgeführt.

23.2.3 Cybersecurity

IoT-Systeme gehören weltweit zu den anspruchsvollsten Schutzobjekten in der Cybersecurity-Landschaft. Die obige Definition zeigt, dass IoT-Systeme sich immer durch Intelligenz, also mindestens einen Prozessor, und eine Kommunikationstechnik auszeichnen.

Sie fallen damit automatisch immer unter den Schutzbedarf betrieblicher Systeme. Die Eigenschaft als Schutzobjekt zieht eine Reihe Maßnahmen nach sich. So müssen alle intelligenten Betriebsmittel in Hard- und Software sowie Netzwerken laufend inventarisiert sein. Spätestens an dieser Stelle zeigt sich, dass der Definitionsbereich von IoT-Geräten sehr weit ist. Einige Geräte wurden sogar nie als IoT-Geräte ausgelegt, sind es durch die inzwischen erfolgte Vernetzung aber – oft unbemerkt – geworden. Diese Vernetzung ist nicht immer im Sinne oder gar Bewusstsein der Nutzer erfolgt, und nicht immer sind die effektiv bestehenden und miteinander vernetzten Netzwerke ohne aktive Netzwerkinventur bekannt. Aus sicherheitstechnischer Sicht sind diese Kohorten der ersten Generation als „Überraschungs-IoT" hoch relevant, da die nötige Sicherheit nachträglich umgesetzt werden muss.

Dabei ist begrenzte Rechenleistung der IoT-Geräte, besonders der ersten Kohorten, ein Problem in dem Ausmaß möglicher Sicherheit. Ebenso stellt die lange propagierte Strategie, alles zu vernetzen, was vernetzbar ist, und standardmäßig möglichst viele Kommunikationsanschlüsse anzubieten, eine Schwierigkeit dar, da jede Verbindungsmöglichkeit dauerhaft und stets aktuell gesichert werden.

Und schließlich lassen sich einige Geräte im Nachhinein nicht mehr auf heutige Schutzstandards bringen, oder die Gesamtsysteme sind so komplex, dass eine Netzwerk- und Geräteinventur nicht alles erfasst. Typische Beispiele sind etwa Testaufbauten oder Pilotanlagen, die nicht abgeschaltet wurden, oder Hersteller- und Lieferantenzugänge, die nicht inventarisiert sind und nur wenigen Fachpersonen bekannt sind. Auch die Vermaschungen von Netzwerken werden oft übersehen. So wurden IoT-Geräte wie Kaffeemaschinen oder Aquaristik-Thermometer mehrfach als Eintrittspforte in Firmennetze eingesetzt. Sicherheitslücken in Staubsaugerrobotern ermöglichten es Hackern, Videos aufzunehmen, die Roboter zu steuern und alle Daten aus den verbundenen Netzwerken abzugreifen [11].

In Zeiten von hochentwickelten und automatisierten Netzwerkscannern und frei zugänglichen Hilfsmitteln wie Shodan, mittels derer sich geographisch aufgelöst IoT-Geräte, Datenbanken und Netzwerke komfortabel mitsamt Konfiguration finden lassen, ist die laufend aktuelle vollständige Inventarisierung und Kenntnis aktueller Bedrohungen eine Betriebsbedingung von IoT-Systemen gerade in kritischen Infrastrukturen.

Dabei ist davon auszugehen, dass Schwachstellen ohne Schutz gefunden und ausgenutzt werden. So wurden IoT-Systeme mittels Ransomware verschlüsselt, als gigantische Botnetze zum Mining von Kryptowährungen vereint oder auch aus der Ferne zerstört. Gerade im Kontext von semi-privat bis privat betriebenen Energie- und Verbrauchsinfrastrukturen kommt dem Aspekt der Informationssicherheit eine weitere Bedeutung zu. So müssen sich etwa deutsche Energieversorger nach dem Informationssicherheitsstandard ISO 27001 zertifizieren lassen und gewährleisten damit die Erfüllung eines Grundgerüstes der Informationssicherheit sowie auch die betriebliche Auseinandersetzung mit der Thematik. Dies ist im privaten Bereich bislang nicht der Fall, wird aber mit zunehmender Gewichtung privater Geräte am physikalischen Gesamtsystem im Rahmen der Energiewende immer wichtiger. Eine massenhafte koordinierte Lastschaltung durch unüberwachte private Geräte etwa kann durchaus zu Netzinstabilitäten führen.

Erste Schritte, auch diese Bereiche abzudecken, umfassen die Europäische Norm Cyber Security for Consumer Internet of Things: Baseline Requirements (ENTSI EN 303 645). Die Einhaltung dieser Norm durch Gerätehersteller ist aktuell freiwillig, und Hersteller können ihre Produkte mit dem IT-Sicherheitskennzeichen des Bundesamtes für Sicherheit in der Informationstechnik BSI zertifizieren lassen. Auch der ISO/IEC Normentwurf 27402 – Cybersecurity – IoT security and privacy – Device baseline requirements stellt eine Grundlage dar. Andere Normentwicklungen umfassen die IEC 62443-3-3: Security for industrial process measurement and control – Network and system security, ETSI TS 103 645: Cyber Security for Consumer Internet of Things, die DIN SPEC 27072: IoT-fähige Geräte – Mindestanforderungen zur Informationssicherheit und das BSI IT-Grundschutzkompendium: Umsetzungshinweise zum Baustein SYS.4.4 Allgemeines IoT Gerät.

Auch der rechtliche Rahmen passt sich an. Mit dem H. R. 1668 – IoT Cybersecurity Improvement Act of 2020 wurde in den USA der Grundstein gelegt. Ähnliche Anpassungen sind im EU-Recht für 2024 geplant.

Entsprechend entwickelt sich die Sicherheitstechnik des IoT weiter. Genau wie Unternehmen Lösungen für ihre IT-Sicherheit haben, wird dies auch im IoT-Bereich aufgebaut. Ebenso werden verschiedene Lösungen zur Überwachung der IoT-Systeme der ersten Generationen angeboten. Und schließlich gibt es Ansätze, die Sicherheit bereits in der Entwicklung zu integrieren (security by design), etwa durch zellulare IoT-Systeme, die auf Mobilfunktechnik aufsetzen.

23.3 Ausblick – Chancen und neue Herausforderungen

Mit dem Eintritt in das nukleare Zeitalter traten viele der maßgeblich an seiner Schaffung beteiligten Forscher wie J. Robert Oppenheimer, Leo Szilard, Eugene Widmer oder Hans Bethe gegen den Einsatz ihres eigenen Werkes ein. Nuklearwaffen sind nicht aus technischer Neugier, sondern im Kontext des zweiten Weltkrieges entwickelt worden. Kein Physiker und keine Mathematikerin wird aber die Faszination der Thematik bestreiten, und wie viele der beteiligten Forscher selbst berichteten, standen im Rahmen der Forschung nicht die ethischen und gesellschaftlichen Auswirkungen, sondern die fachlichen Probleme im Vordergrund. Während die Technologie und Physik der atomaren Forschung noch bis heute inspirieren, stehen die ethischen und gesellschaftlichen Auswirkungen auf einer anderen Seite. Diese wurden schließlich mittels des Atomwaffensperrvertrages wie auch bei chemischen und biologischen Waffen international geregelt.

Auch das IoT steht heute vor ähnlichen Fragen. Die vor Dekaden entstandenen Visionen von allgegenwärtigen und miniaturisierten Computern sind realisiert worden. Lange stand prioritär der Aspekt der Machbarkeit im Vordergrund. Mit der Entwicklung breit verfügbarer künstlicher Intelligenz geht die Technologie weit über das hinaus, was ursprünglich visioniert wurde. Das IoT kennt uns nun besser, als wir uns selbst kennen. Längst sind Cyborgs, etwa Insekten mit implantierter IoT-Technik, Realität. Sensorik ist so miniaturisiert, dass sie implantiert werden oder auf Insekten mitfliegen kann [12]. Als so genannter neuronaler Staub wird dies weiterentwickelt [13]. Drohnenschwärme aus Cyborgs sind längst keine Vision eines Romans mehr, sondern Gegenstände erfolgreicher Forschung.

Erst in jüngster Zeit rücken ethische Fragen, aber auch der destabilisierende Effekt auf Gesellschaften zunehmend in den Fokus. Diese Fragen stellen eine Herausforderung dar, deren Lösung in Komplexität und Realisierbarkeit die technischen Probleme der letzten Dekaden in den Schatten stellen könnten. Dabei ist gerade die erfolgreich erreichte Unsichtbarkeit und Ubiquität die größte Herausforderung. So formulierte einer der Pioniere des IoT, Joseph Paradiso, im Jahr 2020 das Dilemma nach 20 Jahren Internet der Dinge: „Ein Zwillingsdämon der Aufmerksamkeit kommt mit dem pervasive computing – die ungewollte Aufmerksamkeit Anderer, die uns überwachen, und die ungewollte fragmentierte Aufmerksamkeit, weil wir ständig abgelenkt sind; alles das erfolgt mit intimsten Daten über uns. „Dieses Dilemma wird zunehmend gerade von Forschern der ersten Stunde des IoT wahrgenommen“ (frei übersetzt nach [14]).

Die Lösungen sind nicht trivial. Zum einen sind sie es bereits technisch nicht. Dies soll beispielhaft kurz angerissen werden, um den Leserinnen und Lesern zu eigenen Gedankenexperimenten zu inspirieren.

Geräten wie Smart Meter müssen eine Nutzungsdauer im Bereich von 10 Jahren garantieren. Wie lässt sich die Cybersecurity eines Gerätes über diesen Zeitraum garantieren? Aus Sicht eines Angreifers sind dies 10 Jahre, in denen er auf eine Schwachstelle warten kann. Zum Vergleich: Vor rund 15 Jahren begann die Entwicklung und Verbreitung von Anti-Virus-Software als Reaktion auf die damalige dominierende Hauptbedrohung in Form von Malware und Viren, und die ersten Hacks von Kreditkarten traten auf. Im Ausblick in die Zukunft hingegen rücken Quantencomputing, DNA-Computing sowie die oben erwähnten biologische Rechensysteme im Kontext des Neuralen Staubs immer näher.

Bereits auch in der Gegenwart sind die offenen Fragen massiv. Wie etwa ist mit Kameras und Mikrofonen an Haustüren, in Fahrzeugen oder in Räumen umzugehen, deren Nutzer zwar in der Regel einer Aufnahme zugestimmt haben? Was ist, wenn ein Nachbar klingelt, ein Lieferant vorbeifährt, oder ein Telefonat auf Lautsprecher geschaltet wird, allesamt Personen, die aufgenommen werden, jedoch keinem Vertrag zugestimmt haben?

Gerade der Effekt der Vernetzung wird hier stark unterschätzt. Wenn ein Netzwerk groß genug ist, verfügt es auch über genügend Informationen über nicht abgedeckte Elemente – die entweder defekt sind oder bewusst nicht teilnehmen. Auch Subvernetzungen, Netzwerke also, die miteinander vernetzt sind, sind oftmals schwer zu erkennen und nicht immer jedem Nutzer bewusst.

Die technischen Lösungen sind aufwändig und selten vollständig, wie etwa softwareseitige Beschränkungen, selektive Freischaltungen über RFID-Tags oder schlicht und einfach die Zustimmung des Nutzers zu Nutzungsverträgen. Gerade da viele Geräte softwareseitig nicht im eigenen Land betrieben werden, ist bereits der rechtliche Rahmen komplex.

Dies alles geht davon aus, dass stets von ehrlichen und zuverlässigen Akteuren guten Willens auszugehen ist – eine Annahme, die sich in dieser Absolutheit regelmäßig als falsch erweist. Wie auch zu Beginn der atomaren Ära zeigen sich damit Implikationen, die in ihrer Tragweite kaum zu erfassen sind, und auch das Dilemma ist ähnlich. Die weltweit verfügbaren und mittels künstlicher Intelligenz nun auch zugänglichen Informationen haben ein nie dagewesenes Ausmaß erreicht. Der Schritt zurück ist unmöglich – das Wissen ist gewonnen und wird weltweit weiter erforscht. Auch sind die digitalen Helfer in unserem Alltag unverzichtbar. Ähnlich wie beim Einsatz von Atomkraftwerken möchte niemand auf die Früchte der Forschung verzichten. Gleichzeitig stellt sich die Frage, was ein realistisch erreichbares Schutzniveau von IoT-Systemen ist und wie sich das Kosten-Nutzen-Verhältnis aller technisch möglichen Anwendungen im individuellen Fall aus gesamtgesellschaftlicher Sicht gestaltet. Die letzten Jahre haben gezeigt, wie effizient gezielte Datenkampagnen auf Basis hochaufgelöster privater Informationen zu gezielten Zwecken mit signifikantem, gesellschaftlichem Effekt bis hin zur Destabilisierung oder der Erreichung bestimmter Ziele eingesetzt werden können. Auch die Ransomware-Attacken auf Ölpipelines oder die erfolgreichen Angriffe auf Steuerungen in Wasserversorgungsanlagen zeigen, wie massiv die Auswirkungen von Angriffen auf IoT-Systeme sein können.

Einiges davon mag aus Sicht des Tagesgeschäftes eines Energieversorgers fern klingen, betrifft aber gerade kritische Infrastrukturen in besonderem Maße. So ist es nun möglich, den Zustand von Strommasten über Drohnen zu prüfen, den Einsatz von Monteurtruppen und -flotten auf Kilometer und Minute genau zu planen und zu überwachen und Millionen von Energiezählern automatisiert aus der Ferne auszulesen. Es ist aber unter Umständen auch Angreifern möglich, Konferenzen mitzuhören, persönlichste Informationen über Mitarbeiter zusammenzustellen, um Angriffe maßgeschneidert vorzubereiten, oder IoT-Geräte als Einfallstore in Netzwerke zu nutzen.

Das IoT bringt neue Möglichkeiten, unsere Energieversorgung passgenau und effizient zu betreiben, gerade die Informationslücken aus den unteren Netzebenen zu füllen, um sicher und gezielt zu dezentralisieren. Dabei sind Daten aus dem IoT ein Grundstein der Energiewende. Gemeinsam mit den Lösungen der künstlichen Intelligenz bietet das IoT – je nach Kosten-Nutzen-Rechnung – einen wirtschaftlichen Lösungsraum für viele technischen Fragen rund um die Dezentralisierung, Energieeffizienz und auch Betrieb unter den Bedingungen des Klimawandels.

Das IoT ist längst ebenso ubiqutär wie pervasiv, also mit anderen Worten sowohl überall verbreitet als auch alle Bereiche absolut durchdringend. Was wir daraus machen, liegt an uns und wird eine der großen gesamtgesellschaftlichen technischen und sozialen Aufgaben im nationalen ebenso wie im internationalen Raum. Ganz im Sinne dieses Buches – Dialog und Kooperation sind gefragt.

Literaturverzeichnis

[1] https://www.reuters.com/technology/smart-devices-get-pandemic-boost-us-households-deloitte-survey-2021-06-09/.

[2] Weiser, M. (1991). The computer for the 21st Century. Sci. Am. 265(3), 75–84.

[3] Kickoff slides from MEMS PI meeting, June 98.

[4] Nowak, R. J. (2000) In Proc. Of the DARPA Energy Harvesting Program Review. DARPA, Washington, D. C., USA, 13.–14. April 2000.

[5] Paradiso, J. A. und Starner, T. (2005). Energy Scavenging for Mobile and Wireless Electronics. IEEE Pervasive Comput. 4(1), 18–27. https://doi.org/10.1109/MPRV.2005.9.

[6] Lee, Y., et al. (2013). A Modular 1 mm^3 Die-Stacked Sensing Platform with Low Power I^2C Inter-die Communication and Multi-Modal Energy Harvesting. IEEE J. Solid-State Circuits, Special Issue on ISSCC 48(1), 229–243.

[7] Freunek, M., Freunek, M. und Reindl, L. M. (2013). Maximum efficiencies of indoor photovoltaic devices. IEEE J. Photovolt. 3(1), 59–64. https://doi.org/10.1109/JPHOTOV.2012.2225023.

[8] Bick, C. S., Lee, I., Coote, T., et al. (2021). Millimeter-sized smart sensors reveal that a solar refuge protects tree snail Partula hyalina from extirpation. Commun. Biol. 4, 744. https://doi.org/10.1038/s42003-021-02124-y.

[9] Lee, I., et al. (2021). mSAIL: Milligram-Scale Multi-Modal Sensor Platform for Monarch Butterfly Migration Tracking. In The 27th Annual International Conference on Mobile Computing and Networking (Mobicom).

[10] Moon, S., et al. (2016). Highly efficient single-junction GaAs thin-film solar cell on flexible substrate. Sci. Rep. 6, 30107. https://doi.org/10.1038/srep30107.

[11] https://threatpost.com/iot-robot-vacuum-vulnerabilities-let-hackers-spy-on-victims/134179/.
[12] Iyer, V., et al. (2019). Living IoT: A Flying Wireless Platform on Live Insects. In MobiCom '19: The 25th Annual International Conference on Mobile Computing and Networking, Bd. 5, 1–15.
[13] Frances Chance (2021). Fast, Efficient Neural Networks Copy Dragonfly Brains. IEEE Spectrum. https://spectrum.ieee.org/fast-efficient-neural-networks-copy-dragonfly-brains#toggle-gdpr. Zugriff am 12.05.2022.
[14] Paradiso, J. A. und Siewiorek, D. (2020). Attention Paid Versus Paying Attention in Pervasive Computing. IEEE Pervasive Comput. 19(2), 8–12.

Kurzvita

Dr.-Ing. Monika Freunek ist Gründerin des wissenschaftlichen Beratungsunternehmens Lighthouse Science Consulting and Technologies Inc. mit Sitz in Kanada. Sie studierte an den Fachhochschulen Bielefeld und Furtwangen Produktentwicklung und Product Engineering mit Schwerpunkt Mechatronik. Als Stipendiatin des Graduiertenkollegs GRK 1322-1 „Micro Energy Harvesting" der Deutschen Forschungsgemeinschaft promovierte sie 2010 an der Albert-Ludwigs-Universität Freiburg in Mikrosystemtechnik über die autarke Energieversorgung kleinster Sensorsysteme. Ihre Forschungsarbeiten gehören zu den Grundlagen der Photovoltaik für Innenräume, der so genannten Indoorphotovoltaik. Ihre Stationen in der Wissenschaft umfassen IBM Research, das Fraunhofer Institut Solare Energiesysteme, sowie die ZHAW. Wissenschaft in die Praxis zu bringen und den Dialog zwischen Forschung und Anwendung zu fördern, sind ihr ein Anliegen. Monika Freunek ist Herausgeberin mehrerer wissenschaftlicher Bücher im englischsprachigen Raum, regelmäßige Autorin von Fachartikeln und Erfinderin zweier Patente. Ihre fachlichen Schwerpunkte umfassen Energiesysteme aller Größenordnungen, Cybersecurity, IoT und Data Science.

Herbert Saurugg

24 Schattenseiten der Digitalisierung

Und ihre möglichen Auswirkungen auf die elektrische Energieversorgung

Zusammenfassung: Die Digitalisierung schafft viele neue Möglichkeiten und führt gleichzeitig zu immer komplexeren Systemen, für die uns häufig noch das notwendige Wissen fehlt, wie mit ihnen umzugehen ist. Daher werden die Schattenseiten gerne ausgeblendet, die noch dazu häufig erst zeitverzögert auftreten. Dieser Beitrag gibt einen Überblick über die wichtigsten Aspekte, wie z. B. eine steigende Dynamik, Irreversibilität, kleine Ursache-große Wirkung, Rückkoppelungen, exponentielle Entwicklungen oder Netzwerkphänomene, die für einen erfolgreichen Umgang mit Komplexität, komplexen Systemen und den daraus resultierenden systemischen Risiken zu beachten sind. Dabei wird auch aufgezeigt, dass wir mit unserem linearen und stark betriebswirtschaftlich fokussierten Denken und Handeln in eine Sackgasse laufen. Das Wissen um die potenziellen Schattenseiten ermöglicht eine rechtzeitige Anpassung und Weiterentwicklung, die für eine robuste und resiliente Gesellschaft unverzichtbar sind.

Schlagwörter: Digitalisierung, Komplexe Systeme, Komplexität, Kritische Infrastruktur, Peitscheneffekt, Rückkoppelungen, Systemische Risiken, Truthahn-Illusion, Verletzlichkeitsparadox, Vernetzung

Die Digitalisierung macht auch vor der Energie- und damit Stromversorgung nicht halt, wenngleich noch viele Betriebsmittel auf Basis von einfachen analogen und physikalischen Grundlagen betrieben werden. Gleichzeitig wäre bereits seit Jahren kein sicherer Netzbetrieb mehr ohne die laufenden Sicherheitsberechnungen und Simulation mit Hilfe von leistungsstarken IT-Systemen möglich. Allein der österreichische Übertragungsnetzbetreiber Austrian Power Grid (APG) führt täglich rund 300 Simulationen durch, um rechtzeitig mögliche kritische Engpässe erkennen und gegensteuern zu können. Zusätzlich gibt es überregionale Rechenzentren, in denen laufend umfangreiche Sicherheitsberechnungen durch Regional Security Coordinators (RSCs) durch-

---

Anmerkung: Dieses Kapitel stellt eine Ergänzung zu den umfangreichen Betrachtungen der aktuellen Umbrüche im europäischen Stromversorgungssystem im Kapitel 34 dar.

Herbert Saurugg, Österreichische Gesellschaft für Krisenvorsorge, Wien, Österreich, e-mail: herbert.saurugg@gfkv.at

https://doi.org/10.1515/9783110753585-024

geführt werden.[1] Hinzu kommt, dass der zunehmend komplexer werdende Strommarkt ohne umfassende Vernetzung und Digitalisierung nicht möglich wäre.

Die Digitalisierung ermöglicht einen effizienteren und optimierten Einsatz von Betriebsmitteln, was zur Ressourcenschonung beiträgt, aber auch dazu verleitet, die Betriebsmittel immer mehr auszureizen und an Grenzen zu gehen. In der Vergangenheit wurden hohe Sicherheitsaufschläge einkalkuliert und gebaut, um auch möglichst lange die erwartbaren zukünftigen Ansprüche abdecken zu können. Unter den heutigen engen betriebswirtschaftlichen Rahmenbedingen ist das häufig nicht mehr möglich. Zusätzlich wurde lange auf die zuvor aufgebauten Reserven zurückgegriffen, sodass der Handlungsspielraum zunehmend kleiner wird.

Die Digitalisierung ermöglicht auf jeden Fall neue Handlungsfelder, insbesondere wenn es um die Abrechnung und Optimierung geht, wie etwa beim angedachten Einsatz von Blockchains im Bereich von Energiegemeinschaften. Auch virtuelle Kraftwerke und Flexibilitätsmärkte lassen sich mit Hilfe der Digitalisierung kreieren. Den Ideen sind fast keine Grenzen gesetzt. Ob sie auch zur Systemsicherheit und Stabilität beitragen, wird sich erst in Zukunft zeigen (vgl. Kapitel 34, Saurugg-Blackout). Zunächst einmal ist Skepsis angebracht, auch wenn eine sowohl-als-auch-Betrachtung gefragt ist.[2] Nicht nur die möglichen Chancen, sondern auch die erwartbaren Risiken und Schattenseiten sollten rechtzeitig betrachtet werden. Da die möglichen Chancen meist umfangreich dargestellt werden, sollen in diesem Kapitel die potenziellen Schattenseiten der Digitalisierung etwas näher beleuchtet werden, um rechtzeitig daraus lernen und sich anpassen zu können.

24.1 Vernetzung und Komplexität

Die technische Vernetzung führt nicht nur zu den bekannten Vorteilen, sondern auch zu Entwicklungen, die uns bisher häufig wenig vertraut sind. So steigen etwa durch verstärkte Rückkopplungsmöglichkeiten in vernetzten Systemen die Komplexität und Dynamik. Komplexe Systeme weisen eine Reihe von Eigenschaften auf, die wir von unseren bisherigen technischen Lösungen in dieser Form kaum kennen (vgl. [1–4].

24.1.1 Kennzeichen komplexer Systeme

So kommt es etwa zu nicht-linearen Ursache-Wirkungsbeziehungen, womit eine Risikobeurteilung aufgrund fehlender Kausalketten immer schwieriger wird. Wir sind von

---

1 Vgl. TSCNET Services GmbH. https://www.tscnet.eu. Zugriff am 25.02.2022.

2 Vgl. Sowohl-als-auch. https://www.saurugg.net/hintergrundthemen/#sowohl-als-auch. Zugriff am 25.02.2022.

unseren bisherigen analogen Systemen (Maschinen) gewohnt, dass diese berechenbar und damit beherrschbar sind. Auch wenn einzelne Maschinen tausende Bestandteile haben können und für die meisten Menschen völlig undurchsichtig funktionieren, folgen sie immer der gleichen Logik. Sie sind daher kompliziert: Sie können in ihre Einzelteile zerlegt, analysiert und wieder zusammengebaut werden. Wenn alles richtig gemacht wurde, funktionieren sie anschließend wie zuvor. Das ist bei komplexen Systemen nicht der Fall: Werden diese in Einzelteile zerlegt, dann lässt sich ihre ursprüngliche Funktion nicht wiederherstellen, weil mit der Trennung Zusammenhänge irreversibel zerstört werden (vgl. [5]).

Lebewesen sind ein Beispiel dafür, auch wenn die Medizin heute viel zustande bringt. Der ursprüngliche Zustand kann aber nicht wiederhergestellt werden. Ganz generell gilt als Anhalt: Systeme sind kompliziert, wenn man für sie ein Handbuch verfassen kann und eine Anleitung replizierbar ist. Komplexe Systeme sind hingegen Black-Boxes, deren genauen Abläufe nicht vollständig verstanden werden oder nicht replizierbar sind. Dabei treten auch Mischformen auf, was wiederum zu einer Fehleinschätzung führen kann. Software kann einem komplizierten Ablauf folgen, jedoch durch eine nicht vorgesehene oder vorhergesehene Benutzerinteraktion zu einem völlig unerwarteten Ergebnis führen. Genau das schafft auch beim Einsatz von künstlicher Intelligenz enorme Herausforderungen, wenn es sich nicht nur mehr um ein einfaches maschinelles Lernen handelt, da die Ergebnisse nicht mehr rückführbar sind, was auch als Emergenz bezeichnet wird.

Die Kombination von unterschiedlichen Dingen kann in völlig neuen Möglichkeiten resultieren. Dies kann auch zu neuen Verwundbarkeiten führen, die etwa bei Cyberangriffen ausgenutzt werden. Man kann grundsätzlich nicht von den Einzeleigenschaften auf die Eigenschaften des Neuen schließen und auch nicht umgekehrt. So sind etwa Sauerstoff und Wasserstoff brennbare Gase. In der Kombination H_2O oder Wasser tritt aber eine genau gegenteilige Wirkung auf. Daher ist auch bei der steigenden Vernetzung oder dem Einsatz von künstlicher Intelligenz mit nicht vorhersehbaren Wirkungen und Ergebnissen zu rechnen. Im positiven Fall ergeben sich neue Produkte oder Lösungen, wie das etwa auch bei der Nanotechnologie zu beobachten ist. Neue Kleinststrukturen verändern die bisher bekannten Materialeigenschaften. Das kann zwar zu völlig neuen Anwendungen führen, im schlimmsten Fall aber auch ein neues Asbest entstehen lassen. Asbest galt so lange als Wundermittel, bis man auch die schädlichen Nebenwirkungen bemerkte. Da war es aber bereits zu spät. Noch heute müssen unter enormen Aufwänden Sanierungen durchgeführt werden. Ob das auch bei Nanopartikeln gelingen wird, darf bezweifelt werden. Daher ist heute eine frühzeitige Folgenabschätzung umso wichtiger. Gleichzeitig wird diese aber in immer stärker vernetzten Systemen immer schwieriger bis unmöglich.

Damit steigt auch die Ambivalenz, also Widersprüchlichkeit und Mehrdeutigkeit, mit der wir häufig schlecht umgehen können, da wir durch ein lineares, einfaches Ursache-Wirkungs-Denken geprägt sind. Das betrifft auch viele Ingenieure. Aber auch in anderen Bereichen fehlen Generalisten, die das gesamte System überblicken und vor allem Zusammenhänge aufspüren (vgl. [5]). Wir kennen das aus dem Alltag, wo viele Strukturen noch nach altbewährten Logiken organisiert sind: „Silodenken", Abteilungen, Institute, Disziplinen, etc. Diese Aufsplittung von Zusammenhängen schafft Doppelgleisigkeiten und zunehmend mehr Probleme auch in der Arbeitswelt. Umgekehrt können Unternehmen durch vernetztes Denken in Zusammenhängen produktiver und effektiver werden und innere Widerstände reduzieren. Dazu benötigt es jedoch einen neuen Denkrahmen, der jedoch kaum ausgebildet wird. Unser Bildungssystem ist noch auf die alte industrielle Arbeitswelt fokussiert und wird den Anforderungen der Netzwerkgesellschaft kaum noch gerecht (vgl. [6]).

In komplexen Systemen kommt es vielfach zu zeitverzögerten Wirkungen. Damit können völlig unerwartete Ergebnisse entstehen, wie das etwa beim Super-GAU in Tschernobyl passiert ist (vgl. [2]). Auch bei Kraftwerksstilllegungen tritt der Effekt gewöhnlich nicht sofort auf. Die Dinge kumulieren weitgehend unbemerkt, und scheinbar aus dem Nichts kommt es zu einem Phasenübergang, wo im schlimmsten Fall ein System zu kollabieren beginnt (vgl. [4, 7, 8]).

Die Coronapandemie oder der Krieg in der Ukraine haben zu schwerwiegenden Störungen in unserer zunehmend komplexer werdenden Welt und Wirtschaft geführt, deren Folgen noch lange nicht absehbar sind und die noch für heftige Turbulenzen sorgen werden (vgl. [9]). Die ersten Auswirkungen sind besonders in den globalen Lieferketten zu beobachten, wo immer mehr Peitscheneffekte, also Schwingungen, und damit Dysfunktionen zu beobachten sind.

Kleine Ursachen können zu enormen Auswirkungen führen, was auch als Schmetterlingseffekt bekannt ist. Ein Beispiel ist etwa die Coronapandemie, in der ein Virus binnen weniger Wochen die gesamte Welt auf den Kopf gestellt hat. Der Ausfall eines Steuerrechners in einer Nebenanlage eines großen Produktionsbetriebes führte zu einem Kaskadeneffekt, der in einem mehrtägigen Betriebsstillstand endete. Aus dem ursprünglichen Schaden in der Höhe von rund 2.000 EUR entstand ein Folgeschaden von 50 Millionen EUR. Dies ist kein Einzelfall. Auch kurze Stromausfälle führen in der Produktion immer häufiger zu zwei- bis dreistelligen Millionenschäden, weil man nicht darauf vorbereitet war, oder Dinge anders gelaufen sind als erwartet. Darüber wird selten offen gesprochen, da damit möglicherweise auch Versäumnisse eingestanden werden müssten. Diese potenziellen Schäden kumulieren damit im Verborgenen, weil andere nicht daraus lernen können. Bei einem großflächigen Stromausfall (Blackout) (vgl. Kapitel 34, Saurugg Blackout) ist daher mit einem Flächenbrand zu rechnen, das heißt, mit vielen schweren und gleichzeitigen Schäden, was zu massiven Schwierigkeiten beim Wiederanlauf der Systeme führen dürfte. Diese Folgewirkungen werden häufig bei der Blackout-Betrachtung unterschätzt. Ein sogenanntes Sicherheits- oder Verletzlichkeitsparadox: Je sicherer etwas scheint, desto verwundbarer ist es gegenüber großen Störungen, da mit der Zeit auch die erforderlichen Handlungskompetenzen zur Bewältigung von Störungen abnehmen. Ein berühmtes Beispiel ist die RMS Titanic (Titanic-Phänomen). Demnach soll der Kapitän Edward John Smith von der Jungfernfahrt noch gesagt haben: „Ich kann mir keine Situation vorstellen, die dieses Schiff zum Sinken bringen könnte. Ich halte es für unmöglich, dass dieses Schiff ernsthaft beschädigt werden könnte. Dazu ist der moderne Schiffsbau schon zu weit fortgeschritten.“[3]

Andere Erfahrungen machten etwa Förster in amerikanischen Nationalparks. Eine Zeitlang wurde jedes kleine Feuer sofort gelöscht und verhindert. Das führte dazu, dass sich immer mehr totes (brennbares) Material anhäufte. Kam es nun zu einem Brand, weitete sich dieser rasch zu einem nicht mehr beherrschbaren Großbrand aus. Kleine Bereinigungen stärken daher Systeme und mindern die Fragilität. Wird das verhindert, zögert sich nur der Zeitpunkt des Eintritts hinaus und die potenziellen Auswirkungen kumulieren. Diese Beobachtungen können nicht nur in der Natur getätigt werden (vgl. [10]).

Auswirkungen von Entscheidungen sind häufig irreversibel. Ein abgeschaltetes und rückgebautes Kraftwerk ist für immer verloren. Eingemottete Kraftwerke können nur mit großem Aufwand erhalten und wieder reaktiviert werden. Das betrifft genauso viele Digitalisierungsmaßnahmen. Wurde einmal eine Systementscheidung getroffen, ist es kaum mehr mit vertretbarem Aufwand möglich, diese zu ändern oder rückgängig zu machen. Das betrifft etwa Produktanbieter. Daher sollte bei Beschaffungen grundsätzlich auf eine gewisse Offenheit (Interoperabilität) gegenüber anderen Lösungen geachtet werden, um sich nicht in eine einseitige Abhängigkeit zu begeben. Bestehende Alt- oder Legacy-Systeme oder gewachsene Strukturen verhindern oftmals einen Umstieg oder eine Weiterentwicklung.

Durch die Vernetzungen und den damit möglichen Rückkoppelungen kommt es auch zu exponentiellen Entwicklungen, die die Dynamik weiter antreiben. Durch die Coronapandemie sind wir etwas mehr mit exponentiellen Entwicklungen vertraut geworden. Die wirkliche Dimension wird aber nach wie vor unterschätzt. Zur Untermauerung dient folgende Legende: Der Erfinder des Schachspiels hatte einen Wunsch frei. Er wünschte sich von seinem König folgende vordergründig sehr bescheidene Belohnung: Für das erste Feld des Schachbrettes ein Korn, für das zweite zwei Körner, für das dritte vier Körner und bei jedem weiteren Feld doppelt so viele wie auf dem vorherigen Feld. Dieser Wunsch war jedoch nicht erfüllbar. 264 entspricht etwa 18 Trillionen Weizenkörnern, oder rund 100 Milliarden Lkw-Ladungen Getreide, was mit sämtlichen Welternten seit Beginn des Getreideanbaus nicht abdeckbar wäre.[4] Die Legende bringt anschaulich die Begrenztheit unseres linearen Denkens zum Ausdruck.

Eine wesentliche Rolle spielen positive und negative Rückkoppelungen. Positive Rückkoppelungen wirken selbstverstärkend (mehr führt zu mehr). Sie sind zwar

---

3 Übersetzungsrisiken: Ein Fall für die Portokasse? https://docplayer.org/78716262-Uebersetzungsrisiken-ein-fall-fuer-die-portokasse.html. Zugriff am 13.03.2022.

4 Vgl. Schachbrett und Reiskörner. http://www-hm.ma.tum.de/ws1213/lba1/erg/erg07.pdf. Zugriff am 13.03.2022.

für einen Start oder für ein Abbremsen wichtig, jedoch auf Dauer schädlich. Negative Rückkoppelungen wirken hingegen stabilisierend (mehr führt zu weniger). Beide Arten sind für die Selbststeuerung von Systemen (Regelung) unverzichtbar (vgl. [3, 9]). Bei der Digitalisierung führen etwa positive Rückkopplungen zu Netzwerkeffekten: "The winner takes it all."[5] Das bedeutet, dass erfolgreiche Lösungen/Unternehmen immer größer und mächtiger werden und andere kaum mehr eine Chance haben. Es sei denn, es gibt eine disruptive neue Lösung, die das Alte ablöst.

Durch den Netzwerkeffekt, auch als Matthäus-Effekt[6] bezeichnet, wird eine in Ökosystemen unverzichtbare Diversität verhindert. Es entstehen Monokulturen, die wiederum störungsanfälliger werden. Unser Wirtschaftssystem bzw. das verfolgte Wachstumsparadigma führt dazu, dass in vielen Bereichen nur sehr kurzfristig und auch kurzsichtig geplant und gehandelt wird. Besonders nachteilig wirken sich dabei Kennzahlen und Boni für kurzfristige Erfolge aus. Diese verleiten dazu, den Betrachtungshorizont massiv einzuschränken und so viel wie möglich mess- und standardisierbar zu machen. Dabei werden systemische Aspekte gerne übersehen oder vernachlässigt, da sich diese häufig nicht in Zahlen fassen lassen (vgl. [11]). Auch in der Politik neigt man zu Aktionismus. Statt Probleme bei den Wurzeln anzupacken, werden gerne Symptome behandelt. Derartige Vorgehensweisen scheinen kurzfristig erfolgversprechend, da sie meist schnell anzuwenden sind, verschlimmern aber das eigentliche Problem langfristig, während fundamentale Lösungen kurzfristig oft Nachteile bringen und sich erst langfristig als vorteilhaft herausstellen, was als quick and dirty-Lösungen" bezeichnet wird (vgl. [1]).

Menschliches Handeln wird immer von evolutionär geprägten Mustern geleitet: Wir neigen etwa dazu, lieber kurzfristige Erfolge als einen langfristigen Mehrwert in Kauf zu nehmen. In der Psychologie wird dafür der Begriff Belohnungsaufschub verwendet. Dabei wird auf eine unmittelbare (anstrengungslose) Belohnung zu Gunsten einer größeren Belohnung in der Zukunft verzichtet, die allerdings entweder erst durch Warten oder durch vorherige Anstrengung erlangt werden kann. Leider ist dieses Phänomen in vielen Bereichen zu beobachten, etwa auch bei politischen Entscheidungsträgern. Was evolutionär sinnvoll war, stellt heute häufig einen langfristigen Nachteil dar.

Ganz zentral ist auch, dass der Kollaps von komplexen Systemen kein Fehler, sondern ein Systemdesignmerkmal ist (vgl. [7]). Die Natur nutzt dieses Merkmal zur Weiterentwicklung (Evolution). In der Wirtschaftstheorie wird dies als schöpferische Zerstörung bezeichnet [12]. Neues kann sich häufig erst dann entfalten, wenn das Alte

---

5 Vgl. The Winner takes it all: Marktkonzentration bei digitalen Plattformen. https://blog.iao.fraunhofer.de/the-winner-takes-it-all-marktkonzentration-bei-digitalen-plattformen. Zugriff am 13.03.2022.

6 „Denn wer da hat, dem wird gegeben, dass er die Fülle habe; wer aber nicht hat, dem wird auch das genommen, was er hat."

zerstört worden ist. Eine Vorgangsweise, die bei unserer wichtigsten Lebensader, der Stromversorgung, eine unverantwortliche Vorgangsweise wäre. Werden jedoch die aktuellen Entwicklungen im europäischen Verbundsystem betrachtet (vgl. Kapitel 34, Saurugg Blackout), könnte leicht der Schluss gezogen werden, dass genau das passiert.

Die steigende Vernetzung begünstigt systemische Risiken, mit denen wir bisher kaum umgehen können.

24.1.2 Systemische Risiken

Systemische Risiken weisen wesentliche Erkennungsmerkmale auf (vgl. [13]):
- Es bestehen ein hoher Vernetzungsgrad und viele Abhängigkeiten und Wechselwirkungen (Interdependenzen) zu anderen Systemen.
- Störungen können sich fast ungehindert im System und über (System-)Grenzen hinweg ausbreiten (grenzüberschreitende Auswirkungen).
- Durch Rückkoppelungen kommt es zu zufälligen und nicht linearen Ursache-Wirkungsketten und kleine Ursachen können große Wirkung erzeugen (Schmetterlingseffekt, stochastische Ursache-Wirkungsketten, Kipppunkte).
- Die Auslöser und Auswirkungen werden systematisch unterschätzt.

Damit widersprechen systemische Risiken häufig dem intuitiven Verständnis von plausiblen Handlungszusammenhängen. Besonders drastisch ist das bei der fortschreitenden Klimakrise zu beobachten, wo das Problem seit zumindest 50 Jahren bekannt ist (vgl. [14]). Auch die Finanzkrise 2007 lässt sich auf ein systemisches Versagen zurückführen (vgl. [13, 15]). Daher besteht bei systemischen Risiken generell ein Sicherheits- bzw. Verletzlichkeitsparadox.

Systemische Risiken führen zu *High Impact Low Probability* (HILP)-Ereignissen, die auch als schwarze Schwäne (vgl. [15, 16]), Extremereignisse (X-Events) (vgl. [17, 18]) oder strategische Schocks bezeichnet werden. Hier scheitern unsere bisher erfolgreichen Risikobewertungsmethoden, da sich diese auf vergangene Ereignisse (Evidenz) fokussieren. Daher werden hier neue Denkansätze und Herangehensweisen benötigt (vgl. [10, 19], [20, 2. Aufl]).

24.1.3 Falsche Methoden

Die bisherigen Sicherheits- und Risikobetrachtungen fokussieren sich auf bekannte und bereits erlebte Szenarien und Hypothesen. Dazu passende Wahrscheinlichkeits- und Restrisikoberechnungen tendieren dazu, seltene, aber mit extremen Auswirkungen behaftete Ereignisse auszublenden und zu vernachlässigen. Die potenziellen Wechselwirkungen werden meistens unterschätzt.

Besonders brisant sind die Entwicklungen im Bereich der kritischen Infrastruktur (KRITIS), von der unser Gemeinwesen völlig abhängig ist. Durch immer aufwendigere und undurchsichtigere technische Lösungen und durch die steigende Vernetzung schaffen wir immer größere Verwundbarkeiten, ohne uns dessen bewusst zu sein. Dabei suggerieren einfache Oberflächen oder eine einfache Netzwerkverbindung Einfachheit.

Ein weiterer Fallstrick ist, dass in den letzten Jahrzehnten in unserer mitteleuropäischen Gesellschaft sehr stabile und konstante Verhältnisse erlebt werden durften. Daher fehlt ein Bewusstsein, dass die gesamte Menschheitsgeschichte und auch heute noch der Großteil der Welt von Variabilität und zyklischen Entwicklungen gekennzeichnet war und ist. Wir haben in den vergangenen Jahren fast überall wichtige Auffangnetze reduziert, was uns gegenüber größeren Störungen anfälliger macht.

Ob dies den Finanzsektor, die Energie- und Rohstoffversorgung, das europäische Stromversorgungssystem, eine Pandemie oder auch die möglichen Auswirkungen der Klimakrise betrifft, es gibt eine Vielzahl an potenziellen Ereignissen, die unsere Gesellschaft verwundbar machen. Dabei sind in Anbetracht der möglichen Konsequenzen und der gesellschaftsverändernden Auswirkungen Wahrscheinlichkeiten irrelevant (vgl. [21]).

Die Konsequenzen sind umso schwerwiegender, je seltener ein Ereignis eintritt, und desto schwieriger ist eine analytische Einschätzung. Entscheidend ist nicht, dass jemand ein Ereignis vorhergesagt hat, sondern dass diese Vorhersage mit Konsequenzen verbunden war. Daher ist es notwendig, dass Systeme und ihre Fragilität analysiert werden und nicht Einzelereignisse oder einzelne Elemente eines Systems (vgl. [10]). Diese Vorgangsweise ist noch weitgehend unüblich.

24.1.3.1 Truthahn-Illusion

Nicht unerheblich ist dabei die häufig feststellbare Truthahn-Illusion: Ein Truthahn, der Tag für Tag von seinem Besitzer gefüttert wird, hat nicht die geringste Ahnung, was am Tag X passieren wird. Er muss aufgrund seiner positiven Erfahrungen annehmen, dass die Wahrscheinlichkeit, dass etwas gravierend Negatives passiert, von Tag zu Tag kleiner wird. Am Tag vor Thanksgiving wird jedoch ein entscheidender Wendepunkt eintreten, mit entsprechend fatalen Folgen für den Truthahn. Die Truthahn-Illusion steht zudem für die Überzeugung, dass sich jedes Risiko berechnen lässt, obwohl dies nicht möglich ist (vgl. [10, 5. Aufl.]).

Gerne wird das Nichtvorhandensein von Beweisen mit einem Beweis für ein Nichtvorhandensein verwechselt, wie auch vordergründig stabile Systeme meist fragiler sind als Systeme, in denen häufiger Störungen auftreten. Darüber hinaus wird übersehen, dass der sogenannte schlimmste Fall zu der Zeit, da er sich ereignete, schlimmer war als der damals geltende schlimmste Fall (vgl. [10]).

24.1.3.2 Betriebswirtschaftliche Optimierung und Effizienzsteigerung

Während viele Probleme in der Cyber- und IT-Sicherheit ungelöst sind oder durch ständig neue überholt werden, schreitet die technische Vernetzung unaufhaltsam voran. Wesentliche Treiber sind dabei betriebswirtschaftliche Überlegungen und der Druck zur Effizienzsteigerung. Dabei wird leicht übersehen, dass ein Widerspruch zwischen Effizienzsteigerung und Systemsicherheit besteht. Betriebswirtschaftliche Optimierungen und Effizienzsteigerungen sind durchaus sinnvoll solange sie nicht zum Selbstzweck oder zu einer reinen Renditenbeschaffung werden.

In vielen Bereichen sind wir jedoch bereits dort angelangt: Immer häufiger werden für die Systemsicherheit wichtige Redundanzen und Reserven eingespart, da diese betriebswirtschaftlich totes Kapital darstellen. Auch beim Fachpersonal wird der Sparstift angesetzt. Immer weniger Arbeiter haben immer mehr zu tun. Die Fehleranfälligkeit und damit die Verwundbarkeit steigen in Systemen die auf Dauer mehr als 80 % ausgelastet werden (vgl. [11]). Werden die negativen Folgen sichtbar, ist es meist bereits zu spät. Irreversible oder kostenintensive Schäden sind die Folge.

24.1.3.3 Kritische Infrastruktur und strategische Schocks

Diese Entwicklungen können fast überall beobachtet werden, so auch im Bereich der kritischen Infrastrukturen, die für unser gesellschaftliches Zusammenleben überlebenswichtig sind und daher auch als lebenswichtige Infrastrukturen bezeichnet werden sollten. Gleichzeitig führt die zunehmende Vernetzung, Stichworte wie etwa Digitalisierung, Smart Metering, Smart Grid, Industrie 4.0 oder Internet of Things dazu, dass immer mehr bisher getrennte Domänen miteinander verbunden und damit wechselseitig abhängig gemacht werden.

Ohne Strom- und Telekommunikationsinfrastruktur geht heute so gut wie gar nichts mehr, oft nicht einmal die Wasserversorgung. Eine europäische Großstörung im Stromversorgungssystem (Blackout) würde innerhalb weniger Tage zu einem gesellschaftlichen Kollaps führen, wie etwa eine Studie des Deutschen Bundestages erkannt hat (vgl. [22] und Kapitel 34).

Wir sind gesellschaftlich vollkommen verwundbar, ohne dass uns das bewusst ist. Notwendige Notfall- und Krisenpläne sind kaum vorhanden. Störungen werden weitgehend ausgeschlossen oder gelten in vielen Bereichen als unvorstellbar. Das galt auch für eine Pandemie oder einen Krieg in Europa.

24.1.4 Sicherheitslösungen

Den steigenden Herausforderungen durch die zunehmende IT-Vernetzung im Infrastrukturbereich möchte man mit entsprechenden Sicherheitslösungen begegnen. Die Frage, warum Lösungen, die bisher im IT-Umfeld nur bedingt erfolgreich waren, im

Bereich der kritischen Infrastruktur mit „more or less the same" besser funktionieren sollten, bleibt häufig unbeantwortet.

Hinzu kommt, dass im Bereich der Steuerung und Automatisation von Infrastrukturen völlig andere Lebenszyklen als in der klassischen IT-Welt zu beobachten sind. Diese sind deutlich länger. Die Infrastruktur müsste daher zukünftig permanent erneuert werden, was zusätzliche Verwundbarkeiten schafft (vgl. [23]). Infrastruktursysteme können nicht einfach nach einem Update neugestartet werden. Sie müssen oft über Jahre ununterbrochen funktionieren und verfügbar sein. Hier prallen gänzlich unterschiedliche Welten und Philosophien aufeinander. Denn es geht nicht nur um die IT-Infrastruktur oder Software, sondern um dic dahinterliegenden Systeme, die damit gesteuert werden.

Eine Warnung sollten auch die zahlreichen erfolgreichen Angriffe gegen die Sicherheitsindustrie sein. Menschen und vor allem Kriminelle sind sehr kreativ: Wenn sich abzeichnet, dass sich der Aufwand lohnen könnte, werden entsprechend hohe Ressourcenaufwände eingesetzt. Heutige Angreifer verfügen über eine sehr professionelle Unternehmensstruktur und Infrastruktur, um dies sehr professionell anzugehen. Unzählige Beispiele zeugen davon.

Das Bewusstsein um die Bedrohungen aus dem Cyberbereich ist in den letzten Jahren durch immer umfangreichere und schlimmere Angriffe deutlich gestiegen. Dennoch stellen diese nur einen Teil der tatsächlichen Bedrohungen für unsere Infrastrukturen dar. Störungen können in vernetzten Systemen durch viele Ereignisse ausgelöst werden. Softwarefehler, Naturereignisse, menschliches Versagen, aber auch exotisch anmutende Ereignisse wie Sonnenstürme können zu weitreichenden Folgen führen. Es geht daher längst nicht nur um Angriffe, wie meist vordergründig diskutiert wird.

Wir sind als Gesellschaft durch die Abhängigkeiten von der kritischen Infrastruktur massiv verwundbar. Das war auch bisher so. Neu ist, dass die Reichweite von Störungen und die Geschwindigkeit der Ausbreitung in vernetzten Systemen exponentiell zugenommen haben. Dies konnte erstmals 2007 durch die geplatzte amerikanische Immobilienblase beobachtet werden. Kaum jemand hatte die darauffolgenden globalen Schockwellen im Finanz- und Wirtschaftssystem vorhergesehen, geschweige für möglich gehalten (vgl. [13]). Haben wir ausreichend dazugelernt? Wohl eher nicht. Es wäre daher blauäugig, diese Tatsachen beiseitezuschieben. Denn die meisten Unternehmen und insbesondere unsere Logistikketten hängen ganz wesentlich von der Verfügbarkeit dieser Infrastrukturen ab. Und somit die gesamte Gesellschaft (vgl. Kapitel 34, Saurugg Blackout).

24.1.5 Systemdesign

In der Natur ist alles Lebendige ein komplexes System mit einer sehr langen Entwicklungs- und Erfolgsgeschichte. Grund genug, um von ihr zu lernen. In wenigen Worten lässt sich ein lebensfähiges Systemdesign und eine evolutionäre Weiterentwicklung an folgenden Eckpunkten festmachen:

- Reduktion des Energie- und Ressourcenbedarfs sowie Einfachheit, um die Abhängigkeiten zu senken.
- Dezentrale Steuerung bzw. Regelung, also keine verwundbare zentrale Steuerung.
- Erhöhung der Fehlerfreundlichkeit und Fehlertoleranz sowie Diversität, um besser mit sich verändernden Rahmenbedingungen umgehen zu können.

Die Natur verhindert nicht die Interaktion zwischen den Wesen. Eine zelluläre Struktur begrenzt jedoch die Reichweite und sichert und verbessert die Überlebensfähigkeit bei Störungen. Dieses Modell sollte auch bei unseren technischen und sozialen Strukturen wieder stärker in den Fokus rücken (vgl. Kapitel 34, Saurugg Blackout – Energiezellensystem).

Damit können Abhängigkeiten deutlich reduziert und die Widerstandsfähigkeit und die erforderliche Anpassung (Resilienz) von Systemen deutlich erhöht werden. Kein Fehler darf sich auf das gesamte System negativ auswirken können.

Zellulare Strukturen und Regelkreise, wie sie etwa bereits in der Automatisierungstechnik zum Einsatz kommen, sind gefragt. Viele derzeitige Konzepte, wie die massive Erhöhung der zentralisierten Vernetzung (Stichwort: Smart ...), widersprechen diesem Ansatz und führen zu einer unkalkulierbaren Verwundbarkeit.

24.1.5.1 Risiko und Sicherheit versus Robustheit und Resilienz

Daher ist es erforderlich, neue Blickwinkel auf das Thema Sicherheit zu werfen. Während unsere bisherigen Sicherheits- und Risikobetrachtungen zur Vorsicht mahnen, fordert der Robustheitsansatz zur Stärke auf. Um die Zuverlässigkeit eines Systems beurteilen zu können, ist eine Risikobeurteilung nur bedingt hilfreich, da diese auf definierte und bekannte Einzelszenarien basiert oder Risiken in Einzelteile zerlegt und analysiert (kompliziert). Systemische Risiken und wechselseitige Abhängigkeiten (Interdependenzen) werden dabei häufig vernachlässigt. Die Feststellung, ob ein System grundsätzlich fragil oder robust ist, lässt jedoch auf eine generelle Widerstandsfähigkeit gegenüber Störungen jeglicher Art schließen. Denn während Risiken und Sicherheit hypothetisch sind, sind die Fragilität und Robustheit eines Systems messbar.

Mit der Komplexität steigt auch die Variabilität des Systemverhaltens. Daher ist es notwendig, dass ein System, aber auch die Gesellschaft selbst, mit möglichst vielen unbekannten Situationen und Störungen umgehen kann. Das erfordert komplementäre Denkansätze, denn Resilienz bedeutet nicht nur Widerstandsfähigkeit, sondern auch Anpassungs- und Lernfähigkeit, um rechtzeitig aus Störungen zu lernen, im besten Fall sogar vor einem möglichen Schaden. Leider herrscht aber noch häufig das evolutionäre Muster Lernen aus Schaden vor, was in unserer heutigen hochvernetzten und wechselseitig abhängigen Welt keine taugliche Methode mehr ist. Ganz im Gegenteil.

Resilienz erfordert die Fähigkeit, Altbewährtes loslassen zu können, wenn sich die Rahmenbedingungen geändert haben, um wieder frei Ressourcen für Neues zu schaffen.[7] Wir neigen jedoch zum Gegenteil: Immer mehr Auflagen und Absicherung, was absehbar schief geht. Das ist etwa bei der steigenden Vorschriftenflut zu beobachten. Es bleiben kaum mehr Ressourcen für die eigentliche Arbeit oder Handlungsspielräume, um Neues ausprobieren zu können. Daher erfolgt häufig ein Kollaps, wenn sich ein System nicht von innen heraus erneuern kann (vgl. [17]).

24.2 Zusammenfassung

Mit der steigenden Vernetzung und Digitalisierung entstehen immer größere komplexe Systeme und systemische Risiken mit oft wenig beachteten Nebenwirkungen. Wir laufen daher mit unserem bisher erfolgreichen linearen Denken Gefahr, durch die Nebenwirkungen der Komplexität überrascht zu werden und falsch zu reagieren.

Besonders kritisch ist die zunehmende Komplexitätslücke zwischen den Wunschvorstellungen aus der Politik und dem Markt auf der einen Seite und der physikalischen technischen Realität auf der anderen Seite zu betrachten. Werden derartige Komplexitätslücken nicht bewusst reduziert, kommt es zum Systemkollaps (vgl. [17]). Eine derartige Tendenz ist derzeit klar zu beobachten (vgl. Kapitel 34 – Saurugg Blackout).

Während der Markt nach immer größeren Einheiten und überregionalem Austausch und Handel strebt, ist die Energiepolitik per Definition eine nationale Angelegenheit, wo viele Länder unterschiedliche Ansätze verfolgen. Ein System ist jedoch mehr als die Summe der Einzelteile, was leider häufig übersehen wird. Hinzu kommt, dass in Krisenzeiten wie wir sie gerade erleben, die Politik dazu neigt, einen gefährlichen und oft nur kurzsichtigen Aktionismus zu betreiben (quick and dirty-Lösungen). Mangels Vorbereitung und Vorsorge fehlen häufig auch noch die Neben- und Langfristfolgenabschätzungen. Eine gefährliche Kombination.

Wie sich in der Coronakrise gezeigt hat, stellt sich in übergreifenden und gesellschaftsbedrohenden Krisen rasch ein reduzierter nationaler Fokus ein und die Solidarität beginnt zu bröckeln. Umso wichtiger wäre es daher, wieder entsprechende Rückfallebenen zu schaffen, um zumindest eine rudimentäre nationale (Not-)Versorgung auch während größerer Krisen sicherstellen zu können. Das betrifft sowohl die Lebensmittelversorgung als auch etwa die Energieversorgung, was wiederum dezentrale funktionale Einheiten (Energiezellen) erfordern würde (vgl. Kapitel 34, Saurugg Blackout – Energiezellensystem).

7 Vgl. „Weniger ist mehr“ fällt schwer. https://science.orf.at/stories/3205880. Zugriff am 13.03.2022.

Wie schlecht wir hier vorbereitet sind, hat uns nicht nur die Coronakrise gezeigt, sondern zeigen auch die aktuellen hektischen Bemühungen, Krisenpläne für eine mögliche Gasmangellage oder Lebensmittelkrise zu erstellen. Viel zu spät.

Das Wissen um die potenziellen Schattenseiten ermöglicht daher eine rechtzeitige Anpassung und Weiterentwicklung im Umgang mit diesen Phänomenen. Werden diese ignoriert, drohen schwer Schäden. Es ist daher an der Zeit, durchaus vorhandene Überlegungen und Pläne in die Tat umzusetzen oder alte Konzepte zu reaktivieren und an die neuen Rahmenbedingungen anzupassen,[8] um als Gesellschaft möglichst rasch krisenfit zu werden.

Literaturverzeichnis

Als Basis für diese umfassende systemische Betrachtung standen zahlreiche Autoren Pate: https://www.saurugg.net/ueber-mich/literaturliste.

[1] Ossimitz, G. und Lapp, C. (2006). Systeme: Denken und Handeln; Das Metanoia-Prinzip: Eine Einführung in systemisches Denken und Handeln. Berlin: Franzbecker.

[2] Dörner, D. (2011). Die Logik des Misslingens: Strategisches Denken in komplexen Situationen. Reinbeck bei Hamburg: Rowohlt Verlag.

[3] Vester, F. (2011). Die Kunst vernetzt zu denken: Ideen und Werkzeuge für einen neuen Umgang mit Komplexität. Ein Bericht an den Club of Rome. München: Deutscher Taschenbuch Verlag.

[4] Thurner, S. (2020). Die Zerbrechlichkeit der Welt: Kollaps oder Wende. Wir haben es in der Hand. edition a GmbH (E-Book).

[5] Lotter, W. (2020). Zusammenhänge: Wie wir lernen, die Welt wieder zu verstehen. Edition Körber (E-Book).

[6] Saurugg, H. (2012). Die Netzwerkgesellschaft und Krisenmanagement 2.0: Durch aktive Systemgestaltung zu einer nachhaltigen Zukunft. Wien: Masterarbeit.

[7] ITA (Institut für Technikfolgen-Abschätzung der Österreichischen Akademie der Wissenschaften) (2017). Digitaler Stillstand: Die Verletzlichkeit der digital vernetzten Gesellschaft – Kritische Infrastrukturen und Systemperspektiven. ITA (Wien). ISSN: 1819-1320.

[8] Servigne, P., Stevens, R. und Brown, A. (2020). How Everything Can Collapse. A Manual for our Times. Polity Press (Cambridge E-Book).

[9] Meadows, D. H. (2010). Die Grenzen des Denkens – Wie wir sie mit System erkennen und überwinden können. München: oekom verlag.

[10] Taleb, N. N. (2013). Antifragilität: Anleitung für eine Welt, die wir nicht verstehen. München: Albrecht Knaus Verlag.

[11] Dueck, G. (2015). Schwarmdumm: So blöd sind wir nur gemeinsam. Frankfurt am Main: Campus Verlag.

[12] Schumpeter, J. A. (1912). Theorie der wirtschaftlichen Entwicklung. Berlin: Duncker & Humblot.

[13] Renn, O. (2014). Das Risikoparadox: Warum wir uns vor dem Falschen fürchten. Frankfurt am Main: Fischer Verlag.

---

8 Vgl. etwa Bundeskanzleramt. 1985. Landesverteidigungsplan. Österreichische Staatsdruckerei (Wien).

[14] Meadows, D. (1973). Die Grenzen des Wachstums: Bericht des Club of Rome zur Lage der Menschheit. Hamburg: Rowohlt Taschenbuch Verlag.
[15] Taleb, N. N. (2012). Der Schwarze Schwan: Konsequenzen aus der Krise. München: Deutscher Taschenbuch Verlag.
[16] Taleb, N. N. (2013). Der Schwarze Schwan: Die Macht höchst unwahrscheinlicher Ereignisse. München: Deutscher Taschenbuch Verlag.
[17] Casti, J. (2012). Der plötzliche Kollaps von allem: Wie extreme Ereignisse unsere Zukunft zerstören können. München: Piper Verlag GmbH.
[18] Casti, J., Jones, R. D. und Pennock, M. J. (2017). Confronting Complexity – X-Events, Resilience, and Human Progress. The X-Press.
[19] Erben, R. und Romeike, F. (2016). Allein auf stürmischer See: Risikomanagement für Einsteiger. Leipzig: Wiley.
[20] Weick, K. E. und Sutcliffe, K. M. (2010). Das Unerwartete managen: Wie Unternehmen aus Extremsituationen lernen (Systemisches Management). Stuttgart: Schäffer-Poeschel.
[21] Mukerji, N. und Mannino, A. (2020). COVID-19: Was in der Krise zählt. Über Philosophie in Echtzeit. Ditzingen: Reclam.
[22] Petermann, T., Bradke, H., Lüllmann, A., Poetzsch, M. und Riehm, U. (2010). Gefährdung und Verletzbarkeit moderner Gesellschaften – am Beispiel eines großräumigen und langandauernden Ausfalls der Stromversorgung. Berlin: Bundestag.
[23] Grüter, T. (2013). Offline!: Das unvermeidliche Ende des Internets und der Untergang der Informationsgesellschaft. Heidelberg: Springer.

Kurzvita

Herbert Saurugg, MSc, ist internationaler Blackout- und Krisenvorsorgeexperte, Präsident der Österreichischen Gesellschaft für Krisenvorsorge (GfKV), Autor zahlreicher Fachpublikationen, Keynote-Speaker sowie Interviewpartner zum Thema Blackout. Der ehemalige Berufsoffizier des Österreichischen Bundesheeres beschäftigt sich seit über zehn Jahren mit der zunehmenden Komplexität und Fragilität lebenswichtiger Infrastrukturen sowie mit Lösungsansätzen, wie die Versorgung mit lebenswichtigen Gütern und Dienstleistungen wieder robuster und die Gesellschaft resilienter gestaltet werden können. Er betreibt dazu einen umfangreichen Fachblog unter www.saurugg.net und unterstützt Gemeinden, Unternehmen und Organisationen bei einer ganzheitlichen Blackout-Vorsorge.

Monika Freunek

25 Künstliche Intelligenz und Dateneffizienz

Grundlagen, Möglichkeiten und Grenzen

Zusammenfassung: Künstliche Intelligenz (KI) ist überall. Sie inspiriert zu neuen Ansätzen, trägt als wichtiger technologischer Baustein zur Energiewende bei und ist – oft unbemerkt – bereits Teil zahlreicher Anwendungen und Geschäftsumgebungen. Dabei sind der Begriff der KI sowie auch die Möglichkeiten und Grenzen der Technologie nicht immer scharf definiert. Gleichzeitig sind die Implikationen von KI-Anwendungen teilweise massiv.

Dieses Kapitel stellt die Geschichte und Grundlagen der KI vor und vertieft die Thematik aus Sicht der Energiebranche. Die wichtigsten technischen Begriffe und Methoden, ihre Möglichkeiten und ihre Grenzen werden vorgestellt. Oftmals unterschätzt wird der Anteil von Statistik und methodischer Datenerhebung. Diese Aspekte sowie die wichtigsten Modelle und Begriffe des in der KI eingesetzten Maschinenlernens werden in Theorie und Praxis vorgestellt.

Aus Projektsicht sind KI-Projekte einzigartig und anspruchsvoll. Dies ist zum einen im nötigen Kompetenzmix zur Durchführung dieser Projekte bedingt, zum anderen in den Anforderungen an das projektbegleitende Umfeld. Dieser Aspekt ist gerade im Bereich der Energieversorgung als eine kritische und in hohem Grade regulierte Infrastruktur besonders ausgeprägt und wird in diesem Kapitel mit Beispielen behandelt. Vielfach wenig Beachtung findet die Tatsache, dass ein großer Teil eines KI-Projektes die Beschaffung und Vorbereitung der eingesetzten Daten umfasst. Das Vorgehen dabei und die Rolle der Daten in Menge und Qualität werden aus statistischer Sicht und mit Bezug auf Beispiele aus der Energiewelt behandelt.

Schlagwörter: Künstliche Intelligenz, Data Science, Dateneffizienz, Statistik, Theorie der Stichprobe, Informationssicherheit, Datenschutz, Maschinenlernen, machine learning, artificial intelligence

25.1 Einleitung

Wenig hat die Energiebranche und -forschung wie auch nahezu alle anderen Disziplinen und die Gesellschaft als solche in der jüngsten Zeit so inspiriert wie der Schritt der Künstlichen Intelligenz (KI) aus der Forschung in die Anwendung in größerem Stil. Maschinenlernen (ML), Data Science, AI (artificial intelligence) sind nahezu in jedem Gebiet unseres Alltags aktiv und begründen gemeinsam mit dem Internet der Dinge

Monika Freunek, Lighthouse Science Consulting and Technologies Inc., New Brunswick, Kanada, e-mail: monika.freunek@lighthouse-sct.com

https://doi.org/10.1515/9783110753585-025

(Englisch: Internet of Things, IoT) und einer nie dagewesen Menge und Verfügbarkeit von Daten eine neue Ära, deren Möglichkeiten wir gerade erst erfassen. Dieses Kapitel führt die grundlegenden Begriffe und Prinzipien der KI ein, zeigt die Möglichkeiten und Grenzen auf und gibt einen Ausblick, alles mit einem besonderen Fokus auf die Energiebranche.

25.1.1 Geschichte und Hintergrund der Künstlichen Intelligenz

Das Gebiet der Künstlichen Intelligenz (KI) ist eng verbunden mit der Frage über die Grenzen dessen, was Maschinen können, was sie von Menschen unterscheidet und ob diese Grenzen überwunden werden können – und sollen. Die ersten Überlegungen dieser Art reichen weit in die Ursprünge der Philosophie etwa in der altgriechischen Antike hinein. Ein bekanntestes Beispiel aus der Erkenntnistheorie ist das Höhlengleichnis von Platon, das unter anderem die eigene Wahrnehmung mit ihrem immer vorhandenen individuellen Kontext und die daraus resultierenden verschieden erlebten Realitäten behandelt. Obwohl dies zunächst fern von heutigen Fragen der KI scheint, sind Elemente davon bis heute Teil der Diskussion in Forschung und Gesellschaft, die in ihren Auswirkungen nicht zu unterschätzen sind. Wie etwa sind Gespräche zu bewerten, in denen ein Mensch mit einer Maschine interagiert, ohne diese als solche zu erkennen? Ist Kunst, die von KI geschaffen wurde, Kunst? Ab wann kann einer Maschine eigenständiges Denken zugeordnet werden?

Die philosophischen Diskussionen rund um Maschinen blieben mangels Umsetzbarkeit lange theoretisch. Etwa in der Mitte des letzten Jahrhunderts wurden dann ersten Computer praktisch umgesetzt, und Entdeckungen rund um die Funktionsweise der Neuronen des menschlichen Gehirns befeuerten bald die Idee einer künstlichen Intelligenz.

1956 gelang den US-amerikanischen Forschern Newell und Simon mit dem Logic Theorist die erste bekannte KI-Maschine, die mathematische Theoreme beweisen konnte (vgl. [1]). Obwohl die Forschung an künstlicher Intelligenz nun an Fahrt aufgenommen hatte, begrenzte die verfügbare Rechenkapazität in den nächsten Jahrzehnten faktisch die Geschwindigkeit der praktischen Umsetzung und Erforschung von KI. Gegen Ende des 20. Jahrhunderts ermöglichten schließlich Entwicklungen in der Programmiertechnik und besonders in der Verfügbarkeit von Rechenleistung erste große Labor-Demonstratoren wie den Schachcomputer Big Blue. Die weiter steigende Rechenleistung über die Folgezeit und die Einführung der Cloud-Technologie machten dann den Weg frei sowohl für eine globale massenhafte Erhebung von Daten als auch für fortgeschrittene KI-Anwendungen in Forschung und zunehmend Industrie.

Die Diskussion rund um eine maschinelle Intelligenz weitete sich mit diesen Fortschritten von einer vornehmlich philosophischen Sicht auf technische und gesellschaftliche Fragen aus. Als eine der grundlegenden Veröffentlichungen im Feld der KI gilt bis heute der Artikel „Computing Machinery and Intelligence“ des britischen Mathematikers und Computerforschers Alan Turing (vgl. [2]). Hier behandelte er die Möglichkeit einer künstlichen Intelligenz unter der Leitfrage „Können Maschinen denken?”. Viele der dort diskutierten Fragen ließen sich rein mathematisch über die geschätzte nötige Menge an Rechenoperationen zugunsten der Machbarkeit durch eine Maschine beantworten. Einige der weiteren grundlegenden Fragen aus der Veröffentlichung von Turing sind bis heute Teil der Forschung. So führte Turing etwa den Turing-Test einer künstlichen Intelligenz ein, bei dem ein Gesprächspartner nicht weiß, ob die Antworten seines Gegenübers von einem Menschen oder einer Maschine stammen. Dieser Test ist bis heute etwa in der Identifikation von sogenannten Sybils, also automatisierten Accounts in Social Media Netzwerken, eines der eingesetzten Instrumente.[1] Tatsächlich sind Anwendungen wie Sibyls ein etabliertes Standardwerkzeug im Cyberraum und bestehen oftmals den reinen Turing-Test. Gerade angesichts der hohen Zahlen sind automatisierte Erkennungen etwa in Social-Media-Anwendungen nötig. Durch den erreichten hohen Entwicklungsgrad der Socialbots umfasst deren Erkennung und somit die Erweiterung des Turing-Test tatsächlich ein eigenes, umfassendes Forschungsfeld mit verschiedenen, komplexen Strategien (vgl. [3]). Onlinetools wie das Bot-O-Meter zur Erkennung von Twitterbots der Indiana University in den USA stehen inzwischen Anwendern aller Art zur Verfügung (vgl. [4]).

Während gerade Einzelantworten in spezifischen Themengebieten von Socialbots oftmals noch wenig auffällig sind, stellt die generalisierte automatisierte Interaktion durch Bots nach wie vor eine Herausforderung dar. So sah sich der US-Konzern Microsoft 2016 gezwungen, den Twitter Bot Tay nach nur 16 h Einsatz zu deaktivieren und einige Einträge des Bots zu löschen (vgl. [5]). Der Bot sollte auf Basis der Interaktionen mit den Nutzern auf Basis selbstlernender KI personalisiert mit den Twitter-Nutzern kommunizieren, verstieß jedoch bald mit seinen zunehmend beleidigenden Texten gegen die Nutzerrichtlinien. Einige der fachlichen Hintergründe dieses Beispiels aus Sicht von KI-Projekten werden im weiteren Verlauf dieses Kapitels ausgeführt.

Neben dem Turing-Test behandelte Turing auch die Möglichkeit einer generalisierten und kreierenden Intelligenz. Hierzu ist ein Verständnis der verschiedenen Arten von KI nötig. Diese werden im folgenden Abschnitt vertieft eingeführt.

25.1.2 Definition der Künstlichen Intelligenz

Zentral in der KI ist das Verständnis der Unterteilung in starke und schwache KI (siehe Tabelle 25.1). Starke KI umfasst eine generalisierte Intelligenz, die der des Menschen mindestens gleichwertig ist. Ein mit einer solchen Intelligenz ausgestattetes System

1 Eine andere Bezeichnung ist Socialbot.

Tab. 25.1: Einteilung der KI in starke und schwache KI [6].

Starke KI	Schwache KI
Theoretische Disziplin	Praxisumsetzung
Generalisiert	Klar umrissene Anwendungsfälle
Fähigkeit zur Hypothesenbildung und -testung	Eingeschränkte Übertragungsmöglichkeiten
Der menschlichen Intelligenz mindestens gleichwertig	Vorgabe von Daten, Modellen und Algorithmen nötig

könnte eigenständig sehr verschiedene Problemstellungen für unterschiedliche Kontexte lösen und möglicherweise auch Kunst, Literatur, Erfindungen oder andere kreative Werke schaffen. Eine solche KI könnte selbständig in neuen Umgebungen neue Problemstellungen lösen und geeignete Methoden bewerten, auswählen oder entwickeln. Dieses Gebiet der KI ist bislang weitestgehend ein theoretisches Forschungsgebiet.

Heute im Einsatz befindet sich die schwache KI. Vereinfacht beschrieben beruht diese Art der KI stark auf statistischen und mathematischen Verfahren, mit deren Hilfe Datensätze nach Mustern durchsucht und zugeordnet werden. Praktisch bedeutet dies, dass Muster und Datensätze mit großem Fachverständnis sowohl der Daten als auch der eingesetzten statistischen Verfahren spezifisch auf jede Anwendung angepasst sein müssen.

Das etwaige Merkmal der Generalisierungsfähigkeit ist essenziell für ein realistisches Verständnis sowie die Planung und den Einsatz von KI-Anwendungen. Da bislang nur schwache KI im Einsatz ist, fokussiert sich dieses Kapitel auf diese Art der KI. Wo immer es im Kontext gegeben ist, etwa im Bereich der rechtlichen Haftung bei KI-Anwendungen oder ethischen Fragen, sind alle Arten der KI angesprochen.

25.2 KI im Einsatz – Rahmenbedingungen und Umfeld

KI-Projekte bestehen, wie in dem Venn-Diagramm[2] in Abbildung 25.1 dargestellt, aus drei grundlegenden Kernfeldern: anwendungsspezifisches Wissen, wissenschaftliches Können und Programmierkenntnisse. Aus diesem Grund wird häufig auch von Data Science, also Datenwissenschaften, gesprochen.

2 Der Begriff des Venn-Diagramms stammt aus der Mengenlehre und wird eingesetzt, um in der Mengenlehre und Wahrscheinlichkeitsrechnung Zusammenhänge zwischen Mengen oder Ereignissen zu illustrieren.

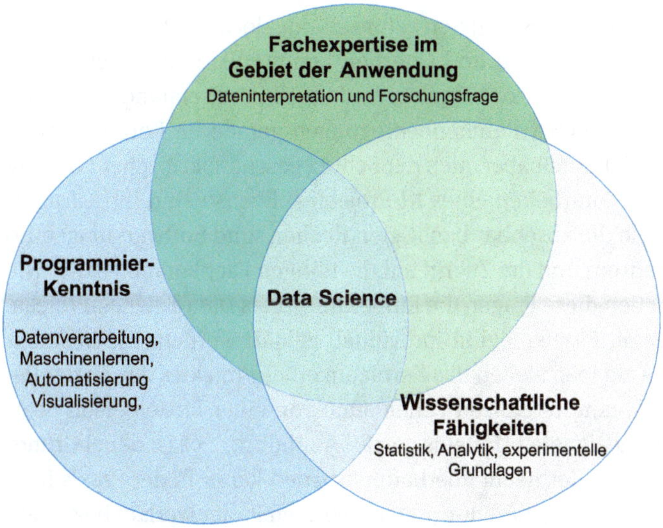

Abb. 25.1: Die Kernfähigkeiten von Data Science im Venn-Diagramm: Wissenschaft, anwendungsspezifisches Wissen und Programmierkenntnisse.

Diese besondere Natur von Data-Science-Projekten stellt sowohl ihr größtes Potenzial als auch ihre größte Hürde dar. Zum einen können durch effiziente und neuartige Programme in nie gekanntem Ausmaß Aufgaben automatisiert und Datenmengen bewältigt werden. Der Einsatz wissenschaftlicher Analysetechniken unter solchen Bedingungen ermöglicht neue Erkenntnisse und ein vertieftes Systemverständnis. Gerade weil es sich aktuell noch um einen Technologiesprung und damit häufig um Pionierprojekte handelte, sind die Erkenntnisgewinne teilweise massiv.

Auf der anderen Seite ist das Dreigespann aus dem Venn-Diagramm aus Abbildung 25.1 unvermeidbar miteinander verwoben. Das bedeutet, dass alle Kompetenzen für jedes Projekt ausreichend vorhanden sein müssen. So ist ein Verständnis der Eignung und Limitierung der eingesetzten Algorithmen innerhalb der jeweiligen Anwendung ebenso nötig wie ein fundiertes Verständnis der eingesetzten Daten in ihrem jeweiligen Fachkontext. In der Praxis bedeutet dies in der Regel, dass verschiedene Personen mit unterschiedlichen Ausprägungen innerhalb des Venn-Diagramms zusammenarbeiten. Je klarer hier die Aufgaben, Bedürfnisse und fachliche Kompetenzen sowie der Dialog der Beteiligten sind, desto besser wird das Projekt gelingen.

Über die Kompetenzen aus dem Venn-Diagramm hinaus sind KI-Projekte auch immer in eine durchaus anspruchsvolle Umgebung eingebettet. Abbildung 25.2 zeigt hierzu einige Beispiele. So ist es wichtig, dass Geschäftsführung und Geschäftsumfeld das Projekt über die entscheidenden Ebenen hinweg unterstützen und in den Grundzügen inhaltlich jederzeit auch verstehen, um den Finanzrahmen und auch die Erwartungen innerhalb des Projektes realistisch zu halten. Dazu sind ausgeprägte Kommunikationsfähigkeiten von allen Beteiligten gefordert. Idealerweise kann eine Kommunikationsabteilung in der internen und externen Kommunikation begleiten und unterstützen und etwa helfen, Projekt, Vorgehen und Ergebnisse verständlich zu vermitteln. Die Abklärung rechtlicher Rahmenbedingungen gerade im Kontext Datenschutz und Informationssicherheit aber auch der Schutz geschäftskritischer Prozesse und Daten gehört zu den Vorarbeiten eines KI-Projektes. Ebenso sind infrastrukturelle Fragen zu klären, wie die absehbar benötigten Rechen- und Softwareumgebungen sowie das Vorhandensein und der Zugriff auf die nötigen Fachkompetenzen. Wie Abbildung 25.2 zeigt, stellen diese Fragen die Einbettung eines Data-Science-Projekts dar und müssen vor jedem Projektbeginn individuell geklärt werden. Die in Abbildung 25.1 dargestellten Aufgaben stellen das Kernteam eines Projektes dar. In der Regel wird dies von einem Team, in einigen Fällen auch von einer Einzelperson bearbeitet. Die Schaffung des geeigneten Umfelds gemäß Abbildung 25.2 ist dabei Grundbedingung dafür, dass dieses Kernteam überhaupt arbeiten kann. In der Praxis handelt es sich hier um vorbereitende, klärende und im weiteren Projektverlauf begleitende Arbeiten. Je nach Fragestellung und initialer Aufstellung des Auftraggebers kann der Aufwand dieser vorbereitenden Maßnahmen, wie etwa rechtliche oder infrastrukturelle Aktivitäten, größer als der Aufwand des eigentlichen Data-Science-Projekts sein.

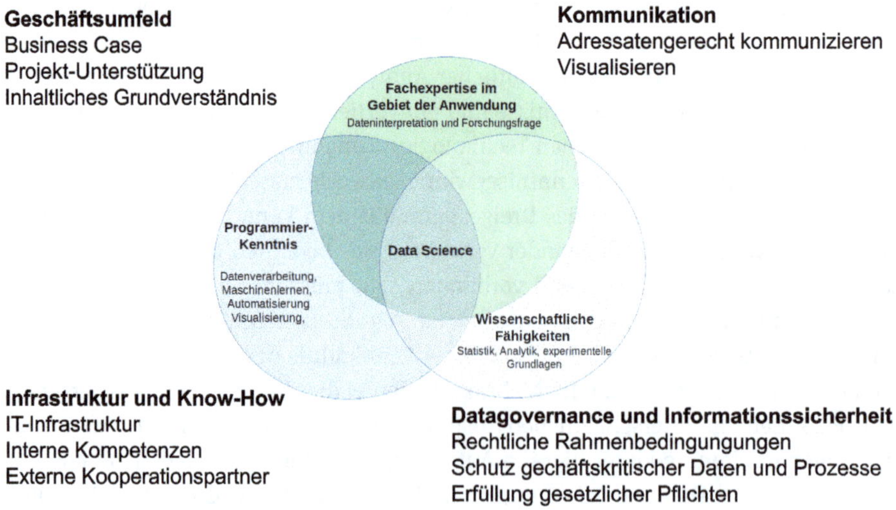

Abb. 25.2: Rahmenbedingungen von Data-Science-Projekten.

Sowohl die Rahmenbedingungen als auch die Einordnung des Projektes im Venn-Diagramm entscheiden für einen Energieversorger und andere Anwender der Energiebranche, ob ein Projekt überhaupt realisierbar ist und ob es sinnvoll ist, dies mit eigenen Ressourcen, externen Anbietern oder einer Kombination davon umzusetzen. Gerade für den Einstieg in die Thematik der KI und der Massendatenverarbeitung lohnt es sich unter Umständen, für Teilaspekte oder auch vollständige erste Projekte auf externe Kompetenzen zurückzugreifen und so Schritt für Schritt den eigenen Bedarf zu evaluieren.

25.2.1 Beispiele

Zum besseren Verständnis der hier vorgestellten Grundlagen von Data-Science-Projekten werden im Folgenden zwei Fragestellungen aus der Energiebranche exemplarisch behandelt.

25.2.1.1 Beispiel 1: Wetterprognose für den Photovoltaik-Bereich durch ein wissenschaftliches Beratungsunternehmen

Ein wissenschaftliches Beratungsunternehmen möchte als neue Dienstleistung typische Bereiche zu erwartender solarer Strahlung lokal vorhersagen können. Zwar sind öffentliche Messdaten und Simulationsprogramme vorhanden, deren räumliche Abdeckung genügt aber in der Granularität vielen Anwendungen nicht, wie etwa der Beratung lokaler Solarinstallateure oder Baugesellschaften. Zudem sind viele Simulationsprogramme kostenintensiv. Das Beratungsunternehmen hat in seinem Mitarbeiterkreis mehrere Wissenschaftlerinnen und Wissenschaftler, die in verschiedenem Ausmaß über Programmier- und Visualisierungskenntnisse sowie Erfahrung in der Interpretation meteorologischer Daten verfügen. Referenzdatensätze von solarer Strahlung sowie Gebäudedaten stehen öffentlich und in nachvollziehbarer Qualität zur Verfügung. Der Rechenaufwand ist mit den Mitteln des Beratungsunternehmens in Hard- und Software sowie genutzten Clouddiensten umsetzbar. Den Endkunden muss nur eine lokal angepasste Verlaufskurve zur Verfügung gestellt werden, bei deren Interpretation das Beratungsunternehmen anwendungsspezifisch unterstützt.

Analyse
Wie leicht ersichtlich, ist dies eine Anwendung, die in ihrer praktischen Umsetzung nicht zwangsläufig trivial ist, bei der aber Umfeld und Venn-Diagramm ideal aufgestellt sind. Sofern das Unternehmen die eigenen Ressourcen abstellen kann, um in dieses Projekt zu investieren, ist von einer erfolgreichen Umsetzung auszugehen. Am Rande sei hier der praxisbezogene Hinweis gestattet, dass dies auch bedeuten kann, dass die geplante Anwendung sich nicht rechnet oder funktioniert.

25.2.1.2 Beispiel 2: Kundenkategorisierung für den Handelsbereich eines Energieversorgers

Der Handel eines Energieversorgers möchte mittels Smart-Meter-Lastkurven und Daten aus dem Kundenstammsystem des Unternehmens zahlungskräftige Kunden identifizieren, um ihnen gezielt ein profitables neues Tarifprodukt zu unterbreiten. Das Unternehmen ist mittelgroß, traditionell aufgestellt und verfügt über eine Softwarelandschaft nach dem Stand der Technik. Es hat eine kleine Abteilung, die sich mit rechtlichen Fragen eines Energieversorgers beschäftigt und ist kürzlich mit externer Begleitung ISO27001 zertifiziert worden. Die Mitarbeiter bilden sich laufend weiter, verfügen jedoch in der Regel nicht über eine wissenschaftliche Ausbildung. Es gibt eine langjährige Zusammenarbeit mit einer Fachhochschule, die die Aufgabe umsetzen soll. Der Energieversorger würde der Fachhochschule alle Daten zur Verfügung stellen.

Analyse

Wie im Kapitel Einleitung und Kapitel Kinast vertieft dargestellt, steht bei dieser Anwendung sofort das Unbundling in Priorität. Nach diesem rechtlichen Rahmen darf ein Energieversorger Informationen aus seiner monopolistischen Rolle des Netzbetreibers, aus der er etwa die Smart-Meter-Daten erhält, nicht zu seinem Marktvorteil verwenden. Weiter ist die individuelle Analyse von Smart-Meter-Daten über den Installationszweck hinaus nicht ohne weiteres erlaubt, ebenso eine Weitergabe der Daten, insbesondere in Kombination mit personalisierten Stammdaten wie Adresse oder auch monatliche Energiebeträge. Eine solche Anwendung benötigt also vorab eine gründliche und kompetente Analyse durch versierte Rechtsexperten. Weiter ist davon auszugehen, dass die eingesetzten Studenten eventuell Programmierkenntnisse und ein einfaches Verständnis der eingesetzten Daten mitbringen, die einzelnen spezifischen Softwareumgebungen mit ihren Datensätzen und -formaten vermutlich aber Neuland sind. Ebenso sind die Techniker und Ingenieure an den Systemen wenig erfahren mit KI-Anwendungen. Entsprechend groß ist der initiale Aufwand in Zeit, Ressourcen, Lernkurve und Dialog einzuschätzen. Auch die korrekte Interpretation der Daten und Ergebnisse stellen Stolperfallen dar – wenige Mitarbeiter werden die eingesetzten Algorithmen, Modelle und deren Geltungsbereich ausreichend interpretieren und verstehen können.

Entsprechend angepasst kann dies wiederum ein guter Einstieg in die KI für das EVU sein. So kann gemeinsam mit der Fachhochschule anhand öffentlicher Daten und – rechtlich abgeklärt! – verallgemeinerter, gesetzeskonformer Lastverläufe ein erstes Tarifmodell entwickelt werden, das dann allenfalls diskriminierungsfrei an alle Kunden beworben wird. Neben den möglichen Kostenersparnissen ist dies auch eine Gelegenheit, einen Zeh ins Wasser zu halten und ein Gefühl zu entwickeln, ob und welche

KI im Unternehmen Sinn macht und wie sich das Unternehmen dazu weiter entwickeln kann, etwa durch angepasste Rekrutierung, neuer IT-Infrastruktur oder auch Kooperationen.

25.3 Modelle in der KI

Wie im vorherigen Abschnitt gezeigt, umfassen KI-Projekte weit mehr als Algorithmen des maschinellen Lernens. Sie sind in ihrem Wesen aus Sicht des Projektmanagements einzigartig, und die Bewertung der Aufstellung der Kompetenzen innerhalb des Venn-Diagramms sowie die jeweilige Einbettung in das Umfeld sollten vor Beginn jedes individuellen Projekts erfolgen.

Obschon die Modelle und die oftmals verblüffenden Ergebnisse der KI in der Regel die meiste Aufmerksamkeit erhalten, stellen sie anteilig in Projekten nur einen Bruchteil der Arbeiten dar. Dabei ist es für alle Beteiligten essenziell, die eingesetzten Modelle in ihrer Funktionsweise, Anwendung und Begrenzung grundlegend zu verstehen. Aufgrund der komplexen und per Definition wissenschaftlichen Hintergründe stellt dies eine Herausforderung innerhalb der gesamten KI-Branche, aber auch unserer Gesellschaft dar. Der folgende Abschnitt stellt wichtige Modelle der KI und typische Anwendungsfelder vor, um dann darauf aufbauend die Rolle der eingesetzten Daten zu beleuchten.

Die KI umfasst verschiedene Modelle zur Strukturierung der untersuchten Daten. Die jeweilige Eignung der Modelle hängt unter anderem von der Datenart ab, etwa Video, Audio, Text, Bilder oder Messungen, den verfügbaren Informationen über die Bedeutung der Daten, der Qualität des Datensatzes und der Fragestellung selbst. In Anwendungen der Textanalyse ist in der Regel die Bedeutung von Wörtern oder Sätzen eindeutig bestimmbar und bekannt. Damit ist es in einer KI-Anwendung mittels automatisierter Hilfsalgorithmen, Programm-Bibliotheken, aber auch manueller Vorarbeit möglich, Datensätzen vor einer Analyse eine Bedeutung zuzuordnen. In der ML-Anwendung kann dann die eigentliche Fragestellung, wie etwa Kundeninteressen, sinnvolle Übersetzungen usw. bearbeitet werden. Anders ist es beispielsweise im Falle eines großen Messdatensatzes, dem bestimmte Kerneigenschaften wie etwa Standort, Produktionstyp oder auch Spannungsniveau nicht sicher zugeordnet werden können oder gar nicht vorhanden sind. Gerade im Zuge der Digitalisierung tritt dieser Fall besonders in der Übergangsphase zum digitalisierten Energieversorger regelmäßig auf, da Stammdaten entweder auf Papier geführt wurden und es Medienbrüche gibt, oder da Datensätze nicht einheitlich gepflegt und kategorisiert wurden. In einem solchen Fall kann es sinnvoll sein, die Daten zunächst zu visualisieren, um dann mit einem sogenannten unüberwachten (Englisch: unsupervised) Lern-Algorithmus nach ersten erkennbaren Charakteristika des Datensatzes zu suchen.

Exkurs: Überwachtes (supervised) und unüberwachtes (unsupervised) ML. Im Idealfall ist jeder Datensatz validiert, in seiner Bedeutung eindeutig und korrekt interpretiert und diese Bedeutung ist dem Datensatz zugeordnet. Ein klassisches Beispiel aus dem ML ist der sogenannte Iris-Datensatz, in dem verschiedene Arten und Exemplare der Blumenart mit typischen Kenndaten hinterlegt sind. Jedem individuellen Datensatz ist die Zuordnung zu der Blumenart Iris, der Untergruppe der Art sowie die individuellen Kennzeichen, etwa die Blütenblattlänge, eindeutig zugeordnet. Ein anderes Beispiel wären Bilder etwa von Häusern und Autos, in denen das abgebildete Objekt jeweils im Datensatz mit einem sogenannten Label benannt ist. Ein ML kann nun innerhalb dieses Datensatzes Eigenschaften untersuchen und strukturieren, etwa nach Häusern und Autos oder nach Autoarten, Blumengruppen, Pflanzengröße oder Farbe. Im Folgeschritt können dann weitere Untersuchungen innerhalb relevanter Gruppen erfolgen, etwa die Farbe der größten Blumen. Je mehr Eigenschaften bekannt sind, desto mehr Zusammenhänge lassen sich potenziell untersuchen (multilabel). Dieses Vorgehen heißt überwachtes ML.

In vielen Anwendungen liegen für die Daten keine Label vor, und mittels ML wird versucht, Zusammenhänge aufzuzeigen und daraus auf die Bedeutung zurückzuschließen. Dies ist unüberwachtes Lernen. Ein Beispiel wäre eine automatisierte Klassifizierung von verschiedenen Kundentypen oder Lastkurven anhand von Ähnlichkeiten, oder die Detektion von Anomalien in Bildern etwa in der Qualitätskontrolle.

Im obigen Beispiel des Messdatensatzes ohne sicher zugeordnete Eigenschaften würden etwa rasch Spannungsniveaus als Unterteilungsmerkmal erscheinen.

Einige der gängigsten Algorithmen des unüberwachten Lernens umfassen Clustering-Verfahren wie k-Means, Naive Bayes Klassifikation und Random Forest Walk. Überwachtes Lernen umfasst beispielsweise logistische und lineare Regression und neuronale Netze. Je nach Ausführung und Anwendung der Algorithmen sind dabei die Grenzen der Einsatzgebiete nicht immer scharf, und Modelle werden oft iterativ oder sequenziell eingesetzt. So können beispielsweise Daten zunächst mittels unüberwachtem Lernen vorstrukturiert werden, um dann mit überwachtem Lernen vertieften Fragestellungen nachzugehen.

Wichtige Verfahren des MLs und deren typische Einsatzgebiete werden beispielhaft in Tabelle 25.2 zusammengefasst. Die Algorithmen und auch die Anwendungen des MLs sind dabei in ständiger Weiterentwicklung und sprengen den Rahmen dieses Kapitels. Die Tabelle wie auch die Abgrenzungen zwischen überwachtem und unüberwachtem Lernen sind somit nur exemplarisch zu verstehen. Abbildung 25.3 zeigt exemplarisch eine Datengruppierung, also ein sogenanntes Clustering, mittels DBSCAN (adaptiert nach [7]).

Modelle wie die lineare oder logistische Regression sind etablierte Verfahren aus der Statistik, die lange vor dem Aufkommen von ML in vielen Anwendungen eingesetzt werden. Wie bei jedem Einsatz von Modellen und Algorithmen ist es essenziell, die Funktionsweise, den Geltungsbereich und die Grenzen für einen Einsatz zu verstehen und allenfalls zu validieren.

Wie sich aus diesem Abschnitt schon andeutet, bestehen Data-Science-Projekte oft aus iterativen, sich stetig verfeinernden Schritten. So kann einem unüberwachten Lernen ein überwachtes Lernen folgen, und für den gleichen Datensatz können

Tab. 25.2: Wichtige Verfahren des ML und typische Anwendungen.

Modell	Typische Datensätze	Typische Analysethemen	Häufige Klassifikation
Lineare Regression	Lineare Zusammenhänge zweier Größen	zeitliche Finanzentwicklung, abstandsabhängige Emissionen	Überwacht
Logistische Regression	Wahrscheinlichkeit von Ereignissen	Kundenverhalten, Störungen und Ausfälle	Überwacht
K-Means	Zeitliche Verläufe	Klassifikation elektrischer Lastverläufe	Unüberwacht
Naive Bayes Klassifikation	Bedingte Wahrscheinlichkeiten	Meteorologische Modellierung, Textklassifizierung, Bilderkennung	Unüberwacht
Random Forest Walk	Bilder, Audiodateien	Objekterkennung, Detektion von Anomalien	Unüberwacht
Transformers	Texte, Sprache	Textanalyse, Übersetzungen	Semi-überwacht
Neuronale Netze	Bilder, Texte, Zeitverlaufsgrößen, unvollständige Datensätze	Sprach- und Bilderkennung, Lastverläufe	Überwacht, seltener unüberwacht
Principal Component Analysis (PCA)	Bilder, Texte	Kategorisierung von Inhalten, Kundenverhalten, Anomaliedetektion	Unüberwacht
DBSCAN	Räumlich verteilte Messreihen wie meterologische Daten oder Lastkurven, Dokumente, Bilder	Klassifikation, Anomaliedetektion	Unüberwacht

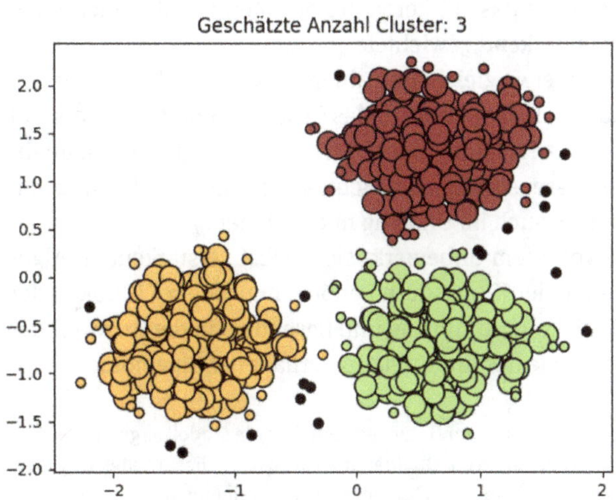

Abb. 25.3: Clustering mit DBSCAN (adaptiert nach [7]).

je nach Fragestellung, Qualitätsansprüchen und verfügbarer Zeit und Rechenleistung verschiedene Modelle sinnvoll sein.

KI-Projekte sind entgegen der häufig anzutreffenden Assoziation von Anfang bis Ende hochanspruchsvolle Projekte und in ihrem Charakter durchaus wissenschaftlichen Forschungsprojekten vergleichbar – sowohl in der Planung, Methodik, Analyse und Interpretation als auch in der Verantwortung. Der folgende Abschnitt vertieft Praxis und Theorie der KI mit einem Schwerpunkt auf Modelle und wichtige Aufgaben der Data Scientists, bevor im Folgeabschnitt die Rolle der Daten vertieft wird.

25.3.1 Auch Künstliche Intelligenz denkt nicht magisch – Modelle der KI und ihre Interpretation

Im Jahr 2018 geriet der Amazon-Konzern durch sein KI-Recruting Tool in die internationalen Schlagzeilen (vgl. [8]). Auf der Suche nach qualifiziertem Personal bevorzugte der eingesetzte Algorithmus bei gleicher Qualifikation Männer gegenüber Frauen. Obgleich der Konzern aus Lebensläufen verräterische Wörter wie "Frauensportmannschaft" entfernte, zeigte das Programm den Bias, also die Voreinstellung. Tatsächlich sah sich Amazon gezwungen, das KI-Tool zu deaktivieren.

Dieser Fall ist ein klassisches Beispiel sowohl der nötigen Interpretation von Modellergebnissen als auch der hochqualitativen Auswahl und Analyse der oben beschriebenen genannten Trainingsdaten – aus wissenschaftlicher Sicht also die Versuchs- und Stichprobenplanung vor der Durchführung des Experiments. Wie in vielen Branchen ist die Geschlechterverteilung bei Amazon nicht gleichmäßig, sondern gerade im IT-Bereich sind Männer überproportional vertreten. Offenbar war dies weder in der Auswahl noch in der Interpretation der Trainingsdaten berücksichtigt worden, so dass der Algorithmus das stärker vertretene Merkmal der Stichprobe (männlich) stärker und selbstverstärkend gewichtete.

Um dies zu vermeiden, hätten etwa gleiche Anzahlen der Geschlechter unter den Trainingsdatensätzen vorhanden sein müssen oder das Geschlecht hätte als Merkmal unterdrückt werden müssen. Das Beispiel zeigt aber auch: KI benötigt stets ein qualifiziertes Mitdenken gerade aus wissenschaftlicher Sicht, sowohl in der Erhebung von Daten und deren Interpretation als auch im Umgang mit Modellen.

Solche ungewünscht und vor allem unbemerkt sich selbst verstärkenden Algorithmen sind keine Ausnahmen in der KI, sondern benötigen in jedem KI-Projekt der sorgfältigen Kontrolle in der Projektdurchführung und besonders in der Auswahl der eingesetzten (Trainings-)Daten sowie der Interpretation erhaltener Ergebnisse.

Definition Trainingsdaten. Trainingsdaten sind der Datensatz, mit dem ein Modell angelernt wird. Aufgrund der großen Rolle für eine KI ist deshalb die Qualität und die Eignung dieser Daten für eine Anwendung von hoher Priorität. Aus den Trainingsdaten entsteht ein Trainingsbias. So wird ein Spracherkennungsmodell, das hervorragend gesprochenes Deutsch aus dem niedersächsischen

Raum klassifiziert, nicht ohne weiteres auf Sprachdatensätze aus dem Alpenraum verwendbar sein. Entsprechend kann bei gleicher Aufgabenstellung ein neues Training des Modells nötig sein.

Gerade in Zeiten massiv ausgerollter und wenig kontrollierter oder transparenter KI mit Anwendungen, die einen großen Einfluss auf die Gesellschaft oder kritische Prozesse haben, ist die Aufmerksamkeit aller Beteiligten inklusive der Gesellschaft gefragt. Andere Beispiele umfassen etwa den initial berichteten rassistischen Bias von Google Vision und anderer Software zur Gesichtserkennung [9–11] oder den anfangs erwähnten aus der Rolle geratenen Microsoft Twitter Bot. Neben klaren gesellschaftlichen und wissenschaftlichen Ansprüchen kann hier auch eine Diversität des KI-Teams unterstützen. Weiter kommen zunehmend auch in diesem Kontext Fragen nach der Haftbarkeit von AI und AI-Programmiererinnen und Programmierern auf. Die Thematik zeigt: KI ist ein mächtiges und komplexes Tool, dessen Komplexität jedoch nicht von der Notwendigkeit abschrecken darf, die Grundlagen jedes KI-Projekts zumindest ansatzweise zu verstehen.

Entsprechend steigen auch weltweit die Anforderungen rund um die Ethik und Gerichtsbarkeit von KI-Anwendungen. Entwicklungen wie der Algorithmic Accountability Act in den USA, der die Offenlegung und Diskriminierungsfreiheit von AI-Algorithmen im Einsatz automatisierter kritischer Entscheidungen festlegt, sind ein Anfang (vgl. [12]). Auch die persönliche Haftbarkeit von KI-Entwicklern selbst wird zunehmend diskutiert.

Eine andere Thematik ist die Interpretation eines eingesetzten Modells selbst. So zeigten Forscher 2020 in der wissenschaftlichen Zeitschrift Nature, dass eine KI zwar zunächst scheinbar erfolgreich Verkehrsschilder interpretieren konnte (vgl. [13]). Dies ist etwa wichtig für einen Einsatz im automatisierten Fahren. Bei weiterer Vertiefung mit leicht modifizierten Bildern ordnete die KI jedoch dieselben Schilder vollkommen anders, etwa als Geschwindigkeitsvorgabe. Und Zugabe eines Rauschens im Bild, das für den Mensch nicht erkennbar ist, ließ die KI in einem Faultier ein Rennauto erkennen.

Dies ist amüsant solange die Ursache für die Data Scientists nachvollziehbar ist und es sich nicht um scharf eingesetzte kritische Programme handelt. Und tatsächlich ist auch für die Data Scientists selbst nicht immer nachvollziehbar, warum eine Klassifikation so erfolgt wie sie erfolgt. An dieser Stelle hilft es, sich noch einmal vor Augen zu führen, dass schwache KI keinen eigenständigen menschlichen Denkprozess durchläuft. Bilder von Äpfeln etwa, die klassifiziert werden, werden nicht zwangsläufig nach menschlich etablierten Kriterien wie „Frucht – Größe – Farbe – Steinobst" klassifiziert, sondern nach Farbabstufungen, Graustufen, Hintergrundeigenschaften oder eben dem Menschen nicht bekannten Kriterien. Entsprechend sind die Ursachen für den Menschen nicht immer einfach und manchmal auch gar nicht nachzuvollziehen.

Die sogenannte Adversarial ML setzt darauf, KI absichtlich fehlzuleiten. Ein bekanntes Beispiel ist etwa ein erfolgreich durch KI als Apfel klassifizierter Apfel, der von derselben KI als iPod deklariert wird, wenn auf dem Apfel ein Zettel mit dem Wort „iPod“ steht (vgl. [14]). Leichte Veränderungen des Bildgradienten oder von Farbmustern wurden in ähnlichen Beispielen eingesetzt, um aus Sicht der KI aus einer Waschmaschine einen Safe zu machen oder alles als Toaster zu definieren.

Die obigen Beispiele verdeutlichen, dass der Einsatz eines ML-Modells in einem Data-Science-Projekt zumeist nur einen vergleichsweise geringen Anteil am Gesamtprojekt ausnimmt. Das gilt auch, wenn die Arbeiten zur Schaffung der Rahmenbedienungen eines Data-Science-Projektes wie Infrastruktur in Hard- und Software und die Klärung der rechtlichen Situation bereits erfolgreich durchgeführt wurden oder zur Betriebsinfrastruktur gehören.

Wie in jeder wissenschaftlichen Arbeit – und das sind ML Projekte – gehen der Analyse der Daten mehrere Vorarbeiten voraus, die in ihrem Umfang in der Regel den größten Anteil des jeweiligen Projektes ausmachen. Obwohl KI und ML durch ihre oftmals faszinierenden und komplexen Eigenschaften bekannt ist und durch die Assoziation mit einer generalisierten Intelligenz oftmals hohe Erwartungen weckt, umfasst eine hochqualitative Datenakquise und -präprozessierung den Löwenanteil von KI-Projekten. Gerade für Neueinsteiger in die Thematik ist dieses Wissen essenziell, um mit realistischen Erwartungen und flankierenden Unterstützungsmaßnahmen zu erfolgreichen Projekten zu kommen.

25.3.2 Exemplarischer Ablauf eines KI-Projektes

Wie erläutert, ist die aktuell im Einsatz befindliche KI als schwache KI einzustufen. Dabei werden in Anwendungen des ML oder Data-Science-Datensätze nach Mustern gesucht. Ein grundsätzlicher Ablauf eines solchen Projekts wird im Folgenden erläutert. Der Ablauf ist in der Regel iterativ. Abbildung 25.4 stellt einen typischen Ablauf eines Data-Science-Projektes in der Umsetzung dar, das heißt, nach Schaffung der Rahmenbedingungen nach Abbildung 25.2. Der Ablauf ist beispielhaft zu sehen und kann je nach Situation variieren, bestimmte Schritte überspringen oder iterierende Phasen beinhalten.

(1) Zunächst werden die Fragestellung und der untersuchte Anwendungsbereich definiert.
(2) Daraus leiten sich die benötigten Daten sowie die tolerierte Ungenauigkeit der Daten ab.
(3) Im Folgeschritt wird die Beschaffung der Daten geplant und durchgeführt. Dies kann über eine dezidierte (Mess-)Kampagne erfolgen oder über die Beschaffung eines bestehenden Datensatzes. Datensätze können intern oder öffentlich vorhanden sein oder über externe Quellen bezogen oder beauftragt werden.
(4) Die Daten werden nun validiert. Ist eine eigene Messkampagne nötig, geht die Validierung der erhobenen Daten der Validierung der Rohdatensätze voraus. In dieser Phase werden Defekte, Fehler und Ausfälle in Messaufbauten und der

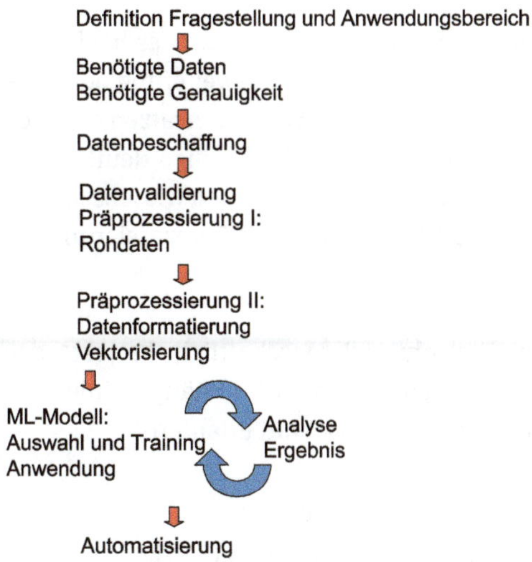

Abb. 25.4: Exemplarischer Ablauf einer KI-Anwendung.

Kommunikation von Messdaten sowie Fehler in Stammdaten bereinigt und die Ergebnisse der Messdaten mit einer höheren Genauigkeit validiert. Die so erhaltenen Rohdatensätze werden nun digital bereinigt.

(5) Die Daten werden zur Vorbereitung der Analyse in ein gängiges Format einheitlich konvertiert. Oftmals werden Daten verschiedener Quellen und Formate gemeinsam untersucht, so dass in der Regel ein gemeinsames Format erstellt wird. Zudem arbeiten die meisten ML-Programme wie Python mit vektorisierten Datensätzen, das heißt, Daten müssen zumeist auf ein analysefähiges Format transformiert werden.

(6) Im Folgeschritt wird das Modell der Analyse ausgewählt und eingesetzt (siehe Tabelle 25.2). Das geeignete Modell ist abhängig von der Art der untersuchten Daten, deren Volumen und der verfügbaren Recheninfrastruktur und Zeit sowie der Expertise der Datenwissenschaftler. Dabei muss das Modell für den Datensatz geeignet sein. Ein hilfreicher Zwischenschritt ist oft, zunächst die Verteilung der Daten zu visualisieren. Essenziell sind für jedes Data-Science-Projekt das Verständnis der Daten und deren korrekte Interpretation. Oft sind aussagekräftigen Modelle auch bereits relativ einfach und benötigen kein ML.

(7) Die ersten Ergebnisse werden visualisiert und rapportiert.

(8) Häufig gibt es einen Iterationsschritt in Modellwahl, Visualisierung und Auswertung.

(9) Ist das ML einmal zufriedenstellend entwickelt und kommt von nun an dauerhaft, eventuell mit laufend aktualisierten Daten in Einsatz, kann es sinnvoll sein, den Prozess zu automatisieren. Gerade bei Anwendungen, deren Ergebnisse in Form von Datensätzen oder Berichten regelmäßig an einen Kunden oder Partner versandt werden, ist Automatisierung interessant.

(10) Weil sich Daten oder auch Fragestellungen weiter ändern, kommt es bei Bedarf zu einer Iteration des Durchlaufes und allenfalls zu einer Erweiterung oder Anpassung. Solange keine grundlegenden Eigenschaften von Datensätzen oder der Zielsetzung verändert sind, stellt dieser Schritt in der Regel einen deutlich geringen Aufwand dar als das Initialprojekt, da die grundlegenden wissenschaftlichen Fragen geklärt und die nötigen Algorithmen von der Präprozessierung bis zur Visualisierung vorhanden sind.

Wie im Text ersichtlich, sind KI-Projekte zweifelsohne wissenschaftliche Projekte, deren Aussagekraft unter anderem von den eingesetzten Standards abhängt. Einige der wissenschaftlichen Grundlagen werden im folgenden Abschnitt erläutert.

25.4 Wissenschaftliche Grundlagen: Statistik, Stichprobenplanung und die Rolle der Daten

Viele Modelle des ML sind bereits lange in der Statistik im Einsatz. Wie die eingangs ausgeführten Beispiele illustriert haben, spielen ebenso die Stichprobenplanung, also die Frage, wie viele Daten erhoben werden müssen, und auch Fragen der Datenqualität eine entscheidende Rolle in der KI. Dabei unterscheidet sich der Anspruch an die Planung und Durchführung nicht von anderen wissenschaftlichen Untersuchungen. Dieser Abschnitt geht auf einige Grundsätze aus Statistik, Stichprobenplanung und Datenerhebung ein.

25.4.1 Die Rolle der Statistik für die KI – Statistische Grundlagen

Im Jahr 1956 stellte der amerikanische Physiker Richard Feynman in der Einführung seiner berühmten Vorlesungen seinen verblüfften Studenten die Aufgabe, ihm die Zahl der Klavierstimmer in der Stadt Chicago zu nennen [1]. Was zunächst absurd klingt, lässt sich mit Hilfe statistischer Methoden gut beantworten. Bei einer Einwohnerzahl von 100.000 Menschen, von denen 5 % ein Klavier zu Hause haben, gibt es 5.000 Klaviere. Werden diese nach Empfehlung zweimal jährlich gestimmt, gibt es pro Jahr 10.000 Aufträge. Wenn ein Klavierstimmer pro Tag im Mittel, also abzüglich vorbereitender und organisatorischer Tätigkeiten wie Werkzeugwartung, Buchhaltung und Anfahrt pro Woche acht Klaviere stimmen kann, schafft ein Klavierstimmer etwa 250 Aufträge im Jahr und die Stadt hat rund 40 Klavierstimmer. Da vermutlich nicht alle den idealen Stimmintervall einhalten und einige Klaviere gar nicht gespielt werden, reduziert sich die relevante Anzahl etwa auf die Hälfte. Tatsächlich gelang den Studenten mit dieser Methode eine realistische Schätzung der Anzahl der Klavierstimmer in Chicago.

Diese Art, Fragestellungen effektiv grob zu beantworten, ist heute auch als Fermi-Problem bekannt. So warf der spätere Nobelpreisträger Feynman zum Entsetzen seiner Geldgeber während des ersten Atombombentests Papierschnipsel in die Luft und berechnete anhand der mittleren Flugbahn der Schnipsel eine erste Abschätzung der Sprengkraft der Bombe.

Allen diesen Beispielen ist gemein, dass sie auf einer normalen Verteilung der untersuchten Größe basieren. Die Schätzung der Anzahl von Klavieren pro Haushalt basiert auf der Annahme, dass innerhalb Amerikas keine nennenswerten Unterschiede in der Anzahl der Klaviere pro Haus existieren, oder dass es gar Städte ohne Instrumente gibt. An dieser Stelle kommt die sogenannte Normalverteilung oder auch Gaußsche Verteilung beziehungsweise Glockenkurve aus der Statistik ins Spiel (siehe Abbildung 25.5).

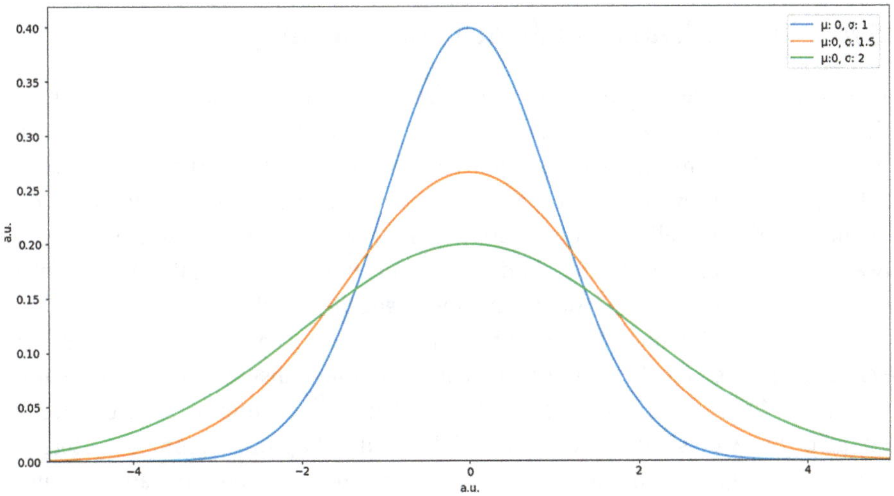

Abb. 25.5: Normalverteilung und Vertrauensbereiche.

Die Form der Kurve, der sogenannten Dichtefunktion, wird durch ihre Steigung bedingt, und diese legt auch fest, wie groß die Unterschiede zwischen dem höchsten und dem niedrigsten Wert sind. Abbildung 25.5 zeigt eine beispielhafte Normalverteilung. Genau auf dieser Funktion beruhen nun das „Wunder der Klavierstimmerschätzung" und Feynmans begründete Motivation, in einem Milliardenprojekt Aussagen mit Papierschnipseln zu treffen. Die Dichtefunktion ermöglicht es, einen sogenannten Erwartungswert innerhalb eines gewissen Vertrauensintervalls zu benennen. Dieses Intervall wird mit dem Symbol Sigma bezeichnet. Im Bereich von 1σ (einem Sigma) befinden sich nun 68 % aller Messwerte innerhalb dieses Bereiches. Etwa in diesem Bereich arbeiten die Schätzungen – unter Gebrauch des gesunden Menschenverstandes. Je genauer die Schätzung werden soll, desto größer ist in der Regel der Aufwand. In zahlreichen Anwendungen, wie etwa dem Flugverkehr, wird der Anwender mit einer Unsicherheit von 32 % nicht zufrieden sein und das Vertrauensintervall muss erhöht werden, in diesem Fall auf 99.73 %, also 3σ.

In einer zufällig verteilten Probe ergibt sich nach dem zentralen Grenzwertsatz vereinfacht beschrieben die Normalverteilung. Aus diesem Grund gilt die Normalverteilung auch als “Schweizer Taschenmesser” der Statistik. Da die meisten Fragestellungen der schwachen KI die Identifikation von Mustern sowie Abweichungen davon umfassen, sind die in der KI zu untersuchenden Datensätze in ihrer Struktur häufig normalverteilt oder eine Variation davon. Die mathematische Signaltheorie umfasst die Analyse und Modellierung von diskreten und kontinuierlichen Signalen und Daten und stellt einen entsprechend starken Hintergrund für die mathematischen Modelle der KI dar.

25.4.2 Datenerhebung und Stichprobenplanung

Auch die Planung der nötigen Datenmenge selbst folgt der statistischen Theorie der Stichprobe, anhand derer sich die minimale Größe der Messungen oder Datenerhebungen je nach geforderter Genauigkeit bestimmten lässt. Ein in Deutschland bekanntes Beispiel ist die sogenannte Sonntagsfrage, anhand derer bei einer Stichprobe der Bevölkerung die aktuelle Wahlpräferenz abgefragt wird. Andere Beispiele umfassen etwa den medizinischen Bereich, in dem anhand statistischer Verfahren die Häufigkeit von Nebenwirkungen bei Medikamenten angegeben wird.

Das breite Aufkommen von KI geht einher mit der noch vergleichsweise neuen leicht zugänglichen Möglichkeit, Daten in massenhaftem Ausmaß zu verarbeiten und auch zu erheben. Dabei ist es wichtig zu verstehen, dass KI und maximale Datenerhebung nicht zwangsläufig gekoppelt sind. Die in der Präprozessierung eingesetzten Methoden ermöglichen die Analyse großer Datensätze in vertretbarer Zeit und damit oft schon wichtige Erkenntnisse. Gleichzeitig folgt die KI-Analyse ihren statistischen Grundlagen. Es gibt also eine minimale Datenmenge, ab deren Überschreitung kein Erkenntnisgewinn mehr zu erwarten ist, und es gibt Anforderungen an die Qualität der Daten, etwa in Form von Validierung. Dieser Aspekt wird im Folgenden am Beispiel von Smart-Meter-Daten vertieft. 2020 zeigten Freunek und Lipsa, dass eine Stichprobe von 500 Smart Metern reichte, um 80 % der Messpunkte mit einer Genauigkeit von ±10 % mittels KI zu klassifizieren (vgl. [15]). Ab einer Stichprobengröße von etwa 2.000 Messstellen war kein Erkenntnisgewinn mehr zu verzeichnen. Die größte minimale Stichprobe umfasste 1.284 Messpunkte, um bei einer Grundgesamtheit von knapp 4.600 Messpunkten zu 95 % genau zu klassifizieren, eine Genauigkeit, die in den meisten Anwendungen nicht benötigt wird. Dabei ist zu beachten, dass die eingesetzte KI-Methodik relativ einfach war und bei vertiefter Modellierung noch kleinere nötige Stichproben zu erwarten sind. Diese vielleicht überraschende Erkenntnis soll im Folgenden vereinfacht erläutert werden.

Die gemessene Größe, in diesem Fall Lastprofile, ist normalverteilt. Grundlegend bestehen verschiedene Kundentypen, die oftmals bereits durch ihre unterschiedlichen Maximallasten und Tariftypen mit verschiedenen Smart-Meter-Typen ausgestattet werden müssen, wie etwa für Privatkunden, Großkunden oder Einspeiser. Der Spielraum der Variation innerhalb dieser Gruppen ist dabei aus statistischer Sicht relativ gering. So ist ein Betrieb entweder nur tagsüber und werktags tätig oder nicht, setzt bestimmte Maschinen ein oder nicht und hat eine nennenswerte dauerhafte Grundlast oder nicht. Ähnlich verhält es sich im privaten Bereich. Wenn Haushalte innerhalb eines bestimmten Messbereiches Teil derselben Gesellschaft sind, sind bestimmte Rahmenbedingungen wie Schulzeiten, Arbeitszeiten oder Feiertage weitestgehend homogen. Ebenso gibt es übliche Anzahlen von Bewohnern in Wohneinheiten und typische mögliche elektrische Verbraucher sowie verbreitete Produktkohorten. Wenn nun Lastprofile innerhalb der untersuchten Grundgesamtheit ungewöhnlich sind, werden sie als Anomalien eingestuft – etwa ein deutlich unterdurchschnittlicher Verbrauch an einem Anschluss oder für eine Verbraucherart ungewöhnliche Lastspitzen. Ursachen hierfür können Fehler der messtechnischen Einrichtung, der Netztechnik, aber auch etwa Manipulation sein. Anhand der Normalverteilung lassen sich solche Anomalien rasch erkennen. Auf dieser Methodik der Normalverteilung basiert auch der Einsatz eines der bekanntesten Algorithmen der KI, dem k-Means-Clusteringverfahren.

Aus statistischer Sicht ist damit je nach Anwendung die massenhafte Erhebung von Smart-Meter-Daten nicht unbedingt zielführend oder nötig. Eine dauerhafte Massendatenerhebung geht mit beträchtlichen Kosten, Energiebedarf und Risiken und Herausforderungen aus Sicht von Informationssicherheit und Datenschutz einher. Tatsächlich bietet eine unvalidierte Datenerhebung auch aus Sicht einer KI-Anwendung Nachteile, wie im Folgenden ausgeführt wird.

Lastprofile sind essenziell in der Planung und Führung von Energiesystemen. Mit der Verschiebung der Bedeutung der unteren Netzebenen hat auch die Bedeutung von Lastprofilen dieser Ebene zugenommen. Wie die obigen Ausführungen zeigen, lässt sich auf diese Art Daten die Standardverteilung gut anwenden.

Die Voraussetzung hierbei ist allerdings, dass die eingesetzten Daten in ihrer Messgenauigkeit über die gesamte Messkette, die Zuverlässigkeit der Rohdaten (etwa der korrekten Zuordnung der Eigenschaften des Messpunktes wie „Privatkunde") und die Integrität der Daten über die gesamte Datenkette erhalten ist. Mit anderen Worten, jede KI-Anwendung basiert auf einer Messkampagne zur Erhebung der Daten, und diese muss, wie jede andere Messkampagne, auf die Anforderungen und Fragestellung der Anwendung zugeschnitten werden. Nicht jeder Einsatz eines Lastprofils benötigt eine hochpräzise Messgenauigkeit, und nicht jede KI-Anwendung muss die Temperaturabhängigkeit von Messwerten berücksichtigen. Häufig übersehen wird auch die nötige Validierung der Messdaten, die zumindest initial vor Ort erfolgen muss. Je nach Einsatzort ist der Aufwand der Validierung der Messdaten beträchtlich und nicht immer trivial zu lösen. Weisen die Messungen etwa darauf hin, dass ein

Haushalt aus mehreren Personen mit einem klaren Muster zwischen Wochenende und Arbeitswoche besteht, ist dies eine hochrelevante Information für die Klassifizierung des Lastprofils. Um hochqualitative und aussagekräftige Lastprofile für einen Einsatz in Netzplanung und -betrieb zu erzielen, muss diese Annahme jedoch für eine kritische, mittels Stichprobenplanung bestimmte Menge real validiert werden – ein Unterfangen, das nicht jeder Kunde sofort mit Begeisterung unterstützen wird. Wird dies allerdings nicht durchgeführt, lassen sich die Interpretationen von mittels KI-identifizierter Kategorien (z. B. Haushalt mit Berufstätigkeit unter der Woche) nicht überprüfen und Folgeschritte wie überwachtes ML sind nicht durchführbar oder unterliegen einer großen Unsicherheit.

Aus statistischer Sicht und damit aus Sicht der KI empfiehlt es sich somit, alternativ zu dem Einsatz ungeprüfter, massenhaft erhobener Daten gezielte, hochqualitative Messkampagnen in ebensolchen Stichproben durchzuführen.

25.5 Einsatzmöglichkeiten von KI im Energiebereich

Die Anwendungen von KI im Bereich der Energieversorgung sind so vielfältig wie die Thematik selbst. Während einige Anwendungen noch eher explorativ oder eher akademischer Natur sind, gibt es Anwendungen, die die Energiewende signifikant ermöglichen und solche, ohne die unsere Energiewelt sogar heute nicht mehr funktionieren würde.

Eines der wichtigsten Anwendungsfelder ist die Anomaliedetektion. Dies betrifft etwa die Überwachung von Zuständen der Last- und Produktionsanlagen, aber besonders auch die Überwachung von Betriebsmitteln und -zuständen in operation technologies (OT) und Informations- und Kommunikationstechnik (IKT). Entsprechend wären ohne Filterung auf Basis von KI heute kein Arbeiten mit E-Mail mehr möglich aufgrund des hohen Aufkommens von Spam- und Malwareattacken. Nicht nur Energieversorger, sondern auch die Cyberakteure jeglichen Hintergrundes nutzen KI und haben damit, gerade im Bereich des sogenannten Social Engineering, ganz neue Möglichkeiten, Angriffsziele zu identifizieren und Angriffe passgenau und damit gut getarnt anzupassen. Gerade Social Media Accounts, Netzwerke von Accounts und die Verbindung dieser Informationen mit anderen öffentlich oder im Darknet zugänglichen Informationen bieten Angreifern eine Fülle von Informationen, für die KI ein effizientes Tool zur Analyse und Identifikation von vielversprechenden Zielpersonen und Methoden für einen Angriff ist. Dabei geht die Technologie weit über Text- und Bilddaten hinaus. Auch Stimmen können mittels neuronaler Netze als Deep Fake inzwischen mit KI nachgebildet werden. KI ist damit im Positiven wie Negativen längst Alltag und Zukunft unserer Infrastrukturen zur Energieversorgung, und aktuelles Wissen oder eine vertrauenswürdige Kooperation mit fachkompetenten externen Partnern gehört zur Grundausstattung aller Akteure im Energiebereich.

Während obige Beispiele im Normalbetrieb im Hintergrund laufen und den meisten Mitarbeitern in der Regel nicht einmal bekannt sind, ist Anomaliedetektion auch zunehmend im Fokus von Bereichen wie Abrechnung, Planung und Betrieb. Bekannte Anwendungsbeispiele sind etwa die Identifikation ungewöhnlicher Verbrauchs- oder Produktionsmuster, etwa im Falle von Ausfällen und Störungen oder auch Betrug.

Fast schon klassisch sind Anwendungen von KI im Energiebereich, wie die Erstellung von Last- und Kundenprofilen sowie die Prognose der Produktion von Erneuerbarer Energien. Diese Anwendungen sind wichtige Bausteine und Ermöglicher der Energiewende. Wie anfangs im Kapitel ausgeführt, ist dabei eine ungezielte Massendatenerhebung ohne vorige Planung der Qualitätskriterien der erhobenen Daten nicht sinnvoll, und es reichen je nach Fragestellung verhältnismäßig kleine Stichproben, anhand derer sich hochqualitative Referenzprofile erstellen lassen. Diese Erkenntnis ist besonders im Kontext zunehmender Dezentralisierung im Energiesystem sowie auf die verschiedenen nationalen Strategien zur Erhebung von Messdaten auf der untersten Netzebene wichtig.

Mit KI identifizierte Last- und Kundenprofile helfen, Tarife bedarfsgerecht anzupassen und ihr Incentivierungspotenzial in konkreten und netzspezifischen Zahlen zu quantifizieren. Lastprofile helfen zudem dabei, Modelle der Netzentwicklung realistisch anzupassen und Netzplanung und -betrieb mit Daten zu unterstützen, wo bislang messtechnischer Blindflug herrscht. Mit den Modellen aus KI lassen sich in Energiesystemmodellen realistische Potentiale zur Optimierung und zur Reduktion des Energiebedarfes verschiedener Gruppen abbilden und modellieren, mögliche Effekte etwa von Produktkohorten quantifizieren und Kundengruppen mit nennenswerten Hebeln am Gesamtsystem identifizieren. Produktionsprognosen helfen, Netzbelastungen und Energieversorgung zu modellieren.

KI ist auch ein wichtiger Baustein der Predictive Maintenance, indem mittels Analyse der installierten Assets aber auch auftretender Stör- und Ausfälle Investitionsentscheidungen unterstützt aber auch in neuem Maß quantifiziert und modellierbar werden können. Im Kontext des Klimawandels lässt sich KI zudem in der Prognose von Schäden durch Starkwetterereignisse einsetzen und kann so helfen, proaktiv und gezielt vorzubeugen oder zumindest bereit zu sein.

Auch im Handel sind gerade Kurzzeitprognosen und Überwachung von Markt, Handelstransaktion und wetter- sowie historienbasierte Produktion durch KI inzwischen ein Standard. Das geht bis hin zur via KI automatisierten Handelstransaktion (algorithmic trade).

25.6 Zusammenfassung

KI, Data Science, ML und die Möglichkeit der Datenverarbeitung in großem Stil schaffen auch im Energiebereich nie dagewesene Einblicke und Erkenntnisse mit großen Chancen.

In zahlreichen Anwendungen gerade im Bereich der unteren Netzebenen, die sich durch viele Datenpunkte, aber bislang durch entweder wenige oder massenhafte Daten auszeichnen, ist KI ein Baustein und ermöglichendes Element unserer Energiesystems. Viele Anwendungen wie Predictive Maintenance, Netzplanung, Abrechnung oder die Modellierung ganzer Energiesysteme stehen erst am Anfang, dieses Potential hochqualitativ und dauerhaft einzubringen. Andere Bereiche gerade der unterstützenden aber auch der technischen Betriebsmittel in IKT und OT sind ohne KI längst nicht mehr denkbar und befinden sich auch ständig in einer internationalen Umgebung, die KI als eines von vielen Mitteln einsetzt.

Als kritische Infrastruktur unterliegen die Daten in Form von Messdaten, Stammdaten, Metadaten und geographischen Daten aus kritischen Infrastrukturen damit einem besonderen Schutzbedarf. Auch die Möglichkeiten, soziale Medien mittels KI für Angriffe zu nutzen, setzen dieses Daten in ein bisher nicht gekanntes Licht.

Entsprechend ist ein Grundteil von KI in der Energieversorgung ein sorgfältiges Aufsetzen der in diesem Kapitel angerissenen Rahmenbedingungen von KI-Projekten. Alle Daten können für ein Unternehmen nutzbar sein und müssen in ihrer Qualität deshalb stimmen und für eine spätere Nutzung möglichst korrekt und einheitlich erhoben werden. Daten können aber auch ungewollt und unabhängig davon, ob ein Unternehmen sich für eine Nutzung von KI entscheidet, für andere nützlich sein, und dies nicht immer im Sinne des Unternehmens. Entsprechend braucht es über den KI-Projekte hinaus eine Unternehmenskultur der Daten über alle Ebenen hinweg.

KI kann aufwändige Messkampagnen ersetzen oder zumindest signifikant reduzieren, und gerade im von der Energiewende so beanspruchten Niederspannungsbereich wichtige Informationen über Zustand, Kerneigenschaften, Ausfallprognosen und Profile liefern, die sowohl im Betrieb als auch in Handel und Planung essenziell sind. Ohne KI und etwa damit ermöglichte automatisierte Anomaliedetektion in der Überwachung von IT-Systemen wäre heute auch kein Mitarbeiter in der Energiebranche noch in der Lage, E-Mails zu empfangen. KI und hochqualitative Datenanalyse sind zweifellos ein Grundstein der Energiewende.

Gleichzeitig ist der häufig noch anzutreffende Gießkannenansatz der Massendatenerhebung insbesondere ohne vorherige Abklärung des Nutzens wenig vielversprechend. Zum einen ist teilweise die nicht zweckgebundene Datenerhebung gesetzlich nicht zulässig. Zum anderen ist eine hohe Qualität einer validierten Stichprobe einer ungeprüften Datenmasse vorzuziehen, ohne deren logistische, finanzielle und auch risikoseitige Nachteile.

Literaturverzeichnis

[1] Newell, A. und Simon, H. (1956). The logic theory machine: A complex information processing system. IRE Trans. Inf. Theory 2, 61–79.

[2] Turing, A. M. (1950). Computing Machinery and Intelligence. Mind 49, 433–460.

[3] Al-Qurishi, M., et al. (2017). Sybil Defense Techniques in Online Social Networks: A Survey. IEEE Access – Special section on emotion-aware mobile computing 5, 1200–1219.
[4] https://botometer.osome.iu.edu/. Zugriff am 07.02.2022.
[5] Frischholz, A. (2016). Analyse: Microsofts Tay-Bot und der Hass im Netz, Computerbase. https://www.computerbase.de/2016-03/microsoft-twitter-tay-bot/. Zugriff am 07.02.2022.
[6] Freunek, M. (2021). Künstliche Intelligenz – Mitdenken ist gefragt. In Elektropraxis. Berlin: HUSS-MEDIEN.
[7] Pedregosa, et al. (2011). Machine Learning in Python. J. Mach. Learn. Res. 12, 2825–2830. https://scikit-learn.org/stable/auto_examples/cluster/plot_dbscan.html#sphx-glr-auto-examples-cluster-plot-dbscan-py. Zugriff am 07.02.2022.
[8] Reuters. Amazon scraps secret AI recruiting tool that showed bias against women. https://www.reuters.com/article/us-amazon-com-jobs-automation-insight-idUSKCN1MK08G. Zugriff am 07.02.2022.
[9] Buolamwini, J. und Gender, T. G. (2018). Shades: Intersectional Accuracy Disparities in Commercial Gender Classification. Proc. Mach. Learn. Res. 81, 1–15.
[10] Algorithmwatch. Google apologizes after its Vision AI produced racist results. https://algorithmwatch.org/en/google-vision-racism/. Zugriff am 07.02.2022.
[11] Dooley, S., Goldstein, T. und Dickerson, J. P. (2021). Robustness Disparities in Commercial Face Detection. Available at arXiv:2108.12508 [cs.CY].
[12] Algorithmic Accountability Act of 2022. https://www.congress.gov/bill/117th-congress/house-bill/6580/text?r=2&s=1. Zugriff am 29.04.2022.
[13] Heaven, D. (2019). Why deep-learning Ais are so easy to fool. Nature. https://www.nature.com/articles/d41586-019-03013-5. Zugriff am 07.02.2022.
[14] Hern, A. Typographic attac#. Guardian. https://www.theguardian.com/technology/2021/mar/08/typographic-attack-pen-paper-fool-ai-thinking-apple-ipod-clip. Zugriff am 07.02.2022.
[15] Freunek, M. und Lipsa, G. (2020). Resilient in der neuen Energiewelt. In Bulletin CH, Schweiz.

Kurzvita

Dr.-Ing. Monika Freunek ist ehemalige Leiterin Data Science in verschiedenen Bereichen des Schweizer Energieversorgers BKW AG und des Spin-Offs Endaprime und Gründerin des wissenschaftlichen Beratungsunternehmens Lighthouse Science Consulting and Technologies Inc. mit Sitz in Kanada. Sie studierte an den Fachhochschulen Bielefeld und Furtwangen Produktentwicklung und Product Engineering mit Schwerpunkt Mechatronik. Als Stipendiatin des Graduiertenkollegs GRK 1322-1 „Micro Energy Harvesting" der Deutschen Forschungsgemeinschaft promovierte sie 2010 an der Albert-Ludwigs-Universität Freiburg in Mikrosystemtechnik über die autarke Energieversorgung kleinster Sensorsysteme. Ihre Stationen in der Wissenschaft umfassen IBM Research, das Fraunhofer Institut Solare Energiesysteme, sowie die ZHAW. Wissenschaft in die Praxis zu bringen und den Dialog zwischen Forschung und Anwendung zu fördern, sind ihr ein Anliegen. Monika Freunek ist Herausgeberin mehrerer wissenschaftlicher Bücher im englischsprachigen Raum, regelmäßige Autorin von Fachartikeln und Erfinderin zweier Patente. Ihre fachlichen Schwerpunkte umfassen Energiesysteme aller Größenordnungen, Cybersecurity, IoT und Data Science.

Karsten Kinast

26 Datenschutz- und Sicherheitsaspekte in vernetzten intelligenten Systemen

Zusammenfassung: Die Digitalisierung ermöglicht eine vielfältige technische Ausgestaltung vernetzter intelligenter Systeme. In diesem Kontext werden auch bisher noch nie dagewesene Datenverarbeitungsvorgänge möglich. Im Gegensatz dazu ist der Rechtsrahmen weniger flexibel. Vielmehr zeichnet sich insbesondere das Datenschutzrecht dadurch aus, dass bestimmte Prinzipien für praktisch jeden Verarbeitungsvorgang zwingend einzuhalten sind. Nimmt man exemplarisch etwa an, dass eine Ausgestaltung vernetzter intelligenter Systeme nahezu immer mit einem Anstieg der verarbeiteten personenbezogenen Daten korreliert, so stellt sich bereits aufgrund dieses Anstiegs der Datenverarbeitungsvorgänge die Frage, welche Datenschutz- und Datensicherheitsaspekte zu berücksichtigen sind.

Diese Ausgangslage berücksichtigend, werden in diesem Kapitel zunächst überblickartig die – technisch geprägten – Konturen vernetzter intelligenter Systeme aus rechtlicher Perspektive dargestellt und grob definiert. Im Anschluss daran werden die relevanten datenschutzrechtlichen Gegebenheiten erläutert. Konkret umfassen diese etwa datenschutzrechtliche Grundsätze, Rechte betroffener Personen, Pflichten von Verantwortlichen sowie Folgen etwaiger Datenschutzverstöße. Hierbei liegt der Fokus insbesondere darauf, dem Leser die grundsätzlichen datenschutzrechtlichen Zusammenhänge zu vergegenwärtigen und ihn hierdurch in die Lage zu versetzen, Verarbeitungsvorgänge innerhalb vernetzter intelligenter Systeme sowie damit verbundene potentielle Risikofaktoren zu erkennen. In diesem Zusammenhang werden einzelne besonders relevante Aspekte hervorgehoben, ohne jedoch grundsätzliche Zusammenhänge außer Acht zu lassen.

Schlagwörter: Digitalisierung, Verarbeitungsverbot mit Erlaubnisvorbehalt, Technische und Organisatorische Maßnahmen (TOMs), Grundsätze der Datenverarbeitung, Betroffenenrechte, Datenschutz-Grundverordnung, DSGVO, Praktische Umsetzung

26.1 Digitalisierung der elektrischen Energieversorgung

In der juristischen und auch datenschutzrechtlichen Praxis liegt der Fokus überwiegend auf der Frage der Vermeidung eines rechtlichen Risikos. Dieses rechtliche Risiko

Karsten Kinast, Kinast Rechtsanwälte, Köln, Deutschland, e-mail: kinast@kinast.eu

https://doi.org/10.1515/9783110753585-026

hängt von einer Vielzahl an Faktoren ab. Ausgangspunkt ist immer die zu beurteilende unternehmerische Tätigkeit oder Handlung. Insoweit ist auch die elektrische Energieversorgung keine Ausnahme. Im Hinblick auf Datenschutz- und Datensicherheitsaspekte stehen diejenigen verarbeiteten Daten im Mittelpunkt, die im Kontext der jeweiligen Unternehmenstätigkeit verarbeitet werden. Neben der Art der Daten ist bei jeder Entwicklung und Nutzung vernetzter intelligenter Systeme auch die große Menge verwendeter Daten relevant.

So wird – in dem Versuch, technische Gegebenheiten juristisch einzuordnen – die intelligente elektrische Energieversorgung oder auch Energiewirtschaft in der juristischen Literatur als die informationstechnische Vernetzung von Energieerzeugung und Verbraucher mit dem Ziel der wechselseitigen Kommunikation verstanden (vgl. *Lange*, 165 [1]). Mit anderen Worten kann somit von einer Art Internet der Energie gesprochen werden (vgl. *Lange*, 165 [1]). In diesem Kontext sollen nach *Lange* die Systeme in der Lage sein, Daten im Netz selbständig zu kommunizieren und Anlagen autonom zu steuern (vgl. *Lange*, 166 [1]).

Führt man die informationstechnische Vernetzung von Systemen im Kontext der Digitalisierung technisch konsequent fort, so führt der Weg zwangsläufig irgendwann zum Begriff der künstlichen Intelligenz (KI). Dieser Begriff ist bisher nicht allgemeingültig definiert worden und wird in unterschiedlichen Kontexten und zur Beschreibung ganz unterschiedlicher Technologien verwendet (vgl. *Geminn*, 354 [2]).

Die Europäische Kommission bezeichnet KI etwa als jedwedes System mit einem intelligenten Verhalten, das seine Umgebung analysieren und mit einem gewissen Grad an Autonomie handeln kann, um bestimmte Ziele zu erreichen (vgl. Mitteilung der Kommission vom 25.04.2018, [3]). Exemplarisch nennt die Kommission sowohl rein softwaregestützte Systeme, die in einer virtuellen Umgebung arbeiten (z. B. Bildanalysesoftware sowie Sprach- und Gesichtserkennungssysteme) als auch Hardware-Systeme (z. B. moderne Roboter oder Anwendungen des Internet der Dinge (vgl. Mitteilung der Kommission vom 25.04.2018 [3])). Entscheidend soll in diesem Kontext eine gewisse Anpassungsfähigkeit und Autonomie des technischen Systems sein, die zur Unvorhersagbarkeit seiner Handlungen führt (vgl. *Geminn*, 355 [2]).

In der Praxis führt das Anwachsen der notwendigen Datenbestände in fast allen Unternehmen dazu, dass Cloud-Speicherdienste – wie exemplarisch in der sogenannten Public Cloud – verwendet werden (Forgó/Helfrich/Schneider/*Scheja/Quae/Conrad/Hausen*, Teil IV Kapitel 3 Rn. 22 [4]). Derartige Public Cloud Speicherdienste sind typischerweise nicht auf eine geringe Zahl Auftragnehmer, Subunternehmer oder wenigen Rechenzentren beschränkt, sondern schalten Rechenzentren aus einer Vielzahl Zeitzonen virtuell zusammen und speichern so Daten überall auf der Welt (vgl. Forgó/Helfrich/Schneider/*Scheja/Quae/Conrad/Hausen*, Teil IV Kapitel 3 Rn. 22 [4]).

26.2 Anwendbarkeit des Datenschutzrechts

Die große Menge verarbeiteter Daten in intelligenten vernetzten Systemen spielt für die reine Anwendbarkeit des Datenschutzrechts als solche zunächst keine Rolle. Maßgeblich für die Anwendung des Datenschutzrechts ist die Eröffnung des Anwendungsbereichs der europäischen Regelungen wie die Datenschutzgrundverordnung (DSGVO). Die DSGVO entfaltet als Verordnung gemäß Art. 288 Abs. 2 der Verträge über die Arbeitsweise der Europäischen Union (AEUV) unmittelbare Wirkung und ist in allen ihren Teilen ohne deutschen Umsetzungsakt verbindlich.

Soweit eine darüberhinausgehende Umsetzung möglich ist, haben die jeweiligen Mitgliedstaaten zusätzliche Rechtsnormen erlassen. Exemplarisch hierfür können etwa die in Deutschland geltenden Datenschutzgesetze des Bundes (BDSG) und der Länder (LDSG) herangezogen werden.

Ferner wirken – insbesondere bei der Auslegung – weitere Normen wie etwa das Grundgesetz sowie die Grundrechtscharta mittelbar auf die Normen ein (hierzu ausführlich *Kühling/Klar/Sackmann*, S. 6ff. [5]).

26.2.1 Sachliche Anwendbarkeit

Der sachliche Anwendungsbereich des Datenschutzrechts ist denkbar weit. Voraussetzung einer jeden Anwendbarkeit ist die Verarbeitung personenbezogener Daten. In diesem Zusammenhang definiert die DSGVO personenbezogene Daten als alle Informationen, die sich auf eine – jedenfalls mittelbar – identifizierbare natürliche Person beziehen (Art. 4 Nr. 1 S. 1 DSGVO). Identifizierbar in diesem Sinne ist die Person immer dann, wenn sie etwa durch Zuordnung zu einer Kennung wie einem Namen oder Standortdaten, zu einer Onlinekennung oder zumindest einem besonderen Merkmal identifizierbar wird.

Verarbeitung in diesem Sinne ist jedes mit oder ohne Hilfe automatisierte Verfahren im Zusammenhang mit personenbezogenen Daten (Art. 4 Nr. 2 S. 1 DSGVO). Exemplarisch nennt die DSGVO hier das Erheben, das Erfassen, die Organisation, das Ordnen, die Speicherung, die Anpassung oder Veränderung, das Auslesen, das Abfragen, die Verwendung, die Offenlegung durch Übermittlung, Verbreitung oder eine andere Form der Bereitstellung, den Abgleich oder die Verknüpfung, die Einschränkung, das Löschen oder die Vernichtung (Art. 4 Nr. 2 S. 2 DSGVO).

Vereinfacht dargestellt handelt es sich bei der Verarbeitung personenbezogener Daten somit um jeden irgendwie gearteten Vorgang im Zusammenhang mit Daten aus denen mindestens mittelbar die Identität einer Person erkennbar wird. Beispiele hierfür sind etwa

- Vertrags- und Kontaktdaten der Stromnutzer oder
- eindeutig zuzuordnende Kennzeichen (z. B. die Zählernummer).

Ob die DSGVO auf das konkrete intelligente vernetzte System anwendbar ist, lässt sich abstrakt nicht beurteilen. Vielmehr muss dies anhand der tatsächlich verwendeten Daten im Einzelfall geprüft werden.

26.2.2 Örtliche Anwendbarkeit

Korrelierend zur sachlichen Anwendbarkeit ist auch der örtliche Anwendungsbereich sehr weit gefasst. Gemäß Art. 3 DSGVO ist diese – vereinfacht dargestellt – räumlich auf jede Verarbeitung personenbezogener Daten mit Bezug zu einer unternehmerischen Tätigkeit innerhalb der Europäischen Union (EU) oder zu Unionsbürgern anwendbar.

So ist gemäß Art. 3 Abs. 1 DSGVO Voraussetzung der Anwendung, dass die Verarbeitung im Kontext der Tätigkeit einer Niederlassung eines Verantwortlichen oder eines Auftragsverarbeiters in der Union erfolgt.[1] Die Verarbeitung selbst muss nicht in der EU stattfinden. Insoweit spricht man von einem Marktortprinzip (vgl. etwa ausführlich Auer-Reinsdorff/Conrad/*Conrad/Treeger*, § 34 Rn. 118f. [6]). Alternativ ist die DSGVO auf die Verarbeitung personenbezogener Daten von betroffenen Personen in der Union, bei Waren- oder Dienstleistungsangeboten in der EU oder der Verhaltensanalyse von Personen in der EU anwendbar (Art. 3 Abs. 2 DSGVO).

26.2.3 Kein Konzernprivileg

Ebenfalls zu berücksichtigen, wenn auch kein Aspekt des Anwendungsbereichs, ist, dass das Datenschutzrecht (nahezu) keine Rücksicht auf die Organisationsstruktur des Unternehmens nimmt. Eine Konstellation wie die im Arbeitsrecht bekannte Restrukturierung aus Gründen der Mitbestimmungsvermeidung kennt das Datenschutzrecht nicht. Zwar kennt die DSGVO die Begriffe Unternehmen (Art. 4 Nr. 16 DSGVO) sowie Unternehmensgruppe (Art. 4 Nr. 17 DSGVO), diese haben jedoch keinen Einfluss auf den Pflichtenkatalog der DSGVO.

Die Begriffe knüpfen vielmehr an den Begriff des Verantwortlichen an. Verantwortlicher in diesem Sinne ist jede natürliche oder juristische Person, Behörde, Einrichtung oder andere Stelle, die allein oder gemeinsam mit anderen über die Zwecke und Mittel der Verarbeitung von personenbezogenen Daten entscheidet (Art. 4 Nr. 7 DSGVO). Betreibt beispielsweise ein Tochterunternehmen die Cloud des intelligenten vernetzten Systems für eine Konzernmutter, entscheidet aber nicht über die Modalitäten der Verarbeitung, so ist die Konzernmutter weiterhin verantwortlich.

1 Siehe zu den Begriffen Verantwortlicher und Auftragsverarbeiter auch die Abschnitte 3.4, 3.6 sowie 4.2 dieses Kapitels.

26.2.4 Sonderkonstellation: Datenschutzrecht der Schweiz

Eine besondere Rolle innerhalb datenschutzrechtlicher Normen spielt die Schweiz. Dies resultiert daraus, dass die DSGVO in der Schweiz mangels Mitgliedschaft in der EU nicht anwendbar ist. Das relevante Datenschutzrecht der Schweiz ist im Wesentlichen im Bundesgesetz über den Datenschutz (DSG) niedergelegt. Maßgeblicher Anknüpfungspunkt ist insoweit die Existenz von Personendaten. Gemäß Art 3 Buchstabe A DSG sind Personendaten als alle Angaben definiert, die sich auf eine bestimmte oder bestimmbare Person beziehen. Aus Gründen der Verständlichkeit fokussiert sich die weitere Darstellung auf die europäischen Regelungen und nimmt lediglich an einzelnen Stellen Bezug auf die Schweiz.

26.3 Die rechtmäßige Datenverarbeitung

Ist das Datenschutzrecht anwendbar, so muss jede Verarbeitung personenbezogener Daten innerhalb der intelligenten vernetzten Systeme die Anforderungen der DSGVO erfüllen. In vier Kapiteln kodifiziert die DSGVO zunächst allgemeine Grundsätze für die Verarbeitung personenbezogener Daten (Kapitel II), um danach die Rechte der betroffenen Personen (Kapitel III), Pflichten der Verantwortlichen (Kapitel IV) und Besonderheiten bei des Datentransfers in Drittländer (Kapitel V) zu normieren.

26.3.1 Verarbeitungsverbot mit Erlaubnisvorbehalt

Voraussetzung einer jeden rechtmäßigen Datenverarbeitung ist zunächst die Existenz einer Verarbeitungsgrundlage. Das in Art. 6 Abs. 1 S. 1 DSGVO niedergelegte Verbot mit Erlaubnisvorbehalt besagt, dass zunächst jedwede Verarbeitung personenbezogener Daten rechtswidrig ist. Etwas anderes gilt ausschließlich dann, wenn ein in den Art. 6 f. DSGVO oder einschlägige Normen in BDSG, LDSG oder aber sonstigen Spezialgesetzen gegenteiliges bestimmen. Exemplarisch für eine derartige Spezialregelung ist etwa – für den Betrieb von Messstellen – § 49 des Gesetzes über den Messstellenbetrieb und die Datenkommunikation in intelligenten Energienetzen 1 (Messstellenbetriebsgesetz – MsbG).

Für intelligente vernetzte Systeme bedeutet dies ebenfalls, dass die Verarbeitung personenbezogener Daten, etwa im Kontext einer ganzheitlichen intelligenten Mobilitätssteuerung (vgl. *Bretthauer/Schmitt*, 343 [7]) – grundsätzlich verboten ist.

26.3.2 Grundsätze der Datenverarbeitung

Darf ein personenbezogenes Datum erst einmal verarbeitet werden, so geschieht dies nicht im rechtsfreien Raum. Vielmehr gelten die nachfolgenden datenschutzrechtlichen Prinzipien für jede Verarbeitung personenbezogener Daten:

- Rechtmäßigkeit, Verarbeitung nach Treu und Glauben und Transparenz (Art. 5 Abs. 1 lit. a) DSGVO),
- Zweckbindung (Art. 5 Abs. 1 lit. b) DSGVO),
- Datenminimierung (Art. 5 Abs. 1 lit. c) DSGVO),
- Richtigkeit (Art. 5 Abs. 1 lit. d) DSGVO),
- Speicherbegrenzung (Art. 5 Abs. 1 lit. e) DSGVO) und
- Integrität und Vertraulichkeit (Art. 5 Abs. 1 lit. f) DSGVO).

Darüber hinaus ist der Verantwortliche für die Einhaltung der zuvor genannten Kriterien verantwortlich und muss deren Einhaltung nachweisen können (Art. 5 Abs. 2 DSGVO). Man spricht insoweit von einer Rechenschaftspflicht des Verantwortlichen, die beispielsweise auch in Art. 28 DSGVO konkretisiert wird (vgl. hierzu etwa Kinast/Stanonik, S. 11 [8]).

Die in Art. 5 DSGVO normierten Grundsätze lösen keine unmittelbare Rechtsfolge aus, können aber dennoch durchsetzbares Recht begründen (von dem Bussche/Voigt/Voigt, Teil 3. Kapitel 2 Rn. 2 [9]). In der Praxis scheint es oft banal, dass die Grundsätze auf die Verarbeitung personenbezogener Daten anwendbar sind.

Im Kontext intelligenter vernetzter Systeme ist jedoch zu berücksichtigen, dass gerade jeder Verarbeitungsvorgang diesen Grundsätzen genügen muss. Es genügt mithin nicht, das System bei Initialisierung entsprechend der Grundsätze zu starten. Der Verantwortliche muss die Einhaltung der Grundsätze trotz „eigenverantwortlicher" systemischer Verarbeitung fortlaufend prüfen und dokumentieren.

Beispiel. Ein Versorgungsunternehmen schreibt ein Programm, mit dem es die künftige Zahlungsausfallquote bisher liquider Kunden antizipieren will. Zu diesem Zweck soll das System eigenständig Daten verarbeiten, die das Unternehmen im Kontext der Vertragsdurchführung erhoben hat (z. B. Verbrauchswerte, Wohnsituation, Bevölkerungsstruktur am Wohnort, Berufsbezeichnung etc.). Dieses System muss auch bei legaler Einrichtung fortlaufend im Hinblick auf datenschutzrechtliche Legalität geprüft werden. Die Prüfung und deren Ergebnis sind überdies zu dokumentieren.

Ein zusätzlicher, ungeschriebener, aber ebenso relevanter Grundsatz der Datenverarbeitung ist der risikobasierte Ansatz, der einer Vielzahl von Regelungen der DSGVO zugrunde liegt (vgl. von dem Bussche/Voigt/*Voigt*, Teil 3. Kapitel 2 Rn. 1 [9]).

26.3.3 Rechte der betroffenen Personen

Die DSGVO gewährt den betroffenen Personen eine Vielzahl an Rechten, die auch im Kontext intelligenter vernetzter Systeme gewährleistet werden müssen. Konkret sieht die DSGVO zunächst ein Recht auf transparente Information im Hinblick auf die Ausübung der nachfolgend aufgeführten Rechte vor (Art. 12 DSGVO). Diese Rechte umfassen

- ein Auskunftsrecht der betroffenen Personen (Art. 15 DSGVO),
- ein Recht auf Berichtigung unrichtiger Daten (Art. 16 DSGVO),
- das Recht auf Löschung personenbezogener Daten, oder auch „Recht auf Vergessenwerden" (Art. 17 DSGVO),
- Recht auf Einschränkung der Verarbeitung (Art. 18 DSGVO),
- Mitteilungspflicht im Zusammenhang mit der Berichtigung oder Löschung personenbezogener Daten oder der Einschränkung der Verarbeitung (Art. 19 DSGVO),
- Recht auf Datenübertragbarkeit (Art. 20 DSGVO),
- Widerspruchsrecht (Art. 21 DSGVO) sowie
- das Recht auf eine automatisierte Entscheidung im Einzelfall einschließlich Profiling (Art. 22 DSGVO).

Über diese Rechte der betroffenen Personen müssen Betreiber intelligenter vernetzter Systeme – ohne vorherige Aufforderung – informieren. Der konkrete Inhalt der Informationspflichten ist in Art. 13, 14 DSGVO normiert. Exemplarisch sind betroffenen Personen etwa über die Kontaktdaten des Datenschutzbeauftragten (Art. 13 Abs. 1 lit. b) DSGVO), die Zwecke der und Rechtsgrundlage für die Verarbeitung (Art. 13 Abs. 1 lit. c) DSGVO) sowie eine etwaige Weitergabe an Dritte (Art. 13 Abs. 1 lit. d) DSGVO) zu informieren. Letzteres ist im Kontext intelligenter vernetzter Systeme insbesondere wegen der Nutzung von Cloud-Diensten relevant (vgl. Abschnitt 26.1). Werden diese durch ein anderes Unternehmen betrieben, so handelt es sich hierbei um eine Weitergabe, über die die betroffenen Personen aufzuklären sind.

26.3.4 Pflichten der Verantwortlichen

Die Rechte der betroffenen Personen werden zugleich durch die Pflichten des Verantwortlichen flankiert. Diese sind primär in Kapitel IV der DSGVO niedergelegt und gelten ebenfalls für jede Verarbeitung personenbezogener Daten. Insoweit stellt die DSGVO die Verantwortung des Verantwortlichen für die Verarbeitung personenbezogener Daten in den Vordergrund (Art. 24 DSGVO). So muss der Verantwortliche unter Berücksichtigung der Art, des Umfangs, der Umstände und der Zwecke der Verarbeitung sowie der unterschiedlichen Eintrittswahrscheinlichkeit und Schwere der Risiken für die Rechte und Freiheiten natürlicher Personen zunächst geeignete technische und organisatorische Maßnahmen (TOM) ergreifen, um die Einhaltung der DSGVO nachzuweisen (Art. 24 Abs. 1 S. 1 DSGVO).

Kerninhalt des Art. 24 Abs. 1 ist die Einführung des risikobasierten Ansatzes, im Rahmen dessen ex ante eine Risikoprüfung vorzunehmen ist, von deren Ergebnis abhängt, welche gesetzlichen Pflichten zu erfüllen sind (vgl. Gola/Piltz, Art. 24 Rn. 19 [10]). Der risikobasierte Ansatz ist darüber hinaus an weiteren Stellen niedergelegt und ist – wie unter Abschnitt 26.3.2 beschrieben – ein Grundsatz jeder Datenverarbeitung.

Der Verantwortliche muss den Datenschutz gemäß Art. 25 DSGVO überdies durch eine adäquate Technikgestaltung (privacy by design) und durch datenschutzfreundliche Voreinstellungen (privacy by default) gewährleisten, er muss im Kontext einer gemeinsamen Datenverarbeitung Pflichten erfüllen (Art. 26 DSGVO) sowie auch im Kontext der Auftragsdatenverarbeitung oder sonstiger Datenverarbeitung außerhalb des Unternehmens – etwa im Rahmen des Outsourcing – die Einhaltung des Datenschutzes gewährleisten (Art. 28, 29 DSGVO). Ferner sind in bestimmten Fällen Vertreter innerhalb der EU zu bestellen (Art. 27 DSGVO) sowie ein Verzeichnis über die Verarbeitungstätigkeiten zu führen (Art. 30 DSGVO).

In Fällen von Datenschutzvorfällen ist der Verantwortliche ebenfalls verpflichtet, sowohl die Aufsichtsbehörde (Art. 33 DSGVO) als auch die betroffene Person (Art. 43 DSGVO) zu unterrichten. Weiter ist – den in Abschnitt 26.1 beschriebenen Umfang der Verarbeitung vorausgesetzt – eine Datenschutz-Folgenabschätzung durchzuführen (Art. 37 DSGVO). Diese ist gemäß Art. 37 Abs. 1 DSGVO immer dann notwendig, wenn insbesondere bei Verwendung neuer Technologien, voraussichtlich ein hohes Risiko für die Rechte und Freiheiten natürlicher Personen zu erwarten ist.

26.3.5 Besonderheiten des Datentransfers in Drittländer

Vernetzte intelligente Systeme verwenden zur Speicherung der verarbeiteten Daten in der Praxis typischerweise Cloud-Systeme (vgl. Abschnitt 26.1). Wird das System innerhalb der EU gehostet, so unterliegt diese Datenverarbeitung besonderen Anforderungen. Etwas anderes gilt jedoch, wenn ein außerhalb der EU gehostetes System (exemplarisch die Schweiz) personenbezogene Daten von EU-Bürgern verarbeitet.

Konkret ist jede Übermittlung personenbezogener Daten an ein Land außerhalb der EU/EWR nur zulässig, wenn sowohl die in Kapitel V niedergelegten Bedingungen als auch die zuvor konturierten allgemeinen Anforderungen der DSGVO eingehalten werden (Art. 44 S. 1 DSGVO). Der Verantwortliche muss somit für jede Datenverarbeitung gewährleisten, dass eine Datenübermittlung entweder

- auf der Grundlage eines Angemessenheitsbeschlusses (Art. 45 DSGVO),
- auf Grundlage anderer geeigneter Garantien (Art. 46 DSGVO) oder
- auf Grundlage verbindlicher interner Datenschutzvorschriften (Art. 47 DSGVO) erfolgt.

Erfolgt die Verarbeitung nicht auf Grundlage eines dieser Instrumente, so ist sie im Grundsatz rechtswidrig. Etwas anderes gilt ausschließlich dann, wenn – etwa gemäß Art. 49 DSGVO – eine Ausnahme einschlägig ist.

Die Verarbeitung personenbezogener Daten in der Schweiz ist aus aktueller Perspektive auf Grundlage eines Angemessenheitsbeschlusses des Jahres 2000 zulässig (2000/518/EG).

26.3.6 Der Datenschutzbeauftrage

Der Betrieb vernetzter intelligenter Systeme erfordert – wenn personenbezogene Daten verarbeitet werden – die Bestellung eines Datenschutzbeauftragten. So ist gemäß Art. 37 Abs. 1 DSGVO jeder Verantwortliche zur Benennung eines Datenschutzbeauftragten verpflichtet, wenn

- die Kerntätigkeit in der Durchführung von Verarbeitungsvorgängen besteht, die aufgrund der Art, des Umfangs und/oder des Zweckes eine umfangreiche regelmäßige und systematische Überwachung von betroffenen Personen erforderlich machen, oder
- die Kerntätigkeit des Verantwortlichen oder des Auftragsverarbeiters in der umfangreichen Verarbeitung besonderer Kategorien von Daten gemäß Art. 9 DSGVO besteht.

Versteht man vernetzte intelligente Systeme entsprechend der in Abschnitt 26.1 genannten Definition dergestalt, dass eine große Menge personenbezogener Daten verarbeitet wird, so verpflichtet dies allein bereits zur Bestellung eines Datenschutzbeauftragten. Hinzu kommt, dass eine Analyse der personenbezogenen Daten im selben Umfang besondere Kategorien gemäß Art. 9 DSGVO betreffen könnte.

Der Datenschutzbeauftrage kann sowohl intern als auch extern bestellt werden. Er ist gemäß Art 38 DSGVO weisungsfrei und gemäß Art. 39 Abs. 1 DSGVO beispielsweise zur Unterrichtung und Beratung des Verantwortlichen (Art. 39 Abs. 1 lit a) DSGVO) oder Überwachung der Einhaltung der DSGVO (Art. 39 Abs. 1 lit b) DSGVO) befugt. Ferner ist er gemäß § 37 Abs. 2 DSGVO bei der Datenschutz-Folgenabschätzung einzubeziehen.

26.3.7 Exkurs: Die Datenverarbeitung im Zusammenhang mit sogenannten Smart Metern

Die DSGVO sowie die einschlägigen Datenschutzgesetze werden im Kontext vernetzter intelligenter Systeme – etwa im Kontext von Smart Metering oder auch intelligenten Zähleranlagen – von weiteren spezifischen Normen flankiert. Exemplarisch sei insoweit das in Deutschland geltende Messstellenbetriebsgesetz (MsbG) genannt. Dieses definiert in § 2 Nr. 7 MsbG etwa, dass ein intelligentes Messsystem eine „über ein Smart-Meter-Gateway in ein Kommunikationsnetz eingebundene moderne Messeinrichtung zur Erfassung elektrischer Energie ist, das den tatsächlichen Energieverbrauch und die tatsächliche Nutzungszeit widerspiegelt und über den Smart-Meter-Gateway-Administrator im Zusammenwirken mit den informationstechnischen Systemen weiterer Berechtigter (...).“

In diesem Kontext dürfen exemplarisch nur bestimmte Unternehmen auf die im Smart Meter verarbeiteten Daten zugreifen (§ 49 MsbG). Auch dürfen lediglich bestimmte Daten erhoben werden (§§ 55–59 MsbG), und das Bundesamt für Sicherheit in der Informationstechnik (BSI) hat gemeinsam mit Branchenvertretern, der Bundesnetzagentur und der Physikalisch-Technischen Bundesanstalt (PTB) Schutzprofile und Richtlinien für den Betrieb von Smart Metern entwickelt. Auch haben die Verantwortlichen für Smart Meter spezifische Pflichten zu erfüllen (§§ 60–65 MsbG) und der Datenaustausch ist nur unter besonderen Voraussetzungen zulässig (§§ 66–70 MsbG).

26.4 Aspekte der Datensicherheit in vernetzten intelligenten Systemen

Der Begriff Datensicherheit ist, sofern nicht ohnehin Gegenstand der täglichen Tätigkeit, schwer zu greifen. Aus diesem Grund ist es sinnvoll, den Begriff zunächst näher zu umgrenzen und erst im Anschluss die relevanten rechtlichen Anforderungen zu erläutern.

26.4.1 Terminologische Einordnung der Datensicherheit

Neben datenschutzrechtlichen Anforderungen müssen intelligente vernetzte Systeme auch Anforderungen der Datensicherheit erfüllen. Der Begriff Sicherheit in der Informationstechnologie – oder IT-Sicherheit – ist eine Umschreibung für technische und rechtliche Maßgaben im Hinblick auf die IT-Infrastruktur eines Unternehmens, die auf interne sowie externe Gefährdungslagen reagiert (vgl. Auer-Reinsdorff/Conrad/*Conrad*, § 33 Rn. 8f. [6]). Bei der Datensicherheit handelt es sich um eine Schnittmenge des Datenschutzes mit dem Bereich IT-Sicherheit (vgl. *Schröder*, S. 19 [11]). Im Gegensatz zum Datenschutz ist bei der Datensicherheit jedoch nicht die Erhebung, Speicherung und Verarbeitung von Daten des Datensubjekts im Fokus, sondern der Schutz vor Zugriff auf diese Daten (vgl. Schröder, S. 19 [11]).

26.4.2 Rechtliche Anforderungen an die Datensicherheit

Die Datensicherheit ist aus rechtlicher Perspektive im Wesentlichen in zwei Teile zu untergliedern: Allgemeine rechtliche Anforderungen einerseits sowie spezifische Anforderungen der bereichsspezifischen Regelungen andererseits.

26.4.2.1 Allgemeine Anforderungen

Die Datensicherheit in der Unternehmenspraxis orientiert sich überwiegend an allgemein anerkannten Normen. Exemplarisch hierfür sind etwa die von der International Organization for Standardization (ISO) vorgaben für die IT-Sicherheit (ISO 27001).

Nichtsdestotrotz existiert in Deutschland noch kein Recht der IT-Sicherheit im eigentlichen Sinne (vgl. Auer-Reinsdorff/*Conrad*/*Conrad*, § 33, Rn. 8f. [6]). Vielmehr umfasst das IT-Sicherheitsrecht alle rechtlichen Regelungen und Bestimmungen, die sich auf die Sicherheit von Daten im Sinne einer Wahrung der Verfügbarkeit, Vertraulichkeit und Integrität dieser Daten richten (vgl. Auer-Reinsdorff/*Conrad*/*Conrad*, § 33, Rn. 8f. [6]). Exemplarisch hierfür sind etwa Maßnahmen zur Verfügbarkeit, Vertraulichkeit oder Integrität technischer Systeme (vgl. Auer-Reinsdorff/Conrad/*Conrad*, § 33, Rn. 8f. [6]).

26.4.2.2 Vorgaben der DSGVO

Die DSGVO greift den Aspekt der Datensicherheit an verschiedenen Stellen auf. Wie bereits erwähnt, beginnt zunächst das Kapitel IV in Art. 24 DSGVO mit einer Generalklausel. Diese verpflichtet den Verantwortlichen im Rahmen des risikobasierten Ansatzes (vgl. Abschnitt 26.3.4) dazu, geeignete technische und organisatorische Maßnahmen (TOMs) zu ergreifen, um sicherzustellen und den Nachweis dafür erbringen zu können, dass die Verarbeitung gemäß der DSGVO erfolgt. Der Begriff TOMs verknüpft den Datenschutz und die Datensicherheit insoweit, als dass sich diese Maßnahmen auf die Sicherheit personenbezogener Daten beziehen, die zum Schutz der Privatsphäre der sie betreffenden natürlichen Personen erforderlich ist (vgl. ForgóHelfrich/Schneider/*Schmitz*/*v. Dall'Armi*, Teil XII. Kap. 1, Rn. 44 [4]). TOMs sind das wesentliche Instrument zur Sicherstellung der datenschutzrechtlichen Compliance des Verantwortlichen (vgl. *Specht*/*Mantz*/*Krätschmer*, § 6 Rn. 14, [12]).

Artikel 32 Abs. 1 DSGVO konkretisiert die Anforderungen an die Datensicherheit dahingehend, dass der Verantwortliche sowie Auftragsverarbeiter TOMs implementieren, um ein dem Risiko angemessenes Schutzniveau für personenbezogene Daten zu gewährleisten. Die Norm konkretisiert somit die in Art. 5 Abs. 1 lit. f normierten Datenschutzgrundsätze der Integrität und Vertraulichkeit (Kühling/Buchner/*Jandt*, Art. 32 Rn. 1 [13]). Bei der konkreten Ausgestaltung ist der Stand der Technik, Implementierungskosten, Art, Umfang und Zwecke der Verarbeitung sowie die Eintrittswahrscheinlichkeit und Schwere des Risikos für die Rechte und Freiheiten natürlicher Personen zu berücksichtigen (Art. 32 Abs. 1 S. Hs. 1 DSGVO). Exemplarisch nennt die DSGVO mögliche Maßnahmen, wie

- die Pseudonymisierung und Verschlüsselung personenbezogener Daten,
- die Fähigkeit zur Sicherstellung der Vertraulichkeit, Integrität, Verfügbarkeit und Belastbarkeit der Systeme und Dienste,
- die Fähigkeit zur Wiederherstellung der Verfügbarkeit personenbezogener Daten oder
- die regelmäßigen Überprüfung, Bewertung und Evaluierung der Wirksamkeit der technischen und organisatorischen Maßnahmen zur Gewährleistung der Sicherheit der Verarbeitung.

Welche Maßnahmen der Verantwortliche im Detail ergreifen muss, das definiert die DSGVO nicht und hängt vom konkreten Einzelfall ab. Auch insoweit ist somit der risikobasierte Ansatz maßgeblich und bei der Ermittlung der zu treffenden TOMs zu berücksichtigen (vgl. Forgó/Helfrich/Schneider/*Schmitz/v. Dall'Armi*, Teil XII. Kap. 1, Rn. 44 [4]).

Die Regelungen zur Risikobeherrschung werden durch eine Mitwirkungspflicht des Verantwortlichen sowie des Auftragsverarbeiters gemäß Art. 31 DSGVO flankiert, wodurch die Aufsichtsbehörden erst in die Lage versetzt werden, ihrer Kontroll- und Aufsichtstätigkeit wirksam nachkommen zu können (vgl. Specht/Mantz/*Mantz/Marosi*, § 3 Rn. 156 [12]).

26.5 Praktische Umsetzung

Ohne praktische Umsetzung von Datenschutz- und Datensicherheit in vernetzten intelligenten Systemen ist auch die Kenntnis der zuvor (überblickartig) konturierten Aspekte nutzlos. So muss der Verantwortliche, um ein angemessenes Niveau von Datenschutz und Datensicherheit zu gewährleisten, zunächst die Risiken der Datenverarbeitung identifizieren und bewerten. Dies geschieht sinnvollerweise mit einer sogenannten Schwachstellenanalyse (vgl. *Kinast/Stanonik*, S. 17ff. [8]).

Im Rahmen einer derartigen Schwachstellenanalyse werden mittels gezielter Fragen Datenflüsse sowie das Niveau von Datenschutz- und Datensicherheit sichtbar gemacht und können im Anschluss im Hinblick auf die Vorgaben der DSGVO risikogerecht bewertet werden. In diesem Kontext kann – insbesondere bei der Entwicklung und der Nutzung neuer Technologien wie etwa dem algorithmenbasierten maschinellen Lernen oder Sprachassistenzsystemen – auch die Datenschutz-Folgenabschätzung als Compliance Instrument herangezogen werden, um die Ausgestaltung des für den Einsatz dieser Technologien erforderlichen Maßnahmen zu bestimmen (konkret für Datenschutz-Management-Systeme Roth/Hense, 276 [14]).

Auf Basis der in der Risikoanalyse identifizierten Risiken sind anschließend Eintrittswahrscheinlichkeiten und mögliche Schäden zu evaluieren, und das Ergebnis der Analyse bildet den Maßstab für die zu ergreifenden TOMs (*Alt*, 169 (171) [15]). Dies bedeutet zugleich, dass nicht jedes vernetzte intelligente System gleich zu bewerten ist, sondern je nach tatsächlicher technischer Ausgestaltung und Datenverarbeitung ein unterschiedlich hohes Risiko birgt.

26.6 Verstöße und Sanktionen

Die große Menge der verarbeiteten personenbezogenen Daten in intelligenten vernetzten Systemen korreliert mit einem gesteigerten Haftungsrisiko. Eine größere Anzahl an Verarbeitungsvorgängen resultiert bereits rein statistisch in einer größeren Anzahl an Verstößen gegen Datenschutzrecht. Insoweit sind sowohl die Möglichkeit etwaiger Schadensersatzansprüche als auch die Verhängung von Geldbußen hervorzuheben.

So hat zunächst jede Person, der wegen eines Verstoßes gegen diese Verordnung ein materieller oder immaterieller Schaden entstanden ist, Anspruch auf Ersatz des daraus entstandenen Schadens (Art. 82 Abs. 1 DSGVO). Ferner besteht – insbesondere bei Verstößen gegen die Grundsätze der Datenverarbeitung (vgl. Abschnitt 26.3.2) – die Möglichkeit, Geldbußen von bis zu 20.000.000 EUR oder im Fall eines Unternehmens von bis zu 4 % seines gesamten weltweit erzielten Jahresumsatzes des vorangegangenen Geschäftsjahrs zu verhängen, je nachdem, welcher der Beträge höher ist (Art. 83 Abs. 5 DSGVO).

26.7 Zusammenfassung/Fazit

Resümierend lässt sich festhalten, dass die Digitalisierung zwar eine vielfältige technische Ausgestaltung vernetzter intelligenter Systeme ermöglicht, die anwendbaren rechtlichen Grundsätze aber dennoch im Grundsatz auf jede Verarbeitung gleichermaßen anwendbar sind. Insbesondere führt der Anstieg der verarbeiteten personenbezogenen Daten nicht dazu, dass eine angepasste Prüfung erfolgen muss.

Literaturverzeichnis

[1] Lange und Werner, K. (2016). Digitalisierung der Energiewirtschaft in Energie- und Wettbewerbsrecht in der kommunalen Wirtschaft (EWeRK), 165f., Nomos.
[2] Geminn, C. (2021). Die Regulierung Künstlicher Intelligenz, Anmerkungen zum Entwurf eines Artificial Intelligence. Act in Zeitschrift für Datenschutzrecht (ZD), 354. C. H. Beck.
[3] Mitteilung der Kommission an das Parlament (u. a.) vom 25.04.2018 zum Thema „Künstliche Intelligenz in Europa", COM (2018). 237 final, S. 1 abrufbar unter https://eur-lex.europa.eu/legalcontent/DE/TXT/PDF/?uri=CELEX:52018DC0237&from=DE. Zuletzt am 20.02.2022 abgerufen.
[4] Forgó, N., Helfrich, M. und Schneider, J. (2019). Betrieblicher Datenschutz, Rechtshandbuch, 3. Auflage. C. H. Beck.
[5] Kühling, J., Klar, M. und Sackmann, F. (2021). Datenschutzrecht, 5. Auflage. C. F. Müller.
[6] Auser-Reinsdorff, A. und Conrad, I. (2019). Handbuch IT- und Datenschutzrecht, 3. Auflage. C. H. Beck.
[7] Bretthauer, S. und Andrea, A. (2020). Privatsphärengerechte intelligente Mobilitätssteuerung im Straßenverkehr Einsatz von Big Data zur Stauvermeidung, Zeitschrift für Datenschutz (ZD), 341. C. H. Beck.
[8] Kinast, K. und Stanonik, D. (2019). Praxishandbuch Datenschutz für KMU, Schritt für Schritt zur sinnvollen DSGVOCompliance, 1. Auflage. LexisNexis.
[9] Von dem Bussche, A. und Voigt, P. (2019). Konzerndatenschutz, Rechtshandbuch, 1. Auflage. C. H. Beck.

[10] Gola, P. (2018). Datenschutz-Grundverordnung VO (EU) 2016/679, 2. Auflage. C. H. Beck.
[11] Schröder, G. F. (2021). Datenschutzrecht für die Praxis, 4. Auflage. dtv.
[12] Specht, L. und Mantz, R. (2019). Handbuch Europäisches und deutsches Datenschutzrecht, Bereichsspezifischer Datenschutz in Privatwirtschaft und öffentlichem Sektor, 1. Auflage. C. H. Beck.
[13] Kühling, J. und Buchner, B. (2020). Datenschutz-Grundverordnung, BDSG, 3. Auflage. C. H. Beck.
[14] Roth, H. M. und Hense, P. (2020). Risk-Assessment der Datenschutz-Folgenabschätzung und Einordnung im betrieblichen Risikomanagement – Teil 1, Compliance Berater (CB), 276. dfv Mediengruppe.
[15] Alt, U. (2020). Datensicherheit und Technik – ein risikoorientierter Ansatz, Der Sachverständige (DS), 169. C. H. Beck.

Kurzvita

Dr. Karsten Kinast, LL.M. ist Gründer und geschäftsführender Gesellschafter von KINAST Rechtsanwälte. Er ist externer Datenschutzbeauftragter diverser – vor allem auch internationaler – Großkonzerne, Banken und Versicherungen. Herr Dr. Kinast, LL.M. zeichnet sich durch seine langjährige Erfahrung und Expertise im Datenschutzrecht aus und ist einer der am häufigsten empfohlenen Datenschutzrechtler unter deutschen Juristen. Er doziert, referiert und veröffentlicht regelmäßig Beiträge zu datenschutzrechtlichen und IT-rechtlichen Themen.

Benjamin Deppe

27 Den digitalen Transformationsprozess mit der systemischen Organisationsentwicklung aktiv gestalten

Zusammenfassung: Die fortschreitende Digitalisierung macht auch vor den Toren klassischer Branchen wie der Energieversorgung nicht halt. Dies betrifft sowohl das Arbeitsumfeld als auch den Lösungsraum für technische Herausforderungen. Damit verändert sich die etablierte Arbeitsweise grundlegend. Die Anforderungen an die Menschen in den Unternehmen steigen in von Volatilität, Unplanbarkeit, Komplexität und Ambivalenz (engl. VUCA) geprägten Zeiten deutlich. Damit verlieren fertige Blaupausen für Probleme an Wirksamkeit. Für Organisationen wird es immer bedeutender, die Lösungen aus sich heraus zu entwickeln und umzusetzen.

Im Folgenden wird die systemische Organisationsentwicklung als Instrument für den Umgang mit den unvermeidlichen Veränderungen vorgestellt. Dabei wird die Organisation als Ganzes betrachtet und erörtert, wie eine nachhaltige Organisationsentwicklung unter Einbeziehung der sieben Wesenselemente und durch die ganzheitliche Nutzung der sieben Basisprozesse der Organisationsentwicklung gelingen kann. Dadurch werden die Mitglieder einer Organisation befähigt, sich ständig selbst weiterzuentwickeln und somit Lösungen nachhaltig umzusetzen. Den wesentlichen Erfolgsfaktor stellt die Haltung der Menschen und insbesondere der Führungskräfte in den Organisationen dar. Hierzu wird die systemische Haltung eingeführt und in einen Kontext zu den agilen Ansätzen gestellt. Aufbauend auf den theoretischen Ansätzen und Methoden beschreibt der Beitrag das Gelingen einer Organisationsentwicklung an dem praktischen Beispiel eines Messstellenbetreibers im Wandel.

Schlagwörter: Agilität, Ambidextrie, Digitalisierung, Führung, Künstliche Intelligenz, Messstellenbetrieb, Organisationsentwicklung, Systemische Haltung, Transformationsprozess, Unternehmenskultur, VOPA+, VUCA-Welt

27.1 Digitalisierung in der Energiewirtschaft

Seit Beginn der Liberalisierung der Energiewirtschaft in Deutschland[1] im Jahr 1998 unterliegt die Branche fortlaufenden Veränderungen. Dies ist zunächst ein durch den

1 Die Änderungen des ordnungspolitischen Rahmens sowie das praktische Beispiel beziehen sich hier auf Deutschland. Die vorgestellten Methoden und grundsätzlichen Anforderungen an den Transformationsprozess sind aber auch auf andere Länder übertragbar.

Benjamin Deppe, Energienetze Mittelrhein GmbH & Co. KG, Koblenz, Deutschland, e-mail: mail@coaching-benjamindeppe.de

https://doi.org/10.1515/9783110753585-027

Gesetzgeber vorgegebener Veränderungsdruck. Die Auswirkungen auf die Marktrollen Lieferant, Netzbetreiber und Messstellenbetreiber sind unterschiedlich und zeitlich verteilt. Die größten Veränderungen erfuhren hierbei zunächst die Lieferanten. Neben der Liberalisierung wirkte sich die Förderung erneuerbarer Energien seit dem Jahr 2000 auf die Marktrollen, hier besonders auf die Netzbetreiber, aus. Seit einigen Jahren fordert die zunehmende Digitalisierung Veränderungen von Prozessen und Arbeitsweisen ein. Diese Veränderung ist überwiegend durch die Kunden und Marktanforderungen getrieben. Mit dem Gesetz zur Digitalisierung der Energiewende 2016 wurde die Digitalisierung konkret in den ordnungspolitischen Rahmen aufgenommen, wobei der Fokus auf der Marktrolle des Messstellenbetreibers liegt und diese weiter ausbaut.

Definition Digitalisierung. In diesem Beitrag wird Digitalisierung so verstanden, dass durch den technologischen Fortschritt Unternehmen einen ganzheitlichen Transformationsprozess durchlaufen, der Auswirkungen auf die Strategie, die Organisation sowie die Gesellschaft und Kultur hat (vgl. Petry (2019), S. 23 [1]).

Die Digitalisierung ist im Gegensatz zu den bisher aus den ordnungspolitischen Regelungen hervorgegangenen Veränderungen ein durch eine Reihe von Treibern ausgelöster Transformationsprozess. Es geht nicht mehr wie am Anfang der Liberalisierung nur um die Trennung von IT-Systemen und die Entflechtung von Unternehmen. Es geht vielmehr darum, Unternehmenskulturen und -prozesse sowie Arbeitsweisen zu verändern. In diesem Kontext bestehen auf der einen Seite Veränderungen, die aus dem ordnungspolitischen Rahmen hervorgehen, auf der anderen Seite sind Veränderungen zu berücksichtigen, die aus neuen Technologien und Erwartungen der Gesellschaft resultieren. Dies zeichnet den ganzheitlichen Transformationsprozess der Digitalisierung aus, der auch vor der Energiewirtschaft nicht haltmacht und diese inzwischen mit voller Kraft erreicht hat. Die Digitalisierung erfordert Maßnahmen auf allen Ebenen einer Organisation.

27.1.1 Veränderungsdruck aus dem ordnungspolitischen Rahmen

Der deutsche Gesetzgeber entwickelt den ordnungspolitischen Rahmen im Kontext europäischer Vorgaben stetig weiter. Zu Beginn der Liberalisierung wirkte sich dies insbesondere auf die Marktrolle des Lieferanten aus. Durch das Unbundling im Jahr 1998 wurden integrierte Unternehmen entflochten und in die voneinander unabhängigen Teile Netzbetreiber und Lieferant diversifiziert. Den Lieferanten war es fortan möglich, ihre Produkte im gesamten Bundesgebiet anzubieten. Die Rolle des Messstellenbetreibers wird seit 2008 kontinuierlich erweitert und entwickelt sich von einer Funktion des Netzbetreibers zu einer eigenständigen Marktrolle (vgl. Deppe (2017), S. 613 [2]).

Auch die Möglichkeiten der Digitalisierung finden Eingang in die Entwicklung des ordnungspolitischen Rahmens. Im Jahr 2016 wurde ein entsprechend umfassendes Artikelgesetz verabschiedet: das Gesetz zur Digitalisierung der Energiewende. Den größten Teil des Artikelgesetzes nimmt das Messstellenbetriebsgesetz (MsbG) ein. Ziel des Gesetzes ist der Ausbau von intelligenten Messsystemen unter Vermeidung einer zu hohen finanziellen Belastung für den Endkunden. Dies wird durch die Festlegung einer Preisobergrenze[2] erreicht. Gleichzeitig werden die Anforderungen für Datenschutz und Datensicherheit definiert. Damit ist die rechtliche Grundlage für die digitale Erfassung von Messwerten geschaffen. Neben der verpflichtenden Einführung für Jahresverbräuche >6.000 kWh sowie Einspeiseanlagen >7 kW wird auch die Basis für optionale Einbaufälle gelegt (vgl. [3]). Darüber hinaus definiert das Bundesamt für Sicherheit in der Informationstechnik (BSI) das Smart Meter Gateway als Kommunikationsplattform für vielseitige Anwendungen, auch außerhalb der Erfassung von Stromverbrauchswerten (vgl. [4]). Seit 2021 ist für das Segment der Wärmemessung ebenfalls vorgeschrieben, fernauslesbare Messeinrichtungen zu verbauen. Dabei wird in § 5 der Verordnung über die verbrauchsabhängige Abrechnung der Heiz- und Warmwasserkosten (HeizkostenV) und § 3 der Verordnung über die Verbrauchserfassung und Abrechnung bei der Versorgung mit Fernwärme oder Fernkälte (FFVAV) das Smart Meter Gateway explizit als Kommunikationsplattform genannt (vgl. [5, 6]). Damit sind mit Ausnahme der Wassermessung die Messungen von Strom-, Gas- und Wärmeenergie für eine Fernauslesung vorgesehen. So wird deutlich, dass ein enormes Potenzial für digitale Messwerte vorhanden ist. Politisches Ziel ist es zunächst, die Erreichung von Energieeinsparzielen sicherzustellen. Auf technischer Ebene soll die Erfassung von Einspeisedaten helfen, die Netzstabilität zu sichern.

Das Grundziel der Transparenz zur Erreichung der Einsparziele wurde bereits mit der Novelle des Energiewirtschaftsgesetzes (EnWG) im Jahr 2008 ausgegeben (vgl. Deppe/Hornfeck (2014), S. 258 [7]). Die Energiewirtschaft folgt dieser politischen Zielrichtung in weiten Teilen reaktiv und erfüllt die Anforderungen im bestehenden Umfeld. Damit sieht sich die Branche einer zunehmenden Digitalisierung gegenüber. Die technologische Entwicklung ermöglicht die Fernauslesung der Daten. Daraus folgt, dass bisherige Prozesse und Arbeitsweisen angepasst werden müssen, um mit den neuen Datenflüssen umgehen zu können. Allerdings wird es erforderlich sein, auch die bisherigen Prozesse weiter zu nutzen, da bei Erfüllung der minimalen Vorgaben weiterhin eine große Anzahl von Messeinrichtungen analog ausgelesen wird. Darüber hinaus eröffnen sich neue Ansätze, mit den vorhandenen Daten zu arbeiten. Auch die gesellschaftlichen Erwartungen insbesondere an Datenschutz und Datensicherheit steigen. Der Transformationsprozess der Digitalisierung ist also in vollem Gange.

---

2 Die Preisobergrenze legt fest, welchen Preis für eine Messstelle der Messstellenbetreiber dem Anschlussnehmer (Kunden) maximal in Rechnung stellen darf. Die Höhe des Preises richtet sich nach dem durchschnittlichen Jahresverbrauch der letzten drei Jahre bzw. nach der Einspeiseleistung.

27.1.2 Veränderungsdruck aus dem externen Umfeld

Neben den aus dem ordnungspolitischen Rahmen wirkenden Veränderungen, die im vorigen Abschnitt besprochen wurden, unterliegt die Gesellschaft einem kontinuierlichen Veränderungsprozess. Das Internet hat viele gewohnte Verhaltensweisen mit hoher Geschwindigkeit beeinflusst. Der E-Commerce-Umsatz beispielsweise hat von 1999 bis 2020 von 1,1 Mrd. EUR auf 72,8 Mrd. EUR zugenommen (vgl. [8]). Seit 1998 steht die Marktrolle Lieferant in seinem Versorgungsgebiet den Kunden nicht mehr als Monopolist, als einzige Anlaufstelle, zur Verfügung. Die Zahl der Lieferantenwechsel ist in Deutschland von 0,8 Mio. im Jahr 2006 auf 5,3 Mio. im Jahr 2020 gestiegen (vgl. [9, 10]). Der seit 2008 liberalisierte Markt des Messstellenbetriebs zeigt eine interessante Entwicklung. 2010 wurden 80 000 Messstellen von dritten Messstellenbetreibern betreut. Sechs Jahre später hat sich die Zahl durch unabhängige Messstellenbetreiber geführten Messstellen auf 240 000 verdreifacht. Bis 2020 – weitere vier Jahre später – hat sich die Zahl auf rund 520 000 erneut fast verdoppelt. Die Anzahl der unabhängigen Messstellenbetreiber mit einem Fernauslesungsbetrieb ist von 30 im Jahr 2016 auf 108 im Jahr 2020 ebenfalls deutlich gestiegen (vgl. [10–12]). In dieser Entwicklung lassen sich exponentielle Tendenzen erkennen, die typisch für die digitale Transformation sind (vgl. Petry (2019), S. 27 [1]).

Die Marktrolle des Messstellenbetreibers entwickelt sich mit dem MsbG noch stärker aus der Monopolstellung heraus in ein wettbewerbliches Umfeld. Der Messstellenbetreiber muss den Kunden aktiv darüber informieren, dass er einen anderen Messstellenbetreiber wählen kann (vgl. [13]). Ein Zählerwechsel ist dazu mit dem Besuch in dem Objekt des Kunden verbunden und erfordert damit in der Regel die Anwesenheit zum Zeitpunkt der Arbeit. Von Paketdienstleistern sind wir es schon heute gewohnt, dass die Lieferung live verfolgt werden kann. Bei den Zählerwechseln erfolgen zum Teil noch ganztägige Zeitangaben, in einigen Fällen werden die Termine bereits auf Vormittage oder Nachmittag eingegrenzt. Aus dem Beispiel wird klar, dass aus anderen Branchen Standards gesetzt werden, an denen sich die Erwartung der Kunden orientieren kann. Gleiches gilt für die jährliche Zählerablesung. Hier zeigt sich eine enge Verbindung mit den technischen Entwicklungen: Eine fernauslesbare Messtechnik erspart den jährlichen Besuch des Ablesers.

Damit steigt der Veränderungsdruck insbesondere auf die Marktrolle des Messstellenbetreibers weiter an. Der Wandel in der Interaktion zwischen Lieferanten und Kunden wird sich in der Interaktion zwischen Messstellenbetreibern und Kunden fortsetzen. Es ist heute schwer vorstellbar, den Stromliefervertrag nur durch den Besuch in einem Kundencenter und nur auf Papier abschließen oder Vergleichsangebote durch die Zusendung von Papierangeboten vornehmen zu können – ein Vorgehen, das noch vor 20 Jahren völlig normal war. Es gilt, die sich bietenden technischen Möglichkeiten konsequent zu nutzen, um den Erwartungen der Kunden gerecht zu werden und im Wettbewerb bestehen zu können. Auf lange Sicht wird sich eine Fernablesung immer mehr durchsetzen. Zum einen ist dies aus prozessualer Sicht in einem Massenprozess einfacher zu gestalten als auf zwei unterschiedlichen Prozesswegen, zum anderen ist es dem Kunden schwer zu vermitteln, dass eine Energieart digital abgelesen und eine andere weiterhin von einem Ableser vor Ort erfasst wird.

Während der Messstellenbetrieb in ein Wettbewerbsumfeld überführt werden kann, verbleibt der Netzbetrieb in einem natürlichen Monopol. Die fehlende Wahlfreiheit des Kunden führt nicht selten dazu, dass nicht von Kunden, sondern von Anschlussnehmern gesprochen wird. Daher ist der aus dem digitalen Transformationsprozess folgende Veränderungsbedarf vermeintlich nicht so hoch wie bei einer im Wettbewerb stehenden Organisation. Diese Sichtweise ist auf der einen Seite nachvollziehbar: Der Anschlussbegehrende hat keine Wahl – der Netzanschluss kann nur von dem örtlichen Verteilnetzbetreiber bereitgestellt werden. Auf der anderen Seite darf nicht vernachlässigt werden, dass der Kunde seine Erfahrungen in der Anwendung moderner Technologien aus anderen Branchen auf seinen Netzbetreiber überträgt. Damit besteht eine konkrete Erwartungshaltung an den Netzbetreiber. Ein Beispiel ist das Einreichen eines Netzanschlussantrages. Erst in den letzten Jahren setzen sich dafür Onlineportale durch. Bis dahin war das Ausfüllen und Einreichen auf Papier noch Standard – und ist es in Teilen auch heute noch.

Dieses konservative Verhalten schlägt sich jedoch in dem Image der Organisation nieder und kann damit die Gewinnung von Fachkräften erschweren, da diese an ihren Arbeitgeber ebenfalls Erwartungen haben (vgl. Petry (2019), S. 38ff. [1]). Aus den Abweichungen von der allgemeinen Erwartung, wie sie die Praxis zeigt, und den tatsächlichen Umsetzungsstand kann gefolgert werden, dass das Arbeitsumfeld ebenfalls nicht dem möglichen Stand der Technik entspricht, womit die Anforderungen der (potenziell neuen) Mitarbeiterinnen und Mitarbeiter nicht erfüllt sind und andere Organisationen als Arbeitgeber ausgewählt werden.

Über viele Jahre hat die 1965 von Gordon Moore aufgestellte These Bestand gehabt, nach der sich die Anzahl an Transistoren auf einer Fläche alle 1,5 Jahre verdoppelt. Auch wenn sich dieser Effekt zu verlangsamen scheint, ist die grundlegende exponentielle Tendenz auch in anderen Bereichen wie der Datenspeicherung oder der Kommunikationstechnik erkennbar (vgl. Petry (2019), S. 27 [1]). Die Folge daraus ist ein immer schneller werdender technologischer Fortschritt. Ebenso verdoppelt sich das vorhandene Wissen immer schneller. Zu Beginn des Jahrtausends benötigte eine solche Verdopplung noch fünf bis sieben Jahre, heute sind es ein bis zwei Jahre (vgl. [14]). Dies hat auf die konservative Energiewirtschaft, insbesondere im Netzgeschäft, erhebliche Auswirkungen. Die bisherige technische und regulatorische Verweildauer der technischen Komponenten beträgt über 30 Jahre (vgl. [15]). Im Zuge der Digitalisierung kommen vermehrt digitale Komponenten mit kürzeren Lebenszyklen zum Einsatz, wodurch sich neue Anforderungen an die Erneuerungszyklen und den Betrieb stellen.

27.1.3 Methoden und ihre begriffliche Einordnung

Diesen vielschichtigen Herausforderungen kann mit einer Reihe von sogenannten agilen Ansätzen aus anderen Branchen begegnet werden, die bereits von den Organisationen in der Marktrolle des Lieferanten genutzt werden. Derzeit erfolgt der Versuch, bei Netz- und Messstellenbetreibern agile Methoden zu etablieren. Nicht immer ist mit dem Schlagwort der Agilität dasselbe gemeint; auch wird der unveränderte Einsatz der Methode nicht als Erfolg versprechend eingeschätzt. Eine mögliche Folge ist, dass agile Ansätze gar nicht oder nur halbherzig implementiert werden.

In der bisherigen klassischen und vermeintlich planbaren Welt kam die Wasserfallplanung zum Einsatz. Danach wird zu Beginn eines Projektes das Ziel definiert, werden Meilensteine festgelegt und eine ausführliche Planung der Arbeitspakete durchgeführt – mit dem Kick-off wird das Projekt gestartet und streng nach Planung abgearbeitet. Bis zum Projektende finden regelmäßig Lenkungskreissitzungen statt, in denen über den Fortgang und die Erreichung der Meilensteine berichtet und die Entscheidungshoheit über den Projektverlauf ausgeübt wird. Die Methoden des klassischen Projektmanagements haben viele Jahre gut funktioniert und funktionieren auch heute noch in planbaren Projekten. Ein großer Nachteil der Methode ist jedoch, dass Änderungen nach bestimmten Meilensteinen teuer und zeitaufwendig sind und das Ergebnis unter Umständen den Kundenwünschen nicht mehr entspricht. Auch ist die Entscheidungskompetenz im Projektteam nicht immer ausreichend, um frühzeitig und schnell auf Änderungen reagieren zu können.

Der digitale Transformationsprozess erfordert neue Lösungsansätze, besonders in stark monopolistisch und technologisch geprägten Branchen wie dem Netzbetrieb. Naheliegend ist es, sich dazu in Branchen umzuschauen, die in dem Transformationsprozess fortgeschritten sind und bereits umfassende Erfahrungen gesammelt haben. Inzwischen geht der Fokus der Agilität über reine Projektarbeit hinaus und es wird von agilen Organisationen gesprochen. In diesem Kontext werden die Begrifflichkeiten der Agilität, VUCA, VOPA und vereinzelt Ambidextrie verwendet. Doch was bedeuten diese Begriffe, die den neuen Rahmen spannen? Und wie können die damit einhergehenden Methoden zum erfolgreichen Bestehen der digitalen Transformation beitragen?

Vorweggenommen werden kann, dass die reine Verwendung der Begrifflichkeiten und die Anwendung der Methodenbeschreibungen nicht automatisch zum Erfolg führen. Die genannten Ansätze sind eng miteinander verwoben und leben von der Haltung jedes Einzelnen und damit auch der Unternehmenskultur. Diese Haltung ist wesentlich, um eine nachhaltige Umsetzung und die passenden Reaktionen auf Veränderungen zu erreichen. Was dies konkret bedeutet, wird in Abschnitt 27.3 ausführlich beschrieben.

„Agil" bzw. „Agilität" ist heute aus dem Sprachgebrauch moderner Methoden nicht mehr wegzudenken. Als Akronym wird „AGIL" vielfältig gedeutet und in unterschiedlichen Zusammenhängen genutzt sowie als moderne Lösung für (fast) alle

Probleme gesehen, im Wesentlichen bezeichnet es jedoch eine Grundhaltung im Umgang mit Veränderungen.

Definition AGIL. Das Akronym steht für **A**daption, **G**oal Attainment, **I**ntegration, **L**atent Pattern Maintainance, also dafür, auf veränderte Umweltbedingungen zu reagieren, in der Lage zu sein, Ziele zu setzen, zu überprüfen und zu erreichen, Zusammenhalt zu schaffen und grundlegende Strukturen aufrechtzuerhalten (vgl. Narjes (2018), S. 17 [16]). Die Anfänge der Agilität gehen auf die 1950er-Jahre zurück. Der Soziologe Talcott Parsons beschreibt Agilität als systemtheoretisches Grundmodell, das Organisationen bei der Anpassung an sich verändernde Rahmenbedingungen unterstützt.

Mit dieser Grundhaltung ist es einer Organisation möglich, die hohe Veränderungsgeschwindigkeit zu antizipieren und proaktiv auf sie zu reagieren. (vgl. Petry (2019), S. 47 [1]). Um das Potenzial der agilen Grundhaltung voll nutzen zu können, sind in der Organisation Transparenz, Vertrauen sowie Entscheidungsfreiheit und kurze Rückmeldewege erforderlich (vgl. [17]).

Agilität ist damit eine Möglichkeit, der VUCA-Welt zu begegnen. Auch der Begriff der VUCA-Welt taucht immer häufiger in Strategiepapieren auf.

Definition VUCA-Welt. Das Akronym steht für **V**olatility, **U**ncertainty, **C**omplexity und **A**mbiguity und stammt aus den 1990er-Jahren. Es wurde zuerst bei der US-Armee eingeführt. Die VUCA-Welt ist eine Welt, die unbeständig erscheint und sich fortlaufend im Wandel befindet. Dabei ist nicht vorhersagbar, was als Nächstes geschieht, die Zusammenhänge erscheinen komplex und wenig durchschaubar. Schlussendlich sind Informationen uneindeutig und Beobachtungen können verschieden interpretiert werden (vgl. Narjes (2018), S. 228ff. [18]).

Ein Element der VUCA-Welt ist die zunehmende Komplexität. Dies bedeutet gleichzeitig auch, dass nicht alles komplex ist. Es existieren nach wie vor einfache Zusammenhänge. Ein Lernfortschritt kann komplex erscheinende Abhängigkeiten einfacher werden lassen. Diese Zusammenhänge sind in dem Cynefin-Modell (vgl. [19]) beschrieben.

Cynefin-Modell. Das gegen Ende des 20. Jahrhunderts von Dave Snowden entwickelte Framework unterscheidet zwischen den Kategorien einfach, kompliziert, komplex, chaotisch und dem Zustand des Nicht-Wissens. In Letzterem ist aufgrund mangelnder Informationen unklar, in welche der Kategorien die aktuelle Fragestellung einzuordnen ist. Jede der benannten Kategorien bedarf spezifischer Vorgehensmodelle zur Lösung. Ein einfacher Zusammenhang kann mit klassischen Ansätzen wie dem klassischen kontinuierlichen Verbesserungsprozess bearbeitet werden. Für einen chaotischen Zusammenhang sind sehr agile Methoden und Haltungen wie beispielsweise Design Thinking erforderlich. Dazwischen kommen entsprechend abgestufte Modelle wie Scrum oder Kanban zum Einsatz. Bei einfachen und komplizierten Zusammenhängen kommt vor dem Reagieren das Beurteilen bzw. Erkennen zum Tragen. Bei komplexen Zusammenhängen steht das Probieren vor dem Erkennen und Reagieren, bei chaotischen Zusammenhängen erfolgt zunächst das Handeln (vgl. [20, 21]).

Definition Design Thinking. Diese vor der Entstehung von Scrum einzuordnende agile Methode wird für Innovationsprozesse genutzt und ist streng am Kundennutzen ausgerichtet. In dem auf sechs definierten Schritten basierenden Ablauf wechseln sich Phasen der Fokussierung mit Phasen des breiten Denkens ab. Dabei wird immer wieder in vorherige Prozessschritte zurückgesprungen, wodurch sich kein strenger linearer Prozessdurchlauf ergibt (vgl. Petry (2019), S. 70 [1]).

Die Herausforderung ist es, herauszufinden, auf welcher Stufe sich eine Aufgabe befindet – oder sich durch neue Einflüsse verschoben hat. Neben diesen angerissenen Ansätzen sei auf die bekannten Methoden wie Scrum, Objectives-Key-Results (OKR) und die Kanban-Methode verwiesen.

Definition Scrum. Scrum ist ein Vorgehensmodell und wurde zuerst in der Softwareentwicklung eingesetzt. Inzwischen wird es davon unabhängig in vielen Bereichen für das agile Projektmanagement genutzt. Geeignet ist der Ansatz für komplexe Projekte, die nicht von Beginn an in einen fixen Plan gegossen werden können. Die Lösungsräume verändern sich dabei im Projektverlauf. Das Projektvorgehen folgt einem iterativ-inkrementellen Vorgehen, wobei die drei Rollen Scrum-Master, Entwicklungsteam und Product-Owner stringent eingehalten werden (vgl. Petry (2019), S. 69 [1], vgl. [22, 23]).

Definition Objectives and Key Results (OKR). Mithilfe dieser Methode können die strategischen Ziele über qualitative Jahresziele auf alle Ebenen heruntergebrochen und in einem Zyklus von drei bis vier Monaten gezielt bearbeitet werden. Das Objective (Ziel) greift dabei ein qualitatives Ziel auf. Zu jedem Ziel werden bis zu fünf Key Results (Schlüsselergebnisse) definiert. Diese Schlüsselergebnisse sind spezifisch, messbar, ambitioniert, realisierbar und terminiert. Zu Beginn eines Zyklus erfolgt eine Planung, in der die Schlüsselergebnisse von den Teams erstellt und transparent in der Organisation kommuniziert werden. Es folgt dann ein wöchentlicher Abgleich mit den Zwischenergebnissen. Geschlossen wird ein Zyklus mit dem Review, in dem der Zielerreichungsgrad festgestellt wird. Davon losgelöst folgt eine Retrospektive, in der die Zusammenarbeit und mögliche Hemmnisse reflektiert werden. Danach beginnt der nächste Zyklus (vgl. Petry/Konz (2021), S. 119 [24]).

Definition Kanban. Hierbei handelt es sich um eine agile Prozessmethode, um den Materialfluss in der Produktion sicherzustellen. Sie hat ihren Ursprung in Japan. Kanban setzt sich aus den Begriffen Signal (Kan) und Karte (Ban) zusammen. Dabei wird über Signalkarten ein Bedarf angezeigt, dieser wird also vom Ende her kommuniziert. Die Methode schafft eine durchgehende Transparenz von möglichen Engpässen. Sie ist für sich wiederholende Prozesse besonders geeignet, um die Abläufe kontinuierlich zu verbessern (vgl. Petry/Konz (2021), S. 106 [24]). Die Abläufe können auf die Organisationsentwicklung übertragen werden, wodurch kleine Veränderungen anstelle einer großen Veränderung erreicht und somit Widerstände und Risiken reduziert werden können.

Um in der VUCA-Welt zu bestehen und Organisationen agil zu gestalten, sind auch neue Führungsansätze notwendig. Dabei hilft in der Führung die VOPA+-Methode.

Definition VOPA+. VOPA+ steht für **V**ernetzung, **O**ffenheit, **P**artizipation und **A**gilität plus Vertrauen und stellt eine Erweiterung des VOPA-Modells von Buhse dar, mit dem der Erfolg von internetbasierenden Geschäftsmodellen beschrieben wird (vgl. Buhse (2014), S. 24 [25]).

Mit der Erweiterung um den Bestandteil des Vertrauens lässt sich das Modell für ein Führungsmodell in der digitalen Transformation nutzen. In diesem Modell kommt der Begriff der Agilität ebenfalls vor (vgl. Petry (2019), S. 53 [1]). Dies zeigt den Zusammenhang der Modelle und unterstreicht die Notwendigkeit einer entsprechenden Grundhaltung der handelnden Akteure. Die systemische Haltung liefert dazu eine passende Beschreibung, mit der die Anforderungen der digitalen Transformation gemeistert werden können (siehe Abschnitt 27.3).

Im Zuge eines Transformationsprozesses verändern sich die Ansprüche über einen längeren Zeitraum. Innerhalb dieses Zeitraumes existieren das Bewährte und das Neue parallel zueinander. Somit ist es erforderlich, beides anzuerkennen und im jeweils adäquaten Kontext wertzuschätzen. Daraus ergibt sich sowohl für Mitarbeiterinnen und Mitarbeiter als auch für Führungskräfte die Herausforderung, zur richtigen Zeit die passende Methode und Haltung zu wählen. Für den Brückenschlag zwischen der klassischen und der modernen Welt existiert seit den 1990er-Jahren ein Lösungsansatz, der unter dem Begriff der Ambidextrie oder Beidhändigkeit geführt wird (vgl. March (1991) [26]).

Definition Ambidextrie. Der Ansatz der Ambidextrie – auch Beidhändigkeit genannt – beschreibt die gleichzeitige Bearbeitung der beiden gegensätzlichen Pole Exploration und Exploitation. Die Exploration steht dabei für Innovation und Mut für Neues, der Pol Exploitation steht für Effizienzsteigerung des Bestehenden (vgl. Petry (2019), S. 55 [1]). Beide Pole sind für den Erfolg der digitalen Transformation wichtig. Durch Effizienzsteigerungen kann Raum für neue Themen gefunden werden, die am Anfang zeitaufwendiger sind.

Der Ansatz der Ambidextrie bietet sich an, um unterschiedliche Methoden in unterschiedlichen Kontexten erfolgreich einsetzen zu können. Besonders in der Transformation ist der Einsatz des Gießkannenprinzips nicht hilfreich. Vielmehr bedarf es des gezielten Einsatzes der passenden Methode für die vorliegende Problemstellung. Der Kontext des Unternehmens, die Haltung der Mitarbeiter und Mitarbeiterinnen sowie die konkrete Aufgabe spielen eine große Rolle für den Einsatz der Methode. Dabei ist die Anzahl von Methoden scheinbar unbegrenzt. Die hier genannten Methoden stellen also eine Auswahl dar.

27.2 Herausforderungen der Digitalisierung

Der digitale Transformationsprozess hat bereits vor einigen Jahren begonnen. Der Beginn stellt dabei keinen fixen Startpunkt dar, es handelt sich vielmehr um einen sich fortlaufend beschleunigenden Prozess. Wie in Abschnitt 27.1 beschrieben, bedeutet Digitalisierung einen ganzheitlichen Transformationsprozess mit Auswirkungen auf die Strategie, die Organisation sowie die Gesellschaft und (Unternehmens-)Kultur. Mit Beginn der Covid-19-Pandemie im Jahr 2020 wurde durch die Einführung der Homeofficepflicht dem Aspekt der digitalen Zusammenarbeit als Teil des Transformationsprozesses besondere Aufmerksamkeit zuteil. Dieser Abschnitt beschreibt zunächst die Veränderungen der Arbeitsumgebung als Teil der Herausforderung, bevor auf weitere Elemente des digitalen Transformationsprozesses unter dem Gesichtspunkt neuer Lösungen und Möglichkeiten eingegangen wird.

27.2.1 Veränderungen der Arbeitsumgebung

Unsere Arbeitsumgebung verändert sich seit Jahren und wird sich weiter verändern. Wesentliche Treiber sind hier die nach Geburtsjahrgängen bezeichneten Generationen X, Y und Z mit unterschiedlichen Erwartungen an das Arbeitsumfeld und unterschiedlichen Erfahrungen in der Digitalisierung sowie dem Umgang mit digitalen Elementen, wie beispielsweise sozialen Medien. Der demografische Wandel folgt als Konsequenz aus den Jahren (bis 1969) der Babyboomer, die in den kommenden 15 Jahren in den Ruhestand eintreten werden (vgl. [27]). Daneben ist die Zahl der Hochschulabsolventen in Deutschland von 200.000 im Jahr 1995 auf 300.000 im Jahr 2018 gestiegen (vgl. [28]). Dadurch ergeben sich eine Reihe von Herausforderungen, die in diesem Abschnitt aufgegriffen werden.

Demografischer Wandel

Der demografische Wandel beschreibt die Bevölkerungsentwicklung im Zeitverlauf. Wesentliche Kenngrößen sind Geburtenzahlen und Sterbefälle. Seit den 1970er-Jahren ist in Deutschland die Zahl der Sterbefälle höher als die Geburtenzahlen, was zu einer Abnahme der Bevölkerung bei gleichzeitig höherer Lebenserwartung vielfältige Herausforderungen für die Gesellschaft mit sich bringt (vgl. [29]). Im Folgenden wird das Augenmerk besonders auf die Differenz zwischen den ausscheidenden Mitarbeitern und Mitarbeiterinnen und den verfügbaren neuen Arbeitskräften gelegt.

Die in den Jahren 1955 bis 1969 Geborenen bilden heute die größte Arbeitnehmergruppe und werden bis etwa 2035 in den Ruhestand treten. Den höchsten Anteil haben dabei die in der Mitte der 1960er-Jahre Geborenen, mit einem Renteneintritt um 2030. Diese Lücke wird durch die Geburtenjahrgänge zwischen 2010 und 2015 aufgefüllt werden müssen – den heute 7- bis 11-Jährigen. Aus der Altersstruktur der deutschen Bevölkerung geht hervor, dass bis 2025 rund 6,6 Mio. Menschen das Rentenalter erreichen. Aus der Altersgruppe der um 2008 Geborenen kommen jedoch nur rund 3,5 Mio. junge Menschen nach. Aus diesen Jahrgängen könnten damit nur rund 50 % der frei werdenden Stellen 1:1 besetzt werden (vgl. [27]).

Generationenwandel

Der hohe Anteil von Arbeitenden aus der Babyboomer-Generation (1955 bis 1969) prägt die Arbeitsweise und die Kultur in konservativen Branchen. Im Gegensatz zu jungen Unternehmen wirkt sich hier die lange Betriebszugehörigkeit aus. Spätere Generationen wie die Generation X (1970 bis 1980), die Generation Y (1981 bis 1995) und die Generation Z (1996 bis 2009) entwickeln andere Erwartungen an die Arbeitswelt. Ebenso liegt eine andere Digitalisierungserfahrung vor. Dies reicht von erlernter Digitalisierungskompetenz der Generation X bis zum Aufwachsen der Generation Z in einer digitalen Welt, die ein Leben ohne mobiles Internet gar nicht kennt (vgl. [30]).

Folgendes Beispiel hierzu finde ich sehr eindrucksvoll. Angehörige der Generation X sind noch mit dicken Lexika in den Regalen aufgewachsen. Informationsbeschaffung erfolgte mithilfe von Besuchen in Bibliotheken. Das Wissen verlagerte sich im Zeitverlauf immer mehr in das Internet. Die Bedienung von Suchmaschinen ersetzte die analoge Suche in Schlagwortkarteien der Schulbibliothek. Für heute Aufwachsende ist die Nutzung von Suchmaschinen zur Wissensgenerierung eine Selbstverständlichkeit; überdies stehen Suchmaschinen überall zur Verfügung. Dadurch verändert sich der grundlegende Umgang mit Wissen und Informationen. Es steht weniger das Wissen als solches im Vordergrund, sondern vielmehr die Fähigkeit, die notwendigen Informationen schnell – quasi in Echtzeit – im Internet aufzuspüren und direkt in die anstehende Aufgabe zu integrieren. Gleichzeitig steigt die Anforderung an den Umgang mit Informationen, um die Qualität und die Echtheit sofort richtig beurteilen zu können. Der Umgang mit Informationen und Wissen ist wichtiger als das Auswendiglernen.

Eine große Herausforderung der nächsten Jahrzehnte wird es sein, diese unterschiedlichen Erfahrungsansätze miteinander zu verbinden und möglichst viele an dem Transformationsprozess zu beteiligen, um alle technischen Möglichkeiten optimal zu nutzen. Die oben beschriebenen Annahmen zu den Generationen sind nicht in Stein gemeißelt. Menschen verändern und entwickeln sich permanent, weshalb an dieser Stelle nicht vertiefend auf die zum Generationenmodell geführten Diskussionen eingegangen wird. Dennoch verdeutlicht der Blick auf die verschiedenen Generationen das Vorhandensein unterschiedlicher Erfahrungen und Prägungen. Potenzielle Konfliktpunkte werden veranschaulicht, dadurch bietet sich die Möglichkeit, durch Beobachtung und Anpassung von Hypothesen ein für alle Beteiligten positives Ergebnis der Veränderung zu erfahren. Dabei ist es notwendig, die Stärken jedes Einzelnen zu erkennen und gewinnbringend einzusetzen. Hierzu bietet die in Abschnitt 27.1 eingeführte Ambidextrie ein gutes Lösungsmodell.

Verändertes Ausbildungsverhalten

Die Zahl der Abschlüsse in Ausbildungsberufen ist in Deutschland von 2005 bis 2018 um rund 10 % gesunken. In dem gleichen Zeitraum ist die Studienberechtigtenquote um 8 Prozentpunkte auf 51 % gestiegen. Der Anteil der Studienanfänger ist um 43 % gestiegen und die Zahl der Absolventen hat sich nahezu verdoppelt. Der Rückgang der für den Betrieb von Energienetzen relevanten Ausbildungsberufe ist in dem genannten Zeitraum um 1 % gesunken (vgl. [28]). Diese Entwicklung zeigt, welcher Stellenwert künftigen Arbeitskräften zur Aufrechterhaltung der Versorgungssicherheit zukommt. Die Digitalisierung als solche kann hier, wenn überhaupt, nur einen kleinen Teil zur Kompensation beitragen, da insbesondere Arbeiten im Feld durch Menschen vor Ort ausgeführt werden müssen. Nicht alle Tätigkeiten können digital bearbeitet werden. Jedoch ist ein hohes Maß an Digitalisierung erforderlich, um die verfügbaren Kräfte optimal einsetzen zu können und digitalisierte Netze zu betreiben.

Wissensmanagement

Die logische Konsequenz aus dem Generationenwechsel und der geringeren verfügbaren Anzahl von Arbeitskräften ist, dass es keine 1:1-Nachfolgen geben kann und damit Wissen und Erfahrung mit Eintritt in den Ruhestand verloren gehen werden. Gleichzeitig verändert sich das gelernte Grundwissen, sodass die Herausforderung darin besteht, über viele Jahre erlerntes Wissen in kürzerer Zeit zu übergeben und so nachzuhalten, dass jüngere Generationen noch darauf zurückgreifen können. Große Bedeutung kommt damit dem qualifizierten Wissensmanagement zu, das durch digitale Ansätze und eine gute Prozesstransparenz erreicht werden kann, denn auf diese Weise wird die Weitergabe von Wissen vereinfacht. Eine dem Stand der Technik entsprechende Suchfunktion in den Wissensmanagementsystemen innerhalb der Organisationen wie zum Beispiel Prozess- und Arbeitsbeschreibungen erscheint dabei unabdingbar. Heute ist es mit den etablierten Suchmaschinen möglich, mit einfachen Fragen Antworten zu finden oder zu falschen Schreibweisen dennoch korrekte Ergebnisse zu erhalten. Es werden auch Vorschläge ausgegeben, was durch den Suchenden gemeint gewesen sein könnte. Diese Art der Suche ist aus dem privaten Umfeld hinlänglich bekannt und wird auch in den organisationsinternen Systemen erwartet. An diesem Beispiel wird deutlich, wie sich der gesellschaftliche Wandel auf die Organisationen auswirkt und welche Abweichungen zwischen dem im Alltag Erlebbaren und in der Organisation Möglichen entstehen können.

Arbeitsweise

Unsere Arbeitsweise und die Gestaltung der Arbeit befindet sich zum einen durch digitale Lösungen im Wandel. Zum anderen bringen die in den Arbeitsmarkt eintretenden jüngeren Generationen neue und vom Status quo verschiedene Anforderungen an die Arbeitsweise sowie neue Erfahrungen mit. Die Gestaltungsbereiche der Arbeit haben sich dabei nicht wesentlich verändert. Es gibt noch immer einen Arbeitsplatz und Arbeitshinhalte. Genauso stehen Arbeitsmittel zur Verfügung und es gilt, Arbeitszeiten im Blick zu behalten. Jedoch ändert sich die Art und Weise, wie diese Bereiche gestaltet werden. Die Covid-19-Pandemie hat den Wandel zur mobilen Arbeit beschleunigt. Vor der Pandemie gaben rund 4 % der Berufstätigen an, mobil zu arbeiten. Im

Jahr 2021 waren es 15 %. In der Hochphase im April 2020 waren es in Deutschland sogar 27 % (vgl. [31]). Das bedeutet, dass immer mehr Mitarbeiter und Mitarbeiterinnen nicht mehr im Büro, sondern an anderen Orten ihrer Arbeit nachgehen. Dazu passt, dass flexiblere Arbeitszeiten gefordert werden. Insbesondere hier zeigt sich die Notwendigkeit des gesellschaftlichen Wandels, um Modelle zu finden, in denen sich alle Generationen und Anforderungen an die Arbeitsgestaltung wiederfinden können (vgl. Petry (2019), S. 44 [1]). Auch hier bietet die Digitalisierung Möglichkeiten durch den technologischen Wandel und zeigt eindrucksvoll, welche Bereiche unseres Arbeitslebens dadurch betroffen sind und einer Überprüfung bedürfen. Dabei gilt es zu beachten, dass nicht alle Stellen für mobiles Arbeiten geeignet sind. Hier sind passende Lösungen zur Vermeidung von Konflikten zu finden.

Es wird deutlich, dass der digitale Transformationsprozess viele Bereiche unseres gesellschaftlichen Lebens und der Unternehmensorganisationen berührt. Gerade in klassischen Branchen wie der Energieversorgung darf dieser Zusammenhang nicht verdrängt werden. Zugleich ist klar, dass nicht alle Arbeiten durch die Digitalisierung ersetzt oder vollständig verändert werden. Die neuen Lösungsräume mit den bewährten Vorgehensweisen erfolgreich zu kombinieren ist die größte Herausforderung in dem digitalen Transformationsprozess. Es zeigt sich auch, dass sich der Arbeitsmarkt zu einem Arbeitnehmermarkt entwickelt – und dass diese Veränderung nicht nur vorübergehender Natur ist. Die relevante Altersgruppe befindet sich derzeit in oder kurz vor der beruflichen Orientierungsphase. Umso wichtiger ist es, dass sich nicht nur Arbeitsweisen verändern, sondern die Unternehmenskulturen sich den neuen Herausforderungen anpassen und unterschiedliche Bedürfnisse wertschätzend verbinden. Dieser Prozess dauert jedoch wie die digitale Transformation einige Jahre. Es ist also jetzt an der Zeit, die Digitalisierung in allen Bereichen ernst zu nehmen, sie in ihrer Gesamtheit zu betrachten und nicht nur auf digitale Arbeitsgeräte oder einzelne Prozesse zu beziehen.

27.2.2 Vergrößerung des Lösungsraums zur Bewältigung der Herausforderungen

Der technologische Wandel bringt weitreichende Neuerungen mit sich, die den Lösungsraum für die Bewältigung von Herausforderungen und bestehenden Fragestellungen deutlich erweitern. Dazu ist es erforderlich, dass dieser neue Lösungsraum den Entscheidungsträgern bekannt ist und eine Umsetzung durch die Unternehmenskultur ermöglicht wird. Insbesondere in Bereichen mit noch klassischen Vorgehensweisen und Denkmustern wie dem Netzgeschäft, aber auch dem Messstellenbetrieb, ist es erforderlich, das Bewährte aus der klassischen mit der neuen Welt zu verbinden und vor allem die Chancen aus den neuen Technologien zu erkennen.

Das bestehende Geschäft sollte kontinuierlich optimiert werden, und gleichzeitig müssen neue Technologien auf ihre Wirksamkeit hin überprüft werden. Hierbei kann der Ansatz der Ambidextrie hilfreich sein. Dabei sind im Explorationsstadium agile Methoden die erste Wahl, um den Lösungsraum erst mit fortschreitendem Erkenntnisgewinn zu schärfen und bis dahin möglichst weit offenzuhalten. Führungskräfte haben dabei die Aufgabe, beide Schwerpunkte – die Entwicklung von Neuem und die Optimierung des Bestehenden – im Blick zu behalten und den notwendigen Raum zur Entfaltung zu eröffnen. Wesentliche Voraussetzung ist eine Unternehmensstrategie, die die Notwendigkeit der digitalen Transformation beschreibt, und eine Unternehmenskultur, die diese tief greifende Änderung fördert. Konkret bedeutet dies, den neuen Herausforderungen nicht mit alten Denkmustern und Vorgehensweisen zu begegnen. Und es bedeutet, die bewährten Methoden wertzuschätzen und auch deren Daseinsberechtigung in entsprechenden Aufgaben anzuerkennen.

Eine zentrale Rolle bei der Umsetzung der digitalen Transformation spielt die Organisationsentwicklung und damit eine Anpassung der Unternehmenskultur. Die in Abschnitt 27.1 beschriebenen Methoden und die Bewältigung der in Abschnitt 27.2 beschriebenen Herausforderungen sowie die Nutzung neuer Lösungsräume erfolgen nicht durch das Umlegen eines Schalters, sondern es bedarf eines gut gestalteten Veränderungsprozesses. Eine möglichst umfassende und nachhaltige Methode wird im nächsten Abschnitt vorgestellt.

27.3 Systemische Organisationsentwicklung zur Umsetzung der digitalen Transformation

Die vorangegangenen Abschnitte haben gezeigt, dass die Digitalisierung einen umfassenden Transformationsprozess ausgelöst hat. In klassischen Branchen wie der Energiewirtschaft richtet sich der Gedanke zunächst auf technologische Änderungen. Durch diese ändert sich die eingesetzte Technik und wird digitaler in dem Sinne, dass mehr Fernsteuerung möglich ist und mehr Daten in Echtzeit vorhanden sind. Durch die langen Verweildauern von Komponenten in den Energienetzen treffen damit alte und neue Technologien aufeinander. Dadurch sind viele Jahre notwendig, neue Technologien vollständig einzusetzen, und auch in dieser Zeit wandelt sich die Technologie weiter. Daher sind ständig unterschiedliche technologische Entwicklungsstände zu betreuen. Der gesellschaftliche Wandel kommt über die Menschen auch in die Organisation, und damit verändern sich die Kultur und die Arbeitsweisen. Letztere durch andere Anforderungen der Menschen in den Organisationen und gleichzeitig durch den technologischen Wandel der Arbeitsmittel und der Arbeitsumgebung. Es gilt, die Organisation so aufzustellen, dass möglichst viele Veränderungen erfolgreich umgesetzt werden können. Die Frage ist, mit welchen Methoden und Ansätzen diesen tiefgreifenden Veränderungen begegnet werden kann. Es wurde ausgeführt, dass der alleinige Einsatz der Begriffe und Methoden zunächst wenig Einfluss haben wird und es von der Haltung jedes Einzelnen abhängt, ob die Methoden zu den erwarteten Ergebnissen führen. Eine Patentlösung kann auch hier nicht gegeben werden. Vielmehr soll sensibilisiert und mit der systemischen Organisationsentwicklung ein möglicher Lösungsansatz aufgezeigt werden. Der nachfolgende Abschnitt verdeutlicht die Umsetzung mit einem praktischen Beispiel. Der mögliche Anwendungsbereich reicht dabei von kleinen Teams bis zu ganzen Unternehmen. Die Grundlage der systemischen Organisationsentwicklung ist die systemische Haltung.

27.3.1 Theoretischer Ansatz der systemischen Organisationsentwicklung

Der systemische Ansatz basiert im Wesentlichen auf den Modellen des Konstruktivismus, der Autopoiese und der Systemtheorie. Die systemische Haltung ist der Weg, diesen Ansatz in der Praxis umzusetzen.

Definition Konstruktivismus. Der Konstruktivismus besagt, dass Erkenntnisse auf Basis der vom Beobachter erstellten Konstruktionen entstehen. Die Welt wird nicht so wahrgenommen, wie sie ist, sondern wird vom Beobachter als imaginäres Modell geschaffen. Die Kernaussage ist, dass ein objektives Bild der Welt nicht möglich ist. Daraus folgt, dass unsere Wahrnehmungen Hypothesen sind, die entweder zu den Wahrnehmungen anderer passen – oder eben nicht. Durch die Einsicht, dass jeder von uns seine eigene Wirklichkeit und auch Probleme selbst konstruiert, kann in Lösungen und Möglichkeiten gedacht werden, um einen Ersatz für die alten, nicht mehr funktionierenden Lösungen zu finden. Vielleicht hat sich das Konstrukt unserer Partner geändert, weshalb unsere Welt nicht mehr in den Kontext unserer Partner passt (vgl. Wandhoff (2018), S: 106ff. [32]).

Definition Autopoiese. Lebewesen sind autopoietische Systeme, die sich permanent selbst erschaffen. Sozialen Systemen wie Teams, Organisationen oder Gesellschaften wird die gleiche Eigenschaft zugeschrieben. Diese erhalten sich durch ständig selbst und immer neu erzeugte Kommunikation am Leben. Dabei werden nur die Umweltinformationen aufgenommen, die sich der bisherigen Kommunikation anschließen. Veränderungen erfolgen daher nur im Rahmen der vorgegebenen Struktur. Veränderungen von außen erfolgen über Interventionen, deren Wirkung im Vorfeld nicht abzuschätzen sind. Dazu gehört auch, dass sich Strukturen nicht von außen verändern lassen und Signale der Außenwelt dazu verwendet werden, eine eigene Bedeutung zu bestimmen (vgl. Wandhoff (2018), S. 31ff. [33]).

Definition Systemtheorie. Ein System ist die Zusammensetzung verschiedener Einheiten, die dynamisch miteinander interagieren. Dazu zählen beispielsweise technische, ökologische oder soziale Systeme. Soziale Systeme sind zu einem bestimmten Grad autonom und nicht direkt von außen beeinflussbar. Die Reize werden nach internen Mustern und Logiken gefiltert. Eine Weiterentwicklung folgt damit selbstbezogen. Ursache und Wirkung verschwimmen. Daraus folgt die Notwendigkeit, nicht am System, sondern mit dem System zu arbeiten (vgl. Wandhoff (2018), S. 205ff. [34]).

Definition Systemische Haltung. Die systemische Haltung ist eine Einstellung zu Einzelpersonen, Gruppen oder auch Organisationen. Die Haltung ist geprägt von dem Wissen, keinen direkten Einfluss auf das Verhalten der Systeme zu haben und diese nur durch Interventionen so zu stören, dass es sich mit neuen Sichtweisen auseinandersetzt und bestehende Muster durchbrechen kann. Zentral ist das Bewusstsein, dass sich das System für eine nachhaltige Veränderung aus sich heraus verändern muss und dies nicht angeordnet werden kann. Bei der Arbeit am System ist somit Geduld erforderlich. Schlussendlich leben Menschen wiederum in verschiedenen Systemen (Berufsleben, Familie, Vereine) und verhalten sich in jedem System auch anders. Menschen verhalten sich so, wie es in dem jeweils aktuellen System angemessen erscheint. Eine Veränderung von Menschen bedarf daher auch einer Veränderung des umgebenden Systems (vgl. Derrer (2018), S. 70ff. [35]).

Die Wirkung der systemischen Haltung kann anschaulich mit der systemischen Schleife beschrieben werden (vgl. Schubert-Golinski et al. (2022), S. 43 [36]). Zunächst werden durch Beobachtung Informationen gesammelt. Auf dieser Basis werden Hypothesen gebildet. Dies bedeutet, dass Annahmen getroffen werden, wie Ursache und Wirkung zusammenhängen können. Darauf aufbauend wird eine Intervention geplant, mit der das beobachtete System aufgestört und zu einer Verhaltensänderung bewegt werden soll. Dabei ist es wichtig, im Vorfeld zu überlegen, wie diese Veränderung aufgrund der Intervention wirken könnte. Dann wird die Intervention umgesetzt, und die Schleife beginnt wieder bei der Beobachtung und dem Abgleich der Erwartungen mit dem eingetretenen neuen Zustand. Im Zentrum steht die Beobachtung von Ergebnissen auf bestimmte Interventionen. Wichtig dabei ist, die Beobachtung als eigene Konstruktion der Wirklichkeit zu begreifen und sich einzugestehen, dass die Wahrnehmung eines anderen Beobachters eine völlig andere sein kann (vgl. Derrer (2018) S. 70ff. [35]). Die systemische Schleife beschreibt den Prozess der ständigen Beobachtung sehr gut. Dieses Muster findet sich auch in agilen Methoden wieder, wodurch die systemische Schleife eine Antwort auf den Umgang mit der gestiegenen Komplexität und schwere Interpretierbarkeit von Reaktionen in der VUCA-Welt darstellt. Auf dieser Grundhaltung baut die systemische Organisationsentwicklung auf und befähigt die Mitglieder einer Organisation dazu, diese und sich selbst ständig weiterzuentwickeln und die Lösungen der Herausforderungen damit nachhaltig umzusetzen. Durch die Ertüchtigung einer Organisation zur selbstständigen kontinuierlichen Veränderung werden die Grundlagen der heute vielfach geforderten agilen Arbeitsweise gelegt. Damit werden auch die Mitarbeiter und Mitarbeiterinnen befähigt, mit der immer komplexeren Welt umzugehen. Im Laufe des Entwicklungsprozesses steigt die Anpassungsfähigkeit der Organisation an veränderte Rahmenbedingungen deutlich. Die systemische Organisationsentwicklung verfolgt dabei im Wesentlichen vier Hauptziele. Das erste Ziel ist es, die Organisation zur Selbsterneuerung zu befähigen. Im Zentrum stehen dabei die Menschen in der Organisation. Als Nächstes wird das Problemlösungspotenzial gesteigert. Damit kann die Organisation auf interne und externe Anforderungen – wie hier die Digitalisierung – reagieren. Dies wird auch Effektivitätsziel genannt. An dritter Stelle steht das Humanisierungsziel. Hierbei gilt es, humane Gestaltungsprinzipien zur Durchführung des

Veränderungsprozesses einzuhalten. Das vierte Ziel – die Authentizität – soll helfen, Zielkonflikte zwischen und innerhalb der drei ersten Ziele zu lösen (vgl. Glasl (2020), S. 51ff. [37]). Eine Organisation stellt ein komplexes System dar, das nach dem sogenannten Trigon-Organisationsmodell durch drei Subsysteme und sieben darin enthaltene Wesenselemente im Innensystem und im Verhältnis zum Umfeld beschrieben werden kann. Abbildung 27.1 zeigt die Abhängigkeiten der sieben Wesenselemente.

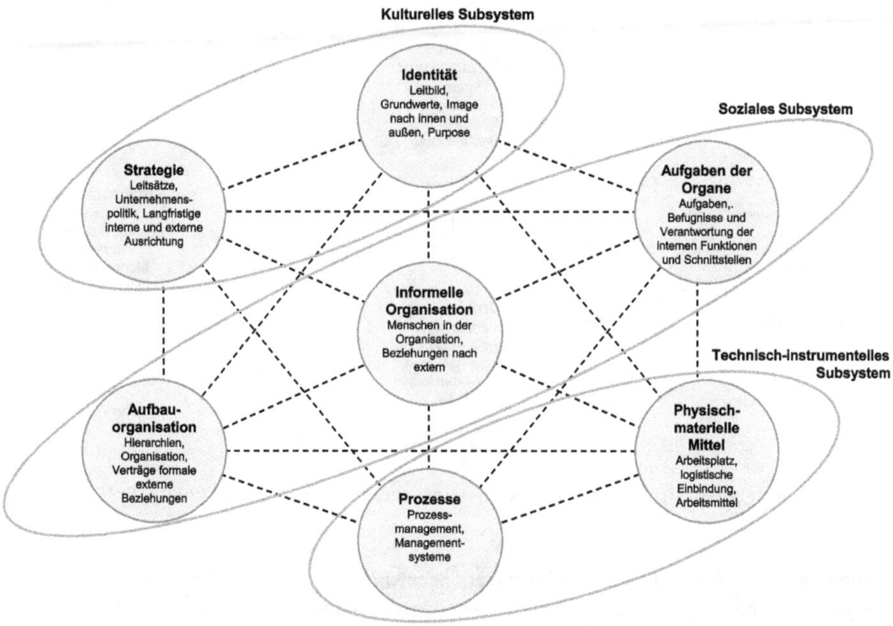

Abb. 27.1: Die sieben Wesenselemente der Organisationsentwicklung (vgl. Piper (2020), S. 82ff [38]).

Definition Sieben Wesenselemente. Zu dem kulturellen Subsystem zählen die Wesenselemente der Identität und der Strategie. Dem sozialen Subsystem sind die Elemente der Aufbauorganisation, der informellen Organisation und deren Gruppenzugehörigkeit sowie die Aufgaben der Organe zuzuordnen. Das technisch-instrumentelle Subsystem umfasst die Elemente der Prozesse sowie der physisch-materiellen Mittel. Im Prozess der Organisationsentwicklung ist es für den nachhaltigen Erfolg erforderlich, die sieben Wesenselemente zu berücksichtigen. Dabei gilt es zu beachten, dass die Elemente vernetzt betrachtet werden und diese sich gegenseitig beeinflussen (vgl. Piper (2020), S. 81ff [38]).

Zur erfolgreichen Umsetzung einer Organisationsentwicklung hat es sich bewährt, auf die sieben Basisprozesse der Organisationsentwicklung zurückzugreifen. Dadurch wird die Vernetzung im Entwicklungsprozess sichergestellt. Abbildung 27.2 stellt die sieben Basisprozesse und deren Abhängigkeiten dar.

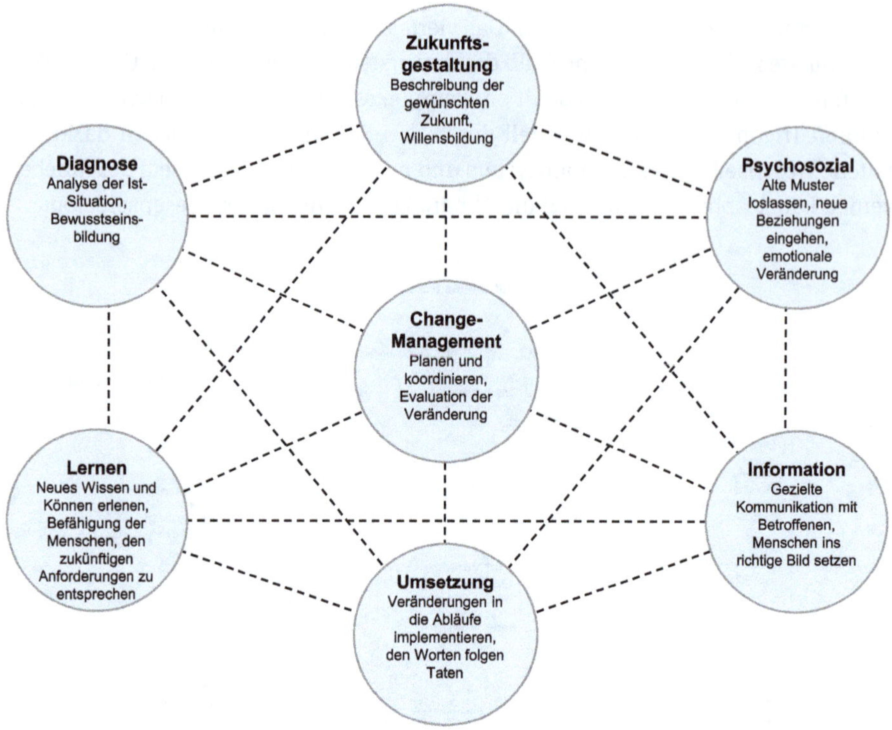

Abb. 27.2: Die sieben Basisprozesse der Organisationsentwicklung (vgl. Glasl (2020), S. 102ff. [39]).

Definition Sieben Basisprozesse der Organisationsentwicklung. Durch die professionelle Gestaltung der zu einem Gesamtprozess zusammengeführten sieben Basisprozesse können typische Probleme in einem Veränderungsprozess vermieden werden. Zu den sieben Basisprozessen gehört die Diagnose, die das Bewusstsein für den Status quo schafft. Der Zukunftsgestaltungsprozess beschreibt das angestrebte Zukunftsbild. Der psychosoziale Prozess widmet sich den emotionalen Themen der Menschen im Veränderungsprozess. Der Informationsprozess stellt den Informationsfluss zwischen allen Beteiligten sicher. Der Umsetzungsprozess steuert die Realisierung der Veränderung. Der Lernprozess stellt sicher, dass das Wissen und die Fähigkeiten ausgebaut und sichergestellt werden. Der Change-Management-Prozess steuert den Gesamtprozess (vgl. Glasl (2020), S. 102ff. [39]).

Wesentlich in der Organisationsentwicklung ist es, keinen der Basisprozesse außer Acht zu lassen. In der Beobachtung der Reaktionen des Systems lässt sich leicht erkennen, welche der Basisprozesse nicht ausreichend bedient wurden. Das Change Management ist als ein Prozess mit der Aufgabe aufgeführt, den gesamten Prozess der Organisationsentwicklung zu steuern. Er stellt damit einen relevanten Teil dar, jedoch nicht den allein notwendigen Prozess, wie dies oft bei der Darstellung des Change Managements zu vermuten ist. Die Organisationsentwicklung geht deutlich über das Change Management hinaus (vgl. Glasl (2020), S. 102ff. [39]).

Das hier skizzierte Modell der systemischen Organisationsentwicklung kann den Transformationsprozess in Teilen oder in Gänze begleiten. Es geht wie oben beschrieben vornehmlich darum, Denkmuster und Arbeitsweisen, aber auch Produkte und Dienstleistungen sowie Prozesse zu verändern. Die Veränderung erfolgt in der Regel nicht, weil bisher alles schlecht war, sondern weil das Bestehende nicht geeignet ist, die Herausforderungen von morgen zu bewältigen. Ein weiterer spannender Ansatz ist die Theorie U von C. Otto Scharmer.

Definitionen Theorie U. Von C. Otto Scharmer wurde 2006 die Theorie U beschrieben. Im Kern geht es darum, von der Zukunft her zu führen und damit Potenziale und Chancen zu erkennen und für die aktuelle Situation zu erschließen. Die Theorie U ist ein Führungsinstrument, das den Ansatz verfolgt, dass die Entwicklung einer Situation von der eigenen Herangehensweise abhängt. Der Ansatz kann für Organisationen, aber auch für Einzelpersonen genutzt werden. Dabei gliedert sich der Prozess in fünf gemeinsame Bewegungen, die einem U folgen: die Intentionsbildung, die Wahrnehmung, die Willensbildung, das Erproben und das Gestalten. Dazu kommen drei Instrumente, die auf der Bahn eines U von oben nach unten und wieder nach oben folgen: die Öffnung des Denkens, die Öffnung des Fühlens und die Öffnung des Willens (vgl. [40]).

Die grundlegenden Haltungen hinter den Modellen von Agilität, VUCA, VOPA+ und der Ambidextrie finden sich in der systemischen Haltung wieder und sind damit integraler Bestandteil der systemischen Organisationsentwicklung.

27.3.2 Die systemische Organisationsentwicklung im Einsatz

Bei der Organisationsentwicklung geht es um nicht mehr – aber auch nicht um weniger – als um die stetige Anpassung der Kultur eines Unternehmens. Diese Veränderung kann nicht von außen initiiert werden, sondern muss, um nachhaltig zu wirken, von innen heraus entstehen. Hierzu sind wiederholte Interventionen erforderlich und neben der Veränderung an der Organisation auch eine Veränderung in der Organisation. Maßgeblich für den Erfolg ist damit eine Anpassung der handelnden Akteure, da diese mit ihrer Haltung einen wesentlichen Einfluss auf die Veränderung der Organisation haben. Damit einher geht die Notwendigkeit, ein neues Verhalten zu fordern und dieses auch zu fördern. Die oben eingeführte systemische Organisationsentwicklung mit der systemischen Haltung und dem ganzheitlichen Blick auf alle Subsysteme bietet einen Ansatz, der digitalen Transformation erfolgreich zu begegnen. Dazu ist es erforderlich, alle Managementebenen einzubeziehen. Eine besondere Stellung kommt dabei dem mittleren Management zu, das als Vorbildfunktion und Übersetzer zwischen der Geschäftsleitung und weiteren Ebenen dient. Eine individuelle Förderung und Festigung des ganzheitlichen Verständnisses ist ein wesentlicher Erfolgsfaktor für die nachhaltige Organisationsentwicklung. Die Herausforderung besteht in der Energiewirtschaft zum Teil darin, dass die alten Muster noch gut funktionieren und sogar aus einer Monopolstellung heraus agiert werden kann. Dennoch wirken die äußeren Einflüsse auf die Mitarbeiterinnen und Mitarbeiter und auf bestehende Prozesse. Auch hier wird die Welt VUCA, das Wissen nimmt zu, und die erfahrenen Mitarbeiter und Mitarbeiterinnen treten absehbar in den Ruhestand ein.

Im Folgenden werden einige Methoden vorgestellt, die auf dem Weg des digitalen Transformationsprozesses hilfreich sein können. Die Aufzählung erhebt dabei keinen Anspruch auf Vollständigkeit, sondern soll Gedankenanstöße liefern und neue Perspektiven schaffen. Jede Methode kann ihre Wirkung nur in einem bestimmten Kontext entfalten. Abwandlungen und Anpassungen sind an vielen Stellen erforderlich und bedürfen der grundlegenden Haltung, dies zuzulassen. Bei der Anwendung der Methoden sollte sich der Anwendende so sicher wie möglich fühlen. Damit kann Authentizität gewährleistet werden – und es fühlt sich für die Beteiligten nicht an wie die Nutzung einer für eine spezielle Situation erlernten Methode. Zur Vertiefung der Methodenkenntnis sollte entsprechende Fachliteratur intensiv herangezogen werden.

Eine wirkungsvolle Methode in der Kommunikation ist das Prinzip des Golden Circle von Simon Simek.

Definition Golden Circle. Es handelt sich um ein Kommunikationsprinzip, das den entscheidenden Unterschied zwischen erfolgreichen und gewöhnlichen Unternehmen ausmacht. Kernelement ist es, vom Zweck des Unternehmens beginnend über die notwendige Strategie hin zum konkreten Handeln zu kommunizieren. Gewöhnliche Unternehmen hingegen beschreiben zuerst, was sie machen und am Ende, warum ihr Vorgehen sie vom Wettbewerb unterscheidet; die Handlung überlassen sie auf Basis der Informationen dem Empfänger. Im Ansatz des Golden Circle leitet sich das Handeln direkt von dem Zweck, den Beweggründen oder der Überzeugung ab (vgl. Mangelmann (2019), S. 159 [41]).

Eine Möglichkeit, den Zweck oder auch die Vision zu beschreiben, ist die Beschreibung von Glaubens- und Leitsätzen. Dabei wird innerhalb der Organisation geklärt, woran die Mitarbeiter und Mitarbeiterinnen glauben, beispielsweise wie sich der Markt entwickelt oder was eine gute Zusammenarbeit ausmacht. Glaubenssätze finden sich auch in der Persönlichkeit von Menschen und beschreiben Grundüberzeugungen mit einem engen Bezug zu Emotionen. Wie in der Entwicklung von Persönlichkeiten können Glaubensätze Orientierung geben, bei Veränderungen jedoch auch hinderlich sein (vgl. Freyland (2018), S. 65ff. [42]). Es ist daher essenziell, die Glaubenssätze regelmäßig zu hinterfragen und anzupassen. Dazu ist es hilfreich, diese zu formulieren und damit für alle in der Organisation Tätigen sichtbar zu machen. Die Leitsätze beschreiben die Handlungsleitlinien einer Organisation. Durch sie wird beschrieben, wie die Organisation wahrgenommen werden möchte, welche Werte gelebt werden. Zumeist handelt es sich um einige wenige globale Aussagen mit einem direkten Bezug zur Vision der Organisation. Damit sich die Mitarbeiterinnen und Mitarbeiter mit den Leitsätzen identifizieren können, sollten die Leitsätze operationalisiert werden. Dies bedeutet, dass das gewünschte tägliche Handeln für die Belegschaft einen direkten und greifbaren Bezug zur Arbeit hat.

Die gemeinsam mit den Mitarbeitern und Mitarbeiterinnen erstellten und damit akzeptierten Leitsätze können im Umsetzungsgrad regelmäßig gemessen und dadurch die Organisation gezielt weiterentwickelt werden. Gleichzeitig können durch diese wiederholte Befragung die Identifikation der Mitarbeiter und Mitarbeiterinnen erhöht und notwendige Änderungen in den Leitsätzen schnell verankert werden. Als grundlegende Methode eignet sich hier die von der Trigon Entwicklungsberatung beschriebene Deltadiagnose (vgl. Glasl (2020), S. 160 [43]).

27.4 Praxisbeispiel: Der Messstellenbetreiber – aus der Grundzuständigkeit in den Wettbewerb

Die Digitalisierung der Energiewende lässt sich exemplarisch an der Entwicklung der Marktrolle des Messstellenbetreibers im deutschen Energiemarkt verdeutlichen. Dabei wirken neben den regulatorischen Veränderungen auch die Ansätze der Digitalisierung besonders stark und sind deutlich wahrnehmbar. Es erfolgt ein technologischer Wandel, gepaart mit einem veränderten ordnungspolitischen Rahmen sowie neuen Erwartungen der Kunden. Dieser Abschnitt beschreibt an einem praktischen Beispiel die eingesetzten Methoden und damit erzielten Ergebnisse. Dazu wird zunächst der Bogen von der alten Welt hin zur neuen Welt gespannt. Daraus werden die Veränderungsgeschwindigkeit und der Umgang mit den neuen Herausforderungen deutlich. Es folgt ein Blick in die Zukunft und auf die für ein erfolgreiches Bestehen notwendigen Erfolgsfaktoren. Der Abschnitt schließt mit den erfolgskritischen Umsetzungsfaktoren und beschreibt die praktisch erzielten Ergebnisse.

27.4.1 Alte und neue Welt im Vergleich

Die alte Welt des Messstellenbetreibers war geprägt von schwarzen mechanischen Ferraris-Zählern, die durchaus 40 Jahre oder länger im Netz verbleiben können. In der neuen Welt sind die Zähler beige und verbleiben deutlich weniger Jahre im Netz. Bei den mit dem Messstellenbetriebsgesetz 2016 definierten modernen Messeinrichtungen[3] wird von einer Verweildauer von 13 bis 18 Jahren ausgegangen, bei intelligenten Messsystemen von 8 bis 13 Jahren (vgl. [15]). Diese werden fernausgelesen, sodass sich die Zahl der fernausgelesenen Zähler deutlich erhöhen wird (siehe Abschnitt 27.1.1). Gleichzeitig setzt sich dieser technologische Wandel neben dem Strom- auch im Wärmesegment fort. Damit ändert sich die eingesetzte Ablesetechnik, weg von analogen

3 Moderne Messeinrichtungen sind elektronische Zähler gemäß dem Messstellenbetriebsgesetz, die den tatsächlichen Verbrauch und die Nutzungszeit darstellen können. Über die Anbindung an ein Smart Meter Gateway wird aus der modernen Messeinrichtung ein intelligentes Messsystem, das die Messwerte über ein Kommunikationsnetz überträgt.

Geräten hin zu digitalen Messeinrichtungen mit einer Fernübertragung. Durch die Pflicht zum Einbau intelligenter Messsysteme werden bis 2028 rund 10 % der Messstellen fernausgelesen. Das entspricht rund 70 % der abgenommenen jährlichen Energiemenge. Bisher werden mit rund 0,8 % fernausgelesenen Zählern rund 60 % der Jahresenergie digital erfasst (vgl. [10]). Entsprechend nimmt die Zahl der Datenpunkte zu. Bei rund 400.000 Zählpunkten mit registrierender Leistungsmessung bei einem 15-Minuten-Messintervall liegt die Menge an Datenpunkten bei rund 14 Mrd. pro Jahr. Nach Abschluss des Pflichtrollouts steigt diese Zahl auf 175 Mrd. Datenpunkte, bei einem vollständigen Rollout sogar auf über 1,8 Billionen. Es ist erforderlich, auf allen Wertschöpfungsstufen zu hinterfragen, welcher Mehrwert durch die vorhandenen Daten geschaffen werden kann. Dazu ist es erforderlich, sich mit der Datenanalyse und damit weit entwickelten Digitalisierungsthemen auseinanderzusetzen.

Dadurch ergeben sich neue Anforderungen an die IT-Systeme und das Personal, sowohl in der Bedienung der IT-lastigen Prozesse als auch bei der Zählermontage. Die Kundenanforderungen wandeln sich ebenfalls. Zum einen haben Kunden die freie Wahl ihres Messstellenbetreibers, wodurch ein wettbewerbsgetriebenes Umfeld entsteht. Zum anderen steigen die Anzahl und die Art der Kundeninteraktionen.[4] Für jeden Einbau eines intelligenten Messsystems oder moderner Messeinrichtung werden vonseiten des Messstellenbetreibers drei Kundenansprachen statt bisher eine erfolgen: Zuerst erhält der Kunde ein Erstinformationsschreiben, gefolgt von der Terminvereinbarung für den Umbau und abschließend ein Schreiben zur Übermittlung von Zugangsdaten. Durch die reduzierte Verweildauer der Zähler im Netz sind häufigere Zählerwechsel mit entsprechend häufigerer Kundeninteraktion notwendig. Im Betriebszeitraum der Messeinrichtung besteht bei modernen Messeinrichtungen wie bisher auch die Notwendigkeit der jährlichen Vor-Ort-Ablesung. Dadurch nimmt die Interaktion nach dem Einbau einer modernen Messeinrichtung um 20 % zu. Bei fernabgelesenen Zählern entfällt die jährliche Vor-Ort-Ablesung, wodurch die anlassbezogene Kundeninteraktion sinkt. Die neue Welt ist gezeichnet von digitalen Techniken und digitaler Kundeninteraktion. Das Beispiel einer fernausgelesenen Messeinrichtung neben einer vor Ort abzulesenden Messeinrichtung eines anderen Energieträgers wird dem Kunden schwer zu erklären sein. Wenn das eine aus der Ferne geht, muss das andere doch auch funktionieren. Und wenn der Wettbewerb diese Leistung anbietet, wird die Argumentation noch schwieriger und der Kunde droht zu wechseln. Durch die Möglichkeit der Kundschaft, den Messstellenbetreiber frei zu wählen, ist direkt ersichtlich, dass sich hier bisher nicht notwendige Fragen zum Kundenkontakt und zur Kundenbindung stellen. Die Zahl der von Dritten betreuten Messstellen entwickelt sich dabei – wie Abbildung 27.3 darstellt – mit einer exponentiellen Tendenz.

4 Da der Energielieferant frei wählen kann, ob die Abrechnung des Messstellenbetriebs durch ihn erfolgen soll oder durch den Messstellenbetreiber, wurde dieser Teil der Kundeninteraktion hier nicht betrachtet.

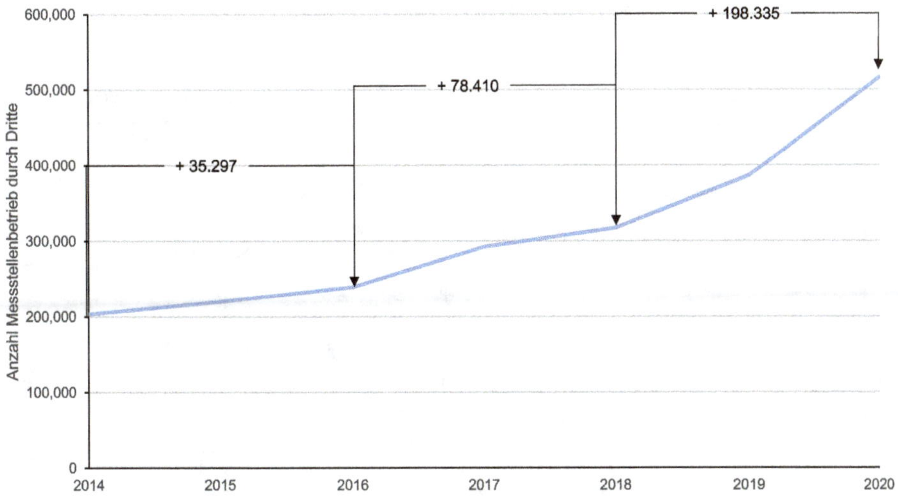

Abb. 27.3: Zunahme der durch Dritte betriebene Messstellen (Benjamin Deppe mit Zahlen aus [10, 11, 45–48]).

Abbildung 27.4 zeigt, dass die Veränderungsgeschwindigkeit deutlich zugenommen hat. Es ist zu vermuten, dass sich diese künftig in kürzeren Zyklen bewegen wird. Veränderungen wirken am Ende auf das gesamte Personal und erfordern weitreichende Anpassungen in den Prozessen der Energiewirtschaft. Als Zielbild kann hier der meter2cash-Prozess genannt werden, der künftig voll digital und quasi in Echtzeit erfolgen könnte – was ein Unterschied zu den Laufzeiten der Endkundenabrechnung von heute bedeutet. In der Folge steht dem Kunden die Abrechnung nach der Ablesung in Echtzeit zur Verfügung – er erhält also nicht wie bisher die Rechnung erst einige Tage oder sogar Wochen nach der erfolgten Ablesung – so, wie es in anderen Bereichen wie der Telekommunikation oder dem Onlinehandel schon üblich ist. Es ist erkennbar, dass der Wandel zunächst langsam begann und derzeit mit einer zunehmenden Geschwindigkeit erfolgt. Der Kunde rückt in den Mittelpunkt, der technologische Fortschritt flankiert die Entwicklung des ordnungspolitischen Rahmens und zeigt das Mögliche und Gewollte auf. Es bieten sich neue Lösungsräume, die es erfordern, neue Denkansätze zu etablieren. Daraus ergeben sich die nachfolgenden Erfolgsfaktoren, mit denen die neuen Lösungsräume erfolgreich genutzt werden können.

Die Etablierung agiler Arbeitsweisen und Haltungen ist eine Grundvoraussetzung, um auf die schneller werdenden Veränderungen reagieren zu können. Dabei geht es wie beschrieben um die Grundhaltung, mit den Veränderungen umzugehen und diese frühzeitig zu antizipieren. Insbesondere in der Energiewirtschaft ist es ein wesentlicher Erfolgsfaktor für alle Marktrollen, den Kunden in den Fokus zu nehmen und Produkte und Prozesse vom Kunden her zu denken und zu gestalten. Die Zeiten, in denen Kunden Versorgungsfälle waren, sind endgültig und für alle Marktrollen vorbei. Wenn die Differenz zwischen dem technisch möglichen und vom Kunden Er-

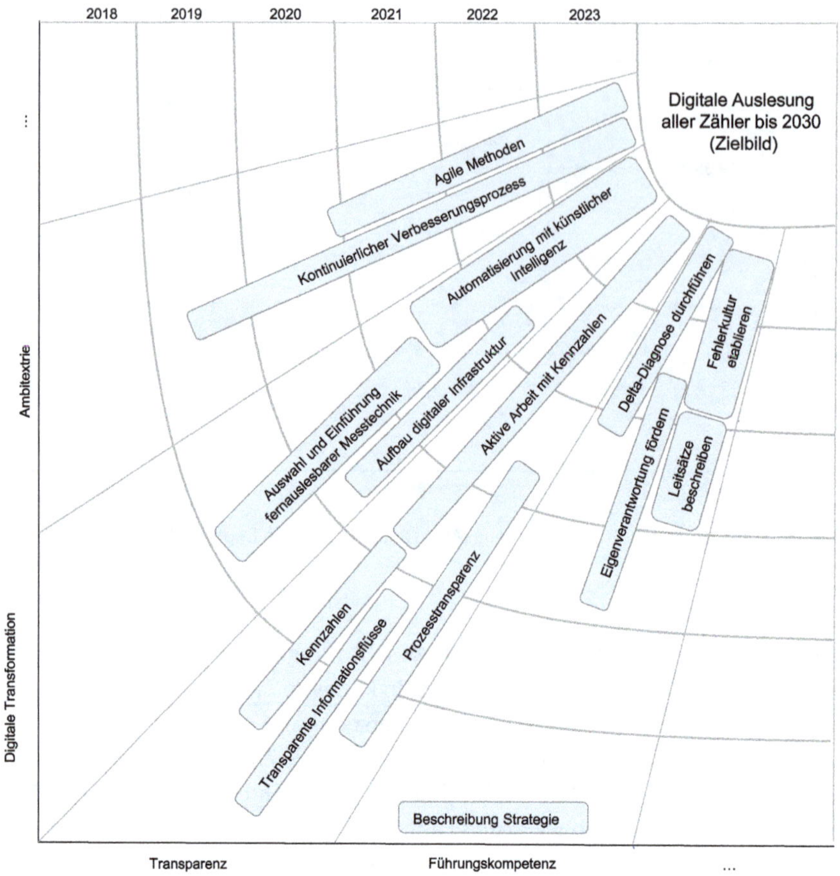

Abb. 27.4: Darstellung des zeitlichen Verlaufs der eingeleiteten Maßnahmen.

warteten zu sehr von dem abweicht, was ein Unternehmen bietet, wirkt sich das auch auf die Anziehung für Fachkräfte aus. Die erfolgreiche Bewältigung der Digitalisierung über alle Ebenen ist der entscheidende Faktor für eine erfolgreiche Zukunft. Dies betrifft die Anpassung der Arbeitswelt genauso wie den richtigen Umgang mit den neuen Technologien und insbesondere mit den entstehenden Datenmengen. Der Dreiklang aus Vernetzung, Datafizierung und Künstlicher Intelligenz im Umgang mit verfügbaren Daten wird langfristig über den Erfolg der Organisation entscheiden (vgl. Petry (2019), S. 27 [1]).

Diese Erfolgsfaktoren – die sicher nicht abschließend sind – haben gemeinsam, dass bestehende und bisher erfolgreiche Verhaltensmuster in Organisationen durchbrochen werden müssen. Dies ist ein typisches Betätigungsfeld für die systemische Organisationsentwicklung. Die Organisation muss sich von innen heraus verändern, damit die Änderungen nachhaltig und bei neuen Impulsen schnell erfolgen können. Wie dies erreicht werden kann, wird im nächsten Abschnitt beschrieben.

27.4.2 Praktische Umsetzung der systemischen Organisationsentwicklung

Die Entwicklung der Organisation zu einer sich selbst erneuernden Organisation ist der entscheidende Umsetzungsfaktor. Dies beinhaltet die Etablierung der agilen Ansätze in einer entsprechenden Haltung, wie diese in VOPA+ beschrieben ist. Der systemische Ansatz hilft dabei, dies nachhaltig und ganzheitlich zu erreichen. Dadurch wird die Eigenverantwortung des Personals gefördert und Führungskräfte müssen nicht mehr jede Entscheidung treffen oder Neuerungen voranbringen – was bei der Vielzahl von Änderungen auch gar nicht mehr leistbar wäre. Diese Arbeit mit der Organisation erfordert Geduld und Zeit, die sich am Ende auszahlt.

Aus meinen Erfahrungen im digitalen Transformationsprozess der Marktrolle des Messstellenbetreibers und mit unterschiedlichen Menschen durchgeführten Coachings beschreibe ich hier einige Ansätze und deren Wirkungsweise in dem jeweils vorgefundenen Kontext. Dies ist als Anregung für eigene Herausforderungen zu verstehen und erhebt keinen Anspruch auf Vollständigkeit. Ebenso wenig garantiert sie den Erfolg. Dabei spielt der Zeitpunkt des Beginns und die Dauer der Umsetzung eine entscheidende Rolle. Das Vorgehen ist in Abbildung 27.4 dargestellt.

Vier Hauptaktionsfelder standen und stehen im Fokus. Die Schaffung von Transparenz ist dabei ein wesentliches Handlungsfeld. Dazu zählt neben der transparenten Informationsverteilung insbesondere zum Zweck der Strategie und der dazu notwendigen Schritte auch die Prozesstransparenz. Das über jahrelange Erfahrung erlangte Wissen wurde in 1:1-Einarbeitungsphasen an neue Mitarbeiter und Mitarbeiterinnen weitergegeben. Durch die Einführung der Prozesstransparenz in Form von dokumentierten Prozessen und Handlungsbeschreibungen konnte die Einarbeitungszeit deutlich verkürzt werden. Dazu gehören die transparente Darstellung von Kennzahlen und die klare Kommunikation von Zielzahlen sowie die Erfassung des jeweils aktuellen Fortschritts. Allein durch diese Maßnahmen konnte der Prozess der Nachbearbeitung von Zählerwechseln deutlich effizienter gestaltet werden. Dies ist daran zu erkennen, dass mit gleicher Personalstärke rund 50 % mehr Aufträge bearbeitet werden konnten bei gleichzeitiger Reduktion der offenen Nachbearbeitungsaufträge zum Ende jeder Woche um rund 60 %.

Ein weiterer Baustein ist die Etablierung des Ansatzes der Ambidextrie. Dazu gehört auf der einen Seite die Einführung von agilen Methoden und auf der anderen Seite die Etablierung eines kontinuierlichen Verbesserungsprozesses. Bei den agilen Methoden wurde insbesondere die Kanban-Methode zur Projektbearbeitung eingeführt. Ebenso wurde in einigen Projekten mit der OKR-Methode gearbeitet, die bisherigen Jahresziele wurden auf kürzere Zielzeiträume angepasst. Mithilfe des kontinuierlichen Verbesserungsprozesses werden durch die Mitarbeiter und Mitarbeiterinnen Effizienzmaßnahmen in nennenswerter Größenordnung gehoben. Dadurch wird Freiraum für neue Themen geschaffen und gleichzeitig der Wandel von papiergetriebenen Prozessen zu digitalen Prozessen von der Basis aus vorangetrieben.

Die Weiterentwicklung der Führungskompetenz trägt wesentlich dazu bei, dass die ersten beiden Bausteine erfolgreich etabliert werden konnten. Am Anfang stand die Erarbeitung einer klaren Strategie, mit der Vision, bis zum Jahr 2030 alle Zähler digital auszulesen. Der Weg dorthin wurde bis zum Jahr 2025 mit strategischen Teilzielen beschrieben. Das Augenmerk lag auf dem kontinuierlichen Verbesserungsprozess, der digitalen Infrastruktur und dem Umgang mit den neu gewonnenen Daten auf Basis digitalisierter Prozesse. Die sich deutlich ändernde Marktrolle des Messstellenbetreibers diente ebenfalls als Rahmenparameter für die Fortentwicklung. Dies beschreibt die Glaubensätze, welche vom Personal mitgetragen werden und an denen sich die Arbeit ausrichtet. Auf dieser Basis wurden Leitsätze erarbeitet, die es jedem Mitarbeiter und jeder Mitarbeiterin ermöglichen, den individuellen Beitrag zur Erreichung der Strategie und der Jahresziele einzuordnen. Durch regelmäßige Befragungen zur Erfüllung der Leitsätze und Zustimmung zu den Glaubenssätzen ergeben sich konkrete Handlungsfelder. Die Führungskräfte erlernen so praktisch die Umsetzung der VOPA+ Methode.

Damit zahlen die vorgenannten Bausteine auf die digitale Transformation ein. Die Arbeitsweise verändert sich. Insbesondere wird das Personal an der Digitalisierung von Prozessen beteiligt. Ebenso geht der Einsatz neuer Technologien für die Abläufe auf Initiativen des Personals zurück, das Verständnis für innovative Projekte unter Nutzung neuer Lösungsräume stellt eine Selbstverständlichkeit dar. Der wesentliche Erfolgsfaktor ist die Umsetzung über die Führungskräfte. Dieses Vorgehen ist elementar, da die Haltung durch die Führungskräfte in ihrer Rolle als Vorbilder vorgelebt werden muss. Damit dies möglich ist, müssen Führungskräfte die Zusammenhänge verstehen und die eigene Haltung entsprechend anpassen. Organisationen entwickeln sich von innen heraus – also durch die Menschen in den Organisationen. Von außen geschaffene Vorgaben können eine kurzfristige Veränderung bewirken, jedoch keine nachhaltige Veränderung und damit keine sich selbst erneuernde Organisation. In den genannten Handlungsfeldern spielten die sieben Basisprozesse der Organisationsentwicklung eine wesentliche Rolle. Es wurde stets darauf geachtet, diese in den unterschiedlichen Phasen der Umsetzung unterschiedlich intensiv im Blick zu haben. So wurde der Diagnoseprozess am Anfang gefolgt von dem Zukunftsgestaltungsprozess sehr intensiv betrieben. Beide Prozesse werden jetzt regelmäßig im Rahmen von Reviews oder bei speziellen Anpassungen bemüht. Der Lern- und Umsetzungsprozess spielen derzeit eine entscheidende Rolle. Dabei ist es immer wieder erforderlich, in die beiden eben genannten Prozesse abzuspringen. Der psychosoziale Prozess sowie der Informationsprozess laufen ständig mit und prüfen die Stimmungslage der Mitarbeiter und Mitarbeiterinnen und halten den Informationsfluss gezielt am Laufen. Der Change-Management-Prozess ist als Steuerungsprozess elementar um zu erkennen, welche Prozesse gerade stärker oder weniger stark bedient werden müssen.

27.5 Zusammenfassung

Die digitale Transformation erreicht die Energiewirtschaft auf allen Ebenen. Hierbei musste die Marktrolle des Lieferanten zuerst reagieren und hat bereits eine Reihe von Veränderungen durchlebt. Der Messstellenbetreiber befindet sich derzeit in einer entscheidenden Phase der Digitalisierung und schafft mit dem Ausbau fernauslesbarer Zähler eine digitale Infrastruktur, mit der die Anzahl verfügbarer Daten deutlich steigen wird. Ebenso verändert sich die Kundeninteraktion durch den steigenden Wettbewerb. Die Rolle des Verteilnetzbetreibers bestimmt die Digitalisierung ebenfalls, nutzt jedoch den sich bietenden Lösungsraum noch nicht vollständig aus. Der Veränderungsdruck aus dem ordnungspolitischen Rahmen steigt, und auch die technischen Möglichkeiten nehmen zu. Die gesellschaftlichen Veränderungen werden wahrgenommen, jedoch wird noch nach Lösungen in dem klassischen Werkzeugkoffer gesucht.

Im Vorstehenden wurden die aufgekommenen Herausforderungen herausgearbeitet und die systemische Organisationsentwicklung im Kontext der agilen Methoden eingeführt. Die systemische Organisationsentwicklung unter konsequenter Nutzung der sieben Basisprozesse ist ein Erfolg versprechendes Vorgehen, das der derzeitigen Ausgangslage entspricht und die Veränderung gezielt anstoßen und begleiten kann. Die Marktrolle des Lieferanten hatte viel Jahre Zeit, auf die Veränderungen zu reagieren. Bei den Messstellenbetreibern ist die Zeit schon kürzer und die Auswirkungen sind neu und nicht vollständig mit den Erfahrungen der Lieferanten vergleichbar. Für die Netzbetreiber wird der Veränderungsdruck schnell und absehbar zunehmen. Neben den technologischen Entwicklungen, Anforderungen des ordnungspolitischen Rahmens und den gesellschaftlichen Veränderungen werden die vielschichtigen Herausforderungen des demografischen Wandels noch hinzukommen. Damit fällt der höhere Aufwand zur Erfüllung der rechtlichen Anforderungen mit dem Aufwand zur Implementierung von Lösungen für den Umgang mit der gestiegenen Datenanzahl sowie Anpassung der Arbeitsweise in eine Zeit eines Arbeitnehmermarktes und der Verschiebung von Ausbildungsberufen zu Hochschulausbildungen zusammen. Hier sind demnach noch andere Ansätze notwendig als die bisher genutzten. Dazu wird ein deutlicher Wandel in den Unternehmenskulturen notwendig, um diesen Herausforderungen erfolgreich begegnen zu können. Der digitale Transformationsprozess bietet dabei eine Reihe von Chancen. Es stehen ausreichend erprobte Werkzeuge zur Kulturveränderung zur Verfügung. Auch sind technologische Entwicklungen weit fortgeschritten und können adaptiert werden. Die große Herausforderung bleibt die Umsetzung in den Organisationen, mit der die klassische Branche den Weg in die digitale Zukunft findet ohne die bewährten und notwendigen Vorgehensweisen zu vernachlässigen. Die systemische Organisationsentwicklung bildet gemeinsam mit der systemischen Haltung die Klammer um die Modelle von Agilität, VUCA, VOPA+ und der Ambidextrie. Mit dieser Grundhaltung und dem gezielten Einsatz der zusammenhängenden Methoden unter Beachtung der sieben Basisprozesse kann der digitale Transformationsprozess aktiv gestaltet werden.

Literaturverzeichnis

[1] Petry, T. (2019). Digital Leadership – Unternehmens- und Personalführung im digitalen Zeitalter. In Petry, T. (Hrsg.) Digital Leadership, 23–125. Freiburg: Haufe Group.

[2] Deppe, B. (2017). Digitale Messsysteme – Mehrwert für unterschiedliche Stufen der Wertschöpfung. In Doleski, O. (Hrsg.) Herausforderungen Utility 4.0, 613–623. Wiesbaden: Springer.

[3] Gesetz zur Digitalisierung der Energiewende vom 01.09.2016 (BGBl. I. S. 2034).

[4] Bundesamt für Sicherheit in der Informationstechnik (2020). Das Smart-Meter-Gateway. https://www.bsi.bund.de/SharedDocs/Downloads/DE/BSI/Publikationen/Broschueren/Smart-Meter-Gateway.pdf?__blob=publicationFile&v=2. Zugriff am 13.03.2022.

[5] Verordnung über Heizkostenabrechnung in der Fassung der Bekanntmachung vom 5. Oktober 2009 (BGBl. I S. 3250), die durch Artikel 1 der Verordnung vom 24. November 2021 (BGBl. I S. 4964) geändert worden ist.

[6] Fernwärme- oder Fernkälte-Verbrauchserfassungs- und -Abrechnungsverordnung vom 28. September 2021 (BGBl. I S. 4591, 4831).

[7] Deppe, B. und Hornfeck, G. (2014). Transformationsprozess der Marktakteure. In Aichele, C. und Doleski, O. (Hrsg.) Smart Market, 257–281. Wiesbaden: Springer.

[8] Statista. Umsatz im E-Commerce in Deutschland bis 2020. https://de.statista.com/statistik/daten/studie/3979/umfrage/e-commerce-umsatz-in-deutschland-seit-1999/. Zugriff am 12.02.2022.

[9] Bundesnetzagentur, Bundeskartellamt (2007). Monitoringbericht 2007. Bundesnetzagentur für Elektrizität, Gas, Telekommunikation, Post und Eisenbahn & Bundeskartellamt. Bonn. https://www.bundesnetzagentur.de/SharedDocs/Mediathek/Monitoringberichte/Monitoringbericht2007.pdf?__blob=publicationFile&v=3. Zugriff am 13.03.2022.

[10] Bundesnetzagentur, Bundeskartellamt (2021). Monitoringbericht 2021. Bundesnetzagentur für Elektrizität, Gas, Telekommunikation, Post und Eisenbahn & Bundeskartellamt. Bonn. https://www.bundesnetzagentur.de/SharedDocs/Mediathek/Monitoringberichte/Monitoringbericht_Energie2021.pdf?__blob=publicationFile&v=3. Zugriff am 13.03.2022.

[11] Bundesnetzagentur, Bundeskartellamt (2011). Monitoringbericht 2011. Bundesnetzagentur für Elektrizität, Gas, Telekommunikation, Post und Eisenbahn & Bundeskartellamt. Bonn. https://www.bundesnetzagentur.de/SharedDocs/Downloads/DE/Allgemeines/Bundesnetzagentur/Publikationen/Berichte/2011/MonitoringBericht2011.pdf?__blob=publicationFile. Zugriff am 13.03.2022.

[12] Bundesnetzagentur, Bundeskartellamt (2017). Monitoringbericht 2017. Bundesnetzagentur für Elektrizität, Gas, Telekommunikation, Post und Eisenbahn & Bundeskartellamt. Bonn. https://www.bundesnetzagentur.de/SharedDocs/Mediathek/Monitoringberichte/Monitoringbericht2017.pdf?__blob=publicationFile&v=4. Zugriff am 13.03.2022.

[13] Messstellenbetriebsgesetz vom 29. August 2016 (BGBl. I S. 2034), das zuletzt durch Artikel 10 des Gesetzes vom 16. Juli 2021 (BGBl. I S. 3026) geändert worden ist.

[14] KOM Magazin für Kommunikation. Explosion des Wissens: der Countdown läuft. https://www.kom.de/medien/explosion-des-wissens-der-countdown-laeuft/. Zugriff am 12.02.2022.

[15] Stromnetzentgeltverordnung vom 25. Juli 2005 (BGBl. I S. 2225), die zuletzt durch Artikel 2 der Verordnung vom 27. Juli 2021 (BGBl. I S. 3229) geändert worden ist.

[16] Narjes, F. (2018). Agilität. In Schubert-Golinski, B. und Wandhoff, H. (Hrsg.) Alles Ausser Q, 17–19. Hamburg: Corlin Verlag.
[17] REFA-Weiterbildung: Ausbildungen, Online- und Präsenzseminare. Agilität. https://refa.de/service/refa-lexikon/agilitaet. Zugriff am 12.02.2022.
[18] Narjes, F. (2018). VUCA-Welt. In Schubert-Golinski, B. und Wandhoff, H. (Hrsg.) Alles Ausser Q, 228–231. Hamburg: Corlin Verlag.
[19] System Worx. Cynefin Framework (deutsch). https://www.youtube.com/watch?v=jtJqC8s-3u8. Zugriff am 13.03.2022.
[20] Projektmagazin. Cynefin-Framework. https://www.projektmagazin.de/glossarterm/cynefin-framework. Zugriff am 12.02.2022.
[21] Management-Beratung Doppler. Cynefin Modell und Stacey Matrix. http://leadership.doppler-manager.de/lean-management/cynefin-und-stacey. Zugriff am 12.02.2022.
[22] Gabler Wirtschaftslexikon. Scrum. https://wirtschaftslexikon.gabler.de/definition/scrum-53462. Zugriff am 12.02.2022.
[23] Scrum.org – The Home of Scrum. What is Scrum? https://www.scrum.org/resources/what-is-scrum. Zugriff am 12.02.2022.
[24] Petry, T. und Konz, C. (2021). Agile Organisation – Systematischer Überblick des Themenkomplexes. In Petry, T. und Konz, C. (Hrsg.) AgileOrganisation, 25–219. Gießen: Dr. Götz Schmidt.
[25] Buhse, W. (2014). Management by Internet. Kulmbach: Plassen Verlag.
[26] March, J. G. (1991). Exploration and exploitation in organizational learning. Organ. Sci. 1, 71–87.
[27] Statista. Altersstruktur der Bevölkerung in Deutschland zum 31.12.2020. https://de.statista.com/statistik/daten/studie/1351/umfrage/altersstruktur-der-bevoelkerung-deutschlands/. Zugriff am 13.03.2022.
[28] Autorengruppe Bildungsberichterstattung (2020). Bildung in Deutschland. WBV Media, Bielefeld.
[29] Bundeszentrale für politische Bildung. Demografischer Wandel. https://www.bpb.de/kurz-knapp/lexika/lexikon-der-wirtschaft/240461/demografischer-wandel/. Zugriff am 13.03.2022.
[30] Hubspot. Generation X, Y, Z: So unterscheiden sie sich. https://blog.hubspot.de/marketing/generation-x-y-z. Zugriff am 13.03.2022.
[31] Hans Böckler Stiftung. Studien zum Homeoffice und mobiler Arbeit. https://www.boeckler.de/de/auf-einen-blick-17945-Auf-einen-Blick-Studien-zu-Homeoffice-und-mobiler-Arbeit-28040.htm. Zugriff am 13.03.2022.
[32] Wandhoff, H. (2018). Konstruktivismus. In Schubert-Golinski, B. und Wandhoff, H. (Hrsg.) Alles Ausser Q, 106–109. Hamburg: Verlag.
[33] Wandhoff, H. (2018). Autopoiese. In Schubert-Golinski, H. und Wandhoff, H. (Hrsg.) Alles Ausser Q, 29–31. Hamburg: Verlag.
[34] Wandhoff, H. (2018). Systemtheorie. In Schubert-Golinski, H. und Wandhoff, H. (Hrsg.) Alles Ausser Q, 205–208. Hamburg: Verlag.
[35] Derrer, C. (2018). Haltung. In Schubert-Golinski, H. und Wandhoff, H. (Hrsg.) Alles Ausser Q, 70–72. Hamburg: Corlin Verlag.
[36] Schubert-Golinski, B., et al. (2022). Systemisches Coaching. Hamburg: Corlin Verlag.
[37] Glasl, F. (2020). Wandel der Organisationsberatung. In Glasl, F., Kalcher, T. und Piber, H. (Hrsg.) Professionelle Prozessberatung, 38–56. Bern: Haupt Verlag.
[38] Piber, H. (2020). Organisationsmodelle und das Trigon-Konzept. In Glasl, F., Kalcher, T. und Piber, H. (Hrsg.) Professionelle Prozessberatung, 57–100. Bern: Haupt Verlag.
[39] Glasl, F. (2020). Die sieben Basisprozesse der Organisationsentwicklung. In Glasl, F., Kalcher, T. und Piber, H. (Hrsg.) Professionelle Prozessberatung, 101–146. Bern: Haupt Verlag.

[40] Scharmer, C. O. (2020). Theorie U – Von der Zukunft her führen. Heidelberg: Carl-Auer Verlag.
[41] Mangelmann, R. (2019). Treiber der Veränderung von Kultur und Führung im digitalen Zeitalter. In Petry, T. (Hrsg.) Digital Leadership, 157–168. Freiburg: Haufe Group.
[42] Freyland, M. (2018). Glaubenssätze. In Schubert-Golinski, B. und Wandhoff, H. (Hrsg.) Alles Ausser Q, 65–67. Hamburg: Corlin Verlag.
[43] Glasl, F. (2020). Diagnose-Prozesse. In Glasl, F., Kalcher, T. und Piber, H. (Hrsg.) Professionelle Prozessberatung, 147–177. Bern: Haupt Verlag.
[44] Bundesnetzagentur, Bundeskartellamt (2015). Monitoringbericht 2015. Bundesnetzagentur für Elektrizität, Gas, Telekommunikation, Post und Eisenbahn & Bundeskartellamt. Bonn. https://www.bundesnetzagentur.de/SharedDocs/Downloads/DE/Allgemeines/Bundesnetzagentur/Publikationen/Berichte/2015/Monitoringbericht_2015_BA.pdf?__blob=publicationFile. Zugriff am 13.03.2022.
[45] Bundesnetzagentur, Bundeskartellamt (2016). Monitoringbericht 2016. Bundesnetzagentur für Elektrizität, Gas, Telekommunikation, Post und Eisenbahn & Bundeskartellamt. Bonn. https://www.bundesnetzagentur.de/SharedDocs/Mediathek/Monitoringberichte/Monitoringbericht2016.pdf?__blob=publicationFile&v=2. Zugriff am 13.03.2022.
[46] Bundesnetzagentur, Bundeskartellamt (2018). Monitoringbericht 2018. Bundesnetzagentur für Elektrizität, Gas, Telekommunikation, Post und Eisenbahn & Bundeskartellamt. Bonn. https://www.bundesnetzagentur.de/SharedDocs/Mediathek/Berichte/2018/Monitoringbericht_Energie2018.pdf?__blob=publicationFile&v=7. Zugriff am 13.03.2022.
[47] Bundesnetzagentur, Bundeskartellamt (2019). Monitoringbericht 2019. Bundesnetzagentur für Elektrizität, Gas, Telekommunikation, Post und Eisenbahn & Bundeskartellamt. Bonn. https://www.bundesnetzagentur.de/SharedDocs/Mediathek/Monitoringberichte/Monitoringbericht_Energie2019.pdf?__blob=publicationFile&v=6. Zugriff am 13.03.2022.
[48] Bundesnetzagentur, Bundeskartellamt (2020). Monitoringbericht 2020. Bundesnetzagentur für Elektrizität, Gas, Telekommunikation, Post und Eisenbahn & Bundeskartellamt. Bonn. https://www.bundeskartellamt.de/SharedDocs/Publikation/DE/Berichte/Energie-Monitoring-2020.pdf;jsessionid=4F90000323C49DA3052D04CA9E115DEC.1_cid390?__blob=publicationFile&v=4. Zugriff am 13.03.2022.

Kurzvita

Benjamin Deppe (Foto von Heike Roehrup) beschäftigt sich seit 2006 in seinen beruflichen Stationen mit der Transformation des konventionellen Messwesens hin zum digitalisierten Messwesen als Teil des Smart Grid und Basis innovativer Kundenprodukte.
Herr Deppe arbeitete zunächst als wissenschaftlicher Mitarbeiter am Institut für Hochspannungstechnik und Elektrische Energieanlagen der TU Braunschweig. Von 2011 bis 2017 war Herr Deppe in verschiedenen Gesellschaften der MVV Energie Gruppe beschäftigt. Zuletzt war er für die Soluvia

Metering GmbH als Abteilungsleiter für die Einführung intelligenter Messsysteme verantwortlich. Aktuell verantwortet er bei den Energienetzen Mittelrhein als Bereichsleiter Messservice die Digitalisierung des Messwesens und den Aufbau eines digitalen Infrastrukturbetreibers.
Von 2019 bis 2021 hat er sich zum systemischen Coach und Organisationsentwickler weitergebildet. Seit 2020 unterstützt er Menschen und Organisationen nebenberuflich im Veränderungsprozess der digitalen Transformation.

Khaled Popal

28 Neue IT für die digitale Energie der Zukunft

Zusammenfassung: Die Transition der Energieproduktion und -nutzung in die Erneuerbaren Energien, die digitale Transformation der Energiewirtschaft und eine uneingeschränkte Sicherstellung des stets wachsenden Energiebedarfs in der Zukunft bleiben nach wie vor große Herausforderungen mit Risiken, die derzeit nicht wirklich abzuschätzen und kalkulierbar sind. Bei dieser Transition muss eine vollständige Transformation der heutigen Energiesysteme in neue Energiesysteme erfolgen. Wir wissen, dass die Nutzung von digitalen Informationstechnologien weiterhin eine zentrale Rolle beim Erfolg der Energiewende spielen wird. Man bezeichnet die Energiewende auch oft als das größte IT-Projekt der Welt. Ich halte die Energiewende für ein exorbitantes Projekt, bei dem es um die größte und komplexeste digitale Business-Transformation für unsere globale Gesellschaft geht. Der Erfolg dieses Projektes erfordert neue Konzepte für den Einsatz von digitalen Informationstechnologien zur Gestaltung der digitalen Energie der Zukunft. Nötig ist eine neuartige IT, die zum einen architektonisch die gesamte Wertschöpfungskette der elektrischen Energieversorgung (von der Energieproduktion zur Energiespeicherung über Energieverteilung und -handel bis hin zur Energienutzung) effektiv digitalisieren kann und zudem in der Lage ist, die Energiewirtschaft der Zukunft ökonomisch effizient für alle Stakeholder zu gestalten. Dieses Kapitel informiert über die Erfordernisse einer neuen Energie-IT für die Business-Transformation Energiewende, bei der es um die Gestaltung der digitalen Energie der Zukunft geht. Es sollen Anregungen und Ideen für die Nutzung von digitalen Informationstechnologien zur datengeschützten Energieversorgung in Unternehmen vermittelt werden.

Schlagwörter: Digitale Energie, Energie-IT, Operational Technology, Digitalisierung der Energiewende, Business-Transformation, Energiearchitektur, Co-Creation, Strategie-Consulting „Future of Energy“

28.1 Einleitung

Die Durchführung der Energiewende, wenn sie als das größte digitale Business-Transformations-Projekt unserer globalen Gesellschaft betrachtet wird, ist deshalb komplex, weil der Umfang dieses Projektes dynamisch wächst und deshalb seine Erfolge und Risiken nicht präzise einzuschätzen sind. Man würde kein anderes Business-Transformations-Projekt in einem Unternehmen starten, dessen Umfang ungewiss ist. Primär würden im Vorfeld des Projektes die erwarteten Ziele definiert,

Khaled Popal, DXC Technology, Ratingen, Deutschland, e-mail: Khaled.Popal@dxc.com

https://doi.org/10.1515/9783110753585-028

die kritischen Erfolgsfaktoren oder Key Performance Indicators (KPI) samt Risiken mit den Investitionsvorhaben in Einklang gebracht, die Projektbeteiligten von Anfang an involviert und das Projekt würde mit Fokus auf den Erfolg starten. Man würde ein Risikomanagement für das Projekt etablieren, das eine Kosten- und Nutzen-Abschätzung stets zu jeder Zeit erlaubt, und zudem würde man Ausstiegsszenarien einkalkulieren, um ohne große Investitionsverluste aus dem Projekt aussteigen zu können. Können diese Maßnahmen für das Projekt Energiewende im Vorfeld aufgesetzt und zielorientiert ausgeführt werden?

Die Business-Transformation Energiewende ist jedoch nicht das Produkt eines einzelnen Unternehmens nur für seine bestehenden Kunden im Markt. Es stellt ein hochkomplexes und vielschichtiges Vorhaben dar, das über Unternehmensgrenzen hinaus fokussiert werden muss. Dabei handelt es sich um die Transformation der heutigen, derzeit nicht ausreichend digitalisierten Energiesysteme, in neue, zukünftige Energiesysteme, bei denen die Wertschöpfungskette der elektrische Energiesysteme digitalisiert ist und mit großer digitaler Effizienz genutzt werden kann. Es geht also um nichts Geringeres als um die Sicherheit, in der Zukunft uneingeschränkten Zugang zu sauberer Energie zu gewährleisten, mit der wir idealerweise unseren heutigen Standard beibehalten und den stets größer werdenden Erwartungen an unseren zukünftigen Wohlstand entsprechen können. Der Energiebedarf für den Wohlstand von morgen wird stets wachsen. Die erneuerbaren Energiequellen und Ressourcen sind nicht unendlich und stark von Gegebenheiten der Umwelt abhängig. Dies bedeutet, dass eine smarte Balance zwischen Energieproduktion und deren Nutzung hergestellt werden muss, um eine Energieverschwendung effektiv zu vermeiden. Es ist also eine Transformation der aktuellen Energiesysteme zwischen Energieproduzenten und Energieverbrauchern in neue, zukünftige digitale und innovative Energiesysteme, die darauf abzielen, die Energieproduktion dezentral, digital und intelligent zu etablieren. Zudem müssen alle Energiekonsumenten – gemeint sind alle Unternehmen verschiedener Branchen, Organisationen und Personen beziehungsweise private Haushalte, die Energie oder Energiestoffe verbrauchen – an der Business-Transformation Energiewende aktiv beteiligt sein und eine signifikante Aufgabe übernehmen. Für Energieunternehmen geht es um den großen Spagat zwischen Stammgeschäft und neuem Geschäft. Für Energiekonsumenten geht es um die Chance, an der Energiewende beteiligt zu werden und sie mitzugestalten. Wir wissen, dass moderne digitale Informationstechnologien eine maßgebliche Rolle spielen werden, um die Balance zwischen Energieproduktion und -nutzung mit maximaler digitaler Effizienz zu gestalten. Können die derzeit verfügbaren Informationstechnologien diese Ziele realisieren? Die Antwort lautet schlicht: Ja. Zu fragen ist jedoch auch, ob die heute verfügbaren Informationstechnologien in einer Weise eingesetzt werden, dass diese Ziele erreichbar sind. Auch hier ist die Antwort ein, vermutlich mittelgroßes, Ja. Aber auf die Frage, ob alle Energiebeteiligten, die die Umsetzung der Energiewende mitgestalten und auch mit großen Investitionen (Zeit, Geld und Erwartung) involviert sind, die Nutzung dieser modernen Informationstechnologien angemessen auf die Ziele der Energiewende ausgerichtet haben, ob also die Energiewende als ein Transformationsvorhaben zwischen vielen Beteiligten gesehen wird, ist die Antwort ein klares Nein.

Das Ziel dieses Kapitels ist, Ihnen neue Denkanstöße zu geben, wie IT-Strategien für die Energiewende aussehen sollten, um eine neue Energie-IT für die Energiewende zu definieren und diese in einer Co-Creation[1]-Beziehung mit allen Energiebeteiligten erfolgreich zu nutzen. Die Beteiligung an der Energiewende soll für jedermann vereinfacht werden. Dafür bedarf es neuer Strategieansätze für die IT, die definiert werden sollten. Der Umfang dieses Themas ist enorm, sodass ich im Folgenden nur die grundsätzlichen Themen einbinden werde.

28.2 Business-Strategie Energiewende

Die Zukunft der Energie wird digital, dezentral und intelligent sein. Die Energiewende ist eine komplexe Business-Transformation. Deshalb sollte zur Zielerreichung der Energiewende eine Business-Strategie definiert werden. In dieser Business-Strategie gilt es, den Einsatz von digitalen Informationstechnologien in einer IT-Strategie fest zu verankern. Genau hieran scheitern viele Energieunternehmen, weil ihre IT-Strategien nicht umfassend die Digitalisierung der gesamten Wertschöpfungskette der elektrischen Energieversorgung einschließen. Im folgenden Abschnitt werden grundlegende strategischen Aspekte aufgeführt, wie der Einsatz von digitalen Informationstechnologien in Business-Strategien für die Energiewende berücksichtigt werden kann.

28.2.1 Einführung

Zunächst einige Anregungen und Beispiele, wie die Energiewende einzuleiten wäre. Sind Sie in der Lage, eine IT-Strategie für die folgende Geschäftsstrategie eines beliebigen Energieunternehmens zu entwickeln? Eine IT-Strategie, deren Umsetzung realistisch, plan- und ausführbar ist? Dafür schließen wir die folgenden Aussagen in unsere Betrachtung ein.

Unsere Strategie ist es, der Treiber der Energiewende zu werden, indem wir unsere Kunden bei der Energiewende maßgeblich mit beteiligen. Wir kennen die transformativen Herausforderungen der Energiewende und wissen, dass sie nicht allein durch uns gestemmt werden können. Dabei sind wir bemüht, die Transformation der Energiewende in Co-Creation für und mit unseren Kunden zu vereinfachen und sie auf eine

---

1 Co-Creation bedeutet im Deutschen Ko-Kreieren und ist ein Prozess, im Rahmen dessen ein Ergebnis z. B. eines Projektes gemeinschaftlich unter Einbindung von Personen unterschiedlicher Unternehmen oder Organisation erzielt wird. Dabei bringen die Personen eines beteiligten Unternehmens ihr Wissen und ihre jeweiligen Stärken komplementär mit dem Wissen und Stärken von anderen beteiligten Unternehmen ein und sorgen so für ein besseres Gesamtergebnis für das Vorhaben des Projekts.

Reise in eine neue Ära der digitalen Energie der Zukunft mitzunehmen. Dafür sind ein Umdenken und eine Umstellung einiger Abläufe und Prozesse unseres Unternehmens unabdingbar. Wir sind auf dem Wege, ein digitales Technologieunternehmen der Energiebranche zu werden. Heute schon bauen wir unsere Fähigkeiten aus, Energie aus Erneuerbaren zu erzeugen und sie möglichst digital und intelligent an Verbraucher zur Nutzung bereitzustellen. Wir wissen, dass unsere heutigen Energiesysteme, einschließlich der heutigen Energienetze, der IT für die Netze, der Netzdienstleistungen und der Prozesse sowie der Daten noch nicht digitalisiert sind. Die Erreichung einer maximalen digitalen Effizienz in zukünftige Energiesysteme stellt uns heute vor große Herausforderungen, um eine effektive Balance bei der Energieproduktion und dem Energieverbrauch anbieten zu können. Sind unsere heutigen Geschäftsmodelle mit den heutigen Standards unserer IT auch morgen aktuell und werden diese Bestand haben, sobald unsere heutigen Kunden und Verbraucher selbst zu Energieerzeugern werden? Und im weiteren Sinne im Wettbewerb zu uns stehen? Dieser Wettbewerb bringt auch positive Aspekte mit sich, da er einerseits zu neuen Geschäftsmodellen am Markt führt, an dem auch wir maßgeblich beteiligt sein wollen. Andererseits wissen wir, dass dieser Wettbewerb in erster Linie wesentlicher Auslöser der Beschleunigung der Energiewende ist. Das Szenario, dass Endverbraucher selbst zu Energieerzeugern werden, stellt uns vor einer neuen Herausforderung, da jetzt die Energieunternehmen ihr Portfolio rund um Daten und digitale Lösungen erweitern müssen, um zukünftig Gewinne zu erzielen.

In unserem Unternehmen stehen wir am Beginn unserer Geschäftstransformation, und wir versuchen zu definieren, welche Fähigkeiten im Gesamtunternehmen zu entwickeln sind. Dabei ist das Hauptziel, unsere zukünftigen Geschäftsmodelle auf neue Informations- und Digitalisierungstechnologien effizienter auszurichten und gleichzeitig die Energiewende mit und für unsere Kunden zu gestalten.

In diesem Zusammenhang möchten wir neue digitale Fähigkeiten im Gesamtunternehmen anvisieren, mit denen wir zu jeder Zeit den Energiebedarf unserer Kunden im Einklang mit unseren verfügbaren Energiekapazitäten sicherstellen können. Dafür haben wir eine Business-Strategie 2030 entwickelt, worin wir die Einführung einer Energie-IT für die Energiewende beabsichtigen. Unsere neue Energie-IT soll für die Energiearchitektur der zukünftigen Energiesysteme eine lenkbare Richtung aufzeigen, sodass unser Unternehmen wie eine hoch skalierbare digitale Lösung funktioniert. Wir wollen dementsprechend ein digitales Energieunternehmen werden. Wir möchten unsere Kunden besser kennen und ihre Energiebedarfe mit digitalen Lösungen so ausrichten können, dass es zu keiner Energieverschwendung kommt. Gleichzeitig möchten wir das Vertrauen unserer Kunden gewinnen und sie in unsere Transformationsprozesse eingehender involvieren. Die digitalen Energieleistungen, die wir anbieten, sollen unsere Kunden effektiv und mit wenig Aufwand nutzen können. Die notwendigen digitalen Energieleistungen, die wir aus unserem Portfolio unseren Kunden nicht anbieten können, bieten wir ihnen mit unseren Partnern an. Unseren Partnern geben wir unser Wissen und unsere Erfahrung mit, sodass sie mit uns in einer Co-Creation-Beziehung stehen und so mit uns gemeinsam neue digitale Lösungen entwickeln können. Dazu sind wir bereit, Teil eines in sich integrierenden Eco-Systems zu werden, indem wir die Zukunft der elektrischen Energieversorgung digital mitgestalten.

So ähnlich könnte die Business-Strategie von vielen, wenn nicht allen, Energieunternehmen unabhängig von ihrer Marktrolle im Energiesektor aussehen. Wie würden Sie nun die IT-Strategie für eine solche hochkomplexe Business-Transformation wie die Energiewende angehen? Haben Sie ein Verständnis oder eine Antwort dafür, was eine Energie-IT oder eine Energiearchitektur grundsätzlich funktional darstellen sollen? Würden Sie in einem Gespräch mit einem Strategieverantwortlichen eines Energieunternehmens nur über digitale Informationstechnologien wie die Cloud, die Rolle von Daten in der Energiewende, die Bedeutung von Data Science und künstlicher Intelligenz sprechen? Aus meiner Sicht würden Sie einen Fehler machen, wenn Sie das täten. Die Energieunternehmen wissen, was sie benötigen. Es ist wichtig, mit ihnen über eine differenzierte Nutzung der digitalen Informationstechnologien zu sprechen und sie strategisch zu beraten, wie das heutige Energiegeschäft bewahrt und ausgeweitet werden kann, um zugleich auch den Pfad für einen durchschlagenden Erfolg für das zukünftige Energiegeschäft zu ebnen. Es geht hierbei nicht darum, weshalb und welche Technologien ein Unternehmen verwenden soll, sondern um die Realisierung der Business-Strategie Energiewende und die Eingliederung von effektiven IT-Strategien zur Einführung der Energie-IT für die digitale Zukunft der Energie.

28.2.2 Strategisches Alignment

Es gibt unzählige Literatur darüber, dass IT-Strategie und Business-Strategie unabdingbar miteinander verknüpft sein müssen. Gibt es eine enge Verknüpfung zwischen einer IT- und Business-Strategie, so sind die Strategien aufeinander ausgerichtet. Mit anderen Worten ist die Umsetzung der Strategien voneinander abhängig. Dies nennt man auch ein strategisches Alignment. Sie haben mit Sicherheit Ihre Erfahrung auch diesbezüglich gemacht, was geschieht, wenn eine IT-Strategie ohne Beteiligung des Business[2] aufgesetzt und ausgeführt wird. Sie haben bestimmt auch Situationen erlebt, bei denen das Business ein neues Geschäftsmodell oder ein digitales Geschäftsprodukt mit wenig oder ohne die Beteiligung der IT in den Markt gebracht hat und später beim Betrieb oder bei der Skalierung des Geschäftsproduktes gescheitert ist. Sie kennen wahrscheinlich auch Szenarien, in denen die Zusammenarbeit zwischen IT und Business bislang nicht ausreichend funktioniert hat, weil im Business die organisatorische Kultur in der IT-Nutzung noch nicht ausgerichtet ist. Wir können davon

2 In diesem Beitrag sind damit die Hauptverantwortlichen gemeint, die auf der rein betriebswirtschaftlichen Ebene tätig sind und diesbezüglich Entscheidungen treffen.

ausgehen, dass in einigen Energieunternehmen insgesamt das Alignment zwischen IT und Business auf einem richtigen Weg ist und es in der Zukunft noch stärker normiert sein wird. Hier muss sich die IT als Hauptverantwortliche ihrer Tätigkeiten weiterentwickeln und den Fokus auch auf das Verständnis der betriebswirtschaftlichen Geschäftsprozesse lenken, damit das Business die IT an der Ausführung von Geschäftsstrategien eingehender beteiligt. Die IT wird noch ihre Rolle als Know-how-Träger von digitalen Geschäftsmodellen finden und im Schulterschluss mit dem Business mehr kommerzielles Marktverständnis entwickeln, anstatt wie bisher nur als Kostenfaktor berücksichtigt zu werden.

Ein strategisches Alignment zwischen IT und Business gibt es aus meiner Sicht nur dann, wenn die IT das Leitmotiv der Business-Strategie realisieren kann und somit in ihr verankert ist, sodass der Leitgedanke der Business-Strategie zur Erreichung der digitalen Effizienz in den Geschäftsmodellen im heutigen und in neuen Zukunftsmärkten umgesetzt werden kann. Die IT soll also den Spagat zwischen Stammgeschäft und Neugeschäft ermöglichen. Das Leitmotiv soll sein, wie schnell, effizient und effektiv neue Geschäftslösungen auf den Market gebracht werden können, um Kunden an den Geschäftsmodellen zu beteiligen und dadurch Wachstum zu generieren. In Bezug auf die Einführung einer Energie-IT bedarf es eines intensivierenden Alignments zwischen IT und Business, um die digitale Effizienz in der ganzen Wertschöpfungskette der elektrischen Energieversorgung hinsichtlich der Geschäftsmodelle und der Kundenbeteiligung auf digitalen Lösungen zu gewähren.

Lassen Sie uns zwei einfache Kernfragen für die IT betrachten:

- Welche IT nutze ich im Unternehmen, um neue digitale Geschäftsstrategien und -modelle schnell zu entwickeln und sie in digitalen Lösungen im Markt anbieten zu können?
- Wie stark wird die Abhängigkeit meiner Kunden von meiner firmeninternen IT sein, auf der ich meine digitalen Lösungen für sie am Markt anbiete?

Denken Sie einen Moment über diese zwei Kernfragen nach und fragen Sie sich, ob Sie sie für Ihr Unternehmen beantworten können. Als Beispiel stellen Sie sich bitte das folgende Szenario vor: Sie entwickeln eine hochmoderne, neuartige und datengetriebene digitale Lösung für die Energieeffizienz eines Gebäudes, um – das ist das Hauptziel – der Energieverschwendung entgegenzuwirken. Die Lösung ist mit neuester digitaler Technologie auf einer Cloud realisiert und umfasst Daten aus Energieproduktion und aus ihren Energienetzen. Sie bringen die Lösung in den Markt hinein und überzeugen Ihre Kunden, wie etwa ein Unternehmen, das für das Management von Gebäuden in einem Stadtgebiet verantwortlich ist, die Lösung einzusetzen. Wie viel Zeit und monetäre Investitionen, wie z. B. in Personal, für Sales und Marketing, für weitere Geschäftsprozesse, für die Abrechnung und natürlich für die IT, etc. benötigen Sie, um Ihre Organisation für den Geschäftsbetrieb dieser Lösung zu befähigen, und wie viel Zeit und Geld muss Ihr Kunde investieren, bis die Lösung in seine bestehenden Lösungen integriert und nutzbar ist?

Was machen Sie, wenn Sie diese Lösung nicht nur einem Unternehmen in einer Stadt anbieten wollen, sondern parallel mehreren Unternehmen gleichzeitig, um die Skalierung des Geschäftsmodells zu ermöglichen? Sind Sie in der Lage, eine solche Lösung binnen weniger Wochen zu entwickeln und den Geschäftsbetrieb auf einer durchgängigen IT, für Sie im Unternehmen und für Ihre Kunden im Markt, zu gewährleisten? Um die Energiewende zu beschleunigen und jedem die Möglichkeit zu geben, daran teilzuhaben, müssen solche digitalen Lösungen sehr oft und sehr schnell entwickelt und in den Markt gebracht werden können. Die Business-Strategien müssen so adaptiv sein, dass jede Veränderung aus dem Markt oder der Energieindustrie zu keiner Disruption des Kerngeschäfts führt und zugleich die Business-Strategie auf neue Geschäftsmöglichkeiten in neuen Märkten schneller reagieren kann. Deshalb müssen die digitalen Fähigkeiten von Unternehmen zur Ausführung der Business-Strategie Energiewende neu definiert werden, sodass man von einer Energie-IT sprechen kann, die präzise für die Energiewende angepasst wurde. Dazu gehören unter anderem die Fähigkeit zu mehr Co-Creation zwischen den verschiedenen Stakeholdern und der Wille zum Datenaustausch im Wettbewerb, die Nutzung von interoperablen digitalen Informationstechnologien, die den Zugang zu smarten Technologien für das Business ermöglichen, außerdem die Fähigkeit, den Geschäftsbetrieb effizient am Markt zu halten, die einfache Sicherstellung von mehr Geschäftsqualität für Kunden, die Steigerung der Kundenbeteiligung und die Fähigkeit von Adaption neuer Technologien.

28.2.3 Das Zeitalter der Cloud und der Weg in die Post-Cloud für die Zukunft der Energie

Der Einsatz von Cloud-Technologien als Basis zur Nutzung von digitalen Informationstechnologien ist grundlegend bedeutsam für die Gestaltung der digitalen Energie der Zukunft. Die digitale Business-Transformation der Energiewende ist ohne eine effektive Nutzung von Cloud-Technologien nicht möglich. Es gibt jedoch Herausforderungen bei der strategischen Einführung von Cloud-Technologien in der Energiewirtschaft, die völlig neue Ansätze aus Geschäftsmodell-, Betriebsmodell- und Technologiemodellperspektiven benötigen. Im folgenden Kapitel wird dargestellt, welche Herausforderungen es in der Energiewirtschaft bei der Planung, Einführung und Nutzung von modernen Informationstechnologien auf der Cloud gibt und wie sie mit strategischen Fragestellungen am besten überwunden werden können.

28.2.3.1 Einführung

Die Covid-19-Pandemie hat die Nutzung und den Mehrwert von digitalen Lösungen zur Online-Zusammenarbeit auf der Cloud maßgeblich hervorgebracht und die Nutzbarkeit der Cloud für jedermann innerhalb kürzester Zeit beschleunigt. Die Covid-19-

Pandemie zwang viele Sektoren, die Business-Transformation in die digitalen Arbeitswelten (die Fähigkeit, von jedem Ort auf die firmeninternen Systeme zuzugreifen, online mit Kunden und Partnern zusammenzuarbeiten, auf Geschäftsdaten sicher zuzugreifen und das Kerngeschäft ohne Beeinträchtigung weiterzuführen) schnell umzusetzen. Und diese Transformation war schnell möglich. Dies lag daran, weil die digitalen Informationstechnologien und -lösungen für die digitale Arbeitswelt der Zukunft auf der Cloud schon vor der Covid-19-Pandemie vorhanden waren und die Chief Information Officer (CIOs) zuvor eine Reihe von Investitionen in digitale Initiativen für die Etablierung von digitalen Arbeitsplätzen getätigt hatten. Zu Beginn der Covid-19-Pandemie konnte somit jedermann von digitalen Arbeitsmöglichkeiten schnell und effektiv Gebrauch machen. Die neue Reise in die Cloud konnte also schnell und erfolgreich umgesetzt werden. Die Rolle von CIOs wurde dementsprechend höher bewertet, und sie befanden sich auf einmal in unmittelbarer Nähe zum Business. Sie sind Businesspartner geworden.

Die Covid-19-Pandemie war also ein entscheidender Verstärker, um die Digitalisierung der Arbeitswelt zu beschleunigen. Heute sind wir alle befähigt, sicher und effektiv von jedem Ort aus zu arbeiten. Die Cloud für die heutige digitale Arbeitswelt befindet sich nun auf dem Weg in die neue digitale Arbeitswelt von morgen und übermorgen – ich nenne sie Post-Cloud. Es entstehen neue Strategien mit weitergehenden digitalen Lösungen, bei denen der Bedarf der Endnutzer im Vordergrund steht. Die Endnutzer werden also an der Transformation in die zukünftigen digitalen Arbeitswelten aktiv beteiligt. Eine wesentliche Frage ist dabei, was ein durchschlagender Verstärker für die Einführung der Energie-IT sein kann. Die heutigen digitalen Informationstechnologien bieten alles Notwendige für die Einführung einer Energie-IT an. Die Nutzung der vorhandenen Möglichkeiten der IT ist aber nicht effektiv auf die Digitalisierung und die Transformation der Energiesysteme ausgerichtet. Es gibt eine Reihe von organisatorischen, kulturellen sowie technologischen Herausforderungen in den Energieunternehmen, die zunächst überwunden werden müssen. Betrachtet man diese Herausforderungen innerhalb der Wertschöpfungskette der elektrischen Energieversorgung, so stellt man größere Komplexitäten fest, die signifikanter Investitionen zwecks Veränderung bedürfen. Im Weiteren möchte ich einen kurzen Exkurs und einige Beispiele geben, welche grundlegende Veränderungen notwendig sind, um die Herausforderungen der Energiewende mit der Cloud besser zu regeln.

28.2.3.2 Herausforderungen

Die genannten Herausforderungen müssen überwunden werden, damit die organisatorischen und digitalen Fähigkeiten der Energieunternehmen für die Zukunft effektiv verbessert werden können. Als Leitmotive sollten die Veränderungen der Geschäftsmodell-, Betriebsmodell- und Technologiemodellansätze im Einklang mit den organisatorischen und kulturellen Veränderungen im Unternehmen stehen.

Zweifelsohne hat die Covid-19-Pandemie ein neues digitales Verständnis für digitale Informationstechnologien innerhalb der Businessbereiche hervorgebracht. Die Barrieren zwischen IT und Business sind durchbrochen und die Kollaboration ist besser geworden. Auf der anderen Seite haben Stakeholder im Business leichteren Zugang zu digitalen Informationstechnologien auf der Cloud, weil die Cloud einfacher nutzbar ist. Sie bauen ihre digitalen Fähigkeiten stetig aus und können dadurch ihre Geschäftsideen schneller und effektiver in digitalen Geschäftsmodellen für neue digitale Energielösungen umsetzen. Die Business-Stakeholder sehen die Cloud nicht als Technik oder eine technische Infrastruktur an, sondern als eine große Geschäftsdatenbank, in die man so viel Geschäft hineinstellen kann, wie man will, die Cloud wächst mit und bietet zudem unendliche Möglichkeiten, datengetriebene und intelligente Energielösungen für jeden Zweck zu entwickeln. Diese neue Denkweise im Business verursacht ein neues Problem für die IT-Organisation. Die CIOs haben zwar kürzlich die Business-Transformation in die digitalen Arbeitswelten durch die Cloud ermöglicht, stehen jedoch nun vor der noch größeren Herausforderung, ihre Rolle als Businesspartner nicht zu verlieren. Das Business erwartet, dass sie ihre Kundenerfahrung am Markt verbessern, den Kunden besser kennen und einfacher digital mit dem Kunden interagieren. Das Business möchte schneller neue Geschäftsmodelle entwickeln und diese am Markt umsetzen, um die Einnahmequellen zu vermehren und die Kundenbindung und das Benutzererlebnis (z. B. Customer Experience) zu verbessern. Hierbei stoßen sie auf starre und komplexe IT-Landschaften mit komplexen und nicht modernen Businessprozessen und -applikationen, die einen schnellen Zugang zu Geschäftsdaten in den bestehenden Geschäftsapplikationen für neue Geschäftsmodelle massiv erschweren. Der uneingeschränkte Zugang zu Geschäftsdaten im Besonderen in der Energiewirtschaft ist unabdinglich wichtig.

Man stellt also fest, dass in den letzten Jahren wenige und unzureichende Investitionen in die Modernisierung und Digitalisierung der IT-Landschaften in der gesamtem Wertschöpfungskette der elektrischen Energieversorgung getätigt worden sind. Daher steht auch das Business vor großen Herausforderungen, weil ihre Innovationskraft gering ist: Die Geschwindigkeit zur Inkubation von neuen Geschäftsideen ist massiv eingeschränkt, und neue digitale Energielösungen können nicht effizient für bestehende Kunden am aktuellen Markt und für neue Kunden in neuen Märkten angeboten werden. Als eine logische Folge greifen die Business-Stakeholder zu eigenen Initiativen und Projekten, bauen Lösungen rund um die bestehenden Business-Applikationen auf, nutzen neue Technologien wie Low- oder No-Code,[3] um digitale

3 Die Begriffe Low-Code oder No-Code bedeuten, dass man bei der Entwicklung von digitalen Lösungen entweder gar kein Code oder wenig Code benötigt. Man verwendet dafür sogenannte Low-Code- oder No-Code-Plattformen, die es auch Anwendern ohne Programmier- oder Softwareentwicklungskenntnisse ermöglichen, digitale Lösungen durch Zusammenklicken von Programmabläufen auf einer grafischen Benutzeroberfläche zu entwickeln.

Lösungen schneller zu entwickeln, umgehen die architektonischen, technologischen und operativen Gegebenheiten der Unternehmen und verursachen neue Silos von digitalen Lösungen, die zwar ein bestimmtes Geschäftsvorhaben kurzfristig realisieren, aber die Gesamtorganisation des Geschäftsbetriebs von digitalen Lösungen, ihre Qualitätssicherung, ihre Skalierung und ihre Wiederverwendbarkeit massiv behindern. Die Lieferfähigkeit der IT-Organisation nimmt stark ab und verliert dramatisch an Robustheit. Die Kernaufgaben der IT-Organisation können durch den CIO nicht effektiv erfüllt werden. Diese Kernaufgaben sind aus meiner Sicht:
(1) Die Sicherstellung einer widerstandsfähigen und robusten IT-Lieferfähigkeit
(2) Die Bereitstellung von interoperablen digitalen Informationstechnologien für jedes Geschäftsvorhaben
(3) Der Ausbau der digitalen Fähigkeiten der Gesamtorganisation, um neue digitale Informationstechnologien zu erlernen.

Um diesen Herausforderungen zu begegnen, initiieren die IT-Organisatoren massive Investitionen in neue Initiativen zur Einführung von Enterprise-Architektur-Modellen, versuchen, die IT-Infrastrukturen und ihren Betrieb zu modernisieren, führen neue Technologien und Ansätze zur besseren Produktentwicklung, konsolidieren ihre Beziehungen zu IT-Services-Anbietern und ziehen Strategie- und Technologie-Berater hinzu. Sie suchen darüberhinaus nach Strategien, wie zentral oder dezentral die IT und die digitalen Dienstleistungen zur Verfügung gestellt werden sollen. All dies bedeutet weitere große Transformationen mit enormem Aufwand an Veränderungsmanagement, das immer wieder zu realisieren versucht wurde, an dem jedoch viele Energieunternehmen entweder gescheitert oder noch nicht zu einem Abschluss gekommen sind. Eine Hauptursache liegt darin, dass die Folgen einer Veränderung dieser Transformationen im Vorfeld nicht eingehend geplant und mit einkalkuliert werden. Die Frage ist, wie mit einer Veränderung umzugehen ist, wenn diese z. B. durch eine digitale Transformation eines Geschäftsprozesses eingeführt worden ist und was die Veränderung nach der Transformation bewirkt.

28.2.3.3 Grundlegende Veränderungen

Die Herausforderungen müssen differenziert angegangen werden, weil es für die Energieunternehmen um das Fortbestehen in der Zukunft der Energie geht. Hier stelle ich einige grundlegende Überlegungen vor, wie CIOs ihre Rollen als Businesspartner verstärken und mit einer neuen Sichtweise für die Energie-IT der Zukunft ausbauen können. Zur Einführung einer effektiven Strategie für die Energie-IT müssen zunächst grundlegende Veränderungen vorgenommen werden. Die Strategie muss Teil der Business-Strategie des Gesamtunternehmens sein. Das Gedeihen der Energie-IT muss schnell erfolgen, weil der Energiemarkt- und die Energieindustrie mit großer

Geschwindigkeit fortschreiten und die Gefahren von Disruption durch neuen Wettbewerb sehr viel größer geworden ist.

Heutzutage ist es den Business-Stakeholdern ohne großen Aufwand möglich, die nächste beste digitale Technologie zu finden, um eine neue digitale Lösung zu entwickeln und sie in den Markt zu bringen. Die CIO-Expertise ist zwar willkommen, aber sie wird durch das Business nicht zwingend genutzt, weil man nicht lange auf eine moderne und vollumfänglich funktionierende Cloud-basierte IT-Struktur mit modernen Business-Applikationen warten kann, die allesamt Zugang zu modernen smarten Technologien haben. Die Innovationskraft des Business ist im wahrsten Sinne des Wortes blockiert. Was soll nun getan werden? Meine Meinung ist, dass die CIOs den Weg in eine neue Ära der Cloud einschlagen und für die Nutzung der Cloud neue Horizonte erschließen müssen. Die neue Ära der Cloud bezeichne ich als Post-Cloud. Ich behaupte nicht, dass das Zeitalter der Cloud vorbei ist. Es geht vielmehr um eine differenzierte Nutzung der Cloud und die Etablierung neuer Möglichkeiten auf der Cloud, um die neuen Energie-Anforderungen aus dem Markt und aus der Industrie zu realisieren. Denn nur mit ihnen befassen sich die Unternehmensstrategen hauptsächlich, die die Zukunft der digitalen Energie mit Hilfe von modernen Informationstechnologien auf der Cloud-Technologien gestalten wollen. Es müssen unter anderem neue Ansätze für die folgenden Fragestellungen inkubiert und realisiert werden:

- Wie erreicht man durch die Digitalisierung die Dekarbonisierung der Energiewirtschaft?
- Wie ist die Balance zwischen den Modellen der Dezentralisierung und Zentralisierung der IT sinnvoll und mit welchem Modell wird die Innovationskraft eines Unternehmens am besten gefördert?
- Wie kann die Cloud als die sicherste Lösung gelten, wenn es um die Cyber- und physische Sicherheit etwa bei Zugriffen auf Systeme und Daten eines Unternehmens geht?
- Wie können alle Cloud-Plattformen in einem Unternehmen koexistieren und wie kann durch die Interoperabilität von digitalen Lösungen auf diesen Cloud-Plattformen mehr Innovationskraft generiert werden?
- Wie kann die Cloud als ein realer Innovations-Verstärker genutzt werden?
- Wie kann die Cloud zur Steigerung der Nachhaltigkeit in den Geschäftsmodellen genutzt werden?
- Wie kann die Cloud für das Carbon-Accounting genutzt werden?
- Wie können neue Lösungen auf der Cloud zum Erreichen von ESG-Zielen (Environmental, Social, and Governance) entwickelt werden, damit ESG-Verantwortliche ihre Strategien, Governance und das Reporting von ESG auf zentralen Plattformen vornehmen können?
- Wie kann man die Wertschöpfung durch Co-Creation auf der Cloud erzielen, damit ein Energieunternehmen mit allen Technologiepartnern zusammenarbeiten kann?

- Wie kann die Cloud dazu genutzt werden, die Informationstechnologien (IT) mit den operativen Technologien (OT)[4] der Energiewirtschaft so zu vereinen, dass die Einführung von datengetriebenen digitalen Lösungen in der Betriebstechnologie möglich wird?
- Die Cloud verspricht die Umwandlung von CapEx (Capital Expense) in OpEx (Operating Expense). Wie kann aus der Perspektive Cloud diese Umwandlung tatsächlich zu Mehrwerten und größeren Investitionsmöglichkeiten für neue Umsätze genutzt werden?
- Das Business möchte die Cloud als eine große Geschäftsdatenbank sehen und nutzen, die endlos heraufskalieren kann, wenn neues Geschäft in die Datenbank hineinkommt, und die genauso schnell herunterskalieren kann, wenn das Geschäft weniger wird. Wie ist dieses Ziel tatsächlich mit der Cloud zu erreichen?
- Letztlich muss als Hauptfrage vor der Einführung einer Cloud im Vorfeld beantwortet werden, welche digitale Effizienz durch die Cloud herbeigeführt wird und was die Veränderung bewirkt.

Letztlich geht es um die Einführung von neuen und effizienten Operating-Modellen für das heutige Kerngeschäft in der Energiewirtschaft und für das Zukunftsgeschäft der Energieunternehmen, in dem das Bereitstellen von reiner Energie nicht das einzige Kerngeschäft sein wird, sondern es eher um die Bereitstellung von datengetriebenen und intelligenten digitalen Lösungen gehen wird, damit die Balance zwischen Energieerzeugung und Energienutzung mit größerer digitaler Effizienz gesichert ist. Das Thema Post-Cloud ist sehr umfangreich, man könnte darüber umfassende Werke verfassen. Die obigen Fragestellungen sollen Ihnen Denkanstöße geben, wie sie die Ära der Post-Cloud-Innovation bei sich einführen könnten. Wie bereits erwähnt, behaupte ich nicht, dass das Zeitalter der Cloud vorbei ist. Ich behaupte aber, dass die Ära einer Post-Cloud eingeschlagen werden muss, damit der Nutzen der Cloud tatsächlich zum Tragen kommen kann. Das ist eine Chance für die Energieunternehmen, die Ära der Post-Cloud für die Energiewende einzuleiten. Zurzeit wird viel in die Energiewende investiert und über die Zukunft der Energie aus Sicht von Energiesicherheit und -unabhängigkeit, Nachhaltigkeit und über die Digitalisierung der Energiewirtschaft diskutiert. Die Zukunft der Energie wird dezentral, digital und intelligent, die Dekarbonisierung der Energiewirtschaft wird durch Dezentralisierung erreicht und die Dezentralisierung ist durch Digitalisierung erzielbar.

4 OT steht für Operational Technology im Englischen oder Operative Technologien im Deutschen. Mit OT in der Energiewirtschaft bezeichnet man typischerweise physikalische Geräte und Energietechnologien wie Erzeugungsanlagen, Energienetze, Energiespeicher oder Technologien zur Energieübertragung.

28.2.4 Die Businessarchitektur der Energiewende

Die Transition der Energieerzeugung in die Erneuerbaren, die Transformation der heutigen Energiesysteme in neue digitale Energiesysteme, der steigende Energiebedarf und der Zwang zur nachhaltigen Nutzung der verfügbaren Energieressourcen sind große Herausforderungen für ein Energieunternehmen. Hinzu kommt die notwendige Prämisse, die Teilhabe an der Energiewende für jeden ökonomisch nutzbar zu machen und einfacher zu gestalten. Zusätzlich sollen neue digitale Geschäftsmodelle entstehen, die die Energiekunden effizienter an das Unternehmen binden. Die Unternehmen wiederum sollten ihre Kunden besser bezüglich ihrer Energienutzung kennen, damit die neuen Geschäftsmodelle stets effektiver positioniert werden können. Die Daten des Kunden über ihre Energienutzung müssen gesammelt und sinnvoll für die Transformation in die zukünftigen digitalen Energiesysteme einzusetzen sein. Das sind große Herausforderungen in einem ohnehin volatilen Energiemarkt.

Wie sollen nun Energieunternehmen in der Zukunft agieren und funktionieren, die eine tragende Rolle in der Energiewende spielen wollen? Ein Vorgehen wäre die Energiewende als eine Business-Transformation zu sehen. Bei einer Business-Transformation erfolgt die Transition einer Ist-Architektur, die bereits im Unternehmen genutzt wird, in eine Ziel-Architektur des zukünftigen Business. Dafür muss die gesamte Wertschöpfungskette der Energiesysteme, von der Energieproduktion zur Energiespeicherung über Energiehandel bis hin zur Energienutzung als eine in sich geschlossene Energiearchitektur betrachtet werden. Die Transformation der heutigen Energiearchitekturen in die zukünftigen Energiearchitekturen kann am effektivsten nur durch Balancierung der Energieerzeugung und der Energienutzung erfolgen. Dafür müssen erstens die Endverbraucher in großem Umfang daran beteiligt werden. Zweitens müssen die Energienutzungs- und Energiebedarfsdaten kontinuierlich von den Endverbrauchern zur Verfügung gestellt werden, sodass der anstehende Verbrauch und der zukünftige Bedarf sehr granular gemessen und geplant werden kann. Der Zugriff auf diese Daten muss in Echtzeit und zu jeder beliebigen Zeit möglich sein und dabei sogar über die Gesamtheit aller Endverbraucher in einer Kommune, in einer Stadt und sogar über Ländergrenzen ausführbar werden (siehe Kapitel Freunek, „KI und Dateneffizienz"). Um dieses Ziel zu erreichen, müssen neben technologischen Veränderungen auch die lokalen, nationalen und internationalen Strategien zur Energieversorgung nicht nur regulatorisch neu definiert, sondern auch vereint unter den globalen Ländern ausgeführt werden. Es müssen zudem notwendige Anforderungen und Konzepte zur Informationssicherheit definiert und umgesetzt werden, die technologisch einfach, gesellschaftlich vertretbar und rechtlich präzise formuliert sind. Lesen Sie in den weiteren Kapiteln dieses Teils über Lösungen und Konzepte in diesen Bereichen (siehe die Kapitel Waldmann, Gonzales und Funke).

Die Erreichung dieses Ziels ist aus technologischer Sicht nur durch die Nutzung von modernen digitalen Informationstechnologien möglich. Mit anderen Worten ermöglicht eine moderne IT die digitale Effizienz der Balance zwischen Energieerzeugung und Energienutzung bei den Endverbrauchern. Diese digitale Effizienz ist aber nicht erreichbar, solange die Informationstechnologien für die Unternehmensprozesse nicht effektiv mit den modernen Energietechnologien zur Energieerzeugung, -speicherung, -übertragung und -verteilung und ihrer OT komplementiert sind. Hier ist der Ansatzpunkt, an dem die Transformation der Energiearchitekturen stattfinden muss. Bei dieser Transformation handelt es sich nicht um die Einführung und die Nutzung der nächstbesten Cloud-Technologie oder um die Einführung der noch folgenden digitalen Lösung auf einer Cloud-Technologie. Es geht vielmehr um die digitalen Fähigkeiten von Energieunternehmen, diese OT-Technologien bei der Energieproduktion mit den bisherigen IT-Technologien zu verbinden. Als Folge dessen sind die Endverbraucher befähigt, digitale Technologien bei der Energienutzung effektiv einzusetzen; sie werden also auch bei dieser Transformation mit beteiligt. Dafür müssen die Energieunternehmen neue digitale Fähigkeiten entwickeln und diese bei sich und ihren Kunden mit wenig Aufwand integrieren. Die Endverbraucher sollten mehr Vertrauen in digitale Technologien entwickeln und diese dann langfristig selbstständig nutzen. Nur so kann die Zukunft der Energie definiert und arrangiert werden. Aus technologischer, gesellschaftlicher, juristischer und regulatorischer Sicht muss noch viel geschehen, um in die Nähe dieses Zieles zu gelangen.

Zu diesem Thema könnte man viele weitere Überlegungen und Konzepte entwickeln und darüber anschließend diskutieren. Dies würde den Rahmen dieses Buches sprengen, deshalb sind in diesem Buch die Kernanforderungen dargestellt, die in weiteren Veröffentlichungen näher betrachtet werden können. Als Fazit lässt sich aber feststellen, dass die Energiewende als eine Business-Transformation zu betrachten und die Businessarchitektur der Energiewende als eine Energiearchitektur zu behandeln ist. Die Voraussetzung besteht in der Komplementierung der IT- und OT-Technologien. Die Endkonsumenten werden zukünftig an der Energiewende maßgeblich digital beteiligt sein. Zudem werden viele neue Perspektiven entstehen, die den bisherigen Anstrengungen zur Einführung von Technologien neue Akzente geben.

Die zwangsläufige Datenbereitstellung durch den Endverbraucher und der damit nachfolgenden Einleitung der Nutzung durch die Energieunternehmen zur Gewinnung von digitaler Effizienz bei der Balance zwischen Energieerzeugung und Energienutzung stellt einen wichtigen Imperativ bei der Energiewende dar. Diesem Sachverhalt sollte für die Zielerreichung mehr Aufmerksamkeit zukommen. Um dieses Ziel zu erreichen, müssen die Energieunternehmen eine neuartige IT-Strategie, ich nenne sie Energie-IT, in ihre Business-Strategien inkludieren. Auf dieser Grundlage kann das Energieunternehmen den richtigen Weg in die Zukunft der Energie in einer Co-Creation-Beziehung mit seinen Endverbrauchern vorbereiten und einschlagen.

28.2.5 Die Energie-IT

Die Energie der Zukunft ist gekennzeichnet durch eine digitale, eine dezentrale und eine intelligente Komponente. Die Dekarbonisierung der Energiewirtschaft wird maßgeblich auch durch die Dezentralisierung der Geschäftsmodelle und die dezentrale Fähigkeit bei Führung, Kontrolle und Planung der Transformationsmaßnahmen für die Energiewende erreicht. Die Dezentralisierung erfolgt durch eine effektive Digitalisierung. Somit ist eine effektive Strategie zur Nutzung von modernen digitalen Informationstechnologien und operativen Technologien ein Hauptfaktor bei der Erreichung der Ziele im Rahmen der Dekarbonisierung der Energiewirtschaft. Zur Begriffsbildung einer solchen effektiven Strategie wird zunächst definiert, welche digitale Effizienz erreicht und welche Faktoren betrachtet werden müssen. Um sie zu erreichen, sollte die Überlegung einer Energie-IT aufkommen. Die Energie-IT soll – durch die gesamte Wertschöpfungskette in der Energiewirtschaft – sowohl die digitalen Informationstechnologien zur Entwicklung von digitalen Geschäftsmodellen als auch moderne operativen Technologien zur Einsatz- und Betriebsverwaltung in der erneuerbaren Energieproduktion umfassen. Die Energie-IT soll auf Basis der Energiearchitektur dargelegt werden und den Fokus sehr stark auf dem Endverbraucher haben. Das Ziel, das bereits mehrmals erwähnt wurde, ist, den Endverbraucher in den Mittelpunkt der Betrachtungen zu stellen, um ihm nicht nur digitale Lösungen anbieten zu können, sondern von ihm nach Möglichkeit Daten zu sammeln, z. B. auf der Netzebene (siehe hierzu Kapitel Kinast). Das heißt, die vorrangige Absicht der Energie-IT ist, den Endverbraucher an der Energiewende maßgeblich zu beteiligen. Es werden drei Prozesse unterschieden: Im optimalen Falle soll erstens das Bereitstellen von Daten durch den Endkonsumenten zur Norm werden und zweitens soll das Datensammeln durch das Energieunternehmen zur Regel werden. Drittens soll die Pflicht zur Datenverwertung für den Endverbraucher zum Vorteil des Endverbrauchers und zur flächendeckenden Erreichung der Energiewende werden. Ist das nicht die digitale Effizienz bei der Energienutzung, die wirklich notwendig ist und uns allen helfen kann, weniger Energie zu verbrauchen oder keine Energie zu verschwenden, und die wiederum den Nachhaltigkeitsaspekt der Energiesysteme erhält? Es mag sein, dass dieses Ziel etwas futuristisch oder unrealistisch klingt. Aber schauen wir uns die Auswirkungen der Covid-19-Pandemie auf unser Verhalten an, online und remote von überall arbeiten zu können. Die IT verfolgte schon Jahre vor der Pandemie das Ziel, die Firmen dazu zu befähigen, ihrer Workforce digitale Arbeitsplätze auf der Cloud anzubieten, um einfacher, besser und effektiver auf Daten, Systeme und andere Firmenressourcen zuzugreifen und sie zu nutzen. Das ist verstärkt erst durch die Pandemie ermöglicht worden. Heute ist das Online-Arbeiten die neue Normalität. Wir sind ständig online, unsere Daten und Systeme sind beinah komplett in der Cloud, wir teilen Daten mit den Anbietern von Kollaborationsplattformen, zeigen unsere Anwesen- und Abwesenheiten Kollegen, Kunden und Partnern, wir hinterfragen nicht mehr den Mehrwert der

Datenspeicherung auf der Cloud und genießen die fortschreitende Qualität der Kollaborationsplattformen, indem wir Daten zwecks Verbesserung unserer sogenannten User Experience freiwillig zur Verfügung stellen oder gar nicht sehen, welche Daten wir verteilen. Wir genießen die Vorteile dieser Kollaborationsplattformen, entwickeln neue Fähigkeiten und nutzen mehr digitale Lösungen, um noch einfacher, besserer und effektiver arbeiten zu können. Das ist ein Boom der modernen Informationstechnologien, die uns zwangsläufig transformiert hat und auch in Zukunft begleiten wird. Was muss nun geschehen, damit wir einen solchen Boom in der Energiewende bewirken und erleben können? Selbstverständlich ist das aus gesellschaftspolitischen und datenschutzrechtlichen Blicken komplex – aber durchaus ausführbar. Das ist die Zukunft der Energie, die uns dorthin manövrieren und zugleich transformieren wird. Die Energieunternehmen bedürfen einer präzisen Vorbereitung auf die Integration einer neuen Energie-IT. Dieses Vorhaben muss strategisch definiert werden, und dabei müssen Überlegungen hinzugenommen werden, wie die Geschäftsmodell-, die Betriebsmodell- und die Technologiemodellansätze am besten aussehen sollen. Dabei werden die heutigen und die neuen Investitionen in Digitalisierung, Technologien und neue datengetriebene Geschäftsmodelle überarbeitet. Die anstehenden Markt- und Industrie-Transformationen der Energiewirtschaft sollen dabei als Basis herangezogen werden. Der Fokus auf die eigenen digitalen Fähigkeiten, die Partnerschaften für Co-Creation und das Eingliedern von disruptiven Start-ups in die Organisation sollen ebenso eine wesentliche Säule in der Energie-IT sein. Des Weiteren auch die Fähigkeit, bestehende Kunden enger an sich zu binden und an der Energiewende zu beteiligen. Das ist sicherlich eine komplexe Umstellung in der Organisation und innerhalb des Marktes. Einige Unternehmen haben mit diesen Prozessen begonnen – stehen aber ganz am Anfang der Reise. Möchte man sich eine tragende Rolle im Energiemarkt der Zukunft sichern, dann muss man sich in die Lage hineinversetzen, seine eigene Widerstandsfähigkeit bei der Markt- und Industrietransformation strategisch mit mehr Innovationskraft, bessere Kundeneinbindung und effizient betreibbaren Geschäftsmodellen durch eine neue Energie-IT zu verstärken. Man müsste sich die Frage stellen, ob man mit seiner heutigen Marktrolle auch in der Zukunft der Energiewirtschaft mitbeteiligt sein wird, da in den zukünftigen Szenarien die Endverbraucher selbst zu Energieerzeugern geworden sind, smarte Technologien wie Künstliche Intelligenz, das Internet der Dinge (Internet of Things) und digitale Zwillinge überall im Einsatz sind, die Endverbraucher gerne und proaktiv ihre Daten teilen und ausschließlich an neuen digitalen und innovativen Energielösungen interessiert sind. Können Sie heute mit Ihren digitalen Fähigkeiten einen Platz in einem solchen Markt der Zukunft in Anspruch nehmen? Falls nicht, dann ist die Lösung eine Energie-IT, die Sie bei der Transformation in Erwägung ziehen müssten. Diese Zukunft kann schneller kommen, als Sie denken. Das ist mit dem digitalen Arbeitsplatz auf der Cloud durch die Pandemie schneller geschehen als erwartet, und die IT war hierfür bereits vor der Pandemie vorhanden.

28.2.6 Was bedeutet Innovationskraft in der Energiewirtschaft?

Es können viele Definitionen und unterschiedliche Ausprägungen von Innovationen existieren, insbesondere was eine Innovation ausmacht und wie sie funktioniert. Zudem existieren verschiedene Methoden und Modelle zur Identifikation von Innovation. Die Zahl der Innovationsprogramme, die letztlich leider gescheitert sind, ist groß. Es sind zwar Innovationen auf den Programmen entstanden, sind aber nicht genutzt worden, weil sie entweder nicht effektiv einsetz- und skalierbar waren, oder weil der Fokus zumeist auf der Kostensenkung lag, die jedoch nie zustande kam. Wir wissen, dass ein Wandel vom heutigen in zukünftige Geschäftsmodelle – die digital sind, effizient im Betrieb, schnell skalierbar und kundenzentriert – durch Voraussicht und Innovation erreicht werden kann. Doch was bedeutet Innovationskraft in der Energiewirtschaft?

Primär können durch eine Innovation das Geschäftsverhältnis und das Engagement sowohl vom Unternehmen als auch vom Kunden maßgeblich verändert und bekräftigt werden. Dies bezeichne ich als Geschäftsmodellinnovation. Zudem kann durch eine Innovation eine komplexe Herausforderung in einer Industrie zeitnah gelöst werden. Dies nenne ich Industrie-Innovation. Eine disruptive Innovation entsteht, wenn im Markt ein bedeutsames Produkt oder Geschäftsmodell entsteht, mit dem ein besonderes Problem innerhalb einer Organisation für den Kunden gelöst wird. Diese Art der Innovation soll als eine disruptive Inside-Out-Innovation bezeichnet werden. Löst man jedoch ein besonderes Problem durch Beteiligung der Kunden und verstärkt dadurch auch seine eigene Marktposition für die Gesellschaft, so würde ich von einer Outside-In-Innovation sprechen. Ich glaube, dass das Entwickeln einer Outside-In-Innovation als eine echte Innovation in der Energiewirtschaft gelten kann. Man beteiligt Endverbraucher (nicht nur eigene Energiekunden) an der Lösung eines Problems. Die Innovation eines neuen Geschäftsmodells, um mehr Kunden zu gewinnen oder technologisch etwas in der IT oder OT zu modernisieren, ist nach wie vor essenziell und erforderlich, jedoch wird die reale Innovationskraft eines Unternehmens erst entdeckt, wenn die Skalierung der Innovation auf die Massen von Endverbrauchern trifft. Eine solche Innovation entsteht, wenn ich als Energieunternehmen offen und empfänglich für Co-Creation bin und die Transparenz in meinen Anstrengungen zur Nachhaltigkeit zeige, meine Daten mit anderen Energieunternehmen teile und aus dem Know-how anderer Unternehmen lerne. Es kommt zu keiner Verschwendung von Wissen und Ressourcen; man teilt sein Wissen mit anderen Unternehmen und lässt sie neue Produkte und Services mit dem eigenen Wissen aufbauen. In Kooperation mit anderen Unternehmen entwickelt man neue Produkte und Services und nutzt dabei das externe Wissen (Outside-In) für und mit den Partnerunternehmen. Das kann eine Art Kreislaufwirtschaft der Energiebranche sein (Circular Economy). Auch hiervon sind die heutigen Energieunternehmen weit entfernt.

Die Problematik besteht in erster Linie bei den kulturellen und den technologischen Fähigkeiten des Unternehmens. Dabei muss eine klare Absicht des Unternehmens vorhanden sein, die eigenen Daten mit anderen Unternehmen zu teilen oder mit den Daten von anderen Unternehmen neue gemeinsame disruptive/innovative Lösungen aufzubauen, im positivsten Fall über Unternehmens- und Ländergrenzen hinweg. Die Realisierung einer Outside-In-Innovation ist heute aus Geschäftsmodell-, Betriebsmodell- und Technologiemodellperspektiven in diesem Umfeld nicht machbar. Auch hierbei stellt sich die Frage, ob die Endverbraucher die Bereitschaft haben, eine Outside-In-Innovation in Co-Creation mit den Energieunternehmen einzugehen. Dazu fehlen den Endverbrauchern derzeit die digitalen Fähigkeiten, der Wille und die Bereitschaft zum Teilen von Daten. Auch sind IT und Digitalisierung zwischen Energieunternehmen und Endverbrauchern noch nicht smart genug, um solche Modelle flächendeckend auszuprobieren. Falls Energieunternehmen tatsächlich an Innovation in der Energiewirtschaft zur Lösung von besonderen Problemen bereit sind und gleichzeitig eine tragende Rolle in der Energiewirtschaft der Zukunft spielen wollen, dann müssen die notwendigen digitalen Fähigkeiten durch eine Energie-IT ausgebaut werden und die Offenheit für Co-Creation-Geschäftsmodelle als maßgebliche Bestandteile in der der Business-Strategie enthalten sein.

28.2.7 Die Energiewende bleibt eine Reise mit endloser Transformation

Um eine Business-Transformation einzuleiten, bedarf es einer in sich abgeschlossenen Business-Strategie. Bei der Business-Transformation sind der Business-Case und die erwarteten Business-Outcomes von großer Bedeutung. Die Einleitung der Business-Transformation erfolgt mit einer Investition. Bei der Ausführung wird am Anfang der Ist-Zustand ermittelt und ein zeitlich begrenzter Verlauf festgesetzt, in dessen Rahmen die Transition des Ist-Zustands in einen Soll-Zustand herbeigeführt werden soll. Die Komplexität des Verlaufs der Business-Transformation hängt vom Umfang der Veränderungen ab. Je nach Komplexität kann die Transformation innerhalb eines Projekts oder eines Programms (mit mehreren Projekten) beginnen. In den Projekten kennt man die Herausforderungen und die Risiken und sie sollten in der Regel zu bewältigen sein. Man kann Transformationsprojekte nur dann favorisieren, wenn sie einer ständigen Kontrolle ausgesetzt sind. Kann man sie nicht kontrollieren, scheitern Transformationsprojekte, bevor die Ziele tatsächlich erreicht werden. Die funktionale Kontrolle der Projekte ist in der Regel zentralisiert gesteuert. Die Energiewende ist eine sehr komplexe Business-Transformation, die von Unmengen an Herausforderungen und Risiken begleitet wird, die derzeit nicht wirklich abzuschätzen und kalkulierbar sind. Damit ist die Energiewende eine Transformation, deren Ende gegenwärtig nicht bekannt ist. Sie ist zwar keine ziellose Transformation, aber eine durchaus unendliche Reise, die eigentlich nie enden wird.

Eine Transformation in einem Unternehmen wird typischerweise agil und iterativ vorangebracht. Mehrere Teams arbeiten agil zusammen, und es gibt Etappenziele, um die Zwischenergebnisse zu bewerten und den Fortschritt der Projekte gegebenenfalls zu justieren. Die Business-Transformation der Energiewende wird im übertragenen Sinne auch iterativ durchgeführt, jedoch über Firmen- und Ländergrenzen hinweg, ohne dass man sie zum derzeitigen Stand tatsächlich kontrollieren, miteinander verbinden oder gemeinsam steuern kann. Es ist deshalb wichtig, eine Art Kollaboration und Austausch unter den beteiligten Stakeholdern einzuführen und effektiv zu etablieren. Man steht dabei einer neuen enormen Herausforderung gegenüber, weil unter anderem durch Regulierung, Politik, den Wettbewerb und den Schutz der Intellectual Property (IP) die Rahmenbedingungen (lokal, national und international) explizit verankert sind. Der Datenaustausch und die Co-Creation unter beteiligten Stakeholdern (Energieunternehmen) sind aber dennoch wegweisend und erforderlich. Im heutigen digitalen Informationszeitalter sollten diese Rahmenbedingungen der Regulierung und der Politik smart aufgestellt sein und gelockert werden, sodass der Wettbewerb zwar nach wie vor funktioniert, aber die Energieunternehmen ihre Daten und ihr Know-how sinn- und wertvoll für die Energiewende untereinander austauschen und nutzen können. Dies führt zu einer effektiven Beschleunigung der Business-Transformation der Energiewende. Wie schon dargestellt, entscheiden zuletzt die Endverbraucher, wie effizient die Energiewende bei Themen wie Energieerzeugung, Energienutzung und Verschwendung von Energie voranschreiten kann. Die Energiewende bleibt aber dennoch eine endlose Reise, und das ist auch gut so.

28.3 Schlusswort

Die Realisierung der Energiewende ist und bleibt das größte und komplexeste digitale Business-Transformations-Projekt unserer Gesellschaft. Für die Realisierung der Energiewende sollte die Strategie einer Energie-IT in den Business-Strategien der Energieunternehmen fest verankert werden. Die Energie-IT muss die Energiearchitektur der gesamten Wertschöpfungskette der elektrischen Energieversorgung umfassen. Mit der Energie-IT muss ein in sich integriertes Ecosystem der elektrischen Energieversorgung entstehen, in dem Energieunternehmen und Energiekonsumenten in Co-Creation die Ziele der Energiewende erreichen können. In diesem Ecosystem muss eine Brücke zwischen Energieunternehmen und Energiekonsumenten aufgebaut werden, damit die Co-Creation und der Datenaustausch zwischen den Beteiligten grundsätzlich möglich gemacht wird und auch effektiv realisiert werden kann. Dafür müssen die Energieunternehmen zu Technologieunternehmen und die Energiekonsumenten zu digitalen Kunden transformiert werden. Unternehmen und Konsumenten sind beide weit von diesem Ziel entfernt. Die Vermeidung von Energieverschwendung, Erreichung von Nachhaltigkeit bei der Energieerzeugung und -nutzung, ein

ESG-konformer Geschäftsbetrieb[5] und daraus die Gewinnung von Maßnahmen zur Leistungsverbessrung und letztlich die Fähigkeit zu transparentem Monitoring und Berichten von Carbon-Accounting sind neue Anforderungen an die Energiewirtschaft der Zukunft, die maßgeblich die Rolle, das Geschäft und die Innovationkraft von Energieunternehmen bestimmen werden. Gelingt dies den Energieunternehmen nicht, so werden sie disruptiert und vom Markt verdrängt.

Erinnern Sie sich an die Zeit, als die Telekommunikationsunternehmen ihre Umsätze ausschließlich aus Telefonie-Lösungen erzielt haben? Die Vision, sich zu Technologieunternehmen umzuwandeln und mit Daten und Datenlösungen neue Umsätze im bestehenden Markt und neue Märkte durch Drittmarktgeschäfte zu erzielen, konnte jedoch recht schnell in Strategien umgesetzt werden. Heute sind alle Telekommunikationsunternehmen zu Technologieunternehmen und ihre Kunden digitale Kunden geworden. Sie können industrieübergreifende digitale Lösungen anbieten, bauen die Digitalisierung global und länderübergreifend aus und erzielen neue Umsatzpotenziale durch mehr Innovationskraft. Die durchschlagenden Verstärker für die Telekommunikationsindustrie waren unter anderem die Globalisierung der Wirtschaft und der Ausbau des Internets und der sozialen Medien. Die vollständige Transformation der heutigen Energiesysteme in neue Energiesysteme der Zukunft braucht einen noch durchschlagenderen Verstärker, als wir ihn zum Beispiel während der Covid-19-Pandemie bei der Transformation in die neue digitale Arbeitswelt oder in der Telekommunikationsindustrie erlebt haben.

Das strategische Alignment zwischen IT und Business lastet zumeist auf den Schultern der CIOs. Natürlich müssen die CIOs neben Technikverständnis auch Markt-, Produkt- und Businessverständnis in der IT verankern und zu Produkt-Ownern von digitalen Geschäftslösungen werden. Auf der anderen Seite müssen die Business-Stakeholder Technologieverständnis und digitale Fähigkeiten aufbauen und zu Technologen werden, die die Möglichkeiten und Grenzen von Technologien im Einklang mit den vorhandenen digitalen Fähigkeiten des Unternehmens effektiv einsetzen und bedarfsgerecht ausbauen können. Zudem müssen die Energiekonsumenten sich gegenüber digitalen Lösungen öffnen, zu Datengebern für die Energiewende werden, sich den ökonomischen Herausforderungen der Energiewende stellen und sich daran beteiligen. Co-Creation in einem integriertem Eco-System der elektrischen Energieversorgung zwischen allen Beteiligten soll der Leitgedanke und das Maß der Dinge sein. Zweifelsohne ist das eine große Business-Transformation, die nicht einfach zu bewerkstelligen, aber durchaus machbar ist. Die Einführung einer Energie-IT als neue und differenzierte IT für die digitale Energie der Zukunft kann dabei eine nützliche Strategie sein.

5 Das Akronym ESG steht für die Begriffe Environment, Social, Governance.

Kurzvita

Khaled Popal ist Managing Partner bei der DXC Technology und leitet das Energiegeschäft der DXC Technology als Director und Industry Leader in EMEA. In seiner Rolle berät er die Unternehmensstrategen der Energiewirtschaft strategisch in Sachen Transformation und Digitalisierung der heutigen Energiesysteme in neue Energiesysteme der Zukunft. Neben seiner langjährigen Erfahrung in der Energieindustrie weist er mehrjährige Berufserfahrung in den Industrien Telekommunikation und Retail als Director Business Development und Chief Technology Officer auf. Khaled Popal hat eine Passion, die Planung, Einführung und Nutzung von modernen und digitalen Informationstechnologien einfacher, strategisch nutzbarer und aus Sicht von Service-Lieferung skalierbarer auszurichten. Er ist ein Experte in Ermöglichung von Co-Creation und -Innovation bei der Problemlösung von betrieblichen Herausforderungen durch moderne Technologien und strategischen Weitblick.

Dogan Günes

29 Vernetzung und Digitalisierung der Energiewelt durch eine dynamische IT-Strategie

Zusammenfassung: Die Energiewende sowie die mit ihr verbundenen Digitalisierung und Vernetzung zwingt Energieversorgungsunternehmen, ihr IT-Management zu überdenken und neu auszurichten. Die Prozesse der Dekarbonisierung, Dezentralisierung und Digitalisierung bewirken einen stetigen Wandel der energiewirtschaftlichen Geschäftsmodelle. Diese sind jedoch nur dann erfolgreich, wenn innerhalb des Wertschöpfungsnetzwerkes alle Teilnehmer bidirektional und zeitnah vernetzt zusammenarbeiten. Durch die Dezentralisierung der Energiebranche sind immer mehr Akteure hinzugekommen, was unter anderem auch dafür sorgt, dass immer mehr Daten produziert werden, woraus ein höherer Vernetzungs- und Abstimmungsaufwand resultiert. Die Energie sowie der Datenfluss bewegen sich heute nicht nur in eine, sondern in mehrere Richtungen. Die Überwachung, Beschaffung, Verteilung und Regulierung von Energie können nur durch eine IT-Organisation gewährleistet werden, die diesen Anforderungen Rechnung trägt. Die Vernetzung befähigt Energieversorger dazu, den Energiefluss zu monitoren, d. h. erfassbar, ablesbar, prognostizierbar und überwachbar zu machen. Dies kann jedoch nur dann geschehen, wenn alle Stakeholder miteinander vernetzt werden können. Erst durch diese Fähigkeit können individuelle, auf den Kunden zugeschnittene digitale Geschäftsmodelle entwickelt werden. Um die IT-Organisation für die vernetzte Energiewelt handlungsfähig zu machen, benötigen Energieversorgungsunternehmen eine Digitalisierungsstrategie, die sich in der IT-Strategie wiederfindet.

Schlagwörter: Digitalisierung, Vernetzung, Wertschöpfungsnetzwerk, digitale Geschäftsmodelle, dynamische IT-Strategie, Private Cloud, Public Cloud

29.1 Einleitung

Eine Digitalisierung eines Energieversorgers ohne Vernetzung ist keine Digitalisierung, da zwar Prozesse mit einer Software abgebildet werden, aber keine Wertschöpfung aus den Daten generiert werden kann, die durch die Vernetzung entstehen. Energiewirtschaftliche Digitalisierung, die man im weiteren Sinne auch als Smartifizierung der Energiebranche bezeichnen kann, führt durch das Auflösen der Grenzen zwischen den Wertschöpfungsstufen – wie Erzeugung, Transport, Handel und Vertrieb –

Dogan Günes, WTS GmbH, Frankfurt, Deutschland, e-mail: dogan.guenes@wts.de

https://doi.org/10.1515/9783110753585-029

zur Schaffung neuer Geschäftsmodelle. Wettbewerb sowie die Relevanz individueller Kundenwünsche werden durch die Digitalisierung laut Bundesverband der Energie- und Wasserwirtschaft (BDEW) durch neue Faktoren beeinflusst und verändert. Dies ermöglicht Chancen für die Ausprägung von neuen digitalen Geschäftsmodellen und verschiedenen Diensten. Ein weiterer Punkt ist der Datenschutz, der gewährleistet werden muss, damit dass Energieverbrauchsverhalten erzeugt, übermittelt und verarbeitet werden kann. In diesem Zusammenhang rücken neue Technologien wie Big Data Analytics, Cloud Computing, Mobile Computing und neue Geschäftsprozesse und -modelle auf die Agenda. Dies stellt die komplette IT-Infrastruktur, die bisher On-Premise-Lösungen im Einsatz hatte, vor neue Aufgaben in Bezug auf automatisierte Prozesse, die Datenanalyse, die Auswertung und Bearbeitung von Verbrauchs- und Erzeugungsdaten sowie die Vernetzung von verschiedenen Stakeholdern. Energieversorger haben die Aufgabe, aus den exponentiell steigenden digitalen Informationen neue Mehrwerte zu generieren, Geschäftsprozesse effizienter zu designen und damit Zeit sowie Kosten einzusparen. Die Herausforderung, sich vom klassischen Energieversorger zum digitalen Energiedienstleister zu entwickeln, kann nicht ohne den Einsatz moderner IT-Software und eine intelligente Steuerung des Energiesystems bewältigt werden. Eine Innovation im Alleingang wird es ohne die Kooperation mit sektorübergreifenden Partnern nicht geben. Kompetenzen werden durch dynamisches Netzwerkdenken aus anderen Branchen zusammengeführt und neue Geschäftsmodelle wie die Erzeugung in virtuellen Kraftwerken, Smart Home und Real Time Pricing oder Smart City generiert. Hierzu wird es nötig sein, Zusammenhänge zwischen verschiedenen Branchen, zu denen ein gegenseitiges Abhängigkeitsverhältnis besteht, zu erkennen und innovative IT-Lösungen in Kombination von Branchenwissen und IT-Wissen zu entwickeln. Die Bandbreite der erwarteten Digitalisierungstrends sind entlang der Wertschöpfungsstufen vielfältig und kompliziert, wie in Abbildung 29.1 dargestellt, und stellen IT-Organisationen vor große Herausforderungen, die im nächsten Abschnitt näher erläutert werden.

Ohne die technische Infrastruktur und die dafür notwendigen IT-Lösungen für die digitale Transformation wird es keine erfolgreiche Energiewende geben. Digitale Geschäftsmodelle werden in den mit ihr stark vernetzten und abhängigen Branchen das Fundament für die Digitalisierung bilden. Wesentliche Handlungsfelder sind die Veränderungen der Wertschöpfung hin zu Smart City und E-Mobilitätslösungen, ein kundenzentrierter digitaler Vertrieb durch Verstärkung vertrieblicher Aktivitäten im Sinne von Deep Dives in verschiedenen Vertriebskanälen sowie die Veränderung der klassischen Organisation hin zu einer digitalen Unternehmenskultur. Die Umsetzung dieser Handlungsfelder wird weitgehend vom Angebot für dezentrale Erzeugungsanlagen, dem automatisierten Stromhandel, den Smart-City-Lösungen, den E-Mobilitätslösungen und den Energiemanagementlösungen für Kommunen und Industrieunternehmen abhängen (vgl. [2, S. 2]). Der Energiemarkt der Zukunft ist dezentral, regenerativ, flexibel, gekoppelt und optimiert, und er verlangt von Energieversorgern ein Energieökosystemdesign, dass nur durch die Vernetzung und

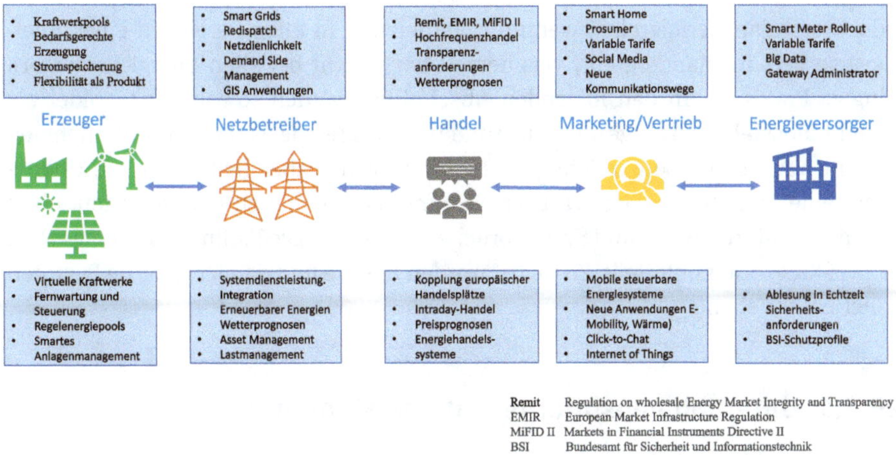

Abb. 29.1: Digitalisierungstrends in der Energiewirtschaft (nach [1, S. 1]).

Kooperation mit verschiedenen Akteuren gelingen kann. Ein weiterer Punkt ist die Ermächtigung der IT-Organisation als Treiber der Unternehmensstrategie. Eine IT-Abteilung, die nur dazu da ist, Systemlandschaften aufrechtzuerhalten, wird keine Kapazitäten haben, innovative Geschäftsmodelle auf digitaler Basis zu entwickeln. Ein Ökosystemdesign meint in diesem Zusammenhang die Gestaltung von Geschäftsmodellen, die ein komplexes Netzwerk von miteinander verbundenen Marktteilnehmern durch die Nutzung von Netzwerkintelligenzen zur gemeinsamen Zielerreichung vereint. Die IT-Organisation könnte in diesem Zusammenhang nicht nur als Systemdienstleister, sondern auch als Vermittler zwischen externen IT-Dienstleistern und den Fachabteilungen dienen. In diesem Beitrag geht es hauptsächlich um die digitale Strategie einer vernetzten IT-Organisation.

29.2 Einflussfaktoren im Vernetzungsumfeld des Energieversorgers

Durch die Digitalisierung wird die technische Basis für Wertschöpfungsnetzwerke geschaffen, die auf Digitalisierungspotenziale ausgerichtet sind. Durch Cloud-basierte Softwarelösungen, die skalierbar und multi-mandantenfähig sind und durch generische Schnittstellen – in der Fachwelt auch unter dem Terminus Application Programming Interface (API) bekannt – verbunden sind, wird die Grundlage für die Vernetzung von weiteren Softwarelösungen geschaffen. In diesem Zusammenhang spricht man auch von „everything as a service“, was bedeutet, dass neben Software auch physische Elemente wie Fahrzeuge, Stromnetze und Geräte virtualisiert über Plattformen gesteuert werden können (vgl. [3, S. 34]). Diese Entwicklungen verlaufen jedoch erst dann erfolgreich, wenn die Vernetzung in allen Bereichen eines Energieversorgers ineinandergreift, was derzeit noch nicht bei allen Energieversorgern gängige Praxis ist. In den folgenden Abschnitten werden sowohl Stakeholder als auch Einflussfaktoren aufgezählt, die rund um das Energieversorgungsunternehmen für eine Vernetzung berücksichtigt werden müssten. Dabei geht es um die Überlegung, eine Vernetzung vom Erzeuger bis zum Verbraucher zu gewährleisten, ohne dass dabei Informations- und Systembrüche stattfinden. Die Einflussfaktoren werden in zwei Kategorien unterteilt. Zunächst werden interne und danach externe Faktoren näher beschrieben.

29.2.1 Unternehmensinterne Einflussfaktoren

Die unternehmensinterne Digitalisierung bezeichnet die Vernetzung innerhalb eines Energieversorgers. Hierzu zählen Prozesse, Mitarbeiter, Produkte und Dienstleistungen, IT-Systeme und Daten. Erst durch die Vernetzung von Mitarbeitern, Technik und Organisation kann der Energieversorger auch flexibel auf Marktveränderungen reagieren. Durch die Vernetzung werden intern Daten generiert und automatisch ausgetauscht sowie Verbesserungen bei den Prozessen, Produkten und Arbeitsabläufen gewährleistet. Eine agile Organisation bedingt eine offene Unternehmenskultur, die nicht nur Transparenz unter Mitarbeitern erfordert, sondern auch bei den unternehmensinternen Abläufen. Im Folgenden werden diese internen Kriterien näher beleuchtet.

29.2.1.1 Digitalisierte Prozesse

Digitalisierte Geschäftsprozesse bilden das Herzstück eines Energieversorgers und müssen reibungslos ablaufen, damit Kundenwünsche zeitnah in der gewünschten Art und Weise und digitalisiert erfüllt werden können. Hierzu ist es erforderlich, sich wiederholende und standardisierbare Geschäftsprozesse zu automatisieren. Es müssen traditionelle Szenarien in neue Geschäftsmodelle umgewandelt beziehungsweise mit moderner IT angepasst werden. Das Ziel der Digitalisierung von Prozessen ist, die Prozesse in ihrer Effizienz zu steigern. Hierfür gibt es bereits Lösungen, die für Standardprozesse einen weitestgehend automatischen Ablauf ermöglichen und Energieversorgungsunternehmen den Freiraum bieten, sich auf innovative Geschäftsmodelle zu konzentrieren. Die Abarbeitung einzelner Prozesse und die Weitergabe an den nächsten Verantwortlichen in der Prozesskette – beides Aktivitäten, die regelmäßig zu Zeitverzögerungen und unzufriedenen Kunden führen – wird in Zukunft Geschichte sein und entspricht nicht mehr dem idealen Zielbild eines digitalisierten und zeitgemäßen Energieversorgers.

29.2.1.2 Digital befähigte Mitarbeiter

Durch die Ausstattung von Mitarbeitern mit Smart Devices wie Smartphones, Tablets oder Smart Glasses werden diese zu digital befähigten Mitarbeitern, die neben dem klassischen Computer eine zusätzliche Möglichkeit erhalten, orts- und zeitunabhängig miteinander zu arbeiten sowie auf Kunden- und Mitarbeiterbedürfnisse einzugehen. Ziel ist es, eine effiziente und schnelle Zusammenarbeit, bei der Zeit und Kosten gespart werden können, durch IT-Unterstützung und den ortsunabhängigen Datenzugriff zu gewährleisten. Beispielsweise können technische oder persönliche Fragestellungen durch zeitnahes Teilen von Problemen schneller und effizienter gelöst werden, was zu mehr Kundenzufriedenheit führt. Neue Softwarelösungen haben zu Prozessbearbeitung eine App-basierte Anwendungsplattform, wie beispielsweise die SAP Fiori App, die anwenderspezifisch gestaltet werden kann und es ermöglicht, Geschäftsprozesse wie das Ausführen von Vorgängen, die Genehmigung von Anträgen oder von Reporting-Daten auch orts- und zeitunabhängig anzusteuern.

29.2.1.3 Digitalisierte Produkte und Dienstleistungen

Digitalisierte Produkte bieten dem Kunden durch Automatismus und Datenübermittlung einen Überblick über seine Kosten, seinen Verbrauch und den Zustand eines physischen Produktes. Beispielsweise können durch eine Energie-App die Kosten des Verbrauchs in Kombination mit einem Smart Meter alle 15 Minuten erfasst werden. Durch das Implantieren digitaler Technologien, wie Prozessoren und Speicherchips, werden Produkte zu digitalisierten Produkten, die Daten senden und empfangen und es erlauben, gesteuert und überwacht zu werden. Die Vernetzung von mobilen Endgeräten mit einem E-Auto könnte in Zukunft die Möglichkeit bieten, abhängig vom aktuellen Strompreis zu laden. Das ist nicht nur netzdienlicher, sondern auch günstiger für Endverbraucher. Des Weiteren führt die Elektrifizierung von Produkten und Dienstleistungen zu einer höheren Nachfrage nach Strom (vgl. [4, S. 15]).

Der Energieversorger muss dynamische Tarife anbieten können, die sich an der Erzeugung und den Handelspreisen orientieren. Neue Sparten werden durch neue Produkte ermöglicht, die neue Umsatzpotenziale sowie neue Vernetzungsmöglichkeiten mit dem Kunden anbieten. Hierzu zählen

- Batteriespeicher, die in Zukunft wie Cloud-Speicherplätze angeboten werden.
- E-Mobilität und Ladeinfrastruktur ermöglichen neue Abnahmestellen durch Stromladestationen.
- Smart Metering ermöglicht es Verbrauchern und Lieferanten, den Verbrauch zu überwachen.
- Prosumer-Tarife und Services werden auf einer Prosumer-Energiehandelsplattform durch Peer-to-Peer Handel ohne dazwischengeschaltete Energieversorger möglich.

- Energieberatung, die im Sinne einer Beratungsdienstleistung neben dem Vertrieb von Strom und Gas auch weitere neue Produkte anzubieten in der Lage ist.
- Geteilte Mobilität.
- Peer-to-Peer Transaktionen.

Durch diese Produkte ergeben sich neue Herausforderungen für Energieversorger in Bezug auf Abrechnung, Verwaltung und Steuerung sowie die damit verbundene Datenverarbeitung.

29.2.1.4 Digitale Daten

Durch die zunehmende Vernetzung sowohl auf der Marktpartnerseite als auch auf der Kundenseite entstehen immer mehr Daten, die erfasst, verarbeitet, aufbereitet, analysiert, strukturiert und wertschöpfend genutzt werden müssen. Diese Veränderung stellt Energieversorgungsunternehmen vor Herausforderungen eines zunehmend komplexeren Datenmanagements. Bisher bekamen Energieversorger Daten von Marktpartnern, die aufgrund der Geschäftsbeziehungen erzeugt und weiterverarbeitet wurden. Durch die zunehmende Digitalisierung von Maschinen, Produkten, mobilen Endgeräten, intelligenten Messzählern (Smart Metern), Smart Home-Lösungen sowie die Kommunikation über soziale Medien ist das Datenvolumen rapide angestiegen. Folgende Daten könnten zur Wertsteigerung beitragen:
- Prozessbezogene Daten. Ziel ist, die Abläufe und Fehler besser zu analysieren und Prozesse durch maschinelles Lernen besser zu gestalten.
- Kundenbezogene Daten. Ziel ist, unter Einhaltung gültiger Vorgaben aus Datenschutz und Unbundling das Verbrauchsverhalten von Kunden auszuwerten und kundenindividuelle Angebote zu erstellen.
- Marktpartnerbezogene Daten. Ziel ist das Sammeln von Prozessdaten von Netzbetreibern, Marktlokationen und Wiederverkäufern, um die Vernetzung und den Austausch zu optimieren. Auch in diesem Falle müssen jedoch die Vorgaben zu Datenschutz und Unbundling beachtet werden.
- Produktbezogene Daten. Ziel ist, durch Predictive Maintenance historische Daten und Prognosen zu erstellen.

Das Ziel der Digitalisierung von Daten besteht darin, die Verarbeitung der Daten mit verschiedenen IT-Systemen zu ermöglichen und hierdurch die Effizienz zu steigern. Durch die Sammlung und Auswertung von Daten ergeben sich neue Möglichkeiten, neue Dienstleistungen und digitale Geschäftsmodelle kundenindividuell anzubieten und mehr Flexibilität zu schaffen.

29.2.1.5 Digitale Vernetzung

Die Verbindung von unterschiedlichen IT-Systemen, Produkten, Marktpartnern, Kunden und Mitarbeitern sorgt für eine digitale Vernetzung in der Energiewirtschaft untereinander, indem Daten digital übertragen werden. Daher darf man nicht nur die Vernetzung zwischen Marktpartnern und Kunden mit IT-Systemen betrachten, sondern sollte auch Maschinen, Transportmittel, Anlagen, Geräte, Speichersysteme und Stromerzeugungssysteme wie beispielsweise Photovoltaikanlagen (PV), Windräder, KWK-Anlagen und smarte Produkte mit einbeziehen. Die Voraussetzung für Automatismus und Steuerbarkeit ist die Vernetzung dieser Anlagen untereinander und mit den hierfür vorgesehenen IT-Systemen. Durch die zunehmende Vernetzung entstehen immer mehr Schnittstellen, die ihrerseits die potenzielle Gefahr von Informationsbrüchen in sich tragen. Daher ist es wichtig, sich für Lösungen zu entscheiden, die keine Brüche verursachen und eine Vernetzung aufrechterhalten können. Das dem aufeinander abgestimmten Agieren von Anlagen und intelligenten Geräten zugrundeliegende Konzept ist auch als Internet of Things (IoT) bekannt. Voraussetzung für das Funktionieren dieses Internets der Dinge sind herstellerunabhängige Kommunikationsmöglichkeiten. Intelligente Komponenten rund um die Energieinfrastruktur, Lasten, Speicher und Smart Meter werden in der Energiebranche auch als Internet of Energy (IoE) bezeichnet. Durch die Vernetzung und Verbindung mit Cloud Computing und moderner IT-Technologie können die steigenden Anforderungen an ein modernes Energieversorgungssystem bewältigt werden. Die digitale Vernetzung hat die Entwicklung neuer oder veränderter Geschäftsmodelle zum Ziel.

29.2.1.6 Digitale IT-Systeme

In einem typischen Stadtwerk mit verschiedenen Geschäftsfeldern gibt es in der Regel weit über 100 unterschiedliche Softwaresysteme unterschiedlicher Größe, die es im Zusammenspiel mit der Prozesslandschaft zu managen gilt (vgl. [5, S. 66]). Diese Vielfalt der Softwarelandschaft führt zu Unübersichtlichkeit, zu System- und damit zu Informationsbrüchen, was sich auf die Qualität der Daten auswirkt beziehungsweise deren Inkonsistenz zur Folge hat. Dies wiederum führt zu Ineffizienz und zu Unzufriedenheit der Kunden, die lange auf eine Reaktion warten müssen. Die Systemvielfalt wird auch durch den Einsatz neuer Software nicht weniger, da es derzeit keine alleinigen Lösungen für alle Prozesse bei Energieversorgern gibt. Zu den bestehenden Enterprise-Ressource-Planning-Systemen (ERP-Systemen) sind in den letzten Jahren mobile Lösungen hinzugestoßen, die über mobile Endgeräte gesteuert werden können und sowohl für das Energieversorgungsunternehmen als auch für den Kunden neue Vernetzungs- und Bearbeitungsmöglichkeiten bieten. Ziel dieser mobilen Applikationen – häufig verkürzt einfach auch als Apps bezeichnet – ist es, Prozesse effizienter, sicherer und schneller abzuwickeln und durch den schnellen Datenaustausch in

Kombination mit anderen Lösungen, wie beispielsweise eines Ortungsdienstes, bessere Entscheidungen zu ermöglichen. Die Ortsunabhängigkeit ist ein weiterer Vorteil, der durch die neue Systemlandschaft über Apps gewährleistet wird, weil an jedem Ort und zu jeder Zeit personalisiert kommuniziert werden kann.

29.2.2 Unternehmensexterne Einflussfaktoren

Die unternehmensexterne Digitalisierung bezeichnet die Vernetzung eines Energieversorgers mit den Marktpartnern, wozu der Übertragungsnetzbetreiber, der Bilanzkoordinator, der Verteilnetzbetreiber, der Messstellenbetreiber sowie Kunden als Verbraucher und Prosumer, also private Marktteilnehmer, die zugleich auch Erzeuger sind, gehören. Durch die Vernetzung mit externen Akteuren kann der Energieversorger unter Beachtung regulatorischer Vorgaben Daten generieren, die ihm auf der Beschaffungsseite beim Einkauf der richtigen Energiemenge und auf der Verkaufsseite beim Angebot der richtigen Energiedienstleistung helfen.

29.2.2.1 Marktpartner

Durch die Deregulierung und damit einhergehende Rahmenbedingungen gibt es in der Energiewirtschaft immer mehr Marktrollen, die per Electronic Data Interchange (EDI) miteinander agieren. Die Vernetzung zwischen den Beteiligten an der Wertschöpfung wird bereits durch die Branchenlösung verschiedener ERP-Softwareanbieter für die Marktkommunikation insbesondere durch die Branchenlösung SAP IS-U IDEX praktiziert, in dem Stamm- und Bewegungsdaten, wie z. B. Lieferscheine, Rechnungen, Abrechnungsmengen und Zählerstände, ausgetauscht werden. Folgende Marktrollen existieren nach dem deutschen BDEW-Rollenmodell derzeit rund um die Marktkommunikation:

Für die Durchleitung und Verteilung des Stroms im Höchstspannungsbereich vom Erzeuger zum Verteilnetzbetreiber ist der Übertragungsnetzbetreiber verantwortlich (siehe auch Abbildung 29.2). Die Abrechnung der Bilanzkreise werden vom Bilanzkoordinator verantwortet. Durch die Abrechnung werden die Differenzen zwischen den Summenreihen und den Fahrplänen der Bilanzkreise ermittelt, sodass den Bilanzkreisverantwortlichen die Ausgleichsenergie verursachungsgerecht verteilt werden kann. Damit hat der Bilanzkoordinator eine übergeordnete Rolle, weil er für den finanziellen Ausgleich zwischen Bilanzkreisverantwortlichen sorgt. Der Übertragungsnetzbetreiber und der Bilanzkoordinator werden demselben Unternehmen zugeordnet. Verteilnetzbetreiber ist ein Unternehmen, das Stromnetze zur Verteilung an Endverbraucher betreibt. Der Verteilnetzbetreiber bezieht seinen Strom vom Übertragungsnetzbetreiber. Die Installation, Wartung, Ablesung und Übermittlung der Messwerte an den Geräten an einer Messlokation verantwortet der Messstellenbetreiber, der derzeit noch dem Verteilnetzbetreiber zugeordnet ist. Lieferung von Energie

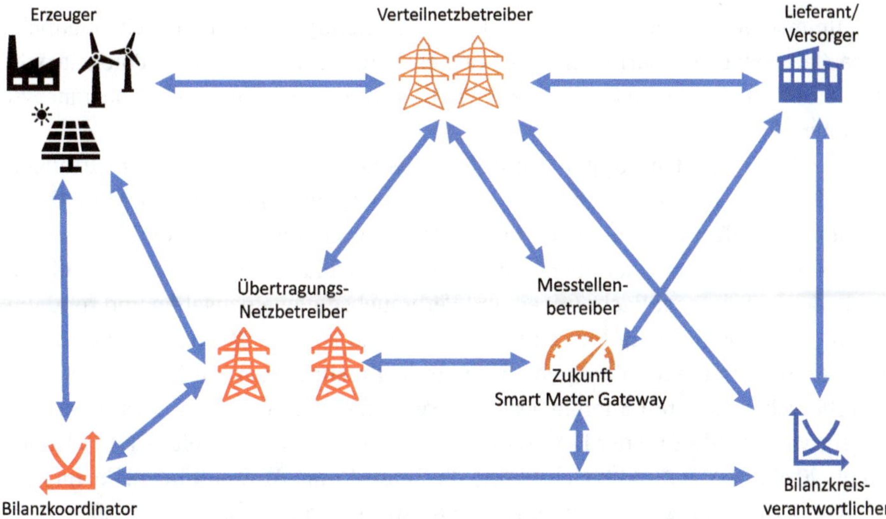

Abb. 29.2: Marktkommunikation in der Energiewirtschaft (nach [6, S. 12]).

an die Verbrauchsstellen (Marktlokationen) sowie die Bilanzierung und Messung der Energiemenge verantwortet der Lieferant. Für den Ausgleich der Energie innerhalb eines Bilanzkreises, das heißt, die Führung eines virtuelles Energiemengenkontos, in dem alle Einspeisungen und Entnahmen zusammengefasst und saldiert werden, trägt der Bilanzkreisverantwortliche, der zum selben Unternehmen wie der Lieferant gehört, die Verantwortung. Bei Abweichungen zwischen eingespeister und entnommener Menge hat der Bilanzkreisverantwortliche, somit der Lieferant, die finanzielle Verantwortung (vgl. [7]).

Die Bundesnetzagentur (BNetzA) passt im Rahmen der Formatumstellung bis zu zweimal im Jahr die Datenformate an, die eine Herausforderung für Energieversorgungsunternehmen stellen, da diese Formatänderungen in kürzester Zeit umgesetzt werden müssen, was zu einem beträchtlichen Aufwand sowie einer Bindung von Kapazitäten führt. Bisher wurde diese Aufgabe von den IT-Organisationen oder einem IT-Dienstleister wahrgenommen. Im Rahmen der Digitalisierung ist es daher wichtig, diesen Prozess vom Kerngeschäft zu entkoppeln, da diese Änderungen aufgrund neuer Rollen, die jedes Jahr hinzukommen, und der unterschiedlichen Formate nicht standardisiert werden können.

29.2.2.2 Digitale Kunden

Bei Kunden muss zwischen Privatkunden (Business-to-Consumer, B2C), Geschäftskunden (Business-to-Business, B2B), Verwaltungskunden (Business-to-Governance, B2G) und immer mehr auch Kunden, die zugleich produzieren (Business-to-Prosumer,

B2P), unterschieden werden. Der zuletzt genannte Kundenkreis wird durch klimapolitische Ziele sowie die Sparmaßnahmen und etwa durch das ungenutzte Potenzial von 89 % Photovoltaikanlagen noch zunehmen. Es werden also immer mehr Consumer zu Prosumern (vgl. [8]).

Jede dieser Kundengruppen hat unterschiedliche Ansprüche und Erwartungen an den Energieversorger. Bei Privatkunden geht es hauptsächlich um die Vernetzung von mobilen Endgeräten mit dem Kundendienst eines Energieversorgers, indem Kunden über eine Webseite oder über eine App die Möglichkeit geboten wird, monatliche Abschläge anzupassen, Rechnungen und Verbrauchsdaten einzusehen und rund um die Uhr in Dialog mit dem Kundenservice treten zu können. Weiterhin wird im Bereich der Endkunden die Energieberatung immer mehr in den Vordergrund rücken, da Verbraucher nicht nur Energie beziehen werden, sondern auch zu Prosumern werden. Die wachsende Zahl der E-Autos, die von derzeit 681.410 Einheiten auf 15 Millionen bis 2030 ansteigen soll (vgl. [9]), und die Smart-Home-Anwendungen, die im Jahr 2026 voraussichtlich 27,7 Millionen Nutzer aufweisen (vgl. [10]), wird Energieversorgungsunternehmen dazu zwingen, immer mehr Energiedienstleistungen für digitale Geschäftsmodelle für digitalisierte Produkte anzubieten.

Geschäftskunden möchten ihre Daten online abrufen, herunterladen und wieder hochladen können. Darüber hinaus möchten sie Rechnungen verursachergerecht nach Marktlokation aufgeteilt haben, was die IT-Software vor neue Herausforderungen in Bezug auf individuelle Softwarelösungen stellt, da jeder B2B-Kunde anders abrechnet und entsprechend Standardlösungen oft nicht die Wünsche des Kunden abdecken können. In Zukunft werden immer mehr Geschäftskunden ihren Fuhrpark auf E-Fahrzeuge umstellen, sodass dadurch eigene Tankstellen des Geschäftskunden fahrzeuggerecht abgerechnet werden können. Hinzu kommt, dass auch Geschäftskunden immer mehr zu Prosumern werden, die ihre eigene Energie erzeugen und in das Netz einspeisen.

Bei Verwaltungskunden (B2G) wird es neben den bedienerfreundlichen Anwendungen rund um den Kundenservice, der papierlos und online abläuft, auch um das Thema Smart City gehen, bei dem sich Energieversorger und Stadtverwaltung miteinander vernetzt austauschen und ergänzen werden, wenn es um Smart-City-Lösungen wie ÖPNV, Elektrotankstellen, E-Bikes, Roller-Sharing und um deren Abrechnung und Instandhaltung geht. In Zukunft wird entweder der Energieversorger oder die Stadtverwaltung zur Stromstation für die Aufladung von Autos, E-Bikes und E-Scooter werden. Diese Entwicklungen werden eine Vernetzung von Stadt und regionalem Energieversorger sowie digitale Geschäftsmodelle ermöglichen, die sich auf die IT-Lösungen auswirken werden.

Durch die Dezentralisierung des Energiesystems nehmen immer mehr Prosumer am Energiesystem teil, indem Solarpanels auf dem Haus, ein Wohnblockheizkraftwerk im Keller eingebaut oder Anteile an Energiegenossenschaften oder das Engagement bei einer energieautarken Wohnbaugesellschaft eingegangen werden (vgl. [4, S. 18]). Diese Entwicklung macht Kunden immer unabhängiger vom Energieversorger, was ihn dazu zwingt, neue Energiedienstleistungen anzubieten, die sich nicht nur auf die Energielieferung beschränken. Wichtig ist in diesem Zusammenhang zu wissen, welche Energiemenge der Prosumer einspeist und wie viel er selbst verbraucht. Dies ist allerdings nur durch eine Vernetzung des Prosumers mit dem Energieversorger über Smart Meter oder über eine Plattform möglich.

Die oben aufgeführten Veränderungen erfordern vom IT-Betrieb eines Energieversorgers neue Lösungen, um in Zukunft nicht „nur" Strom, Gas, Wärme und Wasser abzurechnen, sondern auch digitale Produkte, die mit physischen Produkten kombiniert werden und neue Chancen der Kundengewinnung ermöglichen. Des Weiteren wird es aufgrund dieser Vernetzung immer wichtiger, verschiedenen Kundengruppen durch Künstliche Intelligenz, die auf Datenmanagement beruht, spezifische Angebote unterbreiten zu können. Dies alles geht nur mit einer vernetzten IT-Lösung, die dem Energieversorger eine solide Datenbasis bietet.

29.2.2.3 Digitalisiertes Geschäftsmodell

Digitale Geschäftsmodelle erzeugen zusätzlichen Kundennutzen durch digitale Produkte, indem sie neben dem physischen Produkt eine zusätzliche Dienstleistung anbieten, mit der zusätzliche Geschäftstätigkeiten ermöglicht werden. Ohne die digitalen Technologien wie das Internet und die mobilen Endgeräte wäre ein derartiges Angebot gar nicht möglich. Digitale Geschäftsmodelle basieren auf Innovationen, die für den Markt eine Neuheit darstellen. Der Vertrieb erfolgt also ausschließlich über digitale Kanäle. Digitale Geschäftsmodelle sind über alle smarten Lösungen hinweg möglich, indem die Daten dieser Lösungen so verwendet und genutzt werden, dass dem Kunden mit den gewonnenen Daten ein Zusatznutzen angeboten werden kann. Beispiele sind Smart Facility, Smart City, Smart Metering, Energiehandel und regionale Entwicklung inklusive Zusatzleistungen wie zum Beispiel Breitband. Mit Smart Facility können beispielsweise über eine zentral gesteuerte App mehrere Anlagen in einem Unternehmen angesteuert und überwacht werden. Indem etwa smarte Lichter oder smarte Heizungen mit der App verbunden werden, muss der Facility Manager nicht durch das ganze Unternehmen gehen und kontrollieren, ob noch alle Lichter angeschaltet sind, wenn bereits alle Mitarbeiter das Unternehmen nach Feierabend verlassen haben. Des Weiteren kann beispielsweise über die App angesteuert werden, zu welchen Zeiten die Anlagen funktionsbereit sein sollen und zu welcher Tageszeit sie wieder abgeschaltet werden müssen.

29.3 Digitale Ausrichtung der IT-Organisation

Die IT-Organisation muss für eine digitale Ausrichtung zunächst eine Bestandsaufnahme aller vernetzbaren Einflussfaktoren anhand einer Systemfähigkeit kategorisieren, um festzustellen, inwiefern bereits eine Vernetzung besteht und welche Potenziale noch nicht genutzt werden. Hierfür wird ein Reifegradmodell entwickelt, das den Vernetzungsgrad der Systeme mit den Einflussfaktoren systematisiert, sodass eine Kategorisierung und somit Handlungen anhand der nachfolgenden Situationsanalyse abgeleitet werden können.

Dadurch kann die IT-Organisation bestimmen, inwieweit die Vernetzung des Energieversorgungsunternehmens vorangeschritten ist und welche Maßnahmen getroffen werden müssen, um eine vollständige Vernetzung zu erreichen. In Abbildung 29.3 wird ein Vernetzungsreifegrad beispielhaft dargestellt.

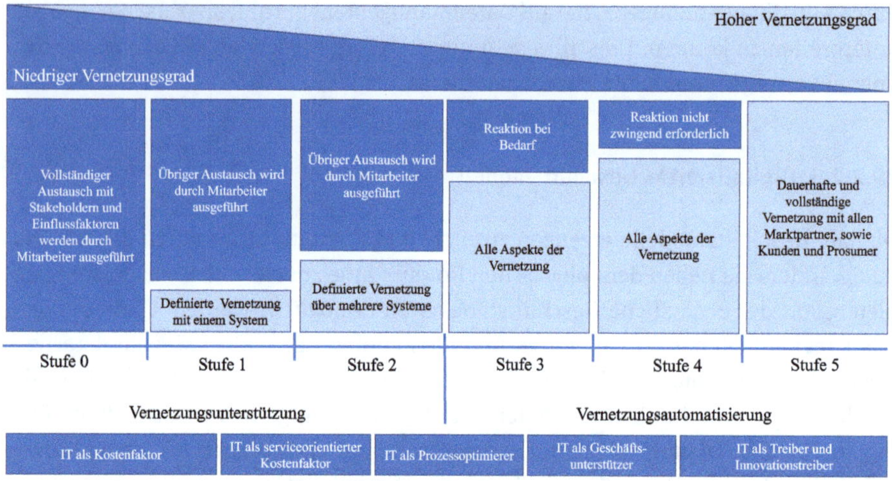

Abb. 29.3: Reifegradmodell der Systemvernetzung.

Hierbei wird die Systemlandschaft in verschiedene Stufen eingeteilt, von der untersten Stufe 0, bei der noch viele Prozesse angestoßen werden müssen, bis zu Stufe 5, auf der das System ausschließlich automatisiert mit Cloud-basierten Lösungen arbeitet, wobei mit höherer Stufe auch die Vernetzungsfähigkeit des Systems steigt. In Stufe 0 wird die IT noch als Kostenfaktor betrachtet, da ständige Anpassungen notwendig sind, denn viele Prozesse laufen in dieser Stufe nicht standardisiert. In Stufe 5 hingegen laufen die Standardprozesse automatisiert, ein manueller Eingriff ist kaum notwendig. Daher hat die IT mehr Freiraum für innovative Geschäftsmodelle, die sich außerhalb des Kerngeschäfts bewegen und digitale Geschäftschancen eröffnen.

Um die Digitalisierung und Vernetzung eines Energieversorgers erfolgreich zu realisieren, muss die IT-Organisation die Voraussetzungen dafür schaffen. Die meisten Energieversorger arbeiten noch mit traditionellen Softwarelösungen, die veraltet sind und nicht die Möglichkeiten eines digitalisierten Energieversorgers abdecken. Das zwingt IT-Organisationen zum Umdenken, um eine solide IT-Strategie zu entwickeln, die es erlaubt, vernetzte Geschäftsmodelle zu realisieren. Der Energieversorger muss

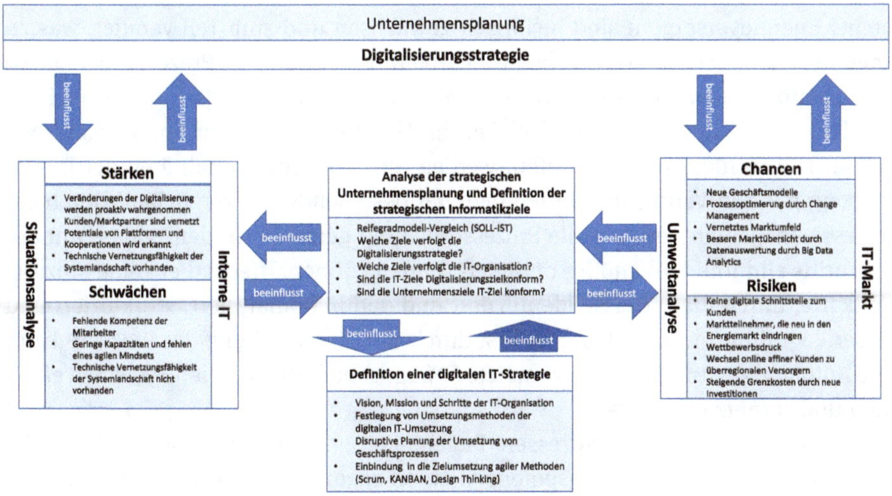

Abb. 29.4: SWOT-Analyse Vernetzung und Digitalisierung (eigene Darstellung).

durch innovative IT-Lösungen die Möglichkeit haben, auf bidirektionalem Kommunikationsweg mit seinen Kunden in Kontakt zu bleiben und Energiedienstleistungen rund um smarte Lösungen anzubieten.

Für die Bestimmung der IT-Strategie wird zunächst auf das Konzept der sogenannten SWOT-Analyse (siehe Abbildung 29.4) zurückgegriffen.[1] Die Ermittlung der unternehmensinternen IT-Vernetzungsfähigkeit wird durch die Aufnahme der Stärken und Schwächen (Ist-Analyse) durchgeführt. Im nächsten Schritt werden externe Kriterien, die am Markt gängigen Softwareprodukte (Umweltanalyse), in Bezug auf Chancen und Risiken miteinander verglichen.

Nachdem die gegenwärtige IT-Lösung mit den energiewirtschaftlichen IT-Lösungen verglichen wurde, wird diese mit der Unternehmensstrategie abgeglichen. Hierbei werden Übereinstimmungen und Abweichungen der IT-Lösungen mit den Unternehmensanforderungen ermittelt, um aus diesen Erkenntnissen eine IT-Strategie abzuleiten. Die IT-Strategie soll die Ausrichtung der IT-Organisation festlegen und die Bedeutung der IT für energiewirtschaftliche Zukunftslösungen hervorheben. Im nächsten Abschnitt geht es zunächst um die Analyse der gegenwärtigen IT-Systeme.

29.3.1 Analyse der gegenwärtigen IT-Systemlandschaft

Bei der Analyse der IT-Systemlandschaft geht es um kritische Faktoren, die für die Wettbewerbsfähigkeit des Energieversorgers unabdingbar sind. Prozesse und Syste-

1 Das Akronym SWOT steht für Strengths (Stärken), Weaknesses (Schwächen), Opportunities (Chancen) und Threats (Risiken).

me bei Energieversorgern sind historisch gewachsen und zum Teil veraltet, was zu einer ineffizienten und trägen Vorgangsbearbeitung führt, da die Prozesse nicht mehr überschaubar und inkonsistent sind. Um die gegenwärtige IT-Landschaft auf den Prüfstand zu stellen und die Systemfähigkeit im Hinblick auf die am Energiemarkt gestellten IT-Anforderungen zu prüfen, werden die Grundfunktionalitäten der Digitalisierung mit den Vernetzungsfunktionen der bestehenden IT verglichen. Durch ein Prozessmanagement müssen alle Prozesse sichtbar gemacht werden, sodass unnötige Schritte eliminiert und nötige optimiert werden können. Hierzu dient eine Prozesslandkarte, durch die Prozesse identifiziert und dadurch analysiert, strukturiert und besser koordiniert werden können. Erst durch die Überarbeitung der Prozesse kann eine Automatisierung über eine vernetzte IT-Landschaft mit externen Systemen effizienter und vernetzter arbeiten.

Es gibt zwei Arten von Prozessen. Erstens Kerngeschäftsprozesse, die dazu dienen, ein hohes Wertschöpfungspotenzial zu erzeugen. Diese Prozesse sind wettbewerbskritisch. Bei Energieversorgungsunternehmen fallen hierunter Abrechnungs- und Kundenserviceprozesse sowie das Forderungsmanagement. Zweitens sogenannte Unterstützungsprozesse, die keinen oder nur einen geringen Anteil an der Wertschöpfung haben und nicht wettbewerbskritisch sind, wie beispielsweise das Finanzwesen, die Kostenrechnung und das Personalwesen. Darüber hinaus gibt es Marktkommunikationsprozesse, die den Datenaustausch zwischen Marktpartner und Energieversorgungsunternehmen abbilden.

Zur Optimierung der Kerngeschäftsprozesse sollte sich das IT-Management folgende Fragen stellen, um daraus Erkenntnisse zur Automatisierung ableiten zu können:
- Welche Prozesse verhindern den reibungslosen Ablauf, und wie kann die Störung aufgehoben werden?
- Inwiefern trägt der Prozess zum Kundennutzen bei, und welcher Wettbewerbsvorteil wird dadurch generiert?
- Kann der Prozess automatisiert werden, sodass Abläufe reibungslos erfolgen und schnell auf Kundenbedürfnisse eingegangen werden kann?
- Kann auf Zwischenschritte zum Prozess verzichtet werden, ohne dass dabei ein Nachteil für den Kunden entsteht?
- Können Prozessschritte vereinfacht werden, sodass diese rentabler abgewickelt werden können, und wird dadurch ein Wettbewerbsvorteil beeinträchtigt?
- Welche Geschäftsprozesse erfüllen nicht die gewünschten Kundenanforderungen, und wie können diese optimiert werden? (vgl. [11])

Bei den Marktkommunikationsprozessen ist es wichtig, dass sie ohne großen Aufwand implementiert werden können, ohne dass der Betriebsprozess behindert oder verzögert wird. Hierzu ist es wichtig, dass bei der Ist-Analyse folgende Fragen beantwortet werden:

- Können gesetzliche Anforderungen und Änderungen für Datenformate ohne großen Aufwand angewandt und umgestellt werden?
- Können Kosten reduziert werden, indem interne Entwicklungen, Tests und Schulungen für Formatkonverter, Middleware, Prozessmodellierung, usw. wegfallen?
- Können die Marktkommunikationsprozesse ohne Überwachung reibungslos ausgeführt werden?

Nachdem die Prozesse analysiert wurden, müssen die technologischen Erfordernisse, die für ein vernetztes Energieunternehmen wichtig sind, analysiert werden. Technische Voraussetzungen und Methoden, die heute für eine vernetzte IT-Architektur notwendig sind, werden im Folgenden benannt:
- *Agile Methoden:* Werden bei den Weiterentwicklungen agile Methoden unterstützt?
- *Integrationsplattformen:* Stehen Systeme innerhalb der Organisation (On-Premise oder außerhalb Cloud), die unterschiedliche Daten und unterschiedliche Anwendungen enthalten, miteinander im Austausch und können die Daten ohne Informationsbrüche integriert werden?
- *Open-Source-Fähigkeit:* Können durch Entwickler oder User Veränderungen am System vorgenommen werden, sodass durch den Austausch mit anderen Entwicklern und Usern, die am selben Problem arbeiten, Optimierungspotenziale erreicht werden?
- *EVENT Hubs:* Können Daten, die vertrauenswürdig und skalierbar sind, in Echtzeit erfasst werden?
- *API (Application Programming Interface):* Können anhand von Programmierschnittstellen andere Programme, Anwendungen oder Tools als Zugangspunkt von Unternehmen mit Kunden, Auftragnehmern und Mitarbeitern dienen, über den sie sich an das Softwaresystem anbinden können?
- *RPA (Robotic Process Automation):* Können durch digitale Softwareroboter repetitive Geschäftsprozesse automatisiert bearbeitet werden?
- *Microservices:* Kann eine komplexe Anwendungssoftware aus unabhängigen Prozessen generiert werden, die mit sprachunabhängigen Programmschnittstellen kommuniziert, obwohl die ursprünglichen Softwares voneinander entkoppelt kleine Aufgaben erledigen?
- *IoT (Internet of Things) – Anbindung:* Können verschiedene Geräte und Applikationen mit dem System vernetzt und gesteuert werden?

Erst durch die Beantwortung dieser Fragen kann nach Systemanbietern gesucht werden, die diese IT-Fähigkeiten abbilden. Daher sollte, wie oben beschrieben, das gesamte IT-Umfeld des Energieversorgers nach technologischen Anforderungen ausführlich analysiert und die Fragen beantwortet werden, um wettbewerbsfähig zu bleiben.

29.3.2 Umfeldanalyse ERP-Lösungen für Energieversorger

Die in Abschnitt 29.3.1 genannten prozessualen und technologischen Anforderungen werden durch Herausforderungen der Digitalisierung und die damit verbundenen Veränderungen auf dem Energiemarkt mittlerweile von vielen Softwareanbietern umgesetzt. Hierzu gibt es bereits einige Studien, die Anbieter und deren Software miteinander vergleichen und ein umfassendes Bild über bestehende ERP-Lösungen geben (vgl. [12]).

Die Studien vergleichen die Abdeckung der Marktrollen, die technologische Reife und wesentliche digitale Architekturprinzipien. Da es in diesem Beitrag um die Digitalisierung und die damit verbundenen Technologien und Vernetzungsfähigkeit geht, sind hier nur diese bei der Betrachtung berücksichtigt worden, wie in Abbildung 29.5 zu sehen ist.

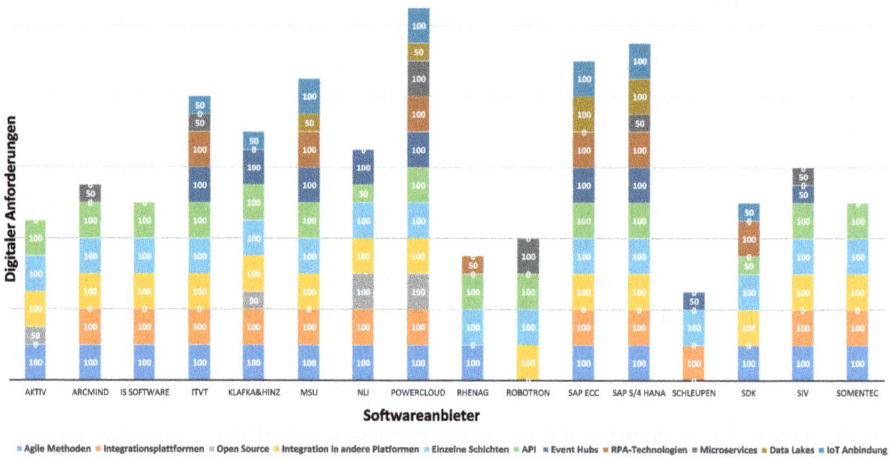

Abb. 29.5: ERP-Anbieter Abdeckung digitaler Anforderungen (in [12, S. 31f.]).

Energieversorger sind gegenwärtig in einem Entscheidungsprozess zwischen einer sogenannten On-Premise-Lösung und einer Cloud-Lösung. Hierbei spielen unterschiedliche Überlegungen eine Rolle. Die On-Premise-Lösung wird oft aus Gründen des Datenschutzes sowie der Verfügbarkeit der Daten auch bei einem Internetverbindungsstillstand bevorzugt, da viele Energieversorger ihre Kundendaten nicht gerne aus der Hand geben wollen oder dürfen (siehe hierzu auch Kapitel Kinast). Auf der anderen Seite stehen die Vorteile einer Cloud-Lösung, die es erlaubt, eine flexible Verfügbarkeit des Systems zu gewährleisten, sodass auf das System an jedem Ort und zu jeder Zeit von Mitarbeitern zugegriffen werden kann. Ein weiterer Punkt ist die Kostenersparnis hinsichtlich der Systemwartung und der Hardwarebereitstellung, die man mit dem Verzicht auf die On-Premise-Lösung gewinnen würde, weil diese Leistungen dann beim Softwaredienstleister liegen würden. Aufgrund der oben gewonnenen Erkenntnisse scheint langfristig eine Cloud-basierte Lösung für Energieversorger, die Innovationen vorantreiben wollen, für viele Anwendungen attraktiver zu sein. Das Ergebnis der PwC-Studie zeigt die oben in Abschnitt 29.3.1 genannten technischen Kriterien und welches Softwareunternehmen die Kriterien am besten erfüllt, wobei zwei Unternehmen hervorstechen. Zum einen SAP mit ihrer langjährigen Erfahrung auf dem Energiemarkt, und powercloud, die mit ihrer reinen Cloud-basierten Lösung, und ihrem Open-Source-Ansatz in der Studie etwas besser abschneidet als SAP.

Die Studie führt am Ende zu folgenden Überlegungen:

- Soll das System zukünftig in der Public Cloud oder als On-Premise-Lösung genutzt werden?
- Gibt es andere Lösungen, wie beispielsweise in der Private Cloud?
- Welche Datensicherheit bietet der Systemanbieter?
- Werden alle Geschäftsprozesse standardmäßig abgedeckt, und wie weit sind sie automatisierbar (siehe auch Kapitel 29.2.1.1)?
- Welche Marktrollen werden durch die Systeme abgedeckt (siehe auch Kapitel 29.2.2.1)?
- Welche Erfahrung liegen dem Systemanbieter mit den Energiewirtschaftsprozessen vor?
- Welche Referenzen hat der Systemanbieter?

Erst durch die abschließende Beantwortung dieser Fragen kann der Übergang zu einer IT-Strategie erfolgen, die es erlaubt, eine geeignete Systemauswahl zu treffen.

29.3.3 Bestimmung einer dynamischen IT-Strategie

Die IT-Organisation ist aufgrund der digitalen Anforderungen des Energiemarktes mit einem ständigen Wandel konfrontiert. Eine vernetzte IT-Systemlandschaft bedingt eine vernetzungsfähige Softwarelösung, die alle Anforderungen eines digitalisierten Energiemarktes erfüllt. Die IT-Organisation muss eine IT-Strategie implementieren, die darauf ausgelegt ist, Innovationen zu schaffen, statt sich mit Systemwartungen zu beschäftigen. Dies kann nur durch mehr Agilität erreicht werden, die zu mehr Flexibilität in der Organisation führt, sodass auf Veränderungen am Markt besser und schneller reagiert werden kann. Hierzu müssen Prozesse, die keinen Beitrag zur Wertschöpfung leisten, wie die Marktkommunikationsprozesse, in die Cloud ausgelagert werden, sodass für digitale Geschäftsmodelle Kapazitäten frei werden. Das Ziel einer kompletten Systemauslagerung in die Cloud scheint nicht mehr aufhaltbar zu sein. Den Weg dorthin gestaltet allerdings jeder Energieversorger unterschiedlich. Dies liegt vor allem daran, dass die Systeme in der Public Cloud, bei der ein hoch standardisiertes IT-Leistungsangebot von Systemanbietern (SAP, powercloud, usw.) bereitgestellt wird, noch zu wenig User Experience vorweist. Am häufigsten wird wohl zunächst auf eine hybride Systemlandschaft umgestiegen werden, wobei das Kerngeschäft in der vom Unternehmen selbst betriebenen Private Cloud und alle unterstützenden Prozesse in der Public Cloud genutzt werden. Durch die in Abbildung 29.6 beispielhaft dargestellte Systemlandschaft hätte der Energieversorger das Kernsystem für Abrechnung und Forderungsmanagement weiterhin im Hause, sodass komplexere Szenarien in der Private Cloud erfolgen können und keine große Abhängigkeit vom Systemdienstleister entsteht (vgl. [13]).

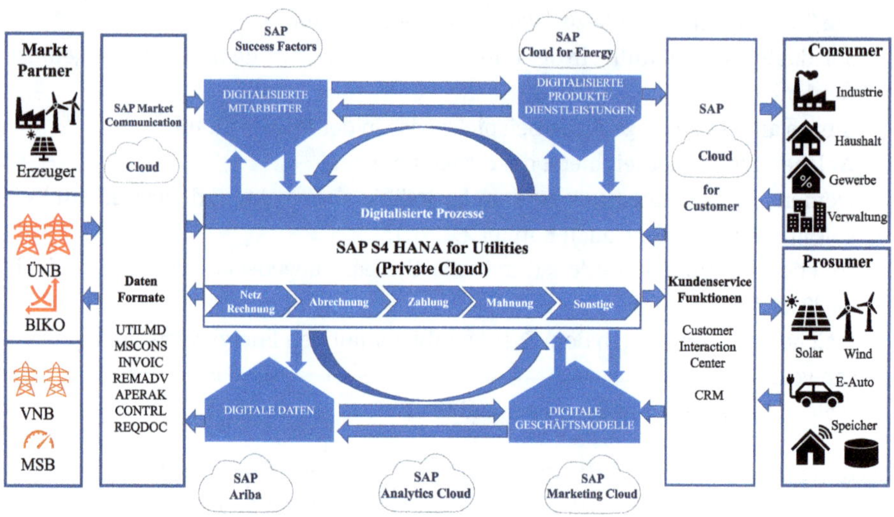

Abb. 29.6: Hybride IT-Systemlandschaft.

Dies hat den Vorteil, dass die Private Cloud mehr Individualität, mehr Flexibilität und Funktionalität bietet als die Public Cloud, die, wie oben bereits beschrieben, auf Standardisierung von Prozessen setzt.

Die Marktkommunikation, die aufgrund regulatorischer Vorgaben durch den Formatwechsel ständig auf dem aktuellen Stand sein muss, bindet viele Kapazitäten und wäre daher besser in der Market Communication Cloud der SAP aufgehoben. Damit sparen sich Energieversorger Testaufwände und Anpassungen der periodischen Formatänderungen, die zweimal im Jahr erfolgen (vgl. [14]). Der Betrieb hybrider Landschaften in Private und Public Clouds verlangt eine Neuausrichtung der IT, die in Zusammenarbeit mit den Fachbereichen erfolgen muss und einen Prozessanpassung nötig macht, um vernetzte Prozesse mit zu berücksichtigen. Ob eine Systemstrategie, sei es durch eine Cloud- oder eine On-Premise-Lösung, adäquat für ein Unternehmen ist, hängt von der Unternehmensstrategie selbst ab und kann daher hier nicht allgemeingültig beantwortet werden.

Die Verlagerung von automatisierten Standardprozessen in die Cloud verschafft IT-Organisationen Freiraum für dynamische IT-Strategien, die nicht langfristig, sondern situationsbezogen und für eine kurze Dauer angelegt sind. Um diesen Herausforderungen gerecht zu werden, schlagen Experten das Paradigma Innovate-Design-Transform vor, siehe Abbildung 29.7. Der Focus der IT muss auf die innovative Kundenperspektive gelenkt werden, die sich durch höhere Agilität auszeichnet, statt auf Erstellung und Entwicklung von Lösungen, da Kundenanforderungen schnelle und verlässliche Veränderungen verlangen (Innovate). Die Gestaltungsfähigkeit der IT-Lösungen muss dem spezifischen Einsatzweck dienen (Design). Des Weiteren müssen die Veränderungen im Kontext der Geschäfts- und Wertschöpfungsmodelle mitsamt den Strukturen und Abläufen schnell transformiert werden können (Transform).

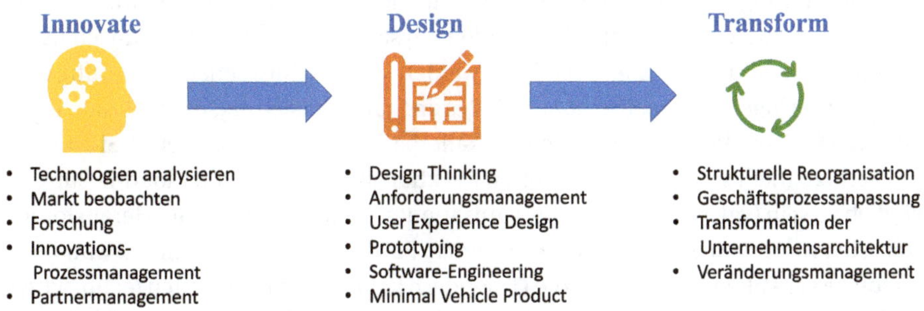

Abb. 29.7: Dynamische IT durch Innovate-Design-Transform (nach [15, S. 6]).

Eine dynamische IT-Strategie hat weitreichende Folgen, denn sie betrifft alle Aspekte der IT und der Geschäftsorganisation, weil sie Prozessanpassungen sowie den Aufbau von Kompetenzen und einen Kulturwandel erfordern, was zu einer organisatorischen Fähigkeit (Capabilities) führt und somit zu wettbewerbsdifferenzierten Eigenschaften eines Versorgungsunternehmens (vgl. [15, S. 6]).

Eine dynamische IT-Strategie ist keine langfristige, sondern meist eine situative Strategie, die schnell auf digitalisierte Markterfordernisse reagieren kann. Hier sind vor allem agile Methoden gefragt, da im digitalen Zeitalter die Geschwindigkeit, mit der neuen Software verfügbar gemacht und aktualisiert wird (Time-to-Market), eine große Rolle spielt. Aufgrund anspruchsvoller gewordenen Benutzergruppen und stärker gewordener Kunden- und Partnerzentrierung gewinnt Design und Usability von Anwendungen immer mehr an Bedeutung. Herkömmliche Projektmethoden nach dem Wasserfallmodell sind nur eingeschränkt geeignet, um den neuen Anforderungen gerecht zu werden. Daher werden in Zukunft agile Vorgehensweisen Verbreitung finden, die insbesondere bei Frontend-dominierten Anwendungsentwicklungen zum Einsatz kommen werden (vgl. [16, S. 99]).

Eine dynamische IT-Strategie bewegt sich in einer IT-Welt mit mehreren Geschwindigkeiten: Kundenorientierte Konzepte erfordern schnelle, iterative Entwicklung von Prototypen und Projekten bei gleichzeitiger Unterstützung und Aufrechterhaltung des Meter-to-Cash-Prozesses. Multispeed-Architekturen entkoppeln kritische Kernsysteme von unterstützenden Geschäftsanwendungen. Das heißt, dass auf der einen Seite für das Kernsystem langfristige und für digitale und vernetzte Geschäftsmodelle dynamische und kurzfristige Strategien von Bedeutung sein werden.

29.4 Fazit

Eine Vernetzung der Energieversorger mit den Marktakteuren wird, wie in Abschnitt 29.2 beschrieben, nur durch eine IT-Systemlandschaft, die technische Voraussetzungen dafür bereitstellt, realisiert werden können. Dies scheint zukünftig aufgrund der geringen Kosten, des hohen Maßes an Standardisierung, der verbrauchsabhängigen Preismodelle, der technischen Skalierbarkeit, der verbesserten IT-Sicherheit und Verfügbarkeit sowie der verbesserten Reaktionsfähigkeit nur mit Cloud-Lösungen möglich zu sein (vgl. [17, S. 35f.]). IT-Organisationen stehen daher vor der Herausforderung, sich von einem Systemverwalter zu einem Partner der Fachbereiche zu wandeln: Als solche verwalten sie nicht nur die IT, sondern halten auch nach neuen technischen Möglichkeiten Ausschau und gehen Innovationspartnerschaften ein. Hierfür ist ein Kulturwandel notwendig, der nicht nur durch langfristige Strategien geprägt ist wie in der Vergangenheit, sondern durch dynamische IT-Strategien, die auf sich schnell verändernde Markterfordernisse mit agilen Methoden reagieren und inkrementelle, das heißt, anpassungsfähige, Teillösungen durch eine Fail-Fast[2]-Fehlerkultur erarbeitet. Dies scheint in einer hybriden IT-Organisation möglich zu sein, da dieser Transformationsprozess parallel sowohl in der alten On-Premise-Lösung, das heißt, durch ein im Hause des Energieversorgers betriebenes Softwaresystem, als auch in der neuen Public-Cloud-Welt, also durch eine im Eigentum eines IT-Dienstleisters befindliche und von diesem betriebene Cloud-Umgebung (vgl. [17, S. 13]) vollzogen wird. Die IT-Organisation muss sich dementsprechend neu orientieren, sodass sie sowohl die Position des Übersetzers der alten in die neue Welt wahrnimmt als auch Innovationstreiber in der neuen Welt ist. Langfristig wird es auf die Reaktionsfähigkeit der IT auf digitalisierte Markterfordernisse ankommen, die sich durch Beobachtung und Erarbeitung von Innovationen (Innovate), die Kreierung von anwenderfreundlichen Lösungen (Design) sowie die Transformation in die IT-Landschaft (Transform), die durch ein digitalisiertes und vernetztes Energieökosystem angefordert werden, auszeichnen muss.

2 Bezeichnet die Eigenschaft eines Systems, Fehler frühzeitig zu erkennen.

Literaturverzeichnis

[1] Digitalisierung in der Energiewirtschaft (2015). Abgerufen am 12. März 2022 von trendresearch: https://www.trendresearch.de/studien/18-0621.pdf.

[2] BDEW (2021). Digital@EVU2021 – Wie ist der Stand der digitalen Transformation in der Energiewirtschaft? Berlin: BDEW Bundesverband der Energie- und Wasserwirtschaft e. V. Abgerufen am 11. Februar 2022 von https://www.bdew.de/media/documents/DigitalEVU_2021_-_Stand_der_digitalen_Transformation_in_der_Energiewirtschaft_vF.pdf.

[3] BDEW (2016). Die digitale Energiewirtschaft. Abgerufen am 15. Februar 2022 von BDEW: https://www.bdew.de/media/documents/BDEW_Digitale-Energiewirtschaft_Online.pdf.

[4] Stefan Breit, V. R. (2018). Die neue Energiewelt. Rüschlikon/Zürich: GDI Gottlieb Duttweiler Institute.

[5] Corusa, A. (2021). Technische Universität Berlin. (T. U. Energietechnik, Herausgeber) Abgerufen am 20. März 2022 von https://do.tu-berlin.de/bitstream/11303/13050/9/digitalisierung_energiewirtschaft.pdf.

[6] Matthias, B. und Philipp, R. (2021). Dena. (D. E.-A. GmbH, Herausgeber) Abgerufen am 2022. März 2022 von https://www.dena.de/fileadmin/dena/Publikationen/PDFs/2021/dena_BR_Future_Energy_Lab_Gutachten_Digitale_Marktkommunikation_WEB.pdf.

[7] Carsten, E. (2020). Energiewirtschaft Einfach. Abgerufen am 21. März 2022 von https://en-einf.de/2020/09/01/aufbau-der-energiewirtschaft/.

[8] EUPD Research (2021). Abgerufen am 21. März 2022 von https://www.eupd-research.com/89-prozent-des-solarpotenzials-noch-ungenutzt/.

[9] ADAC (2022). Abgerufen am 22. März 2022 von Elektroauto-Bilanz 2021. Tesla auf Überholspur: https://www.adac.de/rund-ums-fahrzeug/elektromobilitaet/info/elektroauto-bilanz/.

[10] Statista (2021). Abgerufen am 20. März 2022 von. https://de.statista.com/outlook/dmo/smart-home/deutschland#umsatz.

[11] Günter, L. (2021). Prozesse verbessern und bewerten mit Reifegraden. Abgerufen am 20. März 2022 von business-wissen: https://www.business-wissen.de/artikel/reifegradmodell-prozesse-verbessern-und-bewerten-mit-reifegraden/.

[12] PwC (2020). Marktstudie ERP-Systeme in der Energiewirtschaft. PricewaterhouseCoopers GmbH. Abgerufen am 11. März 2022 von https://www.pwc.de/de/energiewirtschaft/marktstudie-erp-systeme-in-der-energiewirtschaft.pdf.

[13] Sting, T. (2020). it-daily.net. Abgerufen am 05. April 2022 von https://www.it-daily.net/it-management/cloud-computing/24296-dynamische-it-architekturen-bieten-raum-fuer-entwicklung.

[14] DSC GmbH. (2021). Abgerufen am 05. April 2022 von https://www.dsc-gmbh.com/produkt/maco-cloud/.

[15] Urbach, N. U. (2017). Kernkompetenzzentrum Finanz & Informationsmanagement. Abgerufen am 21. März 2022 von https://www.fim-rc.de/Paperbibliothek/Veroeffentlicht/677/wi-677.pdf.

[16] Urbach, N. A. (2016). IT-Management im Zeitalter der Digitalisierung. Auf dem zur IT-Organisation der Zukunft. Bayreuth: Springer.

[17] Münzl Gerald, P. M. (2015). Cloud Computing als neue Herausforderung für Management und IT. Berlin: Spinger Verlag.

Kurzvita

Dogan Günes ist Manager bei der WTS Digital GmbH in Frankfurt. Nach seinem Studium der Betriebswirtschaft hat er bei der E.ON IS GmbH als Inhouse Consultant begonnen. Anschließend wechselte er zum Beratungshaus BTC AG als Consultant, wo er mehrere Projekte im SAP IS-U-Umfeld begleiten durfte. Zuletzt war er bei den Technischen Werken Ludwigshafen AG als Inhouse Consultant tätig. In dieser Zeit absolvierte er zwei Weiterbildungsstudiengänge als Energiewirtschaftsmanager und als IT-Betriebswirt (IWW). Schwerpunkt seiner Tätigkeit waren vor allem das Forderungsmanagement und die Netznutzungsrechnungsabwicklung.

José González

30 Informationssicherheit und Digitalisierung bei Verteilnetzbetreibern

Herausforderungen, Anforderungen und Konzepte

Zusammenfassung: Die Energiewende und der damit verbundene Wandel zu einem flexiblen, vernetzten und dezentralen Energiesystem stellt Verteilnetzbetreiber vor immer neue Herausforderungen. Der Einsatz von Informations- und Kommunikationstechnologien spielt eine Schlüsselrolle für den wirtschaftlichen Betrieb. Mit zunehmender Digitalisierung können neben Chancen auch neue Risiken für den Netzbetrieb entstehen. Die Beachtung der Informationssicherheit ist zur Gewährleistung eines sicheren Netzbetriebs entscheidend. Hier haben sich Informationssicherheitsmanagementsysteme zum strukturierten und angemessenen Umgang mit Risiken bewährt. Der Beitrag zeigt Zielkonflikte im Spannungsfeld zwischen Digitalisierung und Informationssicherheit auf, vermittelt Grundprinzipien der Informationssicherheit und skizziert Lösungen für Verteilnetzbetreiber.

Schlagwörter: Informationssicherheit, IT-Sicherheit, Digitalisierung, Verteilnetzbetreiber

30.1 Verteilnetzbetreiber im Spannungsfeld zwischen Digitalisierung und Informationssicherheit

Verteilnetzbetreiber (VNB) als Betreiber von Stromnetzen sind als Unternehmen der Daseinsvorsorge zur Aufrechterhaltung der durchgehenden Versorgung mit Elektrizität verpflichtet. Kernaufgaben sind die Sicherstellung der Verteilung von Elektrizität, der Betrieb, die Wartung und der Ausbau des jeweiligen Verteilnetzes (vgl. [1, S. 12]). Zusätzlich zur technischen Betriebsführung müssen dazugehörige administrative und kaufmännischen Aktivitäten zur Bewirtschaftung der Betriebsmittel und Versorgung der Kunden wahrgenommen werden. Aufgrund ihrer Monopolstellung unterliegen VNB der Regulierung durch die Bundesnetzagentur (BNetzA). Sofern der Messstellenbetrieb nicht einem Dritten übergeben wurde, gehören der Einbau, die Wartung und der Betrieb von Messeinrichtungen ebenfalls zum Aufgabengebiet von VNB (vgl. [1, S. 16]). Als Teil der energiewirtschaftlichen Wertschöpfungskette bilden VNB

José González, Stromnetz Hamburg GmbH, Hamburg, Deutschland, e-mail: jose.gonzalez@stromnetz-hamburg.de

https://doi.org/10.1515/9783110753585-030

das Bindeglied zwischen der Übertragung und dem Verbrauch beim Endkunden. VNB verantworten die technische und wirtschaftliche Betriebsführung; dieses Zusammenspiel ist charakteristisch für VNB. In Abbildung 30.1 sind exemplarische Funktionen aus den Kernbereichen Verteil- und Messstellenbetrieb aufgeführt, differenziert nach technischen sowie kaufmännischen und administrativen Aufgaben. Nachfolgend werden die zwei charakteristischen Aufgabenbereiche beschrieben.

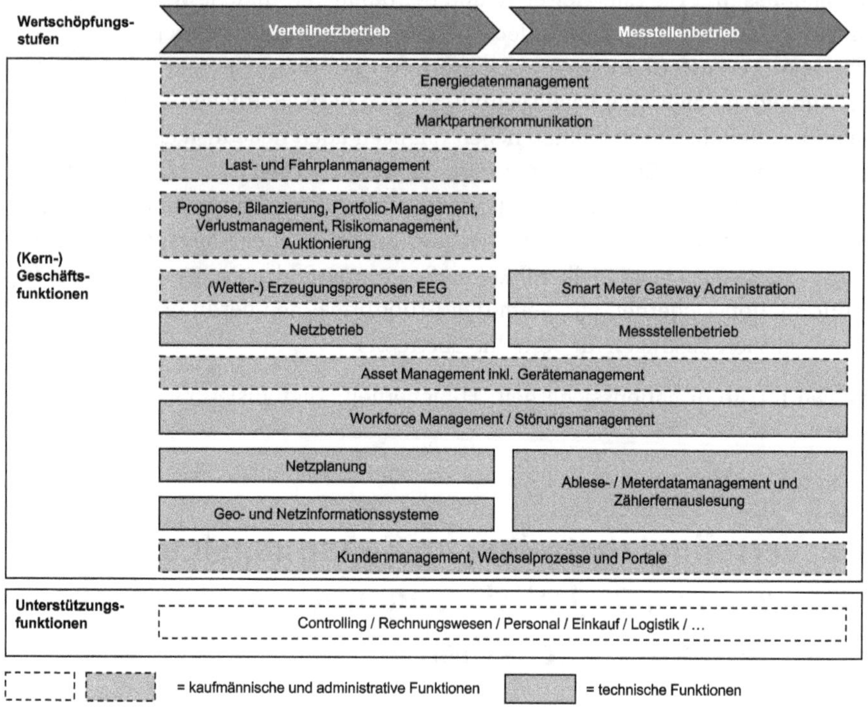

Abb. 30.1: Exemplarische Funktionen im Umfeld Verteilnetz- und Messstellenbetrieb (vgl. [3, S. 36ff.]).

Technische Geschäftsfunktionen

Verteilnetzbetreiber sind durch das Energiewirtschaftsgesetz (EnWG) zum eigenverantwortlichen Betrieb, der Instandhaltung sowie der bedarfsgerechten Optimierung und dem Ausbau des jeweiligen Netzes verpflichtet (vgl. [1, S. 34]). Bei den technischen Geschäftsfunktionen stehen damit die Betriebsmittel im Netz im Mittelpunkt. Im Verteilnetzbetrieb wird zwischen primärtechnischen und sekundärtechnischen Betriebsmitteln unterschieden.

Primärtechnische Betriebsmittel übernehmen die direkte Übertragung elektrischer Energie (vgl. [2, S. 25]). Beispiele hierfür sind Umspannwerke, Netzstationen, Transformatoren, Schaltgeräte und Leitungen (Kabel- und Freileitungen).

Sekundärtechnische Betriebsmittel dienen der Überwachung, Steuerung und Regelung der primärtechnischen Anlagen (vgl. [2, S. 25]). Beispiele hierfür sind Messtechnik, Stations-, Netzleit-, Fernwirk-, Schutz- und Regelungstechnik.

Primär- und Sekundärtechnik befinden sich dezentral verteilt im Netz und werden von Leitstellen aus gesteuert und überwacht. Dabei basiert die Sekundärtechnik zunehmend auf digitaler Informationstechnik, die bisherige elektromechanische Relais und eine vor-Ort-Steuerung ablöst (vgl. [2, S. 25]). Stationsleittechnik, beispielsweise in Umspannwerken, wird per Fernwirktechnik und Fernwirkprotokolle[1] an Netzleitsysteme (SCADA[2]-Systeme) in den Leitstellen angebunden.

Im Messstellenbetrieb kommen Betriebsmittel zur Erfassung und Übertragung von Messwerten zum Einsatz. Beispiele hierfür sind (elektronische) Zähler, Messwandler, Kommunikationsgeräte, wie Modems und Smart Meter Gateways, Steuerboxen[3] und Rundsteuertechnik.[4]

Durch das Gesetz zur Digitalisierung der Energiewende (vgl. [4]) hält der Einsatz von Informationstechnik für die Erfassung und Übertragung von Messwerten verstärkt Einzug. Historisch war die Übertragung von Messwerten Gewerbe- und Industriekunden vorbehalten. Zukünftig sollen Verbrauchswerte privater Haushalte nicht mehr jährlich mittels manueller Ablesung erfasst, sondern mindestens monatlich digital über Smart Meter Gateways übermittelt werden. Damit werden elektromechanische Zähler, typischerweise Ferraris-Zähler, durch digitale Zähler abgelöst.

Kaufmännische und administrative Geschäftsfunktionen

Zentral für die Abrechnung und Abwicklung der technischen Funktionen ist die Marktpartnerkommunikation[5] (MaKo). Die MaKo beschreibt standardisierte und automatisierte Marktprozesse und Datenformate sowie Verantwortlichkeiten (Rollen) für einen elektronischen Datenaustausch zwischen allen Marktteilnehmern in der Energiewirtschaft. Hierzu gehören unter anderem Prozesse zum Lieferantenwechsel, Bilanzkreisabrechnung und Wechselprozesse im Messwesen, die letztlich den diskriminie-

---

1 Typische Fernwirkprotokolle für die Prozesskommunikation sind hierbei IEC 60870-5-101/104 (bisher etabliert) und IEC 61850-8-1.

2 Supervisory Control and Data Acquisition (SCADA) Systeme steuern und überwachen technische Prozesse.

3 Im Forum Netztechnik/Netzbetrieb (FNN) im Verband der Elektrotechnik Elektronik Informationstechnik e. V. (VDE) werden Lastenhefte zum Aufbau und den Funktionen einer sogenannter FNN Steuerbox beschrieben. Steuerboxen sollen Schaltungen in Kundenanlagen für ein Erzeugungs- und Lastmanagement mittels kommunikativer Anbindung über ein Smart Meter Gateway ermöglichen. Als Erzeugungsanlagen kommen Blockheizkraftwerke und Photovoltaikanlagen und als Lasten Nachtspeicherheizungen und Elektroautos in Frage.

4 Kann ebenfalls dem Messstellenbetrieb zugeordnet werden. Rundsteuertechnik wird beispielsweise zur Steuerung von Nachtspeicherheizungen genutzt.

5 Auch Marktkommunikation genannt.

rungsfreien Netzzugang und damit die Teilnahme am Energiemarkt ermöglichen. Die Prozesse sind reguliert und unterliegen den Vorgaben der BNetzA. Ein wesentlicher Aspekt ist die Erfassung der Verbräuche über den Zeitverlauf. Auf dieser Basis erfolgt die Auslegung des Verteilnetzes, das Bilanzkreismanagement sowie die Berechnung der Netzentgelte. Daher ist ein umfassendes Energiedatenmanagement erforderlich.

Neben den oben aufgeführten branchenspezifischen Prozessen finden sich ebenfalls klassische, unterstützende Unternehmensprozesse wie Einkauf, Personalwessen und Logistik.

In allen Funktionsbereichen wird Informations- und Kommunikationstechnologie (IKT) bei der Unterstützung der Geschäftsfunktionen beziehungsweise der Geschäftsprozesse eingesetzt. VNB müssen einerseits mit verschiedenen Marktteilnehmern der Energiewirtschaft wie Endkunden, Lieferanten und Anlagenbetreibern Daten austauschen. Andererseits werden Daten wie Messwerte und Steuerbefehle für die Bewirtschaftung und die Betriebsführung der Betriebsmittel im Verteilnetz und Messstellenbetrieb erfasst und übermittelt.

IKT-Lösungen unterscheiden sich bei VNBs danach, ob technische oder kaufmännische, administrative Prozesse unterstützt werden. Daher gibt es bei VNB zwei Ausprägungen der IT, die Operational Technology (OT) und die klassische Unternehmens-IT (IT). Zur Schärfung der Unterschiede werden die Begriffe definiert:

- *IT* im konventionellen Sinne, hier als Unternehmens-IT verstanden, umfasst Hardware, Software, Kommunikationsgeräte und weitere Komponenten zur Eingabe, Speicherung, Verarbeitung, Übertragung und Ausgabe von Daten in beliebiger Weise (vgl. [5, S. 35]). Mittels IT werden kaufmännische und administrative Prozesse unterstützt.
- *OT*, auch Prozess-IT genannt, beinhaltet Hard- und Software zur direkten Überwachung, Parametrierung, Steuerung und Regelung von physischen/industriellen Geräten, Betriebsmitteln, Prozessen und Ereignissen (vgl. [6]). Der Einsatzbereich von OT konzentriert sich auf technische Funktionen auf Prozessebene.

Die oben beschriebenen Aufgaben von VNB zeigen die Vielfalt an Tätigkeiten, die von IKT abhängig sind. Daher gilt es, die in den OT- und IT-Umgebungen verarbeiteten Informationen in angemessener Weise gegen Bedrohungen wie Ausfälle, Störungen, Verlust oder unbefugte Manipulation zu schützen. Hier kommt die Informationssicherheit ins Spiel.

30.1.1 Informationssicherheit als zentrales Element

Informationssicherheit dient dem Schutz von Informationen (Daten) (vgl. [7]). Informationen kommen auf unterschiedlichsten Informationsträgern vor, wie Papier, Endgeräten oder in den Köpfen von Menschen (vgl. [7]). Hierbei spielt es keine Rolle, in welcher Form, elektronisch oder nicht-elektronisch, Informationen gespeichert oder verarbeitet werden. Dies umfasst sämtliche Arten von Informationen, wie personenbezogene, wirtschaftliche oder technische Daten.

Klassische Schutzziele der Informationssicherheit sind die Vertraulichkeit, Integrität und Verfügbarkeit. Im Kontext von VNB kommt noch das Schutzziel der Authentizität dazu:

- Unter *Vertraulichkeit* wird der Schutz von Informationen vor Einsichtnahme durch unbefugte Personen oder Komponenten verstanden (vgl. [7]).
- *Integrität* widmet sich dem Schutz vor unberechtigter Veränderung bzw. Manipulation (vgl. [7]). Im Vordergrund steht das Erkennen dieser Manipulationen an Informationen und Informationsträgern.
- *Verfügbarkeit* bedeutet, dass Informationen, IKT-Komponenten oder IT-Anwendungen stets wie vorgesehen genutzt werden können (vgl. [7]). Das Risiko von ungeplanten Ausfällen ist zu minimieren.
- *Authentizität* dient dazu, Personen und IT-Komponenten nachweisbar und eindeutig zu identifizieren (vgl. [7]). Ziel ist es, sicherzustellen, dass der Kommunikationspartner tatsächlich derjenige ist, der er zu sein vorgibt (vgl. [7]).

Die in Abschnitt 30.1 beschriebenen Geschäftsfunktionen basieren auf der Verarbeitung von Informationen wie Messwerte und Steuerbefehle. Ohne die Einhaltung der beschriebenen Schutzziele ist eine zuverlässige und korrekte Ausübung der Funktionen nicht gewährleistet. Informationssicherheit leistet damit einen zentralen Beitrag für einen sicheren Netz- und Messstellenbetrieb.

Informationen sind grundsätzlich abstrakt und physisch schlecht greifbar. Dafür können sie leicht übertragen und verändert werden. Sie sind an einen Informationsträger gebunden wie z. B. einen Wechseldatenträger, eine Festplatte oder eine Person. Informationsträger wiederum befinden sich in Geräten, Räumen und Gebäuden. Da sich Informationen als solche nur bedingt direkt schützen lassen (beispielsweise durch eine Verschlüsselung), beschäftigt sich die Informationssicherheit ebenfalls mit dem Schutz der Informationsträger und deren Umgebung.

In der Literatur und Praxis wird häufig von IT-Sicherheit oder neuerdings von Cybersicherheit gesprochen. Diese Begriffe beinhalten aber nur Teilaspekte zum Schutz von Informationen. IT-Sicherheit konzentriert sich auf den Schutz von Informationen in der elektronischen Verarbeitung. Cybersicherheit hat Angriffe aus dem Cyberraum (Internet) im Blick. In diesem Beitrag wird der umfassendere Begriff „Informationssicherheit" verwendet. Informationssicherheit beinhaltet sämtliche technischen und organisatorischen Maßnahmen zum Schutz von Informationen. Damit werden IT-Sicherheit (Fokus auf IKT), der Faktor Mensch, der Datenschutz[6] sowie weitere interne und externe Vorgaben mit Bezug zum Schutz von Informationen berücksichtigt.

6 Schutz der Verarbeitung personenbezogener Daten.

Mittels technischer und organisatorischer Maßnahmen (siehe Abschnitt 30.2.2) lässt sich ein Sicherheitsniveau erreichen. Ein erreichtes Sicherheitsniveau kann nur durch kontinuierliche Anpassungen und Verbesserungen aufrechterhalten werden. Umwelt, Randbedingungen, Anforderungen und nicht zuletzt der Stand der Technik[7] verändern sich stetig. In der Folge müssen die Maßnahmen im Sinne eines kontinuierlichen Verbesserungsprozesses angepasst werden, sonst sinkt das Sicherheitsniveau. Informationssicherheit ist daher als iterativer Prozess zu verstehen.

Aufgrund beschränkter Ressourcen und aus Gründen der Wirtschaftlichkeit ist ein risikoorientiertes Vorgehen bei der Umsetzung von Maßnahmen erforderlich. Informationen mit hohem Schutzbedarf und Wert sind stärker zu schützen als solche mit geringem Schutzbedarf beziehungsweise Wert. Daher gilt es, ein angemessenes – den Risiken entsprechendes –Informationssicherheitsniveau umzusetzen.

Informationssicherheitsmaßnahmen wirken am effizientesten bei strukturierter Anwendung und kontinuierlicher Verbesserung. Dies ist das Ziel eines Informationssicherheitsmanagementsystems (ISMS) nach der internationalen Norm ISO[8]/IEC[9] 27001 (vhl. [8]).[10] Ein ISMS strebt eine strukturierte und risikoorientierte Aufrechterhaltung und kontinuierliche Weiterentwicklung der Informationssicherheit, unter Berücksichtigung der individuellen Anforderungen und Ziele der jeweiligen Organisation an (vgl. [8, S. 5]). Es fordert die schriftliche Dokumentation von verbindlichen Regelungen und Prozessen, Festlegung von Rollen und Verantwortlichkeiten sowie die Bereitstellung von nötigen Ressourcen. Zentraler Bestandteil des ISMS ist, wie in anderen Managementsystemen, der kontinuierliche Verbesserungsprozess (KVP). Der KVP besteht aus vier Phasen: Plan (Festlegen), Do (Umsetzen und Durchführen), Check (Überwachen und Überprüfen) und Act (Instandhalten und Verbessern) und bezieht sich auf Informationssicherheitsmaßnahmen (vgl. [9, S. 27]).

30.1.2 Herausforderungen der Digitalisierung für Verteilnetzbetreiber

Unter Digitalisierung wird in diesem Beitrag der „Prozess der Durchdringung und Vernetzung des täglichen Lebens mit digitalen Technologien“ [10, S. 8] verstanden. Konkret auf die Energiewirtschaft bezogen, steht die Vernetzung von Anwendungen,

7 Der „Stand der Technik“ bezeichnet die am Markt verfügbare Bestleistung einer Informationssicherheitsmaßnahme zur Erreichung des Schutzziels (vgl. [36, S. 11]).

8 International Organization for Standardization (ISO).

9 International Electrotechnical Commission (IEC).

10 In Deutschland kommt neben der ISO/IEC 27001 Methodik für ein ISMS in Deutschland der BSI IT-Grundschutz zum Einsatz, der ebenfalls auf der Norm ISO/IEC 27001 aufsetzt. Aufgrund der geringen Verbreitung in der Energiewirtschaft wird auf eine weitere Darstellung verzichtet.

Geschäftsprozessen und Geräten unter Verwendung von neuen IKT, Sensoren und selbststeuernden Geräten im Vordergrund (vgl. [3, S. 3]). Dies bewirkt Veränderungen auf Seiten der OT und IT bei VNB und erfordert, immer wieder Digitalisierungsvorhaben und Informationssicherheitsanforderungen in Einklang zu bringen. Im Folgenden werden sich hieraus ergebende zentrale Herausforderungen für VNB skizziert (vgl. [3, S. 4 ff.]).

- *Energiewende:* Die fortschreitende Energiewende mit zunehmender dezentraler, volatiler Erzeugung aus Erneuerbaren Energien, der Integration der Elektromobilität und Smart Metering erfordert eine kommunikative Anbindung und Vernetzung aller Akteure. Dahinter steht der Gedanke, das Stromnetz in Richtung eines intelligenten und vernetzten Stromnetzes (engl. Smart Grid) sowie die Unternehmen der Energiewirtschaft, analog zu Industrie 4.0, in Richtung Utility 4.0 zu entwickeln. Dies erhöht den Bedarf zum Datenaustausch und zur Kommunikation zwischen Marktpartnern und Geräten. Geschäftsprozesse bei VNB sind damit zunehmend von einem funktionsfähigen und sicheren IKT-Betrieb abhängig.
- *Neue IKT:* Neue Technologien und Methoden treiben die Digitalisierung voran und ermöglichen neue Geschäftsmodelle und -prozesse. Der Einsatz neuer IKT in anderen Branchen erzeugt Handlungsdruck dergestalt, diese Technologien bei VNB einzusetzen. Der Einsatz von neuen IKT kann durch die Umsetzung von Schutzmaßnahmen das Informationssicherheitsniveau erhöhen. Andererseits kann die Angriffsfläche durch zusätzliche Datenübermittlungen erweitert werden. Beispielhaft können hier Cloud Computing, das Internet of Things (IoT) beziehungsweise Industrial IoT (IIoT) und Methoden der künstlichen Intelligenz (KI) genannt werden.
  - Cloud Computing bezeichnet die dynamisch (skalierbar) am Bedarf ausgerichtete Nutzung und Abrechnung von IT-Dienstleistungen über das Internet (vgl. [7]). Diese Dienstleistungen sind vielfältig und können Rechenleistungen, Speicherplatz und ganze Infrastrukturplattformen bis zu kompletten Anwendungen umfassen (vgl. [7]). Cloud-Anbieter werben unter anderem mit Flexibilität, Skalierbarkeit und Kosteneinsparungen. Bei der Einbindung von Dienstleistern und Nutzung von Diensten in der Cloud ist zu klären, welche Sicherheitsmaßnahmen von wem wahrgenommen werden. Die Letztverantwortung für die Datenverarbeitungsprozesse sowie die Beurteilung, ob Sicherheitsmaßnahmen ausreichend und angemessen sind, verbleiben beim nutzenden Unternehmen.
  - IoT bzw. IIoT bezeichnet intelligente Geräte beziehungsweise Gegenstände, die in der Regel drahtlos an Datennetze angeschlossen werden, zeitnah (bis zu Echtzeit) Daten bereitstellen und oftmals auf das Internet zugreifen beziehungsweise auf die über das Internet zugegriffen werden kann (vgl. [7]). Hier gibt es unterschiedliche Ausprägungen. IIoT steht für Geräte und Konzepte, die für den industriellen Einsatz gedacht sind. Ein in der Energiewirtschaft verbreitetes IoT-Netz stellt das Long Range Wide Area Network (LoRaWAN)

dar (siehe [11]). Bei LoRaWAN handelt es sich um ein Low Power Wide Area Network (LPWAN), das Daten verschiedener Sensoren und Aktoren über niederfrequente Funkwellen an ein Gateway (im Sinne einer Basisstation) übermittelt (vgl. [11, S. 26 f.]). Das Gateway leitet die Daten beispielsweise über das Internet an ein Netzwerkserver und schließlich an ein Backendsystem im Unternehmen oder in der Cloud weiter (vgl. [11, S. 27]). Beim Einsatz von IoT-Netzen und -Geräten ist der Schutz über die gesamte Kette der Komponenten zu beachten. Das umfasst beispielsweise die Gerätesicherheit, Datenübertragung, den sicheren Betrieb des IoT-Netzes und den Schutz der Daten auf den jeweiligen Empfangssystemen.

  - KI beinhaltet verschiedenste Methoden, Technologien und Verfahren der künstlichen Intelligenz mit dem Ziel, intelligentes Verhalten abzubilden (vgl. [12]). Mögliche Einsatzszenarien sind die Automatisierung von Prozessen im Netz und die Erkennung von Angriffen in der OT- und IT-Infrastruktur.

- *Konvergenz von OT und IT:* Der zunehmende Einsatz von konventionellen IKT-Komponenten und Protokollen aus der Unternehmens-IT in OT-Umgebungen, beispielsweise Windows-Systeme oder TCP/IP und Ethernet-Protokolle, führt zu einer Konvergenz von OT und IT. OT-Umgebungen werden oftmals isoliert von der Unternehmens-IT betrieben. Mit dem Einsatz von IKT aus der klassischen IT erhalten typische IT-Schwachstellen Einzug in die OT-Welt. Bisher bewährte Sicherheitsmaßnahmen müssen auf ihre Wirksamkeit überprüft und bei Bedarf angepasst werden.

  Regulatorische und gesetzliche Vorgaben: Die zuständigen Behörden und der Gesetzgeber verschärfen kontinuierlich die Vorgaben an Datensicherheit und Datenschutz beispielsweise über Artikelgesetze[11] wie das IT-Sicherheitsgesetz (siehe [13]). Eine wiederkehrende Forderung bei der Umsetzung von Informationssicherheitsmaßnahmen ist, den Stand der Technik anzuwenden. Da der Stand der Technik sich fortlaufend weiterentwickelt, ist eine regelmäßige Bewertung und Aktualisierung der Maßnahmen erforderlich. Anderseits fordern und fördern regulatorische Vorgaben den Einsatz von IKT und den Datenaustausch zwischen Marktpartnern.

- *Bedrohungen für die Informationssicherheit:* Die jährlichen Berichte des BSI zur Lage der IT-Sicherheit[12] zeigen eine kontinuierliche Steigerung von Cyberangriffen und Schwachstellen. Sowohl die Anzahl von Schadprogramm-Varianten als auch Meldungen zu Vorfällen und Schwachstellen steigen kontinuierlich. Eine zunehmende Vernetzung und Digitalisierung wird ohne angemessene Informationssicherheitsmaßnahmen die rasante Entwicklung von Cyber-Bedrohungen be-

---

11 Artikelgesetze ändern bestehende Gesetze.

12 Siehe https://www.bsi.bund.de/DE/Service-Navi/Publikationen/Lagebericht/lagebericht_node.html

günstigen (vgl. [14]). Dies führt ebenfalls zu einer steigenden Bedrohungslage für VNB.

Die aufgeführten Faktoren zeigen die wechselseitige Beeinflussung von Digitalisierung und Informationssicherheit. Daher gilt es, geeignete Maßnahmen zum Schutz der Informationssicherheit umzusetzen. Bei der Umsetzung von Maßnahmen müssen VNB verschiedene Anforderungen berücksichtigen. Diese werden im Weiteren beschrieben.

30.1.3 Anforderungen an Verteilnetzbetreiber

Bei der Umsetzung von Digitalisierungsvorhaben und Informationssicherheitsmaßnahmen unterliegen VNB gesetzlichen Regelungen und Vorgaben von Behörden. Zentrale Behörden in Deutschland sind hier die Bundesnetzagentur für Elektrizität, Gas, Telekomunikation, Post und Eisenbahnen (BNetzA[13]), als Regulierungsbehörde, sowie das Bundesamt für Sicherheit in der Informationstechnik (BSI[14]), das technische Richtlinien zur Informationssicherheit verfasst. Andererseits sind der historisch gewachsene Einsatz von IKT durch die Unternehmens-IT und OT mit ihren jeweiligen spezifischen Eigenschaften zu beachten.

30.1.3.1 Gesetzliche und regulatorische Vorgaben

Die Aufgabenbereiche zum Verteilnetz- und Messstellenbetrieb von VNB sind durch gesetzliche und regulatorische Vorgaben geprägt. (Mindest-)Anforderungen an die Informationssicherheit sind in Deutschland gesetzlich im Energiewirtschafts-(EnWG) und Messstellenbetriebsgesetz (MsbG) verankert. Tabelle 30.1 zeigt wesentliche Vorgaben mit Anforderungen zur Informationssicherheit für deutsche VNB auf.

Vorgaben und Richtlinien auf europäischer Ebene werden in deutschen Gesetzen und Verordnungen umgesetzt und detailliert. Für die Aufgabenbereiche Verteilnetz- und Messstellenbetrieb sind jeweils spezifische Anforderungen umzusetzen. Zentrale Dokumente sind der BNetzA IT-Sicherheitskatalog (vgl. [20]) für den sicheren Netzbetrieb und die BSI TR 03109-6 (vgl. [21]) für die Smart Meter Gateway Administration. Dort sind umzusetzende Mindestanforderungen mit Verweisen auf weitere Normen und Richtlinien spezifiziert. Für beide Bereiche ist ein zertifiziertes Informationssicherheitsmanagementsystem als Voraussetzung für die Ausübung der Geschäftsfunktionen im Sinne einer Betriebslizenz gefordert. Auf eine weitere Detaillierung der ju-

13 Siehe https://www.bundesnetzagentur.de/

14 Siehe https://www.bsi.bund.de/

Tab. 30.1: Übersicht über zentrale zu berücksichtigende Vorgaben für VNB.

Quelle & Titel	Beschreibung & Anforderungen
EU-Richtlinien sowie deutsche Gesetze und Verordnungen	
EU: Richtlinie zur Gewährleistung einer hohen Netzwerk- und Informationssicherheit (NIS Richtlinie) (vgl. [15])	Fordert die europaweite Umsetzung von Mindeststandards zur Informationssicherheit. In Deutschland durch das IT-Sicherheitsgesetz in nationales Recht umgesetzt
EU: Network Code on Cybersecurity (im Entwurf) (vgl. [16])	Berücksichtigt Cybersicherheit bei grenzübergreifenden Energieflüssen. Hierdurch soll europaweit ein einheitliches Mindestsicherheitsniveau bei an grenzübergreifenden Energieflüssen beteiligten kritischen Akteuren erreicht werden
Gesetz zur Digitalisierung der Energiewende (vgl. [4])	Artikelgesetz, das die Grundlage der Digitalisierung der Energiewende darstellt und u. a. EnWG und MsbG ändert
Zweites Gesetz zur Erhöhung der Sicherheit informationstechnischer Systeme (IT-Sicherheitsgesetz 2.0) (vgl. [13])	Artikelgesetz, das unter anderem EnWG und BSI-G ändert und Anforderungen an die Informationssicherheit bei Unternehmen der kritischen Infrastruktur stellt
Gesetz über die Elektrizitäts- und Gasversorgung (Energiewirtschaftsgesetz – EnWG) (vgl. [1])	Legt die grundsätzlichen Aufgaben und Pflichten von u. a. Verteilnetzbetreibern und Messstellenbetreiber fest. Im EnWG §11 Abs. 1a ist die Umsetzung der Anforderungen des IT-Sicherheitskataloges der Bundesnetzagentur für den sicheren Netzbetrieb gesetzlich verankert
Gesetz über den Messstellenbetrieb und die Datenkommunikation in intelligenten Energienetzen (Messstellenbetriebsgesetz – MsbG) (vgl. [17])	Beschreibt grundsätzliche Aufgaben und Pflichten von Messstellenbetreibern und im speziellen die Anforderungen an die Smart Meter Gateway Administration. Fordert ein nach ISO/IEC 27001 zertifiziertes Informationssicherheitsmanagementsystem
Verordnung zur Bestimmung Kritischer Infrastrukturen nach dem BSI-Gesetz (BSI-Kritisverordnung – BSI-KritisV) (vgl. [18])	Bestimmt Schwellwerte zur Bestimmung von Unternehmen der kritischen Infrastruktur (KRITIS). Für KRITIS Unternehmen sind im BSI-Gesetz verschärfte Vorgaben enthalten
Gesetz über das Bundesamt für Sicherheit in der Informationstechnik (BSI-Gesetz – BSIG) (vgl. [19])	Gesetz über das Bundesamt für Sicherheit in der Informationstechnik (BSIG). Hier sind bspw. Meldepflichten für erhebliche Störungen und mögliche Beeinträchtigungen kritischer Dienste geregelt
Behörden	
BNetzA IT-Sicherheitskatalog nach EnWG §11 Abs. 1a (vgl. [20])	Beschreibt Anforderungen der Informationssicherheit an den sicheren Netzbetrieb und fordert ein nach ISO/IEC 27001 zertifiziertes Informationssicherheitsmanagementsystem

Tab. 30.1 (Fortsetzung)

Quelle & Titel	Beschreibung & Anforderungen
BSI Technische Richtlinien (TR) und Vorgaben zur Smart Meter Gateway Administration	Hier sind vor allem die BSI TR 03109-6 „Smart Meter Gateway Administration" [21] und die „Certificate Policy der Smart Metering PKI[15]" (vgl. [22]) (SM-PKI) zu nennen. Hier sind verbindlich umzusetzende Mindestanforderungen an die Informationssicherheit eines Smart Meter Gateway Administrators sowie Vorgaben für die Teilnahme an der SM-PKI spezifiziert

[15]Public Key Infrastructure (PKI) bezeichnet ein Konzept aus der Informatik zur Ausstellung und Verteilung digitaler Zertifikate zur Sicherstellung von Vertraulichkeit, Authentizität und Integrität in der Kommunikation. Im Kontext der Smart Meter Gateway Administration wird eine verschlüsselte, authentifizierte und integritätsgeschützte Kommunikation für die Teilnehmer und Endgeräte der SM-PKI realisiert.

ristischen Vorgaben wird hier verzichtet, siehe hierzu den Beitrag „Fokus Energieversorgung aus juristischer Sicht".

30.1.3.2 Charakteristika von Unternehmens-IT und Operational Technology

Bei dem Einsatz von IKT und für einen wirksamen und angemessenen Schutz von Informationen sind die spezifischen Eigenschaften von OT und IT sowie ihrer Einsatzumgebungen zwingend zu berücksichtigen. In Tabelle 30.2 sind hierzu wesentliche Unterschiede aufgeführt. Die Unterschiede zwischen OT und IT ergeben sich aus den verschiedenen Einsatzwecken und -umgebungen, siehe Kapitel 30.1. Komponenten und Systeme der IT werden in Büroräumen und klimatisierten Rechenzentren mit performanten Systemressourcen und Kommunikationsverbindungen betrieben. Endgeräte in der IT haben einen permanenten Zugriff zum Internet und werden zeitnah mit Sicherheitsupdates versorgt. OT Komponenten und Systeme sind hingegen für den konkreten industriellen Einsatz mit limitierten Ressourcen- und Kommunikationsverbindungen ausgelegt. Analog zu den dazugehörigen Betriebsmitteln sind Änderungen deutlich schwerer umzusetzen.

OT-Systeme befinden sich oftmals in zutrittsgeschützten Sicherheitsbereichen in Umspannwerken, Netzstationen und Netzleitstellen. In der Regel werden sie über eigene Kommunikationsnetze betrieben, isoliert von der klassischen IT und üblicherweise getrennt vom Internet. Aufgrund der räumlichen Verteilung von OT-Komponenten in den Betriebsmitteln im Netz sind eine lange Lebensdauer und Verfügbarkeit beziehungsweise Stabilität entscheidend. OT-Endgeräte sind in der Regel vom Internet abgeschirmt und werden im Vergleich zu IT-Endgeräten nur selten aktualisiert. In Bezug auf die Schutzziele sind die hohen Anforderungen an die Verfügbarkeit und Integrität im OT-Umfeld bei VNB herauszustellen, da diese sich unmittelbar auf die Elektrizitätsversorgung auswirken können.

Tab. 30.2: Vergleich charakteristischer Eigenschaften von OT und IT (vgl. [23, S. 17 f.], [24, S. 4], und [25, S. 26 f.].

Eigenschaften	Unternehmens-IT (IT)	Operational Technologie (OT)
Kritische Daten	Geschäftsdaten, personenbezogene Daten	Steuersignale und Messwerte auf Feldebene
Beurteilung von Risiken	Vertraulichkeit und Integrität sowie der Verlust von Daten stehen im Vordergrund; wesentliche Risiken betreffen die nachhaltige Störung von Geschäftsprozessen	Schutz von Menschen, Betriebsmitteln und Umwelt sowie die Verfügbarkeit und Integrität stehen im Vordergrund; wesentliche Risiken betreffen den unzureichenden Schutz von Menschen und die Zerstörung von Betriebsmitteln; Auswirkungen auf die Umwelt sind möglich
Physische Sicherheit (insbesondere Perimeterschutz)	mittel (Endgeräte in Büros) bis stark (kritische IT-Systeme in Rechenzentren)	In der Regel stark ausgeprägt für kritische Bereiche; variable Reife basierend auf Kritikalität
Anforderungen an die Verfügbarkeit	In der Regel beschränkt auf die Bürozeiten	Sehr hoch (24/7, 365 Tage im Jahr); Echtzeit Anforderungen
	Neustarts produktiver Systeme sind nicht ungewöhnlich; kurzfristige Wartungsvorgänge (z. B. Patches) und Wartungsausfälle verursachen nur geringe Kosten	Neustarts im produktiven Umfeld sind nicht akzeptabel; Wartungszyklen müssen im Vorfeld gut geplant werden; Wartungsausfälle verursachen hohe Kosten
Anforderungen an die Integrität	Niedrig-mittel (kontextuell kritisch)	Sehr hoch (Steuerbefehle)
Anforderungen an die Vertraulichkeit	Finanzdaten und personenbezogene Daten hoch	Mittel, hoch bei sensiblen Informationen über den Netzzustand, die Netzstruktur und kritische Betriebsmittel
Lebensdauer von IKT-Komponenten	2–5 Jahre; heterogene Anbieterstruktur; Veränderungen bzw. Erweiterungen sind der Regelfall	~ 10-25 Jahre; gleicher Anbieter über die Lebensdauer; Produkt-End-of-Support schafft Schwachstellen
Systemressourcen	Systeme verfügen über freie Ressourcen; (nachträgliche) Installation von IT-Security-Tools möglich	Installation von fremden Softwarekomponenten auf den Systemen nicht oder erst nach Freigabe vorgesehen, z. B. Virenschutzprogramme
Änderungs- & Patchmanagement	Regelmäßig und geplant	Strategische Planung nötig; nicht trivial da Auswirkungen auf den Betrieb geprüft werden müssen
Schutz vor Schadprogrammen	Weit verbreitet; leicht zu implementieren und zu aktualisieren	Ressourcen sind bei OT-Komponenten oft limitiert; Unterschiedlich ausgeprägt, schwerer zu aktualisieren
Sichere Systementwicklung bzw. Security by Design	Neue Lösungen berücksichtigen IT-Sicherheit als integralen Bestandteil der Systementwicklung	Historisch kein integraler Bestandteil des Entwicklungsprozesses; Anbieter entwickeln sich langsamer als im IT-Umfeld; nachträgliche Nachrüstung schwierig

30.2 Informationssicherheit als Erfolgsfaktor der Digitalisierung

Die mit der Digitalisierung angestrebten Effizienzgewinne und Mehrwerte können langfristig nur durch angemessene Informationssicherheitsmaßnahmen erreicht werden. Die zunehmende Vernetzung und der Einsatz von IKT-Technologien bei VNB machen die Geschäftsprozesse von deren Funktionsfähigkeit abhängig. In den folgenden Abschnitten werden zentrale Prinzipien und Zusammenhänge der Informationssicherheit erläutert (Abschnitt 30.2.1) und Lösungskonzepte zum Umgang mit den spezifischen Herausforderungen bei VNB (Abschnitt 30.2.2) skizziert.

30.2.1 Grundlagen der Informationssicherheit

Informationssicherheit dient dem Schutz von Informationen vor Bedrohungen. Diese Bedrohungen können zu Beeinträchtigungen oder zu einem kompletten Ausfall von Geschäftsprozessen führen und damit Schäden verursachen. In Abschnitt 30.2.1.1 werden potenzielle Bedrohungen für VNB aufgezeigt und in Abschnitt 30.2.1.2 werden die Prinzipien zum Schutz der Informationssicherheit vorgestellt. Abschließend geht Abschnitt 30.2.1.3 auf den Umgang mit Informationssicherheitsrisiken ein.

30.2.1.1 Bedrohungen für die Informationssicherheit

Informationen können durch verschiedenste Ereignisse und Faktoren gefährdet werden. Hierbei sind direkte und indirekte Bedrohungen auf Datenverarbeitungsprozesse, Informationen und deren Informationsträger zu berücksichtigen. In Tabelle 30.3 ist eine umfassende Übersicht abstrakter Bedrohungen nach der ISO/IEC Norm 27005 (vgl. [26]) dargestellt.

Die generischen, branchenneutralen Bedrohungen des ISO/IEC 27005 können prinzipiell auf VNB zutreffen, wobei nicht jede Bedrohung zwangsläufig für jeden VNB relevant ist. Bedrohungen durch Flut oder Vulkanausbrüche sind an geografische Voraussetzungen gebunden. Die aufgeführten Bedrohungen zeigen die Vielfältigkeit an Faktoren, die zu einer Beeinträchtigung oder Ausfall von Informationen beziehungsweise Informationsträgern führen können.

Aufgrund der Unterstützung von technischen Prozessen bei VNB durch OT sind OT-spezifische Bedrohungen ebenfalls zu betrachten. Das BSI veröffentlicht regelmäßig Analysen zu den häufigsten OT-Bedrohungen (siehe [27]). Als besonders relevante Bedrohungen werden das Einschleusen von Schadsoftware über die Eingangskanäle Wechseldatenträger, externe Hardware, Internet und Intranet sowie menschliches Fehlverhalten und Sabotage genannt (vgl. [27, S. 2]).

Tab. 30.3: Allgemeine Bedrohungen der Informationssicherheit (vgl. [26, S. 42f]).

Physische Schäden				
Feuer	Wasserschäden	Umwelt-verschmutzung	Größere Schäden	Zerstörung von Equipment oder Medien
	Staub, Korrosion, Kälteschäden			
Naturereignisse				
Klimaphänomene	Erdbeben	Vulkanausbruch	Flut	
Meteorologische Phänomene				
Verlust wesentlicher Dienste				
Fehler raumlufttechnische (RLT)-Anlagen oder Wasserversorgung		fehlende Stromversorgung	Ausfall Telekommunikation	
Störungen aufgrund von Strahlungen				
Elektromagnetische Strahlung		thermische Wärmestrahlung		elektromagnetische Impulse
Kompromittierung von Informationen				
Abfangen von Interferenzsignalen	Remote spying	Abhören/Lauschen	Diebstahl von Medien oder Dokumenten	Diebstahl von IT-Equipment
Unsachgemäßer Umgang mit entsorgten Medien	Enthüllung (ggf. Whistleblowing)	Daten von nicht vertrauenswürdiger Quelle	Datenmanipulation durch Hardware	Datenmanipulation durch Software
	Positionsverfolgung			
Technische Fehlfunktionen				
Hardwareausfall	Hardwarefehlfunktion	Denial-of-Service Attacke/Überlastung	Softwarefehlfunktion	Beeinträchtigung der Wartbarkeit
Unautorisierte Aktivitäten				
Nichtautorisierte Nutzung von Hardware	Unsachgemäßer Umgang mit Softwarelizenzen	Benutzung von nicht lizenzierter Software	Verfälschung von Daten	Illegale Weiterverarbeitung von Daten
Kompromittierung von Funktionen				
Fehlfunktion/Betriebsfehler	Missbrauch von Rechten	Rechte erschleichen	Abstreiten von Handlungen	Verlust der personellen Verfügbarkeit

30.2.1.2 Prinzipien zum Schutz von Informationen

Informationssicherheitsmaßnahmen basieren oftmals auf grundlegenden Prinzipien beziehungsweise lassen sich durch diese in ihrer Wirksamkeit verstärken. Hierbei ist zu betonen, dass es eine Sicherheit zu 100 % nicht gibt. Mit den getroffenen Maßnahmen wird versucht, den Eintritt eines Schadens und/oder das Schadensausmaß zu reduzieren. Im Folgenden werden bewährte Prinzipien zum Schutz von Informationen vorgestellt:

- *Need-to-know-Prinzip und Least-Privileges*: Die Weitergabe von Informationen und Rechten an Personen und Systeme werden auf das nötige Mindestmaß zur Aufgabenerfüllung begrenzt (vgl. [28, S. 10]). Bei der Kompromittierung eines (Benutzer-)Accounts oder einer Person wird das Risiko eines Schadens durch limitierte Rechte und Kenntnis von Informationen eingeschränkt.
- *Security-by-Design*: Fordert die native Berücksichtigung von Informationssicherheit beim Entwicklungsprozess von Systemen und Einzelkomponenten (vgl. [28, S. 10]). Damit entfällt eine nachträglich oftmals nur schwer umsetzbare und unvollständige Implementierung von Sicherheitsfunktionen. Daher ist bereits bei der Beschaffung von Software und Geräte auf die Berücksichtigung von Informationssicherheitsanforderungen zu achten.
- *Redundanzprinzip*: Das Redundanzprinzip berücksichtigt bei der Konzeption und Auslegung von Systemen und Komponenten Redundanzen zum Schutz der Verfügbarkeit (vgl. [28, S.10]). Statt eines einzelnen Rechenzentrums wird ein zusätzliches Ersatzrechenzentrum vorgesehen, das bei Ausfall bereitsteht.
- *Gestaffelte Sicherheit beziehungsweise Defense-in-Depth*: Bezeichnet die Umsetzung mehrerer sich ergänzender Abwehrmaßnahmen. Einzelmaßnahmen werden dabei auf mehreren Ebenen gestaffelt hintereinander beziehungsweise parallel im Sinne einer Kette von Hindernissen aufgebaut (vgl. [29, S. 16]) Dadurch bleiben trotz Überwindung einer oder mehrerer Maßnahmen die Informationen weiterhin geschützt.

In Abbildung 30.2 ist das Prinzip der gestaffelten Sicherheit beispielhaft für den Zutritts-, Zugangs- und Zugriffsschutz dargestellt. Über einen Zutrittsschutz, ein Türschloss, soll das Betreten eines Raumes verhindert werden. Im Raum befindet sich ein Rechner mit einem Betriebssystem, das über einen Zugangsschutz verfügt, beispielsweise eine Anmeldung nur mit Benutzername und Passwort. Auf Dateisystemebene ist der Zugriff nur bei entsprechender Berechtigung (Zugriffskontrolle) möglich. Das Prinzip folgt damit dem Ansatz bei der Verteidigung von Burganalagen im Mittelalter. Mehrere Abwehrmaßnahmen wirken zusammen, wie Burggraben, Zugbrücke und hohe Mauer, um ein Eindringen zu verhindern.

30.2.1.3 Management von Informationssicherheitsrisiken

Aufgrund der begrenzten Ressourcen stellt das Risikomanagement eine zentrale Methode zum angemessenen Umgang mit Informationssicherheitsrisiken dar. Hier gilt es, sich auf die vorhandenen Risiken zu konzentrieren und in Abhängigkeit vom Schadensausmaß zu priorisieren. In Abbildung 30.3 und der unten aufgeführten Risikoformel sind die Wirkungszusammenhänge zwischen den zentralen Faktoren im Zusammenhang mit Risiken dargestellt. Risiken (z. B. Verschlüsselung von Dateien durch

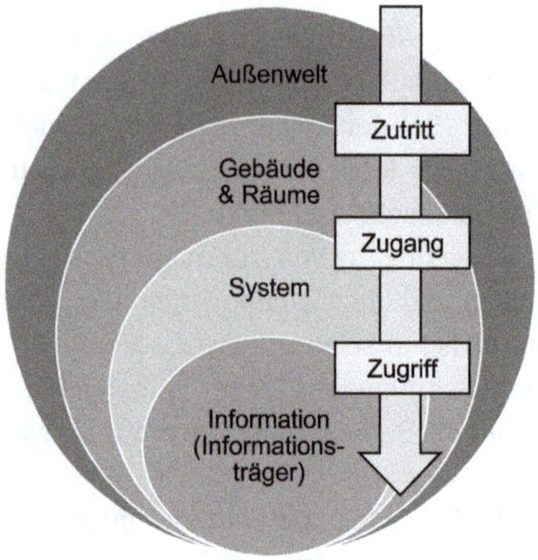

Abb. 30.2: Gestaffelte Verteidigung am Beispiel von Zutritts-, Zugangs- und Zugriffskontrolle (vgl. [29, S. 5]).

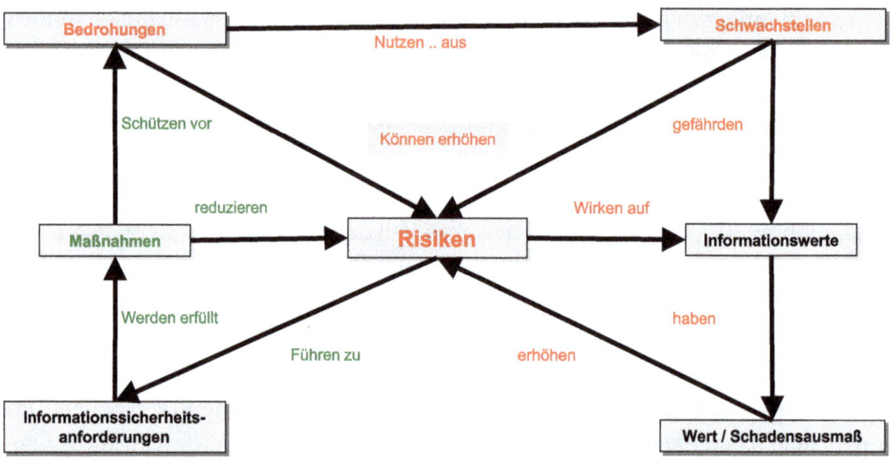

Abb. 30.3: Wirkungskette Informationssicherheitsrisiken (vgl. [30, S. 14]).

Schadsoftware) wirken immer dann auf Informationswerte beziehungsweise deren Informationsträgern (schützenswerte Dateien beziehungsweise das jeweilige Endgerät), wenn Bedrohungen (Hackerangriff) auf Schwachstellen (Endgerät ohne Virenschutz) treffen. Mit entsprechenden Maßnahmen (Installation von Antivirensoftware) kann den Bedrohungen und Schwachstellen entgegengewirkt und können Risiken minimiert werden.

Identifizierte Risiken bilden die Grundlage für Informationssicherheitsanforderungen (Einsatz von Antivirensoftware auf allen Endgeräten), die durch entsprechende Maßnahmen (Antivirensoftware) adressiert werden. Entscheidend bei der Risikobetrachtung und Umsetzung von Maßnahmen sollte immer der Wert beziehungsweise das Schadensausmaß des jeweiligen Informationswertes sein. Das aktuelle Risiko, unter Berücksichtigung der bereits etablierten Maßnahmen, lässt sich quantitativ aus dem Produkt von Eintrittswahrscheinlichkeit und der (z. B. monetären) Auswirkung eines möglichen Schadens berechnen. Bei der Ermittlung von Eintrittswahrscheinlichkeiten sind neben Bedrohungen und Schwachstellen auch die etablierten Maßnahmen als Inputvariablen zu beachten. Bereits umgesetzte Maßnahmen reduzieren die Eintrittswahrscheinlichkeit. Fehlt die Bedrohung oder Schwachstelle, ergibt sich keine Eintrittswahrscheinlichkeit. Ohne Eintrittswahrscheinlichkeit entfällt das Risiko.

$$\text{Risiko} = \text{Eintrittswahrscheinlichkeit} * \text{Auswirkung (Schadausmaß)}^{16}$$

Auf Basis von VNB-identifizierten schützenswerten Informationswerten für den sicheren Netz- und Messstellenbetrieb wie Betriebsmittel und diese unterstützende IKT können relevante Bedrohungen und Schwachstellen identifiziert und daraus Risiken sowie umzusetzende Maßnahmen abgeleitet werden.

30.2.2 Technische und Organisatorische Maßnahmen

Grundlegend für den Schutz von Informationen ist die Umsetzung konkreter Maßnahmen. Informationssicherheit kann nur unter Berücksichtigung der Wechselwirkungen zwischen Personen, Prozessen und Technik verstanden werden. Dies wird oftmals als die drei Säulen der Informationssicherheit bezeichnet (vgl. [29, S. 5 f.]). Daher sind technische und organisatorische Maßnahmen gleichermaßen zu berücksichtigen; siehe Tabelle 30.4.

Die Norm ISO/IEC 27001 (vgl. [8]) liefert in Anhang A einen umfangreichen, generischen Katalog von technischen und organisatorischen Maßnahmen, die in der Norm ISO/IEC 27002 (vgl. [31]) konkretisiert und in der ISO/IEC 27019 (vgl. [32]) um spezifische Maßnahmen für die Energiewirtschaft ergänzt werden. In Tabelle 30.4 sind diese anhand von vier Hauptkategorien gruppiert, die im Folgenden anhand ausgewählter Maßnahmen für VNB weiter betrachtet werden.

Organisatorische Maßnahmen

Trotz zunehmender Digitalisierung und Unterstützung durch IKT bleibt der Faktor Mensch wesentlich, da letztlich Mitarbeiter und Führungskräfte die Geschäftsfunktionen ausprägen, gestalten und ausführen. Einschränkungen im operativen Betrieb

---

16 Parameter der E intrittswahrscheinlichkeit sind die Bedrohung, Schwachstellen, etablierte Maßnahmen etc.

Tab. 30.4: Übersicht technischer und organisatorischer Maßnahmen auf Basis von Anhang A der ISO 27001 (vgl. [8, S. 17ff.].

Strukturierung und Maßnahmen[17]	**Beschreibung**
Organisatorischer Rahmen	
Informationssicherheitsrichtlinien (A.5)	Festlegung zentraler Regelungen zur Informationssicherheit
Organisation der Informationssicherheit (A.6)	Definition von Rollen und Verantwortlichkeiten und Regelung des Umgangs mit mobilen Endgeräten und Telearbeit
Personalsicherheit (A.7)	Vorgaben für Mitarbeiter im gesamten Beschäftigungslebenszyklus (vom Eintritt bis zum Austritt)
Verwaltung der Werte (A.8)	Inventarisierung, Zuordnung zu Verantwortlichen und Klassifizierung von Informationen und Informationsträgern
Compliance (A.18)	Identifikation von relevanten externen und internen Vorgaben
Technische Maßnahmen und Perimeterschutz	
Zugangssteuerung (A.9)	Verwaltung von Zugangsrechten auf verschiedenen Ebenen: Benutzer, Anwendungen, Systeme und Netzwerke
Kryptographie (A.10)	Festlegungen zum Gebrauch kryptographischer Maßnahmen und Schlüssel inklusive deren Verwaltung
Physische und umgebungsbezogene Sicherheit (A.11)	Spezifikation von Maßnahmen zum Perimeterschutz für Sicherheitsbereiche, Gebäude, Geräte und Betriebsmittel
Betriebssicherheit (A.12)	Vorgaben zum ganzheitlichen Betrieb von IKT-Systemen unter Berücksichtigung von unter anderem Änderungsmanagement, Entwicklung, Datensicherung, Schutz vor Schadsoftware, Schwachstellenmanagement und Prüfung von Systemen
Kommunikationssicherheit (A.13)	Absicherung der Kommunikation in Netzwerken und bei der Datenübermittlung
Beschaffung und Entwicklung	
Anschaffung, Entwicklung und Instandhaltung von Systemen (A.14)	Spezifikation von Anforderungen an den gesamten Lebenszyklus von IKT, von der Beschaffung, über Entwicklung, Tests, Wartung bis hin zur Ablösung
Lieferantenbeziehungen (A.15)	Maßnahmen zum Überwachen und Steuern von Dienstleistern und der gesamten IKT-Lieferkette
Vorfalls-, Notfall- und Krisenmanagement	
Handhabung von Informationssicherheitsvorfällen (A.16)	Definition von Prozessen und Abläufen zum Umgang mit Informationssicherheitsvorfällen
Informationssicherheitsaspekte des Business Continuity Management (A.17)	Regelungen zur Berücksichtigung der Informationssicherheit im Falle eines Notfalls beziehungsweise einer Krise sowie vorbeugende Maßnahmen. Vorsehen von Plänen und Übungen

[17] Referenz zum Anhang der ISO 27001 in Klammern.

durch Informationssicherheitsmaßnahmen müssen praktikabel bleiben. Bei der Verarbeitung von Informationen durch Personen ist eine entsprechende Sensibilisierung zum Schutzbedarf, den geltenden Regelungen und Informationssicherheitsanforderungen entscheidend. Dies kann idealerweise durch ein entsprechendes Schulungsprogramm und verständliche Regelwerke und Anweisungen erreicht werden.

Die Wahrnehmung von Aufgaben im Umfeld Verteilnetz- und Messstellenbetrieb erfordert den Einsatz von vertrauenswürdigem Personal. Hier bieten sich Sicherheitsüberprüfungen für Mitarbeiter in besonders kritischen Bereichen an.

Um zielgerichtet Risiken entwickeln und Maßnahmen ableiten zu können, ist die Erfassung und Inventarisierung der schützenswerten Informationswerte nötig. Informationswerte können aus dem BNetzA IT-Sicherheitskatalog und den technischen Richtlinien des BSI zur Smart Meter Gateway Administration abgeleitet werden.

In Bezug auf das Thema Compliance ist nicht nur auf die Einhaltung der regulatorischen und gesetzlichen Vorgaben zu achten (siehe Abschnitt 30.1.3.1), sondern interne und vertragliche Regelungen sind ebenfalls zu berücksichtigen.

Technische Maßnahmen und Perimeterschutz

Im Umfeld der technischen Maßnahmen stehen eine Vielzahl von Mechanismen zum Schutz von Informationen zur Sicherstellung der Vertraulichkeit, Integrität, Authentizität und Verfügbarkeit zur Verfügung. Für die ersten drei Schutzziele kommen kryptographische Algorithmen und Verfahren zum Einsatz. Hier ist besonders auf die Einhaltung des Stands der Technik zu achten. Das BSI veröffentlicht jährlich in der TR-Familie TR-02102[18] Empfehlungen zum Einsatz kryptographischer Verfahren und Schlüssellängen.

Zur Beherrschung komplexer Netzwerke hat sich die Netzsegmentierung mittels Zonen und Zonenübergängen als Maßnahme zur Trennung von Systemen und Komponenten unterschiedlicher Schutzbedarfe und Sicherheitsanforderungen bewährt (vgl. [23, S. 46 ff.]). In Abbildung 30.4 ist eine exemplarische Umsetzung eines Zonenmodells für VNB skizziert. Das Unternehmensnetz bei VNB wird dabei in sechs Zonen von der Extranet Zone 6 bis Zone 1 auf Feldebene unterteilt (vgl. [33, S. 43 f.]). Der zonenübergreifende Zugriff wird auf die benachbarte Zone beschränkt und darf nur über definierte und gehärtete Zonenübergänge erfolgen. Damit wird das Konzept der gestaffelten Sicherheit umgesetzt und die OT-Umgebung (Zonen 1 bis 3) von der IT-Umgebung (Zonen 4 bis 6) abgegrenzt. Die Trennung von OT und IT sowie die Isolierung der OT-Umgebung vom Internet haben sich in der Praxis bewährt und werden vom BSI empfohlen. Systeme in Zonen 1 bis 3 sollten dabei nicht direkt aus dem Internet steuerbar und erreichbar sein. Stattdessen sollten einzelne Systeme

18 Siehe www.bsi.bund.de/DE/Themen/Unternehmen-und-Organisationen/Standards-und-Zertifizierung/Technische-Richtlinien/TR-nach-Thema-sortiert/tr02102/tr02102_node.html

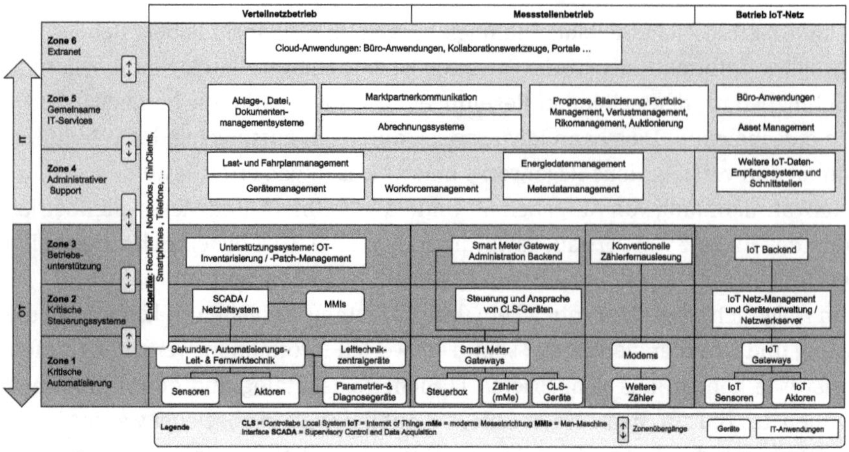

Abb. 30.4: Beispielhafte Umsetzung eines Zonenmodells für VNB unter Berücksichtigung des Betriebs eines eigenen IoT Netzes.

nur temporär für ausgewählte Zwecke beispielsweise zur Fernwartung von außen erreichbar sein. Dieser isolierte Betrieb hilft, die Angriffsfläche auf die OT-Umgebung drastisch zu reduzieren. Neben vertikalen Zonenübergängen sind auch horizontale Zonenübergänge denkbar. Zur Veranschaulichung sind aufgrund unterschiedlicher Sicherheitsanforderungen die drei Bereiche Verteilnetzbetrieb, Messstellenbetrieb und Betrieb eines IoT-Netzes sowie die konventionelle Zählerfernauslesung von der Messwerteerfassung über Smart Meter Gateways getrennt.

Durch die Konvergenz von OT und IT und den zunehmenden Bedarf zum Datenaustauch erhöht sich die Angriffsfläche im OT-Umfeld. Systeme zur Angriffserkennung, regelmäßige Schwachstellenanalysen und Penetrationstests können diesem entgegenwirken. Zusätzlich zu klassischen IT-Sicherheitsmaßnahmen ist der Perimeterschutz mit physischer und umgebungsbezogener Sicherheit bei VNB zu beachten. Für kritische Betriebsmittel und Leitwarten bieten sich Maßnahmen zum Schutz gegen den Zutritt Unbefugter, aber auch vor Sabotageaktivitäten an.

Beschaffung und Entwicklung von Systemen

Der Schutz von Informationen kennt keine Grenzen. Bei der Beschaffung von IKT bei Lieferanten, Herstellern und Dienstleistern sind Anforderungen zum Schutz von Informationen durch VNB weiterzugeben und deren Umsetzung zu kontrollieren. Durch die Spezifikation von Anforderungen an Lieferanten und der Abstimmung von (Security) Service Level Agreements können diese weitergegeben werden; Leitfäden zur Erstellung finden sich beispielsweise beim UP-KRITIS.[19] Idealerweise berücksichti-

19 Siehe www.bsi.bund.de/DE/Themen/KRITIS-und-regulierte-Unternehmen/Kritische-Infrastrukturen/UP-KRITIS/up-kritis_node.html

gen IKT-Produkte Sicherheitsanforderung bereits bei der Entwicklung (Security by Design). Hierauf ist gerade bei der Beschaffung von IoT Geräten zu achten. Auch beim Cloud Computing ist die Überprüfung der durch den Dienstleister umgesetzten Maßnahmen und die Integration in die eigene IKT-Infrastruktur entscheidend.

Vorfalls-, Notfall- und Krisenmanagement
Trotz aller Maßnahmen können Informationssicherheitsvorfälle bis hin zu Krisen nicht gänzlich verhindert werden. Die Planung und Vorbereitung auf entsprechende Ereignisse ist essenziell, damit im Fall der Fälle eine strukturierte Behandlung erfolgt. Kompetenzen und Experten für den Umgang mit OT- und IT-Vorfällen sind gleichermaßen vorzusehen. Historisch ist der Umgang mit Notfällen und Krisen bei VNB als Unternehmen der Daseinsvorsorge gut ausgeprägt. Dies kann in Bezug auf die Informationssicherheit genutzt werden. Anforderungen an die Informationssicherheit sind auch bei Notfällen und Krisen zu beachten und in bestehende Abläufe und Aufbauorganisationen zu integrieren. Zusätzlich sind präventive Maßnahmen wie regelmäßige Datensicherungen, Notfallübungen und Redundanzen und reaktive Maßnahmen wie die Einbindung von Vorfall-Experten und Forensikern vorzusehen.

30.3 Fazit und Ausblick

Die angemessene Umsetzung von technischen und organisatorischen Informationssicherheitsmaßnahmen ist ein zentraler Erfolgsfaktor für eine erfolgreiche Digitalisierung bei VNB. Durch den steigenden Durchdringungsgrad von IKT-Lösungen bei VNB müssen Digitalisierungsaktivitäten und Informationssicherheitsmaßnahmen ineinandergreifen, um dauerhaft einen sicheren Verteil- und Messstellenbetrieb gewährleisten zu können. Bisher bewährte Ansätze eines sicheren Betriebs durch die Bildung und Abschottung von Inselnetzen müssen aufgrund der zunehmenden Vernetzung und Konvergenz von OT und IT durch Systeme der Angriffserkennung ergänzt werden. Präventive und reaktive Mechanismen sind in geeigneter Weise zu betrachten. Informationssicherheitsanforderungen müssen als Voraussetzung für eine erfolgreiche Digitalisierung und nicht als Störfaktor beziehungsweise Hindernis verstanden werden. Dies bedarf nicht zuletzt transparenter Kommunikation und risikoorientierter Entscheidungsprozesse. Durch die Einbeziehung aller Beteiligten kann die nötige Akzeptanz geschaffen werden. Bei der kontinuierlichen Ausgestaltung der Maßnahmen ist ein gesunder Pragmatismus und die Abwägung zwischen konkurrierenden Zielen nötig. Hier gilt es, eine Balance zwischen den Aufwänden und Einschränkungen der Maßnahmen einerseits und einem den Risiken angemessenem Informationssicherheitsniveau andererseits zu finden.

In diesem Beitrag wurden grundlegende Prinzipien vorgestellt und ausgewählte Maßnahmen skizziert. In Tabelle 30.5 finden sich weitere Quellen zur Vertiefung.

Tab. 30.5: Weitere Quellen zur Ableitung von Informationssicherheitsmaßnahmen.

Quellen & Beschreibung
ISO/IEC 2700x Normenreihe: Die Normen der ISO/IEC 2700x Reihe enthalten zahlreiche Maßnahmen und Methoden zur Ausprägung eines ISMS. Siehe [8, 26, 31, 32]
BSI: Auf den Webseiten des BSI www.bsi.bund.de finden sich Maßnahmen und Methoden sowie konkrete Anforderungen zu kritischen Infrastrukturen und dem Themengebiet Smart Metering. Siehe BSI Standards,[20] das BSI IT-Grundschutz-Kompendium,[21] die Unterseiten des UP-KRITIS,[21] [7, 25, 27, 34]
Verbände und Vereinigungen: stellen Handbücher mit Empfehlungen und Erläuterungen zur Informationssicherheit insbesondere für Verteilnetzbetreiber und spezifischen OT-Anforderungen bereit. Siehe [23, 28, 33, 35]
Amerikanische Behörden: Auf den Webseiten des National Institute of Standards and Technology www.nist.gov & csrc.nist.gov, der Cybersecurity & Infrastructure Security Agency www.cisa.gov und der North American Electric Reliability Corporation www.nerc.com finden sich zahlreiche Beschreibungen zu Maßnahmen und Methoden zur Ausprägung eines ISMS sowie konkrete Anforderungen zu kritischen Infrastrukturen und u. a. den Themengebieten Smart Grid und OT
Webseite www.iso27001security.com: Webseite mit Erläuterungen und Beschreibungen zu den verschiedenen Normen der ISO/IEC 27000 Normenfamilie. Zusätzlich finden sich praktische Vorlagen für den Aufbau eines ISMS nach ISO/IEC 27001

[20] Siehe www.bsi.bund.de/DE/Themen/Unternehmen-und-Organisationen/Standards-und-Zertifizierung/IT-Grundschutz/BSI-Standards/bsi-standards_node.html
[21] Siehe https://www.bsi.bund.de/DE/Themen/Unternehmen-und-Organisationen/Standards-und-Zertifizierung/IT-Grundschutz/IT-Grundschutz-Kompendium/it-grundschutz-kompendium_node.html
[22] Siehe Fußnote 18.

Literaturverzeichnis

[1] Deutscher Bundestag (2005). Gesetz über die Elektrizitäts- und Gasversorgung (Energiewirtschaftsgesetz – EnWG).

[2] Thomas Hiller, M. B. W. C. (2014). Praxishandbuch Stromverteilungsnetze, 1. Auflage Hrsg. Würzburg: Vogel Buchverlag.

[3] Digitalisierung in der Energiewirtschaft: Bedeutung, Treiber und Handlungsempfehlungen für die IT-Architektur in Unternehmen (2015). [Online]. Available: https://www.bdew.de/media/documents/Awh_20150609_Digitalisierung_in_der_Energiewirtschaft.pdf. Zugriff am 08 02 2022.

[4] Deutscher Bundestag (2016). Gesetz zur Digitalisierung der Energiewende, Bonn.

[5] ISACA (2015). ISACA Glossary of Terms. [Online]. Available: https://www.isaca.org/glossary. Zugriff am 06 02 2022.

[6] Gartner. Gartner Glossary – Information TEchnology Glossary. [Online]. Available: https://www.gartner.com/en/information-technology/glossary/operational-technology-ot. Zugriff am 06 02 2022.

[7] (BSI) Bundesamt für Sicherheit in der Informationstechnik. Cyber-Glossar, BSI. [Online]. Available: https://www.bsi.bund.de/DE/Service-Navi/Cyber-Glossar/Functions/glossar.html?nn=520190&cms_lv2=132764. Zugriff am 06 02 2022.

[8] International Organization for Standardization (ISO), International Electrotechnical Commission (IEC) (2017). DIN EN ISO/IEC 27001: Informationstechnik – Sicherheitsverfahren – Informationssicherheitsmanagementsysteme – Anforderungen.
[9] Klipper, S. (2015). Information Security Risk Management: Risikomanagement mit ISO/IEC 27001, 27005 und 31010, Bd. 2. überarbeitete Auflage. Wiesbaden: Springer.
[10] Doleski, O. D. (2020). Energieversorgungsunternehmen neu denken: Utility 4.0. In Doleski, O. D. (Hrsg.) Realisierung Utility 4.0, Bd. 1, 3–60. Wiesbaden: Springer.
[11] Linnemann, M. und Sommer Alexander, L. R. (2019). Einsatzpotentiale von LoRaWAN in der Energiewirtschaft: Praxisbuch zu Technik, Anwendung und regulatorischen Rahmenbedingungen. Wiesbaden: Springer.
[12] Felden, C. (2022). Künstliche Intelligenz. In Enzyklopädie der Wirtschaftsinformatik. Berlin: N. e. a. Gronau, Hrsg.
[13] Deutscher Bundestag (2021). Zweites Gesetz zur Erhöhung der Sicherheit informationstechnischer Systeme.
[14] Bundesamt für Sicherheit in der Informationstechnik (BSI) (2022). Die Lage der IT-Sicherheit in Deutschland. [Online]. Available: https://www.bsi.bund.de/DE/Service-Navi/Publikationen/Lagebericht/lagebericht_node.html. Zugriff am 22 02 2022.
[15] Europäisches Parlament (EU) (2016). Europäischer Rat, Richtlinie 2016/1148 des europäischen Parlament und des Rates über Maßnahmen zur Gewährleistung eines hohen gemeinsamen Sicherheitsniveaus von Netz- und Informationssystemen in der Union, Brüssel.
[16] ENTSO-E, EU DSO entitiy (2021). Network Code for cybersecurity aspects of cross-border electricity flows, Brüssel.
[17] Deutscher Bundestag (2021). Gesetz über den Messstellenbetrieb und die Datenkommunikation in intelligenten Energienetzen (Messstellenbetriebsgesetz – MsbG).
[18] Deutscher Bundestag (2021). Verordnung zur Bestimmung Kritischer Infrastrukturen nach dem BSI-Gesetz (BSI-Kritisverordnung – BSI-KritisV), Berlin.
[19] Deutscher Bundestag (2021). Gesetz über das Bundesamt für Sicherheit in der Informationstechnik (BSI-Gesetz – BSIG).
[20] Bundesnetzagentur (BNetzA) (2015). IT-Sicherheitskatalog gemäß § 11 Absatz 1a Energiewirtschaftsgesetz. Bonn: BNetzA.
[21] Bundesamt für Sicherheit in der Informationstechnik (BSI) (2015). BSI-TR-03109-6: Smart-Meter-Gateway-Administration. [Online]. Available: https://www.bsi.bund.de/SharedDocs/Downloads/DE/BSI/Publikationen/TechnischeRichtlinien/TR03109/TR-03109-6-Smart_Meter_Gateway_Administration.pdf?__blob=publicationFile&v=3. Zugriff am 25 02 2022.
[22] Bundesamt für Sicherheit in der Informationstechnik (BSI) (2017). Certificate Policy der Smart. [Online]. Available: https://www.bsi.bund.de/SharedDocs/Downloads/DE/BSI/Publikationen/TechnischeRichtlinien/TR03109/PKI_Certificate_Policy.pdf?__blob=publicationFile. Zugriff am 25 02 2022.
[23] Verband Schweizerischer Elektrizitätsunternehmen (VSE) (2018). Handbuch Grundschutz für “Operational Technology” in der Stromversorgung. [Online]. Available: https://www.bwl.admin.ch/dam/bwl/de/dokumente/themen/ikt/branchenstandard_strom_vse.pdf.download.pdf/Grundschutz_OT_in_der_Stromversorgung.pdf. Zugriff am 02 02 2022.
[24] ISACA (2016). The Merging of Cybersecurity and Operational Technology. ISACA, Rolling Meadows USA.
[25] (BSI) Bundesamt für Sicherheit in der Informationstechnik (2013). ICS-Security-Kompendium. [Online]. Available: https://www.bsi.bund.de/SharedDocs/Downloads/DE/BSI/ICS/ICS-Security_kompendium_pdf.pdf;jsessionid=3F2887331C73FC0826162BF6F17EE96A.internet482?__blob=publicationFile&v=3. Zugriff am 06 02 2022.

[26] International Organization for Standardization (ISO) (2011). International Electrotechnical Commission (IEC). ISO/IEC 27005: Information technology – Security techniques – Information security risk management. ISO, Genf.
[27] Bundesamt für Sicherheit in der Informationstechnik (BSI) (2019). Empfehlung: IT in der Produktion – Industrial Control System Security. [Online]. Available: https://www.allianz-fuer-cybersicherheit.de/SharedDocs/Downloads/Webs/ACS/DE/BSI-CS/BSI-CS_005.html?nn=128730. Zugriff am 11 02 2022.
[28] Oesterreichs E-Wirtschaft (OE) (2018). BDEW Bundesverband der Energie- und Wasserwirtschaft e. V. (BDEW). Whitepaper Anforderungen an OE. Berlin, Wien: BDEW.
[29] Wegener, S., Milde, T. und Dolle, W. (2016). Informationssicherheits-Manamgement: Leitfaden für Praktiker und Begleitbuch zur CISM-Zertifizierung. Berlin: Springer.
[30] M. Kamat (2012). Security awareness seminar: An introduction to ISO27k. [Online]. Available: https://www.iso27001security.com/html/toolkit.html. Zugriff am 06 02 2022.
[31] International Organization for Standardization (ISO) (2017). International Electrotechnical Commission (IEC). DIN EN ISO/IEC 27002: Informationstechnik – Sicherheitsverfahren –Leitfaden für Informationssicherheitsmaßnahmen. Brüssel: ISO/IEC.
[32] International Organization for Standardization (ISO) (2020). International Electrotechnical Commission (IEC). DIN EN ISO/IEC 27019: Informationstechnik – Sicherheitsverfahren – Informationssicherheitsmaßnahmen für die Energieversorgung. Brüssel: ISO/IEC.
[33] Bundesverband Informationswirtschaft (2016). Telekommunikation und neue Medien e. V. (BITKOM), Verband kommunaler Unternehmen e. V. (VKU). Leitfaden IT-Sicherheitskatalog: Anforderungen an die Informationssicherheit für Betreiber von Strom- und Gasnetzen. Berlin: BITKOM/VKU.
[34] (BSI) Bundesamt für Sicherheit in der Informationstechnik (2021). BSI TR-02102-1: Kryptographische Verfahren: Empfehlungen und Schlussellängen. [Online]. Available: https://www.bsi.bund.de/SharedDocs/Downloads/DE/BSI/Publikationen/TechnischeRichtlinien/TR02102/BSI-TR-02102.pdf;jsessionid=8F635959B0B338090F877B2D9F365E71.internet481?__blob=publicationFile&v=2. Zugriff am 13 02 2022.
[35] ISACA Germany Chapter (2021). Leitfaden Cyber-Sicherheits-Check OT: Ein Leitfaden zur Durchführung von Cyber-Sicherheits-Checks der operativen Technologie (CSC-OT) in der Industrie und Automatisierungstechnik. [Online]. Available: https://www.isaca.de/sites/default/files/isaca_leitfaden_cyber-sicherheits-check_ot.pdf. Zugriff am 08 02 2022.
[36] Bundesverband IT-Sicherheit e. V. (TeleTrust) (2021). IT-Sicherheitsgesetz und Datenschutz-Grundverordnung: Handreichung zum “Stand der Technik”. Berlin: Bundesveraband IT-Sicherheit e. V. (TeleTrust).

Kurzvita

Dr. José M. González V. ist seit April 2015 bei der Stromnetz Hamburg GmbH zum Thema Informationssicherheit tätig. Seit September 2020 gehört er dem Geschäftsbereich Netzbetrieb an. Hier koordiniert und entwickelt er übergreifend das Informationssicherheitsmanagementsystem und die zertifizierten Geltungsbereiche zum Netzbetrieb und Metering. Als Informationssicherheitsbeauftragter war er zuvor für die Gateway Administration und die Sub Certification Authority zuständig. Vorher war Herr Dr. González zweieinhalb Jahre als IT-Projektleiter im Umfeld Kraftwerke und Netzbetreiber bei der Vattenfall Europe Information Services GmbH tätig. Im Rahmen seiner fünfjährigen Tätigkeit am OFFIS Institut für Informatik promovierte er im Fach Informatik 2012 zu Referenzmodellen in der Energiewirtschaft. Nach dem Studium der Wirtschaftsinformatik in 2004 war Herr Dr. González vier Jahre als IT-Berater bei Lufthansa Systems für ein führendes europäisches Energieunternehmen tätig.

Torben Keck, Matthias Mett, Toto Maas und Eike Dehning

31 Digitale Effizienz – ein mächtiges Werkzeug!

Wie Digitalisierung in Stadtwerken besser gelingen kann

Zusammenfassung: Effizienz bedeutet, ressourcenschonend Ziele zu erreichen, oder anders gesagt, die Dinge richtig zu tun. Steigender Wettbewerbsdruck sowohl durch bestehende als auch durch neue Wettbewerber sowie veränderte Erwartungen von Kunden zwingt Stadtwerke in einen kontinuierlichen Prozess der Veränderung. Effiziente Strukturen sind eine notwendige Bedingung für das wirtschaftliche Überleben aller Stadtwerke. Das größte Themengebiet, das alle Stadtwerke betrifft, ist die umfängliche Digitalisierung des gesamten Geschäfts. Ohne eine Gesamtstrategie, die auf digitaler Effizienz aufbaut, können Stadtwerke perspektivisch nicht am Markt bestehen.

Geschäftsprozesse zu digitalisieren beginnt damit, diese Prozesse zunächst zu hinterfragen, zu prüfen und zu schärfen. *Digitale Effizienz* bedeutet dann, diese Prozesse unter Nutzung aller relevanten Daten so zu gestalten, dass sie messbar in die spezifischen Ziele des Prozesses einzahlen und iterativ verbessert werden können. Vorbedingung dafür ist das Identifizieren und Auflösen von Datensilos, um sie in offene Systeme zu Überführen. Noch wichtiger ist darüber hinaus die dauerhafte Implementierung einer agilen, kooperativen Unternehmenskultur.

Mit Hilfe von kundenzentrierten Strategien, interdisziplinären Teams, Handlungsorientierung, iterativen Prozessen und einer Abkehr vom Perfektionismus ist der Weg in eine digitale Effizienzkultur nicht nur notwendig, sondern auch für Stadtwerke erreichbar.

Schlagwörter: Digitalisierung, digitale Effizienz, Prozessmanagement, Change Management, Unternehmenskultur, Datensilos, Agilität, Kundenzentrierung, Unternehmensentwicklung, Stadtwerke

31.1 Was wollen wir erreichen?

Die Welt dreht sich stetig weiter. Märkte, Menschen und Umstände ändern sich und machen Anpassungen bei jedem von uns und jedem Unternehmen notwendig. „Change" – das Schlagwort in diesem Zusammenhang – ist ständig notwendig. So viel steht fest. Das ist uns allen auf die ein oder andere Art klar, und doch tut der Wandel weh.

Torben Keck, Matthias Mett, Toto Maas, make better GmbH, Lübeck, Deutschland, e-mails: keck@make-better.de, mett@make-better.de, maas@make-better.de
Eike Dehning, dhng Consulting, Hamburg, Deutschland, e-mail: dehning@dhng.de

https://doi.org/10.1515/9783110753585-031

Er verursacht zum Teil richtiggehend Schmerzen, wird verzögert oder ganz behindert. Warum? Die Ambivalenz aus der intellektuellen Erkenntnis einer Notwendigkeit und der eigenen Komfortzone, der Gegensatz aus den Chancen einer Veränderung auf der einen und den Risiken nicht abschätzbarer Konsequenzen auf der anderen Seite stellt uns alle vor große Herausforderungen. Das behindert Entscheidungen und verzögert Aktivität.

Es gibt viele Gründe zu digitalisieren. Als zwei generelle Bereiche kann man die Digitalisierung von Geschäftsmodellen und -prozessen identifizieren. Schaut man genauer hin, geht es aber um kleinteilige, teilweise fragmentierte Elemente, Datenspeicher, Haltungen und Beharrungskräfte, die auf dem Weg zur digitalen Effizienz beachtet werden müssen. Oft wird hierbei von den handelnden Personen großes Abstraktionsvermögen verlangt, um aus der Erkenntnis einer Handlungsnotwendigkeit auch tatsächlich ins Handeln zu kommen. Unsere komplexe, arbeitsteilige Welt führt eben dazu, dass Ursache und Wirkung manchmal nur schwer voneinander zu unterscheiden sind und die Menge der Unknown Unknowns [vgl. 1–3] stetig steigt.

Unsere These ist, dass die Digitalisierung effektiv und – vor allem – effizient bei der Bewältigung vieler dieser Veränderungen helfen kann und geradezu alternativlos ist. Und da wären wir schon bei der näheren Betrachtung der Begrifflichkeiten „effektiv" und „effizient".

Effektiv sein heißt wirksam sein, also zielführend handeln [vgl. 4]. Wir setzen Maßnahmen ein, die auf ein gesetztes Ziel hinarbeiten. „Wir wollen einen bestimmten Prozess digitalisieren!" kann ein solches Ziel sein oder auch „Wir wollen die Erderwärmung bis 2030 auf 1,5 °C begrenzen." Effektiv tun wir die richtigen Dinge.

Mit Effizienz arbeiten wir ressourcenschonend [vgl. 4]. Unsere Maßnahmen führen zum Ziel, aber mit möglichst geringem Aufwand. Die knappen Ressourcen, die zu schonen wir mit Effizienz beabsichtigen, können Personal, Raum, Geld, Zeit oder anderes sein. Mit Effizienz tun wir die Dinge richtig.

Digitalisierung kann an vielen Stellen in vielen Unternehmen stattfinden. Ist sie grundsätzlich richtig? Wir denken, das kann man heute getrost mit einem „Ja" beantworten. Findet sie weitestgehend effektiv statt? Auch das, denken wir, kann man bejahen. Denn selbst das Ersetzen einer Schreibmaschine mit einem lokalen und nicht vernetzten Arbeitsplatz-PC und einem Textverarbeitungsprogramm nebst Drucker stellt einen digitalisierten Prozess dar. Ein effektiv erfolgreiches Stück Digitalisierung also. – Aber war diese Maßnahme effizient?

Das kommt auf den Kontext der Zielsetzung an, in dem dieses Digitalisierungsprojekt stand. Und natürlich auf die Durchführung des Projektes im Detail.

1983, als elektrische Schreibmaschinen und Durchschlagpapier noch in nahezu allen Büros zu finden waren, war die Substitution der Schreibmaschine durch den PC mit vielen Vorteilen verbunden. Man konnte Korrekturen an einer Datei durchführen und musste nicht den ganzen Text erneut tippen oder das Ergebnis der Arbeit mit Tipp-Ex ausbessern. Auch ein einfacher, erneuter Ausdruck war problemlos möglich, von der wiederholten Nutzung bestehender Textbausteine ganz zu schweigen.

Wow. Also nicht nur effektiv, sondern eindeutig effizient, weil die Arbeitszeit der Schreibkräfte nun effizienter genutzt werden kann? – Nein.

Denn es geht nicht um die Effizienz der Schreibkräfte, die hier sicher hinsichtlich des Ziels erreicht wurde, schnell gute Schriftsätze zu produzieren. Es geht um die Effizienz des Digitalisierungsvorhabens, der Digitalisierung an sich.

Wenn die Realisierung dieses Projektes einen langen Entscheidungsfindungsprozess benötigte, ein umständliches Ausschreibungsverfahren sowie durch massive Widerstände der Belegschaft verzögert wurde, dann war die Digitalisierung hier alles andere als effizient.

In der Retrospektive sind lange und komplizierte Wege zur Digitalisierung oft nur noch schwer nachzuvollziehen, aber auch damals war neben den kalkulierbaren Auswirkungen auf die Arbeitswelt nicht vollständig klar, ob sich beispielsweise das eine (Microsoft) oder das andere (Apple) System würde durchsetzen können, und insofern stand auch die Investitionssicherheit in Frage.

In vielen Unternehmen existieren heute bereits viele vermeintlich digitale Prozesse. Werkzeuge wie Excel, Word und PowerPoint werden tagtäglich genutzt. Auch komplexere Anwendungen wie Enterprise Resource Planning (ERP) oder Customer Relationship Management (CRM) Systeme sind zuhauf im Einsatz. Gerade vor dem Hintergrund schneller Reaktionsfähigkeit leiden viele Betriebe jedoch massiv unter der mangelnden Effizienz solcher Lösungen.

Oft ist enormer manueller Aufwand notwendig, um diese Systeme so zu verwenden, dass sie angemessen funktionieren. Regelmäßig hören wir von abteilungsübergreifenden Hürden und Herausforderungen. In den Top 10 solcher Hürden werden Mängel und Inkonsistenzen in der Datenhaltung ebenso oft genannt wird die schlechte Wartbarkeit der Systeme und deren mangelnde Performance oder Skalierbarkeit. Ein weiterer auch für die DSGVO [vgl. 5] elementarer Punkt ist die vielfach immer noch fehlende Datensicherheit. Das alles führt oft zu hohem Aufwand und schlechter Datenqualität – was wiederum langsame und schlechte Entscheidungen zur Folge hat. Für diejenigen Kolleginnen und Kollegen, die von diesen Systemen abhängig sind, leidet die Effizienz erheblich.

Ist das digitale Effizienz? Nein, das ist die Folge schlechter oder (noch) nicht ausreichend optimierter Digitalisierung.

> “Die Digitalisierung erstreckt sich auf viele Lebensbereiche. Sie beeinflusst, wie wir lernen, arbeiten, kommunizieren, konsumieren und unsere Freizeit gestalten, kurz gesagt: wie wir im Alltag leben und wirken. Sie betrifft uns direkt oder indirekt alle ohne Ausnahme und lässt sich nicht ignorieren.” [6]

Digitale Effizienz ist nicht Digitalisierung. Digitale Effizienz ist die Herbeiführung digitaler Abläufe und Systeme inklusive der Entscheidungen, Finanzierungen, Methoden und des Managements die dafür notwendig sind.

Digitale Effizienz sorgt dafür, dass Ineffizienzen in Prozessen schnell identifiziert werden, Konzepte und Lösungen zur Optimierung schnell zur Verfügung stehen und die fortlaufende Herstellung und Weiterentwicklung digitaler Exzellenz gewährleistet bleibt.

Die Prozesse, die zu einer Optimierung der Systemlandschaft und damit zur digitalen Funktionsfähigkeit beitragen, gehören dringend auf den Prüfstand. Die digitale Effizienz ist ein Schlüssel zur Wettbewerbsfähigkeit lokaler Energieversorger und in der Folge zum Gelingen der Energiewende.

Gerade lokale Energieversorger stehen vor der Herausforderung, sich digitale Kompetenzen aufzubauen, eigene, digitale Services herzustellen und neue, digitale Geschäftsmodelle zu etablieren. Dafür gibt es einige gute Gründe.

31.2 Antrieb zur digitalen Effizienz

Wie bei jeder Veränderung gibt es Ursachen und Beschleuniger, die den Veränderungsdruck erhöhen und letztlich Krisen auslösen können, wenn man sie zu lange ignoriert. Diesen Antrieb sehen wir in den sinkenden Margen, den rückläufigen Kundenzahlen, hohen Kosten in Akquisition und Service sowie der Chance und Last zugleich, die mit der Rolle als kommunaler Systemmanager einher geht.

31.2.1 Grund I: Margenerosion

Die Endkundenstrompreise beinhalten fast 80 % Steuern, Umlagen und Netzentgelte. Das kann der Stromhändler praktisch nicht beeinflussen. Im Commodity-Vertrieb, hierunter wird in der Energiewirtschaft gemeinhin der Vertrieb von Standardprodukten verstanden, ist das Margenpotenzial demnach eingeschränkt. Handels- und Vertriebsgemeinkosten tun ihr Übriges, um die Vertriebsmarge weiter zu dezimieren.

Hinzu kommen geringere Markteintrittsbarrieren für Wettbewerb aus anderen Branchen, sodass mittlerweile beispielsweise Automobil- oder Heizungshersteller in den Commodity-Markt eindringen und für neue Herausforderungen sorgen. Nicht nur in der Preiskalkulation.

Ob sich die Energievertriebe auch zukünftig wieder einem so kompetitiven und volatilen Marktumfeld ausgesetzt sehen, wie es sich vor der Anfang 2022 explosionsartigen Preisentwicklung im Strom- und Gasmarkt dargestellt hat, bleibt abzuwarten. Jedoch haben Regulierung und Technologieentwicklung den deutschen Strommarkt in den letzten Jahrzehnten grundlegend verändert. Das sich heute darstellende Marktumfeld macht es zusehends schwer, hohe Fix- und Investitionskosten im klassischen Vertriebsgeschäft zu erwirtschaften.

Will man dieser Entwicklung entgegentreten, braucht der Energieversorger mehr als nur das Commodity-Geschäft. Kann man erodierenden Margen nicht mit Preisanpassungen begegnen, bleiben zwei Möglichkeiten, eine vermeintlich sichere und defensive, aber ohne Wachstumspotenzial, und eine progressive mit großen Chancen, aber auch Risiken: Kosten senken und neue Produkte und Leistungen im bestehenden Kundenstamm etablieren.

Für beide Optionen sind digitale Systeme und Prozesse notwendig. Kosten werden durch Automatisierung reduziert, neue Produkte durch digitale Customer Journeys an die Kundin gebracht. Frisst die Digitalisierung hierbei zu viel Zeit und Geld und rückt der Return on Investment (ROI), also die Kapitalrendite, in zu weite Ferne, belastet die Digitalisierung selbst zusätzlich die knappen Margen.

Keine oder kaum Produktdifferenzierung (Strom!), geringe Margen, hohe Preisvolatilität und geringe Markteintrittsbarrieren halten den Druck auf etablierte Marktteilnehmer hoch, kosteneffizient zu wirtschaften. Bezogen auf die Digitale Effizienz heißt das konkret, dass die Benchmark stets und fortlaufend vom besten Wettbewerber gesetzt wird. Change never stops.

31.2.2 Grund II: Kundenverluste

Das ist kein neues Thema für jedes Versorgungsunternehmen, richtig. Gerade kleinere Versorgungsunternehmen stehen der Situation schwindender Kunden oft hilflos gegenüber.

Der alten Taktik, keine schlafenden Hunde zu wecken, folgend, hat man hier oft versucht, grundversorgte Kundinnen und Kunden nicht in einen schlechter dotierten Laufzeittarif zu bringen, nicht deren Nutzen im Zentrum der Überlegungen gehabt und letztendlich verschlafen, passende Angebote an den lokalen Markt zu adressieren.

Das Bewusstsein der Kundschaft für gute Energieprodukte – auch abseits des Commodity-Mainstreams – wächst jedoch, und die Gesetzgebung schafft immer kundenfreundlichere Regulatorik. So werden bisher kaum emotionale und wenig unterscheidbare Produkte wie Strom oder Gas durch den Klimawandel und die Zielsetzungen der seit 2021 amtierenden deutschen Bundesregierung vollkommen anders vom Markt wahrgenommen.

Auch wenn es in Phasen steigender Energiepreise eine fast absurd hohe Nachfrage bei Grundversorgern gibt, verlieren Stadtwerke jedes Jahr Bestandskunden und -kundinnen. Diese landen entweder bei den günstigeren Anbietern oder werden zu Prosumern,[1] deren Eigenanlagen durch andere Marktteilnehmer erstellt werden, die

1 Beim Terminus „Prosumer" handelt es sich um ein Kunstwort aus der Kombination der beiden Worte „Producer" und „Consumer". Demnach handelt es sich um Marktteilnehmer, die ein Gut sowohl produzieren als auch konsumieren können.

sich dann auch gleich große Teile der Wertschöpfung unter den digitalen Nagel reißen.

Im Jahr 2020 wechselten laut Statista rund 5,4 Millionen Haushaltskunden den Stromanbieter in Deutschland [vgl. 7]. Wettbewerbsdruck [vgl. 8] – jeder denkt hier an den günstigeren Preis, und ja, auch wenn sicher ein großer Anteil der Kundenverluste auf den Preis zurückzuführen ist, lauert ein noch nicht erkannter Tiger hinter der nächsten Hecke: Selfservice, Usability und smarte Services.

Kundinnen und Kunden haben inzwischen gelernt, so ziemlich alles am Smartphone ordern zu können und tun das auch: Waren, Aktien, Versicherungen und Strom. Amazon liefert noch am selben Tag und das Essen kommt für die ganze Familie zubereitungsfertig in verbrauchsgerechten Portionen – kurz gesagt, sie erwarten inzwischen einfach mehr! Sie müssen personalisiert digital vom Versorger abgeholt werden.

All das will digital realisiert werden. Den eigenen Vertrieb und den Kundenservice mit diesen Aufgaben manuell zu belasten, erscheint bereits beim ersten Blick als verrückt. Was würde das an Zeit und Kosten verursachen? Und das auch noch bei der angespannten Margensituation, denn nicht nur der Vertrieb hat hier Druck, auch der Netzbetrieb gerät mehr und mehr in schwächelnde Rohmargen. Also digital, aber effizient bitte, denn wir haben nicht viel Zeit und Geld.

Dass der Markt der Wechselkunden ein ganz erhebliches Potenzial aufweist, zeigt nicht nur der Aufstieg der Wechselportale, sondern auch das Bestreben zweier Wirtschaftsauskunfteien, die im Jahr 2020 Datenbanken gegen Wechselkunden in den Markt bringen wollten [vgl. 9, 10]. Strom- und Gaskunden, die ihren Anbieter häufiger wechseln wollen, sollten durch strukturierte Datenerfassung und -analyse systematisch vom allzu leichten Anbieterwechsel abgehalten werden.

Fast schon typisch für die Branche sollten statt kundenzentrierter Strategien und Bindungsbestrebungen die in der Praxis oft zur Anwendung kommenden Wechselboni, die oftmals höher als der Wert eines Kunden waren, nur noch den wertvollen Wechslern zugebilligt werden, denen darüber erst das Wechseln schmackhaft gemacht wird.

31.2.3 Grund III: Hohe Cost of Acquisition (CoA)

Zur Gewinnung eines Neukunden nehmen Stromanbieter nämlich im ersten Jahr vielfach eine negative Rohmarge in Kauf. Ab dem zweiten Jahr wird hingegen dann schon oft eine positive Marge erreicht. Je nach Anbieter und Tarif sogar mit erheblichen Margen. Aber diese Haltezeit der Kunden wird oft gar nicht erst erreicht. Zumindest war dies vor den aktuellen Energiepreisentwicklungen so.

Kundengewinnungskosten oder Kundenakquisitionskosten beinhalten alle Vertriebs- und Marketingkosten. Dazu zählen beispielsweise Gehälter für Vertriebs- und Marketingpersonal sowie deren Arbeitsplatzausrüstung wie Computer, Telefone oder

Drucker. Aber auch externe Berater oder Agenturen und Werkzeuge wie Software, z. B. Customer Relationship Management (CRM), oder Marketingautomatisierung gehören dazu. Nicht zu vergessen die Schaltung von Werbung, einschließlich Online-Anzeigen, Direktwerbung, Fernseh- oder Außenwerbung und natürlich ebenso die oben erwähnten Preisnachlässe oder Boni.

Die Kundenbindung deutlich zu erhöhen, ist der wesentliche Hebel, um die geschilderten Probleme zu lösen. Gerade bei geringen Margen ist die Bindung die deutlich attraktivere – weil kostengünstigere – Alternative zur Akquisition neuer Kundinnen und Kunden. Zudem birgt sie die Chance eines Cross-Sellings, sofern der Energieversorger über zusätzliche Produkte und Leistungen verfügt. Maßgeblich für den Erfolg einer solchen Strategie ist jedoch das Kennenlernen der Kundinnen und Kunden, ihrer Wünsche und Bedürfnisse.

Im Ergebnis dieses Kennenlernens und Verstehens ist man in der Lage, positive Kundenerfahrungen zu schaffen, Customer Journeys bewusst zu gestalten und zu optimieren. So erhält man eine belastbare Erkenntnislage für Business Development, Marketing und Vertrieb. Die maßgeschneiderte Kundenansprache ist der Erfolgsfaktor für margenstärkere Mehrwertdienste.

Angebot, Vertragsabschluss und Rückgewinnungsmaßnahmen sind elementare Aufgaben für die Digitalisierung. Finden diese effizient statt, stellt sich der Nutzen schneller und zu deutlich geringeren Kosten ein.

31.2.4 Grund IV: Hohe Cost to Serve (CtS)

Wie bereits erwähnt, hat der Energieversorger auf regulatorische Faktoren und externen Preisdruck wenig Einfluss. Zur Stabilisierung der Margen bleibt also neben der Kundenbindung noch die Kostenseite. Auch hier ist als Auftragnehmer die Digitalisierung aus unserer Sicht die richtige Adresse.

Ein digitaler, kundenzentrierter Vertrieb vermag einerseits die Akquisitionskosten zu senken und andererseits die Kunden- und Produktprofitabilität zu optimieren. Im Markt kursieren Stimmen, die eine Reduktion auf etwa 10 EUR pro Kunde pro Jahr möglich machen wollen. Ob diese Zahl realisierbar ist, hängt sicher auch von der Ausgangssituation des jeweiligen Unternehmens ab. Neue Marktteilnehmer, an dieser Stelle sind exemplarisch Anbieter wie Ostrom, Tibber oder Octopus Energy zu nennen, werden mit hoher Wahrscheinlichkeit dieses Ziel erreichen oder sogar unterbieten.

Viel wesentlicher ist jedoch nicht die Erreichung des Ziels an sich (nicht falsch verstehen, das ist schon ziemlich wichtig), sondern mit welchem Aufwand an Ressourcen das gewünschte Ergebnis realisiert werden kann. Anders ausgedrückt: Wie effizient können wir das Ziel erreichen? Unbestreitbar ist dies ein entscheidender Faktor.

Aber wie schafft man die Herstellung und nahtlose Integration digitaler Kontaktkanäle und umfangreicher Self-Service-Funktionalitäten und die Automatisierung der notwendigen Prozesse zur Effizienzsteigerung im Back-Office-Bereich? Denn letztlich ist nicht weniger erforderlich, um mit der Vielzahl bestehender und potenzieller Kundinnen und Kunden zu kommunizieren und gleichzeitig den eigenen Kundenservice nicht in den sprichwörtlichen Wahnsinn zu treiben.

31.2.5 Grund V: Kommunaler Systemmanager

Zu allen bestehenden marktrelevanten Aufgaben, denen sich ein Stadtwerk stellen muss, kommt nun auch noch Druck aus der Politik. Dieser wird stufenweise von der Bundespolitik über die Länder zu den Kommunen und damit letztlich auch zum lokalen Grundversorger weitergereicht. Ähnlich verhält es sich auch in Österreich und der Schweiz – trotz unterschiedlicher Modelle wird immer vom Großen zum Kleinen durchgereicht.

So werden Stadtwerke von der kommunalen Politik oft als verantwortliche Stelle für die regionale Digitalisierung und kommunaler Infrastrukturdienstleister betrachtet. Öl im Feuer – mal schauen, wie lange man diese Redewendung noch nutzt – ist dann auch noch der Druck von der Straße – schließlich wollen wir alle schnelles Internet, den Klimawandel stoppen und die Energiewende vorantreiben. Wer macht das? Die Vorgabe lautet: "Unsere Stadt muss smart und grün werden" – na, dann mal los.

So ist die Energiewende eben nicht nur Thema der großen Politik und der (Energie-)Konzerne, sie ist auch – vielleicht sogar viel mehr – Aufgabe der Kommunen und der regionalen Energieversorger. Als Systemmanager fällt den Stadtwerken nicht selten die Rolle zu, die scheinbar unübersichtliche Energiewende dezentral, kleinteilig und partizipativ umzusetzen. Und die Vielfalt der Energiewende hört lange nicht bei Errichtung und Betrieb von Erneuerbaren-Energien-Anlagen auf. Es geht um Ideen und Vernetzung, um Kooperationen und Innovationen, um Bürgerkommunikation und Smart City, um Kooperation, Politik und Wirtschaft.

Dabei bietet die Digitalisierung den Stadtwerken ungeahnte Chancen, Konsum und Produktion von Energie zu beeinflussen und zu koordinieren.

Als Aggregator können sie die von ihren Kunden, den Prosumern und Betreibern von Energie-Energie-Parks für Erneuerbare Energien, zur Verfügung gestellte Arbeit und Leistung vermarkten. Ob Blockheizkraftwerke (BHKW), Photovoltaikanlagen (PV) oder virtuelle Kraftwerke – Energieerzeugungsanlagen können und sollten preis- und leistungsabhängig gesteuert werden. Nur so ist es möglich, ihr wirtschaftliches Potenzial auszuschöpfen. Fremdbezug, Eigenerzeugung und eine möglicherweise notwendige Zwischenspeicherung können so perfekt synchronisiert werden. Die hierbei freiwerdenden Flexibilitäten lassen sich auf dem Intraday-Markt vermarkten.

Aggregation, Flexibilität, Effizienz und Datenspeicher sind also potenzielle Leistungsfelder jedes regionalen Versorgers. Vorausgesetzt, die Digitalisierungshausaufgaben werden gemacht. Dann kann das Stadtwerk von Morgen ein wirtschaftlich erfolgreicher, smarter Know-how-Träger und Berater für Kommune und Bürger sein.

Diese fünf Gründe zeigen, dass es ohne digitale Effizienz schwer wird, erfolgreich am Markt zu bestehen. Oder positiv ausgedrückt, die Digitalisierung

- schafft Freiraum für wertschöpfende Tätigkeiten
- realisiert Kundenzufriedenheit und -bindung
- reduziert Kosten durch Prozessautomatisierung
- erschließt neue Wertschöpfungspotenziale
- ermöglicht den Service als Alleinstellungsmerkmal.

Aber das alles fällt bekanntlich nicht vom Himmel. Fachkräfte, Fokus, Arbeitsteilung, Stakeholdermanagement, Finanzierung und der Mut zum Scheitern sind die Zutaten für einen erfolgreichen und effizienten Digitalisierungsprozess.

31.3 Hürden auf dem Weg

Im Folgenden möchten wir auf zwei wesentliche Hürden auf dem Weg zu digitaler Effizienz eingehen: Datensilos und mangelnde Agilität. Beides sind Hürden, die eher unscheinbar im Arbeitsalltag versteckt sind, dafür sind sie aber in ihrer Wirkung umso massiver und vor allem destruktiver für jeden effektiven Ansatz zur Digitalisierung.

31.3.1 Silos: Fragmente des Grauens

Ein Silo ist ein großer Speicher für Schüttgüter. Silos werden zum Speichern von Zement, Kalksteinmehl, Kunststoffgranulat, Getreide, Futtermitteln und Ähnlichem verwendet. Auf unsere Fragestellung angewandt sind Datensilos also abgeschlossene Speicher von Daten, also Informationen, die je Silo lediglich einem eingeschränkten Kreis von Nutzerinnen und Nutzern zur Verfügung stehen. Es lassen sich in jeder Unternehmung erstaunlich viele Datensilos identifizieren. Sobald Daten ohne klare Strategie zur gemeinsamen, abteilungsübergreifenden Nutzung gesammelt werden, entstehen unweigerlich Datensilos.

Datensilos sind in Stadtwerken mehr Regelfall als Ausnahme. Wir beschreiben anekdotisch die Silos einer Schnittmenge verschiedener Stadtwerke. Ohne mit dem Finger auf Einzelne zu zeigen: Es sollte für viele Leser Vieles vertraut erscheinen.

31.3.1.1 Die Mutter aller Silos: ERPCRMABC

Ein klassisches Datensilo ist die Kundenkartei, in der alle geschäftsrelevanten Informationen über und alle Interaktionen mit den Kundinnen und Kunden vorliegen. So zumindest die Hoffnung oder stillschweigende Annahme der Geschäftsführung.

Der Alltag sieht jedoch vielfach anders aus. Es gibt ein großes System (ERP, CRM, ABC, wer weiß das schon genau?), in dem seit den 1980ern alles zu Strom-, Gas- und Wasserverträgen und Abrechnungen geregelt wird. Spätestens seit der Jahrtausendwende hat niemand mehr nach Sinn und Aktualität der Daten gefragt.

Seit dieser Zeit wachsen die Anforderungen aus Markt, technischem Fortschritt, Regulatorik und neuen Produkten und Leistungen. Die Folgen: Systemanbieter reagieren selten schnell und noch seltener geräuschlos. Neue Produkte münden in den Anwendungen oft in einem weiteren Kundenstamm und zusätzlichen Kundennummern. Irgendein Makro- oder semi-automatischer Workaround kann dann als Extra-Plugin oder wahlweise Zusatzmodul einen quasi-automatischen Rechnungslauf mit zusammengeführten Kundendatensätzen möglich machen. Kaum noch manueller Aufwand? Vielleicht. Zum Glück wird ja auch nur einmal im Jahr abgerechnet. Ein Hoch auf die Abschlagszahlung!

31.3.1.2 Kleiner Test am Rande

Loggen Sie sich doch gerade einmal selber ein, oder fragen Ihre Marketingabteilung „Wie lange brauchen Sie, um alle Kundinnen und Kunden (können Sie hier unterscheiden?) anzuschreiben, die eine E-Mail-Adresse hinterlegt haben und gleichzeitig der werblichen Kommunikation zugestimmt haben?“ Oder sagen wir, wenigstens eine Excel-Liste zu exportieren. – okay, anzuzeigen? – Wenigstens die Anzahl? Eine grobe Richtung wäre auch okay, eher 100 oder eher 20.000? Okay, wir fragen am Ende des Kapitels noch einmal, keine Hektik.

Aber wir waren bei den unterschiedlichen Datensilos in einem Unternehmen. Und kein Witz, oft existieren separate Kundennummern für den Strom-, Wärme-, Wasser- und Abwasservertrag im gleichen System.

31.3.1.3 Historisch gewachsen: „Systemkuddelmuddel“

Wir zoomen nahc außen und sehen neben unserem einen ERP/CRM noch weitere Systeme, die zum Beispiel Kunden- oder Bewegungsdaten tragen, die zum wirtschaftlichen Erfolg des Stadtwerks maßgeblich beitragen. Dabei können diese an den unterschiedlichsten Stellen im Unternehmen im Einsatz sein. Es startet mit der einfachen Exceltabelle, die immer aktualisiert von Kolleginnen und Kollegen hin und her gemailt wird, um den Status der Kundenanfragen zu dokumentieren. Geht über gemeinsame Laufwerke, die die Abstimmung mit der Werbeagentur für die nächste Kundenzeitschrift enthalten. Es endet bei selbst programmierten Datenbanken in Access, Filemaker oder noch anderen Techniken. Im Auftrag des bereits im Ruhestand befindlichen Vertriebsleiters geplant. Von der damaligen Werkstudentin dann individuell an das neue Produkt Thermographie angepasst. Leider ist besagte Werkstudentin auch nicht mehr da und niemand weiß, wofür das Feld PIN noch war... Von weiteren analogen Silos, die in den Aktenordnern und Registerschränken gegebenenfalls noch vorhanden sind, wollen wir diesmal bewusst absehen.

31.3.1.4 Schattenwirtschaft: Silos im Kopf

„Das bekomme ich nicht in das System rein!", „Bevor ich das dort gefunden habe, bin ich ja schon persönlich zum Kunden gefahren und habe nachgefragt!", „Ich weiß auch nicht, wieso, aber die Anbindung zum Server funktioniert mal wieder nicht." – Kommt Ihnen das vertraut vor? Fragen Sie mal im Kundenservice oder im Marketing oder fast egal wo nach. Vielleicht etwas überspitzt, aber Silos haben wir auch in den Köpfen und Schubladen unserer Kolleginnen und Kollegen. Nennen wir es „Schatten-ERP". Wenn Systeme zu kompliziert sind, zu langsam laufen, oder einfach nicht die Ergebnisse liefern, die gebraucht werden, dann leidet das Vertrauen. Und ohne Vertrauen in vorhandene Systeme und Prozesse baut sich der eine oder die andere dann gern mal einen privaten Ablauf.

Vertrauen kann auch fehlen, wenn nicht genug geschult wurde, wenn Kolleginnen und Kollegen nach dem Friss oder stirb-Prinzip mit Arbeitsabläufen konfrontiert werden. Da ist auch schnell mal der neue Kollege aus dem Marketing, der mit frischen Ideen aus der Universität kommt, in wenigen Monaten sauber durchfrustriert und passt sich den gelebten Workarounds an. Dann entstehen Schattensysteme – hierbei werden Dateien erstellt und geteilt, Listen ausgedruckt und abgelegt, Informationen nicht in Wissensdatenbanken, sondern in Köpfen gespeichert und ziehen mit dem/der Kollegin dann auch von dannen, wenn eine spannendere Aufgabe ruft.

Hier ein kleines Beispiel dafür, wie schnell Silos entstehen und zu welchen Konsequenzen sie führen können: Ein mittelgroßes Stadtwerk stellte einen technisch versierten Kollegen im Marketing als Unterstützung für das Onlinemarketing ein. Der Kollege war hochmotiviert, nahm sich direkt die Werbeschaltung bei Google und Facebook vor, erstellte Skripte und Systeme, die seinen Arbeitsalltag beschleunigten und der Abteilung zu verbesserter Effizienz verhalfen. Auch die Effizienz der Onlinekampagnen stieg, das Werbebudget wurde perfekt eingesetzt.

Leider schätzte die Vorgesetzte aufgrund fehlender KPI und mangelndem Interesse die Relevanz seiner Leistung vollkommen falsch ein. Sie entschied, dass die Investitionen nicht lohnend seien und man lieber die Budgets digitaler Werbung reduzieren solle. Zusätzlich wurde entschieden, dass man für alle Arbeiten externer Dienstleister die länger zwei Stunden dauerten ihre Freigabe brauche. Danach passierte eine Weile nichts.

Als dann eine Stelle in der IT ausgeschrieben wurde, bewarb sich der nun frustrierte Kollege sofort und wurde dankend von der IT-Abteilung übernommen. Der Kollege wechselte den Schreibtisch.

Was war schiefgelaufen? Nach der doch eher schwachen Aufgabenstellung und unklaren Zielsetzung ist leicht zu identifizieren, dass es offenkundig schon an konkreter Kommunikation gemangelt haben dürfte. Neben der mangelnden Kompetenz, auch den größeren Zusammenhang digitaler Prozesse und Informationen zu erkennen, herrschen in vielen Unternehmen auch Schwächen in der Kosten- und Zeitplanung. Keine smarten Ziele, keine Steuerungskennzahlen und keine Systeme, diese festzuhalten. Und wenn es nur ein Whiteboard wäre.

Unklare Anforderungsdefinition, Zielkonflikte, methodische Umsetzungsprobleme und letztlich keine Unterstützung durch die übergeordnete Instanz runden oft die Gesamtproblemlage ab.

Nach dem Wechsel des Kollegen wurde wieder ein Budget für die digitale Werbung freigegeben. Die Basis dieser Entscheidung liegt im Dunkeln. Ohne zuständige Kollegin, die den Job hätte machen können, wurde eine externe Marketingagentur mit der Umsetzung der Kampagnen beauftragt. Man sucht jetzt nach einem Ersatz in der Abteilung. Hoffen wir, dass in unserem Beispiel die Nachfolgerin oder der Nachfolger die Dokumentation der Skripte und Systeme der Vorgängerin in die Hände fallen.

31.3.1.5 Noch mehr Silos im Konzern

Für die kleinen Stadtwerke bleibt es bei der Betrachtung relativ weniger Systeme, aber schon die etwas größeren Akteure sind unbundled, mit anderen Worten entflochten, in Netz und Vertrieb, haben vielleicht noch ein Schwimmbad, einen ÖPNV oder noch weitere Konzerngeschwister. Gibt es ein Kursbuchungssystem für Schwimmkurse? Wäre es nicht optimal, wenn man diese Daten unter Berücksichtigung datenschutzrechtlicher Auflagen im Zugriff hätte?

Denken Sie einmal über folgende Idee nach: „Allen Eltern, die vor drei Jahren an einem Babyschwimmkurs teilgenommen haben und Glasfaserkunden sind, möchten wir einen Rabatt auf den Kinderschwimmkurs anbieten und eine Saunanacht für zwei schenken." – Warum? Kundenbindung! Warum nicht als Stadtwerk in die persönliche Bindung einsteigen? Bestandskunden Danke sagen und in Abhängigkeit von Treue, Umsatz oder Produkt Boni verteilen. Abgesehen davon, dass man als Verbundunternehmen sicher zu sehr guten Konditionen Monatskarten oder Saunabesuche anbieten kann, kann man seine ganze Kompetenz und Vielfalt zeigen und gleichzeitig die Nutzung, die Akzeptanz und Stimmung messen. Abgesehen davon, dass man seine Kunden regelmäßig mit seiner Marke vertraut macht und ein Gefühl familiärer Zugehörigkeit schaffen kann, kann man bei dieser Gelegenheit einfach auch die Interaktionen messen, speichern, analysieren und verstehen. Warum? Damit wir bei der nächsten Idee noch ein bisschen genauer das gute Gefühl unserer Kundinnen und Kunden treffen, etwas mehr Verbundenheit schaffen.

Erinnern Sie sich, dass wir eingangs im Abschnitt 31.3.1.2 danach gefragt haben, ob Sie die E-Mail-Adressen Ihrer Kundinnen und Kunden mit werblicher Zustimmung herausfinden können? Hat es denn geklappt?

Und haben Sie eine Idee, warum es wichtig sein kann, schnell und einfach auf diese Daten zugreifen zu können? Und noch mehr: Warum es wichtig ist, viele Kontaktpunkte mit Ihren Kunden zu erfassen und für Ihre Kommunikationsideen auswerten und nutzen zu können?

31.3.2 Garbage in, garbage out

Wenn wir von Digitalisierung in Unternehmen reden, dann reden wir automatisch von Prozessen, genauer von Geschäftsprozessen: "Ein Geschäftsprozess besteht aus der funktionsüberschreitenden Folge wertschöpfender Aktivitäten, die vom Kunden erwartete Leistungen erzeugen und die aus der Geschäftsstrategie und Geschäftszielen abgeleiteten Prozessziele erfüllen." [11]. Das Ziel eines Geschäftsprozesses ist damit die Steigerung der Wertschöpfung.

Wie sieht aber ein guter digitaler Geschäftsprozess aus?

Der digitale Prozess an sich galt vor Jahren schon als das höchste Gut der Effizienz. Begriffe wie Industrie 4.0 oder Internet of Things (IoT) begleiten uns, gelten als Sinnbild der digitalen Revolution und erinnern an die industrielle Revolution des 18./19. Jahrhunderts. Doch sind wir mal ehrlich, digitalisiere ich einen schlechten Prozess, so habe ich einen schlechten digitalen Prozess.

Leider passiert genau dies zuhauf in Unternehmen. Das Hohelied der Digitalisierung wird gesungen, und dabei wird aus einem Brief nur eine E-Mail und aus einem Aktenordner eine Freigabe auf einem Laufwerk. Dabei werden aber nur die Medien gewechselt, die Prozesse werden nicht durch digitale Möglichkeiten verkettet, optimiert oder ausgetauscht. Der alte Prozess wird 1:1 ins Digitale abgebildet. Genau da wird aber die größte Chance verschenkt.

Sicher kann es sinnvoll sein, einen Prozess zunächst so zu übernehmen, wie er bereits existiert. Natürlich wird schon die bloße digitale Abwicklung einen zeitlichen und wahrscheinlich auch einen finanziellen Vorteil bringen. Aber stellen Sie sich die Frage, ob es nicht auch etwas eleganter ginge. Mit etwas mehr Kreativität finden Sie vielleicht einen weiteren Nutzen, den der Prozess bringen kann. Vielleicht nur ein Lächeln, das Sie Ihrem Kunden schenken können, vielleicht auch eine handfeste Verbesserung.

Aber wie schaffen wir eine solche Optimierung des Prozesses, und müssen wir alle Prozesse gleich bei der Digitalisierung sofort hinterfragen, ändern, verbessern?

Nein. Nichts muss sofort passieren. Sollte eine Optimierung auf der Hand liegen und in einem guten Aufwand-Nutzen-Verhältnis umgesetzt werden können, spricht nichts dagegen.

Aber denken wir an die digitale Effizienz. Es geht darum, zeitnah und effizient zu digitalisieren. Finden wir keinen schnellen Ansatz, sollten wir as-is digitalisieren. Danach greift dann ein Zyklus aus Erstellen, Messen, Lernen. Behalten wir den Prozess im Auge. Schauen wir, wie er funktioniert, was er für Feedback erzeugt, und dann kommen wir – zur rechten Zeit – wieder zusammen und schauen, ob wir etwas verbessern können.

Nimmt Druck? Soll es auch. – So können alle Prozesse und Systeme nach und nach optimiert und weiterentwickelt werden. Versuchen Sie nicht alles auf einmal zu schaffen. Der Reifegrad Ihrer Digitalisierung wächst und entwickelt sich iterativ und evolutionär.

31.4 Power to the Process: Digitale Effizienz erschaffen

Wie beschrieben, kann sich Effizienz und speziell digitale Effizienz auf verschiedene Aspekte beziehen. Letztlich ist es das Zusammenspiel aus allen Aspekten und Lösungen, Methoden und Werkzeugen, die ein wirklich effizientes System schaffen. Vergleichbar dem Hollywood-Blockbuster „Avengers" ist es nicht die einzelne Superkraft, die uns rettet, sondern das Team kleiner und großer Helfer.

31.4.1 Strategie und Konzepte

Eine Strategie ist die Basis eines jeden planvollen Handelns, ein Konzept stellt die Rahmenbedingungen für dieses Handeln bereit. Wenn wir planvolle Digitalisierung betreiben, dann wird sie auch zwangsläufig effektiv werden. Wir dürfen hierbei nicht die Zielsetzung aus den Augen verlieren, wir dürfen den Weg dorthin aber immer wieder neu betrachten und mit unserer Strategie abgleichen.

Die Digitalisierungsstrategie sollte immer die Frage nach der Transformation des eigenen Geschäftsmodells in die digitale Welt beantworten. Eine zugegeben große Frage, die wir hier nicht beantworten können. Im Kern wird sie jedoch die Wettbewerbsfähigkeit beinhalten und Wachstum zum Ziel haben.

Entlang der digitalen Wertschöpfungskette werden Prozesse betrachtet und nach ihrer Wichtigkeit Stück für Stück in die digitale Welt überführt. Dabei sollte diese Strategie in folgende sechs Kernbereiche aufgeteilt sein, innerhalb derer sich dann einzelne Konzepte zu den jeweiligen Digitalisierungsvorhaben wiederfinden:

(1) Kundenzentrierung
(2) Nutzenversprechen
(3) Datenmanagement
(4) Innovationsmanagement
(5) Kulturwandel
(6) Markt.

So eingeteilt, lassen sich leichter Zielsetzungen, Projekte und Teams definieren und ein gemeinsames Verständnis der digitalen Ambitionen herstellen.

Es ist unschwer aus dem bisherigen Kapitel zu erlesen, dass unser Fokus hier primär auf dem Bereich des Datenmanagements liegt.

31.4.2 Demokratisieren von Daten und Informationen

Informationsfragmentierung macht Prozesse komplexer und deren Durchführung aufwändiger. Datensilos schränken die Sicht auf die Daten ein, bedrohen die Datenintegrität, verschwenden Ressourcen und erschweren die Zusammenarbeit. Im Sinne einer guten digitalen Effizienz sind sie der Effizienzkiller Nummer eins.

Daten und Informationen zu demokratisieren heißt, sie maximal vielen Mitarbeitern im Unternehmen zugänglich zu machen. Je mehr relevante Informationen zur Verfügung stehen, umso besser können auf dieser Basis Entscheidungen getroffen werden.

Jedoch können Daten nur ihre Nutzenden erreichen, wenn sie in den passenden Formaten vorliegen und über allgemein zugängliche Werkzeuge und Kanäle geteilt werden.

Versorgungsunternehmen sind gut beraten, wenn sie den Datenfluss zwischen unterschiedlichsten Systemen schnell und reibungslos herstellen. Hierzu können bestehende aber auch zukünftige Systeme auf einer offenen Architektur verbunden werden, um Daten zu erheben, zu synchronisieren und zentrale Auswertungen vorzunehmen.

31.4.3 Offene Systeme, Interoperationalität und API/Architektur

Seit Jahren wird Software als offene Architektur propagiert. Trotzdem gibt es immer noch viele Systeme, die sich etwas – sagen wir – zugeknöpft geben. Wie deren Zukunft sich gestaltet, hängt auch hier vom Maß des Wandels ab, den diese Unternehmen zulassen. Nun ist es natürlich keine Alternative, den einen Monolithen durch einen anderen auszutauschen. Die alte Weisheit, „*Wer alles kann, kann alles nur ein bisschen!*", gilt nirgends so sehr wie in digitalen Systemen.

Zuerst muss ein Verständnis für offene Systeme Einzug halten. Weg vom Wunsch nach der eierlegenden Wollmilchsau hin zu Kommunikation zwischen Spezialisten. Interoperabilität. Natürlich müssen diese Systeme nicht nur grundsätzlich untereinander kommunizieren können, sondern sich Informationen im Kontext von Zeit und Aktion liefern, also dann, wenn sie notwendig sind. Hierbei spricht man auch von ereignisgesteuerten Systemen. Dabei gibt es Spezialsysteme für Einzeldisziplinen und Mantelsysteme, die wie ein Multistecker diese offenen Systeme untereinander und letztlich auch mit den Anwenderinnen und Anwender verbinden. Leidet man als Unternehmen unter einer starren und wenig kompatiblen Systemlandschaft, sollte man sich künftig primär nach offenen Systemen und Anbietern mit API-First Strategie umsehen. Aber auch die effiziente und korrekte Integration von Daten in eine Datenhub Schicht ist eine sichere Methode, um die Entstehung von Datensilos künftig zu verhindern und kurzfristig demokratischer auf Daten und Informationen zugreifen zu können.

Letztlich ist das Entstehen eines Datensilos kein ernsthaftes Problem. Wird ein neues Produkt eingeführt, beispielsweise ein PV-Dach oder Ladesäulen für Elektroautos, dann ist es unter Umständen möglich, dass ein gesondertes, neues System hierfür zum Einsatz kommen muss. Landeseiten, Customer Journey, Auftragsmanagement oder sogar Rechnungsstellung sollen zeitnah möglich sein und ohne überbordendes Megaprojekt im Stamm-ERP realisiert werden. „Time to Market" wäre hier der Begriff, der den Treiber beschreibt.

Wir kennen alle die langen Wartezeiten und viel zu teuren Angebote über Änderungen in bestehenden Systemen. „Dabei habe ich doch schon von einem Unternehmen gekauft, damit ich alles aus einer Hand und immer passend habe", so war sicher der Gedanke damals. Da es oft aber keine sichtbare Alternative gibt, muss gewartet und dann gezahlt werden. Leider ist dann der Markt aber oft einfach an einem vorbeigezogen.

Daher ist es absolut sinnvoll, wenn man hier pragmatisch und entschlossen in die Umsetzung mit Spezial- und Nischenanbietern geht. Wichtig ist dabei, sich zu vergewissern, dass dieser Anbieter über eine API-Schnittstelle zum Datenaustausch und zur Prozessautomation verfügt. So lassen sich dann später alle relevanten Prozesse integrieren. Diese Prozesse muss man auch gar nicht von Anfang an in Perfektion automatisiert haben. Oft sind die anfänglich notwendigen Prozessdefizite durch das erst anlaufende Produkt verschmerzbar, und wenn der Laden erstmal richtig läuft, hat man ausreichend gute Argumente für ein kleines Automatisierungsprojekt.

Also: Raus aus der Geiselhaft, rein in die Selbstkontrolle! Fragen Sie Ihre Anbieter, ob und welche Schnittstellen Ihnen zur Verfügung gestellt werden können. Und wenn es exorbitant viel kostet eine Standardschnittstelle freizuschalten oder es nicht sofort ginge, dann sind Sie wahrscheinlich in besagter Geiselhaft. Lassen Sie es nicht zum Stockholm-Syndrom werden [vgl. 12]!

31.4.4 Kooperation und Arbeitsteilung

Kooperation zwischen Abteilungen ist, wenn der Kundenservice dem Vertrieb und Marketing sagt, welche Fragen und Probleme die Kundinnen und Kunden haben und wo sich gegebenenfalls Chancen für eine Erweiterung im Service/Produkt ergeben. Welche Strategien der Wettbewerb bei den Kundinnen und Kunden anwendet. Schön natürlich, wenn diese Mitteilungen nicht in der Kaffeeküche passieren müssen, sondern strukturiert und systematisch abgebildet wären. Aber auch wenn einmal erfasste Daten nicht von jeder Abteilung erneut erfasst oder erweitert werden müssen: Arbeitsteilung ist der Beschleuniger in allen Bereichen. Dazu braucht es ein gutes Verständnis, das eine genaue Sicht auf Prozesse und Zuständigkeiten, aber vor allem auf deren Überschneidung hat. Gerade in der Schaffung crossfunktionaler Teams liegt eine große Chance für effiziente Digitalisierung.

Funktionsübergreifende oder crossfunktionale Teams fanden ursprünglich im Scrum Framework Anwendung, einem Vorgehensmodell des Projekt- und Produktmanagements. Es wurde ursprünglich in der Softwaretechnik entwickelt, wird aber davon unabhängig inzwischen in vielen anderen Bereichen eingesetzt.

In diesem Szenario wird die gesamte Arbeit an einem Produkt, einem Teilprojekt oder einer Prozessdigitalisierung von funktionsübergreifenden Teams erledigt. Das bedeutet, dass die Teams vollständig dafür verantwortlich sind, die gesamten Anforderungen jeweils komplett selbst zu implementieren. Teams sind also so zusammengesetzt, dass sie aufgrund ihrer gemeinsamen Fähigkeiten in der Lage sind, alle Aktivitäten auszuführen, die dafür notwendig sind.

Ein mutiger Schritt, mit dieser Vorgehensweise Teile oder vielleicht auch die gesamte Digitalisierung umzusetzen, aber mit Sicherheit ein lohnender. Durch die unterschiedlichen Teammitglieder kommen oft Lösungen zustande, die eine einzelne Kompetenz nicht erfinden könnte. In dieser Form der Kooperation ist der Blick jenseits des Tellerrandes quasi mit eingebaut.

Alte Regeln verhindern oft den Blick auf das Wesentliche und blockieren pragmatisches Vorgehen. In crossfunktionalen Teams fällt es allen leichter, auch jenseits tradierter Wege zu denken und zu handeln.

Also vergessen Sie die alten Regeln, wo es geht. Falls es tatsächlich zum Chaos kommt und die Projektstruktur zu kippen droht, schnappen Sie sich eben das alte Regelbuch und halten sich daran fest. Am Ende wird es aber nicht so weit kommen.

Kooperation und Arbeitsteilung kann aber auch zwischen Marktteilnehmern entstehen. Nicht in jedem Marktteilnehmer schlummert ein potenzieller Gegner. Teils sind die Aufgaben so groß, dass ein einzelnes Unternehmen sie alleine nicht bewältigen kann, aber wenn wir die Chance auf Kooperation ergreifen und partnerschaftlich miteinander umgehen, dann sind auch Ziele wie die Energiewende schaffbar und gewinnbringend für alle.

Man spricht bei dieser neuen Form der Zusammenarbeit eigentlicher Konkurrenten von der „Koopetition". Der Begriff wurde erstmals 1996 von Adam Brandenburger und Barry Nalebuff in ihrem Buch "Co-opetition" geprägt [vgl. 13].

Zeit, um eine Zoomstufe zurückzugehen und den Markt zu betrachten. Es gibt hier klassisch gesehen nur Konkurrenz! Dieses Denkmuster ist nicht mehr zeitgemäß, also eigentlich schon seit Mitte der 1990er Jahre nicht mehr, aber wir wollen hier niemanden unter Druck setzen, von bewährten Sichtweisen abzurücken. Abgesehen davon betrachten sich regionale Energieversorger weniger als Konkurrenten. Trotzdem wurden in der Vergangenheit nicht selten eher die Dinge neu erfunden als sich die Errungenschaften eines anderen Stadtwerks per Kooperation zu eigen zu machen.

Nun ist das Thema Kooperation und Partnerschaft in der Wirtschaft nicht neu. Ein schöner Vergleich ist der historische Wettlauf zum Mond, der wohl eine der prestigeträchtigsten Wettbewerbs-Situationen der Geschichte darstellt. Jetzt muss man dabei beachten, dass es bei den beiden Kontrahenten eine politisch verordnete Ressourcen-Flatrate gab. Trotzdem gab es viele Rückschläge, und es dauerte schließlich bis zur Mission Apollo 11, bis der Adler gelandet war. Wie viel schneller und effektiver wären wir (als Menschen) wohl auf dem Mond angekommen, wenn zusammengearbeitet worden wäre. Konzentration auf Fachgebiete und Optimierung der Ressourcen. Nicht denkbar? Nun, was ist mit der Internationalen Raumstation? Zusammenarbeit von 16 Staaten funktioniert. Das ist ja auch kein neues Bild, zusammen geht es schneller, einfacher, besser. Funktioniert dies immer, und haben wir daraus gelernt? Betrachten wir den kürzlichen Wettbewerb der Milliardäre um den ersten privaten Raumflug, so muss man sich fragen, ob es wirklich notwendig war, hier einen Wettbewerb unter Superreichen zu veranstalten, oder ob uns die eine Rakete nicht gereicht hätte. Der eine Flug mit William Shatner, uns besser bekannt als Captain James Tiberius Kirk aus der Star Trek-Medienreihe, der mit einer vollkommen neuen Sichtweise auf unseren Planeten und die Menschheit zurückkam. Aber zurück zur Kooperation: Es geht um das Aufbrechen von altem Silodenken und die vollkommen neue Sichtweise auf vermeintliche Konkurrenzbeziehungen zu anderen Marktteilnehmern.

Uns allen ist klar, dass mit Energiewende und Digitalisierung die Herausforderungen wachsen. Aufsichtsräte ebenso wie Geschäftsführerinnen und Geschäftsführer sind angehalten, zu Förderern der Innovation und Managern der Komplexität zu werden.

In diesem Zusammenhang ist der Rahmen für Kooperationen zu setzen. Die Möglichkeiten sind immens, das Ergebnis nichts Geringeres als eine nachhaltige Zukunftssicherung.

Dabei können sich Kooperationen in gemeinsamen Gründungen wie der Trave-Netz der Stadtwerke Lübeck GmbH und der Hansewerk AG, Netzwerken wie dem aus zehn Stadtwerken bestehenden Netzwerk Digitale Daseinsvorsorge zum Austausch und zur Förderung der Zusammenarbeit bei digitalen Geschäftsmodellen, Initiativen wie der Stadtwerke-Initiative Klimaschutz (ASEW) oder Events wie dem Stadtwerke Impact Day (SID) ausprägen.

31.4.5 Agilität als Werkzeug der digitalen Effizienz

Unter Agilität – siehe hierzu insbesondere die Ausführungen von Deppe in diesem Buch – verstehen wir in der Softwareentwicklung Methoden, die die Transparenz und Veränderungsgeschwindigkeit in der Herstellung begünstigen. Hierdurch soll eine schnelle Einsatzfähigkeit des Systems unter der Prämisse eines stetig steigenden Nutzens ermöglicht werden.

Wir können diese Ansätze jedoch auch auf andere Entwicklungen und Projekte anwenden. Und das aus einer Reihe von guten Gründen.

Fokus auf das Wesentliche

Erstens hilft Agilität dabei, uns auf unsere Kundinnen und Kunden zu konzentrieren und ihnen Nutzen zu stiften. Sinnvolle Dinge für unsere Kunden zu tun. Und Agilität hilft uns und unserer Organisation, unserem Unternehmen, unserer Abteilung, Änderungen besser und schneller zu adaptieren. Wahrscheinlich wissen Sie besser als jeder andere, wie viele Veränderungen es in Ihrem Markt gibt und in welchem Zeitraum. Dazu kommen dann noch die Änderungen in der Technologie und von Dienstleistern und in der Regulatorik, Tausende von Tricks und Hacks und zielführende Best Practices.

Es gibt also eine ganze Reihe von Veränderungen, die auf uns und unser Unternehmen einstürzen. Aber oftmals sind unsere Organisationen nicht in der Lage, adäquat darauf zu reagieren. Und warum ist das so? Weil wir immer noch so organisiert sind wie früher. In hierarchischen Strukturen, die nicht um unsere Kundinnen und Kunden herum aufgebaut sind. Wir können neue Informationen nur in den seltensten Fällen direkt in einen Nutzen für unsere Kundinnen und Kunden überführen.

Spontane Plananpassung

Zweitens arbeiten wir vielfach mit Ablaufplänen, Gantt-Diagrammen, nach einem Wasserfall-Modell. Wir erfassen am Anfang alle Notwendigkeiten in einem Plan, dann arbeiten wir den ersten Punkt ab, dann arbeiten wir den zweiten Punkt ab, dann arbeiten wir den dritten Punkt ab und so weiter und so fort. Aber wenn eine Änderung eintritt, wenn etwas von außen auf uns zukommt, wie eine Gesetzesänderung, eine Studienerkenntnis oder etwas ähnliches, dann können wir nicht schnell darauf reagieren, denn laut Plan sind wir ja noch nicht so weit. Und Sie wissen ja, unverhofft kommt oft. Manches ändert sich stündlich, anderes wöchentlich und nicht erst in 6-Monats-Intervallen. Das heißt, wir müssen besser werden in unserem Change-Management. Und dabei hilft uns Agilität.

Also lassen Sie uns einmal über die fünf Prinzipien und ein paar Tipps sprechen, die Agilität für uns und unsere Unternehmen bereithält.

31.4.5.1 Kundinnen und Kunden

Als erstes kommen hier unsere Kundinnen und Kunden. Sie sind die wichtigsten Menschen für uns. Es können interne oder externe Kundinnen und Kunden sein, also Kolleginnen und Kollegen im Kundenservice beispielsweise, oder aber eben auch Kundinnen und Kunden, die etwas bei uns kaufen. Sie sind der Grund, warum es unser Unternehmen oder unsere Abteilung überhaupt gibt. Also sagen wir „Die Kundinnen und Kunden sind unsere Nummer 1!". Wir stellen sie also ins Zentrum unserer Arbeit. Und eine gute Art, dies zu tun, sind sogenannte User-Stories. Auf diese Weise schaffen Sie es, sich in die Kundinnen und Kunden zu versetzen und zu erfassen, was Ihre Kundinnen und Kunden brauchen. Was Sie machen können, um die Ziele Ihrer Kundinnen und Kunden zu erfüllen. Und dafür braucht es nur eine simple Formulierung:

Als Kunde/Kundin, Einkäufer/Einkäuferin oder Mitarbeitender/Mitarbeitende im Kundenservice möchte ich, was auch immer ich als Ziel habe, damit ein Ziel erfüllt wird. Auf diese Art kann ich nun schnell und einfach meinen Nutzen dokumentieren. Und zwar in einem Satz: „Als „Rolle" möchte ich „die Zielsetzung", damit ein „Nutzen" entsteht." Übertragen auf einen fiktiven Fall also: „Als "Kundenservicemitarbeitende" möchte ich "Änderungen in einer Glasfaserbestellung in einer einzigen Maske einpflegen können", damit ich "innerhalb von maximal 3 Minuten den Fall abgeschlossen habe".

31.4.5.2 Interdisziplinäre Teams

Als nächstes dann das interdisziplinäre Team, und mit diesem Punkt wischen wir dann tatsächlich die alten hierarchischen Konzepte vergangener Tage vom Tisch der Zusammenarbeit. Wir nehmen all diese funktionalen Silos, die in unseren Organigrammen stehen und nehmen sie alle auseinander. Dann formen wir daraus immer genau die Art crossfunktionaler Teams, in denen Contentmanagern, Designern, Programmierern, Inbound-Marketern, Datenanalysten, Vertrieblern, Technikern und Projektmanagern gemeinsam an einem Ort sitzen, zusammenarbeiten, am selben Thema zur selben Zeit. Niemand geht. Keiner verlässt das Büro oder das Gebäude oder muss eine E-Mail senden, um einem Kollegen eine Frage zu stellen oder etwas zu erklären. Wir reduzieren die Kommunikation auf Mensch-zu-Mensch-Interaktion und verzichten auf lästige E-Mails und Instant Messaging. – Das ist die wahre Stärke von Agilität.

Dabei gibt es einige Werkzeuge, die uns dabei helfen, z. B. Stand-Up-Meetings. Es gibt nur wenige Meetings im Agilitätsprozess. Dies ist eines davon, und wenn es länger als 10 Minuten dauert, ist etwas schief gelaufen.

Stellen Sie sich vor, Sie hätten nur ein Meeting von der Dauer von 10 Minuten. 10 Minuten, einmal am Tag, und dann können Sie sich wieder Ihrer echten Arbeit widmen. Arbeit, die Nutzen für Ihre Kundinnen und Kunden bringt. Gut, oder?

Und so funktioniert ein Stand-Up-Meeting. Der Reihe nach rund um den Tisch steht jeder auf und erzählt – in aller Kürze – diese drei Dinge:

- Was habe ich gestern gemacht?
- Was mache ich heute?
- Welche Dinge hindern mich in meiner Arbeit?

Wir reden dann über mögliche Problemlösungen, aber auch nur wenige Sekunden.

31.4.5.3 Handeln ermöglichen

Prinzip 3 ist das Prinzip, immer ein Handeln zu ermöglichen, also dem Team immer die Möglichkeit zu geben, tätig werden zu können. Grundsätzlich gilt hier die einfache Regel, dass etwas tun immer besser ist als nichts tun. Ganz nach Dr. Eberhard Rau: „Tun, was man tun kann, ist besser, als gar nichts zu tun, nur weil man glaubt, wenig tun zu können." [vgl. 14]

Wenn wir mit einem Problem konfrontiert werden, einer politischen Entscheidung, irgendeinem Hindernis, dann können wir es auf unsere User Story herunterbrechen und erhalten eine Antwort wie z. B. „Ja, das ist sinnvoll. Es hilft dem Kunden."

Wir prüfen also alles, was wir tun, auf den Kundennutzen hin, damit wir zielgerichtet in unserer Arbeit fortfahren können. Es gibt im agilen Prozess übrigens eine Rolle, die nichts anderes zu tun hat, als Hindernisse zu beseitigen, damit das Team problemlos arbeiten kann. „Etwas tun" ist also immer besser ist als „nichts tun".

Eine weitere Empfehlung ist „Nein" sagen. Wenn Sie also Ihre User Stories formuliert haben und begonnen haben, diese umzusetzen, und jemand kommt zu Ihnen und sagt: „Ich brauche Sie jetzt und Sie haben dies und das zu tun," dann erzeugt das jetzt, in diesem Moment, keinen Kundennutzen. Was Sie also jetzt tun müssten, wäre Ihre begonnene Arbeit an der User Story zu beenden. Wir wollen aber die Menge der sinnvollen echten Arbeit maximieren. Im Sinne der Kundinnen und Kunden. Das schaffen Sie nur, wenn Sie auch mal „Nein" sagen. Also sagen Sie „Nein".

31.4.5.4 Liebe die Iteration

Und unser letztes Prinzip ist die Liebe zur Iteration, die Liebe zur Wiederholung. Unser iteratives Vorgehen beschreibt den Vorgang, sich schrittweise unserer Lösung zu nähern. Jedes Mal mit einem Nutzen als Zwischenstand.

Okay, Liebe ist ein großes Wort, aber Sie verstehen, was wir meinen.

Wenn wir also nicht in starren 6- oder 12-Monats-Zyklen arbeiten wollen, wenn wir Ergebnisse in 2- oder 4-Wochen-Zyklen erarbeiten wollen, dann brauchen wir ein anderes, ein flexibles Modell. Eric Ries – der Erfinder des Lean Startups – postulierte schon 2011 den Zyklus aus Erstellen, Messen, Lernen [vgl. 15]. Die Idee hierbei ist es, ein Produkt oder eine Marketingkampagne zügig zu finalisieren und sie zu starten und dann zu sehen (zu messen), wie sie für unseren Kundinnen und Kunden funktioniert.

Und wenn das Ergebnis nicht perfekt ist? Dann ist das okay. Wir lernen ja daraus. Und dann, zwei Wochen später, machen wir es besser. Wir denken und handeln in Zyklen, kurzen Iterationen.

Wenn wir in diesem Zyklus stecken, machen wir die Dinge besser und messen wieder, ob die Kundinnen und Kunden dies honorieren. Und wenn es wieder nicht geklappt hat, dann machen wir es eben noch einmal. Wir wiederholen diesen Zyklus wieder und wieder, bis wir den gewünschten Effekt erzielen, und dann nochmals, um immer besser zu werden.

Und das führt uns zu unserem letzten Punkt.

31.4.5.5 Du bist nicht perfekt

„Du bist nicht perfekt. Ich bin nicht perfekt, wir alle sind nicht perfekt. Wir sind schon echt okay, aber wir sind nicht perfekt. Und das ist okay so." Wir wollen ja gar nicht perfekt sein. Perfektion gibt es ja auch gar nicht, und deshalb ist Perfektion etwas, das uns in unserer Arbeit hindert, etwas Gutes zu erschaffen und es zum Kunden zu bringen. Perfektionswille schafft Monolithen. Das ist nicht unser Ziel. Wir wollen unseren Kundinnen und Kunden vieles liefern, viel Nutzen erzeugen und das so schnell, wie es geht. Wir müssen nicht einmal im Jahr etwas liefern das vielleicht perfekt ist. Wir sollten zwölfmal im Jahr etwas liefern, das einen Nutzen bringt. Besinnen wir uns immer auf die User Story. Das ist es, was wir liefern müssen. Und wenn es nicht klappt, dann eben in zwei Wochen.

31.5 Fazit: Warum brauchen wir eine Digitale Effizienz?

Jetzt haben wir das zusammen alles durchgearbeitet und sind weitestgehend einer Meinung, dass es hier und da immer unterschiedliche Sichtweisen gibt. Aber was sind nach solch einem anstrengenden Kapitel unsere Learnings, was nehmen wir mit, und vor allem, warum brauchen wir digitale Effizienz?

Ganz einfach: Ohne digitale Effizienz kann auf Dauer kein Stadtwerk am Markt bestehen. Kerngeschäft ist der Handel mit einem margenschwachen Kernprodukt ohne erkennbare Eigenschaften unter hohem Wettbewerbsdruck. Es geht also um alles.

Die digitale Effizienz hat das Potential, einen steten Prozess der Verbesserung, der Vernetzung innerhalb und außerhalb des Stadtwerks und der Kreativität freizusetzen. Kann dieses Potenzial gehoben werden, besteht die Chance, dass sich die Stadtwerke aus der Todesspirale der schwindenden Margen befreien und aus ihrer kommunalen Identität den dauerhaften, nicht angreifbaren Wettbewerbsvorteil schöpfen.

Digitalisierung ist omnipräsent und eine Herausforderung für jedes Unternehmen, für jede Abteilung und alle Mitarbeitenden. Man kann sie als Angriff auf tradierte Methoden und Prozesse verstehen. Sie kann Ängste auslösen oder beflügeln, aber sie ist immer eine Teamaufgabe.

Wenn etwas wert ist, getan zu werden, dann ist es auch wert, gut getan zu werden. Bei der Digitalisierung geht es um Veränderung. Es geht um äußere Veränderung im Markt und im Kundenverhalten, es geht aber auch um das Aufräumen alter Strukturen und das kritische Betrachten vorhandener Vorgehensweisen und Prozesse.

Es ist an der Zeit, Freiräume zu schaffen und Gestaltungsmöglichkeiten zu geben. Genau darum geht es bei der Digitalisierung. Herumspielen und neue Dinge ausprobieren. Man kann ein Digitalisierungsprojekt nicht komplett durchplanen. Illusorisch große Monolithen wären die Folge. Eine Fertigstellung wäre nur unter maximalen Ineffizienzen möglich. Und genau da steigen auch die meisten Mitarbeiter aus. Wenn die Digitalisierung nicht transparent und verständlich kommuniziert wird und ein Umsetzungsteam völlig abgeschottet im Nerdkeller vor sich hin arbeitet, dann stößt man andere Kolleginnen und Kollegen vor den Kopf und erntet alles andere als Verständnis und ein Wir-Gefühl. Ohne ausreichende Kommunikation schafft man Ängste, und die Digitalisierung wird als Bedrohung wahrgenommen. Menschen sperren sich und behindern digitale Effizienz.

Digitalisierung wird zudem mehr und mehr elementarer Bestandteil der Wettbewerbsfähigkeit lokaler Energieversorger, ist Treibstoff von Sparpotenzialen und neuen Geschäftsmodellen. Und eben wegen dieser Wichtigkeit haben wir nicht ewig Zeit. Wir brauchen digitale Effizienz. Es ist notwendig, die Projekte aus dem Nerdkeller zu holen und sie sichtbar zu machen. Sichtbarkeit schafft Verständnis und Vertrauen und kann die Kraft eines viel größeren Teams mobilisieren als derzeit im Keller Platz findet. Interdisziplinäre Teams können das wahre Potenzial an Kreativität und Leistungsfähigkeit entfesseln und sind in der Lage, Silos zu sprengen.

Es kommt nicht darauf an, welches System, welche Software im Detail den Zuschlag erhält. Es kommt darauf an, dass gerade die kleinen und lokalen Energieversorger entschlossen und mutig sich dieses mächtigen Werkzeugs bedienen und dadurch handeln. Ihr könnt viel mehr als ihr denkt.

Vielen Dank fürs Lesen, viel Spaß mit den anderen Kapiteln und auf bald!

Torben Keck, Matthias Mett, Torsten Maas und Eike Dehning

Ach ja, kommen wir noch einmal auf die Kundinnen und Kunden mit E-Mail Adresse aus Ihrem CRM zurück. Wie ist das Ergebnis? Wenn Sie eines haben, dann sind Sie wahrscheinlich schon einmal stolzes Mitglied der oberen 30 % aller Stadtwerke. Wenn Sie dies auch noch in weiterverarbeitbarer Form, zumindest als Export, haben, dann gehören Sie schon zu den oberen 20 %, und wenn Sie nun noch automatisiert, ach lassen wir das. Auch dies ist ein schönes Beispiel für die digitale Effizienz, die wir brauchen!

Literaturverzeichnis

[1] Secretary Rumsfeld und Gen. Myers, Defense.gov News Transcript, United States Department of Defense (defense.gov).
[2] YouTube-Video: https://www.youtube.com/watch?v=REWeBzGuzCc vom 12. Februar 2002, abgerufen am 4. März 2022 (englisch).
[3] Rumsfeld, D. (2011). Known and Unknown: A Memoir.
[4] Gladen, W. (2003). Kennzahlen- und Berichtssysteme: Grundlagen zum Performance-Management, 64.
[5] Verordnung (EU) 2016/679 des Europäischen Parlaments und des Rates vom 27. April 2016 zum Schutz natürlicher Personen bei der Verarbeitung personenbezogener Daten, zum freien Datenverkehr und zur Aufhebung der Richtlinie 95/46/EG.
[6] Müller-Brehm, J., Otto, P. und Puntschuh, M. (2020). M. Puntschuh, Informationen zur politischen Bildung, Heft 344. Bundeszentrale für politische Bildung: https://www.bpb.de/shop/zeitschriften/izpb/digitalisierung-344/318096/einfuehrung-und-ueberblick-was-bedeutet-digitalisierung/, abgerufen am 29. März 2022.
[7] Stromversorgung – Versorgerwechsel privater Haushalte in Deutschland bis 2020. https://de.statista.com/statistik/daten/studie/155539/umfrage/anzahl-der-versorgerwechsel-in-der-stromversorgung-seit-2005/.
[8] Monitoringbericht (2021). Bundesnetzagentur, Dezember 2021, Bonn, S. 272.
[9] con Hendrik Oerding in der Zeit-Online (2020). https://www.zeit.de/digital/datenschutz/2020-09/schufa-datenbank-stromanbieter-wechsel-kunden-datenschutz-datennutzung.
[10] von Lea Busch, Peter Hornung aus der Sendung Panorama 3 im NDR (2020). https://www.ndr.de/fernsehen/sendungen/panorama3/Umstrittene-Plaene-Mit-Datenbanken-gegen-Wechselkunden,energieversorger106.html.
[11] Schmelzer, H. J. und Sesselmann, W. (2013). Geschäftsprozessmanagement in der Praxis, 8. Aufl., 52.
[12] Raack, A. (2016). Die Geburt des „Stockholm-Syndroms". Hamburg: Der Spiegel. https://www.spiegel.de/geschichte/stockholm-syndrom-so-entstand-die-bezeichnung-a-1109897.html. Zugegriffen am: 19.03.2022.
[13] Brandenburger, A. und Nalebuff, B. (1997). Co-Opetition Taschenbuch – Illustriert, 29. 1. Aufl. Currency. ISBN: 9780385479509.
[14] Rau (2002). Alles zu seiner Zeit, ein Taschenbuchkalendarium, hg. und verlegt von Dr. Eberhard Rau, Amberg.
[15] Ries, E. (2014). Lean Startup: Schnell, risikolos und erfolgreich Unternehmen gründen, Taschenbuch – Illustriert, 10. Redline Verlag.

Kurzvitae

Torben Keck ist Mitgründer und Geschäftsführer der make better GmbH. Schon seit Beginn seines beruflichen Weges war das Thema der Digitalisierung immer der rote Faden. Über Stationen in Star-

tups der New Economy zur Dotcom-Blase, an der FH Wedel zum Studium der Medieninformatik oder auch als selbständiger Berater formierte sich seine Profession immer mehr zum Vordenker und Wegbereiter der digitalen Wende im Energiebereich.
Mit dem Stadtwerke Impact Day und den "Digitalen Stadtwerken" stellt er sich mit Gleichgesinnten aus der Energiebranche dem Thema Energiewende und Digitalisierung. Unter diesem Dach entstehen Events, Podcasts und Keynotes für eine digitale, grüne Zukunft.
Mit der make better GmbH nimmt er partnerschaftlich mit Stadtwerken und Städten die Hürden der Digitalisierung, schafft Kundenschnittstellen und bereitet den Weg zur grünen SmartCity.

Matthias Mett ist Mitbegründer und Geschäftsführer der make better GmbH, leidenschaftlicher Netzwerker, Experte für digitale Transformation und Unterstützer im Umgang mit Daten und Prozessen. Nach einer praxisorientierten Ausbildung und einem Betriebswirtschaftsstudium arbeitete er in einem mittelständischen Unternehmen mit über 100-jähriger Historie, in Start-Ups in der Dotcom-Blase, einem deutschen Traditions- und einem US-amerikanischen Tech-Konzern.
Er beschäftigte sich früh mit digitalen Geschäftsmodellen, Online-Marketing und Web Analyse, entwickelt Visionen und Konzepte und realisiert diese in crossfunktionalen Teams. In 30 Jahren vielseitiger Erfahrungen gestaltete Matthias Mett Marketing, Produktmanagement und Business Development sowie viele Projekte in partnerschaftlicher Kommunikation auf Augenhöhe.
Als Initiator der "Digitale-Stadtwerke" und Teil des "Stadtwerke Impact Day" organisiert und produziert er Events, Beiträge und Podcasts zur Einordnung und Orientierung im Lösungsdschungel digitaler Herausforderungen für Stadtwerke. Mit der make better GmbH liefert er Software und Lösungen für die Kundenschnittstelle und Urbane Plattformen.

Torsten Maas ist Mitgründer und Geschäftsführer der make better GmbH und beschäftigte sich bereits während seines Studiums der Wirtschaftsinformatik an der FH Wedel intensiv mit der Digitalisierung von Geschäftsprozessen. So entwickelte er 2002 das erste "Online Service Center" zur Abwicklung von rein digitalen Kundenprozessen für mehrere deutsche Krankenkassen. Hieraus entstand die elbkutter GmbH, die primär die Digitalisierung von Geschäftsprozessen durchführte. Ein

Ergebnis war eine der ersten im internationalen Konzernbereich nutzbaren und dabei immer komplett datenschutzkonformen Online-Teilnehmerverwaltungen für alle Prozesse vom Einladungs- und Buchungsmanagement bis hin zur Eventdurchführung. Vor Gründung der make better GmbH zeichnete er sich in der Rolle des CTO aus, der verantwortlich für globale Messenger-Prozesse SS7 und Cloud Communication Services war.
Diesen Umgang mit Big Data bildet er nun im Smart City Bereich ab. Er verantwortet bei der make better GmbH die Architektur und Entwicklung der Produkte ConsumerHub und SmartCityHub, die über Kunden- und Bürgerschnittstellen die digitale Teilhabe des Menschen in den Vordergrund rücken.

Eike Dehning ist als freiberuflicher Berater in den Themen Erneuerbare Energie, Mobilität und Digitalisierung aktiv. Der Dipl. Volkswirt hat in Mainz, Lausanne und Hamburg studiert, einige Jahre Science Center konzipiert und gebaut, den Vertrieb eines mittelständischen Solarunternehmen geleitet und Geschäftsentwicklung im Onlinemarketing betrieben. Er lebt und arbeitet in Hamburg. Unter anderem ist er heute für OMR als Produzent der jährlichen "State of the German Internet" Keynote aktiv, begleitet den Smart Parking e. V. bei der Etablierung einer offenen Plattform für digitales Bezahlen im kommunalen Umfeld als Marktstandard und ist Mit-Kurator des Stadtwerke Impact Day und regelmäßiger Referent beim Forum Neue Energiewelt.

Gero Bieser

32 Asset Management in der Energiewende – Anforderungen und Technologien

Zusammenfassung: Auf Grund der Energiewende steigen die Anforderungen an Asset Management Lösungen, die den Lebenszyklus von Stromnetzen und Kraftwerken unterstützen. Die Investitions- und Instandhaltungsplanung benötigt jederzeit genaue Informationen über den aktuellen und auch den zukünftigen Zustand der Anlagen, um die Versorgungssicherheit weiterhin zu gewährleisten. Vormals getrennte Lösungen für Investitionsplanung, Instandhaltung und Rückbau werden daher zunehmend integriert und durch weitere Lösungen wie das Asset Performance Management ergänzt, das ein Risikomanagement ermöglicht und den Zustand von Anlagen in Echtzeit überwacht und vorhersagt. Dabei spielt besonders die vorausschauende Instandhaltung – Predictive Maintenance – eine wichtige Rolle. Wegen der steigenden Anzahl von dezentralen und erneuerbaren Energiequellen müssen zudem Prognosen zu Energieerzeugung und -verbrauch bei der Investitions- und Instandhaltungsplanung berücksichtigt werden. Der Einsatz neuer Technologien wie Maschinelles Lernen, das Internet der Dinge (Englisch: Internet of Things, IoT) und virtuelle Sensoren ermöglicht dabei datenbasierte Entscheidungen und automatisierte Prozesse, die notwendig sind, um die Anforderungen der Energiewende zu erfüllen.

Schlagwörter: Maschinelles Lernen, Predictive Maintenance, Asset Performance Management, digitaler Zwilling, Internet of Things

32.1 Einführung

Die Auswirkungen und Herausforderungen der Energiewende sind längst in der öffentlichen Diskussion angekommen. Der Bau von Solaranlagen, Windparks, Hochspannungsleitungen, die Notwendigkeit von Elektromobilität und Wasserstofferzeugung und auch die von Atomkraft werden auf breiter Basis in der Gesellschaft betrachtet. Nicht so sehr im Fokus der Öffentlichkeit, aber dennoch von großer Bedeutung, ist die Frage, wie sich die Energiewende auf das Management der Erzeugungsanlagen und Stromnetze, das *Asset Management*, auswirken wird und auswirken muss.

Neben neuen Erzeugungsanlagen und dem Ausbau der Netze, die beide angefangen von der ersten Investitionsplanung über den gesamten Lebenszyklus begleitet werden müssen, geht es beim Asset Management auch um die Instandhaltung und Erneuerung der bestehenden Anlagen, die in vielen Fällen nicht für die jetzigen Anfor-

Gero Bieser, SAP SE, Dietmar-Hopp-Allee 16, 69190 Walldorf, Deutschland, e-mail: gero.bieser@sap.com

https://doi.org/10.1515/9783110753585-032

derungen konzipiert wurden. Das bekannteste Beispiel ist die Stromerzeugung durch private Solaranagen im Niederspannungsnetz, die den Stromfluss an sonnigen Tagen umkehrt. Zudem müssen viel mehr Einflussgrößen berücksichtigt werden als früher, die Verbreitung von Elektroautos und Wärmepumpen, die Volatilität von erneuerbaren Energiequellen, die zukünftige Entwicklung von Batteriespeichern oder die Umwandlung von elektrischem Strom in Wasserstoff. Das führt dazu, dass – mehr noch als früher – ein ganzheitlicher Ansatz verfolgt werden muss, der alle diese Faktoren berücksichtigt. Dies gilt sowohl für die Instandhaltung bestehender Anlagen als auch für die Investition in neue Anlagen. Daher müssen neue Strategien und Methoden eingeführt, Verbrauchs- und Erzeugungsprognosen berücksichtigt und neue Technologien erprobt und genutzt werden.

Dieses Kapitel beschreibt diese neuen Strategien und Technologien. Der erste Abschnitt beginnt mit den Grundlagen des Asset Managements. Der nächste Abschnitt stellt einige der neuen Technologien vor und die weiteren Abschnitte behandeln die Anwendung dieser Technologien in der Instandhaltung und der Investitionsplanung, jeweils unter Berücksichtigung von Energieprognosen. Der letzte Abschnitt widmet sich dann der Stillstandsplanung und schließlich der Stilllegung von Anlagen.

32.2 Grundlagen des Asset Managements

Das Asset Management, oder als deutscher Begriff, die Anlagenwirtschaft, umfasst die Verwaltung von Anlagen, also bei Energieversorgern z. B. Stromnetze und Kraftwerke, und die Investitions- und Kostenplanung des Anlagevermögens. Das Asset Management betrachtet dabei den gesamten Lebenszyklus der Anlagen. Dieser beginnt mit der Planung und dem Neubau, gefolgt von der Investitionsplanung sowie der Phase des Umbaus, der Erweiterung und der Modifikation. Abgeschlossen wird der Zyklus schließlich durch die Stilllegung und den Rückbau.

Die Standards DIN ISO 55000, 55001 und 55002 definieren die Grundlagen des Asset Managements (vgl. [1, 2]). Die DIN ISO 55000 beschreibt die Grundlagen des Asset Management und erklärt die relevanten Begriffe. Die DIN ISO55001 beschreibt die Anforderungen an Aufbau, Implementierung, Erhaltung oder Verbesserung eines Asset Managementsystems und außerdem die Anforderungen zur Zertifizierung eines Unternehmens. Ein Leitfaden für die praktische Umsetzung eines Asset Managementsystems ist in der DIN ISO55002 ausgeführt.

Als zentrale IT-Systeme werden Enterprise Asset Management (EAM) Systeme seit vielen Jahren für das Asset Management eingesetzt. Hier werden die Stammdaten und Strukturen der Anlagen hinterlegt, die Instandhaltung geplant, Arbeitsaufträge erstellt und prozessiert, Kosten erfasst und somit die Instandhaltungshistorie aufgebaut. Das EAM-System sollte dazu mit dem Finanzwesen, dem Personalwesen und der Materialverwaltung im ERP-System integriert sein.

Um den Lebenszyklus einer Anlage komplett abzubilden, wird eine Integration zu weiteren Systemen benötigt. Dazu gehören, wie in der Abbildung 32.1 dargestellt, die in den späteren Abschnitten beschriebenen Systeme für Asset Investitionsplanung (AIP), Projekt und Portfolio Management (PPM) und Asset Performance Management (APM). Bei allen Prozessen werden Daten zwischen den verschiedenen Systemen ausgetauscht. Wenn das APM z. B einen kritischen Zustand einer Anlage erkennt, wird im EAM eine Meldung und anschließend ein Wartungsauftrag angelegt. Ein anderes Beispiel sind geplante Investitionen im AIP, die zu Projekten im PPM und dann zu Arbeitsaufträgen im EAM führen.

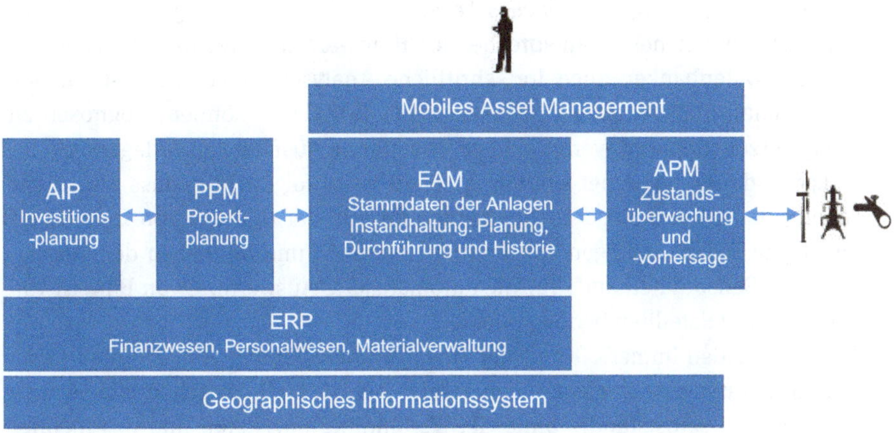

Abb. 32.1: Schematische Darstellung der IT-Systemlandschaft für das Asset Management.

Insbesondere geographisch verteilte Anlagen wie Stromnetze werden außerdem auf Karten dargestellt. Daher sollten das EAM-System und die Planungssysteme auch mit einen Geographischen Informationssystem (GIS) verbunden sein. Zusätzlich werden Techniker seit einigen Jahren mit mobilen Asset-Management-Lösungen ausgestattet, damit sie vor Ort Zugriff auf alle relevanten Informationen haben und Daten, Messwerte und Anlageninformationen erfassen können.

32.3 Neue Technologien

Das Beratungsunternehmen Deloitte fragte Versorgungsunternehmen im Dezember 2020 „Welches sind derzeit die wichtigsten digitalen Technologien?“ (vgl. [3]). Das Thema Künstliche Intelligenz / Maschinelles Lernen wurde mit einem Anteil 55 % bei weitem am häufigsten genannt. Als weitere Technologien folgen Cloud-Software mit 21 %, das Internet of Things (IoT) mit 14 % und die beiden Themen Drohnen und Augmented Reality/Virtual Reality mit jeweils 5 %.

Die genannten Technologien spielen insbesondere im Asset Management eine wichtige Rolle, da sie in den letzten Jahren entscheidend weiterentwickelt wurden.

- Das *Internet of Things* (IoT): Die Anzahl der Sensoren im Stromnetz hat sich in den letzten Jahren vervielfacht. Windkraftanlagen sind mit hunderten von Sensoren ausgerüstet, Transformatoren in Niederspannungsnetzen, die bisher kaum Daten lieferten, werden mit Sensoren ausgerüstet, und Smart Meter liefern große Datenmengen. Dabei ist es wichtig, dass nicht nur alle Arten von Sensoren weiterentwickelt wurden, sondern dass deren Daten auch effektiv – eben über das IoT – eingesammelt und prozessiert werden können. Und ebenso entscheidend ist es, dass Rechnerkapazität zur Verfügung steht, um diese Daten auszuwerten.
- *Künstliche Intelligenz/Maschinelles Lernen*: Für die Auswertung der Daten aus dem IoT werden neben entsprechender Hardware und Technologien wie in-Memory Datenbanken auch fortschrittliche Analysemethoden, selbstlernende Algorithmen und neuronale Netze benötigt. Erst damit können Prognosen zu Energieerzeugung und -verbrauch, zu erwartende Ausfälle von Anlagen und ihre Lebensdauer berechnet werden. Insofern ist es folgerichtig, dass Künstliche Intelligenz (KI) und Maschinelles Lernen (ML) in der Umfrage von Deloitte als wichtigste Technologie genannt wurden. Zumal KI und ML neben der Auswertung von Sensordaten auch für die automatisierte Auswertung von Bildern von Drohnen und Satelliten benötigt werden.
- *Drohnen* werden immer öfter in der Zustandsüberwachung von Stromleitungen und im Vegetationsmanagement eingesetzt (vgl. [4, 5]). Inzwischen gibt es auch Drohnen, die selbstständig ohne GPS-Verbindung navigieren und in Pipelines oder im Inneren von Gebäuden eingesetzt werden können. Neben Drohnen können auch Bilder von *Satelliten* im Asset Management genutzt werden (vgl. [6]).
- *Augmented Reality/Virtual Reality (AR/VR)*: Smart Glasses können Techniker am Einsatzort unterstützen, indem sie Information zu den Anlagen oder Anleitungen einblenden. Das gilt insbesondere für die Visualisierung unterirdischer Versorgungsleitungen [7]. Experten, die sich nicht vor Ort befinden, können die Anlagen über Kameras sehen und per Remote Support Unterstützung geben. Auch in der Ausbildung von Technikern kann AR und VR eingesetzt werden [8]. Neben Smart Glasses können für Augmented Reality (AR) auch andere Geräte wie Smartphones und Tabletts verwendet werden. Mobile Asset-Management-Lösungen werden daher um AR/VR Funktionen erweitert.
- Obwohl in der Deloitte Umfrage nicht genannt, werden auch *Real-time Engineering Simulationen* im Asset Management eine zunehmend wichtigere Rolle spielen. Sie ermöglichen die Modellierung von digitalen Zwillingen in Echtzeit. Dabei werden Strukturen wie Windkraftanlagen, Brücken oder Staudämme im Rechner nachgebildet um z. B. das Verhalten und die Kräfte zu berechnen, die auf diese Strukturen wirken. Auf diese Wiese kann man *virtuelle Sensoren* definieren, die an jeder beliebigen Stelle der Struktur angebracht werden können. Das ist nicht nur günstiger als eine große Zahl echter Sensoren. Virtuelle Sensoren können sich

auch an Stellen befinden, z. B. in einer Pipeline, die in Wirklichkeit nicht zugänglich sind. Ein Anwendungsbeispiel für diese Simulationen sind Brücken, die in Norwegen kontinuierlich überwacht werden [9].

- In der Umfrage von Deloitte wurde *Cloud Software* noch vor dem IoT als zweitwichtigste Technologie genannt. Ein entscheidender Vorteil von Software, die als Cloudlösung verwendet wird, ist die kurzfristige Verfügbarkeit neuer Funktionen und Technologien. Für on-premise Lösungen, also für Lösungen, die die Unternehmen selbst installieren und warten, gibt es im Allgemeinen ein neues Release pro Jahr, das aber von den Unternehmen oft erst viele Jahre später im Rahmen eines Migrationsprojektes tatsächlich genutzt wird. Cloud Software wird dagegen vom Softwarelieferanten wesentlich häufiger oder sogar kontinuierlich aktualisiert, und die neuen Funktionen stehen sofort zur Verfügung. Dies ist bei der schnellen Entwicklung in den oben genannten Bereiche Datenauswertung, Bilderkennung und der Verbindung zu externen Datenquellen oft von entscheidender Bedeutung.

32.4 Instandhaltung

Zentrale Aufgabe des Asset Managements ist es, die Anlagen instand zu halten und damit die Verfügbarkeit und Versorgungssicherheit zu gewährleisten. In vielen Fällen können neue Instandhaltungsstrategien Kosten sparen und die Ausfallsicherheit erhöhen. Das bedeutet aber nicht, dass die bisherigen Strategien obsolet sind. Vielmehr muss für jede Anlagenklasse entschieden werden, eventuell auch für einzelne Anlagen, welche Strategie den höchsten Nutzen im Verhältnis zum Aufwand bringt. In diesem Abschnitt werden zunächst Instandhaltungsstrategien vorgestellt und dann die vorausschauende und die zuverlässigkeitsorientierte Instandhaltung genauer beschrieben.

32.4.1 Instandhaltungsstrategien

Im Wesentlichen kann man folgende Arten der Instandhaltung unterscheiden:

- *Korrektive* Instandhaltung, die Reparatur nach einem Ausfall, kann für unkritische Anlagen oder Teile eine sinnvolle und kostengünstige Möglichkeit sein. Wenn ein Ausfall oder Fehler gemeldet wird, wird ein Reparaturauftrag im EAM-System angelegt.
- *Vorausbestimmte* Instandhaltung, also abhängig von der Einsatzdauer. Dabei kann es sich um die Zeit handeln, seit der die Anlage installiert wurde, die Dauer, in der die Anlage tatsächlich in Betrieb war, oder auch um einen anderer Parameter, wie die Anzahl der Schaltvorgänge. Auf Basis von Herstellerangaben,

gesetzlichen Bestimmungen oder Erfahrungswerten werden dazu im EAM-System Wartungspläne angelegt, die festlegen, nach welcher Einsatzdauer eine Wartung durchgeführt werden muss. Die vorausbestimmte Instandhaltung ist eine sinnvolle Methode wenn die Ausfallwahrscheinlichkeit ab einem bekannten Zeitpunkt ansteigt, wie in Abbildungen 32.2a und 32.2b dargestellt. Die sogenannte Badewannenkurve in Abbildung 32.2b ergibt sich daraus, dass bei einigen Anlagen auch kurz nach Inbetriebnahme gehäuft Fehler auftreten. Bei vielen Anlagen hängt die Ausfallwahrscheinlichkeit allerdings nicht direkt von der Einsatzdauer der Anlage ab, wie in Abbildungen 32.2c und 32.2d gezeigt. In diesen Fällen sind daher andere Strategien notwendig.

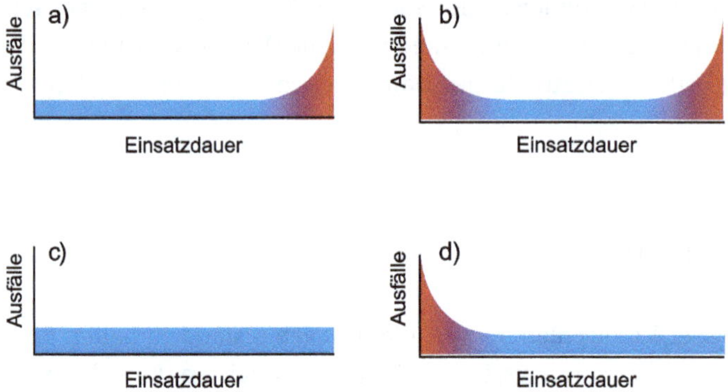

Abb. 32.2: Mögliche Ausfallverteilungen in Abhängigkeit von der Einsatzdauer einer Anlage.

- Bei der *zustandsorientierten* Instandhaltung wird der Zustand der Anlage z. B. durch Sensoren oder bei Inspektionen erfasst. Wenn ein Schwellwert unter- oder überschritten ist, erfolgt eine Wartungsmaßnahme, also z. B. bei der Überschreitung einer definierten Temperatur, einer bestimmten Gaskonzentration im Öl eines Transformators oder den Vibrationen einer Turbine.
- Bei *risikobasierten* Inspektionen finden die Inspektionen nicht regelmäßig statt. Das Risiko als Produkt der Folgen und der Wahrscheinlichkeit eines Störfalls bestimmt die Priorisierung der Anlagen für eine Inspektion.
- Bei der vorausschauenden Instandhaltung (*Predictive Maintenance*) wird der Zustand einer Anlage mit einem Algorithmus aufgrund von Sensordaten, Stammdaten der Anlage oder der Instandhaltungshistorie vorhergesagt. Details dazu beschreibt der Exkurs Predictive Maintenance in Abschnitt 32.4.4.
- *Prescriptive Maintenance*: Dabei wird ein Ausfall nicht nur vorhergesagt, sondern der Algorithmus ermittelt zusätzlich, welche Maßnahmen notwendig sind, um den Ausfall zu vermeiden und gibt eine entsprechende Empfehlung ab. Diese Strategie wird allerdings bei Energieversorgern noch nicht in größerem Umfang eingesetzt.

Die Abbildung 32.3 zeigt als Beispiel, wann und mit welchen Methoden Ausfälle erkannt werden können: Kurz vor dem Ausfall kann ein Techniker einen Fehler z. B. wegen Geräuschen oder hoher Temperatur erkennen. Zu einem früheren Zeitpunkt kann ein Fehler bei einer Zustandsmessung, also z. B. bei einer Ölanalyse oder einem Batterietest, entdeckt werden. Durch ML können Fehler deutlich früher erkannt werden. Mit virtuellen Sensoren auf Basis von Engineering Modellen ist eventuell ein weiterer Zeitgewinn möglich. Der Exkurs Predictive Maintenance beschreibt das Vorgehen dabei.

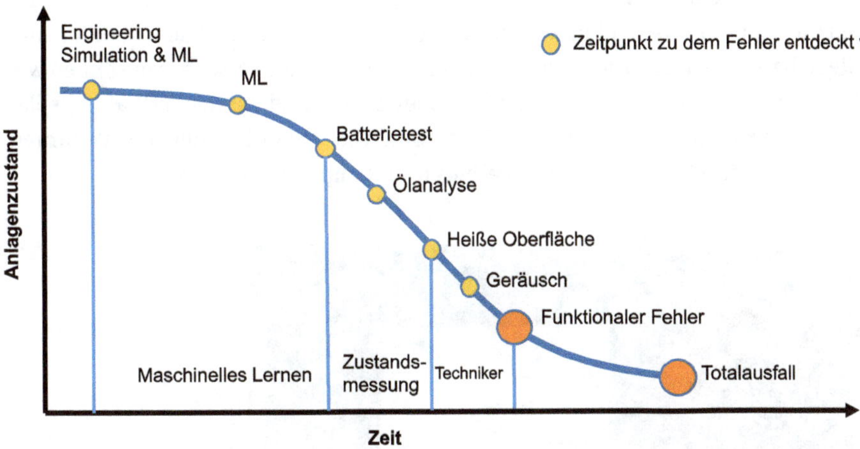

Abb. 32.3: Zeitpunkt der Fehlererkennung mit verschiedenen Analysemethoden [Grafik SAP].

Je früher ein möglicher Fehler erkannt wird, desto mehr Zeit bleibt natürlich, Maßnahmen einzuleiten, Ersatzteile zu bestellen und einen Ausfall zu vermeiden. Auch der Aufwand für eine Wartungsmaßnahme kann dadurch oft verringert werden, da der Schaden an der Anlage kleiner oder noch gar nicht eingetreten ist.

32.4.2 Datenquellen und digitaler Zwilling

Für alle Instandhaltungsstrategien sind ausreichende und vor allem korrekte und konsistente Daten eine entscheidende Voraussetzung. Insbesondere gilt dies für datenbasierten Strategien wie zustandsorientierte Instandhaltung und vor allem Predictive Maintenance. Folgende Datenquellen werden dabei vor allem verwendet:

- Das *Enterprise Asset Management* (EAM) System liefert Stammdaten und Bewegungsdaten der Anlagen. Diese umfassen z. B. den Hersteller, das Jahr der Installation und das verwendete Material. Dazu kommen aus der Instandhaltungshistorie Schadensmeldungen, Wartungsaufträge und frühere Ausfälle.

- Das *Geographische Informationssystem* (GIS) liefert geographische Informationen, z. B. die Entfernung zu Wohngebäuden oder kritischen Infrastrukturen, die Lage der Anlage (Küste, Berg etc.) und die Verbindung zu anderen Anlagen.
- Mit *Sensoren*, die entweder bei Inspektionen ausgelesen werden oder die über das IoT online mit zentralen Systemen verbunden sind, können alle Arten von Anlagen wie Transformatoren, Pumpen und Turbinen überwacht werden.
- *Virtuelle Sensoren*, die von Real-time Engineering Simulationen berechnet werden, können reale Sensordaten ergänzen. Abbildung 32.4 zeigt dies an einem Beispiel: Der Stab ist nur mit einem echten Sensor ausgerüstet, der die Neigung misst. Die Kräfte, die auf den Stab wirken, werden auf Basis von hinterlegten Kenndaten des Stabes für jeden Punkt und zu jeder Zeit berechnet. Auf dem Monitor sind die so berechneten Kräfte farbig dargestellt. Diese virtuellen Sensoren können wie Daten von echten Sensoren bei der Risikobewertung und der Instandhaltungsplanung verwendet werden, z. B. bei Windturbinen oder Staudämmen. Das Verfahren kann auch für Flüssigkeiten in Pipelines und Pumpen genutzt werden.

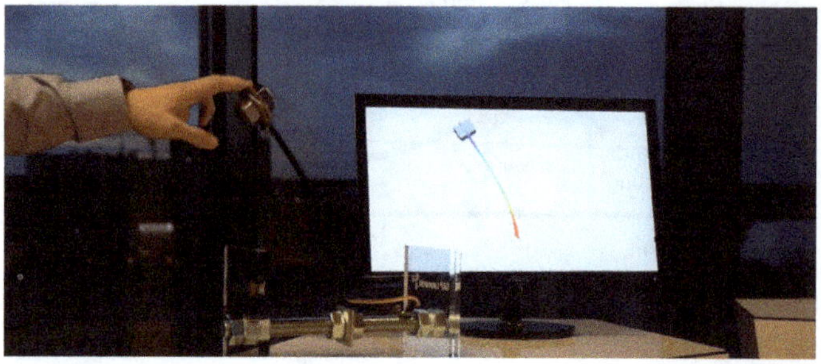

Abb. 32.4: Demonstration virtueller Sensoren am Beispiel der virtuellen Kräftemessung an einem Stab mit Neigungssensor (Foto: SAP).

- *Smart Meter* dienen zwar nicht primär dafür, das Asset Management zu unterstützen, ihre Daten können aber insbesondere dann verwendet werden, wenn es im Niederspannungsnetz zu wenige Sensoren gibt. So kann z. B. die Last auf einer Ortsnetzstation anhand der mit dieser Station verbundenen Smart Meter berechnet werden (vgl. [10]). Smart Meter liefern auch weitere Daten wie z. B. Ausfall- und Störmeldungen, die im Asset Management genutzt werden können.
- Bilder von *Drohnen* und *Satelliten* werden – wie im Abschnitt Technologien beschrieben – immer öfter verwendet, um Schäden an Stromleitungen zu entdecken und um Bäume zu erkennen, die zu nah an Leitungen wachsen und einen Brand auslösen könnten. Die Bilder werden dabei mit Hilfe von KI ausgewertet. Neben Bildern im sichtbaren Spektralbereich liefern auch *Infrarotbilder* wichtige Informationen, z. B. können Abweichungen in der erwarteten Temperaturverteilung bei Transformatoren auf Schäden hinweisen. Die Auswertung von Bildern wird

auch als *Vision Analytics* bezeichnet (vgl. [11]). Ihre Bedeutung im Asset Management wird in den nächsten Jahren vermutlich stark zunehmen.
- Eine weitere Möglichkeit, Schäden frühzeitig zu erkennen, ist die Aufnahmen und Auswertung von Geräuschen einer Anlage. Dieses Verfahren wird auf Englisch als *Airborne Sound Analysis* bezeichnet. Auch hier führen die Verbesserungen in der Signalverarbeitung und beim Maschinellen Lernen dazu, dass z. B. Hintergrundgeräusche besser ausgeblendet werden können und die Analyse von Geräuschen bei der Predictive Maintenance erfolgreich eingesetzt werden kann (vgl. [12, 13]).

Wenn diese Datenquellen zusammengeführt werden, ergeben sie gemeinsam den digitalen Zwilling (Digital Twin) der Anlage. Dabei kann es auch eine virtuelle Zusammenführung der Daten sein, das heißt, die Daten verbleiben in den jeweiligen Anwendungen. Eine weitere Möglichkeit ist, einen sogenannten Data Lake aufzubauen, einen Datenspeicher, der Daten aus den unterschiedlichsten Quellen in ihrem Rohformat aufnimmt (vgl. [14]). Auch wenn der Begriff Digital Twin inzwischen zunehmend verbreitet ist, gibt es dazu keine eindeutige Definition. Zwei beispielhafte Definitionen stammen vom Digital Twin Consortium und vom Industrial Internet Consortium (IIC):
- Das Digital Twin Consortium bezieht sich vor allem auf die Speicherung der Daten: „Ein digitaler Zwilling ist eine virtuelle Darstellung realer Entitäten und Prozesse, die mit einer bestimmten Frequenz und Genauigkeit synchronisiert werden“ [15].
- Das IIC fokussiert darauf, wie ein Digital Twin verwendet wird: „Ein digitaler Zwilling ist eine formale digitale Darstellung eines Assets, Prozesses oder Systems, die Eigenschaften und Verhaltensweisen dieser Entität erfasst, die für Kommunikation, Speicherung, Interpretation oder Verarbeitung in einem bestimmten Kontext geeignet sind“ [16].

Pragmatisch gesehen geht es beim digitalen Zwilling im Asset Management darum, dass – ähnlich wie in der IIC Definition – alle Daten eines Assets zusammengeführt werden, die für die gewählte Asset Management Strategie und die Algorithmen notwendig sind. Das können Daten aus allen oben erwähnten Datenquellen sein, inklusive der Real-time Engineering Simulationen insbesondere bei kritischen Assets.

32.4.3 Reliability Centered Maintenance

Die Entscheidung darüber, welche Instandhaltungsstrategie für eine Anlage am geeignetsten ist, hängt unter anderem davon, ab welche Auswirkungen der Ausfall der Anlage hat. Die Auswirkungen z. B. in Bezug auf Versorgungssicherheit, finanzielle Einbußen oder ökologische Schäden werden daher bei einer Risikobewertung bestimmt. Zusätzlich werden Maßnahmen abgeleitet, um Ausfälle vorherzusagen und zu vermeiden. Als standardisiertes Vorgehen kann man dabei die zuverlässigkeitsorientierte Instandhaltung, Reliability Centered Maintenance (RCM), anwenden (vgl. [17]). Der Begriff RCM ist dabei Eigentum des Aladon Network (vgl. [18]) Dort werden auch die Weiterentwicklungen RCM2 und RCM3 beschrieben.

Beim RCM stellt man folgende Fragen, um die passende Strategie abzuleiten:
1. Welches sind die Funktionen und geforderten Leistungsdaten einer Anlage im Betriebsumfeld?
2. In welcher Form können die Funktionen gestört sein?
3. Was sind die Ursachen der jeweiligen Funktionsstörung?
4. Was passiert, wenn eine Funktionsstörung auftritt?
5. Wie wirkt sich die Funktionsstörung aus?
6. Was kann getan werden, um eine Funktionsstörung vorherzusagen oder zu vermeiden?
7. Was sollte getan werden, wenn keine passende Maßnahme zur Vermeidung gefunden wird?

Reliability Centered Maintenance ist – wie man an den sieben Fragen erkennen kann – mit einigem Aufwand verbunden und ist daher nicht sinnvoll für Anlagen, die unkritisch sind oder bei denen eine geeignete Instandhaltungsstrategie bereits bekannt oder vorgegeben ist.

Die Failure Mode and Effects Analysis (FMEA) ist etwas weniger aufwändig. Diese Methode fokussiert auf das Erkennen und Vermeiden von Funktionsstörungen und kann alternativ zu RCM eingesetzt werden, um eine Instandhaltungsstrategie abzuleiten. Die Schritte einer FMEA sind nicht so eindeutig definiert wie beim RCM. In manchen Definitionen umfassen sie die Schritte 3 bis 7 der RCM Methode [19] [20]. Die Failure Mode, Effects and Criticality Analysis (FMECA) umfasst zusätzlich einen Schritt, der die Kritikalität untersucht [21].

32.4.4 Exkurs Predictive Maintenance

Während korrektive, vorausbestimmte und zustandsorientierte Instandhaltung seit viele Jahren etabliert sind, hat sich Predictive Maintenance durch Fortschritte in den verschiedenen Technologien in den letzten Jahren deutlich weiterentwickelt. Sensoren wurden leistungsfähiger und günstiger, das IoT erlaubt es, die Sensordaten auch in großem Volumen und in Echtzeit einzusammeln, und leistungsfähigere Algorithmen und Fortschritte in KI und ML ermöglichen es, diese Daten auszuwerten. Doch auch wenn damit in vielen Fällen eine Vorhersage von Ausfällen und der erwarteten Lebenszeit von Anlagen mit guter Genauigkeit möglich ist, so ist der Aufwand für die Umsetzung eine Predictive Maintenance Strategie doch recht hoch. Der erste Schritt sollte daher immer sein, Anlagen zu identifizieren, z. B. mittels RCM, für die sich der Projektaufwand lohnt.

Wichtig ist bei einem Predictive Maintenance Projekt, dass Fachexperten mit einem tiefen Verständnis der Anlage eng mit Data Scientists zusammenarbeiten, die mit der Datenanalyse und ML vertraut sind.

Ein typische Predictive Maintenance Projekt läuft in folgenden Schritten ab:

1. *Welches Ziel* soll erreicht werden? Zum Beispiel weniger Ausfälle, verringerte Wartungskosten durch längere Zyklen oder längere Laufzeit der Anlage.
2. *Welche Daten* werden dafür benötigt und welche sind vorhanden? Die zur Verfügung stehenden Daten zu untersuchen, zusammenzuführen und eine ausreichende Qualität sicherzustellen ist meistens die größte und langwierigste Herausforderung eines Predictive Maintenance Projektes. Stammdaten und historische Daten im EAM sind oft nicht vollständig gepflegt, zwischen EAM und GIS gibt es Abweichungen in den Anlagendaten, bei den Sensordaten gibt es fehlende oder fehlerhafte Werte. Daten müssen daher zunächst ausgewählt, ergänzt, bereinigt und zusammengeführt werden. Insbesondere bei diesem Schritt sind Fachexperten von großer Bedeutung, da sie die möglichen Zustände einer Anlage kennen, wissen, welche Daten benötigt werden und was die Daten aussagen und auch erkennen, wenn Daten fehlerhaft sind.
3. *Auswahl eines Algorithmus*: Passend zum Ziel und zu den zur Verfügung stehenden Daten wählt der Data Scientist einen passenden Algorithmus aus. Dabei kann man unterscheiden zwischen
   (a) *Vorhersage von Ausfällen* (Failure Prediction): Algorithmen wie Logistische Regression oder Ensemble Learning ermöglichen es, aus Messwerten, Daten aus der Historie oder den Stammdaten einer Anlage einen Ausfall vorherzusagen. Wenn sich z. B. Messwerte mit früheren Störungen und Ausfällen in Verbindung bringen lassen, kann man auf Ausfälle in der Zukunft schließen.
   (b) *Anomalieerkennung*: Wenn es zu wenige Informationen über Ausfälle gibt, weil diese in der Vergangenheit zu selten aufgetreten sind – was zum Beispiel bei Transformatoren oft der Fall ist – kann man versuchen, Anomalien im Muster der Messwerte zu entdecken. Dabei vergleicht man die Messwerte mit früheren Messwerten oder Messwerten einer neuwertigen Anlage. Beispiele für diese Algorithmen sind die Hauptkomponentenanalyse (Principal Component Analysis, PCA) oder die Earth-Mover's Metrik (Earth Mover‘s Distance, EMD).
   (c) Oft ist es wichtig, nicht den nächsten Ausfall, sondern die *Restlebensdauer* (Remaining Useful Life, RUL) vorherzusagen, z. B. wenn es um langfristige Investitionsplanung geht. Hierfür eignet sich z. B. die Weibull-Verteilung [22].
   (d) Es gibt auch Algorithmen, die selbstständig auf Basis der Daten einen passenden Algorithmus auswählen, was als *Automated Machine Learning* (AutoML) bezeichnet wird. AutoML ermöglicht es Fachexperten unter Umständen auch ohne Hilfe eines Data Scientists, ein passendes ML Modell zu erstellen.
4. *Training und Konfiguration* des Modells: Der Algorithmus wird auf Basis historischer Daten trainiert. Dazu werden die vorhandenen historischen Daten in zwei

Teile aufgeteilt, in die Trainingsdaten und in die Testdaten, die im nächsten Schritt benötigt werden. Mit den historischen Messwerten und den bekannten Ausfällen wird der Algorithmus trainiert und so konfiguriert, dass er die bekannten Ergebnisse möglichst korrekt vorhersagt.

5. *Test* des konfigurierten Modells: Die Testdaten werden nun verwendet, um zu prüfen, wie gut das Modell die Ergebnisse vorhersagt. Dabei werden die Ergebnisse der Modellvorhersage mit den bekannten, historischen Ergebnissen verglichen und das Modell, wenn notwendig, angepasst.
6. *Produktiver Einsatz*: Wenn die Vorhersage ausreichend genau ist, kann das Modell produktiv verwendet werden, um Störungen oder die Restlebensdauer vorherzusagen. „Ausreichend genau“ hängt dabei sehr von der jeweiligen Anlage und ihrem konkreten Einsatz ab. Kann ein gewisse Anzahl von nicht vorhergesagten Störungen – also falsch negative Werte – toleriert werden, weil die Ausfälle einer Störung nicht zu gravierend sind? Oder müssen falsch negative Werte soweit irgend möglich vermieden werden, weil z. B. der Ausfall eines Transformators in einer zentralen Umspannstation sehr weitreichende Folgen hat? Im letzteren Fall müsste das Modell weiter verbessert werden, eventuell werden auch weitere Messwerte und Sensoren benötigt. Umgekehrt muss auch vermieden werden, dass es zu viele falsch positive Voraussagen gibt, also Störungen vorhergesagt werden, die nicht eintreten, da diese zu unnötigen Instandhaltungsmaßnahmen und damit Kosten führen.
7. *Feedback* aus dem produktiven Einsatz: Die Ergebnisse aus dem produktiven Einsatz sollten kontinuierlich zur Verbesserung des Modells genutzt werden, um die Anzahl der falsch positiven und falsch negativen Ergebnisse weiter zu verringern. Außerdem können so Situationen berücksichtigt werden, die zum Zeitpunkt der Erstellung des Modells nicht bekannt sein konnten, z. B. weil die Belastung des Netzes wegen des Ausbaus der erneuerbaren Energien oder der Anzahl der Elektroautos angestiegen ist.

32.4.5 Asset Performance Management

Reliability Centered Maintenance, zustandsorientierte Instandhaltung und Predictive Maintenance werden zusammen auch als Asset Performance Management (APM) bezeichnet (vgl. [23]). Es ist also sinnvoll, diese Komponenten als Einheit zu betrachten. Ebenso wichtig ist es, APM in den gesamten Instandhaltungsprozess einzubinden: Wenn ein Fehler vorhergesagt wird, muss z. B. automatisch eine Meldung im EAM-System und gegebenenfalls ein Instandhaltungsauftrag angelegt werden. Oder der Wartungsplan einer Anlage wird auf Grund der Ergebnisse aus dem Predictive Maintenance angepasst, Wartungszyklen werden verlängert oder verkürzt.

Nach Durchführung der jeweiligen Maßnahmen müssen die Ergebnisse aus der Instandhaltung wieder in das APM einfließen: Die Instandhaltungshistorie beeinflusst somit die Instandhaltungsstrategie und auch die Vorhersagen des Predictive Maintenance Modells.

Unternehmen, die APM einsetzen, erreichen laut einer Studie von IDC (vgl. [24]) typischerweise folgende Verbesserungen: Die Anlagenverfügbarkeit verbessert sich um 20 %, die Kosten für das Ersatzteilmanagement verringern sich um 30 %, die Arbeitskosten in der Instandhaltung verringern sich um 15 % bis 20 % und der mechanische Wirkungsgrad verbessert sich um 8 % bis 10 %.

32.5 Instandhaltung unter Berücksichtigung von Energieprognosen

In den bisherigen Abschnitten haben wir gesehen, wie die Instandhaltung optimiert, wie Instandhaltungskosten verringert und wie eine höhere Ausfallsicherheit erreicht werden kann. Bei der Planung der Instandhaltungsmaßnahmen muss aber zusätzlich berücksichtigt werden, dass zu jedem Zeitpunkt genügend Strom erzeugt und übertragen wird. Und außerdem sollte insbesondere dann Strom erzeugt werden, wenn hohe Preise am Markt zu erwarten sind.

Die Stromproduktion aus Kohle-, Gas- und Atomkraftwerken kann verlässlich und langfristig geplant werden. Mit dem immer größeren Anteil der erneuerbaren Energien und ihrer Abhängigkeit vom Wetter müssen Energieversorger aber sehr flexibel reagieren, um Stromerzeugung und -verbrauch zu jedem Zeitpunkt in der Balance zu halten. Instandhaltungsmaßnahmen müssen wegen dieser Abhängigkeiten oft früher oder später erfolgen, als es nach den Ergebnissen der Zustandsüberwachung oder aufgrund der Vorhersagen des Predictive Maintenance angeraten wäre. Kann zum Beispiel die Wartung einer Anlage mit einem vertretbaren Risiko verschoben werden, um einen Produktionsengpass zu vermeiden? Predictive Maintenance kann dabei unterstützen, dieses Risiko einzuschätzen.

Bei der Planung der Instandhaltungsmaßnahmen müssen also zusätzlich zum Zustand der Anlage die Produktions- und Übertragungskapazität, die Speicherkapazitäten, der erwartete Verbrauch und die prognostizierten Strompreise berücksichtigt werden. Typische Beispiele dafür sind hier zusammengestellt:

- Fehlende Windenergie an Land kann eventuell durch Off-Shore-Windenergie ausgeglichen werden. Hierfür müssen auch die Übertragungskapazitäten berücksichtigt werden.
- Gas- und Wasserkraftwerke können kurzfristig zugeschaltet werden.
- Batterien und andere Stromspeicher können genutzt werden, um Überschussenergie zu speichern oder Ausgleichsenergie bereitzustellen.
- Eine weitere Möglichkeit ist es, den Verbrauch anzupassen (Demand Response Management), also Industrieanlagen herunterzufahren, den Verbrauch von Kühlhäusern anzupassen oder das Aufladen von Elektroautos zu verschieben.

Instandhaltung, Produktion und Handel müssen also in diesen Fällen gemeinsam geplant werden, um einen optimierten Zeitplan zu erstellen. Auch die Kosten müssen gemeinsam betrachtet werden. Das umfasst z. B. die Kosten für Reparaturen und Revisionen, die Kosten für Brennstoffe und die Verrechnung von Differenzmengen.

Abbildung 32.5 zeigt Einflussgrößen, die dabei eine Rolle spielen: Die Anlage liefert Daten im Subsekunden- bis Minutenbereich. Dazu kommen die Daten aus der Instandhaltungsplanung für die nächsten Stunden, Tage und Wochen. Energiedaten berücksichtigen die vorhandenen Kapazitäten, ökonomische Einflussgrößen und die Wettervorhersage für die kurzfristige und langfristige Planung. Beim Energiehandel werden in virtuellen Kraftwerken und beim Intraday-Handel Daten im Minuten- und Stundenbereich benötigt, aber ebenso müssen langfristige Verträge und Abrechnungen berücksichtigt werden.

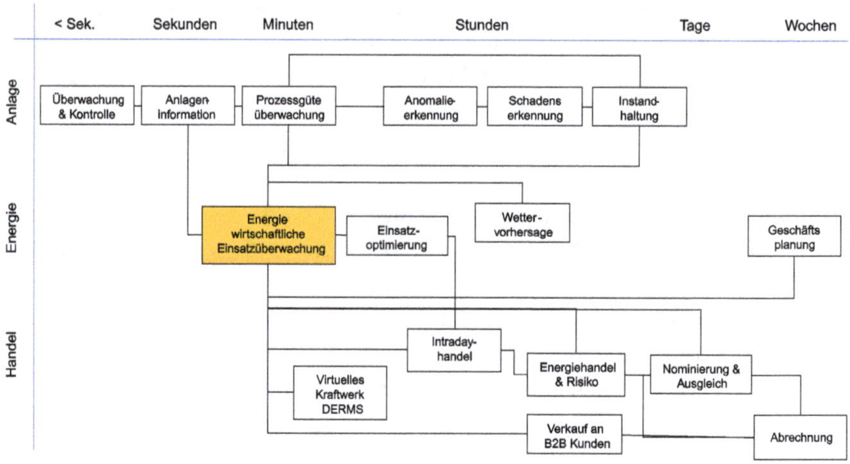

Abb. 32.5: Einflussgrößen für die gemeinsame Optimierung von Instandhaltung, Energieproduktion und Handel (nach [25]).

Energieversorger benötigen daher eine zentrale Datenplattform für die *Energiewirtschaftliche Einsatzüberwachung*, die Instandhaltung, Verbrauchs- und Erzeugungsprognosen und Energiehandel zusammenführt. Auf dieser Plattform wird ein digitaler Zwilling modelliert, der weit über die reinen Anlagen und Instandhaltungsdaten hinausgeht. Somit ermöglicht die Plattform die gleichzeitige Berücksichtigung von Informationen zum Anlagenzustand und von Prognosen des Energiemarktes und damit einen abgestimmten Fahrplan für Instandhaltung und Erzeugung beziehungsweise Energieverteilung.

Um eine bedarfsgesteuerte Instandhaltungsplanung zu ermöglichen, muss diese datenbasiert und automatisiert erfolgen, da ein Instandhaltungsplaner nicht alle Abhängigkeiten berücksichtigen kann. Ergebnisse der energiewirtschaftlichen Einsatzüberwachung werden automatisch in das Instandhaltungssystem übernommen und lösen vordefinierte Workflows aus. Damit werden Instandhaltungsmaßnahmen so eingeplant, dass das Gesamtsystem optimiert wird. Beim Energiehandel wird der Zustand und die prognostizierte Verfügbarkeit der Anlagen und damit die maximal möglich Last des Übertragungsnetzes beziehungsweise die Energieproduktion berücksichtigt. Zusätzliche Verfügbarkeiten können auf diese Weise erkannt und am Markt angeboten werden.

Weitere Flexibilität in Handel und Netzoptimierung ermöglicht die Verbindung der Plattform mit *virtuellen Kraftwerken* und Demand Energy Resources Management Systemen (DERMS). Virtuelle Kraftwerke sind Zusammenschlüsse von dezentralen Einheiten im Stromnetz, die über ein gemeinsames Leitsystem koordiniert werden. Ihr Zweck ist die gemeinsame Vermarktung von Strom und Flexibilität der aggregierten Anlagen (vgl. [26]). DERMS sind ebenfalls Plattformen, die dezentrale Einheiten zusammenführen und damit dem virtuellen Kraftwerk sehr ähnlich. Bei DERMS liegt der Schwerpunkt allerdings auf der Optimierung des Netzes. Sie werden im Allgemeinen von Netzbetreibern genutzt (vgl. [27]).

Mit der zentralen Datenplattform zur energiewirtschaftlichen Einsatzüberwachung können somit z. B. folgende Szenarien verwirklicht werden:
- Automatisierte Berechnung der Wind- und Solarkapazitäten zur kurzfristigen Optimierung von Betrieb und Handel
- Zusammenführen von mittleren und großen Energiequellen zur kurzfristigen Optimierung von Betrieb und Handel
- Überwachung und Einplanung von Wasserkraft und anderen flexiblen Anlagen und Verkauf von Überkapazitäten am Spotmarkt
- Überwachung und Einplanung von thermischen Anlagen um Betriebskosten zu senken und Versorgungsrisiken zu minimieren
- Vorhersage und Sicherstellung der Balance im Stromnetz und Handel von Netzkapazitäten in kurzfristigen Märkten

Der finanzielle Nutzen dieser automatisierten Integration von Instandhaltung, Produktion und Handel wurde mit 4.000 EUR bis 12.000 EUR pro MW und Jahr abgeschätzt. Dies entspricht bei einem angenommenen Umsatz von 120.000 EUR pro MW und Jahr 3 % bis 10 % vom Umsatz (vgl. [25]).

Das Kapitel 28 „Neue IT für die digitale Energie der Zukunft“ geht detailliert auf eine neuartige Energie-IT ein, die alle Bereiche der elektrischen Energieversorgung digitalisiert und zusammenführt.

32.6 Investitionsplanung

In den bisherigen Abschnitten ging es um die Planung der nächsten Stunden, Tage und Wochen. Mindestens genauso wichtig ist die langfristige Investitionsplanung für Erzeugungsanlagen und Netze unter Berücksichtigung der erwarteten Marktanforderungen. Dabei fließen in die Planung die Restlebensdauer der Anlagen und – wie auch bei den kurzfristigen Vorhersagen – Energie- und Bedarfsprognosen mit ein und nicht zuletzt auch die Verfügbarkeit der Mitarbeiter, die für Planung und Bau von Anlagen zur Verfügung stehen.

Die Restlebensdauer kann wie im Exkurs Predictive Maintenance beschrieben mit Modellen unter Nutzung der Weibull-Verteilung abgeschätzt werden. Mögliche Attribute, die in diese Abschätzung einfließen, sind z. B. das Alter der Anlage, ihr Zustand, Testergebnisse und die Instandhaltungshistorie. Mit diesen Vorhersagen zur Lebenszeit und zusätzlich mit den erwarteten Risiken eines Ausfalls werden die Anlagen priorisiert, die im Rahmen des zur Verfügung stehenden Investitionsbudgets ersetzt werden müssen, um die Ausfallsicherheit zu optimieren und genügend Kapazität bereitzustellen.

Eine Abschätzung der Restlebensdauer erfolgt zum Beispiel bei Transformatoren und Windkraftanlagen:

- Transformatoren haben keine vordefinierte Lebenserwartung, aber unter der Annahme normaler Lasten und Betriebsbedingungen eine Nutzungsdauer von 40 bis 50 Jahren, die typischerweise vom Zustand von Kernen und Spulen bestimmt wird. Diese Komponenten unterliegen Betriebsbelastungen wie Überlastung, Kurzschluss, thermischen und elektromagnetischen Effekten sowie transienten und dynamischen Überspannungen. Überlastungen verursachen Übertemperaturen, und Durchgangsfehler können zu einer Verschiebung der Spulen und der Isolierung führen. Diese Belastungen verursachen eine kumulative und nicht reversible Verschlechterung der Papierisolierung im Inneren des Transformators. Feuchtigkeit durch hohe Luftfeuchtigkeit sowie Partikel und Säuren aus der Umgebung beeinträchtigen ebenfalls die Transformatorisolation und können schließlich zu Ausfällen führen. Wenn man die Betriebsbelastungen kontinuierlich überwacht, kann man die Restlebensdauer mit Modellen abschätzen (vgl. [28, 29]). Das Projekt Alterungsverhalten von Hochspannungstransformatoren (AHtra) versucht Aussagen über das Alterungsverhalten zu treffen und nutzt dabei Zustandsbewertungen auf der Basis von Inspektionen und vor-Ort-Messungen bei mehr als 300 Transformatoren zur Ableitung von Alterungskurven (vgl. [30]).
- Bei Windkraftanlagen kann die kontinuierliche Überwachung helfen, die Lebensdauer abzuschätzen. Dazu wird die Belastung der Anlage durch äußere Kräfte mit virtuellen Sensoren eines digitalen Zwillings ermittelt (vgl. [31]).

Mit der Lebensdauer der Anlagen, Energie- und Bedarfsprognosen und der Verfügbarkeit der Mitarbeiter fließen also eine Vielzahl von Kenngrößen in die Investitionsplanung ein. Zunehmend setzen Unternehmen daher Asset Investment Planning (AIP) Lösungen ein, um diese Kenngrößen zusammenzuführen und zu berücksichtigen. Der Zusammenhang der AIP-Lösung mit anderen IT-Lösungen ist in Abbildung 32.6 dargestellt.

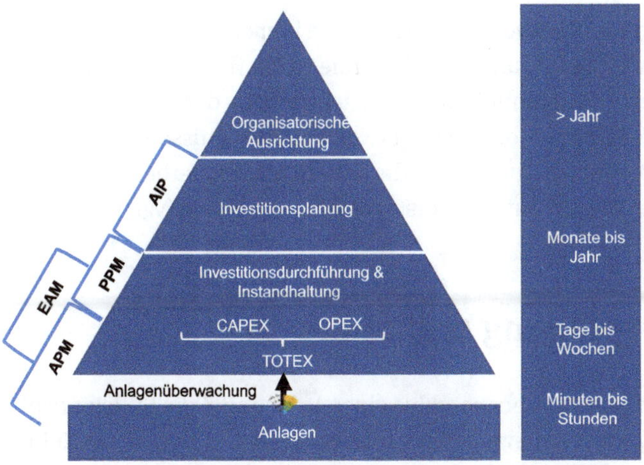

Abb. 32.6: Investitionsplanung und -durchführung und unterstützende IT-Systeme (nach [32]).

- Das APM verbindet die IT-Systeme mit den Anlagen und überwacht deren Zustand beziehungsweise sagt ihn voraus. Dies dient als Grundlage zur Planung von Investitions- und Instandhaltungsmaßnahmen.
- Mit dem EAM werden die Maßnahmen mit Projekten und Arbeitsaufträgen umgesetzt. Die Investitionskosten (CAPEX) und Betriebskosten (OPEX) werden dabei erfasst.
- Das Projekt and Portfolio Management (PPM) erlaubt eine übergreifende Planung und ein übergreifendes Monitoring aller Projekte und Entscheidungen über Ressourcen und Budgets.
- In die langfristige Investitionsplanung im AIP fließen die Informationen aus APM, EAM und PPM ein. Dabei geht es darum, CAPEX und OPEX nicht zu isolieren, sondern die Gesamtkosten (TOTEX) zu betrachten.

In der Investitionsplanung muss die richtige Balance aus Kosten, Risiken und zukünftigen Anforderungen an die Anlagen gefunden werden, um über Neubau, Erweiterung oder Ersatz zu entscheiden. Dazu fließen neben den Informationen aus dem APM und dem EAM weitere Faktoren mit ein, etwa Prognosen zu zukünftigem Energiebedarf und -erzeugung, vorhandene Budgets und Ressourcen, gesetzliche Vorgaben oder geographische Gegebenheiten.

Eine weitere wichtige Einflussgröße sind Kostenschätzungen, die entweder im AIP berücksichtigt werden können oder im AIP selbst erstellt werden. Auf Basis all dieser Vorgaben wird dann im AIP in einem iterativen Prozess ein optimierter Investitionsplan erstellt. Die Integration mit einem GIS erlaubt es, diesen Plan auf einer Karte zu visualisieren. Der Investitionsplan resultiert dann wiederum in einem Projektportfolio, das im PPM detaillierter geplant wird und mit Hilfe von Projekten im EAM umgesetzt wird.

In den nächsten Jahren wird es voraussichtlich auch immer wichtiger werden, extreme Wetterereignisse wie Überflutungen und Stürme sowie Hitze- und Kältewellen bei der langfristigen Investitionsplanung zu berücksichtigen, da deren Häufigkeit wegen des Klimawandels ansteigen wird. Besonders Netzbetreiber müssen die finanziellen Auswirkungen und die Auswirkungen auf die Versorgungssicherheit abschätzen und Investitionen planen, die die Netze widerstandsfähiger machen (vgl. [33]).

32.7 Stillstandsplanung und Stilllegung

Zwei weitere wichtige Prozesse im Lebenszyklus einer Anlage sind die Stillstandsplanung und die Stilllegung einer Anlage. Beides sind bei großen Anlagen wie Kohle– und besonders Kernkraftwerken sehr umfangreiche, komplexe Prozesse, die von einer entsprechenden IT-Landschaft unterstützt werden sollten.

32.7.1 Stillstandsplanung

Große Anlagen müssen im Allgemeinen alle paar Jahre einer Revision unterzogen werden, um die Zuverlässigkeit, Sicherheit und Effizienz der Anlage für die nächsten Jahr zu garantieren und um gesetzlichen Vorgaben zu entsprechen. Die Revision bietet auch die Möglichkeit, die Technologie zu erneuern. Die Anlage wird dafür mehrere Wochen stillgelegt. Der Stillstand muss sehr detailliert geplant werden, damit die Anlage nicht länger ausfällt als notwendig und die Kosten so weit wie möglich begrenzt werden. Dabei geht es nicht nur um die Instandhaltungs- und Umbaukosten, sondern auch um die entgangenen Erlöse wegen des Stillstands der Anlage, die die eigentlichen Kosten oft übersteigen.

Die Planungen beginnen daher meist Monate oder Jahre vor dem Stillstand der Anlage, denn bei diesem im Englischen als Shutdown, Turnaround and Outage (STO) bezeichneten Prozess müssen viele Prozessschritte und -beteiligte koordiniert werden:

- Einplanung von eigenen Mitarbeitern und externen Servicefirmen
- Einplanung von Geräten und Werkzeugen
- Einkauf und Lieferung von Equipment und Ersatzteilen
- Abstimmung mit der Energiebedarfsprognose und entsprechend mit den Produktionsverantwortlichen
- Berücksichtigung von Umweltauflagen und weiteren gesetzlichen Auflagen

Die komplexe Planung wird daher wie in Abbildung 32.7 gezeigt von entsprechenden IT-Systemen unterstützt. Dabei spielen die bereits beschriebenen Systeme für PPM, EAM und APM wiederum eine wichtige Rolle. Dazu kommt oft noch eine zusätzliche

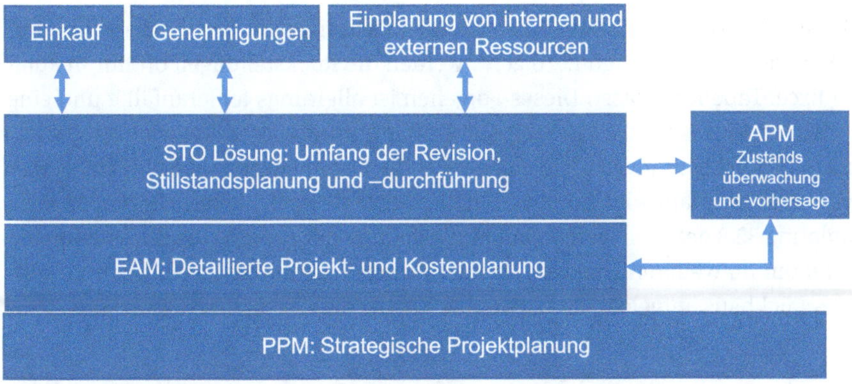

Abb. 32.7: Lösung zur Koordination von Stillstandsplanung und Revision.

Lösung für die detaillierte Stillstandsplanung und -durchführung, die auf den anderen Lösungen aufbaut und mit ihnen integriert ist. Mit ihr wird der Umfang der Revision definiert, sie orchestriert und terminiert die zahlreichen, sehr unterschiedlichen Prozesse und verbindet sie mit dem Einkauf, der Einsatzplanung und den Lösungen, mit denen die Sicherheit und das Einhalten der gesetzlichen Bestimmungen überwacht werden (vgl. [34, 35]).

32.7.2 Stilllegung und Rückbau

Auf Grund der Energiewende werden in den nächsten Jahren insbesondere in Deutschland zahlreiche Kohle- und Kernkraftwerke abgeschaltet. Die Stilllegung und der Rückbau eines großen Kraftwerkes ist dabei vom Aufwand her vergleichbar mit einem Kraftwerksneubau oder geht bei Kernkraftwerken sogar darüber hinaus. Dabei sind zahlreiche gesetzliche Regeln zu befolgen, die beispielsweise für den Rückbau von Kernkraftwerken und die Entsorgung der Brennelemente in Deutschland durch das Atomgesetz geregelt sind.

Diese umfangreichen Rückbauprojekte sollten daher wieder von einer ähnlichen IT-Systemlandschaft unterstützt werden wie auch der Anlagenbau. Neben PPM und EAM spielen insbesondere Lösungen für den Arbeits-, Gesundheits- und Umweltschutz eine Rolle, die die Einhaltung von Arbeitssicherheit, Gefahrstoff- und Abfallmanagement unterstützen. Diese Lösungen werden auch als Environment, Health & Safety Lösungen (EH&S) bezeichnet.

Darüber hinaus müssen Regeln im Rechnungswesen befolgt werden, mit denen sichergestellt werden soll, dass ausreichende Rückstellungen gebildet werden. Die Ansatz- und Bewertungsvorschriften werden z. B. in den International Accounting Standard IAS 37 beschrieben (vgl. [36]). Die Rückstellungen werden benötigt für den Rückbau der Anlagen, den Abtransport und die umweltgerechte Entsorgung und eventuell auch für die Wiederherstellung der ursprünglichen Landschaft.

Obwohl es bei großen Kraftwerken um Rückstellungen im Bereich vieler hundert Millionen oder gar Milliarden Euro geht, werden die Rückstellungen oft nur in komplexen Excel-Tabellen erfasst. Dieses Vorgehen ist allerdings fehleranfällig und eine unzureichende Basis für die Planung und Durchführung dieser langwierigen Projekte. Zumal die Rückstellungen nicht erst notwendig werden, wenn die Stilllegung einer Anlage konkret geplant wird, sondern bereits, wenn sie noch im Betrieb ist oder – wie in Abbildung 32.8 gezeigt – bereits mit Fertigstellung der Anlage. Die Rückstellungen werden dann im weiteren Lebenszyklus der Anlage regelmäßig angepasst und während des Rückbaus aufgelöst.

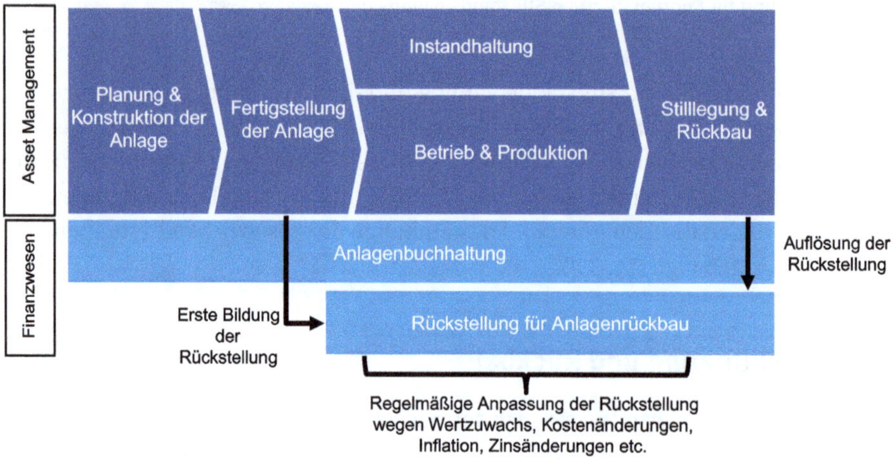

Abb. 32.8: Lebenszyklus einer Anlage und Rückstellungen für den Rückbau.

Daher sollte die IT-Lösung, mit der Rückstellungen gebildet, überwacht und angepasst werden, in die anderen Lösungen integriert sein. Insbesondere gilt dies für das EAM-System, in dem Kosten erfasst werden, für das PPM System, mit dem die langfristige Planung erfolgt, und für die Anlagenbuchhaltung.

32.8 Zusammenfassung

Um den Anforderungen der Energiewende gerecht zu werden, müssen über den gesamten Lebenszyklus der Anlagen neue Technologien wie das Internet der Dinge und Maschinelles Lernen eingesetzt werden, um datenbasierte und automatisierte Prozesse zu ermöglichen. Nur so können gleichzeitig Instandhaltungsbedarfe, Energieverbrauch und Energieerzeugung in einer übergreifenden Planung berücksichtigt werden.

Zusätzlich sollten alle im Lebenszyklus einer Anlage eingesetzten IT-System ineinander integriert sein. Dies gilt sowohl innerhalb einer Phase wie dem Betrieb oder der Erstellung einer Anlage als auch beim Übergang von einer Phase in die nächste. Nur mit dieser IT-Integration kann verhindert werden, dass Daten mehrfach eingegebenen werden müssen oder verloren gehen und die Daten zwischen den verschiedenen Systemen inkonsistent sind. Die Integration spart somit zum einen Kosten, vor allem aber ermöglichen nur konsistente und umfassende Daten den Einsatz von Maschinellem Lernen und damit datenbasierte Entscheidungen und Prognosen bei Anlagenbau, Instandhaltung und Betrieb.

Literaturverzeichnis

[1] ICON ISO 55000 Serie. http://www.iso55000.de/de/asset-management/iso-55000. Zugriff am 01.03.2022.

[2] DIN-Normenausschuss Dienstleistungen (NADL). DIN ISO 55000 Asset Management. https://www.din.de/de/mitwirken/normenausschuesse/nadl/veroeffentlichungen/wdc-beuth:din21:271015717. Zugriff 01.03.2022.

[3] Deloitte. Digital utility asset management. https://www2.deloitte.com/us/en/insights/industry/power-and-utilities/digital-utility-asset-management.html. Zugriff 01.03.2022.

[4] Capgemini. Drones – the key to the future of predictive maintenance of powerline assets. https://www.capgemini.com/2021/02/drones-the-key-to-the-future-of-predictive-maintenance-of-powerline-assets/. Zugriff 01.03.2022.

[5] Galer, S. Drones With Data Intelligence Take Wildfire Prevention To New Heights Forbes. https://www.forbes.com/sites/sap/2020/08/11/drones-with-data-intelligence-take-wildfire-prevention-to-new-heights/?sh=da9b8e7390e9. Zugriff 01.03.2022.

[6] Alvarez-Vanhard, E., Corpetti, T. und Houet, T. UAV & satellite synergies for optical remote sensing applications: A literature review. Science Direct. https://www.sciencedirect.com/science/article/pii/S2666017221000067. Zugriff 3.3.2022.

[7] Stylianidis, E., Valari, E., Pagani, A., Carrillo, I., Kounoudes, A., Michail, K. und Smagas, K. Augmented Reality Geovisualisation for Underground Utilities. Springer Link https://link.springer.com/article/10.1007/s41064-020-00108-x. Zugriff am 3.3.2022.

[8] Joshi, N. AR And VR In The Utility Sector. Forbes. https://www.forbes.com/sites/cognitiveworld/2019/09/29/ar-and-vr-in-the-utility-sector/?sh=581a54f766a1. Zugriff am 3.3.2022.

[9] SAP. Bridge in Distress Sends Warning Using IoT Sensors. https://news.sap.com/2021/10/npra-bridge-distress-warning-iot-sensors/. Zugriff am 3.3.2022.

[10] essential energy. Casting a wide NetVis. https://www.essentialenergy.com.au/media-centre/newsletter/newsletter-3-casting-a-wide-netvis. Zugriff am 3.3.2022.

[11] DataToBiz. How is Vision Analytics Retransforming Modern Industries? https://www.datatobiz.com/blog/vision-analytics-retransforming/. Zugriff 3.3.2022.

[12] Liebetrau, J. und Grollmisch, S. Predictive maintenance with airborne sound analysis. Processing https://www.processingmagazine.com/process-control-automation/article/15587140/predictive-maintenance-with-airborne-sound-analysis. Zugriff am 3.3.2022.

[13] SAP. wo Steps Ahead of Potential Failures with Airborne Sound. https://news.sap.com/2021/10/airborne-sound-ahead-of-failures/. Zugriff am 3.3.2022.

[14] Bigdata Insider. Was ist ein Data Lake. https://www.bigdata-insider.de/was-ist-ein-data-lake-a-686778/. Zugriff am 3.3.2022.
[15] digital twin Consortium. Definition of a Digital Twin. https://www.digitaltwinconsortium.org/initiatives/the-definition-of-a-digital-twin.htm. Zugriff am 3.3.2022.
[16] industrial internet Consortium. Digital Twins for Industrial Applications. https://www.iiconsortium.org/pdf/IIC_Digital_Twins_Industrial_Apps_White_Paper_2020-02-18.pdf. Zugriff am 3.3.2022.
[17] Enjavimadar, M. H. und Rastegar, M. Optimal reliability-centered maintenance strategy based on the failure modes and effect analysis in power distribution systems. ScienceDirect. https://www.sciencedirect.com/science/article/abs/pii/S0378779621006283. Zugriff am 3.3.2022.
[18] Aladon. Reliability Centered Maintenance (RCM). https://www.aladon.com/reliability-centered-maintenance-rcm/. Zugriff am 3.3.2022.
[19] Reliability Web.com. RCM vs. FMEA – There Is a Distinct Difference! https://reliabilityweb.com/articles/entry/rcm_vs._fmea_-_there_is_a_distinct_difference. Zugriff am 3.3.2022.
[20] Blache, K. M. FMEA or RCM: Is There a Difference? Efficient Plant. https://www.efficientplantmag.com/2019/05/fmea-or-rcm-is-there-a-difference/. Zugriff am 3.3.2022.
[21] Aladon. Failure Modes, Effects and Criticality Analysis (FMECA). https://www.aladon.com/failure-modes-effect-criticality-analysis-fmeca/. Zugriff 3.3.2022.
[22] Spektrum. Weibull-Verteilung. https://www.spektrum.de/lexikon/mathematik/weibull-verteilung/10890. Zugriff 3.3.2022.
[23] Gartner.Asset Performance Management (APM). https://www.gartner.com/en/information-technology/glossary/asset-performance-management-apm. Zugriff 3.3.2022.
[24] IDC. Digital Transformation Strategies in Utilites Operations. https://www.idc.com/getdoc.jsp?containerId=US48232321. Zugriff 3.3.2022.
[25] SAP. Industry Point of View on Energy Operation Co-Innovation. https://d.dam.sap.com/a/CKT1oiP/Energy%20Operation%20Co-Innovation%20PoV%20%28writers%20cut%20March%202021%29.pdf. Zugriff 3.3.2022.
[26] next. Was ist ein Virtuelles Kraftwerk? https://www.next-kraftwerke.de/wissen/virtuelles-kraftwerk. Zugriff 3.3.2022.
[27] next. What is DERMS? https://www.next-kraftwerke.com/knowledge/derms. Zugriff 3.3.2022.
[28] Aziz, Q. und Sonde, G. Asset Management Analytics for a Sustainable Grid. TSDOS. https://tsdos.org/media/2017%20TSODS%20Technical%20Papers_FINAL.pdf. (Seite 234) Zugriff 3.3.2022.
[29] Faria, H. Jr., SpirCosta, J. G. und Mejia Olivas, J. L. A review of monitoring methods for predictive maintenance of electric power transformers based on dissolved gas analysis. Science Direct. https://www.sciencedirect.com/science/article/abs/pii/S1364032115001409. Zugriff 3.3.2022.
[30] Bergische Universität Wuppertal. AHtra – Alterungsverhalten von Hochspannungstransformatoren. https://www.evt.uni-wuppertal.de/de/forschung/forschungsgruppe-zustandsbewertung-und-asset-management/ahtra-alterungsverhalten-von-hochspannungstransformatoren.html. Zugriff 3.3.2022.
[31] SAP. Digital Twin Helps Solve Arctic Challenges at Remote Wind Farm. https://blogs.sap.com/2016/09/21/digital-twin-helps-solve-arctic-challenges-at-remote-wind-farm. Zugriff 3.3.2022.
[32] AMCL+. Asset Investment Planning Solutions. https://www.amcl.com/aip-solutions-demystified/. Zugriff 3.3.2022.
[33] McKinsey&Company. How to increase grid resilience through targeted investments. https://www.mckinsey.com/industries/electric-power-and-natural-gas/our-insights/how-to-increase-grid-resilience-through-targeted-investments. Zugriff 3.3.2022.

[34] SAP. SAP Shutdown Turnaround and Outages for Energy and Natural Resources Industries. https://blogs.sap.com/2020/05/14/sap-shutdown-turnaround-and-outages-for-energy-and-natural-resources-industries/. Zugriff 3.3.2022.
[35] POWER. How to Make Shutdown, Turnaround, and Outage Events Successful. https://www.powermag.com/how-to-make-shutdown-turnaround-and-outage-events-successful/. Zugriff 3.3.2022.
[36] Deloitte. IAS37. https://www.iasplus.com/de/standards/ias/ias37. Zugriff 3.3.2022.

Kurzvita

Gero Bieser promovierte an der TU München in Physik über photosynthetische Reaktionszentren und wie sie Sonnenenergie in chemische Energie umwandeln. Dem Thema Energie blieb er ab 1997 auch bei SAP treu, unter anderem bei der der Entwicklung von Softwarelösungen für Versorgungsunternehmen, in Beratungsprojekten und Schulungen bei Energieversorgern in vielen Teilen der Welt und in der Forschung zum Thema Smart Grid bei SAP Research. Als Chief Solution Expert in der SAP Industry Business Unit Utilities beschäftigt er sich in den letzten Jahren damit, wie neue Technologien, die im Asset Management von Kraftwerken, Strom- und Gasnetzen genutzt werden, einen Beitrag zur Energiewende leisten können.

Simon Erb

33 Strommangellage

Aktives Management geplanter und ungeplanter Betriebsstörungen

Zusammenfassung: Strom ist vital für die meisten Unternehmen. Ohne Strom funktionieren z. B. IT-Systeme, Kassensysteme, Kühlung, Hochregallager und Maschinen nicht. Durch die gesellschaftliche Entwicklung weg von fossilen Brennstoffen hin zu z. B. Elektromobilität wächst die Bedeutung von Strom stetig.

Für einen Stromausfall von wenigen Stunden sind viele Unternehmen z. B. mit einer Notstromversorgung vorbereitet. Ein mehrtägiger Stromausfall im Falle eines Blackouts oder zyklische Stromabschaltungen bei einer Strommangellage stellen eine größere Herausforderung dar, da nicht nur das Unternehmen selbst, sondern auch sein Umfeld (insbesondere Partner, kritische Infrastrukturen, Kunden) betroffen ist. Die Strommangellage – ein Ungleichgewicht von Stromangebot und Stromnachfrage – wird vom Bundesamt für Bevölkerungsschutz sogar als die größte Gefahr für die Schweiz eingestuft.

Damit sich die Unternehmen auf eine Strommangellage vorbereiten können, müssen sie zuerst ihre Abhängigkeit vom Strom analysieren. Abhängig von den Analyseergebnissen und den Anforderungen an den Notbetrieb muss das Unternehmen eine Kontinuitätsstrategie wählen (z. B. Betrieb mit Notstromversorgung, Verlagerung auf andere Standorte, temporäre Einstellung des Betriebs). Die notwendigen Maßnahmen sollten in einem Konzept ausgearbeitet und anschließend implementiert werden. Damit die Maßnahmen im Ernstfall funktionieren, ist es wichtig, dass diese regelmäßig getestet und überprüft werden. Die Erkenntnisse aus Überprüfungen, Tests und Übungen sollten von den Unternehmen für die kontinuierliche Verbesserung der Maßnahmen genutzt werden.

Schlagwörter: Stromausfall, Strommangellage, Blackout, Business Continuity Management, Krisenmanagement, Notfallmanagement

33.1 Einleitung

Es ist ein Schreckensszenario: Die Lichter gehen aus, die Bildschirme werden schwarz, Trambahnen und Trolleybusse stehen still, Maschinen hören auf zu arbeiten, langsam springt die Notbeleuchtung an.

Das Bundesamt für Bevölkerungsschutz (BABS) der Schweizerischen Eidgenossenschaft geht im Bericht zur nationalen Risikoanalyse 2020 davon aus, dass eine „Strommangellage" – also eine Unterversorgung mit Strom während mehrerer Wo-

Simon Erb, aucoma ag, 6370 Stans, Schweiz, e-mail: simon.erb@aucoma.com

https://doi.org/10.1515/9783110753585-033

chen – die größte Gefahr für die Schweiz darstellt (vgl. Bundesamt für Bevölkerungsschutz BABS (2020) [1]). Laut den Risikoanalysen des BABS tritt eine Strommangellage alle 30 bis 100 Jahre ein. Auch der Ausfall der Stromversorgung (Blackout) wird mit dieser Häufigkeit, aber mit einem tieferen monetären Schaden ausgewiesen. Die eidgenössische Elektrizitätskommission (ElCom) geht in einer Studie aus dem Jahr 2021 davon aus, dass in einem Szenario, in dem die Schweiz die Kooperation mit der EU nicht erneuern kann, ab 2025 damit gerechnet werden muss, dass jeweils am Ende eines Winters nicht genügend Strom in der Schweiz zur Verfügung steht (vgl. Eidgenössische Elektrizitätskommission ElCom (2021) [2]).

Das Bundesministerium für Landesverteidigung der Republik Österreich trifft in der sicherheitspolitischen Jahresvorschau 2021 die Annahme, dass binnen der nächsten fünf Jahre mit einem Blackout zu rechnen ist (vgl. Saurugg (2021) [3] und (Kapitel 34, Saurugg – Blackout)). Die österreichische Regulierungsbehörde E-Control schätzt das Risiko weniger dramatisch ein, gibt aber keine geschätzte Häufigkeit an (vgl. E-Control (2020) [4]).

Von den deutschen Behörden sind dem Autor keine Schätzungen der Wahrscheinlichkeiten einer Strommangellage oder eines Blackouts bekannt. Allerdings hält auch das Bundesamt für Bevölkerungsschutz und Katastrophenhilfe einen Blackout für ein mögliches Szenario (vgl. Bundesamt für Bevölkerungsschutz und Katastrophenhilfe (o. J. a) [5]).

Verschiedene Beispiele aus Europa zeigen, dass die Gefahr eines Stromausfalls, einer Strommangellage oder eines Blackouts real ist, auch wenn es unterschiedliche Einschätzungen zu deren Wahrscheinlichkeiten gibt.

- Am 8. Januar 2021 ereignete sich ein starker Frequenzabfall in Rumänien, der zu einer Abtrennung des südöstlichen Gebiets vom Rest des Netzes führte (vgl. Europäisches Parlament (2021) [6]). Der Frequenzabfall und fehlende Betriebsreserven führten beinahe zu einem europaweiten Stromausfall. Durch die automatische Aktivierung von Kraftwerken sowie durch Lastabwürfe konnte dies verhindert werden.
- Am 20. Mai 2019 wurden im Schweizer Übertragungsnetz einige Netzelemente erheblich überlastet, was zu einer kritischen Situation führte (vgl. Swissgrid (2019) [7]). Auslöser dafür war, dass sich durch den Stromhandel Exportmengen kurzfristig und unerwartet erhöht hatten.
- Im Winter 2016/2017 waren viele Kernkraftwerke (KKW) in Frankreich nicht am Netz (vgl. SRF (2017) [8]). Auf den trockenen Dezember folgte eine grosse Kältewelle im Januar. Dadurch leerten sich die Speicherseen sehr rasch und erreichten historische Füllstand-Tiefstwerte. Nur dank direkter Maßnahmen konnte eine Strommangellage in der Schweiz abgewendet werden.
- Im Winter 2015/2016 konnte eine Strommangellage nur knapp abgewendet werden. Es standen die beiden Reaktoren des KKW Beznau still, die Produktion der Laufwasserkraftwerke war aufgrund des trockenen Sommers unterdurchschnittlich, die Stauseen hatten einen unterdurchschnittlichen Füllstand und der impor-

tierte Strom konnte nicht auf die richtige Ebene transformiert werden (vgl. Swissgrid (2016) [9]).
- Im Dezember 2015 kam es in der Ukraine zu einem mehrstündigen Blackout aufgrund einer Cyber-Attacke (vgl. Assante (2016) [10]).
- In den Jahren 2012, 2017 und 2019 gab es in der Zürcher Innenstadt je einen Stromausfall, bei denen es unter anderem am Hauptbahnhof dunkel war und Trambahnen in der Stadt stillstanden (vgl. Neue Zürcher Zeitung (2012, 2016, 2019) [11–13]).
- Im November 2006 gab es in Europa einen größeren Stromausfall, da zwei Hochspannungsleitungen in Deutschland für die Ausfahrt eines Kreuzfahrtschiffes abgeschaltet wurden (vgl. Bundesnetzagentur (2007) [14]). In der Folge waren mehrere Millionen Haushalte bis zu 120 Minuten ohne Strom.

Deshalb ist es trotz der generell hohen Stromversorgungsqualität in Deutschland, Österreich und der Schweiz (D-A-CH-Region)[1] wichtig, dass Unternehmen geplante und ungeplante Betriebsstörungen aufgrund von Strommangel aktiv managen.

33.2 Betriebsstörungen – relevante Szenarien

Wenn sich Unternehmen auf eine mögliche Unterversorgung mit Strom vorbereiten, können sie im Wesentlichen drei verschiedene Szenarien unterscheiden (vgl. Erb (2019) [18], OSTRAL (2021) [19]): kurze Stromunterbrechung, Strommangellage und Blackout (vgl. Abb. 33.1). Diese werden in den folgenden Abschnitten weiter ausgeführt. Die Begriffe werden in der Literatur nicht einheitlich verwendet. Für die Notfallvorsorge ist es wichtig, die Charakteristiken der drei Szenarien zu verstehen.

Welche der Szenarien für ein einzelnes Unternehmen relevant sind, muss im Rahmen der Notfallvorsorge analysiert werden (vgl. Abschnitt 33.3).

---

1 Die ElCom schreibt in ihrem Bericht zur Stromversorgungsqualität 2020 der Schweiz, dass die durchschnittliche Unterbrechungsdauer pro versorgtem Endverbraucher im Jahr 2020 in der Schweiz 21 Minuten dauerte (vgl. Eidgenössische Elektrizitätskommission ElCom (2021) [15]). Dabei betrug die durchschnittliche Unterbrechungsdauer zwölf Minuten. In den anderen Jahren war die Qualität vergleichbar gut.
Die E-Control gibt für Österreich für das Jahr 2020 eine durchschnittliche Unterbrechungsdauer pro Kunde von 51.56 Minuten an (vgl. E-Control (2021) [16]). Die durchschnittliche Versorgungsunterbrechung dauerte 59.96 Minuten.
Die Bundesnetzagentur weist im Jahr 2020 für Deutschland eine durchschnittliche Versorgungsunterbrechung pro angeschlossenem Verbraucher von 10.73 Minuten aus (vgl. Bundesnetzagentur (2021) [17]).

	Kurze Stromunterbrechung	Strommangellage	Blackout
Ursache	Lokale Ereignisse, z. B. • Blitzeinschlag in ein Unterwerk • Lawine führt zu Mastbruch • Helikopter touchiert Leitung • Bagger zerstört Kabel • Ausfall von kleinem Kraftwerk	Hoher Stromverbrauch über eine längere Zeit (z. B. kalter Winter) in Kombination mit einem knappen Angebot in ganz Europa (z. B. Stauseen leer, Ausfall Kraftwerke, Gas- und Kohle-Lieferengpass).	Unerwartetes Ereignis (z. B. Ausfall von grossen Kraftwerken, Hacker-Angriffe) führt unmittelbar zu einer grossen Frequenzänderung im Netz und automatischen Abschaltungen.
Typischer Radius	Einzelne Kunden bis ganze Regionen	Einzelne Regionen bis ganz Europa	Einzelne Regionen bis ganz Europa
Typische Dauer	Minuten bis Stunden	Wochen bis Monate	• Stromausfall: Stunden bis Tage • Rückkehr zum Normalzustand: Wochen bis Monate
Eintritt	Plötzlich	Schleichend	Plötzlich
Unmittelbare Wirkung auf Unternehmen	Temporär kein Strom verfügbar.	Abhängig von Schweregrad: 1. Appelle zur Stromeinsparung 2. Strom-Kontingentierung 3. Zyklische Stromabschaltungen	Abhängig von Dauer: 1. Kein Strom verfügbar 2. Ausfall kritischer Infrastruktur 3. Wiederanlauf der Infrastruktur

Abb. 33.1: Relevante Szenarien mit einer Strom-Unterversorgung (Erb (2019) [18]).

33.2.1 Kurze Stromunterbrechung

Eine Stromunterbrechung tritt aufgrund eines lokalen Ereignisses ein, zum Beispiel wenn ein Bagger beim Umbau ein Kabel der Stromeinspeisung aufreißt (vgl. OSTRAL (2021) [19], BWL (2021) [20]). Diese Stromausfälle sind regional beschränkt und können in der Regel vom lokalen Energieversorger in kurzer Zeit zumindest mit einem Provisorium gelöst werden. Für die Unternehmen bedeutet dies, dass in der Regel ohne Vorankündigung für Minuten bis Stunden kein Strom aus dem öffentlichen Netz zur Verfügung steht.

33.2.2 Strommangellage

Die schweizerische Organisation für Stromversorgung in ausserordentlichen Lagen (OSTRAL) definiert eine Strommangellage wie folgt: „Bei einer Strommangellage handelt es sich um eine ‚schwere Mangellage' nach Art. 102 der Bundesverfassung, in welcher der Bund für die Vorbereitung und Durchführung von Maßnahmen zur Sicherstellung der Versorgung der Schweiz mit lebenswichtigen Gütern wie Strom zuständig ist. Eine Strommangellage bedeutet ein Ungleichgewicht von Stromangebot und Stromnachfrage über einen längeren Zeitraum. Die entstehende Angebotsverknappung kann von den Energieversorgungsunternehmen auf Basis der regulären Marktmechanismen nicht mehr verhindert werden." (OSTRAL (o. J.) [21]).

Der österreichische Übertragungsnetzbetreiber Austrian Power Grid (APG) versteht unter einer Stromunterdeckung, „wenn der Verbrauch in Österreich nicht mehr durch Kraftwerkseinspeisung und Importe vollständig gedeckt werden kann" (APG (o. J.) [22]).

Ursache für eine Strommangellage ist in der Regel eine Verkettung von mehreren Ereignissen (vgl. OSTRAL (2021) [19], BWL (2021) [20], Kap. 1). Dies kann zum Beispiel ein hoher Stromverbrauch über eine längere Zeit (etwa ein außerordentlich kalter Winter) sein, in Verbindung mit einem knappen Stromangebot in Europa bedingt durch den Ausfall von mehreren wesentlichen Produzenten.

Betroffen von einer Strommangellage können einzelne Regionen, einzelne Länder oder ganz Europa sein. Die Auswirkungen auf die Unternehmen unterscheiden sich je nach Land.

In der Schweiz ist die vom Verband Schweizerischer Elektrizitätsunternehmen (VSE) gegründete OSTRAL für den Vollzug der Maßnahmen verantwortlich (vgl. BWL (2021) [20]). Die OSTRAL sieht Maßnahmen in der Angebotslenkung (z. B. zentrale Steuerung der Stromproduktion, zentrale Bewirtschaftung der Stauseen, Aussetzung des Handels, Exporteinschränkungen) und Maßnahmen in der Verbrauchslenkung (z. B. Sparappelle, Verbrauchseinschränkungen und -verbote, Kontingentierung und Netzabschaltungen) vor (vgl. OSTRAL (2021) [19]). Die Organisation hat vier Bereitschaftsgrade (BG) vorgesehen, die je nach Schweregrad der Strommangellage aktiviert werden (vgl. OSTRAL (2021) [19]):

- BG 1: Überwachung der Versorgungslage
- BG 2: Alarmierung und erhöhte Bereitschaft (inkl. Einsparappelle und freiwillige Sparmaßnahmen)
- BG 3: Antrag zur Inkraftsetzung der „Bewirtschaftungsverordnungen Elektrizität" (BVO)
- BG 4: Umsetzung BVO

Für den BG 4 ist ein Portfolio an aufbauenden Maßnahmen vorgesehen (vgl. OSTRAL (2021) [19, 21]):

- Stufe 1: Verbote und Verbrauchseinschränkungen
  Der Bundesrat kann die Verwendung von energieintensiven und nicht zwingend notwendigen Geräten verbieten. Dies können zum Beispiel Sauna, Rolltreppen und Leuchtreklamen sein.
- Stufe 2: Kontingentierung
  Damit Abschaltungen vermieden werden können, werden Großverbraucher dazu verpflichtet, eine bestimmte Menge an Energie einzusparen. Die Großverbraucher sollten entsprechende Maßnahmen vorbereiten, damit sie durch die Kontingentierung möglichst wenig beeinträchtigt werden. Im Ereignisfall legt der Bundesrat fest, welches Stromkontingent innerhalb der Kontingentierungsperiode zur Verfügung steht. Dieses wird für die Großverbraucher auf Basis der entsprechenden Referenzperiode im Vorjahr berechnet. Außerdem legt der Bundesrat fest, ob es sich um eine Sofortkontingentierung (kurzfristig anwendbar, wenig Flexibilität für Großverbraucher) oder eine Kontingentierung (mittelfristig anwendbar, erhöhte Flexibilität für Großverbraucher) handelt.
- Stufe 3: Zyklische Abschaltungen
  Zyklische Netzabschaltungen sind als Ultima Ratio vorgesehen. Dabei wird die Stromversorgung rotierend in den einzelnen Gebieten für mehrere Stunden un-

terbrochen. Für die zyklischen Stromabschaltungen sind zwei Stufen vorbereitet. In Stufe 1 sind ein Zyklus von 4 Stunden Unterbrechung und 8 Stunden Versorgung für jedes der Teilgebiete vorgesehen. In Stufe 2 sind nach den 4 Stunden Unterbrechung nur 4 Stunden Versorgung für jedes der Teilgebiete geplant. Diese Abschaltungen haben weitreichende Konsequenzen für die Bevölkerung und die Wirtschaft, da sie mehrmals am Tag während mehrerer Stunden nicht mit Strom versorgt werden.

In Österreich bildet das Energielenkungsgesetz (EnLG) 2012 die rechtliche Grundlage für die Erlassung von Lenkungsmaßnahmen (vgl. Bundesministerium für Klimaschutz, Umwelt, Energie, Mobilität, Innovation und Technologie (o. J.) [23], Bundesministerium für Nachhaltigkeit und Tourismus (2018) [24]). In Teil 3 des EnLG 2012 (vgl. Republik Österreich (2013) [25]) sind verschiedene Lenkungsmaßnahmen zur Sicherung der Elektrizitätsversorgung vorgesehen. Dazu zählen zum Beispiel Aufrufe an die Endverbraucher, Regelungen zu Import und Export von Strom und die Vorschreibung von Landesverbrauchskontingenten für die einzelnen Länder. Für die Vorbereitung und die Koordination der Lenkungsmaßnahmen ist die E-Control zuständig. Die Maßnahmen werden durch den Bundesminister für Wirtschaft, Familie und Jugend bestimmt.

In Deutschland sind im Gesetz zur Sicherung der Energieversorgung (EnSiG) die rechtlichen Grundlagen festgehalten, damit die Behörden die Energieversorgung einschränken und gezielte Zuweisungen vornehmen können (vgl. Bundesamt für Bevölkerungsschutz und Katastrophenhilfe (o. J. b) [26], Bundesministerium für Justiz (o. J.) [27]). Dies insbesondere für den Fall, dass der Energiebedarf nicht über den Markt gesichert werden kann.

33.2.3 Blackout

Das schweizerische Bundesamt für wirtschaftliche Landesversorgung (BWL) definiert Blackouts als „regional begrenzte oder europaweite, unvorhersehbare Unterbrüche der Stromversorgung von einigen Minuten, Stunden oder Tagen, die meist aufgrund von Schäden an der Verteilinfrastruktur, Netzüberlastung oder technischen Störungen auftreten“ (BWL (2021) [20]).

Der österreichische Übertragungsnetzbetreiber APG versteht unter einem Blackout „einen unerwarteten, grossflächigen, überregionalen Stromausfall – unabhängig von dessen Dauer. [...] Ein Blackout muss [...] von einem lokalen oder regionalen Stromausfall strikt getrennt werden: In Österreich muss beispielsweise immer wieder in den alpinen Regionen in den Wintermonaten durch extreme Wetterlagen mit Unterbrechungen der Stromversorgung von spezifischen Tallagen gerechnet werden.“ (APG (o. J.) [22]).

Ein Blackout kann viele verschiedene Ursachen haben, zum Beispiel Cyber-Angriffe, Ausfall von wesentlichen Produzenten, systemische Fehler, technisches und/oder menschliches Versagen oder Naturereignisse (vgl. z. B. Saurugg (o. J.) [28]). Da alle kritischen Infrastrukturen von der Stromversorgung abhängig sind (vgl. Bundesamt für Bevölkerungsschutz BABS (2012) [29]), müssen sich die Unternehmen bei der Vorbereitung auf ein Blackout-Szenario nicht nur mit dem Ausfall der Stromversorgung, sondern auch mit allen Sekundärausfällen insbesondere von kritischen Infrastrukturen (z. B. Telefonie und Wasserversorgung) und ihren Lieferanten auseinandersetzen (vgl. Republik Österreich, Bundesministerin für Landesverteidigung (o. J.) [30]). Die Wiederherstellung des Normalzustandes nach einem Blackout kann deshalb Wochen bis Monate dauern.

33.3 Notfallvorsorge

Die Vorsorge für die drei Notfallszenarien kurze Stromunterbrechung, Strommangellage und Blackout erfolgt in einem Unternehmen typischerweise im Rahmen des Business Continuity Management (BCM). Der international anerkannte Standard für BCM ISO 22301 definiert Business Continuity wie folgt: „Fähigkeit einer Organisation, die Lieferung von Produkten und Dienstleistungen während einer Unterbrechung innerhalb eines akzeptablen Zeitrahmens mit einer vorher festgelegten Kapazität fortzusetzen“ (ISO (2019) [31]). BCM wird definiert als „Prozess der Implementierung und Aufrechterhaltung der Business Continuity“ (ISO (2020) [32]).

Business Continuity Management hat sich in den Unternehmen als Teil einer guten Corporate Governance etabliert und wird auch als Teil der Resilience eines Unternehmens betrachtet (vgl. Erb (2017) [33]). Resilience wird z. B. definiert als „die Fähigkeit eines Systems, seine Funktionsfähigkeit und Struktur angesichts innerer und äußerer Veränderungen zu bewahren und erzwungene Einschränkungen auszugleichen“ (Weick & Sutcliffe (2010) [34]).

Ein Business Continuity Management System (BCMS) kann im Wesentlichen in sechs Elemente unterteilt werden: Policy- und Programm-Management, Analyse, Design, Implementierung, Überprüfung und Einbettung (vgl. Abb. 33.2).

Aus dem generellen BCM-Ansatz kann ein systematisches Vorgehen (vgl. Abb. 33.3) abgeleitet werden, mit dem sich Unternehmen effektiv und effizient auf die drei Szenarien kurze Stromunterbrechung, Strommangellage und Blackout vorbereiten können. Dazu gibt es auch von den Behörden offizielle Empfehlungen, wie sich Unternehmen auf solche Szenarien vorbereiten sollen (vgl. z. B. BWL (2021) [36], Bundesamt für Bevölkerungsschutz und Katastrophenhilfe (2019) [37]). Wichtig in der Vorbereitung ist, dass sich die Unternehmen mit den Partnern und Behörden abstimmen, um im Ereignisfall einen existenzbedrohenden Schaden erfolgreich abzuwenden.

In den nachfolgenden Abschnitten wird das systematische Vorgehen detaillierter ausgeführt.

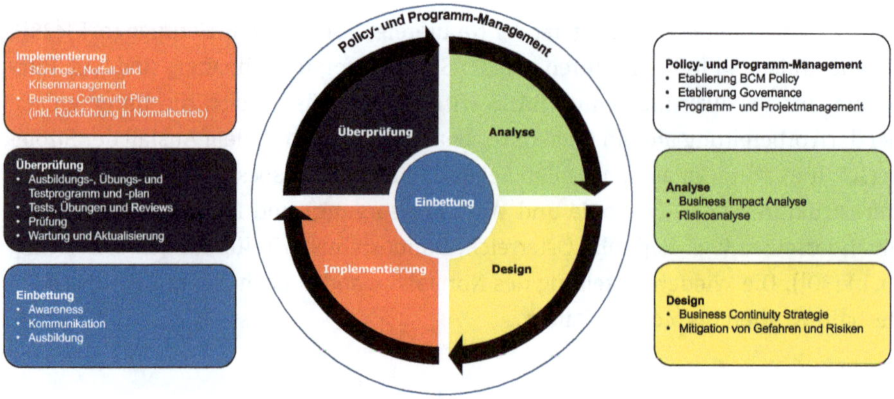

Abb. 33.2: Elemente des Business-Continuity-Management-Systems (vgl. ISO (2020) [32], Business Continuity Institute BCI (2018) [35]).

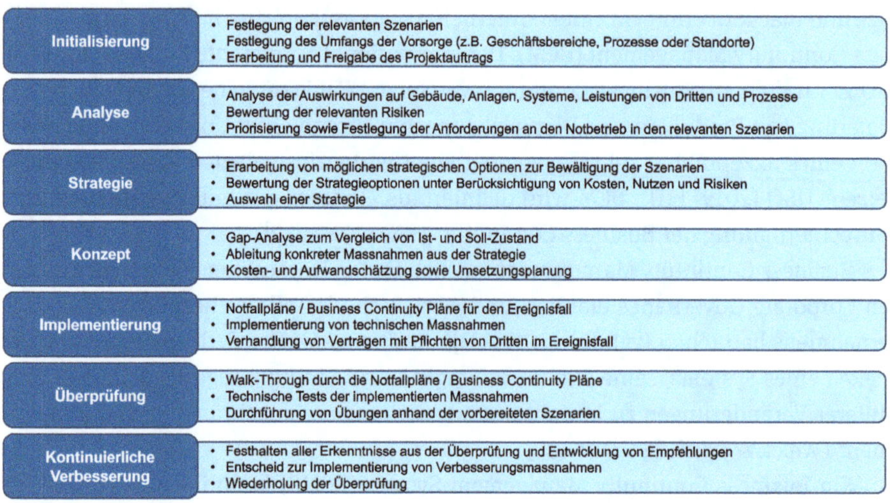

Abb. 33.3: Vorgehensmodell zur Vorbereitung auf eine Stromunterversorgung (vgl. Erb (2019) [18], BWL (2021) [36], Bundesamt für Bevölkerungsschutz und Katastrophenhilfe (2019) [37]).

33.3.1 Initialisierung

Im Rahmen des BCM Policy- und Programm-Managements muss jedes Unternehmen den Scope (Umfang des BCM-Programms) und die Zielsetzung seines BCMS festlegen (vgl. ISO (2019) [31], Business Continuity Institute BCI (2018) [35]). Der Scope des BCMS kann zum Beispiel über Produkte, Dienstleistungen und Geschäftsbereiche definiert werden. Die Entscheidung, welche Elemente in den Scope aufgenommen werden, kann etwa anhand des wirtschaftlichen Beitrags, des Beitrags zur Reputation des Unternehmens, der Verpflichtungen aus Verträgen, regulatorischen Vorgaben oder der Risikoexposition erfolgen.

In der Scope-Definition sollte das Unternehmen auch festlegen, ob die Szenarien kurze Stromunterbrechung, Strommangellage und Blackout für sein BCM relevant sind. Sofern diese Szenarien relevant sind, sollten sie im Projektauftrag zur Einführung eines BCMS enthalten sein. Sofern ein Unternehmen bereits ein etabliertes BCMS hat und diese Szenarien später als relevant erkannt werden, kann auch ein dedizierter Projektauftrag zur Vorbereitung auf diese Szenarien formuliert werden.

33.3.2 Analyse

Strom ist in den meisten Unternehmen schon lange ein essenzieller Energieträger (vgl. Bundesamt für Bevölkerungsschutz BABS (2012) [29]). Die Bedeutung von Strom hat in den letzten Jahren durch die zunehmende Digitalisierung und Automatisierung aber auch durch die Förderung der Elektromobilität noch viel stärker zugenommen.

Die konkrete Abhängigkeit von Strom ist branchen- und unternehmensabhängig. Im Hinblick auf die drei Szenarien kurze Stromunterbrechung, Strommangellage und Blackout müssen im Rahmen der Business-Impact-Analyse (BIA) insbesondere folgende Aspekte untersucht werden (vgl. ISO (2019) [31], Business Continuity Institute BCI (2018) [35], BWL (2021) [36], Bundesamt für Bevölkerungsschutz und Katastrophenhilfe (2019) [37]):

- Welche kritischen Geschäftsprozesse müssen zwingend weitergeführt werden, damit keine existenzbedrohenden Schäden im Unternehmen entstehen?
- Wie lange dürfen diese Geschäftsprozesse und die dafür eingesetzten Ressourcen maximal ausfallen?
- Welche der Geschäftsprozesse beziehungsweise der darin eingesetzten Ressourcen (z. B. Gebäude, Maschinen, IT-Systeme) sind zwingend unterbrechungsfrei auf Strom angewiesen? Welche Aktivitäten beziehungsweise Ressourcen tolerieren eine kurzzeitige Stromunterbrechung? Für welche Aktivitäten gibt es Alternativen?
- Gibt es stromabhängige Prozesse bzw. Ressourcen, bei denen der Strombedarf abhängig von der Tages- oder Jahreszeit stark schwankt (z. B. Heizung im Winter, Kühlung im Sommer)? Gibt es stromabhängige Prozesse, die nur zu bestimmten Jahreszeiten kritisch sind?
- Was wären die Auswirkungen auf die stromabhängigen Geschäftsprozesse beziehungsweise Ressourcen bei zyklischen Stromabschaltungen oder bei Stromausfällen unterschiedlicher Länge (z. B. eine Stunde, ein Tag, zwei Tage)?

Pro Standort muss die Energiebilanz für die Infrastrukturen, die mit unterbrechungsfreier Stromversorgung (USV) beziehungsweise einer Netzersatzanlage (NEA) versorgt werden müssen, erstellt werden (vgl. Bundesamt für Bevölkerungsschutz und Katastrophenhilfe (2019) [37]). Dabei ist mit ausreichend Reserven für den weiteren Ausbau beziehungsweise für den Mehrbedarf an Strom beim Starten von Maschinen zu kalkulieren. Diese Kalkulationen werden für das Notstromkonzept benötigt. Die folgenden Beispiele zeigen, wie tiefgreifend die Abhängigkeit der kritischen Geschäftsprozesse von stromabhängigen Ressourcen innerhalb eines Unternehmens sein können (vgl. Erb (2019) [18]):
- Web-Portale und Onlineshops
- IT-Systeme
- Telefone, Drucker und Faxgeräte
- Kassensysteme und Tresore
- Beleuchtung, Lüftung und Gebäudesteuerung
- Überwachungs- und Zutrittsschutzsysteme
- Lagerbewirtschaftung (z. B. Hochregallager, Elektrostapler, Verteilanlangen)
- Kühllager und -schränke
- Anlagen- und Produktionssteuerung
- Maschinen mit Elektroantrieb
- Labor- und Analysegeräte
- Tankstellen auf dem Firmengelände

Bei einem länger dauernden Blackout müssen die Unternehmen zudem mit Kettenreaktionen rechnen, die sie vor weitere Herausforderungen stellen (vgl. oben Abschnitt 33.2.3). Deshalb müssen in der BIA für das Szenario Blackout zum Beispiel auch die folgenden Aspekte berücksichtigt werden:
- Ausfall Festnetz und Mobiltelefonie
- Ausfall Radio und Fernseher
- Ausfall Treibstoffversorgung
- Ausfall öffentlicher Verkehr, Strassenverkehr, Luftverkehr
- Ausfall Wasserversorgung und Abwasserentsorgung
- Stark eingeschränkte medizinische Versorgung
- Ausfall von Mitarbeitern (keine Anreisemöglichkeit, Familie)

Damit in den Folgephasen geeignete Maßnahmen umgesetzt werden können, muss neben der BIA auch eine Risikoanalyse (RIA) durchgeführt werden (vgl. ISO (2019) [31], Business Continuity Institute BCI (2018) [35]). Das Risiko der drei Szenarien kurze Stromunterbrechung, Strommangellage und Blackout kann zum Beispiel an verschiedenen Standorten des Unternehmens unterschiedlich hoch sein. Investitionen in das BCM sollten risikoabhängig betriebswirtschaftlich begründet sein.

33.3.3 Strategie

Nach der BIA und RIA folgt im BCMS die Designphase (vgl. ISO (2019) [31], Business Continuity Institute BCI (2018) [35]). Das erste Element der Designphase ist die Business-Continuity-Strategie, die Optionen vor, während und nach einer Unterbrechung beinhaltet. Für die Bewältigung der drei Szenarien kurze Stromunterbrechung, einer Strommangellage oder einem Blackout können Unternehmen verschiedene Strategien festlegen. Die Wahl der Strategie wird unter anderem dadurch beeinflusst, wie zeitkritisch die Geschäftsprozesse sind, über wie viele Standorte das Unternehmen verfügt und wie die Risiken eingestuft wurden. Als generelle Strategien für einen Stromausfall stehen insbesondere folgende Optionen zur Verfügung (vgl. Erb (2019) [18]):

- Weiterführung der kritischen Geschäftsprozesse mit unterbrechungsfreier Stromversorgung (USV), Notstromaggregaten, batteriebetriebenen oder alternativen Systemen
- Verlagerung der Geschäftstätigkeit auf diejenigen Standorte, die noch mit Strom versorgt sind
- Temporäre Einstellung des Betriebs

In der Schweiz sieht die OSTRAL als Vorbereitung auf eine Kontingentierung des Stroms im Szenario Strommangellage vor, dass sich Großverbraucher (Jahresverbrauch >100 MWh), die an mehreren Standorten tätig sind, als Multisite-Verbraucher anmelden können (vgl. OSTRAL (o. J.) [21]). Bei einer Kontingentierung des Stroms wird so der Gesamtverbrauch des Unternehmens kontingentiert und nicht der einzelne Standort. Dies ermöglicht eine Strategie, in der einige Standorte normal betrieben und andere geschlossen werden.

Bei der Wahl der Strategie für zyklische Stromabschaltungen muss darauf geachtet werden, dass IT-Systeme und Produktionsanlagen eine gewisse Dauer für den Wiederanlauf, das Rüsten und die Reinigung in Anspruch nehmen und auch die Zulieferer nicht im gewohnten Rahmen lieferfähig sind (vgl. BWL (2021) [36]). Bei zyklischen Stromabschaltungen muss deshalb genau geprüft werden, wie während der angekündigten Netzabschaltungen eine priorisierte und reduzierte Produktion mit einer Notstromversorgung oder angepassten Personaleinsätzen und Lagerbeständen aufrechterhalten werden kann.

Im Blackout-Szenario müssen neben dem unmittelbaren Stromausfall (Phase 1) auch Strategien für die Phase 2 (Ausfall von kritischen Infrastrukturen, Personal und wichtigen Zulieferern) und die Phase 3 (Wiederherstellung des Normalzustands mit beschränkter Versorgung) vorbereitet werden (vgl. Republik Österreich, Bundesministerin für Landesverteidigung (o. J.) [30]). Diese Strategien sind unternehmensspezifisch und können zum Beispiel die Themen Kommunikation, Versorgung mit Betriebsstoffvorräten, Transport von Waren und Personen, Wasserversorgung und Abwasserentsorgung beinhalten.

33.3.4 Konzept

Nachdem das Unternehmen eine generelle Strategie für die Szenarien kurze Stromunterbrechung, Strommangellage und Blackout gewählt hat, sollte es ein konkretes Umsetzungskonzept entwickeln.

Im Rahmen einer Gap-Analyse sollte das Unternehmen ermitteln, welche der Strategien sich mit den bereits implementierten Maßnahmen umsetzen lassen und wo noch Lücken bestehen. Mit Bezug auf die Lücken müssen konkrete Maßnahmen abgeleitet werden, die nach Aspekten der Wirtschaftlichkeit bewertet werden. Für die gewählten Maßnahmen wird eine Umsetzungsplanung erstellt (vgl. Erb (2019) [18]).

In der Konzeption werden typischerweise folgende Maßnahmen vorgesehen (vgl. Erb (2019) [18]):

- Etablierung einer Notstromversorgung (vgl. Bundesamt für Bevölkerungsschutz und Katastrophenhilfe (2019) [37]).
  - Wie lange muss die unterbrechungsfreie Stromversorgung welche Last tragen können?
  - Wie lange muss ein Betrieb der Notstromversorgung ohne weitere Kraftstoffzufuhr funktionieren?
  - Welche Dienstleister eignen sich für das Nachtanken im Ereignisfall? Kann mit diesen sogar eine vertragliche Vereinbarung getroffen werden?
  - Welches sind geeignete Standorte für Notstromaggregate, damit sie vor Gefahren und unbefugtem Zutritt möglichst gut geschützt sind?
  - Wie viel Kraftstoff muss aufbewahrt werden? Wo kann dieser gelagert werden?
  - Wie viele Redundanzen müssen in der Notstromversorgung eingeplant werden, damit zum Beispiel ein Aggregat für die Wartung aus dem Netz genommen werden kann?
  - Können mobile Netzersatzanlagen als Verstärkung eingesetzt werden?
  - Wie muss das Notstromnetz ausgelegt werden? Wie wird verhindert, dass nicht benötigte Geräte an das Notstromnetz angeschlossen werden? Lassen sich Komponenten abhängig von ihrer Priorität zuschalten?
  - Welche Anlagen müssen nach dem Wechsel auf die Notstromanlage neu gestartet werden?
- Etablierung eines Krisen- bzw. Notfallmanagement-Teams, das die Bewältigung der Strommangellage oder des Blackouts sicherstellt.
- Erarbeitung von Business-Continuity- bzw. Notfallplänen, die den Notbetrieb für die kritischen Prozesse des Unternehmens gemäß der gewählten Strategie beschreiben (vgl. Bundesamt für Bevölkerungsschutz und Katastrophenhilfe (2019) [37], BWL (2021) [36]). Dabei sollten insbesondere auch folgende Punkte beachtet werden:
  - Wer muss bei einer kurzen Stromunterbrechung, bei einer Strommangellage oder Blackout informiert werden?

  - Wie wird die Erreichbarkeit sichergestellt, auch wenn zum Beispiel in einem Blackout-Szenario die Mobiltelefonie nicht mehr funktioniert?
  - Wer ist für den Notstrom und alle anderen vorgesehenen Maßnahmen verantwortlich?
  - Welche Gebäude, Maschinen, Arbeitsplätze und Geräte werden mit Notstrom versorgt?
  - Welche Personen besetzen diese Arbeitsplätze für welche Aufgaben?
  - Was geschieht mit dem Personal, das im Notbetrieb keine Aufgabe hat?
  - Was sind die Rüst-, Anlauf- und Reinigungszeiten von Maschinen? Wie lange kann bei zyklischen Stromabschaltungen produziert werden?
  - Welche Lagerbestände sind notwendig, damit auch bei einem Ausfall von Lieferanten weiter produziert werden kann?
  - Wie müssen die Arbeitszeiten und die Dienstpläne angepasst werden?
- Maßnahmen zur Reduktion der Abhängigkeit von der Stromversorgung (vgl. BWL (2021) [36]), zum Beispiel:
  - Starke Isolation bei Neubauten und Renovationen (Renovierungen)
  - Einrichtung von Schutzschleusen bei geheizten oder gekühlten Gebäuden
  - Automatische Anlagen und Lager zumindest rudimentär auch ohne Strom benutzbar machen
  - Gebäude mit möglichst vielen Quellen für Tageslicht bauen
- Erarbeitung von Checklisten und Hilfsmitteln für Mitarbeiter, damit sie bei einem Stromausfall die notwendigen Maßnahmen einleiten können (vgl. BWL (2021) [36]), zum Beispiel:
  - Anpassen der Arbeits- und Öffnungszeiten an die Lichtverhältnisse
  - Kühllager nur kurz und wenig öffnen
- Schulung der Organisation für die relevanten Szenarien.

33.3.5 Implementierung

Die Maßnahmen, welche sich aus dem Umsetzungskonzept ergeben, sollen möglichst in die bestehenden Strukturen des BCMs und des Krisen- und Notfallmanagements integriert werden. Diese werden typischerweise im Rahmen eines Projekts implementiert.

33.3.6 Überprüfung

Nach dem Motto „Nur was getestet ist, funktioniert" muss auch die Vorsorge für Stromausfall, Strommangellage und Blackout getestet und geübt werden (vgl. Erb (2019) [18]). Mit einem aufbauenden Programm aus diskussionsbasierten Überprüfungen (Walk-Throughs, Table-Top-Übungen), technischen Tests und Simulationen kann das Unternehmen rasch Sicherheit gewinnen, dass die gewählten Strategien und die umgesetzten Maßnahmen wirksam sind (vgl. Erb (2019) [18], ISO (2020) [32], BWL (2021) [36]).

Ebenfalls ist wichtig, dass regelmäßig überprüft wird, ob die an das Notstromnetz angeschlossenen Geräte die Planwerte nicht übersteigen und das Netz im Ereignisfall nicht überlastet wird. Auch sollte der eingelagerte Kraftstoff regelmäßig überprüft werden (vgl. Bundesamt für Bevölkerungsschutz und Katastrophenhilfe (2019) [37]).

33.3.7 Kontinuierliche Verbesserung

Erkenntnisse aus Überprüfungen, Tests und Übungen zu den Szenarien mit einer Stromunterversorgung sollten von den Unternehmen festgehalten werden (vgl. ISO (2020) [32]). Dasselbe gilt auch für Feststellungen während allfälliger Ernstfälle. Im Rahmen der kontinuierlichen Verbesserung sollten Maßnahmen initialisiert werden, damit das Unternehmen im nächsten Ernstfall die gewählte Business-Continuity-Strategie erfolgreich umsetzen kann.

Ebenfalls sollten die Phasen Analyse bis Überprüfung regelmäßig wiederholt werden, da sich in einem Unternehmen typischerweise der Strombedarf über die Zeit verändert und das Konzept und die Maßnahmen entsprechend angepasst werden müssen. Das BWL empfiehlt eine Wiederholung alle 4 Jahre (vgl. BWL (2021) [36]).

33.4 Fazit

Die Versorgung mit Strom ist überlebensnotwendig für Unternehmen. Aufgrund der technologischen Entwicklungen, die einen höheren Strombedarf bei gleichzeitiger Abnahme der Verwendung von fossilen Brennstoffen bedeuten, nimmt die Wichtigkeit von Strom weiter zu. Kurze Stromunterbrechungen, Strommangellage und Blackouts können die Unternehmen in ihrer Existenz bedrohen. Deshalb ist es von fundamentaler Wichtigkeit, sich frühzeitig Gedanken zu möglichen Ausnahmeszenarien zu machen, konkrete Strategien und Maßnahmen zu erarbeiten und diese ausführlich und strukturiert zu testen. Mit einer guten Vorsorge können sich die Unternehmen gegenüber ihren Mitbewerbern einen strategischen Wiederherstellungsvorteil sichern (vgl. Erb (2017) [33]).

Literaturverzeichnis

[1] Bundesamt für Bevölkerungsschutz BABS (2020). Katastrophen und Notlagen Schweiz 2020 – Bericht zur nationalen Risikoanalyse. https://www.babs.admin.ch/content/babs-internet/de/aufgabenbabs/gefaehrdrisiken/natgefaehrdanalyse/_jcr_content/contentPar/tabs/items/fachunterlagen/tabPar/downloadlist/downloadItems/109_1604480153059.download/KNSRisikobericht2020-de.pdf. Zugriff am 16.02.2022.

[2] Eidgenössische Elektrizitätskommission ElCom, 2021. Stromversorgungssicherheit Schweiz 2025 – Studie beauftragt von ElCom und BFE. https://www.elcom.admin.ch/dam/elcom/de/dokumente/2021/studiestromversorgungssicherheitschweiz2025.pdf.download.pdf/Studie%20Stromversorgungssicherheit%20Schweiz%202025.pdf. Zugriff am 16.02.2022.

[3] Saurugg, H. (2021). Herausforderung Blackout – Die nächste Systemkrise in Österreich? In Bundesministerium für Landesverteidigung (Hrsg.) Sicher. Und morgen? – Sicherheitspolitische Jahresvorschau 2021. Republik Österreich, 313–317.

[4] Control (2020). E-Control warnt vor Spiel mit der Angst. https://www.e-control.at/documents/1785851/1811582/Sicherheits%C3%BCbungen.pdf/1eb35d7e-19a2-f9d1-9547-3ebc51871d5a?t=1636969086871. Zugriff am 16.02.2022.

[5] Bundesamt für Bevölkerungsschutz und Katastrophenhilfe, o. J. a. Blackout. https://www.bbk.bund.de/DE/Infothek/Presse/Pressedossiers/_documents/pressedossier-artikel_blackout.html. Zugriff am 16.02.2022.

[6] Europäisches Parlament (2021). Parlamentarische Anfragen – Störung der Stromversorgung in der EU. https://www.europarl.europa.eu/doceo/document/P-9-2021-000225_DE.html. Zugriff am 16.02.2022.

[7] Swissgrid (2019). Netzsicherheitsverletzung vom 20. Mai 2019. https://www.swissgrid.ch/de/home/newsroom/newsfeed/20190524-02.html. Zugriff am 16.02.2022.

[8] SRF (2017). Stromknappheit im Winter – Nur knapp am Blackout vorbeigeschrammt? https://www.srf.ch/news/schweiz/nur-knapp-am-blackout-vorbeigeschrammt. Zugriff am 16.02.2022.

[9] Swissgrid (2016). Bericht Winter 2015/2016 – Bewältigung der angespannten Energie- und Netzsituation. https://www.swissgrid.ch/dam/swissgrid/operation/regulation/winter-planning/Bericht-Winter-2015-2016-de.pdf. Zugriff am 16.02.2022.

[10] Assante, M. (2016). Confirmation of a Coordinated Attack on the Ukrainian Power Grid. https://www.sans.org/blog/confirmation-of-a-coordinated-attack-on-the-ukrainian-power-grid/. Zugriff am 16.02.2022.

[11] Neue Zürcher Zeitung NZZ (2012). Blackout in Zürich. https://www.nzz.ch/blackout_in_zuerich-ld.698612. Zugriff am 16.02.2022.

[12] Neue Zürcher Zeitung NZZ (2016). Neuerlicher Stromausfall in der Zürcher Innenstadt ist behoben. https://www.nzz.ch/zuerich/aktuell/erneut-stromausfall-in-der-zuercher-innenstadt-ld.114983. Zugriff am 16.02.2022.

[13] Neue Zürcher Zeitung NZZ (2019). Stromausfall in Teilen der Stadt Zürich ist beendet – Brand in Unterwerk als Ursache. https://www.nzz.ch/zuerich/stromausfall-in-der-zuercher-innenstadt-ld.1470632. Zugriff am 16.02.2022.

[14] Bundesnetzagentur (2007). Bericht der Bundesnetzagentur für Elektrizität, Gas, Telekommunikation, Post und Eisenbahnen über die Systemstörung im deutschen und europäischen Verbundsystem am 4. November 2006. https://www.bundesnetzagentur.de/SharedDocs/Downloads/DE/Sachgebiete/Energie/Unternehmen_Institutionen/Versorgungssicherheit/Netzreserve/Bericht_9.pdf?__blob=publicationFile&v=2. Zugriff am 16.02.2022.

[15] Eidgenössische Elektrizitätskommission ElCom (2021). Stromversorgungsqualität 2020. https://www.elcom.admin.ch/dam/elcom/de/dokumente/2021/stromversorgungsqualitaet2020.pdf.download.pdf/322-00001_20210505_BE_Stromversorgungsqualit%C3%A4t_2020_d.pdf. Zugriff am 16.02.2022.

[16] E-Control (2021). Ausfall- und Störungsstatistik für Österreich 2021 – Ergebnisse für das Jahr 2020. https://www.e-control.at/documents/1785851/1811582/AuSD_V2021_fuer_Berichtsjahr_2020.pdf/4bcf0051-7c06-7e09-93ac-09e2e3d145ce?t=1634548764135. Zugriff am 16.02.2022.

[17] Bundesnetzagentur (2021). Kennzahlen der Versorgungsunterbrechungen Strom. https://www.bundesnetzagentur.de/DE/Fachthemen/ElektrizitaetundGas/Versorgungssicherheit/Versorgungsunterbrechungen/Auswertung_Strom/start.html. Zugriff am 16.02.2022.

[18] Erb, S. (2019). Stromausfall: Ist mein Unternehmen vorbereitet? Sicherheitsforum 5(19), 10–12.
[19] Organisation für Stromversorgung in ausserordentlichen Lagen (OSTRAL) (2021). Grundlagenpräsentation OSTRAL. https://www.ostral.ch/de/media/2726/download. Zugriff am 16.02.2022.
[20] Bundesamt für wirtschaftliche Landesversorgung BWL (2021). Elektrizität. https://www.bwl.admin.ch/bwl/de/home/themen/energie/elektrizitaet.html. Zugriff am 16.02.2022.
[21] Organisation für Stromversorgung in ausserordentlichen Lagen (OSTRAL), o. J. Eine gute Vorbereitung lohnt sich – Informationen der OSTRAL für Grossverbraucher. https://www.ostral.ch/de/dokument/informationsbroschuere-fuer-grossverbraucher. Zugriff am 16.02.2022.
[22] Austrian Power Grid (APG), o. J. Sichere Stromversorgung & Blackout. https://www.apg.at/de/Sichere-Stromversorgung-und-Blackout. Zugriff am 16.02.2022.
[23] Bundesministerium für Klimaschutz, Umwelt, Energie, Mobilität, Innovation und Technologie, o. J. Krisenvorsorgemanagement. https://www.bmk.gv.at/themen/energie/energieversorgung/krisenvorsorgemgmt.html. Zugriff am 16.02.2022.
[24] Bundesministerium für Nachhaltigkeit und Tourismus (2018). Krisenvorsorgemanagement – Gut vorbereitet: Bestandsaufnahme und Bewältigung möglicher Krisenszenarien im Bereich Energie und Bergbau. https://www.bmk.gv.at/dam/jcr:862b8905-ac2f-4e77-b3f7-0ecdbe81376e/Krisensvorsorgemgmt_2018_ua.pdf. Zugriff am 16.02.2022.
[25] Republik Österreich (2013). Energielenkungsgesetz 2012 – EnLG 2012. https://www.ris.bka.gv.at/Dokumente/BgblAuth/BGBLA_2013_I_41/BGBLA_2013_I_41.html. Zugriff am 16.02.2022.
[26] Bundesamt für Bevölkerungsschutz und Katastrophenhilfe, o. J. b. Energie. https://www.bbk.bund.de/DE/Themen/Kritische-Infrastrukturen/Sektoren-Branchen/Energie/energie_node.html. Zugriff am 16.02.2022.
[27] Bundesministerium für Justiz, o. J. Gesetz zur Sicherung der Energieversorgung. http://www.gesetze-im-internet.de/ensig_1975/. Zugriff am 16.02.2022.
[28] Saurugg, H., o. J. Risiko und Wahrscheinlichkeit eines europaweiten Strom- und Infrastrukturausfalls („Blackout“). https://www.saurugg.net/blackout/risiko-eines-strom-blackouts. Zugriff am 16.02.2022.
[29] Bundesamt für Bevölkerungsschutz BABS (2012). Schutz kritischer Infrastrukturen SKI – Factsheet zum kritischen Teilsektor Stromversorgung. https://www.babs.admin.ch/content/babs-internet/de/aufgabenbabs/ski/kritisch/_jcr_content/contentPar/accordion/accordionItems/energie/accordionPar/downloadlist_1571441/downloadItems/186_1461240374335.download/stromversorgung_de.pdf. Zugriff am 16.02.2022.
[30] Republik Österreich, Bundesministerin für Landesverteidigung, o. J. Blackout und dann? https://www.bundesheer.at/archiv/a2021/blackout/images/blackout_folder.pdf. Zugriff am 16.02.2022.
[31] ISO (2019). ISO 22301:2019 – Security and resilience – Business continuity management systems – Requirements. ISO. Vernier.
[32] ISO (2020). ISO 22313:2020 – Security and resilience – Business continuity management systems – Guidance on the use of ISO 22301. ISO. Vernier.
[33] Erb, S. (2017). Business Continuity Management in Outsourcing-Beziehungen – Risiken, Massnahmen und Fallstudien. Wiesbaden: Springer.
[34] Weick, K. E. und Sutcliffe, K. M. (2010). Das Unerwartete Managen: Wie Unternehmen aus Extremsituationen lernen. Stuttgart: Schäffer-Poeschel.
[35] Business Continuity Institute BCI (2018). Good Practice Guideline – The global guide to good practice in business continuity. 2018th ed. Business Continuity Institute. Caversham.
[36] Bundesamt für wirtschaftliche Landesversorgung BWL (2021). Strom-Ratgeber Wirtschaft. https://www.bwl.admin.ch/bwl/de/home/themen/energie/elektrizitaet/strom-ratgeber/vorbereitungsmassnahmen_und_verhaltenshinweise.html. Zugriff am 16.02.2022.
[37] Bundesamt für Bevölkerungsschutz und Katastrophenhilfe (2019). Notstromversorgung in Unternehmen und Behörden. https://www.bbk.bund.de/SharedDocs/Downloads/DE/Mediathek/Publikationen/PiB/PiB-13-notstromversorgung-unternehmen-behoerden.pdf?__blob=publicationFile&v=8. Zugriff am 16.02.2022.

Kurzvita

Dr. Simon Erb ist Gründungspartner des Beratungsunternehmen aucoma ag. Er hat an der Universität Bern BWL mit Schwerpunkt Wirtschaftsinformatik studiert und seine Ausbildung mit der Dissertation zum Thema «Business Continuity Management in Outsourcing-Beziehungen» abgeschlossen. Er ist erfahrener Berater zu den Themen Business Continuity, Notfall- und Krisenmanagement sowie Cyber Resilience und hat nationale und multi-nationale Unternehmen erfolgreich begleitet.
Durch seine frühere Tätigkeit als Berater bei der damaligen Axpo Informatik AG (heute: Aveniq Avectris AG) konnte er fundierte Branchenkenntnisse in der Energiewirtschaft und deren speziellen Herausforderungen im Business Continuity Management aufbauen. Zusätzlich zu Unternehmen aus der Energiewirtschaft berät er auch Spitäler, Versicherungen, Banken, Medizintechnik-Unternehmen, IT- & Telekommunikationsunternehmen, Behörden und öffentliche Verwaltungen.

Herbert Saurugg

34 Blackout: Situation in Europa und Krisenprävention

Zusammenfassung: Das europäische Stromversorgungssystem befindet sich in einem fundamentalen Umbau. Viele Schritte passieren dabei gleichzeitig, aber oftmals nicht abgestimmt. Ein System ist jedoch mehr als die Summe seiner Einzelteile. Daher steigt mit dieser Vorgehensweise die Gefahr von Großstörungen bis hin zu einem europaweiten Ausfall. Die Folge wäre nicht nur ein großflächiger Stromausfall, sondern dieser würde in eine unfassbare Versorgungskrise führen, auf die weder die Menschen noch Unternehmen noch der Staat vorbereitet sind. Dieser Beitrag beleuchtet die umfassenden Umbrüche im Stromversorgungssystem, die möglichen Folgen eines Blackouts sowie grundlegende Vorsorgemaßnahmen.

Schlagwörter: Aging Infrastructures, Blackout, Energiewende, Energiezellen, Engpassmanagement, Großstörung, High Impact Low Probability, inselbetriebsfähige PV-Anlage, Komplexität, Kritische Infrastruktur, Momentanreserve, Power-to-X, Speicher, Stromausfall, Stromhandel, Strommangellage, Telekommunikationsversorgung, Truthahn-Illusion, Verbundsystem

Großflächige Stromausfälle, sogenannte Blackouts, treten in verschiedenen Weltregionen immer wieder auf. Europa ist bislang von einem solchen Ereignis verschont geblieben, sieht man von regionalen Ereignissen wie dem Blackout in Teilen von Deutschland, Österreich, der Schweiz (1976), Italien (2003) oder in der Türkei (2015) ab.[1] Alle anderen größeren Stromausfälle wie Münsterland (2005) oder Slowenien (2014) waren keine wirklichen Blackouts, da es zu keinem weitreichenden Systemkollaps kam.

Eine Definition des Begriffs Blackout ist für die jeweilige Betrachtung essenziell, da es keine einheitliche Definition und gleichzeitig eine sehr verbreitete Verwendung des Begriffs gibt. In den Medien wird der Begriff inflationär für fast jeden Stromausfall verwendet. Bei genauerer Betrachtung stellen sich dadurch häufig völlig unterschiedliche Ereignisse dar, was für eine fundierte Auseinandersetzung meist nicht hilfreich ist.

1 Vgl. Historische Stromausfälle. https://de.wikipedia.org/wiki/Liste_historischer_Stromausf%C3%A4lle. Zugriff am 25.02.2022.

Herbert Saurugg, Österreichische Gesellschaft für Krisenvorsorge, Wien, Österreich, e-mail: herbert.saurugg@gfkv.at

https://doi.org/10.1515/9783110753585-034

In dieser Betrachtung wird unter einem Blackout ein plötzlicher, überregionaler, weite Teile Europas umfassender und länger andauernder Strom- sowie Infrastruktur- und Versorgungsausfall verstanden. Eine Hilfe von außen ist nicht möglich.[2] Daher geht es nicht nur um einen Stromausfall, auch wenn dieser das Auslöseereignis darstellt.

Das europäische Verbundsystem zählt weltweit zu den größten und gleichzeitig verlässlichsten Stromversorgungssystemen. Dennoch mehren sich die Hinweise, dass es auch in Europa in Zukunft zu einem solchen Ereignis kommen könnte. Denn auch wenn die Energieversorgungsunternehmen sehr viel Aufwand betreiben, um ein solches Ereignis zu verhindern, gibt es keine hundertprozentige Sicherheit. Dies wurde bereits 2015 von den europäischen Übertragungsnetzbetreibern im Rahmen des ENTSO-E Berichtes zum Blackout in der Türkei festgehalten:

> "A large electric power system is the most complex existing man-made machine. Although the common expectation of the public in the economically advanced countries is that the electric supply should never be interrupted, there is, unfortunately, no collapse-free power system." [1, S. 46]

Daher sind nicht nur die Energieversorgungsunternehmen gefordert, um sich auf ein solch mögliches Ereignis vorzubereiten, sondern die gesamte Gesellschaft. Denn ein europaweiter Strom-, Infrastruktur- sowie Versorgungsausfall (Blackout) würde nicht nur zu einem großflächigen Stromausfall, sondern auch zu einer verheerenden und völlig unterschätzten Kettenreaktion in fast allen Kritischen Infrastrukturen (KRITIS) führen. Durch den fast zeitgleichen Ausfall der Produktion und Logistik quer über Europa würde sofort die Grundversorgung der Bevölkerung mit lebenswichtigen Gütern und Dienstleistungen unterbrochen werden. In vielen Produktionsbereichen wäre zudem mit schwerwiegenden Schäden und langwierigen Wiederanlaufzeiten zu rechnen, wie Einzelbeispiele bei regionalen Stromausfällen immer wieder zeigen. Was im Einzelfall relativ einfach zu kompensieren ist, führt bei einem großflächigen Ausfall de facto zu einer unterschätzten exponentiellen Eskalation.

Aufgrund der generell sehr hohen Versorgungssicherheit in allen Lebensbereichen gibt es in Europa bislang weder entsprechende Erfahrungen noch Vorsorgemaßnahmen, wie potenzielle Schäden reduziert werden können. Besonders dramatisch würde sich das auf die unvorbereitete Bevölkerung auswirken, was sich wiederum auf die Personalverfügbarkeit und damit auf die Wiederanlaufzeit der Logistik auswirken würde (vgl. [2]). Ein Teufelskreis, der dann kaum mehr zu durchbrechen wäre.

Bevor im zweiten Teil die Auswirkungen eines Blackouts und die möglichen Vorsorgemaßnahmen näher betrachtet werden, wird im ersten Teil dargestellt, warum ein Blackout in Europa eine sehr reale und unterschätzte Gefahr darstellt.

---

2 Vgl. wissenschaftlicher Bericht Energiezelle F. www.saurugg.net/ezf. Zugriff am 25.02.2022.

34.1 Das europäische Verbundsystem im Umbruch

Das europäische Stromversorgungssystem der Regional Group Central Europe (ENTSO-E/RG CE) umfasst 27 Länder und reicht von Portugal bis in die Osttürkei und von Sizilien bis nach Dänemark. Es stellt eine funktionale Einheit dar, die nur als Ganzes funktioniert. Störungen in diesem System können sich grundsätzlich großräumig ausbreiten, auch wenn entsprechende Sicherheitsmechanismen implementiert sind, um dies zu verhindern. Zusätzlich gibt es eine Vernetzung zu benachbarten Netzregionen der ENTSO-E (European Network of Transmission System Operators for Electricity), die insgesamt 43 Übertragungsnetzbetreiber aus 36 europäischen Ländern umfasst.

34.1.1 Großstörungen als Warnsignale

Am 8. Januar 2021 und am 24. Juli 2021 kam es zu zwei Großstörungen im ENTSO-E/RG CE Netz, bei denen das zentraleuropäische Netz jeweils in zwei Teilnetze aufgetrennt wurden.[3] Diese Netzauftrennungen verliefen im Vergleich zur bisher schwersten Netzauftrennung vom 4. November 2006 sehr glimpflich. Damals mussten binnen 19 Sekunden rund 10 Millionen Haushalte in Westeuropa vom Stromnetz getrennt werden, um einen europaweiten Kollaps zu verhindern.[4]

Am 8. Januar 2021 waren „nur“ große Unternehmenskunden in Frankreich und Italien betroffen, die sich generell vertraglich für eine Notabschaltung bereit erklärt hatten und dafür bezahlt werden. Bei der zweiten Großstörung und Netzauftrennung am 24. Juli 2021 mussten rund 2 Millionen Kunden auf der Iberischen Halbinsel vom Stromnetz getrennt werden, um Schlimmeres zu verhindern.

Durch die sich seit 2006 laufend verbesserten Vorsorge- und Kommunikationsmaßnahmen der europäischen Übertragungsnetzbetreiber konnten die Störungen nach jeweils rund einer Stunde behoben und hervorragend beherrscht werden. Eine solche Netzzusammenschaltung ist dennoch nicht trivial und führt in der Simulation immer wieder zu Totalausfällen. Zudem gab es in der bisherigen Verbundgeschichte „nur“ drei weitere Großstörungen mit Netzauftrennung: 2003 Blackout in Italien, 2006 quer durch Europa, und 2015 Blackout in der Türkei.

Daher weiß niemand, ob die vorgesehenen Sicherheitsmechanismen auch beim nächsten Zwischenfall rechtzeitig und ausreichend greifen werden. Im schlimmsten Fall könnte es tatsächlich zu einem europaweiten Blackout kommen, wie dies etwa das Österreichische Bundesheer (vgl. [3]) oder der Autor innerhalb der nächsten fünf Jahre erwarten. Dafür gibt es eine Reihe an Anhaltspunkten.

---

3 Vgl. https://www.saurugg.net/2021/blog/stromversorgung/bedenkliche-ereignisse-2021. Zugriff am 25.02.2022.

4 Vgl. https://de.wikipedia.org/wiki/Stromausfall_in_Europa_im_November_2006. Zugriff am 25.02.2022.

34.1.2 Risikobeurteilung

Die beiden Großstörungen im Jahr 2021 könnten im Sinne von „das Unerwartete managen“ (vgl. [4, 2. Auflage]) als ernst zu nehmende Warnung und „schwache Signale“ verstanden werden. Bisherige Risikobewertungsmethoden und Eintrittswahrscheinlichkeitsberechnungen sind aufgrund der fehlenden Evidenz bei *High Impact Low Probability* (HILP)-Events nicht anwendbar oder führen in die Irre. HILP-Ereignisse – auch gerne als schwarze Schwäne bezeichnet (vgl. [5], [6, 5. Aufl.]) – erfordern andere Herangehensweisen, wie etwa nach dem Konzept der Antifragilität (vgl. [6]) oder nach den Methoden der Risikoethik, die nicht auf die Wahrscheinlichkeit, sondern auf das potenzielle Schadenspotenzial fokussieren (vgl. [7]), um notwendige Handlungserfordernisse abzuleiten. Eine derartige Vorgangsweise fehlt jedoch bis dato in vielen Bereichen (vgl. [8]). Viele Vorsorgemaßnahmen konzentrieren sich daher auf die Verhinderung und beschränken sich häufig nur auf die Folgen im Stromversorgungssystem, was jedoch deutlich zu kurz greift (vgl. [9]).

34.1.3 Steigende Ausgleichsmaßnahmen

Fakt ist, dass seit Jahren die Aufwände im europäischen Verbundsystem steigen, um die Netzstabilität aufrechterhalten zu können. Die österreichischen Engpassmanagementkosten, also jene Aufwände, um ein Blackout akut abzuwenden, sind von 1,1 Millionen Euro im Jahr 2012 auf 439 Millionen Euro im Jahr 2021 regelrecht explodiert. Statt zwei Eingriffen waren innerhalb von wenigen Jahren über 300 Eingriffe in einem Jahr erforderlich.[5] Diese Aufwände sind zwar durch die Strommarktauftrennung zwischen Deutschland und Österreich im Oktober 2018, 2019 und 2020 deutlich zurückgegangen, aber 2021 wieder förmlich explodiert.[6] Die Ursachen liegen vorwiegend in der fehlenden Systemanpassung an die sich stark geänderten Rahmenbedingungen, was etwa an der unzureichenden Stromleitungsinfrastruktur liegt.[7] Zum anderen erfordert die volatile Stromerzeugung aus Photovoltaik- und Windkraftanlagen immer mehr Ausgleichsmaßnahmen.

34.1.4 Permanente Balance

Ein Punkt, der in vielen aktuellen Betrachtungen zu kurz kommt, ist, dass im Wechselstromsystem die Balance zwischen Erzeugung und Verbrauch permanent, also während 31,5 Millionen Sekunden pro Jahr, ausgeglichen sein muss, mit einer relativen

---

5 Vgl. https://www.apg.at/de/Energiezukunft/Redispatch. Zugriff am 25.02.2022.

6 Vgl. Engpassmanagement. https://www.saurugg.net/blackout/risiko-eines-blackouts/aktuelle-situation/#epm. Zugriff am 13.03.2022.

7 Vgl. https://www.apg.at/de/Energiezukunft/Redispatch. Zugriff am 25.02.2022.

geringen Toleranzgrenze. Ansonsten kollabiert das System. In den Betrachtungen zur Energiewende werden jedoch häufig nur Bilanzen über ein Jahr betrachtet, die aber für die unmittelbare Systemsicherheit zweitrangig sind.

Dieser Balanceakt war bisher im großtechnischen System mit einigen Tausend steuerbaren Großkraftwerken relativ einfach möglich. Der wechselnde Verbrauch konnte gut ausgeregelt werden. Mit der Energiewende nimmt jedoch die Anzahl der kaum steuerbaren Erzeugungsanlagen deutlich zu, und gleichzeitig sinkt die Verfügbarkeit von steuerbaren Kraftwerken. Statt ein paar Tausend Kraftwerken gibt es nun Millionen Anlagen, wodurch auch die Komplexität des Gesamtsystems erheblich steigt (vgl. Kapitel 24 (Schattenseiten, Saurugg)).

34.1.5 Reduktion der systemkritischen Momentanreserve

Ein wesentlicher Garant für die sehr hohe Stabilität im europäischen Verbundsystem sind die Synchrongeneratoren der Großkraftwerke, die den Strom erzeugen. Diese rotierenden Massen (Momentanreserve)[8] stellen einen inhärent vorhandenen Energiespeicher dar, der kurzfristig auftretende Energieüberschüsse zwischenpuffern und Laststöße abfedern kann. Sie stellen eine Art Stoßdämpfer dar. Die Synchrongeneratoren erzeugen auch die Frequenz des Wechselstromes, die ausdrückt, ob ein Leistungsmangel oder ein Leistungsüberschuss im Gesamtsystem vorhanden ist. Über die Frequenz können IT-unabhängig Regeleingriffe zielgerichtet erfolgen und kann somit das Gesamtsystem stabil gehalten werden.

Durch die Energiewende und der damit forcierten umfangreichen Abschaltung von konventionellen Kraftwerken kommt es zu einer starken Reduktion dieser systemkritischen Elemente. Photovoltaik- (PV-) und Windkraftanlagen bringen diese zentrale Systemfunktion per se nicht mit. Bei Windkraftanlagen gibt es zwar auch rotierende Elemente, aber häufig keine direkte Koppelung, weil der Strom über Wechselrichter eingespeist wird. Dort, wo es möglich wäre, funktioniert das nur sehr kurze Zeit. Der Weiterbetrieb der Generatoren erfordert umfangreiche Umbaumaßnahmen, was in Einzelfällen bereits passiert. Ersatzlösungen mit Großbatteriespeichern und Leistungselektronik müssen erst im großen Stil implementiert werden. Aber auch sie werden die Synchrongeneratoren nie vollständig ersetzen können.

Hinzu kommt, dass in den letzten Jahren viele Betriebsmittel wie Kraftwerke oder Batteriespeicher vorwiegend auf die Erwirtschaftung einer maximalen Rendite optimiert wurden und sich daher nicht per se systemdienlich verhalten. Das Problem ist eine Einzelteilbetrachtung und -optimierung sowie das fehlende Systemverständnis, das durch die EU-Marktliberalisierung (Unbundling) – in bester Absicht – gefördert wurde, um die alten Monopolstellungen der großen Energieversorger aufzubrechen.

---

8 Vgl. https://www.saurugg.net/hintergrundthemen/#momentanreserve. Zugriff am 25.02.2022.

Eine Quick-and-Dirty-Lösung, die sich auf das Symptom konzentriert und rasch umsetzen lässt, während eine fundamentale Lösung der Ursache des Problems zu beseitigen versucht. Quick-and-Dirty-Lösungen lassen sich meist schneller anwenden, verschlimmern aber langfristig das eigentliche Problem, während fundamentale Lösungen kurzfristig oft deutliche Nachteile mit sich bringen und sich erst langfristig als vorteilhaft herausstellen (vgl. [10]). Ein Problem, das sich durch die ganze Energiewende zieht.

Aber gerade Infrastrukturprojekte benötigen eine langfristige Planungssicherheit. Diese ist aber kaum mehr gegeben, da sich in kürzester Zeit die politischen Rahmenbedingungen ändern, wie auch gerade der diskutierte Gasausstieg und die Verlängerung der Laufzeit der Kohlekraftwerke zeigen. Jeder erneute Eingriff führt zu verzögerten Auswirkungen und immer weniger Bereitschaft, in Infrastruktur zu investieren. Im schlimmsten Fall wird der Staat diese Aufgabe wieder übernehmen müssen, um die Versorgungssicherheit zu gewährleisten. Die vorgeblichen Gewinne und Effizienzsteigerungen der letzten Jahre werden dann wieder in kürzester Zeit vernichtet, wofür dann die Steuerzahler erneut aufkommen müssen.

Viele Anlagen können nicht (mehr) zur Systemstabilität beitragen. Damit steigt zwangsläufig die Fragilität und Störanfälligkeit des Verbundsystems. Technisch wäre deutlich mehr möglich, als heute vorgeschrieben und umgesetzt wird. Die Gründe dafür sind vielschichtig: vom fehlenden systemischen Gesamtverständnis bis hin zur isolierten betriebswirtschaftlichen Betrachtung.

Deutschland sieht sich bei der Energiewende als großer Vorreiter. Bei näherer Betrachtung stellt sich jedoch heraus, dass zahlreiche Schritte nicht systemisch umgesetzt werden, was auch dazu führt, dass das europäische Verbundnetz zunehmend fragiler wird. Zum einen wurde fast ausschließlich auf den Ausbau von Wind- und Sonnenkraftwerken gesetzt, welche eine sehr volatile und bedingt planbare Erzeugungscharakteristik aufweisen. Planbarkeit aber ist entscheidend in einem fragilen System wie es das europäische Verbundsystem ist.[9] Bisher hat das Großsystem diese Eingriffe wegstecken können. Daher besteht in vielen Bereichen auch die Überzeugung, dass das einfach so weitergeht, was sich als großer Irrtum herausstellen könnte. Dieser Trugschluss wird auch als Truthahn-Illusion (vgl. [11]) bezeichnet.

34.1.6 Truthahn-Illusion

Ein Truthahn, der Tag für Tag von seinem Besitzer gefüttert wird, nimmt aufgrund seiner täglich positiven Erfahrungen (Fütterung und Pflege) an, dass es der Besitzer nur gut mit ihm meint. Ihm fehlt die wesentlichste Information, dass diese Fürsorge nur

9 Vgl. Das Stromnetz – die Mutter aller fragilen Systeme. https://www.linkedin.com/posts/marco-felsberger-1b9ba477_power-grid-fragility-activity-6892397631155634176-6EbY. Zugriff am 25.02.2022.

dem Zweck dient, dass er am Ende verspeist wird. Am Tag vor Thanksgiving, bei dem die Truthähne traditionell geschlachtet werden, erlebt er eine fatale Überraschung. Diese Metapher beschreibt den häufigen Umgang mit seltenen Ereignissen, die aber enorme Auswirkungen haben, *High Impact Low Probability* (HILP)-Ereignisse, Extremereignisse (X-Events) oder strategische Schocks (vgl. [12–14]). Wir verwechseln dabei gerne die Abwesenheit von Beweisen mit dem Beweis der Abwesenheit von Ereignissen (vgl. [6]).

34.1.7 Fehlende systemische Umsetzung

Wie so oft scheitert es nicht am Wissen oder an der verfügbaren Technik, sondern an der konkreten Umsetzung. Diese müsste bei einem Systemumbau, wie er aktuell im europäischen Verbundsystem passiert, in der selben Geschwindigkeit erfolgen wie die restlichen Maßnahmen. Das ist aber in vielen Bereichen nicht der Fall.

Der Leitungsausbau stellt in fast allen Ländern ein massives Problem dar und stößt häufig auf großen Bürgerwiderstand.[10] So war ursprünglich geplant, dass die deutschen Nord-Südverbindungen, um den Windstrom aus Norddeutschland – sofern er verfügbar ist – in die Verbraucherzonen in Süddeutschland transportieren zu können, bis zum Atomausstieg Ende 2022 fertiggestellt sein sollten. Beim aktuellen Stand ist frühestens ab 2028 mit der Fertigstellung der ersten Hauptleitung (Suedlink) zu rechnen.[11] Wie das funktionieren soll, wenn gleichzeitig am Ausstiegsplan festgehalten wird, bleibt ein Rätsel. Entweder sind die Leitungen nicht erforderlich, oder es sind erhebliche Probleme zu erwarten.

In den nächsten Monaten werden – wie bereits im vergangenen Jahr – konventionelle Kraftwerke in großem Stil abgeschaltet, ohne einen gleichwertigen Ersatz dafür zur Verfügung zu haben. Einige Kraftwerke werden daher in die Netzreserve versetzt, damit sie bei einem längerfristig absehbaren Energiemangel zusätzlich hochgefahren werden können. Bei kurzfristigen Ereignissen oder Störungen könnten sie jedoch nicht rasch genug zum Einsatz gebracht werden. Zudem werden diese Kosten wiederum in den Netzentgelten versteckt und an die Kunden abgewälzt.

So sollen bis Ende 2022 in Deutschland insgesamt rund 22 GW an Atom- und Kohlekraftwerksleistung mit einer Jahresstromproduktionskapazität von rund 128 TWh vom Netz gehen und rückgebaut werden.[12] Hinzu kommt, dass immer mehr Kraftwerksbetreiber frühzeitig aussteigen wollen, weil sich der Betrieb nicht mehr lohnt.

---

10 Vgl. https://www.sn.at/salzburg/chronik/380-kv-urteil-entfacht-neuen-widerstand-67580512. Zugriff am 25.02.2022.

11 Vgl. https://www.handelsblatt.com/politik/deutschland/stromversorgung-betreiber-transnet-stromautobahn-suedlink-erst-ende-2028-fertig/28033178.html. Zugriff am 25.02.2022.

12 Vgl. https://www.saurugg.net/blackout/risiko-eines-blackouts/aktuelle-situation/#deutschland. Zugriff am 25.02.2022.

Das könnte sich jedoch durch die steigenden Strompreise oder Entwicklungen wie etwa den Krieg in der Ukraine noch ändern.

Anfang Januar 2021 mussten deutsche und im Januar 2022 französische Kohlekraftwerke wieder ans Netz gehen, die eigentlich für eine vorzeitige Abschaltung ausgewählt wurden, weil die Bedarfsdeckung gefährdet war.[13]

Denn auch der Ausbau von neuen Erzeugungsanlagen ist meist stark verzögert. So wird etwa bereits seit Jahren darauf hingewiesen, dass ohne neue Förderungen viele deutsche Windkraftanlagen betriebswirtschaftlich nicht weiterbetrieben werden können oder dass sie durch das Auslaufen von zeitlich befristeten Betriebsgenehmigungen zurückgebaut werden müssen. Eine Aufrüstung (Repowering) ist nicht an jedem Standort zweckmäßig oder möglich.[14] Die selbst gesteckten Ziele bis 2030 sind damit kaum erreichbar.

Ganz abgesehen davon reicht es nicht aus, nur Windkraft- und PV-Anlagen zu installieren. Dahinter muss die gesamte Infrastruktur angepasst und ausgebaut werden, was bisher kaum thematisiert wurde.[15][16] Ohne rotierende Masse und schnell einsetzbare Ersatzkraftwerke wie Gaskraftwerke wird der Kohleausstieg nicht gelingen. Der Atomausstieg ist bereits de facto irreversibel. Daher müssten je nach Betrachtung in Deutschland bis 2030 zwischen 23 und 43 GW Leistung aus Gaskraftwerken dazu gebaut werden.[17] Das wäre schon für sich allein genommen eine enorme Herausforderung. Ein Großteil des deutschen Gasimports erfolgt bisher aus Russland. Durch den russischen Angriff auf die Ukraine im Februar 2022 ergibt sich hier eine große Ungewissheit für die Zukunft.

Auch der angekündigte Ausbau von Atomkraftwerken in Frankreich ist vorerst nur eine Ankündigung.[18] Das Durchschnittsalter der französischen Atomreaktoren beträgt 36 Jahre.[19] Daher geht es bei einer aktuellen Bauzeit von 10 bis 15 Jahren nicht

---

13 Vgl. https://www.saurugg.net/blackout/risiko-eines-blackouts/aktuelle-situation. Zugriff am 25.02.2022.

14 Vgl. https://www.tagesschau.de/wirtschaft/technologie/windkraft-abbau-windraeder-foerderung-ausgelaufen-eeg-101.html. Zugriff am 25.02.2022.

15 Vgl. Netzbetreiber Amprion warnt: Rascher Kohleausstieg belastet die Versorgungssicherheit. https://www.handelsblatt.com/politik/deutschland/energiewende-netzbetreiber-amprion-warnt-rascher-kohleausstieg-belastet-die-versorgungssicherheit/27867444.html. Zugriff am 25.02.2022.

16 Vgl. Eon-Chef warnt vor kontrollierten Stromabschaltungen. https://deutsche-wirtschafts-nachrichten.de/517630/Eon-Chef-warnt-vor-kontrollierten-Stromabschaltungen. Zugriff am 25.02.2022.

17 Vgl. Ohne Gaskraftwerke kein Kohleausstieg? https://www.tagesschau.de/wirtschaft/deutschland-braucht-neue-gaskraftwerke-101.html. Zugriff am 25.02.2022.

18 Vgl. Macron will bis zu 14 neue Reaktoren bauen. https://www.zdf.de/nachrichten/politik/macron-atomkraftwerke-frankreich-100.html. Zugriff am 25.02.2022.

19 Vgl. https://de.statista.com/statistik/daten/studie/181801/umfrage/durchschnittsalter-von-atomreaktoren-in-ausgewaehlten-laendern-weltweit. Zugriff am 25.02.2022.

um die Erweiterung, sondern nur um den Ersatz von alten Anlagen, die bereits heute aus Sicherheitsgründen immer häufiger vom Netz genommen werden müssen.

Sollte am derzeit fixierten deutschen Kohle- und Atomausstieg bis Ende 2022 festgehalten werden, entstehen absehbar bereits in den kommenden Monaten kritische Zeitfenster, wo in Europa Flächenabschaltungen zum Schutz des Gesamtsystems nicht mehr ausgeschlossen werden können, insbesondere auch wenn die Gaskrise anhalten oder sich sogar noch verschärfen sollte. In Frankreich gab es für den Winter 2021/22 bereits entsprechende Vorbereitungen und Ankündigungen, die Dank des sehr milden Winters nicht aktiviert werden mussten.

Bei der Stromproduktion aus erneuerbaren Quellen kommt es immer wieder zu erheblichen Abweichungen, auch wenn die Wetterprognosemodelle immer besser werden. Diese Dysbalancen müssen dann kurzfristig durch andere Kraftwerke im Rahmen sogenannter Redispatch-Maßnahmen ausgeglichen werden.[20] Diese Ersatzmaßnahmen sind in der Regel recht teuer und werden von den Kunden über die Netzentgelte beglichen.

Der deutsche Bundesrechnungshof hat bereits im März 2021 vor einer möglichen Unterdeckung in Deutschland gewarnt (vgl. [15]).

In vielen Bereichen und auch bei Entscheidungsträgern fehlt es oft an den grundlegendsten Kenntnissen, etwa nach welchen physikalischen Gesetzen das Stromversorgungssystem funktioniert oder welche Folgen eine steigende Komplexität auf die Beherrschbarkeit von Systemen hat. Häufig geht es nur um Einzelaspekte und kaum um systemische Zusammenhänge. Daher ist die Tragweite von Entscheidungen häufig nicht bewusst, oder sie wird schlichtweg ignoriert (vgl. Kapitel 24).

Es fehlt daher häufig an einer unverzichtbaren Systemanpassung, beginnend bei den fehlenden Speichern und Puffern und neuen dezentralen Strukturen bis hin zu den fehlenden Transportleitungen für einen überregionalen Austausch. Hinzu kommt, dass der Strom nicht mehr im Einbahnverkehr verteilt werden muss, sondern dass auch die Konsumenten immer häufiger zu Produzenten werden, sogenannten Prosumern. Dadurch kommt es immer wieder zu großen Lastflüssen in die entgegengesetzte Richtung, wofür das System, die Leitungen und die Schutzeinrichtungen ursprünglich nicht ausgelegt worden sind. Das steigert die Fragilität des Systems und treibt die Stromkosten etwa durch Anpassungsmaßnahmen nach oben.

Es ist der Systemsicherheit auch nicht dienlich, dass jedes Mitgliedsland des Verbundsystems mehr oder weniger eine eigene Energiewende mit unterschiedlichen Zielsetzungen und Richtungen verfolgt. Es ist dabei auch nicht relevant, ob das zu 99,99 % trotzdem gut ausgehen wird. Das Stromversorgungssystem kennt keine Toleranz, die Balance muss zu 100 % der Zeit sichergestellt werden. Ansonsten kommt es zu einem Systemkollaps.

---

20 Vgl. https://www.apg.at/de/Energiezukunft/Redispatch. Zugriff am 25.02.2022.

34.1.8 Alle wollen importieren

Aufgrund des umfangreichen und gleichzeitigen deutschen Atom- und Kohleausstiegs nimmt die verlässlich verfügbare Kraftwerksleistung rasant ab. So hat etwa der deutsche Bundesrechnungshof bereits im März 2020 vor einer Unterdeckung in den kommenden Jahren gewarnt (vgl. [15]). Die deutsche Bundesregierung möchte daher zukünftig verstärkt aus den Nachbarländern importieren falls Engpässe auftreten sollten.[21] Aber auch die meisten Nachbarländer Deutschlands haben ihre Kraftwerkskapazitäten heruntergefahren und importieren zudem häufig Strom aus Deutschland wenn die verfügbare Kraftwerksleistung knapp wird.

Auch der bisherige Hauptexporteur Frankreich gerät zunehmend unter Druck. Im Januar 2022 waren so wenig Reaktoren am Netz wie noch nie um diese Zeit. Zum Glück war der Winter 2022 sehr mild, womit eine Eskalation und eine mögliche Strommangellage ausblieben.[22]

Immer wieder ist auch zu hören, dass in Europa immer irgendwo der Wind weht und man nur die Leitungsinfrastruktur entsprechend ausbauen müsse. Diese Behauptung lässt sich jedoch nicht belegen.[23] Zugleich ist aufgrund der Klimakrise mit einer Zunahme von Extremwetterlagen zu rechnen: sowohl mehr Wind wie im Januar/Februar 2022, als auch überregionale windstille Zeiten und deutlich weniger Windstromproduktion als üblich, wie im Jahr 2021 (vgl. [16]).

Daher steigt mit der stetig abnehmenden und verlässlich verfügbaren Kraftwerksleistung die Gefahr von Großstörungen beziehungsweise Strommangellagen (vgl. [17]). Die Fragilität des Systems nimmt zu.

34.1.9 Steigende Zentralisierung

Für einen großflächigen Leistungsaustausch fehlt die Transportinfrastruktur. Daher wird die bestehende Infrastruktur immer mehr ausgelastet und die physikalischen Grenzen ausgereizt. Fehlende Reserven können im schlimmsten Fall Störungen nicht mehr abfangen. Dieses Problem wird in den kommenden Monaten auch noch durch eine EU-Vorgabe verstärkt, folglich derer bis 2025 dem grenzüberschreitenden Stromhandel mindestens 70 % der technisch verfügbaren Kapazität über die Grenzkuppelstellen zur Verfügung gestellt werden muss.[24] Was im Alltag zu einem verbesserten

---

21 Vgl. https://www.saurugg.net/2019/blog/stromversorgung/alle-wollen-importieren-nur-niemand-sagt-woher-der-strom-dann-wirklich-kommen-soll. Zugriff am 25.02.2022.

22 Vgl. https://www.saurugg.net/blackout/risiko-eines-blackouts/aktuelle-situation/. Zugriff am 25.02.2022.

23 Vgl. https://participons.debatpublic.fr/uploads/decidim/attachment/file/425/Contribution2-MichelGay.pdf. Zugriff am 25.02.2022.

24 Vgl. https://www.pwc.de/de/energiewirtschaft/regulierung/eu-clean-energy-package.html. Zugriff am 25.02.2022.

Austausch und geringeren Preisen führt, kann im Stressfall – wie am 8. Januar 2021 – zu großflächigen Störungen bis hin zu einem Blackout führen. Wenn ein System kaum über Unterstrukturen verfügt (vgl. [18]) und immer mehr ausgelastet wird, steigen Fragilität und Störanfälligkeit (vgl. [6, 19]).

Der Wunsch der Politik und der Stromhändler nach einer europäischen Kupferplatte ist verständlich, entbehrt jedoch jeglicher Realität und ignoriert physikalische Rahmenbedingen und Gesetze. Dies hat etwa der deutsche Bundesrechnungshof im Bericht zur „Umsetzung der Energiewende im Hinblick auf die Versorgungssicherheit" im März 2021 festgestellt:

> „Die Engpässe im Stromnetz werden bis zum Jahr 2025 voraussichtlich nicht beseitigt sein. (...) Der Bundesrechnungshof bleibt dabei, dass wesentliche Annahmen, auf denen die derzeitige Bewertung der Versorgungssicherheit am Strommarkt beruht, unrealistisch oder überholt sind." [15]

34.1.10 Fehlende Speicher und Puffer

Eine zentrale Herausforderung ist, dass bislang und absehbar die erforderlichen Speicher- und Puffersysteme fehlen, um die volatile Erzeugung aus erneuerbaren Quellen jederzeit ausgleichen und konventionelle Kraftwerke ersetzen zu können. Dieses Problem beschränkt sich nicht nur auf die bereits dargestellte Momentanreserve, sondern betrifft auch alle anderen Zeitbereiche, von inhärenten Speichern zu Sekunden-, Minuten-, Stunden-, Tages, Wochen- und sogar Saisonspeichern.[25]

In Europa tritt auch immer wieder eine sogenannte Dunkelflaute auf, also ein bis zweiwöchiger Zeitraum, in dem kaum Wind weht oder die Sonne kaum scheint. Auch solche Zeiträume müssen beherrscht werden, selbst wenn sie nur selten auftreten. Dafür wäre eine fast komplette Schatteninfrastruktur erforderlich. Alternativ – wenn sich die Gesellschaft darauf einigen könnte – wären auch geplante Flächenabschaltungen durch eine Strommangelbewirtschaftung denkbar (vgl. [17]). Diese würden jedoch genauso enorme Schäden verursachen, zumindest bis sich das eingespielt hat. Dies wird derzeit wohl kaum jemand ernsthaft ansprechen, da damit die Öffentlichkeit verunsichert werden könnte. Es hat jedoch noch nie funktioniert, den Kopf in den Sand zu stecken. Ganz im Gegenteil, wie auch die Flutkatastrophe im deutschen Ahrtal im Sommer 2021 gezeigt hat. Die Warnungen kamen viel zu spät und kosteten viele Menschen das Leben. Ganz abgesehen von den ungeheuerlichen Schäden, von denen zumindest ein Teil durch eine entsprechend frühzeitige Warnung und Evakuierung hätte verhindert werden können.

---

25 Vgl. vgl. Hein Franz. https://www.saurugg.net/energiezellensystem/die-zeit-in-der-elektrischen-energieversorgung. Zugriff am 25.02.2022.

Es gibt aber auch immer wieder Einzeltage, an denen kaum eine Produktion aus Erneuerbaren Energien (EE) erfolgt. Bisher konnten diese Lücken durch die noch vorhandenen konventionellen Kraftwerke gefüllt werden.

Während in Österreich zumindest theoretisch rund 3.300 GWh und in der Schweiz rund 8.800 GWh an (Pump)Speicherkapazität zur Verfügung stehen, sind es in ganz Deutschland nur rund 40 GWh, auch wenn 300 GWh der österreichischen Kapazität deutschen Unternehmen gehört. In Deutschland gibt es auch keine nennenswerten Ausbaupläne oder Möglichkeiten. Mögliche Projekte fallen zudem häufig dem Bürgerwiderstand zum Opfer.[26]

Mit den aktuellen Speicherkapazitäten könnte Deutschland nicht einmal eine Stunde des eigenen Stromverbrauches (zwischen 60 und 80 GW) decken. Ganz abgesehen davon, dass nur rund 11 GW Engpassleistung aus (Pump-)Speicherkraftwerken zur Verfügung stehen, also gleichzeitig abgerufen werden kann. In ganz Europa stehen etwa 103 GW reine Speicherleistung, davon 47 GW als Pumpspeicherleistung, zur Verfügung.[27]

Gerne werden auch die Elektromobilität oder Heimspeicher als Lösung ins Spiel gebracht. Diese können einen Beitrag leisten. Die Dimensionen werden aber häufig unterschätzt. Wenn im österreichischen Burgendland, wo sehr viel Windstrom produziert wird, heute der Wind optimal weht, werden an einem Tag rund 18 GWh an Überschussstrom produziert. Dieser kann im Burgenland mit rund 300.000 Einwohnern und ohne nennenswerte Großverbraucher nicht selbst verbraucht werden und muss daher woanders verbraucht, zwischengespeichert oder abgedreht werden. Würde man diese Energiemenge in durchschnittliche Tesla S Fahrzeugspeicher (75 kWh) zwischenspeichern wollen, würde man etwa 240.000 Tesla S benötigen, die an einem Tag aus entladenem Zustand heraus vollgeladen werden könnten. Weht der Wind am nächsten Tag nicht mehr, wie das auch häufiger vorkommt, würde man nur für die Versorgung des Burgenlandes rund 80.000 Tesla S benötigen, die dann aber vollständig entladen werden müssten. Würde man dafür Hausspeicher heranziehen, dann würde man rund die 7,5-fache Menge benötigen. Rein rechnerisch – denn in Wirklichkeit darf man solche Speicher nie vollständig entladen.

Bei der bisherigen Energiewende wurde außer Acht gelassen, dass konventionelle Kraftwerke den Speicher in der Primärenergie (Atombrennstäbe, Gas, Kohle, Öl) integriert haben. In Zukunft wird es einen steigenden und zunehmend schwieriger zu prognostizierenden Verbrauch und gleichzeitig eine volatile Stromerzeugung geben. Zwei Dinge, die ohne eine entsprechende Systemanpassung kaum in Einklang zu bringen sind.

---

26 Vgl. https://www.suedkurier.de/region/hochrhein/herrischried/einen-gedenkstein-fuer-das-pumpspeicherwerk-atdorf-hat-die-bi-atdorf-gesetzt;art372599,10939259. Zugriff am 25.02.2022.

27 Vgl. https://www.tugraz.at/fileadmin/user_upload/Events/Eninnov2016/files/kf/Session_A1/KF_Benigni.pdf. Zugriff am 25.02.2022.

34.1.11 Power-to-X

Für die saisonale Speicherung gilt Power-to-X (P2X) als große Hoffnung, insbesondere die Nutzung von Wasserstoff. Grundsätzlich klingt das sehr verlockend, da mit dem Gasnetz bereits eine dafür nutzbare Infrastruktur zur Verfügung steht. Leider wird gerne verschwiegen, dass dafür noch erhebliche Herausforderungen zu bewältigen sind. Das beginnt bei den erforderlichen Infrastrukturanpassungsmaßnahmen (Rohrdichtheit), der Errichtung von entsprechend leistungsfähigen Elektrolyseuren bis hin zur fehlenden, aber zwingend erforderlichen und konstant verfügbaren Überschussenergie, um den Wasserstoff überhaupt mit vertretbaren Kosten produzieren zu können. Gleichzeitig sind mit der Einspeicherung und dann Verstromung große Umwandlungsverluste verbunden. Zusätzlich wird künftig in vielen industriellen Prozessen Wasserstoff im großen Stil benötigt, um den CO_2-Ausstoß reduzieren zu können.

Durch die Ankündigung einer großen finanziellen Förderwelle wurde eine Goldgräberstimmung ausgelöst, in der sich vielversprechenden Ankündigungen überschlagen. Es ist zu erwarten, dass auch das eine oder andere Goldnugget gefunden wird. Dass damit kurzfristig ein großer Durchbruch und eine breite Umsetzung möglich sein werden, ist jedoch nicht zu erwarten. Rasch umsetzbare Lösungen werden aber in naher Zukunft und nicht erst in 10 oder 20 Jahren benötigt.

Zum anderen wird wenig über die potenziellen Nebenwirkungen gesprochen, etwa die des Wasserdampfs, der bei der Rückverstromung im großen Stil freigesetzt würde. Genauso sind die Nebenwirkungen bei der geplanten Methanisierung zu berücksichtigen. Hier sind die Auswirkungen bereits bekannt: Methan ist deutlich klimaschädlicher als CO_2. Dieses Thema betrifft auch die Biogas-Anlagen. Daher gilt immer wieder der systemische Grundsatz: Nur wer das Ganze kennt und versteht, versteht auch die Details, und nicht umgekehrt.

34.1.12 Unzureichende Betrachtungen

Ganz generell gilt, dass es keine Energieform ohne Nebenwirkungen gibt. Auch für Wind- und PV-Anlagen werden viele Ressourcen benötigt, was leider meist sehr verzerrt dargestellt wird. Die Einzelanlage ist klein und überschaubar. Würde die konkrete Leistungsbilanz über ein Jahr betrachtet werden, würde die Sache ganz anders aussehen.

Durch eine falsche Betrachtungsweise werden häufig Äpfel mit Birnen verglichen oder Durchschnittswerte herangezogen, die für die Systemsicherheit kaum von Relevanz sind. So hören sich 123 GW an installierter Wind- und PV-Leistung in Deutschland bei einem gleichzeitigen Verbrauch von 60 bis 80 GW nach sehr viel an. Wenn man aber weiß, dass bisher nur an wenigen Tagen im Jahr eine tatsächliche Leistung von über 60 GW erzeugt werden konnte, sieht die Sache gleich anders aus. Noch düsterer wird es, wenn man einzelne Ausreißer wie am 16. November 2021 herausnimmt. An diesem Tag wurden im Minimum gerade einmal 0,23 GW von Wind- und PV-Anlagen produziert. Über den ganzen Tag gerechnet, wurden bei einem Verbrauch von 1,46 TWh gerade einmal 0,05 TWh durch Wind und Sonne erzeugt. Allein für solche Tage – auch wenn sie nur sporadisch auftreten – müsste eine fast hundertprozentige Schatteninfrastruktur vorgehalten oder großflächige Abschaltungen vorgenommen werden, um einen System-Kollaps zu verhindern.

Auch der Vergleich der Kosten einer Kilowattstunde (kWh) aus Atom-, Gas-, Kohle-, PV- oder Windkraftwerken hinkt in der Regel. Hier wird der essenzielle Faktor einer verlässlichen Bereitstellung über eine definierte Anzahl von Stunden pro Jahr einfach außer Acht gelassen. Daher gibt es keinen brauchbaren und seriösen Vergleichswert, auch wenn das gerne vermittelt wird. Denn dazu müsste man auch die notwendigen Zusatzmaßnahmen wie Speicher mitberücksichtigen, um eine Vergleichbarkeit herzustellen. Allerdings werden auch die Umweltkosten, die durch fossile Kraftwerke verursacht werden, nicht eingerechnet.

Für die Systemsicherheit zählt nur der fix kalkulierbare Beitrag, um die permanent notwendige Balance sicherstellen zu können. Also nicht statistisch übers Jahr gerechnet, sondern planbar, verlässlich und konstant. Dazu ist weit mehr als nur eine Erzeugungsanlage erforderlich. Hier fehlt eine ehrliche und transparente Darstellung auf beiden Seiten. Fakten sehen anders aus.

Ein Windrad scheint für sich gesehen sehr ressourcenarm zu sein und es fallen auch keine Kosten bei der Primärenergie an. Werden jedoch die erforderlichen Stahl- und Betonmengen für den Sockel inklusive des damit verbundenen CO_2-Ausstoßes und die notwendige Anzahl an Anlagen zusammengerechnet, um eine vergleichbare Energiemenge wie konventionelle Kraftwerke erzeugen zu können, und werden auch noch die erforderlichen Speicherressourcen sowie Speicherkosten hinzugefügt, sieht die Darstellung gleich ganz anders aus. Windkraftanlagen werden zudem häufig fernab der Verbraucherzentren gebaut, womit auch noch eine zusätzliche Leitungsinfrastruktur erforderlich wird, die ebenfalls gerne außer Acht gelassen wird. Nur wer das Ganze kennt und versteht, versteht auch die Details, und nicht umgekehrt.

Daher bräuchte es hier eine ehrliche und sachlich fundierte Diskussion. Das gleiche gilt bei der Betrachtung der Gesamtkosten von fossilen oder nuklearen Anlagen, die auch meist unter den Teppich gekehrt werden. Wenn wir eine auf breite Akzeptanz gestellte und funktionierende Energieversorgung mit der Energiewende schaffen wollen, dann braucht es eine entsprechende Transparenz. Falsche Versprechungen – wie „Die Energiewende ist nicht teurer als eine Kugel Eis“[28] – schaden diesem Ziel nur.

Eine der größten Hürden ist unser Entweder-oder-Denkrahmen. Für den Umgang mit Komplexität (vgl. Kapitel 24 (Saurugg – Schattenseiten der Digitalisierung)) ist je-

28 Vgl. https://ag-w.de/energiewende/mythen/nicht-teurer-als-eine-kugel-eis/. Zugriff am 25.02.2022.

doch ein Sowohl-als-auch-Denkrahmen[29] erforderlich. Etwa dahingehend, dass mit Erzeugungsanlagen aus EE der CO_2-Ausstoß deutlich verringert werden kann und dass gleichzeitig auch weitere Systemelemente notwendig sind, um auch weiterhin die bisher gewohnte sehr hohe Versorgungssicherheit gewährleisten zu können.

34.1.13 Stromhandel

Als ob das nicht bereits genug Herausforderungen wären, kommt auch noch der Stromhandel als kritischer Akteur hinzu. Die Strommarktliberalisierung vor über 20 Jahren hat viele Vorteile gebracht, aber es gibt auch Schattenseiten, die gerne ausgeblendet werden. Im Juni 2019 brachten etwa deutsche Stromhändler das System an den Rand des Kollapses, nachdem sie eine Regulierungslücke ausgenutzt hatten. Trotz Abmahnung und nun in Aussicht gestellter hoher Strafen werden Lücken auch weiterhin ausgenutzt.[30]

So kam es etwa im Jahr 2020 zu 141, im Jahr 2021 zu 175 und in den ersten beiden Monaten des aktuellen Jahres zu über 55 Frequenzanomalien,[31] die auf eine betriebswirtschaftlich optimierte Kraftwerkseinsatzplanung zurückzuführen sind.[32] Bei diesen Abweichungen wird immer wieder die Hälfte bis zu zwei Dritteln der Reserve, die für ungeplante Kraftwerksausfälle vorgehalten wird, für Ausgleichsmaßnahmen missbraucht. Es ist bekannt, wie man diesen Missbrauch abstellen könnte, jedoch wurde die erforderliche Regulierung bis dato nicht umgesetzt. Sollte es zusätzlich zu Kraftwerksausfällen kommen, was beim Fahrplanwechsel wahrscheinlicher ist, könnte das einen Dominoeffekt auslösen.

Hinzu kommt, dass seit Herbst 2021 die Strompreise in Europa signifikant angestiegen sind. Während der Durchschnittspreis für eine Megawattstunde (MWh) Strom an der Strombörse in den Jahren 2015-2020 in Deutschland rund 35 Euro betrug, stieg dieser 2021 auf 94 Euro und betrug in den ersten beiden Monaten des Jahres 2022 sogar rund 155 Euro pro MWh. In Deutschland kommt es durch einen hohen volatilen Erneuerbaren-Anteil sogar zu extrem hohen Varianzen innerhalb eines Tages, aber auch während mehrerer Tage. Die Preise in den ersten beiden Monaten 2022 haben so zwischen 0 und 400 Euro variiert, mit bis zu 250 Euro Spreizung innerhalb eines Tages.[33] Das hat nicht nur enorme Auswirkungen auf die Systemstabilität und auf die

---

29 Vgl. https://www.saurugg.net/hintergrundthemen/#sowohl-als-auch. Zugriff am 25.02.2022.

30 Vgl. https://www.saurugg.net/2020/blog/stromversorgung/gier-frisst-hirn-und-kann-in-die-katastrophe-fuehren. Zugriff am 25.02.2022.

31 Vgl. https://www.saurugg.net/blackout/risiko-eines-blackouts/aktuelle-situation/#netzfrequenz. Zugriff am 25.02.2022.

32 Vgl. https://www.amprion.net/Netzjournal/Beitr%C3%A4ge-2021/Ph%C3%A4nomen-zur-vollen-Stunde.html. Zugriff am 25.02.2022.

33 Vgl. https://www.saurugg.net/blackout/risiko-eines-blackouts/aktuelle-situation/#strompreise. Zugriff am 25.02.2022.

Stromrechnungen der Kunden, sondern verleitet auch zum Spekulieren, da damit hohe Renditen verbunden sein können.

Der überregionale Stromhandel wie er von der EU forciert und bis 2025 deutlich ausgeweitet werden soll hat auch wesentlich zur Großstörung am 8. Januar 2021 beigetragen. An diesem Tag kam es um 14:04 Uhr im Umspannwerk Ernestinovo (Kroatien) zu einer Überlastung einer Sammelschienenkupplung, die sich daraufhin ordnungsgemäß zum Eigenschutz abgeschaltet hat. Dies führte zu einer Überlastung von 14 Betriebsmitteln in Südosteuropa, wodurch das europäische Verbundnetz in zwei Teile aufgetrennt wurde. Die Folge war ein durch das auftretende Leistungsungleichgewicht verursachter massiver Frequenzanstieg in Südosteuropa auf 50,60 Hertz und ein Frequenzeinbruch auf 49,74 Hertz in Nordwesteuropa. Im Südosten gab es einen Leistungsüberschuss von 6,3 GW, der gleichzeitig im Nordwesten fehlte.[34]

Der sehr steile Frequenzeinbruch beziehungsweise -anstieg weist darauf hin, dass bereits zu wenig Momentanreserve vorhanden war, die eine derart gravierende Leistungsänderung hätte abfedern müssen. Zum anderen gab es zu diesem Zeitpunkt einen hohen Stromimport von etwa 6,3 GWh in Spanien und Frankreich, was darauf hindeutet, dass der überregionale Stromhandel zur Überlastung geführt hat.

Die Sammelschienenkupplung im Umspannwerk Ernestinovo war bis dahin auch nicht als systemrelevant eingestuft worden und daher auch nicht in die laufenden Sicherheitsberechnungen eingebunden. Daher stellt sich die Frage, wie viele solcher unbeobachteter Bruchstellen es noch geben könnte. Es gibt viele Modellannahmen ohne konkrete Messwerte, weil das bisher ausgereicht hat. Wegen die dargestellten Herausforderungen müsste aber das Monitoring deutlich ausgeweitet werden. Besonders auf der Verteilnetzebene gibt es bisher viele weiße Flecken, und gleichzeitig finden dort größte Umbrüche statt.

34.1.14 Dezentrale funktionale Einheiten (Energiezellen)

In den Verteilnetzen kommen viele neue Anlagen hinzu: Millionen von Kleinstkraftwerken, E-Ladestellen, Wärmepumpen oder Klimaanlagen als Großverbraucher, wofür die Infrastruktur nie ausgelegt worden ist. Auch unzählige neue Akteure, die am Strommarkt mit antizipieren möchten, müssen integriert und vernetzt werden. Die Systemkomplexität steigt und steigt.

Das besondere Problem dabei ist, dass ein zunehmend komplexer werdendes System (vgl. Kapitel 24 (Saurugg – Schattenseiten der Digitalisierung)) nicht mit der bisher erfolgreichen zentralen Struktur und Logik gesteuert werden kann. Es braucht stattdessen ein Orchestrieren dieser Vielzahl von Komponenten und Akteuren, da-

34 Vgl. https://www.saurugg.net/2021/blog/stromversorgung/bedenkliche-ereignisse-2021/#0801. Zugriff am 25.02.2022.

mit sich diese automatisch an der Gewährleistung der Versorgungssicherheit beteiligen.[35]

Ein zentraler Ansatz, wie er derzeit häufig mit Smart Grid Überlegungen forciert werden soll, erhöht die zentrale Verwundbarkeit des Systems und sollte tunlichst vermieden werden (vgl. [20]).[36]

Das erfordert jedoch eine Neustrukturierung in robuste Energiezellen,[37] da die steigende Komplexität nicht anders beherrschbar sein wird. Komplexe Systeme[38] lassen sich nicht zentral steuern, sie erfordern vielmehr dezentrale autonome Einheiten,[39] wo Bedarf, Speicherung und Erzeugung möglichst lokal beziehungsweise regional ausgeglichen werden (vgl. [18]). Derzeit werden Probleme gerne großräumig verschoben, häufig nach dem Motto „Aus den Augen, aus dem Sinn."

Beim Energiezellensystem sind auch systemübergreifende Synergien (Strom, Wärme, Mobilität) zu nutzen. Es geht also um eine ganzheitliche Energieversorgung in zellularen Strukturen, wozu erst ein umfassendes Umdenken erforderlich ist. Ein solches Umdenken ist bisher nur in Ansätzen erkennbar.[40]

Ein solcher Ansatz steht nicht im Widerspruch zum bisherigen Großsystem, das auch weiterhin benötigt wird, da große Industrieunternehmen oder Städte noch länger nicht anders versorgt werden können. Mit diesen dezentralen Strukturen und funktionalen Einheiten kann jedoch die Robustheit des Gesamtsystems Bottom-up und im laufenden Betrieb ohne Unterbrechungen erhöht werden.[41]

Zellulare Strukturen sind nicht so effizient wie das bisherige Großsystem, was aber nur so lange gilt, bis es zu einer Großstörung in Form eines Blackouts kommt. Dann würden mit einem Schlag alle bisherigen Effizienzgewinne vernichtet und unfassbare gesellschaftliche Schäden verursacht werden. Resilienz und Robustheit stehen im Widerspruch zu unserem rein betriebswirtschaftlich motivierten Effizienzdenken, wodurch gerne auf die überlebenswichtigen Redundanzen und Reserven verzichtet wird.[42]

---

35 Vgl. https://www.saurugg.net/2018/blog/stromversorgung/weckruf-orchestrieren-statt-steuern. Zugriff am 25.02.2022.

36 Vgl. https://www.saurugg.net/energiezellensystem. Zugriff am 25.02.2022.

37 Vgl. https://www.saurugg.net/energiezellensystem. Zugriff am 25.02.2022.

38 Vgl. https://www.saurugg.net/hintergrundthemen/vernetzung-komplexitaet. Zugriff am 25.02.2022.

39 Vgl. https://www.saurugg.net/hintergrundthemen/vernetzung-komplexitaet/#systemdesign. Zugriff am 25.02.2022.

40 Vgl. https://www.vde.com/de/presse/pressemitteilungen/vde-zeigt-loesungsansatz-fuer-zellulares-energiesystem. Zugriff am 25.02.2022.

41 Vgl. https://www.saurugg.net/2016/blog/energiezellensystem/spiders. Zugriff am 25.02.2022.

42 Vgl. https://www.saurugg.net/hintergrundthemen/resilienz-und-anpassung. Zugriff am 25.02.2022.

Die zellulare Struktur lässt sich aus der Evolution ableiten, wo alles Lebendige in zellularen Strukturen organisiert ist. Das hat sich offensichtlich bewährt. Was als dezentrale Energiewende gefeiert wird, ist derzeit alles andere als dezentral. Die gesamte bisherige Energiewende funktioniert nur aufgrund des vorhandenen zentralisierten Systems mit den erforderlichen Speichern und Puffern. Auch die propagierten Smart Grid- und Flexibilisierungsmaßnahmen hängen von einer umfassenden zentralisierten IT-Vernetzung und damit von einer steigenden Komplexität ab. Damit ergeben sich neben der Gefahr von Cyber-Angriffen weitere kaum beachtete Nebenwirkungen, wie auch im Kapitel 26 detaillierter beleuchtet wird.

Durch die zunehmende Digitalisierung des Stromversorgungssystems steigen auch die wechselseitigen Abhängigkeiten: ohne Strom keine IT. Ohne IT-Infrastruktur keine Stromversorgung. Experten befürchten, dass bereits heute ein möglicher Netzwiederaufbau daran scheitern könnte, weil zunehmend mehr Schutzeinrichtungen automatisiert werden und kaum nicht-digitale Rückfallebenen vorhanden sind.

Zudem entstehen immer mehr digitale Anwendungen auf dem Strom- und Flexibilitätsmarkt. Was im Alltag einen Mehrwert schafft, könnte rasch ins Gegenteil umschlagen, wie etwa der schwerwiegende Cyber-Angriff auf die größte Ölpipeline der USA im Mai 2021[43] oder auf den Tanklogistiker in Deutschland im Februar 2022[44] gezeigt haben. Zum Zeitpunkt der Bearbeitung ist noch unklar, welche Auswirkungen der Ausfall von rund 6.000 Satellitenmodems auf die damit verbundenen deutschen Windkraftanlagen haben wird.[45] Bisher sind wir wohl mit einem blauen Auge davongekommen.

Dabei muss nicht immer eine Schädigungsabsicht vorliegen. Ein außer Kontrolle geratener Cyber-Angriff – wie das etwa bei den Satellitenmodems der Fall zu sein scheint – oder auch nur eine schwerwiegende Störung können auch rasch zu Problemen in der physischen Welt führen, primär in einem System mit einem derart fragilen Gleichgewicht. Siehe dazu auch die Leittechnikstörung 2013 in Österreich.[46]

Hinzu kommt, dass mittlerweile nicht nur im IT-, sondern auch im klassischen Elektrotechnikbereich ein zunehmender Fachkräftemangel zu beobachten ist. Damit werden der Betrieb, die Erhaltung und auch der Umbau von Anlagen immer schwieriger.

---

43 Vgl. https://www.handelsblatt.com/unternehmen/industrie/colonial-pipeline-cyberangriff-legt-betrieb-grosser-benzin-pipeline-in-den-usa-lahm-/27173390.html. Zugriff am 25.02.2022.

44 Vgl. https://www.handelsblatt.com/unternehmen/energieversorgung-cyberangriff-legt-oiltanking-tanklager-deutschlandweit-vollstaendig-lahm-tankwagen-beladung-ausser-betrieb/28023918.html. Zugriff am 25.02.2022.

45 Vgl. https://www.reversemode.com/2022/03/satcom-terminals-under-attack-in-europe.html. Zugriff am 13.03.2022.

46 Vgl. https://www.saurugg.net/blackout/risiko-eines-strom-blackouts/leittechnikstoerung. Zugriff am 25.02.2022.

Aber auch hier könnte ein Energiezellensystem Abhilfe schaffen, da kleinere Einheiten und Strukturen leichter beherrschbar und umzubauen sind. Auch in den Zellen wird viel IT-Unterstützung erforderlich sein, aber in einer anderen Form und Anforderung als in einem zentralisierten System. Zellen sind auch fehlertoleranter als zentralisierte Strukturen, wo sofort viel weitreichendere Folgen zu erwarten sind.

34.1.15 Alternde Infrastrukturen

Ein weiterer Aspekt der steigenden Fragilität kommt von einer an ihr Lebens- und Nutzungsende kommende Infrastruktur (Aging Infrastructures). Die Mehrzahl der Kraftwerke und Infrastruktur ist 40 bis 50 Jahre alt, teilweise sogar älter. Damit müssten in den nächsten Jahren weitreichende Neuerungen eingeleitet werden. Das rechnet sich jedoch unter den derzeitigen rein betriebswirtschaftlichen Betrachtungen und den unsicheren Rahmenbedingungen nicht. Investitionen werden daher aufgeschoben, was die Störanfälligkeit erhöht. Wenn erst investiert wird, wenn es sich rechnet, ist es bereits zu spät.

Allein in Deutschland soll es über 1.150 Großtransformatoren geben, wovon wahrscheinlich bereits mehr als 500 Stück über 60 Jahre alt sind und eigentlich das Ende des Lebenszyklus erreicht haben. In Transformatoren finden irreversible Alterungsprozesse statt, was durch den zunehmend anspruchsvolleren Betrieb wohl beschleunigt wird. Diese müssten daher in absehbarer Zukunft ausgetauscht werden.

Die deutsche Produktionskapazität beträgt jedoch nur mehr zwei bis vier Stück pro Jahr. Hinzu kommt, dass durch den Systemumbau viele zusätzliche und neue Anlagen benötigt werden und sich eine rasche Hochskalierung der Produktionskapazität nicht einfach über Nacht bewerkstelligen lässt.

Der liberalisierte Strommarkt hat in vielen Bereichen zum Abbau der Reserven und Redundanzen geführt. Was in anderen Infrastrukturbereichen akzeptabel sein mag, könnte bei der überlebenswichtigen Strominfrastruktur ein böses Ende haben (vgl. [20]).

34.1.16 Resonanzeffekte

Als weiteres und bisher kaum beachtetes Phänomen kommen mögliche Resonanzeffekte zwischen Wechselrichter und Elektronikkomponenten hinzu, die zu kaum bekannten Störungen im Verteilnetz führen. Diese Effekte werden mit den bisherigen Methoden und Einzelteilbetrachtungen kaum erkannt (vgl. [21]). Gleichzeitig nehmen die Vorfälle laufend zu und werden mit dem weiteren Ausbau deutlich ansteigen.[47]

47 Vgl. http://www.fette-competence-in-energy.com. Zugriff am 25.02.2022.

Sollten sich die bisherigen Beobachtungen bestätigen, dass dadurch elektronische Bauteile und Isolierungen von Leitungen rascher altern, könnte das zu erheblichen Störungen im Infrastrukturbereich führen. Fachexperten weisen darauf hin, dass die heute verbauten Wechselrichter so rasch wie möglich durch eine neue Generation ersetzt werden müssten, um den Schaden zu begrenzen. Doch wer soll das machen, wenn ohnehin noch alles funktioniert?

34.1.17 Extremwetterereignisse

Mit der voranschreitenden Klimakrise ist auch damit zu rechnen, dass in den kommenden Jahren auch in Europa wie bereits in Australien, Kalifornien oder Texas die Extremwetterereignisse zunehmen werden (vgl. [16]). Damit können schwerwiegende Infrastrukturschäden und -ausfälle einhergehen, wie das etwa 2021 im deutschen Ahrtal regional zu beobachten war.

Extreme Trockenheit wiederum macht konventionellen Kraftwerken enorm zu schaffen, die das Kühlwasser aus Gewässern entnehmen müssen. Gleichzeitig verringert sich die Leistungsfähigkeit von Wasserkraftwerken durch sinkende Pegelstände. Im anderen Extremfall führen Hochwasser oder Starkregenereignisse zum Problem bei der Stromerzeugung, wie etwa im Juni 2020, wo durch ein Starkregenereignis das größte polnische Kohlekraftwerk und parallel dazu weitere Erzeugungsanlagen ausgefallen sind, was zu einer kritischen Versorgungslücke führte.[48]

Auch Pumpspeicherkraftwerke können durch eine verspätete Schneeschmelze wie im Frühjahr 2021 an ihre Grenzen geraten.

Energiezellen würden von solchen Ereignissen gleichermaßen nicht verschont bleiben. Jedoch könnte damit das Risiko von großflächigen Ausfällen deutlich reduziert werden. Zellen weisen nicht per se eine höhere Versorgungssicherheit oder Robustheit auf. Sie helfen aber, den potenziellen Schaden zu verringern, was aufgrund der dargestellten Probleme immer wichtiger wird. Grenzenlose Struktur schafft extreme Abhängigkeiten und Verwundbarkeiten (vgl. [21]).

34.1.18 Steigender Stromverbrauch

Durch die beabsichtigte Dekarbonisierung vieler Bereiche (Mobilität, Wärme, Industrie etc.) wird es notwendig, fossile Energieträger durch Strom zu ersetzen. So führen etwa die Digitalisierung, die E-Mobilität, Wärmepumpen oder Klimaanlagen zu einem absehbaren weiteren Anstieg des Strombedarfs. Hinzu kommt, dass diese Anwendungen sehr hohe Spitzenlasten aufweisen, wofür die bisherige Infrastruktur, ins-

---

48 Vgl. https://www.next-kraftwerke.de/energie-blog/braunkohle-polen-blackout. Zugriff am 25.02.2022.

besondere die Verteilnetze, nicht ausgelegt wurden. Daher müssten massive Verstärkungen und Anpassungen erfolgen. Dies wird in absehbarer Zeit nur eingeschränkt möglich sein. Daher zeichnen sich auf der Verteilnetzebene erhebliche Problem ab wenn gleichzeitig zu viele Einspeiser (PV) oder Lasten das Netz überlasten.

34.1.19 Energiebedarfssenkung

Um die Energiewende wirklich vorantreiben zu können und gleichzeitig die bestehenden Systeme nicht weiter zu gefährden, wird es nicht ohne eine fundamentale Energiebedarfssenkung gehen. Alles, was nicht benötigt, produziert und gespeichert werden muss, trägt am raschesten zum Erreichen der Ziele bei. Hier gibt es noch ein großes Potenzial bevor der häufig befürchtete Komfortverlust eintritt. Auch hier braucht es einen bewussteren Umgang und ein Denken über Systemgrenzen hinaus, um die Synergiepotenziale bestmöglich nutzen zu können. In der Natur hat sich neben der Energie- und Ressourcenbedarfssenkung die Dezentralität sowie Fehlerfreundlichkeit/-toleranz und Diversität als wesentliches Erfolgskonzept für (über)lebensfähige komplexe Systeme herauskristallisiert (vgl. [18]).

34.1.20 Steigendes Blackout-Risiko

Mit dieser umfassenden wenn auch noch lange nicht abschließenden systemischen Betrachtung ist es hoffentlich gelungen, zu vermitteln, dass ein steigendes Blackout-Risiko auf der Hand liegt und daher nicht ignoriert werden sollte. Gleichzeitig ist zu wiederholen, dass es bei HILP-Ereignissen nicht um die Berechnung der Eintrittswahrscheinlichkeit, sondern vielmehr um den potenziellen Schaden geht, der durch ein solches Ereignis verursacht werden kann. Dieser wird nun im zweiten Teil näher betrachtet.

34.1.21 Zusammenfassung

In dieser nicht abschließenden Aufzählung von aktuellen Entwicklungen wurde eine Reihe von Problemen adressiert, die die Versorgungssicherheit im europäischen Verbundsystem gefährden können. Ganz generell gilt dabei, dass es nicht am Wissen oder der erforderlichen Technik fehlt, sondern an der systemischen Umsetzung. In den meisten Fällen führen einseitige und kurzsichtige Betrachtungen zu den Problemen, und die potenziellen langfristigen negativen Auswirkungen werden gerne ausgeblendet und ignoriert. Die immer stärker werdende betriebswirtschaftliche und marktorientierte Fokussierung führt dazu, dass eine immer stärker Eigenoptimierung mit fehlendem Blick auf das Ganze stattfindet. So können etwa immer weniger Anlagen zur Systemstabilität beitragen, weil das nicht mehr entsprechend vorgegeben und eingefordert wird. Ein System ist aber mehr als die Summe der Teile, was sträflich missachtet wird (vgl. [21]). Damit steigt zwangsläufig die Fragilität und Störanfälligkeit des Verbundsystems.

34.2 Ein Blackout

Bei einer europaweiten Großstörung in Form eines Blackouts würde es durch ein massives Leistungsungleichgewicht im europäischen Verbundsystem zu einer großflächigen Abschaltung von Betriebsmitteln wie Kraftwerken kommen. Dies dient zum Eigenschutz vor physischen Schäden an den Anlagen. Grundsätzlich gibt es umfangreiche Sicherheitsmechanismen, um ein solches Ereignis zu verhindern. Jedoch gibt es keine hundertprozentige Sicherheit, wie auch die europäischen Übertragungsnetzbetreiber 2015 nach dem Blackout in der Türkei festgehalten haben:

> "A large electric power system is the most complex existing man-made machine. Although the common expectation of the public in the economically advanced countries is that the electric supply should never be interrupted, there is, unfortunately, no collapse-free power system."
> [1, S. 46]

Viele Konzepte sind noch auf die alte Energiewelt abgestimmt, die mit der steigenden Komplexität und den beschriebenen Entwicklungen kaum Schritt halten können. Das betrifft insbesondere die massive Kraftwerksabschaltung in Deutschland, womit auch bei einer Netzauftrennung (System Split), wie am 8. Januar oder 24. Juli 2021 nicht-beherrschbare Systemzustände eintreten können, wenn sich etwa in einem Teilsegment zu wenig rotierende Masse befinden sollte, um die auftretenden Lastsprünge abfedern zu können (vgl. Abschnitt Momentanreserve weiter oben).

Die Einschätzung, ob so etwas wirklich möglich ist, ist unter Experten umstritten. Bis zum System Split 2006 war das völlig undenkbar. Auch eine Pandemie, die unser Leben binnen weniger Tage auf den Kopf stellen würde, war bis zum März 2020 nicht vorstellbar, genauso wenig ein konventioneller Krieg mitten in Europa. Daher sei hier an die Truthahn-Illusion erinnert.

34.2.1 Definition Blackout

Da es keine allgemeingültige Definition für ein Blackout gibt, ist es wichtig, eine solche für die jeweilige Betrachtung bereitzustellen. In diesem Sinne versteht der Autor unter einem Blackout einen plötzlichen, überregionalen und weite Teile Europas betreffenden sowie länger andauernden Strom-, Infrastruktur- und Versorgungsausfall. Eine Hilfe von außerhalb ist nicht möglich.

Die wirkliche Gefahr geht daher nicht vom Stromausfall aus, sondern von den daraus resultierenden und länger andauernden Versorgungsunterbrechungen in allen Lebensbereichen, die unsere heutige (unvorbereitete) Gesellschaft binnen weniger Tage an den Rand des Kollapses bringen könnten. Dies auch, da aufgrund des großflächigen Ereignisses kaum mit einer Hilfe von woanders zu rechnen ist, da alle selbst betroffen sind und kaum freie Ressourcen verfügbar sein werden.

Auch ein nur wenige Stunden andauernder großflächiger – über mehrere Staaten reichender – Stromausfall hätte bereits das Potenzial, schwerste Folgeschäden in der Produktion und Logistik auszulösen, da weder die Bevölkerung noch die Unternehmen oder der Staat auf ein solches Ereignis vorbereitet sind, wie bereits 2010 in der Studie des deutschen Büros für Technikfolgenabschätzung „Gefährdung und Verletzbarkeit moderner Gesellschaften – am Beispiel eines großräumigen und langandauernden Ausfalls der Stromversorgung" festgehalten wurde:

> „Aufgrund der nahezu vollständigen Durchdringung der Lebens- und Arbeitswelt mit elektrisch betriebenen Geräten würden sich die Folgen eines langandauernden und großflächigen Stromausfalls zu einer Schadenslage von besonderer Qualität summieren. Betroffen wären alle Kritischen Infrastrukturen, und ein Kollaps der gesamten Gesellschaft wäre kaum zu verhindern. Trotz dieses Gefahren- und Katastrophenpotenzials ist ein diesbezügliches gesellschaftliches Risikobewusstsein nur in Ansätzen vorhanden."
> [22, S. 4]

> „Die Folgenanalysen haben gezeigt, dass bereits nach wenigen Tagen im betroffenen Gebiet die flächendeckende und bedarfsgerechte Versorgung der Bevölkerung mit (lebens)notwendigen Gütern und Dienstleistungen nicht mehr sicherzustellen ist."
> [22, S. 15]

Die gesellschaftliche Verwundbarkeit hat in den vergangenen 10 Jahren durch steigende Interdependenzen (Stichwort: Digitalisierung) erheblich zugenommen (vgl. [20]). Der Vorsorgegrad ist tendenziell gesunken, insbesondere in den Organisationen, Unternehmen, aber auch beim Staat, da aus betriebswirtschaftlichen Überlegungen Rückfallebenen, Reserven und Lager gerne als totes Kapital eingespart wurden. Erst dadurch wurde ein mögliches Blackout zur wirklichen und unterschätzten gesellschaftlichen Bedrohung.

34.2.1.1 Strommangellage

Das, was in Expertenkreisen durchaus als wahrscheinlicher eingestuft wird, ist eine Strommangellage. Dies bedeutet, dass sich bereits Tage vorher eine massive Deckungslücke abzeichnet. Zur Verhinderung eines Blackouts muss eine Strommangelbewirtschaftung in Form von vorbeugenden Abschaltungen von Verbrauchern durchgeführt werden (Brownout). Im besten Fall betrifft das nur Großverbraucher, die sich dazu vertraglich bereit erklärt haben und dafür auch eine Abgeltung erhalten. Sollte das nicht ausreichen, könnten auch rollierende Flächenabschaltungen erforderlich werden, wie diese etwa im Winter 2021/22 im Kosovo[49] oder in der Türkei[50] durchgeführt werden mussten. In den vergangenen Jahren gab es auch in Belgien[51] oder Frankreich[52] entsprechende Vorbereitungen, die aber bisher nicht ausgelöst werden mussten. Auch in der Schweiz wurden im Winter 2021/22 viele Unternehmen vor möglichen Rationierungen gewarnt.[53]

Viele europäische Unternehmen und Infrastrukturbetreiber sind jedoch bisher nicht auf eine solche Situation vorbereitet. Daher ist ähnlich wie bei einem tatsächlichen Blackout auch bei rollierende Flächenabschaltungen mit erheblichen Schäden und Störungen in anderen Infrastruktursektoren und damit in der gesamten Logistik zu rechnen. Häufig werden die vielschichtigen Wechselwirkungen und Interdependenzen unterschätzt, wie auch bereits im Rahmen der Schweizer Sicherheitsverbundübung 2014 gewarnt wurde:

> „Nicht der Stromausfall, sondern die lang andauernde Strommangellage zeichnet sich als grösste Herausforderung im Szenario der SVU 14 ab. Ein Totalausfall gewisser kritischer Infrastrukturen ist sehr wahrscheinlich, denn weniger Strom heisst oft nicht, dass weniger geht, sondern, dass gar nichts geht. Informations- und Kommunikationstechnologien (IKT) steuern wichtige Systeme (Transport, Telefonie, Lagerhaltung, Zahlungsverkehr etc.). Nichts geht heute mehr ohne IKT, aber ohne Strom geht IKT nicht. In dieser Situation sind Diesel oder andere Treibstoffe als Ersatz für lokale Stromproduktion unabdingbar.

Die Aufrechterhaltung der Grundversorgung der Bevölkerung mit Gebrauchs- und Verbrauchsgütern wird sehr schnell zentral und sehr schwierig machbar. Da zudem die üblichen Kommunikationswege sehr eingeschränkt sind, ist eine langandauernde Strommangellage nicht zu unterschätzen, sondern eine Herkulesaufgabe für alle Beteiligten.“[54]

Eine länger andauernde Strommangellage könnte auch in Folge eines Blackouts auftreten, wenn dabei Kraftwerke oder Infrastrukturen beschädigt werden und für eine längere Zeit nicht mehr ausreichend Erzeugungs- und/oder Transportkapazitäten zur Verfügung stehen. In der Schweiz gilt ein solches Szenario bereits seit 2012 als

---

49 Vgl. https://perspektive-online.net/2022/01/stromkrise-taeglich-stundenlange-stromausfaelle-im-kosovo/. Zugriff am 13.03.2022.

50 Vgl. https://www.handelsblatt.com/politik/international/erdgasmangel-es-herrscht-panik-tuerkische-regierung-schaltet-der-industrie-im-land-den-strom-ab/28001710.html. Zugriff am 13.03.2022.

51 Vgl. https://www.saurugg.net/?s=belgien. Zugriff am 13.03.2022.

52 Vgl. https://www.saurugg.net/?s=frankreich. Zugriff am 13.03.2022.

53 Vgl. https://www.ostral.ch/de. Zugriff am 25.02.2022.

54 SVU'14 – Newsletter Juni. https://www.saurugg.net/2014/blog/newsletter/svu14-newsletter-juni. Zugriff am 13.03.2022.

wahrscheinlichstes und gleichzeitig schwerwiegendstes Risiko für die Schweiz.[55] Das Kapitel Strommangellage führt die Thematik der Strommangellage am Beispiel der Schweiz ein.

34.2.2 Folgen und Dauer eines Blackouts

Eine europäische Großstörung über mehrere Länder würde unmittelbar zu einem großflächigen Ausfall der meisten Kritischen Infrastrukturen (KRITIS) führen (vgl. [22]). Dies würde mit dem Telekommunikationssektor (Mobilfunk, Festnetz, Internet) beginnen, womit gemeinsam mit der Elektrizität die zwei wichtigsten Lebensadern unserer modernen Gesellschaft ausfallen würden. Damit würden so gut wie alle Versorgungsleistungen ausfallen oder nur mehr sehr eingeschränkt zur Verfügung stehen: das Finanzsystem (Bankomaten, Kassen, Geld- und Zahlungsverkehr), der Verkehr (Ampeln, Tunneln, Bahnen, Tankstellen) und damit die gesamte Versorgungslogistik (Lebensmittel, Medikamente, Güter aller Art), bis hin zu regionalen Wasserver- und Abwasserentsorgungsausfällen. Ganz abgesehen davon würden möglicherweise tausende Menschen in Aufzügen, Bahnen oder im Winter auf Ski-Liften festsitzen. Nicht voll mobile Bewohner von Hochhäusern würden ihre Wohnungen nicht mehr erreichen oder verlassen können.

Ein weitreichender Ausfall der Telekommunikationsinfrastrukturen, etwa durch einen Cyber-Angriff, könnte zu ähnlich weitreichenden Auswirkungen führen. Auch eine verschärfte Pandemie, wo zeitgleich deutlich mehr Menschen erkranken, würde absehbar zu massiven Versorgungsengpässen und -ausfällen führen. Unsere hochoptimierte und Effizienz-gesteigerte Just-in-Time Logistik weist kaum Reserven oder Rückfallebenen auf, um die erwartbaren weitreichenden Infrastruktur- oder Personalausfällen kompensieren zu können.

Die Fragilität der Logistikketten (vgl. [23]) konnte 2021 anhand von zahlreichen Beispielen beobachtet werden.[56] Bei einem Blackout, in dem größere Teile Europas zeitgleich zum Stillstand kommen, wären die Auswirkungen um ein Vielfaches gravierender. Daher sollte auch mit einer globalen Schockwirkung sowie mit langwierigen Wiederanlaufzeiten gerechnet werden.

Ein Blackout kann in drei wesentliche Phasen eingeteilt werden, was häufig unterschätzt wird. Diese werden in Abbildung 34.1 illustriert und nachfolgend beschrieben.

55 Vgl. https://www.saurugg.net/?s=risikobericht+schweiz. Zugriff am 13.03.2022.

56 Vgl. https://www.saurugg.net/2021/blog/vernetzung-und-komplexitaet/lieferkettenprobleme-und-ausfaelle. Zugriff am 25.02.2022.

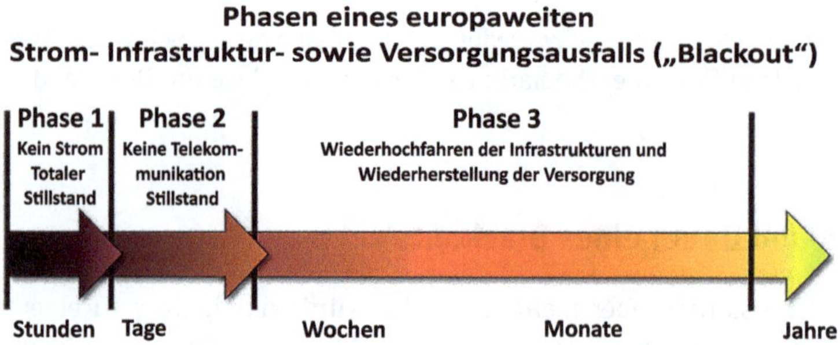

Abb. 34.1: Phasen eines Blackouts. Quelle: Saurugg.

34.2.2.1 Phase 1 – totaler Strom- und Infrastrukturausfall

In Österreich wird mit einem rund 24-stündigen Stromausfall gerechnet. Teile der regionalen Stromversorgung können wahrscheinlich deutlich früher wiederhergestellt werden. In anderen Teilen kann es auch länger dauern. Ballungsräume sollen mit Priorität wieder versorgt werden.

Österreich hat durch die großen, schwarzstart- und regelfähigen Pumpspeicherkraftwerke gegenüber vielen anderen Ländern einen großen Vorteil. Dadurch wäre ein wesentlich rascherer Netzwiederaufbau als in vielen anderen Ländern möglich.

Auf europäischer Ebene wird mit etwa einer Woche Wiederherstellungszeit gerechnet, bis die Stromversorgung wieder überall stabil funktionieren wird. Die unterschiedlichen Einschätzungen, ob es doch nur Stunden, Tage oder vielleicht sogar Wochen dauern könnte, klaffen daher erheblich auseinander.

Die tatsächliche Dauer hängt auf jeden Fall wesentlich vom Auslöseereignis und der Größe des ausgefallenen Gebietes ab. Sollte ausreichend Spannung von benachbarten, nicht ausgefallenen Netzteilen herangeführt werden können, kann eine Wiederherstellung auch deutlich rascher gelingen. Wurde beim Ausfall Infrastruktur beschädigt oder sogar zuvor sabotiert, kann es auch erheblich länger dauern. Sollte beim Wiederhochfahren nicht mehr genügend Kraftwerksleistung zur Verfügung stehen, kann auch eine Strommangelbewirtschaftung erforderlich werden. Es gibt also sehr viele Unsicherheitsfaktoren.

Viele andere Infrastrukturen können und sollten jedoch erst dann wieder in Betrieb genommen werden, wenn die Stromversorgung ausreichend stabil und verlässlich funktioniert. Ansonsten kann es durch Spannungs- und Frequenzschwankungen zu weiteren Anlagen- und Infrastrukturschäden kommen. Deshalb sollte mit dem Wiederhochfahren von Infrastrukturen und Produktionsanlagen so lange wie möglich gewartet werden, bis klar kommuniziert wurde, dass das europäische Verbundsystem wieder ausreichend stabil funktioniert und kein neuerlicher unmittelbarer Ausfall droht. Dies auch, weil es umfassende Erfahrungen beim Simulator gestützten Netzwiederaufbautraining gibt, wonach es immer wieder beim Zusammenschalten von

Teilnetzen zu Komplettausfällen kommt. Ganz abgesehen davon, dass bei einem realen Netzwiederaufbau mit vielen Unsicherheiten zu rechnen ist.

In verschiedenen und kritischen Bereichen werden für einen Stromausfall Notstromaggregate vorgehalten. Doch auch hier zeigt sich häufig, dass die Leistungsfähigkeit und Zuverlässigkeit häufig überschätzt werden,[57] was sich etwa beim 31-stündigen Stromausfall in Berlin-Köpenick im Februar 2019 gezeigt hat, wo das Notstromaggregat der DRK-Klinik nach 7 Stunden Notstrombetrieb ausgefallen ist. Deswegen mussten 23 Intensivpatienten evakuiert werden.[58] Bei einem Blackout wäre das nicht möglich.

Ein häufiges Problem stellt die Treibstoffqualität von Notstromeinrichtungen dar, wie eine deutsche Untersuchung im Jahr 2014 gezeigt hat. Damals war rund 60 % des untersuchten Treibstoffes kaputt oder mangelhaft. Nur 6 % war einwandfrei.[59]

Ganz generell zeigt sich, dass ein Notstromeinsatz auch regelmäßig über einen längeren Zeitraum getestet werden sollte, um wirklich davon ausgehen zu können, dass dieser auch im Bedarfsfall reibungslos funktionieren wird.[60] Es gibt zu viele potenzielle Fehlerquellen.

34.2.2.2 Phase 2

Die meisten Vorbereitungen konzentrieren sich auch fast ausschließlich auf diese Phase des Stromausfalls, was deutlich zu kurz greift. Völlig unterschätzt wird Phase 2, di andauert, bis nach dem Stromausfall die Telekommunikationsversorgung mit Festnetz, Handy und Internet wieder weitgehend stabil funktionieren wird. Erwartbare schwerwiegende Hardwareausfälle und Störungen sowie massive Überlastungen beim Wiederhochfahren führen dazu, dass mit einer zumindest mehrtägigen Wiederherstellungszeit zu rechnen ist.

Je länger der Stromausfall dauert, desto schwerwiegendere Schäden sind vor allem in Backbone-Systemen zu erwarten. In jenen Regionen, wo der Stromausfall länger als 72 Stunden dauert, ist ein Wiederhochfahren dieser Einrichtungen nur mehr schwer kalkulierbar, da bis dahin die meiste Notstromversorgung ausgefallen

---

57 Vgl. Was so alles schief gehen kann und geht. https://www.saurugg.net/blackout/auswirkungen-eines-blackouts/was-so-alles-schief-gehen-kann-und-geht. Zugriff am 13.03.2022.

58 Vgl. https://www.deutschlandfunkkultur.de/ein-jahr-blackout-in-berlin-koepenick-passiert-halt-100.html. Zugriff am 13.03.2022.

59 Vgl. Neue Erkenntnisse zur Lagerfähigkeit von Brennstoffen für Netzersatzanlagen. https://www.saurugg.net/2015/blog/stromversorgung/neue-erkenntnisse-zur-lagerfaehigkeit-von-brennstoffen-fuer-netzersatzanlagen. Zugriff am 13.03.2022.

60 Vgl. Blackout-Vorsorge: Der Teufel steckt im Detail. https://www.saurugg.net/2020/blog/krisenvorsorge/blackout-vorsorge-der-teufel-steckt-im-detail. Zugriff am 13.03.2022.

sein wird. Dann ist mit großen Schäden an Netzteilen und Switches bis hin zu Serverfestplatten etc. zu rechen. Das Hauptproblem entsteht durch das Austrocknen von Elektrolytkondensatoren. Das macht sich im Betrieb größtenteils nicht bemerkbar. Fällt der Strom jedoch aus, erfolgt beim Wiedereinschalten eine Zerstörung des Bauteils, womit wichtige Kettenglieder ausfallen. Damit kann rasch ein Ersatzteilproblem auftreten und mangels Kommunikationsmöglichkeiten und einem hohen Gleichzeitigkeitsbedarf wird eine kurzfristige externe Wiederbeschaffung kaum gelingen. Derartige Ausfälle und Störungen können auch in jeder Unternehmensinfrastruktur auftreten, besonders wenn diese grundsätzlich nie ausgeschaltet wird. Würde das regelmäßig durchgeführt werden, würden diese schadhaften Teile regelmäßig auffallen und rechtzeitig ersetzt werden können. In vielen komplexen Anlagen ist aber ein Abschalten nicht mehr möglich. Daher kumulieren hier die erwartbaren Probleme, und sie treten dann möglicherweise zeitgleich auf. Eine fatale Entwicklung.

Ohne Telekommunikationsversorgung funktionieren weder Produktions- und Logistikketten noch die Treibstofflogistik oder die Versorgung der Bevölkerung mit Lebensmitteln oder Medikamenten. Auch die Gesundheitsversorgung (Krankenhäuser, niedergelassene Ärzte, Apotheken, Pflege, usw.) wird wenn überhaupt nur sehr eingeschränkt funktionieren. Krankenhäuser verfügen zwar über eine Notstromversorgung, diese kann aber häufig nur die wichtigsten Bereiche versorgen. Zum anderen gibt es eine sehr hohe Abhängigkeit von externen Ver- und Entsorgungsleistungen, womit eine medizinische Versorgung rasch nur mehr sehr eingeschränkt möglich sein wird. Besonders kritisch kann sich die Personalverfügbarkeit auswirken (vgl. [22]).

Gleichzeitig kamen die Studie *„Ernährungsvorsorge in Österreich“* (vgl. [24]) sowie vergleichbare Untersuchungen in Deutschland zum Schluss, dass sich spätestens am vierten Tag einer blackoutbedingten Versorgungsunterbrechung rund ein Drittel der Bevölkerung nicht mehr in der Lage sieht, sich ausreichend selbst versorgen zu können. Nach sieben Tagen könnte das bereits rund zwei Drittel oder rund sechs Millionen Menschen in Österreich betreffen.

Dabei sind Touristen oder Pendler, die auf jeden Fall auf externe Hilfe angewiesen sein werden, noch gar nicht berücksichtigt. Hierfür gibt es weder staatliche noch sonstige Vorkehrungen, die ein solch schwerwiegendes Ereignis auffangen könnten. Auch die Helfer und deren Familien sind unmittelbar von den Auswirkungen betroffen. Erst diese leichtsinnige Ausgangssituation führt in eine wirkliche Katastrophe.

Zwar gibt es seit jeher Empfehlungen, dass die Bevölkerung einen persönlichen Notvorrat vorhalten sollte, jedoch ist diese Praxis spätestens nach dem Ende des Kalten Krieges vor über 30 Jahren in weiten Teilen Mitteleuropas eingestellt worden. Das ist der Fluch der sehr hohen Versorgungssicherheit in allen Lebensbereichen, egal ob bei Strom, Wasser oder den Lebensmitteln und im Gesundheitsbereich: Es ist immer etwas da, und wenn es ein Problem gab, war schnell jemand zu Stelle, um zu helfen. Bei einem Blackout wird das nicht funktionieren.

Daher sind Vorsorgeempfehlungen wie „Guter Rat – Notvorrat“ in der Schweiz,[61] die Empfehlungen des deutschen Bundesamtes für Bevölkerungsschutz und Katastrophenhilfe (BBK)[62] oder des österreichischen Zivilschutzverbandes[63] aktueller denn je. Sie kommen nur selten bei der breiten Bevölkerung an. Die Österreichische Gesellschaft für Krisenvorsorge (GfKV)[64] versucht deshalb mit der Initiative „Mach mit! Österreich wird krisenfit!“[65] das Thema wieder breiter gesellschaftsfähig zu machen und aus der Nischenecke hervorzuholen.

Das Grundproblem liegt in der unzureichenden Risiko- und Sicherheitskommunikation, um der Bevölkerung die Notwendigkeit zu vermitteln. Und zwar nicht erst dann, wenn bereits eine Krise eingetreten ist, sondern bereits deutlich davor. Ansonsten kommt es leicht zu Überreaktionen, wie etwa vor dem ersten Lockdown im Jahr 2020 mit dem übertriebenen Einkauf von WC-Papier oder Kaliumjodidtabletten im März 2022. Der Gesellschaft fehlt eine generelle Krisenfitness, um mit außergewöhnlichen Ereignissen umgehen zu können. Das war über viele Jahrzehnte nicht mehr notwendig.

Die Coronapandemie und die Verwerfungen nach dem Ukrainekrieg haben das aber grundlegend geändert. Gerade der Ukrainekrieg hat wahrscheinlich eine Reihe von Folgekrisen losgetreten,[66] insbesondere auch in den Logistikketten und der Lebensmittelversorgung,[67] die uns noch Jahre beschäftigen dürften und der Bevölkerung einiges abverlangen werden. Umso wichtiger wäre es nun, sich auf diese turbulenten Zeiten einzulassen und sich auf krisenhafte Zeiten einzustellen und zumindest minimale Vorsorgemaßnahmen zu treffen.

34.2.2.3 Phase 3

Auch wenn die Telekommunikationsversorgung wieder funktioniert, wird die Krise noch lange nicht vorbei sein. Die folgende Phase 3 wird je nach betroffenem Bereich Wochen, Monate und zum Teil sogar Jahre dauern, etwa in der industrialisierten Land-

---

61 Vgl. https://blog.alertswiss.ch/de/rubriken/vorsorge/notvorrat/. Zugriff am 13.03.2022.

62 Vgl. https://www.bbk.bund.de/DE/Warnung-Vorsorge/warnung-vorsorge_node.html. Zugriff am 13.03.2022.

63 Vgl. http://zivilschutzverband.at/de/aktuelles/33/Bevorratung-Checkliste. Zugriff am 13.03.2022.

64 https://gfkv.at. Zugriff am 13.03.2022.

65 www.krisenfit.jetzt. Zugriff am 13.03.2022.

66 Vgl. https://www.saurugg.net/2022/blog/krisenvorsorge/turbulente-zeiten-erfordern-krisenfite-gemeinden. Zugriff am 13.03.2022.

67 Vgl. https://www.saurugg.net/2022/blog/krisenvorsorge/die-naechste-krise-bahnt-sich-an-lebensmittelversorgung. Zugriff am 13.03.2022.

wirtschaft, wo erwartet wird, dass binnen Stunden Millionen Tiere in Europa verenden könnten.[68,69] Länger anhaltende Versorgungsengpässe sind daher sehr wahrscheinlich, da ein Ausfall in der Produktion, die genauso die Gemüseproduktion betreffen kann, nicht einfach für viele Millionen Menschen kompensiert werden kann. Hinzu kommen die vielschichtigen, transnationalen Abhängigkeiten in der Versorgungslogistik. Einen besonderen Flaschenhals könnten etwa Verpackungsmaterialien darstellen. Stehen diese nicht zur Verfügung, weil es etwa schwerwiegende Produktionsausfälle gab, können Produkte nicht mehr wie gewohnt verpackt und in den Umlauf gebracht werden. In unserer hoch optimierten Just-in-Time-Logistik gibt es eine Vielzahl an Möglichkeiten, warum die ganze Kette zum Ausfall kommen kann. Davor hat etwa das österreichische Complexity Science Hub (CSH) Vienna zu Beginn der Coronapandemie gewarnt. Ein Kollaps von ganzen Branchen sei möglich, wenn einzelne Kettenglieder ausfallen (vgl. [23]). Auch der Ukrainekrieg könnte zu schwerwiegenden Verwerfungen in der Lebensmittelversorgung führen, wie ebenfalls das CSH in einer Studie warnt (vgl. [25]).

Ganz generell werden die Folgen und Wiederanlaufzeiten nach einem großflächigen und abrupten Ausfall der Stromversorgung massiv unterschätzt. Viele Vorbereitungen beschäftigen sich nur mit der unmittelbaren Vorsorge für den Stromausfall, was häufig in der Anschaffung oder Erweiterung einer Notstromversorgung mündet. Dabei ist Phase 1, also die Zeit des Stromausfalls, noch am überschaubarsten. Viel schwerwiegender und katastrophaler werden sich die deutlich längeren Phasen des Wiederanlaufes (Phasen 2 und 3) in den anderen Infrastruktursektoren und bei der Resynchronisierung der Versorgungslogistik auswirken, was in dieser Dimension völlig unterschätzt wird, weil uns dazu die Erfahrungen fehlen.

Das betrifft die gesamte Gesellschaft. Denn auch in nicht so kritischen Bereichen oder im generellen Arbeitsleben wird ein Wiederanlauf erst möglich sein, wenn die Grundversorgung wieder gesichert ist. Die sehr hohe Versorgungssicherheit in allen Lebensbereichen, insbesondere in Mitteleuropa, wird daher zum Bumerang: Es fehlt an den erforderlichen Eigenvorsorgemaßnahmen und Rückfallebenen. Viel zu viele Menschen und Organisationen verlassen sich einfach blind auf die ständige Verfügbarkeit: eine Truthahn-Illusion

Es droht eine unfassbare Katastrophe, die in der größten Katastrophe nach dem Zweiten Weltkrieg enden könnte, wie bereits 2010 das Büro für Technikfolgenabschätzung beim Deutschen Bundestag festgehalten hat:

---

68 Vgl. SRF-Blackout Thementag – Zusammenfassung – Landwirtschaft. https://www.saurugg.net/2017/blog/stromversorgung/srf-blackout-thementag-zusammenfassung. Zugriff am 13.03.2022.

69 Vgl. Auswirkungen eines großflächigen und langandauernden Stromausfalls auf Nutztiere in Stallhaltungen. https://www.saurugg.net/2021/blog/krisenvorsorge/auswirkungen-eines-grossflaechigen-und-langandauernden-stromausfalls-auf-nutztiere-in-stallhaltungen. Zugriff am 13.03.2022.

> „Spätestens am Ende der ersten Woche wäre eine Katastrophe zu erwarten, d. h. die gesundheitliche Schädigung bzw. der Tod sehr vieler Menschen sowie eine mit lokal bzw. regional verfügbaren Mitteln und personellen Kapazitäten nicht mehr zu bewältigende Problemlage."
> [22, S. 10]

34.2.3 Was kann getan werden?

Kurzfristig scheint nur die Vorbereitung auf das Ereignis möglich zu sein, was auch ganz generell gilt: Verhindern, Schutz und Sicherheit sind wichtig, aber zu wenig. Es braucht ein sowohl-als-auch-Denken: Wir sollten genauso in der Lage sein, mit unerwarteten Ereignissen (vgl. [4]) umzugehen und diese zu bewältigen. Das betrifft alle Ebenen. Beispielsweise ist die Verhinderung von Cyber-Angriffen enorm wichtig, aber ein Wiederherstellungsplan ist unverzichtbar, auch wenn immer gehofft wird, dass er nie benötigt wird. Aber Hoffnung allein ist zu wenig. Das gilt genauso beim Thema Blackout. Wir betreiben gerade die größte Infrastrukturtransformation aller Zeiten am offenen Herzen und ohne Auffangnetz. Das könnte sich als fataler Irrtum herausstellen.

Der wichtigste Schritt beginnt in den eigenen vier Wänden: Sich und die eigene Familie zumindest 14 Tage autark mittels Vorratshaltung versorgen zu können. Das betrifft zumindest zwei Liter Wasser pro Person und Tag für zumindest mehrere Tage (Phase 1 und 2). Nach dem Stromausfall kann zwar wieder gekocht, aber nicht eingekauft werden. Daher werden Lebensmittel wie Nudeln, Reis und Konserven für 14 Tage benötigt. Dasselbe gilt für wichtige Medikamente, Kleinkinder- oder Haustiernahrung. Taschenlampen, ein batteriebetriebenes Radio, Müllsäcke und sonstige wichtige Hilfsmittel, die man dann benötigen könnte. Einfach, was man auf einen zweiwöchigen Campingurlaub auch mitnehmen würde.[70]

Diese Basisvorsorge ist elementar, damit wir die Produktion und Logistik möglichst rasch wieder hochfahren können. Denn wenn sich die Menschen nicht mehr selbst versorgen können, kommen sie auch nicht in die Arbeit, um die Produktion und die Systeme wieder hochzufahren. Daher ist eine breite Eigenvorsorge in der Bevölkerung (Personal) wesentliche Voraussetzung dafür, dass wir ein solches Szenario bewältigen können. Das betrifft insbesondere auch jene Organisationen und Unternehmen, die in einem solchen Fall einen Notbetrieb aufrechterhalten müssen, also auch die Energiewirtschaft. Zum anderen kann bei gleichzeitiger eigener Betroffenheit niemand Millionen Menschen helfen.

---

70 Vgl. https://www.saurugg.net/leitfaden oder https://blog.alertswiss.ch/de/rubriken/vorsorge/notvorrat (Schweiz) oder https://www.bbk.bund.de/DE/Warnung-Vorsorge/warnung-vorsorge_node.html (Deutschland) oder http://zivilschutzverband.at/de/aktuelles/33/Bevorratung-Checkliste (Österreich). Zugriff am 25.02.2022.

34.2.4 Inselbetriebsfähige PV-Anlagen

Was viele PV-Besitzer nicht wissen, ist, dass ihre PV-Anlage während eines Stromausfalls keinen Strom liefert, da die meisten Anlagen netzgeführt sind. Nur inselbetriebsfähige PV-Anlagen,[71] also ergänzt mit Netztrennung, hybridem Wechselrichter und Speicher, können auch bei Netzausfall eine Notversorgung in den eigenen vier Wänden aufrechterhalten. Damit könnten die Beleuchtung, Heizung und Kühlgeräte (Vorräte!) weiterbetrieben werden. Das Szenario kann damit deutlich abgemildert werden. Diese Anlagen stellen die kleinste Energiezelle dar (vgl. Abschnitt Dezentrale funktionale Einheiten (Energiezellen) weiter oben).

Gesellschaftlich noch wirkungsvoller und effizienter wäre es, so rasch wie möglich regionale Energiezellen aufzubauen, in denen auch während eines Netzausfalles zumindest eine Grundnotversorgung mit Wasser, Abwasser, Wärme oder Gesundheitsdienstleistungen aufrechterhalten werden könnte. Dazu fehlt es aber am notwendigen Bewusstsein und den erforderlichen Rahmenbedingungen (vgl. dezentrale funktionale Einheiten weiter oben).

34.2.5 Organisatorische Maßnahmen

Auf Basis der persönlichen Vorsorgemaßnahmen können auch die notwendigen organisatorischen Maßnahmen ansetzen. Dabei beginnt der erste Schritt mit der Sensibilisierung des eigenen Personals, um die Eigenvorsorge anzustoßen. Zum anderen sind umfassende Überlegungen notwendig, wie im Fall eines Blackouts die erforderliche Kommunikation sichergestellt werden kann. Dies ist häufig nur durch Offline-Pläne möglich, also vorbereitete Absprachen, die in den Köpfen der Mitarbeiter verfügbar sein müssen. Das Schlüsselpersonal muss wissen, was zu tun ist, wenn niemand mehr erreicht werden kann und wie die Ablösung und Versorgung funktionieren, wenn ein Notbetrieb weiterlaufen muss.

Eine Alarmierung, wie sie sonst üblich ist, wird in der Regel nicht funktionieren, da die Telekommunikationssysteme zum Großteil innerhalb von wenigen Minuten nach dem Stromausfall ausfallen werden. Bei der Mitarbeiterverfügbarkeit sind besonders die persönlichen Umstände wie die räumliche Entfernung zum Arbeitsplatz oder sonstige Verpflichtungen wie betreuungsbedürftige Personen, Funktionen in Gemeindekrisenstäben oder Einsatzorganisationen zu berücksichtigen. Ferner ist zu erheben, wie lange die vorhandenen Ressourcen reichen, etwa der Treibstoff für Notstromeinrichtungen oder Lebensmittel für einen Notbetrieb, da mit einer Versorgung von außerhalb kaum zu rechnen ist wenn nicht entsprechende Vorbereitungen

71 Vgl. https://www.saurugg.net/blackout/vorbereitungen-auf-ein-blackout/notstromversorgung/#ipv. Zugriff am 25.02.2022.

getroffen wurden. Das geht dann bis hin zu Wiederanlaufplänen, bei denen zu überlegen ist, welche Voraussetzungen erforderlich sind, um überhaupt wieder in einen geordneten Betrieb übergehen zu können.

34.2.6 Zusammenfassung

Ein großflächiger Stromausfall ist für viele Menschen nicht vorstellbar, weil es ein solches Ereignis noch nie gab. Gleichzeitig gibt es keine hundertprozentige Sicherheit, schon gar nicht, wenn solche fundamentalen und häufig nicht systemischen Umbauten im laufenden Betrieb erfolgen wie sie im ersten Abschnitt dargestellt wurden. Eine moderne Gesellschaft sollte daher auch in der Lage sein, die Frage zu beantworten, was wäre, wenn. Bisher verlassen sich sehr viele Entscheidungsträger und auch die Bevölkerung auf das Prinzip Hoffnung. Das ist wichtig, um nicht in einen Fatalismus zu verfallen. Aber wenn es das Einzige ist, was man einem möglichen Ereignis entgegenstellen kann, wird das nicht ausreichen.

Die Gründe sind sehr vielschichtig. Einerseits fehlt uns die notwendige Fehlerkultur, um offen und transparent mit Problemen umzugehen. Zum anderen wird die politische Debatte rund um die notwendige Energiewende häufig ideologisch und mit Scheuklappen sowie mit wenig technischem Verständnis geführt. Von Fachseite fehlt häufig der Widerspruch, egal ob durch organisatorische Abhängigkeiten oder etwa, weil man sich nicht als Ewiggestriger abstempeln lassen möchte.

Auch in der Krisenvorsorge sind ähnliche Phänomene zu beobachten. Die fehlende Vorsorge wird meist nur hinter vorgehaltener Hand eingestanden. Damit existieren zwischen der offiziellen Darstellung und der tatsächlichen Realität häufig große Lücken. Obwohl überall ähnlich agiert wird, besteht trotzdem vielfach die Annahme, dass es in anderen Bereichen besser sein müsste und dass dort sicher alle notwendigen Vorbereitungen getroffen wurden. Somit verlassen sich viele unbegründet auf andere. Ein Großteil der Bevölkerung geht von der unrealistischen Annahme aus, dass sie in einem solchen Fall schon vom Staat versorgt werden.[72]

Ein mögliches beziehungsweise sogar sehr realistisches Blackout würde daher unsere hohe technik- und stromabhängige Gesellschaft binnen kürzester Zeit auf den Kopf stellen. Während in der Coronapandemie noch immer eine gewisse Vorlaufzeit gegeben war und alle Infrastrukturleistungen aufrechterhalten und damit auch noch kurzfristig Dinge organisiert werden konnten, kommt es bei einem Blackout von einem Augenblick auf den anderen zum kompletten Stillstand. Ein zeitnahes totales Chaos kann nur durch eine entsprechende individuelle und organisatorische Vorbereitung abgemildert werden.

72 Vgl. Krisenvorsorge: Die österreichische Bevölkerung setzt auf den Staat, weniger auf Eigenvorsorge. https://viecer.univie.ac.at/corona-blog/corona-blog-beitraege/blog114. Zugriff am 13.03.2022.

Hierzu sind häufig nur überschaubare Aufwände erforderlich: eine Eigenvorsorge für zumindest 14 Tage und entsprechende organisatorische Ablaufpläne, die auch weitgehend ohne technische Kommunikationsmittel funktionieren. Damit kann schon sehr viel Schaden abgewendet werden. Wissen allein reicht jedoch nicht. Wir müssen es auch tun.

Der Autor stellt die umfangreichste Wissenssammlung zum Thema Blackout und Blackout-Vorsorge im deutschsprachigen Raum unter www.saurugg.net zur Verfügung. Hier finden sich etwa zahlreiche weiterführende Hilfestellungen und Leitfäden für die individuelle wie auch organisatorische Vorsorge, die laufend erweitert werden.

Literaturverzeichnis

Als Basis für diese umfassende systemische Betrachtung standen zahlreiche Autoren Pate: https://www.saurugg.net/ueber-mich/literaturliste.

[1] ENTSO-E (2015). Report on Blackout in Turkey on 31st March 2015. https://www.entsoe.eu/Documents/SOC%20documents/Regional_Groups_Continental_Europe/20150921_Black_Out_Report_v10_w.pdf, S 46. Zugriff am 25.02.2022.

[2] ACPP (Austrian Corona Panel Project) (2021). Krisenvorsorge: Die österreichische Bevölkerung setzt auf den Staat, weniger auf Eigenvorsorge. https://viecer.univie.ac.at/corona-blog/corona-blog-beitraege/blog114/. Zugriff am 25.02.2022.

[3] BMLV (Bundesministerium für Landesverteidigung) (2019). Sicher. Und morgen? Sicherheitspolitische Jahresvorschau 2020. BMLV (Wien).

[4] Weick, K. E. und Sutcliffe, K. M. (2010). Das Unerwartete managen: Wie Unternehmen aus Extremsituationen lernen (Systemisches Management). Stuttgart: Schäffer-Poeschel.

[5] Taleb, N. N. (2012). Der Schwarze Schwan: Konsequenzen aus der Krise. München: Deutscher Taschenbuch Verlag.

[6] Taleb, N. N. (2013). Antifragilität: Anleitung für eine Welt, die wir nicht verstehen. München: Albrecht Knaus Verlag.

[7] Mukerji, N. und Adriano, M. (2020). COVID-19: Was in der Krise zählt. Über Philosophie in Echtzeit. Ditzingen: Reclam.

[8] Renn, O. (2014). Das Risikoparadox: Warum wir uns vor dem Falschen fürchten. Frankfurt am Main: Fischer Verlag.

[9] ITA (Institut für Technikfolgen-Abschätzung der Österreichischen Akademie der Wissenschaften) und AIT (Austrian Institute of Technology Innovation Systems Department) (2022). Sichere Stromversorgung und Blackout-Vorsorge in Österreich. Entwicklungen, Risiken und mögliche Schutzmaßnahmen. Österreichisches Parlament (Wien).

[10] Ossimitz, G. und Lapp, C. (2006). Systeme: Denken und Handeln; Das Metanoia-Prinzip: Eine Einführung in systemisches Denken und Handeln. Berlin: Franzbecker.

[11] Taleb, N. N. (2013). Der Schwarze Schwan: Die Macht höchst unwahrscheinlicher Ereignisse. München: Deutscher Taschenbuch Verlag.

[12] Casti, J. (2012). Der plötzliche Kollaps von allem: Wie extreme Ereignisse unsere Zukunft zerstören können. München: Piper Verlag GmbH.

[13] Casti, J., Jones, R. D. und Pennock, M. J. (2017). Confronting Complexity – X-Events, Resilience, and Human Progress. The X-Press.

[14] Thurner, S. (2020). Die Zerbrechlichkeit der Welt: Kollaps oder Wende. Wir haben es in der Hand. edition a GmbH (E-Book).
[15] Bundesrechnungshof (2021). Umsetzung der Energiewende im Hinblick auf die Versorgungssicherheit und Bezahlbarkeit bei Elektrizität. Bundesrechnungshof (Bonn).
[16] APCC (Austrian Panel on Climate Change) (2014). Österreichischer Sachstandsbericht Klimawandel 2014. https://austriaca.at/APCC_AAR2014.pdf. Zugriff am 25.02.2022.
[17] Paulitz, H. (2020). Strom-Mangelwirtschaft: Warum eine Korrektur der Energiewende nötig ist. Seeheim-Jugenheim: Akademie Bergstraße.
[18] Vester, F. (2011). Die Kunst vernetzt zu denken: Ideen und Werkzeuge für einen neuen Umgang mit Komplexität. Ein Bericht an den Club of Rome. München: Deutscher Taschenbuch Verlag.
[19] Dueck, G. (2015). Schwarmdumm: So blöd sind wir nur gemeinsam. Frankfurt am Main: Campus Verlag.
[20] Grüter, T. (2013). Offline!: Das unvermeidliche Ende des Internets und der Untergang der Informationsgesellschaft. Heidelberg: Springer.
[21] Meadows, D. H. (2010). Die Grenzen des Denkens – Wie wir sie mit System erkennen und überwinden können. München: oekom verlag.
[22] Petermann, T., Bradke, H., Lüllmann, A., Poetzsch, M. und Riehm, U. (2010). Gefährdung und Verletzbarkeit moderner Gesellschaften – am Beispiel eines großräumigen und langandauernden Ausfalls der Stromversorgung. Berlin: Bundestag.
[23] CSH (Complexity Science Hub Vienna) (2020). CSH Policy Brief: Wie robust sind die österreichischen Lieferketten? https://www.csh.ac.at/wp-content/uploads/2020/06/CSH-Policy-Brief-Lieferkette-final.pdf. Zugriff am 25.02.2022.
[24] Kleb, U., Katz, N., Schinagl, C. und Angermann, A. (2015). Risiko- und Krisenmanagement für die Ernährungsvorsorge in Österreich (EV-A). https://www.joanneum.at/fileadmin/user_upload/imported/uploads/tx_publicationlibrary/Risiko-_und_Krisenmanagement_fuer_die_Ernaehrungsvorsorge__EV-A_.pdf. Zugriff am 25.02.2022.
[25] CSH (Complexity Science Hub Vienna) (2022). CSH Policy Brief: How the war in Ukraine might affect global food supply. https://www.csh.ac.at/wp-content/uploads/2022/03/CSH-Policy-Brief-2-2022-How-the-war-in-Ukraine-might-affect-global-food-supply.pdf. Zugriff am 13.03.2022.

Kurzvita

Herbert Saurugg, MSc, ist internationaler Blackout- und Krisenvorsorgeexperte, Präsident der Österreichischen Gesellschaft für Krisenvorsorge (GfKV), Autor zahlreicher Fachpublikationen, Keynote-Speaker sowie Interviewpartner zum Thema Blackout. Der ehemalige Berufsoffizier des Österreichischen Bundesheeres beschäftigt sich seit über zehn Jahren mit der zunehmenden Komplexität und Fragilität lebenswichtiger Infrastrukturen sowie mit Lösungsansätzen, wie die Versorgung mit lebenswichtigen Gütern und Dienstleistungen wieder robuster und die Gesellschaft resilienter gestaltet werden können. Er betreibt dazu einen umfangreichen Fachblog unter www.saurugg.net und unterstützt Gemeinden, Unternehmen und Organisationen bei einer ganzheitlichen Blackout-Vorsorge.

Ramona Zimmermann

35 Stromlosigkeit im Haushaltskundenbereich

Wenn das Licht nicht mehr angeht

Zusammenfassung: Stromlosigkeit – oftmals eine Konsequenz für Menschen, die von Energiearmut bedroht sind. Das Thema betrifft sowohl Energieversorger als auch Haushaltskunden in der gesamten D-A-CH Region. Der nachfolgende Beitrag wird sich explizit mit der Situation in Deutschland befassen. Dabei soll aufgezeigt werden, weshalb Energiearmut entstehen kann, wie sich das auf den Haushaltskunden auswirkt und welche Schwierigkeiten auf beiden Seiten, Energieversorger und Kunde, vorhanden sind. Ebenfalls soll versucht werden, Anregungen zum Nachdenken mitzugeben und erste Lösungsansätze und Ansatzpunkte bei der Findung hin zu einer Alternativen zu einer Stromsperrung aufzuzeigen, die Energieversorger nutzen können.

Schlagwörter: Stromsperre, Energiearmut, Stromschulden, Prepaid, Prepayment

35.1 Was passiert, wenn der Strom weg ist?

Es gibt wohl kaum ein anderes Gut, dessen fehlen so weitreichende Konsequenzen haben kann wie das Fehlen von Strom. Was jedoch absolut realistisch und im Rahmen des Möglichen ist, sind beispielsweise Tatsachen wie Treibstoffmangel oder fehlende Versorgung mit Leitungswasser und die nicht mehr funktionierende Abwasserentsorgung in Mehrfamilienhäusern. Ohne Strom können nämlich auch keine Pumpen betrieben werden, die ihrerseits bekanntlich integrale Anlagebestandteile von Zapfsäulen oder Wasserpumpen sind. Im Straßenverkehr funktionieren Ampeln nicht mehr, der Bahnverkehr und unsere Telekommunikationsinfrastruktur würden ebenfalls zum Erliegen kommen. Auch unser Gesundheitswesen ist von einer funktionierenden Stromversorgung abhängig.

Ohne Strom gibt es nach kurzer Zeit, wie schon genannt, keine Telekommunikation mehr. Was mache ich, wenn ich einen Rettungsdienst benötige, aber niemanden anrufen kann? Was passiert in Krankenhäusern, wenn auch die Notstromversorgung nicht mehr funktioniert?

Ebenfalls ist die Landwirtschaft und damit die Versorgung mit Lebensmitteln in hohem Maße von einer funktionierenden Stromversorgung abhängig. Milchkühe müssen regelmäßig gemolken werden; dies geschieht heute nahezu ausschließlich mit elektrisch betriebenen Melkanlagen. Können diese nicht mehr eingesetzt und infol-

Ramona Zimmermann, EnergieRevolte GmbH, Düren, Deutschland, e-mail: zimmermann-ramona@gmx.de

https://doi.org/10.1515/9783110753585-035

gedessen die Kühe nicht gemolken werden, erleiden sie kaum vorstellbare Schmerzen. Die Konsequenz, ich mag sie kaum niederschreiben, ist eine Massennotschlachtung.

35.2 Selbstverständlichkeit von Strom – eine Illusion?

Für die Mehrzahl der Menschen in Deutschland ist das Vorhandensein von Strom in den eigenen vier Wänden jedoch absolut selbstverständlich. Niemals würde sich dieses Gros der Bevölkerung Gedanken darüber machen, ob sie am nächsten Tag kochen oder Wäsche waschen kann, geschweige denn einen laufenden Kühlschrank oder gar Licht zur Verfügung hat. Strom ist einfach da, fast so wie Luft, nur mit dem kleinen Unterschied, dass Strom für uns nicht kostenlos ist. Wie uns die Preisexplosionen an den Strommärkten zum Ende des Jahres 2021 und Anfang des Jahres 2022 gezeigt haben, ist Strom mittlerweile ein sehr teures Gut geworden, vor allem, wenn ich mich als Endkunde in der Grundversorgung meines örtlichen Versorgers wiederfinde.

In Deutschland unterscheidet man zwischen wettbewerblichen Energielieferanten und denjenigen, die die Funktion des örtlichen Grundversorger innehaben. Diesen Status erhält ein Energieversorgungsunternehmen immer dann, wenn es im jeweiligen Netzgebiet die meisten Haushaltskunden mit Strom und/oder Gas versorgt. Jeder Haushaltskunde hat Anspruch auf die Versorgung bei seinem örtlichen Grundversorger. Grundversorger müssen dabei stets von Politik und Regulation exakt definierten Verpflichtungen nachkommen. Diese sind in der Stromgrundversorgungsverordnung (StromGVV) und dem Energiewirtschaftsgesetz (EnWG) geregelt. Für Grundversorger sehen die einschlägigen Rechtsnormen sehr hohe Hürden für den Fall vor, wenn die Belieferung eines Haushaltskunden abgelehnt werden würde. Demgegenüber kann sich der wettbewerbliche Energielieferant das Recht zur Ablehnung vorbehalten und beispielsweise Kunden mit einer schlechten Bonität ablehnen.

Endkunden befinden sich aus den verschiedensten Gründen in der Grundversorgung. Die einen, weil sie schlicht nicht wissen, dass sie sich in der Grundversorgung befinden, oder dass sie ihren Tarif frei wählen können. Die anderen, weil es ihnen an Interesse mangelt, sich mit dem Thema Strom und Stromvertrag auseinanderzusetzen. Und dann gibt es noch diejenigen, die keine andere Wahl haben, als in der Grundversorgung ihres regionalen Anbieters zu sein. Die Wahl haben sie dabei regelmäßig nicht, weil sie beispielsweise eine schlechte Bonität aufweisen und infolgedessen keinen Sondervertrag bei einem anderen Anbieter erhalten können. Diese Kategorie von Kunden zählt oftmals zu dem Personenkreis, die in Deutschland von sogenannter Energiearmut bedroht oder bereits davon betroffen sind.

35.3 Was ist eigentlich Energiearmut?

Armut an sich ist ein Begriff, der zumeist in Verbindung zum Einkommensniveau steht. Energiearmut ist ein Phänomen, das in Deutschland bis dato noch viel zu wenig beachtet wird. Hierunter fallen insbesondere alle Haushalte, die statistisch zu den sogenannten einkommensarmen Haushalten zählen. Damit sind Haushalte gemeint, die lediglich 60 % des Medianeinkommens zur Verfügung haben und somit von Armut sowohl monetär als auch im Sinne von Energiearmut bedroht sind (vgl. [1, S. 10]).

Dies können Haushalte sein, die Transferleistungen beziehen, aber auch Geringverdiener, Rentner oder Studierende. Ebenso Haushalte, die generell überschuldet sind oder in einem prekären Beschäftigungsverhältnis leben, das sich nahe der Armutsgrenze befindet. Da die Strompreisentwicklung von der Entwicklung der Sozialleistungen, Löhne und Renten für gewöhnlich entkoppelt ist, ist das für die betroffenen Haushalte ein Problem. Die Kosten steigen, aber die Steigerung der verfügbaren Finanzmittel reicht trotzdem vielfach nicht aus, um diese gestiegenen Kosten zu decken.

Die Inflationsrate in Deutschland lag im Dezember 2021 bei plus 5,3 % (vgl. [2]). Zuletzt gab es solch eine Inflation vor knapp 30 Jahren. Die Auswirkungen dieser aktuellen Inflation spüren wir alle im täglichen Leben. Lebensmittel werden teurer, ebenso Benzin. Dazu kommt, dass wir nicht nur an den Strommärkten Preissteigerungen verzeichnen. Auch Gas, das oftmals zum Heizen genutzt wird, ist teurer geworden. Diese Preissteigerung spüren wir alle, unabhängig davon, ob jemand einkommensarm ist oder nicht.

Im Jahr 2020 wurden laut Monitoringbericht der Bundesnetzagentur insgesamt 230.015 Stromsperrungen in Deutschland durchgeführt (vgl. [3]). Im Vergleich zum Jahr 2019 mit 289.012 Fällen ein Rückgang um etwa 20 %. Dies klingt ersteinmal positiv, ist jedoch kritisch zu hinterfragen. Denn nicht außer Acht gelassen werden darf hierbei die Tatsache, dass viele Versorger auf Sperrungen bedingt durch die Coronapandemie verzichtet haben. Zeitgleich ist der Verbrauch an Strom nicht gesunken, sondern vermutlich gestiegen. Man denke nur an Themen wie Homeoffice, Homestudying oder Homeschooling.

Sieht man sich nun die steigenden Preise bei Gütern des täglichen Bedarfs an und stellt dieser Entwicklung die Lohnentwicklungen gegenüber, so wird schnell deutlich, dass die Anzahl der Stromsperrungen in Deutschland wahrscheinlich wieder ansteigen wird. Waren in den letzten Jahren vorrangig die Haushalte betroffen, die zu den schon genannten einkommensarmen Haushalten zählen, so scheint es nun immer realistischer, dass sich der Radius dieser Haushalte vergrößern wird. Energiearmut wird also perspektivisch nicht mehr nur ein Thema bei den einkommensarmen Haushalten sein. Diese Tendenz spiegelt sich auch in unserem Unternehmen in der gestiegenen Nachfrage von Seiten der Energieversorger wieder, die nach einer alternativen

Lösung für den Umgang mit Kunden suchen, die potentiell von einer Stromsperre bedroht sind. Viele Energieversorger möchten dabei nicht nur eine Lösung etablieren, die ihnen eine gewisse Absicherung ihrer möglichen Forderungsausfälle bietet, sondern auch dem Endkunden eine Lösung anbieten, die ihm nachhaltig hilft und Unterstützung anbietet.

35.4 Ein Blick durch die Haushaltskundenbrille

Ein Leben ohne Strom ist im 21. Jahrhundert für viele von uns kein Szenario wie aus dem bekannten Buch „Blackout“ von Marc Elsberg (vgl. [4]), sondern gelebte, tägliche Realität. Ohne Strom zu leben, bedeutet nicht nur, kein Licht zu haben. Für den Haushaltskunden bedeutet es auch, kein warmes Wasser zum Duschen zu haben, keine Möglichkeit, ein warmes Mittagsessen zuzubereiten oder Lebensmittel im Kühlschrank kühl aufzubewahren. Es bedeutet, dass ich kein Festnetztelefon zur Verfügung habe und schneller als mir lieb ist auch mein Smartphone nicht mehr nutzen kann. Ich verliere den Anschluss an das gesellschaftliche Leben.

Weitläufig verbreitet ist die Annahme, dass Menschen, denen der Strom von ihrem Energieversorger abgestellt wird, einfach nicht zahlen wollen. Der Klientel wird oft mit Vorurteilen begegnet, etwa dass Zahlungen aus böser Absicht unterbleiben. In der Praxis erleben wir bei unseren Kunden jedoch viele mitunter sehr bewegende Schicksale, die nicht im Geringsten etwas damit zu tun haben, dass Menschen einfach nicht zahlen wollen oder gar böse Absichten haben. Im Gegenteil, diejenigen, die wirklich mutwillig handeln, stellen die Minderheit dar.

In diesem Kontext ist ein Blick auf die besondere Kundensituation dieser Bevölkerungsgruppe angebracht. Immer wieder wird von Einzelfällen berichtet, bei denen der Umgang der grundzuständigen Energieversorger mit diesen Menschen alles andere als hilfsbereit oder gar freundlich ist. So werden immer wieder Fälle diskutiert, bei denen Energieversorgungsunternehmen Kunden mit Zahlungsschwierigkeiten beispielsweise im Kundencenter keinen Sitzplatz anbieten, Stromzähler vor Wochenenden ausgebaut werden und so lange nicht mit dem Kunden in den Dialog getreten wird, bis alle offenen Schulden beglichen sind. Eine Situation, die für alle Beteiligten mit Stress verbunden ist.

Für die Energieversorgungsunternehmen ist diese Situation alles andere als befriedigend und angenehm. Es muss eine Vielzahl an Kriterien erfüllt sein, bevor der grundzuständige Energieversorger eine Stromsperrung durchführen darf und diese dann umsetzt (vgl. [5]). Der Prozess bis zu einer Stromsperrung durchläuft in einem Energieversorgungsunternehmen mehrere Abteilungen. Angefangen bei der Buchhaltung und dem Mahnwesen über das Kundencenter als persönlichen Kontaktpunkt zum Endkunden bis hin zu einem Sperrkassierer und dem Techniker des Netzbetreibers, der am Ende der Prozesskette den Zähler sperrt oder ausbaut.

Die Kundengruppe der von Energiearmut bedrohten Personen benötigt unserer Erfahrung nach eine andere Ansprache und einen anderen Umgang als der restliche Kundenkreis. Hier ist aufgrund der angespannten Situation ein hohes Maß an verständnisvoller Kommunikation sowie Fingerspitzengefühl im persönlichen Umgang sehr wichtig.

Darüber hinaus ist es wünschenswert, wenn sich Energieversorgungsunternehmen mehr damit auseinandersetzen, eine alternative Lösung zu einer Sperrung anzubieten, die auch an die Ursache des Problems herankommt. Auch der Haushaltskunde ist an solch einer Lösung interessiert. Beispielsweise wird heute oftmals eine Energieberatung angeboten, die durchaus eine gute Maßnahme ist. Im Kontext einer akuten Bedrohung durch eine Stromsperrung hilft dies dem Endkunden jedoch nicht. Hilfreich sind hier Maßnahmen, die beiden Seiten gleichermaßen helfen. Denn der Endkunde sollte Strom haben, aber das Energieversorgungsunternehmen seine Kosten für die Lieferung des Stroms auch bezahlt bekommen.

Bereits im Markt bekannt sind Prepaid- oder Prepayment-Systeme, die zum einen die Sicherheit bieten, dass der Energieversorger Geld für seine Leistung erhält. Auf der anderen Seite bieten die Systeme auch dem Endkunden die Möglichkeit, mit nur geringen, dafür eventuell aber häufigeren Einzahlungen weiterhin Strom zur Verfügung zu haben.

Wer einmal ohne Stromversorgung auskommen musste, und dabei reicht es schon, einmal einem längeren Stromausfall ausgesetzt gewesen zu sein, weiß, wie unangenehm das ist und welche Konsequenzen daran hängen.

Nun ist es in Deutschland so, dass Strom nicht einfach so willkürlich abgeschaltet werden darf. Es gibt eine Vielzahl von Bedingungen, die erfüllt sein müssen, damit einem Haushaltskunden der Strom abgeschaltet werden darf. Diese Bedingungen finden sich in der Stromgrundversorgungsverordnung (vgl. [5]) wieder, in der unter anderem geregelt ist, wie aus Sicht des Energieversorgers eine Versorgungsunterbrechung eingeleitet und umgesetzt wird.

Bevor es zu einer Lieferunterbrechung kommt, muss ein Kunde einen Rückstand seiner Zahlungen von mindestens zwei Monatsabschlägen in einer Gesamthöhe von mindestens 100,00 EUR auf seinem Vertragskonto aufweisen. Wird dann von Seiten des Energieversorgers gemahnt und eine Liefersperre angedroht, muss der Endkunde über die Möglichkeiten einer Abwendung der Sperre sowie über die entstehenden Kosten für die Sperrung und Entsperrung informiert werden. Bei einer offenen Forderung des Energieversorgers ist dieser verpflichtet, eine Abwendungsvereinbarung anzubieten. Das ist eine zinsfreie Ratenzahlungsvereinbarung, die es ermöglichen soll, dass der Kunde trotz Schulden in der Belieferung bleibt. Eine Sperrung muss dann acht Werktage vor dem Sperrtermin angekündigt werden (vgl. [5]). Reagiert der Kunde nicht, so ist das Versorgungsunternehmen berechtigt, die Unterbrechung der Stromlieferung durchzuführen. Dazu wird ein Mitarbeiter zu der entsprechenden Versorgungsstelle geschickt und der Zähler des Kunden mechanisch gesperrt und anschließend verplombt, sodass der Stromfluss unterbrochen ist. Der Zähler gilt dann als gesperrt. Manche Versorger lassen die Zähler auch ausbauen. Eine Entsperrung oder ein Wiedereinbau erfolgen erst dann, wenn der Endkunde seine offene Forderung gegenüber dem Energieversorger beglichen und die Kosten für die Sperrung und Entsperrung gezahlt hat. Aus Sicht des Versorgers ist das sicherlich der richtige und faire Weg. Aus der Brille des Endkunden, dem der Strom gesperrt wurde, eine oftmals kaum zu bewältigende Herausforderung. Wenn sowieso schon Probleme bei der Zahlung der bestehenden Forderung vorhanden sind, wie sollen dann weitere Kosten die Probleme verringern? Man hat nicht mehr Geld zur Verfügung, wenn man keinen Strom mehr bezieht.

Menschen, denen der Strom abgestellt wird, weil sie ihre Rechnung nicht zahlen konnten, haben nicht per se Schwierigkeiten mit ihrer Zahlungsmoral. Wie bereits erwähnt, gibt es einkommensarme Haushalte. In diesen Haushalten ist das monatliche Nettoeinkommen so gering, dass von Woche zu Woche geschaut werden muss, wie man sprichwörtlich über die Runden kommt. Da geht es nicht um die Entscheidung, welchen Film man mit der Familie am Wochenende im Kino schaut, sondern darum, ob das verfügbare Geld für Essen oder den Abschlag beim Energieversorger genutzt wird. Diese Menschen treffen eine Entscheidung, weil sie müssen, nicht weil sie wollen. Man mag sich kaum vorstellen, welchem psychischen Druck sie ausgesetzt sind.

An dieser Stelle möchte ich deutlich machen, dass ich damit nicht gutheißen will, dass der Abschlag des Energieversorgers oder Rechnungen generell nicht gezahlt wird oder werden. Vielmehr möchte ich deutlich machen, dass das Thema Energiearmut ein gesellschaftliches Problem ist, mit dem sich Energieversorger mit steigender Bedeutung auseinandersetzen müssen. Ein Problem, dem bislang noch viel zu wenig Beachtung geschenkt wird. Energieversorger zu sein bedeutet auch, sich der kommunalen Daseinsfürsorge verpflichtet zu haben. Die Menschen einer Stadt sind immer auch ein Abbild der gesamten Gesellschaft eines Landes. Man findet in einer Stadt junge und alte Menschen, Angestellte und Selbstständige, private Haushalte und Unternehmen, arm und reich, und vielleicht auch so etwas wie eine Mittelschicht.

Ein häufiger erster Lösungsansatz besteht darin, Sperrprozesse zu optimieren.

Ein weiterer Lösungsansatz kann es sein, sich als Energieversorger anzuschauen, welchen kulturellen Hintergrund meine Kunden mitbringen. In anderen Ländern gibt es beispielweise keine SEPA-Lastschriftmandate. Somit ist hier schon ein erster möglicher Kontaktpunkt, an dem für einen Endkunden eine Problemsituation entstehen kann. Kommunikation sowohl persönlich als auch über Videos oder einen Flyer können ein guter Weg sein, um beispielsweise zu erläutern, was genau ein SEPA-Lastschriftmandat ist und wie die Einrichtung eines solchen funktioniert.

Weiterhin ist die Sprachbarriere nicht außer Acht zu lassen. Viele Versorger bieten heute bereits eine Homepage in englischer Sprache an, manche auch auf Arabisch oder Französisch. Andere Versorger beschäftigen im Kundenservice Mitarbeiter, die mehrere Sprachen sprechen, und setzen diese gezielt für fremdsprachige Kunden ein. Eine Maßnahme, die ebenfalls Vertrauen schafft.

Ein weiterer Lösungsansatz, der auch bereits im Markt etabliert ist, ist der eines Prepaid-Systems. Hier wird der vorhandene Zähler an der Verbrauchsstelle durch einen sogenannten Prepaid-Zähler ersetzt. Diese Technik ermöglicht es, dass der Endkunde eigenständig das für ihn verfügbare Geld beispielsweise über eine Chipkarte auf den Zähler aufladen kann. Jedoch ist es notwendig, dass der Endkunde solche Chipkarten im Kundenservice persönlich auflädt und freien Zugang zu seinem Zähler hat. Mittlerweile gibt es auf dem Markt auch Prepaid-Lösungen, die voll digital via App oder Webportal in Kombination mit einem digitalen Prepaid-Zähler funktionieren. Dadurch wird dem Endkunden noch mehr Flexibilität geboten. Eine Aufladung des Guthabens ist beispielsweise per PayPal oder auch andere Zahlungsdienstleister möglich, und das zu jedem Zeitpunkt. Auch die Aufladung von kleinen Geldbeträgen (ab 5 EUR) oder die Zahlung durch eine dritte Person sind hierbei gängig. Dadurch ist es Endkunden möglich, dass auch Familie, Freunde oder Bekannte bei einem monetären Engpass aushelfen können. Diese digitalen Lösungen unterstützen aber auch den Energieversorger, da dieser bereits entstandene Altschulden des Endkunden über diese Lösung tilgen lassen kann. Darüber hinaus sind diese Prepaid-Zähler in der Lage, bei einem Guthaben von null Euro und weniger den Stromfluss automatisch zu unterbrechen, was wiederum verhindert, dass der Energieversorger eine offene Forderung verbuchen muss. Dem Endkunden wird weiterhin die Möglichkeit gegeben, sich mit seinem eigenen Verbrauchsverhalten auseinanderzusetzen. Durch die Übermittlung der Verbrauchswerte der Endkunden an die App oder das Webportal werden Verbrauchsübersichten, beispielsweise auf Wochenbasis, erstellt, die Aufschluss darüber geben, zu welchem Zeitraum und in welcher Höhe (sowohl in EUR als auch in kWh) Strom verbraucht wurde. Der Endkunde lernt sich und sein Verbrauchsverhalten somit kennen und kann für sich Handlungen ableiten.

35.5 Der lange Weg zum Ratenplan

Es liest sich im ersten Moment simpel und wie eine gute Lösung. In der Theorie ist das mit einem Ratenplan auch so. Die Praxis jedoch zeigt, dass es nicht so einfach ist. „Keep it short and simple for the customer" sollte meiner Meinung nach die Devise sein. Im Arbeitsleben beispielsweise haben wir schon lange erkannt, dass der Mensch im Mittelpunkt stehen sollte. Dass es darum geht, die richtigen Menschen für die richtigen Aufgaben zu finden. Für viele Energieversorger ist das beim Thema der offenen Forderungen allerdings noch nicht der Fall. Es zeigt sich jedoch auch hier, dass ein Umdenken in der Branche angestoßen wurde.

Wenn ich als Energieversorger nicht an mein Geld komme, weil Abschläge zurückgebucht werden, gibt es die Möglichkeit, einen Ratenplan mit meinem Endkunden zu vereinbaren. Dies erfordert allerdings regelmäßig einen persönlichen Kontakt. Ich muss mich mit dem Kunden explizit beschäftigen, mir ansehen, welche Höhe seine offene Forderung hat, mich damit auseinandersetzen, in welcher Lebenssituation der Kunde ist, und welche Mittel er zur Verfügung hat. Ich muss einen darauf abgestimmten, realistischen Ratenplan erstellen und diesen dann mit dem Kunden gemeinsam besprechen und die Abzahlung in die Wege leiten.

Für den Kunden auf der anderen Seite ist das Thema mit dem Ratenplan keineswegs trivial. Den Anfang bildet die Tatsache, dass ich als Kunde im ersten Schritt wissen muss, dass es eine Möglichkeit der Ratenzahlung meiner Schulden überhaupt gibt. Sprechenden Menschen kann geholfen werden, habe ich immer gelernt, und da ist sicher etwas Wahres dran. Aber ein Mensch, der Schulden bei seinem Energieversorger hat, wird sicherlich nicht freudestrahlend und mit bester Laune im Kundencenter erscheinen und um Hilfe bitten.

Schulden zu haben ist keine schöne Erfahrung, sondern etwas, das Scham und auch Angst auslösen kann. Mit Scham und Angst geht man fremden Menschen gegenüber, und das sind Angestellte meines Energieversorgers nun einmal, nicht offen um. Um Hilfe bitten kostet viele von uns schon bei Freunden und in der Familie große Überwindung, und wie mag das dann sein, wenn wir jemanden um Hilfe bitten müssen, von dem wir abhängig sind? Bei dem wir schon schlechte Erfahrungen gesammelt haben und der womöglich auch eine Art Machtposition hat?

Viele Energieversorger verweisen bei dem Thema Ratenplan auch auf ihre Homepage. Dort finden sich Formulare und Anträge, die der Kunde ausfüllen und einreichen soll. Diese Formulare und Anträge sind juristisch korrekt und einwandfrei, aber voll mit Verweisen auf Gesetze und Regularien, die wohl niemand kennt, der nicht in der Energiebranche tätig ist.

Und dann sitze ich da als Endkunde vor meinem Rechner, sofern ich überhaupt noch Strom zu dessen Betrieb habe, mit einem Antragsformular für einen Ratenplan oder eine Abwendungsvereinbarung, und verstehe wahrscheinlich nicht einmal die Hälfte dessen, was dort niedergeschrieben ist, weil es schlicht und ergreifend Fachwissen benötigt, das ich als Laie nicht habe. Welche Wahl bleibt mir? Genau, keine. Ich muss das Formular ausfüllen und den Ratenplan beantragen, wenn ich weiterhin in der Belieferung bleiben möchte. Ob mir als Endkunde ein Ratenplan wirklich hilft, ist eine Frage, die hier überhaupt nicht thematisiert wird. Gelöst wird mit einem Ratenplan nämlich das „Was“, also der Ausgleich der offenen Forderung. Das „Wie“ bleibt dabei unberührt. Dabei ist das ein, wenn nicht sogar *der*, wesentliche Faktor. Wenn ich bisher Schwierigkeiten hatte, monatlich zu einem fixen Datum einen Betrag zu zahlen, wie soll ich dann zukünftig monatlich zu einem fixen Datum einen Betrag plus eine weitere Summe X begleichen?

35.6 Kennen wir die Ursache für Energieschulden überhaupt?

Was wir heute machen, ist das Symptom behandeln. Wir gehen aber nicht der Ursache auf den Grund.

Denn was wäre, wenn das eigentliche Problem überhaupt nicht das Geld an sich ist, sondern vielmehr die Tatsache, dass nicht einmal pro Monat eine fixe Summe aufgebracht werden kann? Wenn es viel einfacher ist, wöchentlich eine kleinere Summe vom knappen Budget abzugeben? Oder alle 14 Tage, oder auch nur alle sechs Wochen?

Heute gibt es in der Regel zwei Möglichkeiten, eine Stromrechnung zu begleichen. Entweder per Überweisung oder per SEPA-Lastschriftmandat. Beide Verfahren sind starr, beide Verfahren geben sowohl den Zeitpunkt als auch die Höhe der Zahlung immer fix vor. Weiche ich als Kunde von einem Kriterium ab, falle ich aus dem Raster und damit negativ beim Energieversorger auf.

Weshalb ist das System so starr? Weshalb passen sich scheinbar alle anderen Branchen immer mehr den Bedürfnissen der Kunden an, nur die Energiebranche nicht? Weshalb finden wir für alles eine gute Lösung, nur nicht für Kunden, die Probleme mit der Zahlung ihrer Stromrechnung haben?

In unserem Unternehmen haben wir häufigen und engen Kontakt zu unseren Kunden. Dies geschieht über verschiedene Kanäle. Zur Auswahl steht der Kontakt per E-Mail, Telefon, WhatsApp und über eine geschlossene Facebook-Gruppe. Dabei ist der meistgewählte Kanal immer noch das Telefon, dicht gefolgt von WhatsApp. Unsere Kunden schätzen den persönlichen Kontakt sehr und finden es gut, dass sie unsere Mitarbeiter im Kundenservice namentlich kennen. Durch diesen engen, persönlichen Kontakt wissen wir bei einer Vielzahl unserer Kunden auch, weshalb sie beispielsweise Energieschulden haben oder ihnen in der Vergangenheit der Strom gesperrt wurde. Oftmals fehlt es an Flexibilität beim Ausgleich der Abschläge. Flexibilität erstreckt sich hierbei auf zwei Aspekte. Zum einen stellt es für viele Kunden eine Schwierigkeit dar, am 1. oder am 15. eines Monats eine größere Summe zu zahlen, einfach weil diese Kunden verteilte Einkommen haben. Anderen Kunden hilft es sehr, dass sie bei uns den Zeitpunkt und die Höhe einer Zahlung eingeständig bestimmen können. Für sie ist es oftmals ein Leichtes, kurz vor dem Monatsende noch 10 EUR aufzutreiben, um bis zum nächsten Gehaltseingang oder anderweitigem Zahlungseingang die Versorgung mit Strom sicherzustellen.

Die Kunden berichten uns, dass sie sich durch das damit entgegengebrachte Vertrauen sehr wertgeschätzt fühlen und dankbar sind. Dies zeigt sich für uns in der Loyalität, die die Kunden uns gegenüber haben, sowie in der Weiterempfehlungsrate.

Weiterhin helfen ebenfalls Transparenz und Einfachheit. Der klassische Haushaltskunde kann zwischen seinem monatlichen Abschlag in Euro und der Jahresmenge an verbrauchtem Strom in kWh keine Brücke schlagen. Die Angaben auf einer Jahresverbrauchsabrechnung sind somit nicht im Geringsten für jemanden nachvollziehbar, der sich nur einmal im Jahr, zum Zeitpunkt seiner Jahresverbrauchsabrechnung, damit auseinandersetzen muss. Durch die Möglichkeit, den Verbrauch an Strom in Euro umzurechnen und dies dann dem Endkunden in der Oberfläche einer App oder eines Webportals anzuzeigen, schafft man es als Energieversorger, einen ganz anderen Zugang zu den Kunden zu finden. Geld ist die Einheit, in der Strom zumindest für den Haushaltskunden verbraucht, gesehen und gerechnet wird, nicht kWh. Als Endkunde zu wissen, ich kann jetzt noch für 5 EUR Strom verbrauchen, ist ein ganz anderes Gefühl, als zu wissen, dass ich noch 115 kWh zur Verfügung habe. Die Aussage dahinter bleibt unberührt, aber die andere Darstellungs- und Ausdrucksweise ist für den Nutzer auschlaggebend und entscheidend.

35.7 Was wir alle gemeinsam schaffen können!

Um Stromlosigkeit im Haushaltkundenbereich und damit auch Energiearmut in Deutschland zu bekämpfen, ist Aktivität auf Seiten der Energieversorger notwendig. Vor der Aktivität, also dem eigentlichen aktiven Handeln, steht aber noch eine andere, meist größere, Hürde. Nämlich die Hürde, dass ich auch will, dass sich etwas ändert. Dass ich will, dass es eine Lösung gibt und niemand von Energiearmut betroffen sein muss.

Wer etwas will, findet Wege, wer etwas nicht will, findet Gründe. Was mir gerne im Arbeitsalltag begegnet, sind Aussagen darüber, dass man aus verschiedensten Gründen einfach nicht kann. Weil aktuell ein anderes Thema ansteht, weil erst ein neues Abrechnungssystem eingeführt werden muss, weil die richtige Person, die sich um das Thema kümmert, aktuell nicht verfügbar ist, oder, oder, oder. Ich könnte hier noch viele weitere Beispiele aufzählen. Was sie alle gemeinsam haben, ist die Tatsache, dass es alles Gründe sind, weswegen man etwas nicht kann. Keiner dieser Punkte macht deutlich, ob man denn überhaupt will. Alle suchen nach Punkten, weshalb es so, wie es ist, eigentlich doch ganz gut ist. Da wird Energie und Arbeit investiert, um haarklein eine Argumentation auszuarbeiten, weshalb etwas nicht geht. Was nur möglich wäre, wenn wir diese Energie und Arbeitskraft nutzen würden, um zu überlegen, wie es eben doch geht.

Die Wichtigkeit und vor allem auch die Richtigkeit des Themas haben bereits viele Energieversorger erkannt. Es wird sich kaum ein Grundversorger finden, der nicht auch von der Thematik von Kunden mit Zahlungsschwierigkeiten in seinem Kundenkreis betroffen ist. Und trotzdem bieten doch die wenigsten dieser Grundversorger eine wirkliche Lösung oder eine Alternative zu einer Sperrung an.

Alternative Lösungen anzubieten kommt einem Projekt gleich, das ein gesamtes Unternehmen betrifft. Viele einzelne Menschen und Bereiche müssen involviert werden. Das heißt auch, dass bekannte und sicherlich auch bewährte Prozesse aufgebrochen und geändert werden müssen. Es muss ein Wandel stattfinden, ein Change, der viel Kommunikation und Aufklärung braucht. Wenn sich Abläufe ändern oder eventuell auch wegfallen, geht schnell die Angst in Bezug auf die eigene Arbeitsstelle um. Diese gilt es aufzulösen und zu nehmen und frühzeitig die Vorteile für jeden einzelnen herauszustellen.

Der Erfolg eines Change-Projektes hängt auch immer maßgeblich davon ab, wie die Unternehmensleitung zu dem Projekt steht. Hier ist es wichtig, dass diese von Anfang an in das Thema einbezogen ist und offen ihre Einstellung in das Unternehmen kommuniziert. Mitarbeiter müssen auf dem Weg zu dem Thema nicht nur abgeholt, sondern auch mitgenommen werden.

Veränderung und damit auch ein Stück Innovation sind immer auch mit Investition in monetärer Form verbunden. Man muss sich als Energieversorger bewusst sein, dass die Erarbeitung einer alternativen Lösung für Schlechtzahler eine Investition in das gesamte Unternehmen ist.

Es gibt so viel Potential in der Branche, sei es bei kreativen Marketing- oder Vertriebsideen, bei moderner Technik im Zählerwesen, bei Unternehmen, die Expertise in der Entwicklung von Software und Apps mitbringen, oder bei Menschen, die eine Vision von einer besseren Zukunft für alle haben und andere Menschen begeistern können. Ich wünsche mir, dass wir alle diese Fähigkeiten bündeln, mit dem Ziel, Energiearmut in Deutschland (und auch als Vorbildfunktion für andere Länder) nachhaltig und sinnvoll anzugehen und für die Zukunft zu verhindern.

Literaturverzeichnis

[1] Kopatz, M., Spitzer, M. und Energiearmut, A. C. (2010). Stand der Forschung, nationale Programme und regionale Modellprojekte in Deutschland, Österreich und Großbritannien. Working Paper. Wuppertal: Wuppertal Institut für Klima, Umwelt, Energie.

[2] Statistisches Bundesamt (2022). Pressemitteilung Nr. 005 vom 6. Januar. https://www.destatis.de/DE/Presse/Pressemitteilungen/2022/01/PD22_005_611.html. Zugriff am 02.02.2022.

[3] Bundesnetzagentur, Bundeskartellamt, Monitoringbericht (2021). https://www.bundesnetzagentur.de/DE/Fachthemen/ElektrizitaetundGas/Monitoringberichte/start.html. Zugriff am 02.02.2022.

[4] Elsberg, M. (2012). Blackout – Morgen ist es zu spät. München: Blanvalet Verlag.

[5] Bundesministerium der Justiz, Bundesamt für Justiz, Verordnung über Allgemeine Bedingungen für die Grundversorgung von Haushaltskunden und die Ersatzversorgung mit Elektrizität aus dem Niederspannungsnetz (Stromgrundversorgungsverordnung – StromGVV). https://www.gesetze-im-internet.de/stromgvv/BJNR239110006.html. Abgerufen am 02.02.2022.

Kurzvita

Ramona Zimmermann, Jahrgang 1983, geboren, aufgewachsen und bis heute wohnhaft in NRW. Die studierte Psychologin mit dem Schwerpunkt Unternehmensentwicklung fand ihre große berufliche Leidenschaft in den Bereichen strategischer Vertrieb sowie Produktmanagement. Die Energiewirtschaft ist ihr berufliches Zuhause. Sie verfügt über mehrjährige Branchenexpertise als Führungskraft in mittelständischen Softwareunternehmen sowie einem Start-Up. Geprägt durch ihren Gerechtigkeitssinn, liegen ihr die Themen Energiearmut und Stromsperrung besonders am Herzen.
Privat findet man sie mit dem Rennrad auf den Straßen der Region oder bei Kaffee mit einem guten Buch.

Raphael Lechner, Thomas Gollwitzer und Patrick Dirr

36 Technische Voraussetzungen und Implikationen funktionierender Sektorkopplung

Zusammenfassung: Sektorkopplung bezeichnet die energietechnische und energiewirtschaftliche Verknüpfung von Strom, Wärme, Mobilität und industriellen Prozessen samt der zugehörigen Infrastrukturen, mit dem Ziel der Dekarbonisierung und Flexibilisierung der Energienutzung in Industrie, Haushalt, Gewerbe, Handel, Dienstleistungen und Verkehr. Grundlegende Konzepte der Sektorkopplung sind die Umwandlung von elektrischem Strom in Wärme (Power-to-Heat), in chemische Energieträger (Power-to-Gas und Power-to-Liquids) sowie in Antriebsenergie für die Mobilität (Power-to-Mobility). Die in der Kopplung Strom – Wärme eingesetzten Technologien sind Widerstandheizungen, Elektrodenkessel und Wärmepumpen. Die Umwandlung von Strom in chemische Energieträger erfolgt in der Regel über die Erzeugung von Wasserstoff mittels Wasserelektrolyse. Dieser kann entweder direkt genutzt oder über nachgeschaltete Prozesse in Methan oder flüssige Kraftstoffe umgewandelt werden. Die bei der Rückverstromung von chemischen Energieträgern entstehende Abwärme kann über Kraft-Wärme-Kopplung nutzbar gemacht werden. In der Mobilität ist die direkte Nutzung von Strom in batterieelektrischen PKW Stand der Technik. Für den Schwerverkehr, Bahn, Schiffe und perspektivisch den Flugverkehr können über Power-to-Gas und Power-to-Liquids hergestellte Kraftstoffe eingesetzt werden. Ein wesentliches Merkmal sektorgekoppelter Energiesysteme ist die gezielt eingesetzte Flexibilität zum Ausgleich der variablen Strombereitstellung aus Erneuerbaren Energien. Diese Flexibiliät wird über dedizierte oder inhärent vorhandene Speicherkapazitäten sowie über die Laststeuerung auf der Verbraucherseite erreicht, das sogenannte Demand-Side-Management oder Demand-Side-Response.

Schlagwörter: Sektorkopplung, Power-to-Heat, Power-to-Gas, Power-to-X, Power-to-Mobility, Kraft-Wärme-Kopplung, Demand Side Management

Danksagung: Wir bedanken uns bei der Stadtwerke Bayreuth Holding GmbH und der Stadtwerk Haßfurt GmbH für die freundliche Genehmigung, Informationen und Bildmaterial aus den genannten Projekten zu nutzen. Dem Bayerischen Staatsministerium für Wirtschaft, Landesentwicklung und Energie danken wir für die finanzielle Unterstützung der Forschungsarbeiten in Bayreuth und Haßfurt im Rahmen des Bayerischen Energieforschungsprogramms.

Raphael Lechner, Ostbayerische Technische Hochschule Amberg-Weiden, Amberg, Deutschland, e-mail: r.lechner@oth-aw.de
Thomas Gollwitzer, Patrick Dirr, IfE GmbH, Amberg, Deutschland, e-mails: thomas.gollwitzer@ifeam.de, patrick.dirr@ifeam.de

https://doi.org/10.1515/9783110753585-036

36.1 Ziele der Sektorkopplung

Die Klimaziele von Paris erfordern einen konsequenten und schnellen Ausbau der Erneuerbaren Energien. Bis 2030 sollen in Deutschland die Photovoltaikkapazität auf 200 GW und die Onshore-Windkraftkapazität auf 100 GW ausgebaut werden (vgl. [1]). Damit verbunden (vgl. Ramsebner et al. [2]) ist eine deutliche Zunahme der Variabilität der elektrischen Erzeugung sowohl innerhalb einzelner Tage als auch im Verlauf eines Jahres (saisonale Schwankungen). So können z. B. in Kontinentaleuropa im Sommer häufig Überschüsse aus der photovoltaischen Stromerzeugung auftreten, während im Winter eine Deckungslücke entsteht. In nördlichen Ländern führt dagegen die Dominanz der Windkraft zu einem Stromüberschuss insbesondere im Winter. Verschärft wird diese Situation durch die Elektrifizierung der Wärmebereitstellung mittels Wärmepumpen, die zu einem steigenden Strombedarf im Winter führt. Hinzu kommt die steigende Zahl batterieelektrischer Fahrzeuge, die den Strombedarf und vor allem die elektrische Last weiter zunehmen lässt.

Das künftige Energiesystem wird also einerseits geprägt sein durch einen hohen Elektrifizierungsgrad in allen Anwendungen und andererseits durch eine starke Zunahme der variablen elektrischen Erzeugung aus Erneuerbaren Energien. Dies erfordert neue technische Lösungen, um Verbrauch und Erzeugung auszubalancieren. Eine mögliche Lösung für diese Herausforderungen ist die *Sektorkopplung*.

Definition der Sektorkopplung

Der Begriff Sektorkopplung ist nicht einheitlich definiert und wird oft nicht präzise verwendet (vgl. [2, 3]). Den meisten Definitionen gemein ist, dass die Sektorkopplung begrifflich mit der Dekarbonisierung in den Energiesektoren und der Nutzung von Überschüssen aus der fluktuierenden erneuerbaren Stromerzeugung verknüpft wird (vgl. Ramsebner [2]). Zu unterscheiden ist hierbei zwischen den energiewirtschaftlichen Verbrauchersektoren – Industrie, Haushalt, Gewerbe, Handel, Dienstleistungen und Verkehr – und den Energieformen Strom, Gas, Wärme und Transportenergie, die oft ebenfalls als Sektoren bezeichnet werden.[1]

Eng gefasst bezeichnet die Sektorkopplung in erster Linie die Nutzung von erneuerbarem Strom zur Bereitstellung von z. B. Wärme und Mobilität in den verschiedenen Endverbrauchersektoren. Weiter gefasst wird auch die Verknüpfung der Energieformen auf der Erzeugerseite berücksichtigt. So definiert beispielsweise der Bundesverband der Energie- und Wasserwirtschaft e. V. (BDEW) die Sektorkopplung als „die energietechnische und energiewirtschaftliche Verknüpfung von Strom, Wärme, Mobilität und industriellen Prozessen sowie deren Infrastrukturen mit dem Ziel einer

1 Der Begriff Sektor für Energie(nutzungs)formen, z. B. für die Wärmeversorgung, ist manchen Quellen zufolge ungenau, vgl. Robinius et al. (vgl. [3]), wird aber im Sprachgebrauch häufig verwendet.

Dekarbonisierung bei gleichzeitiger Flexibilisierung der Energienutzung in Industrie, Haushalt, Gewerbe/Handel/Dienstleistungen und Verkehr unter den Prämissen Wirtschaftlichkeit, Nachhaltigkeit und Versorgungssicherheit“ [4]. Die Europäische Kommission versteht Sektorkopplung als eine Strategie, um eine größere Flexibilität im Energiesystem bereitzustellen, sodass die Dekarbonisierung kosteneffizienter erreicht werden kann, und berücksichtigt dabei sowohl die Verbraucher (*end-use sector coupling*) als auch die Erzeugerseite (*cross-vector integration*) (vgl. [5]).

Ziele und Elemente der Sektorkopplung

Die wesentlichen Ziele der Sektorkopplung sind nach diesem Verständnis

- die energietechnische und energiewirtschaftliche Verknüpfung von Energieformen und Energieinfrastrukturen,
- die Flexibilisierung der Energienutzung in der Verbrauchersektoren,
- und die kosteneffiziente und nachhaltige Dekarbonisierung des Energiesystems unter der Prämisse der Versorgungssicherheit.

Neuere Ansätze (vgl. Fridgen et al. [6]) dehnen den Begriff der Sektorkopplung weiter aus und inkludieren den Transport von Energie in Form von Produkten oder Daten. Konsequenterweise werden dabei auch die Transportwege wie Straßen, Wasserwege oder Schienenwege und die Kommunikationsnetze in die Betrachtung mit einbezogen. So könnten z. B. über das Internet verbundene Rechenzentren virtuell Energie transportieren, indem der Energiebedarf für die Datenverarbeitung an einen anderen Ort verlagert wird.

Definition Sektorkopplung. Wir verwenden im Folgenden eine energietechnisch zentrierte Definition der Sektorkopplung, die wir um das Element der *Bidirektionalität* erweitern. Dies reflektiert die Tatsache, dass in der Sektorkopplung grundsätzlich jede Energieform entweder physikalisch oder virtuell wieder zurück in Strom umgewandelt werden kann. Physikalisch kann dies z. B. über die Rückverstromung von Gas oder Wärme erfolgen, virtuell über eine Lastverschiebung, die einer Stromerzeugung gleichkommt, indem sie Kapazitäten für eine anderweitige Nutzung freisetzt. In dieser Definition der Sektorkopplung ist damit auch die Speicherung von Energie z. B. in Form von Wasserstoff oder Wärme enthalten und essenzieller Bestandteil. Dabei kann grundsätzlich unterschieden werden zwischen Speichern, die jeweils nur eine Energieform bedienen können, z. B. reine Strom- und Wärmespeicher, und Speichern, die mehrere Energieformen verknüpfen, z. B. Power-to-Heat-Systemen oder Power-to-Gas Anlagen (vgl. [7]).

Die wesentlichen technischen Elemente der Sektorkopplung sind (vgl. auch Abb. 36.1)

- die Umwandlung von Strom in thermische Energie über die direkte Nutzung von Strom (Power-to-Heat) oder mit Einkopplung von Umwelt- oder Abwärme über Wärmepumpen,
- die Umwandlung von Strom in chemische Energieträger (Power-to-Gas, Power-to-Liquids,

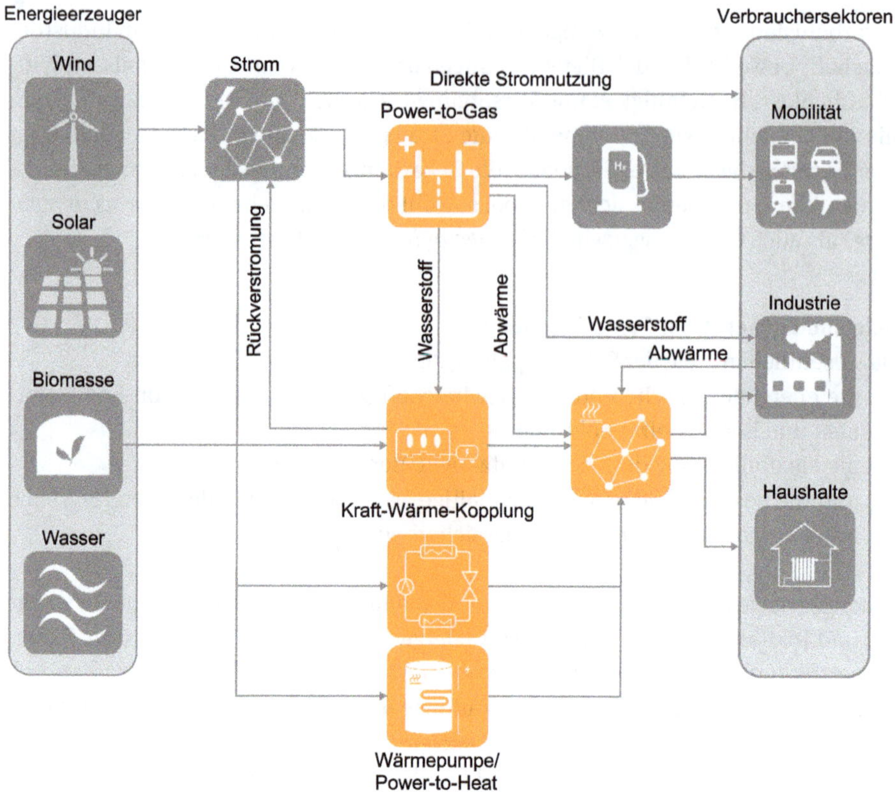

Abb. 36.1: Darstellung eines sektorgekoppelten Energiesystem auf Basis Erneuerbarer Energien.

- die Flexibilisierung der Energienutzung über Demand-Side-Management (DSM) bzw. Demand-Side-Response (DSR) und der Energieerzeugung über flexibel steuerbare Erzeugungseinheiten,
- die zeitliche Entkopplung von Erzeugung und Verbrauch über Energiespeicher,
- und die räumliche Entkopplung von Erzeugung und Verbrauch über Energienetze (Strom, Wärme, Gas).

Implikationen der Sektorkopplung

Zu beachten ist, dass die Sektorkopplung bewusst die Flexibilisierung des Energiesystems zum Ziel hat, um möglichst hohe Mengen variabler Erneuerbarer Energien möglichst kostengünstig integrieren zu können. In einem gekoppelten Energiesystem beeinflusst der Wert der elektrischen Energie aufgrund ihrer Vielseitigkeit und Effizienz in der Anwendung sowie den vergleichsweise geringen Dekarbonisierungskosten und den schnellen Preisänderungen die Marktgleichgewichte in allen Sektoren (vgl. [8]). Der Elektrizität kommt als Energieform in der Sektorkopplung daher eine besondere Bedeutung zu. Eine bloße Umwandlung von Strom in andere Energieformen,

z. B. die Umwandlung von Strom in Raumwärme über Wärmepumpen oder in Transportenergie über die Elektromobilität, entspricht jedoch nicht dem Kerngedanken der Sektorkopplung. Zur echten Sektorkopplung im heutigen Sinne wird ein System erst, wenn die vorhandenen Flexibilitäten dergestalt genutzt werden, dass das Angebot Erneuerbarer Energien bestmöglich genutzt und ein aktiver Beitrag zur Systemstabilität geleistet wird (vgl. Tab. 36.1). Übertragen auf den Anwendungsfall Wärmepumpen bedeutet dies beispielsweise, dass die Betriebsweise auf das Angebot der Solar- oder Windstromerzeugung auszurichten ist. Dies erfolgt heute erst ansatzweise über die sogenannten Wärmepumpentarife, die in der Regel eine Steuermöglichkeit durch den Netzbetreiber voraussetzen, um die Wärmepumpen in Zeiten hoher Stromnachfrage vom Netz trennen zu können.

Tab. 36.1: Betriebsstrategien für das Energiesystem (nach [8]).

	Erzeugungsprofil	Speicher	Lastprofil	Betriebsstrategie
Vergangenheit	Flexibel	Pumpspeicher	Inelastisch	Erzeugung folgt der Last
Gegenwart	Größtenteils flexibel	Pumpspeicher, Gas, thermisch, Batterien	Größtenteils inelastisch	Flexibilisierung im Anfangsstadium
Zukunft	Größtenteils unflexibel (variable Erneuerbare Energien)	Zahlreiche Optionen inkl. Power-to-X	Elastisch (teilweise)	Last (mit Speichern) folgt der Erzeugung

Voraussetzung für die Sektorkopplung ist eine durchgehende digitale Vernetzung des Energiesystems, um sowohl Erzeuger als auch Verbraucher basierend auf Steuersignalen automatisiert zu- und abschalten beziehungsweise in der Leistung modulieren zu können. Dies kann einerseits über eine direkte Ansteuerung von technischen Einheiten durch den Netzbetreiber erfolgen, wie heute bereits im Engpassmanagement beziehungsweise Redispatch 2.0 umgesetzt, um die Systemstabilität zu gewährleisten. Im Sinne eines sich selbst regelnden Systems ist es jedoch wünschenswert, dass Erzeuger und Verbraucher bereits vor einem notwendigen Eingriff durch den Netzbetreiber proaktiv reagieren. Dies wird über handelbare Systemdienstleistungen wie die Minuten-, Sekundär- und Primärregelleistung bereits heute zum Teil umgesetzt. In der breiten Masse ist das heutige Energiesystem jedoch noch weit davon entfernt, tatsächlich Anreize für ein flexibles, an das Angebot der Erneuerbaren Energien angepasstes Verhalten zu setzen. Insbesondere ist das System der Netzentgelte in Deutschland noch weitgehend starr und berücksichtigt nicht die tatsächlichen zeitlichen und lokalen Lastflüsse im elektrischen Netz. Im künftigen Energiemarktdesign muss diesem Aspekt daher besondere Beachtung geschenkt werden, da eine Lastverschiebung im Regelfall immer wirtschaftlicher und effizienter ist als die Speicherung von Energie (vgl. [7, 9]) und daher vor der Energiespeicherung das bevorzugte erste Mittel der Sektorkopplung sein sollte.

Aus Investitionssicht stellt der systemdienliche Betrieb von technischen Einheiten jedoch einen Zielkonflikt dar. Besonders deutlich wird dies am Beispiel der Power-to-Gas-Technologie. Die dafür notwendigen Elektrolyseure verursachen hohe Investitionskosten und sollten daher aus wirtschaftlicher Sicht kontinuierlich mit möglichst hoher Auslastung betrieben werden. Dies widerspricht aber dem Gedanken, möglichst nur Stromüberschüsse aus Erneuerbaren Energien für die Sektorkopplung zu nutzen. Technisch-wirtschaftliche und gegebenenfalls energiepolitische Lösungen für diesen Zielkonflikt bleiben abzuwarten. Ein Beispiel für den Einsatz von Elektrolyseuren in der kommunalen Energiewirtschaft stellen wir an späterer Stelle vor.

Steuerbare Erzeuger wie Gasturbinen oder verbrennungsmotorische Blockheizkraftwerke werden künftig vor allem zur Residuallastabdeckung eingesetzt werden und stehen daher vor einem Paradigmenwechsel beim Systemdesign. Geringe Investitionskosten sowie hohe Dynamik und Robustheit im intermittierenden Betrieb werden vielfach wichtiger werden als höchstmögliche Effizienz und Lebensdauer im Dauerbetrieb, was bisher die bestimmenden Designparameter waren.

36.2 Konzepte der Sektorkopplung

Die einzelnen Konzepte der Sektorkopplung sind nicht immer klar voneinander abgrenzbar, sondern überschneiden sich zum Teil und können sowohl einzeln als auch gemeinsam in einem Energiesystem umgesetzt werden. Eine grundsätzliche technologische Unterscheidung lässt sich nach den Kopplungsformen Strom – Wärme, Strom – chemische Energieträger und Strom – Mobilität treffen. Im Folgenden werden diese Konzepte mit ihren jeweiligen Rahmenbedingungen kurz eingeführt.

36.2.1 Power-to-Heat, Wärmepumpen und Kraft-Wärme-Kopplung

Die Verknüpfung der Energieformen Strom und Wärme beziehungsweise Kälte sowohl in der Erzeugung als auch der Nutzung ist einer der grundlegenden Ansätze der Sektorkopplung. Die direkte Umwandlung von Strom in Wärme im Rahmen der Sektorkopplung wird als *Power-to-Heat* (abgekürzt PtH oder P2H) bezeichnet. Mittels *Wärmepumpen* kann mit Hilfe von elektrischem Strom Wärme von einem niedrigen Temperaturniveau (z. B. Umweltwärme oder Abwärme) auf ein nutzbares Niveau gehoben werden. Analog gilt dies umgekehrt für Kältemaschinen. Eine weitere klassische Technologie der Sektorkopplung auf der Erzeugungsseite (cross-vector integration) ist die Verknüpfung der Strom- und Wärmebereitstellung über die *Kraft-Wärme-Kopplung* (KWK).

Durch die zunehmende Bedeutung der fluktuierend einspeisenden Erneuerbaren Energien nimmt der Bedarf der Sektorkopplung im Bereich Strom zu Wärme/Kälte zu. Über die unterschiedlichen Technologien (P2H, Wärmepumpen, KWK) kann sowohl auf Stromüberschüsse als auf Stromknappheit systemdienlich reagiert werden. Vorteilhaft ist hierbei die im Vergleich zu Batterien kostengünstige Möglichkeit der Speicherung von Strom in Form von erwärmtem oder gekühltem Wasser. KWK-Anlagen können beispielsweise mit Wasserstoff oder Biomethan als Brennstoff Strom auch während sogenannten Dunkelflauten[2] erzeugen und somit einen systemkritischen Baustein im zukünftigen Energiesystem darstellen. Mit der Einbindung der KWK und der Wärmepumpen beziehungsweise Kältemaschinen in Wärme- und Kältenetze kann daher ein wichtiger Beitrag zur Dekarbonisierung der Wärmeversorgung und gleichzeitig zur Systemstabilität geleistet werden.

Nachfolgend werden einige wichtige Aspekte der Technologien im Bereich der Sektorkopplung Strom – Wärme – Kälte detaillierter erklärt. Der Fokus liegt hierbei auf den Grundlagen und stellt keine abschließende Darstellung aller Möglichkeiten und Technologien in diesem Bereich dar.

Kraft-Wärme-Kopplung

Mittels der KWK kann Strom witterungsunabhängig und flexibel mit verschiedenen Brennstoffen generiert werden bei gleichzeitiger Nutzung der anfallenden Abwärme (vgl. Abb. 36.2). Die bedeutendsten KWK-Technologien – in Bezug auf Anlagenanzahl und installierte Leistung – sind Verbrennungsmotor- und Gas- beziehungsweise Dampfturbinenanlagen. Darüber hinaus sind weitere Techniken in KWK anwendbar, derzeit allerdings mit untergeordneter Bedeutung für die Energieversorgung in Deutschland. Je nach Prozess liegt die Abwärme als Niedertemperaturwärme (NT-Wärme) bis etwa 90 °C vor, z. B. aus der Aggregatekühlung, oder als Hochtemperaturwärme (HT-Wärme) mit Temperaturen bis zu einigen hundert Grad, z. B. aus dem Abgas. Bei der Kraft-Wärme-Kälte-Kopplung (KWKK) wird die KWK-Anlage zusätzlich um eine thermisch angetriebene Kältemaschine ergänzt, sodass neben der Abwärme auch Kälte mit Temperaturen bis in den Minusbereich bereitgestellt werden kann. Die KWK mit Gasmotoren, Gasturbinen oder Brennstoffzellen ermöglicht auch die Rückverstromung von Wasserstoff, z. B. aus der saisonalen Speicherung von Stromüberschüssen.

Kraft-Wärme-Kopplung-Anlagen werden in Deutschland, Österreich und der Schweiz direkt oder indirekt über Zuschlagszahlungen auf den erzeugten Strom, Investitionszuschüsse oder Entlastungen von Steuern und Abgaben gefördert. Das differenzierteste Fördersystem hat sich in Deutschland herausgebildet, weshalb an

2 Eine Dunkelflaute bezeichnet eine länger andauernde Phase mit geringer Strombereitstellung aus Windkraft- und Photovoltaikanlagen aufgrund einer Flaute oder Schwachwind und zugleich auftretender Dunkelheit oder sehr geringer Sonneneinstrahlung, insbesondere im Winter.

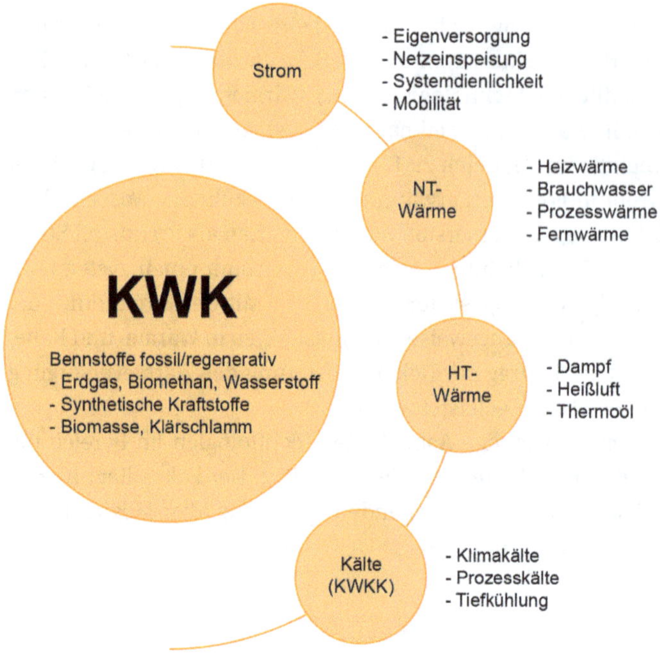

Abb. 36.2: Anwendungsfelder der Kraft-Wärme-Kopplung.

dieser Stelle die entsprechenden Regelungen kurz vorgestellt werden. Die KWK mit fossilen Brennstoffen wird über das Gesetz für die Erhaltung, die Modernisierung und den Ausbau der KWK (Kraft-Wärme-Kopplungsgesetz – KWKG) gefördert, während die KWK mit regenerativen Brennstoffen über das Gesetz für den Ausbau Erneuerbarer Energien (Erneuerbare-Energien-Gesetz – EEG 2021) gefördert wird. Sowohl im KWKG als auch im EEG wurde die Förderung der KWK-Technologie im Verlauf der letzten Jahre an den zunehmenden Flexibilitätsbedarf angepasst, sodass der Grundlastbetrieb bei KWK-Anlagen zunehmend an Bedeutung verliert. Eine wichtige Rolle für die Flexibilisierung der KWK und die Einbindung Erneuerbarer Energien in die Wärmeversorgung spielen die sogenannten innovativen KWK-Systeme (iKWKS), die KWK, Wärmepumpen und P2H in einem System vereinigen. Auf diese wird später bei den Systembeispielen noch näher eingegangen.

Power-to-Heat

Der Strom aus fluktuierend einspeisenden Erneuerbaren Energien oder anderen Quellen kann direkt in thermische Energie gewandelt werden. Hierbei spricht man von *Power-to-Heat* (P2H). Der Vorteil von P2H sind die vergleichsweise geringen Investitionskosten und die schnelle Regelbarkeit. Technisch gesehen können dies Heizstäbe beziehungsweise Widerstandheizungen sein, die beispielsweise in große Wärmepufferspeicher integriert werden. Bei größeren Leistungen hingegen werden meist Durchlauferhitzer genutzt, die Wasser während der Durchströmung erwärmen. Dieses kann anschließend in Wärmenetzen genutzt oder in Puffern zwischengespeichert werden. Als dritter Ansatz hat sich speziell für sehr große Lösungen im Megawatt-Bereich der *Elektrodenkessel* durchgesetzt, bei dem die Erwärmung über direkt in das Wasser eingebrachte Elektroden erfolgt und der neben der Wärmeerzeugung auch für die Dampferzeugung genutzt werden kann.

Diese drei Technologien können perspektivisch auch die bisher meist noch vorhandenen fossil befeuerten Kessel für die Spitzenlast ersetzen. Darüber hinaus können sie im Sinne der Sektorkopplung zu einer verbesserten Integration Erneuerbarer Energien beitragen, wenn beispielsweise große Energiemengen aus Windkraftanlagen bei stürmischer Witterungslage anstelle abgeregelt zu werden in Form von Wärme zwischengespeichert und somit nutzbar gemacht werden. Technisch umgesetzt werden kann dies über die marktbasierte Bereitstellung von negativer Regelleistung, wobei vor allem die Minutenregelleistung und die Sekundärregelleistung relevant sind. Mit Einschränkungen kann auch Primärregelleistung (PRL) angeboten werden, allerdings nur in einer sogenannten technischen Einheit mit einem schnell regelbaren Stromerzeuger, der den positiven Teil der PRL abbildet.

Wärmepumpen

Für die Anwendung von Strom im Bereich der Wärmeerzeugung sollten aus Effizienzgründen soweit technisch und wirtschaftlich möglich elektrisch angetriebene *Wärmepumpen* eingesetzt werden. Diese weisen durch die Nutzung vorhandener Wärmequellen wie beispielsweise Umweltwärme (Luft, Erdreich, Grund- und Flusswasser sowie gereinigtes Wasser von Kläranlagen) oder industrieller Abwärme (z. B. der Rücklauf eines Kühlkreislaufs) eine sehr hohe Effizienz auf. Bei Wärmepumpen werden über einen thermodynamischen Kreislaufprozess Wärmequellen auf einem geringen Temperaturniveau genutzt, mithilfe der elektrischen Antriebsenergie auf ein höheres Temperaturniveau gepumpt und somit nutzbar gemacht. Wärmepumpen können sowohl mit gasförmigen Brennstoffen (Gasmotor) als auch mit Strom betrieben werden. Im Rahmen dieses Beitrags wird der Fokus auf die deutlich weiter verbreitete elektrisch angetriebene Wärmepumpe gelegt.

Die Bewertung der Effizienz einer Wärmepumpe erfolgt mittels der sogenannten Jahresarbeitszahl (JAZ), die in Abhängigkeit der Wärmequellentemperatur und der benötigten Vorlauftemperatur der Wärmesenke Werte >3 erreichen kann. Die JAZ gibt das Verhältnis von erzeugter Wärmemenge zur eingesetzten elektrischen Antriebsenergie an. Eine JAZ von 3 bedeutet dementsprechend, dass mit einer Kilowattstunde Strom drei Kilowattstunden Wärme erzeugt werden können. Dies entspricht, vereinfacht dargestellt, der dreifachen Effizienz einer Power-to-Heat-Anlage mit direkter Stromnutzung.

Die Klassifizierung von Wärmepumpen kann nach der Art der Wärmequelle erfolgen, also beispielsweise nach Umgebungswärme aus Luft und Erdreich/Geothermie oder aus Abwärme von Abwasser etc. Eine weitere Unterscheidung erfolgt nach der Temperatur der Nutzwärme (Vorlauftemperatur), die bei Wärmepumpen für die Raumwärme- und Brauchwassererwärmung üblicherweise etwa 65 °C erreicht und bei sogenannten Hochtemperatur-Wärmepumpen bis zu etwa 140 °C. Grundsätzlich gilt dabei, dass die Effizienz umso höher ist, je geringer der Temperaturhub zwischen Wärmequelle und Wärmesenke ist. Von Großwärmepumpen spricht man bei Wärmepumpen für den Einsatz in Wärmenetzen und bei größeren Einzelabnehmern, üblicherweise mit Wärmeleistungen von mehreren 100 kW bis zu einigen MW.

Wärmenetze

Bei *Wärmenetzen* handelt es sich gemäß Definition nach KWKG um „Einrichtungen zur leitungsgebundenen Versorgung mit Wärme“, worunter sowohl Nah- als auch Fernwärme zu verstehen ist. Wärmenetzen wird eine große Bedeutung bei der sogenannten Wärmewende zugesprochen, da insbesondere dicht bebaute Kernorte anderweitig nur sehr schwer klimaneutral mit Wärme versorgt werden können.

Meist wird bei Wärmenetzen ausgehend von einer oder mehreren Heizzentralen die Wärme über gedämmte Warmwasserleitungen zu den Abnehmern transportiert. Seltener und aufgrund der höheren Wärmeverluste bei neuen Projekten nicht mehr gebräuchlich sind Dampfleitungen (abgesehen von der Prozessdampfversorgung in der Industrie). Bei konventionellen Wärmenetzen liegen die Vorlauftemperaturen meist zwischen 70 und rund 130 °C, wobei vereinzelt auch Temperaturen bis lediglich 40 °C möglich sind, insbesondere bei der Versorgung von Neubaugebieten. Für die verbesserte Integration von Erneuerbaren Energien und insbesondere von Großwärmepumpen ist ein möglichst niedriges Temperaturniveau im Vorlauf von Vorteil, weshalb ältere Wärmenetze vor dem Einsatz von Großwärmepumpen häufig ertüchtigt werden müssen.

Eine neuere Variante der Wärmenetze stellen sogenannte Kaltnetze dar, die in ungedämmten Wasserleitungen meist Wasser (bzw. Sole) mit Temperaturen von 6 bis 10 °C im Vorlauf zu den einzelnen Abnehmern transportieren. Die Abnehmer wiederum nutzen diesen Vorlauf als Wärmequelle für dezentral in den einzelnen Gebäuden installierte Wärmepumpen.

Ausbaupfad der Sektorkopplung Strom – Wärme

Bei den beiden Pfaden Wärmepumpe (bzw. Kältemaschine) und Power-to-Heat handelt es sich um etablierte Systeme, ebenso bei der KWK mit fossilem beziehungsweise erneuerbarem Methan. Bei allen drei Anwendungen ist eine deutlicheAusweitung der Nutzung zu erwarten. So geht der Entwurf der Übertragungsnetzbetreiber zum „Szenariorahmen zum Netzentwicklungsplan Strom 2037 mit Ausblick 2045, Version 2023“ (vgl. [10]) von einem Ausbau der derzeit 1,1 Mio. Wärmepumpen im Bereich

Haushalte und Gewerbe, Handel, Dienstleistungen auf 12 bis 16 Mio. im Jahr 2045 (Szenarien A bzw. B/C 2045) aus. Bei P2H in der Fernwärme und Industrie wird eine Steigerung von derzeit 0,8 GW elektrischer Anschlussleistung auf 7 bis 14 GW im Jahr 2045 erwartet. Die Nutzung von Wasserstoff in der KWK steht dagegen derzeit noch am Anfang der Entwicklung; bisher sind nur wenige Anlagen in Betrieb. Eine Praxisanlage wird bei den Systembeispielen im Laufe dieses Beitrags noch näher vorgestellt.

36.2.2 Power-to-Gas und Power-to-Liquids

Power-to-Gas und Power-to-Liquids bezeichnet die Umwandlung von – in der Regel erneuerbarem – Strom in gasförmige oder flüssige chemische Energieträger. Diese eignen sich aufgrund ihrer hohen Energiedichte und Stabilität gut für die Langzeitspeicherung großer Energiemengen und für die Nutzung in der Mobilität, insbesondere im Schwerlastverkehr und in Bahnen, Schiffen oder Flugzeugen.

Alle P2G und P2L Pfade funktionieren grundsätzlich auch in die umgekehrte Richtung. Wasserstoff oder Methan aus Power-to-Gas kann über Verbrennungsmotoren, Gasturbinen oder Brennstoffzellen wieder zurück in Strom umgewandelt werden, ebenso wie flüssige Energieträger aus Power-to-Liquid-Prozessen. Diese können entweder direkt verbrannt werden, um einen thermodynamischen Kreisprozess anzutreiben, oder dienen als Trägermedium, in dem Wasserstoff gebunden und bei Bedarf wieder freigesetzt wird.

Power-to-Gas

In der Energiewirtschaft ist vor allem *Power-to-Gas* (abgekürzt PtG oder P2G) relevant. Der direkteste Umwandlungspfad ist dabei die Bereitstellung von Wasserstoff mittels elektrischer Energie über die Wasserelektrolyse. Die aktuellen Ausbauziele der Bundesregierung sehen in Deutschland eine Elektrolyseleistung von rund 10 GW im Jahr 2030 vor (vgl. [1]), langfristig wird ein Ausbau von derzeit unter 0,1 auf 36 bis 40 GW Anschlussleistung erwartet (vgl. [10]). Heute gebräuchlich sind drei verschiedene Verfahren: die Proton-Exchange-Membrane (PEM) Elektrolyse, die alkalische Elektrolyse (AEL) und die Anionen-Austauscher-Membran (AEM) Elektrolyse. Chancen werden auch der Hochtemperatur-Elektrolyse eingeräumt. Allen Verfahren gemein ist die Aufspaltung von Wasser in Wasserstoff und Sauerstoff über eine Reduktions-Oxidations-Reaktion (Redox-Reaktion). Diese läuft räumlich getrennt an zwei Elektroden ab (Anode und Kathode), die über einen Elektrolyten beziehungsweise eine Membran und einen äußeren Stromkreis miteinander verbunden sind. Die einzelnen Elektrolysezellen werden zu Stacks verschaltet, um die gewünschte Erzeugungskapazität zu erreichen.

Alkalische Elektrolyseure stellen das älteste großtechnisch eingesetzte Verfahren dar und arbeiten mit Kalilauge als Elektrolyt. Die Elektroden sind durch ein mikroporöses Diaphragma getrennt. Wasser wird in der Regel an der Kathodenseite zugeführt, wo unter Abspaltung von Elektronen Wasserstoff und Hydroxidionen entstehen. Die Hydroxidionen wandern durch das Diaphragma auf die Anodenseite und reagieren dort zu Sauerstoff und Wasser. Vorteil des Verfahrens sind die vergleichsweise geringen Investitionskosten und die hohe Robustheit. Nachteilig sind im Vergleich mit anderen Elektrolyseverfahren die geringere Stromdichte (bedingt einen größeren Bauraum), der Bedarf an Elektrolyt und der in der Regel geringere Betriebsdruck sowie die geringere Dynamik.

Proton-Exchange-Membrane-Elektrolyseure arbeiten dagegen im sauren Milieu und verfügen über eine semipermeable Membran, die Kathode und Anode trennt und gleichzeitig als Elektrolyt fungiert. Daher wird kein weiterer Betriebsstoff benötigt. Die Wassermoleküle werden an der Anode aufgespalten, und die freigesetzten Wasserstoffprotonen wandern durch die Membran auf die Kathodenseite, wo sie zu Wasserstoff kombinieren. Der Vorteil der PEM-Elektrolyse ist, dass sie mit höheren Stromdichten und unter Druck arbeiten kann. PEM-Elektrolyse können sehr dynamisch betrieben werden und eignen sich daher gut für Anwendungen in der Energiewirtschaft, z. B. für die Bereitstellung von Regelenergie und die Nutzung von Stromüberschüssen aus Erneuerbaren Energien. Zudem kann gegebenenfalls der Wasserstoffkompressor entfallen, wenn der Ausgangsdruck des Elektrolyseurs (üblicherweise ca. 30 bis 35 bar) für die jeweilige Anwendung bereits ausreicht. Nachteilig sind die vergleichsweise hohen Kosten, da für die Reaktionen im sauren Milieu teure Edelmetallkatalysatoren eingesetzt werden müssen.

Anion-Exchange-Membrane-Elektrolyseure kombinieren Elemente beider Verfahren. Im Kern handelt es sich um eine alkalische Elektrolyse, deren Aufbau jedoch einer PEM Elektrolysezelle ähnelt. Auch bei der AEM Elektrolyse wird eine Membran eingesetzt, die in diesem Fall jedoch die bei der alkalischen Elektrolyse an der Kathode entstehenden Hydroxidionen leitet. Durch die trennende Membran können AEM-Elektrolyseure ebenfalls dynamisch mit hohen Stromdichten und unter Druck betrieben werden. Vorteile sind die hohe Flexibilität und die im Vergleich mit der PEM-Elektrolyse geringeren Kosten, da aufgrund des alkalischen Elektrolyseverfahrens edelmetallfreie Katalysatoren und günstigere Materialien eingesetzt werden können. Derzeit werden AEM-Elektrolyseure ausschließlich von einem Hersteller als kleinskalige Einheiten angeboten, die jedoch modular zu größeren Systemen bis zur Megawattklasse verschaltet werden können (vgl. [11]).

In der Praxis bisher keine Rolle spielt dagegen die Hochtemperaturelektrolyse (HT-Elektrolyse). Diese spaltet im Gegensatz zu den oben dargestellten Verfahren kein flüssiges Wasser, sondern Wasserdampf und arbeitet bei Temperaturen von etwa 700 bis 900 °C. HT-Elektrolyseure werden als Solid Oxide Electrolysis Cells (SOEC) aus keramischen Materialien ausgeführt, die als Elektrolyt fungieren. Wasserdampf wird an der Kathode zu Wasserstoff und Sauerstoffionen aufgespaltet. Diese wandern durch den keramischen Elektrolyten auf die Anodenseite und rekombinieren dort zu Sauerstoffmolekülen. Da ein Teil der für die Reaktion benötigten Energie über die Wärmezufuhr eingebracht wird, können HT-Elektrolyseure sehr hohe Wirkungsgrade von mehr als 90 % erreichen und eignen sich besonders für die Einbindung von Abwärme aus Industrieprozessen oder erneuerbarer Wärme, z. B. aus Geothermie. Nachteilig sind die bisher noch sehr hohen Investitionskosten sowie die geringe Dynamik aufgrund der langen Aufheizzeiten und der hohen Materialbeanspruchung bei Lastwechseln (thermische Spannungen).

Neben den hier dargestellten Elektrolyseverfahren kann Wasserstoff mittels thermochemischer oder biologischer Prozesse aus Biomasse gewonnen werden. Diese Verfahren können in der Sektorkopplung für die Verknüpfung mit Ressourcenströmen (z. B. Abfallbiomasse) eine Rolle spielen, sollen aber an dieser Stelle nicht weiter vertieft werden.

Für die direkte Substitution methanhaltiger Gase kann mittels Power-to-SNG Wasserstoff über eine nachgeschaltete Methanisierung in Methan (Englisch: synthetic natural gas, SNG) umgewandelt werden. Hierfür ist eine Kohlenstoffquelle erforderlich, z. B. aus dem Abgas von Verbrennungsprozessen oder aus Biogasanlagen.

Power-to-Liquids

Ausgehend von dem über P2G erzeugtem Wasserstoff können über verschiedene Syntheserouten auch flüssige Kraftstoffe bereitgestellt werden. Diese Verfahren sind auch unter dem Terminus *Power-to-Liquids* bekannt, abgekürzt PtL oder P2L. Exemplarisch sei hier die Synthese von Methanol aus Wasserstoff und Kohlendioxid genannt, die wiederum als Ausgangspunkt für weitere Kraftstoffe wie Dimethylether (DME) (vgl. [12]) oder Polyoxymethylendimethylether (OME) dienen kann. Vorteil ist die nochmal höhere Energiedichte der flüssigen Kraftstoffe und ihre leichtere Handhabbarkeit insbesondere für mobile Anwendungen. Nachteile sind die Verluste durch den zusätzlichen Umwandlungsschritt und die erforderliche Kohlenstoffquelle, z. B. in Form von Kohlendioxid aus Verbrennungsprozessen oder aus der Luft (aufgrund der geringen Konzentration schwierig).

Ein weiterer vielversprechender Ansatz, um aus Erneuerbaren Energien gewonnenen Wasserstoff in flüssiger Form zu binden, ist die Umwandlung in Ammoniak beziehungsweise stickstoffbasierte Kraftstoffe (vgl. [12]). Mit dem Haber-Bosch-Verfahren existiert ein bewährter Weg zur Synthese von Ammoniak aus Wasserstoff und Luftstickstoff, der als Ausgangspunkt für die weiteren Syntheseschritte dienen kann.

Einen Sonderfall stellt die Speicherung von Wasserstoff in sogenannten Liquid Organic Hydrogen Carriers (LOHC) dar. Hier dient eine organische Flüssigkeit lediglich als Transportvektor. Über eine Hydrierung wird gasförmiger Wasserstoff in der Trägersubstanz eingespeichert und bei Bedarf über eine Dehydrierung wieder abgespalten. Bei der Hydrierung wird Energie in Form von Wärme freigesetzt, für die Dehydrierung muss Wärme aufgewendet werden. LOHC-Speichersysteme können daher besonders von einer systemischen Integration im Rahmen der Sektorkopplung profitieren.

Insgesamt spielt der P2L-Pfad für die Sektorkopplung in der Energiewirtschaft aber eine untergeordnete Rolle, und aus Effizienzgründen sollte in stationären Anlagen wo immer möglich die direkte Nutzung von Wasserstoff angestrebt werden.

36.2.3 Power-to-Mobility

Die direkte Nutzung von Strom im Mobilitäts- beziehungsweise Verkehrssektor wird als *Power-to-Mobility* (PtM oder P2M) bezeichnet und umfasst die gesamte Bandbreite der möglichen Mobilitätsformen (PKW, LKW, Bahn etc.) perspektivisch bis hin zum Kurzstrecken-Flugverkehr. Derzeit liegt der Fokus vor allem auf der Elektrifizierung der PKWs, da der aktuelle Stand der Batterietechnologien für diesen Einsatzzweck bereits ausreicht. Der PKW-Bestand in Deutschland betrug 2017 ca. 43 Millionen Fahrzeuge mit einer durchschnittlichen täglich zurückgelegten Wegstrecke von 39 km pro Person [13]. Dies impliziert ein hohes Potential zur Emissionsminderung durch die Elektrifizierung. Insgesamt entwickelt sich die Zahl an Elektroautos sehr dynamisch, wie nachfolgend in Abbildung 36.3 dargestellt ist. Ausgehend von den politischen Zielen (vgl. [1]), soll bis 2030 ein Bestand von 15 Millionen vollelektrischer PKW erreicht werden.

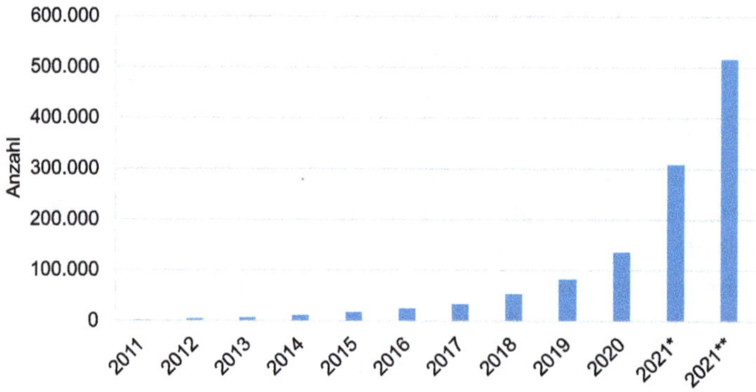

Abb. 36.3: Anzahl der Elektroautos in Deutschland von 2011 bis 2021 (* Stand 1. Januar, ** Stand 1. Oktober), Datenquelle [14].

Die Ladeinfrastruktur (LIS) wird üblicherweise als Ladesäule oder Wallbox ausgeführt. Zudem sind auch weitere Technologien wie das induktive Laden in der Entwicklung. Schnellladesäulen werden üblicherweise mit Gleichstrom (DC) betrieben, Ladesäulen und Wallboxen kleinerer Leistung nutzen hingegen Wechselstrom (AC).

Die typischen Standorte für die Ladeinfrastruktur entsprechend dem Technischen Leitfaden Ladeinfrastruktur Elektromobilität der DKE (vgl. [15]) verdeutlichen, dass es sich bei P2M um Sektorkopplung in der Fläche handelt:

- Private Aufstellorte:
  - Garage bzw. Stellplatz am Eigenheim
  - Parkplätze (z. B. Tiefgarage von Wohnanlagen, Mehrfamilienhäuser, Wohnblocks)
  - Firmenparkplätze auf eigenem Gelände
- Öffentlich zugängliche Aufstellorte:
  - Ladestationen/Lade-Hub innerorts
  - Ladestationen/Lade-Hub an Achsen (Beispiel: Autobahn, Bundesstraße)
  - Kundenparkplätze bzw. Parkhäuser (Beispiel: Einkaufszentren)
  - Straßenrand, öffentliche Parkplätze.

Als Herausforderung kommt hinzu, dass die angeschlossenen Verbraucher nicht dauerhaft, sondern nur temporär für DSM- bzw. DSR-Maßnahmen im Rahmen der Sektorkopplung zur Verfügung stehen.

Derzeit werden im privaten Bereich überwiegend Wallboxen mit bis zu 11 kW elektrischer Leistung verbaut, da diese nach §19 Niederspannungsanschlussverordnung zwar meldepflichtig, aber nicht genehmigungspflichtig durch den Netzbetreiber sind. Hier wird in Zukunft der Ausbau der Niederspannungsinfrastruktur entscheidend dafür sein, ob die Netzbetreiber Ladeleistungen >12 kVA im privaten Bereich zulassen. Die Entwicklung der öffentlich zugänglichen Ladeinfrastruktur ist in Abbildung 36.4 dargestellt.

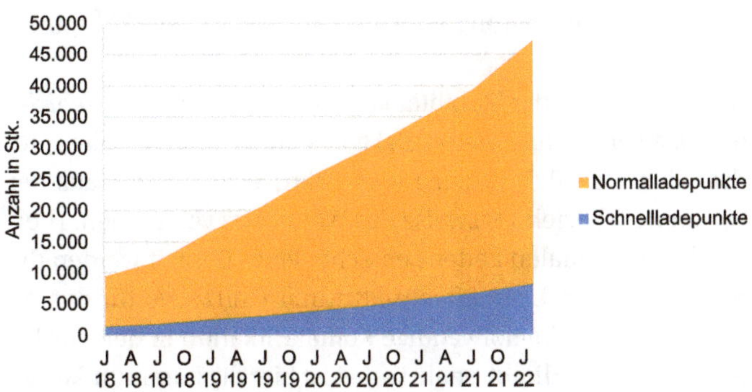

Abb. 36.4: Entwicklung des vierteljährlichen Bestands öffentlich zugänglicher Ladepunkte in Deutschland, Datenquelle [16].

Der Ausbau der Ladeinfrastruktur wird durch das im März 2021 in Kraft getretene Gebäude-Elektromobilitätsinfrastruktur-Gesetz (GEIG) weiter vorangetrieben. Das Gesetz soll die Errichtung und Ausstattung von Leitungsinfrastrukturen für die Elektromobilität in Nichtwohn- und Wohngebäuden sowie im Bestand und Neubau regeln.

Wenn sich mehrere Ladepunkte räumlich konzentrieren, z. B. bei Unternehmen mit einer elektrischen Firmenflotte sowie gegebenenfalls Mitarbeiterfahrzeugen oder in Parkhäusern, treten Herausforderungen hinsichtlich der notwendigen Ladeleistung auf. Hier ist es sinnvoll, mit einem Lademanagement und gegebenenfalls bei Bedarf mit einem entsprechenden Lastmanagement die Ladeleistung optimal zu verteilen und an die jeweils noch verfügbare Netzanschlussleistung anzupassen. Das Lademanagement beschreibt hierbei die Verteilung einer statischen oder dynamischen Leistung auf verschiedene Ladepunkte, beispielsweise über Master-Slave-Schaltungen der Ladesäulen. Hierbei übernimmt eine intelligente Ladesäule – der Master – nach vorgegebenen Kriterien die Aufteilung der Ladeleistung auf die übrigen Ladesäulen, die Slaves.

Der überwiegende Anteil der Fahrzeuge wird über den Tag verteilt beladen, immer dann, wenn ausreichend Ladeleistung zur Verfügung steht. Durch Priorisierungen kann an einzelnen Ladepunkten auch eine schnellere Beladung erfolgen. Mithilfe des Lastmanagements können übergeordnet auch weitere Erzeuger, Verbraucher oder Energiespeicher in das Energiesystem einbezogen werden. So können beispielsweise elektrische Erzeuger wie Blockheizkraftwerke, Brennstoffzellen oder Stromspeicher bevorzugt dann betrieben werden, wenn ein hoher Leistungsbedarf in der Ladeinfrastruktur besteht. Insgesamt kann durch das Lade- und Lastmanagement und die Nutzung vorhandener Flexibilitäten das Stromnetz deutlich entlastet werden.

Private Nutzer von Ladeinfrastruktur können bei steuerbaren Verbrauchseinrichtungen nach § 14a EnWG von reduzierten Netzentgelten profitieren. Hierbei wird dem Netzbetreiber die Möglichkeit gegeben, die Verbrauchseinrichtung zur Netzentlastung in vorgegebenen Zeiten abzuregeln oder vollständig zu unterbrechen. Hierfür ist neben der steuerbaren Verbrauchseinrichtung ein separater Zähler und Zählpunkt notwendig.

Für die Sektorkopplung im Bereich der Mobilität kann künftig der Ansatz *Vehicle-to-Grid* (V2G) beziehungsweise *Vehicle-to-Home* (*V2H*) eine entscheidende Rolle spielen. Hierbei wird grundsätzlich die Rückspeisung von elektrischer Energie aus der Fahrzeugbatterie in das Stromnetz beziehungsweise das Wohnhaus verstanden. Hierfür ist die Technologie des bidirektionalen Ladens entscheidend. Derzeit werden die technischen Rahmenbedingungen der Ladeinfrastruktur und Fahrzeuge für das bidirektionale in der IEC 61851-23 sowie die notwendige Kommunikation in der DIN EN ISO 15118 erarbeitet. Relevant für das bidirektionale Laden ist hier die Kommunikation zwischen Batteriemanagementsystem und der Ladeinfrastruktur sowie ein Wechselrichter, der den Gleichstrom in der Fahrzeugbatterie wieder in Wechselstrom wandelt. Verschiedene Ladepunkte mit den daran angeschlossenen Elektrofahrzeugen könnten in Form einer virtuellen Großbatterie gebündelt werden. Somit wären zukünftig netzdienliche Anwendungen wie die Erbringung von Regelenergie oder der Stromhandel an der Börse denkbar.

Bisher sind am Markt allerdings nur wenige Fahrzeuge erhältlich, die das bidirektionale Laden unterstützen. Volkswagen beispielsweise hat jedoch bereits angekündigt, dass zukünftig alle Modelle der ID-Reihe bidirektionales Laden ermöglichen sollten. Offen ist hierbei jedoch noch die Frage der Garantiebedingungen für die Fahrzeugbatterien, da diese üblicherweise auf Fahrprofile und nicht für die zusätzliche Nutzung als Stromspeicher ausgelegt sind.

36.3 Systembeispiele

Die Sektorkopplung ist eine der Schlüsseltechnologien für das Gelingen der Energiewende. Wie Sektorkopplung bereits heute erfolgreich umgesetzt werden kann, zeigen nachfolgend ausgewählte Beispiele aus Projekten des Instituts für Energietechnik IfE GmbH an der Ostbayerischen Technischen Hochschule Amberg-Weiden.

36.3.1 Innovative Kraft-Wärme-Kopplung und Power-to-Heat

Die Stadtwerke Bayreuth Energie und Wasser GmbH betreiben auf dem Universitätscampus Bayreuth zwei Wärme- und Kältezentralen (WKZ) im Contracting. Eine WKZ befindet sich im nördlichen Bereich, während die zweite WKZ im südlichen Teil des Campus, in der Nähe des ökologisch-botanischen Gartens angesiedelt ist. Die Wärme- und Kälteerzeugung in den beiden WKZ wurde in den letzten Jahren grundlegend erneuert und an die neuen Gegebenheiten der Energiewirtschaft angepasst und flexibilisiert. Dabei wurde mit Unterstützung des Instituts für Energietechnik eines der ersten sogenannten innovativen KWK-Systeme (iKWKS) in Deutschland umgesetzt. Nach Definition des deutschen Kraft-Wärme-Kopplungsgesetzes in der Fassung von 2020 (KWKG 2020) handelt es sich bei iKWKS um „besonders energieeffiziente und treibhausgasarme Systeme, in denen KWK-Anlagen in Verbindung mit hohen Anteilen von Wärme aus Erneuerbaren Energien oder aus dem gereinigten Wasser von Kläranlagen KWK-Strom und Wärme bedarfsgerecht erzeugen und umwandeln“.

Ein iKWKS besteht aus mindestens den folgenden Komponenten (vgl. Abb. 36.5):

- (1) fabrikneue KWK-Anlage (mindestens 1.000 kW elektrische Leistung)
- (2) fabrikneuer innovativer, regenerativer Wärmeerzeuger (mindestens 1,25 Jahresarbeitszahl)
- (3) elektrischer Wärmeerzeuger (Power-to-Heat-Anlage; mindestens 30 % der thermischen Leistung der KWK-Anlage)
- (4) Einspeisung aller Wärmeerzeuger in ein gemeinsames Wärmenetz
- (5) gemeinsame Regelung aller Komponenten.

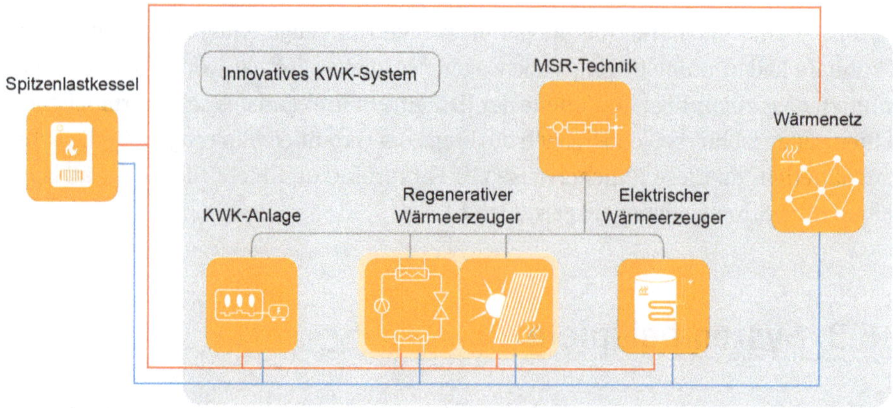

Abb. 36.5: Schema eines iKWKS.

Abb. 36.6: Gasmotorisches BHKW (links) und Wärmepumpen (rechts) in der WKZ Nord des Universitätscampus Bayreuth.

Das iKWKS ist meist Bestandteil eines größeren Energieversorgungssystems und wird in der Regel mit einem Spitzenlasterzeuger oder weiteren Erzeugungsanlagen kombiniert, wie die auf dem Universitätscampus Bayreuth umgesetzten Maßnahmen zeigen:

- Im Jahr 2019 wurden in der WKZ Süd zwei gasmotorische Blockheizkraftwerke mit jeweils 450 kW elektrischer und 540 kW thermischer Leistung installiert, in Verbindung mit einer 600 kW Power-to-Heat-Anlage und einem Erdgas-Spitzenlastkessel mit 1.500 kW.
- Den Hauptbestandteil des neuen Versorgungssystems bildet ein iKWKS gemäß den Bedingungen des KWK-Gesetzes, das im Jahr 2021 an der WKZ Nord errichtet wurde und im Januar 2022 als eines der ersten in Deutschland in Betrieb genommen wurde. Das iKWKS auf dem Universitätscampus in Bayreuth (vgl. Abb. 36.6) besteht aus einem neuen gasmotorischen BHKW mit 3.358 kW elektrischer und 3.307 kW thermischer Leistung, zwei neuen Luft-Wasser-Wärmepumpen mit je-

weils 180 kW elektrischer Leistungsaufnahme und ca. 800 kW Wärmeleistung sowie einem auf 6.000 kW Leistungsaufnahme gedrosselten Elektrodenkessel aus Altbestand.
- Zusätzlich befinden sich in der WKZ Nord beziehungsweise Süd noch drei beziehungsweise zwei Kompressionskältemaschinen mit jeweils 400 kW elektrischer Anschlussleistung und 1.200 kW Kälteleistung, die ebenfalls in den letzten Jahren erneuert wurden.

Durch besondere Anforderungen an die Betriebsweise von iKWKS soll die Einbindung der erneuerbaren Wärme und die flexible Fahrweise der KWK-Anlage sichergestellt werden: die Vergütungszahlung für den eingespeisten Strom, der sogenannte KWK-Zuschlag, wird nur für 3.500 Vollbenutzungsstunden pro Jahr bezahlt und der Mindestanteil der erneuerbaren Wärme muss im Jahresmittel mindestens 30 % der Referenzwärme erreichen („Summe aus der Nutzwärme, die die KWK-Anlage eines innovativen KWK-Systems mit 3.000 Vollbenutzungsstunden bereitstellen kann, und der von dem gleichen innovativen KWK-System innerhalb eines Kalenderjahres bereitgestellten innovativen erneuerbaren Wärme“ nach §2 Nr. 16 KWKG).

Der innovative erneuerbare Wärmeerzeuger muss eine Jahresarbeitszahl von mindestens 1,25 aufweisen, was zwangsläufig dazu führt, dass lediglich Wärmepumpen und solarthermische Anlagen in Frage kommen. Insbesondere Wärmepumpen spielen bei der Kopplung der Sektoren Strom und Wärme eine wichtige Rolle, die mit dem Förderinstrument iKWKS weiter gefördert werden soll. In Bayreuth wird ein erneuerbarer Wärmeerzeuger mit einer Luft-Wasser-Wärmepumpe umgesetzt. Als Wärmequelle darf beim iKWKS nur erneuerbare Umweltwärme (Luft, Erdreich, Grund- und Flusswasser sowie gereinigtes Wasser von Kläranlagen) genutzt werden.

Ein iKWKS besteht in der Regel aus mindestens einem Stromerzeuger (KWK-Anlage) und zwei Stromverbrauchern (Wärmepumpe und elektrischer Wärmeerzeuger). Durch die Kopplung der Sektoren entsteht somit ein flexibles System, das je nach Bedarf Strom bereitstellen oder abnehmen kann und dadurch sehr gut auf die Preissituation am Strommarkt (insbesondere Day Ahead und Intraday) reagieren kann. Zudem kann die Fahrweise sehr gut an das saisonal unterschiedliche Angebot Erneuerbarer Energien angepasst werden. So kann die KWK-Anlage bevorzugt im Winter, bei drohender Stromlücke, betrieben werden, während in der Übergangszeit und im Sommer bei hohem Angebot Erneuerbaren Energien die Wärmepumpen eingesetzt werden können. Dies wirkt sich zudem günstig auf die Gesamteffizienz aus, da Wärmepumpen mit steigenden Außentemperaturen bessere Leistungszahlen erzielen. Für die Ausregelung von Spitzen kommt der elektrische Wärmeerzeuger zum Einsatz.

Die beiden WKZ auf dem Universitätscampus Bayreuth sind über drei historisch gewachsene Wärmenetze (vgl. Abb. 36.7) mit unterschiedlichen Temperaturniveaus verbunden, die auch Namensgeber für die entsprechenden Stränge sind:
- *90 °C Netz*: Das Wärmenetz ist nicht ganzjährig in Betrieb. In den Sommermonaten werden einige Verbraucher des 90 °C-Netzes auf das 50 °C-Netz umgeschaltet,

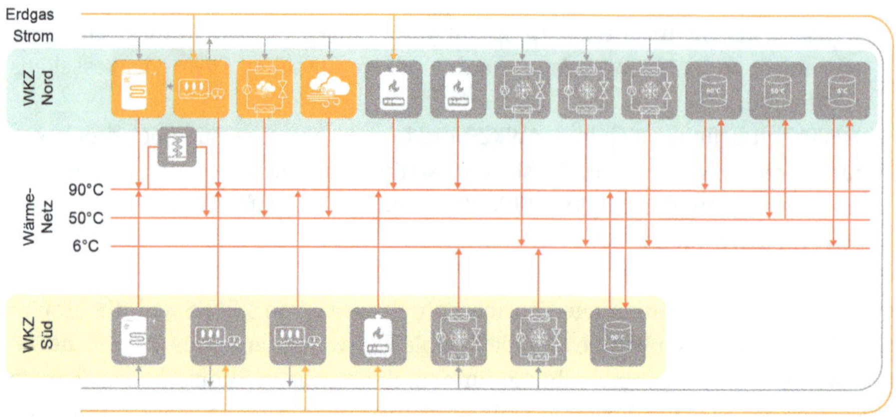

Abb. 36.7: Schematische Darstellung der Wärme- und Kälteversorgung für den Universitätscampus Bayreuth.

sodass das 90 ° C-Netz über den Sommer stillgelegt werden kann. Im Winter werden thermische Lastspitzen von bis zu 9.000 kW erreicht. Das Netz wurde bisher hauptsächlich über die Erdgaskessel und die beiden neuen BHKW in der WKZ Süd gespeist, mit der Errichtung des iKWKS speist auch dieses in das 90 °C Netz ein. Die Soll-Vorlauftemperatur wird nach der Außentemperatur geregelt, die Spreizung schwankt in den Wintermonaten zwischen 15 und 20 °C, in den Übergangszeiten zwischen 10 und 15 °C, in seltenen Fällen auch darunter.

- *50 °C Netz*: Das Netz ist ganzjährig in Betrieb, und im Winter werden thermische Spitzenleistungen von bis zu 3.700 kW erreicht. Sowohl die Wärmeerzeuger der WKZ Nord, als auch Erzeuger der WKZ Süd können in dieses Wärmenetz einspeisen. Zusätzlich kann zur Deckung der Lastspitzen über einen Wärmetauscher vom 90 °C-Netz in das 50 °C-Netz gespeist werden. Künftig werden die Wärmepumpen des iKWKS in das 50 °C-Netz einspeisen. Hierbei ist vor allem die Vorlauftemperatur für die Gesamteffizienz entscheidend. Je niedriger die nötige Vorlauftemperatur ist, desto höhere Leistungszahlen sind mit der Wärmepumpe möglich. Die Vorlauftemperatur wird auf rund 50 bis 52 °C gehalten, wodurch ein hocheffizienter Einsatz der Luft-Wasser-Wärmepumpe ermöglicht wird. Die Spreizung liegt in den Wintermonaten bei rund 15 °C, in den Übergangszeiten schwankt die Spreizung zwischen 10 und 15 °C und im Sommer zwischen 5 und 10 °C. Die Rücklauftemperatur liegt in den Wintermonaten bei rund 35 °C und steigt im Sommer auf bis zu 45 °C an.
- *6 °C Netz*: Wie auch das 50 °C-Netz ist das 6 °C-Netz ganzjährig in Betrieb. Das Kältenetz wird mit einer Vorlauftemperatur von 6 °C und einer Rücklauftemperatur von 12 °C betrieben. In den Sommermonaten sind bis zu vier der fünf Kältemaschinen in Betrieb. Die Leistungsspitze liegt bei über 2.000 kW.

Ein systemdienlicher Betrieb im Hinblick auf die Sektorkopplung wird zum einen über die unterschiedlichen technischen Aggregate mit unterschiedlichen Energiequellen und zum anderen über die vorhandenen Pufferspeicher gewährleistet. So sind in der WKZ Nord drei Pufferspeicher mit einem Wasservolumen von je 800 m^3 für die drei unterschiedlichen Wärmenetze eingebunden, um größere Energie- und Betriebsverschiebungen zu ermöglichen, während in der WKZ Süd lediglich ein 20 m^3 Pufferspeicher zur Optimierung des BHKW-Betriebs berücksichtigt ist.

Die Pufferspeicher in der WKZ Nord ermöglichen erhebliche Lastverschiebungen. Bei Umstellung von maximaler Stromerzeugung auf maximalen Stromverbrauch beträgt das elektrische Lastverschiebepotential rund 11.200 kW. Der maximale Lastverschiebungsfall entspricht damit knapp 15 % der Jahreshöchstlast im Stromnetz der Stadtwerke Bayreuth im Jahr 2020 beziehungsweise knapp 60 % der Höchstlast der Rückspeisung im Jahr 2021 in die vorgelagerte Netzebene. Dies verdeutlich das Potential der Wärmeversorgung auf dem Universitätsgelände für die Sektorkopplung. Das System wird aktuell (Stand 2022) in einem laufenden Forschungsvorhaben der Stadtwerke Bayreuth Energie und Wasser GmbH in Zusammenarbeit mit dem Institut für Energietechnik IfE GmbH an der Ostbayerischen Technischen Hochschule Amberg-Weiden und dem Steinbeis-Transferzentrum Angewandte Thermodynamik Energie- und Verbrennungstechnik der Universität weiter optimiert. Das Projekt IKUWU – Innovative Wärme- und Kälteversorgung der Universität Bayreuth wird vom bayerischen Wirtschaftsministerium gefördert.

36.3.2 Power-to-Gas in der kommunalen Energiewirtschaft

Die kommunale Energiewirtschaft weist ein besonderes Potential für die Anwendung Power-to-Gas auf. Im Gegensatz zu einer reinen Energiespeicherung beziehungsweise Nutzung von Wasserstoff als Transportvektor für Energie, wie sie z. B. für die Wasserstofferzeugung aus Offshore-Strom diskutiert wird,[3] können im kommunalen Umfeld integrierte P2G-Konzepte umgesetzt werden, die sowohl eine Verknüpfung von Energieformen auf der Erzeugungsseite (cross-vector integration) als auch die Sektorkopplung auf der Nutzerseite (end-use sector coupling) ermöglichen.

Einer der Vorreiter der kommunalen Sektorkopplung ist die Stadt Haßfurt in Unterfranken mit den Städtischen Betrieben Haßfurt GmbH im Verbund mit der Stadtwerk Haßfurt GmbH. In Haßfurt wird bereits seit 2016 eine Power-to-Gas-Anlage in der Praxis betrieben (Abb. 36.8), die Teil eines über die gesamte Kommune ausgedehnten sektorübergreifenden Gesamtenergiesystems ist. Die Entwicklungen werden vom Institut für Energietechnik IfE GmbH an der Ostbayerischen Technischen Hochschule

3 Vgl. Verordnung zur Vergabe von sonstigen Energiegewinnungsbereichen in der ausschließlichen Wirtschaftszone (SoEnergieV).

Abb. 36.8: Elektrolyseur (links) und Wasserstoff-Blockheizkraftwerk (rechts) in Haßfurt (Bildquelle: Stadtwerk Haßfurt).

Amberg-Weiden in Form eines EnergyLabs wissenschaftlich begleitet und vom Bayerischen Staatsministerium für Wirtschaft, Landesentwicklung und Energie in mehreren Vorhaben gefördert.

Die Anlage besteht aus einem PEM-Elektrolyseur des Typs Siemens Silyzer 200 mit 1.250 kW elektrischer Eingangsleistung und einer Erzeugungskapazität von 225 m^3 Wasserstoff pro Stunde mit bis zu 35 bar Druck. Der erzeugte Wasserstoff wird nach der Aufbereitung über einen DeOxo-Dryer in einem Drucktank mit 50 m^3 Fassungsvermögen zwischengespeichert. Das Puffervermögen beträgt maximal 1.750 m^3 bzw. 5.250 kWh Wasserstoff, wobei in der Praxis nicht die volle Druckdifferenz, sondern maximal etwa 30 bar ausgenutzt werden können. Der Wasserstoff wird mit Anteilen von bis zu 5 Volumenprozent in das öffentliche Erdgasnetz eingespeist. Über eine separate Einspeisung wird ein Industrieabnehmer mit bis zu 10 Volumenprozent Wasserstoff versorgt, der damit Blockheizkraftwerke (BHKW) und Heizkessel betreibt. Als dritte Nutzungsoption wurde im Jahr 2019 im Rahmen eines Forschungsprojekts ein wasserstoffbetriebenes Blockheizkraftwerk mit 200 kW elektrischer Leistung zur hocheffizienten Rückverstromung des zwischengespeicherten Wasserstoffs bei gleichzeitiger Wärmebereitstellung installiert.

Auf eine Methanisierung wurde bewusst verzichtet und stattdessen die direkte Einspeisung von Wasserstoff ins Erdgasnetz gewählt. Die Voraussetzungen hierfür wurden vom DVGW mit dem Arbeitsblatt G260 geschaffen, in dem Wasserstoff als Zusatzgas für methanreiche Gase in der öffentlichen Versorgung (2. Gasfamilie) und als Grundgas einer neuen fünften Gasfamilie definiert wurde [17]. Zu beachten ist in diesem Zusammenhang der geringere Brennwert von Wasserstoff (3,54 kWh/m^3 im Vergleich zu Erdgas-H 11,1 kWh/m^3), der bei der Zählung und Abrechnung gegenüber dem Endkunden berücksichtigt werden muss.

Das Wasserstoff-BHKW vom Typ 2G agenitor 406 kann sowohl konventionell mit Erdgas als auch mit 100 % Wasserstoff betrieben werden. Die Vorteile des im BHKW eingesetzten Verbrennungsmotors gegenüber KWK-Brennstoffzellen gleicher Leistung sind die wesentlich geringeren Investitionskosten, die hohe Dynamik, die einen intermittierenden Betrieb und schnelle Lastwechsel ermöglicht, und die niedrigeren Anforderungen an die Brennstoffqualität, was perspektivisch einen Betrieb mit beliebigen Mischungen von Erdgas und Wasserstoff erlaubt.

Die Anlage in Haßfurt kombiniert mehrere Nutzungspfade der Sektorkopplung in einem System (vgl. Abb. 36.9). Über Power-to-Gas werden aus Erneuerbaren Energien ca. 1.000.000 kWh grüner Wasserstoff erzeugt und sektorübergreifend in Haushalten und Industrie zur Kraft-Wärme-Kopplung und zu Heizzwecken genutzt (end-use sector coupling). Über das zwischengeschaltete Puffervolumen ist eine zeitliche Entkopplung von Gaserzeugung und Gasverbrauch im Bereich mehrerer Stunden möglich. Gleichzeitig kann Wasserstoff als Speicher für elektrische Energie genutzt werden und bei Bedarf über das BHKW zurückverstromt werden. Über die Stromerzeugung in Kraft-Wärme-Kopplung erfolgt eine Kopplung der Energieströme auf der Erzeugerseite (cross-vector integration).

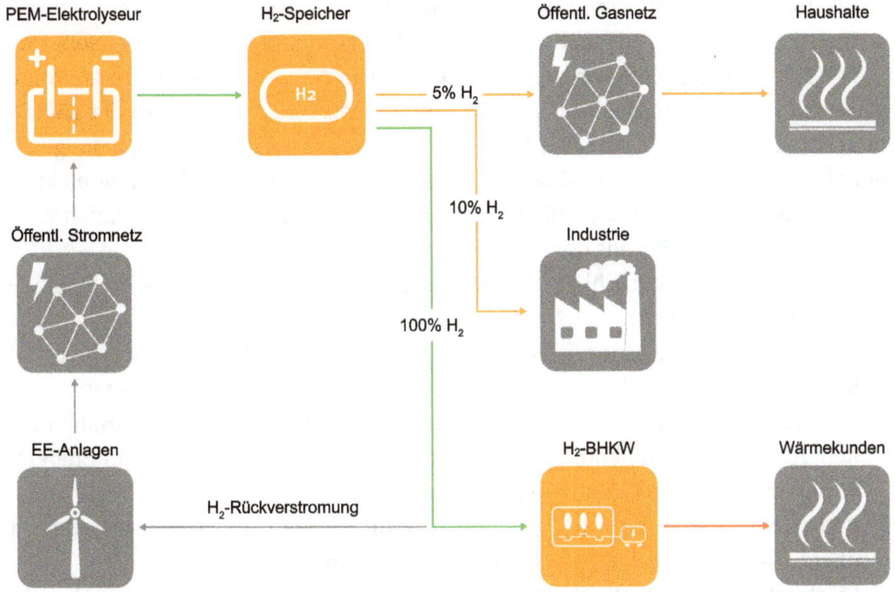

Abb. 36.9: Schematische Darstellung der Power-to-Gas Anlage mit Rückverstromungsoption in Haßfurt.

Technisch denkbar, aber noch nicht umgesetzt ist eine Nutzung des Elektrolyse-Nebenprodukts Sauerstoffs, z. B. für die Abwasserreinigung (Belüftung von Belebungsbecken in der Kläranlage). Ebenso könnte als weiterer Baustein der cross-vector integration die Abwärme des Elektrolyseurs genutzt werden, die allerdings auf vergleichsweise niedrigem Niveau von etwa 40 °C vorliegt. Eine mögliche Option wäre die Wärmeeinspeisung in ein Niedertemperaturwärmenetz (kalte Nahwärme) oder die Anhebung der Temperatur über eine Wärmepumpe.

Die P2G-Anlage wird in einem Multi-Use-Ansatz für mehrere technische bzw. wirtschaftliche Anwendungsfälle parallel genutzt. In einer Kooperation der Städtischen Betriebe Haßfurt GmbH mit der Green Planet Energy eG wird Wasserstoff für den Tarif proWindgas erzeugt und bilanziell deutschlandweit vermarktet. Für die Wasserstofferzeugung wird Strom aus Erneuerbaren Energien, vornehmlich Überschussstrom aus einem lokalen Windpark, genutzt. Durch die Pufferkapazitäten kann der Elektrolyseur dabei netzdienlich zur Regelenergiebereitstellung betrieben und vermarktet werden. Überschüssige nicht vermarktete Wasserstoffkapazitäten können zeitversetzt zu Zeiten hoher Strompreise oder bei Lastspitzen im lokalen Verteilnetz über das BHKW wieder zurückverstromt werden. Dies schafft gleichzeitig freie Kapazitäten für die Wasserstofferzeugung, insbesondere im Sommer, wenn der Absatz im Gasnetz aufgrund der geringen Beimischquoten von 5 beziehungsweise 10 Volumenprozent nicht sichergestellt werden kann.

Elektrolyseure, die in der Energiewirtschaft eingesetzt werden, profitieren von regulatorischen Erleichterungen. So kann der in Elektrolyseanlagen eingesetzte Strom nach §118 Abs. 6 des Energiewirtschaftsgesetzes von den Netzentgelten befreit werden. Weiterhin ist nach §27d des Kraft-Wärme-Kopplungsgesetzes ein Entfall der KWKG-Umlage und nach §69b des Erneuerbare-Energien-Gesetzes der EEG-Umlage möglich. Dennoch liegen die Erzeugungskosten für grünen Wasserstoff mittels Wasserelektrolyse unter den aktuellen Randbedingungen noch deutlich über denen für grauen Wasserstoff, der vornehmlich aus der Dampfreformierung von Erdgas gewonnen wird. Zu einer besseren Wirtschaftlichkeit von P2G Anlagen können unter anderem folgende Entwicklungen beitragen:

- Reduzierung der Investitionskosten, insbesondere für den Elektrolyseur; hier sind in den kommenden Jahren deutliche Lern- bzw. Skaleneffekte zu erwarten.
- Bessere Auslastung der Elektrolyseanlagen; mit steigendem Anteil variabler Erneuerbarer Energien nehmen die Stromüberschüsse und der Bedarf an Energiespeichern zu, die Vollbenutzungsstunden können gesteigert werden.
- Verteuerung der fossilen Alternativen durch die Einpreisung der externen Kosten über CO_2-Preise (level playing field für Erneuerbare Energien).
- Erschließung wirtschaftlich hochwertiger Nutzungsformen für Wasserstoff, z. B. in der Mobilität (non-road und Schwerlastverkehr) oder als Prozessgas in der Industrie.
- Verbesserung der cross-vector integration und Erschließung zusätzlicher Deckungsbeiträge durch die Nutzung und Vermarktung der Elektrolyseabwärme und des Elektrolyse-Sauerstoffs.

In jedem Fall wird sich ein wirtschaftlicher Einsatz von Power-to-Gas für den Anwendungsfall kommunale Energiewirtschaft nur durch die Kombination verschiedener Nutzungsoptionen und einen konsequenten Multi-Use-Ansatz erreichen lassen. Das

EnergyLab Haßfurt bietet die Voraussetzungen, diese Betriebsmodelle in der Praxis zu erproben und dient als Blaupause für die Entwicklung künftiger Energiesysteme.

36.3.3 Demand-Side-Management in der Trinkwasserversorgung

Neben Ansätzen wie Power-to-Heat und Power-to-Gas ist das DSM ein wichtiges Element der Sektorkopplung. Ein vergleichsweise einfach und kostengünstig zu erschließendes DSM-Potential findet sich in der kommunalen Trinkwasserversorgung. Der Stromverbrauch in der deutschen Trinkwasserversorgung lag 2007 bei ca. 2,4 TWh (vgl. [18]). Das entspricht bezogen auf den deutschen Stromverbrauch von 503,8 TWh im Jahr 2021 (vgl. [19]) etwa 0,48 %.

Der überwiegende Anteil des Stromverbrauchs in der Trinkwasserversorgung entfällt auf den Transport des Wassers. Der spezifische elektrische Energieverbrauch der Wasserförderung liegt in der Praxis bei etwa 400 $Wh/(m^3 \times 100\,m)$ (vgl. [18]). Grundsätzlich zählt die Trinkwasserversorgung neben Kläranlagen zu den größten Stromverbrauchern von Kommunen im ländlichen Raum. Durch die ländliche Struktur sind meist größere Distanzen zwischen dem Ort der Trinkwasserförderung und dem Endverbraucher sowie gegebenenfalls große Höhenunterschiede zu überwinden. Die Befüllung der Hochbehälter erfolgt gegenwärtig vor allem in der Nacht. Häufig liegt dies historisch in der Struktur der Stromarbeitspreise begründet, die in der Vergangenheit durch die Aufteilung in einen HT-/ NT-Tarif Einsparungen ermöglicht haben. Durch den Umbau des Energiesystems sind diese Verträge jedoch überwiegend vom Markt verschwunden und die Stromarbeitspreise wurden vergleichmäßigt.

Die Trinkwasserversorgung ist vereinfacht dargestellt meist folgendermaßen ausgeführt: Zu Beginn fördert eine Brunnenpumpe aus der Tiefe das Trinkwasser. Dieses wird je nach Bedarf weiter aufbereitet, um den Kriterien hinsichtlich der Trinkwasserqualität zu entsprechen. Anschließend wird das Trinkwasser entweder direkt über Leitungen zu den Endverbrauchern gefördert oder gespeichert. Letzteres geschieht häufig in Hochbehältern, da diese durch die geografische Lage neben dem reinen Wasservolumen auch den notwendigen Mindestdruck im Netz gewährleisten können.

In der Regel ist es in der kommunalen Trinkwasserversorgung technisch und wirtschaftlich nicht umsetzbar, die für die Zwischenspeicherung aufgewendete Pumpenergie mittels Turbinen oder andere Technologien zurückzugewinnen. Jedoch ist durch die vorhandenen Speichervolumina ein besonderes Potential für DSM beziehungsweise DSR vorhanden. Dies kann beispielsweise über einen Fahrplan auf Basis der Day-Ahead-Börsenpreise geschehen. Die Einführung von variablen Tarifen für Endverbraucher könnte daher eine Motivation für die Betreiber von Trinkwasserversorgungseinheiten sein, den Stromverbrauch marktorientierter zu managen. Alternativ kann der Fahrplan auch direkt an die lokal verfügbare Stromerzeugung aus erneuerbaren Quellen, z. B. aus Photovoltaikanlagen (PV) ausgerichtet werden.

Ein möglicher Ansatz für die Dekarbonisierung in der Trinkwasserversorgung ist die Errichtung einer bedarfsorientiert ausgelegten PV-Anlage mit Eigenstromnutzung auf dem Pumpwerk oder angrenzenden Flächen. Hierfür eignen sich vor allem sogenannte Durchlaufbehälter, da jeder Kubikmeter Wasser zunächst hier gespeichert und von dort aus zum Netzgebiet und somit zum Endverbraucher gefördert wird. Diese Systeme weisen daher eine gute Prognostizierbarkeit auf.

Dieser Ansatz soll am Beispiel einer kommunalen Trinkwasserversorgung mit einer installierten elektrischen Pumpenleistung von 3 x 37 kW und einem jährlichen Stromverbrauch von ca. 200.000 kWh veranschaulicht werden. In Abbildung 36.10 sind der gemessene elektrische Lastgang für die Pumpen sowie ein typisches Tagesprofil der PV-Erzeugung als Mittelwerte dargestellt. Durch eine Verschiebung um etwa 12 h kann der Verbrauchslastgang wesentlich besser auf das PV-Erzeugungsprofil angepasst werden. Dies kann durch eine einfache Zeitschaltung erreicht werden.

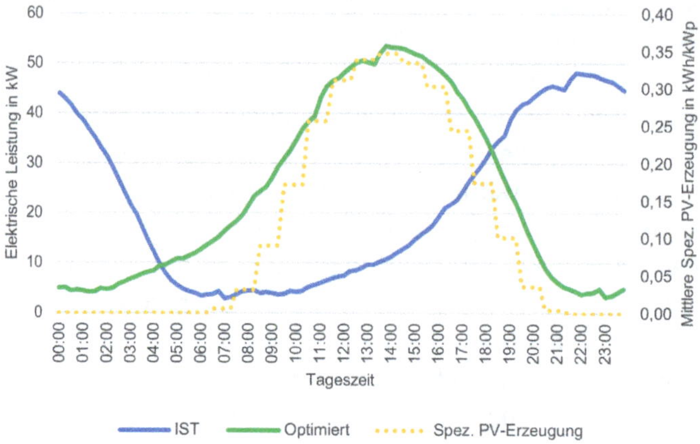

Abb. 36.10: Lastverschiebung des Pumpstroms (primäre y-Achse, grüne und blaue Linie) in der Trinkwasserversorgung für eine maximale Ausnutzung der PV-Strombereitstellung (sekundäre y-Achse, gelb punktierte Linie).

Ausgehend von der in Abbildung 36.10 dargestellten Lastprofilverschiebung wurden die Eigenverbrauchsquote sowie der Autarkiegrad für verschiedenen PV-Anlagengrößen (jeweils ohne Batteriespeicher) in einem Simulationsmodell ermittelt, um die optimale Auslegung für den Anwendungsfall zu finden. Die Ergebnisse sind in Abbildung 36.11 dargestellt.

- Die Eigenverbrauchsquote sinkt mit zunehmender PV-Anlagengröße, da die bereitgestellte Energie vor Ort nicht mehr vollständig verbraucht werden kann. Durch das DSM (optimierter Lastfall) können deutlich höhere Energiemengen direkt vor Ort genutzt werden als dies ohne DSM (Ist-Zustand) der Fall wäre. So

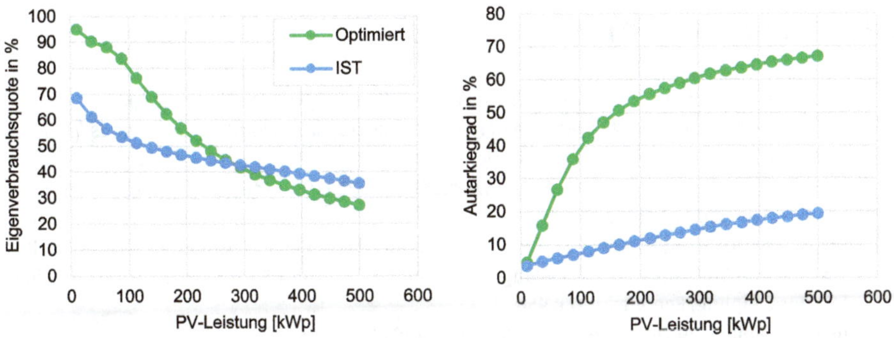

Abb. 36.11: Eigenverbrauchsquote (links) und Autarkiegrad (rechts) in Abhängigkeit der PV-Anlagengröße und Regelung der Last.

können bei einer Anlagengröße von ca. 100 kW_p bis zu 80 % der erzeugten Energie vor Ort selbst genutzt werden.

- Durch das DSM kann neben der Eigenverbrauchsquote auch ein deutlich höherer Autarkiegrad erzielt werden, was im Hinblick auf resiliente Strukturen (Notversorgung von Wasserpumpwerken) künftig an Bedeutung gewinnen kann. Bei einer Anlagengröße von etwa 100 kW_p erreicht der Autarkiegrad bereits etwa 40 % und nähert sich bei steigender PV-Leistung asymptotisch einem Wert von etwa 70 % an. Höhere Autarkiegrade sind durch reines DSM im betrachteten Fall nicht mehr möglich. Hierfür wäre die Einbindung von Energiespeichern erforderlich.

36.4 Fazit

Die Sektorkopplung verknüpft Strom, Wärme, Mobilität und industrielle Prozesse und ist damit eine der Schlüsseltechnologien der Energiewende. Über die Kopplung Strom – Wärme, Strom – chemische Energieträger und Strom – Mobilität stehen vielfältige Flexibilisierungsoptionen zur Verfügung, um die variable Erzeugung aus Erneuerbaren Energien auszugleichen. Die Sektorkopplung ist gleichwohl nicht nur ein reines Flexibilisierungsinstrument, sondern ermöglicht darüber hinaus die Dekarbonisierung auch in Bereichen, in denen Erneuerbare Energien ansonsten nicht oder nur eingeschränkt genutzt werden können, wie z. B. in der Mobilität oder in der Prozessenergieversorgung. Wie die in diesem Beitrag dargestellten Systembeispiele zeigen, ist die Sektorkopplung dabei nicht als in sich geschlossene Technologie zu verstehen, sondern vielmehr als Bündel von Maßnahmen im Kontext eines komplexen, flexibilisierten Energiesystems unter den Prämissen Wirtschaftlichkeit, Nachhaltigkeit und Versorgungssicherheit.

Literaturverzeichnis

[1] Mehr Fortschritt wagen (2021). Bündnis für Freiheit, Gerechtigkeit und Nachhaltigkeit, Koalitionsvertrag 2021–2025 zwischen der Sozialdemokratischen Partei Deutschlands (SPD), BÜNDIS 90/DIE GRÜNEN und den Freien Demokraten (FDP).
[2] Ramsebner, J., Haas, R., Ajanovic, A. und Wietschel, M. (2021). The sector coupling concept: A critical review. WIREs Energy Environ. 10, 4.
[3] Robinius, M., Otto, A., Heuser, P., Welder, L., Syranidis, K., Ryberg, D., Grube, T., Markewitz, P., Peters, R. und Stolten, D. (2017). Linking the Power and Transport Sectors – Part 1: The Principle of Sector Coupling. Energies 10(7), 956.
[4] Positionspapier – 10 Thesen zur Sektorkopplung (2017). BDEW.
[5] van Nuffel, L., Gorenstein Dedecca, J., Smit, T. und Rademaekers, K. (2018). Sector coupling: how can it be enhanced in the EU to foster grid stability and decarbonise?
[6] Fridgen, G., Keller, R., Körner, M.-F. und Schöpf, M. (2020). A holistic view on sector coupling. Energy Policy 147, 111–913.
[7] Stadler, I. und Sterner, M. (2018). Urban Energy Storage and Sector Coupling. In Droege, P. (Hrsg.) Urban energy transition. Renewable strategies for cities and regions, 225–244. Amsterdam: Elsevier.
[8] Munster, M., Moller Sneum, D., Bramstoft, R., Buhler, F., Elmegaard, B., Giannelos, S., Strbac, G., Berger, M., Radu, D.-C., Elsaesser, D., Oudalov, A. und Iliceto, A. (2020). Sector Coupling: Concepts, State-of-the-art and Perspectives.
[9] Doleski, O. D., Kaiser, T., Metzger, M., Niessen, S. und Thiem, S. (2021). Digitale Dekarbonisierung. Technologieoffen die Klimaziele erreichen. Wiesbaden: Springer.
[10] Szenariorahmen zum Netzwentwicklungsplan Strom 2037 mit Ausblick 2045, Version 2023 (2022). Entwurf der Übertragungsnetzbetreiber, 50Hertz Transmission GmbH, Amprion GmbH, TenneT TSO GmbH, TransnetBW GmbH.
[11] Wang, J. (2020). AEM Wasserelektrolyse: Wie funktioniert das eigentlich? https://www.enapter.com/de/newsroom/aem-water-electrolysis-how-it-works. Abgerufen am: 17.02.2022.
[12] Grinberg Dana, A., Elishav, O., Bardow, A., Shter, G. E. und Grader, G. S. (2016). Stickstoffbasierte Kraftstoffe: eine "Power-to-Fuel-to-Power"-Analyse. Angew. Chem. 128, 8942–8949.
[13] Nobis, C. und Kuhnimhof, T. (2019) Mobilität in Deutschland – MiD Ergebnisbericht. Studie von infas, DLR, IVT und infas 360 im Auftrag des Bundesministeriums für Verkehr und digitale Infrastruktur, Bonn, Berlin.
[14] Kraftfahrt-Bundesamt: Bestand an Kraftfahrzeugen und Kraftfahrzeuganhängern nach Bundesländern, Fahrzeugklassen und ausgewählten Merkmalen (2021). Vierteljährlicher Bestand 2021. https://www.kba.de/DE/Statistik/Fahrzeuge/Bestand/Vierteljaehrlicher_Bestand/viertelj%C3%A4hrlicher_bestand_node. Abgerufen am: 26.02.2022.
[15] Technischer Leitfaden Ladeinfrastruktur Elektromobilität (2021). Version 4, DKE – Deutsche Kommission Elektrotechnik Elektronik Informationstechnik in DIN und VDE, Frankfurt am Main.
[16] Bundesnetzagentur: Elektromobilität: Öffentliche Ladeinfrastruktur (2022). https://www.bundesnetzagentur.de/DE/Sachgebiete/ElektrizitaetundGas/Unternehmen_Institutionen/E-Mobilitaet/start.html. Abgerufen am: 19.02.2022.
[17] Technische Regel – Arbeitsblatt:2021-09. DVGW G 260 (A). Gasbeschaffenheit.
[18] Baur, A. (2019). Mutschmann/Stimmelmayr Taschenbuch der Wasserversorgung. Wiesbaden: Vieweg.
[19] Bundesnetzagentur: Der Strommarkt im Jahr 2021 (2022). SMARD Strommarktdaten. https://www.smard.de/page/home/topic-article/444/206664. Abgerufen am: 18.02.2022.

Kurzvitae

Prof. Dr. Raphael Lechner ist seit 2021 Professor für Digitale Energiesysteme und Sektorkopplung an der Ostbayerischen Technischen Hochschule Amberg-Weiden. Er studierte Umwelttechnik, Regenerative Energien und Energieeffizienz in Amberg und Kassel und promovierte an der University of Birmingham, UK. Raphael Lechner hat über 16 Jahre Erfahrung in leitenden Positionen im technischen Consulting und in der angewandten Forschung zu dezentralen Energiesystemen mit Fokus auf die kommunale Energiewirtschaft und die industrielle Energieversorgung. Er ist Mitglied im wissenschaftlichen Leitungsteam des Kompetenzzentrums für Kraft-Wärme-Kopplung der OTH Amberg-Weiden und Geschäftsführer am Institut für Energietechnik IfE GmbH. Seine Forschungsinteressen liegen insbesondere im Bereich der sektorgekoppelten Energiesysteme und der P2X-Technologien.

Thomas Gollwitzer (M. Eng.) ist seit 2013 Mitarbeiter am Institut für Energietechnik IfE GmbH und seit 2016 Bereichsleiter „Energiemanagement und Innovation". In dieser Funktion verantwortet er die fachliche Entwicklung neuer Themenschwerpunkte und Geschäftsfelder im Bereich der Sektorkopplung und der digitalen Dienstleistungen für die Energieplanung. Thomas Gollwitzer studierte Erneuerbare Energien (B. Eng.) und Umwelttechnologie (M. Eng.) an der Ostbayerischen Technischen Hochschule Amberg-Weiden. Seine fachlichen Schwerpunkte sind das industrielle und kommunale Energiemanagement, die Energie- und Ressourceneffizienz in der Trink- und Abwasserversorgung, die (Elektro-)Mobilität und die Wasserstoffwirtschaft. Das Spektrum der Projekte, das er mit seinem Team abdeckt, reicht von einzelnen Liegenschaften über Stadt- und Industriequartiere bis hin zu interkommunalen Zusammenschlüssen, z. B. in Form von Klimaschutz- oder Ressourceneffizienznetzwerken.

Patrick Dirr (M. Eng.) ist seit 2019 in der Energieberatung und Forschung mit den Schwerpunkten Energiemanagement, digitale Energiesysteme und Erneuerbare Energien am Institut für Energietechnik IfE GmbH tätig. Davor studierte er Maschinenbau (B. Eng.) an der Technischen Hochschule Nürnberg und Umwelttechnologie (M. Eng.) an der Ostbayerischen Technischen Hochschule Amberg-Weiden. Seine Arbeitsschwerpunkte sind die Modellierung, Simulation und mathematischen Optimierung von Energiesystemen mit einem Fokus auf innovative Lösungen und Sektorkopplung.

Till Kemper

37 Schritte von der Planung zur Umsetzung von Quartiersvorhaben mit Sektorkopplung

Zusammenfassung: Konzepte für Sektorkopplung gibt es viele. Doch die Umsetzung im Quartier scheitert häufig. Es wird versäumt, die Machbarkeit frühzeitig zu analysieren und dann die planungsrechtlichen und vertraglichen Weichen so zu stellen, dass die für ein nachhaltiges Quartier ursprünglich vorgesehene Lösung realisiert wird und hinreichend Abnehmer für die Energieleistung vorhanden sind. Der Beitrag zeigt auf, dass Kommunen bereits mit Grundsatzbeschlüssen die baulichen Entwicklungen so leiten können, dass für Baugebietsentwicklungen grundsätzlich die Nachhaltigkeitsaspekte beachtet werden müssen. Begleitend zu den städtebaulichen Entwürfen für ein Quartier ist ein Energiekonzept zur technischen Machbarkeit einer Energieversorgung mittels Sektorkopplung aufzusetzen, anhand dessen auch die Planungs- und Betreiberansätze entschieden werden können. Darauf aufbauend sind die Planungsprozesse für den Bebauungsplan und die Erschließungsplanung zu entwickeln. Die notwendigen Leitungs- und Belegungsrechte sind im Umlegungsverfahren für die neu entstehenden Buchgrundstücke zu sichern. Um die Betreiberfrage zu klären, ist rechtzeitig eine Konzessionsvergabe für den Betreiber von Sektorenanlagen anzustoßen. Parallel zu diesen Prozessen muss entschieden werden, ob die Nutzung der Anlagen durch einen Anschluss- und Benutzungszwang oder durch Verträge gesichert werden kann/muss. Da die Aufgaben komplex und das kommunale Personal knapp sind, werden Möglichkeiten des Outsourcings der Aufgaben aufgezeigt.

Schlagwörter: Bebauungsplan, Energiekonzept, Erschließungsplanung, Erschließungsvertrag, Grundsatzbeschluss, Konzeptvergabe, Nachhaltigkeitsbeirat, Städtebaulicher Entwurf, Treuhändervertag, Umlegung

37.1 Einleitung

Die Ukrainekrise des Jahres 2022 hat gezeigt, dass die Energieversorgung durch Sektorkopplung in der Bauland- und Quartiersentwicklung ein elementares Thema ist. Ging es doch darum, schnellstmöglich in eine Autarkie in der Energieversorgung zu gelangen. Nichtsdestotrotz läuft seit längerem die Diskussion um Klimaschutz und Klimaanpassung und so wurden bereits wesentliche regulatorische Schritte gegangen. Ein Beispiel ist der Green Deal der Europäischen Union und die daraus resultierende Klimaschutzgesetzgebung in Bund (KSG) und Ländern, die in Folge des

---

Till Kemper, HFK Rechtsanwälte Heiermann Franke Knipp und Partner mbB, Frankfurt am Main, Deutschland, e-mail: kemper@hfk.de

https://doi.org/10.1515/9783110753585-037

Bundesverfasssungsgerichtsurteils vom 24.03.2021 nochmals nachgeschärft werden musste (vgl. [1]). Sie liefert wesentliche Impulse, um die Sektorkopplung im Rahmen von Quartiersentwicklungen umzusetzen. Die mit dem Green Deal einhergehenden Vorgaben aus den europäischen Verordnungen und der Klimaschutzgesetzgebung sehen vor, dass insbesondere im Energie- und Gebäudesektor wesentliche Fortschritte erbracht werden müssen, um bis 2045 zur Klimaneutralität zu gelangen. Insbesondere der Energie- und Gebäudesektor sind als wesentliche CO_2-Immissionstreiber in § 4 Abs. 1 KSG benannt [2], so dass hier wesentliche Anstrengungen zu liefern sind. Dies zeigt auch der Koalitionsvertrag der deutschen Bundesregierung aus dem Jahr 2021, in dem es heißt: „Wohnen ist ein Grundbedürfnis und so vielfältig wie die Menschen. Wir werden das Bauen und Wohnen der Zukunft bezahlbar, klimaneutral, nachhaltig, barrierearm, innovativ und mit lebendigen öffentlichen Räumen gestalten. Dabei haben wir die Vielfalt der Rahmenbedingungen und Wohnformen und individuellen Bedürfnisse der Menschen in ländlichen und urbanen Räumen im Blick. [...] Wir werden das Baugesetzbuch (BauGB) mit dem Ziel novellieren, seine Instrumente noch effektiver und unkomplizierter anwenden zu können, Klimaschutz und -anpassung, Gemeinwohlorientierung und die Innenentwicklung zu stärken sowie zusätzliche Bauflächen zu mobilisieren und weitere Beschleunigungen der Planungs- und Genehmigungsverfahren vorzunehmen“ ([3] S. 89 f.).

Auch wenn seit geraumer Zeit, insbesondere bei der Diskussion um Bebauungspläne und dem Start für Entwicklungsmaßnahmen in der Quartiersentwicklung in den kommunalen Entscheidungsgremien der Wunsch nach grünen und autofreien Quartieren existiert, so hat sich das Vorgehen dazu nur bedingt angepasst. Vielfach werden Baugebiete durch die Bauleitplanung aufgesetzt und auch diverse Entwicklungsverträge geschlossen. Diese scheitern dann aber in der praktischen Umsetzung, weil etwa die für die Sektorkopplung wesentlichen Grundlagen nicht ausreichend bei der Baurechtsschaffung berücksichtigt wurden, Konzessionsverträge für Energieversorgungsbetreiber zu spät abgeschlossen wurden oder aber die Überwachung und Umsetzung nicht hinreichend begleitet wurde. In diesem Beitrag liegt daher der Fokus auf verschiedenen Themen der Umsetzung nach einer Analyse des derzeitig häufig vorzufindenden Planungsprozesses. Aufgrund der Zwänge einer komprimierten Darstellung können selbstverständlich nicht alle Einzelfragen beantwortet werden.

37.2 Status quo

Soll neues Bauland oder ein Quartier entwickelt werden, sind die Rufe schnell laut nach sozial verträglichen Preisen der resultierenden Wohnanlagen und nachhaltiger Gestaltung – schön und grün soll es sein, möglichst autofrei, und nachhaltige Logistik- und Energiekonzepte sollen verwirklicht werden. Der Drang wird immer größer, durch die Kombination verschiedenster Erneuerbarer Energien über mehrere

Baufenster hinweg neue Energieökosysteme umzusetzen, um Quartiere mit sauberer Energie versorgen zu können. Die Frage, wer genau dieses Energieökosystem dann betreiben soll, wird jedoch erst zu spät beantwortet. Vielmehr wird in der Regel seitens der Kommune zunächst ein städtebaulicher Entwurf entwickelt. Hierbei werden die ersten städtebaulichen Kennzahlen festgelegt: Größe des Baugebietes, Nutzungsarten, Baufenster, Stockwerke, Anzahl der Nutzungseinheiten etc. Hinzu kommen die ersten sachverständigen Untersuchungen, insbesondere für die verkehrliche Erschließung, für naturschutzrechtliche Ausgleichsleistungen etc. Mit dem städtebaulichen Entwurf kommt zugleich auch die Frage auf, wer das Baugebiet tatsächlich verwirklichen soll, ob also die Bauplätze an die örtliche Wohnbevölkerung beziehungsweise Eigenheimerrichtende gehen oder ob an größere Projektentwickler verkauft werden soll; nicht selten klopfen bereits die ersten Bauträger an die Tür des Bürgermeisteramtes und bewerben sich mit Nachdruck für die Quartiersentwicklung. Um die Bauplätze geordnet vergeben zu können, werden verschiedenste Bauabschnitte mit Bauplätzen gebildet und ein mehr oder weniger transparentes und förmliches Bauplatzvergabeverfahren aufgesetzt. Parallel geht die Entwicklung des Bebauungsplans mittels Stadtplanungsbüros im Leistungsbild nach § 19f. Honorarordnung für Architekten und Ingenieure (HOAI) weiter und auf der Basis des Bebauungsplans erfolgt dann die Erschließungsplanung, die im Wesentlichen in den Leistungsbildern Ingenieurbauwerke (§§ 41 ff. HOAI) und Verkehrsanlagen (§§ 45 ff. HOAI) für Wasser, Abwasser, Verkehrsanlagen etc. stattfindet. Ein vertieftes Energieversorgungskonzept ist hier eher selten, und wenn es an dieser Stelle erstellt wird, ist es bereits zu spät.

Der Erschließungsplanung folgt das Umlegungsverfahren nach §§ 45ff. des Baugesetzbuchs (BauGB), im Rahmen dessen die vorhanden Buchgrundstück akquiriert, passend zur Quartiersentwicklung neu zugeschnitten und anschließen an die Grundstückeigentümer verteilt werden bzw. für die weitere Vermarktung für die Kommune gesichert werden. Im Rahmen dieses Verfahrens werden also die neuen Buchgrundstücke gebildet und z. B. auch die Gemeinbedarfsflächen für Energieversorgungsanlagen gebildet. Nach dem Zuschnitt der Baugebiete beginnt dann die Weiterveräußerung, und hier beginnt der Beauty-Contest, welcher Entwickler die tollsten Entwicklungskonzepte vorstellt. Nicht selten wird hier viel versprochen, Passivhäuser zu errichten, die Gebäude nur mit grüner Energie zu versorgen und ein umfängliches grünes Mobilitätskonzept zu verwirklichen. Sind die städtebaulichen und Verkaufsverträge jedoch erst einmal geschlossen und geht es um die Realisierung, sieht die Realität jedoch häufig anders aus. Dann heißt es, die Baufenster erlaubten wegen der Anordnung keinen Passivhausstandard, die Versorgung durch Sektorkopplung würde zu teuer (unpraktikabel), es gäbe nicht genug Abnehmer etc. Mangels ausreichender Sanktionsmechanismen in den Verträgen kann die Kommune dem nichts beziehungsweise nichts Ausreichendes entgegensetzen und muss sich mit der fehlenden Umsetzung abfinden. Selbst wenn die Umsetzung zunächst grün beginnt, kommen tatsächliche Probleme auf, da bei der Umsetzung offenbar wird, dass vielfach Leitungs- und Belegungsrechte in Grunddienstbarkeiten nicht hinreichend auf den Buchgrundstücken gesichert und nicht mehr erlangt werden können oder tatsächlich nicht genug Gebäudenutzer die Energieangebote nutzten wollen. Auch wurde möglicherweise zu spät die Verhandlung mit Planungen der Energieversorgung mittels Sektorkopplung mit dem Konzessionsnehmer geführt, so dass die Umsetzungen nicht mehr möglich sind. Insbesondere die Frage, wer das Quartier bezüglich Energie-, Mobilität- und Verkehrsdienstleistungen betreiben soll, wird meist zu spät diskutiert oder in die Wege geleitet (Konzessionsvergabe). Mangels Anschluss- und Benutzungszwang oder aber vertraglicher Nutzungsverpflichtungen über die Grundstückskaufverträge haben die Versorger zusätzlich keine zuverlässige Kalkulationsgrundlage, um Aufwendungen für Energieversorgungssysteme ausreichend definieren zu können. Es wundert also nicht, dass dieses Vorgehen häufig zum Scheitern nachhaltig geplanter Quartiere führt.

Nimmt man das Vorhaben der Sektorkopplung und der grünen Quartiere ernst, so ist es von ganz wesentlicher Bedeutung, dass die Planprozesse strukturiert ablaufen und sich frühzeitig Gedanken darüber gemacht wird, wie das Monitoring der Umsetzung und Implementierung der sektorengekoppelten Energieversorgung umgesetzt wird. Die Betrachtung hierzu folgt im weiteren Abschnitt.

37.3 Wege zur Umsetzung von Sektorkopplung in der Quartiersentwicklung

Um die oben skizzierten Probleme zu umgehen, muss das Vorgehen neu organisiert werden. Hierbei ist der Grundgedanke elementar, dass zwar die Energieversorgung z. T. dezentral erfolgen kann und soll, aber nicht jedes Gebäude isoliert betrachtet wird, sondern Quartierslösungen entwickelt werden.

37.3.1 Grundsatzbeschlüsse

Noch vor dem ersten städtebaulichen Entwurf können Kommunen über Grundsatzbeschlüsse für die städtebauliche Entwicklung übergeordnet Maßgaben zur nachhaltigen Entwicklung erlassen. Dieses Instrumentarium ist bereits für die sozial verträgliche Bodennutzung bekannt, bei der Ankauf- und Wertermittlungsverfahren definiert werden (vgl. [4]). Solche Grundsatzbeschlüsse fußen auf dem grundrechtlich garantierten Selbstverwaltungsrecht der Kommunen gemäß dem Art. 29 Abs. 2 S. 1 des Grundgesetzes (GG). Solche Grundsatzbeschlüsse geben den Kommunen eine Beurteilungs- und Ermessensrichtlinie und bieten zugleich künftigen Bauherren eine wichtige Orientierung, mit welchen Parametern sie ihre Renditeerwartung berechnen müssen. Das Konstrukt der Grundsatzbeschlüsse ist derzeit für die Sicherung sozial verträglicher Bodennutzung bekannt, sollte aber auf die Nachhaltigkeit und die Sektorkopplung ausgeweitet werden.

37.3.2 Städtebaulicher Entwurf und Energiekonzept

Gemeinsam mit dem städtebaulichen Entwurf sollte das Energiekonzept mitgedacht werden. Das Energiekonzept ist durch Sachverständige aufzusetzen, ähnlich einem Verkehrsgutachten. In diesem werden die verschiedenen Energiebedarfe, die möglichen Energieerzeugungspotentiale, Fördermöglichkeiten und schließlich auch die CO_2-Bilanz ermittelt. Die voraussichtlichen Bedarfe sind gründlich anhand der geplanten Nutzerstruktur zu schätzen. So ergibt es z. B. derzeit keinen Sinn, für ein Baugebiet, das vorrangig dem sozialen Wohnungsbau oder Nutzung von Studierenden und Rentnern dienen soll, eine Planung aufzusetzen, die ein hohes Maß an KfZ-Elektromobilität mit integriert; die Kaufkraft wird dazu nicht ausreichen. Insofern sind sowohl die ökologischen als auch ökonomischen Rahmenbedingen zu berücksichtigen, um dann die technische Machbarkeit von Energiekonzepten zu ermitteln, die verschiedene Möglichkeiten der Sektorkopplung berücksichtigt. Bei der Wahl der Vorzugsvariante muss auch das jeweilige Betreibermodell geprüft werden, das heißt, wie und durch wen die jeweilige Energieversorgung sichergestellt werden soll. Soll dies ein Konzessionär im Sinne eines energetischen Quartiersmanagements für die gesamte Energieversorgung des Quartiers übernehmen oder soll dies in Eigenregie der Gebäudenutzer erfolgen? Sollte eine mehrere Baufenster/-abschnitte versorgende, gemeinsame Energiezentrale[1] geplant sein, ist das Energiekonzept von weitreichender Bedeutung für das weiter zu schaffende Satzungsrecht und die abzuschließenden Verträge. Es ist beispielsweise von erheblicher Bedeutung, mit welcher Ausrichtung und Größe Baufenster und die Dachgestaltung im Bebauungsplan festgesetzt werden; wo sind die Energieanlagen nach § 9 Abs. 1 Nr. 12 und 13 BauGB, und wo sind Leitungskorridore zu setzen? Die Festsetzungskataloge für B-Pläne sollten ebenso wie die Reglungsmöglichkeiten von örtlichem Baurecht auszuschöpfen, um die nachhaltige Quartiersentwicklung auf Dauer zu sichern. Auch würden sich aus dem Energiekonzept die Notwendigkeiten von Leitungsrechten insbesondere für die Stromkabel wie auch von Belegungs- und Betretungsrechten zwecks Instandhaltungsmaßnahmen z. B. auf PV-Anlagen ergeben, die bereits im Umlegungsverfahren als Dienstbarkeiten auf die neu entstehenden Buchgrundstücke gesichert werden müssen. Dies sind ebenso wichtig wie Bebauungsplan-Festsetzungen von nicht überbaubaren Leitungsflächen, um die spätere Umsetzung der Sektorenkopplungsanlagen zu sichern und Nachbarschaftskonflikte beziehungsweise Umgehungsversuche zu vermeiden. Selbstredend ist dabei, dass diese Festsetzungen und diese Vorgaben aus dem Energiekonzept auch diverse Auswirkungen auf die Erschließungsplanung haben; das Energiekonzept ist Planungsgrundlage und damit als Vertragsgrundlage für den Erschließungsplaner zu definieren. Zusätzlich ergeben sich aus den Anforderungen zur Umsetzung diverse Rahmenbedingungen für die Beschaffung von Planungsleistun-

1 Hier sind Lösungen wie BHKW oder Brennstoffzellen vorstellbar, die gegebenenfalls mit PV-Anlagen auf den umliegenden Dachflächen bespeist werden.

gen für Verkehrsanlagen und Ingenieurbauwerke (Abwasser, Wasser und sonstige Leitungen).

Schließlich drängt sich aus der Machbarkeitsstudie die Frage des effektiven Monitorings der Umsetzung auf. Hierfür bietet sich ein Nachhaltigkeitsbeirat (siehe unten) an. Die Erstellung eines umfänglichen Energiekonzeptes ist in aller Regel eine freiberufliche Leistung eines Sachverständigen beziehungsweise wird im Wettbewerb mit diesen erbracht. Folglich bestehen vergaberechtlich diverse Erleichterungen. § 50 Unterschwellenvergabeordnung (UVgO) gibt Kommunen für solche Fälle für die Beschaffung solcher Leistungen weitestgehend freie Hand (vgl. [5]).

37.3.3 Satzungsecht: Bauleitplanung, örtliches Baurecht und Anschluss- und Benutzungszwang

Ist die konzeptionelle Ebene finalisiert, so geht es an die konkrete Umsetzung der Baulandentwicklungsmaßnahme und damit an den Beschluss des notwendigen Satzungsrechts. Dies betrifft insbesondere Bebauleitpläne, örtliches Baurecht und den Anschluss- und Benutzungszwang. Aus der gesetzlichen Zielbestimmung der Bauleitplanung geht bereits der Fokus auf die Nachhaltigkeitsgedanke hervor. Dem Paradigma folgend, dass zum einen das Städtebaurecht dem Klimaschutz einerseits und der Klimaanpassung andererseits Rechnung tragen soll, ist es nach § 1 Abs. 5 BauGB Ziel der Bauleitplanung „eine nachhaltige städtebauliche Entwicklung, [...] umweltschützenden Anforderungen auch in Verantwortung gegenüber künftigen Generationen miteinander in Einklang bringt [...]“ und „eine menschenwürdige Umwelt zu sichern, die natürlichen Lebensgrundlagen zu schützen und zu entwickeln sowie den Klimaschutz und die Klimaanpassung [...] zu fördern“. § 1 Abs. 6 Nr. 7 lit. (e) und (f) BauGB lenkt den Fokus weiter auf die Vermeidung von Emissionen und die Nutzung Erneuerbaren Energien (vgl. [6]). Der Koalitionsvertrag der deutschen Bundesregierung von 2021 sieht weitere Nachschärfungen vor, um auch den Anforderungen aus dem Green Deal Rechnung zu tragen (vgl. [7]). Hieran anknüpfend ist der Festsetzungskatalog aus § 9 BauGB zu nutzen, um diese Ziele zu erreichen. Bislang wird dies sehr zurückhaltend getan. Energiekonzepte werden zu spät beschafft. Dabei sind sie wichtiger Baustein für die Sicherung einer Sektorkopplung im Quartier. Um Anpassungen an tatsächliche Hindernisse zu ermöglichen, kann auch die Möglichkeit der bedingten Festsetzung nach § 9 Abs. 2 BauGB genutzt werden. Exemplarisch seien hier die Festsetzungen benannt für

- Versorgungsflächen für Anlagen und Einrichtungen zur (de-)zentralen Erzeugung, Verteilung, Nutzung und Speicherung von Strom, Wärme oder Kälte (Nr. 12),
- Führung von ober-/ unterirdischen Versorgungsanlagen/-leitungen (Nr. 13),
- Leitungsrechte (Nr. 21),
- Gebiete, Gebäude und Maßnahmen für Erzeugung, Nutzung und Speicherung von Strom etc. (Nr. 23 lit. b).

Ein weiteres wichtiges Steuerungsinstrument ist die Ausgestaltung örtlicher Bauvorschriften qua Satzung. Sie sind in § 86 Musterbauordnungen (MBO) angelegt und erfahren in jeder Landesbauordnung (LBO) Ausgestaltung. Stets können besonders zu begründende Flächen reguliert werden. Hinzu treten weitere Reglungsmöglichkeiten für die Gestalt von Gebäuden. Zum Beispiel erlaubt § 91 Abs. 1 Nr. 1 LBO Hessen Satzungsreglungen „zur Verwirklichung von Zielen des rationellen Umgangs mit Energie und Wasser" in Baugebieten.[2]

Mit diesen Instrumenten der Bauleitplanung und der örtlichen Bauvorschriften können (und müssen) Kommunen das Gelingen von Sektorenkopplungsvorhaben sicherstellen. Trotz dieser Instrumente können jedoch solche Vorhaben scheitern, wenn nicht auch die Nutzung der Anlagen und damit die Auskömmlichkeit des Betriebs z. B. für einen Konzessionär in gewisser Weise gesichert ist. Hier kommt die Satzung zur Implementierung eines Anschluss- und Benutzungszwang zum Tragen; die Rechtsgrundlage dafür findet sich in der jeweiligen Gemeindeordnung. Der Begriff des Zwangs hat zwar einen negativen Beigeschmack, er ist aber ein wesentliches Steuerungsinstrument, um künftigen Anlagenbetreibern eine gewisse Kalkulationssicherheit zu geben. Niemandem ist damit gedient, dass ein Anlagenbetreiber in dem Gebiet tätig wird, um kurz nach Inbetriebnahme der Anlagen festzustellen, dass es keine Abnehmer für die jeweilige Energie gibt und er daher den Betrieb einstellen muss. Um das Dilemma zu umgehen, kann alternativ – und insbesondere bei nicht öffentlichen Energieanlagen – über städtebauliche Verträge und Grundstückskaufverträge versucht werden, nicht nur Bauverpflichtungen mit energetischen Vorgaben zu implementieren, sondern auch die Nutzungspflichten für die Energieanlagen, die dann auch z. B. über Mietverträge an die weiteren Gebäudenutzer weitergegeben werden. Dies wurde in Teilprojekten bereits erfolgreich umgesetzt. Das bedeutet, dass mit dem Verkauf von Grundstücken zugleich die Nutzungspflicht für die Energieversorgungseinheiten über einen bestimmten Zeitraum sichergestellt wird.

37.3.4 Städtebauliche Verträge

Jenseits des reinen Satzungsrechtes ist für Verwirklichung von nachhaltigen Quartiersvorhaben das Instrument des städtebaulichen Vertrages nach §§ 11 und 12 ff. BauGB. Es gibt den Kommunen ein Werkzeug an die Hand, das eine flexible Handhabung von insbesondere energetischen Erschließungsmaßnahmen und der Übertragung von Quartiersentwicklungsmaßnahmen erlaubt. Neben reinen Kostenübernahmeverträgen kann die gesamte Entwicklung eines Quartiers von den ersten Konzepten über

2 Z. B. erlaubt § 91 Abs. 1 Nr. 1 LBO Hessen Satzungsreglungen für „die äußere Gestaltung baulicher Anlagen [...] zur Durchführung baugestalterischer Absichten oder zur Verwirklichung von Zielen des rationellen Umgangs mit Energie und Wasser in bestimmten, genau abgegrenzten bebauten oder unbebauten Teilen des Gemeindegebietes".

die (vorhabenbezogene) Bauleit- und Erschließungsplanung bis hin zum Bau und Betrieb von Gebäuden und Anlagen an Vorhabenträger übertragen werden. Wichtig bei diesen Konstrukten ist, dass sich die Kommunen hinreichende Steuerungsmöglichkeiten erhalten und insbesondere die Leitlinien festlegen. Deswegen sollte bei der Verhandlung beziehungsweise Abschluss von städtebaulichen Verträgen bereits der städtebauliche Entwurf mit Energiekonzept inklusive Machbarkeitsstudie eindeutig definiert sein.

Bei den städtebaulichen Verträgen ist besondere Aufmerksamkeit auf die Sanktion von Abweichungen vom Energiekonzept zu legen. In praxi hat sich gezeigt, dass Vertragsstrafen nicht sehr sinnvoll sind, da die Zahlung dieser Strafen nicht selten attraktiver ist als die Umsetzung eines aufwendigen Energiekonzeptes. Dagegen ist eine Unterwerfung unter eine rückvollstreckbare Rückbauverpflichtung ein schärferes Schwert. Die Überwachung sollte durch einen Nachhaltigkeitsbeirat oder Dienstleister erfolgen.

Mit den städtebaulichen Verträgen kann die Kommune zugleich auch die Personalfrage lösen. Nicht nur der Bereich der Sektorkopplung an sich, der bereits technisch besonders anspruchsvoll ist, sondern bereits die Konzipierung smarter Mobilitäts-, Logistik- und sonstiger Wohnkonzepte ist eine qualitativ wie quantitativ umfangreiche Aufgabe, die selten von kleinen und mittleren Kommunen allein gestemmt werden kann. Die jeweilige Kommune muss sich also eine Beschaffungsstrategie zurechtlegen, wie sie zum einen die Umsetzung eines solchen Vorhabens gewährleisten will und zum anderen auch das nachträgliche Monitoring und die Beschaffung im Quartiert mit einem Nachhaltigkeitskonzept bewertet werden kann. Hierfür kommen die im Folgenden vorgestellten Lösungen in Betracht.

37.3.4.1 Der Treuhändervertrag

Durch ein förmliches Ausschreibungsverfahren wird eine verlängerte Werkbank der Kommune für eine Gebietsentwicklung beschafft. Insofern wird eine Art Projektsteuerer für die gesamte Quartiersentwicklungsmaßnahme aufgesetzt. Dieser handelt über ein Treuhandkonto auf Rechnung und Kosten der Kommune. Der Treuhänder kann dann Beschaffung und Steuerung der Sachverständigenleistungen für Konzepte, des Bauleitplanverfahrens und der Erschließungsplanung sowie die Umlegung und Vermarktung der Grundstücke übertragen bekommen. Hinzu kann die Überwachung bis zur Abnahme und Inbetriebnahme der fertigen Erschließungs- oder gar Bauleistungen übertragen werden (vgl. [8]).

37.3.4.2 Der erweiterte Erschließungsträgervertrag

Der Erschließungsträgervertrag ist in der Regel dadurch gekennzeichnet, dass die grundlegende Erschließungsleistungen einem Erschließungsträger beauftragt werden, um die Bauflächen hin zur Baureife zu bringen. „Erweitert" ist der Erschließungsvertrag, wenn er auch auf Bau und gegebenenfalls Betrieb der Sektorenkopplungsanlagen inklusive energetischem Quartiersmanagement ausgedehnt wird. In diesem Fall wird eine Konzessionsvergabe erforderlich. Wichtig dabei ist, diese so frühzeitig zu betreiben, dass das Know-how beziehungsweise die Anforderungen von diesem gegebenenfalls auch in den Bebauungsplan einfließen können. In solchen Konstrukten kann die Vermietung von PV-Anlagen durch den Konzessionsträger an die Eigenheimnutzer im Quartier geregelt werden, wodurch die Einspeisung des PV-Strom in das Quartiersnetz eingeleitet wird (vgl. [8])

37.3.4.3 Konzeptvergabe

Bei der Konzeptvergabe wird die Vergabe der Baugrundstücke mit Bauverpflichtung ausgeschrieben. Es ist kein förmliches Vergabeverfahren, wird aber nach ähnlichen Grundsätzen durchgeführt. Am Ende dieses Verfahrens steht der Abschluss von Kaufverträgen mit Bau- (und Nutzungs-)Verpflichtung. Soll das Quartier nachhaltig und durch Sektorkopplung versorgt werden, ist elementar, dass Grundlage des Wettbewerbs und der Kaufverträge ein machbares, also umsetzbares Energiekonzept wird, das die Kommune erstellen ließ. Daneben sind die wesentlichen Kaufvertragsparameter bereits mit Bekanntmachung des Wettbewerbs festzulegen, damit jeder Investor eine sichere Aussage bekommt, auf welche Verpflichtungen er sich einlassen muss. In den Kaufverträgen sind dann sowohl die Bauverpflichtungen als auch die Nutzungsverpflichtungen für die späteren Nutzer wie auch z. B. die Einbindung des Nachhaltigkeitsbeirates und die Rückbauverpflichtung für Bauleistungen, die gegen die Vorgaben des Nachhaltigkeitsbeirates oder des Energiekonzept verstoßen, zu verankern.

Die Konzeptvergaben können auch in einem Hybridverfahren kombiniert werden mit einem städtebaulichen Wettbewerb, der sich dann vor allem auf die gestalterischen, die sozialen aber auch die Nachhaltigkeit und damit auch energiebezogenen Themen konzentrieren kann. In diesem Kontext ist es allerdings wesentlich, dass sich die Kommune noch vor der Vergabe ausreichend Gedanken darüber macht, wie die Baumaßnahmen gesteuert und überwacht werden (vgl. [9]).

37.3.5 Nachhaltigkeitsbeirat

Ähnlich den Denkmal- oder Gestaltungsbeiräten können von Kommunen Nachhaltigkeitsbeiräte ins Leben gerufen werden. Der Nachhaltigkeitsbeirat sollte paritätisch mit Planern, Sachverständigen aus den betreffenden Bereichen, Bürgern und Kommunalvertretern besetzt werden. Der Beirat fungiert als Beratungs- und Überwachungsorgan bezüglich der Umsetzung von Nachhaltigkeitskonzepten. Verquickt man in den Kaufverträgen mit Bauverpflichtung die Abstimmung der Baumaßnahmen mit dem Nachhaltigkeitsbeirat, so wird ein wirksames Monitoringinstrument geschaffen; zu regeln wäre eine Rückbauverpflichtung für den Fall, dass ohne hinreichende Begründung von dem vertraglich vereinbarten Energiekonzept abgewichen wird. Ist aber eine Abweichung begründet, ist mit dem Nachhaltigkeitsbeirat Art und Umfang der Abweichung zu erörtern, bevor sie umgesetzt wird. Auf diese Weise kann die Kommune sicherstellen, dass das Quartier entsprechend der Versprechungen und Konzepte entwickelt wird. An die Nachhaltigkeitsbeiräte sind nicht zu hohe Anforderungen zu setzen, jedoch sind sie ein probates Mittel, um Sachverstand und dauerhafte Einflussnahme auch der Bürgerschaft sicherzustellen. So wird Know-how und Bürgerbeteiligung sichergestellt. Selbstverständlich ist es auch möglich, die Überwachung Dienstleistern (zusätzlich) zu übertragen, die beispielsweise eine Zertifizierung für Quartiere durchführen können.

37.4 Fazit

Damit die Energiewende gelingt und hierbei auch ein Nutzen für alle erzeugt wird, sind wir auf eine erfolgreiche Strategie für die Sektorkopplung angewiesen. Wichtig ist hierbei, dass Kommunen Baulandentwicklungsmaßnahmen hinreichend vorbereiten und steuern. Hierfür wird es vielfach auf ein Outsourcing der Aufgaben und damit auf Vergabeverfahren ankommen, was ein ausgeklügeltes System von Vergabestrategien erfordert. Die Planprozesse in der Quartiersentwicklung müssen so organisiert werden, dass die Umsetzung von Energiekonzepten mit Sektorkopplung sichergestellt ist. Am Anfang von allem steht daher ein städtebaulicher Entwurf, der durch ein auf technische, finanzielle und rechtliche Machbarkeit ausgerichtetes Energiekonzept ergänzt wird. Darauf aufbauend sind dann das Bauleitplanverfahren, Erschließungsplanung, Umlegung und Vergaben für den Betriebs so durchzuführen, dass die Quartierslösung tatsächlich nachhaltig realisiert wird.

Literaturverzeichnis

[1] Bundesverfassungsgericht, Beschl. v. 24.3.2021 – 1 BvR 2656/18.
[2] Laut delegierter VO-EU der Kommission vom 04.06.2021 entfallen in der Union auf Gebäude 40 % des Energieverbrauchs und 36 % der CO2-Emissionen.
[3] Koalitionsvertrag. „Mehr Fortschritt wagen" SPD, FDP, Bündnis90Grüne. 2021–2025. https://www.spd.de/fileadmin/Dokumente/Koalitionsvertrag/Koalitionsvertrag_2021-2025.pdf. Zuge-griffen am: 01.05.2022.
[4] Spieß KommJur (2017). 441. https://www.pv-muenchen.de/leistungen/planung/stadt-gemeinde/sozialgerechte-bodennutzung-sobon-taufkirchen-vils.
[5] Vgl. Handbuch der Ingenieurkammer Hessen zu § 50 UVgO 2022.
[6] Vgl. Battis/Krautzberger/Löhr, Kommentar zum BauGB, 15. Aufl. 2022 zu § 1 Abs. 5 und 6 BauGB.

[7] Koalitionsvertrag. „Mehr Fortschritt wagen" SPD, FDP, Bündnis90Grüne. 2021–2025. https://www.spd.de/fileadmin/Dokumente/Koalitionsvertrag/Koalitionsvertrag_2021-2025.pdf. Zuge-griffen am: 01.05.2022.

[8] https://www.dstgb.de/Publikationen/Dokumentationen/Dokumentationen%20Nr.%201-50/doku23.pdf?cid=6n2.

[9] https://wohnungsbau.hessen.de/sites/wohnungsbau.hessen.de/files/Leitfaden-Grundstuecksvergabe-Konzeptqualitaet.pdf.

Kurzvita

Dr. Till Kemper M. A. ist Gesellschafter bei HFK Rechtsanwälte Partner mbB und berät als Fachanwalt für Bau- und Architektenrecht, Vergaberecht sowie Verwaltungsrecht insbesondere Mandanten im privaten und öffentlichen Baurecht, öffentlichen Wirtschafts- und Infrastrukturecht sowie dem Kulturgüterschutzrecht. Als ausgebildeter BIM Manager, Smart City Expert und Datenschutzbeauftragter berät er interdisziplinär mit anderen Kollegen in Fragen des digitalen und nachhaltigen Planens, Bauens und Betreibens in Bezug auf IT-, bau- und vergabe- und fördermittelrechtliche Herausforderungen. Diese Ansätze sowie die Untersuchungen zur "Digitalen Betreiberverantwortung in der Smarten Immobilienwirtschaft" vertieft er durch Lehraufträge an der EBS Universität Wiesbaden, TH Mittelhessen und Bauhausuniviersität Weimar, Fachpublikationen und Seminaren.

Claudia Weissmann, Dieter Kunstmann und Maria Reichel

38 Potenziale von grünem Wasserstoff für den Stromsektor

Zusammenfassung: Vor dem Hintergrund der aktuellen Klimaschutzziele gewinnt der Einsatz von Wasserstofftechnologien zunehmend an Bedeutung. So wurde zum Beispiel im Jahr 2020 in Deutschland die Nationale Wasserstoffstrategie durch die Bundesregierung veröffentlicht, die neben Potenzialen zur Kopplung mit den Sektoren Industrie und Verkehr auch einige relevante Schnittstellen zum Stromsektor beinhaltet. So könnten auf Wasserstoff basierende Technologiekonzepte unter anderem zum Speichern von überschüssiger Erneuerbarer Energie aus Solar- und Windanlagen oder im Netzbetrieb zur Stabilisierung der Stromnetze eingesetzt werden. Insbesondere hinsichtlich des zukünftigen Einsatzes von grünem Wasserstoff und der Herstellung mittels des Power-to-Gas-Verfahrens besteht aktuell allerdings noch viel Unsicherheit bei betroffenen Stakeholdern, weil entsprechende Anlagen bislang nur in geringem Umfang installiert wurden (zum Zeitpunkt der Drucklegung 2022 sind 36 Power-to-Gas-Anlagen in Deutschland in Betrieb) und eine entsprechende Wasserstoffinfrastruktur bislang nicht existent ist. Dieses Kapitel bietet daher zunächst einen Überblick über den Status quo der Technologie und zeigt auf, inwieweit die Nutzung von Wasserstoff die Planung und den zukünftigen Betrieb der Stromnetze beeinflussen könnte. Des Weiteren werden die aktuellen politischen und regulatorischen Rahmenbedingungen in diesem Kontext erläutert. Abschließend wird aufgezeigt, wie sich ein potenzieller Wasserstoffmarkt in Deutschland in naher Zukunft entwickeln könnte und welche Chancen zur Optimierung des Energiesystems im Sinne des Klimaschutzes daraus entstehen.

Schlagwörter: Wasserstoff, Power-to-Gas, Elektrolyse

38.1 Einleitung

Im Kontext der Klimaschutzziele gewinnt der Einsatz von wasserstoffbasierten Energiekonzepten zunehmend an Bedeutung. So wurde beispielsweise im Jahr 2020 in Deutschland die Nationale Wasserstoffstrategie durch die Bundesregierung veröffentlicht. Diese soll, unterstützt durch den Nationalen Wasserstoffrat, bestehend aus Vertretern aus Wirtschaft, Wissenschaft und Zivilgesellschaft, in den kommenden Jahren konkretisiert und umgesetzt werden (vgl. [1]). Das ursprüngliche Ziel von 5 GW instal-

Claudia Weissmann, Dieter Kunstmann, Maria Reichel, Intelligent Energy System Services GmbH, Ludwigsburg, Deutschland, e-mails: claudia.weissmann@ie2s.com, dieter.kunstmann@ie2s.com, maria.reichel@ie2s.com

https://doi.org/10.1515/9783110753585-038

lierter Elektrolyseleistung im Jahr 2030 wurde dabei durch den Koalitionsvertrag der deutschen Bundesregierung aus dem Jahr 2021 nochmals auf 10 GW erhöht (vgl. [2]).

Wasserstofftechnologien sind vor allem im Hinblick auf ihre vielseitige Einsetzbarkeit im Rahmen der Sektorkopplung sehr interessant. So sieht die Nationale Wasserstoffstrategie neben der Nutzung von Wasserstoff in der industriellen Produktion oder als Kraftstoffalternative im Verkehr beispielsweise den Einsatz als Stromspeicher für überschüssige Erneuerbare Energie beziehungsweise zur Entlastung der Stromnetze vor (vgl. [3]). Aktuell sind in Deutschland bereits 36 Power-to-Gas (P2G)-Anlagen in Betrieb, die aus erneuerbarem Strom mittels des Elektrolyseverfahrens Wasserstoff erzeugen. Hiervon erfolgt bei 14 Anlagen auch eine Rückverstromung des Wasserstoffs, wodurch eine besonders enge Kopplung mit dem Stromsektor besteht.

Obwohl der beabsichtigte Wasserstoffeinsatz somit bereits technisch möglich ist, wurden entsprechende Anlagen und Infrastrukturen bislang nur in geringem Umfang installiert, weswegen bei verschiedenen Stakeholdern noch Unsicherheit hinsichtlich des zukünftigen Markthochlaufs, der verfügbaren Kapazitäten, der Preisentwicklung sowie der Regulatorik besteht (vgl. [4]). Dieses Kapitel bietet daher einen Überblick hinsichtlich des Status quo der Wasserstofftechnologien, der politischen und regulatorischen Rahmenbedingungen sowie des geplanten Hochlaufs bis 2050 und zeigt Möglichkeiten zum zukünftigen netzdienlichen Einsatz im Stromsektor auf.

38.2 Technische Grundlagen

Bei der Produktion von Wasserstoff wird das Herstellungsverfahren durch Farben beschrieben. Am relevantesten ist dabei die Differenzierung zwischen grauem, blauem und grünem Wasserstoff. Grauer Wasserstoff wird aus fossilen Brennstoffen (z. B. Erdgas) mittels Dampfreformierung erzeugt, wobei erhebliche Mengen an CO_2 in die Atmosphäre emittiert werden. Grauer Wasserstoff sollte daher wenn überhaupt, nur zur kurzfristigen Beschleunigung des Technologiehochlaufs eingesetzt werden, da dieser gegenwärtig am kostengünstigsten produziert werden kann. Blauer Wasserstoff wird ebenfalls aus fossilen Energieträgern erzeugt, allerdings wird ein Großteil der CO_2-Emissionen mittels des Carbon Capture and Storage oder CCS-Verfahrens abgeschieden und dauerhaft gespeichert (vgl. [3, 5]). Am relevantesten im Hinblick auf die Klimaschutzziele sowie die Wechselwirkungen mit dem Stromsektor ist die Produktion von grünem Wasserstoff, der mittels Wasserelektrolyse aus erneuerbarem Strom (Solar- oder Windenergie) erzeugt wird. Dieser Prozess wird auch als Powert-to-Gas (P2G)-Verfahren bezeichnet. Bei den P2G-Pilotanlagen in Deutschland wird dabei vor allem die Proton Exchange Membrane (PEM) beziehungsweise die alkalische Elektrolyse angewendet (vgl. [6]).

Wie bereits erläutert, sind technologisch eine Vielzahl an Optionen zur Nutzung von Wasserstoff in verschiedenen Sektoren möglich. Einen Überblick über dieses vielseitige Ökosystem an Wasserstoff-Nutzungspfaden bietet Abbildung 38.1. Für die industrielle Produktion könnte Wasserstoff vor allem als Ressource in der stofflichen Verwertung in der Chemie- und Stahlindustrie eingesetzt werden. Im Verkehrssektor ist Wasserstoff sowohl für den Antrieb von Brennstoffzellenfahrzeugen als auch für die Erzeugung von synthetischen Kraftstoffen nutzbar. In Verbindung mit einer Brennstoffzelle beziehungsweise einer Anlage zur Kraft-Wärme-Kopplung kann aus Wasserstoff zudem Wärme und elektrischer Strom erzeugt werden. Insbesondere für Wärmezwecke kann erwogen werden, den produzierten Wasserstoff (gegebenenfalls nach Methanisierung) in das bestehende Erdgasnetz einzuspeisen (vgl. [3, 7]).

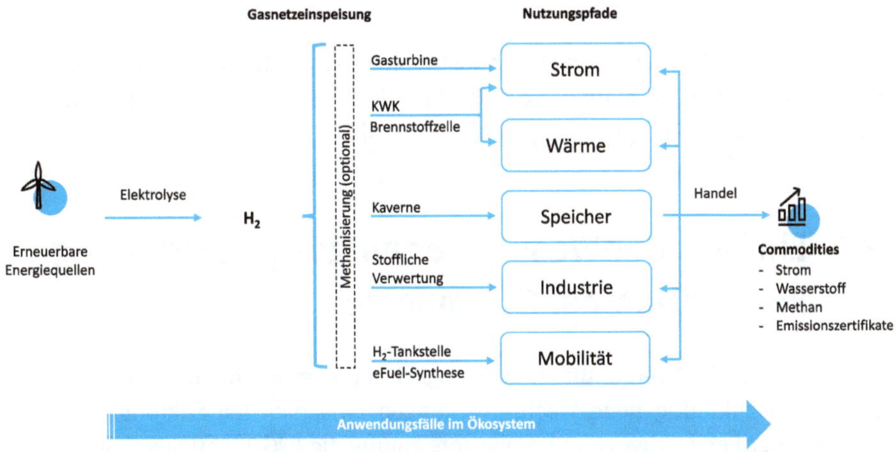

Abb. 38.1: Wasserstoff-Nutzungspfade. (Eigene Darstellung in Anlehnung an [3] und [8]).

Aktuell wird in Deutschland vor allem grauer Wasserstoff zu Industriezwecken in Form von eigenen Inselanlagen genutzt (vgl. [3]). Daneben existiert aber auch eine im internationalen Vergleich hohe Anzahl an P2G-Pilotanlagen zur Produktion von grünem Wasserstoff (vgl. [8]). Zum Zeitpunkt der Drucklegung 2022 sind 36 P2G-Anlagen in Betrieb und 59 weitere in Planung. Die Nutzungszwecke der Betriebsanlagen veranschaulicht Abbildung 38.2. Hierbei wurden jene Anlagen in die Auswertung einbezogen, bei denen der erzeugte Wasserstoff einem Nutzungspfad zugeführt wird. Zum Teil bedienen die P2G-Anlagen dabei mehrere Nutzungspfade parallel. Zwei Drittel der betrachteten Anlagen verfügen über eine installierte Elektrolyseleistung <1 MW. Das übrige Drittel liegt im Bereich 1 bis 10 MW (vgl. [6]).

Abbildung 38.2 zeigt, dass bei den aktuell betriebenen Versuchsanlagen der Wasserstoff überwiegend ins Gasnetz eingespeist beziehungsweise zur Erzeugung von Wärme verwendet wird (in 21 Fällen), wobei zum Teil zuvor ein Methanisierungsprozess erfolgt. Nahezu gleich häufig wird der Wasserstoff zur Betankung von Fahrzeugen (in 15 Fällen) beziehungsweise zur Rückverstromung (in 14 Fällen) eingesetzt.

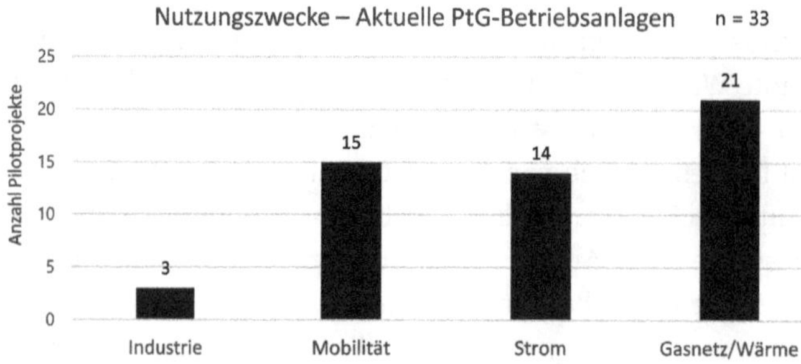

Abb. 38.2: Nutzungszwecke aktueller P2G-Anlagen im Betrieb (Eigene Darstellung in Anlehnung an [6]).

Auffällig ist, dass die Verwertung für Industrieprozesse bei den Versuchsanlagen unterrepräsentiert ist, obwohl für diese Nutzung in der kurzen Frist der größte Anteil der Wasserstoffnachfrage prognostiziert wird (vgl. [1, 5, 6]).[1]

38.3 Einfluss der Wasserstoffnutzung auf Planung und Betrieb der Stromnetze

Wie in Abschnitt 38.2 verdeutlicht, ergeben sich mit dem Hochlauf der Wasserstofftechnologien zukünftig neue Wechselwirkungen zwischen den Sektoren Gas und Strom. Aus der Perspektive des Stromsektors könnte die P2G-Technologie dabei zum einen für den effizienten Stromnetzbetrieb genutzt werden, zum anderen haben die geplanten Standorte der grünen Wasserstoffproduktion Einfluss auf die Planung der Stromnetze. Im Folgenden wird zunächst erläutert, inwieweit die P2G-Technologie als Netzbetriebsmittel geeignet ist:

Durch das Anfahren von Elektrolyseuren können lokale Überschüsse aus erneuerbaren Energieträgern auch kurzfristig aufgenommen werden, was zu einer Entlastung und Flexibilitätssteigerung im Stromnetz führen kann (vgl. [9]). Hierbei haben Henni et al. gezeigt, dass eine P2G-Anlage durch den Wert der vermiedenen Abschaltung einer Erneuerbare-Energien-Anlage profitabel betrieben werden kann (vgl. [10]).

In Verbindung mit einer zusätzlichen Rückverstromungseinheit (z. B. Gasturbine) kann die P2G-Anlage zudem als Stromspeicher eingesetzt werden. Hierdurch kann aufgrund der guten Speicherbarkeit des Wasserstoffs auch ein saisonaler Ausgleich zwischen Stromerzeugung aus erneuerbaren Energiequellen und der Stromnachfrage – insbesondere bei Dunkelflaute – erfolgen. Aufgrund des geringen Gesamtwirkungsgrads der Wasserstofferzeugung, Speicherung und Rückverstromung im Vergleich zu

1 Siehe hierzu auch Abschnitt 38.5.

einem Batteriespeicher ist insbesondere die saisonale Anwendung auch ökonomisch interessant (vgl. [9, 11]).

Des Weiteren haben mit Wasserstoff betriebene Gasturbinen in einem dezentralisierten Stromsystem eine stabilisierende Wirkung, da bei der Rückverstromung rotierende Massen ähnlich wie im konventionellen Kraftwerkspark eingesetzt werden (vgl. [9]). Die Rückverstromung von Wasserstoff mittels Gaskraftwerken könnte darüber hinaus auch als Schwarzstarttechnologie eingesetzt werden (vgl. [11]).

Die P2G-Technologie ist in Verbindung mit einer Rückverstromungseinheit aus technischer Sicht außerdem auf allen Regelreservemärkten einsetzbar (Primärregelung, Sekundärreserve und Minutenreserve). Aufgrund der aktuell sehr geringen installierten Leistung je Elektrolyseur könnte die Leistung oder Arbeit der P2G-Anlage dabei als Teil eines Anlagenverbundes gebündelt angeboten werden, um Anforderungen an die Mindestgebotsmengen zu erfüllen. Durch den modularen Verbund werden gleichzeitig flexible Angebotsmengen ermöglicht. Auf diese Weise könnten PtG-Anlagen als effizientes Netzbetriebsmittel für die Frequenzhaltung eingesetzt werden (vgl. [9, 11]).

Als weitere Systemdienstleistung können P2G-Anlagen für die Spannungshaltung im Stromnetz genutzt werden. Dabei kann die spannungsabhängige Blindleistungsbereitstellung an den betroffenen Netzknoten bedarfsgerecht aus der P2G-Anlage für unterschiedliche Anwendungsfälle erfolgen, das heißt, sowohl mit unterschiedlichen Geschwindigkeiten als auch mit unterschiedlichen Verhältnissen zur Wirkleistung (vgl. [11]).

Im aktuellen Entwurf der Übertragungsnetzbetreiber zum Szenariorahmen zum Netzentwicklungsplan (NEP) 2037, Version 2023, wird bezüglich der Elektrolysestandorte zwischen On- und Offsite-Produktion unterschieden. Onsite-Anlagen werden dabei vor allem kurzfristig durch Industrieunternehmen am eigenen Standort errichtet werden, da erst langfristig, nach dem Aufbau der Wasserstoffinfrastruktur, Wasserstoff aus Offsite-Anlage, also von größerer räumlicher Distanz, bezogen werden kann (vgl. [4]).

Der Entwurf zum Szenariorahmen geht davon aus, dass bis 2045 alle deutschen Industriestandorte mit Wasserstoffbedarf an die entsprechende Infrastruktur angeschlossen sein werden. Bis dahin wird sich der Betrieb der Onsite-Anlagen an der lokalen Wasserstoffnachfrage orientieren, und mit etwa 4.500 Betriebsstunden im Jahr 2037 werden die Anlagen relativ hoch ausgelastet sein. Es wird angenommen, dass die Anlagen nach dem bestehenden Netzanschluss 2045 nur noch marktorientiert (in Abhängigkeit der Strommarktpreise) betrieben werden und die Betriebsstundenzahl daher auf etwa 3.000 h/a sinken wird (vgl. [4]).

Im Gegensatz dazu würden die Offsite-Anlagen immer flexibel und marktorientiert betrieben werden, da ihre Erzeugungsmengen an Wasserstoff vollständig in das Wasserstoffnetz eingespeist werden. Es wird von etwa 2.000 Betriebsstunden pro Jahr im Jahr 2037 ausgegangen, die bis 2045 ebenfalls auf 3.000 h/a ansteigen werden (vgl. [4]).

Insbesondere die Bestimmung der Standorte der Onsite-Anlagen erfolgt im ersten Schritt über eine Abfrage potenzieller Großverbraucher, vor allem aus der Industrie. Hierbei können solche Projekte berücksichtigt werden, bei denen die Umsetzungsplanung bereits konkretisiert wurde. Dies ist insbesondere bei den aktuell geförderten Important Projects of Common European Interest (IPCEI)-Projekten im Bereich Wasserstoff der Fall. Eine Vielzahl der Standorte liegt hierbei in den Bundesländern Schleswig-Holstein, Niedersachsen und Nordrhein-Westfalen (vgl. [4, 12]). Die verbleibende geplante Elektrolyseleistung wird ebenfalls vor allem an norddeutschen Standorten mit hohen Überschüssen aus erneuerbaren Energieträgern (insbesondere Wind-Offshore) beziehungsweise Redispatchbedarf geplant. Dies wurde bereits im letzten Szenariorahmen zum NEP 2035 durch die Bundesnetzagentur festgelegt, um den Stromnetzausbaubedarf zu reduzieren (vgl. [4]).

Darüber hinaus wird die regelmäßige Abstimmung zwischen Übertragungsnetzbetreibern Strom und den Fernleitungsnetzbetreibern Gas bezüglich der Standortfrage angestrebt. Der Nationale Wasserstoffrat sieht dabei zur Planung der zukünftigen Wasserstoffinfrastruktur einen Prozess in Anlehnung an die Netzentwicklungspläne für Strom und Gas vor. In Form eines übergreifenden Systementwicklungsplans sollen gemeinsame Zukunftsszenarien für Strom-, Erdgas- und Wasserstoffinfrastruktur bewertet und übergreifende Optimierungspotenziale identifiziert werden. Insbesondere sollten dabei übergreifende Planungsgrößen wie P2G-Kapazitäten, deren räumliche Allokation sowie zusätzliche Importbedarfe einheitlich festgelegt werden (vgl. [1, 13]).

Im folgenden Abschnitt wird erläutert, inwieweit aktuelle politische Maßnahmen beziehungsweise die existierende Regulatorik die technischen Möglichkeiten sowie die erläuterten Planungen der Netzbetreiber mit Wasserstoff begünstigen.

38.4 Status quo der politischen und regulatorischen Rahmenbedingungen

Für die Umsetzung der Nationalen Wasserstoffstrategie hat die deutsche Bundesregierung im Jahr 2020 Bundesmittel in Höhe von sieben Milliarden Euro für nationale Projekte und Förderungen vorgesehen (Stahl- und Chemieindustrie: 2,5 Milliarden, Aufbau Elektrolyseleistung: 2 Milliarden, Verkehr: 1,5 Milliarden, Infrastruktur: 1 Milliarde) (vgl. [1]). Diese Fördermittel sollen vor allem 62 ausgewählten Wasserstoffprojekten zur Verfügung gestellt werden, die im Rahmen der europäischen IPCEI-Wasserstoffprojekte umgesetzt werden sollen (vgl. [14]). Der Stromsektor ist von diesen Fördermitteln indirekt durch die Anwendung des P2G-Verfahrens im Rahmen der Projekte aus dem Bereich H2-Erzeugung betroffen. Wie schon in Abschnitt 38.3 erwähnt, werden diese Projekte bereits bei der Regionalisierung im Entwurf zum Szenariorahmen für den NEP 2037 berücksichtigt.

Neben der beschriebenen Förderung bedarf es aber auch vor allem eines geeigneten regulatorischen Rahmens, um die bestehenden Unsicherheiten im Hinblick auf die zukünftige Wasserstoffwirtschaft auszuräumen und somit den Hochlauf der Wasserstofftechnologien zu ermöglichen. Bislang wurden erste Anpassungen am Gesetz über die Elektrizitäts- und Gasversorgung (Energiewirtschaftsgesetz – EnWG) sowie am Erneuerbare-Energien-Gesetz (EEG) in diesem Sinne durchgeführt:

Im EnWG 2021 wurde mit dem Abschnitt 3b „Regulierung von Wasserstoffnetzen" erstmals eine Möglichkeit zur freiwilligen Regulierung für Betreiber von Wasserstoffnetzen durch die Bundesnetzagentur geschaffen (Opt-in-Verfahren). Von Vorteil für den Betreiber ist dabei, dass durch einen jährlichen Plan-Ist-Kostenabgleich, den die Bundesnetzagentur daraufhin durchführen wird, die Finanzierung des regulierten Netzes sichergestellt wird. Zudem sieht das novellierte EnWG eine Ad-hoc Bedarfsprüfung für einzelne Infrastrukturvorhaben durch die Bundesnetzagentur vor, um diese im Sinne des geplanten Technologiehochlaufs möglichst rasch zu genehmigen und in die Umsetzung zu bringen (vgl. [15, 16]).

Mit der Novellierung des EEG 2021 wurden P2G-Anlagen, die grünen Wasserstoff produzieren, vollständig von der EEG-Umlage befreit (§69b EEG). Entscheidend ist hierbei, dass die Anforderungen an grünen Wasserstoff erfüllt werden, die jedoch noch nicht näher im EEG definiert sind [17]. Gegenwärtig werden diesbezüglich folgende Anforderungen in der Verordnung zur Umsetzung des EEG (§12i EEV) beschrieben, die auch Auswirkungen auf den Stromsektor haben:

- Als „grün" gilt nur jener Wasserstoff, der innerhalb der ersten 5.000 Vollbenutzungsstunden in der P2G-Anlage elektrochemisch hergestellt wird.
- Dabei muss der verwendete Strom nachweislich aus einer Erneuerbaren-Energien-Anlage im Sinne des EEG stammen. Dies muss bei Nutzung des öffentlichen Netzes mittels eines Herkunftsnachweises belegt werden. Alternativ kann der erneuerbare Strom mittels einer Direktleitung von der Erneuerbaren-Energien-Anlage bezogen werden, wobei er innerhalb jedes 15-Minuten-Intervalls zeitgleich von der P2G-Anlage verbraucht werden muss.
- Der verwendete Strom muss zu mindestens 80 % in Deutschland und zu maximal 20 % in einer ausländischen Anlage innerhalb einer Preiszone, die mit der deutschen Preiszone elektrisch verbunden ist, produziert werden.
- Die betreffende P2G-Anlage darf dabei keine sonstige Förderung nach EEG oder KWKG beziehen (vgl. [18]).

Die erläuterten Anpassungen an EnWG und EEG sind als erste regulatorische Tendenzen für die zukünftige Wasserstoffwirtschaft einzuordnen. Sowohl auf europäischer als auch auf nationaler Ebene besteht hierbei noch Reformbedarf, um bestehende Lücken zu schließen und Investoren in Wasserstofftechnologien umfassendere Sicherheiten zu bieten (vgl. [1]).

38.5 Ausblick – Entwicklung des deutschen Wasserstoffmarkts

Abschließend wird in diesem Abschnitt am Beispiel Deutschland exemplarisch aufgezeigt, wie sich ein künftiger Wasserstoffmarkt bis 2050 entwickeln könnte. Bezüglich des Ausbaus der Elektrolysekapazität wurde, wie in Abschnitt 38.1 erläutert, das Ziel von 10 GW bis 2030 im Koalitionsvertrag aus dem Jahr 2021 vorgegeben. Gemäß einer aktuellen Metastudie des Fraunhofer ISI (vgl. [19]) könnte die installierte Elektrolysekapazität im Jahr 2040 auf bis zu 35 GW bzw. auf bis zu 63 GW in 2050 steigen. Hierbei wird von den Übertragungsnetzbetreibern von etwa zwei Dritteln Offsite- und einem Drittel Onsite-Elektrolyseanlagen im Jahr 2045 ausgegangen (vgl. [4]).

Die Entwicklung der prognostizierten Nachfrage nach CO_2-freiem Wasserstoff (grün und blau) bis 2050 ist in Abbildung 38.3 nach Sektoren gegliedert dargestellt.

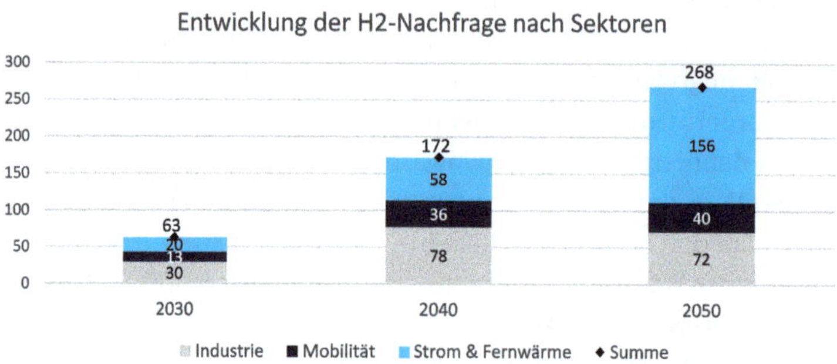

Abb. 38.3: Entwicklung der Wasserstoffnachfrage (grün und blau) nach Sektoren bis 2050. (Eigene Darstellung in Anlehnung an [5]).

Es wird deutlich, dass der Einsatz von Wasserstoff als Energieträger in Form von Strom oder Fernwärme langfristig erst im Jahr 2050 von hoher Relevanz sein wird (vgl. [5]). Auch der Nationale Wasserstoffrat geht davon aus, dass Wasserstoff zur Produktion von elektrischem Strom im Jahr 2030 mit etwa 20 TWh zunächst nur von geringer Relevanz ist. Allerdings sollte bei neugebauten Kraftwerken ab sofort auf H_2-Readiness oder H_2-Nachrüstbarkeit geachtet werden, da sich die künftigen Anforderungen an die CO_2-Emissionen nur mittels der Nutzung von Wasserstoff erreichen ließen (vgl. [1]). In der kurzen Frist wird vor allem die Wasserstoffnachfrage der Industrie maßgebend für den Technologiehochlauf bis 2030 sein (vgl. [5]). Dass diese Prognosen mit Unsicherheit behaftet sind, wurde insbesondere durch die Marktabfrage der Fernleitungsnetzbetreiber Gas für den Szenariorahmen des NEP Gas 2022–2032 deutlich, da hierbei über 500 Projekte mit einem Wasserstoffbedarf von insgesamt knapp 600 TWh im Jahr 2050 gemeldet wurden (vgl. [12]).

Die zukünftige Wasserstoffnachfrage kann nicht ausschließlich durch die inländische Wasserstoffproduktion bedient werden. Es wird prognostiziert, dass der Importanteil stets zwischen 70 % und 80 % am Gesamtangebot betragen wird (vgl. [5]).

Bis zum Jahr 2030 wird Wasserstoff dabei aus dem europäischen Ausland mittels einfach umzusetzender Infrastruktur importiert werden. Ab 2030 können auch aufwändigere Lieferoptionen aus Ländern mit besonders hohen Volllaststunden an erneuerbaren Energieträgern genutzt werden (vgl. [1]).

Bis 2030 soll zum Transport des Wasserstoffs auch die entsprechende Infrastruktur geschaffen werden. Im aktuellen Netzszenario der Fernleitungsnetzbetreiber Gas, das für den Szenariorahmen zum NEP Gas 2022–2032 entwickelt wurde, wird davon ausgegangen, dass insgesamt 5.100 km an Leitungen vor allem durch umgerüstete Erdgasleitungen abgedeckt werden. Entsprechend der prognostizierten Nachfrageentwicklung werden im Jahr 2030 dabei insbesondere Industriestandorte an das Wasserstoffnetz angeschlossen sein (vgl. [20]).

Ebenso relevant für den geplanten Technologiehochlauf sind auch die Produktionskosten des Wasserstoffs. In Abbildung 38.4 ist diesbezüglich eine Prognose dargestellt. Es wird deutlich, dass der fossile graue Wasserstoff gegenwärtig am günstigsten ist, wobei die Produktionskosten bis 2030 auf das Niveau des blauen Wasserstoffs ansteigen werden. Während die Kosten des grauen und blauen Wasserstoffs aufgrund der CO_2-Kosten bis 2050 kontinuierlich ansteigen, verhält sich der zunächst sehr teure grüne Wasserstoff gegenläufig (vgl. [21]). Die Geschwindigkeit der Kostensenkung des grünen Wasserstoffs ist dabei insbesondere abhängig von den Stromkosten der Elektrolyse sowie der erwarteten Kostenreduktion für die Installation des Elektrolyseurs (vgl. [5]). Im optimistischen Szenario kann der grüne Wasserstoff bereits vor 2040 wettbewerbsfähig werden (vgl. [21]).

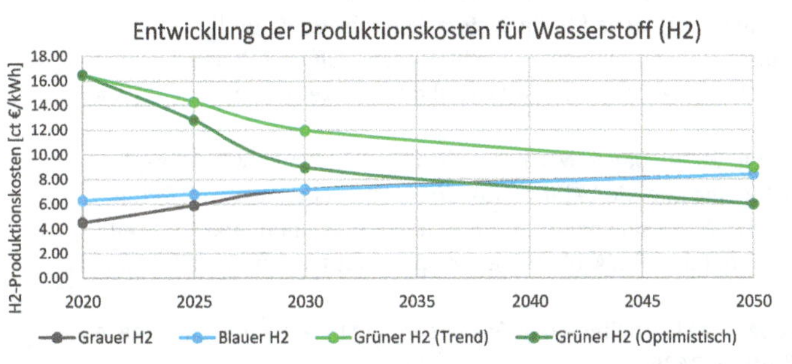

Abb. 38.4: Entwicklung der Produktionskosten für Wasserstoff. (Eigene Darstellung in Anlehnung an [21]).

Die Preisbildung für Wasserstoff wird des Weiteren im Detail in nachfolgendem Kapitel 39 erläutert (siehe Kapitel 39, vom Scheidt).

Die erläuterte Datenlage zeigt, dass gegenwärtig nicht alle Unsicherheiten hinsichtlich der zukünftigen Entwicklung des Wasserstoffmarktes ausgeräumt werden können. Insgesamt wurde im Rahmen des Kapitels aber verdeutlicht, dass durch die Wasserstofftechnologien zukünftig zahlreiche neue Schnittstellen zwischen den Sektoren Strom und Gas entstehen werden, die vor allem auch die Chance bieten, weitere Optimierungen des deutschen Energiesystems im Sinne des Klimaschutzes zu schaffen.

Literaturverzeichnis

[1] Nationaler Wasserstoffrat (2021). Wasserstoff Aktionsplan Deutschland 2021–2025. Berlin.

[2] SPD, Die Grünen, FDP (2021). Mehr Fortschritt wagen – Bündnis für Freiheit, Gerechtigkeit und Nachhaltigkeit, Koalitionsvertrag 2021–2025 zwischen der Sozialdemokratischen Partei Deutschlands (SPD), BÜNDNIS 90/DIE GRÜNEN und den Freien Demokraten (FDP). Berlin.

[3] BMWi (2020). Die Nationale Wasserstoffstrategie. Berlin.

[4] Übertragungsnetzbetreiber (2022). Szenariorahmen zum Netzentwicklungsplan Strom 2037 mit Ausblick 2045, Version 2023 – Entwurf der Übertragungsnetzbetreiber. Berlin.

[5] Prognos, Öko-Institut, Wuppertal-Institut (2020). Klimaneutrales Deutschland. Studie im Auftrag von Agora Energiewende, Agora Verkehrswende und Stiftung Klimaneutralität. Berlin.

[6] DVGW. Interaktive Power to Gas Karte Deutschland. https://www.dvgw.de/themen/energiewende/power-to-gas/interaktive-power-to-gas-karte. Zugriff am 28.02.2022.

[7] Meyer, R., Herkel, S. und Kost, C. (2021) Die Rolle von Wasserstoff im Gebäudesektor: Vergleich technischer Möglichkeiten und Kosten defossilisierter Optionen der Wärmeerzeugung. Fraunhofer ISE. Kopernikus-Projekt Ariadne. Potsdam.

[8] Weißmann, C., et al. (2019). Einsatz von Power-to-Gas im internationalen Vergleich: Wo steht Deutschland? ET. Energiewirtschaftliche Tagesfragen 69(9), 10–13.

[9] Kober, T., et al. (2019). Power-to-X: Perspektiven in der Schweiz – Ein Weissbuch. Zürich: ETH Zürich.

[10] Henni, S., et al. (2021). Infrastructural coupling of the electricity and gas distribution grid to reduce renewable energy curtailment. Appl. Energy 288, 116597.

[11] Deutsche Energie-Agentur (2020). dena-Studie Systemsicherheit 2050. Berlin.

[12] FNB Gas (2021). Ergebnisse der Bedarfsmeldungen für Wasserstoff im Rahmen der Marktabfrage Wasserstoff Erzeugung und Bedarf (WEB) für den Szenariorahmen NEP Gas 2022–2032. Berlin.

[13] Deutsche Energie-Agentur (2020). dena-Zwischenbericht: Der Systementwicklungsplan – Umsetzungsvorschlag für eine integrierte Infrastrukturplanung in Deutschland. Berlin.

[14] BMWK. IPCEI Wasserstoff: Gemeinsam einen Europäischen Wasserstoffmarkt schaffen. https://www.bmwi.de/Redaktion/DE/Artikel/Energie/ipcei-wasserstoff.html. Zugriff am 28.02.2022.

[15] EnWG (2021). Gesetz über die Elektrizitäts- und Gasversorgung (Energiewirtschaftsgesetz – EnWG). 10.08.2021 (BGBl | S. 3436).

[16] Bundesnetzagentur. Bundesnetzagentur übernimmt Aufgaben bei der Regulierung von Wasserstoffnetzen. Pressemitteilung 2021. https://www.bundesnetzagentur.de/SharedDocs/Pressemitteilungen/DE/2021/20210726_Wasserstoff.html. Zugriff am 28.02.2022.

[17] EEG (2021). Gesetz für den Ausbau erneuerbarer Energien (Erneuerbare-Energien-Gesetz – EEG 2021). 16.07.2021 (BGBl | S. 3026).

[18] EEV (2021). Verordnung zur Durchführung des Erneuerbare-Energien-Gesetzes und des Windenergie-auf-See-Gesetzes (Erneuerbare-Energien-Verordnung – EEV). 10.08.2021 (BGBl. | S. 3436).

[19] Wietschel, M., et al. (2021). Metastudie Wasserstoff – Auswertung von Energiesystemstudien. Studie im Auftrag des Nationalen Wasserstoffrats. Fraunhofer ISI, Fraunhofer ISE, Fraunhofer IEG. Karlsruhe.
[20] FNB Gas. Wasserstoffnetz 2030: Aufbruch in ein klimaneutrales Deutschland. https://fnb-gas.de/wasserstoffnetz/h2-netz-2030/. Zugriff am 28.02.2022.
[21] Hohmann, M. (2020). Produktionskosten von Wasserstoff nach Wasserstofftyp in Deutschland im Jahr 2019 und Prognosen für die Jahre 2030 und 2050. Statista. https://de.statista.com/statistik/daten/studie/1195863/umfrage/produktionskosten-von-wasserstoff-nach-wasserstofftyp-in-deutschland/. Zugriff am 28.02.2022.

Kurzvitae

Dr. Claudia Weißmann ist Senior Manager bei der Intelligent Energy System Services (IE2S) GmbH, einem Joint Venture von MHP – A Porsche Company und TransnetBW. Claudia Weißmann ist studierte Wirtschaftsingenieurin und war von 2013 bis 2017 als wissenschaftliche Mitarbeiterin von Univ.-Prof. Dr.-Ing. C.-A. Graubner am Institut für Massivbau der Technischen Universität Darmstadt tätig. Im Rahmen ihrer Promotion war sie Stipendiatin der Exzellenz-Graduiertenschule für Energiewissenschaft und Energietechnik und hatte einen Forschungsaufenthalt am Lawrence Berkeley National Laboratory. Ihr Forschungsfokus lag dabei insbesondere auf der Sektorenkopplung für die Energieversorgung von Stadtquartieren. Seit 2018 berät sie im Team von IE2S Energieversorger, Netzbetreiber und Automobilhersteller bei Innovationsprojekten an der Schnittstelle von Energie- und Mobilitätswende. Ihre Schwerpunkte liegen dabei in den Themenfeldern Wasserstoff, Elektromobilität und Infrastruktur-Großprojekte.

Dieter Kunstmann ist Manager bei der Intelligent Energy System Services (IE2S) GmbH, einem Joint Venture von MHP – A Porsche Company und TransnetBW. Dieter Kunstmann ist studierter Betriebswirt mit Fokus auf nachhaltige Energieversorgung und rationelle Energieanwendung und war von

2009 bis 2020 in unterschiedlichen Funktionen in den Bereichen Systembetrieb, Energiehandel sowie Regulierungsmanagement tätig. Während seiner Berufslaufbahn begleitete er in mehreren nationalen und internationalen Projekten die Ausgestaltung der Grundlagen zur Integration der Energiemärkte, die Weiterentwicklung des regulatorischen Rahmens in der Energiewirtschaft, sowie Zugangsvoraussetzungen zu Systemdienstleistungsmärkten. Daneben begleitete er die Entwicklung und die Einführung der energiewirtschaftlichen Handelsp rozesse eines überregionalen Netzbetreibers. Seit 2020 berät er im Team von IE2S Energieversorger, Netzbetreiber und Automobilhersteller bei Innovationsprojekten an der Schnittstelle von Energie- und Mobilitätswende. Seine Schwerpunkte liegen dabei in den Themenfeldern Regulatorik, Sektorenkopplung, Energiemärkte und Energieversorgungsstrategie.

Maria Reichel ist Consultant bei der Intelligent Energy System Services (IE2S) GmbH, einem Joint Venture von MHP – A Porsche Company und TransnetBW. Maria Reichel studierte im Bachelor Gebäude-/ Energie- und Umwelttechnik mit Vertiefung in Energietechnik und absolvierte anschließend den darauf aufbauenden Masterstudiengang Energiesysteme und Energiemanagement. Im Laufe dieser Zeit war sie in verschiedenen Projekten und Bereichen tätig, wie zum Beispiel bei der eigenständigen Entwicklung von Energieversorgungskonzepten für den deutschen Alpenverein.
Im Bereich der alternativen Antriebssysteme und insbesondere in der Elektromobilität war sie in mehreren internationalen als auch nationalen Projekten tätig. Seit 2022 berät sie im Team von IE2S Energieversorger, Netzbetreiber und Automobilhersteller bei Innovationsprojekten an der Schnittstelle von Energie- und Mobilitätswende. Ihre Schwerpunkte liegen dabei in den Themenfeldern Elektromobilität und Infrastruktur-Großprojekte.

Frederik vom Scheidt und Malin Lange

39 Marktmodelle und -anreize internationaler und sektorgekoppelter Energieversorgung

Zusammenfassung: Sektorkopplung kann wesentlich zur Verringerung der Emissionen in Industrie, Verkehr und Gebäuden beitragen. Durch die Kopplung dieser Sektoren mit dem Stromsystem über neue strombasierte Technologien wie Power-to-Gas, Elektrofahrzeuge und Wärmepumpen wirkt sich das Design von Strommärkten, Strompreisen und anderen Anreizsignalen auf die Installation und den Betrieb von Sektorkopplungstechnologien aus. Dieses Kapitel bietet eine Übersicht über typische Strommarktdesigns in verschiedenen Ländern und deren Anreizwirkungen auf die Sektorkopplung. Des Weiteren stellt es systematisch spezifische Anreizmechanismen für sektorgekoppelte Energiesysteme vor und diskutiert die Vor- und Nachteile einzelner Mechanismen. Außerdem wird eine Fallstudie zu Power-to-Gas in Deutschland vorgestellt. Die Fallstudie demonstriert, dass die aktuelle Strommarktregulierung in Deutschland Anreize setzt, Power-to-Gas-Anlagen in der Nähe von Verbrauchspunkten wie Industrieanlagen und Großstädten zu platzieren, was Emissionen und Engpässe im Stromnetz erhöht. Räumlich differenzierte Anreize können dagegen zu systemdienlicher Platzierung der Wasserstoffproduktion in der Nähe von kostengünstigen Stromerzeugungskapazitäten führen. Das bewirkt niedrigere Kosten für Wasserstoff, bessere Nutzung erneuerbaren Stroms und damit reduzierte Emissionen sowie reduzierte Netzengpässe. Dieses Kapitel führt somit in verschiedene Systeme von Strommärkten ein und gibt eine Übersicht und Einordnung möglicher Anreizmechanismen in der sektorgekoppelten Energieversorgung. Des Weiteren werden die Vorteile von ökonomisch effizienten Mechanismen für die Sektorkopplung anhand einer Fallstudie demonstriert.

Schlagwörter: Sektorkopplung, Power-to-Gas, Wasserstoff, Anreizdesign, Regulierung, Marktmodelle

39.1 Einleitung

Zur Erreichung der Ziele des Pariser Klimaabkommens ist eine tiefgreifende Transformation der Wirtschaft in allen Sektoren nötig. Dazu ist es essenziell, dass fossile Energieträger und darauf basierende Technologien durch CO_2-freien Strom und damit betriebene Technologien ersetzt werden. Zu diesen Technologien zählen Wärmepumpen, Elektrofahrzeuge und Power-to-Gas-Anlagen. Diese Technologien verbrauchen große Mengen an Strom und sind daher eng mit dem Stromsystem verbunden. Auf

Frederik vom Scheidt, Malin Lange, Karlsruher Institut für Technologie, Karlsruhe, Deutschland, e-mails: frederik.scheidt@kit.edu, malin.lange@kit.edu

https://doi.org/10.1515/9783110753585-039

der einen Seite werden sie dadurch stark durch Strommärkte und -preise beeinflusst. Beispielsweise beeinflussen Strompreise die Betriebskosten von Elektrofahrzeugen entscheidend. Auf der anderen Seite wirkt sich Sektorkopplung auch wieder auf das Stromsystem aus. So beeinflusst der Stromverbrauch von Power-to-Gas-Anlagen die Großhandelspreise von Strom (vgl. [1]). In sektorgekoppelten Energiesystemen entstehen somit Wechselwirkungen zwischen den gekoppelten Sektoren.

Strommarktmodelle und -anreize sind bereits in nicht-gekoppelten Energiesystemen von großer Relevanz. Es ist erwartbar, dass ihre Bedeutung mit der zunehmenden Kopplung stark zunimmt (vgl. [2]). Deshalb ist es wichtig, frühzeitig geeignete Marktmodelle und Anreize für die Sektorkopplung zu untersuchen. Dieses Kapitel gibt einen Überblick über grundlegende Strommarktmodelle (Abschnitt 39.2) und diskutiert und strukturiert spezifische Anreize (Abschnitt 39.3). Anschließend werden anhand einer Fallstudie die Auswirkungen von Anreizsignalen auf Power-to-Gas in Deutschland demonstriert (Abschnitt 39.4) und ein Fazit gezogen (Abschnitt 39.5).

39.2 Internationale Strommarktmodelle

Strommärkte sind Märkte, die eine ökonomisch effiziente und zuverlässige Versorgung mit Elektrizität gewährleisten sollen. Strommärkte sollen zum einen ökonomische Signale senden für den kurzfristig wohlfahrtsmaximierenden Einsatz von Stromerzeugungstechnologien wie konventionellen Kraftwerken und Anlagen erneuerbarer Stromerzeugung. Zum anderen sollen Strommärkte auch langfristig effiziente Preissignale für Investitionen in neue Erzeugungs-, Übertragungs- und Verbrauchsinfrastruktur bieten (vgl. [3]). Weltweit haben sich zwei archetypische Strommarktdesigns entwickelt: Das Pool-Modell und das Börsenmodell.

Das Pool-Modell existiert unter anderem in Argentinien, Chile und Kalifornien (vgl. [2]). Im Zentrum der Pool-Systeme steht ein sogenannter Independent System Operator, der sowohl die Rolle des Markt- als auch des Systembetreibers übernimmt und zentral die gesamte Stromerzeugung und -übertragung plant. Unter hohem Berechnungsaufwand bestimmt der Independent System Operator individuelle Preise für jeden Punkt, beziehungsweise Knoten, im Stromnetz zu jedem Zeitpunkt. Diese nodalen Preise (von englisch „node“ = „Knoten“) berücksichtigen explizit das lokale Angebot und die lokale Nachfrage nach Strom, sowie Netzrestriktionen und -verluste. Deshalb entsprechen Knotenpreise dem genauen ökonomischen Wert einer Stromeinheit an dem entsprechenden Knoten zu einem bestimmten Zeitpunkt (vgl. [4]). Diese Knotenpreise können je nach Regulierung des Endkundenmarkts an Stromverbraucherinnen, Stromverbraucher und stromverbrauchende Technologien weitergegeben werden. In diesem Fall entspringen aus einem Strommarkt im Pool-Modell zeitliche und räumliche Anreize für die Sektorkopplung (siehe auch Fallstudie in Abschnitt 39.4). In vielen Regionen mit Pool-Modell nutzen die meisten Endverbraucher und Endverbraucherinnen heute jedoch (noch) zeitinvariable Preise (vgl. [2]).

Das Börsenmodell besteht unter anderem in Deutschland, Kanada und Japan (vgl. [2]). In börsenbasierten Systemen sind Netzbetrieb und Marktbetrieb entkoppelt. Stromerzeuger und -verbraucher können Strom unabhängig von zugrunde liegenden Netzbeschränkungen handeln. Es entsteht ein einheitlicher zonaler Preis für die gesamte Marktzone und nicht individuelle Preise für jeden Knoten. Im Gegensatz zum Pool-Modell kreiert der Strommarkt im Börsenmodell somit keine direkten räumlichen Anreize für Stromerzeuger und -verbraucher und damit auch nicht für die Sektorkopplung. Er kreiert aber zeitlich variable Preise, die von Großverbrauchern, die direkt am Großhandelsmarkt Strom kaufen, genutzt werden können. Für kleinere, dezentrale Sektorkopplungstechnologien wie Elektrofahrzeuge oder Wärmepumpen können Stromversorgungsunternehmen über zeitvariable Stromtarife die Preisschwankungen des Großhandelsmarktes weitergeben. In vielen Regionen mit Börsenmodell sind zeitvariable Tarife allerdings noch nicht verbreitet (vgl. [2]).

Da im Börsenmodell Netzrestriktionen beim Stromhandel ignoriert werden, müssen Netzbetreiber im Fall von drohenden Netzengpässen nach dem Handel einschreiten und durch Korrekturmaßnahmen die Stabilität des Stromsystems gewährleisten. Solche Maßnahmen können zu hohen Kosten führen – in Deutschland betrugen die Kosten für das sogenannte Engpassmanagement im Jahr 2020 über eine Milliarde Euro (vgl. [5]). Wenn in einem Stromsystem dauerhafte, strukturelle Engpässe bestehen, können Regulierer entscheiden, die Einheitspreiszone aufzuteilen, um räumlich differenzierte Strompreise zu ermöglichen und die Effizienz des Systems zu verbessern. Wenn ein System beispielsweise in zwei Preiszonen aufgeteilt wird, setzt das ökonomische Anreize für Stromgroßverbraucher, sich in der Zone mit niedrigeren Preisen anzusiedeln, wodurch Netzengpässe reduziert werden können. Länder, in denen ein Börsenmodell mit getrennten Preiszonen besteht, sind beispielsweise Norwegen und Schweden (vgl. [6]). Solche zonalen Preise bieten somit im Gegensatz zu Einheitspreisen räumliche Anreize für die Sektorkopplung, diese sind jedoch weniger granular als bei Knotenpreisen.

An Strommärkten entstehen Strompreise durch das Zusammentreffen von Angebot und Nachfrage nach Strom, zusammen mit den technischen Restriktionen des Systems. Diese Strompreise setzen kurz- und langfristige ökonomische Anreize für alle Menschen und Technologien, die Strom verbrauchen. Strompreise sind in dieser Hinsicht technologieneutral und betreffen auch alle strombasierten Sektorkopplungstechnologien. Zusätzlich zu Strompreisen gibt es allerdings weitere Anreizmechanismen, die gezielt für die Sektorkopplung gestaltet werden können. Diese werden im nachfolgenden Abschnitt vorgestellt und diskutiert.

39.3 Anreizmodelle für die Sektorkopplung

Wie im vorangegangenen Abschnitt beschrieben, bildet sich der Strompreis in Deutschland unter Verwendung eines Börsenmodells als Einheitspreis, in dem Netzbetrieb und Strommarkt entkoppelt sind. Ein essenzieller Nachteil ist das Fehlen von örtlich und (außer bei wenigen Großverbrauchern) zeitlich aufgelösten Signalen, die Anreize setzen für Elektrolyseure, Wärmepumpen, Elektrofahrzeuge und ähnliche Verbraucher anderer Sektoren, sich netzdienlich ins Stromsystem zu integrieren. In Systemen mit fehlenden adäquaten Marktsignalen oder zur gezielten (initialen) Förderung von neuen Technologien stellt sich die Frage nach geeigneten Anreizmechanismen für eine systemdienliche Sektorkopplung.

In diesem Abschnitt werden diese Anreizmechanismen strukturiert, beschrieben und jeweils anhand eines konkreten Beispiels erläutert. Abbildung 39.1 zeigt eine Übersicht der verschiedenen Kategorien von Anreizmechanismen, die nachfolgend vorgestellt werden.

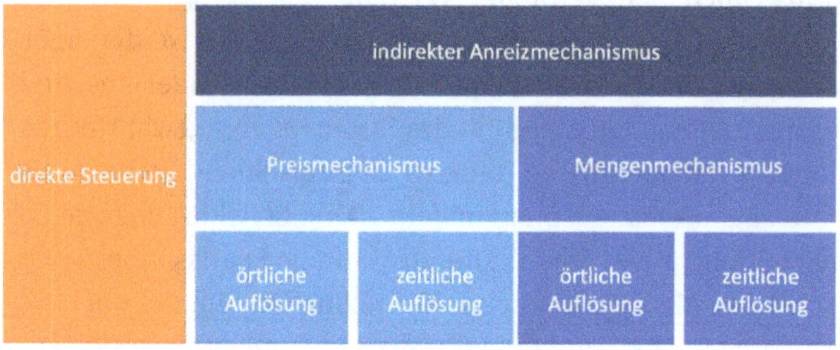

Abb. 39.1: Kategorisierung möglicher Anreizmechanismen in der Sektorkopplung.

Zunächst kann zwischen einer direkten Steuerung und einem indirekten Anreizmechanismus unterschieden werden.

Bei einer direkten Steuerung greift ein zentraler Akteur, beispielsweise der Regulierer oder Netzbetreiber, unmittelbar in die Standortwahl oder den Betrieb einer Technologie ein. Ein Beispiel für eine direkte Steuerung im Rahmen der Sektorkopplung sind steuerbare Verbrauchseinrichtungen, die nach §14a EnWG durch den Verteilnetzbetreiber abgeregelt werden dürfen. Zu steuerbaren Verbrauchseinrichtungen im Kontext der Sektorkopplung zählen Wärmepumpen und Elektrofahrzeuge (vgl. [7]). Ein Beispiel für einen solchen direkten Eingriff in den operativen Betrieb von Konsumenten ist die Abregelung von Stromnachfrage in Engpassstunden durch den Netzbetreiber. Die direkte Steuerung der Nachfrage hat in diesem Fall den Vorteil, das Problem situativ und zuverlässig zu beheben. In anderen Worten heißt dies, Verbraucher könnten genau an den Standorten und zu den Uhrzeiten abgeregelt werden, an denen ein Engpass auftritt. Preis- oder Mengensignale weisen diese Genauigkeit und Zuverlässigkeit für gewöhnlich nicht auf (vgl. [8]). Jedoch stellt sich die Frage, ob ein solch starker Eingriff in den Markt beziehungsweise den Betrieb eines Verbrauchers gerechtfertigt ist, da eine Abregelung mit Einschränkungen und wirtschaftlichen Nachteilen einhergehen kann. Wenn diese Nachteile dem steuernden Akteur nicht bekannt sind beziehungsweise nicht berücksichtigt werden, kann eine Steuerung resultieren, die aus Gesamtsicht ökonomisch ineffizient ist. Ein Mechanismus mit direkter Steuerung kann außerdem ein Investitionshemmnis darstellen, da es für Verbraucher schwer sein kann, vorherzusagen, wann und wie häufig Situationen auftreten, in denen der Netzbetreiber ihre Technologie direkt abregelt. Bei der Gestaltung des Mechanismus sollten also explizit der Nutzengewinn durch die direkte Steuerung für das System und der Nutzenverlust der betroffenen Verbraucher abgewogen werden.

In manchen Ausgestaltungen von Mechanismen mit direkter Steuerung wird daher die Anzahl der regelbaren Stunden begrenzt, um das Risiko für Anlagenbetreiber zu senken (vgl. [9]). Des Weiteren stellt sich die Frage nach einer angemessenen Entschädigung im Falle einer Steuerung. In Deutschland dienen reduzierte Netznutzungsentgelte als Entschädigung für steuerbare Verbrauchseinrichtungen (vgl. [7]).

Neben direkten Steuerungsmechanismen für die Sektorkopplung gibt es indirekte Anreizmechanismen. Diese lassen sich in preis- und mengenbasierte Mechanismen unterteilen. Beide Arten von indirekten Mechanismen können dabei verschiedene räumliche und zeitliche Auflösungen haben. Weitere, detailliertere Unterteilungen sind unter anderem möglich hinsichtlich der Einheit der Anreize (Leistung vs. Energie), der Richtung des Anreizes (Prämie vs. Strafe) und der betroffenen Technologien (neu vs. bestehend).[1]

Bei der Bewertung und dem Vergleich verschiedener Anreizmechanismen sind in der Praxis mehrere technische, ökonomische und politische Kriterien relevant. Dazu zählen der Zeitpunkt der Berechnung des Preises beziehungsweise der Menge (ex-ante vs. ex-post), die Vorhersagbarkeit und Nutzerfreundlichkeit der Anreizsignale, die Transparenz der Signale, die Stärke der Signale, sowie etwaige Verteilungseffekte (vgl. [11–13]).

So beeinflusst beispielsweise die Vorhersagbarkeit des Anreizsignals die Akzeptanz des Mechanismus, da gut vorhersagbare Anreizsignale Unsicherheiten reduzieren und somit Investitionen fördern können. Mechanismen mit langfristig festgelegten Preisen oder Mengen sind in dieser Hinsicht vorteilhaft. Auch die Frage, ob die Signale im Vorhinein oder Nachhinein berechnet werden, beeinflusst dies, da ex-post berechnete Signale von den Erwartungen abweichen können und somit eine weitere Unsicherheit in der Investitionsentscheidung darstellen. Neben der Vorhersagbarkeit spielt auch die Transparenz der Signale eine Rolle in der Akzeptanz des Mechanismus. Sind Signale aufgrund fehlender Datenlage oder hoher Komplexität schwierig nachzuvollziehen oder nicht öffentlich, so stellt dies ein weiteres Hemmnis in einer Investitionsentscheidung dar (vgl. [11]).

Im Folgenden werden zunächst preisbasierte Anreizmechanismen beschrieben.

---

1 Für eine verwandte Systematik von Energiedienstleistungen, siehe Salah et al. [10], für eine verwandte Systematik für Anreize für neue Stromerzeugungskapazitäten, siehe Eicke et al. [11].

Wie in Abschnitt 39.2 hergeleitet, kreieren Strommarktmodelle (technologieneutrale) Preise, die bereits Anreizwirkungen haben. Darüber hinaus können für die Sektorkopplung gezielt preisbasierte Anreize gestaltet werden. So könnte beispielsweise innerhalb des existierenden Marktmodells in Deutschland – das unzureichendende räumliche Anreizsignale für Verbraucher bietet – ein lokal differenzierter Tarif beziehungsweise eine Subvention speziell für Power-to-Gas-Anlagen angeboten werden, der die Topologie des Netzes sowie die regionale Verteilung von Angebot und Nachfrage berücksichtigt. Auch Zonaltarife und -subventionen, analog zu Zonalpreisen, gehören zu dieser Kategorie von Anreizmechanismen, jedoch mit weniger hoher räumlicher Auflösung.

Neben der räumlichen Differenzierung kann das Anreizsignal auch in der zeitlichen Dimension variiert werden und somit die zeitlichen Schwankungen von Angebot und Nachfrage reflektieren. Echtzeitsignale können beispielsweise auf stündlicher oder viertelstündlicher Basis variieren (vgl. [2]). Auch hier sind Zwischenlösungen möglich, beispielsweise in Form von Time-of-Use-Signalen, wobei fixe Preisstufen festgelegt werden und Zeitperioden, in denen diese Preisstufen täglich gelten. Im Rahmen der Sektorkopplung von Strom und Wärme fanden Niederstromtarife in Form von Nachtstromtarifen für Speicherheizungen lange Anwendung. Hier konnten Betreiber von Nachtspeicherheizungen während eines definierten Nachtzeitraums für einen konstanten, niedrigeren Stromtarif Strom beziehen, um Wärme in Speicherheizungen für den nächsten Tag zu speichern. So sollten Kraftwerke gleichmäßiger ausgelastet werden (vgl. [14]).

Insbesondere im Rahmen der Sektorkopplung und der Integration von Flexibilitäten ist sowohl eine hohe örtliche als auch zeitliche Auflösung des Anreizsystems von Vorteil. Dies ergibt sich aus der Tatsache, dass Engpässe im System sowohl durch eine regionale Diskrepanz von Erzeugungskapazität und Nachfrage als auch durch unterschiedliche zeitliche Verläufe von Angebot und Nachfrage hervorgerufen werden. Die theoretische ökonomische Effizienz der Mechanismen nimmt mit höherer Auflösung zu. Allerdings kann durch die Variabilität und die schlechtere Voraussagbarkeit von Knoten- und Echtzeitsignalen auch die Unsicherheit und Komplexität für Verbraucher steigen (vgl. [11, 13]). Dies kann trotz adäquater Stärke des Anreizsignals Investitionsentscheidungen hemmen. Zonale oder Time-of-Use-Signale reduzieren diese Komplexität, sodass das Investitionsrisiko für Betreiber von beispielsweise Power-to-Gas-Anlagen sinkt. Gleichzeitig leidet jedoch auch die Systemeffizienz unter der Vereinfachung, sodass im Einzelfall abgewogen werden muss, inwieweit die Signalwirkung des Mechanismus unter einer Vereinfachung des Mechanismus abnimmt (vgl. [2, 11]).

Mögliche Instrumente für preisbasierte Anreize sind neben technologiespezifischen Tarifen und pro-kWh-Subventionen die Zahlung von Prämien, Vergütungen oder Investitionszuschüssen. Anders als Preissignale des Strommarktes (vgl. Abschnitt 39.2) werden diese Instrumente für gewöhnlich technologiespezifisch eingesetzt, das heißt, sie fördern explizit und ausschließlich eine Auswahl bestimmter

Technologien (vgl. [15]). Die Einspeisevergütung für Erneuerbare Energien im Rahmen des Erneuerbare-Energien-Gesetzes, die in Deutschland über viele Jahre hinweg gewährt wurde, ist ein Beispiel eines solchen regulatorischen Anreizmechanismus. Regulatorische Mechanismen können sehr spezifisch und problemorientiert eingesetzt werden. Insbesondere bei der Förderung von neuen Technologien, die noch nicht wettbewerbsfähig sind, sind regulatorische Maßnahmen adäquat (vgl. [16]).

Regulatorisch gestaltete Preismechanismen können auch auf besondere technische Eigenschaften bestimmter (Sektorkopplungs-)Technologien abzielen. Zum Beispiel kann die besondere Flexibilität bei Laden und Entladen von Elektrofahrzeugen gezielt adressiert werden, um netzdienlichem Verhalten anzureizen. Staudt et al. [17] schlagen beispielsweise ein Vergütungssystem für steuerbare, Vehicle-to-Grid fähige Elektrofahrzeuge vor, in dem Elektrofahrzeugbesitzer ihre Batterie als flexiblen Speicher anbieten können und auf Basis von (vermiedenen) Redispatch-Kosten vergütet werden.

Bei Anreizen, die nicht direkt und kurzfristig vom Markt abgeleitet werden, kann die Festlegung der Signalhöhe problematisch sein. Ist ein Mechanismus in Form einer Vergütung oder Subvention gestaltet, so besteht für den Regulierer das Risiko von ineffizienten Mehrkosten, die sich zumeist auf den Steuerzahler oder Verbraucher auswirken. Bei Einführung von Strafzahlungen kann das Ansetzen einer zu hohen Strafe dazu führen, dass ein Betrieb für die betroffenen Verbraucher unwirtschaftlich wird und somit die Verbreitung von nachhaltigen Technologien gebremst wird.

Im Vergleich zu finanziellen Instrumenten wird bei mengenbasierten Anreizmechanismen nicht auf Signale durch variierende Preise zurückgegriffen. Vielmehr werden regionale Mindest- oder Maximalgrenzen an installierter Leistung oder abgerufener Energie vom Regulierer vorgegeben. Mögliche Umsetzungen solcher Mechanismen erfolgen über spezifische Ausschreibungen oder regionale Quoten, in deren Rahmen dann auch die Preisbildung stattfindet. Ein bekannter Quotenmechanismus im Bereich der Integration Erneuerbarer Energien ist die sogenannten Südquote für Windkraftausbau. Hier wird ein gewisser Anteil an geförderter Ausbaukapazität zunächst gesondert für südliche Regionen auktioniert. Erst nach erfolgreicher Vergabe dieses Volumens können auch Windkraftausbau-Projekte in anderen Regionen an der Ausschreibung teilnehmen (vgl. [18]). Analog dazu wäre für die Sektorkopplung eine Nordquote für Power-to-Gas-Anlagen denkbar, die eine systemdienliche Platzierung von neuen Power-to-Gas-Anlagen in der Nähe von Windkraftanlagen in Norddeutschland fördert (vgl. Abschnitt 39.4).

Auch bei Mengenmechanismen gilt, dass eine höhere räumliche und zeitliche Auflösung tendenziell ökonomisch effizientere Signale setzt, gleichzeitig jedoch mit höherer Komplexität einhergeht und Nachteile hinsichtlich Transparenz und Vorhersagbarkeit mit sich bringt. Ebenso stellt die Wahl und Rechtfertigung einer geeigneten Fördermenge für den Regulierer ein Risiko dar und kann bei ineffizienter Festlegung Mehrkosten im Gesamtsystem verursachen. Für Investoren, Besitzer und Betreiber kann ein Mengenmechanismus für Ausbaukapazitäten jedoch vorteilhaft sein, da

Zuschlag und Höhe der Förderung ex ante feststehen. Wie bei preisbasierten Anreizen und direkter Steuerung muss berücksichtigt werden, dass keine unerwünschte Verzerrung des Technologiewettbewerbs stattfindet dadurch, dass ausgewählte Technologien gefördert werden.

Zusammengefasst lässt sich konstatieren, dass eine Vielzahl von Anreizmechanismen in der wissenschaftlichen Literatur und in der Praxis existiert. Anreizmechanismen können in die drei übergeordneten Kategorien direkte Steuerung, preisbasierte Anreize und mengenbasierte Anreize eingeteilt werden. Jeder Anreizmechanismus birgt spezifische Vor- und Nachteile, die je nach Anwendungsfall abgewogen und verglichen werden müssen. Um die potenziellen Auswirkungen von Anreizen auf die Sektorkopplung zu demonstrieren, wird im nachfolgenden Abschnitt eine Fallstudie vorgestellt.

39.4 Fallstudie: Stromtarife für Power-to-Gas-Anlagen

Wie in Abschnitt 39.2 ausgeführt, ist der deutsche Strommarkt nach dem Börsenmodell gestaltet, wodurch Stromkostenunterschiede an den verschiedenen Netzknoten nicht durch räumlich differenzierte Preissignale ausgedrückt werden. Dadurch bietet das Marktmodell im Status quo keine Anreize für Investoren, neue, großskalige, strombasierte Technologien wie Power-to-Gas systemdienlich zu platzieren. Ohne geeignete Änderungen des Marktdesigns oder der Entwicklung neuer Anreizmodelle besteht das Risiko, dass Power-to-Gas-Anlagen suboptimal mit dem Stromsystem gekoppelt werden. Beispielsweise könnte eine aus Systemsicht falsche Platzierung dazu führen, dass Power-to-Gas-Anlagen aufgrund von Netzengpässen kostengünstigen erneuerbaren Strom nicht nutzen können, sondern teureren und CO_2-intensiven Strom aus fossilen Energieträgern nutzen müssen. Deshalb wird in diesem Abschnitt eine Fallstudie vorgestellt, die untersucht, welche Effekte Anreizmechanismen für Power-to-Gas-Anlagen auf die Sektorkopplung haben können. Die Fallstudie untersucht preisbasierte Anreize. Die Fallstudie basiert auf vom Scheidt et al. (vgl. [1, 2]), wobei zusätzlich die abgeregelte Stromerzeugung aus erneuerbaren Energien und der Anteil Erneuerbarer Stromerzeugung am Gesamtverbrauch berechnet wird.

Die deutsche Bundesregierung hat das Ziel ausgegeben, die nationale Wasserstoffinfrastruktur bis 2030 stark auszubauen. Insgesamt sollen dann 10 Gigawatt Elektrolyseleistung in Deutschland installiert sein, wie in Abbildung 39.2 dargestellt. Mit dieser inländischen Erzeugung und Importen soll die Wasserstoffnachfrage der verschiedenen Sektoren gedeckt werden. Dabei wird erwartet, dass vor allem Industrieunternehmen und der Transportsektor relevante Mengen an Wasserstoff nachfragen werden. Dadurch wird Wasserstoff vor allem in Industriezentren und an Tankstellen

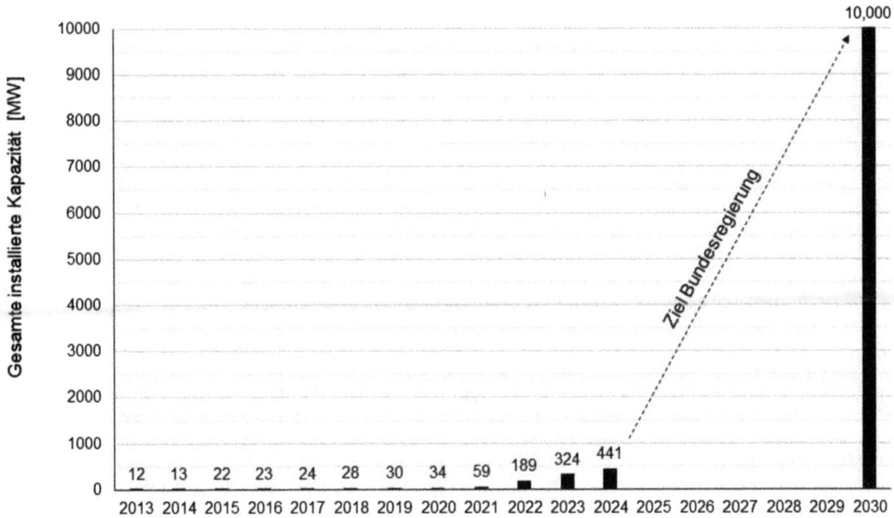

Abb. 39.2: Entwicklung der installierten Power-to-Gas-Kapazität in Deutschland. Eigene Darstellung, basierend auf Heymann et al. [19], vom Scheidt et al. [2] und SPD, Die Grünen und FDP [20].

benötigt werden (vgl. [1]). Der entsprechende Bedarf je Nachfragesektor ist in Abbildung 39.3 abgebildet.

Um die Wasserstoffnachfrage zu decken, wird eine Wasserstoffwertschöpfungskette aufgestellt und hinsichtlich der Kosten optimiert. Die Wertschöpfungskette beinhaltet die Erzeugung von Wasserstoff in Power-to-Gas-Anlagen mit Elektrolyseuren, die anschließende Verflüssigung, den Transport des flüssigen Wasserstoffs in Tankwagen und die Rückvergasung am Verbrauchsort. Da Power-to-Gas-Anlagen einen großen Stromverbrauch haben, ist der Strompreis eine der entscheidenden Variablen, die in das Optimierungsproblem eingehen. Unter Berücksichtigung der Strompreise identifiziert das Modell kostenminimale Orte für die Errichtung von Power-to-Gas-Anlagen.

Folglich werden preisbasierte Anreize in Form von technologie-spezifischen Stromtarifen gestaltet und deren Auswirkungen auf die Strom-Wasserstoff-Sektorkopplung in Deutschland untersucht. Es werden zwei Anreize verglichen. Zum einen wird ein zeitlich invariabler Einheitsstromtarif betrachtet, der den Status quo der Regulierung in Deutschland abbildet. Zum anderen wird ein Szenario mit Knotenstromtarifen berechnet. Dieser setzt zu jeder Stunde im Jahr an jedem Übertragungsnetzknoten in Deutschland einen individuellen Preis, der dem tatsächlichen Wert einer MWh Strom entspricht (vgl. Abschnitt 39.2). Die Abbildungen in Tabelle 39.1 stellen stilisiert dar, dass die Tarife unterschiedliche räumliche und zeitlich Granularitäten haben. Mathematische Details für die Berechnung der Tarife finden sich in vom Scheidt et al. [2], die Details der Eingangsdaten finden sich in vom Scheidt et al. [22].

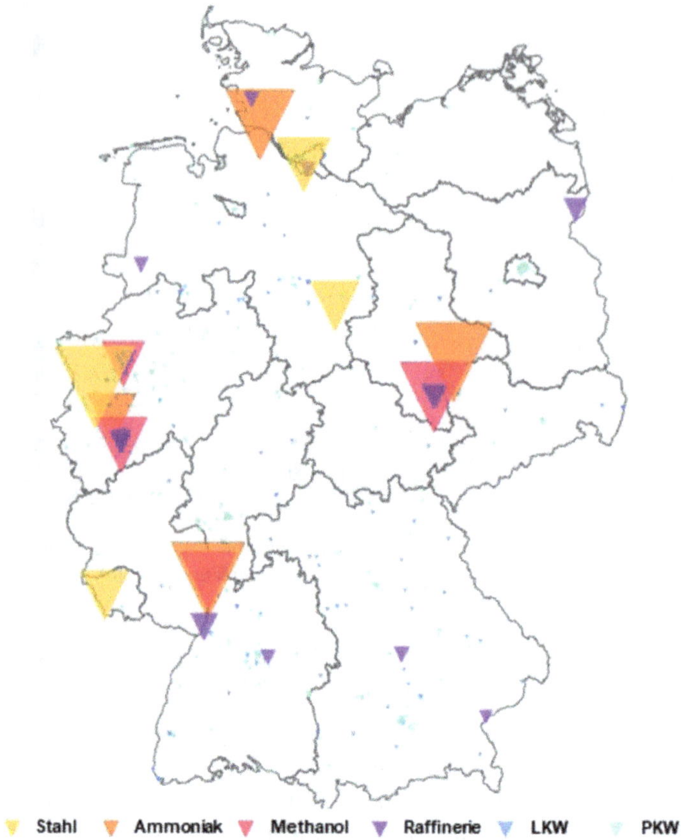

Abb. 39.3: Räumliche Verteilung der erwarteten Wasserstoffnachfrage in Deutschland, 2030, nach Sektoren. Eigene Darstellung, basierend auf vom Scheidt et al. [21].

Tab. 39.1: Preisbasierte Anreize für Power-to-Gas: Stilisierte Stromtarife mit unterschiedlicher räumlicher und zeitlicher Granularität.

Zeitlich invariabler Einheitstarif	Zeitvariabler Knotentarif
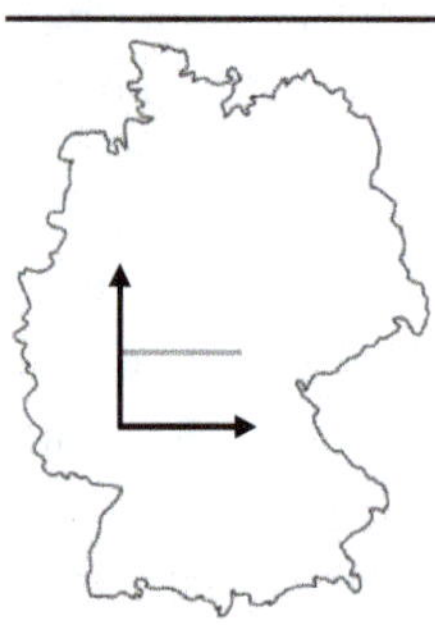	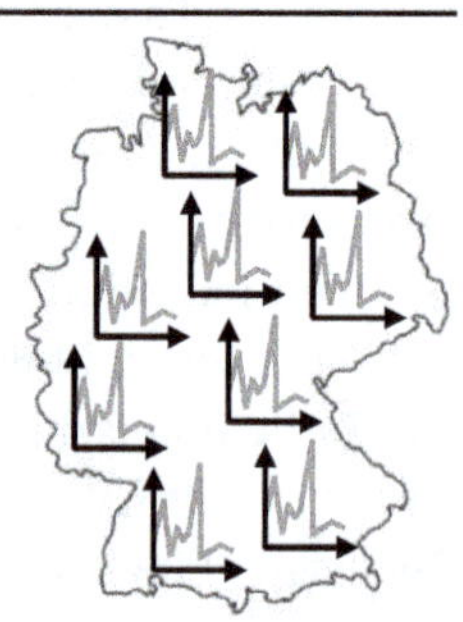

Die Ergebnisse der Studie zeigen, dass unter zeitlich invariablen *Einheitstarifen* Elektrolyseure kostenminimal in der Nähe der Verbrauchszentren platziert werden, um Transportkosten zu minimieren (vergleiche Tabelle 39.2, Abbildung 39.4 und Abbildung 39.2). Die Endnutzungskosten von Wasserstoff (ohne Steuern und Abgaben) betragen 3,9 EUR pro Kilogramm. Außerdem lassen sich die Effekte der Sektorkopplung auf das Stromsystem beobachten. Dabei zeigt sich, dass über 40 TWh/Jahr an Erneuerbarer Stromerzeugung aus Wind und Sonne abgeregelt werden müssen aufgrund von Netzengpässen. Der Anteil der Erneuerbaren Stromerzeugung am gesamten Stromverbrauch in Deutschland liegt in diesem Fall bei 57,2 % und die systemweiten Emissionen bei 60,8 Megatonnen/Jahr. Des Weiteren zeigt sich, dass die Integration von Wasserstoff unter Einheitspreisen zu Engpassmanagementkosten von 7,3 Mrd. EUR/Jahr führt.

Unter Knotentarifen dagegen gibt es wesentliche räumlichen Preisunterschiede. Die Optimierung zeigt, dass diese Strompreisunterschiede ausreichend große Anreize setzen, um die Power-to-Gas-Anlagen zu Netzknoten mit niedrigen Stromkosten zu verlagern. Diese sind zumeist weit von den Wasserstoffverbrauchern entfernt und finden sich überwiegend im Nordosten von Deutschland, in der Nähe von Windkraftanlagen. Die Preisanreize beeinflussen somit das geographische Layout der Wasserstoffwertschöpfungskette sehr stark. Dadurch, dass niedrigere Knotenpreise genutzt werden, sind die Gesamtgestehungskosten für Wasserstoff deutlich niedriger (1,9 EUR/kg). Des Weiteren sind die Power-to-Gas-Anlagen systemdienlicher platziert. Durch die Nähe zu erneuerbaren Stromerzeugungsanlagen können sie im Vergleich zum Szenario mit Einheitspreisen über 20 TWh mehr an günstigem, grünem Strom nutzen. Das steigert den Anteil Erneuerbarer Stromerzeugung auf 61,3 %, senkt die Emissionen des gesamten Stromsystems auf 55,6 Megatonnen/Jahr und reduziert die Engpassmanagementkosten auf 4,9 Mrd. EUR/Jahr.

Die Fallstudie demonstriert die bedeutsamen Auswirkungen von Anreizen auf die Sektorkopplung. Neue strombasierte Technologien können sowohl negative als auch positive Effekte auf das Energiesystem haben. Durch die großen Ausmaße der zukünftigen Sektorkopplung sind auch die erwartbaren Effekte erheblich. In der vorgestellten Fallstudie können durch Anreize in Form von Knotentarifen über fünf Megatonnen CO_2 und über zwei Milliarden Euro Engpasskosten pro Jahr vermieden werden. Entscheidungsträgerinnen und Entscheidungsträger in Politik und Regulierung sind deshalb dazu aufgerufen, Märkte und Anreize so zu gestalten, dass sie eine wirtschaftliche, nachhaltige und sichere Sektorkopplung fördern. Die Simulationsergebnisse müssen vor der praktischen Umsetzung hinsichtlich weiterer Kriterien analysiert werden. Dazu zählen die Vorhersagbarkeit der Knotenpreise für Power-to-Gas Investoren sowie etwaige Verteilungseffekte durch die Platzierung von Power-to-Gas-Anlagen in bestimmten Regionen von Deutschland.

Tab. 39.2: Effekte von Anreizmechanismen auf Sektorkopplung am Beispiel von Stromtarifen für Power-to-Gas-Anlagen.

Anreiz	**Einheitstarif, zeitlich und räumlich invariabel**	**Knotentarif, zeitlich und räumlich variabel**
Auswirkungen Platzierung Power-to-Gas	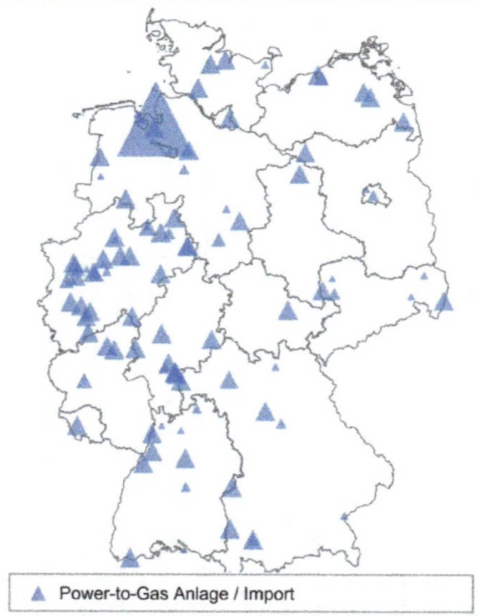 Abbildung 39.4: Kostenminimal Platzierung von Power-to-Gas-Anlagen unter zeitlich invariablen Einheitsstromtarifen. Abbildung aus vom Scheidt et al. [1].	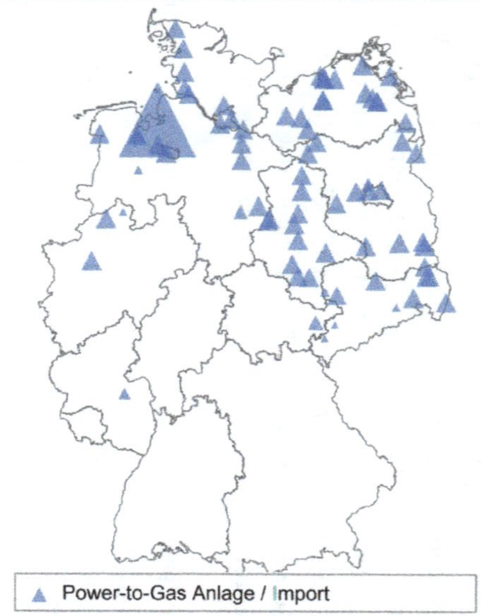 Abbildung 39.5: Kostenminimale Platzierung von Power-to-Gas-Anlagen unter zeitlich variablen Knotenstromtarifen. Abbildung aus vom Scheidt et al. [1].
Auswirkungen System	Wasserstoffkosten: 3,9 EUR/kg Abgeregelte Erneuerbarer Erzeugung: 40,9 TWh/Jahr Anteil Erneuerbarer Stromerzeugung: 57,2 % Emissionen Stromsystem: 60,8 Megatonnen/Jahr Engpassmanagementkosten: 7,3 Mrd. EUR/Jahr	Wasserstoffkosten: 1,9 EUR/kg Abgeregelte Erneuerbarer Erzeugung: 20,1 TWh/Jahr Anteil Erneuerbarer Stromerzeugung: 61,3 % Emissionen Stromsystem: 55,6 Megatonnen/Jahr Engpassmanagementkosten: 4,9 Mrd. EUR/Jahr

39.5 Fazit

Zusammengefasst legt dieses Kapitel dar, wie Strommarktmodelle und Anreizmechanismen die Sektorkopplung beeinflussen.

Bei Strommarktmodellen können Pool- und Börsenmodelle unterschieden werden. Diese kreieren zeitlich und teilweise auch räumlich Preissignale, die per se auch für strombasierte Sektorkopplungstechnologien gelten.

Neben diesen zwei typischen Strommarktmodellen können spezifische Anreizmechanismen für die Sektorkopplung gestaltet werden. Diese können in drei übergeordnete Kategorien eingeteilt werden: Preisbasierte Anreize, mengenbasierte Anreize und direkte Steuerungsmechanismen. Einzelne Anreiz-Typen haben jeweils spezifische Vor- und Nachteile, die je nach Anwendungsfall abgewogen werden sollten. Dieses Kapitel diskutiert strukturiert die verschiedenen Arten von Anreizen und verweist auf akademische und regulatorische Literatur, die die verschiedenen Anreizmechanismen behandelt.

Die abschließende Fallstudie in diesem Kapitel verdeutlicht, dass die Auswirkungen von Anreizen auf sektorgekoppelte Energiesysteme wesentlich sein können. Im Beispiel von Power-to-Gas-Anlagen in Deutschland können Stromtarife, die zeitlich und räumlich differenziert sind, Anreize für eine deutlich systemdienlichere Sektorkopplung bieten. Dies führt zu einer höheren Nutzung von erneuerbarem Strom, weniger Emissionen und weniger Netzengpässen.

Das Kapitel demonstriert damit die Rolle von Marktmodellen und Anreizen für eine erfolgreiche Sektorkopplung. Die entwickelte dreisäulige Systematik für Sektorkopplungs-Anreizmechanismen bietet eine Grundlage für weitere strukturierte Analysen.

Literaturverzeichnis

[1] vom Scheidt, F., Qu, J., Staudt, P., Mallapragada, D. S. und Weinhardt, C. (2022). Integrating hydrogen in single-price electricity systems: The effects of spatial economic signals. Energy Policy 161, 112727.

[2] vom Scheidt, F. (2022). Electricity Tariff Engineering for Integrated Energy Systems. Dissertation. Karlsruhe Institute of Technology.

[3] Cramton, P. (2017). Electricity market design. Oxf. Rev. Econ. Policy 33(4), 589–612.

[4] Schweppe, F. C., Caramanis, M. C., Tabors, R. D. und Bohn, R. E. (1988). Spot pricing of electricity. Boston.

[5] Bundesnetzagentur and Bundeskartellamt (2021). Monitoringbericht 2021.

[6] Bjørndal, E., Bjørndal, M. und Gribkovskaia, V. (2013). Congestion management in the nordic power market–nodal pricing versus zonal pricing. Bergen: SNF Institute for Research in Economics and Business Administration.

[7] Bundesministerium der Justiz (2022). Gesetz über die Elektrizitäts- und Gasversorgung (Energiewirtschaftsgesetz – EnWG) § 14a Steuerbare Verbrauchseinrichtungen in Niederspannung, Verordnungsermächtigung. https://www.gesetze-im-internet.de/enwg_2005/__14a.html. Zugriff 28.02.2022.

[8] Heussen, K., You, S., Biegel, B., Hansen, L. H. und Andersen, K. B. (2012). Indirect control for demand side management-A conceptual introduction. In 2012 3rd IEEE PES Innovative Smart Grid Technologies Europe (ISGT Europe), 1–8. IEEE.
[9] Zhang, Q. und Li, J. (2012). Demand response in electricity markets: A review. In 9th International Conference on the European Energy Market.
[10] Salah, F., Flath, C. M., Schuller, A., Will, C. und Weinhardt, C. (2017). Morphological analysis of energy services: Paving the way to quality differentiation in the power sector. Energy Policy 106, 614–624.
[11] Eicke, A., Khanna, T. und Hirth, L. (2020). Locational Investment Signals: How to Steer the Siting of New Generation Capacity in Power Systems? Energy J. 41(6).
[12] Burger, S. P., Knittel, C. R., Perez-Arriaga, I. J., Schneider, I. und vom Scheidt, F. (2020). The efficiency and distributional effects of alternative residential electricity rate designs. Energy J. 41(1).
[13] Schneider, I. und Sunstein, C. R. (2017). Behavioral considerations for effective time-varying electricity prices. Behav. Public Policy 1(2), 219–251.
[14] ENTEGA (2022). Nachtstromtarif. https://www.entega.de/nachtstromtarif/. Zugriff 28.02.2022.
[15] Hydrogen Council and McKinsey & Company (2021). Hydrogen Insights. https://hydrogencouncil.com/wp-content/uploads/2021/02/Hydrogen-Insights-2021-Report.pdf. Zugriff 15.04.2021.
[16] Menanteau, P., Finon, D. und Lamy, M.-L. (2003). Prices versus quantities: choosing policies for promoting the development of renewable energy. Energy Policy 31(8).
[17] Staudt, P., Schmidt, M., Gärttner, J. und Weinhardt, C. (2018). A decentralized approach towards resolving transmission grid congestion in Germany using vehicle-to-grid technology. Appl. Energy 230.
[18] Nicolosi, M. und Burstedde, B. (2021). Transformation des Strommarktes bis 2050 – Optionen für ein Marktdesign mit hohen Anteilen erneuerbarer Energien. Berlin: Abschlussbericht.
[19] Heymann, F., Rüdisüli, M., vom Scheidt, F. und Camanho, A. S. (2021). Performance benchmarking of power-to-gas plants using composite indicators. Internat. J. Hydrog. Energy.
[20] SPD, Bündnis 90/Die Grünen und FDP (2021). Mehr Fortschritt wagen. Koalitionsvertrag 20. Legislaturperiode. https://www.bundesregierung.de/resource/blob/974430/1990812/04221173eef9a6720059cc353d759a2b/2021-12-10-koav2021-data.pdf?download=1. Zugriff 22.12.2020.
[21] vom Scheidt, F. und Staudt, P. (2021). Spatially Resolved Hydrogen Demand for Germany in 2030. Mendeley Data.
[22] vom Scheidt, F., Müller, C., Staudt, P. und Weinhardt, C. (2020). The German electricity system in 2030: data on consumption, generation, and the grid. KIT OpenData.

Kurzvitae

Dr. Frederik vom Scheidt ist wissenschaftlicher Mitarbeiter am Karlsruher Institut für Technologie (KIT) und freiberuflicher Berater in der Energie- und Wasserstoffwirtschaft. In seiner Forschung entwickelt und evaluiert er Anreizmechanismen und Entscheidungsunterstützungssysteme für die Integration von Wasserstoff, Wärmepumpen und Elektrofahrzeugen in zukünftige Energiesysteme. Er hat einen Bachelor- und Masterabschluss in Wirtschaftsingenieurwesen vom KIT und absolvierte Forschungsaufenthalte am Massachusetts Institute for Technology (MIT) und an der Technisch-Naturwissenschaftlichen Universität Norwegens (NTNU).

Malin Lange studierte am Karlsruher Institut für Technologie (KIT) und an der Technischen Universität Luleå und erwarb einen Masterabschluss in Wirtschaftsingenieurwesen (KIT). Während ihres Studiums konzentrierte sie sich auf die Bereiche Energiewirtschaft und erneuerbare Energien. In ihrer Masterarbeit beschäftigte sie sich mit Anreizmechanismen für eine effiziente Systemintegration von Elektrolyseanlagen. Sie entwickelte neue Anreizmechanismen für Elektrolyseure und bewertete deren wirtschaftliche und ökologische Auswirkungen anhand von Systemsimulationen. Inzwischen setzt sie ihre Forschung als wissenschaftliche Mitarbeiterin in der Forschungsgruppe Smart Grids and Energy Markets am KIT fort.

Axel Sprenger und Helen Mengis

40 E-Mobilität und Sektorkopplung aus Nutzersicht

Nutzerakzeptanz am Beispiel von Smart Charging

Zusammenfassung: Unter Sektorkopplung versteht man die Verbindung verschiedener Sektoren der Energiewirtschaft sowohl untereinander als auch mit den Nutzern im industriellen und privaten Bereich. Eine große Bedeutung fällt dabei der flexiblen Speicherung von Energie und deren schnellen Zurverfügungstellung bei Bedarf zu. Mit der Elektromobilität gelangt eine hohe Anzahl an Stromspeichern in das System, die für die Sektorkopplung genutzt werden können. Der Begriff Smart Charging, also intelligentes Laden, fasst verschiedene Technologien zusammen, die der gleichmäßigen Auslastung des Stromnetzes, das heißt, der Reduzierung von Lastspitzen dienen. Die beiden wichtigsten Technologien sind netzdienliches und bidirektionales Laden. Insbesondere die bundesdeutsche Politik sieht im Smart Charging einen wesentlichen Beitrag zum Gelingen der Energiewende; die Industrie sieht hohe Umsatzpotenziale in der neuen Technologie. Während Smart Charging große Vorteile für die Industrie bietet, ergibt sich aus Sicht der Nutzer eine andere Perspektive. Nutzer haben nur geringe Vorteile, aber viele individuelle Nachteile. Eine Befragung von 1.800 eAuto-Fahrern in der D-A-CH-Region zeigt zwar eine insgesamt hohe Nutzungsbereitschaft, gleichzeitig wiegen die genannten Nachteile aber schwer. Anbieter müssen sich also neben der technischen Entwicklung dringend mit den Nutzungstreibern und -barrieren der Zielgruppe auseinandersetzen und überzeugende Antworten auf die Barrieren finden, damit die hohen Erwartungen von Politik und Industrie an Smart Charging realisiert werden können.

Schlagwörter: Smart Charging, Netzdienliches Laden, Bidirektionales Laden, Product-Market-Fit, Nutzerakzeptanz, Geschäftsmodell

40.1 Ausgangslage

Die aktuelle Diskussion zur Sektorkopplung wird dominiert von der Politik, die in der Sektorkopplung große Chancen zur CO_2-Reduzierung sieht, und der Industrie, die neue Geschäftsmodelle mit hohem Potenzial ausgemacht hat. Der vorliegende Beitrag fokussiert auf die Sichtweise der Nutzer. Zu einem vollständigen Bild gehört aber auch die Perspektive von Politik und Wirtschaft.

Axel Sprenger, Helen Mengis, UScale GmbH, Stuttgart, Deutschland, e-mails: axel.sprenger@uscale.digital, helen.mengis@uscale.digital

https://doi.org/10.1515/9783110753585-040

40.1.1 Politisches Umfeld

Weltweit haben Regierungen Maßnahmen beschlossen, um das nationale Handeln an das international getroffene Abkommen der Weltklimakonferenz in Paris zu binden. So hat beispielsweise die deutsche Bundesregierung im Klimaschutzplan 2050 einen Maßnahmenkatalog beschlossen. Unter diesen Maßnahmen findet sich wiederholt der Begriff der Sektorkopplung (vgl. BMUB (2016) [1]), womit die Sektoren Verkehr, Wärme und Industrie gemeint sind (vgl. Fraunhofer ISI (2018) [2]). Im Mobilitätssektor wird die Sektorkopplung besonders relevant, wenn man die zunehmende Verbreitung von Elektrofahrzeugen und den damit verbundenen Anstieg des Strombedarfs betrachtet (vgl. KBA (2021) [3]).

Ein Ansatz, der dazu beitragen kann, die Spitzenlasten auszugleichen und die verfügbare Energie effizient zu nutzen, ist das Konzept des Smart Chargings. Der Smart-Charging-Begriff fasst hierbei eine Reihe von Technologien zusammen, die der intelligenten Steuerung zur möglichst gleichmäßigen Verteilung der Nachfrage dienen. Eine wichtige Rolle spielt das netzdienliche Laden, bei dem der Ladevorgang zeitlich so verschoben wird, dass Spitzenlasten reduziert werden. Darüber hinaus wird unter Smart Charging auch das bidirektionale Laden subsumiert. Hierbei wird unterschieden zwischen einer Rückspeisung ins eigene Hausnetz (Vehicle-to-Home, V2H), ins lokale Netz (Vehicle-to-Grid, V2G) oder auch der Nutzung des Fahrzeugs als mobile Ladestation für beliebige elektrische Anwendungen (Vehicle-to-Load, V2L). Smart Charging ist also die zentrale Technologie, mit der der Mobilitätssektor an die anderen Sektoren angebunden wird [VDE (2019) [4]].

40.1.2 Technologisches Umfeld

Damit Smart Charging in der Praxis funktioniert, müssen die Komponenten zahlreicher Anbieter über verschiedene Schnittstellen miteinander kommunizieren und interagieren. An erster Stelle stehen das Fahrzeug und die Ladeinfrastruktur. Dazu kommen der Netzbetreiber, der die aktuelle Netzauslastung und den Ausgleichsbedarf kennt, der Versorger, über den bei Bedarf z. B. monetäre Ausgleichszahlungen abgewickelt werden und das Home-Energy-Management-System, wenn zusätzlich eine Photovoltaik-Anlage, ein heimischer Energiespeicher oder andere Komponenten eingebunden sind.

Aus Sicht der Verfasser besteht ein Spannungsverhältnis zwischen der politischen Zielsetzung einer raschen Umsetzung der Energiewende bei zunehmendem Marktbedarf auf der einen Seite und den standardisierungsseitigen Regelungswerken als Voraussetzung für die technologische Umsetzung auf der anderen Seite. Während die Politik hohe Erwartungen an eine schnelle Umsetzung hat, hinkt die Normung hinterher. Zentrale Bedeutung kommt dabei der DIN/ISO 15118 zu. Empfehlungen und Zusammenfassungen zum Stand der technischen Umsetzung und des Normungsvorhabens finden sich in den Berichten der Nationalen Plattform Zukunft der Mobilität (NPM) (vgl. NPM (2020) [5]) und zahlreichen Positionspapieren führender Unternehmen und Konsortien (vgl. CharIN (2021) [6]; Initiative „Bidirektionales Laden" (2022) [7]). Aktuell liegt also der Fokus der Marktteilnehmer auf den gesetzlichen Rahmenbedingungen und der technischen Umsetzung. Die Nachfrageseite ist nur wenig untersucht und wird von den Marktteilnehmern bisher schlicht vorausgesetzt.

40.1.3 Geschäftsmodelle

Während sich aus Sicht der Netzbetreiber mit Smart Charging erhebliche Einsparpotenziale beim Ausbau des Netzes realisieren lassen, Smart Charging also zu einer Voraussetzung wird, sehen die Anbieter von Netz- und Steuerungstechnik einen neuen Markt mit hohem Erlöspotenzial (vgl. [1]). Neben dem Verkauf und Betrieb entsprechender Systeme ergeben sich unter anderem Potenziale im Bereich des Stromhandels.

Ein Teil der Geschäftsmodelle funktioniert ohne aktives Zutun der Nutzer. Werden zum Beispiel mehrere Fahrzeuge in einem Fuhrpark von einem zentralen Lademanagement während der Nacht netzschonend geladen, genügt die Installation des Systems durch den Betreiber für den automatisierten Betrieb. Voraussetzung ist, dass das System zu den Nutzungsmustern des Fuhrparks passt.

Allerdings sind nur etwa 5 Millionen des 48 Millionen Einheiten umfassenden PKW-Bestands in Deutschland auf gewerbliche Nutzer zugelassen, das heißt, knapp 90 % der in Deutschland zugelassenen PKW sind in privater Hand (vgl. KBA (2022) [8]). Dazu kommt, dass ein großer Teil der Fahrzeuge mit einem gewerblichen Halter von User-Chosern, das heißt, Privatpersonen mit Firmenfahrzeug gefahren wird. In der Summe stellt folglich der private PKW-Fuhrpark mit seinen Fahrzeugbatterien ein erhebliches Energiespeicherpotenzial dar, das für die Sektorkopplung genutzt werden kann. Bei angenommenen durchschnittlich 60 kWh Batteriekapazität pro Auto ergäbe sich bei 48 Millionen Fahrzeugen alleine in Deutschland eine Speicherkapazität in Höhe von 2,9 TWh.

Anders als beim gewerblichen Fuhrpark müssen Privatnutzer ihr individuelles Einverständnis geben, damit ihr PKW netzdienlich geladen oder zum bidirektionalen Laden genutzt werden kann. Dies ist mit erheblichen Nachteilen für Nutzer verbunden, die in der aktuellen Diskussion nur selten gehört werden:

- Hohe Anfangsinvestitionen in ein eAuto mit den notwendigen Sonderausstattungen, eine intelligente Wandladestation (Smart Wallbox) und einen digitalen Stromzähler mit Kommunikationsmodul (Smart Meter). Dazu kommen jährliche Gebühren für den Zähler.
- Ist das System installiert, muss es in Betrieb genommen, Apps installiert, Nutzer registriert, Zugriffe eingerichtet, Schnittstellen konfiguriert und die Bedienung von den Nutzern verstanden werden.

- Nach abgeschlossener Inbetriebnahme müssen sich die Nutzer regelmäßig, in der Regel täglich, über ihr geplantes Mobilitätsverhalten Gedanken machen, sich festlegen und dem System passende Vorgaben über die App mitteilen.
- Dabei verlieren Nutzer Flexibilität. Bei kurzfristigen Planänderungen ist im schlimmsten Fall keine Mobilität möglich, weil die Batterie noch nicht ge- oder gerade entladen ist.
- Dazu kommen angesichts der häufig noch unausgereiften Technik Probleme mit der Zuverlässigkeit und den entsprechenden Auswirkungen auf die Mobilität.
- Nach Aussagen der Anbieterfirmen ist eine Schädigung der Fahrzeugbatterie unwahrscheinlich. Trotzdem sorgen sich Nutzer vor allem beim bidirektionalen Laden um einen frühzeitigen Verschleiß der Batterie und/oder eine Beeinflussung der Herstellergarantie.

Während die Vorteile in erster Linie beim Netzbetreiber und Technologieanbieter liegen, summieren sich die Nachteile bei den Nutzern. Angesichts vermutlich überschaubarer Einsparbeträge ist also nicht selbstverständlich, dass ein hoher Anteil der eAuto-Fahrer für das Smart-Charging-Konzept gewonnen werden kann. Der Kauf und die Installation der notwendigen Technik durch die Kunden reicht nicht aus. Kunden müssen Smart Charging nutzen, und das im Idealfall bei jedem Ladevorgang.

Netzbetreiber und Anbieter von Smart Charging-Technologien müssen sich also nicht nur Gedanken über die technologische Problemlösung machen, sondern auch kritisch prüfen, wie die Vorteile fair zwischen ihnen und den Nutzern verteilt werden können. Gelingt das nicht, funktionieren auch die Business Cases nicht.

40.2 Herausforderung Kunde

In der öffentlichen Diskussion wird häufig angenommen, dass Autofahrer weitestmöglich zuhause laden und für alle ohne eigene Garage Tankstellen durch Ladeparks ersetzt werden müssen. Das setzt voraus, dass eAuto-Fahrer so laden, wie Verbrennerfahrer tanken. Die Realität sieht anders aus. In wie weit erfüllt das Ladeverhalten die Vorausetzungen für Smart Charging? In welchem Umfang sind eAuto-Fahrer bereit, ihr Verhalten anzupassen?

40.2.1 Ladeverhalten Kunde

Unter den heutigen eAuto-Fahrern verfügen rund 70 % über eine Lademöglichkeit zuhause, weitere rund 20 % über eine Lademöglichkeit beim Arbeitgeber. 18 % sind vollständig auf das Laden im öffentlichen Raum angewiesen (Abb. 40.1). Die Zahlen haben sich über die letzten drei Jahre nur geringfügig geändert. Erst langsam nimmt der Anteil der eAuto-Fahrer zu, die keine Lademöglichkeit zuhause oder beim Arbeitgeber

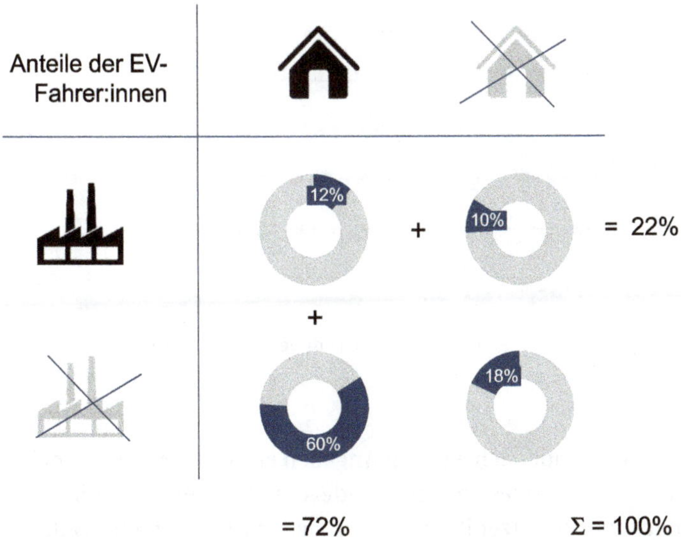

Abb. 40.1: Lademöglichkeiten heutiger eAuto-Fahrer (Quelle: UScale Ladepersona-Studie 2022, $N = 2.424$).

haben und deshalb ausschließlich öffentlich laden. Fragt man nach den geladenen Energiemengen, werden im Durchschnitt über alle eAuto-Fahrer Stand Ende 2021 gut 30 % an öffentlichen Ladepunkten geladen.

Auch Autofahrer mit Lademöglichkeit zuhause nutzen gerne öffentliche Ladepunkte (siehe Abb. 40.2). Die Gründe reichen von günstigen Angeboten, z. B. beim Einzelhandel, über die Nutzung einer Parkmöglichkeit in der Innenstadt und anderen. Nur jeder Zehnte lädt aus Gewohnheit, beispielsweise jeden Abend. Knapp fünf Mal so viele nutzen Gelegenheiten, wie zum Beispiel ein Ladeangebot im Supermarkt, einem Shopping-Center oder dem Fitness-Studio (Abb. 40.3).

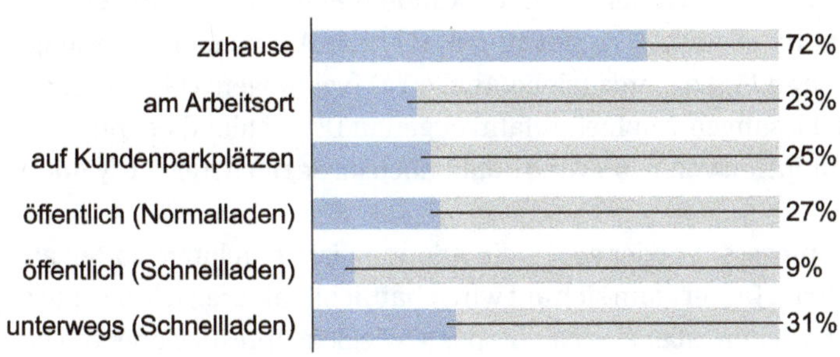

Abb. 40.2: Lademöglichkeiten heutiger eAuto-Fahrer (Quelle: UScale Ladepersona-Studie 2022, $N = 2.424$).

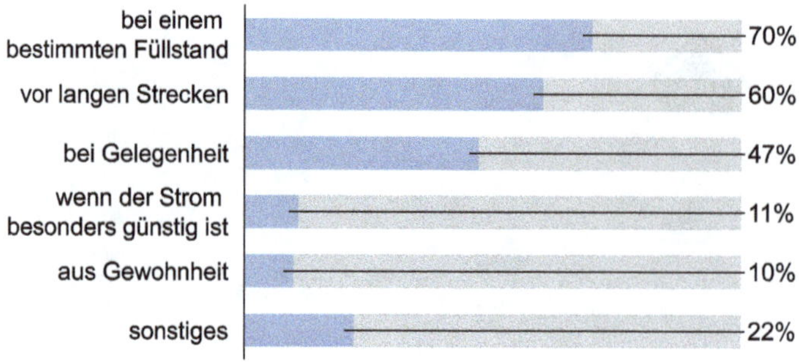

Abb. 40.3: Ladeanlässe heutiger eAuto-Fahrer (Quelle: UScale Ladepersona-Studie 2022, *N* = 2.424).

Die Mehrheit der eAuto-Fahrer lädt nach eigenen Angaben etwa zwei Mal pro Woche. Die Daten zeigen ein flexibles, hybrides und reifes Ladeverhalten. Für Smart Charging wäre es dagegen hilfreich, wenn Nutzer ihr eAuto z. B. jeden Abend an ihre Wallbox anschießen würden, also: Routine den Ladevorgang dominieren und die Nutzer so ihr Fahrzeug z. B. wochentäglich mit den gleichen Rahmenbedingungen dem Smart Charging zur Verfügung stellen würden.

Die Daten zeigen, dass dies nicht der Fall ist, das heißt, dass Nutzer ihr Verhalten bewusst zugunsten des Smart Chargings verändern müssten. Für den Erfolg vieler geplanter Geschäftsmodelle sollten die Anbieter also verstehen, unter welchen Bedingungen Nutzer bereit sind, ihr Verhalten entsprechend anzupassen.

40.2.2 Adoptionsprozesse von Innovationen

Nicht alle Kunden übernehmen eine Technologie sofort und zur gleichen Zeit. Während einige neugierig sind, neue Technologien auszuprobieren, verhalten sich andere eher zögerlich und warten auf die Empfehlungen der Erstanwender. Everett Rogers unterscheidet zwischen fünf aufeinanderfolgenden Kundensegmenten entlang des Diffusionsprozesses einer Innovation: (1) Innovatoren, (2) Early Adopter, (3) Early Majority, (4) Late Majority und (5) Laggards (siehe Abb. 40.4) (vgl. Rogers (1995) [9]). Gemessen an den Neuzulassungen von Elektrofahrzeugen in Deutschland befinden wir uns derzeit bei einer Diffusion von 13,6 % und damit noch im Segment der Early Adopter [3].

Im Entscheidungsprozess für oder gegen die Adoption ist der relative Vorteil aus Nutzersicht entscheidend. Dieser kann sich auf wirtschaftliche Faktoren wie beispielsweise Kostenvorteile beziehen, aber auch auf Aspekte wie Sozialprestige oder die Reduktion existierender Unannehmlichkeiten können in die Bewertung der relativen Vorteile der Nutzung einer Innovation miteinfließen. Die Wahrnehmung und Gewichtung der einzelnen Vor- und Nachteile kann sich dabei zwischen den Segmenten deutlich unterscheiden. Für eine erfolgreiche Verbreitung einer Innovation ist es daher von

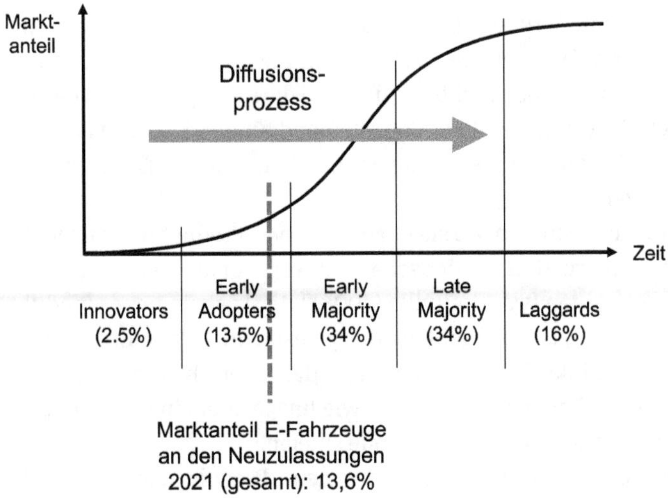

Abb. 40.4: Adoptersegmente nach Rogers (vgl. [9]).

entscheidender Bedeutung, jedes Segment nacheinander und individuell anzusprechen und auf seine Vor- und Nachteile einzugehen.

40.3 Product-Market-Fit von Smart Charging

Wer Kunden direkt fragt, ob sie ein neues Produkt kaufen und nutzen, erhält in der Regel keine verlässlichen Antworten. Wie kann verlässlich abgeschätzt werden, ob ein Produkt attraktiv genug ist und vom Kunden angenommen wird? In der US-amerikanischen Fachwelt hat sich der Begriff Product-Market-Fit durchgesetzt. Direkt übersetzt könnte man von der Eigenschaft eines Produkts sprechen, ein Kundenbedürfnis zu befriedigen.

40.3.1 Bestimmung des Product-Market-Fits

Zur Abschätzung der erreichbaren Zielgruppe arbeiten Entwickler von innovativen Geschäftsmodellen heute gerne mit den Größen
- TAM, dem Total Addressable Market,
- SAM, dem Serviceable Addressable Market, und
- SOM, dem Serviceable Obtainable Market,

einem Modell, das erstmals von Steve Blank, einem frühen Vertreter der Lean-Startup-Bewegung entwickelt und vorgestellt wurde (vgl. Blank & Dorf (2012) [10]).

Während TAM den Gesamtmarkt der eAuto-Fahrer umfasst, beschreibt der SAM alle Zuhauselader mit smarter Wallbox. Der SOM enthält die für Smart Charging ansprechbare Zielgruppe, sagt aber noch nichts darüber, ob die angesprochenen eAuto-Fahrer das Angebot auch für attraktiv halten. Entscheidend für den Erfolg ist aber, ob eAuto-Fahrer ein Angebot für vielversprechend genug halten, um es auszuprobieren und (!) regelmäßig zu nutzen.

Wie entscheiden mögliche Kunden, ob sie ein innovatives Produkt nutzen möchten? Die Verhaltensforschung zeigt, dass Menschen ein Angebot aus der Perspektive ihrer aktuellen Lösung betrachten (vgl. Gourville (2006) [11]). Löst ein neues Produkt ein aktuelles Problem? Wie groß ist das Problem, das gelöst wird, das heißt, welchen Mehrwert bietet das neue Produkt? Der Mehrwert kann dabei verschiedener Art sein. Neben finanziellen Vorteilen können auch Aspekte wie Image oder ein gefühlter persönlicher Beitrag zu einer „besseren Welt" eine Rolle spielen.

Gleichzeitig erzeugt jede Innovation und jedes neue Produkt auch Nachteile (Abb. 40.5). Das können Aufwände im Zusammenhang mit der Umstellung sein, die Installation oder Integration einer neuen Software in das vorhandene Ökosystem, die Gewöhnung an eine App-Bedienung, die Umstellung von Gewohnheiten oder konkrete technische Probleme mit dem neuen Produkt.

Abb. 40.5: Die Kehrseite von Innovationen.

Ausschlaggebend für die Nutzungsentscheidung ist der individuell wahrgenommene Netto-Mehrwert einer Nutzung des Produkts. Der Product-Market-Fit beschreibt genau diesen Netto-Mehrwert, also das Verhältnis aus Vor- und Nachteilen. Damit ein Produkt im Markt erfolgreich ist, müssen die Vorteile deutlich größer als deren Nachteile sein (Abb. 40.6).

Abb. 40.6: Relativer Vorteil von Innnovationen.

Die theoretischen Grundlagen dieses Zusammenhangs gehen zurück auf Kahneman und Tversky (1984) [12] und den sogenannten Ausstattungseffekt (endowment effect). Demnach bewerten Anwender die subjektiv wahrgenommenen Vorteile eines neuen Produktes relativ zu einem Referenzprodukt, also in aller Regel die bisher genutzte Alternative. Dabei werden Verbesserungen im Vergleich zum Gewohnten als Gains und Verschlechterungen als Pains bewertet. Dazu kommt, dass Verbraucher eine sogenannte Verlustaversion haben, das heißt, bei der Entscheidung über die Nutzung beziehungsweise Adoption fallen die wahrgenommenen Nachteile stärker ins Gewicht als die Vorteile (vgl. Kahneman et al. (1991) [13]).[1]

40.3.2 Akzeptanz von Smart Charging

Wird der Ansatz von Vor- und Nachteilen auf das Smart Charging übertragen, fällt auf, dass die meisten Vorteile auf der Seite der Netzbetreiber anfallen. Sie sparen sich einen kostenintensiven Ausbau des Netzes und vermeiden Überlastungen. Nutzer helfen also, ein Problem des Betreibers zu lösen. Aber welche Vorteile ergeben sich für sie?

Neben einer möglichen finanziellen Beteiligung an den Einsparungen beim Netzbetreiber fallen eine Reihe immaterieller Vorteile auf, die auf die intrinsische Motivation der eAuto-Fahrer zielen. Dazu gehören die Unterstützung beziehungsweise Beschleunigung der Energiewende, ökologische Aspekte oder Imagevorteile. Für Bewohner von Mehrfamilienhäusern kommt dazu, dass in manchen Fällen eine Ausstattung mit Ladeinfrastruktur überhaupt erst möglich wird, wenn ein Lastmanagement installiert wird.

Beim bidirektionalen Laden ergeben sich insbesondere für Bewohner von Einfamilienhäusern mit eigener Photovoltaik (PV)-Anlage Vorteile. Neben finanziellen Vorteilen zahlt bidirektionales Laden auf den Autarkie-Gedanken ein. Nutzer gewinnen Unabhängigkeit, beispielsweise von möglichen Stromausfällen im Wohngebiet. Das eigene Haus wird damit zur kleinsten möglichen Einheit bei der gewünschten Regionalisierung der Stromversorgung.

Die Liste der Nachteile ist erheblich länger. Neben Investitionen in Ladetechnik, einer geeigneten Fahrzeugausstattung und dem Stromzähler schlagen besonders die Aufwände zur Bedienung, die im schlimmsten Fall tägliche Festlegung von Ladeparametern und Abfahrtszeiten, die Einschränkungen der Flexibilität, Kontrollverlust und das Risiko technischer Probleme zu Buche.

Zumeist immateriellen, intrinsischen Vorteilen stehen also handfeste Aufwände, Einschränkungen und Risiken gegenüber. Trotzdem kann die Bilanz des Netto-Mehrwerts aus Nutzersicht positiv ausfallen. Relevant ist die individuelle Abwägung

1 Für eine ausführlichere Erläuterung, siehe Mengis & Sprenger (2021) [14].

der Vor- und Nachteile, die nur vom eAuto-Fahrer selbst vorgenommen werden können.

40.3.3 Smart Charging Use Cases

Das Marktforschungs- und Beratungsunternehmen UScale GmbH führt seit 2018 regelmäßig Befragungen von eAuto-Fahrerinnen und -Fahrern zu allen Touchpoints der e-mobilen Customer Journey durch. Im Januar 2022 wurden 1.830 eAuto-Fahrer aus Deutschland, Österreich und der Schweiz zu ihrer Sicht auf Smart Charging befragt.

40.3.3.1 Studien-Setup

In einer Online-Studie wurde der Produkt-Market-Fit, das heißt, die Vor- und Nachteile zu zehn verschiedenen Use Cases des Smart Chargings ermittelt. Zu jedem Use Case wurden hierzu bis zu 200 Personen befragt, für die der jeweilige Use Case entsprechend ihrer Wohnsituation und ihren Ladegewohnheiten in Frage kommt. Abbildung 40.7 zeigt eine Übersicht der Use Cases. Die Teilnehmenden der Online-Befragung wurden über Soziale Medien im Raum D-A-CH rekrutiert.

	@ home			@ work	@ public	Sonderfälle
	EFH		MFH			
Netzdienliches Laden (NDL)	NDL@EFH (mit PV)	NDL@EFH (ohne PV)	NDL @MFH	NDL @work	NDL @public	Variable Tarife@public
Bidirektionales Laden (BDL)	BDL@EFH (V2H)	BDL@EFH (V2G)	BDL@MFH (V2G)	*(nicht abgefragt)*	*(nicht abgefragt)*	Vehicle-To-Load (V2L)
	Zielgruppe: EFH-Bewohner mit PV-Anlage	Zielgruppe: EFH-Bewohner ohne PV-Anlage	Zielgruppe: MFH-Bewohner	Zielgruppe: EV-Fahrer mit Lademöglichkeit beim Arbeitgeber	Zielgruppe: EV-Fahrer, die öffentlich laden	Zielgruppe: alle

Abb. 40.7: Untersuchte Smart Charging Use Cases.

40.3.3.2 Netzdienliches Laden

Die Nutzersicht auf netzdienliches Laden hängt stark von der individuellen Wohnsituation und den Ladegewohnheiten ab. Immerhin 40 % der eAuto-Fahrer, die in Einfamilienhäusern wohnen und eine PV-Anlage haben, bewerten die Vorteile mindestens dreimal so hoch wie die Nachteile (Pain-Gain-Index PGI > 3). Bei Befragten ohne PV-

Anlage fällt die Zustimmung deutlich niedriger aus, aber immerhin knapp 30 % geben Pain-Gain-Indices größer drei an (Abb. 40.8).

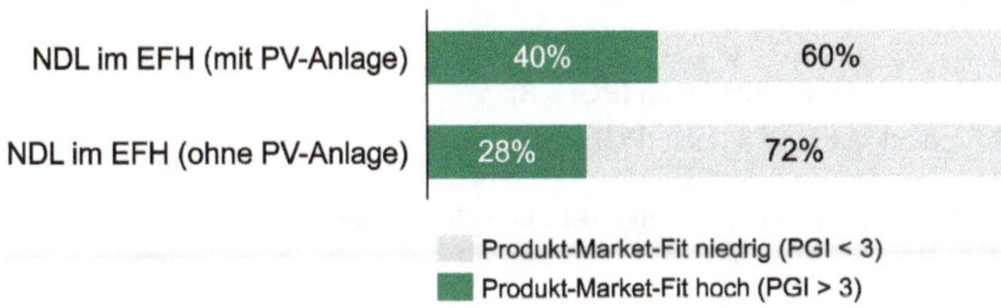

Abb. 40.8: Produkt-Market-Fit für netzdienliches Laden (NDL) im Einfamilienhaus (EFH).

Die Liste der Vorteile wird angeführt von kollektivem Nutzen, wie der Entlastung des Netzes oder ökologischen Benefits. An zweiter Stelle folgen erwartete Einsparungen. Die Nachteile sind vielfältiger. An erster Stelle sehen die Befragten den Aufwand, der mit der Bedienung verbunden ist. Auf den weiteren Plätzen folgen Ängste vor dem Verlust von Flexibilität und Kontrolle, Kostenaspekte und die Sorge vor einer möglicherweise noch unausgereiften Technik (Abb. 40.9).

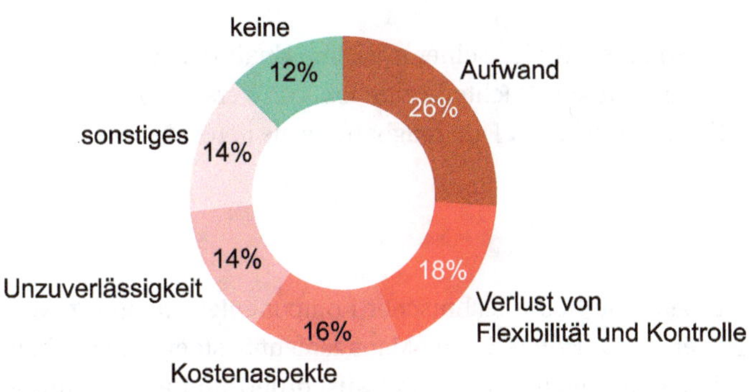

Abb. 40.9: Stärkste Nachteile des netzdienlichen Ladens (Nutzungsbarrieren).

40.3.3.3 Bidirektionales Laden

Auch beim bidirektionalen Laden haben die individuelle Wohnsituation, das Vorhandensein einer PV-Anlage und die Ladegewohnheiten einen signifikanten Einfluss auf die Nutzungsbereitschaft.

Bei den Vorteilen des bidirektionalen Ladens (siehe Abb. 40.10) fallen die monetären Aspekte stärker ins Gewicht als beim netzdienlichen Laden, weil durch die Fahrzeugbatterie Einsparungen bei der häuslichen Technik möglich sind (Abb. 40.11). So kann die PV-Anlage effizienter genutzt werden und möglicherweise die Pufferbatterie

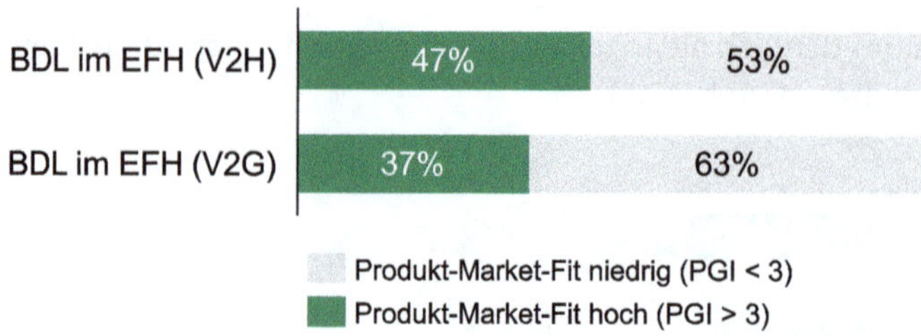

Abb. 40.10: Produkt-Market-Fit für bidirektionales Laden (BDL) im Einfamilienhaus (EFH).

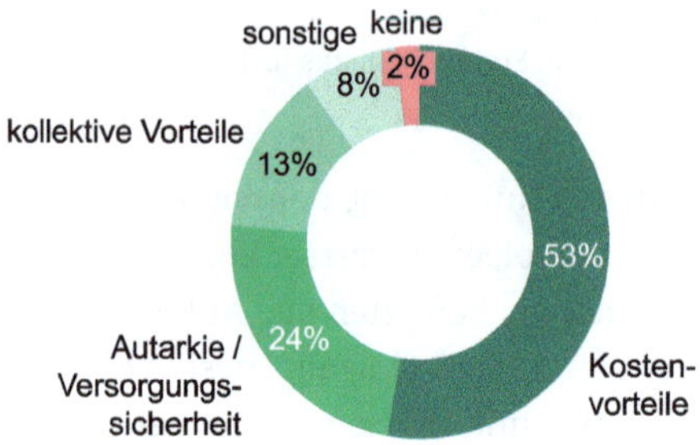

Abb. 40.11: Stärkste Vorteile (Nutzungstreiber).

des Hauses entfallen. Dazu kommen Vorteile einer stärkeren Unabhängigkeit vom öffentlichen Netz. Auch auf der Seite der Nachteile ergeben sich Verschiebungen und die Sorge vor der frühzeitigen Alterung der Fahrzeugbatterie als neuer Aspekt.

40.3.3.4 Integration

Beim Smart Charging müssen eine Reihe technischer Komponenten integriert werden. Dabei müssen zwischen Auto, Home-Energy-Management-System, Ladeeinheit und Netz Statusinformationen ausgetauscht, Strom transportiert und abrechnungsrelevante Daten übertragen werden. Das stellt hohe technische Anforderungen an die beteiligten Partner, ist aber keine unüberwindbare Hürde.

Für einige Anbieter stellt sich daher die Frage, wie weit das eigene Produktportfolio erweitert werden soll. Wer integriert wen? Und wie weit soll die Integration der Produkte welcher Anbieter gehen? Sollen Fahrzeughersteller auch zum Haustechnikanbieter werden? Sollen Energieversorger auch Haustechnik anbieten? Integrieren Haustechnikhersteller die Ladetechnik oder umgekehrt? Für die Marktteilnehmer ergeben sich viele Arten der Zusammenarbeit, aber nicht jede Option wird sich wirtschaftlich lohnen.

Die Befragung zeigt, welche Art der Integration sich für die Käufer organisch anfühlt. Aktuell kann keiner der Anbieter in allen relevanten Kriterien überzeugen. Ein Beispiel: Energieversorger genießen ein hohes Vertrauen beim Thema Datenschutz, deren technische Kompetenz zur Umsetzung von Smart Charging bewerten die Nutzer aber als gering. Demgegenüber misstrauen die Nutzer den Herstellern von Haustechnik und Fahrzeugen beim Datenschutz. Beim Thema Kompetenz punkten dagegen die Ladetechnikhersteller.

Die Mehrheit der Befragten sieht das Fahrzeug und die Ladetechnik im Zentrum des Systems und wünscht sich die Integration von Haustechnik und Netzdiensten. Nur ein Drittel sieht das Netz beziehungsweise das Haus im Mittelpunkt und wünscht sich eine Integration des Fahrzeugs und der Ladetechnik.

40.3.3.5 Finanzielle Incentivierung

Beim bidirektionalen Laden, bei dem die Energie an das eigene Haus zurückgegeben wird (Vehicle-to-Home, V2H), der Austausch also behind the meter stattfindet, ist eine finanzielle Incentivierung nicht erforderlich. Geben Nutzer die Energie ans öffentliche Netz (Vehicle-to-Grid, V2G), erwarten sie dafür eine Kompensation, auch wenn die Energie z. B. in der gleichen Nacht wieder ans Fahrzeug zurückgeladen wird. Die Kompensationserwartung entsteht je nach Blickwinkel aus der Bereitstellung der Speicherbatterie, das heißt, als eine Art Benutzungsgebühr, oder durch das Verleihen der geladenen Energie zuzüglich einer Gebühr für die Abnutzung der Fahrzeugbatterie sowie der Abschreibung auf nötige Investitionen in Hardware und Steuerungstechnik. Dazu kommt in der Wahrnehmung der Nutzer eine Kompensation für den Aufwand der Parametereingabe, des Verlusts an Flexibilität und Kontrolle sowie das Risiko von technischen Problemen.

Die Bewertungen in der Studie zeigen eine Erwartung an die Ausgleichszahlungen in der Größenordnung von über der Hälfte des regulären Preises einer kWh, die entnommen und wieder geladen wird. In welchem Umfang dies für die Netzbetreiber realistisch abbildbar ist ohne den Business Case der Anbieter zu gefährden, werden die kommenden Jahre zeigen.

Auch beim netzdienlichen Laden entsteht eine Kompensationserwartung beim eAuto-Fahrer. Da hier der Ladevorgang nur zeitlich verschoben wird, aber keine nutzereigenen Ressourcen, das heißt, die Fahrzeugbatterie und bereits geladener Strom eingebracht werden, liegen die Erwartungen niedriger. Über die verschiedenen Use Cases gemittelt liegen die Erwartungen bei der Hälfte der Kosten des bidirektionalen Ladens, das heißt, bei rund 25 % des kWh-Preises.

40.4 Ausblick

Zum Zeitpunkt der Umfrage lag der Marktanteil der voll batterieelektrischen Fahrzeuge unter allen Neuwagenverkäufen bei 13,6 % [3]. Die Befragten stammen also alle aus dem Segment der Innovatoren und Early Adopter. Im Lauf des Jahres 2022 wird der Marktanteil voraussichtlich die 16,5 %-Schwelle überschreiten, das heißt, das Segment der sogenannten Early Majority wird in den Markt eintreten.

Die aktuellen eAuto-Fahrer sind noch zu hohen Anteilen ökologisch motiviert. Die Befragten sind also zu hohen Anteilen vom lokal emissionsfreien Fahren und ihrem Beitrag für die Energiewende überzeugt. Für das nächste Segment wird eine stärker hedonistische Motivation erwartet. Aktuelle Nutzungstreiber wie die Unterstützung der Energiewende werden also an Bedeutung verlieren, Image und finanzielle Aspekte an Bedeutung gewinnen. Da die finanziellen Benefits für die Nutzer eher gering sind, kann davon ausgegangen werden, dass der Product-Market-Fit und damit die Take Rates mit der zunehmenden Diffusion zurückgehen werden.

Damit sich die erwarteten CO_2-Effekte und auch die Umsatzerwartungen realisieren lassen, müssen Anbieter also die Barrieren der eAuto-Fahrer genau kennen und überzeugende Antworten zu ihrer Reduzierung finden.

Literaturverzeichnis

[1] BMUB (2016). Klimaschutzplan 2050 – Klimaschutzpolitische Grundsätze und Ziele der Bundesregierung. https://www.bmuv.de/fileadmin/Daten_BMU/Download_PDF/Klimaschutz/klimaschutzplan_2050_bf.pdf. Zugriff am 23.03.2022.

[2] Fraunhofer ISI (2018). Sektorkopplung – Definition, Chancen und Herausforderungen. Working Paper Sustainability and Innovation 2018 (S01): 1–57. https://www.econstor.eu/bitstream/10419/175374/1/1014398142.pdf. Zugriff am 22.03.2022.

[3] KBA (2021). Fahrzeugzulassungen (FZ). Neuzulassungen von Kraftfahrzeugen und Kraftfahrzeuganhängern – Monatsergebnisse Dezember 2021. https://www.kba.de/SharedDocs/Downloads/DE/Statistik/Fahrzeuge/FZ8/fz8_202112.pdf;jsessionid=145DBEB6A89B1572E6F6F0D838D76536.live21322?__blob=publicationFile&v=5. Zugriff am 23.03.2022.

[4] VDE (2019). Netzintegration Elektromobilität. Leitfaden für eine flächendeckende Verbreitung von E-Fahrzeugen. https://www.vde.com/resource/blob/1896384/8dc2a98adff3baa259dbe98ec2800bd4/fnn-hinweis--netzintegration-e-mobilitaet-data.pdf. Zugriff am 22.03.2022.

[5] NPM (2021). Netzintegration von Elektromobilität – Branchenübergreifender Konsens und Aufgaben für die 20. Legislaturperiode. https://www.plattform-zukunft-mobilitaet.de/wp-content/uploads/2021/10/NPM_AG5_Netzintegration.pdf. Zugriff am 22.03.2022.

[6] CharIN (2021). Recommendation of Charging Interface Initiative e. V. CharIN Guide ISO 15118 Service HPC1. V1.3. https://www.charin.global/media/pages/technology/knowledge-base/2a3b963d5d-1623741463/charin-guide-iso-15118-service-hpc1-v1.3.pdf. Zugriff am 23.03.2022.

[7] Initiative „Bidirektionales Laden" (2022). Positionspapier zu notwendigen regulatorischen Anpassungen im Kontext des bidirektionalen Ladens. https://www.conenergy-unternehmensberatung.com/wp-content/uploads/2022/03/Initiative-Bidirektionales-Laden-Positionspapier-Maerz-2022.pdf. Zugriff am 23.03.2022.

[8] KBA (2022). Bestandsbarometer Personenkraftwagen am 1. Januar 2022 nach ausgewählten Fahrzeughaltern. https://www.kba.de/DE/Statistik/Fahrzeuge/Bestand/Jahrebilanz_Bestand/2022/2022_b_jahresbilanz_tabellen.html?nn=3532350&fromStatistic=3532350&yearFilter=2022&fromStatistic=3532350&yearFilter=2022. Zugriff am 23.03.2022.
[9] Rogers, E. M. (1995). Diffusion of Innovations, 4. Aufl. New York: The Free Press.
[10] Blank, S. und Dorf, B. (2012). The Startup Owner's Manual. The Step-by-Step Guide for Building a Great Company. Kalifornien: K and S Ranch Inc.
[11] Gourville, J. T. (2006). Eager Sellers and stony Buyers. Understanding the Psychology of New-Product Adoption. Harv. Bus. Rev. 84, 98–106.
[12] Kahneman, D. und Tversky, A. (1984). Choices, Values and Frames. Amer. Psychol. 39, 341–350.
[13] Kahneman, D., Knetsch, J. L. und Thaler, R. H. (1991). Anomalies. The Endowment Effect, Loss Aversion, and Status Quo Bias. J. Econ. Perspect. 5(1), 193–206.
[14] Mengis, H. und Sprenger, A. (2021). Steuerung von Innovationen – Ein KPI für die Erlösprognose in Innovationsprojekten. Digital Finance Control. 2021(1), 78–87. https://www.steinbeis-edition.de/shop/out/pictures/media/217435.pdf. Zugriff am 23.03.2022.

Kurzvitae

Dr. Axel Sprenger ist Geschäftsführer der 2018 gegründeten UScale GmbH. Davor war er als Manager in der Entwicklung und Kundenforschung der Daimler PKW-Entwicklung tätig und Geschäftsführer von JD Power Europe, einer Unternehmensberatung und Marktforschung mit Fokus auf Kundenzufriedenheit in der Automotive Customer Journey.

Dr. Helen Mengis wurde im Fachgebiet Innovationsmanagement promoviert und beschäftigt sich in ihrer Forschung u. a. mit Ursachen von und dem Umgang mit Scheitern im Innovationsprozess. In ihrer Tätigkeit bei UScale hat sie sich auf den Product-Market-Fit und auf marktbezogene Akzeptanzbarrieren von Innovationen spezialisiert.

Arvid Amthor, Sebastian Schreck und Sebastian Thiem

41 Projektbeispiel „pebbles“

Zusammenfassung: Die Transformation des Energieversorgungssystems zur Reduktion klimawirksamer Treibhausgase ist eine Aufgabe historischen Ausmaßes. Bisherige zentrale Strukturen, die auf einer Handvoll Großkraftwerke basieren, werden ersetzt beziehungsweise erweitert durch Millionen Einzelanlagen, wie dezentrale Erzeuger, Speicher oder zusätzliche Verbraucher (Elektrofahrzeuge, Wärmepumpen). Eine der größten Herausforderungen stellt dabei die Koordination dieser Einzelanlagen dar mit dem Ziel eine sichere, effiziente und umweltfreundliche Energieversorgung zu realisieren. Lokale Energiemärkte eröffnen hierbei eine Möglichkeit, diese komplexe Koordinationsaufgabe zu bewerkstelligen und die verteilte volatile Erzeugung, den Verbrauch sowie dezentrale Flexibilitäten in den Grenzen des Verteilnetztes intelligent zu koordinieren. Dieses Kapitel zeigt Probleme des derzeitigen Strommarktdesigns auf und stellt mögliche Ausgestaltungsvarianten eines lokalen Energiemarktes vor. Darüber hinaus wird die Realisierung eines lokalen Energiemarktes in der Region Allgäu anhand des Forschungsprojekts „pebbles“ näher beleuchtet.

Schlagwörter: Blockchain, Energiehandel, Peer2Peer Trading, Plattform, Digitalisierung, Netzdienliche Einsatzplanung, Verteilte Optimierung, Nodal Pricing

41.1 Kontext des Projektes „pebbles“

Der zunehmende Ausbau Erneuerbarer Energien ist eine der wichtigsten Maßnahmen, um den vom Menschen gemachten Klimawandel aufzuhalten oder zumindest zu verlangsamen [1]. Natürlich bedarf es ergänzender Maßnahmen wie der Steigerung der Energieeffizienz. Dennoch sollte der durch Energieeffizienz verringerte Energiebedarf durch zunehmend erneuerbare Primärenergiequellen gedeckt werden, um den Ausstoß klimaschädlichen Kohlendioxids zu reduzieren. In Deutschland setzt hier unter anderem der Fördermechanismus des Erneuerbaren Energiegesetzes (EEG) an. Durch das EEG wurde so seit den 2000er Jahren der Ausbau Erneuerbarer Energien in Deutschland massiv vorangetrieben, und durch Skalierungseffekte konnten die Kosten dieser Technologien drastisch gesenkt werden [2]. Durch das EEG sind Netzbetreiber sowohl zum vorrangigen Anschluss von Erneuerbare-Energien-Anlagen als auch zur vorrangigen Abnahme, Übertragung und Verteilung des Stroms aus Erneuerbare-Energien-Anlagen verpflichtet.

Arvid Amthor, Sebastian Schreck, Sebastian Thiem, Siemens AG, Technology, Erlangen, Deutschland, e-mails: arvid.amthor@siemens.com, sebastian.schreck@siemens.com, sebastian.thiem@siemens.com

https://doi.org/10.1515/9783110753585-041

Das gegenwärtige Strommarktdesign bestehend aus einem zonalen Strommarkt mit einer Preiszone für ganz Deutschland (und Luxemburg) begünstigt einen Zubau der Erneuerbaren-Energie-Anlagen an Standorten, wo sie aus Erzeugungssicht sinnvoll sind, das heißt, beispielsweise einen möglichst hohen Stromertrag aus Wind oder Sonneneinstrahlung gewinnen können. Ein solcher Zubau kann aus Gesamtsystemsicht aber alles andere als sinnvoll sein. So sind die wind- und sonnenreichsten Gegenden Deutschlands nicht zwingend die Gegenden, an denen auch der größte Stromverbrauch vorherrscht. Da der Strom, der erzeugt wird, gleichzeitig auch verbraucht werden muss und Leitungskapazitäten zum Übertragen von Strom an andere Standorte endlich sind, müssen Netzbetreiber nachgelagert an den zonalen Strommarkt heute schon Ausgleichsmaßnahmen ergreifen, beispielsweise Redispatch oder Einspeisemanagement. Dabei werden unter Redispatch und Einspeisemanagement alle Instrumente subsumiert, die der Regelung von Kraftwerken mit dem Ziel der Vermeidung von Netzengpässen dienen.

Definition Redispatch. In der Energiewirtschaft bezeichnet der Begriff Dispatch die Einsatzplanung von Kraftwerken durch die jeweiligen Kraftwerksbetreiber, mit anderen Worten die Kraftwerkseinsatzplanung. Unter Redispatch wird im energiewirtschaftlichen Kontext die Änderung der ursprünglichen Einsatzplanung durch die Übertragungsnetzbetreiber zur Vermeidung von Netzengpässen verstanden. Während also der Zweck des Dispatchs in einer wirtschaftlich lukrativen Fahrweise des Kraftwerks liegt, verfolgen Maßnahmen des Redispatchs das Ziel, regionale Überlastungen von Betriebsmitteln im Stromnetz zu vermeiden oder zu beseitigen [1].

So betrugen die Redispatch-Kosten allein in den letzten Jahren schon jährlich mehrere hundert Millionen Euro [3]. Und dies allein, weil im zonalen Strommarkt zunächst so gehandelt wird, als wäre Deutschland eine Kupferplatte, auf der Strom unbegrenzt übertragen werden könnte. Da im aktuellen Strommarktdesign nur Verbraucher beispielsweise Netzentgelte zahlen, kommt es zu einer Vergesellschaftung der Anschluss- und Übertragungskosten. Alternative Strommarktdesigns – beispielsweise nodale Strommärkte – werden bereits intensiv diskutiert [4]. In der Tat kommt das gegenwärtige zonale Strommarktdesign aus einer Zeit vor der Einführung des EEGs, in der noch eine sehr überschaubare Zahl Erneuerbarer-Energien-Anlagen an das Stromnetz angeschlossen war und große, zentrale, konventionelle Kraftwerke die Stromversorgung gewährleisteten.

Erneuerbare-Energien-Anlagen – im Folgenden werden insbesondere Photovoltaik (PV)- und Windenergieanlagen betrachtet – sind aber in vielerlei Hinsicht anders als konventionelle Großkraftwerke wie Kohle- oder Kernkraftwerke:

- *Fluktuierend*: Ihre Erzeugung ist fluktuierend gemäß der Verfügbarkeit der erneuerbaren Primärenergiequellen Sonnenstrahlung beziehungsweise Wind. Ihre Leistung lässt sich lediglich reduzieren; die gesicherte Leistung ist nahe 0 % der installierten Leistung.

- *Dezentral*: Die Stromgestehung muss dezentral stattfinden, denn im Gegensatz zu konventionellen Großkraftwerken, bei denen der Brennstoff zum Kraftwerk transportiert wird, lässt sich Strom aus Wind und Sonnenstrahlung nur über eine große Fläche – also dezentral – gewinnen.
- *Keine Grenzkosten*: Sind Erneuerbare-Energien-Anlagen einmal installiert, so können sie während ihrer Lebensdauer zu Grenzkosten nahe Null Strom erzeugen. Im Gegensatz zu den Brennstoffen eines konventionellen Kraftwerks sind Wind und Sonnenstrahlung kostenlos.

Um einer zukünftig vermehrten Stromerzeugung aus Erneuerbaren-Energien-Anlagen gerecht zu werden, bedarf es auch einer Anpassung des Strommarktdesigns. Folgende Elemente, die heute nur unzureichend genutzt werden, können Bestandteile eines neuen Strommarktdesigns sein und insbesondere einen Beitrag zur Netz- und Marktintegration von Erneuerbaren-Energien-Anlagen leisten:
- Berücksichtigung digitaler Möglichkeiten, z. B. zur Nachverfolgung des Stromflusses oder zum optimierten Betrieb des Energiesystems
- Incentivierung von dezentraler Erzeugung und Verbrauch, z. B. durch Ortsnetztarife
- Partizipation von Anschlussnehmern am Strommarkt, z. B. durch Absenken der notwendigen Anschlussleistung zum Stromhandel sowie Abbau von Bürokratie
- Berücksichtigung von Netzrestriktionen im Strommarkt

Um der fluktuierenden Einspeisung Erneuerbarer-Energien-Anlagen gerecht zu werden, werden häufig Energiespeicher – insbesondere elektrische Energiespeicher – als Lösung vorgeschlagen [5]. Energiespeicher ermöglichen zwar die Entkopplung von Erzeugung und Verbrauch, bedeuten aber auch Verluste bei der Ladung und Entladung sowie durch Selbstentladung. Weiter sind stationäre elektrische Energiespeicher (Batterien) aufgrund der teuren Speichermaterialien für den Ausgleich von Erzeugung und Verbrauch bis dato häufig unwirtschaftlich. Dabei ist in der Niederspannung, in der auch viele der Erneuerbaren-Energien-Anlagen angeschlossen sind, bereits viel Flexibilität vorhanden. Die Nutzung von Wärmepumpen in Kombination mit der Trägheit eines Gebäudes und Warmwasserspeichern sowie zunehmend auch die Ladung von Elektroautos kann flexibilisiert werden, ohne dass es zu unnötigen Verlusten oder zur Nutzungseinschränkung kommt. Batterien könnten über den Anwendungsfall der Eigenverbrauchsoptimierung dem Netz oder anderen Netzteilnehmern Flexibilität zur Verfügung stellen. Eine Aktivierung dieser Flexibilitäten ermöglicht einen kostengünstigen und integrierenden Weg für das Gelingen der Energiewende. Durch eine zusätzliche zeitliche und räumliche Flexibilisierung der Netzentgelte kann der Zubau neuer Flexibilitäten angereizt werden. Darüber hinaus kann hierdurch auch der Zubau neuer Erneuerbarer-Energien-Anlagen incentiviert und für bestehende Anlagen, die aus der EEG-Vergütung fallen, eine attraktive Vermarktungsmöglichkeit geschaffen werden. Ein neues Strommarktdesign sollte daher Wege aufzeigen, wie diese dezentral vorhandenen Flexibilitäten gehoben und Anreize zum weiteren Ausbau von Erneuerbaren-Energien-Anlagen geschaffen werden können. Ein weiterer wichtiger Punkt eines neuen Strommarktdesigns sollte die Weiterführung der Liberalisierung des Strommarkts gemäß EU Direktive [6] zu einer Demokratisierung sein, bei der für die Letztverbraucher – so wird mitunter der Endkunde in der Versorgungswirtschaft bezeichnet – mehr Mitbestimmung über ihren Stromerzeugungsmix und -ort möglich ist.

Das im Folgenden vorgestellte Projekt pebbles liefert Antworten zu den oben skizzierten Fragen und beschreibt ein mögliches neues, an den Charakteristiken heutiger Erneuerbarer-Energien-Anlagen orientiertes Strommarktdesign.

41.2 Marktdesigns und Marktmechanismen

Lokale Energiemärkte (LEM) bieten eine Möglichkeit, die in Abschnitt 41.1 beschriebenen Herausforderungen zu adressieren. Dabei spielt die Ausgestaltung des lokalen Energiemarktes, also die Frage nach dem Marktdesign, eine entscheidende Rolle. Im Folgenden werden Anforderungen an das Marktdesign lokaler Energiemärkte aufgestellt, die sich aus den Herausforderungen aus Abschnitt 41.1 ergeben. Im Anschluss werden die Vor- und Nachteile typischer Marktdesigns erörtert und das im Forschungsprojekt pebbles erprobte Marktdesign vorgestellt.

41.2.1 Anforderungen an die Ausgestaltung eines lokalen Energiemarktes

Aus den in Abschnitt 41.1 beschriebenen Herausforderungen lassen sich folgende technische und wirtschaftliche Anforderungen an die Ausgestaltung lokaler Energiemärkte ableiten:

Optimale Betriebsführung

Um die Herausforderung der steigenden volatilen Einspeisung (z. B. PV-Anlagen) sowie der zunehmenden Zahl an Verbrauchern (z. B. Elektrofahrzeuge und Wärmepumpen) zu adressieren, besteht eine wesentliche Aufgabe des LEM in der Koordination einer Vielzahl dezentraler Erzeuger und Verbraucher. Neben der Zusammenführung von Angebot und Nachfrage sowie der Preisbildung sollte der optimale Einsatz von Flexibilitäten (z. B. Speichern) über mehrere Zeitschritte hinweg, z. B. einem Tag, im Vordergrund stehen. Ziel der optimalen Betriebsführung sollte sowohl die Maximierung der sozialen Wohlfahrt der Teilnehmer als auch eine Entlastung des Verteilnetzes sein. So kann beispielsweise der PV-Strom eines Nachbarn genutzt werden, um ein

Elektrofahrzeug dann zu laden, wenn diese PV-Anlage einen Überschuss erzeugt (Mittagszeit). Heimspeichersysteme können durch eine optimale Betriebsführung neben der Eigenverbrauchsoptimierung auch netzdienlich zur Reduktion von Einspeisespitzen eingesetzt werden.

Berücksichtigung der Netzinfrastruktur

Im Gegensatz zum derzeitigen europäischen Energiemarktdesign, dessen Marktzonen sich meist auf ganze Länder ausdehnen und innerhalb der Marktzonen keine Netzrestriktionen berücksichtigen, sollte das Marktdesign des LEM eine Berücksichtigung der Netzinfrastruktur innerhalb einer Marktzone ermöglichen. Der Handel auf dem LEM sollte daher nur im Rahmen der technischen Grenzen der Netzinfrastruktur stattfinden. Dazu kann dem Netzbetreiber die Möglichkeit eingeräumt werden, dem Handelsgeschehen feste Grenzen vorzugeben, die nicht überschritten werden dürfen. So kann beispielsweise eine Überlastung eines bestimmten Netzabschnitts (beispielsweise durch eine hohe PV-Einspeisung) a priori reduziert werden.

Teilnahmeanreiz

Neben technischen Anforderungen an das Marktdesign muss ein LEM auch Anreize für eine Teilnahme bieten, um eine kritische Masse an Teilnehmern und somit ausreichend finanzielle Liquidität zu generieren. Durch die zunehmend dezentralisierte Erzeugung durch Kleinanlagen können Elektrizität als traditionell reines Verbrauchsgut zusätzliche Eigenschaften zugeordnet werden. Zum einen kann nach der Erzeugungsart (z. B. Grünstrom, Solarstrom, Windstrom), zum anderen nach dem Erzeugungsort beziehungsweise dem Erzeuger selbst (Stichwort „Strom mit Gesicht“) differenziert werden. Diese Differenzierungsmerkmale können die Teilnahme an einem LEM anreizen und sollten somit beim Marktdesign berücksichtigt werden [7]. Dies gelingt nur, wenn das technische System des Marktes und seiner Komponenten in der Lage ist, die Differenzierungsmerkmale abzubilden. Dazu muss zum einen auf der Teilnehmerseite eine Einstellbarkeit der Differenzierungsmerkmale gegeben sein. Zum anderen muss dies zur Nachweiserbringung auch messtechnisch abgebildet werden. Zusätzlich zu den genannten Differenzierungsmerkmalen sollte die Teilnahme an einem LEM auch ökonomisch attraktiv gemacht werden, um die Wechselkosten zu einem neuen System (Energieversorgung durch LEM) zu reduzieren.

Integration von Kleinanlagen

Die Dezentralisierung des Energiesystems mit mehreren Millionen Einzelanlagen mit Leistungen im kW Bereich erfordert eine Integration ebendieser Anlagen in den Energiemarkt. Diese sind zwar bereits heute durch die EEG-Vergütung beziehungsweise Direktvermarktung im Großhandel integriert, eine aktive Partizipation im Energiemarkt ist jedoch nicht gegeben. Ein LEM kann den Trend zur Demokratisierung des

Energiesystems jedoch beschleunigen, indem diese Kleinanlagen direkt in den lokalen Handel integriert werden. Dies trifft insbesondere auf Anlagen zu, die nach der 20-jährigen EEG-Förderung eine neue Vermarktungsmöglichkeit suchen.

Integration in das Gesamtsystem

Bei der Gestaltung des Marktdesigns ist die Integration in den bestehenden Energiemarkt essenziell. Da das lokale Energiesystem in der Regel nicht als autarkes System betrieben werden kann und Unter- beziehungsweise Überdeckungen auftreten, müssen die überschüssig erzeugten beziehungsweise fehlenden Energiemengen durch das Gesamtsystem ausgeglichen werden. Das Marktdesign sollte also dazu in der Lage sein, über mehrere Interaktionsebenen hinweg, das heißt, vom Gebäudeenergiesystem über den lokalen beziehungsweise regionalen Energiemarkt bis zum nationalen oder internationalen Energiemarkt, einen Energiehandel zu organisieren (vgl. [8]). Perspektivisch ist unter der Integration in das Gesamtsystem auch die Kopplung der Sektoren Wärme, Kälte und Verkehr durch den LEM zu verstehen.

Generierung von Preissignalen

Das Marktdesign des LEM sollte neben dem optimalen Betrieb der Anlagen (Zeitbereich: Tage bis Wochen) auch ein Preissignal erzeugen, das langfristige Investitionen in die lokale Infrastruktur anreizt. Ist das lokale Energiesystem beispielsweise durch PV-Anlagen und private Haushalte dominiert, so sollte sich dies im Preissignal durch niedrige Preise während der Mittagszeit (hohe PV-Einspeisung, geringe Last) und hohe Preise am Morgen und Abend (geringe PV-Einspeisung, hohe Last) widerspiegeln. Ein solches täglich repetitives Preissignal würde Investitionen in Kurzfristspeicher attraktiv machen. Diese könnten die Preisdifferenz zwischen der Mittagszeit und Morgen- beziehungsweise Abendzeit nutzen, um Arbitrageeinnahmen (Einkauf zu günstigem und Verkauf zu teurem Preis) zu generieren. Weiterhin kann durch diese lokalen Preissignale eine Heterogenisierung der lokalen Erzeugungsstruktur erfolgen. Eine Investition in eine Windkraftanlage könnte somit in einer PV-dominierten Region trotz niedrigerem Winddargebot eine höhere Renditeerwartung haben als in einer Region, die bereits von Windkraftanlagen dominiert ist.

Die aufgestellten Anforderungen an das Marktdesign haben an dieser Stelle keinen Anspruch auf Vollständigkeit, sondern dienen lediglich der Übersicht an Anforderungen, die an das entwickelte Marktdesign in pebbles (siehe Abschnitt 41.2.3) gestellt werden.

41.2.2 Ausgestaltungsmöglichkeiten des Marktdesigns

Die Ausgestaltung des Marktdesigns eines LEM lässt sich in die in Abbildung 41.1 dargestellten konzeptionellen Koordinationsmechanismen unterteilen (vgl. [3]). Im Fol-

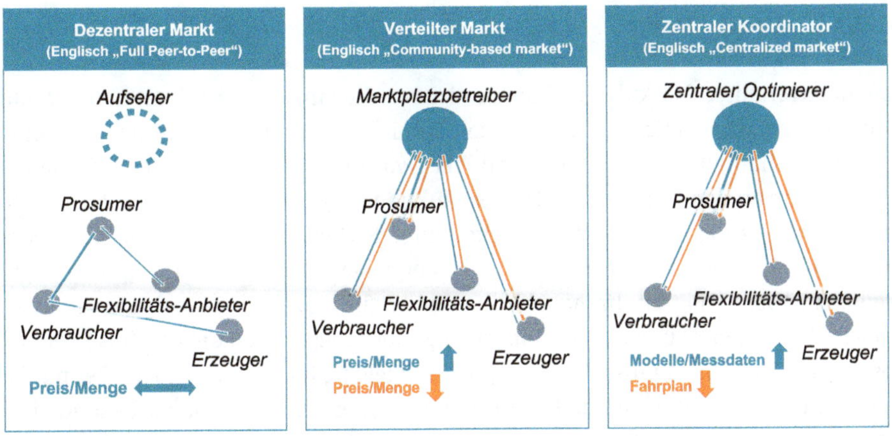

Abb. 41.1: Übersicht möglicher Ausgestaltungsmöglichkeiten des Marktdesigns.

genden werden die Vor- und Nachteile der Marktkonzepte beschrieben, um im anschließenden Abschnitt das pebbles Marktkonzept als Hybridkonzept vorzustellen.

41.2.2.1 Dezentraler Markt

Bei einem vollständig dezentralen Marktdesign (Englisch: „Full Peer-to-Peer" oder auch „P2P") ist die Kommunikation zwischen den einzelnen Marktteilnehmern ohne Zwischenhändler realisiert. Das bedeutet, dass die Teilnehmer die zu liefernde Energiemenge und den Energiepreis bilateral untereinander verhandeln. Zum Zeitpunkt der Lieferung muss jeder Teilnehmer sicherstellen, dass die jeweiligen Verbraucher, Erzeuger oder Flexibilitäten derart angesteuert werden, dass die vereinbarte Lieferung erbracht wird. Vollständig dezentrale Märkte bieten den Vorteil, dass kein zusätzlicher Intermediär (z. B. Marktplatzbetreiber) zwischen den Teilnehmern benötigt wird. Zur Sicherstellung der Einhaltung der Marktregeln wird in diesem Fall ein passiver Marktbeobachter eingesetzt, der nur bei Verstößen gegen die Marktregeln eingreift. Ein weiterer Vorteil dieses Marktdesigns ist, dass die Umsetzung von direktem P2P Handel als Teilnehmeranreiz (Strom mit Gesicht direkt vom Nachbarn) bewertet werden kann.

Ein Nachteil ist der hohe Kommunikationsaufwand, der mit steigender Teilnehmerzahl signifikant wächst und eine Anbindung einer Vielzahl kleiner Anlagen erschwert. Da es in diesem System kein zentrales Wissen über das Gesamtsystem gibt, ist es auch problematisch, eine optimale Betriebsführung über alle Teilnehmer hinweg zu erreichen. Aus demselben Grund ist die Berücksichtigung der Netzinfrastruktur als limitierender Faktor des Energiehandels praktisch nicht umsetzbar. Die einzelnen Teilnehmer sind zwar durch ihren Netzanschluss limitiert, es gibt aber keine Instanz, die die Einhaltung der physikalischen Grenzen des Netzes überwacht und limitiert.

41.2.2.2 Verteilter Markt

In einem verteilten Marktdesign kommunizieren die einzelnen Marktteilnehmer mit einem Marktplatzbetreiber (Englisch: „community-based market"). Ähnlich wie beim Energiegroßhandel werden Mengen und Preise von den Teilnehmern festgelegt (Gebote), die dann an den Marktplatzbetreiber (Auktionator) kommuniziert werden. Durch einen Matching-Algorithmus (z. B. Maximierung des Sozialwohls) wird anschließend vom Marktplatzbetreiber die bezuschlagte Energiemenge und der Energiepreis der jeweiligen Gebote ermittelt. Im Anschluss erhalten die einzelnen Teilnehmer Informationen über den Preis und die Zuschlagsmenge der abgegebenen Gebote. Das Energiesystem der Teilnehmer muss die vertraglich festgelegte Energiemenge zum Zeitpunkt der Bereitstellung durch automatisierte Steuerung der flexiblen Systeme bestmöglich erfüllen.

Das verteilte Marktkonzept bildet eine Zwischenlösung zwischen einem dezentralen und dem zentralen Marktansatz. In diesem Fall ist ein Marktplatzbetreiber erforderlich, aber die Teilnehmer behalten weiterhin die Autonomie über ihr eigenes Energiesystem. Der Marktplatzbetreiber kann Randbedingungen für den Handel wie Netzrandbedingungen definieren und diese beim Matching berücksichtigen. Typischerweise wird hierbei das Matching durch eine Auktion durchgeführt, bei der Käufer und/oder Verkäufer nur Angaben zu Preis und Energiemenge für einen bestimmten Handelszeitpunkt machen. Weitere technische Parameter der Teilnehmerenergiesysteme wie z. B. Speichergrößen, verschiebbare Energiemengen (Elektrofahrzeuge) oder maximale Leistungsgrenzwerte werden nicht berücksichtigt. Ohne eine Erweiterung der Gebote um diese zusätzlichen Parameter ist eine optimale Betriebsführung, insbesondere über mehrere Zeitschritte hinweg, nicht umsetzbar. Zusätzlich werden bei dieser Ausgestaltung des Marktplatzes keine direkten Handelsbeziehungen zwischen einzelnen Teilnehmern umgesetzt, mit anderen Worten, ein P2P-Regime, da die Kommunikation nur indirekt über den Auktionator stattfindet.

41.2.2.3 Zentraler Koordinator

In einem zentral organisierten Markt fungiert ein zentraler Koordinator als Entität, die mit Kenntnis aller Anlagenmodelle und Parameter sowie Messdaten das System steuert. Der zentrale Koordinator berechnet den optimalen (meist kostenoptimalen) Betrieb des Gesamtsystems und leitet entsprechende Regelsignale/Fahrpläne direkt an die Verbraucher, Erzeuger oder Speichersysteme der Teilnehmer weiter. Durch detaillierte Kenntnis des Gesamtsystems ist es dem zentralen Optimierer möglich, eine möglichst optimale Betriebsführung zu gewährleisten. Zusätzlich kann bei der optimalen Betriebsführung auch auf Netzrandbedingungen Rücksicht genommen werden. Auf unvorhergesehene, kurzfristig auftretende Netzüberlastungen kann bei einer zentralen Koordination durch direkten Eingriff reagiert werden.

Der direkte Eingriff des zentralen Optimierers in die Systeme der Teilnehmer ist meist unerwünscht, da dadurch die Autonomie der Teilnehmer verletzt wird. Weiterhin wird bei einer zentralen Koordination kein zusätzlicher Teilnehmeranreiz geschaffen (z. B. Präferenz für lokalen Grünstrom). Der Anreiz einer Teilnahme beschränkt sich hierbei also rein auf die mögliche Kostenminimierung durch den optimalen Betrieb. Da durch die Berücksichtigung detaillierter Komponentenmodelle und einer Vielzahl an Messungen die Rechenzeit zur Berechnung der optimalen Betriebsführung mit jedem zusätzlichen Teilnehmer ansteigt, ist die Skalierbarkeit eines solchen Systems angesichts der steigenden Zahl verteilter Produzenten und Konsumenten fraglich.

41.2.3 Das pebbles Marktdesign

Um möglichst viele der in Abschnitt 41.1 dargestellten Anforderungen an das Marktdesign zu erfüllen, wurde im Projekt pebbles ein hybrides Marktdesign entwickelt, das mehrheitlich die Vorteile der Konzepte aus Abschnitt 41.2.2 in sich vereint (Abb. 41.2).

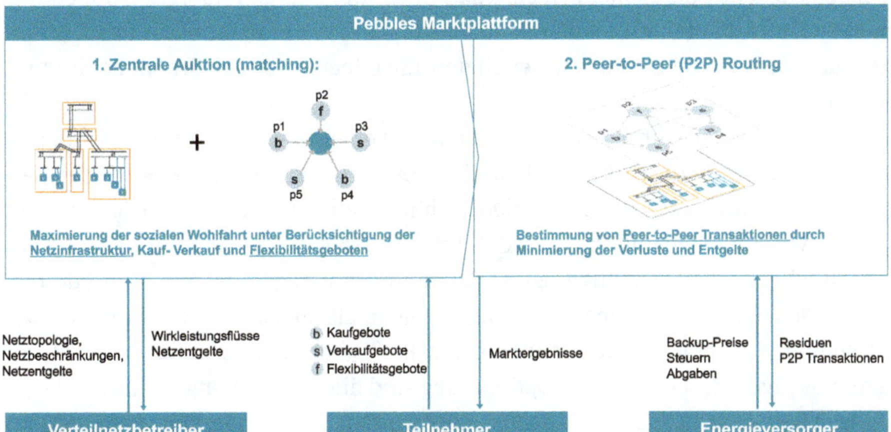

Abb. 41.2: Übersichtsdiagram pebbles Marktdesign.

Im Kern besteht das Marktdesign aus einem verteilten Markt mit einem zentralen Auktionator. Im Gegensatz zu herkömmlichen Auktionen, in denen meist nur Energiemengen für einen bestimmten Zeitraum (z. B. 15 Minuten) gehandelt werden, wird die Auktion über mehre Zeitschritte (z. B. einen ganzen Tag) hinweg ausgeführt.

Diese Zeitschrittkopplung wird eingeführt, um einen optimalen Betrieb des Gesamtsystems abzubilden. Der optimale Betrieb von Speichersystemen erfordert dies, da Speichersysteme die einzelnen Zeitscheiben miteinander koppeln. Jede geladene beziehungsweise entladene Energiemenge einer vorherigen 15-Minuten-Zeitscheibe beeinflusst den Ladezustand der nächsten Zeitscheibe. Eine detaillierte Beschreibung des mathematischen Modellierungsansatzes findet sich in [9, 10].

Zur Übermittlung relevanter Anlagenparameter und Modelle, die für diesen optimalen Systembetrieb benötigt werden, werden neben den klassischen Kauf- und Verkaufsgeboten Flexibilitätsgebote eingeführt. Diese ermöglichen die Übermittlung zusätzlicher Parameter, wie der maximalen Lademenge eines Speichers oder dem Start- und Endzeitpunkt eines Ladevorgangs an den Auktionator.

Um die verfügbare Netzinfrastruktur zu berücksichtigen, werden vom Netzbetreiber die Netztopologie, Netzrandbedingungen und Netzentgelte an die Marktplattform übermittelt. Zusätzlich zur Einhaltung von Netzrandbedingungen (physikalische Grenzen) kann durch die Kenntnis der Netztopologie ein Handel zwischen topologisch nahen Teilnehmern incentiviert werden. Ein Handel unterhalb eines Niederspannungstransformators kann beispielsweise von einem Teil der Entgelte und Abgaben (z. B. Stromsteuer) befreit werden, um einen Energieaustausch unterhalb dieses Transformators zu bevorzugen.

Der Energieversorger übernimmt die Aufgabe, die in der Handelsphase überschüssige Erzeugung zu vermarkten beziehungsweise bei zu geringem lokalem Angebot zusätzliche Energiemengen bereitzustellen. Der Energieversorger erhöht dabei indirekt die Liquidität am lokalen Markt und leistet die Integration in das Gesamtsystem, indem er die zusätzlich benötigten Energiemengen am Großhandelsmarkt beschafft.

In einem ersten Schritt (vgl. Abb. 41.2) wird in einer zentralen Auktion das Matching bestimmt. Im Kern wird hierbei ein lineares Optimierungsproblems mit der Zielfunktion der Maximierung der sozialen Wohlfahrt aller Teilnehmer sowie der Minimierung von Entgelten und Umlagen durchgeführt. Dies geschieht unter Nebenbedingungen wie der Berücksichtigung der Netzrandbedingungen, technischen Parametern aus den Geboten (maximale Leistungen, maximale Speicherfüllstände etc.) sowie der Präferenzen der jeweiligen Teilnehmer (z. B. Kostenpräferenzen für Stromkategorien). Das Ergebnis dieser ersten Optimierung sind die Energiemengen, die für die jeweiligen Gebote pro Zeitintervall bezuschlagt wurden. Diese Energiemengen entsprechen den Fahrplänen der Betriebsmittel der einzelnen Teilnehmer, die zum Zeitpunkt der Erbringung abgefahren werden müssen. Details zur Funktionsweise des Matchingverfahrens werden in [4] und [5] beschrieben.

Zusätzlich wird in einem zweiten Schritt ein P2P-Routing durchgeführt. Dabei werden unter Berücksichtigung der Marktergebnisse aus dem ersten Optimierungsproblem Peer-to-Peer Transaktionen zwischen einzelnen Teilnehmern ermittelt. Dies geschieht in einem separaten Optimierungsproblem, um die Komplexität der Abbildung sämtlicher Verbindungen zwischen einzelnen Teilnehmern zu reduzieren. Bei diesem Optimierungsproblem werden die gezahlten Entgelte beziehungsweise Leitungsverluste minimiert. Weil die Netztopologie bekannt ist, ergeben sich somit präferiert P2P-Handelsbeziehungen zwischen räumlich nahen Teilnehmern. Das Verfahren hat den

Vorteil, dass bei geringer Rechenzeit und geringem Kommunikationsaufwand eine Information zur Herkunft oder Quelle des gekauften Stroms für die Teilnehmer erzeugt wird.

Weiterhin übernimmt der Energieversorger die Aufgabe, in der Handelsphase überschüssige Erzeugung zu vermarkten beziehungsweise bei zu geringem lokalem Angebot zusätzliche Energiemengen bereitzustellen. Der Energieversorger erhöht dabei indirekt die Liquidität am lokalen Markt und leistet die Integration in das Gesamtsystem, indem er die zusätzlich benötigten Energiemengen am Großhandelsmarkt beschafft.

Durch die Berücksichtigung der lokalen Netzinfrastruktur bilden sich bei Netzengpässen sowie durch lokal differenzierte Entgelte und Umlagen unterschiedliche Preiszonen aus (vgl. nodale Preiszonen). Es bilden sich also kurzfristig lokale Preissignale, die zum optimalen Betrieb genutzt werden können. Längerfristig bilden diese unterschiedlichen Preiszonen strukturelle Probleme (z. B. nötiger Leitungsausbau) ab und können somit Investitionsanreize in die Erzeugungs- und Netzinfrastruktur ermöglichen.

Zusammenfassend lässt sich das Marktdesign als ein hybrides Konzept beschreiben, das die Vorteile einer erweiterten zentralen Auktion (optimale Betriebsführung über mehrere Zeitschritte, Berücksichtigung von Netzrandbedingungen) mit dem Charakter eines dezentralen Marktes (P2P Transkationen) verknüpft.

41.3 pebbles Demonstrator

Die Systemarchitektur des pebbles Demonstrators ist in Abbildung 41.3 dargestellt. Grundsätzlich besteht der Demonstrator aus den Kernkomponenten
- Teilnehmer
- Cloud-Services
- Lokaler Energiemarkt
- Transaktionsplattform.

Den Mittelpunkt des pebbles Demonstrators, der als realer Prototyp im Versorgungsgebiet des Verteilnetzbetreibers Allgäu Netz aufgebaut und betrieben wurde, bildet die digitale Plattform. Diese besteht aus zwei Hauptelementen: einem LEM und einer Transaktionsplattform (TP). Auf dem lokalen Marktplatz handeln die angeschlossenen Teilnehmer Energie. Hier werden die Gebote der Teilnehmer (Kauf, Verkauf, Speicher) verarbeitet und durch einen komplexen Optimierungsalgorithmus (siehe Abschnitt 41.2.3) unter Berücksichtigung von Netzrestriktionen optimal zur Deckung gebracht (Matching). Die Blockchain-basierte TP speichert in transparenter Art und Weise alle relevanten Daten des Systems und realisiert darüber hinaus eine automatisierte und garantiert ausgeführte Abrechnungslogik. Dies führt zu Verbindlichkeit und

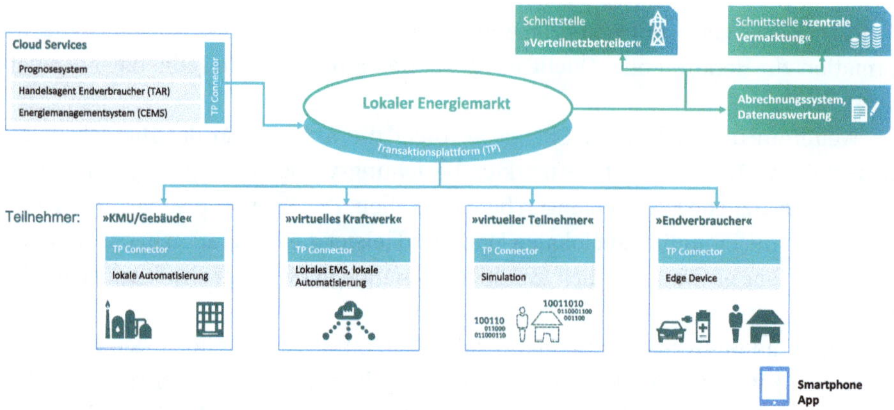

Abb. 41.3: Systemarchitektur pebbles Demonstrator.

Nachvollziehbarkeit und ermöglicht eine weitergehende Automatisierung von Funktionen (insbesondere Geschäftslogik) im Gesamtsystem. Die digitale Plattform verfügt über Schnittstellen zum Verteilnetzbetreiber Allgäu Netz, dem Energiehandel des Allgäuer Überlandwerkes (AÜW) sowie dem Abrechnungssystem des AÜW. Die Schnittstelle zum Verteilnetzbetreiber ist notwendig, damit dieser im Rahmen der Netzdienste Leistungsbeschränkungen auf bestimmten Leitungen und Knoten des Netzgebietes vorgeben kann. Die Schnittstellen zum Allgäuer Überlandwerk dienen zum einen dem Ausgleich des lokalen Marktes bei Über- und Unterdeckungen (zentrale Vermarktung durch Energiehandel des AÜW) und zum anderen der rechtsverbindlichen Abrechnung des Handelsgeschehens.

41.3.1 Teilnehmer

Neben der digitalen Plattform sind die Teilnehmer ein zentraler Bestandteil des pebbles Demonstrators. Diese lassen sich in folgende Kategorien einteilen:

Teilnehmerkategorie KMU/Gebäude

In diese Kategorie fallen Unternehmen, intelligente Gebäude sowie der Energiecampus Wildpoldsried (ECW). Das Energiesystem dieser Teilnehmer wird durch ein Cloud-basiertes Energiemanagementsystem (Customer Energy Management System, CEMS) gesteuert. Durch ein solches CEMS wird das Verbrauchs- und Erzeugungsverhalten des jeweiligen Teilnehmers lokal optimiert, und so kann die zur Verfügung stehende Flexibilität optimal für eine lokale Kostenminimierung eingesetzt werden. Weiterhin können die CEMS Systeme die zur Verfügung stehende Flexibilität des gesteuerten Energiesystems nicht nur am lokalen Energiemarkt vermarkten, sondern auch an beliebig vielen alternativen Energie- oder Systemdienstleistungsmärkten. Die Gebote und

Angebote dieser Teilnehmer werden der digitalen Plattform durch das CEMS über die Transaktionsplattform (TP Connector) kommuniziert.

Teilnehmerkategorie Endverbraucher

Diese Kategorie beinhaltet Endverbraucher und eigenständige Betriebsmittel (z. B. Batteriespeicher oder PV-Anlagen). Der optimale Einsatz der Betriebsmittel dieser Teilnehmer wird vom lokalen Marktmechanismus bestimmt und daher ist kein CEMS notwendig. Last- und Erzeugungsprognosen, Nutzerpräferenzen sowie vorhandene Flexibilitäten werden von einem Handelsagenten (Trading Agent Residential, TAR) in Gebote umgewandelt und über die TP an den lokalen Energiemarkt übergeben. Dieser berechnet im Matching den optimalen Einsatz der angeschlossenen Betriebsmittel und transferiert diese über die TP an den TAR. Dieser wiederum wandelt die Matchingergebnisse in Fahrpläne um und lässt sie von einer lokalen Steuerung zum Erbringungszeitpunkt ausführen. Für diese Teilnehmerkategorie ist der Handel am lokalen Energiemarkt exklusiv; jeglicher Verbrauch wird durch diesen gedeckt, beziehungsweise jegliche Erzeugung wird dort vermarktet.

Teilnehmerkategorie virtuelles Kraftwerk (VPP)

Das virtuelle Kraftwerk des Allgäuer Überlandwerkes besitzt eine lokale Optimierung, die abhängig von den Vermarktungsmöglichkeiten die optimale Einsatzplanung der angeschlossenen Energieerzeugungseinheiten bestimmt. Da diese Teilnehmer ein eigenes lokales EMS besitzen, über Erzeugungsvorhersagen der angeschlossenen Anlagen verfügen und keine elektrischen Lasten decken müssen, benötigen sie von der Cloud-Plattform keine Input-Daten wie Erzeugungs- und Lastprognosen. Die Gebote und Angebote werden über den TP Connector direkt an die Plattform übergeben.

41.3.2 Cloud Services

Die Cloud-Services aus Abbildung 41.3 beinhalten alle marktspezifischen Funktionen, die zum Betrieb des pebbles Demonstrators notwendig sind. Hierbei handelt es sich um die unten beschriebenen drei Services.

Prognosesystem

Für den Betrieb des pebbles Demonstrators ist die Erstellung von Prognosen essenziell. Wie bereits beschrieben, basiert der lokale Handel auf dem Wissen über das zukünftige Verhalten der angeschlossenen Teilnehmer. Dies bedeutet natürlich, dass das Erzeugungs- und Lastverhalten zuverlässig und teilnehmerscharf vorhergesagt werden muss. Darüber hinaus ist für die CEMS Systeme die Kenntnis der zukünftigen Preise auf dem lokalen Markt essenziell und daher müssen auch diese prognostiziert werden.

Customer Energy Management System (CEMS)
Die CEMS Systeme, die große kommerzielle Teilnehmer steuern, sind auf der Cloud Plattform lokalisiert und kommunizieren über die TP mit dem Automatisierungssystem der entsprechenden Teilnehmer. Somit haben diese Systeme Zugriff auf Messwerte aus dem Prozess und können die Betriebsmittel der angeschlossenen Teilnehmer steuern.

Trading Agent Residential (TAR)
Wie die CEMS Systeme sind auch die Handelsagenten für Endkunden in der Cloud lokalisiert. Auch sie kommunizieren über die TP mit den angeschlossenen Teilnehmern und haben über ein sogenanntes Edge Device direkten Zugriff auf Prozessmesswerte. Weiterhin ist es den TAR Systemen möglich, die Betriebsmittel vor Ort zu steuern.

41.3.3 Transaktionsplattform

Die vierte Kernkomponente des pebbles Demonstrators ist die Blockchain-basierte TP. Hierbei handelt es sich um eine Technologie, die eingesetzt wird, um den lokalen Energiehandel transparent, geschützt vor Manipulationen und automatisiert abzuwickeln. Die TP ist daher sowohl Teil der digitalen Plattform als auch Teil jedes Teilnehmers. Ihre Aufgaben sind die sichere Übermittlung aller transaktionsrelevanten Daten (insbesondere z. B. Gebote und Messwerte), ein manipulationsgeschütztes User Management, die nachprüfbare Überwachung der Ausführung der Handelsverträge sowie die automatisierte Abrechnung nach der Leistungserbringung.

41.3.4 Teilnehmerseitige Automatisierung

41.3.4.1 Lokale Automatisierung der Teilnehmer mit TAR

Wie in Abbildung 41.3 gezeigt, wird auf Seiten des Endverbrauchers mit dem TAR eine technische Einrichtung benötigt, die die installierten Primärkomponenten ansteuert und Messwerte an den TAR sendet. Diese technische Einrichtung wird Edge Device genannt und wurde ebenfalls im Projekt pebbles entwickelt. In Abbildung 41.4 ist die Hardwarekonfiguration in der Liegenschaft des Endkunden dargestellt. Die vor Ort installierten steuerbaren Energiewandlungs- und Energiespeichereinrichtungen (beispielsweise PV-Anlage, Heimspeicher, Wärmepumpe) sind an das Edge Device kommunikationstechnisch angebunden. Weiterhin kommunizieren ein oder mehrere Messgeräte mit dem Edge Device, um Messdaten an die TP zu liefern, die nicht von den Primärkomponenten erfasst werden (beispielsweise Wirkleistung am Netzanschlusspunkt). Weiterhin wird eine drahtgebundene oder wahlweise drahtlose IP-Kommunikation eingesetzt, denn so kann eine bereits vor Ort installierte

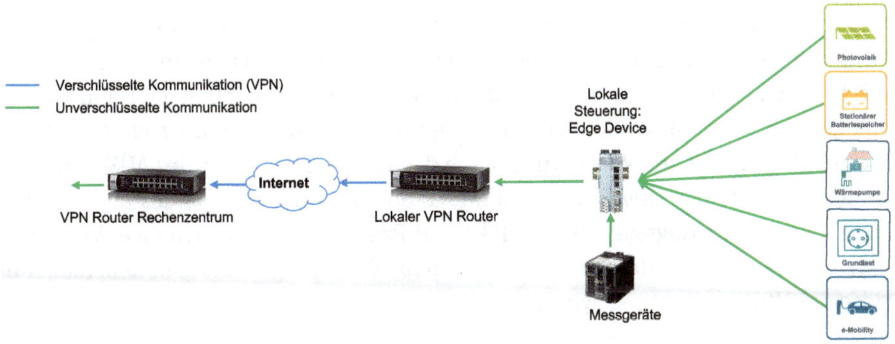

Abb. 41.4: Lokale Automatisierung mittels Edge Device beim Endkunden.

Kommunikationsinfrastruktur mitgenutzt werden. Die Kommunikation zwischen den angeschlossenen Primärkomponenten und dem Edge Device erfolgt unverschlüsselt, da davon ausgegangen wird, dass der Endkunde sein lokales Netzwerk entsprechend schützt. Am Übergang zum öffentlichen Internet wurde im Rahmen von pebbles ein VPN Router installiert, der eine verschlüsselte Verbindung zu den Cloudapplikationen aufbaut. Auch dieser Router kommuniziert über einen bereits beim Teilnehmer vorhandenen Breitbandinternetanschluss. So wird sichergestellt, dass der Datenaustausch mit den Cloudapplikationen ausreichend gesichert wird und keine Manipulationen durch Dritte möglich sind. An dieser Stelle ist anzumerken, dass der Einsatz eines relativ kostenintensiven VPN Routers nur aus Gründen der Flexibilität in pebbles erfolgte.

41.3.4.2 Lokale Automatisierung der Teilnehmer mit CEMS/VPP

Bei diesen Systemen gilt im Grundsatz die gleiche Architektur wie in Abbildung 41.4 gezeigt, nur dass sich an Stelle des Edge Device in der Regel ein um ein Vielfaches komplexeres Automatisierungssystem befindet. Teil dieses Automatisierungssystems ist auf der Ebene der Prozessleittechnik das CEMS. Das CEMS berechnet auf Basis aktueller Prozessmesswerte die optimale Einsatzplanung der angeschlossenen steuerbaren Betriebsmittel und bringt diese mit Hilfe der Basisautomatisierung[1] zur Ausführung. Um den Handel zu realisieren, wurde das bestehende CEMS um ein Handelsmodul erweitert, das über die Transaktionsplattform mit dem lokalen Energiemarkt kommuniziert. Das Handelsmodul des Energiemanagementsystems nimmt nach der Day-Ahead-Planung (auf Basis der Preise für alternative Vermarktungsoptionen) am Energiehandel des lokalen Marktplatzes teil und versucht die Betriebskosten des Energiesystems weiter zu minimieren, indem es dem lokalen Markt das optimierte Leistungs-

1 Unter Basisautomatisierung wird die Automatisierung eines Betriebsmittels verstanden.

profil am Netzanschlusspunkt und die dazugehörige Preiskurve als Maximalpreis mitteilt. Kann die benötigte Energiemenge über den lokalen Markt zu einem geringeren Preis bezogen werden, ergibt sich daraus eine Kosteneinsparung und der Handel wird getätigt. Dies gilt natürlich in gleicher Weise für den Verkauf von überschüssiger Energie. In gleicher Art und Weise wurde auch das virtuelle Kraftwerk des AÜW um eine Handelsfunktionalität erweitert. Auch dieses optimiert den Betrieb des angeschlossenen Automatisierungssystems erst lokal auf Basis der Preise alternativer Vermarktungsoptionen und handelt im Anschluss am lokalen Energiemarkt mit dem Ziel, die Erlöse des VPPs weiter zu steigern.

41.3.5 Benutzerschnittstelle und Marktvisualisierung

41.3.5.1 Teilnehmer Smartphone Applikation

Für die Teilnehmer wurde ein Endkundenschnittstelle in Form einer Smartphone Applikation entwickelt (siehe Abb. 41.5). Die grundlegenden Funktionen der Applikation sind dabei die Visualisierung historischer und aktueller Mess- und Prognosedaten, die Parametrierung nutzerspezifischer Präferenzen für die Teilnahme am lokalen Energiemarkt sowie die nutzerspezifische Betriebsmittelkonfiguration für das Energiesystem des Teilnehmers. Bei der Entwicklung der Smartphone Applikation wurde besonderes Augenmerk auf eine einfache Inbetriebsetzung gelegt und daher wird die Smartphone Applikation auch dazu verwendet, das Edge Device in das pebbles System mit einzubinden. Bevor die Smartphone Applikation gestartet werden kann, muss sich der Benutzer zunächst mit seinem Benutzernamen und einem Kennwort anmelden. Im Falle der erstmaligen Anmeldung der Smartphone Applikation am pebbles Demonstrator wird ein Pairing-Prozess zwischen Edge Device und zugehöriger Smartphone Applikation durchgeführt.

41.3.5.2 Marktvisualisierung

Neben Endkunden Smartphone Applikation wurde eine Visualisierung entwickelt, die das Geschehen auf dem lokalen Energiemarkt zeigt. So können die Fortschritte, wesentliche Entwicklungen und Erkenntnisse des Forschungsprojekts für die breite Öffentlichkeit allgemein verständlich darstellt werden. Für das Konsortium sowie für fachlich interessierte Personen (z. B. Besuchergruppen des Demonstrators oder Einwohner des Untersuchungsgebiets) sind detailliertere Inhalte bezüglich der entwickelten Verfahren oder der zeitbezogenen Handels- und Leistungsflüsse im Untersuchungsgebiet abgebildet. Abbildung 41.6 zeigt exemplarisch die Marktvisualisierung, die als Internet-Applikation ausgeführt wurde und während der Projektlaufzeit öffentlich zugänglich war.

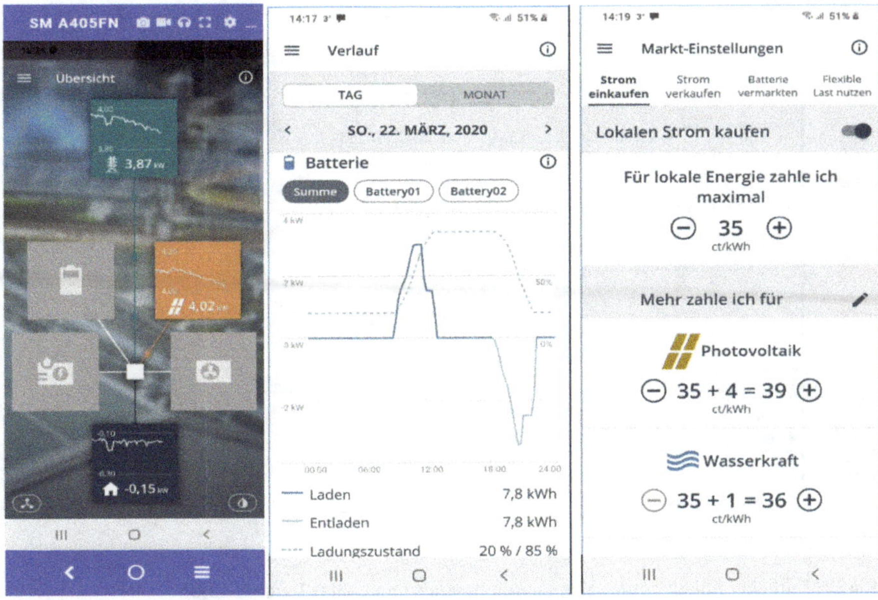

Abb. 41.5: Home Screen, historische Daten und Markteinstellungen in der pebbles Smartphone Applikation.

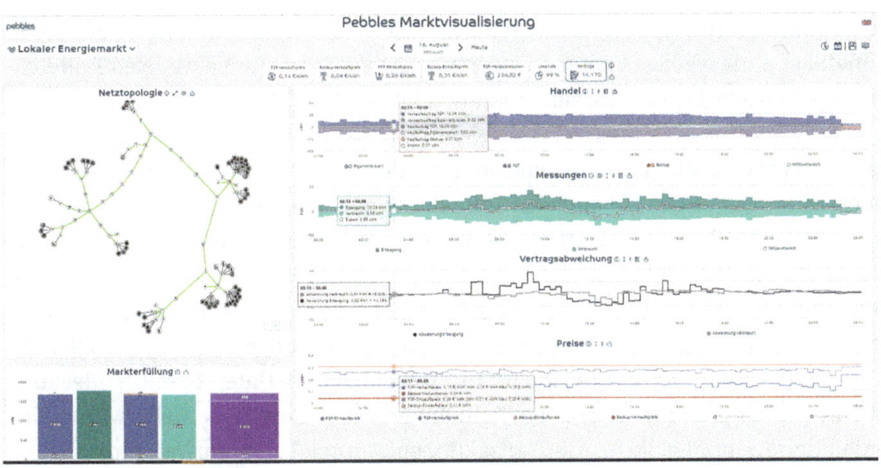

Abb. 41.6: Marktvisualisierung des pebbles Demonstrators.

41.3.6 Zeithorizonte und Handelsablauf

Abbildung 41.7 zeigt den zeitlichen Ablauf des Day-Ahead Handels auf dem lokalen Energiemarkt. Anhand der zeitlichen Ereignisse lässt sich der Ablauf grob in drei Abschnitte unterteilen.

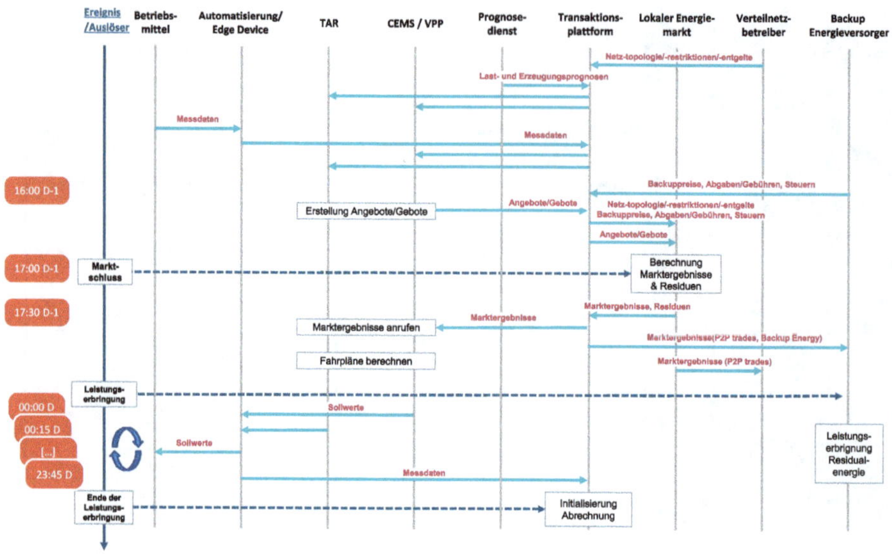

Abb. 41.7: Zeitlicher Ablauf des lokalen Energiehandels im pebbles Demonstrator.

1. Vor Marktschluss

Bevor der Day-ahead Markt für den Folgetag (17:00 D-1) schließt, müssen alle Teilnehmer am Markt ihre Gebote berechnen und an die lokale Marktplattform übermitteln. Teilnehmer ohne eigenes Energiemanagementsystem legen ihre jeweiligen Präferenzen und Preise fest, und zusammen mit den bereits hinterlegten Systemparametern (z. B. Konfiguration des Energiesystems, Anlagenparameter) sowie Last und Erzeugungsvorhersagen wird anschließend vom Handelsagenten (TAR) das jeweilige Angebot erstellt. Das Gleiche gilt auch für Teilnehmer mit einem Energiemanagementsystem (CEMS) oder das virtuelle Kraftwerk. Der Unterschied ist hierbei, dass in die Angebotserstellung auch andere Vermarktungsmöglichkeiten (z B. alternative Strommärkte) mit einbezogen werden. Darüber hinaus hinterlegt der Backup-Energieversorger (Englisch: „Backup Utility") bis 16:00 Uhr neben den für den Folgetag gültigen Abgaben und Steuern Preisprofile, die für die Teilnehmer bei Unter- bzw. Überdeckung des LEM gelten. Alle beschriebenen Teilnehmer transferieren ihre Gebote über eine vordefinierte Schnittstelle an die Transaktionsplattform. Falls vom Verteilnetzbetreiber (Distributed System Operator, DSO) für den Folgetag Netzrestriktionen festgelegt werden, werden auch diese vor Marktschluss an die TP übermittelt. Dies setzt voraus, dass der lokalen Handelsplattform bereits eine Netztopologie des jeweiligen Netzabschnittes vorliegt. Ist dies nicht der Fall, wird auch diese vom Netzbetreiber übermittelt (einmaliger Vorgang). Auch spielt der Verteilnetzbetreiber vor Marktschluss die jeweils gültigen Netzentgelte in das pebbles System ein. Ebenso gibt der Marktplatzbetreiber, hier also die AÜW, Umlagen und Steuern dem System vor. Durch den in Abschnitt 41.2 beschriebenen Marktalgorithmus können die Netzentgelte, Umlagen und

Steuern somit auf verschiedene Ebenen der Netztopologie angewendet werden (z. B. unterhalb eines Niederspannungstransformators), um einen möglichst lokalen Handel anzureizen.

2. Marktschluss und kurz nach Marktschluss

Sobald der Zeitpunkt des Marktschlusses erreicht ist (17:00 D-1), werden von der Handelsplattform alle gültigen Gebote für den Folgetag aus der TP geladen. Anschließend wird vom Marktmechanismus das Matching für den Folgetag berechnet. Gebote, die am LEM nicht vollständig ausgeführt werden können, jedoch vom Teilnehmer als unbedingt auszuführen markiert wurden, werden vom Backup-Energieversorger zu den in Schritt 1 hinterlegten Preisen bedient und als Residuen zurück in die TP geschrieben mit dem Ziel, den Backup Energieversorger über die am Folgetag zu liefernde Energiemenge zu informieren. Auch die Marktergebnisse werden an die TP übermittelt und nachfolgend von den jeweiligen Handelsagenten (TAR, CEMS, VPP) geladen (17:30 D-1). Auf Basis dieser Informationen erstellen diese die am Folgetag gültigen Fahrpläne für die steuerbaren Anlagen des entsprechenden Energiesystems.

3. Leistungserbringung

Zum Zeitpunkt der Lieferung (00:00 D, 0:15 D, ..., 23:45 D) werden die am Vortag erstellten Fahrpläne von den steuerbaren Energieanlagen der Teilnehmer abgefahren. Dazu werden die Sollwerte von den Handelsagenten an die lokale Steuerung des Teilnehmers übergeben und von dieser an die jeweilige Energieanlage (Asset) übermittelt. Um die tatsächliche Lieferung/Bezug der gehandelten Energiemengen sicherzustellen, werden die Energieflüsse von geeigneten Messeinrichtungen erfasst. Diese sind entweder direkt an einem Betriebsmittel und/oder am Netzanschlusspunkt des betrachteten Teilnehmers installiert. Die Messwerte werden von der lokalen Automatisierung an die Transaktionsplattform übermittelt (00:15 D, 00:30 D, ..., 24:00 D), um die erfolge Energielieferung beziehungsweise den erfolgen Energiebezug abzurechnen.

41.4 Zusammenfassung mit Kernaussagen

In den vorangegangenen Abschnitten wurden die Ergebnisse des Forschungsprojektes pebbles komprimiert dargestellt. Nach einer kurzen Erläuterung der Problemstellung sowie den Herausforderungen der Energiewende wurden in Abschnitt 41.2 mögliche Marktmechanismen vorgestellt. Hier wurden ausgehend von den sich ergebenden Anforderungen an einen lokalen Energiemarkt mögliche Ausgestaltungsmöglichkeiten diskutiert und vergleichend gegenübergestellt. Am Ende wurde das im Projekt pebbles favorisierte und umgesetzte Konzept näher erläutert. Da zum Betrieb eines lokalen Energiemarktes eine ganze Reihe weiterer technischer Systeme notwendig ist, wurde in Abschnitt 41.3 der Aufbau des pebbles Demonstrators beschrieben. Hier lag der Fokus auf der ganzheitlichen Beschreibung aller technischen Systeme, die den Betrieb eines lokalen Energiemarktes erst ermöglichen. Auch wurde hierbei auf den zeitlichen Ablauf des lokalen Energiehandels detailliert eingegangen.

Der in Abschnitt 41.3 beschriebene Demonstrator wurde im Allgäu aufgebaut und vom 01.04.2021 bis zum 15.10.2021 durchgehend betrieben. Während dieser Zeit zeigte sich die prototypisch umgesetzte Lösung als ausgesprochen stabil mit einer Verfügbarkeit des Systems über den gesamten Zeitraum von 97,7 %. Dies zeigt sehr deutlich, dass die nicht zu vernachlässigende Gesamtsystemkomplexität eines solchen lokalen Energiemarktes aus technischer Sicht durchaus beherrschbar ist. Somit könnte der vorgestellte Ansatz auch in größerem Stile umgesetzt werden. Hierzu bedarf es jedoch weiterer wirtschaftlicher und regulatorischer Anpassungen.

Für die flächendeckende Umsetzung des lokalen Energiemarktes ist insbesondere eine kostengünstige und standardisierte Anbindung der Anlagen der Teilnehmer notwendig. Diese Konnektivität wird benötigt, um Messwerte des Verbrauchs und der Einspeisung bereitzustellen. Bedeutsamer ist jedoch die Ansteuerbarkeit von Flexibilitäten wie Heimspeichern oder Ladestationen von Elektrofahrzeugen, um eine tatsächliche Entlastung der Verteilnetzte zu erreichen. Nur durch eine standardisierte und durch Skaleneffekte in der Zukunft günstigere Anbindung kann das volle Potential eines lokalen Marktes auch ökonomisch ermöglicht werden.

Die Regulatorik in der Energiewirtschaft befindet sich heutzutage noch auf dem Stand von vor mindestens 20 Jahren. Es bedarf dringend notwendiger Anpassungen, um dezentrale digitale dekarbonisierte Energiesysteme zu fördern [11]. Zum Beispiel kann durch eine Neugestaltung der Netzentgeltverordnung ein intelligenter Netzbetrieb durch digitale Verfahren ermöglicht werden und so Netzausbau eingespart sowie Netzengpässe vermieden werden [12]. Durch eine Vielzahl an Anwendungen können Skaleneffekte erreichet werden, die auch die benötigte Standardisierung treiben und damit kosteneffektive und wirtschaftliche Umsetzung der in pebbles erarbeiteten Lösung ermöglichen könnten.

Literaturverzeichnis

[1] Doleski, O. D., Kaiser, T., Metzger, M., Niessen, S. und Thiem, S. (2021). Digitale Dekarbonisierung. Springer. https://doi.org/10.1007/978-3-658-32934-1.

[2] Harry, W., Fraunhofer ISE. Aktuelle Fakten zur Photovoltaik in Deutschland 2021. Accessed November 30, 2021, at https://www.ise.fraunhofer.de/de/veroeffentlichungen/veroeffentlichungen-pdf-dateien/studien-und-konzeptpapiere/aktuelle-fakten-zur-photovoltaik-in-deutschland.pdf.

[3] Fekete P, BDEW. Redispatch in Deutschland und Europa – Auswertung der Transparenzdaten April 2013 bis einschließlich September 2020.

[4] Maurer, C., Zimmer, C. und Hirth, L. (2018). Nodale und zonale Strompreissysteme im Vergleich – Bericht für das Bundesministerium für Wirtschaft und Energie.

[5] Hochschule Fulda. Batteriespeicher als Lösung für die Energiewende n. d. Accessed November 30, 2021, at https://www.hs-fulda.de/elektrotechnik-und-informationstechnik/lehrgebiete/erneuerbare-energien-und-elektromobilitaet/news-more/batteriespeicher-als-loesung-fuer-die-energiewende.

[6] European Parliament, Council of the EU. Directive (EU) 2019/944 on Common Rules for the Internal Market for Electricity and Amending Directive 2012/27/EU. Off J Eur Union 2019:18. http://eur-lex.europa.eu/pri/en/oj/dat/2003/l_285/l_28520031101en00330037.pdf.

[7] Mengelkamp, E., Staudt, P., Garttner, J., Weinhardt, C. und Huber, J. (2018). Quantifying factors for participation in local electricity markets. In Int Conf Eur Energy Mark EEM 2018. https://doi.org/10.1109/EEM.2018.8469969.

[8] Niessen, S., Paulus, S., Strunski, D. und Vassilopoulos, P. (2019). Taking markets to all levels: Valuing flexibility to achieve market-based sector integration.

[9] Schreck, S., Thiem, S., Amthor, A., Metzger, M. und Analyzing, S. N. (2020). Potential Schemes for Regulated Electricity Price Components in Local Energy Markets. In Int. Conf. Eur. Energy Mark. EEM, Stockholm, Sweden. IEEE. https://doi.org/10.1109/EEM49802.2020.9221959.

[10] Schreck, S., Thiem, S., Amthor, A. und Metzger, M. (2020). Activating current and future flexibility potential in the distribution grid through local energy markets. CIRED 2020 Berlin Work 2020, June:22–3.

[11] Fietze, D., Papke, A., Wimmer, M., Antoni, O. und Hilpert, J. Der Rechtsrahmen für regionale Peer to Peer – Energieplattformen. Würzburg Stud Zum Umweltenergier 2020,16.

[12] Gasten, J., Klaus, J., Cramer, W., Amthor, A., Jessenberger, S., Metzger, M., et al. (2021). Ein Plattform-Konzept für eine kostenoptimierte Energiewende mit Hilfe lokaler Energiemärkte.

Kurzvitae

Dr.-Ing. Arvid Amthor studierte an der Technischen Universität Ilmenau Ingenieurinformatik mit dem Schwerpunkt Automatisierungs- und Systemtechnik. Im Anschluss daran promovierte er am Sonderforschungsbereich 622 der Deutschen Forschungsgemeinschaft „Nanopositionier- und Nanomessmaschinen" über das Thema „Modellbasierte Regelung von Nanopositionier- und Nanomessmaschinen" und leitete zwei Jahre als Oberingenieur die Forschergruppe „Mechatronische Systeme" am Lehrstuhl Systemanalyse der TU Ilmenau. 2012 wechselte Dr.-Ing. Arvid Amthor zur Siemens AG in die Geschäftseinheit „Metals Technologies" und arbeitete in der Vorentwicklung auf dem Gebiet der modellbasierten Dickenregelung von Kaltwalzwerken. Seit 2015 beschäftigt sich Dr.-Ing. Arvid Amthor nach einem Wechsel in die zentrale Forschungsabteilung der Siemens AG mit den Themen Energieautomatisierung und inselnetzfähige Regelung von Microgrids. Herr Dr.-Ing. Arvid Amthor ist Autor von mehr als 40 wissenschaftlichen Veröffentlichungen und Erfinder einer Vielzahl von Patenten.

M. Sc. Sebastian Schreck studierte an der Universität Stuttgart und der technischen Hochschule Chalmers (Göteborg) erneuerbare Energien und nachhaltige elektrische Energieversorgung. Während des Studiums beschäftigte er sich vertieft im Gebiet der Energiesystemmodellierung und Energiesystemanalyse unter anderem bei der internationalen Organisation für erneuerbare Energien (IRENA) sowie dem deutschen Zentrum für Luft- und Raumfahrt (DLR). 2018 wechselte Sebastian Schreck zur Siemens AG und ist seitdem als Forschungsingenieur in der zentralen Forschungseinheit Technology tätig. Seine Forschungsschwerpunkte sind die Entwicklung, Simulation und Analyse von Konzepten zur Optimierung dezentraler Energiesysteme. Derzeit arbeitet er an einer Doktorarbeit zum Thema „Lokale Energiemärkte" in Kooperation mit dem Fachgebiet „Technik und Ökonomie Multimodaler Energiesysteme" an der Technischen Universität Darmstadt.

Dr.-Ing. Sebastian Thiem leitet die Forschungsgruppe „Infrastructure Operation" in der Siemens Technology. Sein Team erarbeitet Konzepte und Methoden zur Integration erneuerbarer Energien in Standortenergiesystemen und Energiezellen. Die Methoden werden unter Verwendung von Optimierungsalgorithmen und Künstlicher Intelligenz in Tools umgesetzt und im Feld erprobt. Hierbei stehen multimodale Energiesysteme im Fokus – also die Frage, wie lassen sich Synergien zwischen verschiedenen Sektoren bestmöglich ausnutzen. Den Begriff des „Multimodalen Energiesystems" hat er bei seiner Promotion an der Technischen Universität München zum optimalen Energiesystemdesign von multimodalen Standortenergiesystemen maßgeblich geprägt. Sebastian Thiem hat einen ingenieurwissenschaftlichen Hintergrund und hat am Karlsruher Institut für Technologie mit Auslandsaufenthalten an der Purdue University und University of California in Berkeley studiert. Nach seiner Promotion hat er unter anderem als Senior Key Expert in der Siemens Corporate Technology gearbeitet.

Rainer Pflaum und Tobias Egeler

42 Neue digitale Technologien halten Einzug im Netzbereich

Zusammenfassung: Die zunehmende Anzahl an Systemkomponenten und aktiven Teilnehmern am gesamten Energiesystem macht die Skalierbarkeit von Prozessen zum Erfolgsfaktor, sowohl innerhalb des Netzsektors im engeren Sinne als auch bezogen auf die vielfältigen Schnittstellen mit dem Strommarkt und Marktteilnehmern bis hin zu den Endverbrauchern, die sich, wie in Kapitel 10 erläutert, immer mehr zu sogenannten Prosumern entwickeln.

Dieser Trend erfordert neue Technologien der Industrie 4.0, fördert aber auch deren Entwicklung und Adaption auf den Netzsektor 4.0. Aufgrund der wachsenden Bedeutung des Stromsektors zur Begrenzung des Klimawandels kommt dem Netz und den hier eingesetzten digitalen Technologien eine zunehmende Bedeutung zu. Neben dem Kupfer der Stromnetze werden Bits&Bytes zu einem unverzichtbaren Teil der Strominfrastruktur. Durch digitale Technologien werden nicht nur einzelne Systemkomponenten überwacht und gesteuert, sondern Netze, Regionen und Länder auf der Grundlage des europäischen Verbundnetzes und des europäischen Binnenmarkts miteinander verbunden.

Damit versprechen die digitalen Technologien nicht nur Fortschritt, höhere Stabilität und Effizienz des Gesamtsystems, sondern sie werden zur notwendigen Grundlage, um die Energiewende überhaupt erst umsetzen zu können. Das vorliegende Kapitel gibt, ohne einen Anspruch an Vollständigkeit zu stellen, einen Überblick über neue digitale Technologien im Netzbereich und skizziert deren Notwendigkeit, aber auch die Möglichkeiten, die sich mit ihnen eröffnen.

Schlagwörter: Übertragungsnetz, Digitalisierung, Innovation, Blockchain, Digitale Identitäten

42.1 Digitale Technologien als Enabler des Netzsektors 4.0

Die digitale Transformation des Netzsektors ist notwendig, um den absehbaren Herausforderungen, insbesondere der Datenexplosion, wirksam entgegentreten zu können. Diese kommt zum einen dadurch zustande, dass bei den einzelnen Akteuren selbst mehr Daten anfallen, weil beispielsweise der eigene Netzzustand durch mehr

Rainer Pflaum, Tobias Egeler, TransnetBW GmbH, Stuttgart, Deutschland, e-mails: R.Pflaum@transnetbw.de, T.Egeler@transnetbw.de

https://doi.org/10.1515/9783110753585-042

Messtechnik genauer erfasst wird. Zum anderen wird der Bedarf an Datenaustausch auch dadurch erheblich gesteigert, dass der Austausch zwischen den verschiedenen Akteuren zunimmt mit dem Ziel, die Transparenz zu steigern und die Koordination der Netzbetreiber untereinander zu verbessern und effizienter handeln können.

Ein konkretes Beispiel für die Datenexplosion ist das seit Kurzem angepasste Redispatch-Regime, auch Redispatch 2.0 genannt. Dabei handelt es sich um eine Verpflichtung zur stärkeren Zusammenarbeit beim Engpassmanagement, um damit potentiellen Überlastungen von Stromleitungen effizient entgegenwirken zu können. Zu diesem Zweck sind alle Netzbetreiber dazu verpflichtet, sich bei Eingriffen in das Netz abzustimmen, Transparenz herzustellen und Daten auszutauschen sowie Maßnahmen untereinander zu koordinieren. Basis hierfür bilden prognosebasierte Prozesse und vollautomatisierte Abläufe, die zum einen entwickelt werden mussten und zum anderen geeignete IKT-Systeme benötigen, da von diesem Regime über 1,6 Mio. Erzeugungsanlagen, rund 880 Netzbetreiber sowie über 900 Bilanzkreise betroffen sind (Abbildung 42.1). In diesen Zahlen sind die noch um Größenordnungen höheren Zahlen an – im Sinne des Erneuerbare-Energien-Gesetzes, EEG – nicht fernsteuerbarer Flexibilität mit weniger als 100 kW sowie lastseitiger Flexibilität, unter anderem alle Wärmepumpen und Elektrofahrzeuge, noch gar nicht enthalten.

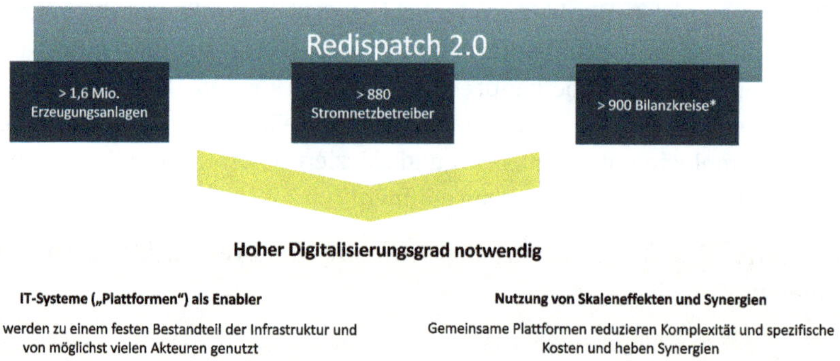

Abb. 42.1: Mengengerüst bei Redispatch 2.0 (d. h. ohne im Sinne des EEG nicht fernsteuerbare Flexibilität < 100 kW und lastseitige Flexibilität) [1].

An dieser Stelle bilden *Plattformen* eine zentrale Säule für mögliche Lösungen. Denn zentrale Plattformen sind erprobte und bewährte IT-Infrastrukturkomponenten und können damit einerseits komplexe Prozesse ermöglichen, andererseits zentrale Funktionen für eine Vielzahl von Teilnehmern effizient zur Verfügung stellen. So werden beispielsweise im Projekt DA/RE (vgl. [2, 3]) die Prozesse der Datenaggregation oder die Bestimmung der effizienten Anlagenauswahl von einer zentralen Plattform übernommen. Mit solchen Plattformen können Skaleneffekte genutzt werden wie etwa der

Effekt, dass sich die Kosten auf alle Akteure verteilen und damit die spezifischen Kosten je Akteur geringer werden. Dazu kommen weitere Synergien, wie etwa die Verbesserung der Datenqualität durch einen Zuwachs an aktiven Teilnehmern. Auch volkswirtschaftlich führt ein solcher Plattformansatz zu einem deutlichen Mehrwert, da es nicht mehr notwendig ist, dass jeder Teilnehmer den gesamten Funktionsumfang bei sich selbst aufbaut.

Bei der Auslegung einer solchen Plattformlösung ist darauf zu achten, dass erprobte Technologien zum Einsatz kommen mit einem Entwicklungsstand, der eine zeitnahe Inbetriebsetzung ermöglicht und eine ausreichend sichere Zukunftsperspektive eröffnet. Im Beispiel von Redispatch 2.0 ist absehbar, dass das Mengengerüst der zu verarbeitenden Daten in den nächsten Jahren ansteigen wird und der Vernetzungsbedarf der Teilnehmer untereinander fortlaufend zunimmt. Entsprechend wird das Datenaufkommen auch zukünftig weiter ansteigen und erfordert unter anderem eine hohe *Skalierbarkeit*.

Neben der Unterstützung bei den heutigen Aufgaben und der Notwendigkeit, diese voranzubringen, bietet die digitale Transformation aber auch neue Chancen, die erkundet und ausgelotet werden müssen. Eine dieser Chancen ist die *technologische Weiterentwicklung* von Methoden, Algorithmen und IKT, um die Datenexplosion im Netzsektor 4.0 beherrschbar zu machen und Mehrwerte hieraus abzuleiten. Diese Entwicklungen sind ebenfalls aus anderen Branchen bekannt, wie etwa der Finanzbranche oder im produzierenden Gewerbe. Hier war die Explosion der Datenmenge ein wichtiger Treiber für die Industrie 4.0, um beispielsweise mit bekannten Ansätzen zu künstlicher Intelligenz und Data Mining die Aufbereitung und Analyse der Massendaten zu ermöglichen. Im Netzsektor 4.0 begegnen wir diesen technologischen Entwicklungen ebenfalls an unterschiedlichen Stellen, wie der EEG-Prognose oder dem Bilanzkreis-Monitoring beim Übertragungsnetzbetreiber. Beim Bilanzkreismanagement werden neue Algorithmen und etablierte Data-Mining-Ansätze aus anderen Branchen erprobt, um das Verhalten der Bilanzkreisverantwortlichen in Bezug auf die Einhaltung der Bilanzkreistreue zu untersuchen und fortlaufend zu prüfen. Ein weiterer Anwendungsfall einer technologischen Weiterentwicklung im Kontext der Massendatenverarbeitung ist im Kontext von Redispatch 2.0 die Ersatzwertbildung auf Basis vorhandener Massendaten.

Im Zuge der Dekarbonisierung im Bereich des Mobilitäts- (z. B. Hochlauf Elektromobilität) und Wärmesektors (z. B. Förderung von Wärmepumpen) entstehen branchenübergreifend Smart Grid-Initiativen mit den bereits aus der Energiebranche umgesetzten und umzusetzenden Dezentralisierungsmaßnahmen in Kundenanlagen (z. B. Photovoltaik, PV, oder stationäre Batteriespeicher). Hersteller und Vertriebe dieser kundennahen Komponenten versuchen im Segment Smart Home den Kunden *Komfort-Dienstleistungen* anzubieten, um neue Geschäftsmodelle aufzubauen. Diese Geschäftsmodelle sind in vielen Fällen datengetrieben und benötigen einen hohen Grad an Datenvernetzung, Automatisierung und Steuerungsfähigkeit. Ein vielversprechendes Wachstumssegment ist das Angebot von netz- beziehungsweise marktspezifischen Dienstleistungen bei gleichzeitigem Erhalt beziehungsweise gleichzeitiger Steigerung des Kundenkomforts.

Diese Dienstleistungen integrieren sich in den Netzsektor 4.0, indem Netzbetreibern Angebote zur Steuerung von Kundenanlagen für netz- beziehungsweise systemstützende Maßnahmen zur Verfügung gestellt werden. In diesem Zusammenhang sprechen wir nicht mehr von Smart-Home-Anwendungsfällen, sondern benutzen den Begriff Smart Grid. Das *Smart Meter Gateway* (SMGW) ist hierbei aus Sicht des Bundesamts für Sicherheit in der Informationstechnik (BSI) der zentrale IKT-Layer, über den energiewirtschaftliche Anwendungsfälle im Smart Grid innerhalb eines Smart Home umzusetzen sind (vgl. [4]). Mit dem Rollout der SMGW-Infrastruktur stehen den Netzbetreibern beziehungsweise der Branche an sich mehr Daten von Millionen von digitalen Komponenten zur Verfügung. Damit eröffnen sich umfassende Chancen auf Mehrwertdienste, die über den gemeinsamen IKT-Kanal einem aktiven Endkunden angeboten werden können. Mit der Einführung des SMGW und der Fortschreitung der Dezentralisierung und Digitalisierung beim Endkunden wird die Datenexplosion aus Redispatch 2.0 nochmals um ein Vielfaches übertroffen werden. Allein in Baden-Württemberg existieren mehr als fünf Millionen Haushalte, in denen sich eine Vielzahl an Smart-Grid-Komponenten (z. B. Speicher, weiße Ware, Elektrofahrzeuge) befinden. Das SMGW wird so zur zentralen Internet-of-things (IoT)-Komponente und zukünftigen Datendrehscheibe im Netzsektor 4.0 beim aktiven Letztverbraucher.

Die Akteure, sogenannte Service Provider, und Hersteller im Netzsektor 4.0 entwickeln beziehungsweise betreiben hier häufig ihre eigenen Datenbanken und Plattformen. Das erste Ziel ist hierbei die Messdatenerfassung der digitalen Komponenten auf der Plattform in eigenen Datensilos, um die unter Vertrag stehenden Anlagen und Komponenten zu beobachten und Handlungsempfehlungen daraus ableiten zu können. Im Bereich der Elektromobilität bauen beispielsweise Verteilnetzbetreiber eigene LoRaWan-Netze auf, um über Sensorik an E-Ladesäulen Messdaten über die Belegung der Parkplätze zu erfassen, damit der Netzzustand berechnet werden kann. In einem Netzsektor 4.0 sind Systeme miteinander vernetzt, sodass ein Netzbetreiber diese Information beziehen und nutzen kann. Diese *Vernetzung der IT-Systeme* ermöglicht eine höhere Beobachtbarkeit des Energiesystems insgesamt. Im zweiten Schritt können auf Basis der erhobenen Datenlage neue Geschäftsmodelle entwickelt werden, die im Kontext der SMGW-Infrastruktur explizit angereizt werden, um die entstehenden Kosten für die IKT-Infrastruktur kompensieren zu können und im Idealfall durch die sogenannten Mehrwertdienste Gewinne zu erzielen. Beispielsweise gibt es erste Geschäftsideen, um das SMGW als sichere Kommunikationsdrehscheibe zu nutzen, um gesundheitsnahe Dienstleistungen wie das Monitoring eines Herzschrittmachers und eine Notfallkommunikation mit einer Kontaktperson anzubieten.

Die Entwicklung einer branchenübergreifenden gemeinsamen IKT-Infrastruktur, die das im vorherigen Abschnitt skizzierte Beispiel der Interoperabilität zwischen IT-Systemen ermöglicht und die Abhängigkeit von der entwickelten IT-Infrastruktur in einzelnen Unternehmen reduziert, steht noch am Anfang, wird aber insbesondere bei global-agierenden Unternehmen immer wichtiger. Hierfür wird häufig der Begriff *Koopetition* verwendet. Koopetition setzt sich aus den Wörtern „Kooperation“ und „competition“ zusammen. Das bedeutet, dass Wettbewerber zwar in Konkurrenz stehen, jedoch innerhalb eines offenen Ökosystems zusammenarbeiten, um von eigenen Datensilos zu einer offenen und vertrauensvollen IT-Dateninfrastruktur zu kommen. Einerseits steigert dies die Wettbewerbsfähigkeit durch neue Mehrwertdienste, andererseits steigert dies die Effizienz, z. B. von Prozessketten. Ein sehr bekanntes Beispiel aus dem Automobilbereich ist CATENA-X [5]. Dieses System soll einen standardisierten und vertrauensvollen Datenaustausch für mehr Transparenz in der Lieferkette ermöglichen. Ein weiterer dieser Ansätze für ein vertrauensvolles Netzwerk ist Gaia-X, um im europäischen Raum eine gemeinsame leistungs- und wettbewerbsfähige sichere Dateninfrastruktur aufzubauen.

Im Netzsektor 4.0 entstehen in offenen Systemen und im Rahmen von Koopetition ebenfalls gemeinsame Dateninfrastrukturen. Sowohl in CATENA-X- als auch den Gaia-X-Initiativen ist das vertrauensvolle Zusammenarbeiten eine große Herausforderung, da Wettbewerber sich oft gegenseitig misstrauen und Daten und Informationen selten unternehmensübergreifend geteilt werden [6]. Gerade in der Infrastruktur reduziert sich in kollaborativen IT-Systemen die Abhängigkeit von einzelnen Unternehmen und Datensilos. Hier könnte die Distributed-Ledger-Technologie (DLT) für eine souveräne Datenökonomie unterstützend wirken.

Die DLT beziehungsweise die Blockchain-Technologie als ein Teilsegment der DLT liefert ein enormes Potenzial, um kundennahe Dienstleistungen effizient und sicher im Netzsektor 4.0 umzusetzen. Für die TransnetBW sind hier vier Werteversprechen von Interesse, die es durch Umsetzungs- und Kooperationsprojekte in Reallaboren zu erproben gilt, um die Technologie zu verstehen und deren Potenziale besser nutzen zu können.

(1) Verbesserte Systemdienstleistungsprodukte

Die Blockchain-Technologie eignet sich zur Verbesserung beziehungsweise Unterstützung bestehender Systemdienstleistungsprodukte. Insbesondere bei der Integration der Millionen von Komponenten benötigt es sichere, zuverlässige und vertrauensbildende IT-Systeme, die automatisiert umgesetzt werden können. Im Rahmen der Systemdienstleistungsprodukte sind insbesondere die roll-on- und roll-off-Prozesse von Interesse. So erprobt die TransnetBW gemeinsam mit der Forschungsstelle für Energie im Rahmen des BMWK-geförderten Verbundprojektes „Infrastruktur für DEzentrale EnergieDaten“ (InDEED) prototypisch den automatisierten Regelarbeitsnachweis (vgl. [7]). Auch für die Nachpräqualifikation von technischen Einheiten in der Regelreserve bietet die Blockchain-Technologie einen vertrauensvollen und wahrheitsbildenden Automatisierungsgrad, der durch die Hochschule Reutlingen prototypisch demonstriert wurde (vgl. [8]). Blockchain-basierte Projekte im Bereich der Systemdienstleistungsprodukte sind aktuell noch meist erste Versuche mit der Technologie im Sinne eines Proof of Concepts. Neben konkreten Feldtests bedarf es einer weiteren konstruktiven Auseinandersetzung mit der Governance-Struktur und dem Technologie-Layer (Blockchain-Netzwerk), damit die Anwendungsfälle für den Massenprozess und Realbetrieb nutzbar werden, um einen Beitrag für ein vertrauenswürdiges vernetztes Energiesystem zu leisten.

(2) Prozessverbesserung
Ein weiteres Werteversprechen ist die Prozessverbesserung, um verschiedene Abläufe beispielsweise durch vermeidbare Zwischen- und Prüfschritte effizienter zu gestalten. Im Bereich der Systemdienstleistungsprodukte wurde unter (1) schon ein Potenzial skizziert, indem Nachweisverfahren Blockchain-basiert automatisiert werden können. In diesem Zusammenhang soll die Prozessverbesserung jedoch auf zwei weiteren Ebenen im Netzsektor 4.0 betrachtet werden: Zum einen auf Unternehmensebene, also (a) unternehmensinternen Prozessen, und zum anderen im Rahmen (b) energiewirtschaftlicher Prozesse außerhalb der Systemdienstleistungen.

(2a) Im ersten Fall kann DLT die Datenqualität für unternehmensinterne Prozesse erhöhen. Beispielsweise werden Stammdaten in unternehmensinternen Datenbanken gegebenenfalls auch an mehreren Orten für unterschiedliche Anwendungszwecke gespeichert. Die Aktualität und Korrektheit der Daten variiert zwischen den einzelnen Systemen und ist abhängig vom investierten Aufwand. Die Firma Bosch hat beispielsweise in einem Pilotprojekt ihr Stammdaten- und Zertifikats-Managementsystem auf die Selbstsouveräne Identitäten-Technologie umgesetzt (SSI) (vgl. [9]), die es dem jeweiligen Geschäftspartner erlaubt, Daten selbst beziehungsweise souverän zu pflegen und per digitaler Visitenkarte Geschäftsprozesse umzusetzen. Hiermit wird ein vernetztes Ökosystem zwischen Geschäftspartnern aufgebaut, das einerseits die Digitalisierung zwischen Unternehmen (siehe 3) und andererseits die internen Prozesse vorantreibt.

(2b) Für die energiewirtschaftliche Prozessverbesserung entwickelt das Projekt InDEED (vgl. [10]) eine dezentrale interoperable Datenplattform, damit Synergien und Effizienzen in der Konzeption, Umsetzung und Evaluation von Blockchain-basierten Anwendungsfeldern im Bereich Labeling und Asset Logging gehoben werden können. Erste Ergebnisse zeigen, dass Anwendungsfälle ineinander verwoben und aufeinander aufgebaut sind (z. B. Herkunftsnachweis und regionale Direktvermarktung), sodass in einer kollaborativ betriebenen Dateninfrastruktur IT-Abhängigkeiten sowie die damit verbundenen prozessualen Ineffizienzen vermieden werden. Ein exemplarisches Beispiel für eine signifikante Prozessverbesserung durch die Blockchain-Technologie ist der Nachweis der Stromherkunft, an dem unterschiedliche Unternehmen in der Energiebranche arbeiten (vgl. [11]). Durch eine sichere souveräne Daten- und Systemökonomie der Blockchain-Technologie können Wettbewerber und der Netzsektor 4.0 im Sinne offener und sicherer IT-Infrastruktursysteme profitieren.

(3) Interoperabilität

Die beiden vorangegangenen Werteversprechen für eine Ausgestaltung des Netzsektors 4.0 haben bereits Aspekte der Interoperabilität aufgegriffen. Eine Plattformökonomie verspricht einerseits prozessuale Verbesserung und anderseits weiterentwickelte Produkte. Der Erfolg einer kollaborativen Plattformökonomie ist vom Grad des Vertrauens in die einzelnen IT-Infrastrukturbetreiber abhängig, also von der Frage, ob die Beteiligten Teil dieses Netzwerkes unter Wettbewerbern werden und Daten austauschen (siehe Koopetition). Insbesondere im Netzsektors 4.0 existieren sensible Daten, sodass Plattform-orientierte Ansätze herausfordernd sind. Durch die Blockchain-Technologie können jedoch solche Systeme in einer vollvernetzten Welt sowohl innerhalb als auch außerhalb der Energiebranche und deren Sektoren vertrauensbasiert aufgrund der souveränen Datenökonomie zusammenwachsen. Damit können digitale Mehrwerte für Endkunden und die Volkswirtschaft im Netzsektzor 4.0 entstehen. Ein Beispiel hierfür ist BloxMove aus der Mobilitätsbranche. BloxMove ist eine Mobility Blockchain-Plattform, die Mobilitätsanbietern die Implementierung ihrer Angebote in eine globale Allianz unter Wettbewerbern ermöglicht. Die Software-Infrastruktur vernetzt Geschäftspartner aus Bahn, Bus, Sharing, Luftfahrt etc., die selbst entscheiden können, welche Mobilitätsdienste anderer Partner sie in ihre eigene App im Sinne eines Dienstleistungs-Roaming aufnehmen. Endkunden können hiervon profitieren, indem sie mit einem Klick und einem Ticket unterschiedliche Transportmedien nutzen können, um von Punkt A nach Punkt B zu kommen. Analog hierzu sind auch im Netzsektor 4.0 Entwicklungen zu erwarten, dass verschiedene Produktplattformen über Netzebenen und Produktart hinweg in einem kollaborativem offenen Netzwerk miteinander verbunden werden, um Effizienzen zwischen den Produkten zu heben und den Komfort für den Flexibilitätsanbieter zu steigern. Ein in der Energiebranche kollaboratives offenes IT-Netzwerk ist die Energy Web Foundation (EWF) (vgl. [12]) für die Kooperation auf Basis einer offenen Softwareinfrastruktur.

Ein aktuelles Thema, das die EWF gemeinsam mit Partnern und der Deutschen Energieagentur vorantreibt, sind selbstsouveräne Identitäten (SSI). SSI besitzen das größte Potenzial, Enabler der Sektorenkopplung und darüber hinaus zu werden. Durch die Hinterlegung von digitalen Identitäten und der Ausstellung von Nachweisen (verifiable credentials) für Komponenten im IoT-System können diese Assets, z. B. Elektrofahrzeuge, barrierefrei durch eine DID im Rahmen von Netzdienstleistungen, Versicherungen, Wartung, Einzelhandel, Parkraum, Behörde etc. adressiert und abgerechnet werden. Eine Herausforderung bei der kollaborativen Entwicklung gemeinsamer Infrastruktur liegt häufig im Betrieb dieser Netzwerke. Ansätze für dezentrale autonome Organisation (DAO) ermöglichen eine gleichberechtigte Entscheidungsfindung aller Teilnehmer der DAO und sind dadurch nicht von einzelnen Unternehmen abhängig beziehungsweise könnten Konflikte zwischen Wettbewerbern entschärfen.

(4) Geschäftsmodelle

Mit diesen Ansätzen der digitalen Identitäten und DAO ergeben sich neue Anwendungsfelder und hieraus abgeleitete Geschäftsmodelle, da beispielsweise Zugangsmanagementsysteme dezentral verteilt sind und unternehmensspezifische Datensilos vermeidbar werden. Interoperabilität in einer Plattformökonomie ist eine Grundvoraussetzung für neue Geschäftsmodelle. Beispielhaft ist hier wieder der Bereich der Elektromobilität zu nennen. Eine Integration der Backendsysteme der Ladesäulenbetreiber und einzelner Wallbox-Hersteller ermöglicht, dass Kunden barrierefrei an jedem Ladepunkt mit ihrem Fahrstromtarif laden können. Dies schafft beispielsweise die Grundlage für eine Vielzahl an neuen Geschäftsmodellen über die Energie und Mobilitätsbranche hinweg. Stadtwerke oder der Bund erhalten Informationen zu Lade-Hot-/Blindspots, um gezielte Förderungen oder Maßnahmen zu ergreifen, damit ein effizienter Ladesäulenausbau stattfindet. Kunden können beispielsweise durch ein entsprechendes Angebot ihren PV-Strom unterwegs laden. Der Einzelhandel kann auf Basis der IT-Infrastruktur Ladevorgänge mit seinen Handelsprodukten verbinden und einen Kaufanreiz generieren. Seit Beginn der Diskussion um die Blockchain-Technologie wird das Potenzial rund um neue Geschäftsmodelle groß eingestuft, was beispielsweise an der Marktkapitalisierung im Bereich der Kryptowährung erkennbar ist. Laut Handelsblatt lag im Januar 2022 der Wert der zehn größten Kryptowährungen bei 1,6 Billionen Dollar (vgl. [13]). Kryptowährung ist eng mit der Token-Ökonomie verbunden. Tokens sind im Grunde digital verbriefte Vermögenswerte, welche für unterschiedliche Anwendungsfälle eingesetzt werden können. Nicht nur für den Finanzsektor, sondern auch im Netzsektor 4.0 kann eine Token-Ökonomie eine signifikante Rolle spielen. Beispielsweise können Großprojekte durch Kleinanleger kofinanziert beziehungsweise auch Beteiligungen gehalten werden. Das Thema DAO ist ebenfalls eng mit Token verbunden. Durch Token erhalten deren Halter Mitbestimmungs-, Informations- und Entscheidungsrechte. Im Bereich des Sports konnten beispielsweise ausschließlich Halter von sogenannten Fan-Tokens der Young Boys Bern das Design des Trikots mitentscheiden (vgl. [14]). Mit der Ausgabe von Token können wie beim Punktesammeln Anreize gesetzt werden, um eine Lenkungswirkung beim Endkunden zu erzielen, beispielsweise sein E-Fahrzeug an bestimmten Ladepunkten zu laden. Dies kann sowohl für den Einzelhandel als auch für Netzbetreiber interessant sein. Tokens gehen in ihrem Einsatzzweck damit weit über ein reines Finanz- und Zahlungsmedium hinaus. Auch das Ministerium für Wirtschaft und Klimaschutz der Bundesregierung sieht in der Token-Ökonomie ein erhebliches Potenzial für die Volkswirtschaft und veröffentlichte hierzu 2021 eine entsprechende Kurzstudie zu potenziellen Handlungsfeldern und Hemmnissen (vgl. [15]). Das Feld der Token-Ökonomie ist in der Entwicklung, und die Potenziale und deren Chancen für ein IoT-System im Netzsektor 4.0 sind noch zu erkunden.

Die Blockchain-Technologie und die hieraus abgeleiteten Funktionsbausteine Smart Contract, SSI, DAO und Tokenisierung sind potenzielle Enabler für die Weiterentwicklung der Prozesse, Produkte, Geschäftsmodelle und eines vollvernetzten und funktionsfähigen IoT-Systems im Kontext des Netzsektor 4.0 unter Berücksichtigung der drei Aspekte des Leitbildes der Bundesregierung zu Industrie 4.0. Im Netzsektor 4.0 wird es eine Koexistenz zwischen Cloud-basierten und dezentralen Plattformen geben. Gerade die für eine Plattform wichtigen Roll-on (z. B. Authentifizierung per SSI, Projektfinanzierung per Token) und Roll-off- (z. B. Zahlungsvorgänge über Kryptowährung) sowie die Verwaltungs- und Governance-Prozesse (z. B. DAO, Tokenisierung) wie das Vertrags- und Rechtemanagement können durch die Blockchain-Technologie unterstützt werden. Für ein branchen- und sektorenübergreifende IT-Netzwerk bietet DLT ein großes volkswirtschaftliches Potenzial, was an den bereits entstehenden kollaborativen dezentralen Netzwerken branchenübergreifend zu erkennen ist. Dieser Prozess ist zu begrüßen, damit Sektorenkopplung barrierefrei ausgestaltet werden kann. Ein weiterer Game Changer wird das Thema digitale Identitäten sein, denn nur digitalisierte Entitäten können in einem Netzsektor 4.0 oder Industrie 4.0 miteinander kommunizieren und Daten austauschen. Mit SSI werden auch branchenunabhängig Lösungsansätze für aufwendige Authentifizierungs- und Zugangsprozesse erarbeitet werden. Hierzu hat bereits die Bundesregierung mehrere Schaufensterprojekte zu digitalen Identitäten gestartet (z. B. IDunion (vgl. [16])).

Diese Kurzdarstellung zeigt die Komplexität, aber auch die damit verbundenen Chancen eines Netzsektors 4.0. Gerade die Entwicklungszyklen im Bereich der Blockchain-Technologie bezogen auf Tokenökonomie, DAO und SSI werden immer schneller und tiefer an Details. Eine Darstellung der einzelnen Funktionsbausteine und deren Entwicklung wird in Abschnitt 42.2 näher erläutert. Insbesondere die Startup Szene, die mit größeren Unternehmen über Netzwerke kooperiert, entwickelt industrie- und praxisnahe Prototypen. Dabei wird auch das dritte Handlungsfeld Nachhaltigkeit im Leitbild 2030 zur Industrie 4.0 durch die Piloten dieser Kollaborationen unterstützt. Für eine darüber hinaus notwendige gesellschaftliche Beteiligung des Endkunden an der Energiewende bedarf es ebenfalls neuer Technologieansätze, um Akzeptanz und Partizipation voranzubringen.

42.2 Anforderung der digitalen Transformation an künftige IT-Systeme im Netzsektor 4.0

Die grundlegenden Anforderungen an moderne IT-Systeme werden insbesondere im IT-Grundschutz-Kompendium des BSI beschrieben. Wesentliche Schutzziele sind dabei den Kategorien Vertraulichkeit, Integrität und Verfügbarkeit zuzuordnen (vgl. [17]), in der englischsprachigen Variante auch als CIA-Triad bekannt (Confidentiality, Integrity, Availability). Zusammengefasst beschreibt Vertraulichkeit im Wesentlichen die Anforderung, dass kein unautorisierter beziehungsweise unbefugter Zugriff auf Informationen stattfindet, Integrität ist die Korrektheit der Daten und der

Funktionsweise des Systems, und Verfügbarkeit beinhaltet, dass die Funktionen des IT-Systems stets wie vorgesehen von den Anwendern genutzt werden können. Ableitungen und weitere grundlegenden Anforderungen werden zudem in der Branche konkretisiert, wie etwa im "Whitepaper Anforderungen an sichere Steuerungs- und Telekommunikationssysteme" vom BDEW (vgl. [18]). Im Rahmen von Anwendungen im Umfeld kritischer Infrastruktur (KRITIS) müssen gemäß § 8a Absatz 3 BSIG auch Vorkehrungen zur Vermeidung von Störungen der Authentizität getroffen werden, also Vorkehrungen, die gewährleisten, dass es sich tatsächlich um den vorgegebenen Kommunikationspartner handelt.

Neben den spezifischen IT-Anforderungen gibt es darüber hinaus Grundsätze, die für die Wahl und Auslegung der IT-Architektur zu beachten sind. So spielt die *Souveränität* der Daten speziell in der Energiebranche eine wesentliche Rolle. Die *Interoperabilität* zielt in diesem Zusammenhang darauf ab, die vielen verschiedenen Akteure auf Basis ihrer IKT-Systeme zu vernetzen. Hierfür werden beispielsweise fortlaufend Branchenstandards und Regelungen zu Prozessen, Datenformaten oder Regelungen zum Übertragungsweg (vgl. [19]) festgelegt. Zudem ist im Sinne der *Nachhaltigkeit* darauf zu achten, dass auch die IT-Systeme an sich möglichst skalierbar sind, und dies im Idealfall kurzzyklisch durchgeführt werden kann. Damit müssen nicht dauerhaft Ressourcen vorgehalten werden, sondern können bei Bedarf zielgerichtet hinzugefügt werden.

Weitere Anforderungen existieren an die Verarbeitung und das Handling der rasant ansteigenden Datenmenge im Netzsektor 4.0, innerhalb dessen verschiedene Komponenten und Rollen barrierefrei Daten gemäß den rechtlichen Vorgaben austauschen und verarbeiten sollen. Vier Schritte sind hierfür eine Grundvoraussetzung.

(1) Mit der Erhebung von Massendaten und der damit verbundenen Abhängigkeit der Geschäftsprozesse von diesen Daten ist im ersten Schritt (1) die Datenexploration zur Verbesserung der Stammdaten- und Datenqualität essenziell. Durch geeignete Technologien und Methoden, z. B. der stochastischen Analyse historischer Messdaten (z. B. mittels Kriging), können Ausreißer oder fehlende Daten automatisiert auf Basis der vorhandenen Datenlage bereinigt werden. Basierend auf der Aufbereitung der Daten können Berichte für ein Unternehmen erstellt werden.
(2) Im zweiten Schritt müssen durch Analysewerkzeuge und Musterkennungstools Zusammenhänge zwischen den Daten im Netzsektors 4.0 erfasst und diese in verwertbare Informationen übersetzt werden.
(3) Daten und Informationen werden mit Hilfe von künstlicher Intelligenz und Datenassimilierungsmethoden für Vorhersagen und Prognosen verwendet. Im Bereich der EEG-Erzeugung werden hier etablierte Verfahren zur Hochrechnung der EEG-Erzeugungsleistung bereits im Netzsektor 4.0 umgesetzt. Im Rahmen des Redispatch 2.0 sind hier Verteilnetzbetreiber dabei, Modelle aufzubauen, um auf Basis von Prognosen Lastflussberechnungen für eine effizientere Netzbetreiberkoordination durchzuführen. Je mehr Netzbetreiber diesen Ansätzen vertrauen, desto

geringer werden die Risikopuffer für die Limitierung des Lastaustausches über die Netzverknüpfungspunkte.

(4) Um eine weitere prozessuale Effizienz zu heben, ist die Weiterentwicklung der Prognosetools einerseits durch die Anreicherung mit relevanten Messdaten und andererseits durch Wahrscheinlichkeitsverteilungen der Eingangsparameter notwendig, sodass in einem Netzsektor 4.0 automatisierte Entscheidung auf Eintrittswahrscheinlichkeitsintervallen entstehen können, um auch das Risikolevel abbilden zu können. Dieser Wandel zu einer datengetriebenen Kultur in einem vollvernetzten digitalen Netzsektor 4.0 benötigt eine Veränderung des mindsets. Es gilt, Modellen und Daten zu vertrauen, diese gegebenenfalls auch redundant auszulegen, damit Fehlentscheidung einer Maschine überstimmt werden können oder die Wahrscheinlichkeit einer Fehlentscheidung berücksichtigt werden kann.

Die Blockchain-Technologie bringt gerade im Hinblick auf die Datensouveränität und Datenqualität Eigenschaften mit, die die Technologie aus Sicht der Anforderungen an den Netzbetrieb interessant gestalten. Im Wesentlichen sind dies vier Eigenschaften für den Netzsektor 4.0.

(1) Die Blockchain-Technologie ist manipulationssicher, da der Datenaustausch über einzelne Transaktionen abgebildet wird und mehrere Transaktionen in einem Block zusammengefasst werden. Diese Blocks werden über den Hash-Wert des Vorgängerblocks miteinander verkettet. So baut jeder Block auf die vorherige Blockkette auf und macht eine Änderung der Blockinhalte nahezu unmöglich, da in einem Konsensmechanismus, also in mehr als 50 % der dezentral verteilten Kassenbücher, der Block beziehungsweise eine Transaktion absichtlich verändert werden müsste, um Daten zu verändern. Über die Ausgestaltung des Programmcodes, z. B. Smart Contract (siehe Abschnitt 42.4), sind Daten vor unberechtigten Zugriff geschützt. Beide Eigenschaften sind eine Grundvoraussetzung im Netzsektor 4.0: Daten müssen resilient gegenüber externer Veränderung sein, und nur berechtigte Personen dürfen Zugang zu den Daten im Klarnamen haben.

(2) Die bei einer Transaktion ablaufenden Prozesse sind transparent und nachvollziehbar. Insbesondere im Netzbetrieb gibt es Daten, die aus Transparenzgründen öffentlich sein müssen. So können Smart Contracts regeln, welche Daten sichtbar und welche nur in gehashter und damit verschlüsselter Form öffentlich sichtbar sind. Die Smart Contracts sind dabei einsehbar, sodass der gesamte Prozess offen liegt.

(3) Damit verbunden ist die Eigenschaft der Blockchain, dass sie diskriminierungsfrei ist, denn die Smart Contracts regeln das Rollen- und Rechteverhältnis und bedürfen durch die automatisiert ablaufenden Programmcodes, die sich in autonomen Handlungen widerspiegeln, keinen Intermediär, der die Einhaltung der Prozesse überprüft, da dies der Smart Contract und die Blockchain selbst übernehmen. In der Energiebranche laufen ebenfalls viele Prozesse automatisiert über ein PKI-System ab. Dies führt jedoch zu IT-Medienbrüchen, die in einer Blockchain aufge-

hoben sind und damit vermeintlich Prozesse schneller und effizienter gestalten können.

(4) Eine letzte Eigenschaft der Blockchain ist die wahrheitsbildende Eigenschaft der Blockchain-Technologie. Informationen und Daten, die in der Blockchain über einen unabhängigen Konsensmechanismus verteilt unter allen dezentralen Datenbanken hinterlegt sind, sind vertrauenswürdig und dienen dazu, den wahren Zustand abzubilden. Insbesondere im Rahmen der Tokenökonomie beziehungsweise der Authentifizierung von Assets bei on-boarding Prozessen in der Energiewirtschaft ist dies eine notwendige Eigenschaft. Für Investitionen in neue IKT-Systeme bildet der regulatorische Rahmen wesentliche Anforderungen ab und wird in Abschnitt 42.4 betrachtet. Hierbei geht es vor allem darum, Fehlinvestitionen zu vermeiden und eine nachhaltig betreibbare und anpassbare Infrastruktur zu nutzen. Dabei unterscheiden sich Investitionen in Software aber auch in Hardware aufgrund der kurzen Lebenszyklen aus Netzbetreibersicht deutlich von Investitionen in Netze und Betriebsmittel wie sie aus den vergangenen Jahrzehnten bekannt sind. Zur Vermeidung von Stranded Investments bieten sich technisch gesehen für Plattformen Cloud-basierte Ansätze beziehungsweise in Reallaboren erprobte Blockchain-Ansätze an.

42.3 Digitale Transformation unterstützt bei den Herausforderungen

Da es eine Reihe von aktuellen und konkreten Herausforderungen für Netzbetreiber gibt, ist es wichtig, bei der digitalen Transformation nicht nur eine Vision für den Zeithorizont von zehn Jahren auszuarbeiten, sondern auch den Weg dorthin in möglichst praxisnahe Schritte zu übersetzen.

Beim grundlegenden Entwurf einer Architektur für neue IKT-Systeme kommen die zuvor in Abschnitt 42.2 aufgeführten Anforderungen ebenfalls zum Tragen. Entsprechend stehen in den Architekturüberlegungen vor allem Technologien im Vordergrund, die bereits in anderen systemkritischen Sektoren wie etwa in der Finanzwelt erprobt sind. Allen voran bieten Cloud-Technologien diverse Vorteile, die bei der Erfüllung der Anforderungen helfen. So können Cloud-Anbieter Ressourcen grundsätzlich flexibel und kurzfristig binnen weniger Sekunden auf- und wieder abbauen, sodass keine größeren Hardware Dimensionierungs-, Anpassungs- oder Beschaffungsvorgänge notwendig sind. Da Cloud Services nur nach tatsächlichem Verbrauch verrechnet werden, kann die Infrastruktur auf das nötigste reduziert und Kosten gesenkt werden. Insbesondere bei Anforderungen an hohe Skalierbarkeit, Verfügbarkeit oder Flexibilität weisen Cloud-Technologien grundlegende Stärken auf und bieten zudem branchenüblich standardisierte Technologien und Schnittstellen. Durch das zentrale Management der Cloud-Anbieter werden zunehmend Software, Infrastruktur oder auch Plattformen an sich als Service (SaaS, IaaS, PaaS) angeboten. Der Betrieb und die Wartung werden als Managed Services angeboten und sorgen dafür, dass Sicherheitslücken schnell und zentral geschlossen werden. Zur besseren Orientierung für Kunden wurde vom BSI 2016 ein Kriterienkatalog entworfen, der den Cloud-Computing-Standard für IT-Sicherheit in Deutschland definiert und zusätzliche Sicherheit für Kunden beim Schritt in Richtung Cloud Services bieten soll (vgl. [20]). Viele große Cloud-Anbieter lassen fortlaufend bestätigen, dass sie diese Anforderungen erfüllen (vgl. [21]).

Im konkreten Fall der Redispatch-2.0-Plattform DA/RE wurde beispielsweise der Schritt in Richtung Cloud-Technologien vollzogen. Neben den allgemein beschriebenen Vorteilen von Standardisierung oder Verfügbarkeit aufgrund des Aufbaus und parallelen Betriebs in verschiedenen Rechenzentren hat besonders das Argument der Skalierbarkeit überzeugt. Zum einen kann die in der Cloud gebuchte Hardware problemlos angepasst und hochskaliert werden, aber auch kurzfristige Bedarfe für das Abfedern von Belastungsspitzen wurden im Architekturprinzip der Elastizität abgebildet. Durch den grundlegenden modularen Aufbau und Containisierung können hier binnen Sekunden weitere virtuelle Maschinen und Container mit den entsprechenden Ressourcen hochgefahren und die Leistungsfähigkeit aufrechterhalten werden. Hierdurch werden Ressourcen nur dann genutzt, wenn sie auch tatsächlich benötigt werden.

Bezeichnend im Cloud-Umfeld ist allerdings die große Abhängigkeit von Unternehmen außerhalb der EU, weswegen in Europa mit Gaia-X ein Projekt gestartet wurde, um eine entsprechende leistungs- und wettbewerbsfähige, gleichzeitig aber auch sichere und vertrauenswürdige Infrastruktur in Europa bereitzustellen [6].

42.4 Viele Beispiele aus anderen Branchen zeigen: Digitale Transformation bietet Chancen

Die Distributed Ledger Technology (DLT) ist in einer frühen Entwicklungsphase zur Integration der Technologie in bestehende Unternehmensprozesse und der Implementierung von Anwendungsfälle für neue Geschäftsmodelle, auch wenn es hier schon ausgereifte Pilotprojekte und -initiativen gibt (siehe Abschnitt 42.1). Die DLT ist eine Technologie zur sicheren dezentralen Speicherung von Datentransaktionen in sogenannten dezentralen Kassenbüchern beziehungsweise Datenbanken. Zu DLT zählen neben der bekannten Blockchain-Technologie weitere Kommunikationsprotokolle wie direkte azyklische Graphen (DAG) oder Hashgraphs. Zu den bekanntesten DAG zählt IOTA, in der jede Transaktion einen Knoten innerhalb eines azyklischen Graphen darstellt. In der Blockchain-Technologie werden mehrere Transaktionen zu einem Block zusammengefasst und semantisch miteinander verkettet.

Die erste Anwendung der *Blockchain* in der Energiewirtschaft war 2016 das Brooklyn Microgrid, das auf einem Hyperledger-Netzwerk durch die Firma LO3 Energy implementiert wurde. Hier ging es um einen Peer-to-Peer-Energiehandel zwischen PV-Erzeugungsanlagen und dem Endverbraucher in einem Straßenzug von Brooklyn in den USA. Infolgedessen gab es im deutschen Energiesystem entsprechende Nachfolgeprojekte, z. B. pebbles[1] der Allgäuer Überlandwerke. Die Stadtwerke Wuppertal bieten bereits ein Regionalstrom-Öko-Produkt über den Tal.Markt an, der auf der Peer-to-peer-Plattform Elblox basiert. Ermöglicht werden diese Anwendungsfälle über sogenannte *Smart Contracts*, die ein wesentlicher Bestandteil von Blockchain-Plattformen sind. Ethereum war das erste Protokoll, das das Konzept Smart Contracts angeboten hat. Damit hat es die Entwicklung von Anwendungsfällen insbesondere auch in der Energiebranche vorangetrieben. Ein Smart Contract ist dabei ein digitalisierter Vertrag, der einerseits die Regelungen im Rahmen eines Computercodes beinhaltet und andererseits auch die Einhaltung des Vertrages überwacht. Der Programmcode beinhaltet Wenn-Dann-Beziehungen, die auf der Blockchain ausgeführt und überwacht werden. Anwendungsfälle von Smart Contracts sind autonome Handlungen wie Zahlungen, Datenübertragungen oder das Speichern beziehungsweise das Dokumentieren eines Vorgangs oder eines Ergebnisses. Durch die Automatisierung und Digitalisierung des Vertrages führen sie zu einer höheren Vertragssicherheit, da nachträgliche Handlungsabweichungen unmöglich oder nur sehr schwer machbar sind. Des Weiteren führt der Automatisierungsgrad von Verträgen zu niedrigeren Transaktionskosten.

In einem dezentralen und verteilten System, das Rechen- und Speicherressourcen entkoppelt, kommt es darauf an, Konzepte zu entwickeln, wie sich verteilte Computing-Ressourcen effizient nutzen lassen. Hier arbeiten Unternehmen in Koopetition in unterschiedlichen Netzwerken zusammen, um eine effiziente Ressourcennutzung im Umfeld der Energiewende zu ermöglichen. In diesem Umfeld etablieren sich aktuell zwei beziehungsweise drei Netzwerk-Protokolle. Das Ethereum-Netzwerk war das erste Smart Contract-basierte Netzwerk. Ein weiteres branchenübergreifendes Netzwerk ist Hyperledger, das als Projekt aus der Linux-Foundation gegründet wurde. Firmen wie IBM, SAP, Intel und weitere Partner insbesondere aus dem Finanz- und Dienstleistungsbereich versuchen, industrienah Blockchain-basierte Anwendungsfälle umzusetzen. Ein Beispiel aus der Energiebranche stellt die durch IBM im Auftrag des von mehreren europäischen Übertragungsnetzbetreibern gegründeten Joint Venture „Equigy" entwickelte Crowd Balancing Platform dar. Diese zielt darauf ab, dezentrale Lasten und Erzeuger zur Erbringung von netzdienlicher Flexibilität im Kontext der Systemdienstleistungen für den Netzsektor 4.0 nutzbar zu machen. Ein auf die Energiewende fokussiertes Netzwerk ist die Energy Web Foundation, in der branchenübergreifend 70 global agierende Unternehmen aus den Bereichen Transport, Mineralöl, Energie etc. an einem kollaborativen IT-Infrastruktur-Layer für ein Energiesystem der Zukunft aus dezentralen Assets arbeiten, um neue und

1 Siehe dazu insbesondere auch das Kapitel „Projektbeispiel pebbles" in diesem Buch.

zukunftsweisende Markt- und Geschäftsmodelle zu ermöglichen. Die mit den Industriepartnern entwickelten Anwendungsfälle reichen von Herkunftsnachweisen (z. B. Nutzung des Software-Codes EW Origin durch die Firma Sonnen) über Peer-to-Peer-Handelsanästze (z. B. WIRCommunity von Oli Systems) bis hin zu Authentifizierungs- und Nachweisprozessen von Elektrofahrzeugen (z. B. EV-Dashboard von 50Hertz). TransnetBW hat 2020 gemeinsam mit dem Start-up 51nodes auf dem Volta-Testnet der Energy Web Foundation einen funktionsfähigen Prototyp zum Asset Sharing entwickelt. Dieser Multi-Use-Case-Ansatz für den Netzbetrieb (MUCAN) ermöglicht bei Einhaltung der Entflechtungsvorgaben den gemeinsamen Betrieb eines Assets sowohl durch einen Netzbetreiber als auch durch Marktteilnehmer. Dieser Asset-Sharing-Ansatz bietet weitere Chancen in einem Netzsektor 4.0, wie beispielsweise eine zusätzliche Beanreizung von Kraftwerks-Neubauprojekten.

Neben der Entwicklung und Anwendung beziehungsweise technischen Verprobung von einzelnen Anwendungsfällen auf Basis der Blockchain-Technologie wurden in den vergangenen Jahren weitere Funktionsbausteine im Kontext der DLT vorangetrieben. Diese sind erstens das Thema Tokenisierung, zweitens die Verwaltung und das Management von Governance-Strukturen kooperativ betriebener IT-Systeme und drittens die Digitalisierung dezentraler IoT-Komponenten mittels selbstbestimmter Identitäten. Insbesondere diese drei Felder, die auf DLT basieren, zeigen das Potenzial und die Realisierungsmöglichkeiten eines vollvernetzten Energie- und Netzsektors unter Berücksichtigung der drei wesentlichen Aspekte aus dem Leitbild IoT 4.0 der Bundesregierung.

Token bieten neue Entwicklungschancen, da durch eine *Tokenisierung* eine digitalisierte Abbildung eines (Vermögens-)Wertes inklusive der in diesem Wert enthaltenen Rechte und Pflichten sowie dessen Übertragbarkeit möglich wird. Hier muss man zwischen vier Token-Formen (utility, asset-backed, security und non-fungible) unterscheiden. Utility-Token sind sogenannte Nutzung-Token, die wie Gutscheine zu handhaben sind. Für die Energiewirtschaft ist insbesondere der Security-Token, aber auch der Asset-backed-Token interessant. Asset-backed Token bilden ein Asset oder Rechte digitalisiert ab. Security-Token sind Wertpapieren ähnlich, sodass Projekte sowie Unternehmen selbst über Security-Token abgebildet werden können und damit eine Kofinanzierungsmöglichkeit besitzen. Insbesondere im Kontext des dritten Aspekts der Nachhaltigkeit im Leitbild der Bundesregierung und der damit verbundenen gesellschaftlichen Beteiligung an der Energiewende kann eine Token-Ökonomie einen großen Beitrag liefern, indem sich spezifische Personengruppen bereits mit kleinen Finanzanteilen an Großprojekten beteiligen können. Die Firma Youki hat dies bereits für Endkunden umgesetzt und die Möglichkeit geschaffen, sich über einen Asset-backed-Token an Energieerzeugungsanlagen mit zu beteiligen. Mit Token wird ein Anreizsystem analog zu einem Punktesystem geschaffen, das beispielsweise auch eine Lenkungswirkung bei der Erbringung von Flexibilität aus dezentralen Flexibilitätsanlagen mit sich bringen könnte. EnBW hat beispielsweise in ihrem Pilotprojekt WindOrigin einen Token eingeführt, der bei Erzeugung von Windstrom auf das Konto des Kunden transferiert wird, sofern dieser einen regionalen Windstromvertrag abgeschlossen hat. Der Token wird bei Stromverbrauch aufgelöst. Damit hat EnBW den Stromherkunftsnachweis anlagenscharf direkt bis zum Endkunden transparent und manipulationssicher abgebildet. Allerdings stehen die Tokenisierungsansätze im Rahmen der Energiebranche noch am Anfang und benötigen noch einen enormen Schub nach vorne, um die existierenden Potenziale näher zu untersuchen und kundenzentriert zu nutzen.

Ein weiteres potenzielles Wachstumsfeld im Kontext der Blockchain-Technologie ist die sogenannte *DAO*. DAO steht für dezentrale autonome Organisationen beziehungsweise für dezentralisierte autonome Kooperationen. Hier werden Managementmodelle in einen Computercode umgesetzt, sodass ein Akteur, der Ressourcen in das System investiert, zugleich auch ein Mitbestimmungsrecht darüber erhält, was innerhalb der Organisation passiert. Eine DAO ermöglicht ein vollfunktionales Organisationssystem, das beispielsweise den Betrieb einer Plattform auf gleichberechtigter Basis ermöglich ohne Hierarchiestrukturen aufzubauen, sodass alle Investoren oder Tokenhalter auch Mitbestimmungsrechte haben. Gerade im Kontext der Koopetition und den gemeinsam entwickelten Plattformen ergibt sich für DAO ein großes Potenzial, branchen- und firmenüberreifende Konflikte zwischen den Parteien und Wettbewerbern fair und gerecht aufzulösen. Das Potenzial von DAO zeigt sich in der Marktkapitalisierung im DAO-Bereich, die laut Branchenplattform Coinmarketcap für die zehn größten DAO bei über 30 Milliarden Dollar liegt (vgl. [22]), bei kontinuierlich Wertsteigerung. Eine erfolgreiche DAO ist Dash, die als Anwendungsfall eine Peer-to-Peer- und krypto-basierte Sofortzahlungsmöglichkeit anbietet. Diese technologische Entwicklung steht jedoch erst am Beginn des Aufbaus eines dezentralen Steuerungs- und Geldverwaltungssystems.

Ein aktueller Game Changer im Bereich der Blockchain-Technologie ist das Thema *digitale Identität*. In einem Netzsektor 4.0 müssen analoge Komponenten in die digitale Welt überführt werden. Heute findet diese Überführung auf vielfältiger und unkoordinierter Weise auf hersteller-, branchen- oder unternehmensspezifischen Plattformen statt. Eine analoge Komponente ist damit in mehreren Datensilos auch über mehrere Branchen hinweg digitalisiert und im ungünstigsten Fall auch mit unterschiedlichen Informationen belegt, sodass hier auch die Eindeutigkeit einer gleichen Anlage nicht erkennbar ist und es gegebenenfalls so zu einer Doppelnutzung derselben Anlage kommt. Eine Lösung ist die dezentrale Datenverwaltung durch selbstbestimmte Identitäten (SSI). SSI steht im Englischen für „self-sovereign identitiy“. Selbstbestimmte Identitäten basieren auf dem in Abbildung 42.2 dargestellten Rollenmodell.

Dabei können Personen, Organisationen oder Dinge und Komponenten Halter einer digitalen Identität sein. Die Identitätsinformation ist in digitaler Form in einem eigenen selbstverwalteten Wallet abgelegt. Wichtige Attribute, Befähigungen und Berechtigungen einer Identität werden durch Issuer nachgewiesen. Beispielsweise kann das die Information über die Marktpartner-ID eines Unternehmens sein, die der BDEW vergibt. Die Vergabe erfolgt durch digitale Zertifikate (Verifiable Credentials), die der

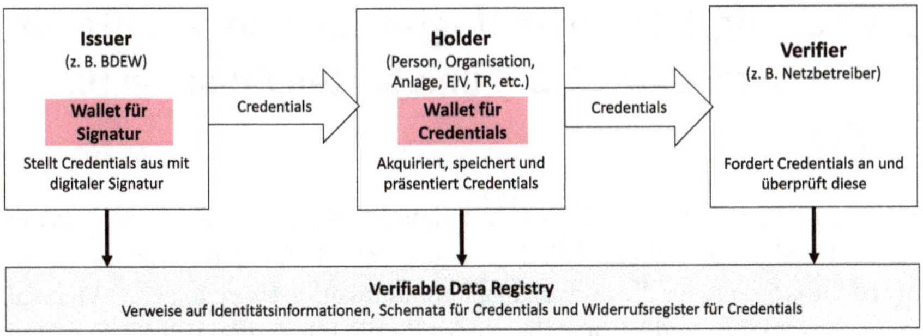

Abb. 42.2: Die Rollen des SSI-Modells [23].

Halter, also das Unternehmen, dann in seinem Wallet hält und die beliebig, z. B. bei der Anmeldung zu einem Dienst wie der Bilanzkreiseröffnung, genutzt werden können. Bei der Überprüfung von Verifiable Credentials ist es nicht erforderlich, den Issuer zu kontaktieren. Dabei wird grundsätzlich der ausgebenden Institution vertraut und dem Verifier genügt die Sichtung. Was für die Marktpartner-ID banal klingt, hat in einem IoT-System hohes Potenzial, insbesondere dann, wenn Issuer nicht bekannt sind, wie z. B. der BDEW. Des Weiteren stellt das SSI-Modell einen single point of truth für die Stammdaten der Identität dar. Somit entfällt der Aufwand der Konsistenzhaltung von Stammdaten, und die aktuellen Daten stehen immer bereit für unabhängige Dienste über Branchen hinweg, wodurch die Effizienz der IT-Plattformökonomie gesteigert wird. Eine interoperable Wirtschaft bedeutet damit auch eine Verbindung zwischen der analogen und der digitalen Welt. SSI unterstützt dabei die globale Identitätsverwaltung. Die Deutsche Energieagentur (dena) startete 2020 bereits ein Projekt mit 21 Partnern, um ein Stück Autobahn für die Digitalisierung der Energiewirtschaft und damit des Netzsektors 4.0 im Rahmen des Blockchain Machine Identity Ledgers (BMIL) zu entwickeln. Die Ergebnisse aus 2022 zeigen, dass ein automatisiertes Geräte- und Zugangsmanagement möglich ist.

Mit diesen technologischen Grundlagen ergeben sich neue Chancen und Perspektiven für einen Netzsektor 4.0. Der Netzsektor 4.0 besteht sowohl aus Cloud-basierten als auch aus dezentralen Strukturen, und beide Technologieansätze ergänzen sich ideal. Eine der größten Herausforderungen neben der Demonstration der technischen Machbarkeit ist der Transfer der Projekte in die operative Umsetzung. DA/RE ist hier bereits weit fortgeschritten – die Netzsicherheitsinitiative Baden-Württemberg wird perspektivisch für den Umgang mit immer größeren Datenmengen weitere KI-basierte Technologien einsetzen, z. B. zur Ersatzwertbildung, um Services und effizientere Prozesse anbieten zu können.

Ein entscheidender Faktor neben den technologischen Hürden, der Weiterentwicklung der Cloud-basierten Lösungen und Akzeptanz von Blockchain und deren Funktionsbausteine als vollwertig ausgereifte Technologie ist aber die regulatorische Anerkennung von technologiebedingt steigenden OPEX-lastigen Kostenanteilen der notwendigen IT-Systeme.

42.5 Neue Digitale Technologien sind notwendig für den Netzsektor 4.0 – und bieten Chancen für alle

Neue digitale Technologien sind für das Funktionieren eines Netzsektors 4.0 und der Begegnung der aktuellen klimapolitischen und gesellschaftlichen Herausforderungen unverzichtbar, sei es für die notwendige Kommunikation zwischen einer Vielzahl von Erzeugungsanlagen und Verbrauchern oder für die Integration von Märkten und Marktteilnehmern über große Distanzen hinweg, um Schwankungen der erneuerbaren Energiequellen auszugleichen.

Die technologische Entwicklung ist rasant und wird absehbar weiter zunehmen – damit aber auch die Herausforderungen aus Themen wie Sicherheit, Verfügbarkeit und Datenschutz. Je mehr digitale Technologien für den sicheren Betrieb des Energiesystems benötigt werden, desto wichtiger wird deren Implementierung nach höchsten Standards und deren Schutz vor Angriffen.

Auch hier gilt: Die Netzbetreiber haben sich auf den Weg gemacht. Jetzt gilt es, über eine entsprechende Rahmensetzung die Grundlage zu schaffen, dass die Netzbetreiber, aber auch anderen Akteure, die notwendige Transformationsgeschwindigkeit erreichen und aufrechterhalten können. Dies wird einer der entscheidenden Faktoren für eine erfolgreiche Umsetzung der Energiewende sein.

Literaturverzeichnis

[1] Eigene Darstellung im Rahmen der internen Präsentation zu Redispatch 2.0.
[2] Projekthomepage DA/RE: www.dare-plattform.de.
[3] Pflaum, R. und Egeler, T. (2019). Übertragungsnetzbetreiber 4.0 – Transformation bei TransnetBW. In Doleski, O. D. (Hrsg.) Realisierung Utility, Vol. 4.0 Band 1. Wiesbaden: Springer Fachmedien. https://doi.org/10.1007/978-3-658-25332-5_40.
[4] BSI, Stufenmodell zur Weiterentwicklung der Standards für die Digitalisierung der Energiewende, Version 2.1, 11.11.2021. https://www.bsi.bund.de/SharedDocs/Downloads/DE/BSI/SmartMeter/Stufenmodell/Grundlagen_Methodik.pdf.
[5] CATENA-X: https://catena-x.net. Zugriff am 16.03.2022.
[6] https://www.gaia-x.eu/. Zugriff am 25.03.2022.
[7] Djamali, A., Dossow, P., Hinterstocker, M., Enzenhöfer, R., Beitsch, D. und Bogensperger, A. (2021). Anforderungen an einen automatisierten Nachweis von Regelreserve, 12. Internationale Energiewirtschaftstagung an der TU Wien.
[8] Monitoring beziehungsweise die Nachweisbarkeit zur Erbringung von Regelleistung in Kombination mit Präqualifikation – Entwicklung einer Blockchain-basierten Lösung; Studierenden Projektarbeit; Modul „Dezentrale Energiemärkte; Distributed economy in the energy sector“, Hochschule Reutlingen (2020).
[9] https://idunion.org/wp-content/uploads/2021/06/bosch-eot-ssi-stammdaten-zertifikate_de.pdf. Zugriff am 16.03.2022.
[10] https://www.ffe.de/projekte/indeed/. Zugriff am 16.03.2022.

[11] Gödde, M., Kaiser, A., Sander, C., Seith, V., Stumpp, M. und Winter, K. (2020). Whitepaper – Energy Token Model. https://it-architecture.enbw.com/whitepaper-energy-token-model/. Zugriff am 19.05.2020.
[12] Open-source Ökosystem Energy Web foundation (EWF): www.energyweb.org. Zugriff am 16.03.2022.
[13] https://www.handelsblatt.com/finanzen/anlagestrategie/trends/bitcoin-ether-und-co-die-zehn-groessten-kryptowaehrungen-2022-nach-marktkapitalisierung/27416084.html. Zugriff am 16.03.2022.
[14] Die YB-Fans bestimmen das neue Auswärtstrikot. www.bscyb.ch/news?nid=12863.
[15] Token-Ökonomie in Deutschland – Potenziale, Hemmnisse und Handlungsfelder, Kurzstudie im Auftrag des Bundesministeriums für Wirtschaft und Energie, Fachdialog Blockchain, WIK-Consult (Hrsg.) (2021).
[16] www.IDunion.org. Zugriff am 24.03.2021.
[17] https://www.bsi.bund.de/DE/Themen/Unternehmen-und-Organisationen/Zugriffamards-und-Zertifizierung/IT-Grundschutz/IT-Grundschutz-Kompendium/it-grundschutz-kompendium_node.html. Zugriff am 24.03.2021.
[18] bdew (2018). Whitepaper Anforderungen an sichere Steuerungs- und Telekommunikationssysteme" vom BDEW Bundesverband der Energie- und Wasserwirtschaft e. V., Österreichs E-Wirtschaft (Hrsg.).
[19] https://www.edi-energy.de/. Zugriff am 24.03.2022.
[20] https://www.bsi.bund.de/DE/Themen/Unternehmen-und-Organisationen/Informationen-und-Empfehlungen/Empfehlungen-nach-Angriffszielen/Cloud-Computing/Kriterienkatalog-C5/kriterienkatalog-c5_node.html. Zugriff am 24.03.2022.
[21] https://docs.microsoft.com/de-de/compliance/regulatory/offering-c5-germany und https://aws.amazon.com/de/compliance/bsi-c5/. Zugriff am 24.03.2022.
[22] https://www.handelsblatt.com/technik/insight-innovation-dao-wie-dezentrale-unternehmen-ohne-manager-jetzt-die-kryptowelt-erobern/27686480.html. Zugriff am 24.03.2022.
[23] Die Rollen des SSI-Modells. Aus der Dokumentation der Vorstudie, basierend auf https://www.w3.org/TR/vc-data-model/#ecosystem-overview. Zugriff am 24.03.2022.

Kurzvitae

Dr. Rainer Pflaum ist Mitglied der Geschäftsführung der TransnetBW GmbH, dem Übertragungsnetzbetreiber in Baden-Württemberg. Er ist verantwortlich für Finanzen & Governance, Netzwirtschaft und Personal. Nach verschiedenen leitenden Funktionen im Bankenbereich und in der Energiewirtschaft beschäftigt er sich in seinem netzwirtschaftlichen Schwerpunkt besonders mit Fragen der zukünftigen Bedeutung des Strom-Übertragungsnetzes in einem hauptsächlich durch Erneuerbare Energien geprägten Erzeugungsumfelds und des Einflusses der zunehmenden Digitalisierung.

Unter seiner Verantwortung ist TransnetBW im Jahre 2021 ein Joint Venture mit MHP Consulting eingegangen. Ziel ist es, durch Bündelung der energiewirtschaftlichen Kompetenz von TransnetBW und der Consulting- und IT-Expertise von MHP innovative Beratungsleistungen aus der Verbindung von Energie- und Mobilitätswende am Markt anzubieten. Dazu hat TransnetBW eine eigene Marke geschaffen, „IE2S – Intelligent Energy System Services".
Rainer Pflaum engagiert sich in verschiedenen Gremien der Energiewirtschaft, u. a. als Vorsitzender des Aufsichtsrats der TSCNET Services GmbH, München, ist Mitglied des Vorstands des Verbands für Energiewirtschaft (VfEW) Baden-Württemberg, Stuttgart, sowie Mitglied des Vorstands des Instituts für Energie- und Regulierungsrecht e. V., Berlin. Zudem ist er seit Ende 2021 Geschäftsführer der gemeinsam mit der TenneT gegründeten Flexcess GmbH, über die TransnetBW an der Equigy B. V. beteiligt ist – einem durch verschiedene europäische Übertragungsnetzbetreiber getragenen Unternehmen mit dem Ziel, kleinteilige und lastseitige Flexibilität netzdienlich nutzbar zu machen.

Tobias Egeler ist Leiter Netzwirtschaft der TransnetBW GmbH, dem Übertragungsnetzbetreiber in Baden-Württemberg. Er ist verantwortlich für die Gewährleistung des Netzzugangs für Weiterverteiler und Kraftwerke am Höchstspannungsnetz inklusive der Netzentgelte für die Netznutzung. Außerdem realisiert er den Marktzugang für alle Marktteilnehmer in Baden-Württemberg und setzt das relevante Energiedatenmanagement um. Darüber hinaus ist er zuständig für die Umsetzung des EEG, des KWK-G und der gesetzlichen Umlagen und beschafft verschiedene Produkte für die Systemstabilität. In seinem Aufgabenbereich beschäftigt er sich mit Fragen des Marktdesigns und der Entwicklung hin zu einem digital geprägten „Smart System" im Rahmen der Energiewende.
Tobias Egeler engagiert sich u. a. in der Smart Grids-Plattform Baden-Württemberg e. V. als stellvertretender Vorstandsvorsitzender. Zudem vertritt er die Ende 2021 gemeinsam mit der TenneT gegründeten Flexcess GmbH im Aufsichtsrat der Equigy B. V., an der die Flexcess eine 20 %ige Beteiligung hält. Er hat darüber hinaus ein Aufsichtsrats-Mandat bei der Leo Energie GmbH & Co. KG inne.

Julian Hagenschulte und Jeff Kartanegara

43 Dekarbonisierung durch und Digitalisierung in der gewerblichen Immobilienwirtschaft

Wie der Einsatz neuer Technologien die Transparenz und die Verringerung des Energieverbrauchs unterstützt

Zusammenfassung: Die Forderung, den CO_2-Fußabdruck zu reduzieren und eine nachhaltige Energieversorgung zu etablieren, betrifft insbesondere gewerbliche Immobilieneigentümer und Investoren mit großen Immobilienportfolios. Neue Technologien und voll digitalisierte Prozesse gelten als Schlüssel zur besseren Erfassung und zu besserem Reporting von Environmental, Social und Governance (ESG) Daten. Dieser Beitrag beschreibt eine Fallstudie eines Unternehmens, das sich mitten in dieser Transformation befindet. Das Unternehmen hat im Jahr 2020 die Umsetzung eines Smart-Building-Projekts begonnen. (Daten-)Transparenz und Kontrolle als Grundlage für eine nachhaltige Energieversorgung und Gebäudebewirtschaftung galten als oberstes Ziel. Erläutert werden primär die für die elektrische Energieversorgung relevanten Maßnahmen, das heißt (1) Einführung intelligenter Beleuchtung, (2) Optimierung eines Aquifer-Wärmespeichersystems (ATES) und Abschaltung eines CO_2-lastigen Biomassekraftwerks sowie (3) Einführung von Smart Metern. Es konnte gezeigt werden, dass sich mit dem Einsatz neuer Technologien im Gebäude deutliche Einsparungen erzielen lassen – sowohl hinsichtlich der Energiekosten als auch der CO_2-Verbräuche. Die Maßnahmen mit dem höchsten Einsparungspotenzial betreffen die Licht- und Heizungsanlagen als die Hauptverbraucher in Gebäuden. Aufgrund der geringen direkten monetären Einsparungspotenziale liegt die Vermutung nahe, dass der Einsatz von Smart Metern keine große Bedeutung hat. Die dadurch gewonnene (Daten-)Transparenz ist jedoch nicht zu unterschätzen, vor allem wenn geschäftskritische Bereiche betroffen sind, die auf eine Verfügbarkeit rund um die Uhr angewiesen sind. Allerdings erfordert der Einsatz neuer Technologien auch neue digitale Fähigkeiten im Rahmen des strategischen Asset und Investment Managements sowie in der Gebäudebewirtschaftung. Diese Fähigkeiten werden in diesem Beitrag erläutert.

Schlagwörter: Immobilienwirtschaft, ESG, Nachhaltigkeit, Digitalisierung, Smart Building

Julian Hagenschulte, CBRE GmbH, München, Deutschland, e-mail: post@julianhagenschulte.de
Jeff Kartanegara, CBRE B. V., Amsterdam, Niederlande, e-mail: jeff.kartanegara@cbre.com

https://doi.org/10.1515/9783110753585-043

43.1 Einleitung

Nachhaltigkeit und Digitalisierung gehören zu den wohl meistdiskutierten Themen in der Immobilienbranche, getrieben von einem wachsenden Nachhaltigkeitsinteresse der Öffentlichkeit, sich verändernden regulatorischen Anforderungen sowie durch neue technologische Möglichkeiten. Der Anspruch wächst, den CO_2-Fußabdruck zu reduzieren und eine nachhaltige Energieversorgung zu etablieren, und betrifft insbesondere gewerbliche Immobilieneigentümer und Investoren mit großen Immobilienportfolios. Neue Technologien und voll digitalisierte Prozesse sind der Schlüssel zur verbesserten Erfassung und Reporting von Energieverbrauchsdaten. Zu diesen Technologien gehören auch Datenplattformen, die Energieverbrauchs- und CO_2-Daten speichern und analysieren, um die optimale Strategie zur Steigerung der Energieeffizienz und Senkung der Energiekosten und des CO_2-Ausstoßes zu identifizieren.

Dieser Beitrag beschreibt eine Fallstudie aus dem Bereich Smart Sustainable Buildings eines realen Unternehmens[1] in den Niederlanden, das sich inmitten dieser Transformation befindet. Es handelt sich um ein großes, weltweit operierendes Retail-Unternehmen. Im Jahr 2020 eröffnete das Unternehmen seinen neu gestalteten europäischen Hauptsitz in den Niederlanden, bestehend aus einem Campus mit elf Gebäuden und einer Gesamtfläche von etwa 100.000 Quadratmetern. Die Fallstudie verdeutlicht die Situation, in der sich ein Großteil der Gewerbeimmobilien in Westeuropa befindet. Die Gebäude sind über zwei Jahrzehnte alt und weisen baulich eine gute Substanz auf. Während und nach der Covid-19-Pandemie hat sich die Nutzung von Büroimmobilien erheblich verändert, und neue Anforderungen wie flexibles Arbeiten, Messbarkeit der Luftqualität sowie Nachverfolgbarkeit von Personenbewegungen im Gebäude[2] stellen Immobilieneigentümer wie Unternehmen X vor immer neue Herausforderungen. Des Weiteren sind umfangreiche Optimierungsmaßnahmen erforderlich, um die steigenden regulatorischen Anforderungen im Bereich der Nachhaltigkeit und des CO_2-Verbrauchs zu erfüllen. Einige Maßnahmen sind einfach umsetzbar und könnten als sogenannte „quick wins" bezeichnet werden, andere sind komplexer und erfordern umfangreiches technisches Know-how und hohe finanzielle Investitionen. Diese erheblichen Veränderungen führten im Unternehmen X dazu, im Zuge der Revitalisierung des Hauptsitzes innovative Maßnahmen im Bereich Digitalisierung und Smart Building umzusetzen. Diese sollen zusammen mit den erreichten Zielen in diesem Artikel erläutert werden.

Der zweite Abschnitt beginnt mit einem Überblick über die Situation, in der sich das Unternehmen X befand, als es mit den ersten Umbau- und Renovierungsarbeiten an seinem europäischen Hauptsitz begann. Um die Ausgangssituation vollständig zu erfassen, werden die Herausforderungen und Ziele im Hinblick auf eine ganzheitliche Nachhaltigkeits- und Energiestrategie am Hauptsitz beschrieben. Abschnitt 43.3 zeigt

1 In diesem Beitrag als „Unternehmen X" bezeichnet.

2 Zum Beispiel zur Nachverfolgung von Infektionsketten.

die Maßnahmen, die das Unternehmen umgesetzt hat, um sich auf eine nachhaltigere und energieeffizientere Zukunft vorzubereiten. Dabei geht es hauptsächlich um die folgenden drei strategischen Maßnahmen: (1) Einführung von smarter Beleuchtung, (2) Optimierung des Aquifer-Wärmespeichersystems und Abschaltung des Biomassekraftwerks sowie die (3) Einführung von Smart Metern. Abschnitt 43.4 präsentiert die Ergebnisse, die Unternehmen X mit diesen strategischen Initiativen erzielt hat. Hier werden die relevanten Auszüge aus einem Business Case erläutert, der die Gesamtenergieeinsparungen und die CO_2-Reduktion sowie die erforderlichen Investitionen für Unternehmen X aufzeigt. Schließlich zieht Abschnitt 43.5 ein Fazit und fasst die Erkenntnisse von Unternehmen X zusammen.

43.2 Ausgangssituation

Da die betriebsbedingten Emissionen – diese resultieren insbesondere aus der Energiewandlung beim Heizen, Kühlen und Beleuchten von Gebäuden – etwa 28 % aller globalen CO_2-Emissionen ausmachen und graue Emissionen – hierunter fallen Emissionen aus dem Einsatz von Materialien und Bauprozessen während des gesamten Lebenszyklus eines Gebäudes – weitere 11 % verursachen, wächst der Druck auf Gebäudeeigentümer, -betreiber und -nutzer, ihren CO_2-Fußabdruck kontinuierlich und deutlich zu verringern (siehe Tabelle 43.1). Auch wenn die Bemühungen zur Reduzierung der CO_2-Emissionen nicht zwangsläufig zu höheren Renditen führen, so werden sie doch eine wichtige Rolle bei der Erhaltung des Immobilienwertes spielen, da Investoren und Nutzer perspektivisch zunehmend Objekte mit einer unterdurchschnittlichen Umweltbilanz meiden.

Tab. 43.1: Netto-Null CO_2-Reduktionsziele ausgewählter Immobilieneigentümer und -investoren (Quelle: CBRE-Research).

Immobilieneigentümer/-investor	Hauptsitz des Unternehmens	Assets unter Management (AUM) in MRD USD	Netto-Null CO_2-Verbrauch
City Development Management	Singapur	5	2030
Heitman	USA	44	2030
CBRE Investment Management	USA	129	2040
Nuveen Real Estate	USA	133	2040
Allianz Real Estate	Deutschland	88	2050
AXA Investment Managers	Frankreich	180	2050
PGIM Real Estate	USA	190	2050
Brookfield Properties	Kanada	210	2050

Die Zahl der Environmental, Social und Governance-Vorschriften (ESG) mit Auswirkung auf Immobilieninvestoren und -eigentümer ist in den letzten zehn Jahren stark angestiegen, da Regierungen und Wirtschaftsverbände sogenannte grüne Berichtsstandards vorschreiben. Zu den jüngsten Gesetzen mit ESG-bezogenen Auswirkungen auf Immobilien gehört die Offenlegungsverordnung der Europäischen Union (SFDR), die von Immobilieninvestoren und -fonds die Offenlegung aller Nachhaltigkeitsrisiken in ihren Investmentprozessen verlangt, die sich potenziell negativ auf die finanzielle Rendite einer Investition auswirken könnten.

Technologien und Digitalisierung werden durch den erhöhten Fokus auf ESG zukünftig eine Schlüsselrolle bei Erfassung und Berichterstattung von ESG-Daten sowohl auf der Investoren- als auch auf der Eigentümerseite spielen. Zu diesen Technologien gehören Datenplattformen zur Speicherung und Verarbeitung von ESG-Daten sowie PropTech[3]-Plattformen zur Optimierung von z. B. ESG-Reportingprozessen. Auch Gebäudetechnologien im Bereich der Sensorik und Aktorik, z. B. zur Überwachung und Verbesserung der Energieeffizienz von Gebäuden, werden sich zunehmend weiter durchsetzen. Bereits heute existieren Technologien, die in das Building Management System (BMS) einer Immobilie eingebunden werden können, um Energiedaten in Echtzeit abzurufen und aufzubereiten. Auf dieser Basis lassen sich konkrete Strategien zur Verbesserung der Energieeffizienz und zur Energiekostensenkung ermitteln.

Fünf der elf Gebäude am europäischen Hauptsitz von Unternehmen X, mit einer Fläche von ca. 34.000 m^2, bilden den Kern des Campus, auf dem die etwa 4.000 Mitarbeiter arbeiten.[4] Diese Gebäude wurden kurz vor Beginn des 21. Jahrhunderts erbaut und mit einem damals modernen Aquifer-Wärmespeichersystem (ATES) ausgestattet. Wenig später wurde auch ein nahe gelegenes Biomassekraftwerk als Sekundärsystem angeschlossen. Unter den fünf Gebäuden befindet sich eine große Tiefgarage, die alle Gebäude miteinander verbindet und Platz für etwa 150 Fahrzeuge bietet. Die fünf Gebäude nutzen ein von Unternehmen X selbst verwaltetes Hochspannungsnetz mit drei Transformatoren und einem Notstromaggregat.

Bis 2018 wurden einzelne Gebäude nur oberflächlich aufgewertet. Bei diesen Sanierungsmaßnahmen standen insbesondere die Ästhetik und das Arbeitsplatzerlebnis im Vordergrund, teilweise erfolgten jedoch auch der Austausch oder die Aufrüstung der technischen Gebäudeanlagen wie Klimasystem, Brandschutz und andere Baumaßnahmen. Im Laufe der Zeit wurden verschiedene Geräte wie z. B. Heizung, Lüftung und Klimatechnik-Einheiten (HLK) ersetzt. Größere Investitionen, um die Nachhaltigkeit der Immobilie deutlich zu verbessern, wurden nicht getätigt. Die thermischen Energieverluste über Fenster, Wände, Decken und Bodenisolierung dieser Gebäude zum damaligen Zeitpunkt können als signifikant angesehen werden.

Im Laufe der Jahre wurden nur sehr wenige Änderungen vorgenommen, um Hardware- oder Softwaresysteme wie beispielsweise die Gebäudeleittechnik zu aktualisieren. Systeme zur Verbesserung der automatischen Überwachung, proaktive

3 Property Technology oder PropTech bezeichnet die digitale Transformation der Immobilienbranche sowie die einzelnen innovativen Unternehmen (oft Startups) dieses Wirtschaftszweigs.

4 Die Angabe zur Mitarbeiteranzahl bezieht sich auf den Status vor der Covid-19-Pandemie.

Alarmsysteme und z. B. eine automatische Steuerung, die bei bestimmten unerwünschten Ereignissen ausgelöst werden, wie ein automatischer Wasserstopp bei kritischen Wasserlecks, waren zu diesem Zeitpunkt für keine der Anlagen im Einsatz. Obwohl viele der technischen Gebäudeanlagen nicht sehr alt oder/und gut gewartet waren, lautete das Ergebnis einer umfangreichen Ist-Aufnahme im Jahr 2020, dass erhebliche Investitionen erforderlich waren, um die verschiedenen Anlagen auf den neuesten Stand zu bringen und die Anforderungen an die heutigen Energierichtlinien zu erfüllen.

Hinsichtlich des elektrischen Energieverbrauchs wurden die fünf Hauptgebäude auf dem Campus von nur zwei mechanischen Stromzählern überwacht. Dies ermöglichte bestenfalls die Messung eines Tagesendstands des Stromverbrauchs für die Berichterstattung über den Energieversorger, bot aber keinen Einblick in den Verbrauch pro Gebäude zu einem bestimmten Zeitpunkt. Daher war auch nicht bekannt, wie viel elektrische Energie im Detail verbraucht wurde und welches die größten Energieverbraucher waren. So stand das Unternehmen seit mehreren Jahren vor Herausforderungen im Bereich der elektrischen Energieversorgung des Gebäudebetriebes, der IT-Rechenzentren und eventuell stattfindender Außenveranstaltungen. Mit der Zeit stieg der Stromverbrauch an, ohne dass nennenswerte Maßnahmen ergriffen wurden, um den Verbrauch deutlich zu senken oder die Energieversorgung zu optimieren. Stattdessen führte Unternehmen X seine Optimierungsprojekte ohne eine übergreifende Strategie für das lokale Stromnetz oder eine langfristige Prognose des zu erwartenden Stromverbrauchs durch.

Ein konkretes Beispiel für Konsequenzen der fehlenden Strategie zur langfristigen elektronischen Energieversorgung stammt aus dem Jahr 2020. Dort lag der Stromverbrauch von Unternehmen X nahe der Obergrenze dessen, was der lokale Netzbetreiber liefern konnte. Der darüber hinausgehende erforderliche Energiebedarf wurde durch einen neuen permanenten Zusatztransformator mit einer maximalen Leistung von 10 kV bereitgestellt. Bei der Bewertung dieses neuen Transformators kam man in einer ersten Analyse zu dem Schluss, dass etwa 160 A für die Versorgung eines künftigen Food-Courts mit Food-Trucks für geplante Außenveranstaltungen erforderlich waren. Zwei Monate später war das Ergebnis einer weiteren Analyse, dass über 900 A nötig seien, um den wachsenden Strombedarf für die kommenden Jahre abzudecken. Noch vor Lieferung und Inbetriebnahme des neuen Transformators in dem Jahr stellte Unternehmen X fest, dass zusätzliche neue Projekte, wie z. B. ein anstehender Parkplatz für Elektrofahrzeuge und die Modernisierung der neuen Gebäude, erheblich mehr elektrische Energie benötigen würden als in der letzten Analyse prognostiziert.

Ein weiteres zentrales Thema waren die Auswirkungen von Überspannungen und die Stromqualität. Bei Überspannungen handelt es sich um Spannungen, die vorübergehend den Schwellenwert der Netzspannung überschreiten. Sie können elektronische Anlagen beziehungsweise einzelne Komponenten beschädigen und dadurch die Funktion der Anlagen beeinträchtigen. Es existieren mehrere Formen von Überspannung. Eine davon wird durch das natürliche Phänomen des Blitzeinschlags verursacht. Während früherer Blitzeinschläge kam es in verschiedenen Gebäuden zu hohen Spannungsspitzen. Eine große Anzahl von Anlagen, wie z. B. Brandmeldeanlagen, Sicherheits- und IT-Anlagen, waren diesen hohen Spannungen ausgesetzt und wurden so stark beschädigt, dass sie ersetzt werden mussten. Schutz gegen diese Art von Überspannungen bietet eine ausreichende und korrekt installierte Erdung, die unerwünscht auftretende Ströme von den Gebäuden beziehungsweise den Anlagen ableitet. Eine andere Form von Überspannung wird durch eine instabile Netzspannung und hohe Spitzen in der Stromabgabe verursacht.

Während der Anlaufphase eines neuen technischen Instandhaltungsmanagements auf dem Campus von Unternehmen X wurden im Rahmen einer umfangreichen Analyse im Jahr 2020 folgende kritischste Themen identifiziert, die die aktuelle Situation zusammenfassen:
- Unbekannter aktueller Stromverbrauch und Leistung/Nutzung der Transformatoren
- Unbekannter Gesamtstatus von Transformatoren und Notstromaggregat
- Fehlfunktion von Überspannungsschutzschaltern bei Blitzeinschlag (ungeschützte Anlagen)
- Unbekannte Energiequalität (Auswirkungen moderner Anlagen auf Netzfrequenzen)
- Fehlendes integriertes, zertifiziertes Brandschutzmanagementsystem
- Veraltete, nicht angepasste Revisionspläne für technische Anlagen
- Fehlendes integriertes Gesamtmanagementsystem der Energieversorgungssysteme.

Im nächsten Abschnitt wird erläutert, wie durch die Bereitstellung zusätzlicher Smart-Building Hard- und Softwaresysteme bei der Revitalisierung der Gebäude Energie und Kosten eingespart wurden. Auch die gezielte Nutzung von Daten wurde eingesetzt, um diese Gebäude CO_2-effizienter und damit nachhaltiger zu machen.

43.3 Maßnahmen

Zur Bewältigung der im vorangehenden Abschnitt beschriebenen kritischen Probleme hat Unternehmen X im Jahr 2020 die Umsetzung eines Smart-Building-Projekts mit einer initialen Laufzeit von zwei Jahren gestartet. (Daten-)Transparenz und Kontrolle als Grundlage für eine nachhaltige Energieversorgung und Gebäudebewirtschaftung galten als oberstes Ziel. Im Detail umfasste das Projekt den Aufbau oder Austausch der folgenden Systeme: Brandmeldeanlage (BMI), Luftqualitätssensoren, Wasserzähler, Smart Meter, intelligente Beleuchtung, Wärmespeichersystem und Biomassekraftwerk. Dieser Beitrag fokussiert primär auf die für die elektrische Energieversorgung relevanten Maßnahmen, das heißt,

(1) Einführung intelligente Beleuchtung
(2) Optimierung des Aquifer-Wärmespeichersystems (ATES) und Abschaltung des CO_2-lastigen Biomassekraftwerks
(3) Einführung eines Smart Meter.

43.3.1 Maßnahme 1: Einführung intelligente Beleuchtung

Die Einführung von intelligenten Beleuchtungssystemen und LED-Leuchtkörpern wird typischerweise als „quick wins" zur Verbesserung der Nachhaltigkeit und Senkung der gesamten Lebenszykluskosten (Life Cycle Costs, LCC) betrachtet. Erhoffte Vorteile sind geringere Wartungskosten, weniger Abfall und eine Senkung der Energiekosten. Es lassen sich zwei Ebenen von kosteneinsparenden Verbesserungen unterscheiden. Erstens der Austausch alter Beleuchtungssysteme durch LED-Systeme und/oder zweitens die Integration von Sensoren einschließlich Steuerungssoftware. Letzteres erfolgt wiederum in zwei Phasen: Der erste Schritt ist die Installation eines Gateways, um die Verbindung zum Internet und zum integrierten Building Management System (BMS) herzustellen, das die Campus-Gebäude des Unternehmens X verwaltet. Der zweite Schritt umfasst die Installation zusätzlicher Sensoren, um den Energieverbrauch weiter senken zu können.

Beide oben genannte Ebenen wurden im Projekt umgesetzt. Ein Teil der Beleuchtung der Campus-Gebäude wurde zu Projektstart bereits über Sensoren gesteuert, ein großer Teil jedoch nicht. Diese Sensoren konnten nur manuell über die Hauptschalttafel des Gebäudes bedient werden. Die meisten LED-Leuchten entsprachen bereits dem aktuellen Stand der Technik und verfügten über eine sogenannte Smart-Fähigkeit, das heißt, die Möglichkeit, sich mit der Cloud zu verbinden und sich in ein digital basiertes Beleuchtungssystem zu integrieren. Was jedoch fehlte, waren die Gateways zur vollständigen Integration jeder Leuchte in das Softwaresystem. Die Installation zusätzlicher Gateways ermöglichte es, alle Leuchten und Sensoren mit dem BMS zu verbinden. Dies ist vorteilhaft, da es mehr Einblicke in das Beleuchtungssystem gewährt. Defekte Lampen können automatisch identifiziert und zusätzlich auf die Aktivitäten in den verschiedenen Räumlichkeiten erfasst werden. Diese Transparenz macht das Facility Management effizienter, da es schneller und besser auf Probleme reagieren kann. Diese direkten und indirekten Einsparungen werden im nächsten Abschnitt beschrieben.

Zahlreiche neu installierte LED-Leuchten fielen bereits sehr früh nach Übergabe der renovierten Gebäude aus. Eine Untersuchung durch die Lieferanten ergab, dass dies ebenfalls auf Überspannungen zurückzuführen war, denen die defekten Geräte ausgesetzt waren. Die vorgeschlagene Lösung bestand darin, einen Puffertransformator (energiesparendes Transformatorensystem) zu installieren, um sicherzustellen, dass die Ausgangsspannung des Transformators konstant bei 220 V liegt. Die Stabilisierung der Spannung und Verbesserung der Effizienz um etwa 6 % führte nicht nur zu weniger Ausfällen der Beleuchtungsanlagen, sondern konnte auch aufgrund der geringeren verbrauchten Spannung die Energiekosten erheblich senken.

Um die richtige Konfiguration und die richtige Hardware für den Puffertransformator zu bestimmen, wurde die Qualität des lokalen Netzes gemessen. Die zentralen untersuchten elektrischen Parameter waren die harmonische Verzerrung (Total Harmonic Distortion, THDI), Blindleistung, asymmetrische Lasten und die Spannungspegel. Das Ergebnis lautete, dass die Qualität des Netzes insgesamt sehr gut war und dass die verschiedenen neuen Anlagen, einschließlich der Beleuchtungsanlage, nur geringe Auswirkungen auf die Qualität des Netzstroms hatten. Der Grad der Verzerrung war erheblich geringer als erwartet. Allerdings war die Spannung mit einem Höchstwert von 236 V – zum Vergleich gemessen an beiden Transformatoren – sehr hoch. Dies führt zu einer beschleunigten Alterung der elektrischen Anlage und höheren Energiekosten. Außerdem bestätigte sich, dass es im Campusnetz Spannungsspitzen gab, die die empfindlicheren Anlagen beschädigen können.

43.3.2 Maßnahme 2: Optimierung des Aquifer-Wärmespeichersystems und Abschaltung des CO_2-lastigen Biomassekraftwerks

Um die Transparenz und Auswertungsmöglichkeiten zu verbessern und in der Zukunft den Aufwand für die Suche nach Fehlfunktionen in den Gebäuden deutlich zu reduzieren, wurde entschieden, das ATES und das Biomassekraftwerk in das BMS zu integrieren. Ziel war es auch, einen kontinuierlichen Überblick über die Funktion des Heiz- und Kühlsystems in Echtzeit zu erhalten. Außerdem sollte jederzeit festgestellt werden können, ob das System wie erwartet funktioniert beziehungsweise auf welchen Temperaturniveaus es läuft. Schließlich bestand auch die Notwendigkeit, die Heizung und Kühlung der Gebäude effizienter und kostengünstiger zu gestalten, indem die Nutzung des Wärmespeichersystems erhöht wurde.

Untersuchungen hatten ergeben, dass die Kapazität des Wärmespeichers ausreichen sollte, um die fünf angeschlossenen Hauptgebäude auf dem Campus zu beheizen. Um vollständig auf das CO_2-lastige Biomassekraftwerk verzichten zu können, wurde das BMS genutzt, um das ATES unter anderem durch ein früheres Aufheizen der Gebäude so weit zu optimieren, dass ein maximaler Schwellenwert von 200 m^3 Wasser pro Stunde niemals überschritten wird. Durch den Einsatz smarter Technologien und Daten konnte die Wärmespeicheranlage einzelne Gebäude, in denen basierend auf historischen Belegungsdaten aus der Vergangenheit eine hohe Auslastung erwartet wird, auf eine bestimmte Temperatur (z. B. 18 °C) vorheizen. Durch Vorheizen der Gebäude z. B. bereits um 03:00 Uhr morgens kann der Spitzenenergiebedarf zwischen 08:00 Uhr und 09:00 Uhr vom Wärmespeichersystem problemlos gedeckt werden, da es alle Gebäude nur ein wenig mehr aufheizen muss. Auf diese Weise wurde die Unterstützung des CO_2-lastigen Biomassekraftwerks während der Spitzenlastzeiten nicht mehr benötigt.

43.3.3 Maßnahme 3: Einführung Smart Meter

In der Vergangenheit war es für das Facility Management und die Gebäudehandwerker nur schwer möglich, sich einen aktuellen Überblick über bestehende Einschränkungen der wichtigsten elektrischen (Schlüssel-)Anlagen und deren Fehlerquellen zu verschaffen. Um dieser Herausforderung zu begegnen, sollten Smart Meter eingeführt werden, die direkt mit dem BMS kommunizieren können. Ziel war ein verbesserter Einblick in den Energieverbrauch der Gebäude über eine Echtzeiterfassung und -kontrolle des Energieverbrauchs sowie die Erkennung von ungewöhnlichen Verbrauchsspitzen und Stromausfällen in einem bestimmten Gebäude.

Das installierte Smart-Meter-System basiert auf einer Software- und Hardwareintegration. Über den Energieversorger werden die gesamten Verbrauchsdaten extrahiert und in das BMS integriert. Um die Verbräuche pro Gebäude und Etage zu messen, wurde zusätzliche Hardware in den Transformatoren installiert. Auch die dort erfassten Daten wurden in das BMS integriert, um so einen vollständigen Überblick über den Energieverbrauch sicherzustellen.

Es war im Vorfeld bekannt, dass der Einsatz von Smart Metering nur ein geringes direktes Kosten- und CO_2-Einsparungspotenzial hat. Jedoch bietet die verbesserte Datentransparenz die Möglichkeit, schnell einen Überblick über die Gebäude und eventuell auftretende übermäßig hohe Verbräuche zu erhalten. Auch im Falle eines Stromausfalls wird dies vom Smart Meter erkannt, und das System informiert automatisch den Sicherheitsdienst sowie das Facility Management. Auf dem Campus von Unternehmen X geschah dies etwa dreimal pro Jahr. Falls dies in einem Gebäude vorkam, in dem sich zu diesem Zeitpunkt niemand aufhielt, konnte es einige Zeit dauern, bis bemerkt wurde, dass der Strom ausgefallen war. Ist jedoch ein Smart Meter installiert, sendet dieser ein Signal an das System, sodass das Wartungsteam schnell eingreifen kann. Durch den Einsatz von Smart Metern können auch große, zumeist unerwartete Stromverbraucher erkannt werden. Wenn z. B. ein Gebäude leer steht und das BMS einen hohen Stromverbrauch feststellt, liegt in den meisten Fällen ein Fehler vor. Das gleiche gilt für bestimmte Zeiten, in denen Verbrauchsspitzen auftreten. Durch einen detaillierteren Überblick über den Energieverbrauch mittels Smart Meter lassen sich oftmals unnötige Verbrauchsspitzen einschränken.

43.4 Erzielte Ergebnisse

Im Zuge des BMS-Projekts wurde deutlich, dass die Vorteile im Bereich Kosten- und CO_2-senkungspotenzial deutlich unterschätzt wurden. Im Vorfeld einen belastbaren Business Case als Grundlage für die Einführung der verschiedenen Systeme zu errechnen war aufgrund fehlender Daten nur schwer möglich. Vor allem konsistente Energieverbrauchsdaten oder detaillierte Berichte über die Beleuchtungssysteme und die HLK-Anlagen lagen nicht vor.

Nachfolgend sind alle im Rahmen des Projekts ermittelten direkten und indirekten Einsparungspotenziale aufgeführt, die die drei oben genannten Maßnahmen kosten- und emissionsseitig bewirken. Diese Einsparungspotenziale basieren auf realen Verbrauchsdaten. Der Business Case wurde von internen und externen Personen einschließlich Lieferanten und Nachhaltigkeitsexperten geprüft. Die den Werten zugrunde liegenden Berechnungen wurden aus Gründen der Übersichtlichkeit nicht mit aufgeführt. Abbildung 43.1 und Abbildung 43.2 geben einen Überblick über die direkten und indirekten Einsparungen aller Maßnahmen. Die in den drei nachfolgenden Unterabschnitten genannten Einsparungen sind Teil dieser Gesamteinsparungen.

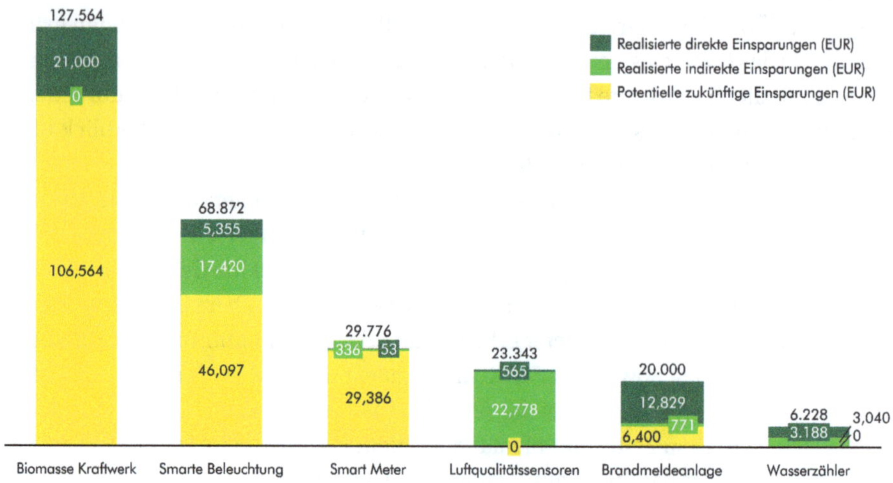

Abb. 43.1: Übersicht Einsparungen (EUR) des BMS-Projekts von Unternehmen X.

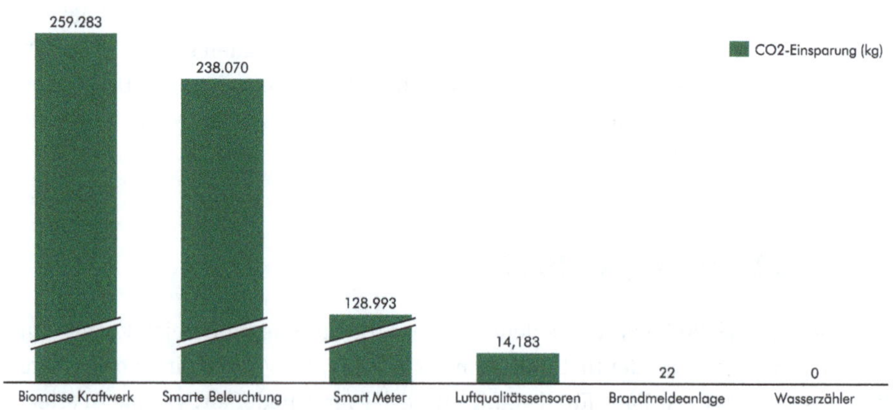

Abb. 43.2: Übersicht Einsparungen (CO_2 in kg) des BMS-Projekts von Unternehmen X.

43.4.1 Ergebnis Maßnahme 1: Einführung intelligente Beleuchtung

Die 117 Leuchtstoffröhren in der zweistöckigen Garage wurden durch LEDs ersetzt. Diese Maßnahme führte zu einer direkten Gesamtersparnis in Höhe von 2.200 EUR beziehungsweise von etwa 62.900 kWh bei den Gesamtenergiekosten pro Jahr. Ausgehend von den tatsächlichen direkten Kosten und allen Einsparungen beträgt der Return-on-Investment (ROI) etwa 13 Jahre. Dies basiert auf dem bisherigen Verbrauch der Leuchtstoffröhren ohne den Einsatz von Sensoren. Durch eine zusätzliche Installation von Sensoren könnte der ROI aufgrund der geringeren Nutzung der Leuchten und den damit verbundenen Energieeinsparungen um 3 bis 5 Jahre sinken. Im Rahmen der Renovierung von zwei Hauptgebäuden wurde die Standard-Bürobeleuchtung durch LED-Leuchten ersetzt. Dies führte zu direkten Einsparungen in Höhe von 3.239.600 kWh beziehungsweise 138.449 EUR in fünf Jahren. Im Jahr 2021 wurden neue Sensoren hinzugefügt und eine Vielzahl von Gateways installiert, um die LED-Beleuchtungssysteme der zwei renovierten Gebäude mit der Cloud und dem BMS zu verbinden. Die auf diesen Maßnahmen basierenden Einsparungen belaufen sich auf 135.800 kWh und 5.355 EUR jährlich. Der Anteil der Installation der Gateways führte zu einem ROI von 0,9 Jahren. Durch die Installation von Sensoren für die 6.000 vorhandenen Leuchten spart Unternehmen X jährlich zusätzlich 109.200 kWh. Die Installation zusätzlicher Sensoren und die Aufrüstung bestehender, neu installierter Beleuchtungskörper sind jedoch sehr arbeitsintensiv. Dies führt in der Regel zu einem ROI von über 20 Jahren. Der Mehrwert der intelligenten Beleuchtung sollte daher ganzheitlich betrachtet werden, einschließlich der Einsparung von CO_2 (etwa 57.112 kg pro Jahr) und beispielsweise der Reduktion von Abfall aufgrund der längeren Lebensdauer der LED-Leuchten.

43.4.2 Ergebnis Maßnahme 2: Optimierung des Aquifer-Wärmespeichersystems und Abschaltung des CO_2-lastigen Biomassekraftwerks

Die größten Einsparungen im Rahmen des BMS-Projekts wurden überraschenderweise durch das ATES und die Abschaltung der Biomasseanlage auf dem Campus erzielt. Auf der Grundlage der vertraglich festgelegten Energiepreise pro kWh und der Preise pro GJ für die Biomasseanlage belaufen sich die tatsächlichen Einsparungen bei einem hundertprozentigen Betrieb des aufgerüsteten Wärmespeichersystems auf 106.564 EUR pro Jahr. Während das Wärmespeichersystem nur Kosten in Verbindung mit Stromverbrauch (kWh) für die Pumpen und Kessel verursacht, wird bei der BMS-Anlage Energie pro GJ berechnet. Zusätzliche Einsparungen durch den vollständigen Verzicht auf die Verbrennung von Holzpellets und die Elektrifizierung des gesamten Systems erreichen 259.283 kg CO_2 pro Jahr. Das bemerkenswerte an diesem Business

Case ist, dass keine spezifischen Anlagen, Sensoren oder Zähler erforderlich sind, um diese Stufe des Smart-Gebäudemanagements zu erreichen. Erforderlich war lediglich das integrierte BMS des Campus, das für alle im Rahmen des Projekts etablierten Smart-Gebäudesysteme genutzt wird. Daher ist die Ermittlung der direkten Kosten für die Implementierung schwierig. Eine Schätzung auf Grundlage der erforderlichen Arbeitsstunden und der Lizenzkosten für die BMS-Software ergibt jedoch einen ROI von maximal 1,5 Jahren.

43.4.3 Ergebnis Maßnahme 3: Einführung Smart Meter

Es hat sich bestätigt, dass die Installation von Smart Metern im Vergleich z. B. zu Temperatursensoren nicht zu direkten Einsparmöglichkeiten führt. Der Vorteil – gerade bei diesem Projekt, bei dem die Hauptenergieverbraucher in das BMS integriert wurden – liegt insbesondere in der verbesserten Datentransparenz beziehungsweise der verbesserten Kenntnis über den aktuellen Betriebsstatus dieser Anlagen und deren Energieverbrauch. Nach neuesten Schätzungen führt die Kenntnis vom spezifischen Energieverbrauch pro Gebäude und dem Notstromaggregat zu einer Einsparung von etwa 1.947 EUR. Dies beruht auf der Reduzierung der Arbeitsstunden, auf weniger Ausfallstunden und auf geringerem Dieselverbrauch aufgrund der online-Verfügbarkeit des Anlagenstatus und der schnelleren Reaktionszeit. Bei durchschnittlichen Kosten von unter 1.000 EUR pro Stromzähler liegt der ROI bei unter einem Jahr. Unter Berücksichtigung der verschiedenen Einsparungen beliefen sich die direkten Einsparungen auf etwa 12.350 EUR im ersten vollen Kalendermonat, was durch den Energieversorger auch für die Folgemonate bestätigt wurde.

43.5 Gewonnene Erkenntnisse und Fazit

Mit dem Einsatz neuer Technologien im Gebäude lassen sich deutliche Einsparungen sowohl hinsichtlich der Energiekosten als auch der CO_2-Verbräuche realisieren. Die Maßnahmen, mit denen die höchsten Einsparungen erzielt werden können, betreffen primär die Licht- und Heizungsanlagen als die Hauptverbraucher in Gebäuden. Beleuchtungssysteme basierend auf LED und Heizsysteme, die die Erdtemperatur nutzen, sind mit Abstand die größten Energiesparer und können daher auch die Kosten erheblich senken.

Große Gebäude, die z. B. noch über herkömmliche manuelle Thermostate verfügen, bieten erhebliche Einsparungspotenziale. Sehr häufig bleiben die Heizungsanlagen eingeschaltet, obwohl die Nutzer den Raum oder sogar das Gebäude schon verlassen haben. Diese Systeme können stunden- oder tagelang Energie verbrauchen, um Räume oder ganze Gebäudeteile zu heizen, die nicht genutzt werden. Mit der richtigen

Hard- und Software kann auch sichergestellt werden, dass die Effizienz der Gebäudesysteme und damit der Gesamtenergieverbrauch eines Gebäudes ideal an das reale Nutzerverhalten angepasst ist.

Aufgrund der geringen monetären Einsparungspotenziale liegt die Vermutung nahe, dass der Einsatz von Smart Metern keine große Bedeutung hat. Die dadurch gewonnene Transparenz ist jedoch nicht zu unterschätzen, vor allem wenn es geschäftskritische Bereiche betrifft, die auf eine Verfügbarkeit rund um die Uhr angewiesen sind. Wenn die erforderlichen Informationen z. B. über einen Ausfall so früh wie möglich an das BMS weitergeleitet werden, verbessert dies die Reaktionszeit, reduziert die Risiken hinsichtlich der Betriebskontinuität und erleichtert die Handlungsfähigkeit der Mitarbeiter. Aufgrund der geringen Kosten von nicht einmal 1.000 EUR pro Sensor ist dies eine der ersten Maßnahmen, die bei der Einführung von intelligenten Gebäuden durchgeführt werden sollten.

Darüber hinaus gilt es zu beachten, dass mit der Einführung neuer, moderner Anlagen – wie z. B. von LED-Leuchten, einer erheblich größeren Zahl an Chips, Hauptplatinen sowie ähnlicher technischer Anlagen – die Anfälligkeit für Überspannungen ein wesentlich höheres Risiko darstellt als früher. Im Fall einer Überspannung bei LEDs besteht die Gefahr, dass sie direkt ausfallen und damit ihren Vorteil hinsichtlich Kosten- und CO_2-Einsparung verlieren.

Der verstärkte Einsatz neuer Technologien hat direkte Auswirkungen auf den Energieverbrauch und den gesamten CO_2-Fußabdruck. Er kann sich auch auf den Wartungsumfang auswirken und die Kosten sowohl nach oben als auch nach unten treiben. Die Möglichkeit, jede Art von Abweichung, Defekt und Ausfall online zu sehen und eine erste Analyse durchzuführen, spart Zeit und Aufwand für alle Beteiligten. Durch diesen Einblick kann das Wartungspersonal Probleme schneller und besser erkennen und möglicherweise effektiver und sicherer reagieren.

Allerdings erfordert der Einsatz neuer Technologien auch neue digitale Fähigkeiten im Rahmen des Facility Managements. Nach der Installation von neuen intelligenten Beleuchtungen müssen diese an den Router angeschlossen, mit anderen Leuchten synchronisiert und digital protokolliert werden. Am Ende des Prozesses müssen sie in bestehende Beleuchtungsprogramme integriert und so kalibriert werden, dass sie in das integrierte Beleuchtungssystem passen. Trotz der offiziell längeren Lebensdauer ist es unvermeidlich, dass LED-Leuchten z. B. im Fall einer Überspannung vorzeitig ausfallen können. Die hier erforderlichen IT-bezogenen Arbeiten sind sehr spezifisch und beziehen sich auf einen ganz anderen Bereich und ein ganz anderes Produkt, weshalb sie in den meisten Fällen nicht durch das interne Wartungspersonal vorgenommen werden, sondern von Dritten ausgeführt werden müssen. So wurden für den Hauptsitz des Unternehmens X zwei neue Dienstleister beauftragt, die den Austausch defekter LED-Leuchten übernehmen. Dies verdeutlicht, dass den Einsparungen bei den Energiekosten auch neuartige Wartungskosten gegenüberstehen.

Abschließend ist hervorzuheben, dass sich der tatsächliche Mehrwert eines intelligenten Gebäudes neben dem Grad der Nachhaltigkeit auch aus den Diensten ergibt, die den Gebäudenutzern und -betreibern zur Verfügung gestellt werden. Oft geht es um praktische Dinge, die für eine oder beide Gruppen während des Betriebs des Gebäudes einen Mehrwert darstellen. Ausgehend von den definierten Zielen, die vom Eigentümer im Rahmen der Smart-Building-Strategie festgelegt wurden, gilt es, diejenigen Maßnahmen beziehungsweise Anwendungsfälle zu identifizieren, die aus einer Kosten-Nutzen-Perspektive den größten Mehrwert liefern, direkt und indirekt zur Zielerreichung beitragen und in Abhängigkeit davon in der Gebäudeplanung und -realisierung umgesetzt werden sollten. Dies erfordert eine Betrachtung der Gesamtbetriebskosten und des ROI, die mit einer Genauigkeit von ±20 % durchgeführt werden sollte.

Dazu ist zum einen eine hinreichend genaue Ermittlung der Investitionskosten (CAPEX) erforderlich, die sowohl die einmalig anfallenden Kosten für Hard- und Software als auch für die Systemtechnik umfassen. In diesem Zusammenhang müssen auch die Installations- und Implementierungskosten berücksichtigt werden. Die Erfahrungswerte aus der Begleitung von Smart-Building-Projekten zeigen, dass die Mehrkosten für Smart-Building-Technologien im Durchschnitt rund 2 % der Gesamtkosten eines Neubaus betragen. Vor dem Hintergrund der Vielfalt der Anwendungsfälle, die im Rahmen eines Smart Building Projekts realisiert werden können, ist die angegebene Kostensteigerung nur als grober Anhaltswert zu verstehen. Art und Umfang der zu planenden und zu installierenden Technologien sowie der angestrebte Reifegrad haben einen erheblichen Einfluss auf die Kosten.

Neben den Investitionskosten ist es auch wichtig, die Kosten zu ermitteln, die während des Betriebs (OPEX) über die Nutzungsdauer des betrachteten Gebäudes kontinuierlich anfallen. Zu dieser Kostengruppe gehören auch die regelmäßig wiederkehrenden Kosten für Softwarelizenzen sowie die Wartung und Instandsetzung der Systeme, Sensoren, Aktoren und Netzwerktechnik. Um die Business Cases der einzelnen Anwendungsfälle zu ermitteln, muss der durch das Smart Building entstehende Mehrwert auch auf der Kostenseite verglichen werden. Daher ist es zwingend notwendig, den Mehrwert über einen definierten Betrachtungszeitraum zu quantifizieren. Betrachtet man beispielsweise Anwendungsfälle zur Optimierung des Gebäude- und Anlagenbetriebs, so zeigen die Zahlen der bereits in Betrieb befindlichen Smart Buildings ein erhebliches Einsparpotenzial bei den Betriebskosten, das im Durchschnitt etwa 10 % bis 15 % beträgt (siehe Abbildung 43.3).

Je nach Anwendungsfall kann der damit verbundene Mehrwert direkt als monetärer Wert bestimmt werden, beispielsweise bei der Reduzierung des Energieverbrauchs, oder nur indirekt, wie im Fall der gewünschten Produktivitätssteigerung und Komfortverbesserung für die Nutzer im Gebäude. Bei Anwendungsfällen, die die Wahrnehmung des Arbeitgebers oder Nachhaltigkeitsaspekte adressieren, ist eine vollständige Quantifizierung oft nicht möglich und der Mehrwert manchmal nur qualitativ messbar.

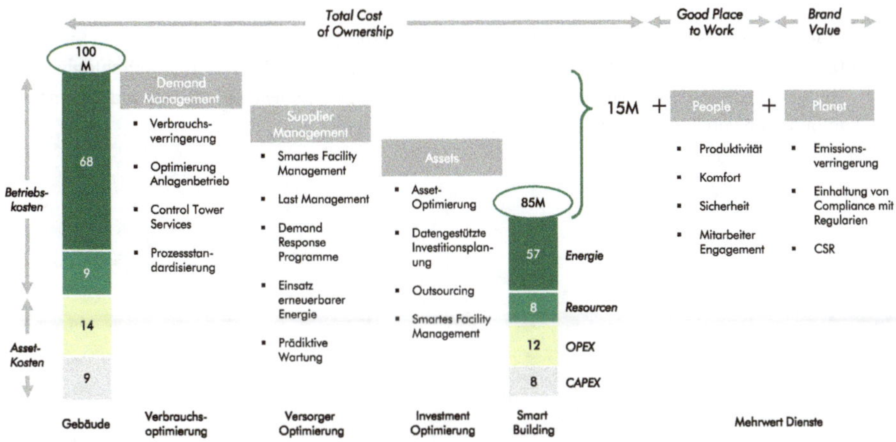

Abb. 43.3: Exemplarische Quantifizierung des Mehrwerts durch Smart Buildings.

Kurzvitae

Julian Hagenschulte verantwortet bei CBRE den Geschäftsbereich Digital Advisory. Er ist spezialisiert auf die Bereiche Digital-Strategie, digitale Transformation und digitale Geschäftsmodelle. Herr Hagenschulte hat über 10 Jahre Erfahrung in der Strategieberatung. Vor dem Einstieg bei CBRE leitete er bei Accenture die Einheit Digital-Strategie und -Transformation und begleitete in dieser Zeit zahlreiche Konzerne, insbesondere aus der Finanz- und Immobilienbranche, bei ihrer digitalen Transformation.

Jeff Kartanegara ist als Bauingenieur für CBRE GWS tätig und verfügt als Senior Manager über mehr als 15 Jahre Erfahrung im Infrastrukturbau. Er hat langjährige Erfahrungen im High-Voltage-Bereich und ist nach seiner Position bei TenneT heute als Head of Projects bei CBRE für den Bereich Smart Buildings verantwortlich. Er ist fest davon überzeugt, dass der richtige Einsatz von Technologie einen erheblichen Einfluss auf einen nachhaltigen Gebäudebetrieb sowie auf die Gesundheit und das Wohlbefinden von Immobiliennutzern hat.

Volker Aumann und Markus Kamann

44 Szenarien für Aus- und Weiterbildung

Energiewirtschaft im Spannungsfeld von tradierten Versorgungssicherheitskonzepten und modernen Utility 4.0-Dienstleistungen

Zusammenfassung: Galt die Energiebranche lange Zeit als prosperierender Sektor mit Jobgarantie, so steht sie im Zeitalter der Digitalisierung neuen Herausforderungen gegenüber. Nicht mehr das singuläre Gerät steht im Fokus, sondern seine Einbindung in ein technisches Gesamtgefüge von Geräten und Prozessen. Den Aufgaben, vor denen die Unternehmen im Zusammenhang mit der Utility 4.0-Transformation stehen, kann man sich nur mit gut ausgebildetem Personal stellen, dessen primäre Motivation nicht mehr in einer lebenslangen Beschäftigung bei einem einzigen Arbeitgeber besteht. Vielmehr braucht es Persönlichkeiten, die die Energiewende verantwortlich mitgestalten und ambitionierte technische und betriebswirtschaftliche Herausforderungen im Zeitalter der Digitalisierung bewältigen wollen – und für die lebenslanges Lernen eine Selbstverständlichkeit darstellt. Schließlich gilt es, die immer neuen Möglichkeiten der (digitalen) Technik in smarte, innovative und klimafreundliche Anwendungen zu überführen.

Zur Lösung dieses Personalproblems schlägt unser Beitrag ein praxiserprobtes Aus- und Weiterbildungsmodell vor, das moderne Ausbildung, ständige Evaluation der Lehrinhalte und Praxisnähe garantiert. Es wird bereits in mehreren regionalen Ausbildungsnetzwerken in der Metallbranche angewendet und kann leicht auf die Energiebranche übertragen werden. Das Konzept wird von der Überzeugung getragen, dass in ihm längst nicht nur die Auszubildenden lernen, sondern dass auch die Ausbildenden eine lernende Haltung einnehmen müssen. Zudem werden Lehrinhalte und Vermittlungsmethoden im Rahmen einer modernen Feedbackkultur regelmäßig Revisionen unterzogen.

Schlagwörter: Energiewirtschaft, Ausbildung, Weiterbildung, Utility 4.0, Recruiting

44.1 Einleitung

Die großen Herausforderungen der Energiewende werden vor allem in ihrer technischen und wirtschaftlichen Dimension diskutiert. Der Blick auf die Akteure der Ener-

Volker Aumann, Geschäftsführer aumann & metzen GmbH, Essen, Deutschland, e-mail: va@aumannmetzen.de
Markus Kamann, Geschäftsführer der Zeus GmbH, Hagen, Deutschland, e-mail: mkamann@zeusnet.de

https://doi.org/10.1515/9783110753585-044

giewende in Politik, Wirtschaft und Wissenschaft lenkt jedoch oft von der Frage ab, wer die großen Veränderungen der Energiewirtschaft letztlich realisiert. Folgt man dieser Perspektive, rücken schnell Themen wie der Fachkräftemangel in den Fokus – ein wesentlicher Faktor, der die Transformation der Energiewirtschaft und damit die Versorgungsstrukturen einer ganzen Gesellschaft beeinflusst. Ein anderer sind die zunehmenden Anforderungen an die *Digitalisierung*, die in der Branche unter dem Stichwort *Utility 4.0* diskutiert werden.

Die Grundlagen, in denen Fachkräfte in energiewirtschaftlichen und energietechnischen Fragestellungen ausgebildet werden, unterliegen derzeit einem fundamentalen Wandel. Ob in Stadtwerken, Energiekonzernen, bei Herstellern energiewirtschaftlicher Systeme, Anlagen oder in Service-, Wartungs- und Instandhaltungsbetrieben – überall steigen die Anforderungen an das Verständnis von digitalen Prozessen, Vernetzung und informationstechnischer Verarbeitung (vgl. Reiche 2017 [1]). Die tägliche oft mobile Arbeit an und mit modernen Systemen verlangt von Fachkräften eine große Lernbereitschaft sowie von den Unternehmen eine solide und verlässliche Aus- und Weiterbildungsstrategie, damit der technische Fortschritt der Energiebranche nicht durch mangelndes Wissen ausgebremst wird.

Das alles steht allerdings heute unter dem Vorbehalt der jeweiligen Rollen, die sich die einzelnen Unternehmen zuschreiben. Sieht sich das kleine Stadt- und Versorgungswerk in ländlicher Umgebung mit einer überschaubaren Anzahl von generalisierten Fachkräften in derselben Rolle wie ein großstädtischer Versorger mit angeschlossener Telekommunikations- und Breitbandabteilung und ausgelagerter Abrechnungs- und bundesweiten Vertriebsgesellschaft, der alle Services aus einer Hand bietet und der in jedem Funktions- und Angebotsbereich entsprechende Expertinnen und Experten beschäftigt?[1]

Das Aufkommen neuer Technologie im Privat- sowie im Gewerbekundenbereich setzt ein völlig neues Verständnis von Wissen voraus, das auch in der Aus- und Weiterbildung seinen Ausschlag finden muss. Am Beispiel eines praxiserprobten Säulenmodells werden im Folgenden die zentralen Bestandteile einer durchgehend modernisierten *Ausbildungsstruktur* vorgestellt, die Unternehmen wie auch Auszubildende auf die Herausforderungen bedarfsgerecht vorbereitet und so einen State of the Art der Fachkräftequalifizierung ermöglicht.

Von den technologischen und organisatorischen Voraussetzungen kommend, richtet unser Beitrag den Blick auf die Aus- und Weiterbildungssysteme und zeigt, wie deren konsequente Modernisierung dazu beiträgt, ein eher von Versorgungssicherheit geprägtes Leitbild zugunsten einer modernen, dienstleistungsorientierten Utility-4.0-Perspektive abzulösen.

---

1 Zur Einordnung dieser Argumentation sei das Standardwerk von Doleski (Hrsg.) (2017) empfohlen [2]. In diesem Sammelband wird die Rolle der kommunalen Energieversorger aus unterschiedlichsten Perspektiven im Licht der Digitalisierung betrachtet.

44.2 Grundlegende Probleme der energietechnischen Ausbildung in Deutschland

Die dualen Ausbildungsstrukturen in Deutschland[2] sind seit vielen Jahrzehnten international hoch anerkannt und führen zu einer hohen Qualität. Das theoretische Grundwissen, das vor allem in Berufsschulen vermittelt wird, wird durch eine betriebliche Komponente ergänzt, die eine jeweils unternehmensspezifische Ausrichtung der Ausbildung ermöglicht. Der Spagat zwischen Generalisierung und Spezialisierung wird hierbei in der energietechnischen Ausbildung seit jeher gewagt.[3] Eine hohe Bindung zu den ausbildenden Betrieben und eine teilweise lebenslange Beschäftigung gab dieser Art der Ausbildung (Spagat!) seine Berechtigung und ermöglichte verlässliche Qualität.

Dieses ausbalancierte System gerät nun zeitgleich an vielen Stellen in Bewegung. Auf der einen Seite entwickelt sich die technologische Welt in einem Tempo weiter, in der es schwerfällt, Ausbildungsrahmenrichtlinien anzupassen, und auf der anderen Seite positionieren sich traditionelle Stadt- und Versorgungswerke zu generalisierten Anbietern von Energiedienstleistungen – oder eben auch nicht. Dazu kommt ein grundlegender gesellschaftlicher Wandel, der mit einer deutlich geringeren Bindung an die Ausbildung und das ausbildende Unternehmen einhergeht: Eine allzu spezialisierte Ausbildung verkompliziert mögliche Anschlussbeschäftigungen in anderen Unternehmen.[4]

In den 2010er Jahren, als es noch üblich war, ein Einfamilienhaus ganz traditionell an die Versorgung anzuschließen, bestand die größte Frage darin, welcher Zähler genau eingebaut werden sollte.[5] Heute hingegen sind Photovoltaik auf dem Dach, Batteriespeicher im Keller, Wallbox und E-Auto in der Garage, Smart-Home-Vernetzungen sowie eine umfassende digitale Transparenz über den Strom-, Gas- und Wasserverbrauch schon beinahe Standard. Konnten sich in der Anfangszeit noch viele Versorger auf zuliefernde Gewerke verlassen, so liegen heute die zentralen Fragen nicht mehr in

---

2 Der Beitrag kann hier nicht detailliert auf die beruflichen Ausbildungssysteme in Österreich und der Schweiz eingehen. Für Österreich können die Darstellungen am ehesten mit der österreichischen dualen Ausbildung in Verbindung gebracht werden (nicht der schulische Zweig), in der Schweiz ist dies mit dem Sekundarbereich II, der in der Erlangung des Eidgenössisches Fähigkeitszeugnis mündet, vergleichbar. Das hier vorgestellte System ist jedoch nur mit größeren Anpassungen an die jeweiligen nationalen Voraussetzungen einsetzbar.

3 Zum Beispiel der Ausbildungsberuf „Elektroniker für Betriebstechnik" – hier kann der Ausbildungsbetrieb in der Energie- und Wasserversorgung, in einem Umspannwerk oder in der Elektroinstallation liegen.

4 Man denke hier an die zahlreichen Service-, Wartungs- und Instandsetzungsbetriebe an Nord- und Ostsee.

5 Hier ist die Diskussion über intelligente Zähler gemeint, die über ein Jahrzehnt in Deutschland leidenschaftlich geführt wurde.

der Installation einzelner (verschiedener) technologischer Komponenten, sondern in der Orchestrierung aller Komponenten zu einem Gesamtsystem, das den Kundinnen und Kunden nach ihren Vorstellungen auf dem Smartphone oder ein anderes digitales Endgerät installiert wird (und nebenbei dem Energieversorger detaillierte Daten zum Verbrauch liefert).

44.3 Die etablierten Ausbildungssysteme kommen an Grenzen

Während die physikalisch-technischen Grundlagen der Ausbildung in der Energiewirtschaft und Energietechnik konstant bleiben, ändern sich derzeit die Anwendungsgebiete ständig. Die anspruchsvollen Einfamilienhausbesitzerinnen und -besitzer mit Elektromobil und Smart Home, der Bündelkunde aus dem Lebensmitteleinzelhandel mit ambitionierten Klimaschutzauflagen oder der Sägereibetrieb, der mit Abfallholz Wärme für den nahegelegenen Sportpark liefert und mit Photovoltaik-Strom einen Teil seiner Anlagen betreibt, sind nur einige Beispiele für Kundenprofile, die heute Servicemitarbeitenden von Energieversorgungsbetrieben überall gegenübertreten und ganzheitliche Lösungen einfordern.[6]

Die Ausbildungsprogramme der einzelnen energiewirtschaftlichen Unternehmen sind auf diese Anforderungen weder in Form von theoretischem Wissen noch in Gestalt von Schulungsmaterialien oder -anlagen vorbereitet. Die Aufgabe besteht hier nicht in der Inbetriebnahme eines singulären Produktes eines energietechnischen Herstellers,[7] sondern in der Vernetzung und den aus dieser Vernetzung entstehenden Möglichkeiten im Sinne einer Industrie 4.0 oder – um genauer zu sein: in einer Utility 4.0. Die Verzahnung unterschiedlichster energietechnischer Anlagen untereinander, die Optimierung, Visualisierung und letztendlich Abrechnung dieser, stellt nicht nur energietechnisch Arbeitende vor neue Herausforderungen, sondern die ganze heutige Organisation eines Energieversorgers.[8]

Ausbildungspersonal und Ausbildungsprogramme der energietechnischen Akteure sind meist hoch spezialisiert und gemäß des Unternehmenszwecks funktional ausgebildet. So finden sich in Stadtwerken mit Gaserzeugung naturgemäß eher

6 Die Pläne des Wirtschaftsministeriums sind hier noch viel ambitionierter und gehen über die vorgestellten Beispiele deutlich hinaus [3].

7 Die Auslieferung und Inbetriebnahme geschieht ja meist durch Fachbetriebe.

8 Oftmals wird an dieser Stelle ein Team von Fachleuten eingefordert, welches sich aus unterschiedlichsten Unternehmen beziehungsweise aus unterschiedlichen Abteilungen des Energieversorgers zusammenfindet. Bei der genaueren Untersuchung eines solchen Szenarios wird schnell klar, dass dies sowohl logistisch als auch wirtschaftlich keinen Sinn ergibt und die Beratungsleistung vor Ort aus einer Hand erfolgen muss.

Menschen mit der Kernqualifikation Gas als mit der Qualifikation Photovoltaik in Kombination mit Mieterstrom.[9] Die Generation der Ausbildenden, die heute in den Energieversorgungsbetrieben arbeitet, hat meist weder ein Smart Home installiert beziehungsweise nachhaltige Quartierslösungen in der Infrastruktur (Ladesäulen, Blockheizkraftwerke etc.) bei Einfamilienhausprojekten und mit Wohnungsbaugenossenschaften umgesetzt. Viele Ausbildende befinden sich zudem im letzten Drittel ihrer Berufslaufbahn und sind nun damit konfrontiert, dass ihre Kernkompetenz um eine digitale Kompetenz im Sinne der Utility 4.0 ergänzt werden muss. An diesen Stellen entstehen riesige Bedarfe an sogenannten train the trainer-Konzepten.[10]

Und auch die Organisation der Stadtwerke und Versorgungsbetriebe ist mit ihren etablierten Strukturen und Differenzierungen nur unzureichend auf diese Veränderungen vorbereitet. Die klassische Trennung von Technik und betriebswirtschaftlichen Bereichen ist unter den Bedingungen der modernen Energiewirtschaft kaum haltbar. Beide Bereiche werden mit hohen Anforderungen an digitale Kompetenzen konfrontiert, so dass Funktionen wie der Vertrieb und der Kundenservice sowohl organisational als auch inhaltlich völlig neue Anforderungen zu bewältigen hat und Abteilungsgrenzen hier immer mehr verschwimmen. Dies muss auch Folgen in der Ausbildung und der Auswahl von Personal haben.

44.4 Personalauswahl und Recruiting von Fach- und zukünftigen Führungskräften

Hohe Arbeitsplatzsicherheit, vorhersehbare Karrierewege, lokale Einsatzmöglichkeiten und eine gute Bezahlung waren meist die ersten Argumente für eine Beschäftigung in einem energiewirtschaftlichen Unternehmen.[11]

Diese Werte erfahren in einem seit vielen Jahren entspannten und diverse Chancen offerierenden Arbeitsmarkt nicht mehr die Bedeutung, die sie in Zeiten höherer Arbeitslosigkeit hatten. Was zählt eine hohe Arbeitsplatzsicherheit, wenn ein Wech-

---

9 Dieser Logik folgend sind in den letzten Jahrzehnten einige neue Ausbildungsberufe entstanden, zum Beispiel im Bereich der Erneuerbaren Energien. Jeweils zur entsprechenden Erzeugungsart finden sich mehr oder weniger ausdifferenzierte Lehrberufe.

10 Die Weiterbildung der Ausbildenden ist gerade im Hinblick auf die IT-Kenntnisse eine große Herausforderung. Um die technologische Verständnislücke von der Generation der Boomer zu den Digital Natives zu schließen, ist weniger eine Anpassung von Weiterbildungsinhalten, sondern vielmehr eine Veränderung des gesamten Mindsets erforderlich [4].

11 Neben den Stadtwerken gibt es auch eine beachtliche Zahl von privatwirtschaftlichen Unternehmen in der Energieversorgung, die sehr erfolgreich waren und einen sicheren Arbeitsplatz verhießen.

sel des Arbeitsplatzes mit geringem Aufwand jederzeit möglich ist?[12] Was eine lokale Einsatzmöglichkeit, wenn Mobile-Work-Konzepte fast überall angeboten werden?[13]

Die energiewirtschaftlichen Unternehmen geraten unter diesen Bedingungen in ihrem herkömmlichen Bewerbermarketing schnell an ihre Grenzen. Die Ansprache von Schülerinnen und Schülern sowie Studierenden über lokale Rekrutierungsmaßnahmen und das regelmäßige Inserieren in der lokalen Tageszeitung zahlen sich immer weniger aus.[14]

Angesichts der Vielzahl an Anforderungen an Digitalisierung und Vernetzung benötigen Stadtwerke und andere energiewirtschaftliche Akteure an der Schnittstelle zur Kundschaft[15] Menschen, deren primäre Motivation nicht eine lebenslange, lokale, sichere Beschäftigung bei einem einzigen Arbeitgeber ist, sondern vielmehr motivierte Persönlichkeiten, die die Energiewende verantwortlich mitgestalten und ambitionierte technische und betriebswirtschaftliche Herausforderungen im Zeitalter der Digitalisierung bewältigen und für die lebenslanges Lernen eine Selbstverständlichkeit darstellt.[16] Dass vielen jungen Menschen eine akademische Bildung mit Praxiskomponenten wichtig ist, zeigt sich sowohl im ungebrochenen Trend der steigenden Studierendenzahlen als auch in der Vielzahl der dualen Studiengänge, die akademische und betriebliche Ausbildung in sich vereinen.[17]

Einhergehend mit diesem Upgrade in der Auszubildenden- und Mitarbeitendensuche sollten sich auch die unternehmensinternen Mechanismen und Arbeitsstrukturen sowie die Arbeitskulturen ändern. Die ständig wachsende Bedeutung von Vernetzung und Digitalisierung erfordert interdisziplinär arbeitende agile Teams, die genauso auf neue technische Herausforderungen reagieren können wie auf die sich ständig ändernden Marktgegebenheiten eines ambitioniert regulierten Marktes.[18] Ein grundlegendes Verständnis der Digitalisierung und ein Methodenset, welches es

---

12 Und meist auch noch mit Gehaltserhöhungen verbunden ist.

13 Natürlich sind nicht überall Mobile-Work-Konzepte in der Energiewirtschaft umgesetzt. Aber es lässt sich beobachten, dass die Kultur der Anwesenheit in vielen Bereichen abnimmt und Konzepte wie Mobile Work und Home Office auf dem Vormarsch sind.

14 Fast alle Stadtwerke inserieren heute in digitalen Medien, haben meist eine Agentur für Bewerbermarketing und arbeiten mit einer Personalberatung zusammen.

15 Die Schnittstelle ist heute nicht mehr primär das Service-Center in der Innenstadt, sondern realisiert sich im Internet und vor allem auch wieder im direkten Kontakt zu den Servicemitarbeitenden bei der Installation, Wartung und Instandhaltung vernetzter Technik.

16 Etwas plastisch auf die Suche nach Auszubildenden bezogen ausgedrückt: Es geht hier eher um diejenigen, die sehnsüchtig auf das neueste Set von Lego Technik warten, und nicht um die, die nach zehn Jahren Schule Lust haben, etwas mit den eigenen Händen zu machen.

17 Vgl. hierzu den Bundesbildungsbericht des BMBF [5].

18 Gerade die seit 2021 regierende Ampel-Koalition (Kabinett Scholz I) setzte mit ihrem Koalitionsvertrag erhebliche Ausbauziele, die ohne marktliche Regelungen nicht zu realisieren sind (z. B. EEG; neue Förderungen Elektromobilität, Ladesäuleninfrastruktur) [7].

gerade auch gut ausgebildeten Fach- und Führungskräften ermöglicht, Teams erfolgreich in diese Transformationen zu führen, sind unbedingte Voraussetzungen gerade auch für kleinere Unternehmen, um im Wettbewerb bestehen zu können.[19]

Da es für einen Wandel hin zu einer solcher Kultur eine neue Generation von Ausbilderinnen und Ausbildern braucht, ist es heute schon notwendig, bei jeder neu zu besetzenden Stelle genau zu überdenken, wie angesichts enger Budgets und einer wie auch immer gearteten digitalen Zukunft eine Stellenbesetzung jenseits einer einfachen Wiederbesetzung aussehen kann. Hierzu ist es hilfreich, eine Zielarchitektur seiner Organisation zu formulieren und sukzessive Positionen gemäß dieser Strategie zu besetzen.

Viele Unternehmen haben hier keine so schlechte Ausgangsposition wie sie gemeinhin denken. Die Energieversorgungsunternehmen haben es immer gut verstanden, ihre Mitarbeitenden zu entwickeln, und gerade für junge ambitionierte Menschen ist die Aussicht auf eine Aufgabe in der öffentlichen Daseinsvorsorge eine Frage von Haltung. Darauf können die Unternehmen aufbauen, ebenso auf innovative Konzepte hinsichtlich der Vereinbarkeit von Familie und Beruf. Eine grundlegende Modernisierung der Aus- und Weiterbildungsstrukturen ist dabei aber unerlässlich.

44.5 Aufteilung des Lernumfeldes in Säulen – die Basis für eine erfolgreiche Aus- und Weiterbildung

Mit Hilfe eines mehrschichtigen Säulenmodells werden wir nun die wesentlichen Aspekte dieser Modernisierung beschreiben, die es energiewirtschaftlichen Unternehmen möglich macht, neues Anwendungswissen, Vernetzung von Wissensbereichen, kontinuierliche Fort- und Weiterbildung sowie dynamische Wissensentwicklung und serviceorientierte Ausbildung zu ermöglichen.

Das beschriebene Modell ist hierbei nicht rein theoretischer Natur, sondern kann in verschiedenen branchenspezifischen Ausgestaltungen in Form der mit vielen Ausbildungspreisen honorierten Beruflichen Ausbildungsnetzwerken im Gewerbereich (BANG) einem Praxistest unterzogen werden [6].[20]

19 Zum Thema Agilität gibt es eine Vielzahl von Initiativen in den Branchen. Manche haben, um die Wichtigkeit des Themas zu unterstreichen, sogar Manifeste verfasst, etwa ein von der Unternehmensberatung Deloitte initiiertes Projekt [8].

20 BANG ist eine eingetragene Marke der Zeus GmbH und steht als Abkürzung für Berufliches Ausbildungsnetzwerk im Gewerbebereich. In über 15 voneinander unabhängigen Netzwerken fungiert BANG als Ausbildungsakteur und ermöglicht qualitativ hochwertige Ausbildungslösungen in unterschiedlichen Branchen und Ausbildungsberufen.

Das Umfeld eines Unternehmens wird hierbei vereinfacht in drei verschiedene Ebenen unterteilt, die unterschiedliche Konkretisierungsstufen beschreiben und einander bedingen (siehe Abb. 44.1). Unterschieden werden eine Makroebene (Strategischer Ansatz), die Mesoebene (Instrumentenkoffer) sowie die Mikroebene (Produktoutput). In jeder Ebene werden je drei Aspekte beziehungsweise Instrumente verortet, die die Perspektive der Ausbildungsinhalte (Säule 1), der Ausbildungsmethoden (Säule 2) sowie der Ausbildenden selbst (Säule 3) einnehmen. Insgesamt ergeben sich so neun Aspekte der Ausbildungsorganisation in den BANG, die im Folgenden erläutert werden.

Abb. 44.1: Aufteilung des Ausbildungsumfeldes in Säulen[21].

21 Die hier erstmalig veröffentlichten Grafiken sind Gegenstandsabbildungen von bereits realisierten Ausbildungsstrukturen im Rahmen der BANG. Für nähere Informationen zu Entstehung und Genese der Systematik, siehe www.bang-netzwerke.de

Die Verantwortung für den Strategischen Ansatz auf der Makroebene trägt hier in unserem Beispiel die Personalleitung.[22] Wichtige Prozesse wie die Umfeldanalyse, der Methodenmix sowie die Trainersteuerung werden hier beschrieben, die den Unternehmen die Grundlage bieten, das auszubildende Personal für die täglichen größeren und kleineren Herausforderungen zu rüsten. Untergeordnet auf der Mesoebene ist der Instrumentenkoffer zu finden, der sich aus dem Themenspeicher, Lehrfabriken und einem 360-Grad-Feedback zusammensetzt. Hier werden die passenden Umstände für eine angemessene Ausbildungsumgebung beschrieben. Hauptverantwortlich ist hier die Ausbildungsleitung, die die angebotenen Lerninhalte entwickelt, die Rahmenbedingungen einer Lehrfabrik schafft oder verbessert und die Ausbildenden unterstützt und anleitet. Auf der Mikroebene werden mit der Kompetenzmatrix, einem attraktiven Lehr-Lernumfeld und den Lernenden Lehrenden Aspekte des Produktoutputs verortet. Hier geht es um kleinere und größere Stellschrauben, die den Lernerfolg maßgeblich beeinflussen.

Jedes Unternehmen, das Prioritäten auf Fortschritt und Weiterbildung setzt, ist gut beraten, alle neun Punkte des Säulenmodells (Abb. 44.1) zu berücksichtigen und regelmäßig zu überdenken. Bricht eine der Säulen oder sogar eine ganze Ebene weg, beeinflusst das direkt oder indirekt die Qualität der anderen Bausteine. Eine umfangreiche Betrachtung aller Elemente als Ganzes ist zielführend. Das Säulenkonzept wurde für den Bereich der Aus- und Weiterbildung in der Metallbranche entwickelt und wird in neun regionalen Ausbildungsnetzwerken mit über 200 angeschlossenen Betrieben eingesetzt und stetig verfeinert. Es kann in anderen Branchen und Bereichen, so auch in der Energiewirtschaft, durch minimale Veränderungen angepasst und genutzt werden.[23]

44.5.1 Der Strategische Ansatz

Unser Strategischer Ansatz unterteilt sich in die Umfeldanalyse, den Methodenmix und die Trainersteuerung.

44.5.1.1 Umfeldanalyse

In regelmäßigen Abständen sollte das Unternehmensumfeld neu betrachtet und bewertet werden. Hier wird das Personalentwicklungsfeld anhand der individuellen Strategie des eigenen Unternehmens analysiert. Anhand dieser Umfeldanalyse lässt sich feststellen, welche Anforderungen das Personal erfüllen muss. Dabei gilt es, die spezifischen internen Probleme und die der Kundschaft aufzudecken. Einflüsse, die

22 Dies kann natürlich bei kleineren Betrieben auch in der Geschäftsleitung oder bei entsprechend großen Betrieben in einer Personalstrategieabteilung oder einem Bildungsbereich liegen.

23 Hiermit hat die Energiebranche schon Erfahrungen gesammelt. Zu nennen ist hier im Rahmen der Liberalisierung die Übernahme vieler Prozesse aus der Telekommunikationsbranche.

für andere Unternehmen besonders gravierend sind, können für das eigene Unternehmen kaum bemerkbar sein. Und umgekehrt kann ein kleiner Fortschritt in einer bestimmten Branche für das eigene Unternehmen alles ändern. Aus diesem Grund ist es sinnvoll, diverse Faktoren, die technologische oder arbeitstechnische Auswirkungen haben, in regelmäßigen Abständen auf ihre Relevanz für das eigene Unternehmen zu überprüfen.

44.5.1.2 Der Methodenmix

Die zweite Säule des Strategischen Ansatzes bildet der Methodenmix: Die Personalleitung stellt den Mitarbeitenden die Ressourcen zur Verfügung, die das Erlernen von neuem Wissen und Kompetenzen ermöglichen. Dieser Mix setzt sich beispielsweise aus Weiterbildungen, regelmäßigem Erfahrungsaustausch, E-Learning, Fachliteratur, Fachvorträgen und Workshops zusammen. Je vielfältiger der Mix, desto diverser können Lerninhalte die Entwicklung der Mitarbeitenden fördern. Auch die Zusammensetzung der Methoden sollte in regelmäßigen Abständen einer eingehenden Prüfung unterzogen werden.

44.5.1.3 Die Trainersteuerung

Die letzte Säule des Strategischen Ansatzes ist die Trainersteuerung. Sie zeigt auf, welche Art von Trainern für die jeweiligen Ausbildungsbestandteile gesucht werden. Das können zum Beispiel Ingenieure, Meister, Techniker oder Berufsschullehrer sein, die sowohl als Eigenpersonal oder auch als Fremdpersonal je nach Ausbildungsinhalt hinzugenommen werden können. Zudem wird festgelegt, wie die Trainer eingesetzt und ausgestattet werden. Das bedeutet, es werden die passenden Qualifikationen und Kompetenzen für die jeweiligen Anforderungen festgelegt. Mit Qualifikation sind hierbei formale Abschlüsse und Komplexe von Kenntnissen gemeint. Kompetenzen hingegen sind Fertigkeiten und situatives Wissen, die sich in neuen, unüberschaubaren Situationen anwenden lassen. Hierzu zählt auch die Fähigkeit, selbstorganisiert zu denken und zu handeln. Weiterhin wird auch hier immer wieder neu bewertet, ob die vorhandenen Trainer bestmöglich für die jeweiligen Ausbildungsinhalte eingesetzt sind. Die Trainersteuerung folgt keinem festen Rhythmus und sollte unterjährig dynamisch an den jeweiligen Bedarfen angepasst stattfinden.

44.5.2 Der Instrumentenkoffer

Der Makroebene des Strategischen Ansatzes nachgelagert ist die Ebene des Instrumentenkoffers. Hier wird die Verantwortung von der Ausbildungsleitung getragen. Er versammelt wichtige Bausteine, die bei einer erfolgreichen Ausbildung unterstützen.

Abb. 44.2: Beispiel eines Themenspeichers mit ständiger Erweiterung/Abgrenzung der Felder.

44.5.2.1 Der Themenspeicher

Die erste der drei Säulen des Instrumentenkoffers bildet der Themenspeicher mit einer ständigen Erweiterung und Abgrenzung der Lernfelder (vgl. Abb. 44.2). Die Lehrgänge in den Trainingszentren unterliegen dabei einem ständigen Wandel. Bestehende Kurse werden mit Hilfe des Feedbacks der Teilnehmerinnen und Teilnehmer stetig optimiert und weiterentwickelt. Dabei gilt es neben den klassischen Ausbildungserfordernissen auch die Bedarfe der Kundschaft beziehungsweise die Entwicklung der Märkte zu berücksichtigen. Auch Ideen zu Schulungen, die aktuell noch nicht relevant sind, finden ihren Platz im Themenspeicher. Dieser ist somit eine grob strukturierte Sammlung von Modulen, die noch nicht einer bestimmten Zielgruppe oder einem Schwerpunkt zugeordnet sind. Bei der Entwicklung neuer Module sind die Ausbildungsleitung, die Leitung der Lehrfabriken, die Ausbildenden und verschiedene wissenschaftliche Unterstützende beteiligt. Viele Kurse werden in Kooperation mit Technologiepartnern angeboten. Ziel ist es dabei, dem digitalen Wandel und weiteren neuen Anforderungen in der Aus- und Weiterbildung gerecht zu werden. Die Entwicklung eines neuen Moduls durchläuft in der Regel immer die gleichen Phasen: Zunächst findet es den Weg in den Themenspeicher. Wird diese Komponente tatsächlich lehrstoffrelevant, so wird sie auf der Mikroebene des Produktoutputs in die Kompetenzmatrix (vgl. Abb. 44.5) übernommen. Im Anschluss erfolgt das Erstellen eines Produktblattes für die Trainingsmaßnahme, in dem die Themen sowie die Dauer und die Zielgruppe festgelegt werden. Im nächsten Schritt erstellen die Trainer dann eine Präsentation, in

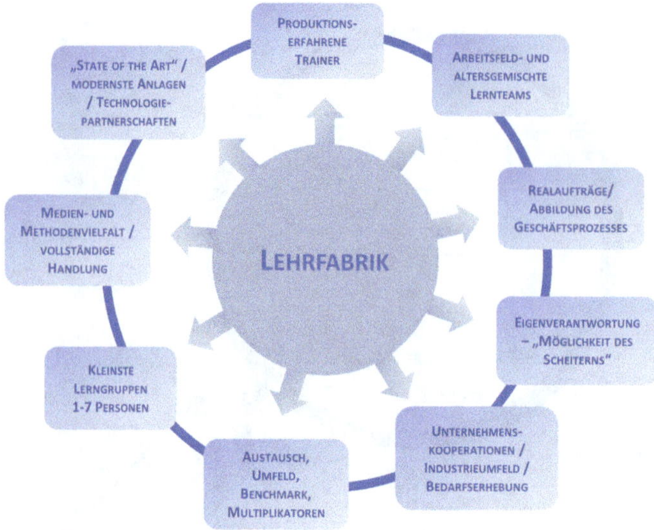

Abb. 44.3: Lehrfabriken – Lern- und Methodenvielfalt.

der die relevanten Themen anschaulich erklärt werden. Parallel wird ein didaktischer Plan erstellt, in dem der Ablauf jedes Lehrgangs fein gegliedert dargestellt ist. Ziel dessen ist sowohl ein reibungsloser Ablauf als auch eine Erleichterung für neue Trainer, den Lehrgang zu schulen. Im letzten Schritt werden Anschauungsobjekte festgelegt, die das Verständnis der Teilnehmenden für die neue Thematik vereinfachen sollen. Nach dem ersten Durchlauf des Kurses werden Produktblatt, Präsentation, der didaktische Plan sowie die Anschauungsobjekte evaluiert und gegebenenfalls angepasst.

44.5.2.2 Lehrfabriken (Lern- und Methodenvielfalt)

Die zweite Säule des Instrumentenkoffers bilden die Lehrfabriken mit der dazugehörigen Lern- und Methodenvielfalt (vgl. Abb. 44.3).

Der Erfolg einer modernen Lehrfabrik wird von neun Parametern beeinflusst: Ausschlaggebend für zufriedene Teilnehmende und einen erfolgsversprechenden Lernfortschritt sind praxiserfahrene Trainer. In den meisten Berufsgruppen ist die langjährige Berufserfahrung und die Meisterausbildung, bei anderen mindestens die Ausbildereignung nach Ausbilder-Eignungsverordnung (AEVO) als Basis erforderlich, damit der Ausbildungsalltag auf hohem Niveau gesichert werden kann. Heterogene Lernteams ermöglichen einen effektiven Erfahrungsaustausch. Die Lernumgebung ist dem modernen Industrieprozess nachempfunden. Indem die Teilnehmenden an realen Werkaufträgen arbeiten, lernen sie die Zusammenhänge der gegenwärtigen Produktion, Installation oder Inbetriebnahme bestmöglich kennen. Damit erfolgt eine ideale Verzahnung von Theorie und Praxis. Gleichzeitig kommen die Teilnehmenden mit den über das Arbeitsfeld hinausgehenden Anforderungen und Lösungen angrenzender Berufsgruppen in Kontakt. Anhand der Realaufträge wird die gesamte Kette von der Planung, Konstruktion, Realisierung über den gegebenenfalls Prototypenbau bis hin zum fertigen Produkt durchgeführt. Die Teilnehmenden können dadurch wertvolle Erfahrungen im Bereich der Reflexion und des Qualitätsmanagements machen.

Im Arbeitsalltag fehlt oft die Möglichkeit, Neues durch Ausprobieren zu erlernen. Kleine Fehler können zu Stillstandzeiten und hohen Kostenverlusten führen. Die Kursteilnehmerinnen und -teilnehmer haben in den Lehrfabriken die Möglichkeit, Fehler zu machen, ohne dass diese gravierende Auswirkungen haben. Das Umfeld der Lehrfabrik spielt eine große Rolle. Dabei gilt es, starke Kooperationspartner zu gewinnen, um auf dem bestehenden Markt hervorzustechen. Das Setzen von angemessenen Vergleichsmaßstäben sowie ein reger Austausch mit Multiplikatoren und dem direkten Umfeld sind unumgänglich, um auf Dauer wettbewerbsfähig zu bleiben. Es hat sich als produktiv erwiesen, die jeweiligen Dienstleister und Zulieferer hier einzubinden, sei es in der Zurverfügungstellung von Lehrmaterial und Testanlagen oder in der Ausbildung und im Training selbst.

Durch die steigende Komplexität der Lerninhalte sinkt die Größe einer produktiven Lerngruppe stark im Vergleich zu den letzten Jahrzehnten. Eine Individualbetreuung von einer bis sieben Personen zeigt sich mit diesen Methoden als besonders effektiv. Das Anwenden von verschiedenen modernen Medien und Methoden ermöglicht es, anspruchsvolle Lerninhalte verständlicher und nachhaltiger zu vermitteln, als das in einer Frontalbeschulung oder in Großwerkstätten mit starren Lehrplänen möglich ist. Die Bedürfnisse der Teilnehmenden sind verschieden, weswegen ein Wechsel der Methoden und Medien zwingend notwendig ist, um maximale Lernerfolge zu erreichen. Durch die enge Zusammenarbeit mit erfolgreichen Technologiepartnern gelingt es, die Maschinen und Anlagen in den Lehrwerkstätten auf dem neuesten Stand der Technik zu halten. Damit sind diese Lehrfabriken vielen kleineren und mittelständischen Unternehmen in der Ausbildung voraus. Dieser Umstand ist auch hinsichtlich der Werbung um Auszubildende entscheidend.

44.5.2.3 Moderne Feedbackkultur durch 360-Grad-Feedback

Den Abschluss des Instrumentenkoffers bildet die Steuerung von Trainerinnen und Ausbildern über ein 360-Grad-Feedback – eine neue Art der Kommunikation unter Ausbildungsprofis (vgl. Abb. 44.4).[24]

24 Leserinnen und Lesern ohne Kenntnisse dieses Instrumentes bzw. der Thematik Feedback sei ein Blick in Jöns/Bungard (2018) [9] empfohlen.

Qualifizierte Ausbildung braucht gute Trainerinnen und Trainer. Die Anforderungen an die unterschiedlichen Berufe und damit auch an die Auszubildenden und Ausbilderinnen und Ausbilder haben sich in den letzten Jahren stark gewandelt: Prozesse und Arbeitsabläufe verändern sich. Das führt dazu, dass die Ausbildungsverantwortlichen ihre Konzepte stetig weiterentwickeln müssen, um den neuen Anforderungen gerecht zu werden.

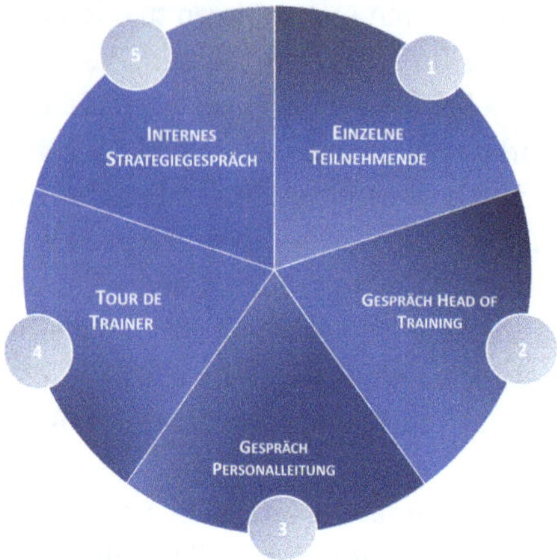

Abb. 44.4: Das 360-Grad-Feedback als Bestandteil der modernen Feedbackkultur.

Die erste Stufe dieses Verfahrens ist das Feedback der Teilnehmerinnen und Teilnehmer. Die Auszubildenden beziehungsweise Schulungsteilnehmer beantworten einen Fragebogen, der zeigen soll, wie zufrieden sie mit ihrer Ausbildung sind und was für Erwartungen sie haben. Darauf folgen die Head-of-Training-Gespräche. Dieses Meeting findet regelmäßig zwischen der Ausbildungsleitung und den Ausbildern statt. Es dient dazu, einen Raum zu öffnen für Themen und latente Probleme, die im Schulungsalltag keine gemeinsame Bearbeitung finden. Als dritte Stufe gibt es die Mitarbeitergespräche der Personalleitung. In diesen Gesprächen sind Ziele, Entwicklung, Erfüllungsgrad, Verbesserungsvorschläge und der Arbeitsvertrag Gesprächspunkte. Im Rahmen der vierten Stufe besuchen die Ausbilder verschiedene Bestandskunden und Zuliefererfirmen. Diese Phase steht unter dem Titel „Tour de Trainer" und schafft einen Abgleich zwischen den betrieblichen Ausbildungsvoraussetzungen und den individuellen Unterstützungsbedarfen der einzelnen Auszubildenden. In der fünften und letzten Stufe dieses Verfahrens werden die einzelnen Schritte noch einmal zusammengefasst. Das interne Strategiegespräch dient der Umsetzung potenzieller Verbesserungen und der Weiterentwicklung von Prozessen. Das externe Feedback wird sachlich besprochen; aufgekommene Kritik wird reflektiert und durch Lösungsansätze bearbeitet.

Diese fünf Stufen sind jeweils durch standardisierte Fragebögen und Dokumente hinterlegt, sodass das Verfahren selbst nicht zu einer komplizierten Hürde oder einer Steigerung der Bürokratie führt, sondern praxisnah und unkompliziert die Ausbildungsaktivitäten unterstützt. Das Verfahren setzt bewusst auf die personen- und institutionsübergreifende Kommunikation und soll zu einer transparenten Arbeitsweise mit hoher Qualität beitragen. Das 360-Grad-Feedback lässt sich selbstverständlich auf andere Stellen übertragen und kann für viele andere Unternehmensbereiche eine Stütze darstellen.

44.5.3 Produktoutput

Die unterste der drei in Abbildung 44.1 vorgestellten Ebenen des hier vorgestellten Ausbildungsmodells ist der Produktoutput. Dieser hat den höchsten Konkretisierungsgrad.

44.5.3.1 Kompetenzmatrix

Die Perspektive der Ausbildungsinhalte wird auf Ebene des Produktoutputs mit der sogenannten Kompetenzmatrix eingenommen (vgl. Abb. 44.5).

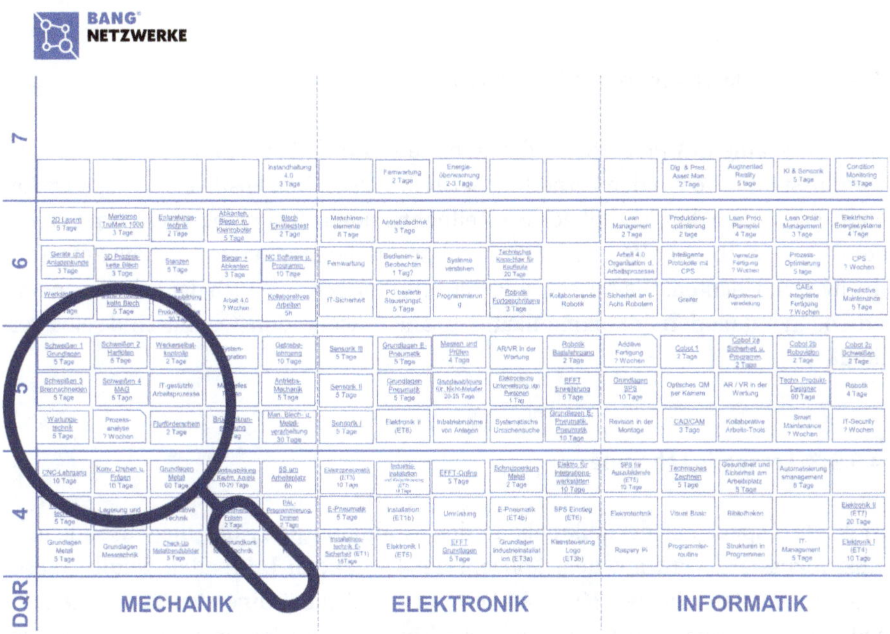

Abb. 44.5: Beispiel für eine Kompetenzmatrix im Rahmen der Ausbildung in den BANG-Netzwerken.

Diese schafft einen umfangreichen strukturierten Überblick über die Weiterbildungskompetenzen, die ein Unternehmen zu bieten hat. Um ein differenziertes Lernen zu ermöglichen, werden für die verschiedenen Niveaustufen der Lernenden unterschiedliche Module entwickelt, die von Basiskenntnissen bis hin zum Expertenwissen miteinander kombinierbar sind. Somit kann zielgerichtet und individuell geschult werden. Die unsortierten Module des Themenspeichers werden im nachgelagerten Schritt in der Kompetenzmatrix in ein Level des Deutschen Qualifikationsrahmen (DQR-Level) sowie in die Bereiche Mechanik, Elektronik und Informatik unterteilt. Die Level stehen für

- *4:* Ausbildung 3- und 3,5-jährig
- *5:* Berufsspezialist
- *6:* Bachelor, Meister, Fachwirt
- *7:* Master, Betriebswirt

Die Messkriterien für den Erfolg der Matrix sind die Realisierbarkeit, Buchungszahlen der Teilnehmenden, der gelungene Lückenschluss zwischen Angebot und Nachfrage sowie das Abdecken von relevanten Themen aus der Community.

Diese Unterteilung bietet einen leichten und schnellen Überblick der Kompetenzen in den Trainingszentren. Zudem erlaubt sie dem Anbietenden eine Kontrolle, ob alle relevanten Bereiche abgedeckt sind. Die Kompetenzmatrix unterliegt einer ständigen Weiterentwicklung mit dem Ziel, Potenziale frühzeitig erkennen und umsetzen zu können.

44.5.3.2 Attraktives Lehr- und Lernumfeld

Die zweite Säule des Produktoutputs ist ein attraktives Lehr- und Lernumfeld. Dies beeinflusst unmittelbar den Lernerfolg der Teilnehmenden. Positive und negative Resonanzen können durch Feedback von Teilnehmenden, Technologiepartnern und Betrieben kontrolliert werden. Auch Erkenntnisse aus der Ergonomie und dem New Work sind hier zu beachten. Die Ausstattung der Lehrfabriken wie auch der Lehrenden und Lernenden mit moderner Kommunikations- und Präsentationstechnik sind selbstverständlich.

44.5.3.3 Lernende Lehrende

Der letzte Aspekt auf der Mikroebene des Produktoutputs, der die Ausbildenden selbst fokussiert, wird mit dem Konzept der Lernenden Lehrenden gefüllt. Dieser ist der Grundstein für das 360-Grad-Feedback und die Trainersteuerung. Die Lehrenden sollten immer bestrebt sein, neue Themen zu erlernen und den neuesten Stand der Technik zu kennen und weitergeben zu können. Der Wissensfortschritt der Trainer kann anhand der Anzahl der eigenen Weiterbildungen gemessen werden. Ausschlaggebend ist zudem die Nutzung von neuen Instrumenten, Kursen und Zielgruppen. Die Professionalisierung sollte stetig steigen, und ein regelmäßiger fachlicher Austausch ist unumgänglich. Auch eine Integration von Personal aus dem Kunden- beziehungsweise Lieferantenumfeld sowie von Experten aus dem eigenen Unternehmen ist sinnvoll, um hier ein kontinuierliches Qualitätsniveau halten zu können.

44.6 Fazit

Die großen Herausforderungen, vor denen Unternehmen der Energieversorgung stehen, belaufen sich nicht mehr allein auf technische Innovationen und die Verbesserung der bestehenden Systeme und Angebote, sondern betreffen immer mehr Fragen der Aus- und Weiterbildung und der Rekrutierung von geeignetem Personal. Die Anforderung an die Bedienung, Wartung und Reparatur von zu vernetzenden Systemen und Systemlandschaften setzen heute völlig andere Qualifikationen des Personals voraus als dies noch vor einem Jahrzehnt der Fall war. Die gesteigerten Anforderungen an Kenntnissen aus Elektrotechnik, Elektronik und Informatik gehen einher mit steigenden Anforderungen nach lebenslangem Lernen, sozialen und kommunikativen Kompetenzen sowie einem wachsenden Verständnis von service- und kundenorientierten Verhalten.

Ein neues Verständnis von Ausbildungssystemen, das diese Aspekte aufnimmt und bis hin zu den Lerninhalten durchdekliniert, methodisch untermauert und in der Praxis bereits in vielen Industrien erprobt ist, wurde hier dargestellt. Mit der notwendigen Modernisierung und Ergänzung der bestehenden dualen Ausbildungsstrukturen versetzen sich energiewirtschaftlich tätige Unternehmen in die Lage, das Thema Fachkräfte von vornherein als strategisch wichtigen Part der Unternehmensentwicklung mitzudenken. Dies rückt auch die innerbetriebliche Bedeutung des Personalwesens in ein neues Licht. Denn sowohl die ständige Analyse der Bedarfe an Aus- und Weiterbildung als auch die nach vorn gerichtete Perspektive dieser Art von Ausbildungssystemen verleiht der Personalabteilung eine neue, strategische Akzentuierung.

Und nicht zuletzt werden Auszubildende und Fachkräfte, die in diesen Systemen (aus-)gebildet werden, eine neue Lern- und Kommunikationskultur etablieren, die auch Auswirkungen auf die oftmals noch traditionelle Unternehmensstruktur haben. Die Etablierung von 360-Grad-Feedbackstrukturen, modernsten Methodenkompetenzen und einem neuartigen Verständnis für Fehler- und Verbesserungskultur führen zu einem neuen Verständnis der innerbetrieblichen Zusammenarbeit sowie auch der Qualität in der Zusammenarbeit mit Kunden und Dienstleistern. So kann der Wandel zu einem modernen Utility-4.0-Dienstleister gelingen.

Literaturverzeichnis

[1] Reiche, K. (2017). Kommunale Energieversorger als wesentliche Akteure der Digitalisierung – Strategien und Handlungsoptionen. In Doleski, O. D. (Hrsg.) Herausforderung Utility 4.0 – Wie sich die Energiewirtschaft im Zeitalter der Digitalisierung verändert, 29–41. Wiesbaden: Springer.

[2] Doleski, O. D. (2017). Herausforderung Utility 4.0. Wiesbaden: Springer.

[3] Habeck legt Eröffnungsbilanz Klimaschutz vor. „Müssen Geschwindigkeit der Emissionsminderung verdreifachen." https://www.bmwi.de/Redaktion/DE/Pressemitteilungen/2022/01/20220111-habeck-legt-eroffnungsbilanz-klimaschutz-vor.html. Zugriff am 15.02.2022.

[4] Digitales Mindset – ein Training für Ausbilderinnen und Ausbilder. https://www.bbw-seminare.de/seminarinfos/eca/22035/digitales-mindset-ein-training-fuer-ausbilderinnen-und-ausbilder/. Zugriff am 15.02.2022.

[5] Berufsbildungsbericht (2021). https://www.bmbf.de/SharedDocs/Downloads/de/2021/berufsbildungsbericht-2021.pdf;jsessionid=7CEAF0A94945533473E4FB59845F25C0.live472?__blob=publicationFile&v=4. Zugriff am 15.02.2022.

[6] Berufliche AusbildungsNetzwerke im Gewerbebereich – BANG. https://www.bang-netzwerke.de. Zugriff am 15.02.2022.

[7] Mehr Fortschritt wagen (2021). Koalitionsvertrag zwischen SPD, Bündnis 90/Die Grünen und FDP. https://www.spd.de/fileadmin/Dokumente/Koalitionsvertrag/Koalitionsvertrag_2021-2025.pdf. Zugriff am 15.02.2022.

[8] Das Agile Manifest der Energiewirtschaft. https://www2.deloitte.com/de/de/pages/energy-and-resources/articles/agiles-manifest-der-energiewirtschaft.html. Zugriff am 15.02.2022.

[9] Jöns, I. und Bungard, W. (2018). Feedbackinstrumente im Unternehmen. Grundlagen, Gestaltungshinweise, Erfahrungsberichte (2., akt. u. erw. Aufl. Wiesbaden: Springer.

Kurzvitae

Volker Aumann ist Personalberater, Geschäftsführer und Co-Founder der aumann & metzen GmbH, die sich auf die HR- und Personalberatung spezialisiert hat.
Nach seinem Studium der Soziologie an den Universitäten Bielefeld und Bern konzentrierte er sich stets auf Themen des Personalmanagements und sammelte Erfahrungen in der mittelständisch metallverarbeitenden Industrie und in der Automobilindustrie. Mit seiner nunmehr über 15-jährigen Erfahrung, die er vor allem als Partner einer mittelständischen, auf die Energiewirtschaft spezialisierten Beratung in Essen sammelte, berät er heute zahlreiche Unternehmen der Energiewirtschaft. Die Suche nach Personal und die Besetzung von Spitzenpositionen ist dabei seine Leidenschaft. Als

Netzwerker arbeitet Volker Aumann nicht nur im Kontext der Energiekonzerne, sondern pflegt auch viele Kontakte zu Stadtwerken, Energiedienstleistern und internationalen Energieunternehmen.

Markus Kamann studierte an der Universität Paderborn Wirtschaftsingenieurwesen. Zu seinen beruflichen Schwerpunkten gehört der Aufbau von Bildungsnetzwerken, die Konzeption von Fachkräftelösungen und die Entwicklung von modernen Bildungsangeboten für Unternehmen. Seine Philosophie lautet, dass eine durchgängig professionalisierte Bildungslandschaft erst dann erfolgreich ist, wenn sie denselben hohen Ansprüchen in Professionalität und Innovationsfähigkeit genügt, wie sie in der Wirtschaft gestellt werden. Deshalb setzt sich Markus Kamann seit über 25 Jahren für eine professionelle berufliche Bildung ein. Dazu gehören aus seiner Perspektive Netzwerke, Unternehmen, Technologiepartner, Bildungsträger und Hochschulen. Nur mit allen Akteuren gemeinsam können neue Methoden und Innovationen auch in Bildungsangebote umgesetzt werden.
Seine Erfahrungen hat er in diversen Vorträgen und Publikationen veröffentlicht. Dazu gehören Gastbeiträge in Medien des BIBB und der IHK sowie Vorträge auf der Didacta und verschiedenen Foren des BMWI und des BMAS. Als Dozent hat Herr Kamann Nachwuchsführungskräften in Kooperation mit diversen Hochschulen Projektmanagement und Unternehmensführung aus der Praxis für die Praxis vorgestellt.

Michael Bourque

45 Electricity Market and Electricity System Transformation – North American Perspective

Abstract: The electricity market has undergone many changes within the past several decades, but until recently, there has been little change to how the physical electricity system works. The market continues to transform to include participation from customers to supply and store electricity from solar and batteries, for example. This has changed the way electricity on the distribution electricity system is transferred from unidirectional to bidirectional. This simple change creates a need for electricity infrastructure transformation as well as for the creation of new business models.

Another area of transformation is the increased integration of the electricity sector with energy system components related to natural gas and petroleum infrastructure. This is referred to as sector coupling and considers that when coupled to the power grid, technologies such as electric vehicles, electric boilers, heat pumps and electrolysis for hydrogen production also become part of the power system and taken together, are effective technologies to reduce greenhouse gas emissions. In North America, sector coupling is sometimes referred to as electrification.

Keywords: Sector coupling, Electrification, PURPA, FERC, Integrated Resource Planning, Transformation, Bidirectional, Whole Energy System, Net-Zero, IPCC

45.1 Background

In 1978, the Public Utilities Regulation Act (PURPA) was signed into law by then US President Jimmy Carter. The PURPA was established to allow, among other things, competition from independent power producers, to promote energy efficiency programs, and to establish an electricity market in the US. This regulatory reform was the beginning of restructuring within the electricity industry in the US as well as in Canada and began the process of deregulation and competition. Prior to this, the electricity industry was predominantly a natural monopoly and mainly consisted of vertically integrated utilities.

Today, because of deregulation, the electricity industry in North America is quite fragmented. Many vertically integrated utilities have unbundled into separate generation, transmission, distribution companies and combinations of these as part of dereg-

Michael Bourque, Emera and NB Power Research Centre for Smart Grid Technologies, University of New Brunswick, New Brunswick, Canada, e-mail: m.bourque@unb.ca

https://doi.org/10.1515/9783110753585-045

ulation. Electricity markets have been established, and a nondiscriminatory transmission system was created that allowed any load serving entity and generator to access this market, to purchase and sell electricity on a wholesale basis, with the transfer of electricity subject to a transmission tariff. The Federal Energy Regulatory Commission (FERC) was also established at about the same time as PURPA, and FERC has continuously established the necessary market rules and authorization for wholesale sales of energy, capacity, and ancillary services as part of this bulk power market. Through reciprocity, the market rules established in the US have naturally extended to Canada because of electricity interconnections and electricity trade between the two countries.

45.2 Extending the market to the distribution system

The electricity industry is now undergoing a transformation, and some state regulators in the US are now entering into new regulatory deliberations that will eventually see the creation of an electricity market on the distribution electricity system. Just like PURPA has restructured the bulk power system, there is a desire to encourage a competitive marketplace that would include the participation of the individual consumer on the distribution system.

However, unlike the market transformation of the bulk electricity system, the transformation of the distribution system is more complex because it will involve the transformation of the business model as well as the rebuilding of the distribution electricity system.

Throughout the electricity industry's development, the electricity customer was viewed as simply the end-use load that is the aggregate of electricity demand that utilities served. The traditional business model was (and continues to be) supported through electricity rates that are established based on the utilities cost of serving the aggregate load. This view of customers as load using rates is viewed largely as passive because there is no real alternative option to customers for reliable electricity supply other than utility service. Subsequent changes in the electricity sector started in the mid-1980s and have prompted utilities and emerging competitors to slowly shift their retail electricity market, and in some jurisdictions in the US and Canada, customers can choose their supplier from competing electricity retailers. However, the business model has remained relatively unchanged and has remained largely a rate-based model. The new concept being contemplated is one where customers have a desire to become more self-sufficient and, in many cases, produce their own electricity. These customers are sometimes called Prosumers, and many jurisdictions in the US and Canada allow this activity through programs called Net-Metering. This is mainly applied to customers who own solar rooftop systems. The programs and associated rules vary by jurisdiction, but can be viewed as the early stages of the transformation of the distribution system market.

Net metering has and continues to garner significant discussion within the regulatory and policy areas of many jurisdictions. Many net metering programs are integrated within rate-based business models, and the issue of cross subsidization from nonparticipating to participating customers is a subject of intense debate. Some jurisdictions offer significant savings as well as incentives to participating customers that sometimes exceed marginal costs of the utility. This exacerbates the problem causing affordability issues within the nonparticipating customer base. It is expected that business models will continue to evolve to level the playing field. As this continues, technology choices will also evolve, and the uptake of these technologies will continue to increase as costs continue to decrease. In addition to solar rooftop, battery storage is becoming more popular. The combination of solar and batteries can be attractive to utilities because the intermittency nature of solar can be compensated for with the addition of storage. Other storage options such as electric thermal storage capabilities associated with electric water heaters, for example, are also an active area of research and are part of the overall distributed energy resource (DER) base potential that can now supplement and in many cases can compete with the traditional central generation and bulk transmission electricity system model.

45.3 Preparing the electricity system

The electricity system of today in North America has been developed over more than a century. This system includes thousands of generating plants, hundreds of thousands of miles of transmission lines, distribution systems serving hundreds of millions of customers with billions of end-use devices and appliances that make up the end-use load. This electricity system was designed to flow electricity in one direction from the central generators through the transmission and distribution systems to the end-use loads. The electricity market transformation continues to extend to the end-use, and customers are becoming increasingly proactive in adopting these new technologies such as solar and batteries. These elements are connected and will form a complex system of systems.

The changes confronting the electricity sector, however, are also creating a complex set of challenges, including aging infrastructure, a changing generation mix, growing penetration of variable generation, increased load growth because of electrification, climate change, and increased physical and cybersecurity risks. How these changes are managed will be critical and will fundamentally transform the electricity system's structure, operations, customer base, and jurisdictional regulatory framework.

To enable a market on the distribution grid, it will be necessary to prepare the electricity system from both a regulatory perspective and from a physical infrastructure perspective. The latter is of particular importance because as more customer DERs are connected (e. g., solar, batteries, smart water heaters, smart thermostats, smart switches, smart appliances), the stability and reliable operation of the distribution system will be impacted. With the future growth potential of DERs numbering in the millions, it will be necessary to ensure the autonomous operation of the distribution system. This can only be accomplished through a modernized digital grid using smart grid technologies and software called Distributed Energy Resource Management (DERM) systems that continuously adapt to changing conditions of substations, feeders, and DERs. Because there is no one-size-fits-all DERM, the adaptability of the hardware and software of the digitized grid will be critical. The final solution is yet to be determined, but in the future, the answer may come from the application of artificial intelligence as more of the necessary data is gathered through the various DERs and sensors connected through the installation of smart grid infrastructure and by using the sheer power of today's computing capability.

The transition to clean energy is well underway. Electricity supply through solar and wind are becoming more affordable, and the uptake of these technologies is continuously increasing. Momentum is also growing to electrify the transportation and heating sectors of the North American economy, meaning more electric cars and trucks will be on the road and more homes and businesses will be warmed with electric heat through efficient heat pumps. Soon, consumers will use the battery in electric vehicles to store energy that will be used to run their homes. The transition of the electricity system has the potential to enhance value for both consumers and for utilities.

45.4 The opportunity for utilities

While the vision of a market on the distribution system may seem to be very forward thinking, it is an area that could see significant growth. This growth potential, however, will depend on the desire and progress of utilities to prepare the electricity system to be autonomous and to ensure grid stability and reliability. Utilities may be slow in allowing greater DER penetration such as solar because of the risk of loss of revenues, stranded costs, and the risk of increased grid instability. However, grid modernization may be forced upon utilities through the regulatory process and the desire by customers to have choice. PURPA was designed to accommodate nonutility generators in the late 1970s because this group wanted to introduce greater competition. History could be repeating to allow a competitive market on the distribution system for customer-owned generation. This competitive market could see the establishment of a distribution tariff to allow the transfer of energy and capacity of customer-owned generation and storage through a transactive marketplace. Customers selling to other customers, for example.

Some progressive utilities in North America are well positioned in their preparation of the distribution system to enable a distribution market concept to occur. The progressive utilities are ones that are currently focused on developing smart grid to manage the demand side and to begin a new conversation with customers. Focusing initially on the demand side is a good place to start because it is where utilities can drive a value proposition for both customer and utility. By participating in programs that reduce demand, customers will benefit from a bill savings and the utility will benefit from lower fuel costs and future resource capacity deferral. The Integrated Resource Planning (IRP) analysis that many utilities use in North America has shown that in many jurisdictions, investment in programs to reduce demand result in higher cost savings than building new supply. Often, smart infrastructure and software are required to allow the two-way communications and demand control to manage and reduce demand. Once this in place, this same infrastructure can be leveraged to manage grid operations that then allow for the effective integration of DERs such as solar and batteries. These are the technology options that are compelling for many consumers because of their cost effectiveness and because of their environmental and sustainable attributes.

It is expected that operational issues will be revealed with the increased penetration of DERs that would be associated with the development of a competitive and transactive market. To determine this impact beforehand, it is necessary to perform research and prove technology concepts that will be required to better manage and optimize grid operations. Many utilities are contemplating microgrid design concepts that would install utility-scale solar and batteries. Other microgrid concepts could include the development of individual customer rooftop solar and batteries in a transactive community. These microgrid concepts could be AC, DC, or a hybrid configuration. Another area of research is associated with inverter-based resource (IBR) technologies that are required to connect DC sources such as solar and batteries. Power electronic technologies such as grid-forming (GFM) converters and inverters are in early stages of research and are viewed as a potential substitute for inertia, which is traditionally provided by large central synchronous generators. Inertia helps to stabilize the grid in the event of fault disturbances and to manage intermittent resources such as large solar and wind generation. The research in IBRs and other areas will help utilities to determine with greater confidence the potential issues that may occur with grid operations and to ensure an optimal design of the hardware and software required to enable greater customer choice of new DER technologies. Solid-state transformers are another emerging technology that can be used in AC/DC microgrid designs. These devices could be a potential substitute for the conventional pole top transformers that are used today. Preparing the electricity system for the inevitable development of a market on the distribution system becomes an opportunity for utilities to expand beyond the traditional rate-based model and into products and services business models.

45.5 Climate change and the transition of the whole energy system

Many jurisdictions in North America are developing pathways toward a clean decarbonized economy. If there was one single driver that will accelerate this transition, that is climate change. Climate advocates have demanded change for many years, and now society is becoming more aware of the effects and risk of climate change. The electricity system is seen as the easiest to decarbonize, mainly because of the increased cost effectiveness of technologies such as wind and solar as well as batteries for electricity storage. In addition, North America is seeing an increase in electrification of the various end-use energy sectors that traditionally have been provided by the refined petroleum products and natural gas supply sectors. The two end-use sectors that have seen most influence in recent years have been in the transportation sector through the increased penetration of electric vehicles and in space heating with the adoption of more efficient heat pumps in existing and new buildings. The integration of the electricity system with the energy system components related to natural gas and refined petroleum infrastructure is sometimes called sector coupling.[1] Sector coupling considers that when coupled to the power grid, technologies such as electric vehicles, electric boilers, heat pumps and electrolysis for hydrogen production also become part of the power system, and taken together, are effective technologies to reduce greenhouse gas (GHG) emissions. In North America, sector coupling is often referred to as electrification.

To address the challenges of deep decarbonization, energy security, and cost effectiveness, an understanding of the whole energy system is needed that identifies the relationship and interaction between different energy components. An integrated model that considers these components within a whole energy system helps to assess future energy systems and infrastructure requirements, which can be helpful for policymakers when making realistic decisions related to technical, economic, regulatory, and social dimensions of the energy system that will provide the most appropriate pathway to net-zero GHG emissions.

---

1 "Sector coupling involves the increased integration of energy end-use and supply sectors with one another. This can improve the efficiency and flexibility of the energy system as well as its reliability and adequacy." https://www.europarl.europa.eu/RegData/etudes/STUD/2018/626091/IPOL_STU(2018)626091_EN.pdf

The energy transition becomes complex when considering the dynamics of whole energy system. Sector coupling introduces new kinds of vulnerabilities in energy systems because the goal of deep decarbonization often requires breaking apart these systems and developing scenarios of change. An example of this is how electric vehicles are penetrating the market even in the absence of incentives. This means that the cost of electric vehicle ownership is approaching the cost of ownership of conventional internal combustion vehicles. Continued improvement of battery technologies and capabilities such as utilizing the vehicle battery for electricity backup for homes will enhance the value proposition for consumers. The new all-electric Ford F-150 Lightning is an example of this, which is the first electric version of this widely popular pickup truck. Rapid growth of electric vehicle penetration can be expected over the next decade.

The transition of the transportation sector to electric vehicles will have a measurable impact on electricity demand as well as on gasoline and diesel consumption. The paradigm shift of electrification of transportation intrinsically links (couples) the electricity sector and the refined petroleum products sector that produce gasoline and diesel. The interaction of these energy resources will influence not only carbon emissions and air pollutants, but also multiple energy economies within the region. Take for example a region where there exists a refinery to produce refined petroleum products along with regional electric utilities. Electrification of transportation will tend to increase electricity demand while at the same time decrease demand for gasoline and diesel. These activities will influence the economies of these sectors in different ways, so that analyzing these influences will be important to understand the economic impact of the region as well as the impact to carbon emissions and air pollutants.

While the electrification of transportation is currently focused on the passenger and light-duty vehicles, there is a need to decarbonize the entire transportation sector to meet long-term climate goals. Whether electrification can influence the other transportation segments such as heavy-duty vehicles, large transport, aviation, and marine is a subject of increased research and debate. Many of these segments currently rely on diesel and kerosene-related fuel products.

45.6 Whole energy system framework approach

While a whole energy system model will be essential to evaluate the various deep decarbonization scenarios, a whole energy system framework is needed to ensure stakeholder engagement and that the appropriate data is collected for the analysis. This analysis process is intended to be technology inclusive and technology agnostic. Therefore, collaboration of all energy industry stakeholders both on the supply side and on the demand side will be important to ensure that high-resolution data is obtained. High-quality data will be needed to achieve confidence in results. Transparency will be essential for the stakeholder process to develop and agree on a set of guidelines to disseminate and share results. The confidentiality of critical data from various industry stakeholders will also be required, and this will entail the development of confidentiality and nondisclosure agreements.

Finally, it will be important to consider that the exercise needs to be a living process. It will not be effective to develop pathways to decarbonization without periodic reassessment and consideration of changing conditions, such as technology costs, carbon pricing policy, energy demand and energy pricing forecasts. Continuous collaboration of the various stakeholders to define a standard set of open results and data inputs will be essential for the development of preferred options and pathways to meet the goal of the Intergovernmental Panel on Climate Change (IPCC) of global warming of 1.5 °C above pre-industrial levels.

The climate goals in Canada that align with IPCC objectives have been legislated and became law on June 29, 2021. The Canadian Net-Zero Emissions Accountability Act outlines Canada's commitment to achieve net-zero emissions by 2050. As part of this goal, Canada's 2030 Emissions Reduction Plan provides a roadmap to how Canada will meet its enhanced Paris Agreement target to reduce emissions by 40 % to 45 % from 2005 levels by 2030. This plan includes making Canada's grid even cleaner through the development of regulation that would move Canada's electricity grid to net-zero emissions by 2035. The plan includes a projected contribution for the oil and gas sector of a 31 % reduction from 2005 levels, which is equivalent to 42 % from 2019 levels and will guide the government's work to develop the cap on emissions from the oil and gas sector.

45.7 Summary

The past decade has had significant activity within the electricity sector, but the final story has yet to be told. The early activity in renewable development, both from utility and the consumer perspective, is expected to continue in the near term. To ensure continued reliable electricity systems, utilities will modernize their existing infrastructure and integrate smart grid technologies and software. A digitized grid will be necessary as the electricity market extends into the distribution system and the penetration of distributed energy resources such as solar, wind, and batteries continue to increase. While climate change regulation will also tend to increase the penetration of solar and wind, energy storage will become important to ensure balancing of these intermittent renewable resources. In the longer term, the electricity sector will face significant pressure to achieve the goal of the Intergovernmental Panel on Climate Change (IPCC) of global warming of 1.5 °C above pre-industrial levels. This will mean the development of a plan with consideration of all nonemitting electricity resource options as well as a drive to reduced load growth through energy efficiency and demand management. A technology-inclusive and technology-agnostic approach will be required. The options will now include electrification, which means that electric utilities will need to enhance their IRP processes and integrate nontraditional energy systems such as the refined petroleum products sector as well as the natural gas sector. Transparency and collaboration of the entire energy ecosystem will be essential to develop a flexible plan that will evolve to ensure a sustainable climate future.

Short biography

Michael Bourque is a professional engineer and has worked in the electricity industry for over 40 years, with much of this time spent within corporate strategic planning at NB Power. Michael's work has contributed to the development of major supply and transmission projects in New Brunswick as well NB Power's long-term strategic plan. Currently, Michael is working at the Emera and NB Power Research Centre for Smart Grid Technologies located on the University of New Brunswick Campus in Fredericton. Michael is active in electricity grid modernization research and is passionate about how grid modernization can help transform the relationship between utility and consumer.

Stichwortverzeichnis

https://doi.org/10.1515/9783110753585-046

www.ingramcontent.com/pod-product-compliance
Lightning Source LLC
LaVergne TN
LVHW081516300926
849161LV00006B/1196